# plurall

Esta obra está no **Plurall**.
Baixe o app no seu celular
ou acesse **http://plurall.net**
e descubra uma nova
forma de estudar!

AAANBJJKF

Atenção! Somente serão liberados conteúdos
e serviços relacionados a esta obra.
44585_03 - 1173

Ajuda: @plurallnet

SOMOS EDUCAÇÃO

PROJETO
MÚLTIPLO

# Física

## Ensino Médio


### Wilson Carron

Mestre em Energia Nuclear aplicada à agricultura pela Escola Superior de Agricultura Luiz de Queiroz (Esalq) da Universidade de São Paulo (USP), Piracicaba.
Especializado em Eletricidade pelo Instituto Tecnológico da Aeronáutica (ITA), São Paulo.
Licenciado em Física pela FFCL da Universidade de São Paulo (USP).
Professor e gestor aposentado da rede pública de ensino.

### Osvaldo Guimarães

Doutor em Engenharia Elétrica pela Escola Politécnica da USP.
Mestre em História da Ciência pela Pontifícia Universidade Católica de São Paulo (PUC-SP).
Pós-graduado pela Escola Politécnica da USP, em Ciência Cognitiva.
Pós-graduado em Teoria de Campos e Mecânica Quântica pelo Instituto de Física Teórica (IFT-SP).
Bacharel em Física pela PUC-SP.
Diretor educacional do Catavento Cultural e Educacional.

### José Roberto Piqueira

Livre-docente em Controle e Automação pela Escola Politécnica da USP.
Doutor em Engenharia Elétrica pela Escola Politécnica da USP.
Mestre em Engenharia Elétrica pela Escola de Engenharia de São Carlos da USP.
Engenheiro eletricista pela Escola de Engenharia de São Carlos da USP.
Professor titular e diretor da Escola Politécnica da USP.



editora ática

editora ática

Diretoria editorial: Lidiane Vivaldini Olo
Editoria de Ciências Exatas: Cármen Matricardi
Editores: Alterson Cação e Danilo Claro Zanardi
Supervisor de arte e produção: Sérgio Yutaka
Supervisor de arte e criação: Didier Moraes
Editora de arte e criação: Andréa Dellamagna
Editor de arte: Edson Haruo Toyota
Diagramação: Formato e Ester Harue Inakake
Design gráfico: UC Produção Editorial e Andréa Dellamagna
Gerente de revisão: Hélia de Jesus Gonsaga
Equipe de revisão: Rosângela Muricy (coord.), Ana Carolina Nitto, Ana Curci, Ana Paula Chabaribery e Vanessa de Paula; Flávia Venézio dos Santos e Gabriela Macedo de Andrade (estags.)
Supervisor de iconografia: Sílvio Kligin
Pesquisadora iconográfica: Claudia Bertolazzi
Cartografia: Allmaps
Tratamento de imagem: Cesar Wolf e Fernanda Crevin
Grafismos: Shutterstock/Glow Images
(utilizados na capa e aberturas de capítulos e seções)
Fotos da capa: Jules2000/Shutterstock/Glow Images
Cartografia: Allmapas
Ilustrações: Antonio Robson, João Xavier de Campos, Formato, Maspi, Moisés Gonçalves, Osni de Oliveira, Paulo Manzi, Walmir Santos

---

Direitos desta edição cedidos à Editora Ática S.A.
Av. das Nações Unidas, 7221, 3º andar, setor C –
Pinheiros – São Paulo – SP – CEP 05425-902
Tel.: 4003-3061
www.atica.com.br/editora@atica.com.br

---

**Dados Internacionais de Catalogação na Publicação (CIP)**
**(Câmara Brasileira do Livro, SP, Brasil)**

Guimarães, Osvaldo
Projeto Múltiplo: Física / Osvaldo Guimarães, José Roberto Piqueira, Wilson Carron. – 1. ed. – São Paulo : Ática, 2014.

Obra em 3 v.
Bibliografia.

1. Física (Ensino Médio) I. Piqueira, José Roberto. II. Carron, Wilson. III. Título.

14-00569 CDD-530.07

**Índice para catálogo sistemático:**
1. Projeto Múltiplo: Física : Ensino Médio 530.07

---

2018
ISBN 978 85 08 16719-7 (AL)
ISBN 978 85 08 16720-3 (PR)
Código da obra CL 737768
CAE 501440 (AL)
CAE 501441 (PR)
1ª edição
6ª impressão

Impressão e acabamento: Bercrom Gráfica e Editora

Uma publicação Abril EDUCAÇÃO

# Apresentação

Em um dos seus livros, o físico Richard Feynman (1918-1988) ironiza uma explicação do século V a.C. sobre os raios:

*Veja como os deuses, com seus raios, sempre golpeiam os maiores animais e não se importam com os menores. Como também seus raios sempre caem sobre as casas e as árvores mais altas. Desse modo, eles adoram esmagar tudo o que se mete a besta.*

Para entender a importância das ciências para a civilização, basta olhar para trás. Um pequeno ferimento infeccionado poderia ser fatal, e uma viagem intercontinental demorava semanas ou meses. Em menos de três séculos, passamos por uma evolução rápida, a partir da qual algumas respostas para os fenômenos do mundo foram criadas, sem precisar recorrer aos deuses, e as tecnologias e os aparelhos artificiais desenvolvidos pelo homem foram incorporados ao mundo natural. Apesar disso, ainda temos um longo caminho pela frente.

A Física é parte dessa evolução das ciências. Ela busca compreender, prever e até mesmo controlar o comportamento da matéria no espaço e no tempo.

Por essa razão, nossa missão é levar a Física até você. Como fazer isso? A resposta não é muito fácil. Podemos, apoiados em nossas experiências, trabalhar os fenômenos naturais envolvidos, descritos e explicados, agregando a linguagem, a escrita, a razão, a lógica e a Matemática a esse estudo, para desvendar um pouco mais os caminhos da evolução.

Aleks Melnik/Shutterstock/Glow Images

Parece complicado, mas com o passar do tempo você vai notar que o conhecimento que vem sendo construído há mais de dois milênios pode e deve ser conhecido e valorizado por você.

Quanto ao futuro, Feynman nos alerta: "se você achou engraçada a explicação de 2 500 anos atrás sobre os raios, espere para ver o que dirão daqui a mil anos sobre as explicações que temos hoje".

**Guimarães, Piqueira e Carron**

# Neste livro você vai encontrar

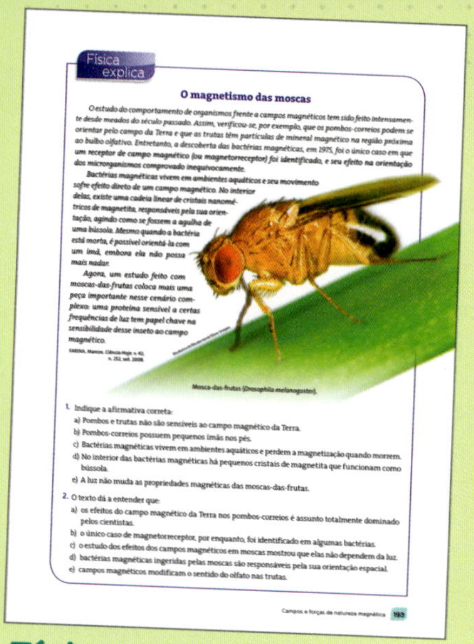

## Física explica

*Explora aplicações tecnológicas desenvolvidas para auxílio do ser humano.*

## Capítulo

*A teoria é apresentada com textos dinâmicos e imagens de impacto.*

## Em construção

*Traz biografias de pessoas envolvidas com a Física.*

## Experimento

*Sugestões de experimentos interessantes e fáceis de fazer.*

Este ícone indica os Objetos Educacionais Digitais relacionados aos conteúdos do livro. Disponíveis em: <www.projetomultiplo.com.br>.

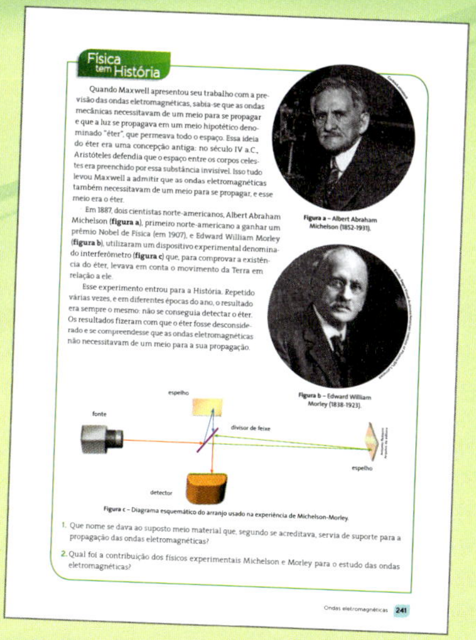

## Exercícios resolvidos

*Exemplos que ajudam a resolver os exercícios propostos.*

## Exercícios

*Um grande número de exercícios para você treinar e consolidar seus conhecimentos.*

## Física tem História

*Apresenta elementos tecnológicos, políticos, sociais, econômicos, religiosos e culturais para compreender o desenvolvimento da Física.*

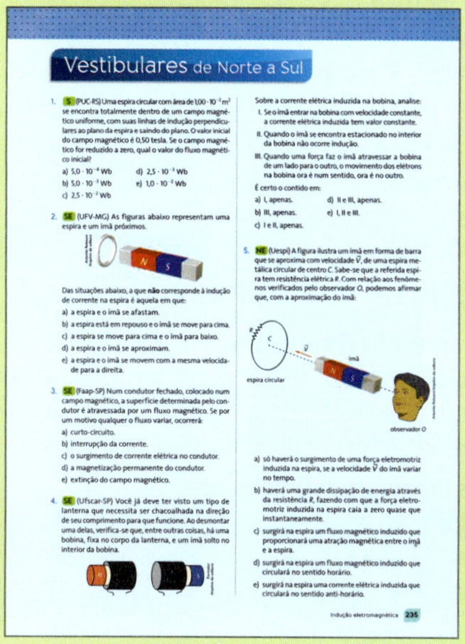


## Vestibulares de Norte a Sul

*Exercícios de vestibulares de todas as regiões do Brasil com diferentes abordagens dos assuntos.*

# Enem

*Preparamos duas seções especiais que vão aprimorar suas habilidades e competências:* ***Pensando no Enem*** *e* ***Caiu no Enem****. Com elas você vai ficar mais do que pronto para encarar esse e outros desafios!*

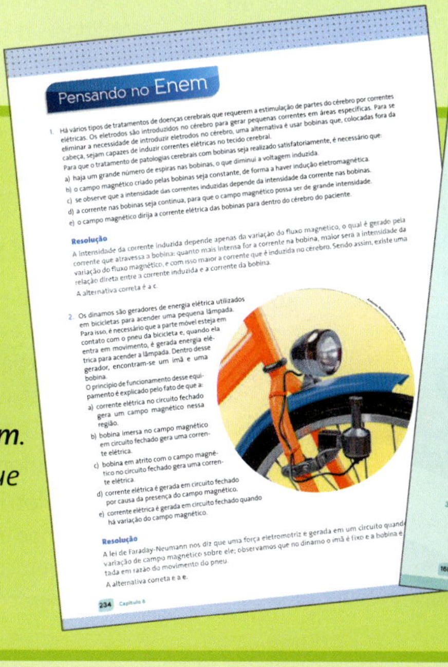


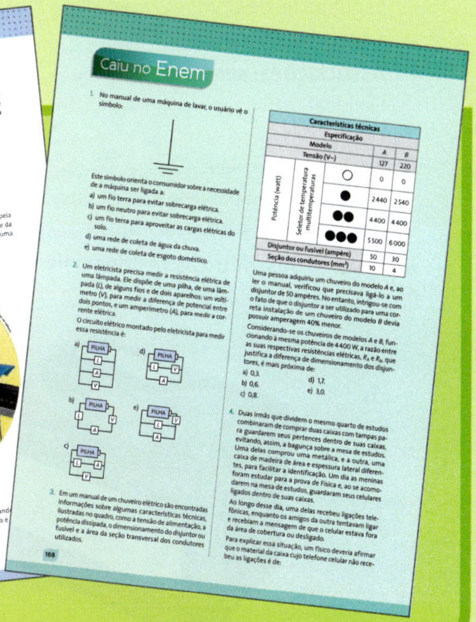

# Sumário geral

## Parte 1

Ensuper/Shutterstock/Glow Images

**CAPÍTULO 5**

## Cargas elétricas em condutores ... 125



**CAPÍTULO 6**

## Capacitores e transistores ... 147



# Parte 2

**CAPÍTULO 7**

## Campos e forças de natureza magnética ... 179



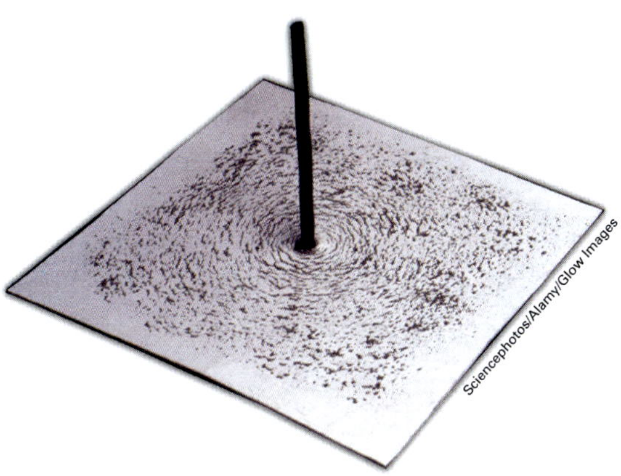
Sciencephotos/Alamy/Glow Images

Mauricio Simonetti/Pulsar Imagens

# Parte 1

Sydeen/Shutterstock/Glow Images

CAPÍTULO

# 1 Energia e corrente elétrica

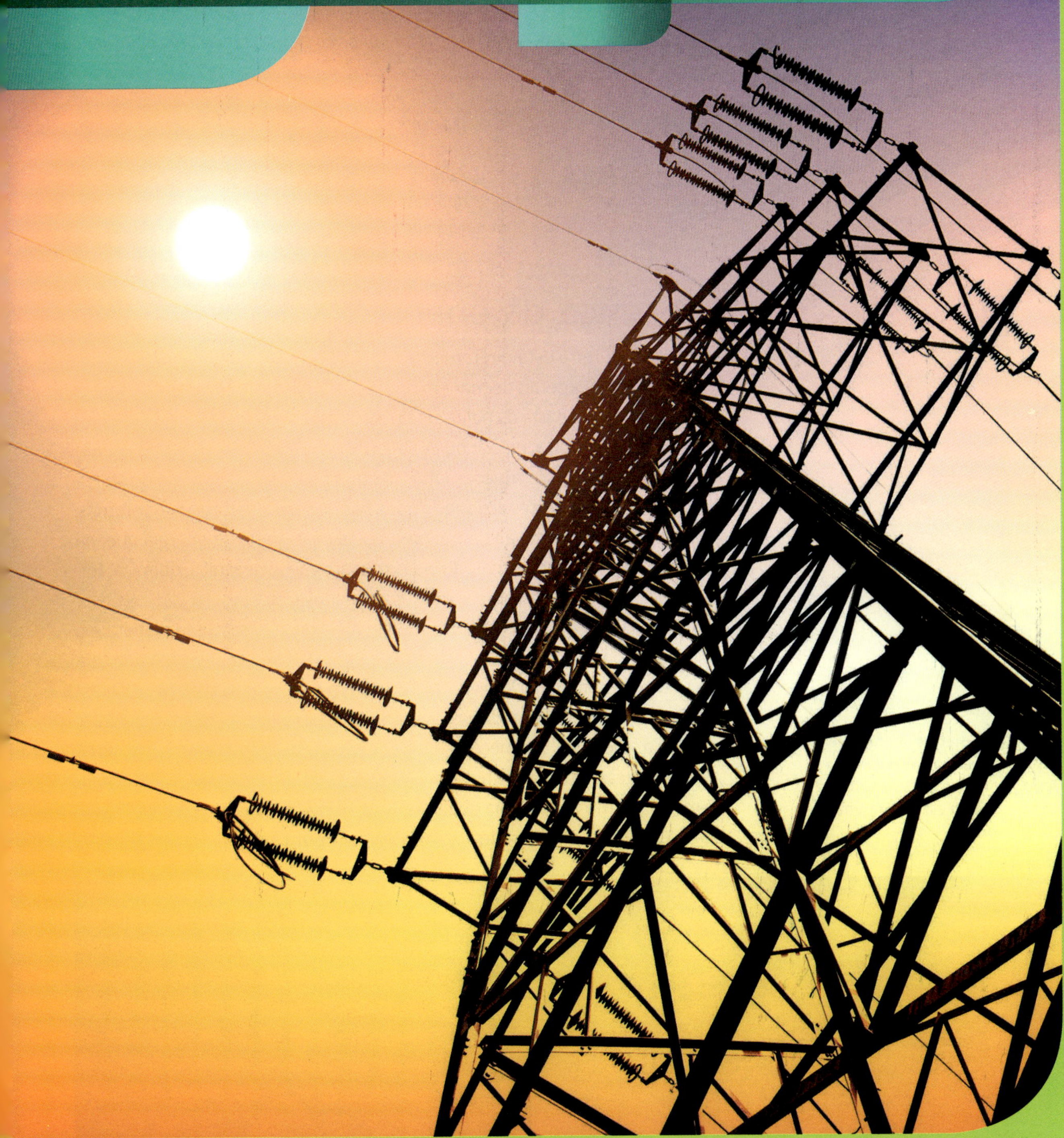

Gyn9037/Shutterstock/Glow Images

Linhas de transmissão de energia elétrica.

# 1 A importância da eletricidade

Você já imaginou como seria a nossa vida se ficássemos uma semana sem energia elétrica? O texto a seguir passa a ideia de tal situação.

> *Quando meu pai ainda era menino, numa aldeia polonesa antes da Primeira Guerra Mundial, uma pane geral no sistema elétrico não seria de grande importância. Não havia carros e, portanto, não haveria semáforos apagados; e não havia geladeiras – apenas blocos de gelo ou salas frias –, por isso os alimentos não se perderiam. Umas poucas pessoas muito ricas ficariam no escuro caso os geradores de suas casas deixassem de funcionar, e a única linha de telégrafo talvez deixasse de operar, mas de modo geral a vida continuaria como sempre...*
>
> *... Mas e hoje? ... Não gostaria de estar por perto caso ocorresse uma pane geral no sistema elétrico...*
>
> *Em uma semana a cidade entraria em colapso. Os distritos policiais ficariam isolados com os telefones fora de serviço, e logo as baterias dos rádios estariam descarregadas; não seria possível chamar ambulâncias, pois rádios e telefones estariam fora de operação. Alguns poderiam ir a pé ao hospital, mas lá não haveria muito que fazer: os aparelhos de raios X, refrigeração de vacinas e de sangue, ventilação e iluminação não teriam condição de funcionar.*
>
> BODANIS, David. *Universo elétrico*. Rio de Janeiro: Record, 2008.

## Presença da energia elétrica

A vida na Terra está diretamente relacionada à capacidade de produção de movimento. Vegetais dependem dos fluidos que escoam entre suas partes e se reproduzem a partir da polinização realizada pelo transporte de partículas, de uma planta a outra, pelo ar ou por agentes vivos. Animais dependem, para executar suas diversas funções vitais, de processos metabólicos e do transporte ativo de nutrientes ao longo de suas células, tecidos, órgãos e sistemas. À capacidade de produção de movimento se dá o nome de energia que, na natureza, aparece sob as mais diversas modalidades: mecânica, química, térmica, elétrica, atômica, nuclear, acústica, luminosa, etc.

A fonte de praticamente toda energia aproveitada em nosso planeta é o Sol, que a produz por um processo chamado de fusão nuclear, assunto que será discutido no capítulo 11. Uma vez convertida em radiação, essa energia é transmitida à Terra e transformada nas diversas formas de energia, como a mecânica, a química, a térmica, etc., necessárias para a geração e a manutenção da vida.

A radiação é uma combinação de campos elétricos e magnéticos, que se mostra como uma forma eficiente de transmissão de energia propagada do Sol à Terra por ondas eletromagnéticas (**figura 1.1**).

Figura 1.1 A energia liberada pela fusão nuclear no Sol viaja até a Terra por ondas eletromagnéticas. A imagem não está representada em proporção.

Formato/Arquivo da editora

Os processos sensoriais e fisiológicos, em nosso corpo, ocorrem por intermediação de campos elétricos e magnéticos. Ao examinarmos a textura de uma superfície, suas rugosidades provocam ações elétricas nas terminações nervosas de nossos dedos. Essas ações elétricas são propagadas ao sistema nervoso central, produzindo as sensações de tato (figura 1.2). Quando somos anestesiados, substâncias bloqueadoras de canais iônicos fazem com que a propagação das sensações de dor ao sistema nervoso central seja impedida, pois os meios tornam-se isolantes elétricos diante do bloqueio desses canais.

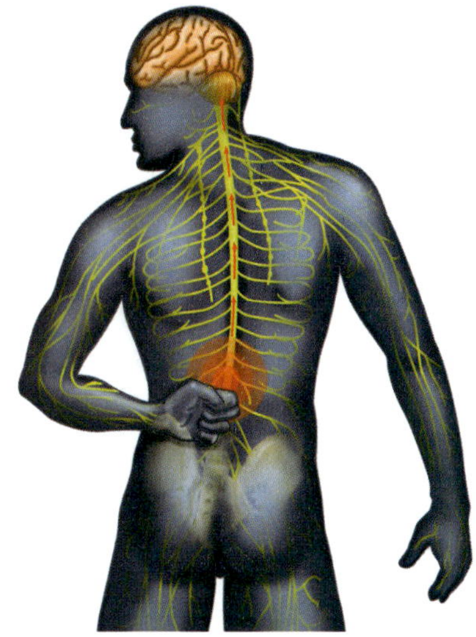

Osni de Oliveira/Arquivo da editora

Figura 1.2 Propagação de impulsos nervosos até o cérebro.

A energia elétrica, como forma intermediária, é forte colaboradora do progresso tecnológico. É muito mais eficiente converter grandes blocos de energia mecânica, térmica, eólica ou nuclear (figura 1.3) em elétrica nas estações de geração para, depois, usando linhas de transmissão, enviá-la aos usuários, que, com seus aparelhos, a convertem nas diversas formas de uso: calor, som, luz ou imagem.

Na era da rapidez da produção e transmissão da informação, a energia é convertida em sinais elétricos que são processados em computadores e transmitidos ao redor do globo como ondas eletromagnéticas, por dispositivos de rádio ou de fibras ópticas (figura 1.4).

a

Philip and Karen Smith/Getty Images

b

Hemis/Alamy/Other Images

c

SpaceKris/Shutterstock/Glow Images

d

A. T. Willett/Alamy/Other Images

Figura 1.3 Usinas: hidrelétrica (**a**), termelétrica (**b**), nuclear (**c**) e eólica (**d**).

Alanmarsh.com/Alamy/Other Images

Figura 1.4 Os cabos de fibra óptica são um meio eficiente de transmissão de dados.

# Energia elétrica e estrutura da matéria

Na história tecnológica, a humanidade passou pela Idade da Pedra, pela Idade do Bronze e pela Idade do Ferro. Hoje, já estamos há dois séculos com as máquinas térmicas, mas vivemos simultaneamente na "era da eletricidade".

Embora o século XIX seja considerado como o da consolidação da energia elétrica, a história desse tipo de energia começou muito tempo antes, como vemos no texto da seção **Física tem História**.

**Âmbar** – Em grego, a palavra que corresponde a âmbar é *eléktron*, a qual deu origem ao termo eletricidade.

## Física tem História

Hulton Archive/Getty Images

Tales de Mileto

Na Grécia antiga, seis séculos antes de Cristo, Tales de Mileto (625 a.C.-558 a.C.) já havia percebido que um pedaço de **âmbar** – uma resina fóssil –, quando friccionado, adquiria a propriedade de atrair corpos leves.

No entanto, a eletricidade começou a se desenvolver como ciência somente a partir do século XVII. A descoberta da repulsão elétrica e a invenção do gerador de fricção (eletricidade produzida pelo contato da mão com uma esfera girante) tiveram uma participação importante nesse desenvolvimento.

No século XVIII, com a contribuição de vários cientistas, a ciência da eletricidade experimentou um desenvolvimento mais rápido. Devemos a Benjamin Franklin (1706-1790) as expressões "eletricidade positiva" e "eletricidade negativa"; a Charles A. de Coulomb (1736-1806) a lei para a força elétrica; a Luigi Galvani (1737-1798) os termos "eletricidade animal" e "eletricidade natural"; e a Alessandro Volta (1745-1827) as pesquisas sobre as pilhas.

Sheila Terry/SPL/Latinstock

Hans C. Oersted, físico dinamarquês, cujos experimentos com a corrente elétrica são considerados a base do eletromagnetismo.

No século XIX, dentre os vários cientistas que contribuíram para a consolidação da energia elétrica, podemos citar: John F. Daniell (1790-1845), que aperfeiçoou as pilhas; Hans C. Oersted (1777-1851), que descobriu a associação entre a corrente elétrica e o magnetismo, e André Marie Ampère (1775-1836), que trouxe uma contribuição decisiva com seus trabalhos no campo da Eletroquímica.

No século XX, tivemos a consolidação do eletromagnetismo, associação da eletricidade com o magnetismo, o que propiciou a construção de máquinas e motores que revolucionaram o nosso modo de vida.

Photoresearchers/Latinstock

Benjamin Franklin, político, escritor, filósofo, cientista e diplomata norte-americano, realizando experimentos para demonstrar que os raios são uma forma de eletricidade.

- Em sua opinião, quais as principais contribuições do eletromagnetismo à sociedade moderna?

A energia elétrica está associada às forças de natureza elétrica. Estas resultam da interação entre corpos que apresentam número de prótons diferente do de elétrons. Barras de âmbar atraem pequenos objetos, raios aparecem em tempestades, feixes de elétrons formam imagens na tela da TV (figura 1.5), como resultado das interações entre partículas invisíveis aos nossos olhos.

Figura 1.5 Para compreender os fenômenos elétricos presentes no cotidiano, precisamos analisar um mundo invisível aos nossos olhos.

Essa dependência entre a força elétrica e as partículas elementares, isto é, prótons e elétrons, que dá a ela um caráter microscópico, talvez seja o motivo que levou a Eletricidade a ser o último ramo da **Física clássica** a ser desenvolvido.

A matéria é composta de átomos (figura 1.6), que, por sua vez, são constituídos por prótons e elétrons que sofrem atrações e repulsões intensas. O balanço entre as partículas e as forças, na natureza, é tão perfeito que só conseguimos observá-las em situações especiais. Nas situações de equilíbrio, os corpos apresentam número de prótons ($N_p$) igual ao de elétrons ($N_e$). Corpos nessas condições são chamados de **corpos neutros**. A experiência mostra que entre dois corpos neutros não há troca de forças elétricas.

Quando os corpos possuem número de prótons ($N_p$) diferente do de elétrons ($N_e$), conseguimos observar as forças elétricas existentes entre eles. Nessas condições, dizemos que os **corpos estão eletrizados**.

Não é possível alterar o número de prótons de um corpo sem provocar uma reação nuclear. A maneira usual de eletrizar corpos inicialmente neutros é retirar ou adicionar elétrons.

Assim, considere os seguintes conjuntos de corpos:

- dois corpos *A* e *B*, dos quais foram retirados elétrons, resultando em um número de prótons maior que o de elétrons ($N_p > N_e$);
- dois corpos *C* e *D*, aos quais foram acrescentados elétrons, resultando em um número de prótons menor que o de elétrons ($N_p < N_e$).

**Física clássica** – Parte da Física estudada até aproximadamente o final do século XIX. A Física clássica, portanto, não utiliza os conceitos que surgiram no início do século XX, como a Mecânica quântica e a relatividade especial.

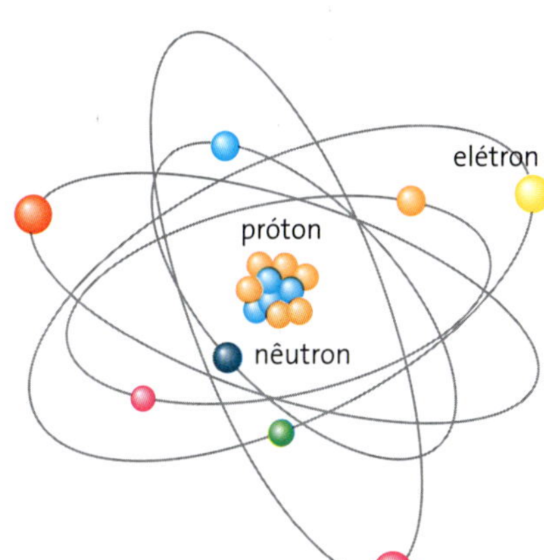


Figura 1.6 Modelo atômico utilizado no estudo da Física clássica.

Se os corpos *A* e *B* forem colocados um em presença do outro, será possível observar entre eles forças elétricas de repulsão. O mesmo ocorre com os corpos *C* e *D* (**figura 1.7**).

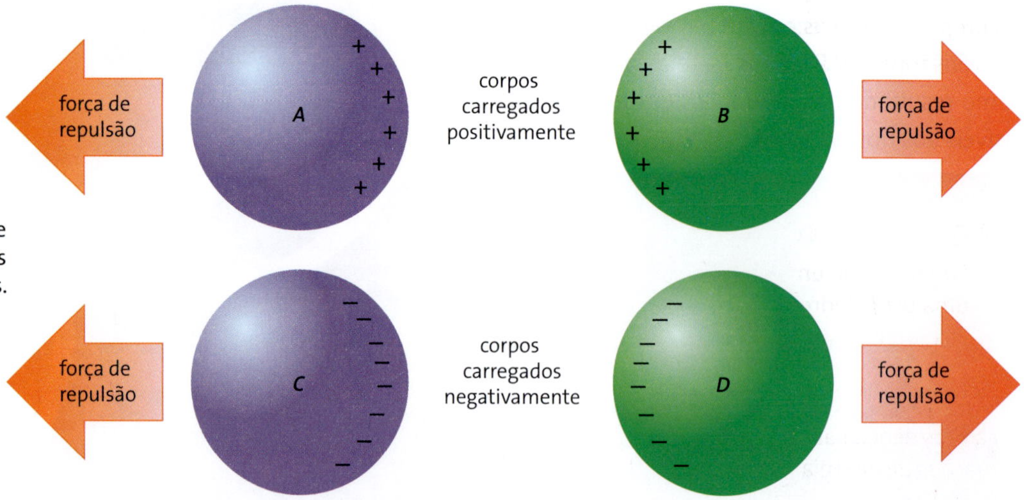


Figura 1.7 Forças de repulsão entre dois corpos eletrizados.

Se os corpos *A* e *C* forem colocados um em presença do outro, será possível observar entre eles forças elétricas de atração (**figura 1.8**). Essas forças também aparecem para os pares *A* e *D*; *B* e *C*; *B* e *D*.

Figura 1.8 Forças de atração entre dois corpos eletrizados.

Esses fatos permitiram a formulação da hipótese de existência de duas eletricidades de naturezas diferentes, a qual foi chamada de lei de Du Fay, em homenagem ao químico francês Charles François de Cisternay du Fay (1698-1739).

Os conhecimentos a respeito da estrutura da matéria desenvolvidos nos séculos XIX e XX levaram a uma versão mais precisa da lei de Du Fay, estabelecendo-se a ideia de carga elétrica, que pode ser resumida nos pontos a seguir:

- por convenção, a carga elétrica dos prótons é **positiva**, e a dos elétrons é **negativa**;
- prótons e elétrons possuem cargas elétricas de mesmo valor absoluto (*e*);
- corpos inicialmente neutros que perdem elétrons adquirem carga elétrica positiva;
- corpos inicialmente neutros que recebem elétrons adquirem carga elétrica negativa;
- corpos com carga elétrica de mesmo sinal trocam forças elétricas de repulsão;
- corpos com carga elétrica de sinais opostos trocam forças elétricas de atração.

## Exercícios

1. As usinas de energia eólica geram eletricidade a partir da força dos ventos. O Ministério de Minas e Energia do Brasil estima que as turbinas eólicas produzam apenas 0,25% da energia consumida no país. Isso ocorre porque elas competem com usinas mais baratas e eficientes: as hidrelétricas, que respondem por 80% da energia do Brasil. O investimento para se construir uma hidrelétrica é de aproximadamente US$ 100,00 por quilowatt. Os parques eólicos exigem investimento de cerca de US$ 2 000,00 por quilowatt. Após a instalação dos parques, a energia dos ventos se torna bastante competitiva, custando R$ 200,00 por megawatt-hora contra R$ 150,00 por megawatt-hora das hidrelétricas.
   a) Quanto custa a construção de uma usina hidrelétrica de 10 megawatts?
   b) Quanto custa a construção de uma usina eólica de 10 megawatts?
   c) Suponha que uma lâmpada de 100 watts fique acesa 5 horas por dia. Qual seu custo mensal se alimentada por uma usina hidrelétrica?
   d) Considerando a lâmpada do item **c**, qual seu custo mensal se for alimentada por uma usina eólica?

2. Considere as transformações de energia relativas ao fato de uma lâmpada fluorescente ser acesa em uma instalação residencial alimentada por uma hidroelétrica. Assinale a alternativa correta relativa à sequência de transformações de energia.
   a) Mecânica, luminosa, térmica.
   b) Luminosa, térmica, elétrica.
   c) Térmica, química, luminosa.
   d) Mecânica, elétrica, luminosa.
   e) Mecânica, luminosa, elétrica.

3. Para que um corpo seja eletrizado com carga elétrica negativa, podemos afirmar que, certamente:
   a) foram retirados elétrons do corpo.
   b) o corpo recebeu prótons.
   c) o corpo recebeu elétrons.
   d) foram retirados prótons do corpo.

4. Um corpo *A*, inicialmente neutro, cede alguns elétrons a um corpo *B*, também inicialmente neutro.
   a) Quais são os sinais das cargas elétricas adquiridas por *A* e *B*?
   b) Que tipo de força elétrica os corpos trocam, na situação final?

5. Três corpos *A*, *B* e *C* estão inicialmente neutros. Sabe-se que o corpo *A* cede alguns elétrons para os corpos *B* e *C*.
   a) Quais são os sinais das cargas elétricas adquiridas por *A*, *B* e *C*?
   b) Que tipo de força elétrica os corpos *A* e *B* trocam, na situação final?
   c) Que tipo de força elétrica os corpos *B* e *C* trocam, na situação final?

6. (Faap-SP) A figura a seguir representa três esferas metálicas idênticas *A*, *B* e *C*, todas elas possuindo a mesma quantidade de carga elétrica. Pode-se afirmar que as esferas:

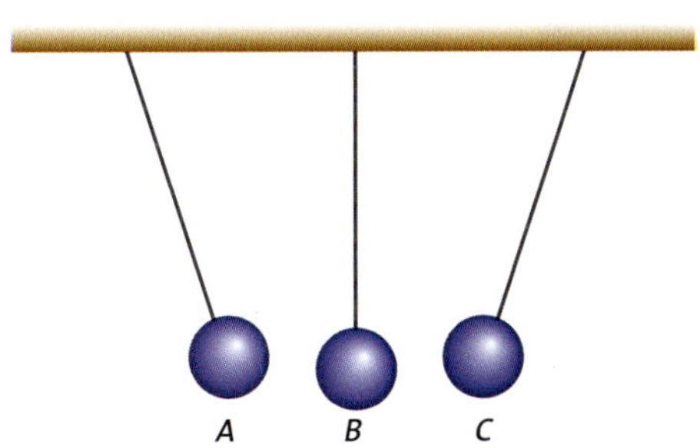


   a) *A*, *B* e *C* possuem o mesmo tipo de carga elétrica.
   b) *B* e *C* possuem o mesmo tipo de carga elétrica e *A* possui carga elétrica diferente.
   c) *A* e *B* possuem o mesmo tipo de carga elétrica e *C* possui carga elétrica diferente.
   d) *A*, *B* e *C* possuem cargas elétricas diferentes.
   e) *A* e *C* possuem o mesmo tipo de carga elétrica e *B* possui carga elétrica diferente.

## 2 Medida da carga elétrica

Os prótons e os elétrons são os responsáveis pela carga elétrica dos corpos. Por convenção, os prótons possuem carga elétrica $+e$ e os elétrons possuem carga elétrica $-e$. A carga elétrica do nêutron é nula.

Considere um corpo com $N_p$ (número de prótons) e $N_e$ (número de elétrons), independentemente de seu número de nêutrons. A carga elétrica total desse corpo, $Q$, é expressa por: $Q = N_p \cdot e + N_e \cdot (-e)$.

Essa relação pode ser simplificada para: $Q = (N_p - N_e) \cdot e$.

Como $N_p$ e $N_e$ sempre representam números naturais, a diferença $(N_p - N_e)$ é, sempre, um número inteiro que representa o número de elétrons em:

- excesso, caso $N_p < N_e$, ou seja, $N_p - N_e < 0$;
- falta, caso $N_p > N_e$, ou seja, $N_p - N_e > 0$.

Em qualquer das duas situações mencionadas acima, dizemos que o corpo está eletrizado.

Por essa razão, é comum nos textos de Química encontrarmos a carga elétrica de íons dada por números como +1, −2, −3, +4, etc. Por exemplo, quando o íon sódio é representado por $Na^{+1}$ significa que se trata de um átomo de sódio que perdeu um elétron e tem, portanto, $N_p - N_e = 1$. O íon cloreto, representado por $C\ell^{-1}$, é um átomo de cloro que recebeu um elétron e tem, portanto, $N_p - N_e = -1$.

Assim, fica claro que os valores de cargas elétricas dos corpos são, sempre, múltiplos inteiros da chamada **carga elementar (*e*)**. Esse fato é chamado de **quantização da carga elétrica**.

Fundamentado nessa ideia, Robert A. Millikan concebeu um experimento para a medida da carga elementar no Sistema Internacional de Unidades (SI) (figura 1.9).

Provocando o atrito de pequenas gotículas de óleo com uma superfície metálica, Millikan obteve minúsculos corpos com alguns elétrons em excesso ou falta. Equilibrando a força peso atuante nessas partículas com a força de natureza elétrica, ele determinou que os valores das cargas elétricas das gotículas eram múltiplos inteiros do número $1{,}6 \cdot 10^{-19}$ C.

O símbolo C representa **coulomb**, que é a unidade de carga elétrica no SI. Esse nome foi dado em homenagem a Charles A. Coulomb, físico francês responsável, entre outras coisas, pela invenção da balança de torção.

Conclui-se, então, que a carga elementar vale:

$$e = 1{,}6 \cdot 10^{-19}\ \text{C}$$

**Para refletir**

Se $N_p = N_e$, o corpo está eletrizado ou neutro? Qual o valor da carga desse corpo? Justifique.

Figura 1.9 Robert A. Millikan (1868-1953), físico norte-americano, ganhador do prêmio Nobel de Física, em 1923, por sua medição da carga do elétron.

## Exercícios

**7.** Em uma experiência de laboratório, um técnico constatou que um corpo de prova estava carregado com uma carga elétrica cujo módulo era de $7{,}2 \cdot 10^{-19}$ C. Em relação a esse fato classifique, em seu caderno, cada afirmação a seguir em **certa** ou **errada**.

I. Se a carga elétrica desse corpo de prova for positiva, podemos concluir que ele possui somente prótons.

II. Se a carga elétrica desse corpo de prova for negativa, ele possui somente um número de prótons maior que o de elétrons.

III. Como o valor da carga elétrica do corpo não é múltiplo do valor da carga elétrica elementar, a medida está errada e não merece confiança.

**8.** De um corpo metálico, inicialmente neutro, são retirados $10^{18}$ elétrons.

a) Qual é o valor de sua carga elétrica, expressa em cargas elementares?

b) Qual é o valor de sua carga elétrica, expressa em coulombs?

**9.** Calcule o número de elétrons transferidos para um corpo que apresenta uma carga elétrica igual a $-6{,}4 \cdot 10^{-6}$ C.

**10.** Em um sistema de unidades imaginário, suponha que a carga elétrica seja medida em heisenberg (Hr). Realizando a experiência de Millikan, os seguintes valores foram obtidos, expressos em Hr:

$$+6, -27, +72, -15, +81, -3, +9, +18, -21,$$
$$+36, -75, -63, +33, -42$$

- Qual o valor da carga elementar em Hr?

**11.** Considerando o experimento do problema anterior, qual a relação entre o Hr e o C?

**12.** Assinale a afirmativa correta:

a) Quantização da carga significa que as cargas elétricas são sempre negativas.

b) A carga elétrica elementar vale o dobro da carga elétrica de um próton.

c) Corpos neutros têm o mesmo número de prótons e elétrons.

d) Corpos condutores neutros têm elétrons em excesso.

e) Corpos isolantes não possuem elétrons.

**13.** (UEL-PR) Os corpos ficam eletrizados quando perdem ou ganham elétrons. Imagine um corpo que tivesse um mol de átomos e que cada átomo perdesse um elétron. Esse corpo ficaria eletrizado com uma carga, em coulombs, igual a:

Dados: carga do elétron = $1{,}6 \cdot 10^{-19}$ C; mol = $6{,}0 \cdot 10^{23}$.

a) $2{,}7 \cdot 10^{-43}$.

b) $6{,}0 \cdot 10^{-14}$.

c) $9{,}6 \cdot 10^{-4}$.

d) $9{,}6 \cdot 10^{4}$.

e) $3{,}8 \cdot 10^{42}$.

**14.** (UEL-PR) Uma partícula está eletrizada positivamente com uma carga elétrica de $4{,}0 \cdot 10^{-15}$ C. Como o módulo da carga do elétron é $1{,}6 \cdot 10^{-19}$ C, essa partícula:

a) ganhou $2{,}5 \cdot 10^{4}$ elétrons.

b) perdeu $2{,}5 \cdot 10^{4}$ elétrons.

c) ganhou $4{,}0 \cdot 10^{4}$ elétrons.

d) perdeu $6{,}4 \cdot 10^{4}$ elétrons.

e) ganhou $6{,}4 \cdot 10^{4}$ elétrons.

**15.** (Cesgranrio-RJ) Um corpo adquire uma carga elétrica igual a + 1 C. Podemos afirmar, então, que a ordem de grandeza do número de elétrons do corpo é de:

a) $10^{-19}$ perdidos.

b) $10^{-19}$ ganhos.

c) $10^{18}$ perdidos.

d) $10^{19}$ ganhos.

e) $10^{19}$ perdidos.

**16.** (Vunesp-SP) *Em 1990 transcorreu o cinquentenário da descoberta dos "chuveiros penetrantes" nos raios cósmicos, uma contribuição da física brasileira que alcançou repercussão internacional.* [*O Estado de S. Paulo*, 21/10/1990, p. 30].

No estudo dos raios cósmicos são observadas partículas chamadas "píons". Considere um píon com carga elétrica $+e$ se desintegrando (isto é, se dividindo) em duas outras partículas: um "múon" com carga elétrica $+e$ e um "neutrino". De acordo com o princípio da conservação da carga, o "neutrino" deverá ter carga elétrica:

a) $+e$.

b) $-e$.

c) $+2e$.

d) $-2e$.

e) nula.

# 3 Corrente elétrica

## A experiência de Volta e o descobrimento da corrente elétrica

Em razão do equilíbrio existente entre prótons e elétrons, as forças de natureza elétrica, presentes no Universo desde o início, pouco foram notadas pela humanidade durante a maior parte da sua história. É claro que os ancestrais dos seres humanos observaram, por exemplo, raios que rapidamente desapareciam, levando consigo os mistérios invisíveis de tão maravilhoso fenômeno. Pode-se dizer até que a humanidade conviveu com a Eletricidade por muito tempo, sem compreendê-la.

Apesar dos esforços despendidos desde a Grécia antiga, os mistérios da Eletricidade só começaram a ser efetivamente desvendados quando o experimentador italiano Alessandro Volta verificou que, unindo as pontas livres de dois discos, um de cobre colocado na parte superior de sua língua e um de zinco colocado na parte inferior, ele sentia um formigamento atravessando a língua. Assim surgiu a primeira bateria de corrente contínua.

Volta percebeu, também, que dois metais diferentes sempre produziam esse efeito quando separados por saliva, salmoura ou outro líquido. Mesmo sem entender satisfatoriamente o fenômeno, Volta conseguiu reproduzi-lo em sua bancada de laboratório, montando uma bateria rudimentar e ligando-a com fios metálicos (**figura 1.10**).

Parecia que, nessa bateria rudimentar, algum material fluía pelos fios como água por um encanamento. Hoje sabemos que não se trata de um material fluindo pelos fios, mas sim de elétrons livres dos metais movimentando-se ordenadamente no seu interior. A esse movimento, que é o responsável pelas transformações de energia de outras modalidades em energia elétrica e vice-versa, foi dado o nome de corrente elétrica.

Figura 1.10 Alessandro Volta demonstrando sua invenção a Napoleão Bonaparte (1769-1821): a pilha voltaica.

**Corrente elétrica é o movimento ordenado de portadores de carga elétrica.**

Para haver corrente elétrica, é necessário que haja partículas eletrizadas livres, isto é, em condições de se movimentar. Os corpos que possuem partículas eletrizadas em condições de se movimentar em seu interior são chamados de **condutores elétricos**.

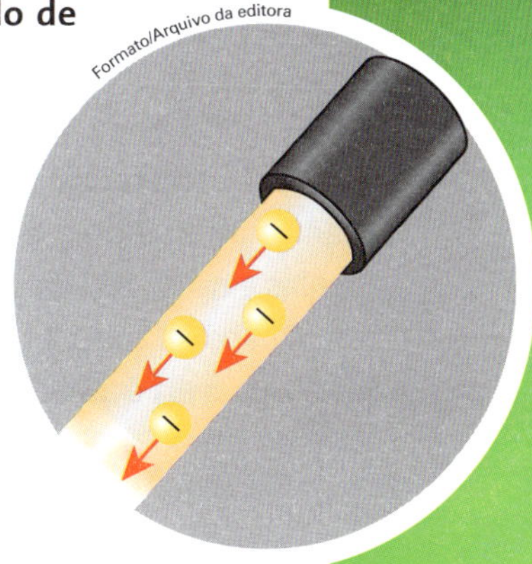

Formato/Arquivo da editora

Figura 1.11 Nos fios metálicos, os portadores de carga elétrica são os elétrons.

Os corpos condutores mais facilmente identificáveis são os **condutores metálicos**, uma vez que os metais têm distribuição eletrônica com poucos **elétrons** (um, dois ou três) no último nível de energia.

Como consequência, esses elétrons são fracamente ligados aos átomos, formando nuvens eletrônicas que podem movimentar-se ordenadamente, desde que submetidas às excitações adequadas (figura 1.11).

Nas **soluções eletrolíticas**, os **íons positivos** e os **negativos** têm mobilidade para constituir correntes elétricas (figura 1.12), de acordo com as forças elétricas neles aplicadas, por ações físico-químicas.

Os **gases nobres** podem ser ionizados, separando-se alguns de seus elétrons dos átomos, que se tornam íons positivos. Esses elétrons e íons podem constituir corrente elétrica, como numa lâmpada fluorescente (figura 1.13).

Concluindo, há três tipos de corrente elétrica:

- **eletrônica**: constituída pelo movimento ordenado de elétrons, própria dos condutores metálicos;
- **iônica**: constituída pelo movimento ordenado de íons, própria das soluções eletrolíticas;
- **mista**: constituída pelo movimento ordenado simultâneo de elétrons e íons, própria dos gases ionizados.

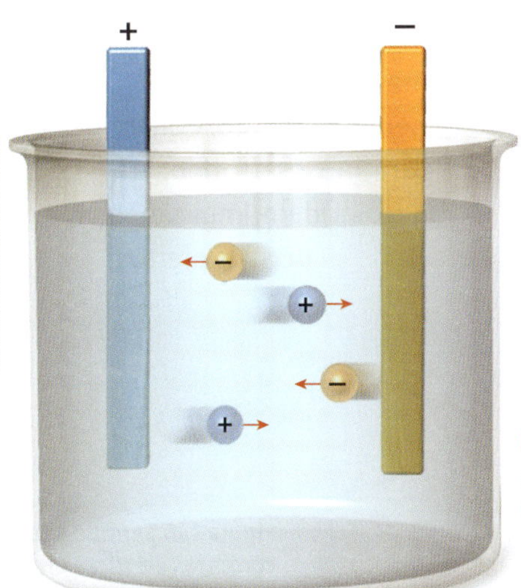


Antonio Robson/Arquivo da editora

Figura 1.12 Nas soluções eletrolíticas, os portadores de carga elétrica são os íons positivos e os negativos.

Sideways Design/Shutterstock/Glow Images

Figura 1.13 Nas lâmpadas fluorescentes, os portadores de carga elétrica são os íons e os elétrons.

# Corrente elétrica: sentido e intensidade

> **Para refletir**
> A corrente elétrica é uma grandeza escalar ou vetorial?

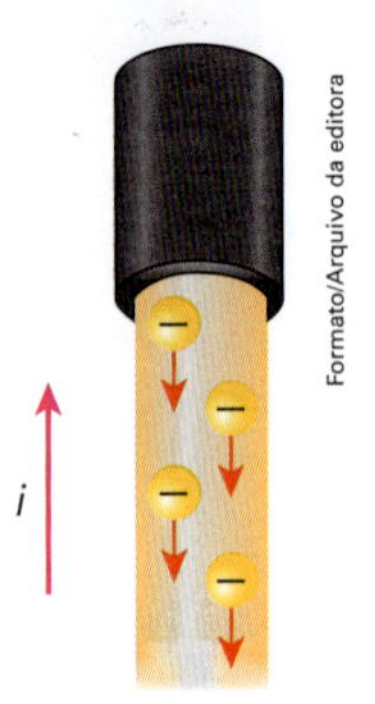


Figura 1.14 O sentido da corrente elétrica é oposto ao do movimento dos elétrons livres.

Para caracterizarmos a corrente elétrica de maneira quantitativa, iniciamos atribuindo-lhe um sentido para distinguir os movimentos de partículas eletrizadas, de acordo com os sinais de suas cargas elétricas.

Quando a corrente elétrica é resultado do movimento ordenado de íons positivos, a ela é atribuído o mesmo sentido do movimento. Quando ela é resultado do movimento de elétrons ou de íons negativos, o sentido atribuído à corrente elétrica é oposto ao movimento. Essa atribuição de sentido, entretanto, é apenas uma convenção e, de acordo com ela, há três casos a considerar:

- Nos condutores metálicos, a corrente elétrica ($i$) tem sentido oposto ao do movimento dos elétrons livres (**figura 1.14**).
- Nas soluções eletrolíticas, íons positivos em movimento correspondem a uma corrente elétrica ($i_1$) no sentido de seu movimento. O movimento dos íons negativos, oposto ao dos positivos, corresponde a uma corrente elétrica ($i_2$) no sentido oposto ao seu movimento. Conforme mostra a **figura 1.15**, os sentidos de ($i_1$) e de ($i_2$) coincidem, implicando uma soma de seus efeitos.

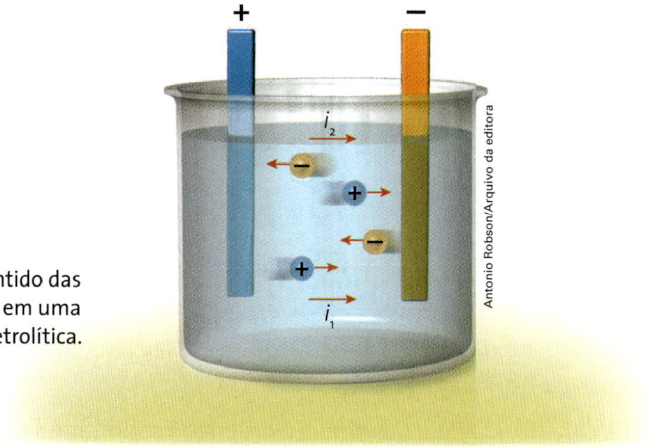


Figura 1.15 Sentido das correntes elétricas em uma solução eletrolítica.

- Nos gases ionizados, íons positivos em movimento correspondem a uma corrente elétrica ($i_1$) no sentido de seu movimento. O movimento dos elétrons, oposto ao dos íons positivos, corresponde a uma corrente elétrica ($i_2$) no sentido oposto ao seu movimento. Conforme mostra a **figura 1.16**, os sentidos de ($i_1$) e de ($i_2$) coincidem, implicando uma soma de seus efeitos.

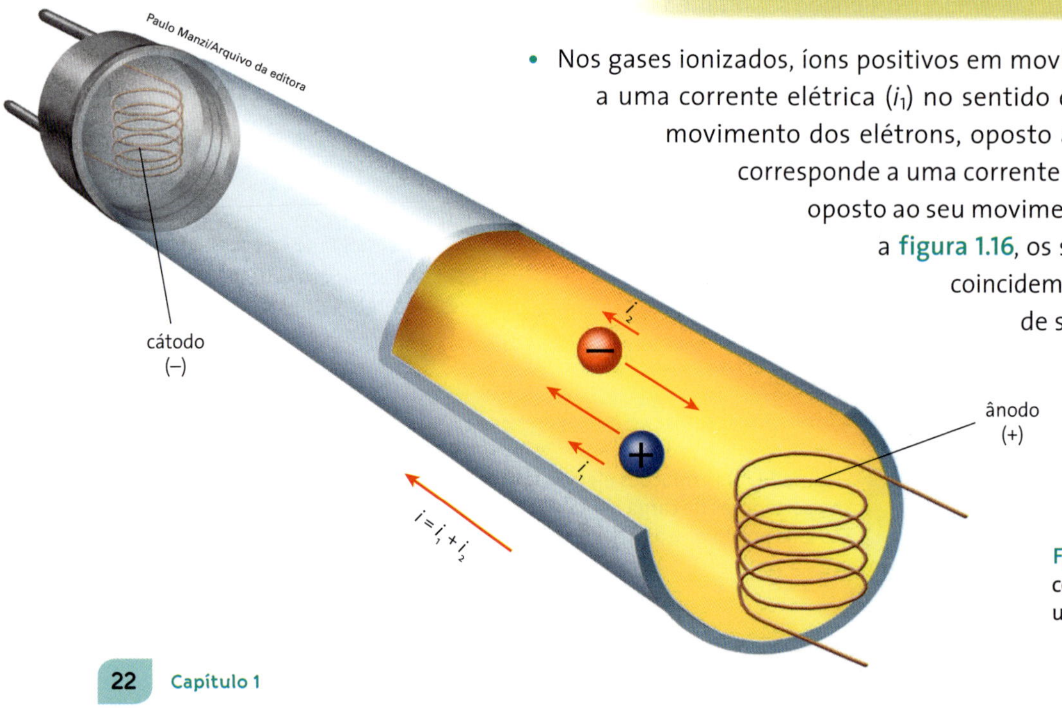


Figura 1.16 Sentido das correntes elétricas em um gás ionizado.

Uma vez estabelecido o sentido convencional da corrente elétrica, é possível propor uma medida para sua intensidade, que será descrita pela letra ($i$). Para isso, consideremos um pedaço de fio metálico que, ao alimentar uma lâmpada, tenha em seu interior um movimento ordenado de elétrons livres, conforme mostra a **figura 1.17**.

Ao observarmos uma de suas secções transversais, durante certo intervalo de tempo ($\Delta t$), verificamos que ela é atravessada por $N$ elétrons livres, correspondendo a uma carga elétrica de valor absoluto, dada por:

$$\Delta Q = N \cdot e$$

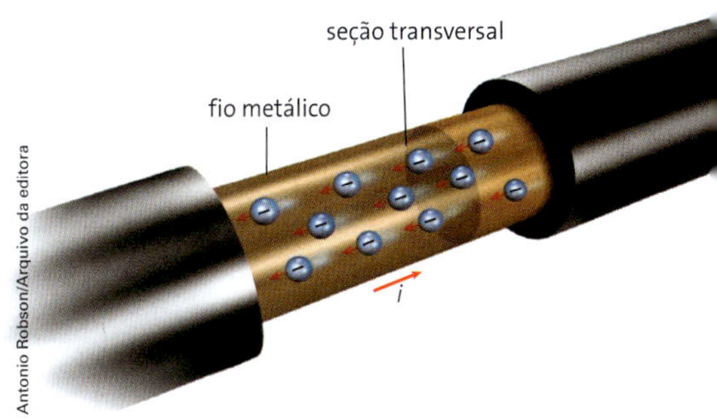

Figura 1.17 Corrente elétrica em um fio condutor.

Nessas condições, a intensidade média de corrente elétrica ($i_m$) é dada por:

$$i_m = \frac{\Delta Q}{\Delta t}$$

Essa expressão é geral e vale tanto para a corrente eletrônica como para a iônica, sendo $\Delta Q$ o valor absoluto da carga elétrica correspondente às partículas que atravessam uma secção transversal do corpo percorrido pela corrente elétrica.

No SI a intensidade de corrente elétrica é medida em **ampères** (A), nome dado em homenagem a André Marie Ampère, físico francês.

Uma corrente de 1 A é aquela devida à passagem de uma carga elétrica de 1 C, em 1 s, pela secção transversal de um corpo sujeito a corrente elétrica.

Embora a expressão acima se refira à intensidade média da corrente elétrica, ela também pode ser utilizada para uma corrente elétrica constante no decorrer do tempo.

Para os casos nos quais a intensidade de corrente elétrica varia com o tempo, utilizamos um diagrama horário. Como exemplo, consideremos que a intensidade de corrente elétrica varia com o tempo conforme mostra o gráfico da **figura 1.18**.

Nesses casos, para obter a intensidade média de corrente elétrica ($i_m$), devemos determinar a quantidade de carga elétrica ($\Delta Q$), correspondente a um intervalo de tempo ($\Delta t$), por meio do cálculo numérico da área sob a curva, conforme mostra a **figura 1.19**:

$$\Delta Q = \text{área sob a curva}$$

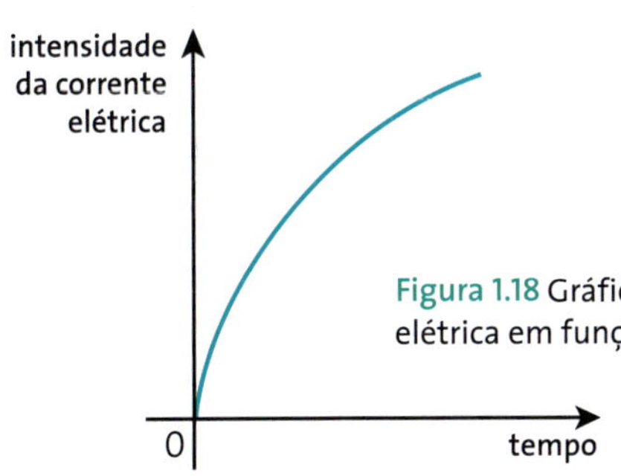

Figura 1.18 Gráfico de uma corrente elétrica em função do tempo.

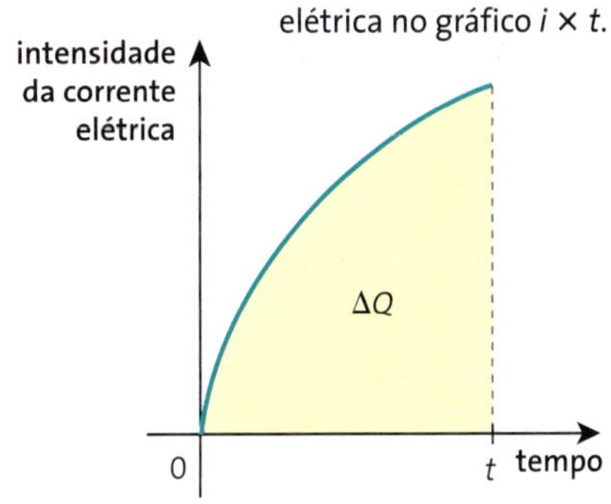

Figura 1.19 Cálculo da quantidade de carga elétrica no gráfico $i \times t$.

## Exercício resolvido

Considere uma solução aquosa de ácido sulfúrico ($H_2SO_4$). Determine a intensidade de corrente elétrica no interior dessa solução supondo que $1,0 \cdot 10^{18}$ íons sulfato e $2,0 \cdot 10^{18}$ íons hidroxônio se movimentem por segundo, conforme a figura.

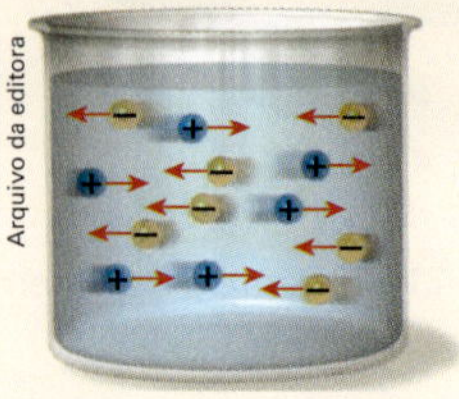


Antonio Robson/ Arquivo da editora

**Resolução**

A intensidade de corrente elétrica total ($i$) é a soma algébrica das correntes de íons hidroxônio ($H_3O^+$) e íons sulfato ($SO_4^{-2}$). Cada íon hidroxônio possui uma quantidade de carga elétrica correspondente à carga elétrica de 1 próton. Cada íon de sulfato possui uma quantidade de carga elétrica correspondente à carga de 2 elétrons.

Assim, temos:

$$i_{hidrox.} = \frac{|\Delta Q|}{\Delta t} = \frac{|2,0 \cdot 10^{18} \cdot 1,6 \cdot 10^{-19}|}{1,0} \Rightarrow i_{hidrox.} = 0,32 \text{ A}$$

$$i_{sulf.} = \frac{|\Delta Q|}{\Delta t} = \frac{|1,0 \cdot 10^{18} \cdot 2 \cdot (-1,6 \cdot 10^{-19})|}{1,0} \Rightarrow i_{sulf.} = 0,32 \text{ A}$$

O sentido da corrente será o do movimento dos portadores de carga positiva, ou seja, o sentido do movimento dos íons hidroxônio. Portanto:

$$i = i_{hidrox.} + i_{sulf.} \Rightarrow i = 0,32 + 0,32 \Rightarrow i = 0,64 \text{ A}$$

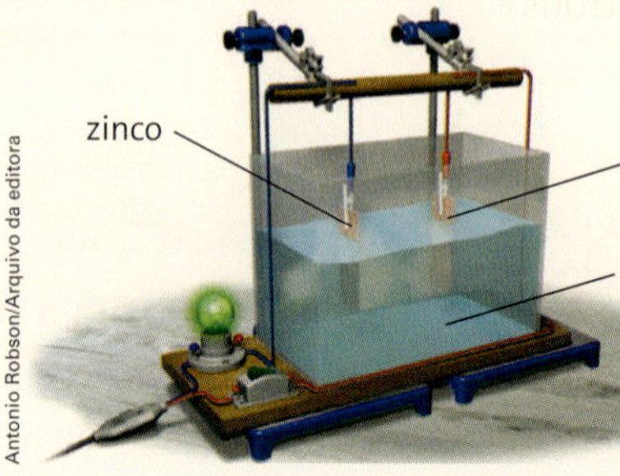


Antonio Robson/Arquivo da editora

## Exercícios

**17.** Pelas secções transversais de um fio metálico, observa-se a passagem de $10^{18}$ elétrons por segundo.

a) Qual é o valor da corrente elétrica?

b) Qual é a carga elétrica, expressa em coulomb, que atravessa as secções transversais em 10 s?

**18.** Um tubo de vidro evacuado contém hidrogênio ionizado. Nele movem-se em sentidos opostos, como mostra a figura abaixo, elétrons e íons positivos com carga de um próton. Considerando-se que, a cada segundo, $2 \cdot 10^{18}$ íons positivos e $3 \cdot 10^{18}$ elétrons atravessam uma secção transversal do tubo, determine:

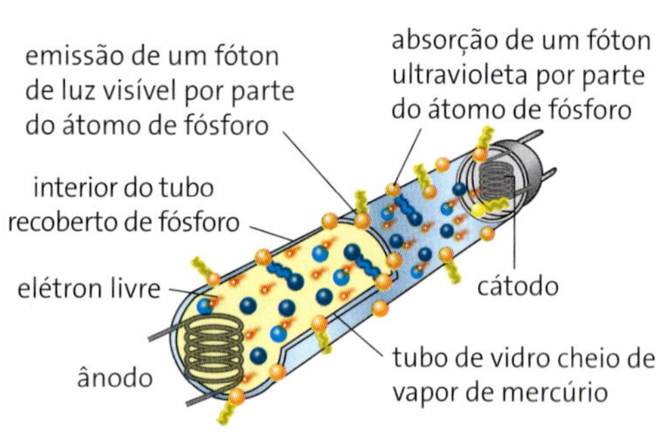


Formato/Arquivo da editora

a) a intensidade de corrente elétrica formada pelo movimento dos íons positivos;

b) a intensidade de corrente elétrica formada pelo movimento dos elétrons;

c) a intensidade de corrente total no tubo.

**19.** A figura seguinte mostra o comportamento de uma corrente elétrica em função do tempo.

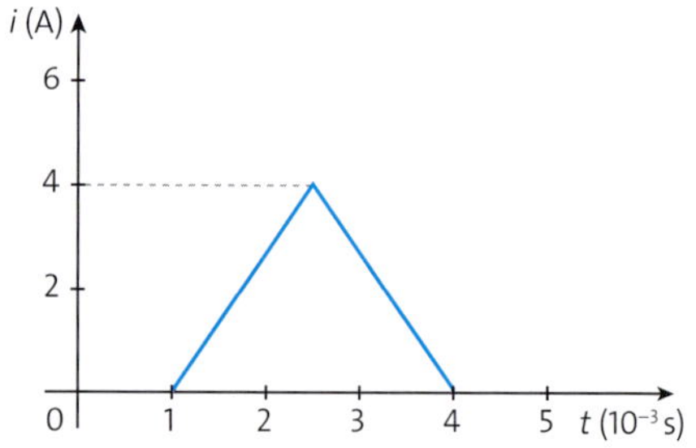


Com base no gráfico, responda:

a) Qual é a quantidade de carga elétrica, em coulomb, correspondente ao intervalo de tempo entre 1 s e 4 s?

b) Qual é a intensidade média da corrente elétrica nesse intervalo de tempo?

**20.** (Vunesp-SP) Mediante estímulo, $2 \cdot 10^5$ íons de $K^+$ atravessam a membrana de uma célula nervosa em 1,0 milissegundo. Calcule a intensidade dessa corrente elétrica, sabendo-se que a carga elementar é $1,6 \cdot 10^{-19}$ C.

**21.** (UEL-PR) Pela secção reta de um condutor de eletricidade passam 12,0 C a cada minuto. Nesse condutor a intensidade da corrente elétrica, em ampères, é igual a:

a) 0,08.
b) 0,20.
c) 5,0.
d) 7,2.
e) 12.

Física explica

## Efeitos da corrente elétrica

**Efeito magnético**

Toda corrente elétrica num condutor gera, ao seu redor, um campo magnético proporcional à intensidade dela. Esse assunto será visto com mais detalhes no capítulo 7, neste volume.

**Efeito Joule**

Nos condutores se processa a transformação da energia elétrica em térmica. Esse é o princípio de funcionamento do chuveiro e do ferro elétrico. O efeito Joule pode ser entendido como o resultado das colisões entre os elétrons e os átomos da estrutura do material.

**Efeito químico**

Corresponde aos fenômenos elétricos nas estruturas moleculares, objeto de estudo da Eletroquímica. A exploração desse efeito é utilizada nas pilhas e na eletrólise, bem como na cromação e na niquelação de objetos.

**Efeito fisiológico** Eletricidade na medicina

Nossos impulsos nervosos são transmitidos por estímulos elétricos. Desse modo, a corrente elétrica, por ínfima que seja, provoca contrações musculares. Dependendo da intensidade, a passagem de corrente elétrica pelo nosso corpo pode provocar danos sérios, até mesmo uma parada cardíaca.

**Efeito luminoso**

Também é um fenômeno elétrico de nível molecular. A excitação eletrônica pode dar margem à emissão de radiação visível, causando o efeito que observamos nas lâmpadas.

João Prudente/Pulsar Imagens

Vista da cidade de Vitória (ES) ao anoitecer em julho de 2011.

- Sob a orientação do professor, faça uma pesquisa sobre as intensidades de corrente elétrica e os efeitos que produzem no corpo humano. Pesquise também como o estudo desse assunto vem colaborando na fabricação de próteses que reproduzem o movimento humano.

EM CONSTRUÇÃO

## Alessandro Volta

Alessandro Giuseppe Antonio Anastasio Volta

Alessandro Giuseppe Antonio Anastasio Volta, físico italiano, nasceu em Como (na região da Lombardia, Itália) em 1745 e faleceu nessa mesma cidade em 1827. Para surpresa de sua família, Alessandro Volta não seguiu a carreira eclesiástica, pois desde cedo já manifestava um grande interesse pelas máquinas e equipamentos de sua época. No início da adolescência, resolveu que se dedicaria às Ciências Naturais.

Em 1774, com 29 anos de idade e já formado, Volta assumiu o cargo de professor de Física na Royal School de sua cidade e, desde então, iniciou uma série de experimentos em Eletricidade, uma ciência pouco conhecida na época. Em 1775, inventou o *eletrophorus*, um dispositivo acumulador de cargas elétricas, que o tornou conhecido; em 1778, descobriu e isolou o gás metano.

Pilha construída por Volta.

Em 1780, já como professor de Física da Universidade de Pavia, na Itália, Volta tomou conhecimento da descoberta casual feita por seu amigo, médico e cientista italiano, Luigi Galvani, de que o contato de dois metais diferentes com os músculos das pernas de uma rã resultava na geração de uma corrente elétrica. Galvani atribuiu o fenômeno a uma "eletricidade animal".

Posteriormente, em 1793, Volta provou que esse fenômeno era um efeito puramente inorgânico. Ele mergulhou dois metais, ligados um no outro, numa solução de sal e água, mostrando que a corrente elétrica que aparecia na experiência de Galvani também aparecia na dele, o que significava que o fenômeno era inorgânico.

No final de 1799, ao superpor camadas de discos de prata e zinco, intercalados por papel ou tecido embebido em solução salina, Volta construiu a chamada "pilha de Volta", isto é, a primeira fonte de suprimento de corrente elétrica feita pela mão do ser humano.

De todas as invenções de Volta, a pilha levou-o ao reconhecimento mundial. Recebeu muitas homenagens, medalhas e condecorações e, em 1801, em Paris, apresentou seu invento a Napoleão. Em 1810, recebeu o título de conde e foi eleito senador do reino da Lombardia. Em 1815, assumiu o cargo de diretor da Faculdade de Filosofia da Universidade de Pádua, Itália.

De todas as honrarias recebidas por Volta, certamente a denominação de uma unidade elétrica – volt – em sua homenagem, imortalizou seu nome.

Adaptado de: ROCHA, José Fernando M. (Org.). *Origens e evolução das ideias da Física*. Salvador: Edufba, 2002; ENCICLOPÉDIA Britânica, 2002.

- Converse com o professor de Química sobre as reações químicas que ocorrem no interior de uma pilha. Depois, monte a sua na seção **Experimento**.

EXPERIMENTO

## Condução de corrente elétrica em soluções eletrolíticas

Nesta atividade prática você vai montar uma pilha. Abaixo reproduzimos a pilha de Volta, ligeiramente modificada, para facilitar a montagem.

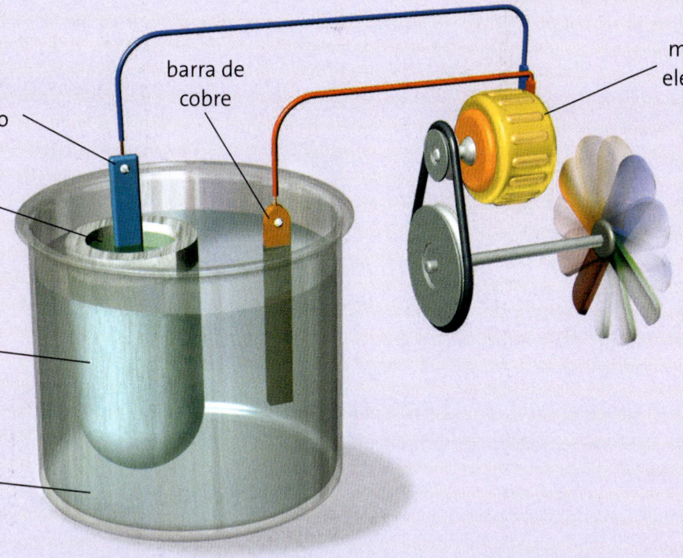


**Material**

- cuba de vidro;
- membrana semipermeável (pode ser a vela de um filtro de água);
- 1 barra de cobre;
- 1 barra de magnésio;
- sulfato de cobre;
- sulfato de magnésio;
- pequeno motor elétrico (pode ser substituído por uma pequena lâmpada que acenda na situação descrita);
- fios de ligação.

**Procedimento**

Prepare duas soluções aquosas: uma de sulfato de cobre e outra de sulfato de magnésio. Coloque a membrana semipermeável no interior da cuba.

No interior da membrana, adapte a barra de magnésio, ligada por um fio a um dos polos do motor. Entre a cuba e a membrana, adapte a barra de cobre, ligada por um fio ao outro polo do motor.

Ao se colocar as soluções como foi indicado – isto é, o sulfato de magnésio no interior da membrana e o sulfato de cobre no exterior –, o motor, acionado pela corrente elétrica produzida, movimenta-se.

1. Qual das soluções do experimento perde elétrons? E qual ganha?
2. Com base na resposta anterior, monte, em seu caderno, um esquema que mostre o sentido da corrente elétrica.

# Pensando no Enem

1. *Segundo dados do Balanço Energético Nacional de 2008, do Ministério das Minas e Energia, a matriz energética brasileira é composta por hidrelétrica (80%), termelétrica (19,9%) e eólica (0,1%). Nas termelétricas, esse percentual é dividido conforme o combustível usado, sendo: gás natural (6,6%), biomassa (5,3%), derivados de petróleo (3,3%), energia nuclear (3,1%) e carvão mineral (1,6%). Com a geração de eletricidade da biomassa, pode-se considerar que ocorre uma compensação do carbono liberado na queima do material vegetal pela absorção desse elemento no crescimento das plantas. Entretanto, estudos indicam que as emissões de metano ($CH_4$) das hidrelétricas podem ser comparáveis às emissões de $CO_2$ das termelétricas.*

MORET, A. S.; FERREIRA, I. A. As hidrelétricas do Rio Madeira e os impactos socioambientais da eletrificação no Brasil. Revista *Ciência Hoje*. v. 45, n. 265, 2009 (adaptado).

No Brasil, em termos do impacto das fontes de energia no crescimento do efeito estufa, quanto à emissão de gases, as hidrelétricas seriam consideradas como uma fonte:

a) limpa de energia, contribuindo para minimizar os efeitos desse fenômeno.

b) eficaz de energia, tomando-se o percentual de oferta e os benefícios verificados.

c) limpa de energia, não afetando ou alterando os níveis dos gases do efeito estufa.

d) poluidora, colaborando com níveis altos de gases de efeito estufa em função de seu potencial de oferta.

e) alternativa, tomando-se por referência a grande emissão de gases de efeito estufa das demais fontes geradoras.

### Resolução

O $CH_4$ contribui para o aumento do efeito estufa, e as usinas hidrelétricas emitem esse gás em quantidades consideráveis, conforme o texto nos informa. Como o Brasil possui grandes reservas hídricas, a participação das usinas hidrelétricas é muito significativa na nossa matriz energética e, por isso, elas podem ser consideradas poluidoras. No Brasil, podemos considerar que o aumento da exploração desse tipo de produção de energia agrava o efeito estufa.

A alternativa correta é a **d**.

2. A passagem de uma quantidade adequada de corrente elétrica pelo filamento de uma lâmpada deixa-o incandescente, produzindo luz. O gráfico abaixo mostra como a intensidade da luz emitida pela lâmpada está distribuída no espectro eletromagnético, estendendo-se desde a região do ultravioleta (UV) até a região do infravermelho.

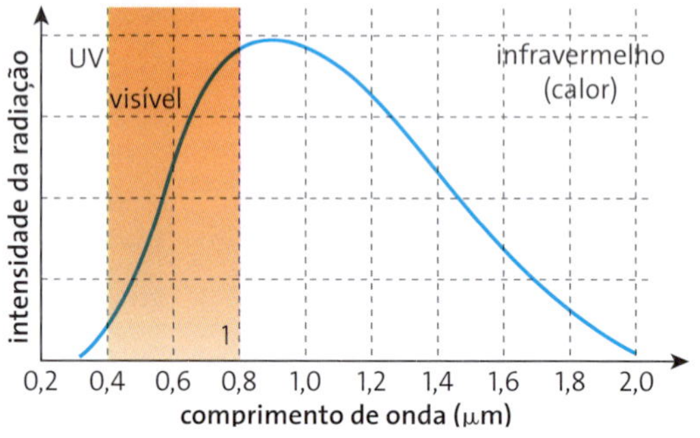


A eficiência luminosa de uma lâmpada pode ser definida como a razão entre a quantidade de energia emitida na forma de luz visível e a quantidade total de energia gasta para o seu funcionamento. Admitindo-se que essas duas quantidades possam ser estimadas, respectivamente, pela área abaixo da parte da curva correspondente à faixa de luz visível e pela área abaixo de toda a curva, a eficiência luminosa dessa lâmpada seria de aproximadamente:

a) 10%.
b) 15%.
c) 25%.
d) 50%.
e) 75%.

### Resolução

A área do gráfico pode ser calculada contando-se o número de quadradinhos abaixo da curva.

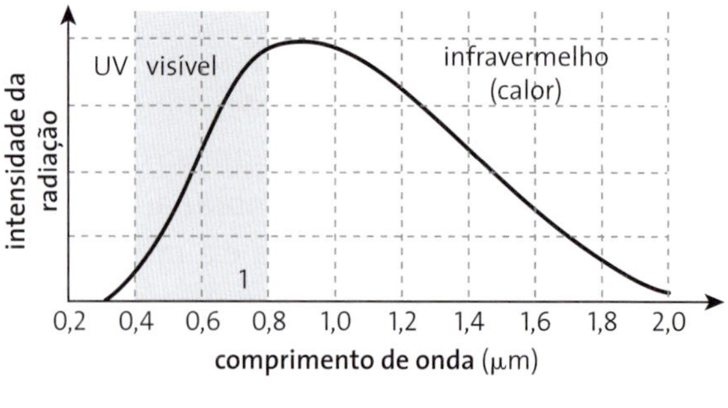


O número de quadradinhos da parte cinza é de aproximadamente 5 e de toda a área abaixo da curva é de aproximadamente 20.

$$n = \frac{E_{\text{visível}}}{E_{\text{total}}} = \frac{5}{20} \simeq 25\%$$

A alternativa correta é a **c**.

# Vestibulares de Norte a Sul

1. SE (Uerj) Uso de fontes renováveis de energia (2005)

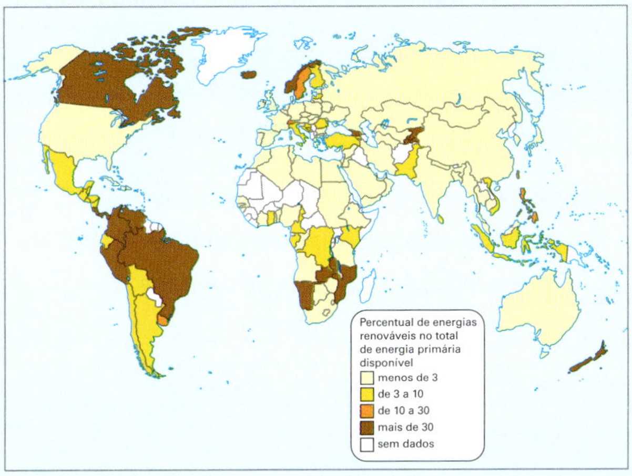


Allmaps/Arquivo da editora

Adaptado de: IBGE. *Atlas geográfico escolar*: Ensino Fundamental do 6º ao 9º ano. Rio de Janeiro, 2010.

O uso de fontes renováveis de energia passou a ser encarado como fundamental para a superação das contradições ecológicas do modelo econômico atual.

As fontes renováveis que mais contribuem para o percentual verificado na matriz energética brasileira são:

a) solar e eólica.

b) biomassa e solar.

c) eólica e hidráulica.

d) hidráulica e biomassa.

2. SE (Unitau-SP) Uma esfera metálica tem carga elétrica de valor igual a $-3,2 \cdot 10^{-4}$ C. Sendo a carga do elétron igual a $1,6 \cdot 10^{-19}$ C, pode-se concluir que a esfera contém:

a) $2 \cdot 10^{15}$ elétrons.

b) 200 elétrons.

c) um excesso de $2 \cdot 10^{15}$ elétrons.

d) $2 \cdot 10^{10}$ elétrons.

e) um excesso de $2 \cdot 10^{10}$ elétrons.

3. SE (Uni-BH-MG) Dizer que a carga elétrica é quantizada significa que ela:

a) só pode ser positiva.

b) não pode ser criada nem destruída.

c) pode ser isolada em qualquer quantidade.

d) só pode existir como múltipla de uma quantidade mínima definida.

e) pode ser positiva ou negativa.

4. SE (Unimep-SP) Analise as afirmações abaixo:

I. Cargas elétricas de sinais diferentes se repelem.

II. Cargas elétricas de mesmo sinal se repelem.

III. Cargas elétricas de sinais diferentes se atraem.

IV. A carga elétrica dos corpos são múltiplos e submúltiplos da carga do elétron.

V. A carga elétrica dos corpos só pode ser múltiplo inteiro do valor da carga do elétron.

Estão corretas as afirmativas:

a) I, II e III.

b) I, III e IV.

c) II, III e V.

d) III, IV e V.

e) I, IV e V.

5. CO (UEG-GO) *Os elétrons, em um circuito no qual há uma corrente elétrica contínua, movem-se com velocidade muito pequena (apenas 0,1 mm/s, aproximadamente). Entretanto, quando ligamos o interruptor do circuito, o campo elétrico que surge no condutor é estabelecido quase instantaneamente em todo fio, pois a velocidade de propagação desse campo é praticamente igual à da luz. Então, em um tempo muito curto, todos os elétrons livres já estão em movimento, embora os elétrons que começaram a mover-se nas proximidades do interruptor só alcancem o filamento depois de um tempo muito longo. Portanto, os elétrons que provocam o aquecimento do filamento a 2 500 °C são aqueles presentes no seu próprio tungstênio.*

LUZ, A. M. R.; ÁLVARES, B. A. *Curso de Física*. 5. ed. São Paulo: Scipione, p. 155.

A propósito do assunto tratado no texto, assinale a alternativa CORRETA:

a) O efeito joule consiste na transformação de energia térmica em energia luminosa em um resistor percorrido por uma corrente elétrica.

b) As lâmpadas incandescentes foram criadas por James Watt.

c) Os filamentos dessas lâmpadas são geralmente feitos de tungstênio, que é um metal cujo ponto de fusão é baixo.

d) Para um elétron percorrer um fio de 60 cm de comprimento com velocidade constante de 0,1 mm/s seria necessário um tempo de 100 minutos.

e) Em Fahrenheit, a temperatura do filamento pode chegar 950 °F.

6. SE (Unifal-MG) Um sistema é constituído por um corpo de massa $M$, carregado positivamente com carga $Q$, e por outro corpo de massa $M$, carregado negativamente com carga $Q$. Em relação a este sistema pode-se dizer que:

a) sua carga total é $-Q$ e sua massa total é $2M$.

b) sua carga total é nula e sua massa total é $2M$.

c) sua carga total é $+2Q$ e sua massa total é $2M$.

d) sua carga total é $+2Q$ e sua massa total é nula.

e) sua carga total é nula e sua massa total é nula.

7. SE (Unicamp-SP) A figura a seguir mostra como se pode dar um banho de prata em objetos, como por exemplo em talheres. O dispositivo consiste de uma barra de prata e do objeto que se quer banhar imersos em uma solução condutora de eletricidade. Considere que uma corrente de 6,0 A passa pelo circuito e que cada coulomb de carga transporta aproximadamente 1,1 mg de prata.

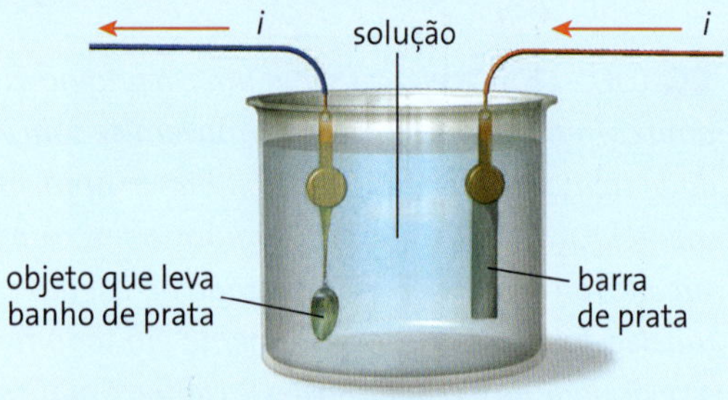


a) Calcule a carga que passa nos eletrodos em uma hora.

b) Determine quantos gramas de prata são depositados sobre o objeto da figura em um banho de 20 minutos.

8. SE (Uerj) A maioria dos relógios digitais é formada por um conjunto de quatro *displays*, compostos por sete filetes luminosos. Para acender cada filete, é necessária uma corrente elétrica de 10 miliamperes. O primeiro e o segundo *displays* do relógio ilustrado a seguir indicam as horas, e o terceiro e o quarto indicam os minutos.

Admita que esse relógio apresente um defeito, passando a indicar, permanentemente, 19 horas e 6 minutos. A pilha que o alimenta está totalmente carregada e é capaz de fornecer uma carga elétrica total de 720 coulombs, consumida apenas pelos *displays*. O tempo, em horas, para a pilha descarregar totalmente é igual a:

a) 0,2.
b) 0,5.
c) 1,0.
d) 2,0.

9. SE (Unifesp) Uma das especificações mais importantes de uma bateria de automóvel é o ampère-hora (Ah), uma unidade prática que permite ao consumidor fazer uma avaliação prévia da durabilidade da bateria. Em condições ideais, uma bateria de 50 Ah funciona durante 1 h quando percorrida por uma corrente elétrica de intensidade 50 A, ou durante 25 h, se a intensidade da corrente for 2 A. Na prática, o ampère-hora nominal de uma bateria só é válido para correntes de baixa intensidade – para correntes de alta intensidade, o valor efetivo do ampère-hora chega a ser um quarto do valor nominal. Tendo em vista essas considerações, pode-se afirmar que o ampère-hora mede a:

a) potência útil fornecida pela bateria.

b) potência total consumida pela bateria.

c) força eletromotriz da bateria.

d) energia potencial elétrica fornecida pela bateria.

e) quantidade de carga elétrica fornecida pela bateria.

10. S (UEL-PR) Sabe-se que a carga do elétron tem módulo $1{,}6 \cdot 10^{-19}$ C. A ordem de grandeza do número de elétrons que passam por segundo pela secção transversal constante de um condutor que transporta corrente de 0,15 A é:

a) $10^{20}$.
b) $10^{18}$.
c) $10^{19}$.
d) $10^{21}$.
e) $10^{27}$.

11. NE (UFPE) Suponha que o feixe de elétrons em um tubo de imagens de televisão tenha um fluxo de $8{,}1 \cdot 10^{15}$ elétrons por segundo. Qual a corrente do feixe em unidades de $10^{-4}$ A?

a) 13
b) 15
c) 17
d) 19
e) 23

12. N (UFPA) O acelerador de partículas LHC, o Grande Colisor de Hadrons (*Large Hadron Collider*), recebeu da imprensa vários adjetivos superlativos: "a maior máquina do mundo", "o maior experimento já feito", "o *big-bang* recriado em laboratório", para citar alguns. Quando o LHC estiver funcionando a plena capacidade, um feixe de prótons, percorrendo o perímetro do anel circular do acelerador, irá conter $10^{14}$ prótons, efetuando $10^4$ voltas por segundo, no anel.

Considerando que os prótons preenchem o anel uniformemente, identifique a alternativa que indica corretamente a corrente elétrica que circula pelo anel.

Dado: carga elétrica do próton $= 1{,}6 \cdot 10^{-19}$ C.

a) 0,16 A
b) $1{,}6 \cdot 10^{-15}$ A
c) $1{,}6 \cdot 10^{-29}$ A
d) $1{,}6 \cdot 10^{-9}$ A
e) $1{,}6 \cdot 10^{-23}$ A

CAPÍTULO

# 2 Os circuitos elétricos nas residências

GustoImages/SPL/Latinstock

As lâmpadas natalinas, os piscas-piscas, são um bom exemplo de circuito elétrico em uma residência.

# 1 Bipolos e transformações de energia

Ferros elétricos nos ajudam na tarefa de passar roupas; liquidificadores são muito úteis no preparo de um suco; pilhas fornecem energia para o funcionamento de diversos aparelhos, como o controle remoto. O que todos esses aparelhos têm em comum?

Basicamente, todos eles são dispositivos elétricos com dois terminais – **bipolos elétricos** – e transformam energia elétrica em outra modalidade ou vice-versa.

No ferro elétrico, a energia elétrica converte-se em térmica; no liquidificador, a energia elétrica converte-se em mecânica no movimento do motor; e, nas pilhas, a energia química converte-se em elétrica (figura 2.1).

Essas transformações de energia estão associadas ao trabalho de uma força microscópica, que atua nas partículas responsáveis pelas correntes elétricas quando esses dispositivos estão em funcionamento.

Quanto maior a energia transformada ($\Delta E$) em um bipolo, maior a quantidade de carga elétrica ($\Delta q$) transportada entre seus extremos.

Venus Angel/Shutterstock/Glow Images

(a)

(b)

Nikkytok/Shutterstock/Glow Images

(c)

Petr Malyshev/Shutterstock/Glow Images

Figura 2.1 Liquidificador (elétrica $\rightarrow$ mecânica) (**a**); ferro elétrico (elétrica $\rightarrow$ térmica) (**b**); pilha (química $\rightarrow$ elétrica) (**c**).

# Diferença de potencial (ddp)

A interpretação física do conceito de **diferença de potencial (ddp)** pode ser entendida em duas situações práticas:

1. Quando dizemos que uma tomada tem tensão elétrica (ddp) de 127 V significa que quando ligamos um ferro elétrico a ela, o funcionamento dele utiliza 127 J de energia da rede de distribuição para cada coulomb de carga elétrica que é transportado entre seus terminais (figura 2.2.a).
2. Quando dizemos que uma pilha é de 1,5 V significa que 1,5 J de sua energia química é consumido para cada coulomb de carga elétrica transportado entre seus terminais (figura 2.2.b).

Desse modo, a diferença de potencial, também conhecida como tensão elétrica, representada pela letra $U$, é a energia ($\Delta E$) por unidade de carga elétrica ($\Delta q$):

$$U = \frac{\Delta E}{\Delta q}$$

No Sistema Internacional de Unidades (SI), a unidade de diferença de potencial é o **volt (V)**.

As redes elétricas residenciais são de 127 V e/ou de 220 V. Assim, os aparelhos elétricos (lâmpada, geladeira, televisor, etc.) são fabricados para serem ligados em tomadas elétricas de 127 V ou 220 V.

Fabio Colombini/Acervo do fotógrafo

Namatae/Shutterstock/Glow Images

Figura 2.2 Tomada elétrica de 127 V (**a**) e pilha de 1,5 V (**b**).

# Potência em bipolos

Os bipolos são dispositivos associados a transformações de energia. Um ferro elétrico, como já mencionado, transforma continuamente energia elétrica em térmica. Essa capacidade de transformar energia elétrica em térmica é medida pelo calor gerado, em joules por segundo (J/s), que equivale à potência associada à transformação de energia térmica em calor, que no SI é o watt (W).

Por essa razão, todos os aparelhos elétricos devem ter indicados os dados nominais: a **diferença de potencial** (em volt, V) a que devem ser submetidos para funcionar normalmente; e a **potência** (em watt, W), associada à transformação de energia correspondente, a qual é medida em joules por segundo.

Por exemplo, um ferro de passar roupas em que está indicado 127 V – 800 W deverá ser submetido a uma diferença de potencial de 127 V para operar normalmente e, nessas condições, utilizará 800 W de potência, ou seja, consumirá 800 J de energia elétrica por segundo, da rede de distribuição, para produzir a mesma quantidade de calor.

Se esse ferro for ligado a uma diferença de potencial maior do que 127 V, consumirá mais do que 800 W e esquentará mais do que o normal, correndo o risco de queimar. Se for ligado a uma diferença de potencial menor do que 127 V, consumirá menos do que 800 W e esquentará menos do que o normal.

A razão entre a potência ($P$), em watt, e a diferença de potencial ($U$), em volt, é a intensidade de corrente elétrica ($i$), em ampère, com a qual o dispositivo (bipolo elétrico) vai funcionar:

$$i = \frac{P}{U} \Rightarrow P = U \cdot i$$

# Consumo de energia em uma instalação residencial

**Para refletir**

Qual é o consumo de energia, em joules, de uma lâmpada de 100 W em 1 hora de funcionamento?

As residências são alimentadas por energia elétrica proveniente dos sistemas de distribuição. O serviço prestado à população pelas empresas, públicas ou privadas, que operam esses sistemas é cobrado de acordo com a energia elétrica consumida em cada residência.

Quando se trata de medir o consumo de energia de uma residência, o joule (J) é uma unidade muito pequena. Veja, por exemplo, a energia consumida por um chuveiro, cujo valor típico da potência de operação é 4 000 W, ligado durante meia hora (1 800 s), em joules:

$$\Delta E = P \cdot \Delta t \Rightarrow \Delta E = 4\,000 \cdot 1800 \Rightarrow \Delta E = 7\,200\,000 \text{ J} = 7{,}2 \cdot 10^6 \text{ J}$$

Esse resultado nos leva a concluir que o joule (J) é uma unidade muito pequena quando se trata de medir o consumo de energia de uma residência. Para contornar essa dificuldade, as concessionárias de energia elétrica optaram por trabalhar com a potência em quilowatts (kW) e com o tempo em horas, medindo a energia consumida com a unidade quilowatt-hora (kWh) (figura 2.3).

Nessa nova unidade, o consumo de energia do mesmo chuveiro seria dado por:

$$\Delta E = P \cdot \Delta t = 4 \text{ kW} \cdot 0{,}5 \text{ h} \Rightarrow \Delta E = 2 \text{ kWh}$$

Comparando-se o quilowatt × hora (kWh) com o joule (J), temos:

$$1 \text{ kWh} = 3{,}6 \cdot 10^6 \text{ J}$$

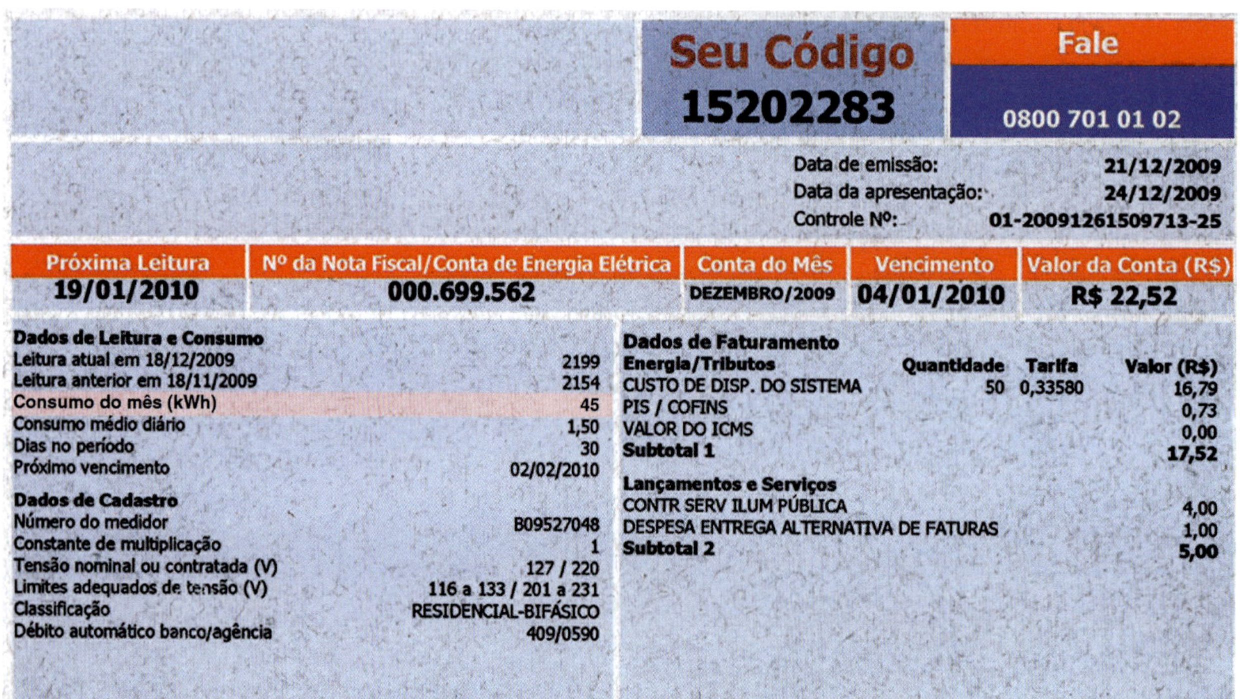
Seu Código
15202283
Fale
0800 701 01 02

Data de emissão: 21/12/2009
Data da apresentação: 24/12/2009
Controle Nº: 01-20091261509713-25

| Próxima Leitura | Nº da Nota Fiscal/Conta de Energia Elétrica | Conta do Mês | Vencimento | Valor da Conta (R$) |
|---|---|---|---|---|
| 19/01/2010 | 000.699.562 | DEZEMBRO/2009 | 04/01/2010 | R$ 22,52 |

**Dados de Leitura e Consumo**

| | |
|---|---|
| Leitura atual em 18/12/2009 | 2199 |
| Leitura anterior em 18/11/2009 | 2154 |
| Consumo do mês (kWh) | 45 |
| Consumo médio diário | 1,50 |
| Dias no período | 30 |
| Próximo vencimento | 02/02/2010 |

**Dados de Cadastro**

| | |
|---|---|
| Número do medidor | B09527048 |
| Constante de multiplicação | 1 |
| Tensão nominal ou contratada (V) | 127 / 220 |
| Limites adequados de tensão (V) | 116 a 133 / 201 a 231 |
| Classificação | RESIDENCIAL-BIFÁSICO |
| Débito automático banco/agência | 409/0590 |

**Dados de Faturamento**

| Energia/Tributos | Quantidade | Tarifa | Valor (R$) |
|---|---|---|---|
| CUSTO DE DISP. DO SISTEMA | 50 | 0,33580 | 16,79 |
| PIS / COFINS | | | 0,73 |
| VALOR DO ICMS | | | 0,00 |
| Subtotal 1 | | | 17,52 |

**Lançamentos e Serviços**

| | |
|---|---|
| CONTR SERV ILUM PÚBLICA | 4,00 |
| DESPESA ENTREGA ALTERNATIVA DE FATURAS | 1,00 |
| Subtotal 2 | 5,00 |



Figura 2.3 Conta de energia elétrica com destaque para a unidade de medida utilizada.

## Exercícios

1. A diferença de potencial entre uma nuvem e a Terra é de 1200 V. Sabe-se que quando um raio descarrega a nuvem, cerca de 1000 C são transportados pela atmosfera. Qual é a energia elétrica associada ao processo de descarga da nuvem?

2. Uma lâmpada de potência nominal 60 W é atravessada por uma corrente de 0,5 A, em condições nominais de uso. Qual o valor de sua diferença de potencial nominal?

3. A tabela abaixo indica os aparelhos elétricos instalados em uma residência e o número médio de horas diárias que cada um fica ligado.
Supondo que o preço do kWh seja R$ 0,40, calcule o custo mensal da energia elétrica dessa residência.

| Dispositivo | Quantidade | Potência (W) | Tempo de funcionamento (horas/dia) |
|---|---|---|---|
| televisor | 1 | 80 | 5 |
| lâmpada | 10 | 100 | 2 |
| máquina de lavar roupas | 1 | 100 | 1 |
| computador | 1 | 200 | 4 |
| chuveiro | 1 | 4 000 | 1 |
| ferro de passar roupas | 1 | 2 000 | 0,5 |
| secador de cabelos | 1 | 2 000 | 0,5 |

4. Uma pilha de lanterna que armazena 4 000 J de energia química alimenta uma pequena lâmpada de dados nominais 1,5 V – 0,45 W. Em quanto tempo de funcionamento a pilha gasta toda a sua energia química (descarrega)?

5. Na figura, temos as condições nominais impressas em um aparelho de ar condicionado.

Mile Atanasov/Shutterstock/Glow Images

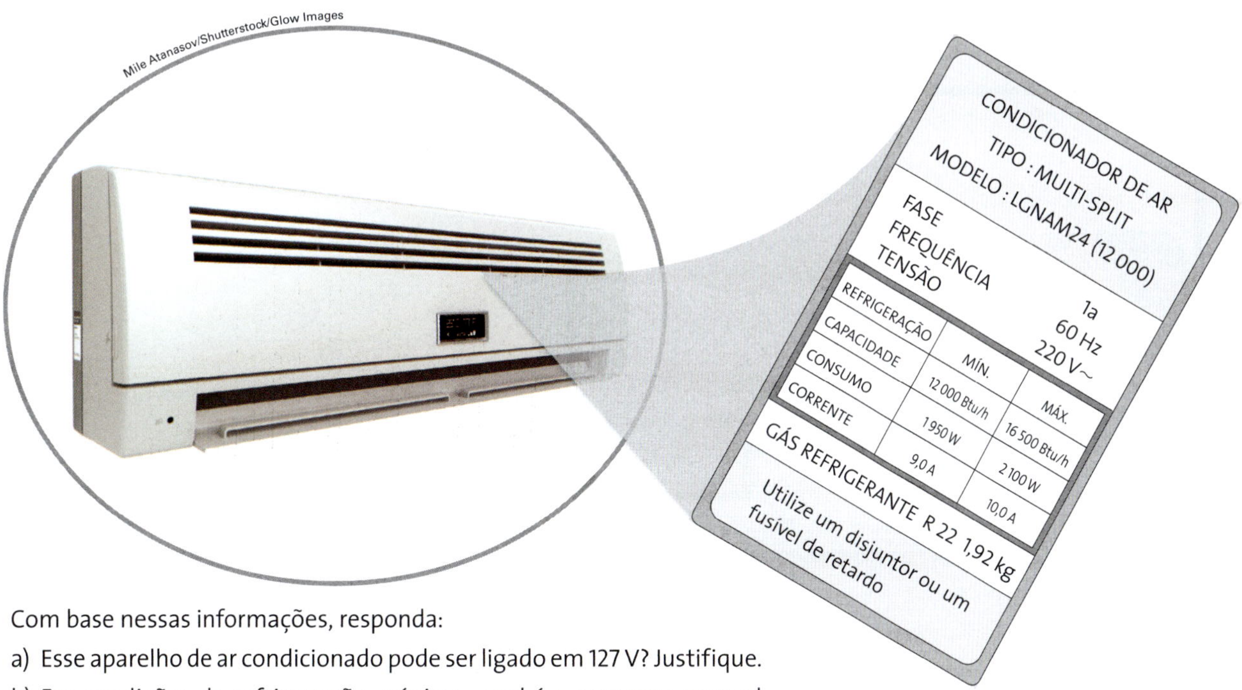


Com base nessas informações, responda:

a) Esse aparelho de ar condicionado pode ser ligado em 127 V? Justifique.

b) Em condições de refrigeração máxima, qual é o consumo mensal (30 dias), em kWh, se esse aparelho ficar ligado durante 4 horas por dia?

# 2 Classificação dos bipolos e definição de resistência elétrica

Os dispositivos elétricos podem ser classificados, quanto à transformação de energia, em **geradores** e **receptores**.

## Geradores elétricos

Os geradores transformam outra modalidade de energia em energia elétrica. Isso significa que os portadores de carga correspondentes à corrente elétrica que atravessam o gerador têm sua energia potencial elétrica aumentada, isto é, o sentido da corrente no interior do gerador é do menor potencial (*B*) para o maior (*A*), conforme mostra a figura 2.4. São exemplos de gerador: a pilha, a bateria, a usina hidrelétrica, etc.

A figura 2.5 mostra a representação esquemática de um circuito bastante elementar, constituído por uma fonte de tensão, fios de ligação e um aparelho elétrico qualquer (no caso, uma lâmpada). A esse circuito foi acrescentada uma chave liga/desliga.

Se a chave estiver aberta, os portadores de carga não circulam e o aparelho ficará desligado.

Vamos determinar o sentido da corrente elétrica na representação esquemática do circuito. Para isso, devemos olhar para o gerador. É ele que determina a diferença de potencial, que "dá as cartas" para o funcionamento do circuito. Assinalamos o sentido da corrente no gerador e em seguida o acompanhamos em todo o circuito. Dessa forma, com a chave fechada, o sentido da corrente na representação esquemática é anti-horário, conforme a figura 2.6.

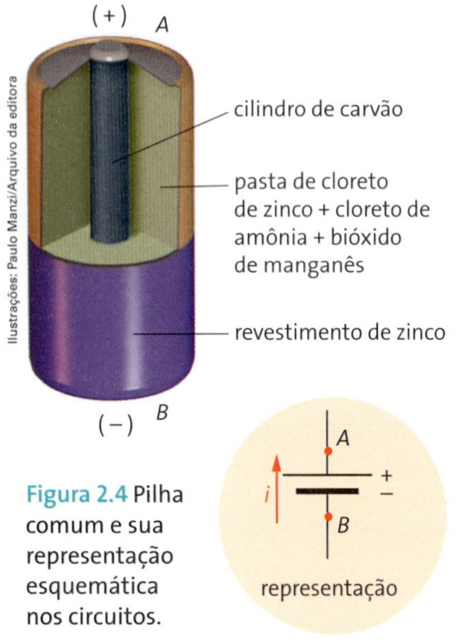


Figura 2.4 Pilha comum e sua representação esquemática nos circuitos.

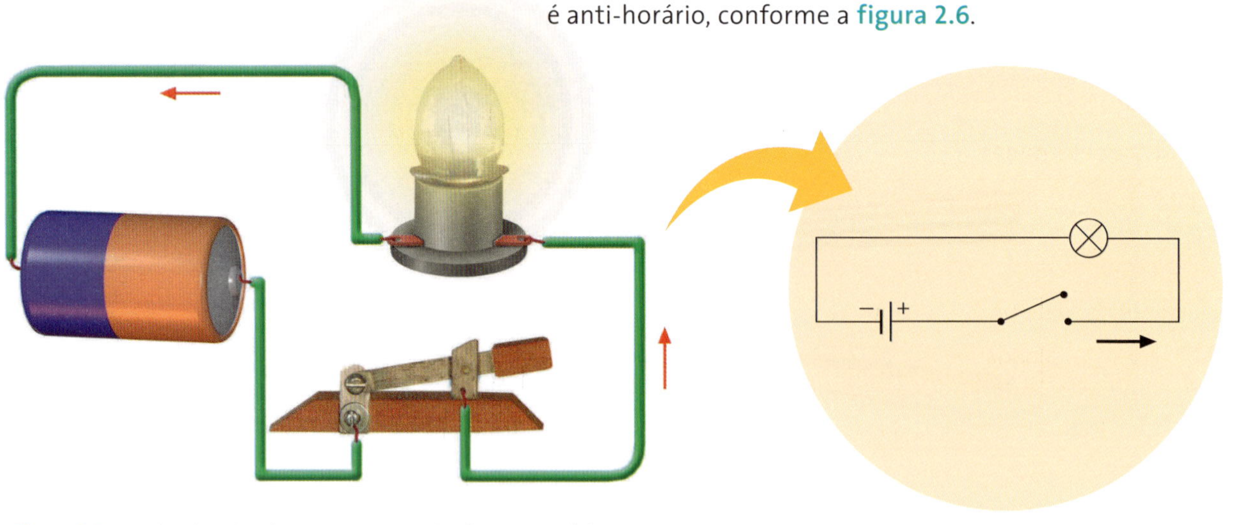

Figura 2.5 Um circuito simples e sua representação esquemática.

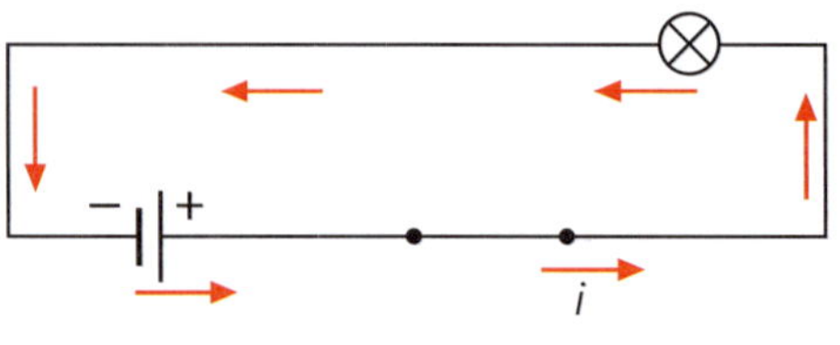


Figura 2.6 Sentido da corrente elétrica em um circuito simples.

# Receptores elétricos

Os receptores, ao contrário dos geradores, transformam energia elétrica em outra modalidade de energia. São exemplos de receptor: a TV, o carrinho de controle remoto, o aquecedor elétrico, etc. (figura 2.7). Eles são consumidores de energia elétrica e, de acordo com a sua finalidade, podem ser agrupados em duas categorias: os **resistivos** e os **ativos**.

Os **receptores resistivos** transformam energia elétrica exclusivamente em energia térmica. É o caso do chuveiro elétrico, do forno de resistências elétricas, do ferro de passar roupas e das lâmpadas incandescentes, as quais têm como efeito secundário a emissão de luz, ou incandescência luminosa. Nessa categoria enquadram-se os condutores metálicos em geral.

Os **receptores ativos** transformam energia elétrica em alguma outra modalidade de energia, desde que não seja exclusivamente a térmica. São os aparelhos de som, os televisores, os telefones e os motores elétricos em geral.

Os receptores ativos são chamados simplesmente de **receptores** e os resistivos, de **resistores**.

Como nos receptores a energia elétrica é transformada em outra modalidade, isso significa que os portadores de carga correspondentes à corrente elétrica que atravessam o receptor têm sua energia potencial elétrica diminuída, isto é, acompanhando o sentido da corrente, neles o potencial diminui.

Os resistores são representados por uma grandeza física denominada **resistência elétrica (*R*)**. Assim, a resistência elétrica (*R*) de um condutor submetido a uma diferença de potencial (*U*) e, como consequência, sendo percorrido por uma corrente elétrica de intensidade (*i*) é dada por (figura 2.8):

$$R = \frac{U}{i} \Rightarrow U = R \cdot i$$

Nos circuitos elétricos, os resistores são representados conforme a figura 2.9.

Para determinada tensão (ddp), a intensidade da corrente elétrica será tanto maior quanto menor for a resistência elétrica. Assim, a grandeza **resistência elétrica** está associada, basicamente, a dois fatores:

- mobilidade dos portadores de carga livres;
- quantidade de portadores de carga livres de que o condutor dispõe.

No SI, a unidade de ddp é o **volt (V)**, a de corrente elétrica é o **ampère (A)**, a de resistência elétrica é o **ohm (Ω)**.

Particularmente nos resistores, a potência elétrica pode ser expressa em função de sua resistência.

Sendo $P = U \cdot i$ e $U = R \cdot i$, temos:

$$P = R \cdot i^2$$

Sendo $i = \frac{U}{R}$, a potência elétrica num resistor também pode ser dada por:

$$P = \frac{U^2}{R}$$

Cristi Lucaci/Shutterstock/Glow Images

Deyan Georgiev/Shutterstock/Glow Images

Bogdan Postelnicu/Shutterstock/Glow Images

Figura 2.7 Luz, som, movimento e calor são exemplos de modalidades de energia obtidas da energia elétrica.

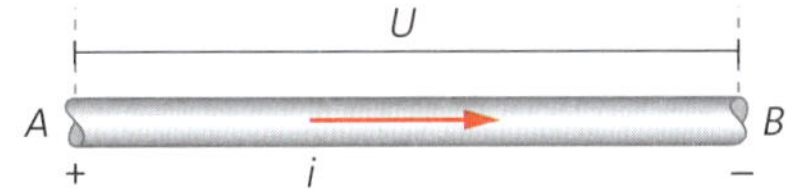

Figura 2.8 Condutor *AB*, sujeito a uma diferença de potencial *U* e percorrido por uma corrente elétrica *i*.

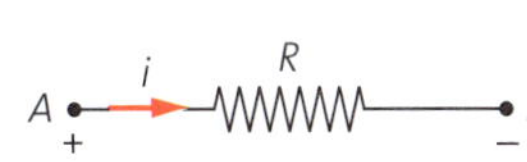

Figura 2.9 Representação esquemática de um resistor.

## Exercícios

6. As pilhas mais comuns comercializadas são de dois tipos: "AA" e "AAA".

Aigars Reinholds/Shutterstock/Glow Images
minaedward/Shutterstock/Glow Images

a) Se ambas são de 1,5 V, por que uma é maior que a outra?

b) Nas pilhas, que forma de energia é transformada em energia elétrica?

7. Considere um secador de cabelos de 2 800 W – 220 V em funcionamento de acordo com as condições nominais.

a) Como você classifica o secador de cabelos: receptor ou resistor?

b) Qual é a intensidade de corrente elétrica no secador?

8. Considere os seguintes aparelhos elétricos: lâmpada (100 W – 127 V), ferro de passar roupas (2 200 W – 220 V) e chuveiro (4 800 W – 220 V).

a) Qual deles possui maior resistência elétrica?

b) Em funcionamento, durante o mesmo intervalo de tempo, qual deles consome mais energia elétrica?

9. Em determinada residência pode-se ligar aparelhos elétricos tanto em 127 V como em 220 V. Nessa residência, existe um chuveiro elétrico de 2 200 W – 127 V que, no inverno, não aquece a água adequadamente. Sabendo-se que a corrente elétrica máxima disponível na residência é 30 A, veja as alternativas apresentadas para resolver o problema:

Alternativa I: Ligar o chuveiro em 220 V.

Alternativa II: Trocar o chuveiro. Nesse caso, temos três opções para o novo chuveiro:

a) 2 200 W – 220 V

b) 4 400 W – 127 V

c) 4 400 W – 220 V

Por qual solução você optaria? Justifique.

10. Analisando as duas expressões para o cálculo da potência de um resistor $\left(P = R \cdot i^2 \text{ e } P = \frac{U^2}{R}\right)$, observamos que a primeira parece sugerir que, quanto maior a resistência, maior a potência e, a segunda, quanto maior a resistência, menor a potência. Como você explica essa aparente contradição?

11. Para usar um secador de cabelos de 850 W – 220 V, não dispondo de uma tomada de 220 V, uma pessoa resolveu ligá-lo em uma tomada de 127 V. Considere os seguintes dados:

- A resistência elétrica do secador é constante.
- No secador de cabelos, toda a energia elétrica é transformada em térmica.

Nessas condições, qual é a potência do secador?

12. (Acafe-SC) Eletricidade em casa!

Suponha que você se mude de São Paulo, onde a tensão da rede é 110 V, para Florianópolis, onde a tensão da rede é 220 V, e traga consigo um aquecedor elétrico. Você pode manter a mesma potência do aquecedor substituindo a resistência original de 8,0 Ω por outra, cujo valor, em Ω, seja:

a) 16.

b) 32.

c) 4.

d) 2.

e) 64.

13. (UFPR) Em um chuveiro elétrico temos três possibilidades de escolha: água fria (chuveiro desligado), água morna e água quente. Sua resistência elétrica pode assumir os valores de 3,0 a 8,0 ohms.

Então, é correto afirmar (dê como resposta a soma dos números correspondentes às afirmações corretas):

(01) Na escolha "água morna", a resistência do chuveiro vale 8,0 ohms.

(02) Se esse chuveiro for ligado à tensão de 120 V, o fusível que protege o circuito deve suportar 40 A.

(04) Se circula uma corrente de 15 A quando a resistência do chuveiro é de 8,0 ohms, a potência dissipada é de $1{,}8 \cdot 10^3$ W.

(08) Na posição "água quente", se a tensão aplicada for reduzida à metade, o chuveiro dissipará $\frac{1}{4}$ da potência inicial.

(16) Com resistência de 3,0 ohms ligada à tensão de 120 V, a corrente que circula é de 36 A.

# 3 Leis de Ohm

## Primeira lei de Ohm

Georg Simon Ohm, realizando experimentos com condutores elétricos, observou que, em alguns deles, em particular nos metálicos, ao variar a diferença de potencial ($U$) aplicada entre seus terminais, a intensidade de corrente ($i$) que os atravessava variava na mesma proporção. Esse fato, conhecido como **primeira lei de Ohm**, pode ser expresso de várias maneiras:

- a razão entre $U$ e $i$ é constante, ou seja:

  $$\frac{U_1}{i_1} = \frac{U_2}{i_2} = ... = \frac{U_n}{i_n} = \text{constante;}$$

- a resistência elétrica tem sempre o mesmo valor, isto é:

  $R_1 = R_2 = ... = R_n$;

- $U$ e $i$ são duas grandezas diretamente proporcionais. Neste caso, o gráfico de $U$ em função de $i$ é uma reta passando pela origem (figura 2.10).

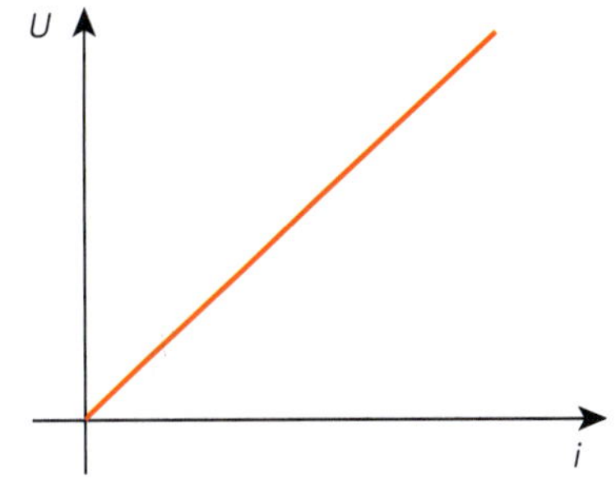


Figura 2.10 Representação gráfica da ddp em função da corrente elétrica para um condutor que obedece à primeira lei de Ohm.

Os condutores que satisfazem essas condições são chamados **condutores ôhmicos** ou **resistores ôhmicos**.

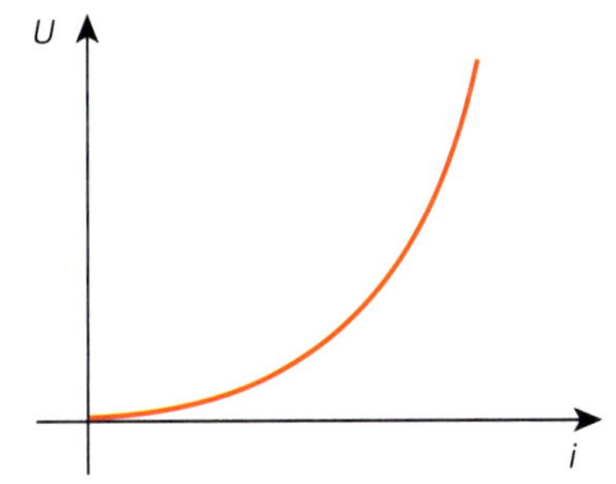


Figura 2.11 Exemplo de representação gráfica da ddp em função da corrente elétrica para um condutor não ôhmico.

### Observações

- Nem todos os condutores são ôhmicos, isto é, nem todos os condutores seguem a primeira lei de Ohm. Aqueles que não seguem são chamados **condutores não ôhmicos**. Nesse caso, os gráficos de $U$ em função de $i$ não são retas passando pela origem (figura 2.11).
- A resistência elétrica ($R$) de um resistor não ôhmico pode ser calculada para cada par ($U$; $i$), obtendo-se um valor diferente para cada um deles.
- Mesmo os condutores ôhmicos podem apresentar variações no valor da resistência, quando submetidos a altas temperaturas.

Em geral, a resistência de um condutor depende dos pontos em que estabelecemos a tensão. Por exemplo, no corpo humano a resistência elétrica entre os dois polegares é diferente daquela entre a ponta do pé e a cabeça. Além disso, nos contatos da pele com o circuito energizado, a resistência depende da umidade da pele (figura 2.12). Quanto mais úmida, menor é a resistência.

Sérgio Dotta Jr./Arquivo da editora

Figura 2.12 Arranjo experimental para a medida de resistência elétrica do corpo humano considerando diferentes pontos de contato.

Figura 2.13 Linha de transmissão de energia elétrica.

# Segunda lei de Ohm

Nas instalações elétricas residenciais e nas linhas de transmissão (figura 2.13), os fios e cabos condutores metálicos são utilizados para o transporte de energia elétrica.

Esses fios e cabos deveriam, idealmente, não apresentar perdas de energia quando utilizados. Entretanto, quando ligados em circuitos reais, nas transformações de energia elétrica em térmica, apresentam perdas pelo fato de sua resistência elétrica ($R$) ser diretamente proporcional ao comprimento do fio ($L$) e inversamente proporcional à área de sua secção transversal ($A$). Esse fato é conhecido como **segunda lei de Ohm**.

Por essa razão se discute muito o aproveitamento do potencial hidrelétrico da Amazônia. A distância da Amazônia aos centros de consumo de energia é muito grande, implicando a necessidade da instalação de longas linhas de transmissão; portanto, com muitas perdas.

Para melhorar uma instalação residencial, são usados fios de ligação mais grossos, para diminuir as perdas. Em geral, os fios são descritos pelo seu número AWG: quanto maior for esse número, menor será a área da secção transversal do fio (figura 2.14).

Para expressar a segunda lei de Ohm, consideremos um fio homogêneo (figura 2.15) de comprimento ($L$) e área da secção transversal ($A$).

A resistência elétrica do fio é dada por:

$$R = \rho \cdot \frac{L}{A}$$

em que $\rho$ representa a dependência em relação ao material de que o fio é constituído e recebe o nome de resistividade elétrica.

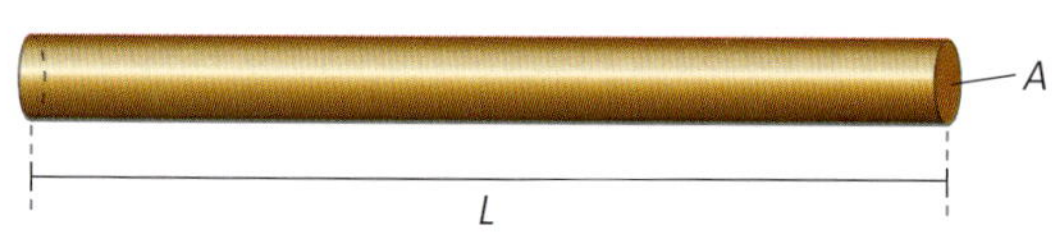


Figura 2.15 Fio homogêneo de comprimento $L$ e área da secção transversal $A$.

**Para refletir**

Por que a fiação elétrica nas residências não é feita somente com fios grossos?

Figura 2.14 Fios: fino (AWG-26) (**a**) e grosso (AWG-22) (**b**).

## Resistividade

A resistividade elétrica, $\rho$, característica de cada material, varia com a temperatura $T$. No caso específico dos metais, essa variação é praticamente linear e dada por:

$$\rho = \rho_0 \cdot (1 + \alpha \cdot \Delta T)$$

Nessa expressão, $\rho$ é o valor da resistividade à temperatura $T$, $\rho_0$ é o valor da resistividade à temperatura $T_0$, $\alpha$ é o coeficiente de temperatura e $\Delta T = T - T_0$ é a variação de temperatura.

Na tabela seguinte, apresentamos os valores da resistividade de alguns metais e o correspondente valor do coeficiente de temperatura, ambos a 20 °C.

**Tabela 2.1 Resistividade e coeficiente de temperatura a 20 °C**

| Metal | Resistividade $\rho$ ($\Omega \cdot$ m) | Coeficiente de temperatura $\alpha$ ($K^{-1}$) |
|---|---|---|
| Alumínio | $2{,}8 \cdot 10^{-8}$ | $3{,}9 \cdot 10^{-3}$ |
| Cobre | $1{,}7 \cdot 10^{-8}$ | $3{,}9 \cdot 10^{-3}$ |
| Ferro | $10 \cdot 10^{-8}$ | $5{,}0 \cdot 10^{-3}$ |
| Prata | $1{,}6 \cdot 10^{-8}$ | $3{,}8 \cdot 10^{-3}$ |
| Tungstênio | $5{,}5 \cdot 10^{-8}$ | $4{,}5 \cdot 10^{-3}$ |

### Exercícios resolvidos

**1.** Um ferro de passar roupas comum transforma a potência de 850 W, quando ligado em 127 V. Um técnico afirma que a resistência desse ferro é muito maior do que a dos fios de ligação (AWG-16) que levam a energia elétrica até as tomadas.

a) Obtenha a resistência do ferro.

b) Um fio de cobre AWG-16 tem secção transversal de 1,31 mm². A resistividade do cobre é $1{,}6 \cdot 10^{-8}\ \Omega \cdot$ m. Calcule a resistência correspondente a 10 m desse fio. Observe que $1\ mm^2 = 10^{-6}\ m^2$.

c) Compare, em termos percentuais, a resistência desse fio em relação à do ferro. A afirmação do técnico procede?

**Resolução**

a) A resistência do ferro de passar roupa é obtida em:

$$P = \frac{U^2}{R} \Rightarrow 850 = \frac{(127)^2}{R} \Rightarrow R = 19\ \Omega$$

b) A resistência elétrica do fio é dada por:

$$R_{fio} = \rho \frac{L}{A} \Rightarrow R_{fio} = 1{,}6 \cdot 10^{-8} \cdot \frac{10}{1{,}31 \cdot 10^{-6}} \Rightarrow R_{fio} = 0{,}12\ \Omega$$

c) Em termos percentuais, a razão ($f$) entre a resistência do fio e a do ferro é:

$$f = \frac{R_{fio}}{R_{ferro}} 100\%, \text{ isto é, } f = \frac{0{,}12}{24} 100\% \Rightarrow f = 0{,}5\%$$

A afirmação do técnico procede, pois a resistência correspondente a 10 m do fio é apenas 0,5% da do ferro.

**2.** Na figura ao lado, temos o gráfico da resistividade do cobre, em $\Omega \cdot$ m, em função da temperatura, em Kelvin.

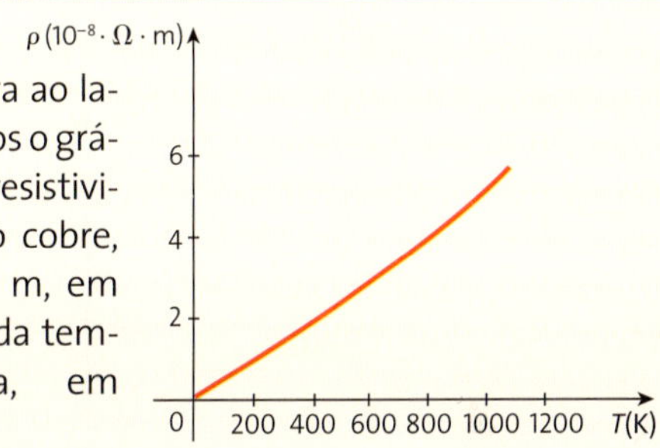


a) Qual é o valor aproximado da resistividade do cobre à temperatura de 27 °C?

b) Determine a resistência elétrica de um fio de cobre AWG-14, de 2,0 m de comprimento, à temperatura de 27 °C. Sabe-se que o fio de cobre de calibre 14 possui 2,0 mm² de área da seção transversal.

**Resolução**

a) A temperatura de 27 °C corresponde a 300 K. Pelo gráfico é possível observar que, nessa temperatura, a resistividade $\rho$ do cobre vale aproximadamente $2 \cdot 10^{-8}\ \Omega \cdot$ m.

b) De acordo com a segunda lei de Ohm, a resistência elétrica do fio de cobre de 2,0 m de comprimento e área de $2 \cdot 10^{-6}\ m^2$ ($1\ mm^2 = 10^{-6}\ m^2$), a 27 °C (300 K), é dada por:

$$R = \rho \cdot \frac{L}{A} \Rightarrow R = 2 \cdot 10^{-8} \cdot \frac{2}{2 \cdot 10^{-6}} \Rightarrow$$

$$\Rightarrow R = 2 \cdot 10^{-2}\ \Omega$$

## Exercícios

14. Com a finalidade de verificar a validade das leis de Ohm, em um experimento de laboratório são obtidos os gráficos tensão × corrente para dois condutores, *A* e *B*.

Figura *A*

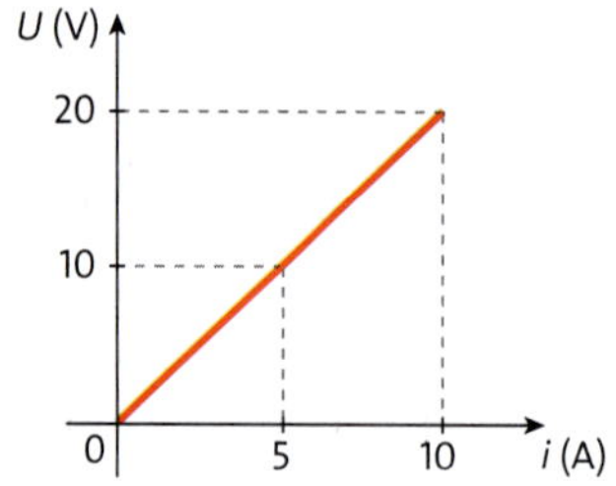


Figura *B*

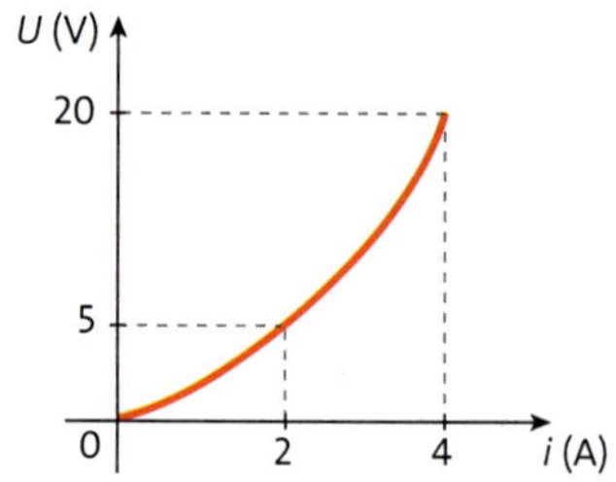


a) Para qual deles é válida a primeira lei de Ohm?

b) Qual será a resistência do condutor *B* quando a tensão nele aplicada for de 20 V?

c) Qual será a resistência do condutor *A* se a tensão nele aplicada for de 8 V?

15. Um chuveiro é construído para ser ligado em 220 V e, nessas condições, fornece uma potência de 4 400 W. Supondo que o chuveiro funciona como um condutor ôhmico, qual sua resistência elétrica se for ligado em 110 V?

16. (UFF-RJ) Em meados da primeira metade do século XIX, Georg Simon Ohm formulou uma lei que relaciona três grandezas importantes no estudo da eletricidade: tensão (*V*), intensidade de corrente (*i*) e resistência (*R*).

Baseado nessa lei, a fim de verificar se um determinado resistor era ôhmico, um estudante reproduziu a experiência de Ohm, obtendo o seguinte gráfico:

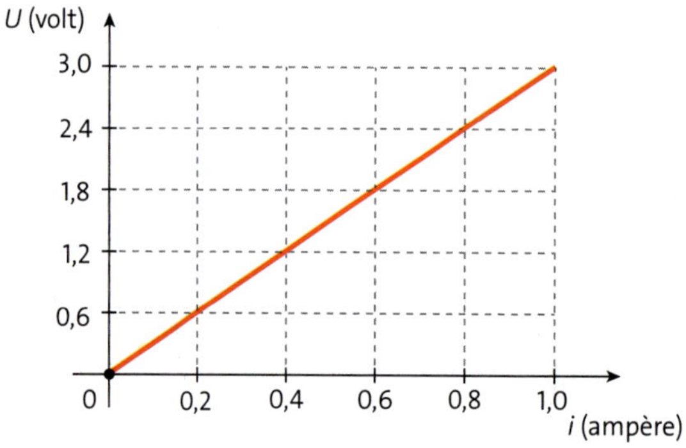


a) Informe se o resistor utilizado na experiência do estudante é ôhmico e, em caso afirmativo, calcule o valor de sua resistência.

b) Considere esse resistor submetido a uma tensão de 9,0 volts, durante um intervalo de tempo de 5,0 minutos, e determine, em joule, a energia dissipada.

17. Um condutor utilizado na construção de um equipamento eletrônico não segue a lei de Ohm, e sua corrente é dada pela equação $i = 5 \cdot U^2$, com *U* medido em *V* e *i* medido em *A*. Calcule a resistência elétrica do condutor quando $U = 2{,}0$ V.

18. Para levar a energia elétrica da caixa de relógio até uma residência, usam-se dois fios de cobre com 10,0 m de comprimento e secção transversal de 4,0 mm² cada um. Considerando que a resistividade elétrica do cobre é $\rho = 1{,}6 \cdot 10^{-8}\ \Omega \cdot m$:

a) Qual é a resistência elétrica *R* de cada fio desse trecho do circuito?

b) Se a potência total fornecida à residência é de 3 300 W, a uma tensão de 110 V, que porcentagem da potência total é dissipada nesse trecho do circuito?

# 4 Associações: série e paralelo

Em várias situações práticas, é comum precisarmos de certo valor de resistência que não está disponível isoladamente ou, ainda, ligar um aparelho em uma rede cuja tensão é maior que a especificada para o aparelho. Em tais circunstâncias, torna-se necessário associar os dispositivos em série e/ou em paralelo, a fim de atingir o objetivo desejado.

Antes de analisar as associações em série, em paralelo e em série-paralelo (associação mista), é necessário esclarecer alguns pontos.

## Fio ideal

Para a montagem de um circuito elétrico qualquer, necessitamos de fios de ligação. A função dos fios é conduzir a energia elétrica, com o deslocamento dos portadores de carga. Os fios ideais conduzem a energia elétrica aos aparelhos neles ligados, sem que haja dissipação de energia no transporte dos portadores de cargas.

Em um fio ideal, o trabalho da força elétrica para deslocar certa quantidade de carga ($\Delta q$) de um ponto $X$ até outro ponto $Y$ é nulo. Isso significa que os dois pontos têm o mesmo potencial elétrico.

A figura 2.16 ilustra um fio, considerado ideal, e os dois pontos $X$ e $Y$. Entre os pontos não há diferença de potencial, mas flui uma corrente elétrica.

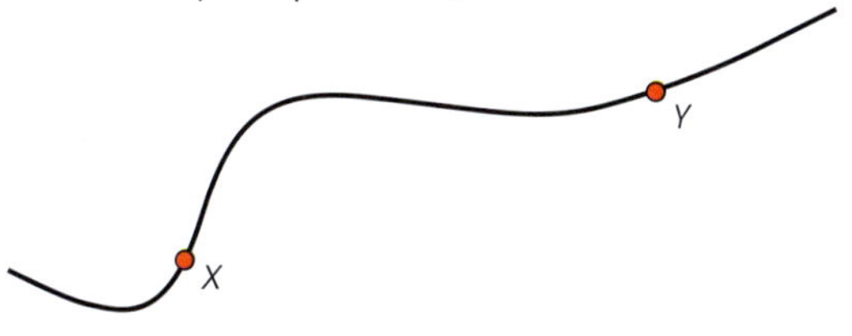


Figura 2.16 Se a resistência do fio for nula, a força elétrica não realiza trabalho no deslocamento dos portadores de carga.

Em situações práticas consideramos que os fios são ideais quando suas resistências são muito menores que os elementos que eles interligam.

## Lei dos nós

Em um circuito elétrico, podemos ter vários fios ligados em um mesmo ponto. Denominamos **nó** o ponto de junção de três ou mais fios. A figura 2.17 ilustra o nó $A$, ponto de junção dos fios 1, 2 e 3, e uma superfície imaginária que contém esse nó.

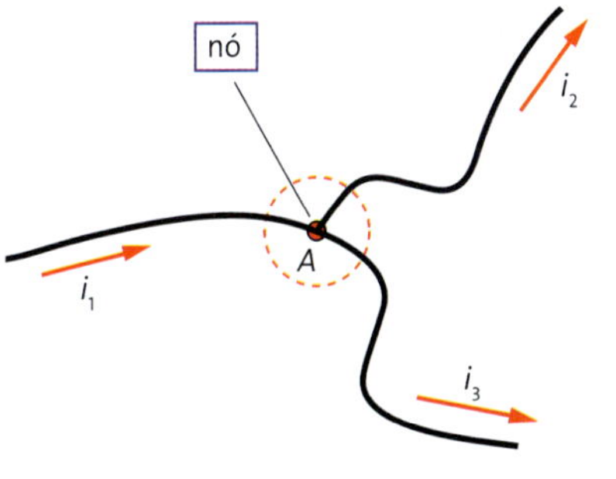


Figura 2.17 A soma das correntes elétricas que chegam a um nó é igual à soma das correntes elétricas que saem dele.

Pelo princípio da conservação da carga elétrica, o fluxo de cargas que entram na superfície deve ser igual ao das que saem dela. Essa é uma imposição física, que equivale a dizer que o nó não é uma fonte nem tampouco um dissipador de cargas elétricas. Assim, devemos ter:

$$i_1 = i_2 + i_3$$

De modo geral, podemos enunciar que o somatório das correntes que têm sentido de aproximação do nó deve ser igual ao das correntes que têm sentido de afastamento dele.

# Associação em série

Dois ou mais dispositivos elétricos estão **associados em série** quando entre eles não existem nós (figura 2.18). Como decorrência, esses dispositivos são percorridos pela **mesma corrente elétrica**.

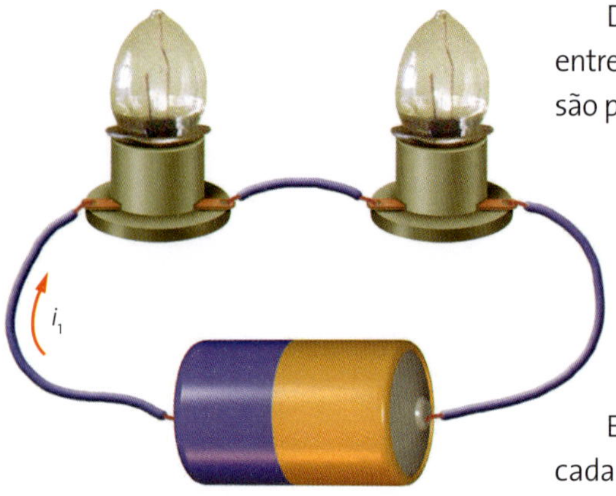


Figura 2.18 A corrente elétrica é a mesma nas duas lâmpadas associadas em série.

Na figura 2.19, temos a representação esquemática dessa associação. Os pontos *A* e *C* são os terminais da associação.

Com base na figura, a tensão entre os terminais da associação é a soma das tensões em cada resistor:

$$U_{AC} = U_{AB} + U_{BC}$$

Essa propriedade é um dos destaques da associação em série. Como cada resistor está submetido a uma parcela da tensão total, essa associação é usada para distribuir a tensão total entre dois ou mais resistores.

Se os resistores são idênticos, as tensões a que estão submetidos também são idênticas. Como exemplo, podemos considerar duas lâmpadas idênticas, fabricadas para funcionar sob tensão de 6 V, num local em que somente se dispõe de uma bateria (fonte) de 12 V. Ligando-se essas duas lâmpadas em série, a tensão em cada uma será exatamente 6 V, e elas funcionarão em condições normais (figura 2.20).

A desvantagem da associação em série é que, se uma das lâmpadas se queima, o circuito fica aberto, e a outra lâmpada deixa de funcionar.

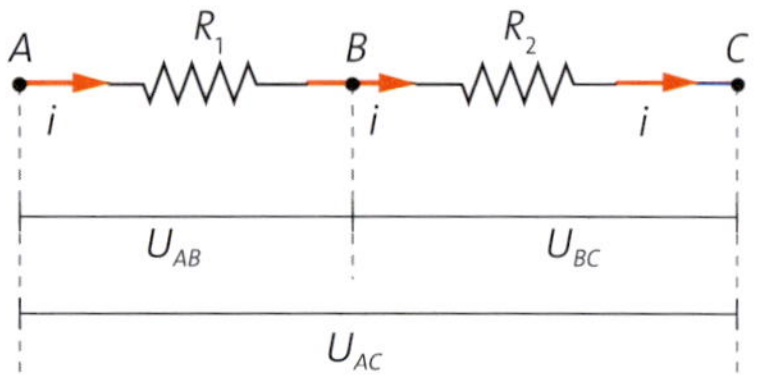


Figura 2.19 Associação de dois resistores em série.

### Observações:

- Como a intensidade da corrente elétrica (*i*) é a mesma em todos os resistores de uma associação em série, as potências dissipadas por cada um deles são diretamente proporcionais às suas resistências: à maior resistência corresponde a maior potência dissipada, pois $P = R \cdot i^2$.
- As tensões individuais são proporcionais às resistências, pois $U = R \cdot i$. Como a corrente é a mesma para todos, podemos escrever: $\frac{U_1}{R_1} = \frac{U_2}{R_2}$.
- Os resistores $R_1$ e $R_2$ podem ser substituídos por um único resistor (figura 2.21), denominado **resistor equivalente** (**$R_{eq.}$**). Este, ligado aos pontos *A* e *C*, e submetido à diferença de potencial $U_{AC}$, é percorrido pela corrente *i*. Como $U_{AC} = U_{AB} + U_{BC}$, temos, pela definição de resistência:

$$R_{eq.} \cdot i = R_1 \cdot i + R_2 \cdot i \Rightarrow R_{eq.} = R_1 + R_2$$

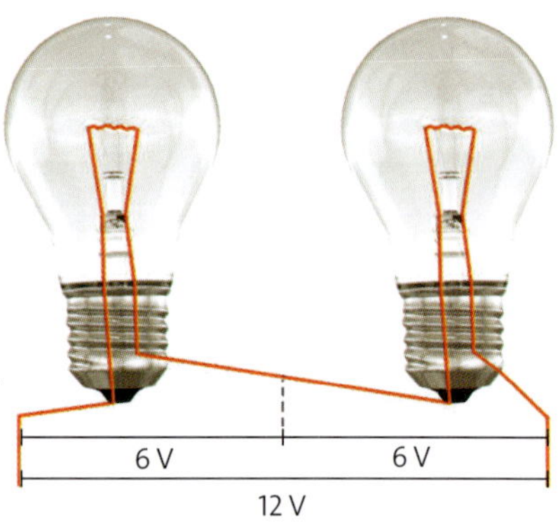


Ilustrações: Paulo Manzi/Arquivo da editora

Figura 2.20 Lâmpadas iguais ligadas em série. Cada uma fica submetida à metade da tensão total.

De modo geral, para vários resistores associados em série, temos:

$$R_{eq.} = \Sigma R$$

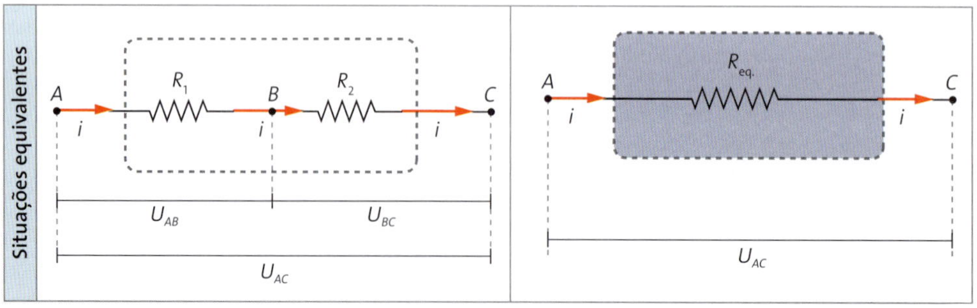


Figura 2.21 Resistor equivalente à associação em série de dois resistores.

A mudança manual da resistência elétrica tem inúmeras aplicações, como a alteração do volume em controles remotos e a regulação da intensidade luminosa liberada por uma lâmpada. Denominamos reostatos os bipolos resistores cuja resistência elétrica pode ser variada de acordo com a necessidade. Um exemplo simples de dispositivo que conta com um reostato é o chuveiro elétrico. Geralmente, esse aparelho opera em uma das três posições: fria, morna ou quente. Na posição "fria", a chave está aberta e, portanto, não há corrente no circuito e a água escoa sem receber calor. Na posição "quente", o resistor tem resistência baixa e, por isso, ao ser submetido à ddp da rede, é atravessado por uma corrente de alta intensidade, liberando, por efeito Joule, grande quantidade de calor para a água que passa pelo chuveiro. À posição "morna" corresponde uma resistência um pouco maior e, consequentemente, são menores os valores da corrente e de calor liberado, o que implica em um menor aquecimento da água.

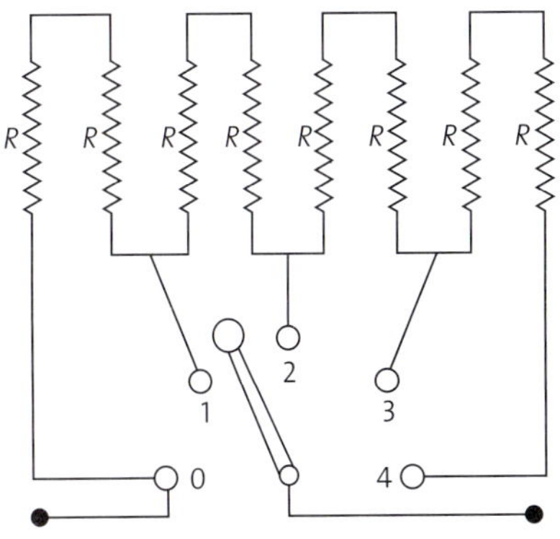

Figura 2.22 Reostato de variação descontínua, também conhecido como reostato de ponto.

O resistor do chuveiro é um exemplo de reostato de variação descontínua, pois sua resistência elétrica assume um número finito de valores. A figura 2.22 ilustra um reostato desse tipo para cinco posições: 0, 1, 2, 3 e 4. Na posição indicada, a chave está aberta e o circuito está desligado. A posição 1 corresponde à inserção de um ramo de resistências de valor: $R + R = 2R$. Na posição 2, dois ramos são inseridos, portanto, a resistência do reostato assume o valor $4R$; nas posições 3 e 4, as resistências do reostato valem $6R$ e $8R$, respectivamente.

Há, também, reostatos cuja resistência elétrica varia continuamente dentro de uma faixa de valores. O reostato desse tipo costuma ser composto por um fio metálico e um cursor que pode deslizar desde uma das extremidades do fio até um ponto qualquer de sua extensão. De acordo com a segunda lei de Ohm, a mudança no comprimento do trecho do reostato que é efetivamente usado no circuito implica mudança da resistência que o reostato "entrega" ao circuito. Assim, posições diferentes do cursor correspondem a valores diferentes de comprimento e de resistência (figura 2.23).

Em diagramas de circuitos é comum representar os reostatos, seja de variação contínua ou descontínua, por um dos símbolos da figura 2.24.

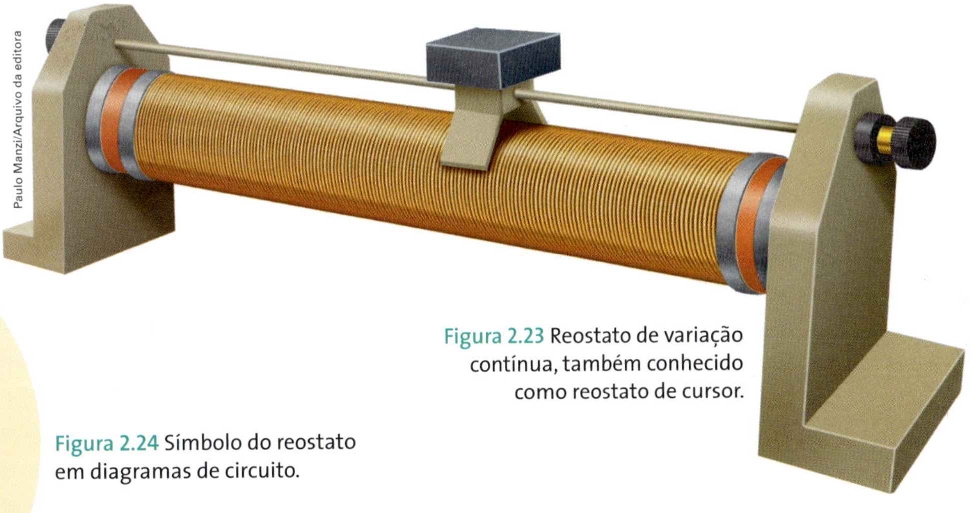
Paulo Manzi/Arquivo da editora

Figura 2.23 Reostato de variação contínua, também conhecido como reostato de cursor.

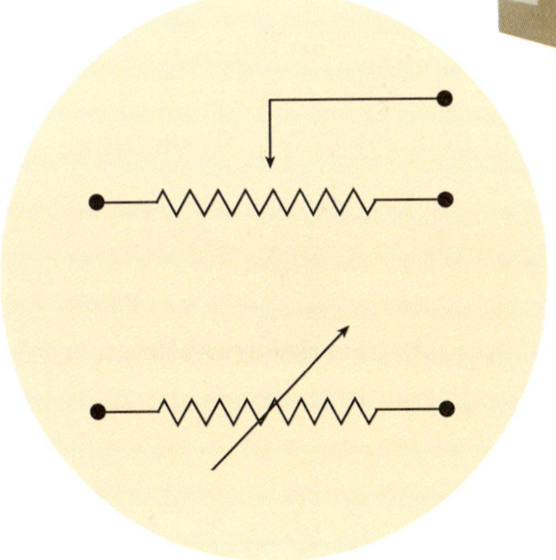
Figura 2.24 Símbolo do reostato em diagramas de circuito.

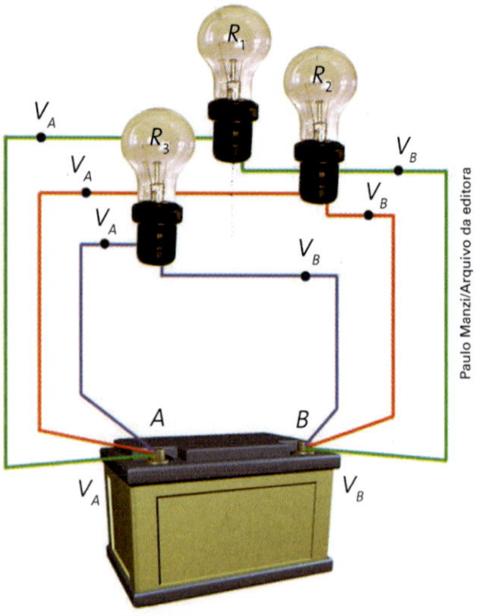


Figura 2.25 Três lâmpadas associadas em paralelo a uma bateria.

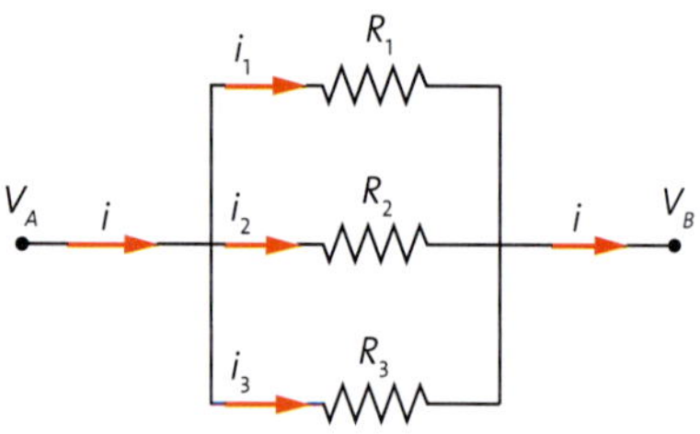


Figura 2.26 Esquema da associação em paralelo de três resistores. Observe que $U_{AB} = V_A - V_B$ é a tensão em qualquer um dos resistores.

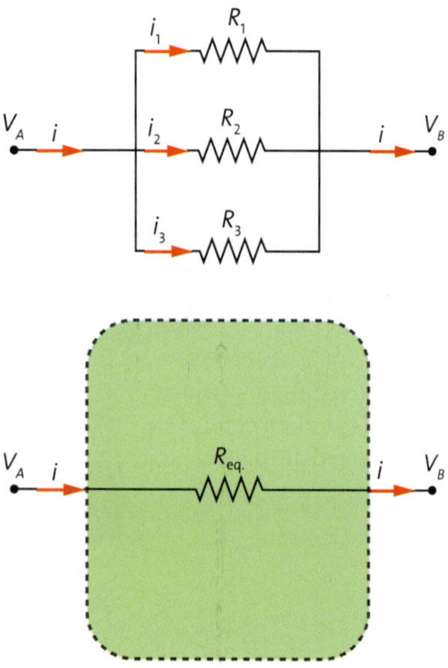


Figura 2.27 Resistor equivalente à associação de três resistores em paralelo.

# Associação em paralelo

Como vimos, em uma associação em série, os elementos não funcionam de maneira independente, ou seja, se desligamos um deles, o circuito fica aberto e os outros também param de funcionar.

Essa situação não é conveniente, por exemplo, numa residência. O fato de apagar ou acender a lâmpada de um ambiente não deve interferir no funcionamento dos outros aparelhos. Para resolver esse problema, é utilizada a **associação em paralelo**.

Dizemos que dois ou mais aparelhos elétricos estão associados em **paralelo** se estiverem submetidos à **mesma tensão**.

Como exemplo, vamos considerar que, na bateria de 12 V de um automóvel, estão ligadas, em paralelo, três lâmpadas diferentes, cujas resistências são $R_1$, $R_2$ e $R_3$ (figura 2.25).

As três lâmpadas funcionam de maneira independente. O fato de apagar qualquer uma delas não interfere no funcionamento das outras, pois elas continuam sob a mesma tensão e com a mesma resistência.

Podemos representar esquematicamente a associação das três lâmpadas utilizando suas resistências, conforme ilustra a figura 2.26.

## Observações

- Na associação em paralelo, pela lei dos nós: $i = i_1 + i_2 + i_3$
- À menor resistência corresponde a maior potência dissipada, pois $P = \frac{U^2}{R}$, e a tensão ($U$) é a mesma para todos os resistores.
- A intensidade da corrente elétrica em cada resistor é inversamente proporcional à sua resistência. Isso ocorre porque, pela definição de resistência, $U = R \cdot i$; logo:

$$R_1 \cdot i_1 = R_2 \cdot i_2 = R_3 \cdot i_3 \Rightarrow \begin{cases} \frac{i_1}{i_2} = \frac{R_2}{R_1} \\ \frac{i_2}{i_3} = \frac{R_3}{R_2} \end{cases}$$

- Para a associação em paralelo, podemos também usar a ideia de substituir todos os resistores associados por um único: o resistor equivalente (figura 2.27). Lembrando que $i = i_1 + i_2 + i_3$ e que $i = \frac{U}{R}$, segue que:

$$\frac{U_{AB}}{R_{eq.}} = \frac{U_{AB}}{R_1} + \frac{U_{AB}}{R_2} + \frac{U_{AB}}{R_3} \Rightarrow \frac{1}{R_{eq.}} = \frac{1}{R_1} + \frac{1}{R_2} + \frac{1}{R_3}$$

Para dois resistores, a equação anterior pode ser desenvolvida como:

$$\frac{1}{R_{eq.}} = \frac{1}{R_1} + \frac{1}{R_2} = \frac{R_1 + R_2}{R_1 \cdot R_2} \Rightarrow R_{eq.} = \frac{R_1 \cdot R_2}{R_1 + R_2}$$

Quando a associação em paralelo é composta de $n$ resistores de mesma resistência $R$, a resistência equivalente pode ser obtida pela equação:

$$\frac{1}{R_{eq.}} = \frac{1}{R} + \frac{1}{R} + ... + \frac{1}{R} \Rightarrow R_{eq.} = \frac{R}{n}$$

# Associação mista de resistores

Vimos os tipos básicos de associações de resistores – série e paralelo. Compondo-se esses dois tipos de associação, podemos montar uma grande variedade de circuitos elétricos. Os resistores associados pela mistura desses dois tipos também podem ser substituídos por um resistor que isoladamente corresponde ao conjunto, ou seja, um resistor equivalente. A substituição é feita por partes, até ser atingida a meta final: reduzir a um único resistor que seja equivalente à associação. Acompanhe o exercício resolvido 3.

## Exercício resolvido

3. A figura ilustra vários resistores associados, que não estão exclusivamente nem em série nem em paralelo.

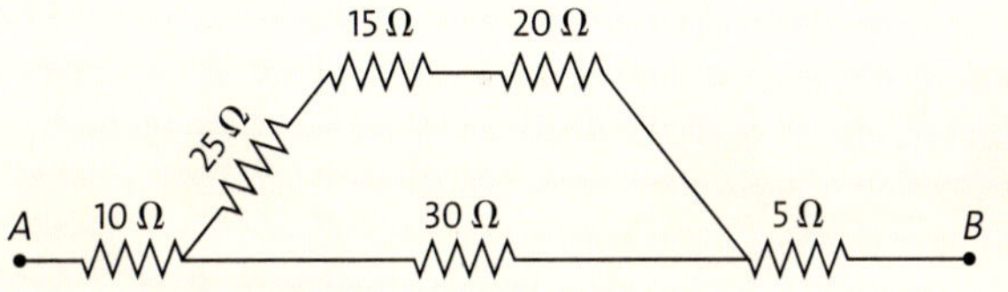


Determine o resistor equivalente entre os pontos *A* e *B*.

**Resolução**

Comecemos simplificando os trechos em que os resistores estão em série, conforme mostra a figura.

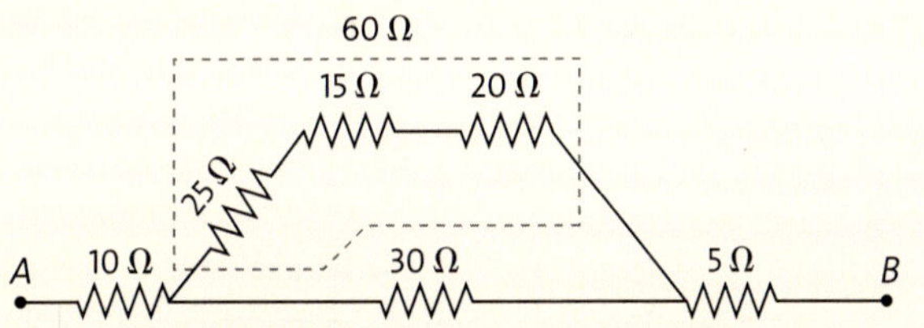


$$R_S = 25 + 15 + 20 \Rightarrow R_S = 60\ \Omega$$

Em seguida, resolvemos as associações em paralelo.

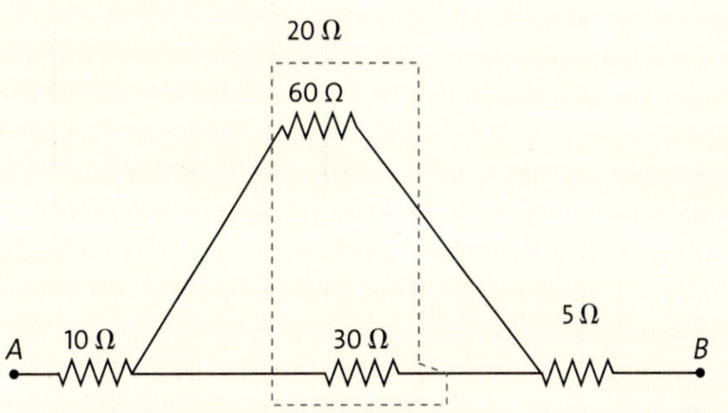


$$\frac{1}{R_p} = \frac{1}{60} + \frac{1}{30} = \frac{1+2}{60} = \frac{1}{20} \Rightarrow R_p = 20\ \Omega$$

O circuito equivalente é: 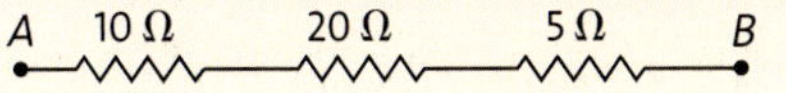


Como estão todos em série: $R = 10 + 20 + 5 \Rightarrow R = 35\ \Omega$

# Exercícios

19. As três lâmpadas mostradas na figura a seguir estão associadas em série e acesas (figura **a**). Quando uma delas é retirada do circuito, conforme mostra a figura **b**, as outras duas apagam.

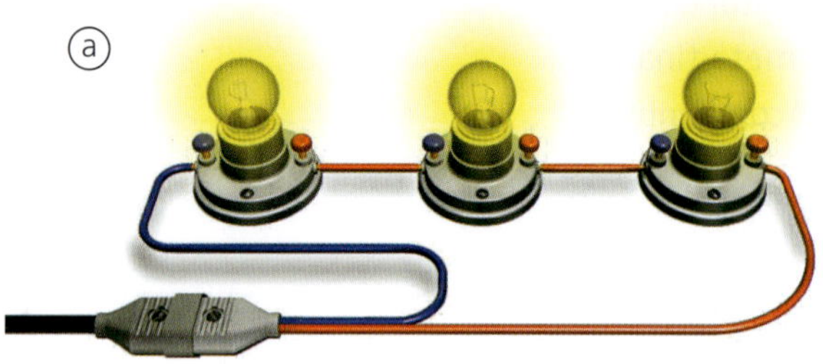


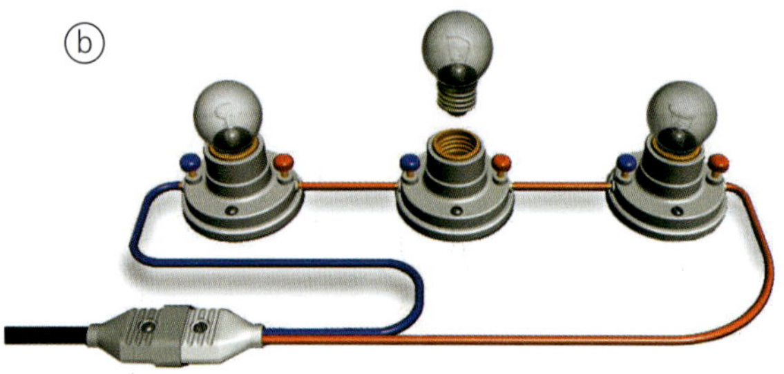


Ilustrações: Antonio Robson/Arquivo da editora

Explique por que isso acontece.

20. Uma lâmpada possui dados nominais 12 V – 48 W. Para colocá-la em funcionamento, dispõe-se de uma fonte de tensão de 120 V, fios de ligação e um resistor auxiliar.

a) Faça um esquema, utilizando os elementos descritos, de como a lâmpada deve ser associada ao resistor para funcionar dentro das condições nominais.

b) Qual é a intensidade da corrente elétrica que percorre a lâmpada, se ela está funcionando de acordo com as especificações?

c) Determine a tensão no resistor auxiliar, bem como o valor de sua resistência.

d) Qual é a resistência equivalente do circuito formado pela lâmpada e pelo resistor auxiliar?

21. Em razão dos movimentos repetitivos de ligar e desligar aparelhos elétricos, pode haver mau contato entre os pinos de conexão dos aparelhos e a tomada na parede. O mau contato corresponde a uma resistência de valor muito alto. Isso acarreta maior dissipação de potência, o que deixa a tomada com regiões escurecidas, em razão dos aquecimentos localizados, e diminui o desempenho dos aparelhos. Em suma, há desperdício de energia elétrica.

Como você explica o fato de a maior potência ser dissipada na região de mau contato?

22. As três lâmpadas da figura a seguir estão associadas em paralelo. Quando uma delas é retirada, as outras lâmpadas continuam a ter a mesma luminosidade, ou seja, não há alteração nas correntes que as atravessam.

Explique por que isso acontece.

23. Duas lâmpadas, uma de 6 W – 12 V e outra de 12 W – 12 V, estão associadas em paralelo e ligadas a uma bateria de 12 V.

a) Qual é a intensidade de corrente elétrica fornecida pela bateria?

b) Determine a resistência equivalente da associação das duas lâmpadas.

c) Qual é a potência total dissipada pela associação das duas lâmpadas?

24. A figura representa um trecho de um circuito elétrico com cinco resistores associados entre os pontos *C* e *D*.

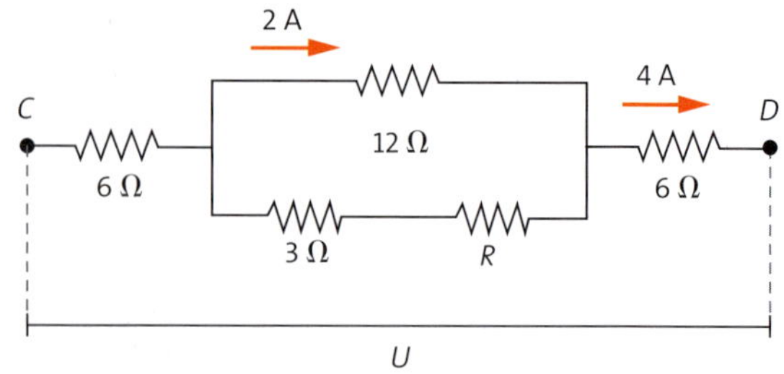


a) Qual é a intensidade de corrente elétrica através do resistor *R*?

b) Determine o valor de *R* e da resistência equivalente entre os pontos *C* e *D*.

# 5 Instalações elétricas residenciais

Diferentemente das pilhas e baterias, que apresentam potenciais elétricos constantes, os potenciais fornecidos às residências pelas redes elétricas são alternados (AC); em decorrência, as correntes que circularão nos circuitos também serão (figura 2.28).

É comum, em circuitos de corrente alternada, trabalhar com o **valor eficaz da tensão**: aquele que, se permanece constante, resulta na mesma quantidade de energia elétrica transformada. Dessa forma, é possível analisar os circuitos de tensão alternada como se ela fosse constante.

Na maior parte das residências em nosso país, chegam ao medidor de entrada da instalação três fios: **dois fios fases** e um **fio neutro**. Nesse caso, as tensões disponíveis são 127 V e 220 V.

Como vimos, para que o fato de, por exemplo, uma lâmpada estar acesa ou apagada não interfira no funcionamento dos outros dispositivos elétricos, é comum nas residências que todos os aparelhos elétricos estejam associados em paralelo.

Como na associação em paralelo a corrente total é a soma das correntes dos componentes, para não sobrecarregar os fios é comum dividir a instalação em grupos de circuitos, e as correntes mais elevadas passam apenas pelos fios de entrada da rede externa. Esses fios de entrada serão então mais grossos, para suportar essas elevadas correntes.

A figura 2.29 mostra o esquema de uma instalação residencial com três circuitos: um para a sala, outro para a cozinha e um terceiro para o chuveiro. A alta potência desse último aparelho justifica a necessidade de um circuito separado para ele, com fios mais grossos.

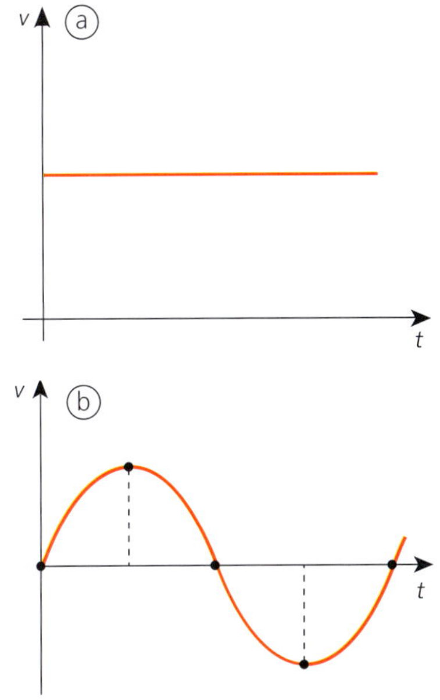


Figura 2.28 Gráfico da tensão elétrica em função do tempo. Tensão constante (**a**); tensão alternada (**b**).

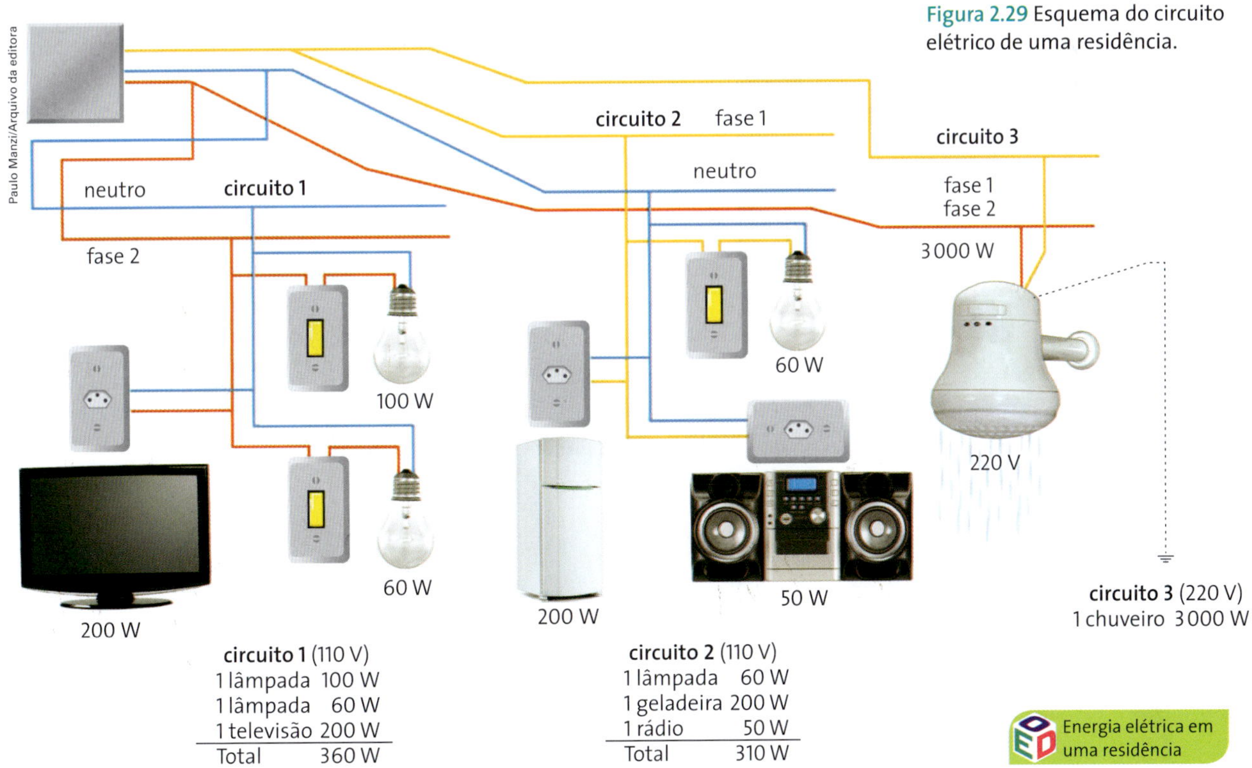


Figura 2.29 Esquema do circuito elétrico de uma residência.

ED Energia elétrica em uma residência

Jacek/<www.kino.com.br>. Acesso em: maio 2013.

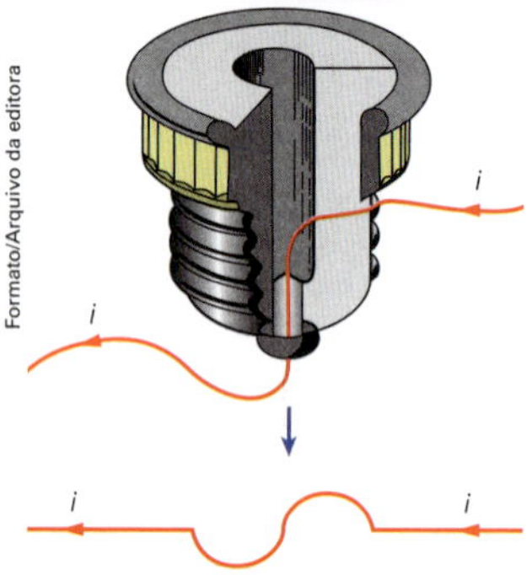


Formato/Arquivo da editora

Figura 2.30 Fusível tipo rolha e a representação esquemática de um fusível.

No circuito que utiliza a fase 2 e o fio neutro (circuito 1), a tensão é 127 V. O mesmo é válido para o circuito 2 (127 V), que utiliza a fase 1 e o neutro. Já para o circuito 3, que utiliza as fases 1 e 2 e o neutro, a tensão é 220 V.

Vejamos agora alguns cuidados para a segurança dos usuários e da instalação.

Observe na figura que, em todas as lâmpadas, o interruptor liga, ou desliga, o fio energizado – o fio fase – e não o neutro. Do ponto de vista do funcionamento da lâmpada, não faria diferença se o interruptor ligasse ou desligasse o neutro. No entanto, se a lâmpada queimar, uma pessoa poderá levar um choque se quiser trocá-la após desligar o interruptor e o fio interrompido for o neutro, pois o bocal estará energizado.

Um **curto-circuito** pode elevar demasiadamente a intensidade da corrente elétrica, aquecendo os fios, com risco de incêndio. Para evitar que as correntes atinjam valores elevados, os circuitos precisam de elementos de proteção. Dentre esses elementos, um dos mais antigos é o chamado **fusível tipo rolha** (figura 2.30).

Esse elemento de proteção recebe o nome de fusível porque é passível de fusão quando a corrente elétrica supera determinado valor.

A figura 2.31 mostra outro tipo de fusíveis: os de cartucho.

Atualmente, os elementos de segurança mais utilizados são os **disjuntores**. Assim como os fusíveis, eles se abrem quando a intensidade da corrente excede determinados valores, mas podem ser rearmados após corrigido o problema, reduzindo o custo da manutenção (figura 2.32).

Figura 2.31 Fusíveis de cartucho.

Jultud/Shutterstock/Glow Images

Além de elementos de proteção geral, na chegada da rede externa, as normas de segurança determinam que cada circuito tenha o seu próprio elemento de proteção. Isso permite que se possa fazer a manutenção em uma parte da casa, sem desligar a energia elétrica de outros circuitos. É o que ocorre quando se usam, por exemplo, disjuntores para circuitos individuais.

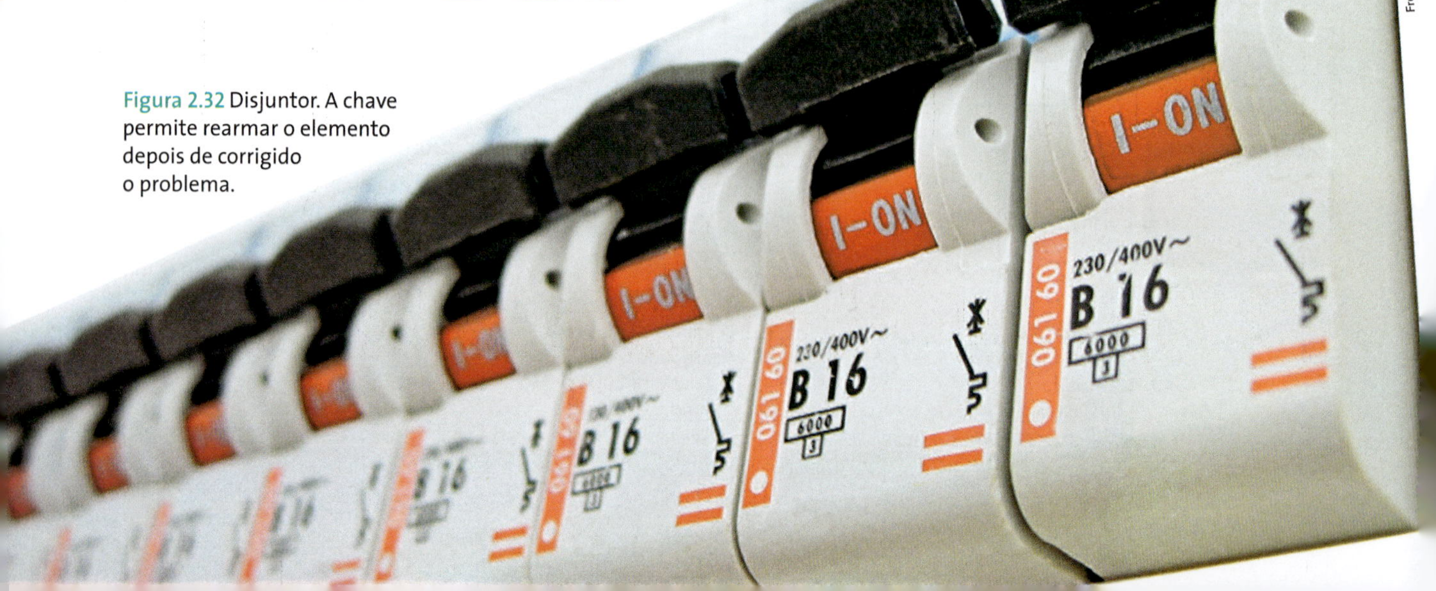


Fredredhat/Shutterstock/Glow Images

Figura 2.32 Disjuntor. A chave permite rearmar o elemento depois de corrigido o problema.

Outro elemento de segurança é o **fio terra**. A ligação à terra é representada pelo símbolo da figura 2.33.

Suponha que, por algum defeito, um dos fios energizados do chuveiro encoste na sua carcaça metálica externa. Se uma pessoa com o corpo molhado encostar na carcaça, poderá levar um choque de grande intensidade. Para evitar esse risco, liga-se a carcaça à terra por um fio bem grosso que desviará a maior parte da energia elétrica para o solo se houver algum defeito.

Em alguns países existe a exigência desses fios terra em todas as tomadas. Nesse caso, mesmo as tomadas de 127 V, tem três furos: fase, neutro e terra (figura 2.34). No Brasil, essa norma já entrou em vigor.

Em resumo, temos:

- **Fios fase e neutro**: são usados para distribuir a energia da rede elétrica às tomadas e aparelhos em geral de uma residência. O fio fase é energizado (potencial elétrico de 127 V) e o neutro possui potencial próximo de zero.
- **Fio terra**: usado para prevenir a queima de equipamentos elétricos e choques, por exemplo.

Aterramento elétrico do caminhão

Figura 2.33 Representação esquemática do fio terra.

Fabio Colombini/Acervo do fotógrafo

Figura 2.34 Tomada de 127 V com três furos: fios fase, neutro e terra.

Física tem História

## A guerra das correntes

A batalha das correntes

"No final do século XIX, dois gigantes do setor elétrico travaram uma batalha feroz que passou a ser conhecida como 'a guerra das correntes'.

De um lado, Thomas Edison (1847-1931), inventor da primeira lâmpada funcional e de muitos outros dispositivos elétricos, instalou em Manhattan uma pequena rede local para distribuir energia usando corrente contínua. Nesse sistema, a eletricidade flui sempre no mesmo sentido, sofrendo grandes perdas no caminho, pela resistência das linhas. Para distâncias superiores a 2 km, seria preciso usar uma corrente inicial tão forte que queimaria lâmpadas e motores, ou fabricar cabos de uma grossura impraticável.

Do outro lado da disputa estava George Westinghouse (1846-1914), inventor do sistema de freios ferroviários a ar comprimido que havia comprado patentes de Nikola Tesla (1856-1943), ex-funcionário e desafeto de Edison. Tesla introduzira importantes aperfeiçoamentos no método de corrente alternada, no qual a corrente flui ora num sentido ora no outro. A ideia era usar uma tensão mais alta para transmitir a energia a longas distâncias e reduzi-la até um nível conveniente no local de consumo.

[...] Edison lançou mão de todos os truques de *marketing* para desacreditar a corrente alternada. Chegou até a promover o uso do sistema rival na recém-inventada cadeira elétrica, para demonstrar o perigo da alta voltagem.

Por fim, a primeira tentativa bem-sucedida de distribuir eletricidade a longa distância foi demonstrada em 1891, durante a 'Exibição Eletrotécnica de Frankfurt', na Alemanha. A energia – gerada sob a forma alternada numa fábrica de cimento 175 km mais ao sul – era transportada por linhas elevadas para acender um conjunto de mil lâmpadas na entrada da exposição e, ironicamente, acionar uma roda-d'água artificial. O sucesso espetacular do evento foi um fator decisivo na questão, e escolheu-se o método alternado.

Em poucos anos, o número de geradores cresceu para dez, e as linhas de transmissão chegaram a Nova York. A Broadway parecia arder à luz das lâmpadas; trens e metrôs enchiam a cidade de ruído. A energia elétrica, elemento crucial para quase toda a tecnologia moderna, logo estaria em toda parte."

MOSLEY, Michael; LYNCH, John. *Uma história da ciência*: experiência, poder e paixão. Rio de Janeiro: Zahar, 2011. p. 179.

- De acordo com o texto, qual é a principal vantagem da corrente alternada em relação à corrente contínua no fornecimento de energia elétrica?

## Exercícios

**25.** A figura ilustra uma parte de um circuito elétrico de uma residência alimentado por uma rede bifásica (dois fios fases e um neutro). A tensão entre um dos fios fase e o neutro é 127 V e, entre os dois fios fase, é 220 V.

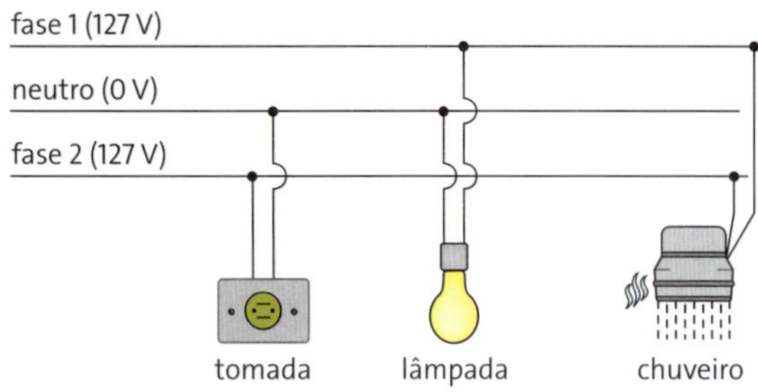

Formato/Arquivo da editora

A secção transversal (bitola) dos fios deve ser coerente com os aparelhos que serão ligados nos circuitos elétricos, para que eles funcionem perfeitamente. Na tabela a seguir, temos a bitola do fio condutor a ser utilizada em função dos parâmetros, tipo de circuito, tensão e potência máxima.

| Tipo de circuito | Tensão (volt) | Potência máxima (watt) | Bitola do fio ($mm^2$) |
|---|---|---|---|
| lâmpada | 127 | 1500 | 1,5 |
| tomada | 127 | 2000 | 2,5 |
| tomada | 220 | 4000 | 2,5 |
| chuveiro | 220 | 6000 | 6,0 |

Com base na tabela, devem ser usadas para as ligações da tomada, lâmpada e chuveiro, respectivamente, as seguintes bitolas dos fios, em $mm^2$:

a) 1,5; 2,5; 6,0.
b) 2,5; 6,0; 1,5.
c) 6,0; 1,5; 2,5.
d) 2,5; 1,5; 6,0.
e) 1,5; 6,0; 2,5.

**26.** Nas residências é comum a utilização de benjamins – plugues que possibilitam ligar, simultaneamente, até três aparelhos elétricos em uma mesma tomada.

Sérgio Dotta Jr./Arquivo da editora

Para utilizar um benjamim, é necessário tomar alguns cuidados para evitar danos na instalação elétrica em razão de uma sobrecarga de corrente elétrica.

É importante saber que devemos somar as potências de todos os aparelhos que serão ligados ao benjamim para verificar se a corrente elétrica não é superior à máxima permitida para os fios de ligação da tomada e do disjuntor da rede elétrica.

Na cozinha de uma residência, estão ligados, em um benjamim, uma geladeira (130 W), um liquidificador (300 W) e um forno de micro-ondas (1200 W). A tomada é ligada à rede elétrica de 120 V com fios de 1,5 $mm^2$ que suportam, no máximo, 11 A. A rede elétrica é protegida por um disjuntor de 30 A. Se os três aparelhos elétricos são colocados ao mesmo tempo em funcionamento:

a) o disjuntor desliga, pois a corrente elétrica exigida pelos três aparelhos é superior à corrente máxima suportada por ele.
b) o disjuntor não desliga, mas há sério risco de incêndio em razão de a corrente elétrica exigida pelos três aparelhos ser superior à corrente máxima suportada pelos fios.
c) o disjuntor não desliga, e não há risco de incêndio porque a corrente elétrica exigida pelos três aparelhos é menor do que a máxima suportada pelos fios.
d) o disjuntor desliga e somente a geladeira continua funcionando normalmente.
e) o disjuntor não desliga, mas somente o forno de micro-ondas funciona.

**27.** A rede elétrica da casa de Pedro é de 120 V e é protegida por um disjuntor de 30 A. Com a chegada do inverno, ele resolveu trocar seu chuveiro de 2400 W por outro, de 3200 W, para melhorar o aquecimento da água. Ele observou que, ao ligar o novo chuveiro, se o televisor de 160 W também estivesse ligado, o disjuntor desligava, interrompendo a corrente elétrica. Sabe-se que, no horário do banho de Pedro , ficam em funcionamento uma geladeira de 120 W e três lâmpadas de 60 W cada. Ele concluiu que:

a) em hipótese nenhuma um televisor e um chuveiro podem ser ligados simultaneamente.
b) o televisor interfere no funcionamento do chuveiro, causando um aumento na voltagem da rede elétrica, o que provoca o desligamento do disjuntor.
c) com o televisor ligado, a intensidade da corrente elétrica é superior a 30 A, fazendo com que o disjuntor desligue o circuito.
d) a soma das potências de todos os dispositivos elétricos ligados simultaneamente deve ser, no máximo, igual a 3500 W.
e) o chuveiro deveria ser trocado por um de 3200 W – 220 V, pois assim haveria o aquecimento da água desejado sem ultrapassar o limite de 30 A do disjuntor.

28. Na tabela estão indicados os dispositivos elétricos existentes em uma residência, alimentada por uma ddp de 127 V, bem como a quantidade de cada um, sua potência e tempo de funcionamento em horas por dia.

| Dispositivo | Quantidade | Potência (W) | Tempo de funcionamento (horas/dia) |
|---|---|---|---|
| televisor | 1 | 80 | 5 |
| lâmpada | 10 | 100 | 2 |
| máquina de lavar roupas | 1 | 100 | 1 |
| computador | 1 | 200 | 4 |
| chuveiro | 1 | 4 000 | 1 |
| ferro de passar roupas | 1 | 2 000 | 0,5 |
| secador de cabelos | 1 | 2 000 | 0,5 |

a) Se todos os dispositivos estiverem no mesmo circuito, qual é a potência total dele?

b) Sabendo-se que, por norma de engenharia, a potência máxima de cada circuito é 2 400 W, determine o número mínimo de circuitos necessários para que todos os aparelhos possam funcionar.

29. Um cabo telefônico é formado por dois fios e tem comprimento de 5,00 km.

Constatou-se que, em algum ponto ao longo do comprimento desse cabo, os fios fizeram contato elétrico entre si, ocasionando um curto-circuito. Para descobrir o ponto que causa o curto-circuito, um técnico mede as resistências entre os polos em uma extremidade *A* encontrando 20,0 Ω, e entre os polos de outra extremidade (*B*) encontrando 80,0 Ω. Qual é a distância dos polos da extremidade *A* ao ponto em que ocorreu o curto-circuito?

30. (EsPCEx-SP) Quatro lâmpadas ôhmicas idênticas *A*, *B*, *C* e *D* foram associadas e, em seguida, a associação é ligada a um gerador de energia elétrica ideal. Em um dado instante, a lâmpada *A* queima, interrompendo o circuito no trecho em que ela se encontra. As lâmpadas *B*, *C* e *D* permanecem acesas, porém o brilho da lâmpada *B* aumenta e o brilho das lâmpadas *C* e *D* diminui.

Com base nesses dados, a alternativa que indica a associação formada por essas lâmpadas é:

a)
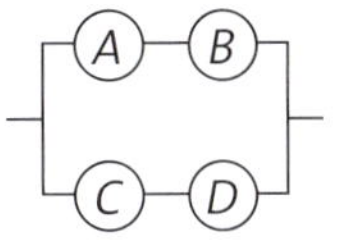


b)
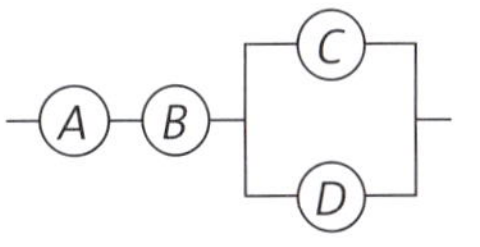


c)
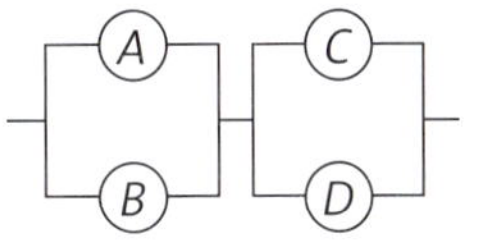


d)
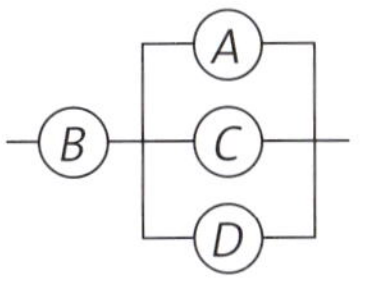


e)
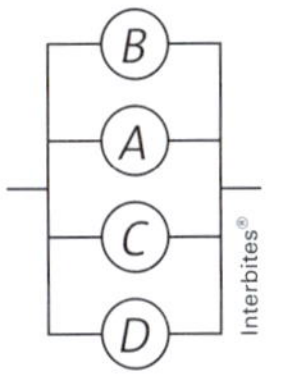


Interbites®

31. (UFF-RJ) Considere dois pedaços de fios condutores cilíndricos *A* e *B* do mesmo comprimento, feitos de um mesmo material, com diâmetros distintos, porém, pequenos demais para serem medidos diretamente. Para comparar as espessuras dos dois fios, mediu-se a corrente que atravessa cada fio como função da diferença de potencial à qual está submetido. Os resultados estão representados na figura.

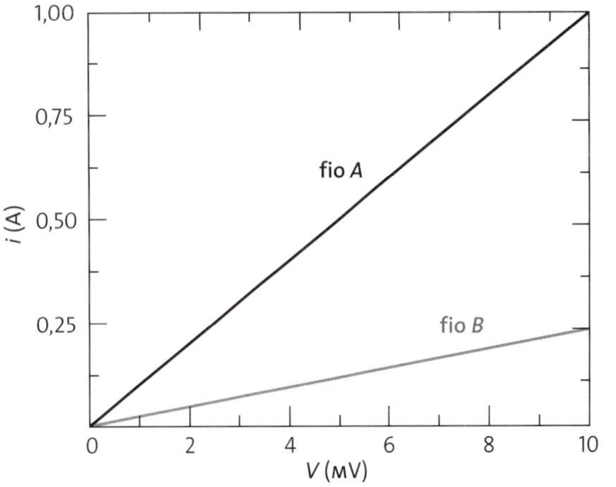


Analisando os resultados, conclui-se que a relação entre os diâmetros *d* dos fios *A* e *B* é:

a) $d_a = 2d_b$.

b) $d_a = \frac{d_b}{2}$.

c) $d_a = 4d_b$.

d) $d_a = \frac{d_b}{4}$.

Física explica

## Choque elétrico e curto-circuito

Fotos: Antonio Robson/Arquivo da editora

Basicamente, existem três categorias de choque elétrico:

1. **Choque produzido por contato com o circuito energizado**: ocorre pelo contato direto da pessoa com a parte energizada da instalação (fio fase). O choque dura enquanto permanecer o contato e a fonte de energia estiver ligada. As consequências podem ser pequenas contrações ou até lesões irreparáveis.

Choque produzido por contato com o circuito energizado dos fios desencapados de equipamentos elétricos.

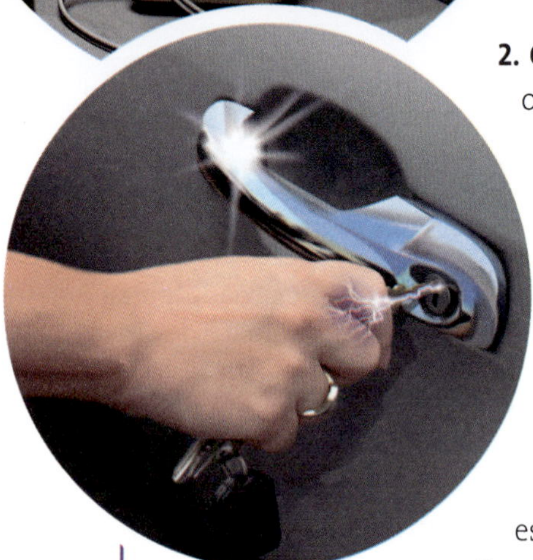

2. **Choque produzido por contato com o corpo eletrizado**: ocorre por eletricidade estática. A duração desse tipo de choque é muito pequena, apenas o suficiente para descarregar a eletricidade contida no elemento energizado.

Na maioria das vezes esse tipo de choque elétrico não causa danos, em razão da curtíssima duração.

3. **Choque produzido por raio (descarga atmosférica)**: ocorre quando acontece uma descarga atmosférica e esta entra em contato direto ou indireto com uma pessoa. Os efeitos desse tipo de choque são terríveis e imediatos. Podem ocorrer queimaduras graves e até a morte imediata.

A pele humana seca é um bom isolante, dando ao corpo humano uma resistência elétrica da ordem de 100 000 Ω. Porém, com a pele molhada, a resistência média do corpo humano, medida da palma de uma das mãos à palma da outra, ou até a planta do pé, é da ordem de 1500 Ω. O rompimento da pele por ação da corrente elétrica reduz essa resistência a cerca de 500 Ω.

Ao passar pelo corpo humano, dependendo da intensidade, a corrente elétrica pode danificar os tecidos (nervoso e cerebral), provocar coágulos nos vasos sanguíneos e queimaduras na pele, além de paralisar a respiração e os músculos cardíacos. Veja a tabela ao lado.

| Corrente elétrica | Efeito |
|---|---|
| 0,0012 A = 1,2 mA | Praticamente não causa danos. |
| 0,120 A = 120 mA | Pode provocar um ataque cardíaco. |
| 2,0 A | Pode provocar parada cardíaca e sérios danos aos órgãos internos. |

Adaptado de: UNIVERSIDADE Federal Rural do Rio de Janeiro.
Disponível em: <www.ufrrj.br/institutos/it/de/acidentes/eletric.htm>.
Acesso em: nov. de 2012.

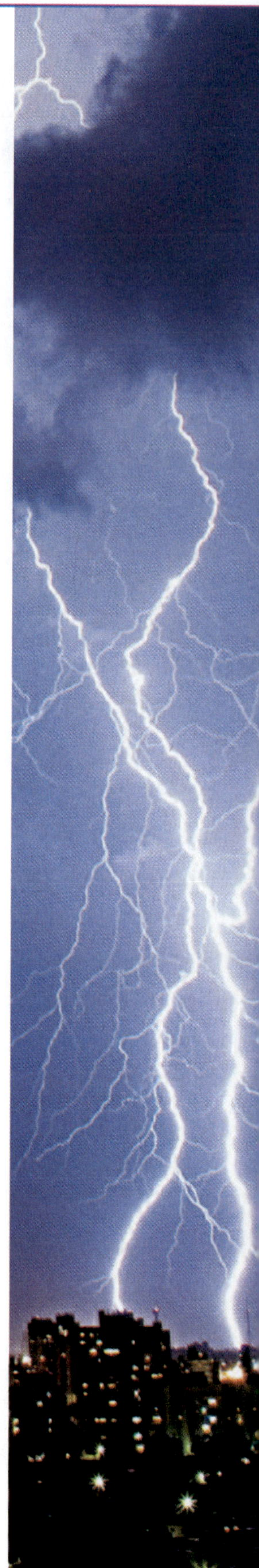

O Brasil é o país com maior incidência de raios no mundo.

## Curto-circuito

Estabelece-se um curto-circuito quando dois pontos de um circuito são interligados por um fio ideal. Se, em razão do superaquecimento do fio, a intensidade de corrente elétrica aumentar acima do limite suportado, pode ocorrer um incêndio. Vejamos dois exemplos.

Na figura abaixo, temos a ilustração de duas lâmpadas ligadas em série a uma ddp de 110 V. A intensidade de corrente elétrica é de 1,0 A nas duas lâmpadas.

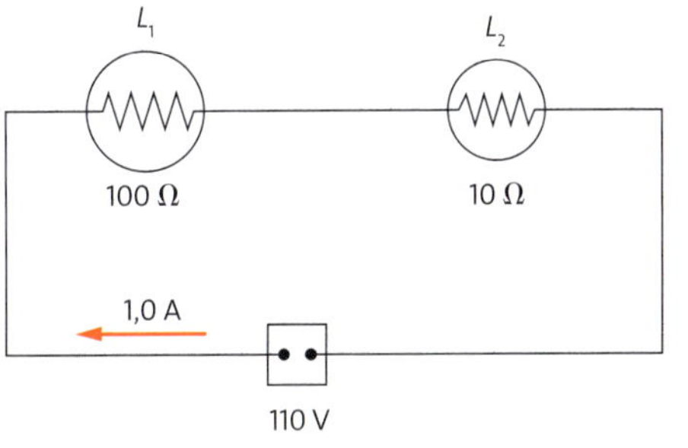


Se provocamos um curto-circuito na lâmpada $L_2$, ela apaga, pois não passa corrente elétrica por seu filamento. A intensidade de corrente elétrica aumenta para 1,1 A e a potência dissipada na lâmpada $L_1$ aumenta 21%, o que pode, ou não, fazer com que ela queime. A figura mostra a lâmpada $L_2$ em curto-circuito.

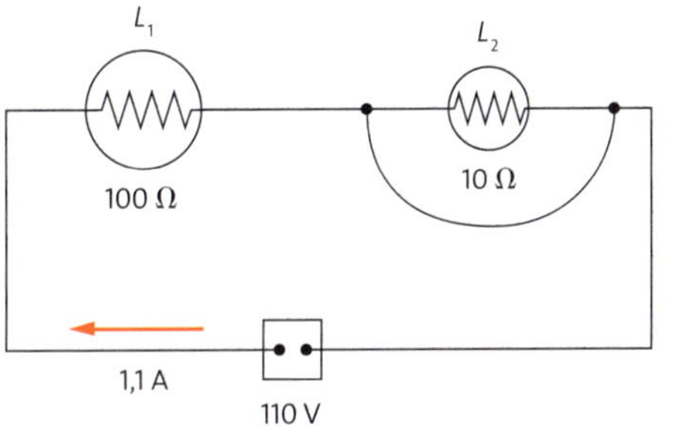


E se o curto-circuito é provocado na lâmpada $L_1$? Nesse caso, temos corrente elétrica somente na lâmpada $L_2$, cujo valor se eleva para 11 A, o que significa que a potência dissipada em calor na resistência elétrica da lâmpada $L_1$ aumenta 121 vezes, de 10 W para 1 210 W. Isso certamente provocará a queima da lâmpada e o derretimento dos fios.

Nas residências, o curto-circuito ocorre se o fio fase entra em contato direto com o neutro, em razão, por exemplo, de uma fiação malconservada ou de um defeito na tomada ou no plugue do equipamento elétrico.

Como as resistências elétricas dos fios de ligação são muito menores do que a resistência do equipamento ligado à rede, um curto-circuito provoca um aumento excessivo na corrente elétrica. Se não houver um dispositivo de proteção (fusível), a potência dissipada em calor nos fios pode provocar um incêndio.

1. Explique por que o choque é mais perigoso se a pessoa estiver molhada, por exemplo, tomando um banho.

2. De acordo com o texto, curto-circuito pode ser sinônimo de incêndio? Justifique.

EM CONSTRUÇÃO

## Georg Simon Ohm

Georg Simon Ohm (1787-1854).

Georg Simon Ohm, físico alemão, nasceu na Baviera em uma família humilde. Seu pai, Johann Wolfgang Ohm (1753-1822), não recebeu educação formal, mas foi um homem notável e autodidata.

Ainda criança, Georg foi instruído por seu pai em Matemática, Física e Filosofia. Aos 11 anos de idade, entrou para o Erlangen Gymnasium.

Em 1805, Ohm entrou para a Universidade de Erlagen, mas, em vez de concentrar-se nos estudos, preferiu dançar, patinar no gelo e jogar bilhar, provocando a irritação de seu pai, que o obrigou a deixar a universidade depois de três semestres. Ohm foi mandado para a Suíça em setembro de 1806, tornando-se professor secundário de Matemática.

Ohm continuou seus estudos particulares em Matemática, lendo os trabalhos de Leonhard Euler (1707-1783), Pierre-Simon Laplace (1749-1827) e Sylvestre François Lacroix (1765-1843). Como resultado, voltou à Universidade de Erlagen em 1811 e obteve o título de doutor em Matemática, passando, imediatamente, a ocupar o posto de instrutor.

Em 1817, Ohm passou a trabalhar como professor de Matemática e Física no Colégio Jesuíta de Colônia, onde havia um laboratório de Física bem equipado. Aí continuou seu trabalho de pesquisa independente lendo os textos de Joseph-Louis Lagrange (1736-1813), Andrien-Marie Legendre (1752-1833), Laplace, Jean Baptiste Biot (1774-1862) e Siméon Denis Poisson (1781-1840). Passou, então, para os trabalhos de Jean Baptiste Joseph Fourier (1768-1830) e Augustin Jean Fresnel (1788-1827).

Ohm estudou, também, o Eletromagnetismo, descoberta de Hans Christian Oersted (1777-1851) em 1820. Começou, então, um trabalho experimental sobre condutores elétricos, usando equipamentos de sua própria criação, e determinou o que hoje denominamos de primeira e segunda leis de Ohm. Os resultados dos experimentos de Ohm foram importantes para definir as relações entre tensão, corrente e resistência, marcando o verdadeiro início do estudo científico dos circuitos elétricos.

Ao publicar seus resultados em 1827, suas ideias foram descartadas pelos colegas e ele foi forçado a renunciar a seu posto de professor, passando a viver na pobreza. Ohm trabalhou como professor temporário em escolas de Berlim. Apesar de ter recebido o título de professor, ele nunca teve um posto em uma universidade.

Seu trabalho foi finalmente reconhecido pela Royal Society de Londres em 1842. Outras academias, como as de Berlim e Turim, o elegeram como membro correspondente e, em 1845, ele passou a ser membro efetivo da Academia da Baviera.

Adaptado de: ENCICLOPÉDIA Britânica, 2002. Disponível em: <http://corrosion-doctors.org/Biographies/OhmBio.htm>. Acesso em: nov. 2012. Texto traduzido.

- Faça uma pesquisa sobre outros trabalhos realizados por Georg Simon Ohm.

EXPERIMENTO

O propósito desta atividade é familiarizá-lo com as leis físicas e com os fundamentos de uma instalação elétrica residencial. Para isso, siga os passos abaixo.

1. Certifique-se do valor da tensão de alimentação em sua cidade: 127 V ou 220 V.
2. Selecione os seguintes dispositivos: lâmpadas, televisor, computador, secador de cabelos, ferro de passar roupas, chuveiro, geladeira e máquina de lavar roupas. Verifique os dados nominais e a corrente de cada um deles.
3. Faça uma estimativa do tempo que cada um fica ligado, por dia. Estime o consumo mensal de energia da residência em kWh e verifique se é compatível com o medido pela concessionária de energia.
4. Calcule a corrente total, com todos os dispositivos ligados em paralelo. Em seguida, examine a divisão de correntes pelos disjuntores no quadro de força, verificando sua coerência com o cálculo da corrente total.

**Observação**: Esta é uma atividade apenas de leitura e cálculo. Você não deve tocar em nenhum fio ou aparelho que estiver ligado, isso pode causar danos a sua saúde.

# Pensando no Enem

Para ligar ou desligar uma mesma lâmpada a partir de dois interruptores, conectam-se os interruptores para que a mudança de posição de um deles faça ligar ou desligar a lâmpada, não importando qual a posição do outro. Essa ligação é conhecida como interruptores paralelos. Esse interruptor é uma chave de duas posições constituída por um polo e dois terminais, conforme mostrado nas figuras de um mesmo interruptor. Na posição **I** a chave conecta o polo ao terminal superior, e na posição **II** a chave o conecta ao terminal inferior.

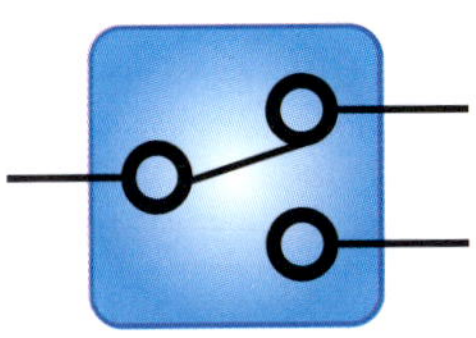
posição I

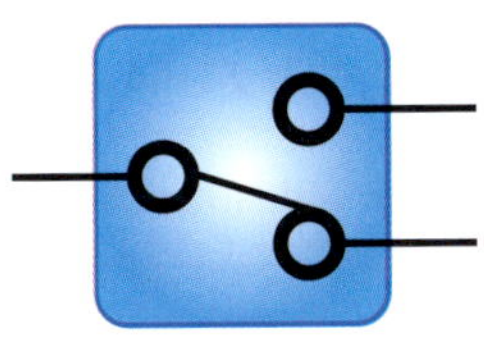
posição II

O circuito que cumpre a finalidade de funcionamento descrita no texto é:

a)

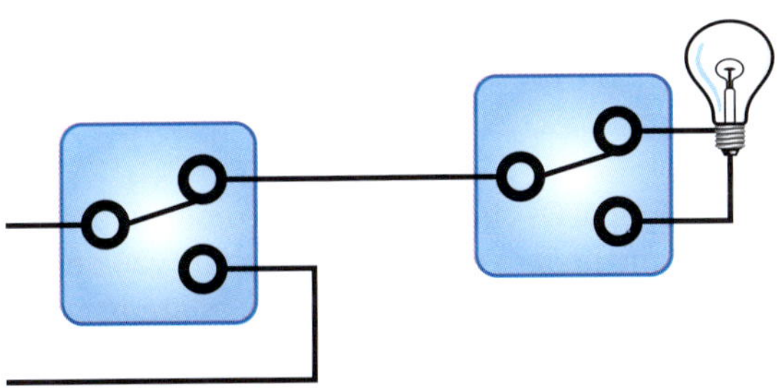

b)

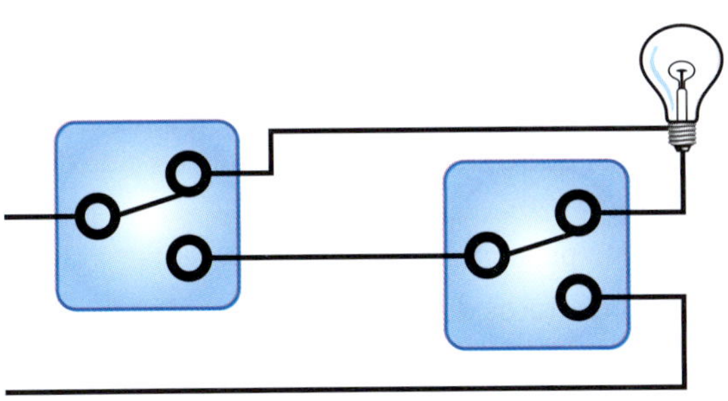

c)

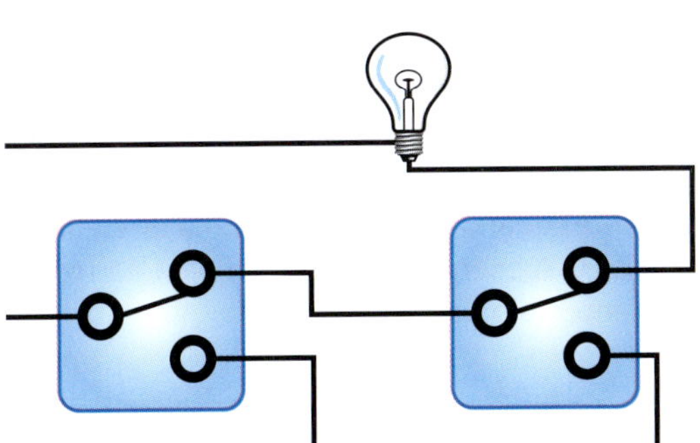

d)

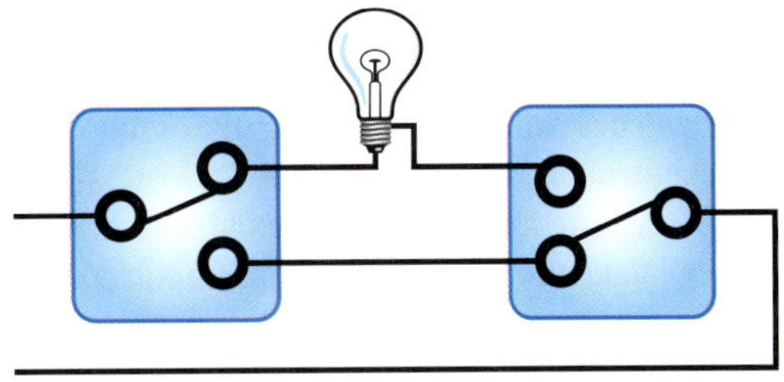

e)

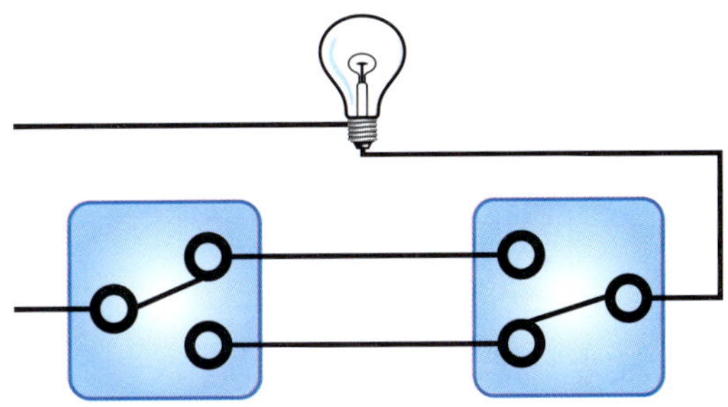

### Resolução

O arranjo de interruptores conhecido como paralelo é representado na figura, observe que qualquer um dos dois faz ligar ou desligar a lâmpada:

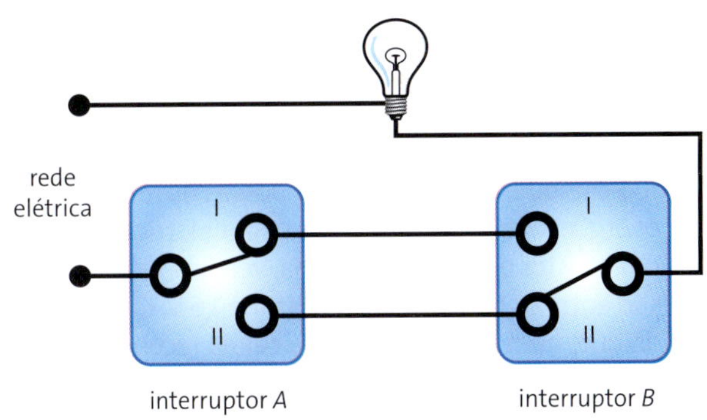


As possibilidades de ligação são as seguintes:

| Interruptor *A* | Interruptor *B* | Lâmpada |
|---|---|---|
| posição I | posição I | acesa |
| posição I | posição II | apagada |
| posição II | posição I | apagada |
| posição II | posição II | acesa |

A alternativa correta é a **e**.

# Vestibulares de Norte a Sul

1. **SE** (Vunesp-SP) Os elétrons de um feixe de um tubo de TV são emitidos por um filamento de tungstênio dentro de um compartimento com baixíssima pressão. Esses elétrons, com carga $e = 1{,}6 \cdot 10^{-19}$ C, são acelerados por um campo elétrico existente entre uma grade plana e uma placa, separadas por uma distância $L = 12{,}0$ cm e polarizadas com uma diferença de potencial $U = 15$ kV. Passam então por um orifício da placa e atingem a tela do tubo. A figura ilustra este dispositivo.

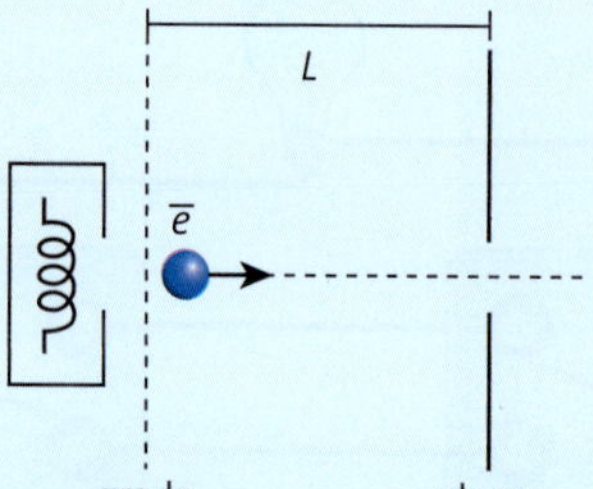


Considerando que a velocidade inicial dos elétrons é nula, calcule a energia cinética de cada elétron, em joules, quando passa pelo orifício.

2. **SE** (Vunesp-SP) Células fotovoltaicas foram idealizadas e desenvolvidas para coletar a energia solar, uma forma de energia abundante, e convertê-la em energia elétrica. Estes dispositivos são confeccionados com materiais semicondutores que, quando iluminados, dão origem a uma corrente elétrica que passa a alimentar um circuito elétrico. Considere uma célula de 100 cm² que, ao ser iluminada, possa converter 12% da energia solar incidente em energia elétrica. Quando um resistor é acoplado à célula, verifica-se que a tensão entre os terminais do resistor é 1,6 V. Considerando que, num dia ensolarado, a célula recebe uma potência de 1 kW por metro quadrado, calcule a corrente que passa pelo resistor.

3. **SE** (Uerj) Um ventilador dissipa uma potência de 30 W, quando ligado a uma rede elétrica que fornece uma tensão eficaz de 120 V.

A corrente eficaz estabelecida nesse aparelho tem valor igual a:

a) 150 mA.
b) 250 mA.
c) 350 mA.
d) 450 mA.

4. **SE** (PUC-MG) Uma tensão de 12 volts aplicada a uma resistência de 3,0 Ω produzirá uma corrente de:

a) 36 A.
b) 24 A.
c) 4,0 A.
d) 0,25 A.

5. **CO** (UFG-GO) Nos choques elétricos, as correntes que fluem através do corpo humano podem causar danos biológicos que, de acordo com a intensidade da corrente, são classificados segundo a tabela a seguir.

| | Corrente elétrica | Dano biológico |
|---|---|---|
| I | até 10 mA | dor e contração muscular |
| II | de 10 mA até 20 mA | aumento das contrações musculares |
| III | de 20 mA até 100 mA | parada respiratória |
| IV | de 100 mA até 3 A | fibrilação ventricular que pode ser fatal |
| V | acima de 3 A | parada cardíaca, queimaduras graves |

Considerando que a resistência do corpo em situação normal é da ordem de 1 500 Ω, em qual das faixas acima se enquadra uma pessoa sujeita a uma tensão elétrica de 220 V?

a) I
b) II
c) III
d) IV
e) V

6. **N** (Uepa) Os choques elétricos produzidos no corpo humano podem provocar efeitos que vão desde uma simples dor ou contração muscular até paralisia respiratória ou fibrilação ventricular. Tais efeitos dependem de fatores como a intensidade de corrente elétrica, duração, resistência da porção do corpo envolvida. Suponha, por exemplo, um choque produzido por uma corrente de apenas 4 mA e que a resistência da porção do corpo envolvido seja de 3 000 Ω. Então, podemos afirmar que o choque elétrico pode ter sido devido ao contato com:

a) uma pilha grande de 1,5 V.
b) os contatos de uma lanterna contendo uma pilha grande de 6,0 V.
c) os contatos de uma bateria de automóvel de 12 V.
d) uma descarga elétrica produzida por um raio num dia de chuva.
e) os contatos de uma tomada de rede elétrica de 120 V.

7. **SE** (UFMG) Numa resistência elétrica $R$, tem-se uma corrente $i$ quando ela é ligada a uma diferença de potencial $V$. A energia elétrica dissipada na resistência, num intervalo de tempo $t$, será:

a) $it$.
b) $iV$.
c) $iRt$.
d) $\frac{V^2}{R}$.
e) $Vit$.

8. SE (Ufscar-SP) O laboratório de controle de qualidade em uma fábrica para aquecedores de água foi incumbido de analisar o comportamento resistivo de um novo material. Este material, já em forma de fio com secção transversal constante, foi conectado, por meio de fios de resistência desprezível, a um gerador de tensão contínua e a um amperímetro com resistência interna muito pequena, conforme o esquema na figura 1.

Fazendo variar gradativa e uniformemente a diferença de potencial aplicada aos terminais do fio resistivo, foram anotados simultaneamente os valores da tensão elétrica e da correspondente corrente elétrica gerada no fio. Os resultados desse monitoramento permitiram a construção dos gráficos que seguem na figura 2.

figura 1

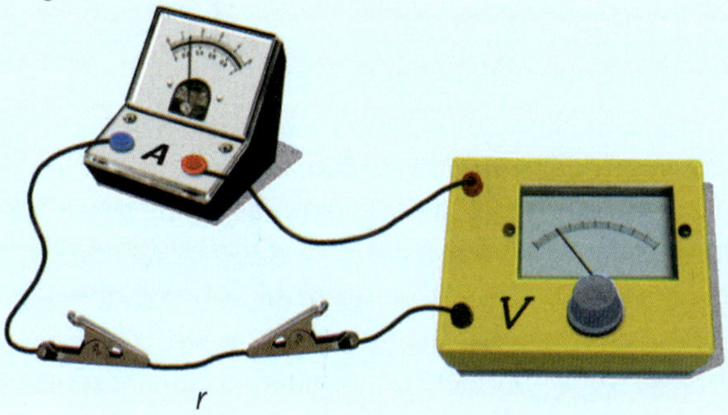


Paulo Manzi/Arquivo da editora

figura 2

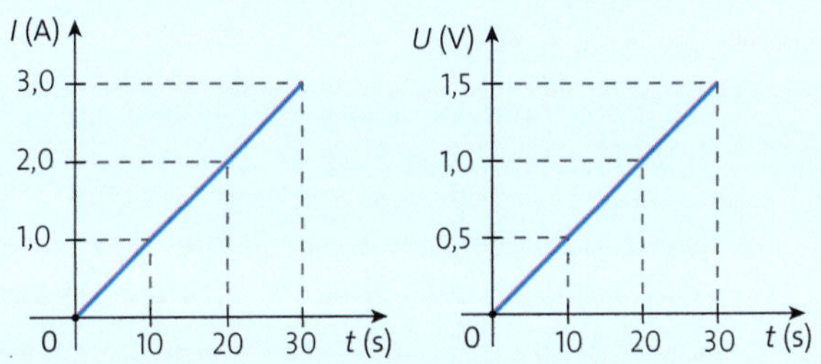


Com os dados obtidos, um novo gráfico foi construído com a mesma variação temporal. Neste gráfico, os valores representados pelo eixo vertical correspondiam aos resultados dos produtos de cada valor de corrente e tensão, lidos simultaneamente nos aparelhos do experimento.

a) Uma vez que a variação de temperatura foi irrelevante, pôde-se constatar que, para os intervalos considerados no experimento, o fio teve um comportamento ôhmico. Justifique esta conclusão e determine o valor da resistência elétrica, em $\Omega$, do fio estudado.

b) No terceiro gráfico, qual é a grandeza física que está representada no eixo vertical? Para o intervalo de tempo do experimento, qual o significado físico que se deve atribuir à área abaixo da curva obtida?

9. S (UFRGS-RS) Uma lâmpada de lanterna, que traz as especificações 0,9 W e 6 V, tem seu filamento projetado para operar a alta temperatura. Medindo a resistência elétrica do filamento à temperatura ambiente (isto é: estando a lâmpada desligada), encontramos o valor $R_0 = 4\ \Omega$. Sendo $R$ o valor da resistência do filamento à temperatura de operação, qual é, aproximadamente, a razão $\frac{R}{R_0}$?

a) 0,10
b) 0,60
c) 1,00
d) 1,66
e) 10,00

10. SE (UFRJ) Um chuveiro elétrico está instalado em uma residência cuja rede elétrica é de 110 V. Devido a um problema de vazão baixa, a água fica insuportavelmente quente quando o chuveiro é ligado. Para sanar o problema, o morador substitui a resistência original $R_1$ do chuveiro pela resistência $R$, de um segundo chuveiro, fabricado para funcionar em uma rede de 220 V. Suponha que ambos os chuveiros, funcionando com vazões iguais, nas tensões indicadas pelos fabricantes, aqueçam igualmente a água.

Calcule a razão entre a potência elétrica $P_1$ dissipada pela resistência original $R_1$ do chuveiro e a potência elétrica $P$, dissipada pela resistência $R$, após a substituição da resistência. Analise o resultado e responda se a troca da resistência causa o efeito desejado ou se aumenta ainda mais a temperatura da água. Justifique sua resposta.

11. SE (PUC-MG) Você precisa aumentar a temperatura de um litro de água de 20 °C para 80 °C. Você dispõe de um aquecedor que poderá ser ligado em 110 volts ou 220 volts. As quatro ligações descritas abaixo estarão disponíveis para seu uso:

A. não alterar a resistência do aquecedor e ligá-lo em 110 volts.
B. não alterar a resistência do aquecedor e ligá-lo em 220 volts.
C. usar metade da resistência do aquecedor e ligá-lo em 110 volts.
D. usar metade da resistência do aquecedor e ligá-lo em 220 volts.

Com relação ao consumo de energia pago à companhia distribuidora, pode-se afirmar que:

a) a ligação A é mais barata.
b) a ligação B é mais barata.
c) a ligação C é mais barata.
d) a ligação D é mais barata.
e) todas apresentam o mesmo custo.

**12.** SE (UPM-SP) Deseja-se alimentar a rede elétrica de uma casa localizada no sítio ilustrado a seguir.

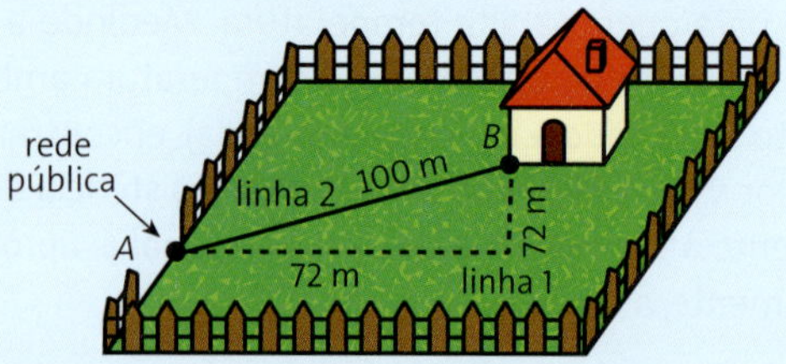


Em *A*, tem-se o ponto de entrada do sítio, que "recebe" a energia da rede pública e, em *B*, o ponto de entrada da casa. Devido a irregularidades no terreno, as possibilidades de linhas de transmissão de *A* até *B* apresentadas pelo eletricista foram a 1 (linha pontilhada) e a 2 (linha cheia). Porém, somente uma será instalada. Com uma mesma demanda de energia, independentemente da opção escolhida e utilizando-se fios de mesmo material, deseja-se que no ponto *B* chegue a mesma intensidade de corrente elétrica. Para que isso ocorra, o diâmetro do fio a ser utilizado na linha 1 deverá ser igual:

a) ao diâmetro do fio utilizado na linha 2.

b) a 0,6 vezes o diâmetro do fio utilizado na linha 2.

c) a 0,72 vezes o diâmetro do fio utilizado na linha 2.

d) a 1,2 vezes o diâmetro do fio utilizado na linha 2.

e) a 1,44 vezes o diâmetro do fio utilizado na linha 2.

**13.** CO (Fepecs-DF) Duas lâmpadas incandescentes *M* e *N* são ligadas em 220 V. A lâmpada *M* tem potência *P* e a área da secção reta de seu filamento é *S*. A lâmpada *N* tem potência $P_1$, seu filamento é do mesmo material e tem o mesmo comprimento da lâmpada *M*, e área da secção reta é 4*S*.

Sarunyu_Foto/Shutterstock/Glow Images

A razão entre as potências *P* e $P_1$ é:

a) $\frac{1}{4}$.    b) $\frac{1}{2}$.    c) 2.    d) 4.    e) 16.

**14.** SE (UPM-SP) Observa-se que um resistor de resistência *R*, quando submetido à ddp *U*, é percorrido pela corrente elétrica de intensidade *i*. Associando-se em série, a esse resistor, outro de resistência 12 Ω e submetendo-se a associação à mesma ddp *U*, a corrente elétrica que a atravessa tem intensidade $\frac{i}{4}$. O valor da resistência *R* é:

a) 2 Ω.    c) 6 Ω.    e) 12 Ω.

b) 4 Ω.    d) 10 Ω.

**15.** SE (Uerj) Em uma mistura de água e gelo mergulham-se dois resistores em paralelo, sendo um de 5,0 Ω e outro de resistência desconhecida, como indica a figura.

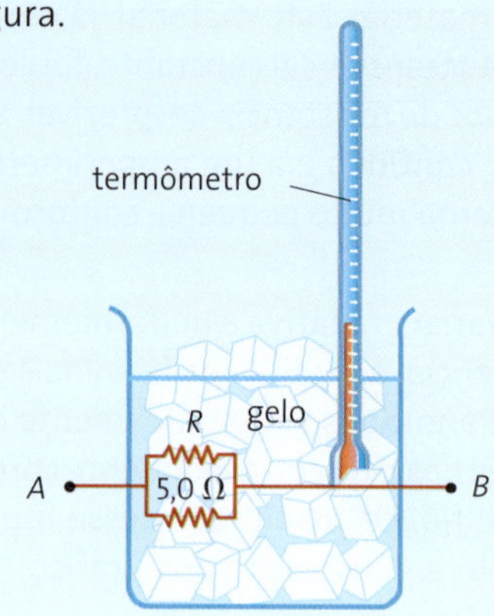


Ilustrações: Formato/Arquivo da editora

A potência total dissipada nos resistores é igual a $2,5 \cdot 10^3$ W e a diferença de potencial entre os pontos *A* e *B* é 100 V.

a) Calcule o valor da resistência *R*.

b) O equilíbrio térmico entre a água e o gelo se mantém durante 34 s de funcionamento do circuito. Calcule a massa de gelo que se funde nesse intervalo de tempo.

(Dado: calor latente de fusão do gelo: $3,4 \cdot 10^5$ $Jkg^{-1}$.)

**16.** NE (Ufal) Considere um conjunto de quatro resistores elétricos: um de resistência 8 Ω, outro de resistência 4 Ω e dois de resistência 2 Ω cada e analise as afirmações.

00. A associação de todos eles em série equivale a uma resistência de 14 Ω.

11. Se todos forem colocados em paralelo, a resistência equivalente é de $\frac{11}{8}$ Ω.

22 Utilizando apenas os dois resistores de 2 Ω e o de 8 Ω, pode-se obter uma resistência equivalente de 3,6 Ω.

33. Associando os quatro resistores é possível obter uma resistência equivalente de 13 Ω.

44. Combinando convenientemente os resistores em série e em paralelo, pode-se obter qualquer valor de resistência equivalente.

**17.** NE (UFPI) Quando uma empresa de eletrificação troca os cabos de cobre por cabos de alumínio, uma condição que deve ser mantida é a resistência dos condutores na linha de transmissão. Conhecendo-se a resistividade desses materiais, $\rho_{A\ell} = 3,0\ \mu\Omega \cdot cm$ e $\rho_{Cu} = 1,6\ \mu\Omega \cdot cm$, assinale a alternativa que contém a razão entre os diâmetros dos condutores de alumínio e cobre.

a) $\sqrt{\frac{8}{15}}$.    c) $\sqrt{\frac{15}{8}}$.    e) $\sqrt{\frac{8}{17}}$.

b) $\sqrt{\frac{8}{13}}$.    d) $\sqrt{\frac{17}{8}}$.

CAPÍTULO

# 3 Circuitos elétricos: geradores, receptores e medidores

Sunny Studio/Shutterstock/Glow Images

A bateria de um telefone celular é um bipolo reversível: funciona ora como gerador ora como receptor.

Charles D. Winters/Latinstock

Figura 3.1 Pilhas e baterias – geradores – são bipolos ativos.

# 1 Bipolos ativos e força eletromotriz

## Bipolos ativos e bipolos reversíveis

Para alimentar as partes elétricas de um carro, como lâmpadas e ignição, usa-se uma bateria que converte energia química em elétrica. Outro exemplo de dispositivo que faz essa conversão são as pilhas (figura 3.1) utilizadas para ligar um aparelho de som, um barbeador elétrico ou um controle remoto. Dispositivos ou máquinas que transformam energia de outra modalidade em elétrica são chamados **geradores elétricos**.

Em um liquidificador (figura 3.2.a), uma enceradeira (figura 3.2.b) ou um barbeador elétrico (figura 3.2.c), a energia elétrica converte-se em mecânica, produzindo os movimentos necessários. Em um aparelho de som, a energia elétrica é transformada em sonora e, em um computador, em informação a ser processada. Dispositivos ou máquinas em que a energia elétrica é convertida em outra modalidade além da térmica são chamados **receptores elétricos**.

**Geradores** e **receptores** recebem o nome genérico de **bipolos ativos**. Alguns deles podem funcionar tanto como geradores quanto como receptores. É o caso da bateria de um computador portátil (figura 3.3), que normalmente converte energia química em elétrica, fazendo-o funcionar, operando, portanto, como gerador. Entretanto, de tempos em tempos temos que carregá-la ligando-a na tomada para que a energia elétrica se transforme em química novamente.

Dispositivos ou máquinas que podem funcionar como geradores ou como receptores recebem o nome de **bipolos reversíveis**.

Anna Yu/Getty Images
Cleaning/Alamy/Other Images
Shutswis/Shutterstock/Glow Images

Figura 3.2 Liquidificador (**a**), enceradeira (**b**) e barbeador elétrico (**c**) – receptores – são bipolos ativos.

Mihaela Ninic/Alamy/Other Images
Jipen/Shutterstock/Glow Images

Figura 3.3 Uma bateria de computador pode funcionar tanto como gerador quanto como receptor.

# Geradores elétricos e força eletromotriz

Uma pilha comum de lanterna é um exemplo de gerador, isto é, em seu interior ocorre uma transformação de energia química em elétrica. Quando uma corrente elétrica se estabelece, os portadores de carga ganham energia potencial elétrica à custa da conversão de energia química.

Para cada unidade de carga que atravessa um gerador há, em correspondência, uma quantidade de energia de outra modalidade que se transforma em energia elétrica. A diferença de energia de outra modalidade gasta por um gerador na transformação, por unidade de carga, chama-se **força eletromotriz** (ou *fem*, de símbolo $\varepsilon$):

$$\varepsilon = \frac{\Delta E}{\Delta q}$$

No Sistema Internacional de Unidades (SI), a unidade de força eletromotriz é o volt (V), ou o joule por coulomb (J/C). Assim, em uma pilha de 1,5 V, para cada 1 C de carga que se movimenta em seu interior, 1,5 J de energia química são consumidos (figura 3.4). Caso não houvesse perda de energia durante o movimento dos portadores de carga, pela resistência ou pelo efeito Joule, essa energia corresponderia ao aumento de energia potencial elétrica.

A designação "força" não é apropriada, pois a *fem* (medida em volts) tem a mesma natureza que uma diferença de potencial. O nome "força eletromotriz" permanece em uso apenas por motivos históricos.

Figura 3.4 A força eletromotriz da pilha é 1,5 V.

## Exercícios

1. Assinale a alternativa correta.
   a) Geradores são dispositivos que geram energia.
   b) Em um bipolo ativo, toda energia elétrica se converte em térmica.
   c) Os motores elétricos convertem energia elétrica em química.
   d) Baterias podem ser bipolos reversíveis.
   e) Em um liquidificador, a energia se converte de mecânica em elétrica.

2. Assinale a proposição correta.
   a) Quando uma bateria alimenta um *laptop*, sua energia química se converte em elétrica.
   b) Carregar uma bateria significa aumentar sua carga elétrica.
   c) Em um barbeador elétrico, o movimento das lâminas produz carga elétrica que retira os pelos do rosto.
   d) Em uma hidrelétrica, se a água fluir ao contrário do normal, a energia elétrica se converterá em mecânica.
   e) Em um gerador eólico, a energia elétrica movimenta as pás.

3. A bateria de um computador portátil é alimentada (carregada) com uma ddp de 12 V e uma corrente de 0,5 A, durante uma hora. Uma vez carregada, alimenta um aparelho de potência 3,0 W.
   a) Qual a quantidade de energia química fornecida durante a carga da bateria?
   b) Durante quanto tempo a bateria manteve o computador em funcionamento?

4. Em uma bateria de 12 V, 2 C de carga são transportados entre os polos. Para essa operação, calcule:
   a) a diminuição de energia química;
   b) o aumento de energia potencial elétrica no caso ideal;
   c) o aumento de energia potencial elétrica se houvesse perda de 50% da energia.

5. Uma pequena lâmpada de lanterna tem dados nominais (0,5 W; 1,5 V) e é ligada aos terminais de uma pilha de *fem* 1,5 V, que funciona sem perdas.
   a) Calcule a corrente na lâmpada nas condições nominais.
   b) Calcule o gasto de energia química da lâmpada, funcionando durante 10 min.

# 2 Geradores e circuitos simples

## Balanço energético

A **figura 3.5** ilustra uma pilha sendo utilizada para alimentar uma lâmpada. Nessas condições, há corrente elétrica nos diversos dispositivos do circuito, isto é, há portadores de carga realizando movimento ordenado entre as diversas partes do circuito elétrico montado.

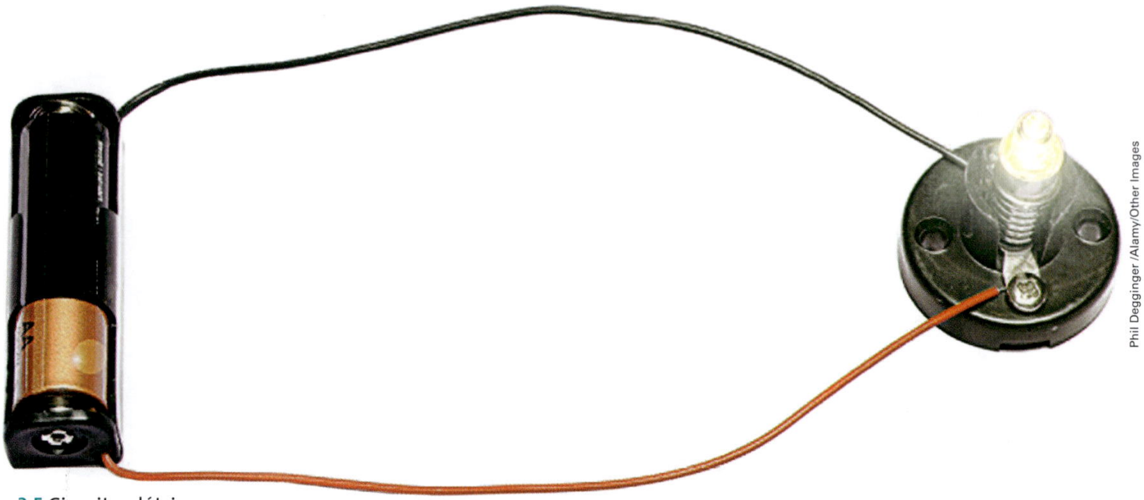


Figura 3.5 Circuito elétrico formado por uma lâmpada ligada por fios aos polos de uma pilha.

Do ponto de vista das transformações de energia que ocorrem no gerador (pilha), podemos destacar:

- quando os portadores de carga atravessam o gerador, recebem energia proveniente da transformação de energia química em elétrica;
- parte da energia recebida por esses portadores é dissipada durante seu movimento interno ao gerador;
- o restante da energia recebida pelos portadores é utilizado para alimentar o circuito externo, acendendo a lâmpada.

Assim, esquematicamente, podemos dizer que em um gerador a energia de outra modalidade, ao ser convertida em potencial elétrica, compõe-se de duas partes de natureza elétrica: uma útil, e outra dissipada (**figura 3.6**).

Figura 3.6 Formas de energia em um gerador elétrico.

Podemos fazer o **balanço energético do gerador** pelas potências associadas às energias descritas. Assim, temos:

- **Potência total ($P_t$)** – A potência total ($P_t$) está relacionada à energia de outra modalidade consumida no processo de transformação. Sendo $\Delta E_t = \varepsilon \cdot \Delta q$ e dividindo ambos os membros por $\Delta t$, obtemos:

$$\frac{\Delta E_t}{\Delta t} = \varepsilon \cdot \frac{\Delta q}{\Delta t} \Rightarrow P_t = \varepsilon \cdot i$$

A potência total é o produto da *fem* $\varepsilon$ pela intensidade de corrente elétrica $i$ que atravessa o circuito.

- **Potência útil ($P_u$)** – Como a potência útil fornecida pelo gerador ao circuito externo é de natureza elétrica, podemos considerar o circuito como um todo, submetido a uma diferença de potencial $U$ e atravessado por uma corrente de intensidade $i$. Portanto:

$$P_u = U \cdot i$$

- **Potência dissipada ($P_d$)** – A potência dissipada ($P_d$) corresponde a uma perda de energia durante o movimento dos portadores de carga no interior do gerador. Considera-se que essa perda se dá em virtude de uma resistência interna ($r$), intrínseca à construção do gerador. Portanto:

$$P_d = r \cdot i^2$$

De acordo com o princípio de conservação de energia, podemos escrever:

$$P_t = P_u + P_d \Rightarrow \varepsilon \cdot i = U \cdot i + r \cdot i^2$$

Simplificando, obtemos:

$$U = \varepsilon - r \cdot i$$

Essa expressão, chamada de **equação característica do gerador**, relaciona a diferença de potencial $U$ com a corrente $i$ em um gerador; $\varepsilon$ e $r$ são constantes que dependem de como o gerador foi construído.

Na figura 3.7, temos a representação de um gerador elétrico. A corrente elétrica vai do polo de menor para o de maior potencial elétrico. Isso significa que os portadores de carga ganham energia potencial elétrica ao atravessar o gerador.

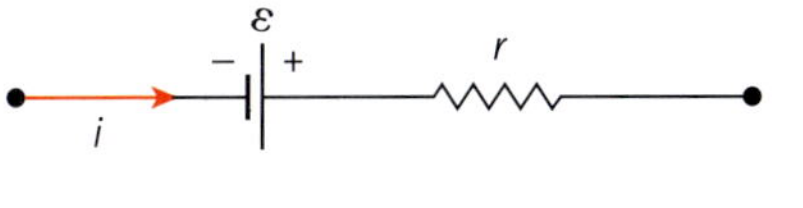


Figura 3.7 Representação de um gerador elétrico. A corrente elétrica vai do polo negativo para o polo positivo do gerador.

## Curva característica

A função $U = \varepsilon - r \cdot i$, em que $\varepsilon$ e $r$ são constantes, é uma função de primeiro grau na variável $i$. O gráfico dessa função é uma reta (figura 3.8), na qual destacamos dois pontos notáveis: o do **circuito aberto** e o do **curto-circuito**.

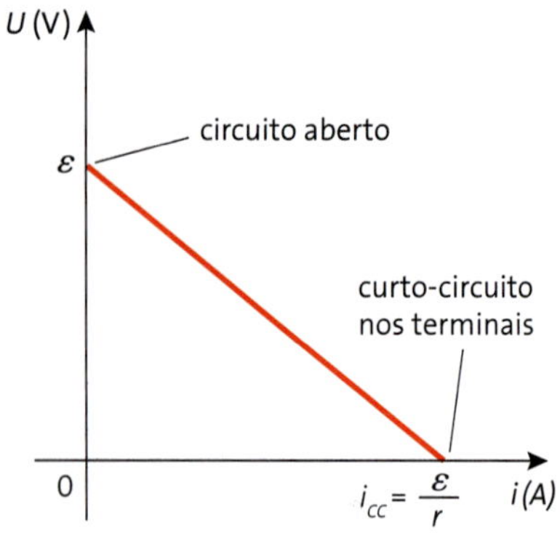


Figura 3.8 Gráfico da função $U = \varepsilon - r \cdot i$ de um gerador elétrico.

Se $i = 0$, não há consumo de energia em razão da resistência interna; assim, a ddp entre os terminais do gerador é a própria força eletromotriz ($\varepsilon$). Dizemos que o circuito está aberto, pois não há circulação de portadores de carga. Medir a ddp entre os terminais de uma bateria, com o circuito aberto, é o procedimento usual para sabermos qual é sua força eletromotriz.

Para que os dois polos do gerador tenham o mesmo potencial elétrico, basta que os liguemos com um fio ideal. O gerador ficará numa situação de curto-circuito ($i_{cc}$ é a corrente de curto-circuito): a potência útil será nula, e toda a energia de outra modalidade que se transforma em energia elétrica se dissipará internamente, no próprio gerador. Se o gerador for, por exemplo, uma pilha comum, observaremos que ela se descarregará rapidamente. Podemos dizer que, exceto em situações acidentais, o interesse em relação ao curto-circuito é meramente teórico, pois, na prática, danificamos o gerador ao provocá-lo.

## Rendimento

O rendimento de um gerador ($\eta$), assim como de qualquer dispositivo que transforma ou transfere energia, é calculado pela razão entre a potência útil ($P_u$) e a potência total ($P_t$):

$$\eta = \frac{P_u}{P_t} \Rightarrow \eta = \frac{U \cdot i}{\varepsilon \cdot i} \Rightarrow \eta = \frac{U}{\varepsilon}$$

É comum expressarmos o rendimento em termos de porcentagem:

$$\eta = \frac{U}{\varepsilon} \cdot 100\%$$

Pela lei da conservação da energia, uma máquina não pode produzir mais energia do que recebe. Assim, o rendimento é sempre menor do que 1, a não ser na situação teórica de gerador ideal, em que obteríamos $\eta = 1$ (rendimento igual a 100%).

## Correntes em circuitos elétricos simples (lei de Pouillet)

Consideramos um gerador alimentando um circuito exclusivamente resistivo (figura 3.9). Podemos ter vários resistores associados, mas é possível substituí-los por um único: o resistor equivalente.

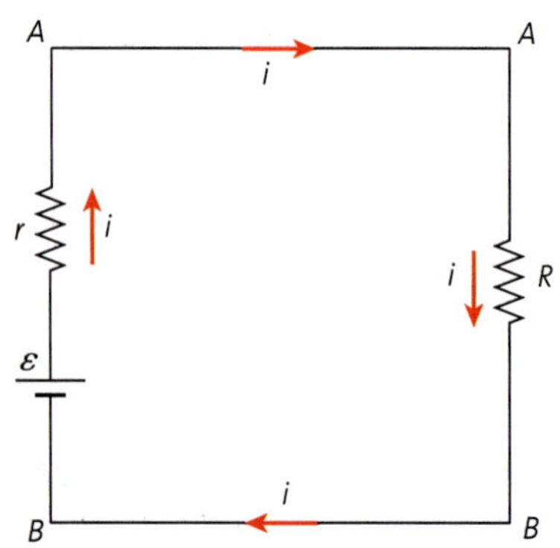


Figura 3.9 Circuito com um gerador resistivo e uma resistência.

Nesse circuito há um único percurso fechado para a circulação dos portadores de carga. Quando essa condição é obedecida, dizemos que se trata de um circuito de malha única. Vemos, pelos pontos *A* e *B*, que a tensão nos terminais do gerador é a tensão fornecida ao resistor; logo, podemos igualar estas duas expressões:

$$\left.\begin{matrix} U = \varepsilon - ri \\ U = Ri \end{matrix}\right\} \Rightarrow \varepsilon - ri = Ri \Rightarrow \varepsilon = (R + r) \cdot i \Rightarrow \varepsilon = (\Sigma R) \cdot i$$

Caso tenhamos mais um gerador, mas ainda obedecendo à condição de malha única, a expressão para a lei de Pouillet se torna:

$$\Sigma\varepsilon = (\Sigma R) \cdot i$$

A soma das forças eletromotrizes é igual à soma das tensões em todos os resistores.

## Exercícios

**6.** Para representar os ganhos ou as perdas de energia potencial dos portadores de carga elétrica, utiliza-se um esquema denominado **perfil dos potenciais**. A figura representa o perfil dos potenciais de uma pilha de *fem* $\varepsilon$, resistência interna *r*, percorrida por uma corrente elétrica *i*.

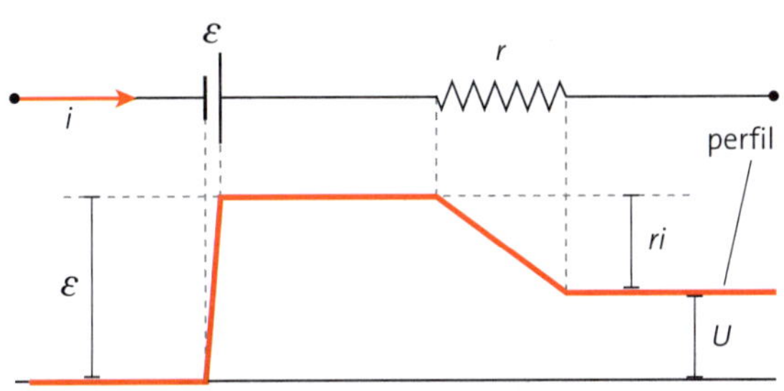


Com base na figura, julgue as afirmativas a seguir.

I. Quando os portadores de carga elétrica vão do polo negativo para o polo positivo da pilha, ganham energia potencial elétrica.

II. Como na resistência *r* os portadores de carga perdem energia potencial elétrica, o extremo esquerdo do resistor (*r*) é positivo e o extremo direito, negativo.

III. A ddp *U* entre os extremos da pilha é dada por: $U = \varepsilon - r \cdot i$.

A análise se passa como se os portadores de carga fossem positivos.

**7.** Uma pilha comum de lanterna tem resistência interna $r = 0{,}5\ \Omega$ e quando uma carga de 10 C é deslocada entre seus extremos, a diminuição de energia química é de 15 J.

a) Calcule a força eletromotriz da pilha.

b) Escreva a equação característica da pilha.

c) Trace a curva característica da pilha.

**8.** A ddp em aberto de um gerador é de 20 V e sua corrente de curto-circuito é de 10 A.

a) Determine a força eletromotriz e a resistência interna do gerador.

b) Esboce a curva característica do gerador.

c) Trace a curva característica do gerador.

d) Considerando que o gerador é atravessado por uma corrente de 2 A, calcule a ddp entre os terminais do gerador.

e) Nas condições do item **d**, calcule o rendimento do gerador.

f) Nas condições do item **d**, calcule a energia útil para 20 min de funcionamento.

**9.** Um gerador fornece potência útil de 18 W quando percorrido por uma corrente de 3 A, apresentando rendimento de 50%. Determine:

a) a ddp do gerador, nessas condições de operação.

b) a força eletromotriz do gerador.

c) a resistência interna do gerador.

d) a equação característica do gerador.

e) a curva característica do gerador.

**10.** Experimentos realizados em uma bateria indicam que, quando atravessada por uma corrente de 1 A, apresenta ddp de 10 V e, quando submetida a uma ddp de 4 V, é atravessada por uma corrente de 4 A. Determine:

a) a *fem* e a resistência interna da bateria.

b) a equação característica da bateria.

c) a curva característica da bateria.

d) o rendimento da bateria quando atravessada por uma corrente de 5 A.

# 3 Potência lançada e associações de geradores

## Potência elétrica útil de um gerador

Quando um gerador, de força eletromotriz $\varepsilon$ e resistência interna $r$, é ligado a um circuito externo de resistência $R$, o circuito é percorrido por uma corrente de intensidade $i$. Nessas condições, a potência útil ($P_u$) entregue pelo gerador ao circuito externo resulta da diferença entre a potência total ($P_t$), convertida de outra modalidade em elétrica, e a potência dissipada ($P_d$).

Assim, escrevemos:

$$P_u = P_t - P_d \Rightarrow P_u = \varepsilon \cdot i - r \cdot i^2$$

Logo, ao representar a potência útil ($P_u$) de um gerador em função da corrente elétrica $i$, obtemos uma parábola com a concavidade voltada para baixo, com vértice localizado nas coordenadas $(P_u, i) = \left(\frac{\varepsilon}{2r}, \frac{\varepsilon^2}{4r}\right)$ (figura 3.10).

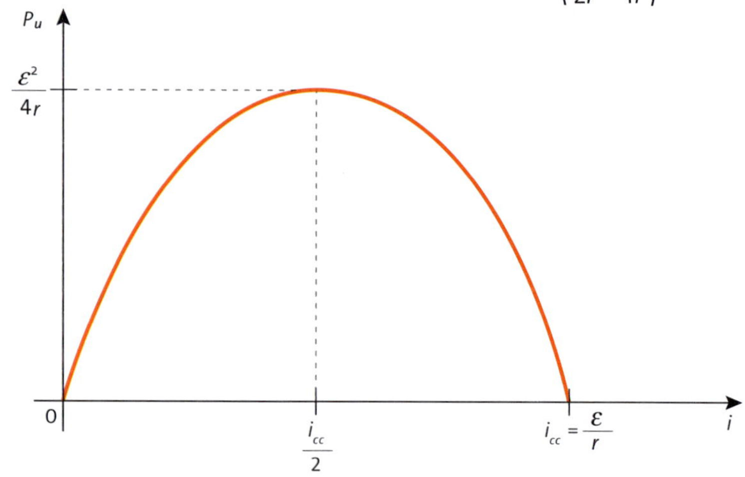


Figura 3.10 Gráfico da potência útil pela corrente elétrica.

Portanto, caso seja de interesse que o gerador forneça potência útil máxima ao circuito externo, será necessário que a corrente que o atravessa seja igual a $\frac{\varepsilon}{2r}$ e, comparando essa expressão com a lei de Pouillet $\frac{\varepsilon}{r + R}$, concluímos que a resistência equivalente do circuito externo $R$ deve ser igual à resistência interna. Isto é:

$$(P_u)_{máx.} \Rightarrow R = r$$

Esse resultado é conhecido em teoria geral dos circuitos elétricos como "teorema da máxima transferência de potência".

Em várias situações, é necessário alimentar circuitos com ddps ou correntes que não estão disponíveis em um único gerador. Esse é, por exemplo, o caso do rádio de pilha, cujos circuitos devem ser alimentados com ddp de 3 V, mas as pilhas disponíveis são de 1,5 V. Nessas situações, utiliza-se a associação de geradores. Tal como ocorre com os resistores, há dois tipos básicos de associação de geradores: em série e em paralelo.

## Associação de geradores em série

Dois ou mais geradores estão associados **em série** quando percorridos pela **mesma corrente elétrica** (figura 3.11).

A tensão total da associação esquematizada é a soma das tensões:

$$U = U_1 + U_2 \Rightarrow U = \varepsilon_1 - r_1 \cdot i + \varepsilon_2 - r_2 \cdot i$$

Essa expressão pode ser escrita assim:

$$U = \varepsilon_1 + \varepsilon_2 - (r_1 + r_2) \cdot i$$

Sendo $\varepsilon_{eq.} = \varepsilon_1 + \varepsilon_2$ e $r_{eq.} = r_1 + r_2$, obtemos:

$$U = \varepsilon_{eq.} - r_{eq.} \cdot i$$

O gerador equivalente tem uma *fem* igual à soma das *fem* dos geradores associados. A resistência interna desse gerador é igual à soma das resistências internas dos geradores associados. Por exemplo, quando associamos em série quatro pilhas iguais de 1,5 V e 0,5 Ω, obtemos um gerador equivalente de *fem* 6,0 V e resistência interna de 2,0 Ω.

Jacek/<www.kino.com.br>. Acesso em: maio 2013.

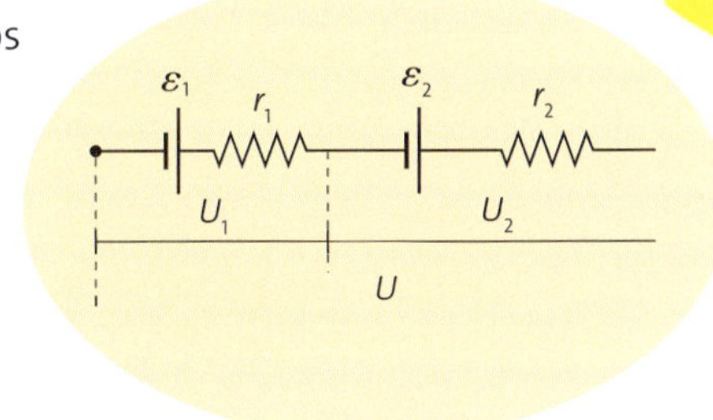


Figura 3.11 Associação de duas pilhas em série e a respectiva representação.

### Exercício resolvido

1. O poraquê (*Electrophorus electricus*) é um peixe que contém células elétricas (eletrócitos) dispostas em série, enfileiradas em sua cauda.

Richard T. Nowitz/Latinstock

Cada célula tem uma *fem* $\varepsilon = 60$ mV (0,060 V). Num espécime típico, esse conjunto de células é capaz de gerar tensões de até 480 V, com descargas que produzem correntes elétricas de intensidade máxima de até 1,0 A.

a) Faça um esquema representando a associação dessas células elétricas na cauda do poraquê. Indique nesse esquema o número $n$ de células elétricas que o poraquê pode ter. Justifique a sua avaliação.

b) Qual a potência elétrica máxima que o poraquê é capaz de gerar?

**Resolução**

a) O esquema seguinte ilustra a sequência de geradores ideais em série.

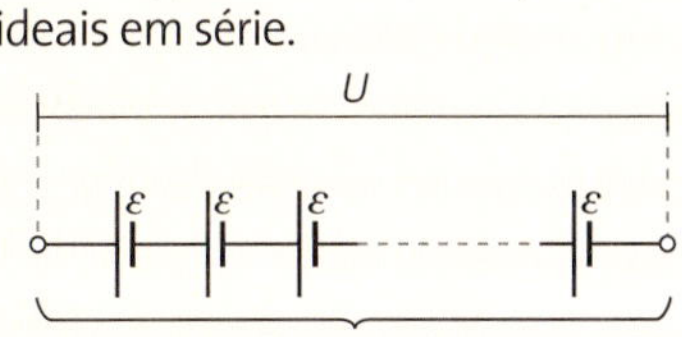


A força eletromotriz do gerador equivalente é $\varepsilon_{eq.} = n\varepsilon$. Assim:

$$480 = n \cdot 0{,}06 \Rightarrow n = 8000 \text{ células}$$

b) Como $P = Ui$, considerando a intensidade de corrente máxima, temos:

$$P_{máx.} = 480 \cdot 1{,}0 \Rightarrow P_{máx.} = 480 \text{ W}$$

# Associação de geradores em paralelo

Dois ou mais geradores estão associados **em paralelo** quando submetidos à **mesma ddp** (figura 3.12). Nesse caso, é feita somente a associação de geradores iguais.

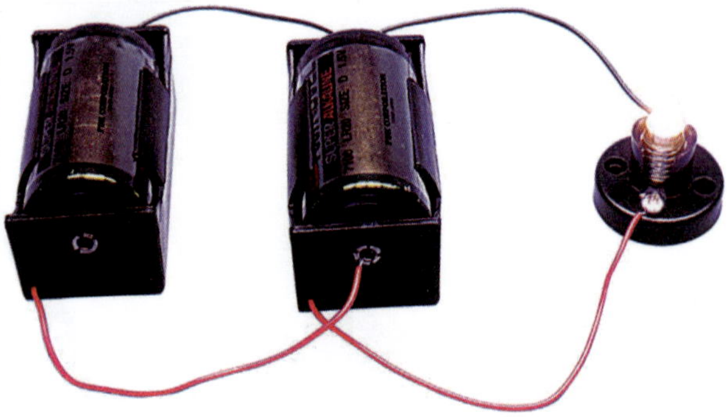

Doug/Science Source/Diomedia

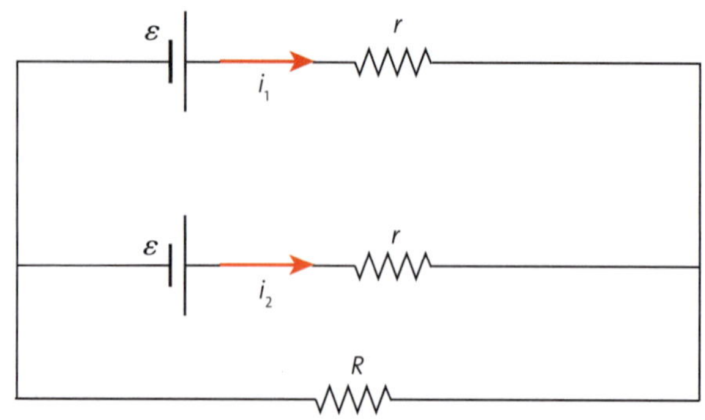


Figura 3.12 Associação de duas pilhas em paralelo e a respectiva representação.

A corrente elétrica total da associação esquematizada é a soma das correntes em cada gerador:

$$i = i_1 + i_2 \Rightarrow i_1 = i_2 = \frac{i}{2}$$

Assim, temos $U = \varepsilon - r \cdot \frac{i}{2}$ em cada gerador. O gerador equivalente é dado por: $U = \varepsilon_{eq.} - r_{eq.} \cdot i$, no qual:

$$\varepsilon_{eq.} = \varepsilon \text{ e } r_{eq.} = \frac{r}{2}$$

O gerador equivalente tem uma *fem* igual à dos geradores associados. A resistência interna desse gerador é menor que a dos geradores associados. Por exemplo, quando associamos em paralelo quatro pilhas iguais de 1,5 V e 1,0 Ω, obtemos um gerador equivalente de *fem* 1,5 V e resistência interna de 0,25 Ω.

# Associação mista de geradores

A durabilidade de cada pilha depende da corrente elétrica que a atravessa. Quando associamos pilhas em paralelo, aumentamos sua durabilidade ao mesmo tempo que reduzimos sua resistência interna.

A **associação mista** (figura 3.13) é a combinação de dois objetivos: ao mesmo tempo que proporciona maior durabilidade, aumenta a *fem*.

O procedimento para determinar o gerador equivalente é o mesmo usado no caso dos resistores: associamos cada conjunto de duas pilhas em paralelo e, em seguida, fazemos a associação em série.

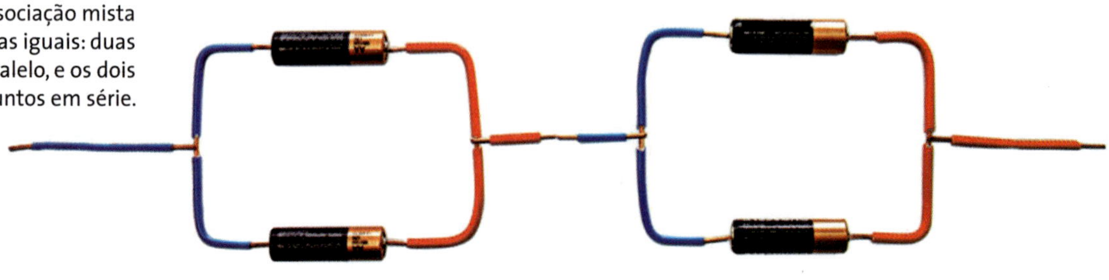

Sérgio Dotta Jr./Arquivo da editora

Figura 3.13 Associação mista de quatro pilhas iguais: duas a duas em paralelo, e os dois conjuntos em série.

## Exercícios

11. Um gerador de *fem* 12 V e resistência interna desconhecida está ligado a um resistor de resistência variável (reostato). O gráfico da potência dissipada pelo reostato em função da intensidade da corrente nele estabelecida corresponde ao arco de parábola apresentado na figura:

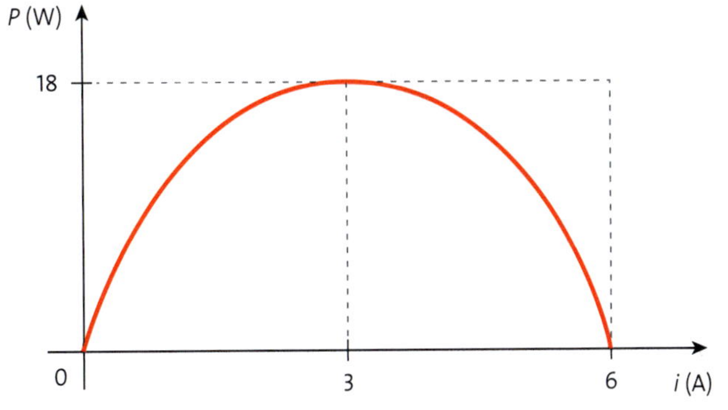


a) Determine a expressão que relaciona a potência útil fornecida pelo gerador com a intensidade da corrente no circuito e a resistência interna.

b) Qual é a potência máxima dissipada no reostato?

c) Qual é o valor da resistência interna do gerador?

d) Quais são o valor da resistência do reostato na situação de potência máxima e o rendimento do gerador nessa condição?

12. Um amplificador de um sistema de som de automóvel funciona como um gerador de sinais elétricos de resistência interna ("impedância") igual a 8 Ω. Deseja-se ligar um conjunto de caixas acústicas, ambas de 4 Ω, na saída do amplificador.

a) Como devem ser ligadas, entre si, as caixas para que quando o conjunto for ligado aos terminais do amplificador a potência acústica seja máxima?

b) Faça um desenho esquemático da ligação proposta no item **a**.

13. Uma pilha de força eletromotriz 1,5 V e resistência interna 1,5 Ω é ligada a um circuito externo de resistência elétrica variável.

a) Trace a curva característica da pilha.

b) Trace o diagrama da potência útil da pilha em função da corrente que a atravessa.

c) Calcule a potência útil da pilha se o circuito externo tiver resistência equivalente a 1,5 Ω.

d) Calcule o rendimento da pilha nas condições do item **c**.

14. Uma pessoa comprou uma lanterna que utiliza quatro pilhas de 1,5 V cada uma. Ao inserir as pilhas na lanterna, a pessoa procedeu conforme a figura.

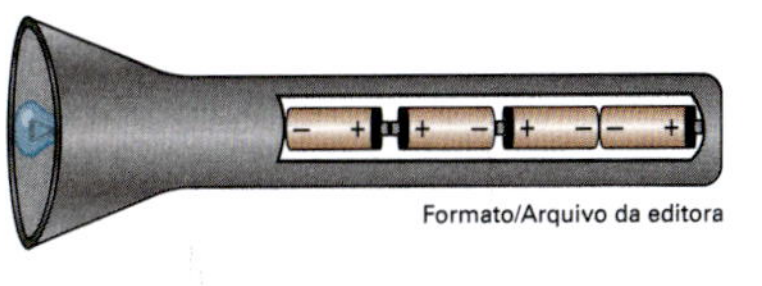

Formato/Arquivo da editora

Nessa situação, é correto afirmar que:

a) a lâmpada da lanterna vai queimar.

b) a lâmpada da lanterna não vai acender.

c) as pilhas durarão pouco tempo.

d) a lanterna funcionará normalmente.

e) o brilho da lâmpada da lanterna será acima do normal.

15. Considere quatro pilhas iguais de 1,5 V e 0,5 Ω cada uma. Se você associar duas a duas em série e, em seguida, associar os dois conjuntos em paralelo, quais são a *fem* e a resistência interna equivalentes da associação?

16. Você dispõe de três pilhas iguais de 1,5 V e 1,0 Ω cada uma. Como você deve associar essas pilhas para obter uma *fem* equivalente de 3,0 V e uma corrente de curto-circuito de 2,0 A?

# 4 Receptores elétricos e circuito simples

O motor de um liquidificador é um exemplo de receptor elétrico, isto é, em seu interior ocorre uma transformação de energia elétrica em mecânica durante o movimento de rotação. Quando uma corrente elétrica se estabelece em um receptor, os portadores de carga perdem energia potencial elétrica em razão da conversão em outra modalidade de energia.

Para cada unidade de carga que atravessa um receptor, há, em correspondência, uma quantidade de energia elétrica que se transforma em energia de outra modalidade e não térmica.

A quantidade de energia de outra modalidade, não térmica, obtida em um receptor na transformação, por unidade de carga, chama-se **força contraeletromotriz (*fcem*)** $\varepsilon'$ e é dada por:

$$\varepsilon' = \frac{\Delta E}{\Delta q}$$

Figura 3.14 O motor é um receptor elétrico.

No SI, a unidade de força contraeletromotriz é o volt (V), ou joule por coulomb (J/C). Assim, em um motor de *fcem* 25 V (figura 3.14), por exemplo, para cada 1 C de carga que se movimenta em seu interior, 25 J de energia elétrica transformam-se em energia mecânica útil. Caso não houvesse perda de energia durante o movimento dos portadores de carga, essa energia corresponderia à diminuição de energia potencial elétrica.

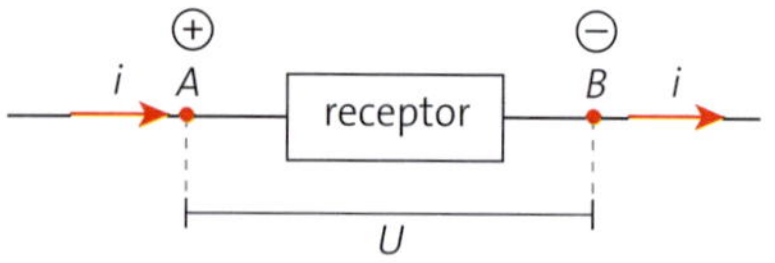


Figura 3.15 Representação esquemática de um receptor. A corrente elétrica vai do polo positivo para o negativo.

A figura 3.15 ilustra a representação esquemática de um receptor.

Do ponto de vista das transformações de energia que ocorrem no receptor, podemos distinguir:

- quando os portadores de carga atravessam o receptor cedem energia potencial elétrica;
- parte da energia cedida pelos portadores de carga é dissipada durante seu movimento interno no receptor;
- o restante da energia cedida pelos portadores de carga é transformado em energia (útil).

Assim, podemos dizer que em um receptor a energia potencial elétrica, ao ser convertida em outra modalidade, compõe-se de duas partes: uma útil e outra dissipada (figura 3.16).

Podemos fazer o **balanço energético do receptor** pelas potências associadas às energias descritas acima. Assim, temos:

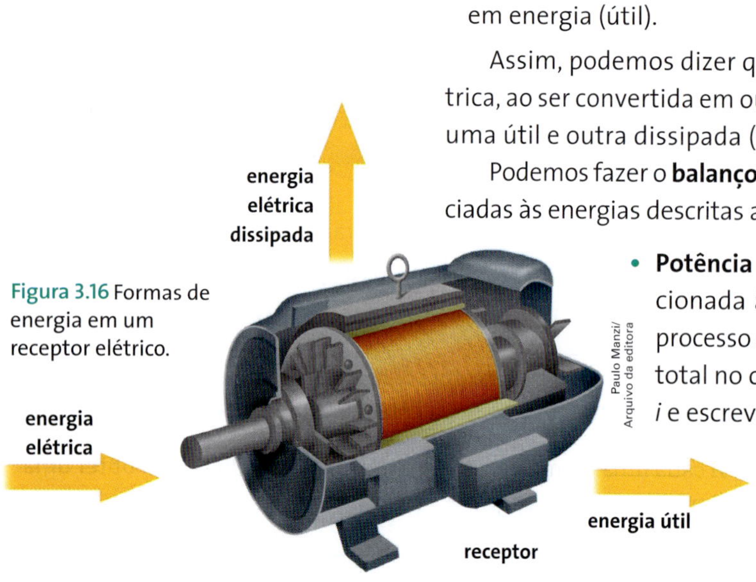


Figura 3.16 Formas de energia em um receptor elétrico.

- **Potência total ($P_t$)** – Como a potência total está relacionada à energia potencial elétrica consumida no processo de transformação, podemos considerar a ddp total no circuito igual a *U* e a corrente elétrica igual a *i* e escrever:

$$P_t = U \cdot i$$

- **Potência útil ($P_u$)** – Como a potência útil obtida pelo receptor é de natureza não elétrica, de acordo com a definição de força contraeletromotriz:

$$\Delta E_u = \varepsilon' \cdot \Delta q$$

Dividindo membro a membro pelo intervalo de tempo, temos:

$$\frac{\Delta E_u}{\Delta t} = \varepsilon' \cdot \frac{\Delta q}{\Delta t} \Rightarrow P_u = \varepsilon' \cdot i$$

Nessa expressão, *i* é a intensidade de corrente que atravessa o receptor.

- **Potência dissipada ($P_d$)** – A potência dissipada corresponde a uma perda de energia durante o movimento dos portadores de carga no interior do receptor. Essa perda ocorre em virtude de uma resistência interna ($r'$) intrínseca à construção do gerador. Portanto:

$$P_d = r' \cdot i^2$$

De acordo com a conservação de energia, podemos escrever:

$$P_t = P_u + P_d \Rightarrow Ui = \varepsilon' \cdot i + r' \cdot i^2$$

Simplificando, obtemos:

$$U = \varepsilon' + r' \cdot i$$

Essa expressão, que relaciona a diferença de potencial *U* com a corrente *i* em um receptor, é chamada de **equação característica do receptor**, na qual $\varepsilon'$ e $r'$ são constantes que dependem de como o receptor foi construído.

Na **figura 3.17**, temos a representação de um receptor elétrico. A corrente elétrica vai do polo de maior potencial elétrico para o de menor. Isso significa que os portadores de carga perdem energia potencial elétrica ao atravessar o receptor.

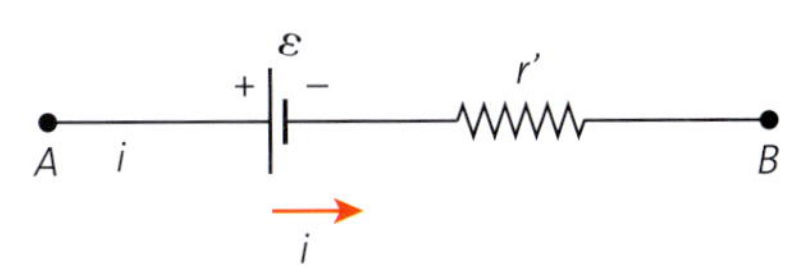


Figura 3.17 Representação de um receptor elétrico. A corrente elétrica vai do polo positivo para o polo negativo do receptor.

## Curva característica

A função $U = \varepsilon' + r'i$, em que $\varepsilon'$ e $r'$ são constantes, é uma função de primeiro grau na variável *i*, cujo gráfico é uma reta (**figura 3.18**). O coeficiente angular da reta nos fornece, numericamente, o valor da resistência interna do receptor:

$$r' \overset{N}{=} \text{tg}\,\alpha$$

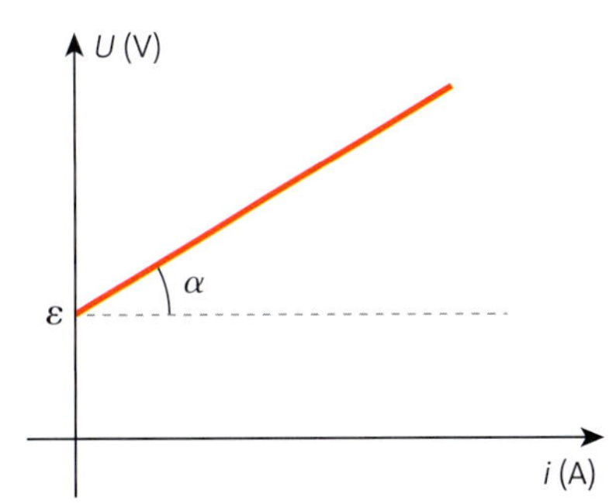


Figura 3.18 Representação gráfica da curva característica de um receptor.

## Rendimento

O rendimento do receptor é a razão entre a potência útil e a total:

$$\eta = \frac{P_u}{P_t} \Rightarrow \eta = \frac{\varepsilon' \cdot i}{U \cdot i} \Rightarrow \eta = \frac{\varepsilon'}{U}$$

Usualmente expressamos o rendimento em porcentagem:

$$\eta = \frac{\varepsilon'}{U} \cdot 100\%$$

Na prática, o rendimento sempre é menor que 1 (ou seja, menor do que 100%), a não ser na situação teórica de um receptor ideal.

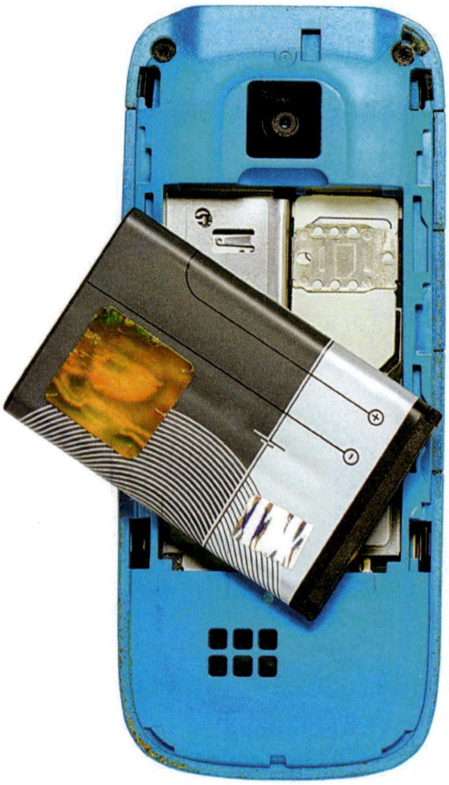

Sirikorn Techatraibhop/Shutterstock/Glow Images

Figura 3.19 Bateria de telefone celular: bipolo reversível.

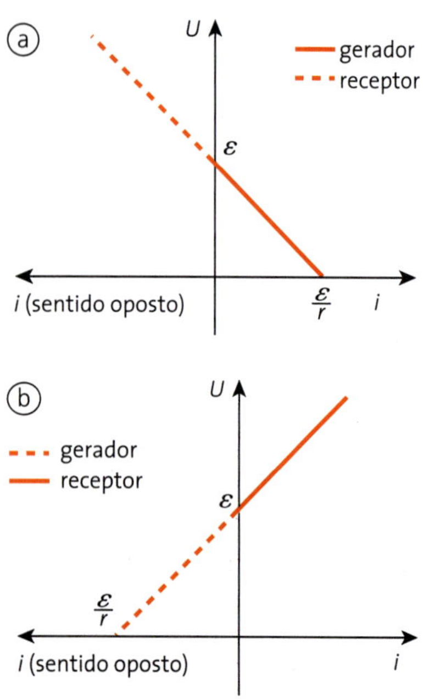


Figura 3.20 Gerador como receptor (**a**) e receptor como gerador (**b**).

# Bipolos reversíveis

Para que possamos receber e realizar chamadas sem utilizar qualquer tomada, a bateria do celular (**figura 3.19**) converte energia química em elétrica, isto é, opera como gerador. Para recarregar a bateria, ligamos o celular por meio de um conversor ("carregador") a uma tomada. Então, o processo se inverte. A bateria, operando como receptor, converte energia elétrica em química. Mas como é possível a bateria do celular ser um gerador e um receptor?

Isso é possível porque alguns bipolos, como baterias e certos motores elétricos, são reversíveis, isto é, apresentam a propriedade de operar como gerador ou receptor, dependendo do sentido da corrente. A **figura 3.20** mostra as curvas características dos bipolos ativos, que ilustram essa propriedade.

Prolongando a reta que representa um gerador para o eixo "negativo" da corrente, observa-se o comportamento de receptor. Analogamente, prolongando a reta que representa um receptor para o eixo "negativo" da corrente, observa-se o comportamento de gerador.

# Circuitos simples com geradores e receptores

Os geradores, os receptores e os resistores podem ser interligados e funcionar conjuntamente, formando um circuito elétrico.

Chamamos de circuito de malha única o circuito cujos elementos são ligados em série, havendo portanto um único percurso fechado para a circulação da corrente elétrica. Os circuitos de malha única não têm nós.

Em uma malha, a soma das tensões fornecidas pelos geradores é igual à soma das tensões consumidas pelos resistores e receptores, logo:

$$\Sigma\varepsilon = \Sigma\varepsilon' + \Sigma(R \cdot i) \Rightarrow \Sigma\varepsilon - \Sigma\varepsilon' = (\Sigma R) \cdot i \Rightarrow i = \frac{\Sigma\varepsilon - \Sigma\varepsilon'}{\Sigma R}$$

Essa expressão, obtida para a corrente elétrica em circuitos simples, é chamada lei de Pouillet para circuitos de malha única.

Alguns exercícios de circuitos de malha única não trazem a informação de quais elementos exercem o papel de gerador (força eletromotriz) e quais funcionam como receptor (força contraeletromotriz). Quando isso ocorre, devemos somar todas as forças (eletromotrizes ou contraeletromotrizes) cujas polaridades estão em um mesmo sentido e comparar o valor obtido com a soma das polaridades opostas. Funciona como gerador equivalente o valor de maior força eletromotriz resultante, pois é ele que "alimenta" o circuito.

Alguns circuitos com mais de uma malha podem ser reduzidos para que se tornem circuitos de malha única. Para isso, devemos aplicar as regras de associação em série e em paralelo, tanto para resistores como para geradores e receptores. No caso de um circuito que tem muitas malhas e não é redutível à malha única, a opção é aplicar as leis de Kirchhoff, que veremos no próximo tópico.

## Exercícios

17. Um motor elétrico tem resistência interna de 2,0 Ω e está ligado a uma ddp de 100 V. Verifica-se que ele é percorrido por uma corrente elétrica de intensidade de igual a 5,0 A. Determine:
   a) a força contraeletromotriz do motor;
   b) as potências total, útil e dissipada internamente;
   c) a potência dissipada se o eixo do motor for bloqueado, ou seja, impedido de girar.

18. Um motor elétrico de 25 V e 12,5 Ω é atravessado por uma corrente de intensidade 4 A.
   a) Qual é a ddp nos teminais do motor?
   b) Determine o rendimento desse motor.

19. Os gráficos apresentados a seguir, que mostram o comportamento da ddp $U$ em função da corrente elétrica, representam as curvas características de três elementos elétricos: resistor, gerador e receptor.
Faça a associação de cada gráfico com o respectivo elemento.

(I)

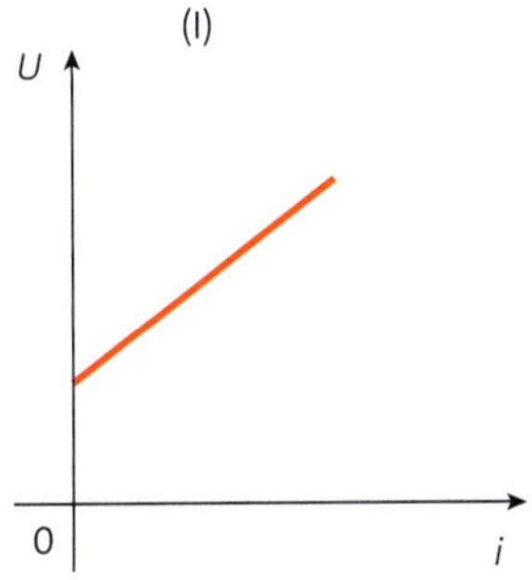


(II)

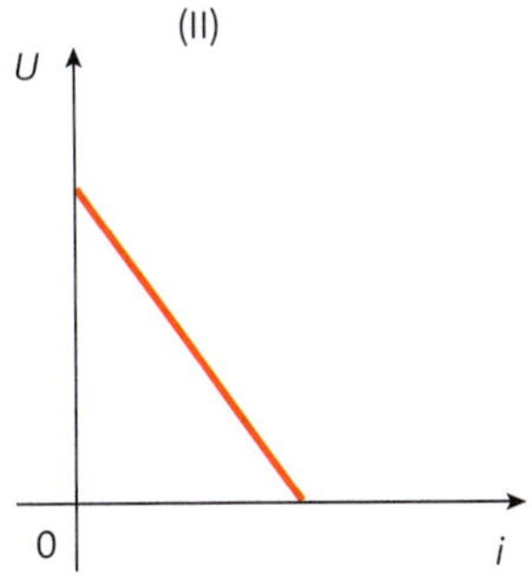


(III)

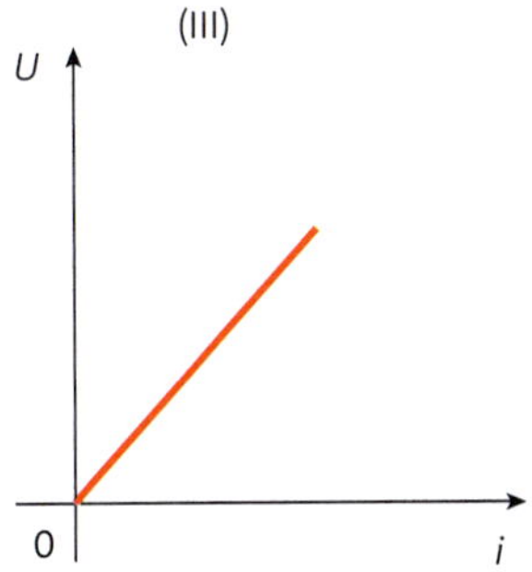


20. Suponha que uma bateria de 12 V e 3 Ω seja um bipolo reversível. Trace sua curva característica caso ela se comporte como um:
   a) gerador;
   b) receptor.

21. No circuito esquematizado, um gerador ideal de 30 V alimenta um receptor de resistência interna 6 Ω e *fem* de 18 V.

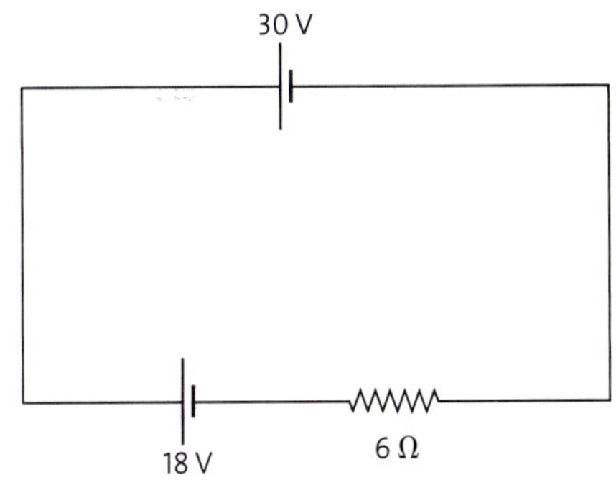


Determine:
   a) o sentido e a intensidade da corrente estabelecida no circuito;
   b) a tensão nos terminais do receptor.

22. (Acafe-SC) A figura deste problema apresenta uma bateria ligada, em série, com um motor $M$ e uma resistência $R$.

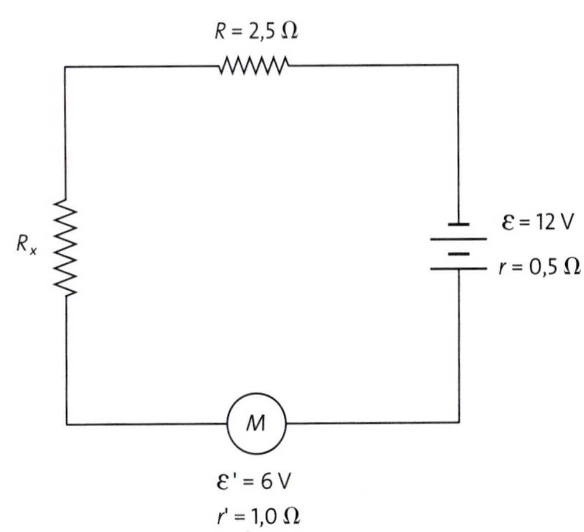


Para que a corrente no circuito não seja superior a 1,0 A, o mínimo valor que deve ter a resistência $R_x$, em Ω, é:

a) 2,0.
b) 4,0.
c) 1,0.
d) 6,0.
e) 1,5.

# 5 Circuitos elétricos

As associações dos diversos tipos de bipolos são chamadas de **circuitos elétricos**. Um exemplo de circuito elétrico é o conjunto formado pelas pilhas e os componentes eletrônicos de um aparelho de som portátil, que proporciona a recepção de ondas eletromagnéticas e a conversão destas em sinais elétricos capazes de emitir sons audíveis. Outro exemplo é um sistema de geração, transmissão e distribuição de energia, que está representado de maneira simplificada na figura 3.21.

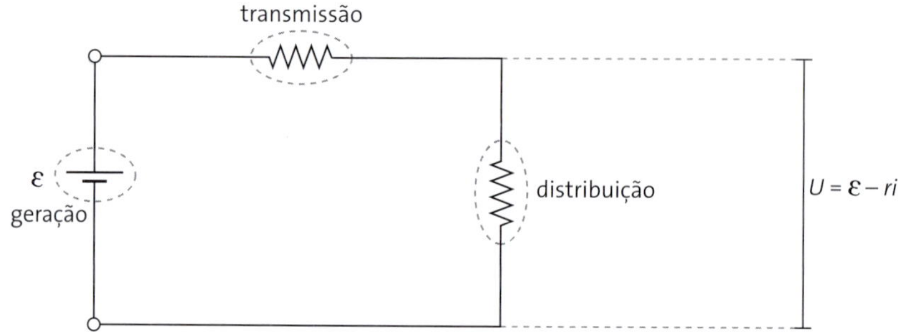


Figura 3.21 Sistema de geração representado por um gerador ideal. A transmissão é representada por uma resistência interna associada às perdas, e o sistema de distribuição, por um circuito equivalente sobre o qual a ddp final é aplicada.

A distribuição de energia nos diversos componentes de um circuito elétrico, ou o balanço energético, obedece a duas leis, conforme veremos a seguir.

## Leis de Kirchhoff

Para a resolução de circuitos elétricos, utilizaremos conceitos sintetizados em duas leis desenvolvidas pelo físico alemão Gustav R. Kirchhoff. Elas são conhecidas como **leis de Kirchhoff**.

**Lei dos nós** – A soma das intensidades das correntes elétricas que chegam a um nó é igual à soma das intensidades das correntes elétricas que saem dele, conforme vimos no capítulo 2 (figura 3.22).

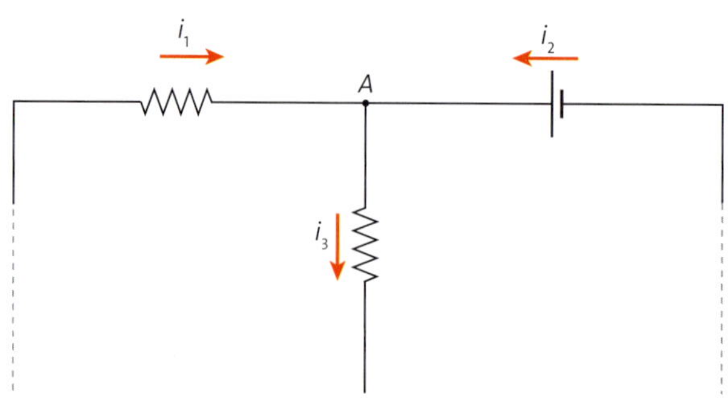


Figura 3.22 No nó $A$, a soma das correntes $i_1$ e $i_2$ é igual a $i_3$.

De acordo com o princípio de conservação da carga elétrica, temos:

$$i_1 + i_2 = i_3$$

**Lei das malhas** – Em qualquer malha de um circuito elétrico, a soma das diferenças de potencial elétrico é nula.

Por exemplo, no circuito mostrado na **figura 3.23**, temos três malhas: *ABCFA*, *ABDEA* e *CDEFC*.

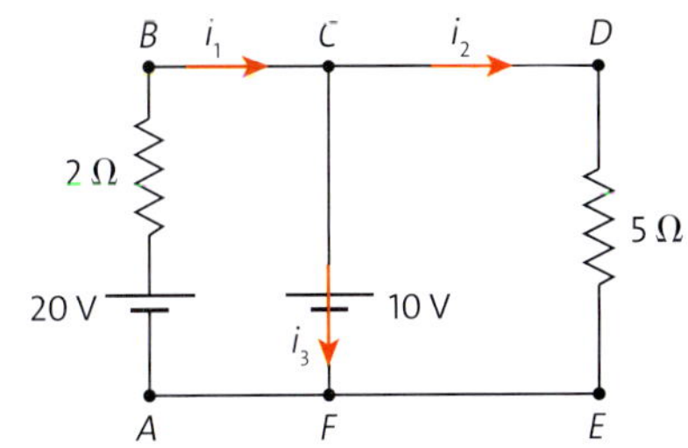


Figura 3.23 Circuito elétrico constituído de três malhas.

Aplicando-se a lei das malhas para esse circuito, obtemos as equações:

- *ABCFA*: $20 - 2 \cdot i_1 - 10 = 0$;
- *ABDEA*: $20 - 2 \cdot i_1 - 5 \cdot i_2 = 0$;
- *CDEFC*: $-5 \cdot i_2 + 10 = 0$.

Na tabela 3.1, apresentamos os principais elementos de um circuito elétrico.

**Tabela 3.1 – Principais elementos de um circuito**

| Componente | Função | Símbolo | | U |
|---|---|---|---|---|
| gerador | Transforma outra modalidade de energia em energia elétrica. | 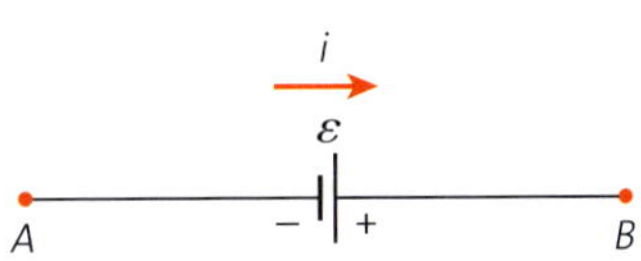 | | $A \rightarrow B: +\varepsilon$<br>$B \rightarrow A: -\varepsilon$ |
| receptor | Transforma energia elétrica em outra modalidade que não seja térmica. | 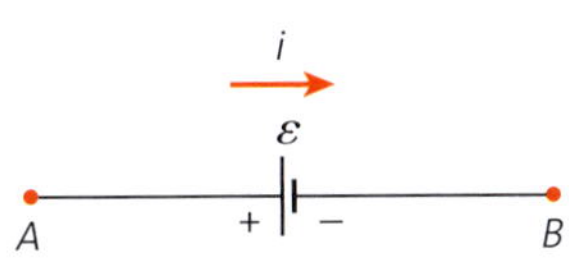 | | $A \rightarrow B: -\varepsilon$<br>$B \rightarrow A: +\varepsilon$ |
| resistor | Transforma energia elétrica em energia térmica. | 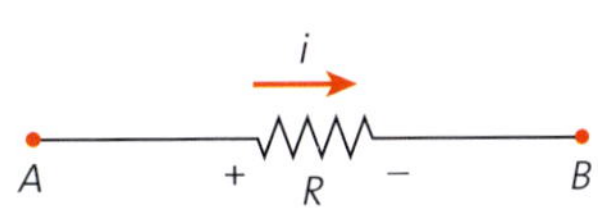 | | $A \rightarrow B: -Ri$<br>$B \rightarrow A: +Ri$ |
| fio ideal | Conduz a corrente elétrica sem dissipação de energia. | 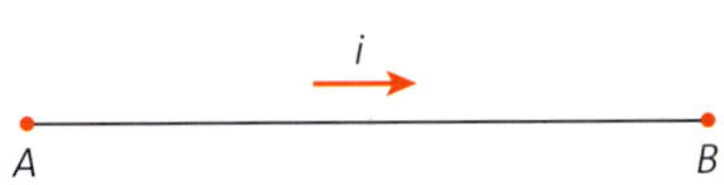 | | 0 |
| interruptor | Interrompe a passagem de corrente elétrica. | 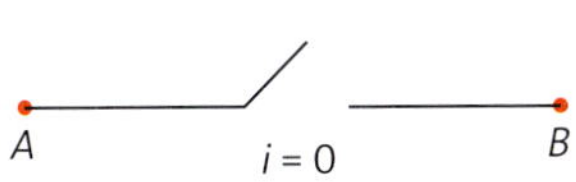 (chave aberta) | 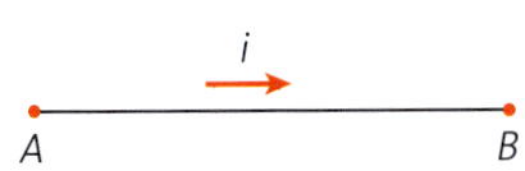 (chave fechada) | fechada: 0<br>aberta: $U_{AB}$ |
| fusível | Limita a intensidade de corrente elétrica. | 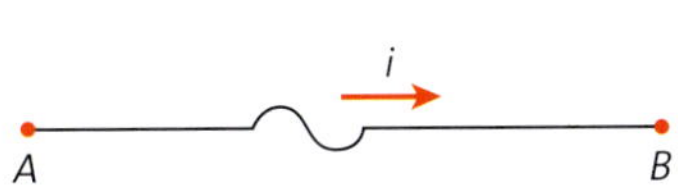 | | 0 |

Circuito elétrico

# Circuito de malha única

Vimos que o circuito elétrico cujos elementos (gerador, receptor, resistor, chave, etc.) estão ligados em série formando um único caminho para a corrente elétrica é denominado circuito de malha única. Esse tipo de circuito não apresenta nós. Acompanhe, no exercício resolvido 2 a seguir, como procedemos com um circuito com essa configuração.

## Exercício resolvido

**2.** Trace o perfil de potencial do circuito de malha única representado na **figura a**.

**Resolução**

No circuito **a**, o elemento de 36 V, à esquerda, funciona como um gerador, já que sua força eletromotriz é maior que a do elemento da direita, que, portanto, funciona como receptor. Como consequência, a corrente elétrica segue a orientação do polo negativo para o polo positivo no elemento da esquerda e sentido oposto no da direita, como indicado na figura.

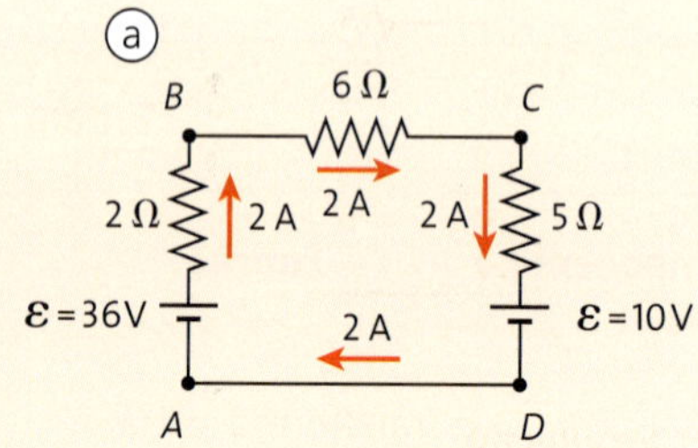


O perfil dos potenciais elétricos do circuito permite que se visualize a distribuição da energia potencial elétrica em cada um de seus elementos. O primeiro passo é escolher, arbitrariamente, o potencial de um ponto qualquer do circuito. No nosso caso, vamos estabelecer que o potencial elétrico do ponto *A* seja nulo. O perfil de potencial, esquematizado na **figura b**, foi construído a partir desse ponto e com a informação de que a corrente elétrica que circula no circuito vale 2 A.

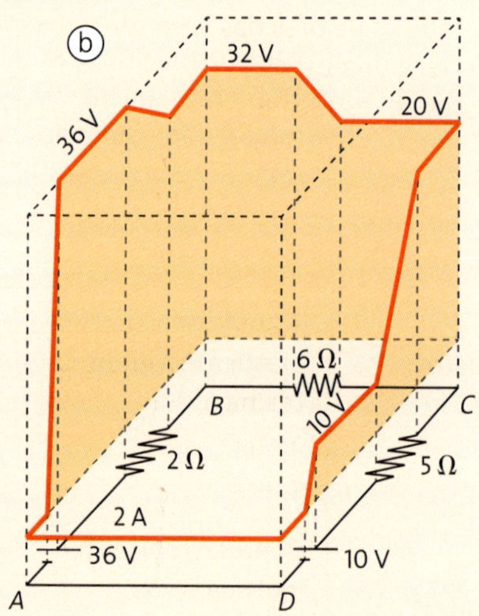


Pela **figura b** é possível observar que, inicialmente, o potencial aumenta do valor zero (do ponto *A*) para 36 V, por causa da *fem* do gerador. Em seguida, sofre redução de 4 V, devido ao consumo de energia na resistência de 2 Ω; portanto $V_B = 32$ V. Na sequência, há uma queda de 12 V na resistência de 6 Ω; logo, $V_C = 20$ V. Do ponto *C* até o ponto *D* são consumidos 10 V, por causa da resistência de 5 Ω, e mais 10 V, em razão da *fcem* do receptor, o que faz com que o potencial volte ao seu valor nulo. Observe que os pontos *A* e *D* estão conectados por um fio ideal (sem resistência) e, desse modo, não há consumo de energia nesse ramo do circuito, ou seja, $V_A = V_D = 0$.

Na **figura c** traçamos o mesmo perfil, porém com o circuito linearizado:

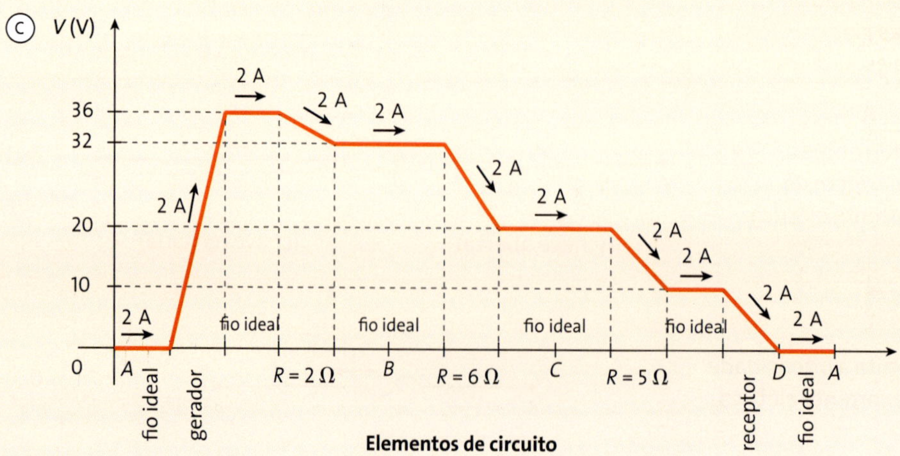

## Circuito com várias malhas

Para os circuitos com várias malhas, inicialmente localizamos os nós e aplicamos a lei dos nós. Em seguida, separamos cada uma das malhas e aplicamos a lei das malhas. Veja abaixo, no exercício resolvido 3, como proceder com um circuito com essa configuração.

### Exercício resolvido

**3.** Determine as intensidades das correntes $i_1$, $i_2$ e $i_3$, indicadas no circuito abaixo.

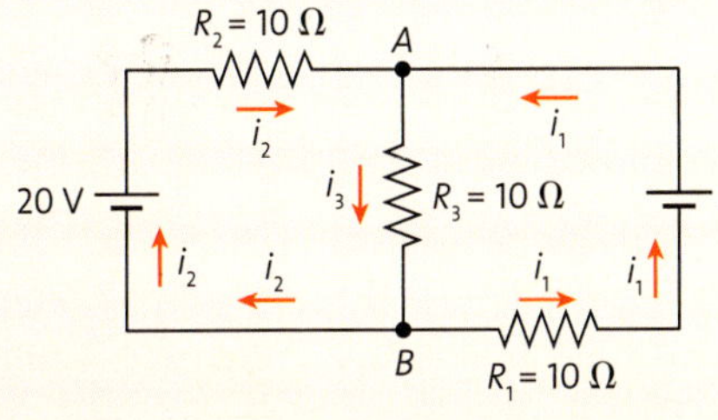


**Resolução**

1º Passo: Escolha, arbitrariamente, os sentidos das correntes elétricas.

Em nosso exemplo, os sentidos das correntes já estão indicados na figura do enunciado. Depois de calculados os valores das correntes, devemos verificar os seus sinais (positivo ou negativo). Caso alguma corrente resulte negativa, isso indica que o seu sentido é oposto àquele previamente escolhido. No entanto, isso não invalida o resultado, que está correto se considerarmos o seu valor absoluto (em módulo).

2º Passo: Escreva as equações para a lei dos nós.

Vimos que os nós são os pontos do circuito nos quais as correntes podem se juntar ou se dividir. No circuito da figura há dois deles: os pontos *A* e *B*. Para o nó *A*, temos: $i_1 + i_2 = i_3$.

$$i_1 + i_2 - i_3 = 0 \quad \text{(equação dos nós)}$$

3º Passo: Separe e nomeie as malhas internas e redesenhe-as com as respectivas correntes elétricas.

Neste exercício, redesenharemos as malhas conforme mostram as figuras a seguir e as nomearemos malhas *X* (a da esquerda) e *Y* (a da direita):

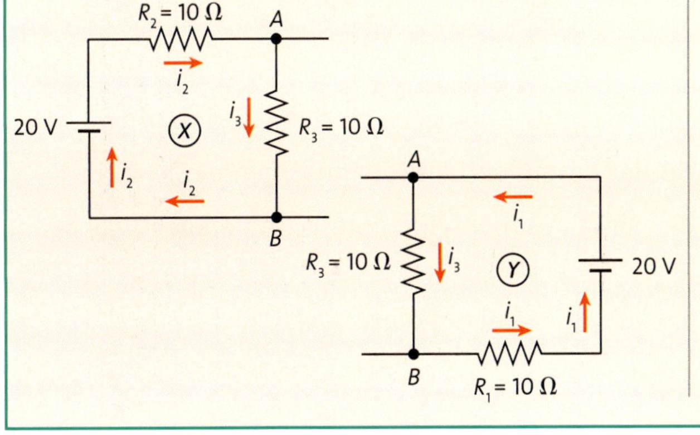


4º Passo: Escreva as equações para a lei das malhas.

A segunda lei de Kirchhoff é fundamentada no fato de a *ddp* em um circuito fechado ser nula. Assim, escolhe-se um ponto de partida e um sentido de percurso, escrevendo as expressões das ddps sequencialmente, seguindo as regras de sinais abaixo:

- gerador: *ddp* positiva;
- receptor: *ddp* negativa;
- resistor: caso a corrente que atravessa o resistor esteja no sentido do percurso escolhido, a *ddp* (calculada pela primeira lei de Ohm: $U = R \cdot i$) deve ter sinal negativo, caso contrário, sinal positivo.

Para a malha *X*, percorrida a partir de *B*, no sentido horário temos:

$$+20 - 10i_2 - 10i_3 = 0$$

Para a malha *Y*, percorrida a partir de *B*, no sentido horário temos:

$$+10i_3 - 20 + 10i_1 = 0$$

Para facilitar a resolução do sistema de equações, dividiremos cada uma delas por dez, o que nos permite reescrevê-las como:

$2 - i_2 - i_3 = 0$ (malha *X*) e $i_3 - 2 + i_1 = 0$ (malha *Y*)

5º Passo: Resolva o sistema de equações.

A resolução do sistema composto pelas três equações (dos nós, da malha *X* e da malha *Y*) pode ser executada com qualquer um dos estilos algébricos usados para resolver sistemas.

Somando-se as equações das malhas *X* e *Y*, obtemos: $i_1 = i_2$ (equação: $X + Y$)

Substituindo a equação ($X + Y$) na equação dos nós, segue: $2i_1 - i_3 = 0 \Rightarrow i_3 = 2i_1$

Levando o resultado dessa última passagem à equação da malha *Y*, segue: $3i_1 = 2 \Rightarrow i_1 = 2/3$ A

Pela equação ($X + Y$), temos que: $i_2 = 2/3$ A

Finalmente, voltando à equação dos nós, chegamos a: $i_3 = 4/3$ A

Resultado final:

$i_1 = 2/3$ A; $i_2 = 2/3$ A; $i_3 = 4/3$ A

**Observação:** Os valores das correntes são positivos, o que indica que os sentidos escolhidos para elas, na figura do enunciado, estão corretos.

Física explica

# Células a combustível

Indução e geração de corrente elétrica

Há mais de quarenta anos estão sendo desenvolvidos cinco tipos de células a combustível. Estas são: as células de alta temperatura de operação (SOFC: Solid Oxide Fuel Cell e MCFC: Molten Carbonate Fuel Cell) e as células de baixa temperatura de operação (AFC: Alcaline Fuel Cell; PAFC: Phosphoric Acid Fuel Cell e a PEMFC: Proton Exchange Membrane Fuel Cell).

A célula do tipo PEMFC é a mais indicada para ser utilizada na indústria automotiva e não se tem previsão, em curto prazo, de substituição por nenhum outro tipo de célula nessa aplicação. Para o uso em geral, as opções são bem diferentes, e todos os tipos de células possuem capacidade para ser utilizados.

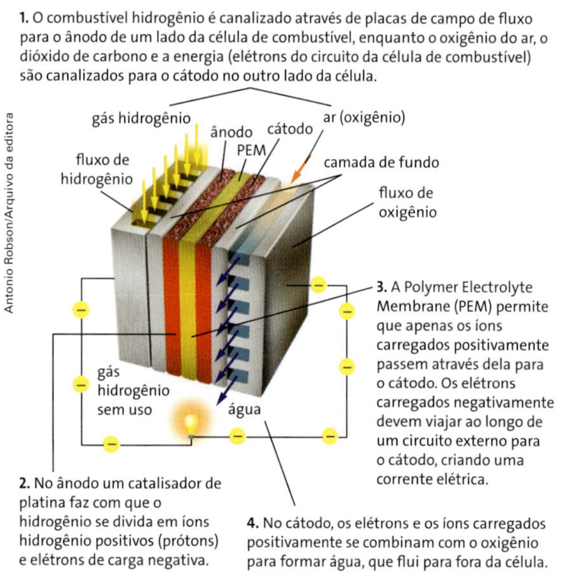


O desenvolvimento dessas células para diversos fins teve uma mudança de estratégia significativa na década de 1990. A preferência de construção dessas células estava voltada para as unidades de 100 kW e de até alguns MW. Com as necessidades do mercado para o fornecimento de energia elétrica para residências, há atualmente alguns modelos de poucos quilowatts. As células do tipo PEMFC são as indicadas a essa aplicação em razão do avanço de seu desenvolvimento para a indústria automotiva. Porém, as pequenas células cerâmicas do tipo SOFC também são indicadas para essa aplicação e têm um mercado mais dinâmico que o das grandes instalações desse tipo.

Uma empresa suíça foi a primeira que desenvolveu células cerâmicas na direção desse mercado, prometendo unidades de apenas 1 kW (elétrico). Várias outras empresas, tanto norte-americanas como japonesas e europeias, têm desenvolvimentos guiados para aplicações domésticas. Algumas dessas instalações utilizam gás natural como combustível.

Na casa de uma família com quatro pessoas, utilizando apenas células a combustível, avalia-se uma instalação otimizada de 1 kW (elétrico). Para residências com mais moradores são mais apropriadas instalações de 4 a 5 kW (elétrico). Para a operação simultânea externa de várias residências ainda não existem cálculos econômicos disponíveis. Nesses sistemas, a potência otimizada de cada unidade residencial poderá ser bastante superior.

Adaptado de: WENDT, Hartmut; LINARDI, Marcelo; ARICÓ, Eliana M. Células a combustível de baixa potência para aplicações estacionárias. *Química nova*, v. 25, n. 3, 2002. p. 470-476.

Com base no texto, escolha a alternativa correta.

a) O desenvolvimento de células a combustível é muito recente e começou há cerca de dois anos.

b) Para o uso em automóveis, os diversos tipos de células desenvolvidos são igualmente eficientes.

c) Para a produção de eletricidade, nenhum tipo de célula desenvolvido apresenta perspectivas de bom resultado.

d) Atualmente, desenvolvem-se células a combustível de alta e baixa potência útil.

e) As células a combustível não visam a aplicações residenciais.

## Exercícios

**23.** A figura mostra um circuito constituído por uma única malha.

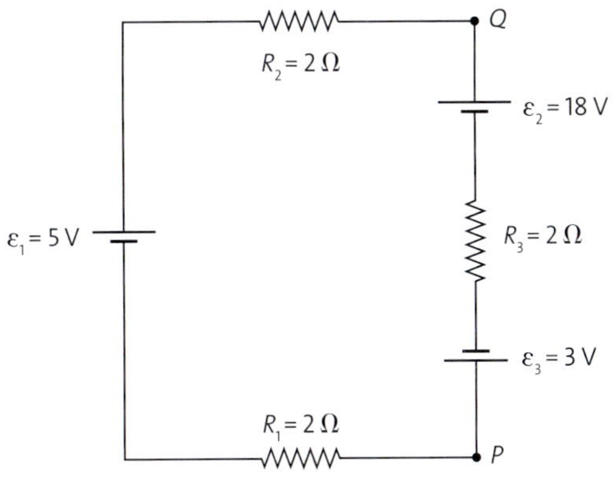


a) Classifique $\varepsilon_1$, $\varepsilon_2$ e $\varepsilon_3$ como gerador ou receptor.

b) Determine a intensidade e o sentido da corrente elétrica no circuito.

**24.** Um motor elétrico, de *fcem* 12 V e resistência interna 5 Ω, e um resistor, de 20 Ω, associados em paralelo, são ligados aos terminais de um gerador de *fem* 24 V e resistência interna 2 Ω.

a) Construa uma figura correspondente ao circuito elétrico com os elementos citados.

b) Qual é a intensidade de corrente elétrica que passa pelo motor?

**25.** Na figura, um gerador ideal (resistência interna nula) de 20 V é ligado a um circuito com três lâmpadas incandescentes, representadas por suas resistências elétricas. $Ch_1$ e $ch_2$ são duas chaves liga/desliga.

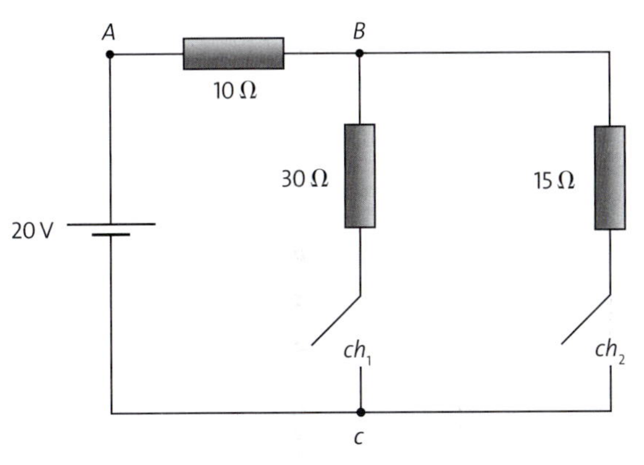


a) Com a chave $ch_1$ fechada e a $ch_2$ aberta, qual é a ddp entre os pontos *B* e *C*?

b) O que acontece com a ddp entre os pontos *B* e *C* se a $ch_2$ for fechada: aumenta, diminui ou permanece constante? Justifique.

**26.** (Ufpel-RS) No circuito da figura, a diferença de potencial entre os pontos *A* e *B* tem um valor, em volts, de:

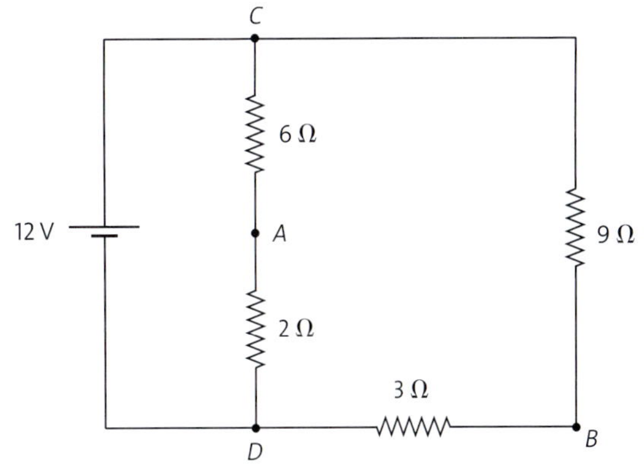


a) 0.
b) 2.
c) 6.
d) 8.
e) 12.

**27.** Dado o circuito abaixo, determine:

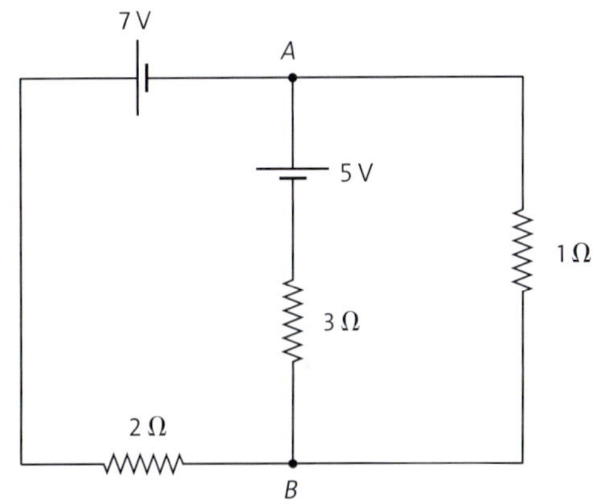


a) a intensidade da corrente em cada resistor;

b) a ddp entre os pontos *A* e *B*.

**28.** Dado o trecho desse circuito, determine a diferença de potencial entre os pontos:

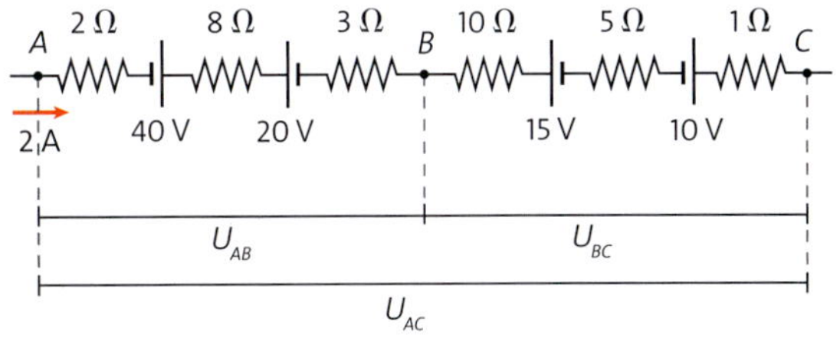


a) *A* e *B*;

b) *B* e *C*;

c) *A* e *C*.

# 6 Medidas elétricas

## Voltímetro e amperímetro ideais

Maspi/Arquivo da editora

Figura 3.24 O instrumento de medida interfere no resultado.

Suponha que uma pessoa queira medir a altura da coluna de um líquido colocado em um recipiente e só dispõe de uma grossa régua de madeira. A inserção da régua no recipiente certamente fará o nível do líquido subir e interferirá na grandeza (altura) a ser medida (figura 3.24).

Em geral, ao efetuarmos a medida de uma grandeza, procuramos utilizar um aparelho de medida que interfira o mínimo possível no resultado. Um aparelho de medida que atende a essa condição, ou seja, que praticamente não interfere na medida efetuada é denominado **medidor ideal**. Na prática, os medidores são considerados ideais quando sua interferência nas grandezas medidas ocorre dentro de limites aceitáveis.

Em particular, nos circuitos elétricos, dois instrumentos de medidas são muito utilizados: o **amperímetro** (figura 3.25.a), que mede a intensidade da corrente elétrica, e o **voltímetro** (figura 3.25.b), que mede a ddp (tensão).

Para que o amperímetro possa medir a corrente elétrica em um elemento qualquer do circuito (gerador, receptor ou resistor), deve ser associado **em série** com o elemento (figura 3.26) e, para que interfira o mínimo possível na medida, deve apresentar uma **resistência elétrica praticamente nula**. De modo geral, quanto menor for a resistência elétrica do amperímetro, quando comparada com a do elemento, melhor será a precisão da medida.

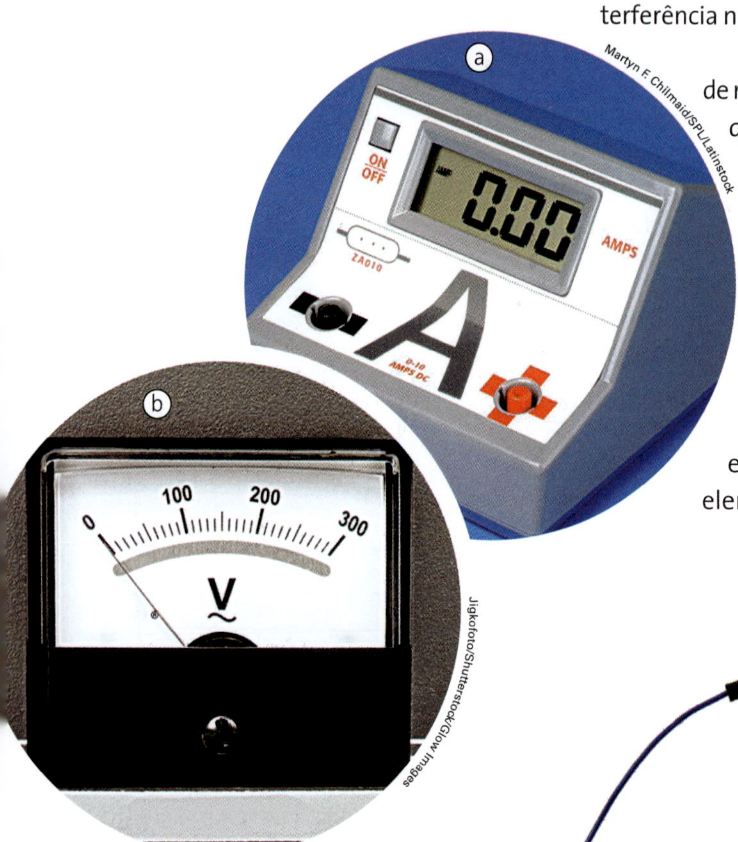


Martyn F. Chillmaid/SPL/Latinstock

Jigkofoto/Shutterstock/Glow Images

Figura 3.25 Aparelhos de medida elétrica: amperímetro (a) e voltímetro (b).

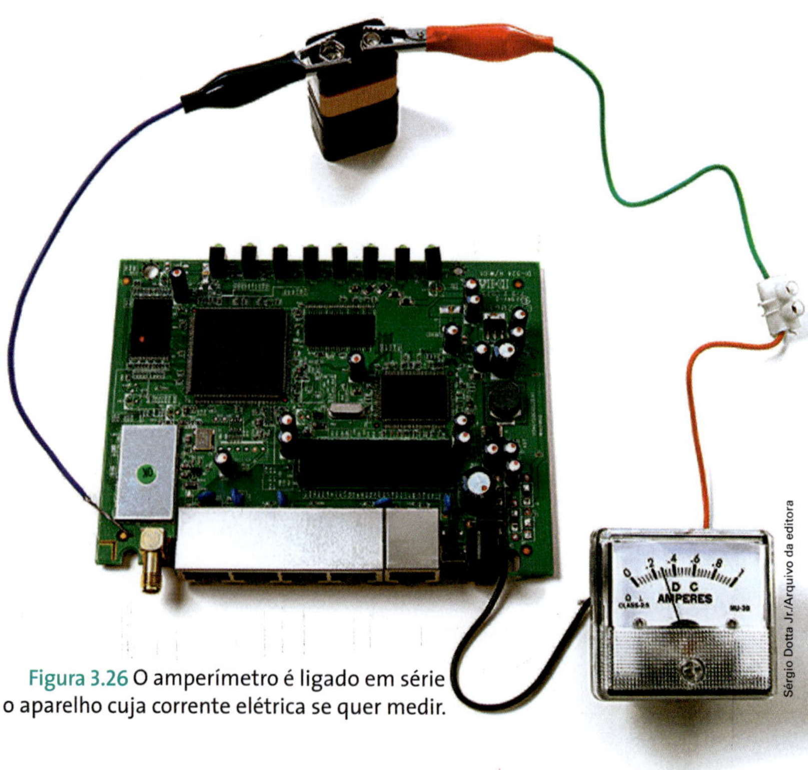


Sérgio Dotta Jr./Arquivo da editora

Figura 3.26 O amperímetro é ligado em série com o aparelho cuja corrente elétrica se quer medir.

Para que o voltímetro possa medir a tensão (ddp) em um elemento qualquer do circuito (gerador, receptor ou resistor), deve ser associado **em paralelo** com o elemento (figura 3.27) e, para que interfira o mínimo possível na medida, deve apresentar uma **resistência elétrica extremamente alta** (infinita). De modo geral, quanto maior for a resistência elétrica do voltímetro, quando comparada à do elemento, melhor será a precisão da medida.

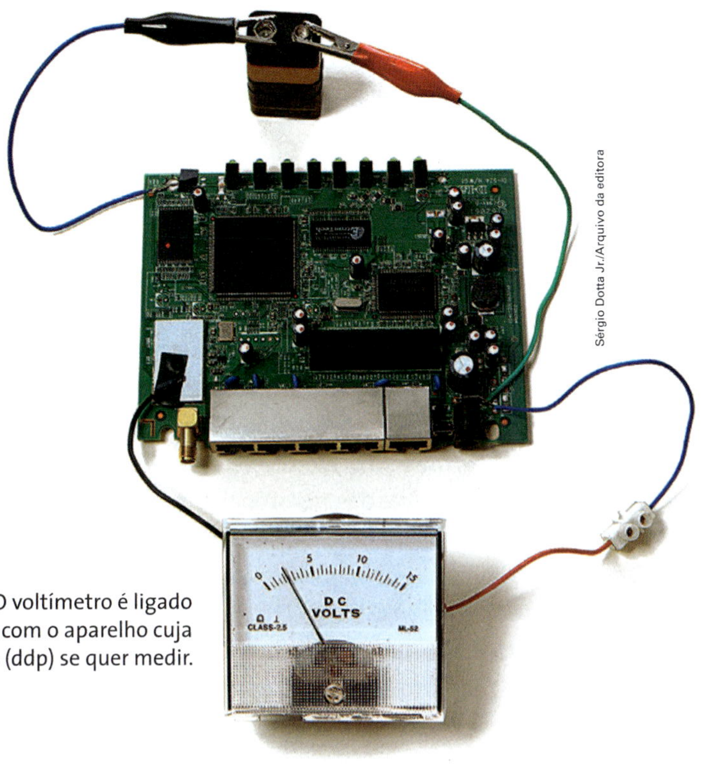

Sérgio Dotta Jr./Arquivo da editora

Figura 3.27 O voltímetro é ligado em paralelo com o aparelho cuja tensão (ddp) se quer medir.

### Para refletir

No circuito apresentado na figura, qual é o resistor cuja corrente elétrica o amperímetro está medindo? E qual é o resistor cuja tensão o voltímetro está medindo?

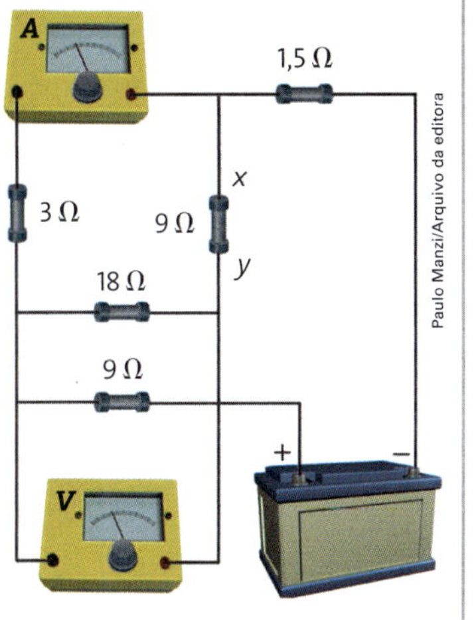

Paulo Manzi/Arquivo da editora

## Exercício resolvido

4. No circuito mostrado na figura, $A$ é um amperímetro e $V$ é um voltímetro, ambos ideais: a resistência interna do amperímetro é nula e a do voltímetro é infinita.

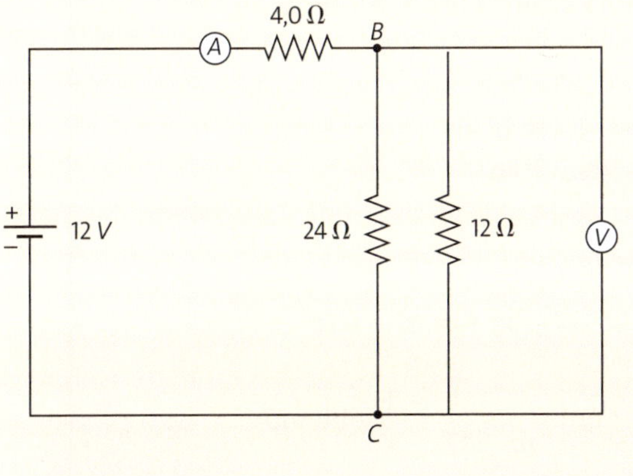


a) Quais são o sentido e a intensidade da corrente elétrica no amperímetro?

b) Qual é a indicação do voltímetro?

**Resolução**

a) De acordo com as polaridades do gerador, o sentido da corrente elétrica no amperímetro é da esquerda para a direita.

Os resistores de 24 Ω e 12 Ω estão em paralelo:

$$\frac{1}{R_p} = \frac{1}{12} + \frac{1}{24} \Rightarrow R_p = 8\ \Omega$$

Assim, simplificamos o circuito para dois resistores, um de 4 Ω e outro de 8 Ω, associados em série. De acordo com a lei das malhas, obtemos:

$12 = 4i + 8i \Rightarrow i = 1{,}0\ \text{A}$

Portanto, o sentido da corrente é para a direita e sua intensidade é de 1,0 A.

b) O voltímetro indica a ddp entre os pontos $B$ e $C$. Sendo o resistor equivalente desse trecho igual a 8 Ω e a intensidade de corrente elétrica igual a 1,0 A, a tensão indicada pelo voltímetro é:

$U = R_p \cdot i \Rightarrow U = 8 \cdot 1 \Rightarrow U = 8{,}0\ \text{V}$

A indicação do voltímetro é 8,0 V.

# Ponte de Wheatstone

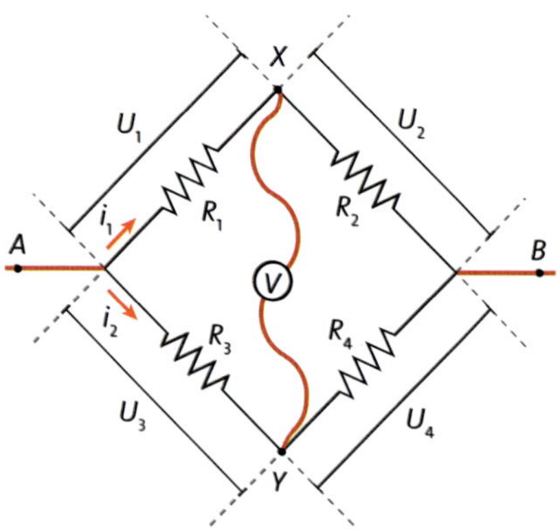


Figura 3.28 Ponte de Wheatstone.

Quando se interligam duas margens de um rio, dizemos que foi feita uma ponte entre elas. Da mesma forma, a eletricidade empresta do cotidiano o termo ponte para designar uma ligação entre dois pontos de um circuito elétrico.

Dada uma associação de quatro resistores como a da **figura 3.28**, chamamos de ponte de Wheatstone a ligação feita entre os pontos *X* e *Y* do circuito. Tal interligação pode ser feita, por exemplo, por um voltímetro. Esse arranjo de resistores foi elaborado por Charles Wheatstone (1802-1875), o físico inglês que inventou o telégrafo. A ponte de Wheatstone apresenta particular interesse quando a indicação do voltímetro é nula. Nessa condição dizemos que a ponte está em equilíbrio:

$$V_X = V_Y \Rightarrow \begin{cases} U_1 = U_3 \\ U_2 = U_4 \end{cases} \Rightarrow \begin{cases} R_1 \cdot i_1 = R_3 \cdot i_2 \\ R_2 \cdot i_1 = R_4 \cdot i_2 \end{cases} \Rightarrow \frac{R_1}{R_2} = \frac{R_3}{R_4} \Rightarrow R_1 \cdot R_4 = R_2 \cdot R_3$$

Isso significa que os produtos das resistências opostas são iguais. Quando a ponte está em equilíbrio, qualquer aparelho ligado entre *X* e *Y* não vai funcionar, porque a intensidade de corrente será nula.

Reciprocamente, mesmo que os pontos *X* e *Y* estejam interligados por um fio ideal, se os produtos das resistências opostas forem iguais, nessa interligação a corrente será nula.

De fato, suponhamos que as intensidades das correntes nos ramos à direita da ponte sejam $i'_1$ e $i'_2$, respectivamente.

Como $U_1 = U_3$ e $U_2 = U_4$, teremos: $R_1 \cdot i_1 = R_3 \cdot i_2$ e $R_2 \cdot i'_1 = R_4 \cdot i'_2$

Dividindo-se membro a membro as igualdades, teremos:

$$\frac{R_1 \cdot i_1}{R_2 \cdot i'_1} = \frac{R_3 \cdot i_2}{R_4 \cdot i'_2} \Rightarrow \frac{i_1}{i'_1} = \frac{i_2}{i'_2}, \text{ ou } \frac{i_1}{i_2} = \frac{i'_1}{i'_2}, \text{ pois, por hipótese, } R_1 \cdot R_4 = R_2 \cdot R_3.$$

Pelas propriedades das proporções:

$$\frac{i_1 + i_2}{i_2} = \frac{i'_1 + i'_2}{i'_2}$$

Como $i = i_1 + i_2 = i'_1 + i'_2$, obtemos $\frac{i}{i_2} = \frac{i}{i'_2} \Rightarrow \begin{cases} i'_2 = i_2 \\ i'_1 = i_1 \end{cases}$.

Ou seja, será nula a corrente na interligação.

## Exercício resolvido

**5.** No circuito da figura é nula a corrente no fio de resistência *R*. Qual é o valor, em Ω, da resistência *X*?

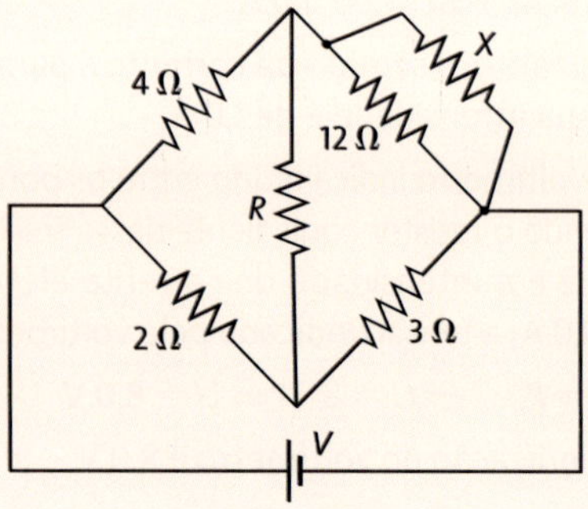


**Resolução**

Consideremos que *m* seja a resistência equivalente do ramo oposto à resistência de 2 Ω. Assim, temos:

$2 \cdot m = 3 \cdot 4 \Rightarrow m = 6\ \Omega$

Como $\frac{1}{m} = \frac{1}{12} + \frac{1}{X}$, obtemos:

$\frac{1}{6} = \frac{1}{12} + \frac{1}{X} \Rightarrow X = 12\ \Omega$

# Medidores reais

O princípio de funcionamento do galvanômetro – aparelho básico na construção do voltímetro e do amperímetro – é o chamado efeito magnético da corrente elétrica, responsável pelo deslocamento de um ponteiro ao longo de uma escala graduada. O eletromagnetismo será estudado a partir do capítulo 7.

Do ponto de vista da eletrodinâmica, o galvanômetro comporta-se como um resistor de resistência elétrica $R_g$, percorrido por uma corrente elétrica de pequena intensidade. Esta pode assumir um valor máximo denominado **corrente de fundo de escala**, geralmente da ordem de miliampères. Para representá-lo usaremos o símbolo mostrado na figura 3.29.

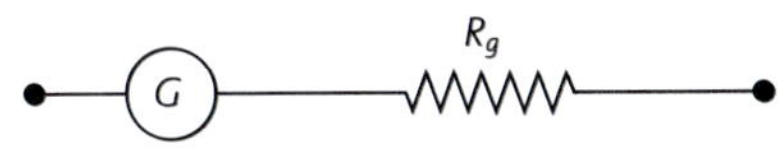

Figura 3.29 Representação de um galvanômetro.

# Amperímetro real

O amperímetro é construído usando-se um galvanômetro associado em paralelo com um resistor denominado *shunt* (desvio, em inglês):

Galvanômetro + resistores em paralelo (*shunt*) = amperímetro

Esse conjunto (galvanômetro e *shunt*) suporta uma intensidade de corrente maior que o galvanômetro sozinho, pois a corrente total ($i$) que chega ao medidor é, em grande parte, desviada para o *shunt* (figura 3.30).

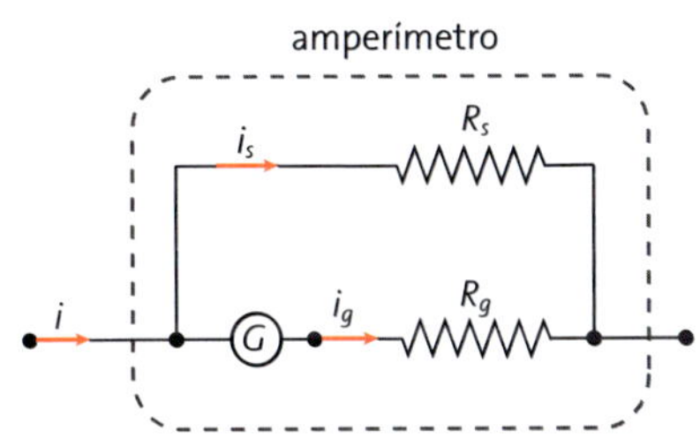

Figura 3.30 Representação do circuito de um amperímetro.

Para determinar a intensidade de corrente elétrica total ($i$) medida pelo amperímetro, usamos as propriedades da associação de resistores em paralelo. Temos, então:

$i = i_g + i_s$ (I) (lei dos nós)

$U_g = U_s \Rightarrow R_g \cdot i_g = R_s \cdot i_s$ (II) (Note que a tensão é a mesma para os elementos de uma associação em paralelo.)

Da expressão (II), obtemos $i_s = \frac{R_g}{R_s} \cdot i_g$. Substituindo em (II), temos:

$$i = i_g + \frac{R_g}{R_s} \cdot i_g \Rightarrow i = i_g \cdot \underbrace{\left(1 + \frac{R_g}{R_s}\right)}_{n} \Rightarrow i = n \cdot i_g$$

A expressão $n = 1 + \frac{R_g}{R_s}$ é o poder multiplicativo do *shunt*. Quanto menor for a resistência do *shunt* maior será o valor de $n$ e maior será a intensidade máxima de corrente elétrica que poderemos medir ($i$).

Observe também que, com a colocação do *shunt*, a resistência equivalente do medidor se torna:

$$R_A = \frac{R_g \cdot R_s}{R_g + R_s} = \frac{\frac{R_g \cdot R_s}{R_s}}{\frac{R_g + R_s}{R_s}} \Rightarrow R_A = \frac{R_g}{1 + \frac{R_g}{R_s}} \Rightarrow R_A = \frac{R_g}{n} < R_g$$

A colocação do *shunt*, portanto, reduz a resistência do medidor e melhora a qualidade do aparelho, pois o amperímetro ideal tem resistência nula.

Geralmente os amperímetros possuem várias resistências *shunt*, que podem ser utilizadas alternadamente, dependendo da intensidade da corrente elétrica que se quer medir. Na figura 3.31 temos o exemplo de um amperímetro com três escalas que medem correntes de intensidades máximas de, respectivamente, 0,01 A; 0,1 A e 1 A.

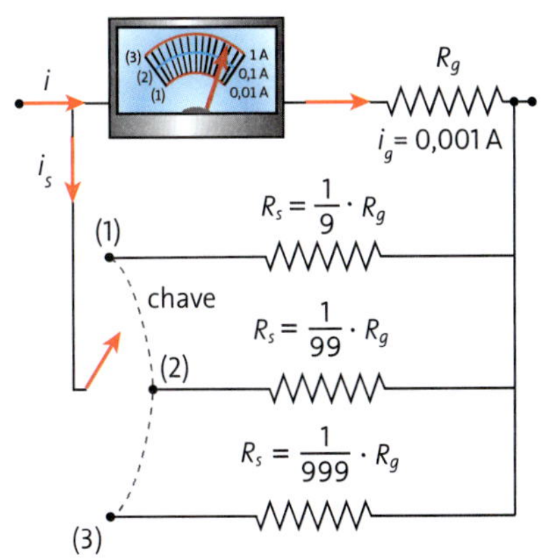

Figura 3.31 Ilustração de um amperímetro com três escalas que medem correntes diferentes.

Com a chave na posição 1, temos:

$$n = 1 + \frac{R_g}{R_s} \Rightarrow n = 1 + \frac{R_g}{\frac{1}{9} + R_g} \Rightarrow n = 10$$

Esse resultado mostra que a escala 1 nos permite medir intensidade de corrente elétrica de até 10 vezes o valor da corrente máxima suportada pelo galvanômetro ($i_g = 0{,}001$ A $= 1$ mA). Do mesmo modo, obtemos $n = 100$ para a posição 2, e $n = 1\,000$ para a posição 3. Portanto, a escala 2 e a escala 3 nos permitem medir, respectivamente, intensidades de corrente de até 100 vezes, e 1 000 vezes a corrente máxima suportada pelo galvanômetro.

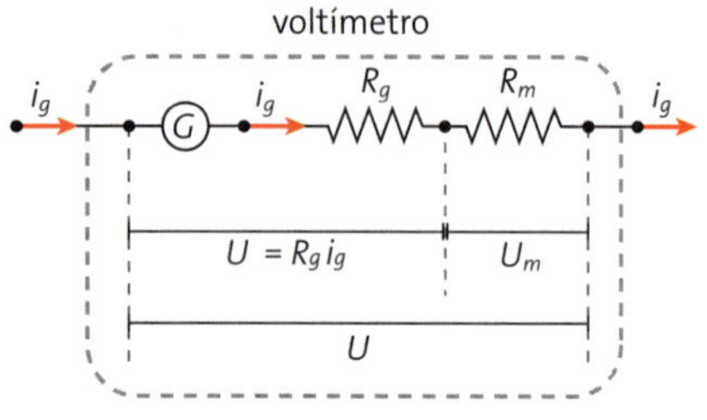


Figura 3.32 Representação do circuito de um voltímetro.

## Voltímetro real

O voltímetro, aparelho que mede a tensão (voltagem, ou ddp), é constituído de um galvanômetro associado em série com um resistor cuja resistência é denominada multiplicativa (figura 3.32):

galvanômetro + resistores em série (multiplicativa) = voltímetro

Esse conjunto (galvanômetro e resistor multiplicativo) pode suportar uma tensão maior do que a máxima tensão suportada pelo galvanômetro sozinho, porque a tensão total ($U$) se divide em duas partes: tensão no galvanômetro ($U_g$) e tensão no resistor multiplicativo ($U_m$).

Para determinar a tensão total ($U$) medida pelo voltímetro, utilizamos as propriedades da associação de resistores em série:

$$U = U_g + U_m$$

Como $U_m = R_m \cdot i_g$, então: $U_m = R_m \cdot \frac{U_g}{R_g}$. Podemos, portanto, escrever:

$$U = U_g + \frac{R_m}{R_g} \cdot U_g \Rightarrow U = U_g \cdot \underbrace{\left(1 + \frac{R_m}{R_g}\right)}_{m} \Rightarrow U = m \cdot U_g$$

A expressão $m = 1 + \frac{R_m}{R_g}$ recebe o nome de fator multiplicativo.

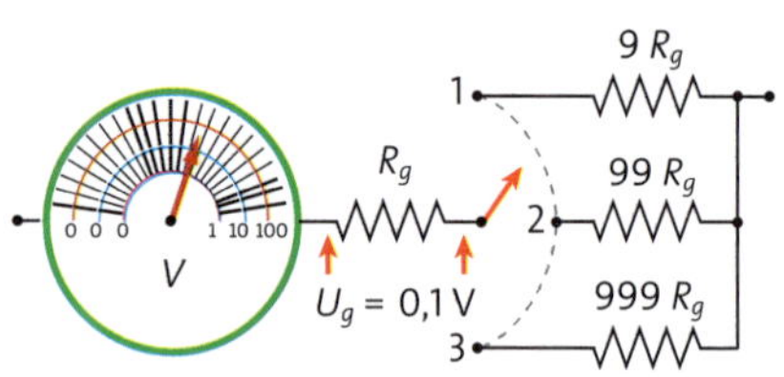


Figura 3.33 Ilustração de um circuito de voltímetro com três ligações.

Quanto maior for a resistência multiplicativa ($R_m$), maior será o fator multiplicativo ($m$) e, portanto, maior será a tensão ($U$) que o voltímetro pode medir.

Assim como o amperímetro, o voltímetro também é dotado de um jogo de resistores multiplicativos que nos permitem ampliar o fundo de escala, ou seja, medir tensões cada vez maiores. Na figura 3.33, temos o exemplo de um voltímetro com três escalas diferentes.

Vemos que, com a chave na posição 1, conseguimos medir voltagens de até 1 V; na posição 2, voltagens de até 10 V; e, na posição 3, voltagens de até 100 V. Os fatores multiplicativos são 10, 100 e 1 000, respectivamente. Isso significa que os fundos de escala são também 10, 100 e 1 000 vezes maiores que o valor que seria possível medir usando o galvanômetro isoladamente.

O multímetro (figura 3.34) é um aparelho que nos permite medir a intensidade de corrente, a voltagem ou a resistência de um aparelho elétrico.

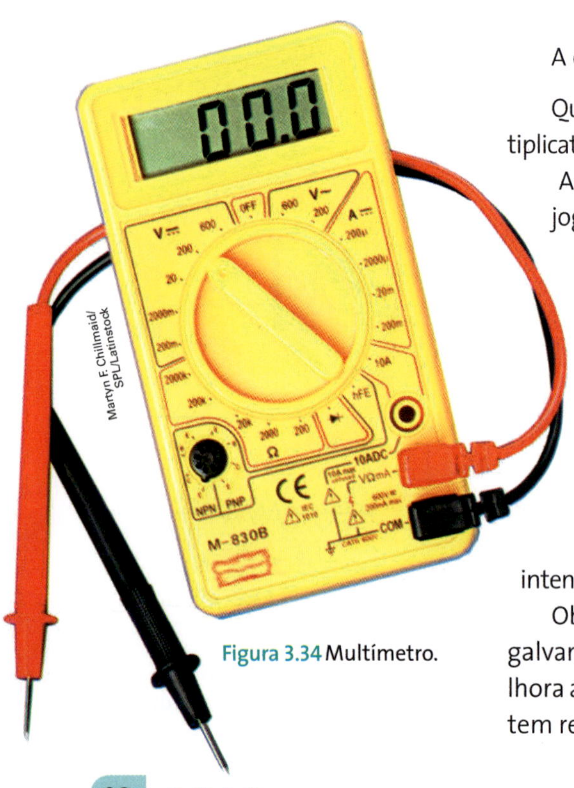


Martyn F. Chillmaid/SPL/Latinstock

Figura 3.34 Multímetro.

Observe, ainda, que a colocação de uma resistência em série com o galvanômetro resulta em uma resistência equivalente maior, o que melhora a precisão relativa do aparelho, pois, como vimos, o voltímetro ideal tem resistência infinita.

## Exercícios resolvidos

**6.** Um galvanômetro possui fundo de escala 1 mA e resistência de 0,2 Ω.

a) Esquematize o procedimento para, com este galvanômetro e uma resistência auxiliar, medir correntes elétricas de até 10 A. Indique o valor que a resistência deve ter.

b) Repita o procedimento anterior usando o mesmo galvanômetro para medir tensões de até 100 V. Calcule também o valor da resistência auxiliar.

**Resolução**

a) Para a construção do amperímetro, a resistência auxiliar é colocada em paralelo (*shunt*).

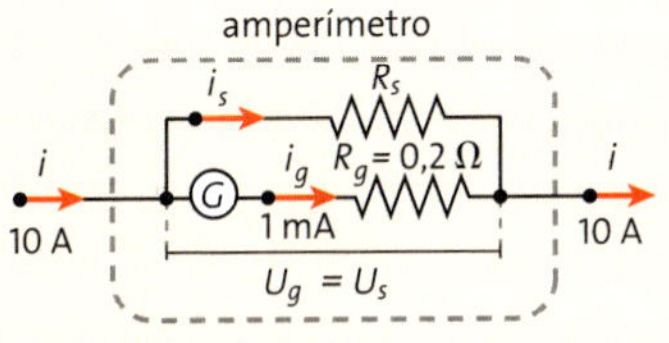


$i = i_g + i_s \Rightarrow 10 = 0{,}001 + i_s \Rightarrow i_s = 9{,}999$ A

Como $U_g = U_s$, temos:

$R_g \cdot i_g = R_s \cdot i_s \Rightarrow 0{,}2 \cdot 0{,}001 = R_s \cdot 9{,}999 \Rightarrow$

$\Rightarrow R_s = \dfrac{2 \cdot 10^{-4}}{9{,}999}\ \Omega \Rightarrow R_s \simeq 2{,}0 \cdot 10^{-5}\ \Omega$

b) Para a obtenção do voltímetro, a resistência deve ser colocada em série.

$U = U_B + U_m \Rightarrow 100 = 0{,}2 \cdot 0{,}001 + R_m \cdot 0{,}001 \Rightarrow$
$\Rightarrow R_m = 100000 - 0{,}2 \Rightarrow R_m \simeq 1{,}0 \cdot 10^5\ \Omega$

O esquema obedece à figura abaixo.

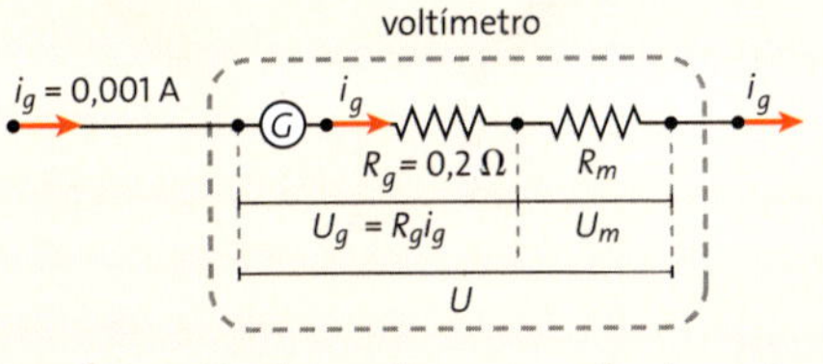


**7.** Com a intenção de medir a corrente de curto-circuito em uma bateria de *fem* 18 V e resistência interna 9 Ω, um técnico utiliza primeiramente um galvanômetro de resistência 3 Ω e fundo de escala 3 A. Em seguida, o técnico utiliza o mesmo galvanômetro, associando a ele uma resistência de 1,5 Ω em paralelo e fazendo os devidos ajustes na escala.

a) Em relação à medida que se obteria caso fosse utilizado um amperímetro de resistência desprezível em relação à do circuito, qual seria o erro percentual da primeira medida?

b) Qual foi o erro percentual na segunda medida?

c) Qual foi o ajuste efetuado no fundo da escala quando o técnico fez a segunda medida?

**Resolução**

a) Se fosse utilizado um amperímetro de resistência desprezível, a corrente de curto-circuito a ser indicada seria:

$$i_{cc} = \frac{\varepsilon}{r} \Rightarrow i_{cc} = \frac{18}{9} \Rightarrow i_{cc} = 2{,}0 \text{ A}$$

Com o uso do galvanômetro, o circuito equivalente obedece ao esquema seguinte:

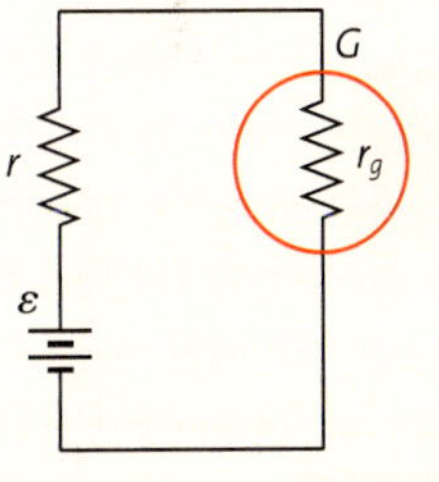


Pela lei de Pouillet: $\varepsilon = (\Sigma r) \cdot i$, temos:

$18 = (9 + 3) \cdot i \Rightarrow i = 1{,}5$ A

O erro percentual foi:

$$e_1 = \frac{|1{,}5 - 2{,}0|}{2{,}0} \cdot 100\% \Rightarrow e_1 = 25\%$$

b) Na segunda medida, o resistor equivalente do conjunto galvanômetro + *shunt* será:

$$r'_B = \frac{3 \cdot 1{,}5}{3 + 1{,}5} \Rightarrow r'_B = 1\ \Omega$$

Pela lei de Pouillet: $\varepsilon = (\Sigma r) \cdot i$, temos:

$18 = (8 + 1) \cdot i \Rightarrow i = 1{,}8$ A

O novo erro percentual será:

$$\varepsilon_2 = \frac{|1{,}8 - 2{,}0|}{2{,}0} \cdot 100\% \Rightarrow \varepsilon_2 = 10\%$$

c) Para a situação de fundo da escala, $i_g = 3{,}0$ A.

Como $U_g = r_g \cdot i_g = r_s \cdot i_s$, assim:

$1{,}0 \cdot 3{,}0 = 1{,}5 \cdot i_s \Rightarrow i_s = 2{,}0$ A

Lei dos nós: $i = i_s + i_g \Rightarrow i = 2{,}0 + 3{,}0 \Rightarrow$
$\Rightarrow i = 5{,}0$ A

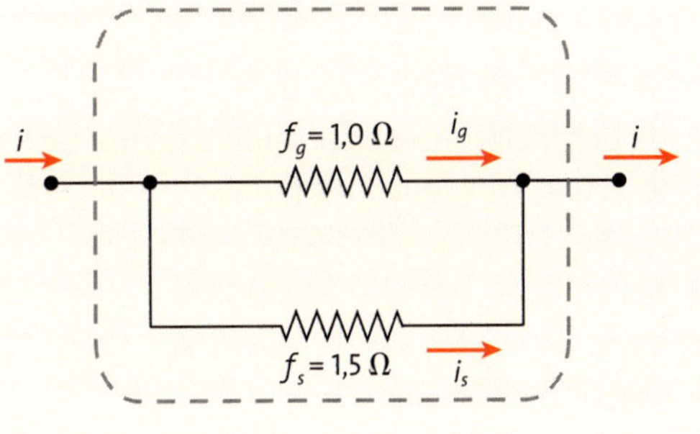

## Exercícios

**29.** Duas pilhas ideais (resistência interna nula) de 1,5 V alimentam um circuito formado por três resistores associados, conforme mostra a figura. Considere que o amperímetro e o voltímetro são aparelhos ideais.

Que medida cada aparelho indica?

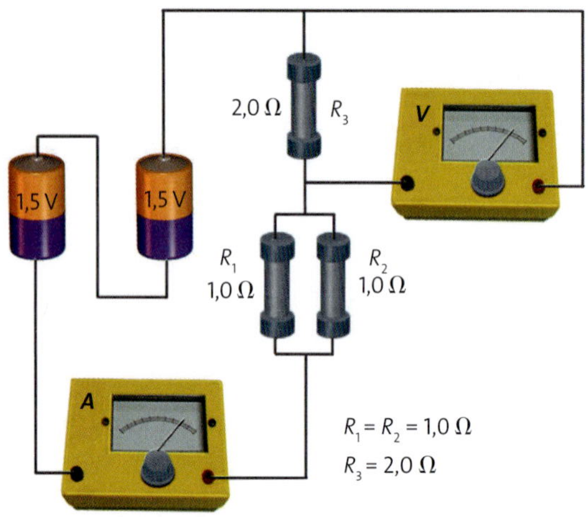


Paulo Manzi/Arquivo da editora

**30.** (UFF-RJ) No circuito esquematizado na figura, a alimentação é feita por uma pilha de *fem* igual a 1,5 V e resistência interna desprezível; os medidores de corrente (amperímetro *A*) e de tensão (voltímetro *V*) são ideais.

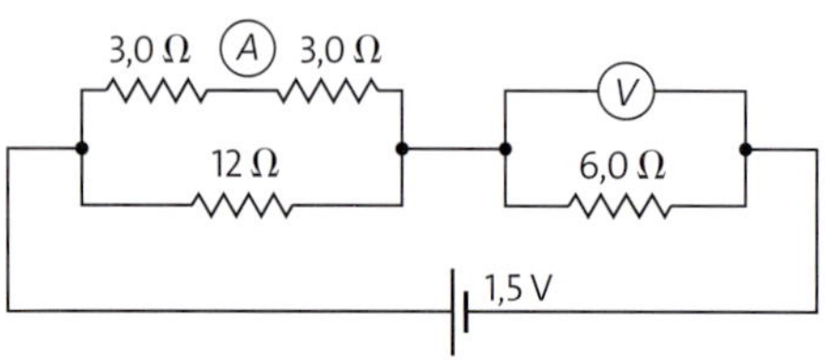


Nessa situação, as leituras do amperímetro e do voltímetro são, respectivamente:

a) 0,05 A e 0,60 V.

b) 0,10 A e 0,90 V.

c) 0,15 A e 0,90 V.

d) 0,20 A e 0,60 V.

e) 0,30 A e 0,30 V.

**31.** (UFJF-MG) Um voltímetro não ideal, com resistência interna de 200 kΩ, é utilizado para medir a diferença de potencial entre os terminais de um resistor de 50 kΩ, que funciona compondo um determinado circuito elétrico. O erro nessa medida será de:

a) 1%.

b) 5%.

c) 10%.

d) 15%.

e) 20%.

**32.** (Fuvest-SP) No circuito da figura, o amperímetro e o voltímetro são ideais. O voltímetro marca 1,5 V quando a chave *K* está aberta.

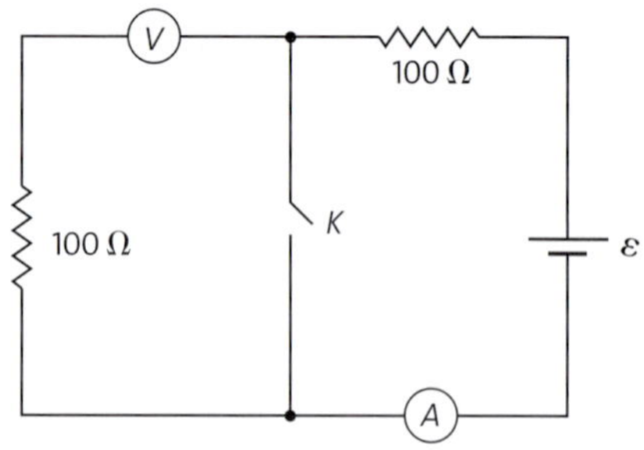


Fechando-se a chave *K*, o amperímetro marcará:

a) 0 mA.

b) 7,5 mA.

c) 15 mA.

d) 100 mA.

e) 200 mA.

**33.** Na ponte de Wheatstone indicada na figura, o amperímetro *A* não mostra passagem de corrente elétrica.

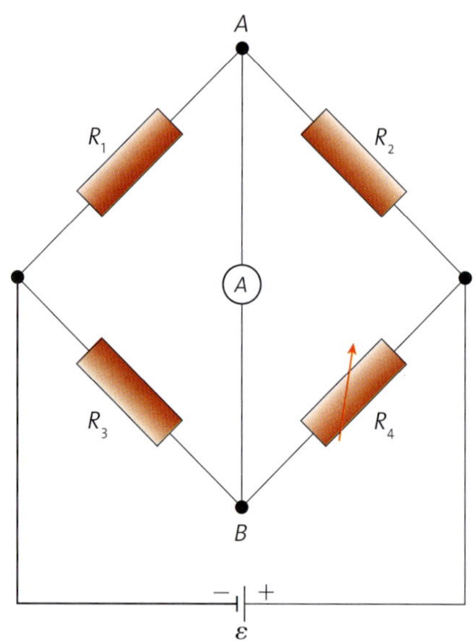


a) Qual é a ddp entre os pontos *A* e *B*?

b) Sendo $R_1 = 5,0\ \Omega$, $R_2 = 10\ \Omega$ e $R_3 = 20\ \Omega$, determine o valor de $R_4$.

c) Sendo $\varepsilon = 3,0$ V, determine a intensidade da corrente elétrica no resistor $R_2$.

**34.** Um miliamperímetro tem, em paralelo, uma resistência cujo valor é 99 vezes menor que sua resistência. Se o fundo de escala, sem a resistência auxiliar, é de 1,0 mA, qual será o novo fundo de escala quando a resistência em paralelo estiver acoplada ao galvanômetro?

EM CONSTRUÇÃO

## Gustav Robert Kirchhoff

Nicku/Shutterstock/Glow Images

Gustav R. Kirchhoff (1824-1887).

Gustav Robert Kirchhoff nasceu em Königsberg, Prússia (atual Rússia). Era filho de advogado e, na infância, era falante e pequeno para sua idade, com aparência frágil. Foi para a universidade aos 18 anos para estudar Matemática e trabalhou com Johann Carl Friedrich Gauss (1777-1855). Apesar de levar uma vida social confortável, preocupava-se que os outros o considerassem irresponsável.

Em 1845, publicou as chamadas leis de Kirchhoff, que permitem calcular correntes e as diferenças de potenciais em redes elétricas. Estendendo as teorias do físico alemão Georg Simon Ohm (1789-1854), generalizou as equações descrevendo o fluxo de corrente no caso de condutores elétricos em três dimensões. Em estudos posteriores, demonstrou que as correntes elétricas se estabelecem nos condutores com a velocidade da luz. Em 1857, trabalhou com fios telegráficos e descobriu que a velocidade de transmissão dos sinais é igual à velocidade da luz.

Em 1847, Kirchhoff tornou-se professor não remunerado da Universidade de Berlim e três anos depois, em 1850, aceitou o posto de professor de Física na Universidade de Breslau. Em 1851, Robert Wilhelm Eberhard von Bunsen (1811-1899) foi para a mesma universidade como professor de Química e iniciou uma grande amizade com Kirchhoff. Essa amizade gerou uma cooperação científica entre eles que resultou em importantes feitos. Bunsen foi chamado para a Universidade de Heidelberg em 1852 e ajudou Kirchhoff a lecionar lá.

Em 1854, Kirchhoff foi nomeado professor de Física na Universidade de Heidelberg. Lá, ele e Bunsen iniciaram a análise espectral. Bunsen analisava as cores obtidas pelo aquecimento de elementos químicos até a incandescência, usando gases coloridos para distinguir entre projeções similares. Kirchhoff participou dessa pesquisa sugerindo que a observação das linhas espectrais obtidas pela dispersão da luz por um prisma era um modo mais preciso para testar a cor da luz. Kirchhoff e Bunsen descobriram que cada substância emitia luz com um padrão específico de linhas espectrais. Essa descoberta deu início ao uso dos métodos de espectroscopia em análises químicas.

Em 1860, alguns meses após publicarem seus resultados, Kirchhoff e Bunsen descobriram um novo metal, que denominaram césio; no ano seguinte, descobriram o rubídio.

Kirchhoff aplicou a análise espectral para estudar a composição do Sol e descobriu o sódio no espectro das estrelas. Ele foi o primeiro a explicar as linhas escuras no espectro do Sol, causadas pela absorção de comprimentos de onda particulares quando a luz passa por um gás.

Posteriormente, formulou as leis de Kirchhoff relativas à emissão e à absorção de radiação por um corpo aquecido. Seu trabalho relativo à radiação dos corpos negros foi fundamental para o desenvolvimento da teoria quântica.

Adaptado de: ENCICLOPÉDIA Britânica, 2002; The Hebrew University of Jerusalem: Institute of Chemistry. Disponível em: <http://chem.ch.huji.ac.il/history/kirchhoff.htm>. Acesso em: abr. 2009.

**Trabalho em equipe**

Façam uma pesquisa, em equipe e sob a orientação do professor, sobre análise espectral. Solicitem a ajuda do professor de Química.

# Pensando no Enem

Um curioso estudante, empolgado com a aula de circuito elétrico que assistiu na escola, resolve desmontar sua lanterna. Utilizando-se da lâmpada e da pilha, retiradas do equipamento, e de um fio com as extremidades descascadas, faz as seguintes ligações com a intenção de acender a lâmpada:

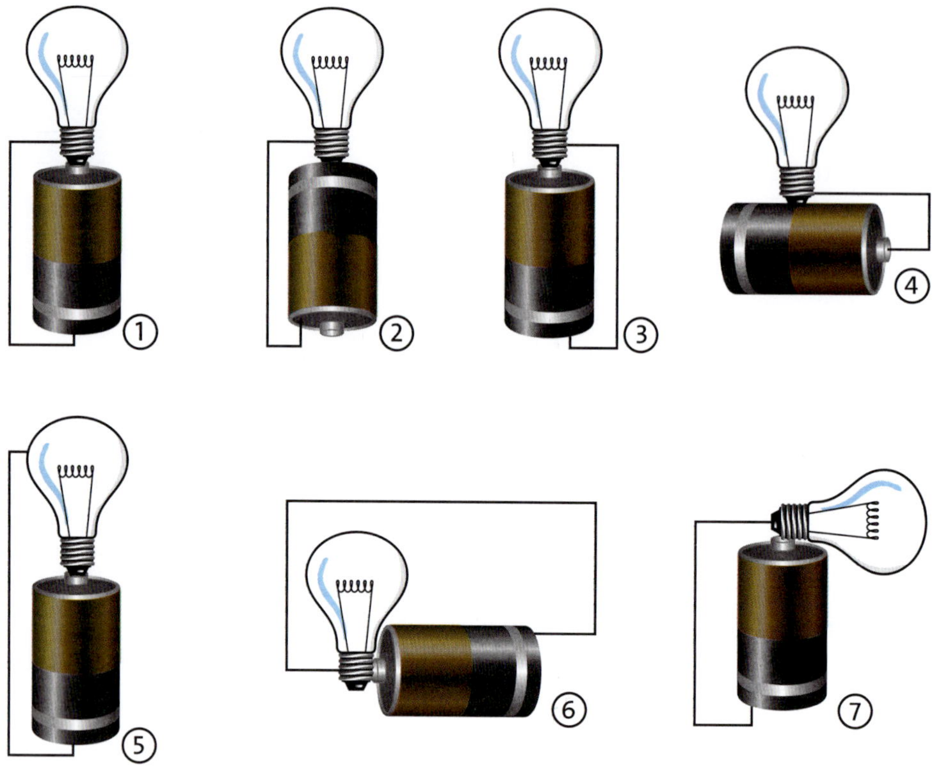


Ilustrações: Walmir Santos/Arquivo da editora

GONÇALVES FILHO, A.; BAROLLI, E. *Instalação elétrica*: investigando e aprendendo. São Paulo: Scipione, 1997 (adaptado).

Tendo por base os esquemas mostrados, em quais casos a lâmpada acendeu?

a) (1), (3), (6) b) (3), (4), (5) c) (1), (3), (5) d) (1), (3), (7) e) (1), (2), (5)

## Resolução

O esquema abaixo representa uma lâmpada, seus terminais de ligação (*A* e *B*) e uma pilha.

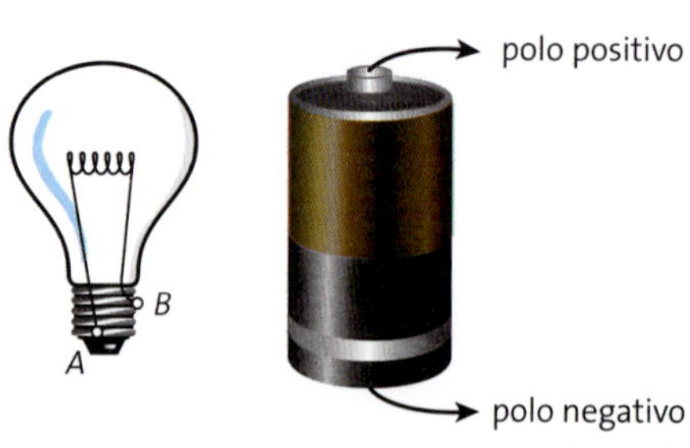


Para a lâmpada acender, o terminal *A* pode ser conectado ao polo positivo da pilha; o terminal *B*, ao polo negativo (esquemas 1 e 3) ou o terminal *A* pode ser conectado ao polo negativo, e o terminal *B* ao polo positivo da pilha (esquema 7).

A alternativa correta é a **d**.

# Vestibulares de Norte a Sul

1. **SE** (UPM-SP) Num circuito de corrente elétrica, a força eletromotriz é:
   a) a força que o gerador imprime dos elétrons.
   b) a ddp entre os terminais do gerador.
   c) a energia que o gerador transfere a uma unidade de carga portadora de corrente.
   d) a energia dissipada em forma de calor.
   e) nenhuma das anteriores.

2. **NE** (Ueba) Sendo a força eletromotriz de uma bateria igual a 15 V:
   a) a corrente fornecida pela bateria é de 15 A.
   b) a resistência interna é de 15 V.
   c) a potência fornecida pela bateria para o circuito externo é de 15 W.
   d) é necessária uma força de intensidade igual a 15 N para cada 1 C de carga que atravessa a bateria.
   e) a energia química que se transforma em energia elétrica é de 15 J para cada 1 C de carga que atravessa a bateria.

3. **S** (UEL-PR) A diferença de potencial obtida nos terminais de um gerador é 12 V. Quando esses terminais são colocados em curto-circuito, a corrente elétrica fornecida pelo gerador é 5,0 A. Nesses condições, a resistência interna do gerador é, em ohms, igual a:
   a) 2,4. b) 7,0. c) 9,6. d) 17. e) 60.

4. **SE** (UFF-RJ) O funcionamento de uma bateria elétrica pode ser descrito pelo gráfico $U \times i$ a seguir, onde $U$ é a diferença de potencial entre os terminais da bateria quando ela é atravessada pela corrente elétrica $i$.

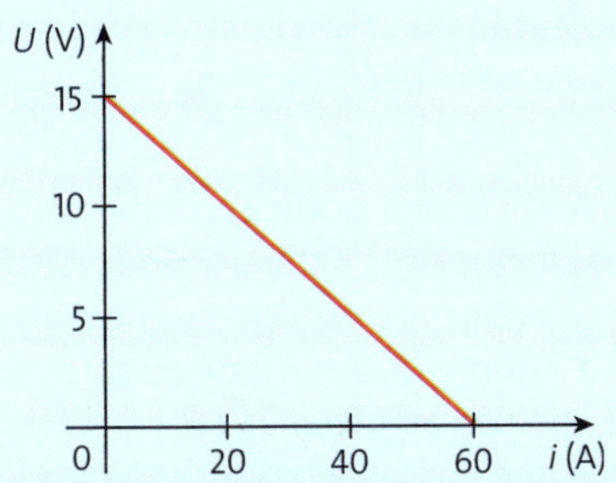


   a) Determine os valores da *fem* da bateria e de sua resistência interna, bem como o valor da corrente para a qual a bateria estará em curto-circuito. Justifique suas respostas.
   b) Esboce o gráfico da potência $P$ fornecida pela bateria a um circuito externo em função da corrente elétrica $i$ que a atravessa, determinando o valor máximo dessa potência.

5. **NE** (Uece) Uma pilha de *fem* igual a 3,6 V tem uma carga inicial de 600 mA · h. Supondo que a diferença de potencial entre os polos da pilha permaneça constante até que a pilha esteja completamente descarregada, o tempo (em horas) que ela poderá fornecer energia à taxa constante de 1,8 W é de:
   a) 2,4. b) 1,2. c) 3,6. d) 7,2.

6. **SE** (UFU-MG) O circuito elétrico (figura 1) é utilizado para a determinação da resistência interna $r$ e da força eletromotriz $\varepsilon$ do gerador. Um resistor variável $R$ (também conhecido como reostato) pode assumir diferentes valores, fazendo com que a corrente elétrica no circuito também assuma valores diferentes para cada valor escolhido de $R$.
   Ao variar os valores de $R$, foram obtidas leituras no voltímetro $V$ e no amperímetro $A$, ambos ideais, resultando no gráfico (figura 2).

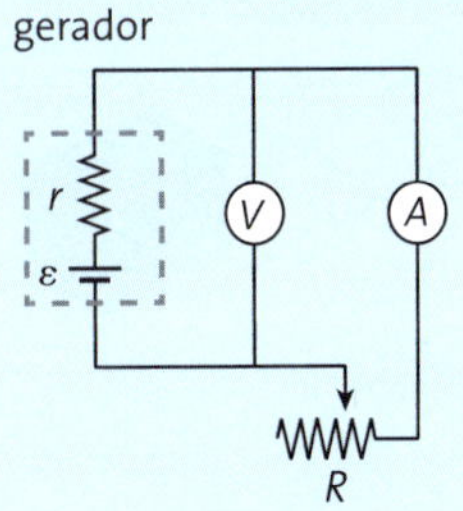


figura 1

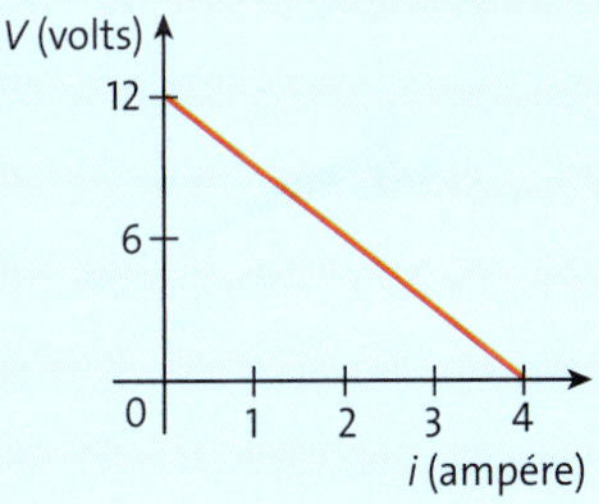


figura 2

   Com base nessas informações, assinale a alternativa que corresponde aos valores corretos, respectivamente, da resistência interna e da força eletromotriz do gerador.
   a) 2 Ω e 7 V
   b) 1 Ω e 4 V
   c) 3 Ω e 12 V
   d) 4 Ω e 8 V

7. **SE** (Uniube-MG) O circuito elétrico representado a seguir é composto de três resistores ôhmicos, de resistências elétricas iguais a 10 Ω cada um, e de uma bateria, cuja força eletromotriz é igual a 30 V. Considere desprezíveis as resistências elétricas dos fios e a resistência interna da pilha.

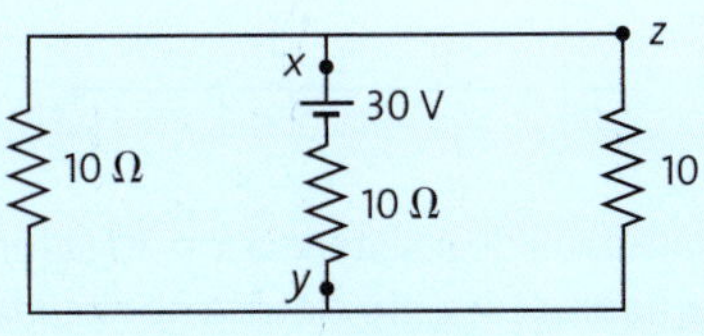


   Qual é, em ampères, a intensidade da corrente elétrica que passa pelo ponto $x$?
   a) 1,0 b) 1,5 c) 2,0 d) 2,5 e) 3,0

8. **CO** (UFMT) Ao adquirir um gerador, você observa na sua plaqueta de especificação a seguinte inscrição: potência máxima igual a 300 W e corrente de curto-circuito igual a 20 A. Qual é o valor da *fem* desse gerador?

9. **NE** (UFRN) No circuito representado, calcule:

a) a resistência equivalente;

b) a energia dissipada no resistor de 8 Ω, durante 5 s.

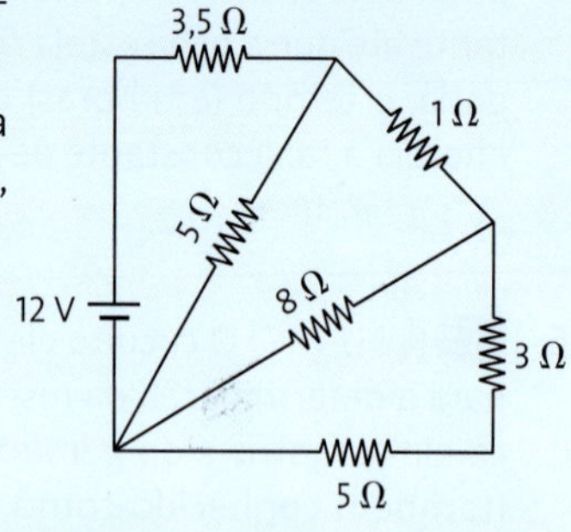


10. **SE** (Fuvest-SP) Uma estudante quer utilizar uma lâmpada (dessas de lanterna de pilhas) e dispõe de uma bateria de 12 V. A especificação da lâmpada indica que a tensão de operação é 4,5 V e a potência elétrica utilizada durante a operação é de 2,25 W.

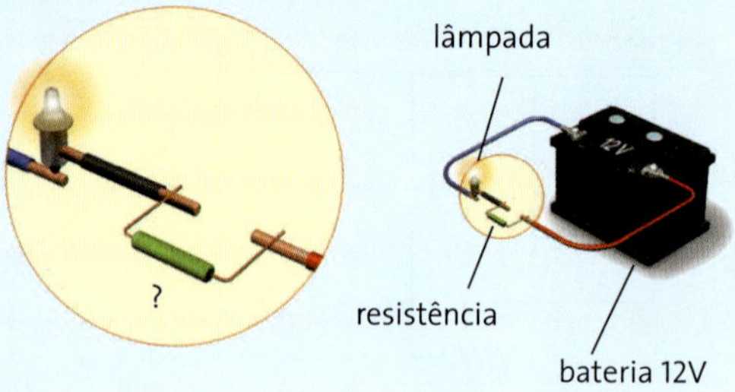


Antonio Robson/Arquivo da editora

Para que a lâmpada possa ser ligada à bateria de 12 V, será preciso colocar uma resistência elétrica, em série, de aproximadamente:

a) 0,5 Ω. c) 9,0 Ω. e) 15 Ω.
b) 4,5 Ω. d) 12 Ω.

11. **N** (Ufam) O gráfico abaixo representa a curva característica de um gerador fornecida pelo fabricante.

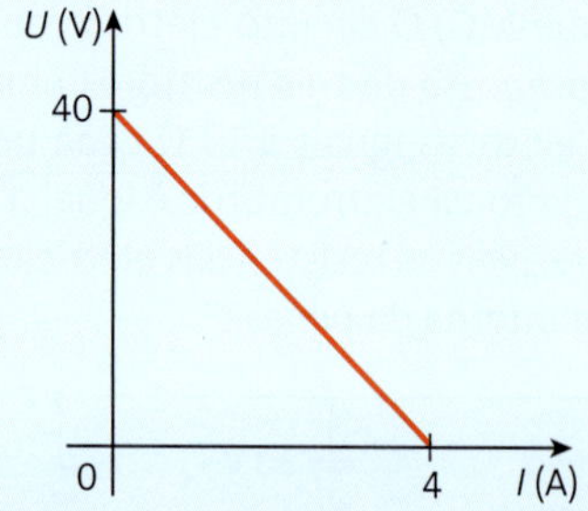


Se uma lâmpada de resistência $R = 10\ \Omega$ for conectada a esse gerador, a corrente elétrica no circuito e a potência dissipada pela lâmpada valem, respectivamente:

a) 3 A e 45 W. c) 1,5 A e 20 W. e) 2 A e 40 W.
b) 2 A e 30 W. d) 2 A e 20 W.

12. **SE** (UFRJ) Uma bateria comercial de 1,5 V é utilizada no circuito esquematizado a seguir, no qual o amperímetro e o voltímetro são considerados ideais. Varia-se a resistência *R*, e as correspondentes indicações do amperímetro e do voltímetro são usadas para construir o seguinte gráfico de voltagem (*V*) *versus* intensidade de corrente (*I*).

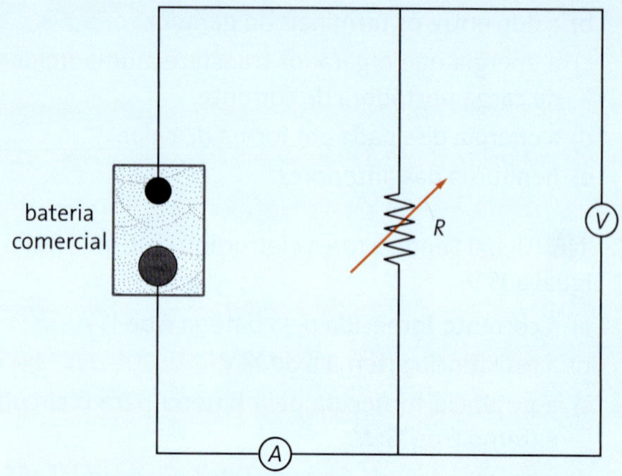


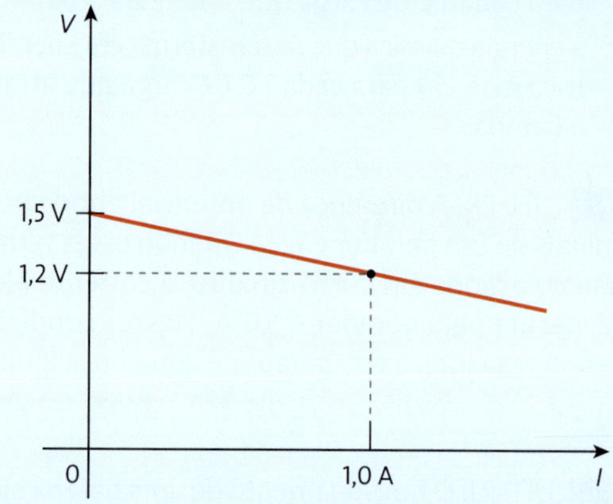


Usando as informações do gráfico, calcule:

a) o valor da resistência interna da bateria;

b) a indicação do amperímetro quando a resistência *R* tem o valor 1,7 Ω.

13. **SE** (ITA-SP) Numa prática de laboratório, um estudante conectou uma bateria a uma resistência, obtendo uma corrente $i_1$. Ligando em série mais uma bateria, idêntica à primeira, a corrente passa ao valor $i_2$. Finalmente, ele liga as mesmas baterias em paralelo e a corrente que passa pelo dispositivo torna-se $i_3$. Qual das alternativas abaixo expressa uma relação existente entre as correntes $i_1$, $i_2$ e $i_3$?

a) $i_2i_3 = 2i_1(i_2 + i_3)$

b) $2i_2i_3 = i_1(i_2 + i_3)$

c) $i_2i_3 = 3i_1(i_2 + i_3)$

d) $3i_2i_3 = i_1(i_2 + i_3)$

e) $3i_2i_3 = 2i_1(i_2 + i_3)$

CAPÍTULO

# 4 Campo elétrico

Semisatch/Shutterstock/Glow Images

Alguns componentes internos do televisor se mantêm eletrizados mesmo depois de desconectados da tomada.

## Física tem História

# Eletrostática: alguns eventos históricos

As primeiras observações sobre eletricidade, mais especificamente sobre eletrostática, datam de seis séculos antes de Cristo e, ao longo dos anos, muitos contribuíram para o seu entendimento. Vejamos um pouco dessa história.

"[...] *O filósofo grego Tales de Mileto fez, provavelmente, a primeira observação sobre um fenômeno elétrico ao atritar um bastão de âmbar* (elektron, *em grego) com um pedaço de lã e notar que ele atraía corpos leves em sua proximidade.*

[...] *Em 1600, o médico inglês William Gilbert (1544-1603) publicou seu famoso tratado* De magnete. *Nos seis livros que compõem esse tratado, reuniu suas observações experimentais sobre os fenômenos elétricos e magnéticos. Nessas observações, mostrou que esses dois fenômenos eram diferentes, ao examinar o comportamento do âmbar, quando atritado, e do ferro, quando se aproxima de um ímã. Observou, também, que o cristal de rocha e uma grande variedade de pedras preciosas apresentavam o mesmo comportamento do âmbar, isto é, atraíam corpos leves quando atritados. Como em grego* elektron *significa 'âmbar', Gilbert denominou* ***elétricos*** *os corpos que se comportam como o âmbar; as substâncias que não conseguira 'eletrizar' (como os metais), denominou-as* ***não elétricas****. Ao estudar a eletrização de corpos por fricção, Gilbert achava que tal eletrização decorria da remoção de um fluido, ou* ***humor*** *(substância etérea e imaterial) desses mesmos corpos, deixando um* **effluvium elétrico**, *ou atmosfera, em seus redores.*

*Em suas observações sobre fenômenos magnéticos, Gilbert percebeu que os ímãs também apresentavam um* **effluvium magnético** *em seus redores e, mais ainda, que os raios dessa 'virtude' (elétrica ou magnética) partiam do centro dos corpos e em todas as direções, agindo sobre os corpos vizinhos e os atraindo. (Em vista disso, Gilbert é considerado* [...] *o precursor do conceito de 'campo' (elétrico e magnético).) Animado com essa ideia, chegou a apresentar a tese de que a força de atração entre o Sol e os planetas era de origem magnética.*

[...] *Entre 1733 e 1734, o físico francês Charles François de Cisternay du Fay (1698-1739) realizou experiências nas quais mostrou a existência de duas espécies de 'virtude elétrica' ao observar que um bastão de vidro, quando atritado com um pedaço de seda, repelia uma bolinha de sabugueiro suspensa por um fio isolante de seda, ou atraía essa mesma bolinha caso* [...] *fosse eletrizada por um bastão de resina friccionada com pele de gato. A esses dois tipos de 'virtude elétrica' Du Fay denominou eletricidade vítrea e eletricidade resinosa, respectivamente.*

[...] *Em 1753, os físicos russos Georg Richmann (1711-1753) e Mikhail Lomonosov (1711-1765) realizaram experimentos com um aparelho que eles chamaram de 'máquina-trovão'. Com ele os dois cientistas esperavam quantificar a força da eletricidade da nuvem ou, segundo suas palavras, o 'grau de força elétrica emitida pela nuvem'. Em 26 de junho de 1753, Richmann morreu vítima da descarga elétrica de um relâmpago, quando realizava uma experiência em sua 'máquina-trovão'.*

[...] *Em 1785, Charles Augustin Coulomb (1736-1806) publicou um trabalho no qual registrou o resultado de suas experiências sobre as forças elétricas, usando uma balança de torção (construída em 1784). Coulomb demonstrou que 'a força de atração ou repulsão entre duas cargas elétricas é diretamente proporcional ao produto de suas quantidades de cargas elétricas, inversamente proporcional ao quadrado da distância que separa seus centros e se situa na mesma direção da reta que une seus centros'. Coulomb observou, ainda, que a carga elétrica se situa na superfície externa de um condutor e que sua distribuição estática depende de sua curvatura; ainda mais, que o ar não era um isolante ideal."*

BASSALO, José M. F. *Nascimentos da Física:* 3500 a.C.-1900 a.D. Belém: Edufpa, 1996.

1. A força de atração entre o Sol e os planetas é de origem magnética, conforme a tese de Gilbert?
2. Pesquise a "máquina-trovão" de Richmann e Lomonosov, levantando informações sobre seu funcionamento, seus perigos e objetivos.

# 1 Processos de eletrização

Chamamos de processo de eletrização as maneiras práticas de atribuir aos corpos uma carga elétrica, permitindo que eles fiquem sujeitos às forças de natureza elétrica e, também, atuem sobre outros corpos que podem estar neutros ou eletrizados. Assim como os portadores elementares de carga elétrica são os elétrons, os processos de eletrização são maneiras práticas de se adicionar ou retirar elétrons dos corpos.

> **Para refletir**
>
> Se você esfregar uma caneta esferográfica no cabelo ou na roupa, ela passa a atrair pequenos pedaços de papel, que, após aderirem a ela, são repelidos e caem. Como você explica esse fato?

## Condutores e isolantes

Como vimos no capítulo 1, quando um corpo inicialmente neutro recebe ou cede elétrons fica eletrizado negativa ou positivamente: corpos eletrizados têm número de prótons diferente do número de elétrons.

A experiência revela que a diferença de partículas elementares resultante após determinados corpos receberem ou cederem elétrons é distribuída pela superfície externa desses corpos. Esses corpos são os **condutores** (figura 4.1).

Já em outros corpos essa diferença é retida na região que foi eletrizada; eles são os **isolantes**, também chamados de **dielétricos** (figura 4.2).

Esse comportamento diferente se deve ao fato de que os corpos condutores possuem uma grande quantidade de partículas eletrizadas livres, enquanto os elétrons dos isolantes são fortemente ligados aos átomos. Assim, por exemplo, enquanto nos metais há sempre um grande número de elétrons livres, uma borracha tem sua estrutura molecular composta, predominantemente, por ligações covalentes, com elétrons compartilhados por átomos de carbono e hidrogênio.

Figura 4.1 Esfera metálica com excesso de cargas elétricas distribuídas pela superfície externa.

Figura 4.2 Esfera com excesso de cargas elétricas concentradas em uma região.

## Eletrizando por atrito

Ao esfregar uma caneta esferográfica na roupa ou no cabelo, ela, que é de material isolante, eletriza-se. Isso significa que os elétrons estão passando de um corpo para o outro. Definindo com mais precisão, os elétrons estão passando da caneta para o cabelo ou para a roupa, fazendo com que a caneta fique eletrizada positivamente e o cabelo ou a roupa, eletrizado negativamente (figura 4.3).

Assim, sempre que há **atrito** entre dois corpos inicialmente neutros, ambos se eletrizam com **cargas de mesmo valor absoluto e sinais opostos**.

A eletrização por atrito é mais eficiente quando os corpos a ser atritados (esfregados) são isolantes, isto é, as cargas geradas, por não terem mobilidade, concentram-se nos corpos separadamente.

Mas, por que os pedaços de papel, que estão neutros, são atraídos pela caneta eletrizada? Para explicar isso, precisamos entender o que é a indução eletrostática.

Ilustrações: Antonio Robson/Arquivo da editora

Figura 4.3 Eletrização de dois corpos, inicialmente neutros, por atrito.

Figura 4.4 Atração de um corpo neutro por um eletrizado.

Paulo Manzi/Arquivo da editora

# Indução eletrostática

Os pedaços de papel, apesar de estarem neutros pela aproximação da caneta que está carregada positivamente, têm seus elétrons livres deslocados para a região mais próxima da caneta, isto é, os pedaços de papel se comportam como se fossem compostos de duas partes, uma negativa (próxima da caneta) e uma positiva (distante da caneta) (figura 4.4), sendo assim atraídos pela caneta.

A esse fenômeno de separação das cargas elétricas de um corpo neutro pela simples aproximação de um corpo eletrizado se dá o nome de **indução eletrostática**. Deve-se notar que o pedaço de papel como um todo continua neutro, tendo sofrido apenas a separação das cargas.

Vejamos como acontece a eletrização por indução.

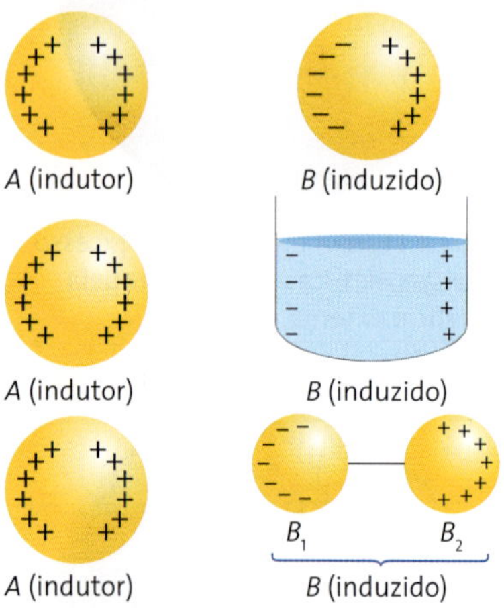


Figura 4.5 Exemplos de indução.

Primeiramente precisamos de um corpo eletrizado (*A*), denominado **indutor**, que tanto pode ser condutor como isolante, já que não terá contato com o outro. O segundo corpo (*B*) a ser eletrizado, denominado **induzido**, deve ser condutor, podendo ser, inclusive, uma solução eletrolítica ou, ainda, dois corpos ($B_1$ e $B_2$) ligados eletricamente (figura 4.5).

O indutor (*A*), eletrizado positivamente, atrai as cargas elétricas negativas do induzido (*B*). Assim, na face do induzido mais próxima do indutor, temos acúmulo de cargas negativas, que não chegam até o indutor porque o ar entre eles é isolante. Por outro lado, a face do induzido mais afastada do indutor fica positiva.

A essa altura, podemos nos perguntar se o corpo *B* está eletrizado. Ele não está, pois o número de prótons no corpo continua igual ao número de elétrons. Dizemos então que o corpo *B* está induzido, porque houve apenas uma separação das cargas. Quando retiramos o indutor, as cargas no induzido se reagrupam.

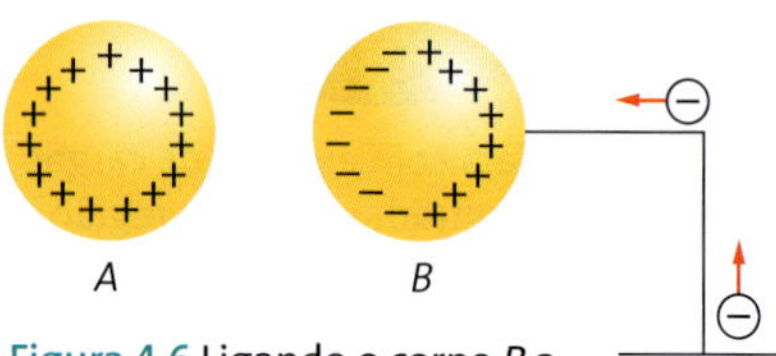


Figura 4.6 Ligando o corpo *B* a um terra, elétrons são transferidos do terra para o corpo *B*, em razão da presença do corpo *A* eletrizado positivamente.

Para eletrizar o induzido, devemos, na presença do indutor, estabelecer o contato do induzido com um terceiro corpo, chamado de **terra** (figura 4.6). Esse terceiro corpo pode ser outro qualquer.

Depois, ainda na presença do indutor, desfazemos o contato entre *B* e o terra; então afastamos os corpos (figura 4.7), e o corpo *B* fica eletrizado, com carga oposta à do indutor (*A*).

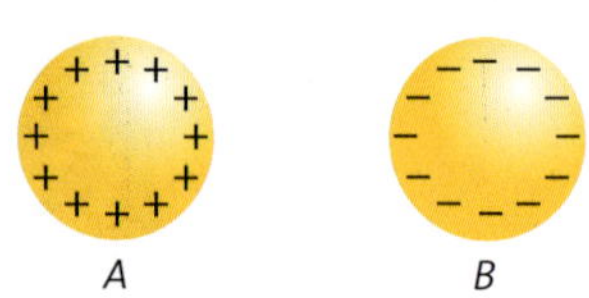


Figura 4.7 Resultado da eletrização por indução.

Um aspecto importante a ser observado é a relação entre as forças de atração e repulsão elétricas quando se aproxima um corpo eletrizado de um corpo neutro: as cargas de sinais opostos ficam separadas por uma distância média $d_1$, ao passo que as de mesmo sinal ficam a uma distância $d_2$, maior do que $d_1$. Como a força elétrica diminui com a distância (essa conclusão é uma consequência da lei de Coulomb, que estudaremos neste capítulo), predomina a força de atração (figura 4.8).

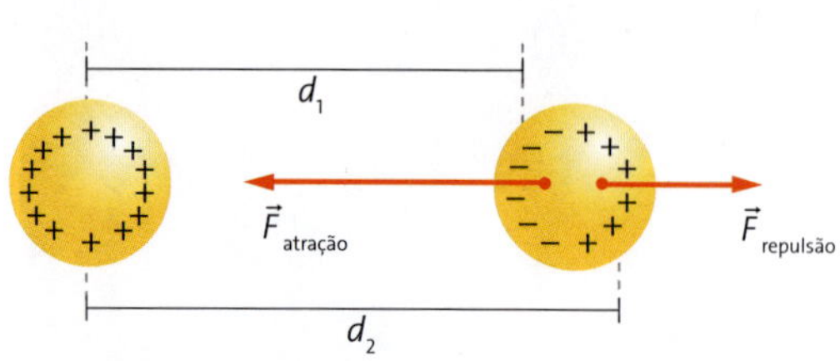


Figura 4.8 Corpos eletrizados atraem corpos neutros.

Se o corpo a ser induzido não é condutor, não há uma separação macroscópica das cargas, embora isso aconteça em nível molecular. Nesse caso, dizemos que o corpo fica **polarizado**, sendo também atraído pelo indutor.

**Observação**: Para que ocorra a eletrização por atrito, os corpos devem ser de materiais diferentes, ou seja, eles não podem ter a mesma tendência de ganhar ou de perder elétrons. É por isso que quando esfregamos as mãos, não eletrizamos nenhuma delas. Em Química essa tendência é traduzida por uma grandeza denominada **eletroafinidade**. Os materiais podem ser classificados de acordo com essa tendência, elaborando-se, assim, as chamadas séries **triboelétricas** (figura 4.9).

Qualquer substância de uma série triboelétrica, quando atritada com uma que está à sua esquerda, fica eletrizada negativamente. E quando atritada com uma que está à sua direita, fica eletrizada positivamente. Exemplos: seda atritada com vidro: seda negativa, vidro positivo; seda atritada com madeira: seda positiva, madeira negativa.

Figura 4.9 Exemplo de uma série triboelétrica.

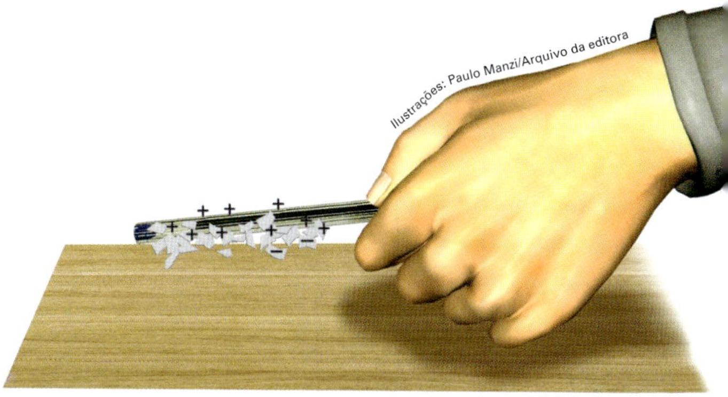


Figura 4.10 Eletrização de corpos por contato.

# Eletrização por contato

Quando os pedaços de papel, que estão neutros, entram em contato com a caneta, têm seus elétrons livres transferidos para ela. Assim, os pedaços de papel eletrizam-se positivamente, e parte da carga da caneta é neutralizada pelos elétrons que recebe dos papéis (figura 4.10).

O contato entre um corpo eletrizado e um corpo neutro provoca a distribuição da carga entre os dois corpos. Como esse processo requer movimentação de partículas eletrizadas, é mais eficiente para corpos condutores.

Finalmente, como os pedaços de papel adquirem cargas de mesmo sinal que as da caneta, sofrem repulsão e caem (figura 4.11).

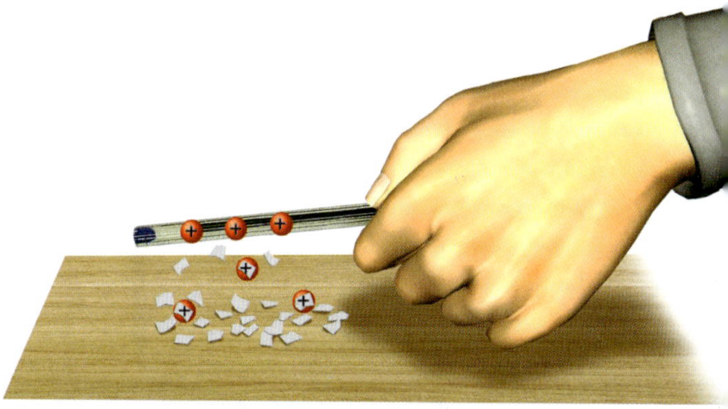

Figura 4.11 Corpos com cargas elétricas de mesmo sinal se repelem.

Na **eletrização por contato**:

- os corpos ficam eletricamente neutros ou com cargas de mesmo sinal;
- quando o sistema é formado por corpos isolados de influências externas, a quantidade de carga elétrica total final, de acordo com o princípio da conservação de carga, é igual à quantidade de carga elétrica total inicial; para dois corpos, $A$ e $B$, com cargas elétricas iniciais $Q_A$ e $Q_B$ e cargas elétricas finais $Q'_A$ e $Q'_B$, temos:

$$Q_A + Q_B = Q'_A + Q'_B$$

Em particular, se os corpos $A$ e $B$ forem iguais, ficarão com quantidades de carga elétrica finais iguais (figura 4.12), isto é:

$$Q'_A = Q'_B = \frac{Q_A + Q_B}{2}$$

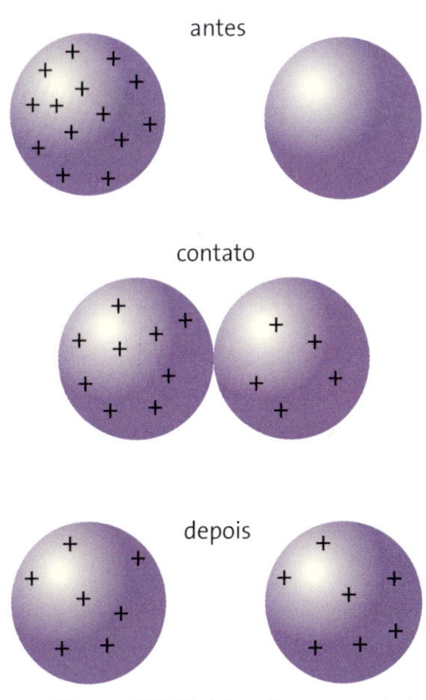


Figura 4.12 Eletrização por contato.

## Física explica

# Eletroscópio de folhas

Science & Society Picture Library/Getty Images

Eletroscópio de folhas.

O eletroscópio de folhas é constituído de duas lâminas metálicas bem leves formando uma dobradiça, conforme as figuras, ligadas por uma haste condutora a um outro corpo (cabeça), também condutor. É muito utilizado para se verificar se um corpo está ou não eletrizado.

Quanto mais flexível é o material utilizado nas folhas, mais finas e leves elas são, propiciando um aparelho mais sensível. Por essa razão, na construção de eletroscópios mais sofisticados usam-se folhas de ouro.

Em razão da sensibilidade das folhas, elas são colocadas no interior de uma garrafa, para que não sofram interferências das correntes de ar.

Clive Streeter/Latinstock

Eletroscópio neutro.

Vejamos o que acontece quando aproximamos um corpo eletrizado da cabeça do eletroscópio.

Antes da aproximação, devemos encostar a cabeça do eletroscópio em qualquer metal ligado à terra para neutralizá-lo. As folhas ficarão neutras e próximas, como mostram as figuras ao lado.

Quando aproximamos um corpo eletrizado (positivamente, por exemplo) da cabeça do eletroscópio, mas sem encostar, há indução de cargas negativas na cabeça e, portanto, as folhas localizadas na outra extremidade ficam eletrizadas positivamente. Como resultado, temos a **repulsão** (afastamento) entre as duas folhas (terceira foto, ao lado).

Se o corpo utilizado nesse experimento estiver eletrizado negativamente, as folhas do eletroscópio também se afastarão, pois ambas ficarão eletrizadas com cargas negativas.

- Explique o funcionamento do eletroscópio quando o corpo aproximado da cabeça for eletrizado negativamente.

Science Source/GIPh/Diomedia

Eletroscópio: folhas positivas, cabeça negativa.

# Gerador Van de Graaff

Em 1929, Robert Jemison van de Graaff (1901-1967), físico americano, desenvolveu seu primeiro gerador eletrostático, que produzia tensões elétricas da ordem de 100 000 V. Nos anos seguintes, Robert aprimorou seu dispositivo alcançando tensões elétricas da ordem de 7 milhões de volts. Esse aparelho passou a ser conhecido como gerador Van de Graaff.

Vamos entender o funcionamento de um gerador Van de Graaff:

*Na **figura a**, um pequeno condutor com uma carga positiva q está no interior da cavidade de um condutor de dimensões maiores. No equilíbrio, o campo elétrico é nulo dentro do material condutor dos dois condutores. As linhas do campo elétrico que partem da carga positiva q terminam na face interna da cavidade do condutor maior. Isto ocorre qualquer que seja a carga na face externa deste condutor maior. De fato, qualquer que seja a carga neste condutor maior, o pequeno, na cavidade, está num potencial elétrico mais elevado, pois as linhas do campo elétrico partem dele e terminam no outro. Se os dois condutores forem ligados por um fio condutor delgado, toda a carga inicialmente no condutor menor irá fluir para o maior. Quando a ligação for rompida, o pequeno condutor na cavidade não terá carga e não haverá linhas de campo entre os condutores. A carga positiva transferida do pequeno para o grande condutor estará inteiramente na face externa do condutor maior. Se o pequeno condutor receber um pouco mais de carga positiva, e for ligado ao grande, toda a carga do condutor irá fluir, outra vez, para o externo.*

*O processo descrito pode ser repetido indefinidamente e é o adotado no gerador Van de Graaff para se conseguir potenciais elétricos elevados. Neste gerador, conduz-se carga para a face interna de uma grande esfera condutora por meio de uma correia carregada, conforme mostra a **figura b**. As cargas elétricas são depositadas sobre a correia, na base do aparelho, pelos condutores pontudos. No topo, as cargas passam da correia para o condutor esférico, também através de condutores pontudos. É necessário o trabalho do motor que movimenta a correia para levar a carga da base até o topo do aparelho, onde o potencial é muito elevado. Quanto maior a carga no grande condutor, maior será o seu potencial e mais intenso o campo elétrico fora dele.*

TIPLER, Paul A. *Física*. 4. ed. Rio de Janeiro: Livros Técnicos e Científicos, 2000. v. 2. p. 76.

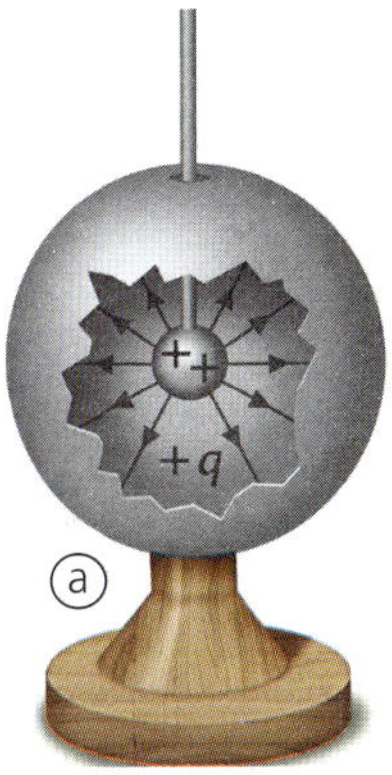


Pequeno condutor, com carga elétrica positiva, no interior de condutor oco de dimensões maiores.

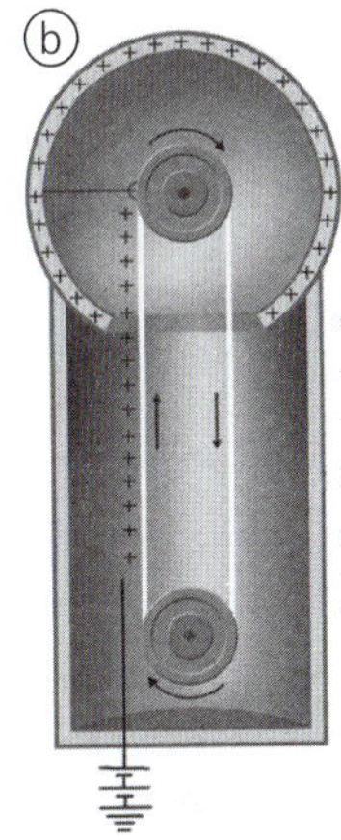


Ilustrações: Paulo Manzi/Arquivo da editora

Esquema de um gerador Van de Graaff.

O gerador Van de Graaff e o acelerador de Cockcroft-Walton, construído em 1932, foram os primeiros aceleradores de prótons e deram início à era dos aceleradores de partículas, cujo maior representante atualmente é o LHC – Large Hadron Collider – localizado entre os Alpes suíços e a montanha Jura, na França.

Alguns laboratórios dispõem de um gerador Van de Graaff para demonstrações dos conceitos físicos relacionados à eletrostática, conforme mostra a **figura c**. A menina está num potencial elétrico muito elevado, pois está em contato com o gerador Van de Graaff e sobre um piso isolante. A carga elétrica nos cabelos é suficiente para evidenciar a repulsão eletrostática. É preciso cuidado na experiência, pois a carga deve ser gradual e a descarga não deve ser brusca, para se evitarem choques elétricos dolorosos.

Demonstração do gerador Van de Graaff.

SM/SSPL/Keystone

## Exercícios

1. Um bastão de vidro inicialmente neutro é atritado a um pedaço de lã, também inicialmente neutro. No processo, $1{,}0 \cdot 10^{20}$ elétrons são transferidos do vidro para a lã. Sendo a carga elementar $e = 1{,}6 \cdot 10^{-19}$ C, determine:
   a) a carga final do bastão de vidro;
   b) a carga final do pedaço de lã.

2. (PUC-SP) A mão da garota da figura toca a esfera eletrizada de uma máquina eletrostática conhecida como gerador de Van de Graaff.

Science & Society Picture Library/Getty Images

A respeito do descrito são feitas as seguintes afirmações:

I. Os fios de cabelo da garota adquirem cargas elétricas de mesmo sinal e por isso se repelem.

II. O clima seco facilita a ocorrência do fenômeno observado no cabelo da garota.

III. A garota conseguiria o mesmo efeito em seu cabelo, se na figura sua mão apenas se aproximasse da esfera de metal sem tocá-la.

Está correto o que se lê em:

a) I, apenas.
b) I e II, apenas.
c) I e III, apenas.
d) II e III, apenas.

3. São dadas três esferas metálicas, $A$, $B$ e $C$, idênticas, e um pano de seda, todos inicialmente neutros. Realiza-se a seguinte sequência de operações:

I. Atrita-se o pano de seda com a esfera metálica $A$.

II. Em seguida, coloca-se a esfera $A$ em contato com a esfera $B$.

III. Finalmente, coloca-se a esfera $A$ em contato com a esfera $C$.

Sabe-se que o pano de seda adquiriu uma quantidade de carga elétrica, em módulo, igual a 8 μC. Considerando o exemplo de uma série triboelétrica apresentado na figura 4.9 e as propriedades da eletrização por atrito e contato, quais são o sinal e a quantidade de cargas elétricas de cada um dos corpos após a sequência de operações?

4. Os corpos $B_1$ e $B_2$, idênticos, estão ligados por uma barra rígida condutora (veja a figura).

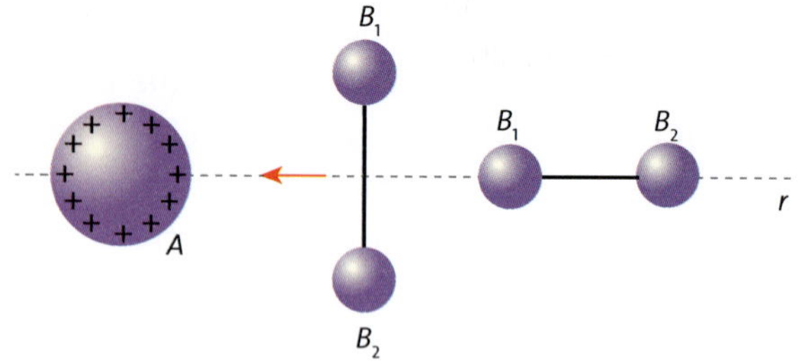


Eles podem ser aproximados do corpo carregado $A$, pela reta $r$, que contém o ponto médio da barra, com esta posicionada na vertical ou na horizontal. Aproxima-se, então, de $A$ os dois sistemas formados por $B_1$ e $B_2$; em seguida, retira-se a barra condutora. Em que caso os corpos $B_1$ e $B_2$ ficam eletrizados, após serem afastados de $A$? Justifique a resposta.

5. (UFMG) Durante uma aula de Física, o professor Carlos Heitor faz a demonstração de eletrostática que se descreve a seguir. Inicialmente, ele aproxima duas esferas metálicas, $R$ e $S$, eletricamente neutras, de uma outra esfera isolante, eletricamente carregada com carga negativa, como representado na Figura I. Cada uma dessas esferas está apoiada em um suporte isolante. Em seguida, o professor toca o dedo, rapidamente, na esfera $S$, como representado na Figura II. Isso feito, ele afasta a esfera isolante das outras duas esferas, como representado na Figura III.

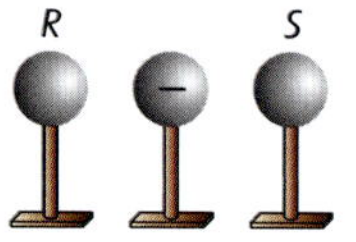


Figura I

Figura II

Figura III

Ilustrações: Formato/Arquivo da editora

Considerando-se essas informações, é correto afirmar que, na situação representada na Figura III:

a) a esfera $R$ fica com carga negativa e a $S$ permanece neutra.
b) a esfera $R$ fica com carga positiva e a $S$ permanece neutra.
c) a esfera $R$ permanece neutra e a $S$ fica com carga negativa.
d) a esfera $R$ permanece neutra e a $S$ fica com carga positiva.

## 2 Lei de Coulomb

Até aqui, discutimos como corpos eletrizados atraem-se ou repelem-se mutuamente, sem a preocupação de caracterizar quantitativamente as interações de natureza elétrica.

Vamos, então, analisar essas interações em relação às **cargas puntiformes** – corpos eletrizados cuja carga elétrica se concentra em um único ponto e cujas dimensões são pequenas em vista das distâncias que os separam.

A interação entre duas cargas puntiformes deve ser representada pela força de natureza elétrica entre elas. Portanto, é necessário caracterizar essa força no que diz respeito à direção, ao sentido e à intensidade.

Dois corpos puntiformes, eletrizados com cargas $Q_1$ e $Q_2$, separados por uma distância $r$ (figura 4.13), trocam ações elétricas representadas por forças que têm as seguintes características:

- A direção de $\vec{F}$ é a direção da reta que une os corpos.
- Quanto ao sentido da força elétrica, de acordo com a lei de Du Fay, temos dois casos a considerar:

  1º) se os corpos forem eletrizados com cargas elétricas de mesma natureza (mesmo sinal), a força elétrica será de repulsão (figura 4.14);

  2º) se forem eletrizados com cargas elétricas de sinais contrários, a força elétrica será de atração (figura 4.15).

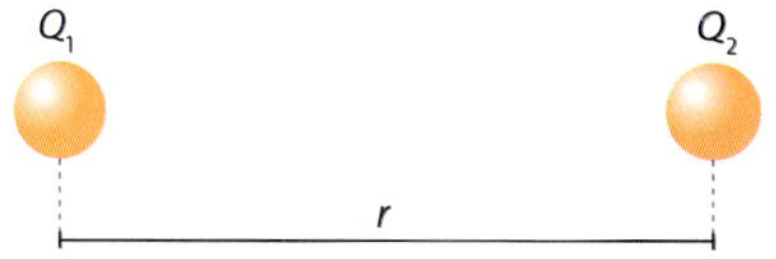

Figura 4.13 Duas cargas elétricas puntiformes separadas pela distância *r*.

Figura 4.14 Cargas elétricas de mesmo sinal se repelem.

Figura 4.15 Cargas elétricas de sinais contrários se atraem.

Conforme notamos, há uma interação de natureza elétrica entre as cargas puntiformes $Q_1$ e $Q_2$; portanto, as forças indicadas, em todos os casos, constituem pares ação-reação (figura 4.16), com intensidades iguais entre si.

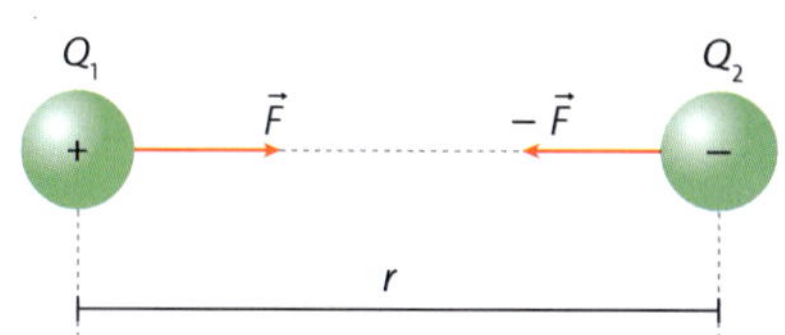

Figura 4.16 As forças $\vec{F}$ e $-\vec{F}$ possuem a mesma intensidade, a mesma direção, mas sentidos contrários; elas formam um par ação-reação.

O físico francês Charles Augustin de Coulomb, com sua célebre balança de torção (na verdade um dinamômetro – figura 4.17), estabeleceu a lei matemática que possibilita o cálculo da intensidade da força elétrica entre dois corpos eletrizados.

Coulomb constatou que a intensidade da força elétrica é diretamente proporcional ao produto dos módulos da quantidade de carga elétrica de cada corpo e inversamente proporcional ao quadrado da distância que os separa:

$$F = k \cdot \frac{|Q_1| \cdot |Q_2|}{r^2}$$

Nessa expressão, $F$ representa a intensidade da força elétrica; $k$ é uma constante que depende do meio em que estão imersos os corpos; $Q_1$ e $Q_2$ são os módulos das quantidades de carga elétrica dos corpos; $r$ é distância de separação entre os corpos, aqui considerados como cargas puntiformes.

No Sistema Internacional de Unidades (SI), temos: $F$ em newtons (N); $Q_1$ e $Q_2$ em coulombs (C); $r$ em metros (m); e $k$ em $N \cdot m^2/C^2$. Para o vácuo, a constante $k$ vale:

$$k_0 = 9 \cdot 10^9 \ N \cdot m^2/C^2$$

Caso as cargas não estejam colocadas no vácuo, o valor de $k$ é sempre menor do que $k_0$. Para a água, por exemplo, o valor de $k$ é aproximadamente $\frac{k_0}{80}$. Entretanto, para o ar seco, o valor de $k$ pode ser considerado igual a $k_0$.

Clive Streeter/Latinstock

Figura 4.17 Balança de torção usada por Coulomb.

## Exercícios

6. (UFPR) Considere duas partículas, 1 e 2, imóveis e carregadas eletricamente, que se encontram separadas por uma distância inicial *D*. Julgue as afirmativas e indique certo ou errado.

   I. À distância *D*, o módulo da força eletrostática entre as partículas é o mesmo, independentemente do sinal das cargas.

   II. Se a carga da partícula 1 dobrar e a carga da partícula 2 for reduzida à metade, o módulo da força eletrostática entre elas diminuirá quatro vezes.

   III. Quando a distância entre as partículas é reduzida à metade, o módulo da força eletrostática entre elas aumenta quatro vezes.

   IV. Quando a distância entre as partículas é aumentada três vezes, o módulo da força eletrostática entre elas diminui três vezes.

   V. Se as partículas tiverem cargas de sinais opostos, a força eletrostática entre elas será atrativa.

7. Duas esferas de pequeno raio estão eletrizadas com cargas $q_1$ e $q_2$, separadas por uma distância *r*, e repelem-se com uma força de intensidade *F*. Qual será a nova intensidade da força:

   a) mantendo-se $q_1$ e $q_2$ e dobrando-se *r*?

   b) dobrando-se $q_1$, triplicando-se $q_2$ e mantendo-se *r*?

   c) dobrando-se $q_1$, dobrando-se $q_2$ e dobrando-se *r*?

8. Duas esferas metálicas iguais, de raio 2 mm, estão eletrizadas com cargas elétricas iguais e separadas por 60 cm, no vácuo. Nessas condições, se repelem com uma força de intensidade 20 N. Considere: $k_0 = 9 \cdot 10^9 \text{ N} \cdot \text{m}^2/\text{C}^2$. Calcule:

   a) os valores absolutos das cargas;

   b) a intensidade da força elétrica se as cargas estiverem em um meio cuja constante eletrostática seja $\frac{1}{4}$ do valor anterior.

9. Considere *F* a intensidade da força elétrica entre duas cargas puntiformes iguais a $Q > 0$, quando separadas por uma distância *r*, no vácuo. A figura representa três cargas $-Q$, $+2Q$ e $+4Q$, colocadas no vácuo.

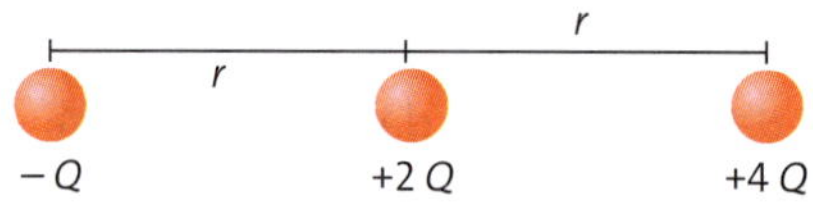


   a) Caracterize a força elétrica resultante em $-Q$.

   b) Caracterize a força elétrica resultante em $+2Q$.

   c) Caracterize a força elétrica resultante em $+4Q$.

10. (PUC-RJ) Duas esferas carregadas, afastadas de 1 m, se atraem com uma força de 720 N. Se uma esfera tem o dobro da carga da segunda, qual é a carga das duas esferas, em módulo?
(Considere $k = 9 \cdot 10^9 \text{ N} \cdot \text{m}^2/\text{C}^2$)

   a) $1{,}0 \cdot 10^{-4}$ C e $2{,}0 \cdot 10^{-4}$ C

   b) $2{,}0 \cdot 10^{-4}$ C e $4{,}0 \cdot 10^{-4}$ C

   c) $3{,}0 \cdot 10^{-4}$ C e $6{,}0 \cdot 10^{-4}$ C

   d) $4{,}0 \cdot 10^{-4}$ C e $8{,}0 \cdot 10^{-4}$ C

   e) $5{,}0 \cdot 10^{-4}$ C e $10{,}0 \cdot 10^{-4}$ C

11. (UFRGS-RS) A figura a seguir representa duas cargas elétricas puntiformes positivas, $+q$ e $+4q$, mantidas fixas em suas posições.

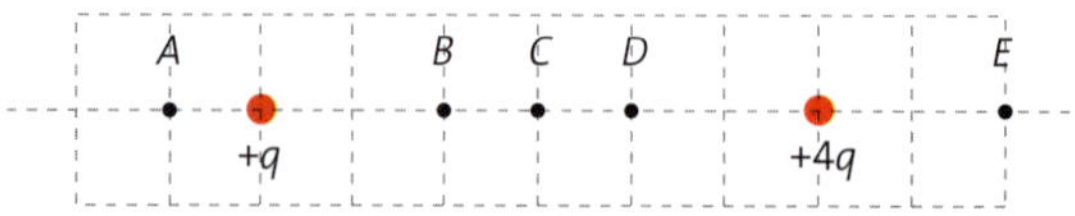


Para que seja nula a força eletrostática resultante sobre uma terceira carga puntiforme, essa carga deve ser colocada no ponto:

   a) *A*.

   b) *B*.

   c) *C*.

   d) *D*.

   e) *E*.

# 3 Campo elétrico

Como vimos, corpos eletrizados interagem a distância, isto é, trocam forças de natureza elétrica. Vamos retomar esse assunto, mas com uma abordagem ligeiramente diferente, considerando que um corpo eletrizado gera ao seu redor um **campo elétrico**, uma vez que outro corpo colocado nas suas proximidades fica sujeito à ação de uma força de natureza elétrica.

O conceito de campo foi criado para explicar o fenômeno de ação a distância, e foi proposto pelo físico e químico inglês Michael Faraday (1791-1867).

A cada ponto da região do espaço em volta de um corpo eletrizado, isto é, o campo elétrico gerado por esse corpo, associaremos uma grandeza física, que denominaremos **vetor campo elétrico** ($\vec{E}$) (figura 4.18).

Como consequência, o vetor campo elétrico ($\vec{E}$) dependerá do conjunto de cargas fixas, responsável pela existência do campo, e do ponto considerado.

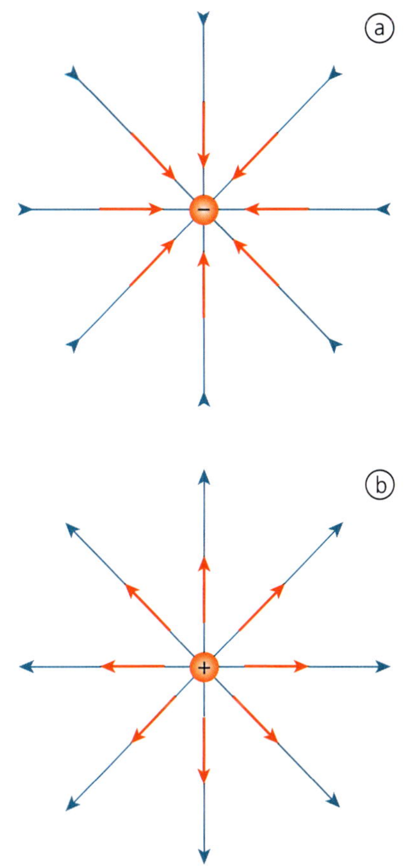


Figura 4.18 Representação do campo elétrico para carga negativa (**a**) e positiva (**b**).

## Vetor campo elétrico

Para a apresentação do conceito de vetor campo elétrico ($\vec{E}$), vamos considerar uma região do espaço na qual há campo elétrico. Se colocarmos em um ponto dessa região um pequeno corpo (que nomeamos de carga de prova), eletrizado com uma carga $q$, uma força elétrica ($\vec{F}$) atuará sobre ela. Ao substituirmos o corpo de prova por outro com carga elétrica $2q$, constataremos que a força elétrica passará a ser ($2\vec{F}$).

Essa proporcionalidade entre força elétrica e carga de prova é mantida para o ponto considerado, qualquer que seja o valor da carga. Assim, conceituamos o vetor campo elétrico ($\vec{E}$) nesse ponto explorando o fato de que força elétrica e carga de prova mantêm uma relação dada por:

$$\vec{F} = (\vec{E}) \cdot q$$

O vetor ($\vec{E}$), para determinado ponto, independe da carga de prova considerada e da força a que ela fica submetida.

Em relação ao conceito de vetor campo elétrico apresentado, as seguintes observações podem ser feitas:

1ª) No SI, a unidade para o campo elétrico é **newton por coulomb** (**N/C**).

2ª) Os vetores $\vec{E}$ e $\vec{F}$ têm as seguintes características:

- em módulo, $F = |q| \cdot E$;
- mesma direção;
- se a carga elétrica é positiva ($q > 0$), $\vec{F}$ e $\vec{E}$ têm o mesmo sentido (figura 4.19.a);
- se a carga elétrica é negativa ($q < 0$), $\vec{F}$ e $\vec{E}$ têm sentidos opostos (figura 4.19.b).

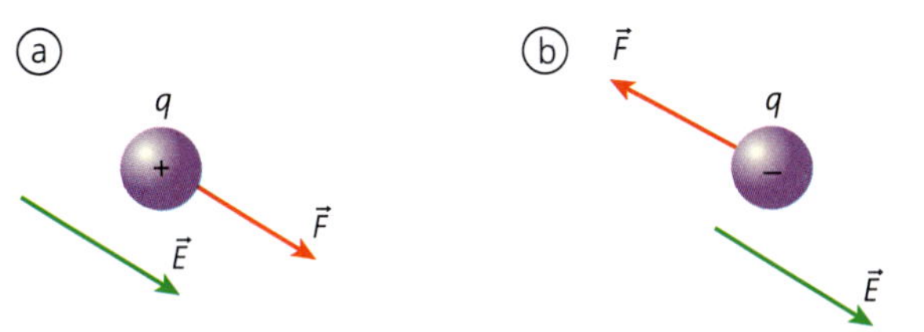


Figura 4.19 Força elétrica sobre as cargas elétricas positiva (**a**) e negativa (**b**), imersas em um campo elétrico.

# Campo elétrico gerado por uma carga puntiforme

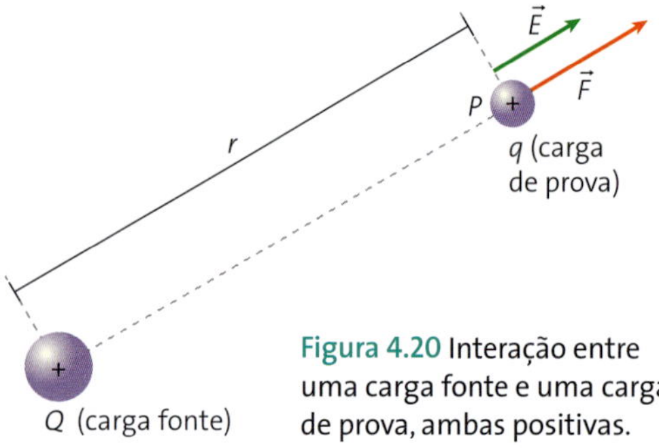


**Figura 4.20** Interação entre uma carga fonte e uma carga de prova, ambas positivas.

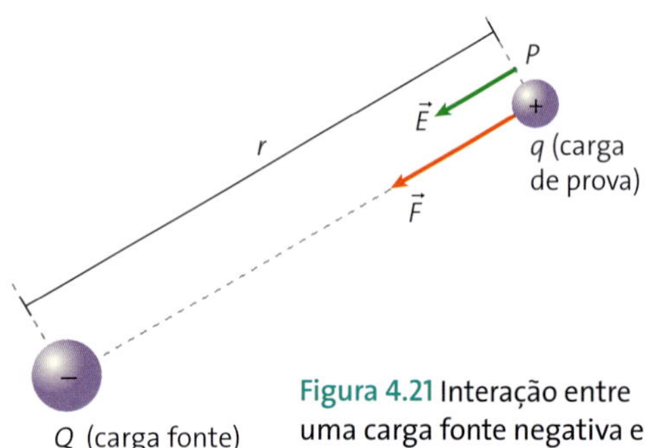


**Figura 4.21** Interação entre uma carga fonte negativa e uma carga de prova positiva.

Uma carga elétrica puntiforme ($Q$) gera no espaço ao seu redor um campo elétrico. Esse campo, em um ponto $P$ qualquer, depende da intensidade da carga geradora ($Q$), da distância do ponto $P$ em relação à carga ($r$) e do meio que envolve a carga fonte.

A **figura 4.20** ilustra uma carga fonte positiva ($Q > 0$) e um ponto $P$ do espaço no qual foi colocada uma carga de prova, também positiva ($q > 0$).

A **figura 4.21** obedece às mesmas condições da situação esquematizada na **figura 4.20**, com mudanças apenas na carga fonte, agora negativa ($Q < 0$).

Sabemos que a relação entre a intensidade da força elétrica e a do vetor campo elétrico é:

$$F = |q| \cdot E \quad \text{(I)}$$

De acordo com a lei de Coulomb, vista no tópico 2, temos:

$$F = \frac{k \cdot |Q| \cdot |q|}{r^2} \quad \text{(II)}$$

Igualando as expressões I e II anteriores, obtemos a intensidade do vetor campo elétrico, dada por:

$$E = \frac{k \cdot |Q|}{r^2}$$

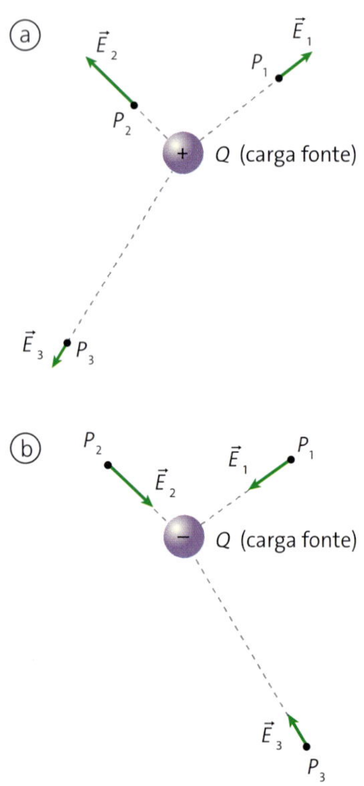


**Figura 4.22** Campo elétrico gerado por uma fonte positiva (**a**) e outra negativa (**b**).

em que $k$ é a constante eletrostática do meio que envolve a carga fonte.

Para determinar a direção e o sentido do vetor campo elétrico, devemos observar que:

- a direção do campo, no ponto $P$, é a mesma da força elétrica sobre a carga de prova;
- o sentido do vetor campo elétrico é o mesmo da força elétrica que age sobre a carga de prova quando esta é positiva.

A interação da carga de prova ($q > 0$) com a carga fonte ($Q$) é de:

- repulsão, se a carga fonte é positiva, $Q > 0$;
- atração, se a carga fonte é negativa, $Q < 0$.

Em relação ao vetor campo elétrico ($\vec{E}$) gerado pela carga fonte, vemos que seu sentido é de afastamento dessa carga quando ela é positiva e de aproximação quando é negativa.

Resumindo, temos:

$$\vec{E} \rightarrow \begin{cases} \text{Direção: radial} \\ \text{Sentido} \begin{cases} Q > 0\text{: divergente (figura 4.22.a)} \\ Q < 0\text{: convergente (figura 4.22.b)} \end{cases} \\ \text{Intensidade: } E = \dfrac{k \cdot |Q|}{r^2} \end{cases}$$

Como o campo é uma característica de um ponto do espaço, produzido pela carga fonte, o resultado obtido, tanto para a carga de prova positiva quanto para a carga de prova negativa, é o mesmo. O vetor campo elétrico independe do sinal da carga de prova.

## Campo elétrico gerado por várias cargas puntiformes

Um ponto qualquer do espaço pode estar sob a influência não somente de uma, mas de várias cargas puntiformes. Quando colocamos uma carga de prova $q$ nesse ponto, temos a superposição de várias forças, causando uma força resultante. Ela pode ser entendida como consequência do campo elétrico total (resultante) devido às várias fontes. Vetorialmente escrevemos:

$$\vec{F_R} = q\vec{E_R} = q\vec{E_1} + q\vec{E_2} + ... + q\vec{E_n} \Rightarrow \vec{E_R} = \vec{E_1} + \vec{E_2} + ... + \vec{E_n}$$

Portanto, o campo elétrico resultante da ação de várias cargas é a soma vetorial dos campos que cada uma produziria isoladamente.

### Exercício resolvido

1. A intensidade do campo elétrico, gerado por uma carga puntiforme $Q$, em um ponto $P$, a uma distância $r$ da carga é dada por $E = \frac{k \cdot |Q|}{r^2}$. De acordo com essa expressão, a intensidade do campo elétrico é inversamente proporcional ao quadrado da distância. Isso significa dizer que, por exemplo, quando dobramos a distância do ponto $P$ à carga, a intensidade $E$ do campo elétrico reduz a $\frac{1}{4}$ do valor original.

a) Trace o gráfico de $E$ em função de $r$.

b) O que acontece com a intensidade do campo elétrico se a distância $r$ for reduzida à metade?

**Resolução**

a) Para traçar o gráfico, vamos atribuir valores para a distância $r$ do ponto $P$ à carga e calcular a intensidade do campo elétrico correspondente. Assim, temos:

$$\text{Para } r = d_0 \Rightarrow E = \frac{k \cdot |Q|}{(d_0)^2} = E_0;$$

$$\text{Para } r = 2 \cdot d_0 \Rightarrow E = \frac{k \cdot |Q|}{(2d_0)^2} = \frac{E_0}{4};$$

$$\text{Para } r = 3 \cdot d_0 \Rightarrow E = \frac{k \cdot |Q|}{(3d_0)^2} = \frac{E_0}{9};$$

$$\text{Para } r = 4 \cdot d_0 \Rightarrow E = \frac{k \cdot |Q|}{(4d_0)^2} = \frac{E_0}{16}.$$

A figura seguinte mostra o gráfico correspondente.

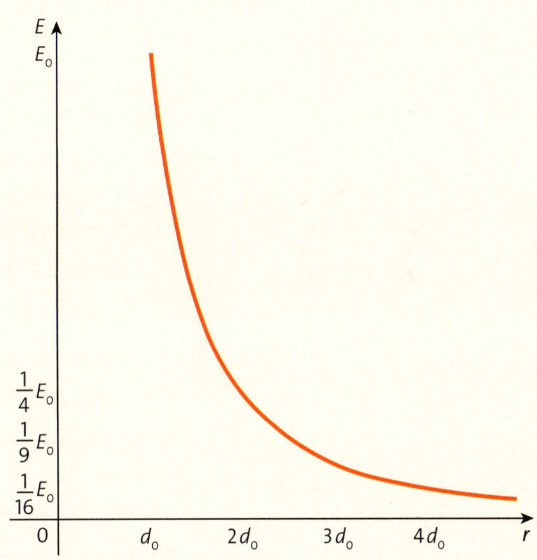


b) Para a distância $r$, temos: $E = \frac{k \cdot |Q|}{r^2}$. E para a distância $\frac{r}{2}$, temos:

$$E' = \frac{k \cdot |Q|}{\left(\frac{r}{2}\right)^2} = \frac{k \cdot |Q|}{\frac{r^2}{4}} \Rightarrow E' = 4 \cdot \frac{k \cdot |Q|}{r^2} \Rightarrow$$

$$\Rightarrow E' = 4 \cdot E$$

Portanto, reduzindo-se a distância à metade, a intensidade do campo elétrico quadruplica.

Figura 4.23 Linhas de campo elétrico gerado por condutores cilíndricos.

## Linhas de campo

Para efeito de estudo, a existência de um campo elétrico em uma dada região do espaço admite duas formas de representação. A primeira é usar o vetor campo elétrico ($\vec{E}$), que pode ser determinado para os diversos pontos da região, uma vez conhecida a distribuição de cargas elétricas fixas.

Embora essa representação seja útil, pois permite caracterizar um campo elétrico de maneira precisa e quantitativa, é apenas local, porque a cada ponto está associado um vetor campo elétrico, que precisa ser determinado sempre que necessitarmos examinar um ponto diferente.

Há, também, uma maneira global de visualizar o campo elétrico de uma região: pelas chamadas linhas de campo, que podem ser traçadas experimentalmente, como mostra a **figura 4.23**.

De maneira geral, as linhas de campo são tangentes ao vetor campo elétrico ($\vec{E}$) e orientadas no sentido desse vetor ($\vec{E}$).

Na **figura 4.24**, estão representadas as linhas de um campo elétrico gerado por certa distribuição de cargas. Os vetores $\vec{E_A}$ e $\vec{E_B}$ representam os campos nos respectivos pontos *A* e *B*. Em torno do ponto *A*, as linhas de campo estão mais concentradas do que em torno do ponto *B*; portanto, a intensidade do campo em *A* é maior do que em *B*.

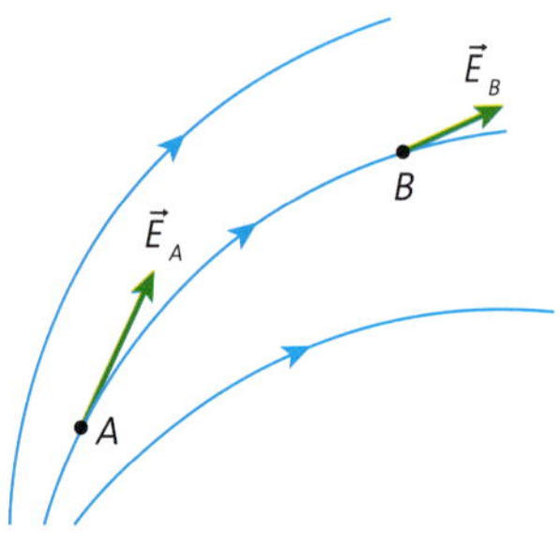


Figura 4.24 Linhas de campo elétrico gerado por distribuição de cargas.

De acordo com as propriedades das linhas de campo, destacadas a seguir, podemos construir essas linhas para a carga puntiforme positiva e também para a negativa (**figura 4.25**), considerando que elas estão isoladas de qualquer influência externa.

Propriedades das linhas de campo:

- elas nunca se cruzam: se houvesse cruzamento teríamos, num mesmo ponto, dois vetores campo elétrico;
- são sempre linhas abertas que se originam no infinito ou nas cargas positivas e findam no infinito ou nas cargas negativas (**figuras 4.26** e **4.27**). Assim sendo, não podem começar e terminar no mesmo ponto.

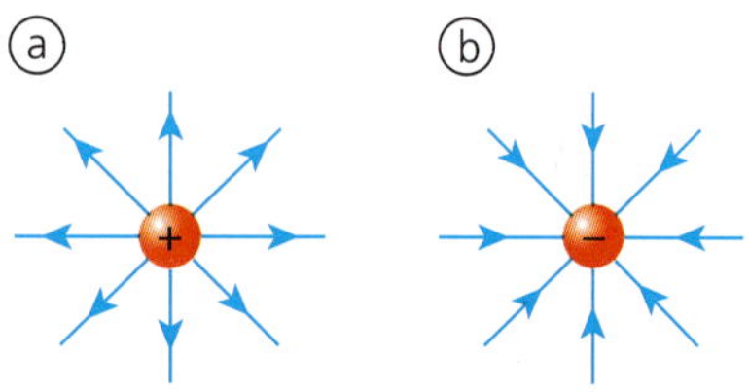


Figura 4.25 Linhas de campo para a carga positiva (**a**) e para a negativa (**b**).

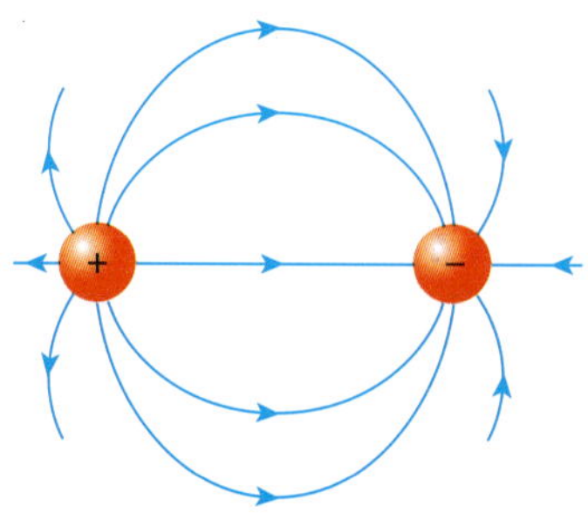


Figura 4.26 Linhas de campo geradas por um par de cargas puntiformes de sinais contrários.

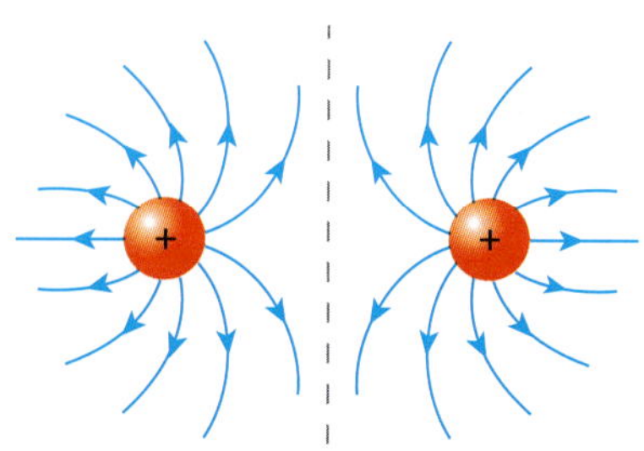


Figura 4.27 Linhas de campo geradas por um par de cargas puntiformes de mesmo sinal e mesmo módulo.

**Observações**: Na realidade, as linhas de campo não são reais, são linhas utilizadas apenas para representar o campo elétrico. Embora se utilizem apenas algumas linhas nessa representação, não podemos esquecer que o campo elétrico é contínuo, ele existe em todos os pontos da região. Um modo prático de observar as linhas de campo é mostrado na **figura 4.28**, onde pequenos filamentos de fibra suspensos em óleo se alinham com o campo elétrico gerado por um par de cargas elétricas de mesmo módulo e sinais contrários.



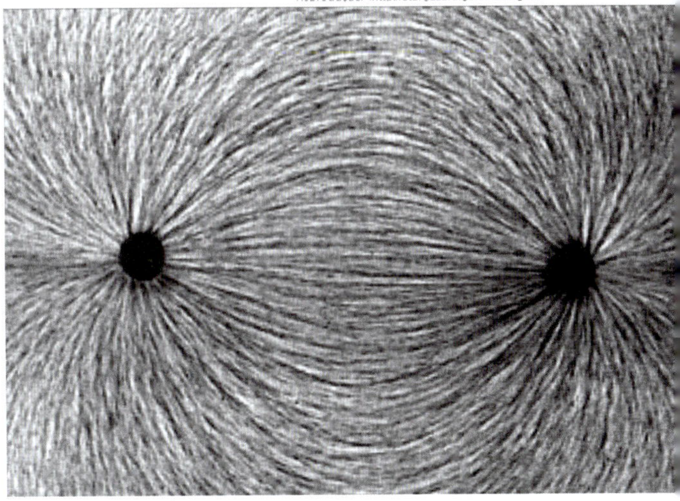

Figura 4.28 Campo elétrico formado por duas cargas elétricas.

A **figura 4.29** mostra as linhas de campo elétrico geradas por duas cargas elétricas puntiformes de sinais contrários e módulos diferentes, por exemplo, $Q_A = +2q$ e $Q_B = -q$. Observe na figura que as linhas de campo iniciam em $Q_A$, pois ela é positiva, e algumas linhas terminam em $Q_B$, pois ela é negativa. Mas, como, em módulo, $Q_A = 2Q_B$, o número de linhas de campo que saem de $Q_A$ é maior (o dobro) do que o número de linhas que chegam em $Q_B$.

Em resumo, metade das linhas de campo que iniciam em $Q_A$ terminam em $Q_B$. A outra metade sai do sistema formado pelas duas cargas. Em pontos muito distantes do sistema, as linhas de campo são radiais e originadas por uma carga puntiforme $Q = +q$. Esse valor corresponde à carga resultante do sistema: $Q = Q_A + Q_B$.

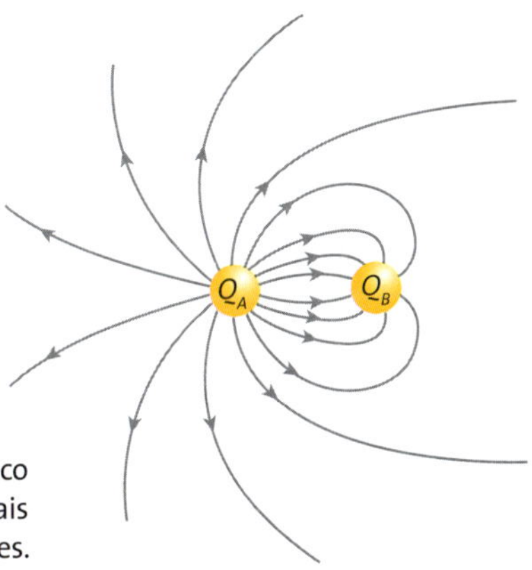


Figura 4.29 Linhas de campo elétrico geradas por cargas elétricas de sinais contrários e módulos diferentes.

## Exercício resolvido

2. As linhas de campo elétrico geradas por duas cargas elétricas puntiformes $Q_A$ e $Q_B$ estão mostradas na figura a seguir.

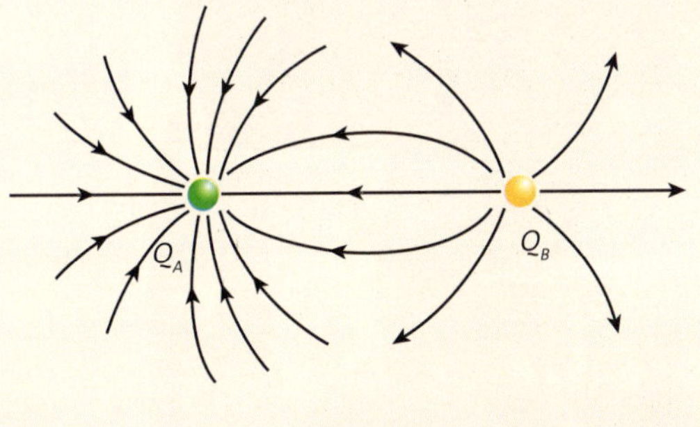


Com base na figura, assinale a alternativa correta.

a) As cargas elétricas $Q_A$ e $Q_B$ possuem o mesmo módulo e sinais contrários.

b) A carga elétrica $Q_A$ é positiva, $Q_B$ é negativa e, em módulo, $Q_A > Q_B$.

c) A carga elétrica $Q_A$ é negativa, $Q_B$ é positiva e, em módulo, $Q_A > Q_B$.

d) As cargas elétricas $Q_A$ e $Q_B$ possuem sinais contrários e, em módulo, $Q_A < Q_B$.

e) As cargas elétricas $Q_A$ e $Q_B$ são negativas e apresentam o mesmo módulo.

**Resolução**

Na figura, observamos que:

- as linhas de campo são orientadas de $Q_B$ para $Q_A$, ou seja, elas iniciam na carga $Q_B$ e terminam na carga $Q_A$. Nessas condições, podemos afirmar que $Q_B$ é positiva e $Q_A$ é negativa;
- em torno da carga $Q_A$ há uma maior densidade de linhas de campo, ou seja, as linhas de campo estão mais próximas entre si do que em torno da carga $Q_B$. Isso nos permite concluir que, em módulo, $Q_A$ é maior que $Q_B$.

Assim, a alternativa correta é **c**.

## Campo elétrico uniforme

Para algumas distribuições de cargas fixas e para um conjunto de pontos em algumas regiões, o vetor campo elétrico varia pouco de ponto para ponto. Nessas condições, dizemos que o campo elétrico é uniforme e que o vetor campo elétrico ($\vec{E}$) que o representa tem, em todos os pontos, mesma intensidade, mesma direção e mesmo sentido.

Nesse caso, as linhas de campo são representadas por retas paralelas, igualmente espaçadas, com mesma orientação, conforme mostra a **figura 4.30**.

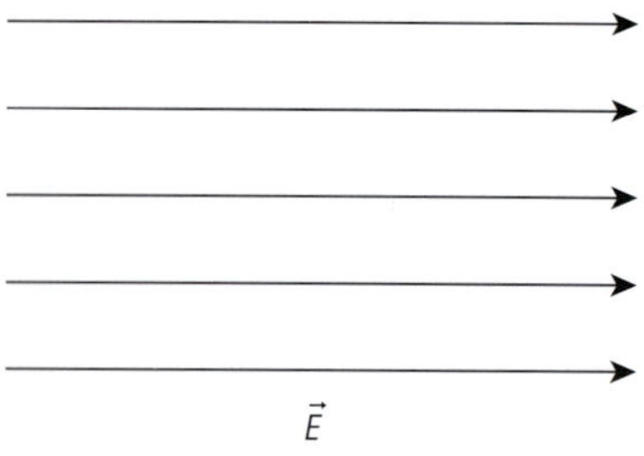


Figura 4.30 Representação das linhas de campo.

Um campo elétrico uniforme é obtido quando se carregam duas placas condutoras com cargas iguais em módulo, mas de sinais opostos, como representado na **figura 4.31**.

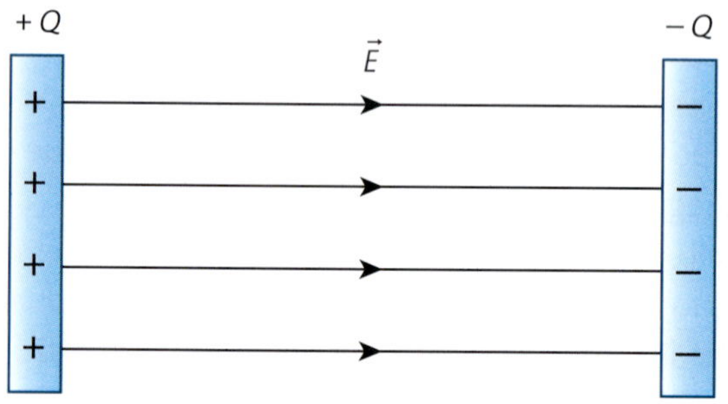


Figura 4.31 Representação de um campo elétrico uniforme.

Na **figura 4.32**, vemos um feixe de elétrons sendo desviado por um campo elétrico uniforme gerado por duas placas paralelas carregadas com cargas opostas.

Figura 4.32 O feixe de elétrons é desviado de sua trajetória, pois é atraído pela força elétrica da placa de carga positiva.

Andrew Lambert Photography/SPL/Latinstock

## Exercícios

12. Com a intenção de sondar a região do espaço ao redor de um condutor eletrizado, duas pequenas cargas de prova foram colocadas conforme a ilustração, sendo $q_1 > 0$, $q_2 < 0$ e $|q_1| = |q_2|$, obtendo-se as forças elétricas também representadas na figura.

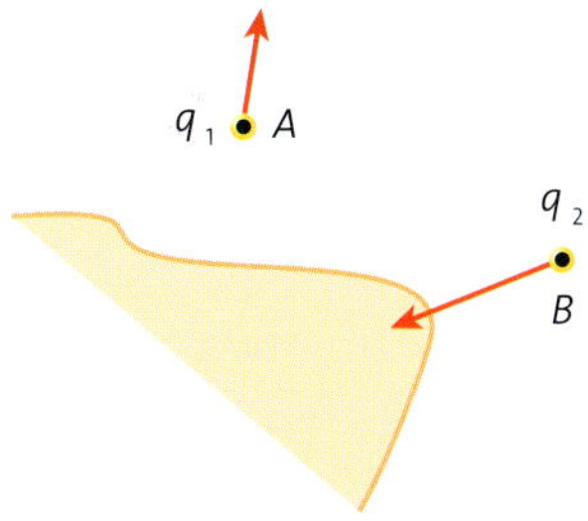


Esboce, em seu caderno, o vetor campo elétrico nos pontos *A* e *B* em que foram colocadas as cargas de prova.

13. Uma carga elétrica $q = 2{,}0 \cdot 10^{-6}$ C é colocada em um ponto *P* do espaço e fica sujeita a uma força elétrica $F = 10$ N orientada para o norte. Caracterize o vetor campo elétrico no ponto *P*.

14. Duas cargas elétricas, *A* e *B*, estão no vácuo, separadas pela distância de 2 m, conforme mostra o esquema.

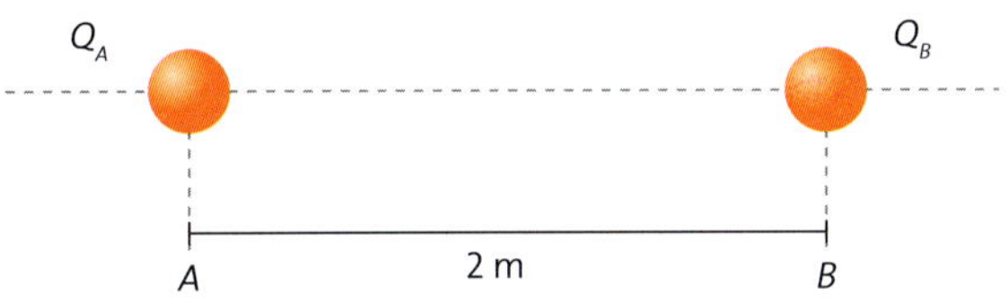


Sendo $Q_A = -4\ \mu C$ e $Q_B = 9\ \mu C$, determine:

a) a intensidade, a direção e o sentido do vetor campo elétrico, em um ponto *P*, situado sobre a reta que une as cargas e 1 m à direita da carga $Q_B$;

b) o vetor campo elétrico no ponto *M*, situado 4 m à esquerda da carga $Q_A$ e sobre a reta que une as duas cargas.

15. Duas cargas puntiformes de mesmo valor absoluto $Q = 50\ \mu C$, mas de sinais opostos, geram campos elétricos no ponto *P*, no vácuo, conforme indicado na figura. Caracterize o campo elétrico resultante, em *P*.

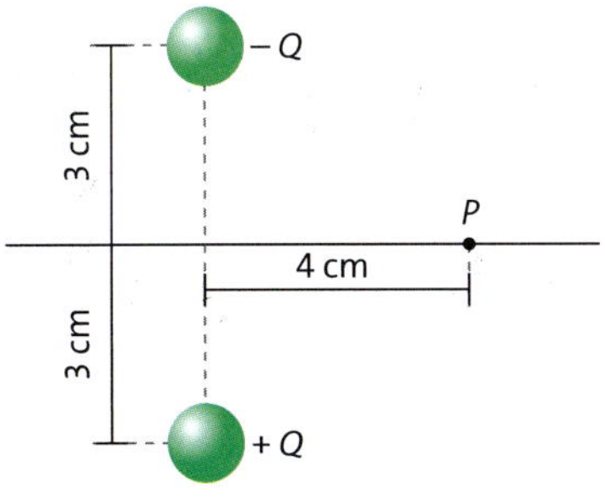


16. (UFV-MG) A figura a seguir representa a configuração de linhas de campo elétrico produzida por três cargas puntuais, todas com o mesmo módulo *Q*. Os sinais das cargas *A*, *B* e *C* são, respectivamente:

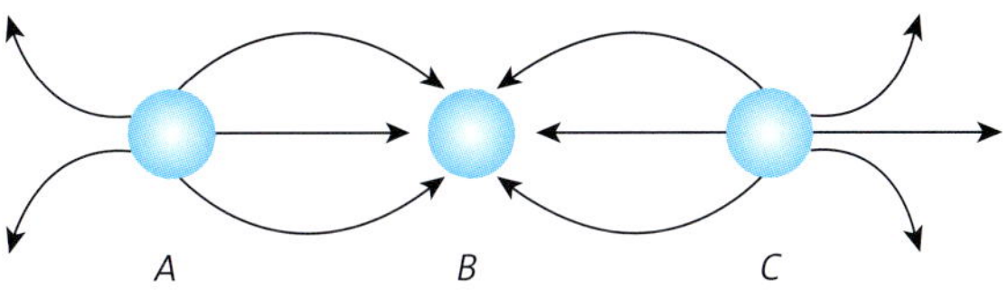


a) negativo, positivo e negativo.
b) positivo, negativo e positivo.
c) positivo, positivo e positivo.
d) negativo, negativo e negativo.
e) negativo, negativo e positivo.

17. (UFMG) A figura mostra, esquematicamente, as partes principais de uma impressora jato de tinta:

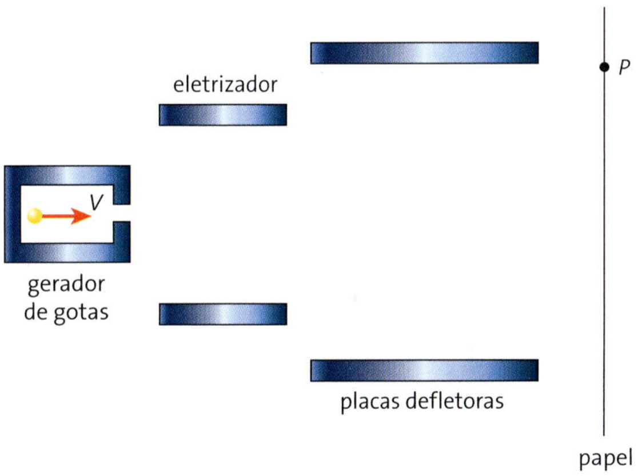


Durante o processo de impressão, um campo elétrico é aplicado nas placas defletoras de modo que desvie as gotas eletrizadas. Dessa maneira, as gotas incidem exatamente no lugar programado da folha de papel onde se formará, por exemplo, parte de uma letra. Considere que as gotas são eletrizadas negativamente. Para que elas atinjam o ponto *P* da figura, o vetor campo elétrico entre as placas defletoras é melhor representado por:

a) ↓
b) ↑
c) ↗
d) ↖
e) ←

# 4 Potencial elétrico e energia potencial elétrica

Quando estudamos os bipolos elétricos (geradores, receptores e resistores), percebemos a importância da energia elétrica e desenvolvemos equações que a relacionam com medidas macroscópicas da diferença de potencial, corrente elétrica e potência em circuitos elétricos.

A lei de Coulomb e o conceito de campo elétrico nos permitem apurar essas ideias, estabelecendo como o conceito de diferença de potencial se relaciona com as ações microscópicas sobre os portadores de carga, em movimento nos circuitos elétricos. Isso é possível considerando que a força de campo de natureza elétrica é conservativa e, portanto, a sua ação está associada à existência de uma energia potencial elétrica.

## Trabalho da força elétrica

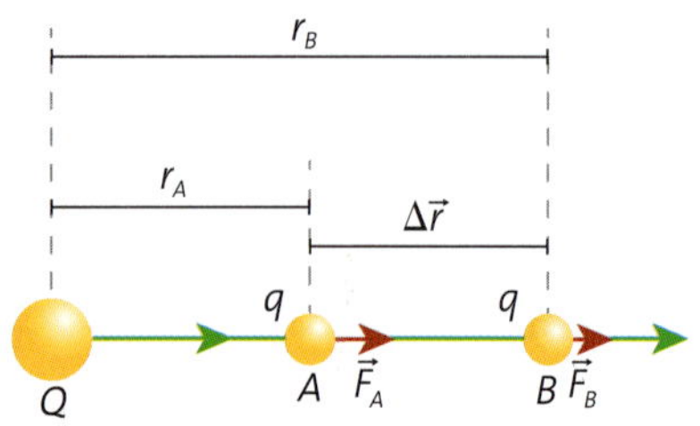


Figura 4.33 Força elétrica atuando em uma carga de prova que descreve uma trajetória retilínea.

Vamos inicialmente obter o trabalho realizado pela força elétrica sobre uma carga de prova ($q$) em uma trajetória retilínea, ao longo de uma linha de campo de uma carga puntiforme ($Q$). Veja a **figura 4.33**.

Apenas para assinalar o sentido da força elétrica, supomos que as cargas $Q$ e $q$ têm o mesmo sinal. Nessa condição, o trabalho realizado pela força elétrica no deslocamento $\Delta\vec{r}$ é motor, pois a força elétrica tem o mesmo sentido que o deslocamento.

Uma vez que a intensidade da força elétrica varia com a distância que separa as cargas, o trabalho é realizado pela força elétrica variável. O cálculo desse trabalho é dado por:

$$\tau_{AB} = \frac{k \cdot Q \cdot q}{r_A} - \frac{k \cdot Q \cdot q}{r_B}$$

Suponhamos agora que a carga $q$ se desloque ao longo de um arco de circunferência, cujo centro é a posição ocupada pela carga $Q$ (**figura 4.34**).

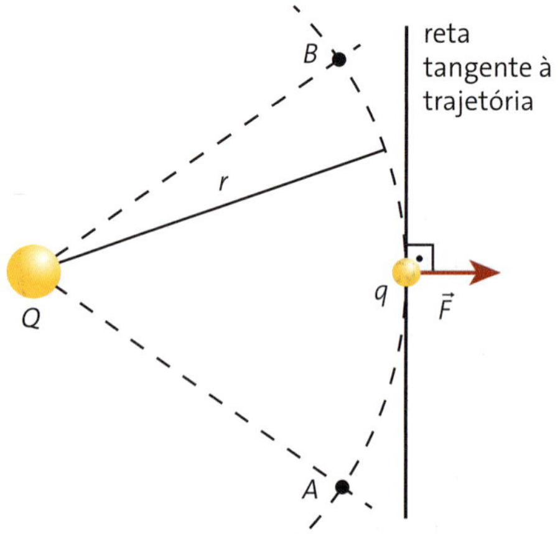


Figura 4.34 Força elétrica atuando em uma carga de prova que descreve uma trajetória circular.

Nesse caso, a força elétrica é sempre perpendicular à reta tangente da trajetória descrita pela carga $q$; portanto, a força elétrica não realiza trabalho sobre a carga de prova. Assim:

$$\tau_{AB} = 0$$

Com base nos dois resultados obtidos, vamos então calcular o trabalho da força elétrica sobre uma carga de prova que descreve uma trajetória qualquer (caso genérico). Para isso, vamos imaginar essa trajetória decomposta em segmentos de reta e arcos de circunferência. Os segmentos de reta são radiais em relação à posição ocupada pela carga $Q$, e os arcos se referem a circunferências cujos centros coincidem com a posição ocupada por $Q$. Esses elementos podem ser tão pequenos quanto forem necessários para a composição da trajetória descrita pela carga $q$, de um ponto $A$ até um ponto $B$, conforme a **figura 4.35**.

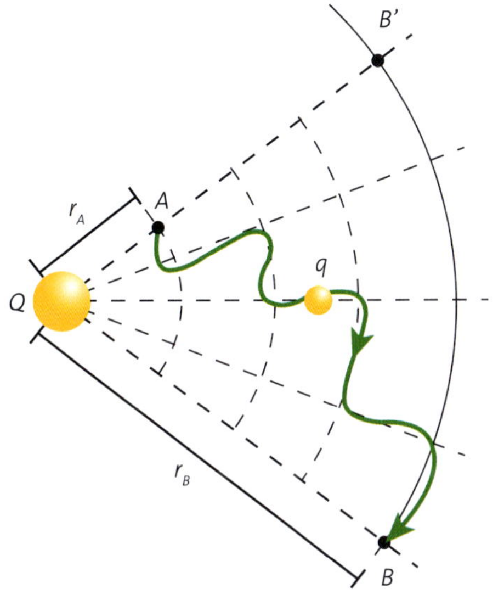


**Figura 4.35** Interação entre duas cargas, $Q$ e $q$, em que $q$ descreve uma trajetória qualquer.

A união de todos os trechos da trajetória descrita pela carga $q$ que são segmentos de reta perfaz o segmento $AB'$. Logo, a soma dos trabalhos realizados pela força elétrica corresponde ao trabalho que seria realizado por essa mesma força ao longo do segmento $AB'$. Em contrapartida, o trabalho realizado pela força elétrica em todos os arcos de circunferência é nulo.

Comparemos o valor do trabalho da força elétrica quando a carga $q$ se desloca do ponto $A$ até o ponto $B$ pela trajetória $B$ pela trajetória $AB'B$ com o valor do trabalho quando a carga $q$ se desloca do ponto $A$ até o ponto $B$ por uma trajetória qualquer.

Na trajetória $AB'B$:

$$\tau_{AB'B} = \tau_{AB'} + \tau_{B'B} = \tau_{AB'} + 0 \Rightarrow \tau_{AB'B} = \tau_{AB'} \quad \text{(I)}$$

Para uma trajetória qualquer entre $A$ e $B$:

$$\tau_{A \to B} = \tau_{AB'} + 0 \Rightarrow \tau_{A \to B} = \tau_{AB'} \quad \text{(II)}$$

Comparando os resultados I e II, concluímos que:

- o trabalho da força elétrica não depende da trajetória (conclusão válida, aliás, para todas as forças conservativas, a exemplo da força peso);
- qualquer que seja a trajetória entre os pontos $A$ e $B$, o trabalho realizado pela força elétrica é:

$$\tau_{A \to B} = \frac{k \cdot Q \cdot q}{r_A} - \frac{k \cdot Q \cdot q}{r_B}$$

# Relação entre trabalho e energia potencial elétrica

Convém lembrar que o trabalho de uma ou várias forças sempre se refere a um determinado deslocamento. Assim, **a energia potencial elétrica corresponde ao trabalho que pode ser realizado pelas forças elétricas desde a configuração que o sistema tem até uma de referência**. A configuração de referência é importante para que possamos definir claramente qual é o nível zero de energia potencial. Na eletricidade, a configuração de referência ocorre quando as cargas estão infinitamente separadas.

Vamos fixar a carga $Q$ e permitir que a carga $q$ se desloque desde a distância inicial que separa as duas cargas ($r_A$) até um ponto infinitamente distante ($B_\infty$), como ilustrado na **figura 4.36**.

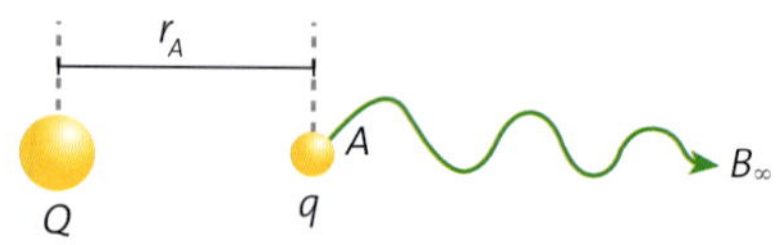


**Figura 4.36** Sistema de duas cargas para indicar uma configuração de referência.

O trabalho realizado pela força elétrica nesse deslocamento é:

$$\tau_{A \to \infty} = \frac{k \cdot Q \cdot q}{r_A}$$

Pela definição de energia potencial, esse é o valor da energia potencial elétrica associado ao sistema formado pelas duas cargas em sua configuração inicial, logo:

$$E_{p(A)} = \frac{k \cdot Q \cdot q}{r_A}$$

Nessa expressão, as cargas elétricas devem aparecer com os respectivos sinais.

Observe as duas possibilidades seguintes.

- Se $Q$ e $q$ têm o mesmo sinal, então a energia potencial elétrica do sistema é positiva. Nesse caso, a força elétrica é repulsiva. Significa que a força elétrica está em condições de realizar trabalho motor, ou seja, se as cargas forem abandonadas sob a ação exclusiva de forças elétricas elas vão atingir a completa separação espontaneamente.
- Se $Q$ e $q$ têm sinais diferentes, então a energia potencial elétrica do sistema é negativa. A força elétrica, nesse caso, é atrativa. Significa que é necessário fornecer energia ao sistema para que as cargas possam atingir a completa separação.

Relacionando o trabalho da força elétrica com a energia potencial, temos:

$$\left.\begin{aligned} \tau_{A \to B} &= \frac{k \cdot Q \cdot q}{r_A} - \frac{k \cdot Q \cdot q}{r_B} \\ E_p &= \frac{k \cdot Q \cdot q}{r} \end{aligned}\right\} \Rightarrow \tau_{A \to \infty} = E_{p(A)} - E_{p(B)}$$

Portanto, concluímos que:

> O trabalho da força elétrica é a diferença entre a energia potencial inicial e a energia potencial final.

# Potencial elétrico

Definimos potencial elétrico ($V$) de um ponto do espaço como a quantidade de energia potencial elétrica ($E_p$) por unidade de carga de prova ($q$) colocada nesse ponto:

$$V = \frac{Ep}{q}$$

No SI, a unidade de potencial elétrico é o volt (V). O potencial elétrico de 1 volt corresponde à energia de 1 joule por 1 coulomb de carga. Lembremos que o trabalho da força elétrica é dado por:

$$\tau_{A \to B} = E_{p(A)} - E_{p(B)} = qV_A - qV_B$$

$$\tau_{A \to B} = q(V_A - V_B)$$

A expressão entre parênteses é denominada diferença de potencial, ou ddp, ou tensão, ou, ainda, voltagem. Comumente, a diferença de potencial $V_A - V_B$ é representada por $U_{AB}$ ou, simplesmente, por $U$:

$$U_{AB} = U = V_A - V_B$$

A diferença de potencial (ddp) mede o desnível de potencial elétrico entre dois pontos; é uma grandeza fundamental para o estudo da Eletrodinâmica. O risco de choques está relacionado com a medida da ddp e não com o potencial elétrico.

Se observarmos os pássaros pousados em fios elétricos de alta-tensão, não há risco de choque simplesmente porque, embora o potencial seja alto em relação ao potencial da Terra, nas duas patas do pássaro o potencial elétrico é praticamente o mesmo (**figura 4.37**).

**Figura 4.37** Quando um pássaro está sobre um fio, suas patas estão praticamente no mesmo potencial elétrico, portanto a diferença de potencial é desprezível.

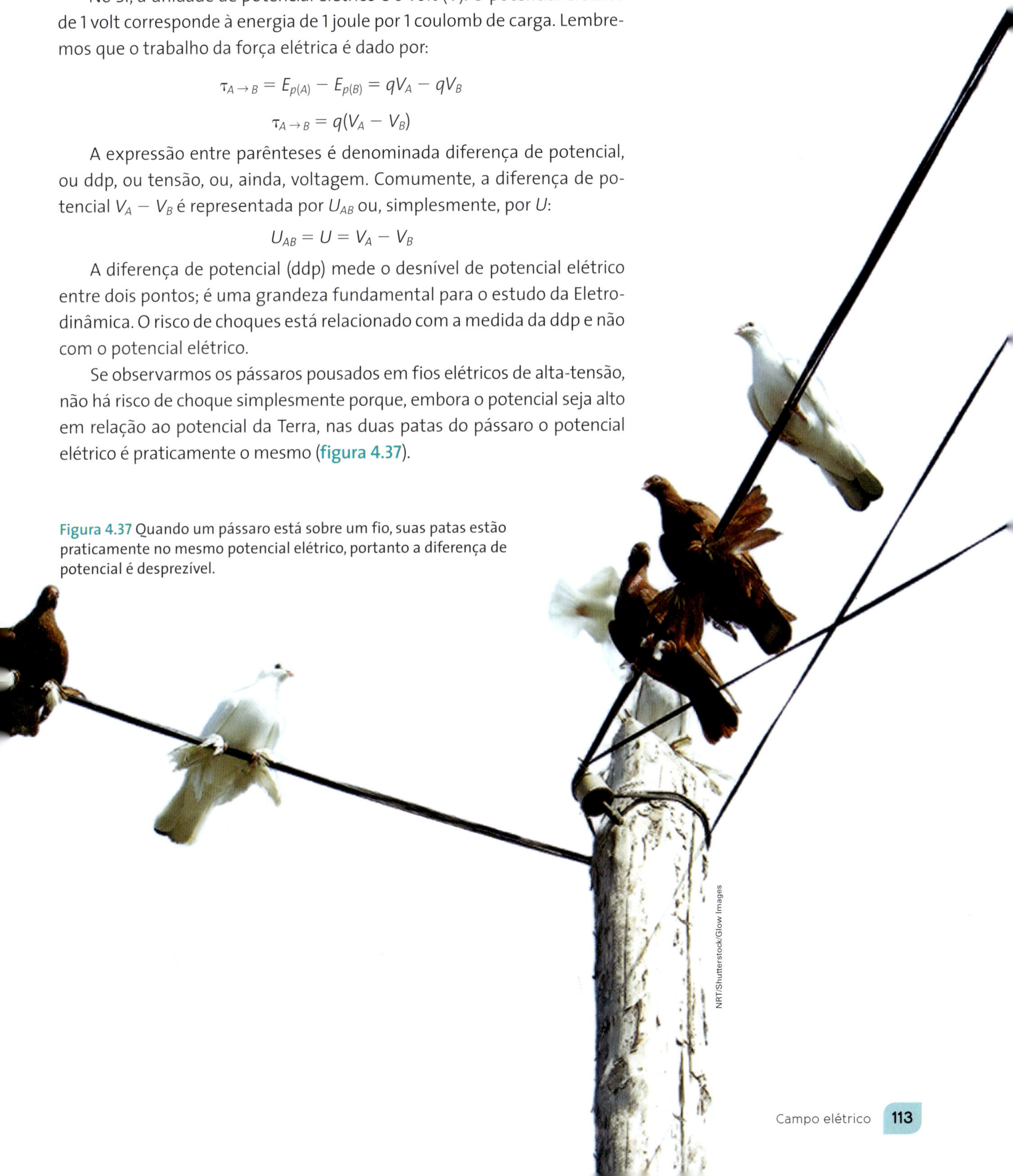

NRT/Shutterstock/Glow Images

## Potencial elétrico gerado por uma carga puntiforme

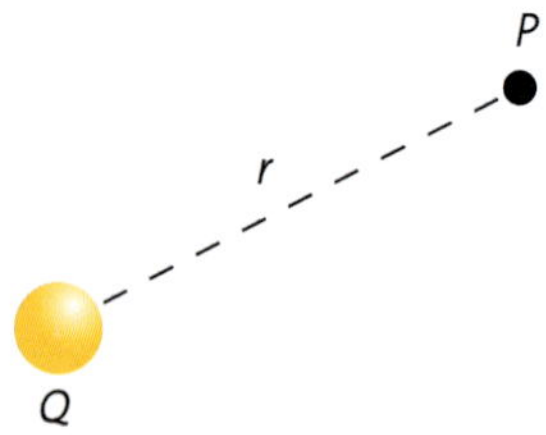


Figura 4.38 Determinação do potencial elétrico devido a uma carga $Q$ em um ponto $P$ do espaço.

Considerando uma carga elétrica puntiforme ($Q$), fixa, e um ponto ($P$) do espaço ao redor dela; seja $r$ a distância entre o ponto $P$ e a carga $Q$ (**figura 4.38**). Se colocarmos nesse ponto uma carga elétrica de prova ($q$), o sistema terá uma energia potencial elétrica dada por:

$$E_P = \frac{k \cdot Q \cdot q}{r}$$

Como $E_P = q \cdot V_P$, temos:

$$q \cdot V_P = \frac{k \cdot Q \cdot q}{r}$$

$$V_P = \frac{k \cdot Q}{r}$$

Essa última expressão nos fornece o potencial elétrico de uma carga elétrica puntiforme ($Q$), em um ponto $P$, a uma distância $r$ da carga elétrica ($q$).

## Potencial gerado por várias cargas puntiformes

O potencial elétrico de um ponto do espaço sujeito à influência de várias cargas elétricas puntiformes ($Q_1$, $Q_2$, ..., $Q_n$), denominadas cargas-fonte (**figura 4.39**), corresponde à superposição do potencial que cada uma delas gera ($V_1$, $V_2$, ..., $V_n$), ou seja:

$$V_P = V_1 + V_2 + ... + V_n$$

Figura 4.39 Potencial elétrico gerado por diversas cargas elétricas em um ponto $P$.

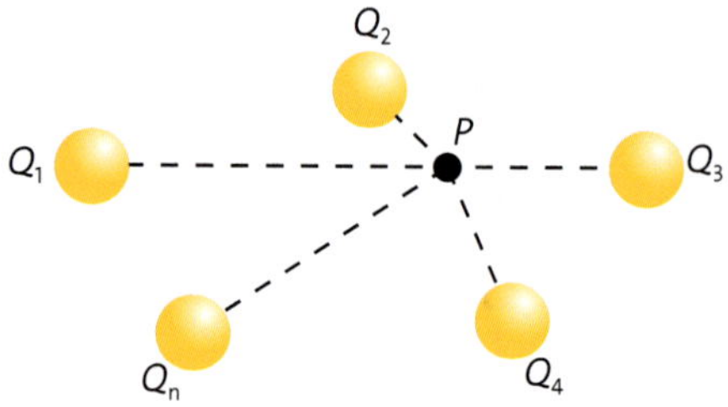


**Comentários**: Ao estudarmos o campo elétrico, em razão da excessiva quantidade de detalhes, podemos perder a visão do todo. Para resgatar essa visão, acrescentamos alguns comentários informais:

- A Eletricidade é uma aplicação particular da Mecânica, relacionada com a força de ação à distância, de natureza elétrica.
- Então, do ponto de vista do mundo físico, é importante caracterizar as duas grandezas que são as já habituais da Mecânica:

  Vetorial – *Força elétrica*.

  Escalar – *Energia potencial elétrica*.
- O vetor campo elétrico ($\vec{E}$) e o potencial elétrico ($V$) são grandezas auxiliares, uma vetorial e outra escalar, definidas de maneira que permita o cálculo da força elétrica e da energia potencial elétrica, respectivamente.

## Exercícios

**18.** Três cargas elétricas, $q_A = 1{,}0$ nC, $q_B = -2{,}0$ nC e $q_C = 3{,}0$ nC, são colocadas nos vértices de um triângulo equilátero, de lados iguais a 0,3 m. Qual é a energia potencial elétrica associada a este sistema? Dado: $k = 9 \cdot 10^9$ N $\cdot$ m²/C².

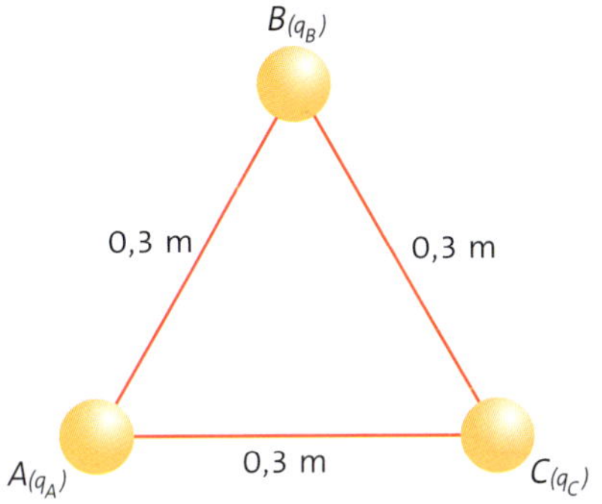


**19.** Uma vaca está perto de uma árvore que é atingida por um raio. Durante um curto intervalo de tempo, acumula-se na base da árvore uma carga de 1,0 μC. Dado: constante eletrostática $= 9 \cdot 10^9$ (SI).

Formato/Arquivo da editora

a) Determine o potencial elétrico gerado pela descarga na região das patas dianteiras e na região das patas traseiras do animal.

b) Determine a diferença de potencial (ddp) entre as duas regiões.

c) Admitindo que o animal tolere, ao máximo, uma ddp de 300 V, determine a mínima distância das patas dianteiras até a árvore.

**20.** Uma bateria possui uma ddp entre seus polos de 12 V.

a) Considerando seu polo negativo como referência ($V = 0$), qual o potencial elétrico do polo positivo?

b) Considerando seu polo positivo como referência ($V = 0$), qual o potencial elétrico do polo negativo?

c) Considerando que o potencial elétrico do polo negativo é, por convenção, igual a 3 V, qual o potencial elétrico do polo positivo?

**21.** Encontram-se representados abaixo dois pontos do espaço e seus respectivos potenciais elétricos.

Qual será o trabalho realizado pela força elétrica, para levar uma carga de prova de −7 mC do ponto A até o ponto B?

**22.** A figura mostra uma carga elétrica fixa, $Q = 6{,}0$ mC, e dois pontos, A e B, situados no vácuo a 1,0 m e 2,0 m, respectivamente, da carga Q.

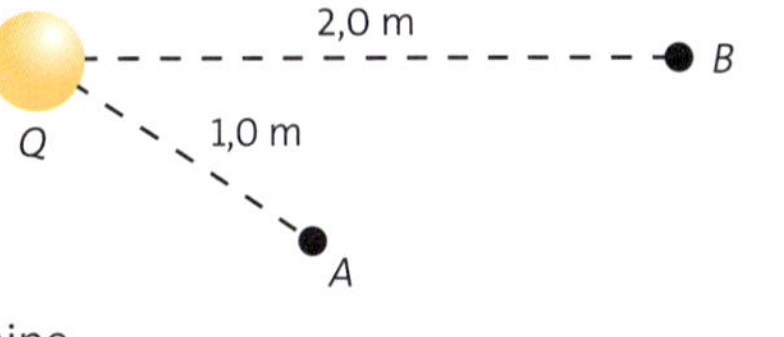


Determine:

a) o potencial elétrico em cada ponto, A e B;

b) a diferença de potencial entre esses pontos;

c) o trabalho da força elétrica quando uma carga de prova ($q = 2{,}0$ mC) é transportada de A para B. Explique o sinal do trabalho.

**23.** Determine o potencial elétrico resultante no centro do quadrado mostrado na figura (considere $Q = 3{,}0$ mC e $k = 9{,}0 \cdot 10^9$ Nm²/C²).

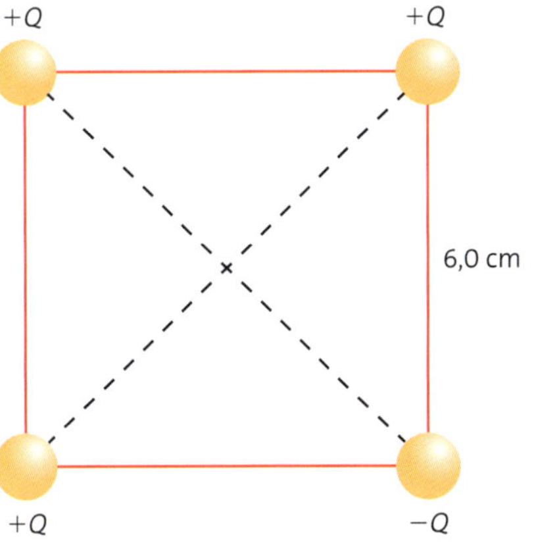

# 5 Relação entre as representações do campo elétrico

## Superfícies equipotenciais

As representações vetorial e escalar dos campos elétricos guardam estreita relação entre si, originária da relação entre o trabalho das forças conservativas e a energia potencial. A seguir, apresentaremos essas relações, partindo do conceito de superfície equipotencial: superfície sobre a qual todos os pontos têm o mesmo potencial elétrico.

Ao considerarmos um campo elétrico uniforme (figura 4.40), podemos traçar suas linhas de campo como retas paralelas, na mesma direção e no mesmo sentido do vetor campo elétrico.

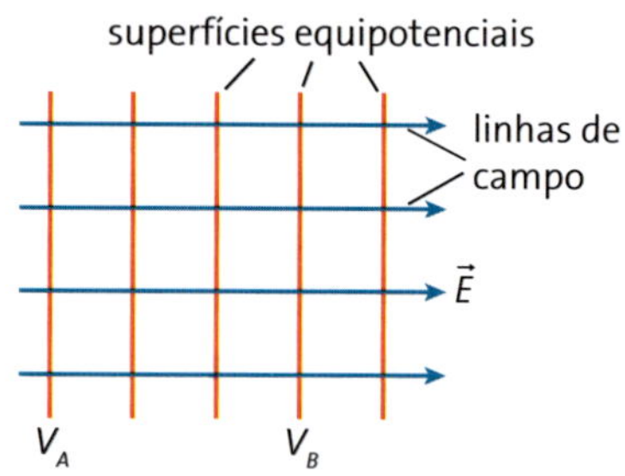


Figura 4.40 Campo elétrico uniforme.

Caso dois pontos desse campo tenham o mesmo potencial elétrico, relembrando que o trabalho para deslocar uma carga elétrica entre eles é diretamente proporcional à ddp, concluímos que esse trabalho será nulo, o que implica que o vetor força e o deslocamento da carga são perpendiculares.

Assim, as superfícies equipotenciais devem formar ângulos de 90° com as linhas de campo. Se esse campo elétrico for uniforme, formam planos paralelos entre si e perpendiculares às linhas.

Além disso, quando uma carga é abandonada em um campo elétrico, entra em movimento sob a ação exclusiva da força elétrica e gera um movimento espontâneo. Nesse tipo de movimento, o trabalho da força elétrica é sempre positivo (trabalho motor). Vamos agora analisar duas situações.

1ª) Na situação em que a carga elétrica é positiva, temos: $\begin{cases} q > 0 \\ \tau > 0 \end{cases}$

Como $\tau = q(V_{inicial} - V_{final})$, então: $V_{inicial} > V_{final}$

2ª) Quando a carga de prova é negativa, temos: $\begin{cases} q < 0 \\ \tau > 0 \end{cases}$

Como $\tau = q(V_{inicial} - V_{final})$, então: $V_{inicial} < V_{final}$

Em relação ao movimento espontâneo de cargas elétricas em um campo elétrico, concluímos que:

- cargas elétricas positivas se movimentam dos pontos de maior para os de menor potencial elétrico;
- cargas elétricas negativas se movimentam dos pontos de menor para os de maior potencial elétrico.

Essas conclusões nos permitem afirmar que o sentido do campo elétrico é sempre do maior para o menor potencial.

# Campo elétrico uniforme

As propriedades vistas até agora nos permitem analisar detalhadamente o campo elétrico uniforme.

Como o vetor campo elétrico é normal às superfícies equipotenciais, estas são constituídas de planos paralelos, como está representado na **figura 4.41**.

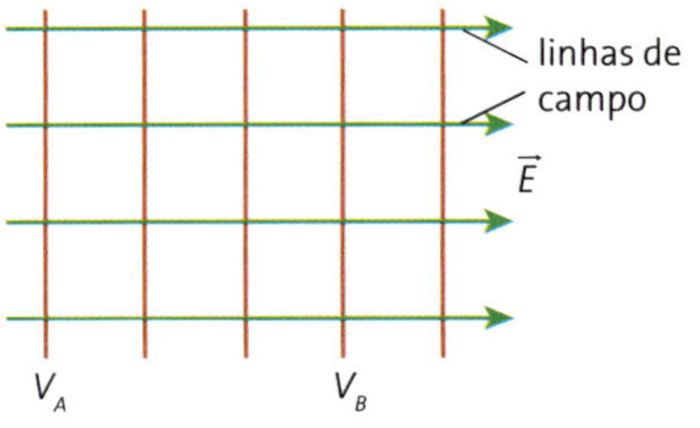


**Figura 4.41** Superfícies equipotenciais de um campo elétrico uniforme.

Consideremos uma carga de prova $q$, positiva, deslocando-se de uma superfície de potencial $V_A$ para uma superfície de potencial $V_B$, por uma trajetória qualquer. Como o trabalho da força elétrica não depende da trajetória descrita, como se trata de uma força conservativa, vamos realizar o cálculo do trabalho fazendo uma composição de dois deslocamentos retilíneos: um do ponto $A$ até o ponto $M$, e outro de $M$ até $B$, conforme o esquema da **figura 4.42**.

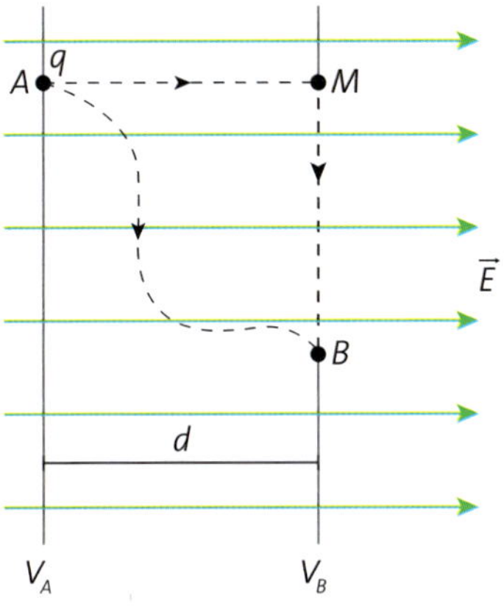


**Figura 4.42** Trajetória da carga entre os pontos $A$ e $B$.

Do ponto $A$ até o ponto $M$, temos a ação de uma força constante e paralela ao deslocamento (**figura 4.43**).

$$F = q \cdot E$$

O trabalho da força elétrica é:

$$\tau_{A \to M} = F \cdot d \Rightarrow \tau_{A \to M} = q \cdot E \cdot d$$

Do ponto $M$ ao ponto $B$, o trabalho da força elétrica é nulo, pois nesse trecho a força é sempre perpendicular ao deslocamento, conforme a **figura 4.44**. Portanto, nesse deslocamento, temos:

$$\tau_{M \to B} = 0$$

O trabalho total é:

$$\tau = \tau_{A \to B} + \tau_{M \to B} \Rightarrow \tau = q \cdot E \cdot d + 0 \Rightarrow \tau = q \cdot E \cdot d$$

Lembrando que $\tau = q \cdot U$, obtemos:

$$q \cdot E \cdot d = q \cdot U \Rightarrow E \cdot d = U$$

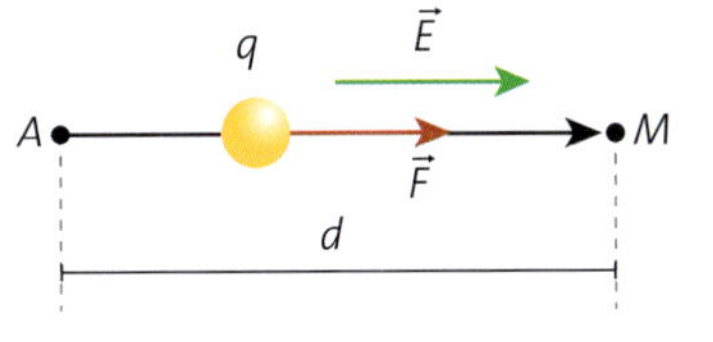


**Figura 4.43** Força que atua na carga $q$ em seu deslocamento no campo elétrico $E$.

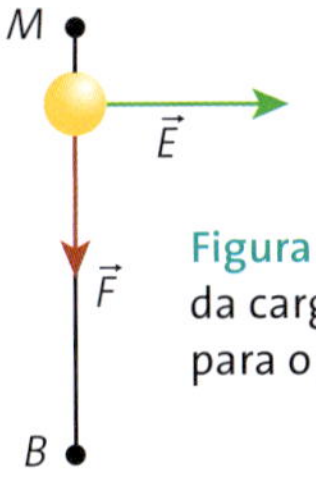


**Figura 4.44** Movimento da carga do ponto $M$ para o ponto $B$.

Na **figura 4.45**, temos um dispositivo experimental para verificação da fórmula $E \cdot d = U$. A distância entre as placas circulares paralelas é ajustada por meio de um aparelho muito preciso, o micrômetro.

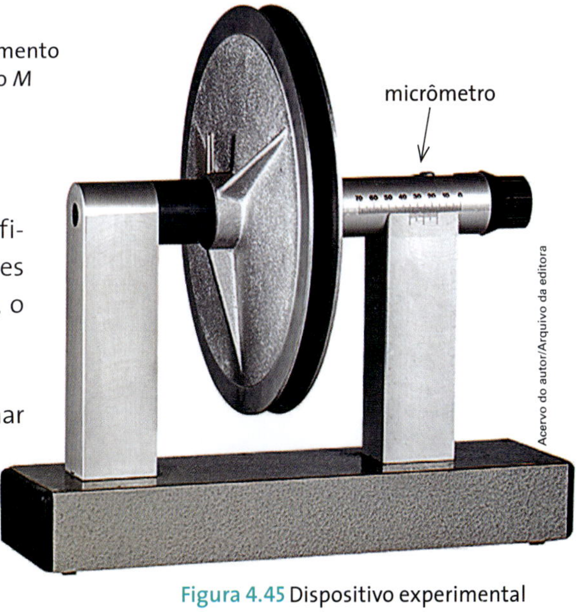


Acervo do autor/Arquivo da editora

**Figura 4.45** Dispositivo experimental para verificação da diferença de potencial quando se varia a distância entre duas placas.

**Observação**: Para aplicar essa última expressão, devemos tomar cuidado com o valor da distância ($d$). Ela não é a distância percorrida pela carga de prova, mas a distância entre as duas superfícies equipotenciais. Além disso, a tensão ($U$) é o desnível entre o maior e o menor potencial, sendo, portanto, um número positivo. Em caso de dúvida sobre qual dos potenciais é maior, basta-nos lembrar que as linhas de campo apontam sempre para o menor potencial.

# Exercícios

24. A figura ilustra as superfícies equipotenciais de um dado campo elétrico.

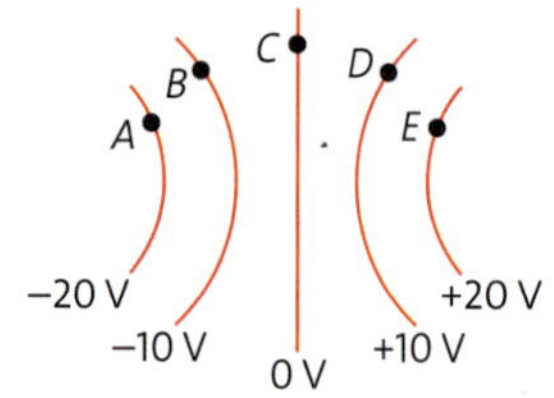


a) Qual é o trabalho da força elétrica para deslocar uma carga de prova de 2,0 μC do ponto *A* até o ponto *B*?

b) Sabendo que os pontos *A*, *B*, *C*, *D* e *E* contêm uma linha de campo, faça o esquema dessa linha, indicando seu sentido.

25. A figura representa uma carga de prova deslocando-se entre dois pontos de um campo elétrico uniforme. A intensidade do campo elétrico é de 120 V/m. Qual é a ddp entre os pontos *A* e *B*?

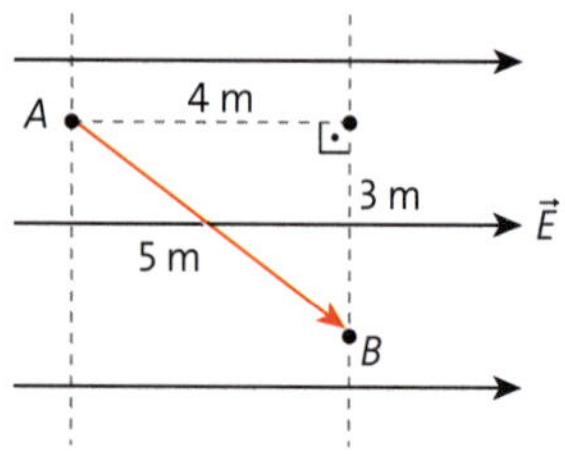


26. Na foto abaixo temos um dispositivo que cria entre suas placas uma ddp de 250 V quando elas estão separadas por 5 cm. Calcule em seu caderno:

a) a intensidade do campo elétrico entre as placas;

b) a intensidade da força elétrica atuante sobre uma carga de 1 μC colocada entre as placas;

c) o trabalho da força elétrica quando a carga de 1 μC se desloca da placa positiva para a negativa.

Acervo do autor/Arquivo da editora

27. (UFV-MG) Na figura a seguir estão representadas algumas linhas de força do campo criado pela carga *q*. Os pontos *A*, *B*, *C* e *D* estão sobre circunferências centradas na carga.

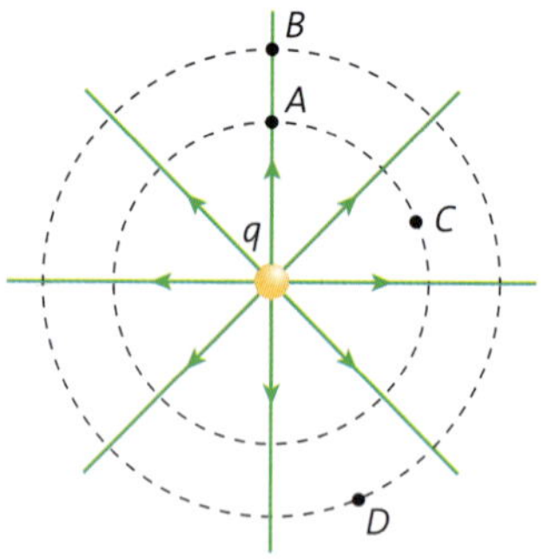


Identifique a alternativa falsa:

a) Uma carga elétrica positiva colocada em *A* tende a se afastar da carga *q*.

b) O campo elétrico em *B* é mais intenso do que em *A*.

c) Os potenciais elétricos em *A* e *C* são iguais.

d) O potencial elétrico em *A* é maior do que em *D*.

e) O trabalho realizado pelo campo elétrico para deslocar uma carga de *A* para *C* é nulo.

28. (UFF-RJ) Entre duas placas metálicas, planas e paralelas, separadas como mostra a figura, estabeleceram-se um campo elétrico uniforme de intensidade *E* e uma diferença de potencial.

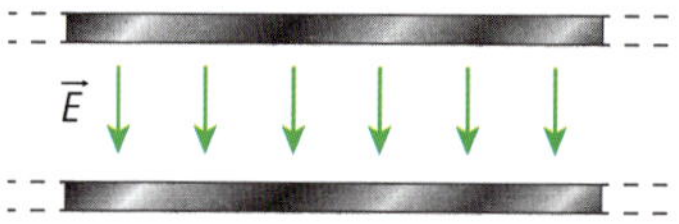


Se for duplicada a diferença de potencial e triplicada a distância entre as placas, podemos afirmar que o campo elétrico passará a ter intensidade:

a) $\frac{2E}{3}$. b) $\frac{3E}{2}$. c) $\frac{9E}{4}$. d) *E*. e) $\frac{4E}{9}$.

29. (Ufop-MG) O campo elétrico em uma dada região é uniforme e tem módulo $E = 100$ N/C, como mostra a figura.

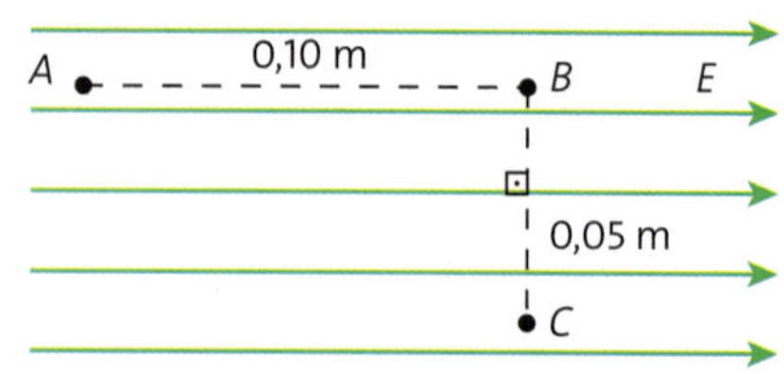


a) Determine a diferença de potencial entre os pontos *A* e *B*, *B* e *C* e *A* e *C*.

b) Determine a força elétrica que age sobre uma carga pontual $q = 1 \cdot 10^{-6}$ C, colocada no ponto *A* deste campo.

Física explica

## Eletricidade estática e manuseio de equipamentos

Eletricidade estática

Não podemos ver a eletricidade estática, mas ela está presente no nosso dia a dia e danifica componentes eletrônicos. Para evitar problemas em produtos eletrônicos, os fabricantes fixam etiquetas que advertem sobre os cuidados a serem tomados.

A caixa plástica utilizada no armazenamento de memórias de computador traz as seguintes inscrições:

David J. Green/Alamy

Embalagem de um HD.

Charles Stirling/Alamy

Embalagem da memória RAM.

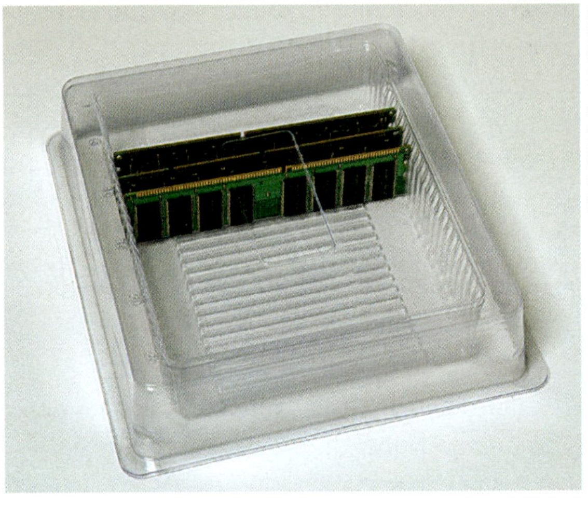

Sérgio Dotta Jr./Arquivo da editora

Memória RAM.

Nosso corpo acumula eletricidade estática à medida que andamos, sentamos em uma cadeira, retiramos um casaco, abrimos uma porta ou mesmo quando tocamos em outro material já carregado com eletricidade estática. Ao manusear um componente eletrônico, as cargas estáticas são transferidas rapidamente para esse componente, uma espécie de "choque" de baixíssima corrente, mas o suficiente para danificar parcial ou totalmente os circuitos internos dos *chips*. Esses *chips* podem danificar-se imediatamente, ou ficar parcialmente danificados, passando a exibir erros intermitentes, ficando sensíveis à temperatura e chegando até mesmo a queimar sozinhos depois de algum tempo.

Após a leitura do texto, faça o que se pede a seguir:

1. Ao tocarmos um circuito eletrônico podemos danificá-lo porque:
   a) a umidade das nossas mãos aumenta o número de elétrons no circuito.
   b) nossas mãos podem estar magnetizadas.
   c) nossas mãos estão contaminadas com vírus.
   d) a eletricidade estática acumulada em nossas mãos danifica o circuito.
   e) os circuitos eletrônicos sofrem quebras mecânicas sob o contato com nossas mãos.

2. Indique a afirmativa correta.
   a) Ao tocarmos um circuito eletrônico produzimos uma alta corrente e uma baixa voltagem.
   b) Ao tocarmos um circuito eletrônico produzimos uma baixa corrente e uma alta voltagem.
   c) O atrito de nossas mãos com os circuitos eletrônicos torna visível a eletricidade estática.
   d) *Chips* são muito resistentes a altas temperaturas.
   e) Sujeira e impurezas de nossas mãos produzem correntes elétricas nos *chips*.

EM CONSTRUÇÃO

## Robert Andrews Millikan

Album/akg-images/Latinstock

Robert Andrews Millikan.

Robert Andrews Millikan nasceu em 22 de março de 1868 em Morrison, Illinois, Estados Unidos, e foi o segundo filho do reverendo Silas Franklin Millikan e Mary Jane Andrews. Seus avós pertenciam ao grupo que chegou aos Estados Unidos da América em 1750 e foi um dos pioneiros do Meio-Oeste.

Millikan viveu uma infância rural e frequentou a Maquoketa High School, em Iowa, Estados Unidos. Depois de trabalhar como repórter, ingressou no Oberlin College, em Ohio, Estados Unidos, em 1886. Durante a graduação, suas matérias prediletas eram Grego e Matemática, mas, após graduar-se em 1891, lecionou Física por dois anos.

Nesse período, desenvolveu seu interesse pela matéria e, em 1893, após obter seu mestrado em Física, foi indicado para a Universidade de Columbia, Estados Unidos. Em 1895, recebeu seu título de Ph.D. pela pesquisa em polarização da luz emitida por superfícies incandescentes. Instigado por seus professores, Millikan passou um ano (1895-1896) na Alemanha, nas Universidades de Berlim e Göttingen.

Retornou aos Estados Unidos a convite de Albert Abraham Michelson (1852-1931) para ser assistente do recém-criado Ryerson Laboratory da Universidade de Chicago (1896). Millikan era um eminente professor e, passando pelos diversos graus, obteve a cátedra em 1910, posto que conservou até 1921. Durante sua estada em Chicago, escreveu livros para o ensino de Física.

Como cientista, Millikan fez grandes descobertas nos ramos da Eletricidade, da Óptica e da Física molecular. Seu primeiro grande sucesso foi a determinação precisa da carga elementar usando o elegante método da gota de óleo. Ele também provou que essa quantidade era a mesma para todos os elétrons (1910), demonstrando assim a estrutura atômica da Eletricidade.

Posteriormente, entre 1912 e 1915, verificou experimentalmente a equação de Albert Einstein (1879-1955) para o efeito fotoelétrico, determinando a constante de Max Planck (1858-1947). Além disso, seus estudos sobre movimentos aleatórios em gases colocaram em oposição as teorias atômica e cinética da matéria.

Entre 1920 e 1923, Millikan ocupou-se da espectroscopia dos elementos, estendendo os limites do espectro ultravioleta além dos então conhecidos. A descoberta da lei de movimento de uma partícula caindo sobre a Terra, após entrar na atmosfera, em conjunto com suas investigações sobre fenômenos elétricos, levaram-no ao estudo das radiações cósmicas.

Durante toda a vida, Millikan foi um profícuo autor de trabalhos científicos para um grande número de periódicos. Além de grande cientista, ele tinha muito interesse por questões religiosas e filosóficas. Em 1923, recebeu o prêmio Nobel de Física. Faleceu em San Marino, Califórnia, Estados Unidos, em dezembro de 1953.

Adaptado de: ENCICLOPÉDIA Britânica, 2002.
Disponível em: <http://corrosion-doctors.org/Biographies/MillikanBio.htm>. Acesso em: nov. 2012. Texto traduzido.
Disponível em: <http://nobelprize.org/nobel_prizes/physics/laureates/1923/millikan-bio.html>. Acesso em: nov. 2012. Texto traduzido.

**Trabalho em equipe**

Façam uma pesquisa, em equipe e sob a orientação do professor, sobre os trabalhos de Millikan, com ênfase naqueles relacionados ao prêmio Nobel de 1923. Apresentem seus resultados em um seminário e utilizem um painel para expor suas conclusões.

EXPERIMENTO

Nesta atividade prática, você poderá constatar a atração e a repulsão elétricas entre corpos atritados.

Para isso, atrite vigorosamente um canudo de plástico (*A*) em um pedaço de papel e faça a montagem conforme mostra a figura. Você vai observar que o papel atritado atrai a parte atritada do canudo. Como você explica esse fato?

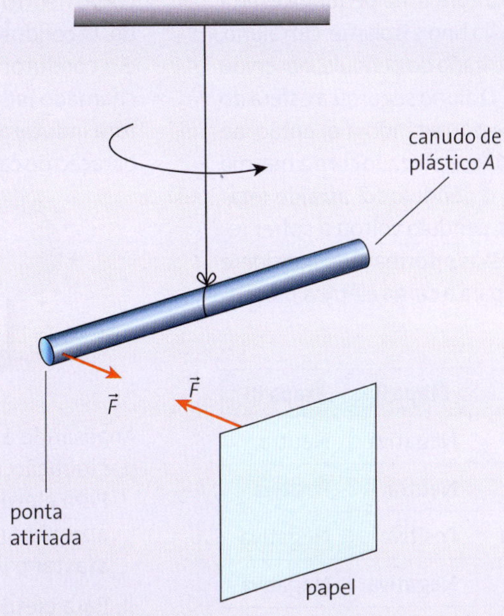


Em seguida, atrite um segundo canudo de plástico (*B*) com outro pedaço de papel e aproxime, sem contato, do primeiro canudo (*A*). Você vai observar uma repulsão entre eles, conforme mostra a figura. Como você explica esse fato?

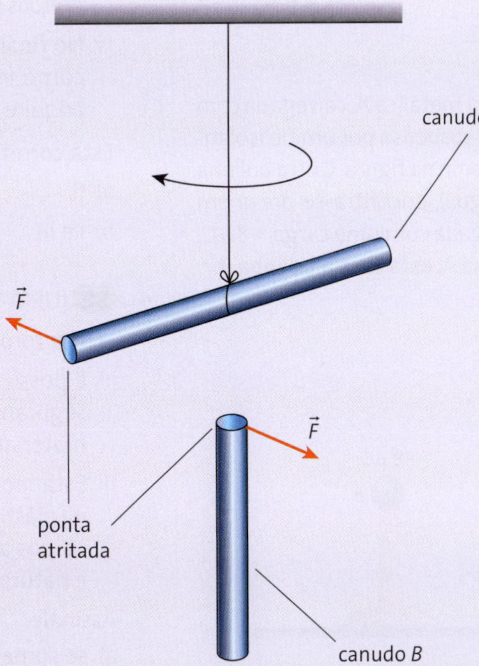


Refaça esses experimentos com outros materiais e verifique se é possível colocá-los em uma série triboelétrica.

# Vestibulares de Norte a Sul

1. SE (Fuvest-SP) Um dispositivo simples capaz de detectar se um corpo está ou não eletrizado, é o pêndulo eletrostático, que pode ser feito com uma pequena esfera condutora suspensa por um fio fino e isolante. Um aluno, ao aproximar um bastão eletrizado do pêndulo, observou que ele foi repelido (etapa I). O aluno segurou a esfera do pêndulo com suas mãos, descarregando-a e, então, ao aproximar novamente o bastão, eletrizado com a mesma carga inicial, percebeu que o pêndulo foi atraído (etapa II). Após tocar o bastão, o pêndulo voltou a sofrer repulsão (etapa III). A partir dessas informações, considere as seguintes possibilidades para a carga elétrica presente na esfera do pêndulo:

| Possibilidade | Etapa I | Etapa II | Etapa III |
|---|---|---|---|
| 1 | Neutra | Negativa | Neutra |
| 2 | Positiva | Neutra | Positiva |
| 3 | Negativa | Positiva | Negativa |
| 4 | Positiva | Negativa | Negativa |
| 5 | Negativa | Neutra | Negativa |

Somente pode ser considerado verdadeiro o descrito nas possibilidades:

a) 1 e 3.
b) 1 e 2.
c) 2 e 4.
d) 4 e 5.
e) 2 e 5.

2. SE (UFU-MG) Uma bolinha metálica *A*, carregada com carga positiva +12 μC, está suspensa por um fio isolante formando um pêndulo como na figura. Outra bolinha metálica *B*, exatamente igual, encontra-se presa em um suporte isolante, carregada com uma carga −8 μC. Fazendo-se oscilar a bolinha *A*, esta toca a bolinha *B*.

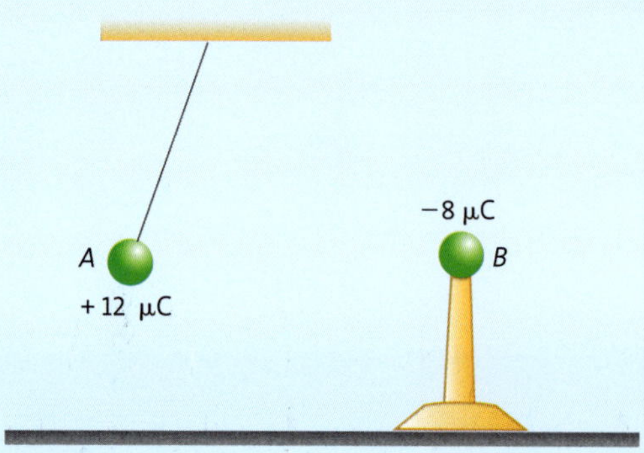


Após o contato, as cargas nas bolinhas *A* e *B* serão, respectivamente:

a) +2 μC e +2 μC.
b) +4 μC e 0.
c) +8 μC e −12 μC.
d) +4 μC e +4 μC.

3. SE (Vunesp-SP) Indução eletrostática é o fenômeno no qual se pode provocar a separação de cargas em um corpo neutro pela aproximação de um outro já eletrizado. O condutor que está eletrizado é chamado indutor e o condutor no qual a separação de cargas ocorreu é chamado induzido. A figura mostra uma esfera condutora indutora positivamente eletrizada induzindo a separação de cargas em um condutor inicialmente neutro.

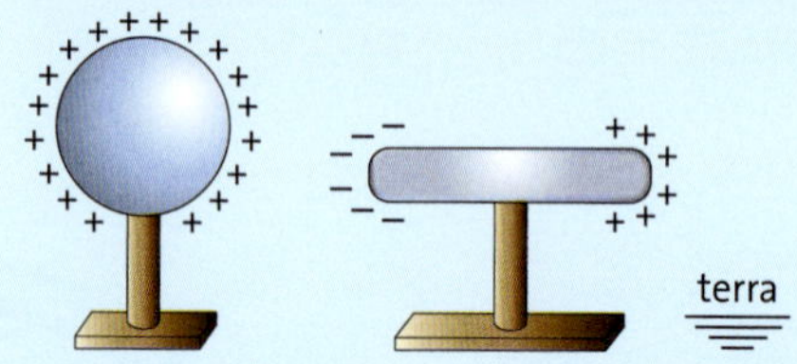


(http://efisica.if.usp.br. Adaptado.)

Analisando a figura e sobre o processo de eletrização por indução, são feitas as seguintes afirmações:

I. Para eletrizar o corpo neutro por indução, deve-se aproximar o indutor, conectar o induzido à terra, afastar o indutor e, finalmente, cortar o fio terra.

II. Para eletrizar o corpo neutro por indução, deve-se aproximar o indutor, conectar o induzido à terra, cortar o fio terra e, finalmente, afastar o indutor.

III. Na situação da figura, a conexão do induzido à terra, com o indutor nas suas proximidades, faz com que prótons do induzido escoem para a terra, por repulsão.

IV. No final do processo de eletrização por indução, o corpo inicialmente neutro e que sofreu indução adquire carga de sinal negativo.

Está correto, apenas, o contido em:

a) II.
b) I e III.
c) I e IV.
d) II e IV.
e) II, III e IV.

4. SE (UPM-SP) Considere as afirmações abaixo:

I. Um corpo, ao ser eletrizado, ganha ou perde elétrons.

II. É possível eletrizar uma barra metálica por atrito, segurando-a com a mão, pois o corpo humano é de material semicondutor.

III. Estando inicialmente neutros, atrita-se um bastão de plástico com lã e, consequentemente, esses dois corpos adquirem cargas elétricas de mesmo valor e naturezas (sinais) opostas.

Assinale:

a) se somente I está correta.
b) se somente II está correta.
c) se somente III está correta.
d) se II e III estão corretas.
e) se I e III estão corretas.

5. **SE** (Uniube-MG) Uma aluna de cabelos compridos, num dia seco, percebe que depois de penteá-los o pente utilizado atrai pedaços de papel. Isso ocorre porque:

a) o pente se eletrizou por atrito.
b) os pedaços de papel estavam eletrizados.
c) o papel é um bom condutor elétrico.
d) há atração gravitacional entre o pente e os pedaços de papel.
e) o pente é um bom condutor elétrico.

6. **SE** (UFJF-MG) Duas esferas $A$ e $B$, eletricamente carregadas com cargas $Q_A = -2Q_B$ e situadas a uma distância $d$ entre si, atraem-se mutuamente. O módulo da força eletrostática que $A$ exerce em $B$ é denotado $F_B$, e o módulo da força eletrostática que $B$ exerce em $A$ é denotado $F_A$. Concluímos que:

a) $F_A = 4F_B$.
b) $F_A = 2F_B$.
c) $F_A = F_B$.
d) $F_A = \frac{1}{2}F_B$.
e) $F_A = \frac{1}{4}F_B$.

7. **NE** (UFPE) Duas cargas elétricas puntiformes positivas estão separadas por 4 cm e se repelem com uma força de $27 \cdot 10^{-5}$ N. Suponha que a distância entre elas seja aumentada para 12 cm. Qual é o novo valor da força de repulsão entre as cargas, em unidades $10^{-5}$ N?

8. **SE** (Uerj) Duas partículas de cargas $+4Q$ e $-Q$, sendo $Q > 0$, estão localizadas sobre uma linha, dividida em três regiões, I, II e III, conforme a figura.

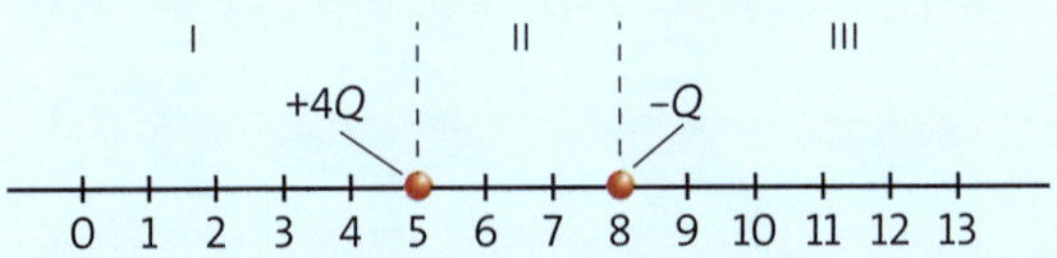


Observe que as distâncias entre os pontos são todas iguais.

a) Indique a região em que uma partícula positivamente carregada ($+Q$) pode ficar em equilíbrio.
b) Determine esse ponto de equilíbrio.

9. **S** (UEL-PR) A figura abaixo mostra duas cargas elétricas $+q$ e $-q$ ($q > 0$), separadas pela distância $2a$ e simétricas em relação ao eixo $x$.

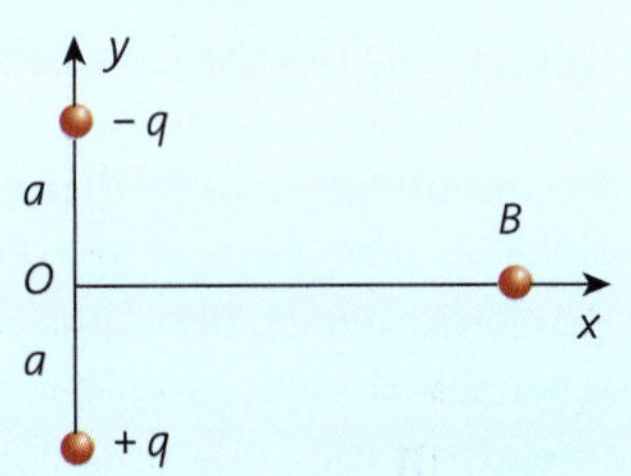


Qual das alternativas seguintes representa mais corretamente a direção e o sentido da força que atuaria sobre uma terceira carga $q$ colocada em $B$?

a) $\rightarrow$ b) $\leftarrow$ c) $\uparrow$ d) $\downarrow$ e) $\nearrow$

10. **SE** (Uerj) Duas pequenas esferas metálicas iguais, $A$ e $B$, se encontram separadas por uma distância $d$. A esfera $A$ tem carga $+2Q$ e a esfera $B$ tem carga $-4Q$. As duas esferas são colocadas em contato, sendo separadas, a seguir, até a mesma distância $d$. A relação entre os módulos das forças $\vec{F_1}$ e $\vec{F_2}$ de interação entre as esferas, respectivamente, antes e depois do contato, é:

a) $|\vec{F_1}| = 8|\vec{F_2}|$.
b) $|\vec{F_1}| = \frac{3}{2}|\vec{F_2}|$.
c) $|\vec{F_1}| = \frac{2}{3}|\vec{F_2}|$.
d) $|\vec{F_1}| = 3|\vec{F_2}|$.
e) $|\vec{F_1}| = \frac{8}{9}|\vec{F_2}|$.

11. **SE** (Unifesp) Na figura, estão representadas duas pequenas esferas de mesma massa, $m = 0{,}0048$ kg, eletrizadas com cargas de mesmo sinal, repelindo-se no ar. Elas estão penduradas por fios isolantes muitos leves, inextensíveis, de mesmo comprimento, $L = 0{,}090$ m. Observa-se que, com o tempo, essas esferas se aproximam e os fios tendem a tornarem-se verticais.

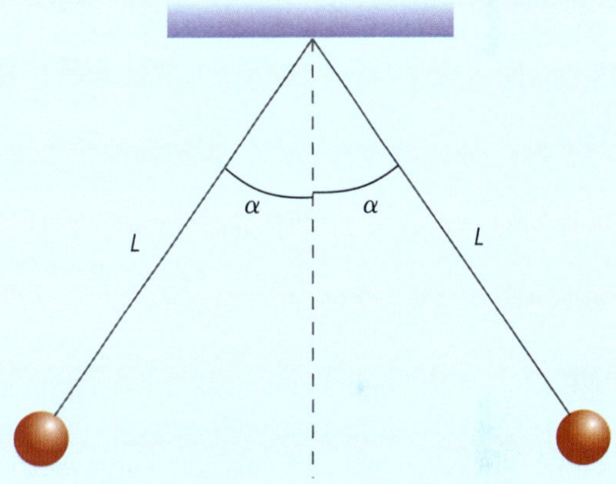


a) O que causa a aproximação dessas esferas? Durante essa aproximação, os ângulos que os fios formam com a vertical são sempre iguais ou podem tornar-se diferentes um do outro?
b) Suponha que, na situação da figura, o ângulo $\alpha$ é tal que sen $\alpha = 0{,}60$; cos $\alpha = 0{,}80$; tg $\alpha = 0{,}75$ e as esferas têm cargas iguais. Qual é, nesse caso, a carga elétrica de cada esfera? (Admitir $g = 10$ m/s$^2$ e $k = 9{,}0 \cdot 10^9$ Nm$^2$/C$^2$.)

12. **SE** (Ufla-MG) Estima-se que o campo elétrico produzido pela terra, nas vizinhanças de sua superfície, seja de 150 N/C, vertical, apontando para baixo. Que carga deveria ter uma moeda de massa 1,5 g para que a força elétrica sobre ela equilibrasse a força gravitacional? (Use $g = 10$ m/s$^2$.)

a) +150 C
b) −150 C
c) $-10^{-4}$ C
d) $+10^{-4}$ C
e) −10 C

13. **N** (Ufac) Num determinado ponto $P$ do campo elétrico criado por uma carga puntiforme, o potencial é $V_P = 200$ V e a intensidade do vetor campo elétrico é $E_P = 0{,}8$ V/m. Pergunta-se: qual a distância do ponto $P$ à carga criadora do campo elétrico?

a) $2{,}5 \cdot 10^{-3}$ m
b) 1,5 m
c) $2{,}5 \cdot 10^{3}$ m
d) 250 m
e) 2,5 m

14. **S** (Udesc) Na figura abaixo, $-Q$ é uma carga elétrica negativa que cria um campo elétrico no ponto $P$.

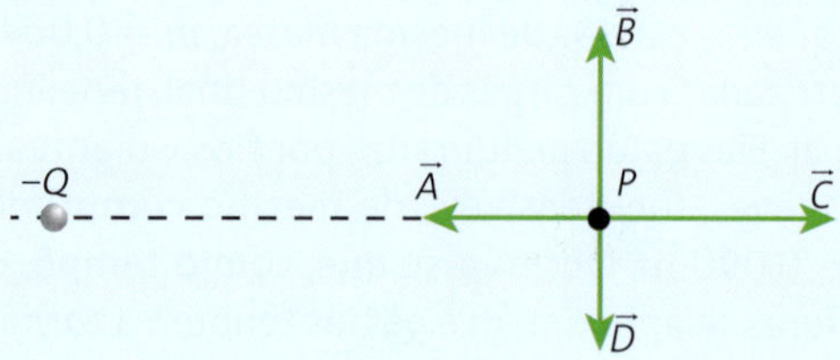


O vetor que melhor representa a intensidade do campo elétrico no ponto $P$ é:

a) zero.
b) $\vec{A}$.
c) $\vec{B}$.
d) $\vec{C}$.
e) $\vec{E}$.

15. **NE** (UEFS-BA) A figura mostra algumas das linhas de força de um campo elétrico uniforme com intensidade de $1{,}0 \cdot 10^{4}$ N/C. Uma partícula com carga elétrica de $1{,}0\ \mu$C, abandonada em repouso no ponto $A$, passa pelo ponto $B$ com energia potencial elétrica de $1{,}0 \cdot 10^{-4}$ J.
Admitindo-se que a partícula se encontra sob ação exclusiva do campo elétrico, o potencial elétrico do ponto $A$, em kV, é igual a:

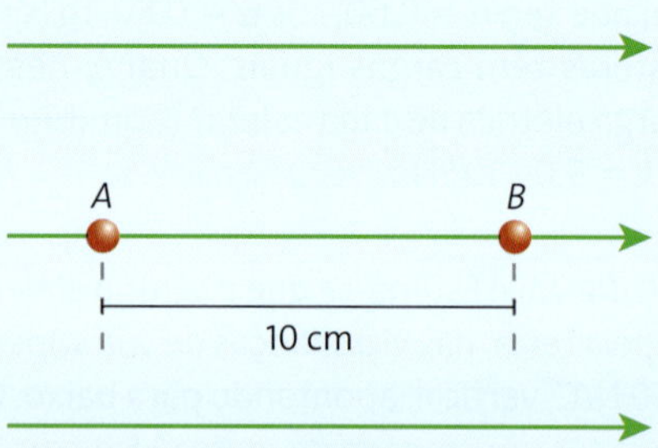


a) 1,1.
b) 1,4.
c) 1,8.
d) 2,0.
e) 2,4.

16. **NE** (UFPB) Impressoras de jato de tinta funcionam pelo envio sobre o papel de gotas de tinta eletricamente carregadas, que são aceleradas através de um campo elétrico. A gota é inserida em uma região onde há um campo elétrico uniforme criado por duas placas paralelas carregadas, conforme mostrado na figura abaixo, e é acelerada para a esquerda.
Uma gota de massa $m = 10^{-6}$ kg adquire uma aceleração $a = 2{,}0$ m/s$^2$, em um campo elétrico de intensidade $E = 5 \cdot 10^{6}$ N/C.
Considerando essas informações e desprezando a ação da gravidade, conclui-se que a carga elétrica da gota corresponde a:

a) $2 \cdot 10^{-13}$ C.
b) $4 \cdot 10^{-13}$ C.
c) $6 \cdot 10^{-13}$ C.
d) $8 \cdot 10^{-13}$ C.
e) $10 \cdot 10^{-13}$ C.

17. **CO** (UFG-GO)

João Xavier de Campos/Arquivo da editora

Os materiais de uma forma geral são constituídos por cargas elétricas, podendo estar neutros ou carregados positiva ou negativamente. Em relação ao comportamento desses materiais, do ponto de vista eletrostático, é correto afirmar que:

(01) um corpo eletricamente neutro, suspenso por um fio isolante, é repelido quando aproximamos um bastão carregado positivamente;
(02) uma carga $Q$ cria um campo elétrico no espaço em torno dela, e esse campo é o responsável pelo aparecimento de força elétrica em outras cargas colocadas no espaço ao seu redor;
(04) o campo elétrico gerado pela carga puntiforme positiva tem o sentido de aproximação da carga fonte;
(08) a força eletrostática que uma carga $Q_1$ exerce sobre uma carga $Q_2$ é diretamente proporcional à distância que separa seus centros.

Dê como resposta a soma dos números correspondentes às afirmações corretas.

CAPÍTULO

# 5 Cargas elétricas em condutores

Numa tempestade de raios, é imensa a quantidade de carga elétrica que transita entre as nuvens e o solo.

# 1 Propriedades gerais dos condutores em equilíbrio eletrostático

No capítulo 4, discutimos problemas relativos aos campos elétricos criados por cargas puntiformes, isto é, corpos eletrizados que possuem dimensões geométricas pequenas em relação às distâncias envolvidas. Entretanto, na prática nos deparamos com corpos eletrizados extensos, como nuvens, para-raios e os mais diversos tipos de objeto.

Entender como esses objetos criam campos elétricos e como esses campos atuam sobre outros corpos permite a prevenção de uma grande variedade de possíveis acidentes, principalmente em tempestades acompanhadas de descargas elétricas entre as nuvens e o solo (figura 5.1).

Fotos: Reprodução/ Marcelo Saba/INPE

Tempo = 0 ms: A ponta de um líder escalonado de um raio aparece no canto superior esquerdo da imagem de vídeo.

Figura 5.1
Formação de uma descarga elétrica atmosférica.

Tempo = 1 ms: Podemos perceber no centro da imagem outra ponta deste líder.

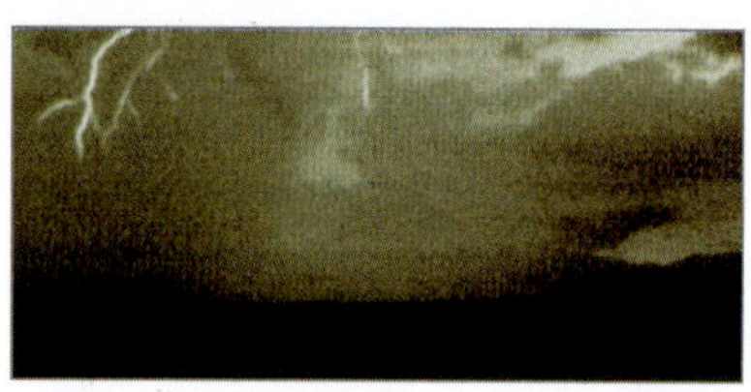

Tempo = 3 ms: As duas pontas têm uma mesma origem na nuvem de tempestade, que não aparece na imagem.

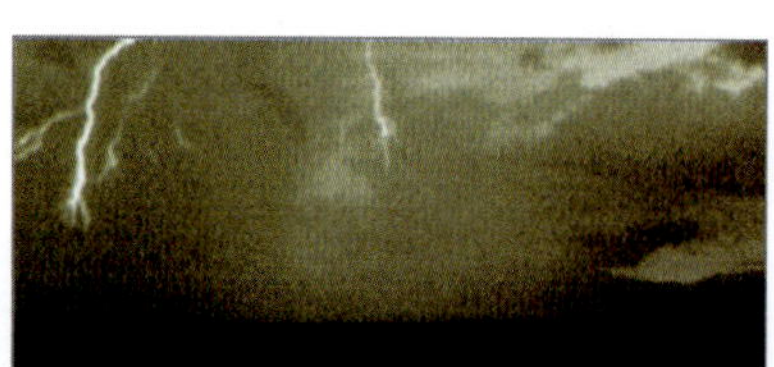

Tempo = 4 ms: Elas buscam no seu movimento descendente um ponto de contato com o solo.

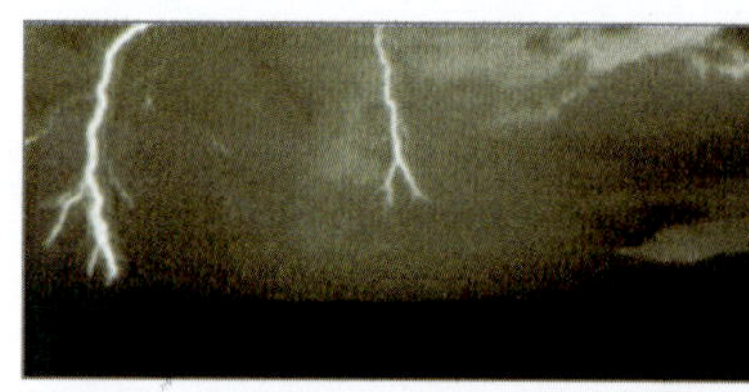

Tempo = 5 ms: A ramificação esquerda leva a dianteira e está prestes a completar o caminho da descarga.

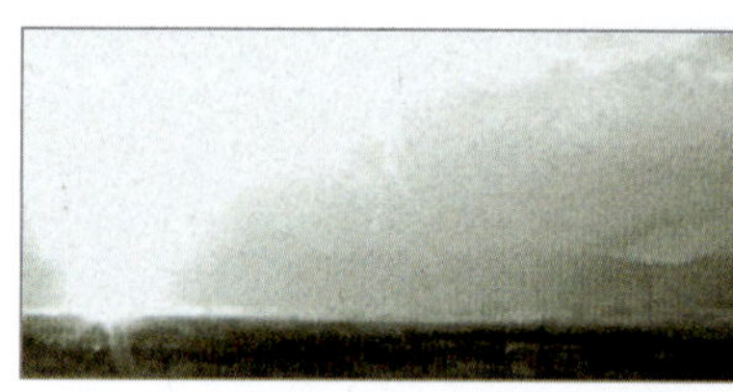

Tempo = 6 ms: A ramificação esquerda completa o caminho entre a nuvem e o solo. Toda a corrente elétrica é transmitida por ela e muita luz é produzida neste momento.

Tempo = 7 ms: A corrente elétrica diminui e o canal do raio vai aos poucos perdendo a sua luminosidade.

OED Raios e trovões

Os corpos constituídos de material condutor metálico, em estado neutro e não ligados a uma diferença de potencial, possuem, em sua estrutura, um grande número de elétrons, que são chamados de elétrons livres e se encontram em movimento macroscopicamente desordenado ao longo de todo o corpo (figura 5.2).

Quando eletrizamos um condutor metálico, por exemplo, com uma carga positiva, atritando uma região determinada com outro corpo, provocamos uma situação de desequilíbrio eletrostático no condutor, pois os elétrons livres tenderão, instantaneamente, a movimentar-se no sentido das cargas positivas (figura 5.3).

O intervalo de tempo em que esse movimento ocorre é muito curto e o novo equilíbrio eletrostático é rapidamente estabelecido, com as cargas positivas geradas pelo atrito espalhadas pela superfície externa. Nessas condições, os elétrons livres do corpo voltam a movimentar-se desordenadamente (figura 5.4).

Dizemos, então, que um corpo condutor eletrizado está em equilíbrio eletrostático quando o movimento de seus elétrons livres é desordenado; nessas condições, toda carga elétrica provida distribui-se por sua superfície externa.

O fato de não ocorrer movimento ordenado dos elétrons livres em um condutor eletrizado em equilíbrio eletrostático implica que o campo elétrico em seu interior é nulo. Se assim não fosse, o campo elétrico produziria forças de natureza elétrica que ordenariam o movimento dos elétrons.

Figura 5.2 Movimento dos elétrons livres de um corpo sem que ele esteja submetido a uma ddp.

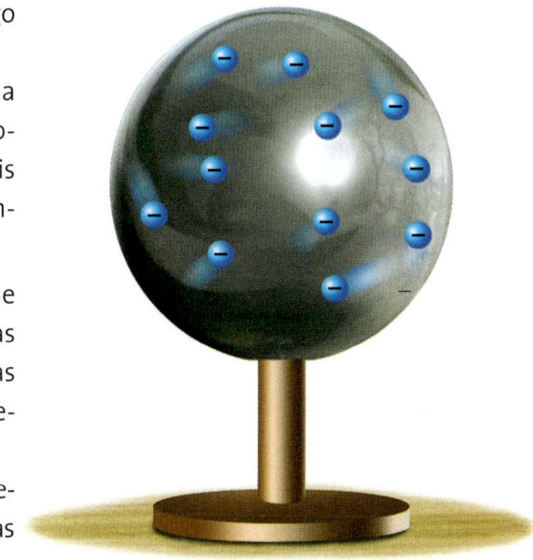

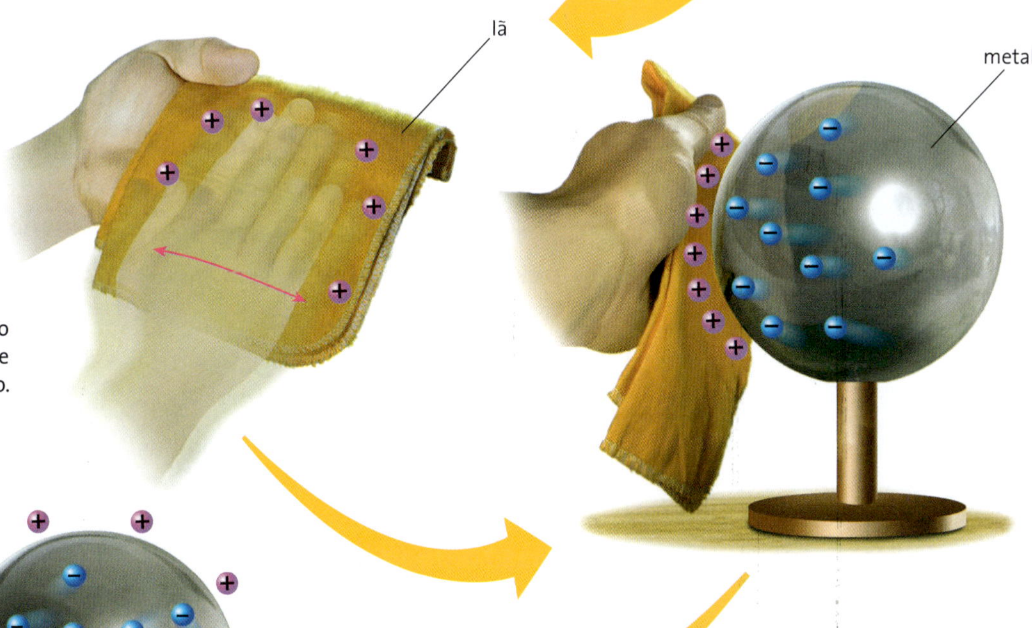


Figura 5.3 Movimento dos elétrons livres de um corpo eletrizado.

Figura 5.4 Movimento dos elétrons livres de um corpo eletrizado positivamente.

Ilustrações: Antonio Robson/Arquivo da editora

Figura 5.5 Pessoa no interior de uma gaiola de Faraday, que é submetida a descargas elétricas provocadas por geradores eletrostáticos. Repare que a pessoa não é atingida por nenhuma descarga elétrica.

Peter Menzel/SPL/Latinstock

Essa propriedade explica a blindagem eletrostática – popularmente conhecida como efeito gaiola de Faraday (**figura 5.5**) –, isto é, o fato de corpos no interior de condutores não sofrerem ações elétricas. Uma consequência intrigante da blindagem eletrostática é que passageiros no interior de um carro, em uma tempestade, não são atingidos por raios (**figura 5.6**).

Antonio Robson/Arquivo da editora

Figura 5.6 O carro funciona como uma gaiola de Faraday em uma tempestade.

Este exemplo da gaiola de Faraday nos permite concluir, em relação aos condutores em equilíbrio eletrostático, que:

- no interior de um condutor, o campo elétrico é nulo. Se o campo elétrico não fosse nulo, ele agiria sobre os portadores de cargas elétricas livres de condutor e, nesse caso, não teríamos equilíbrio eletrostático;
- o excesso de carga elétrica em um condutor se situa em sua superfície externa;
- mesmo sob a ação de cargas elétricas exteriores, o campo elétrico é nulo no interior do condutor.

Quando consideramos um condutor, devemos ter em mente três partes dele: a interna, a externa e a superfície. A **figura 5.7** ilustra três pontos, alinhados, que usaremos para análise: o ponto $P_1$ (interno, mas extremamente próximo à superfície), o ponto $P_s$ (da superfície do condutor) e o ponto $P_e$ (externo, mas também extremamente próximo à superfície). Consideremos uma região $\Delta A$ infinitamente pequena em torno do ponto $P_s$. A carga situada nessa região gera campo nos pontos $P_e$ e $P_i$, porém não em $P_s$, que é a região compreendida por si mesma.

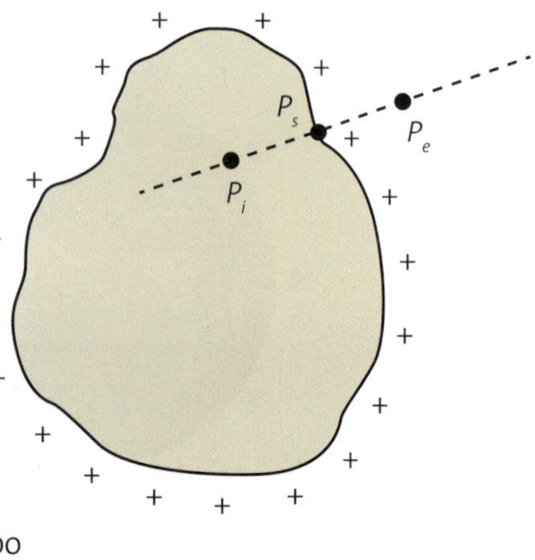


Figura 5.7 Corpo condutor com destaque para três pontos.

Chamemos de $E_{rest.}$ o campo elétrico gerado pelas cargas restantes (**figura 5.8**). As distâncias entre os três pontos destacados são desprezíveis em relação às dimensões do corpo, permitindo-nos considerar que $E_{rest.}$ seja igual em $P_s$, $P_i$ e $P_e$, gerados por $\Delta A$ nos pontos $P_i$ e $P_e$, têm direções iguais e sentidos contrários: $|E_i| = |E_e|$.

No ponto $P_i$, temos $\vec{E} = \vec{0} \Rightarrow |\vec{E}_i| = |\vec{E}_{rest.}|$

Na superfície ($P_s$), temos: $\vec{E} = \vec{E}_{rest.} \Rightarrow |\vec{E}| = |\vec{E}_{rest.}|$

No ponto ($P_e$), temos: $\vec{E} = \vec{E}_{rest.} + \vec{E}_e \Rightarrow |\vec{E}| = 2|\vec{E}_{rest.}|$

Esse resultado nos permite concluir que a intensidade do campo elétrico, na superfície do condutor, é igual à metade da intensidade do campo elétrico em um ponto próximo e externo ao condutor.

Em relação ao potencial elétrico, como no interior de um condutor em equilíbrio eletrostático, o movimento dos elétrons livres é desordenado, não há corrente elétrica e, portanto, não há diferença de potencial entre os pontos do condutor eletrizado em equilíbrio eletrostático. Isto é, todos os seus pontos têm o mesmo potencial elétrico.

Usando uma linguagem um pouco mais formal: como todos os pontos da superfície de um condutor eletrizado em equilíbrio eletrostático têm o mesmo potencial elétrico, ela é uma superfície equipotencial. Portanto, em seus pontos, o vetor campo elétrico é perpendicular à superfície (**figura 5.9**).

Resumindo, em um condutor eletrizado em equilíbrio eletrostático, seja maciço ou oco:

- o campo elétrico no interior é nulo;
- o potencial elétrico de todos os pontos, interior e superfície, é o mesmo;
- o campo elétrico na superfície é perpendicular à superfície.

Uma consequência importante dessas propriedades é que a carga elétrica, ao distribuir-se pela superfície de um condutor, fica mais concentrada nas regiões pontiagudas, criando aí campos elétricos mais intensos (**figura 5.9**). Esse fenômeno é conhecido como **poder das pontas**, e pode ser comprovado experimentalmente pela experiência do sopro elétrico (**figura 5.10**). O conhecimento desse fenômeno é fundamental para a construção dos para-raios (**figura 5.11**).

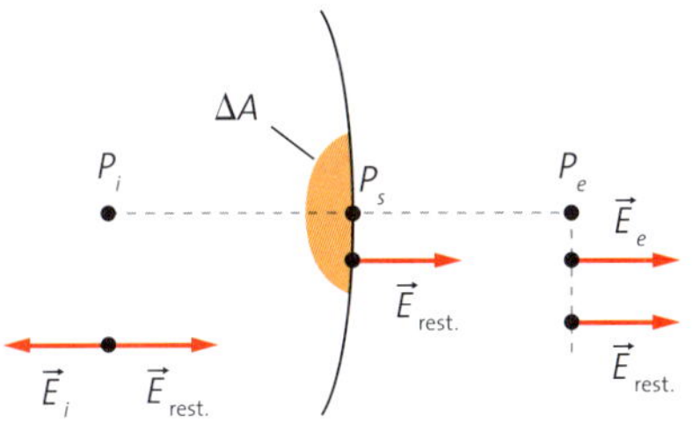


**Figura 5.8** Representação do campo elétrico gerado em um corpo em três pontos.

**Para refletir**

Segundo o texto, quando estamos em contato com a Terra, apresentamos uma diferença de potencial nula da cabeça aos pés. Então por que em uma área descampada, como a desértica, a chance de que sejamos atingidos por um raio é maior do que em uma área não descampada?

Blindagem eletrostática

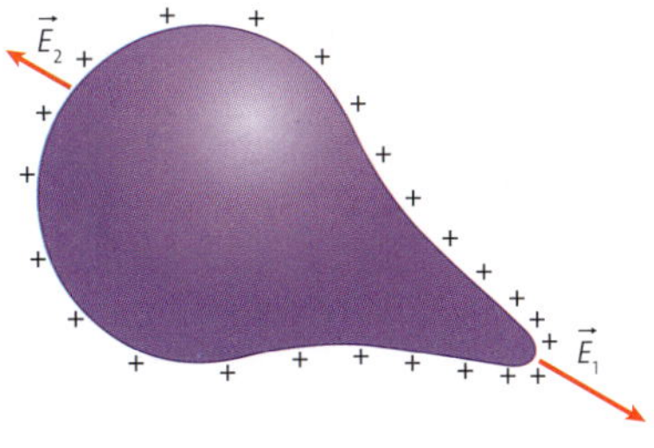


**Figura 5.9** Campo elétrico em um condutor eletrizado.

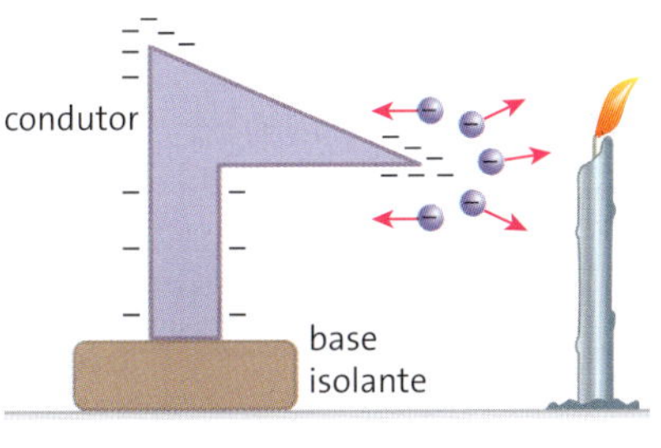


**Figura 5.10** No sopro elétrico vemos o balanço da chama de uma vela, provocado pela aproximação de um corpo pontiagudo eletrizado.

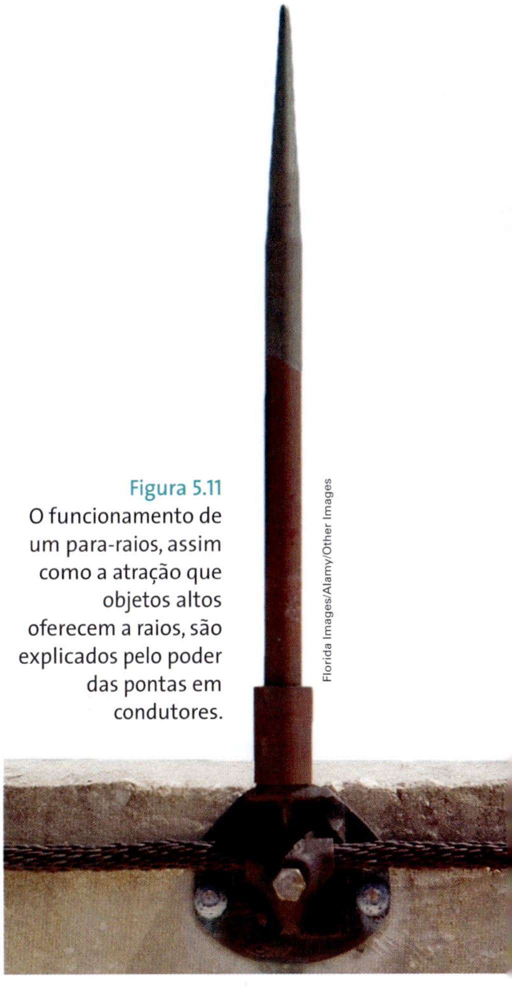


**Figura 5.11** O funcionamento de um para-raios, assim como a atração que objetos altos oferecem a raios, são explicados pelo poder das pontas em condutores.

## Física explica

Num dia comum no deserto plano do interior, ou sobre o mar, conforme se sobe a partir da superfície da Terra, o potencial elétrico aumenta aproximadamente 100 volts por metro. Portanto, existe um campo elétrico vertical $\vec{E}$ de 100 V/m no ar. Isso significa que ao ar livre o potencial à altura do seu nariz é 200 volts acima do potencial à altura dos seus pés! Você pode perguntar: "Por que simplesmente não fixamos no ar um par de eletrodos, separados por uma distância de um metro, e usamos esses 100 V para alimentar nossas lâmpadas elétricas?".

Resposta: Seu corpo é um condutor relativamente bom. Se você estiver em contato com a Terra, você e a Terra tenderão a formar superfícies equipotenciais. Normalmente, as equipotenciais são paralelas à superfície, como mostrado na **figura a**, mas quando você está presente, as equipotenciais são distorcidas, e o campo aparece como algo mostrado na **figura b**.

Ilustrações: Formato/Arquivo da editora

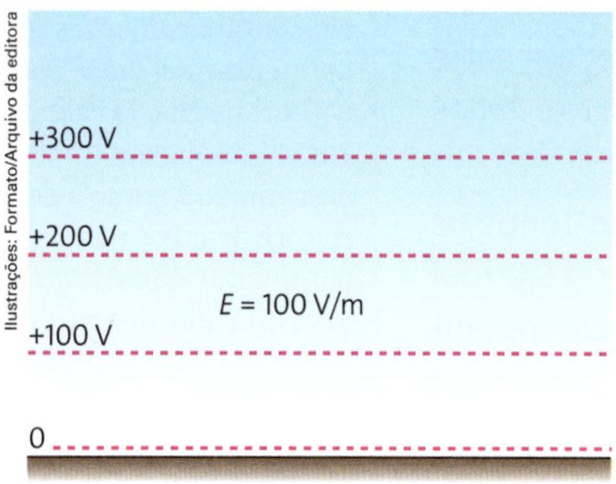


**Figura a** Distribuição de potencial sobre a Terra.

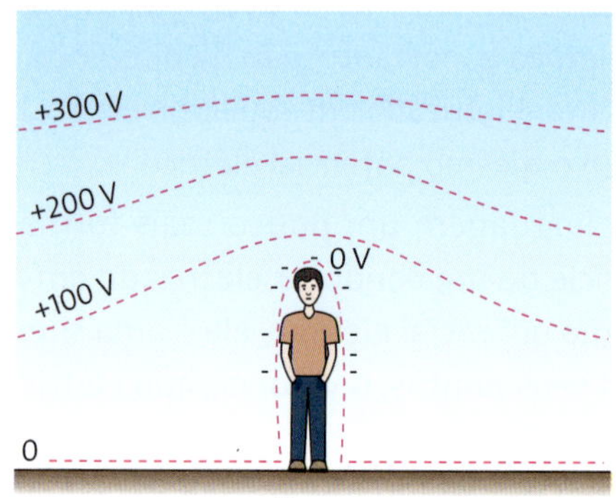


**Figura b** Distribuição de potencial próximo a um homem num lugar plano e aberto.

Então, você continuará tendo uma diferença de potencial praticamente nula entre a cabeça e os pés.

FEYNMAN, Richard; LEIGHTON, Robert B.; SANDS, Matthew. *Lições de Física*. Porto Alegre: Bookman, 2008. v. II, p. 9-11.

A cada metro na vertical o potencial aumenta 100 V.

Galyna Andrushko/Shutterstock/Glow Images

## Exercícios

1. Classifique em **verdadeira** ou **falsa** cada uma das sentenças seguintes relativas à superfície de um condutor eletrizado e em equilíbrio eletrostático.
   I. A direção do vetor campo elétrico é normal à superfície em cada ponto.
   II. O trabalho para mover uma carga elétrica ao longo da superfície é independente da intensidade do campo, supondo-se que se mantenha o equilíbrio eletrostático.
   III. Ela não é equipotencial.
   IV. Existem linhas de campo ligando dois pontos dessa superfície.

2. Uma pessoa no interior de um carro não é atingida por raios em uma tempestade por que:
   a) está neutra.
   b) não possui elétrons livres.
   c) o volante do carro é isolante.
   d) o campo elétrico no interior do carro é nulo.
   e) a corrente elétrica não é capaz de percorrer o corpo humano.

3. Em uma tempestade, devemos evitar ficar embaixo de árvores em razão do fenômeno físico:
   a) gaiola de Faraday.
   b) poder das pontas.
   c) anomalia da água.
   d) refração atmosférica.
   e) efeito alavanca.

4. Na figura ao lado, temos: uma esfera oca de alumínio e, na ponta do bastão, uma pequena esfera também de alumínio. A esfera oca está neutra e a do bastão está eletrizada com carga $Q$ positiva.
   Você pretende eletrizar a esfera oca usando a carga $Q$ do bastão. Haverá diferença entre fazer o contato da esfera menor externa ou internamente com a esfera oca?

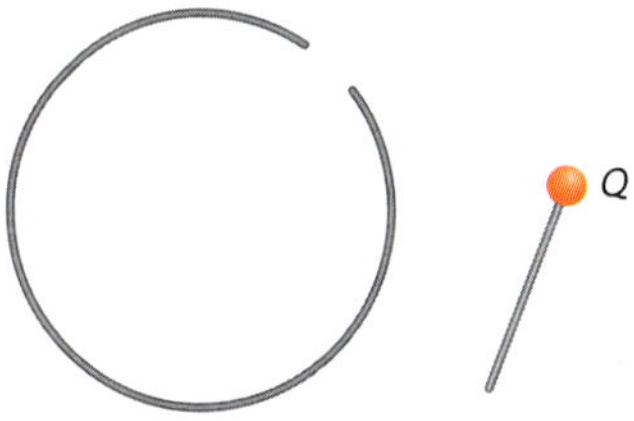


5. Uma peça metálica maciça é eletrizada com uma carga elétrica de $-10\ \mu C$. Considerando-se que $A$ e $B$ são dois pontos do interior da peça, sabe-se que, na situação de equilíbrio, o potencial elétrico do ponto $A$ é $-30$ V. Nessas condições, determine:
   a) a intensidade do vetor campo elétrico no ponto $A$;
   b) o potencial elétrico no ponto $B$.

6. (UPM-SP) O condutor abaixo está carregado positivamente e em equilíbrio eletrostático. O ponto $A$ está localizado na superfície do condutor, o $B$ está no interior e próximo à superfície do condutor, o $C$ mais no interior e o $D$ é externo.

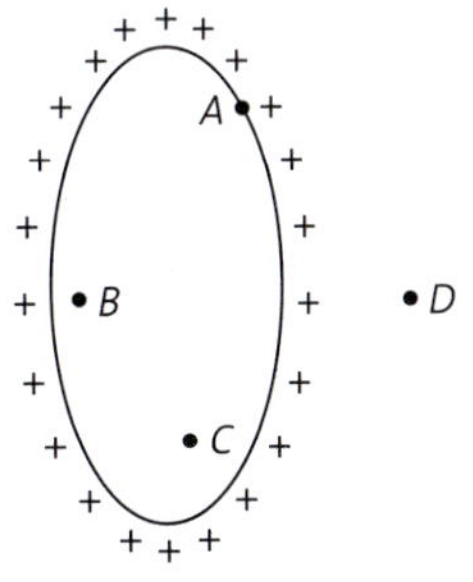


   Com relação ao potencial elétrico desses pontos, podemos afirmar que:
   a) $V_C = V_B = V_A = V_D$
   b) $V_C > V_B > V_A > V_D$
   c) $V_C = V_B > V_A > V_D$
   d) $V_C = V_B = V_A < V_D$
   e) $V_C = V_B = V_A > V_D$

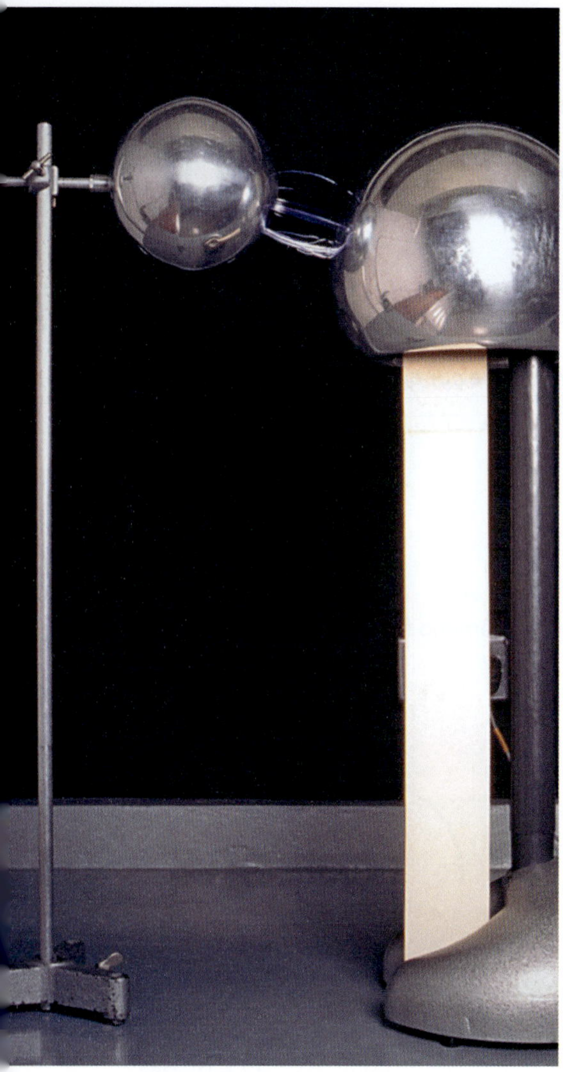


Figura 5.12 Gerador eletrostático de Van de Graaff.

# 2 Condutor esférico eletrizado

Ao considerarmos os corpos condutores em equilíbrio eletrostático como objeto de nosso estudo, percebemos que eles podem ter as mais diversas formas, e os campos elétricos criados por eles dependem disso. Uma forma geométrica importante, dada sua simetria, é a esférica, que aparece, por exemplo, nos geradores eletrostáticos de Van de Graaff (**figura 5.12**).

Ao examinarmos o campo elétrico criado por uma esfera condutora eletrizada, maciça ou oca, em equilíbrio eletrostático, constatamos as duas propriedades gerais já discutidas para o campo elétrico: campo nulo no interior da esfera e campo perpendicular à sua superfície (**figura 5.13**).

A observação das linhas de campo, a partir de pontos do exterior da esfera, indica seu cruzamento no centro, como se lá houvesse uma carga puntiforme. Assim, para pontos situados a distâncias do centro da esfera maiores do que o raio desta ($r > R$), isto é, situados no seu exterior, tudo se passa como se a carga dela fosse puntiforme e situada no seu centro (**figura 5.13**).

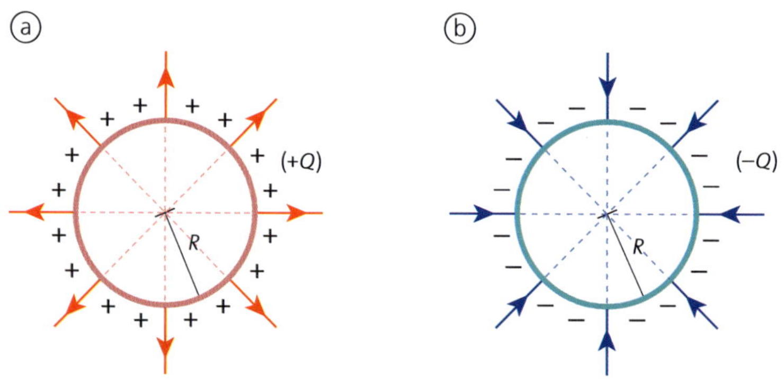


Figura 5.13 Propriedades do campo elétrico em uma esfera condutora carregada positivamente (**a**) e negativamente (**b**).

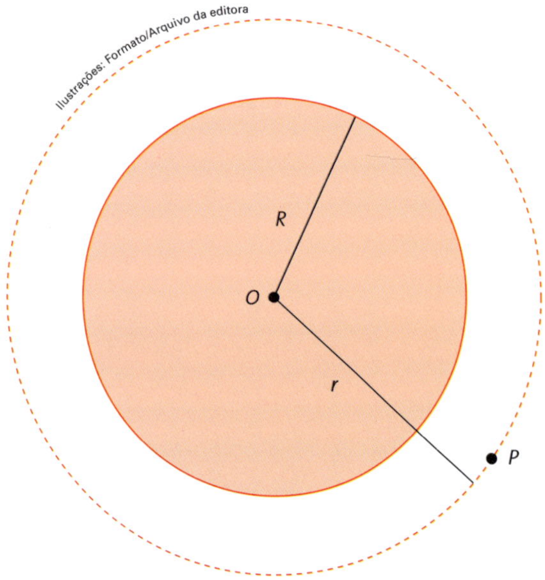


Logo, para um corpo condutor esférico de raios $R$, eletrizado e em equilíbrio eletrostático (**figura 5.14**), há três casos a considerar:

Figura 5.14 Condutor esférico eletrizado e em equilíbrio eletrostático.

### Pontos externos ($r > R$)

Nesse caso, consideramos que toda a carga do condutor está localizada em seu centro. Em cada ponto, a intensidade do potencial elétrico é:

$$V_e = \frac{k \cdot Q}{r}$$

A intensidade do campo elétrico é: $E_e = \frac{k \cdot |Q|}{r^2}$.

Em particular, para pontos externos, mas infinitamente próximos à superfície, temos: $E_{\text{próx.}} = \frac{k \cdot |Q|}{R^2}$.

### Pontos na superfície ($r = R$)

Nesses pontos, o potencial elétrico é:

$$V_s = \frac{k \cdot Q}{R}$$

Para o cálculo da intensidade do vetor campo elétrico vamos lembrar que a intensidade do campo elétrico na superfície ($E_s$) de um condutor é igual à metade da intensidade do campo elétrico em um ponto próximo e externo ao condutor ($E_e$):

$$E_s = \frac{1}{2} \cdot E_e \Rightarrow E_s = \frac{k \cdot |Q|}{2R^2}$$

### Pontos interiores ($r < R$)

Nesses pontos, o campo elétrico é nulo, e o potencial é o mesmo e igual ao da superfície.

## Gráfico para uma esfera condutora

Os gráficos da **figura 5.15** ilustram a variação do campo elétrico e do potencial elétrico para a esfera condutora, em função da distância $r$, após a análise dos três casos anteriores.

**Observação:** Na presença de campos elétricos externos, a distribuição de cargas deixa de ser uniforme, caso em que continuam válidas, apenas, as conclusões obtidas para os condutores em geral.

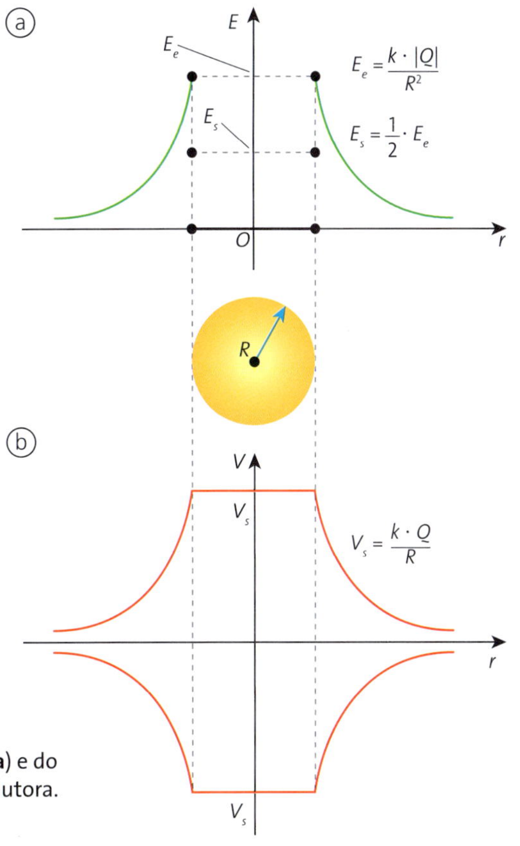


**Figura 5.15** Gráfico da variação do campo (**a**) e do potencial (**b**) para uma esfera condutora.

## Exercícios

7. Uma esfera de cobre isolada possui raio de 30 cm. Ela está imersa no vácuo, em equilíbrio eletrostático, eletrizada com uma carga de −2,0 μC.

   a) Qual é a intensidade do campo elétrico no interior da esfera?

   b) Qual é a quantidade de carga no interior da esfera?

   c) Qual é o potencial elétrico na superfície do condutor?

   d) Qual é a intensidade do campo elétrico em um ponto externo muito próximo da superfície? E em um ponto exatamente na superfície do condutor?

   e) Haverá alguma diferença nas respostas anteriores caso a esfera seja oca ou maciça?

   f) Qual é a intensidade do vetor campo elétrico a 30 cm da superfície da esfera?

8. Uma bexiga de borracha está semi-inflada, tem forma esférica e se encontra carregada positivamente com toda a carga distribuída uniformemente em sua superfície externa.

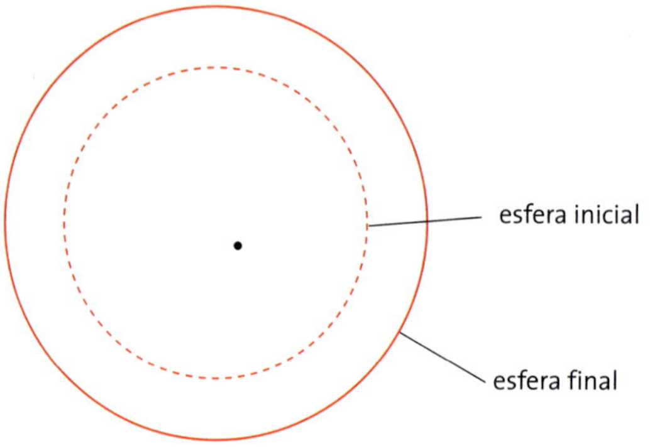


   Sobre o campo elétrico *E* e o potencial *V*, gerados por essa carga, é correto dizer que, enquanto a bexiga está sendo inflada:

   a) *E* e *V* aumentam em qualquer ponto.

   b) *E* e *V* no interior da bexiga não variam.

   c) *E* e *V* continuam com os respectivos valores iniciais nos pontos externos à esfera final.

   d) nos pontos internos à esfera, $E = 0$, mas *V* aumenta.

   e) nos pontos internos à esfera, $E = 0$ e $V = 0$.

9. Um condutor esférico no vácuo é ligado a um gerador eletrostático de 5 000 V, o qual lhe confere uma carga 10,0 mC. Qual é o raio do condutor? (Dado: $k_{vácuo} = 9 \cdot 10^9$ $Nm^2/C^2$.)

10. O gráfico a seguir representa o potencial elétrico em função da distância ao centro de uma esfera condutora carregada com carga *Q* e raio $r = 4{,}0$ cm no vácuo. Qual o potencial elétrico no interior da esfera e qual o potencial a uma distância de 12,0 cm da superfície dessa esfera, respectivamente?

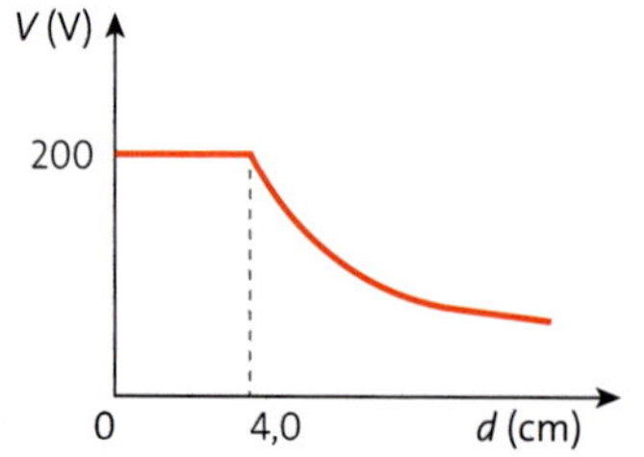


11. Uma esfera condutora isolada e imersa no vácuo está eletrizada com uma carga de −3 μC. Esboce as linhas de força do campo elétrico criado por ela.

## Trabalho em equipe

Sob orientação do professor, discuta com os colegas de equipe algumas hipóteses que expliquem a origem dos raios.

Anotem no caderno as hipóteses levantadas durante a discussão. Depois, leiam o texto a seguir.

Valdezrl/Shutterstock/Glow Images

### Origem das correntes atmosféricas

*Devemos em seguida falar sobre a fonte da grande corrente negativa que deve fluir do "topo" para a superfície da Terra para mantê-la carregada negativamente. Onde estão as baterias que fazem isso? Elas são os temporais e seus relâmpagos. Verifica-se que os raios dos relâmpagos não "descarregam" o potencial de que estávamos falando (como você pode supor à primeira vista). A tempestade de relâmpagos carrega cargas negativas para a Terra. Quando um relâmpago cai, nove em dez vezes ele traz carga negativa para a Terra em grandes quantidades. São os temporais ao redor do mundo que estão carregando a Terra com uma média de 1 800 ampères, que é então descarregada nas regiões de melhor tempo.*

*Existem aproximadamente trezentos temporais por dia ao redor da Terra, e podemos pensar neles como baterias bombeando a eletricidade para as camadas superiores e mantendo a diferença de voltagem.*

FEYNMAN, Richard; LEIGHTON, Robert B.; SANDS, Matthew. *Lições de Física*. Porto Alegre: Bookman, 2009. v. II.

Comparem as hipóteses formuladas por vocês com os dados apresentados no texto lido. Depois, façam as atividades a seguir para sintetizar as ideias sobre correntes atmosféricas.

1. A Terra mantém sua carga negativa, pois:
   a) em regiões de clima seco, não há corrente elétrica.
   b) as tempestades com relâmpagos trazem cargas negativas para nosso planeta.
   c) o Sol impede que nosso planeta envie elétrons para a atmosfera.
   d) o campo elétrico criado por nosso planeta é nulo.
   e) o potencial elétrico da superfície de nosso planeta é igual ao da superfície dos outros planetas do Sistema Solar.

2. Considere um temporal de 15 minutos, com uma corrente de 1800 A, transportando elétrons para a Terra. Sendo a carga elementar $e = 1,6 \cdot 10^{-19}$ C, determine:
   a) a carga elétrica transportada para a Terra;
   b) o número de elétrons correspondente.

# 3 Capacitância e energia potencial de um condutor isolado

## Capacitância de um condutor

À medida que fornecemos cargas elétricas (elétrons) a um condutor qualquer, inicialmente neutro, o valor absoluto do potencial elétrico vai aumentando e, com isso, torna-se progressivamente mais difícil acrescentar elétrons, pois os novos sofrem a repulsão dos já existentes.

A cada quantidade de carga existente no condutor há, em correspondência, um potencial elétrico proporcional a essa quantidade de carga. Denomina-se capacitância ($C$), ou capacidade eletrostática, de um corpo a razão entre a quantidade de carga elétrica ($Q$) e o potencial elétrico ($V$) correspondente:

$$C = \frac{Q}{V}$$

No SI, a unidade de capacidade é farad (F), em homenagem ao físico inglês Michael Faraday. Para os condutores em geral, observamos que essa grandeza permanece constante, independente da quantidade de carga por eles adquirida.

No caso particular do condutor esférico, de raio $R$, imerso num meio cuja constante eletrostática seja $k$, a capacidade é:

$$C = \frac{Q}{V} = \frac{Q}{\frac{k \cdot Q}{R}} \Rightarrow C = \frac{R}{k}$$

Essa expressão nos mostra que a capacitância de um condutor esférico é proporcional ao seu raio.

## Energia potencial elétrica de um condutor

O gráfico da **figura 5.16** ilustra o aumento do potencial elétrico de um condutor inicialmente neutro, à medida que ele vai sendo carregado. Considerando que as cargas que o condutor vai adquirindo vêm de um potencial nulo, quanto maior for o potencial elétrico do condutor, maior a energia despendida para carregá-lo um pouco mais.

Como vimos, cada nova quantidade de carga colocada no condutor sofre a repulsão das já existentes. O trabalho da força elétrica para cada elemento de carga que o condutor venha a adquirir é dado por:

$$\tau = \Delta q \cdot (V_\infty - V) = -\Delta q \cdot V$$

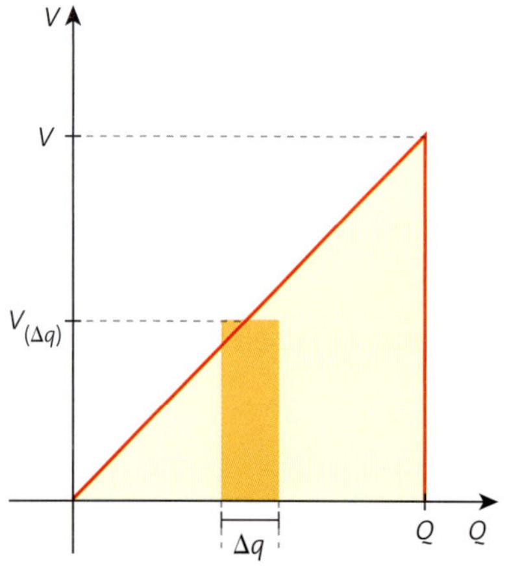


**Figura 5.16** Gráfico do carregamento de um corpo condutor.

Assim, para que o processo aconteça, é necessária uma força oposta à força elétrica, que vai realizar um trabalho de mesmo valor absoluto, mas de sinal contrário. O trabalho dessa força se reflete na energia potencial armazenada no condutor. Temos então, para cada quantidade de cargas $\Delta q$ a ser colocada no condutor, um acréscimo de energia potencial elétrica ($\Delta E_p$), dado por:

$$\Delta E_p = \Delta q \cdot V$$

A soma de todos esses acréscimos corresponde à energia potencial elétrica que o condutor terá ao final do processo de carga e à área compreendida pelo gráfico $V \times Q$ (área do triângulo). Logo: $E_p = \frac{Q \cdot V}{2}$.

Como $Q = C \cdot V$, também podemos escrever:

$$E_p = \frac{C \cdot V^2}{2} \text{ ou } E_p = \frac{Q^2}{2C}$$

## Exercícios

12. Um condutor eletrizado com carga de 4,0 mC apresenta um potencial de 200 V.
    a) Qual é a sua capacitância?
    b) Qual será a quantidade de carga elétrica adquirida por esse condutor quando o potencial elétrico for de 600 V?

13. A capacitância eletrostática de um condutor esférico imerso no vácuo é $C = 100$ nF. O seu potencial eletrostático é $V = 1{,}00 \cdot 10^4$ volts. Estando ele isolado, determine:
    a) seu raio;
    b) sua carga elétrica;
    c) a energia potencial eletrostática armazenada;
    d) o gráfico da sua carga em função de seu potencial, quando ambos variam.
    (Dado: $K_0 = 9 \cdot 10^9$ Nm$^2$/C$^2$)

14. (PUC-SP) Se a Terra for considerada um condutor esférico ($R = 6\,300$ km), situada no vácuo, sua capacitância, para $k_0 = 9 \cdot 10^9$ m/F, será, aproximadamente:
    a) 500 μF. b) 600 μF. c) 700 μF. d) 6 300 μF. e) 700 F.

15. (FCMSCSP) Uma esfera de alumínio está carregada eletricamente a um potencial $V = 5\,000$ volts acima do potencial da Terra. Sendo $C$ a capacidade elétrica da esfera, conclui-se que sua carga é:
    a) $V \cdot C$ a mais do que a carga da Terra.
    b) $V \cdot C$ a mais do que ela teria se estivesse ligada à Terra.
    c) $V \cdot C$ a menos do que a carga da Terra.
    d) $\frac{V}{C}$ a mais do que ela teria se estivesse ligada à Terra.
    e) $\frac{C}{V}$ a mais do que ela teria se estivesse ligada à Terra.

16. Deseja-se que um condutor esférico isolado tenha capacidade eletrostática de 1 F, no vácuo.
    a) Calcule o raio correspondente.
    b) Comente o resultado obtido, justificando o uso de submúltiplos do farad (F) como unidades de capacidade eletrostática.

17. Duas esferas isoladas, de raios $R_1 = 2R_2$ adquirem potenciais elétricos de 12 V.
    a) Qual é a relação entre suas cargas?
    b) Qual é a relação entre suas energias potenciais elétricas?

# 4 Distribuição de cargas elétricas em condutores em equilíbrio eletrostático

## Equilíbrio eletrostático entre dois condutores

Consideremos dois condutores esféricos, de raios $R_A$ e $R_B$, eletrizados com carga $Q_A$ e $Q_B$, com potenciais elétricos $V_A$ e $V_B$, e que estão bastante afastados um do outro. Se eles tiverem potenciais elétricos diferentes e forem interligados por um fio condutor bem longo, haverá transferência de cargas. Vamos determinar qual será o potencial elétrico quando cessar a transferência de cargas e qual será a carga de cada condutor na situação de equilíbrio eletrostático.

A transferência de cargas entre os condutores cessa quando não houver mais diferença de potencial entre eles. Assim, o equilíbrio eletrostático acontece quando os dois condutores atingem o mesmo potencial elétrico.

Para determinar o potencial de equilíbrio eletrostático ($V_{eq.}$) dos condutores, utilizamos o princípio da conservação da carga elétrica – a quantidade total de cargas elétricas, antes da ligação, é igual à quantidade total de cargas elétricas no equilíbrio:

$$Q_A + Q_B = Q'_A + Q'_B \Rightarrow Q_A + Q_B = C_A \cdot V_{eq.} + C_B \cdot V_{eq.}$$

Portanto:

$$V_{eq.} = \frac{Q_A + Q_B}{C_A + C_B} \text{ ou } V_{eq.} = \frac{C_A \cdot V_A + C_B \cdot V_B}{C_A + C_B}$$

Podemos interpretar o resultado explicitado pela penúltima equação da seguinte maneira: calcula-se o potencial elétrico no equilíbrio ($V_{eq.}$) como se a carga total ($Q_A + Q_B$) estivesse distribuída em um condutor de capacidade igual à soma das capacidades de cada um dos condutores ($C_A + C_B$).

A carga elétrica em cada condutor interligado, quando o equilíbrio eletrostático for estabelecido, pode ser determinada pela equação $Q = C \cdot V$.

No equilíbrio temos:

$$\begin{cases} Q'_A = C_A \cdot V_{eq.} \\ Q'_B = C_B \cdot V_{eq.} \\ V_{eq.} = \dfrac{Q_A + Q_B}{C_A + C_B} \end{cases}$$

Logo:

$$\begin{cases} Q'_A = \dfrac{C_A}{C_A + C_B} \cdot (Q_A + Q_B) \\ Q'_B = \dfrac{C_B}{C_A + C_B} \cdot (Q_A + Q_B) \end{cases}$$

O quociente $\frac{C_A}{C_A + C_B}$ é a fração de capacidade que o condutor $A$ tem em relação à capacidade total ($C_A + C_B$). O mesmo se observa para o condutor $B$. Podemos dizer então que, no equilíbrio eletrostático, a distribuição das cargas nos condutores é proporcional às frações de capacidades que cada condutor tem em relação à capacidade total.

## Densidade superficial de cargas

Para comparar o grau de eletrização de um corpo, não basta conhecer apenas a quantidade de carga elétrica por ele adquirida. As dimensões do corpo também são relevantes – em particular sua superfície, onde se distribuem as cargas. Para saber se as cargas estão mais concentradas ou mais distribuídas, definimos a grandeza densidade superficial de cargas ($\sigma$) pela razão entre a quantidade de carga elétrica ($Q$) e a superfície por ela ocupada ($A$).

$$\sigma = \frac{Q}{A}$$

Para um condutor esférico ($A = 4\pi \cdot R^2$), uniformemente carregado, temos:

$$Q = 4\pi \cdot R^2 \cdot \sigma$$

No caso de uma distribuição não uniforme, a densidade superficial de cargas assume características locais, e o cálculo deve ser feito ponto a ponto por elementos de área infinitesimais.

## O poder das pontas

Vamos considerar dois condutores esféricos, $A$ e $B$, em equilíbrio eletrostático. Sabemos que o campo elétrico e o potencial elétrico na superfície de cada condutor são dados por:

$$E_s = \frac{k \cdot |Q|}{2R^2} \text{ e } V_s = \frac{k \cdot Q}{R}$$

($R$ é o raio de cada condutor)

A constante $k$ pode ser escrita em função de outra constante, dependendo da conveniência do problema. É comum a utilização da expressão:

$$k = \frac{1}{4\pi \cdot \varepsilon}$$

Nessa expressão, $\varepsilon$ é chamado de permissividade elétrica do meio que envolve as cargas.

Em função da permissividade elétrica e da densidade superficial de cargas, o campo elétrico e o potencial elétrico são dados por:

$$E_s = \frac{k \cdot |Q|}{2R^2} \Rightarrow E_s = \frac{|Q|}{8\pi \cdot \varepsilon \cdot R^2} \Rightarrow E_s = \frac{\sigma}{2\varepsilon}$$

$$V_s = \frac{k \cdot Q}{R} \Rightarrow V_s = \frac{1}{4\pi \cdot \varepsilon} \cdot \frac{Q}{R} \Rightarrow V_s = \frac{R \cdot \sigma}{\varepsilon}$$

Como os dois condutores estão em equilíbrio eletrostático, temos $V_A = V_B$.

Então:

$$\frac{\sigma_A \cdot R_A}{\varepsilon} = \frac{\sigma_B \cdot R_B}{\varepsilon} \Rightarrow \frac{\sigma_A}{\sigma_B} = \frac{R_B}{R_A}$$

Portanto as densidades superficiais de cargas ($\sigma_A$ e $\sigma_B$) são inversamente proporcionais aos raios ($R_A$ e $R_B$): o condutor de menor raio tem maior densidade superficial de carga, e vice-versa.

Em relação à intensidade do vetor campo elétrico nos pontos próximos às superfícies, escrevemos:

$$\left.\begin{aligned} E_A &= \frac{\sigma_A}{\varepsilon} \\ E_B &= \frac{\sigma_B}{\varepsilon} \end{aligned}\right\} \Rightarrow \frac{E_A}{E_B} = \frac{\sigma_A}{\sigma_B} = \frac{R_B}{R_A}$$

A partir desse resultado podemos concluir que: a intensidade do campo elétrico é maior na esfera de menor raio, e vice-versa.

Assim, em um dado condutor em equilíbrio eletrostático, as regiões mais pontiagudas apresentam um campo elétrico mais intenso e maior concentração de cargas elétricas (**figura 5.17**).

Dependendo da intensidade do campo elétrico, podemos ter a ionização do ar e a consequente descarga do condutor (**figura 5.18**).

Dizemos, nessa situação, que foi rompida a rigidez dielétrica do ar. Ela é da ordem de $10^6$ V/m e diminui com o aumento da umidade do ar. Em virtude desses fatos, os experimentos em Eletrostática ficam prejudicados quando se utilizam condutores com regiões pontiagudas ou quando são realizados em locais muito úmidos. Por isso, recomenda-se que os condutores usados nesses experimentos sejam altamente polidos, para reduzir pontas micrométricas, minimizando-se assim a ionização do ar e a consequente perda de carga elétrica. Por outro lado, o poder das pontas é um elemento favorável e muito explorado na construção de para-raios.

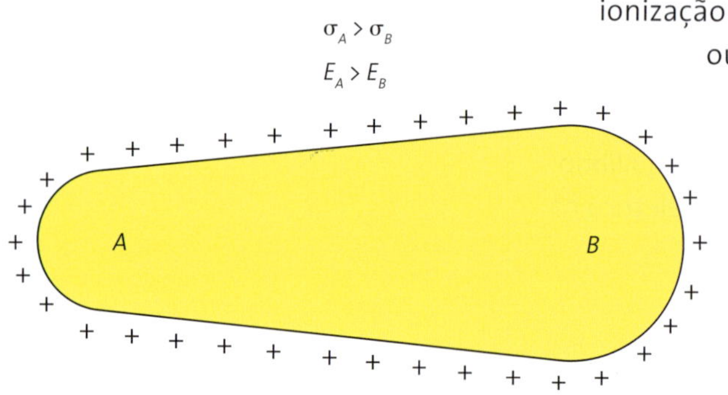


Figura 5.17 O poder das pontas ocorre porque o campo elétrico é mais intenso nas extremidades de um condutor.

Adam Hart-Davis/SPL/Latinstock

Figura 5.18 Faísca causada por uma descarga de eletricidade. Observe como a região ionizada parte das pontas dos condutores.

## Exercícios

**18.** Dois condutores esféricos, $A$ e $B$, cujas capacidades eletrostáticas são 60 e 40 pF, respectivamente, estão imersos no ar e eletrizados com cargas 12 nC cada um. A distância entre os condutores é bastante grande quando comparada a seus raios. Os condutores são em seguida interligados por um longo fio de cobre. (Dados: $1\ pF = 10^{-12}\ F$; $1\ nC = 10^{-9}\ C$)

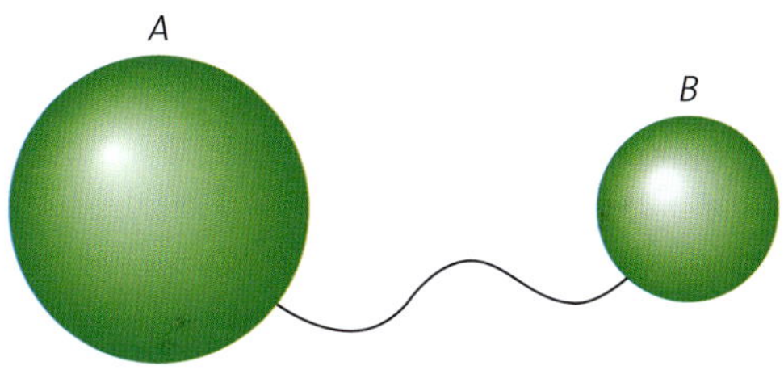


a) Qual é o potencial elétrico dos condutores quando é atingido o equilíbrio eletrostático?

b) Qual é a carga de cada condutor na situação descrita no item anterior?

**19.** (UnB-DF) Duas esferas metálicas, $A$ e $B$, de raios $R$ e $2R$, respectivamente, são eletrizadas com cargas $Q_A$ e $Q_B$. Quando interligadas por um fio metálico, não se observa transferência de cargas elétricas entre elas. Determine a razão $\frac{Q_A}{Q_B}$.

**20.** São dados dois condutores esféricos, bem afastados um do outro, cujas capacidades são: $C_1 = 2\ nF$ e $C_2 = 3\ nF$. Suas cargas são respectivamente iguais a $Q_1 = 24\ \mu C$ e $Q_2 = -4\ \mu C$.

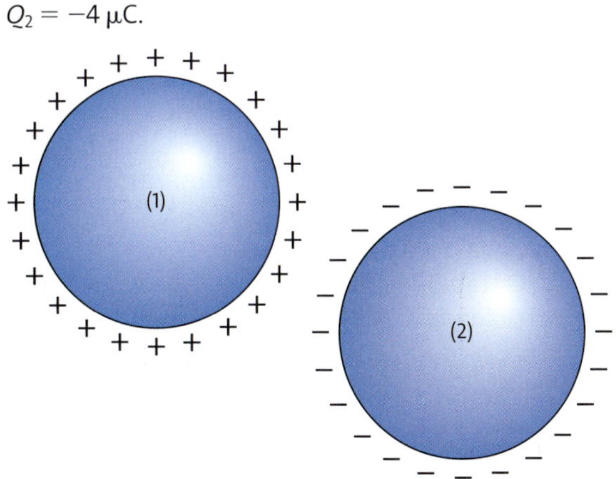


Determine:

a) o potencial comum adquirido por elas, quando colocadas em contato por um fio bem comprido e estando elas bem afastadas uma da outra.

b) a carga elétrica adquirida por cada uma delas após esse contato.

**21.** (Cesesp-PE) Duas esferas de raios $R_1$ e $R_2$, tais que $R_1 > R_2$, são eletricamente carregadas até o mesmo potencial eletrostático $V$. Se $Q_1$ e $Q_2$ forem respectivamente as cargas armazenadas pelas duas esferas, teremos $Q_1 > Q_2$. Se $E_1$ e $E_2$ forem respectivamente as energias eletrostáticas armazenadas nas duas esferas, teremos:

a) $E_1 > E_2$.
b) $E_1 = E_2$.
c) $E_1 < E_2$.
d) $E_1 = E_2 = 0$.

**22.** (UFU-MG) Oito gotas de chuva, iguais e esféricas, são carregadas cada uma a um potencial elétrico $V$. Se juntarmos as oitos gotas, o potencial da nova gota será:

a) $V$. b) $2V$. c) $8V$. d) $4V$. e) $6V$.

**23.** Em um condutor em equilíbrio eletrostático, o campo elétrico próximo às pontas é bem mais intenso do que em outros pontos de sua superfície (veja a figura 1). Esse fenômeno é conhecido como o "poder das pontas".

figura 1

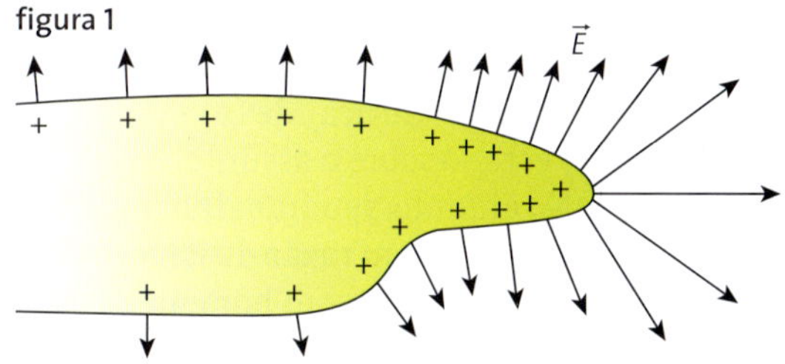


Podemos explicá-lo com um modelo simples: considere uma esfera condutora $A$, de raio igual a $10R$, submetida a um potencial elétrico constante igual a $V_0$ e uma pequena esfera $B$, também condutora, de raio igual a $R$, ligada à primeira por um fio condutor muito fino (veja a figura 2).

figura 2

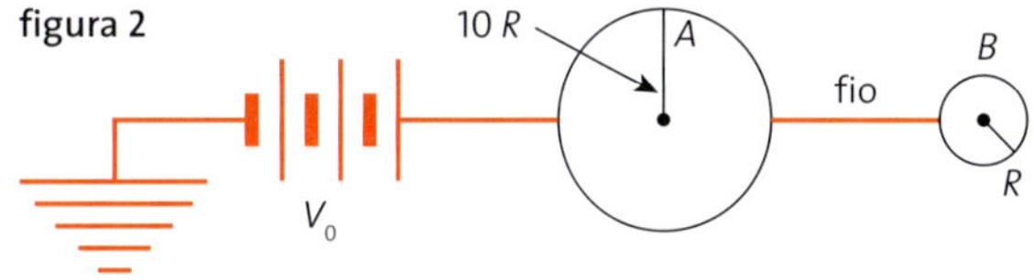


Suponha as esferas suficientemente afastadas, de modo que possamos desfazer os efeitos de indução de carga entre elas e considerar a distribuição de cargas nas esferas uniforme. Nessas condições, calcule:

a) A razão $\frac{Q_A}{Q_B}$ entre as cargas da esfera $A(Q_A)$ e da esfera $B(Q_B)$.

b) A razão $\frac{E_A}{E_B}$ entre o módulo do campo elétrico na superfície da esfera $(E_A)$ e o módulo do campo elétrico na superfície da esfera $B(E_B)$.

## André-Marie Ampère

Aos 12 anos, André-Marie Ampère já conhecia toda a Matemática de sua época. Sempre confiante em suas habilidades, começou a desenvolver suas próprias ideias matemáticas, passando a escrever seus pensamentos. Ampère não tinha contato com nenhum conhecimento matemático, já que não chegou a cursar nenhum tipo de escola tradicional da época. Sua educação se restringia a estudos em seu próprio lar, em Poleymieux, na França. Dessa forma, achava que suas ideias eram originais.

Aos 13 anos, Ampère submeteu seu primeiro artigo à Académie de Lyon, e seu método foi considerado arcaico. A partir disso, ele começou a ter contato com diversas publicações sobre Matemática, principalmente o artigo de D'Alembert sobre cálculo diferencial. Ampère percebeu que necessitaria estudar e aprender mais sobre Matemática.

Depois de estudar cálculo diferencial e integral com um monge em Lyon, Ampère voltou-se para os trabalhos de Euler e Bernoulli. Em 1788 adquiriu uma edição do *Mécanique analytique* [Mecânica analítica], de Lagrange, e iniciou um sério estudo sobre o assunto.

No entanto, seu trabalho foi abruptamente interrompido em razão da Revolução Francesa. Seu pai, um próspero homem de negócios até então, sentiu os efeitos da revolução, e a família começou a passar dificuldades. Em 1791, o pai de Ampère conseguiu um cargo de juiz de paz em Lyon. No ano seguinte, a irmã de Ampère faleceu, o que abateu sensivelmente toda a família. Como Lyon se recusava a cumprir determinadas ordens vindas de Paris, a cidade foi sitiada durante dois meses. Nessa época, o pai de Ampère foi preso e levado à guilhotina.

Esses fatos deixaram Ampère abalado, e ele não desenvolveu nenhum trabalho durante 18 meses. Deixou completamente os estudos. Apenas quando surgiu Julie, sua futura esposa e por quem se apaixonou profundamente, ele retomou seus trabalhos.

Ampère decidiu então ensinar Matemática em Lyon. Casou-se com Julie em 1799 e, em 1800, nasceu seu filho, Jean-Jacques. Em 1802, Ampère foi designado professor de Física e Química na Bourg Ecole Centrale.

Apesar de lecionar em Bourg, ele continuou suas pesquisas em Matemática. O resultado disso foi um tratado em probabilidade, *The Mathematical Theory of Games* [Teoria matemática dos jogos], que foi submetido à Academia de Paris em 1803. Laplace notou um erro no trabalho e enviou uma carta a Ampère. O trabalho foi corrigido e, mais tarde, impresso.

Depois de um ano em Bourg, Ampère retornou a Poleymieux e foi designado para uma cadeira de matemático no Lycée des Lyon, por recomendação de D'Alembert. Produziu bons trabalhos matemáticos, com destaque para os tratados em Geometria analítica. Nesse mesmo período, sua esposa adoeceu, falecendo em 1803. Culpando-se pela morte dela e por não haver dedicado tempo para cuidar de sua saúde, Ampère deixou Lyon e se mudou para Paris.

Na Ecole Polytechnique, em 1804, foi reconhecido como um grande pesquisador de Matemática e designado *répétiteur* (tutor) na disciplina de Análise. Em 1809, foi designado professor, permanecendo no cargo até 1828.

Durante sua estada em Paris, ele pesquisou uma grande variedade de assuntos. Embora fosse professor de Matemática, seus interesses abrangiam Metafísica, Física e Química. Em 1814, foi eleito membro do Institut National des Sciences. Em 1815 publicou um trabalho sobre teoria da luz e refração. Após um ano, defendeu a teoria da luz como uma onda e concordou com Fresnel, opondo-se a Biot e Laplace, que defendiam a teoria corpuscular. Além disso, produziu, nesse mesmo ano, uma classificação de elementos químicos.

Em 1820, Ampère tentou combinar Eletricidade e Magnetismo, depois de conhecer os resultados experimentais do físico dinamarquês Hans Christian Oersted. O matemático formulou uma lei para o circuito elétrico e magnético. Também em 1820, apresentou seu trabalho sobre os efeitos eletromagnéticos. Entre esses efeitos estão as forças eletrodinâmicas. O trabalho foi publicado nos *Annales de Chimie et de Physique* [Anais de Química e de Física].

O trabalho mais importante de Ampère em Eletricidade e Magnetismo foi publicado em 1826. É o chamado *Memoir on the Mathematical Theory of Electrodynamic Phenomena, Uniquely Deduced from Experience* [Memória sobre a teoria matemática dos fenômenos eletrodinâmicos, unicamente deduzida por experiência]. Essa teoria foi fundamental para o desenvolvimento da Eletricidade e do Magnetismo no século XIX. A partir dela, Faraday, Maxwell e Thomson desenvolveram outras teorias.

Adaptado de: FÍSICA CDCC (Centro de Divulgação Científica e Cultural da USP). *André-Marie Ampère*. Disponível em: <http://fisica.cdcc.usp.br/Cientistas/AndreAmpere.html>. Acesso em: nov. 2012.

EXPERIMENTO

# Blindagem eletrostática (gaiola de Faraday)

**Material necessário**

- 4 pêndulos eletrostáticos
- 1 caneca de alumínio
- 1 pedaço de flanela

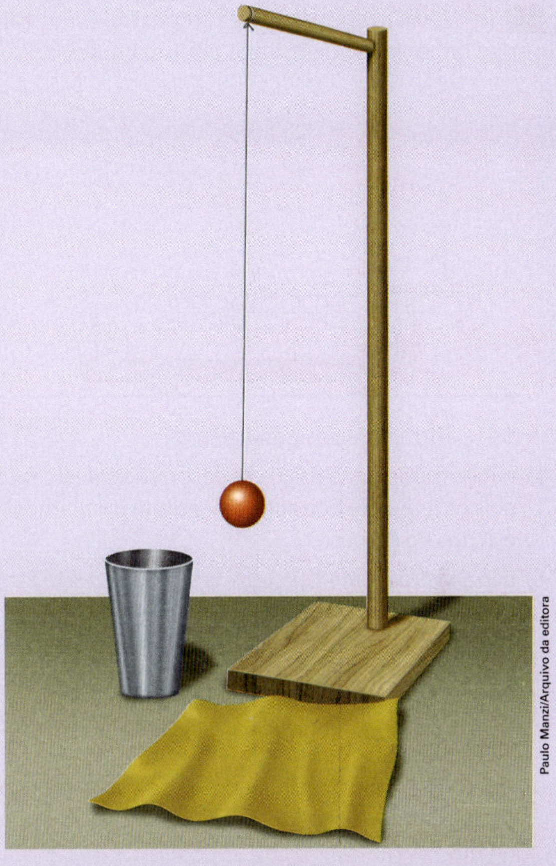

Paulo Manzi/Arquivo da editora

**Primeiro experimento**

- Eletrize a caneca por atrito com a flanela.
- Aproxime um dos pêndulos da caneca, sem tocá-la.
- Descreva o que acontece.

**Segundo experimento**

- Eletrize a caneca por atrito com a flanela.
- Coloque o pêndulo *B* em contato com a parte interna da caneca.
- Coloque os pêndulos *C* e *D* em contato com a parte externa da caneca.
- Aproxime o pêndulo *A* da caneca, sem tocá-la.

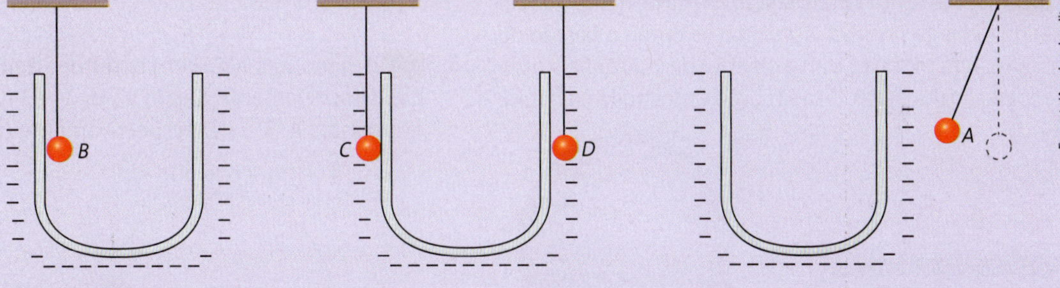


Formato/Arquivo da editora

Agora, aproxime:

- *A* e *B* e descreva o que acontece;
- *C* e *D* e descreva o que acontece;
- *A* e *C* e descreva o que acontece;
- *B* e *C* e descreva o que acontece.

Feitas essas observações, formule hipóteses para explicar os resultados dos dois experimentos.

# Vestibulares de Norte a Sul

1. SE (UFV-MG) Durante uma tempestade, um raio atinge um ônibus que trafega por uma rodovia.

Ilustrações: Arquivo da editora

Pode-se afirmar que os passageiros:

a) não sofrerão dano físico em decorrência deste fato, pois os pneus de borracha asseguram o isolamento elétrico do ônibus.

b) não sofrerão dano físico em decorrência deste fato, pois a carroceria metálica do ônibus atua como blindagem.

c) serão atingidos pela descarga elétrica, em virtude de a carroceria metálica ser boa condutora de eletricidade.

d) serão parcialmente atingidos, pois a carga será homogeneamente distribuída na superfície interna do ônibus.

e) não serão atingidos, pois os ônibus interurbanos são obrigados a portar um para-raios em sua carroceria.

2. SE (UFMG) Atrita-se um bastão com lã de modo que ele adquira carga positiva. Aproxima-se então o bastão de uma esfera metálica com o objetivo de induzir nela uma separação de cargas. Essa situação é mostrada na figura.

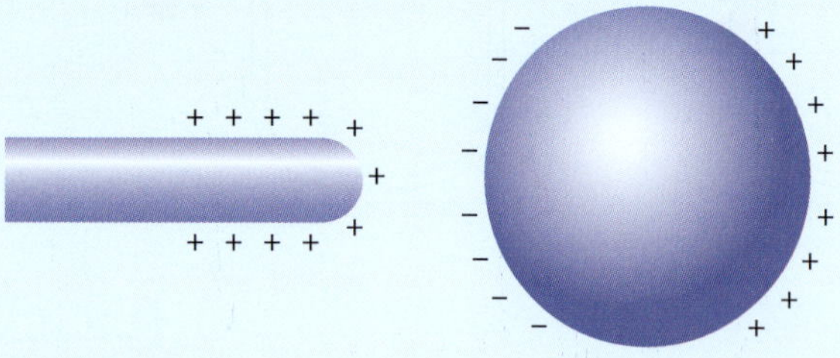

Pode-se então afirmar que o campo elétrico no interior da esfera é:

a) diferente de zero, horizontal, com sentido da direita para a esquerda.

b) diferente de zero, horizontal, com sentido da esquerda para a direita.

c) nulo apenas no centro.

d) nulo em todos os lugares.

3. S (Acafe-SC) Durante uma tempestade, com ocorrência de um grande número de raios, uma pessoa estará mais protegida da ação destes raios se estiver:

a) dentro de um automóvel.

b) embaixo de uma árvore.

c) embaixo de uma marquise de ônibus.

d) deitada em um campo aberto.

e) em uma rua, longe de objetos metálicos.

4. S (UFRGS-RS) A figura abaixo representa, em corte, três objetos de formas geométricas diferentes, feitos de material bom condutor, que se encontram em repouso. Os objetos são ocos, totalmente fechados, e suas cavidades internas se acham vazias. A superfície de cada um dos objetos está carregada com carga elétrica estática de mesmo valor $Q$.

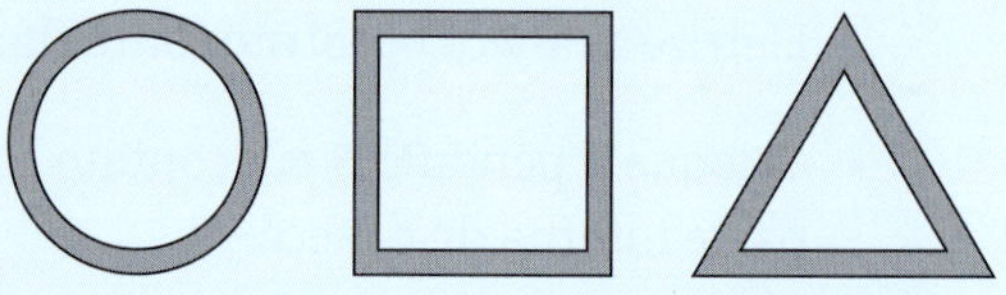


Em quais desses objetos o campo elétrico é nulo em qualquer ponto da cavidade interna?

a) Apenas em I.

b) Apenas em II.

c) Apenas em I e II.

d) Apenas em II e III.

e) Em I, II e III.

5. SE (Unimontes-MG) Um condutor esférico está carregado positivamente. Sejam $V_A$, $V_B$, $V_C$ e $V_D$ os potenciais nos pontos $A$, $B$, $C$ e $D$, respectivamente (veja a figura).

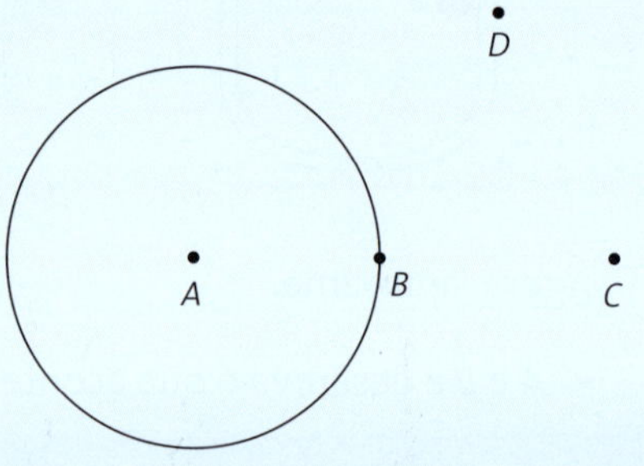


Sabendo-se que os pontos $C$ e $D$ são equidistantes do centro $A$ da esfera, podemos afirmar corretamente que:

a) $V_A = V_B$ e $V_D = V_C$.

b) $V_A = V_B = V_C = V_D$.

c) $V_A = V_D > V_C$.

d) $V_B = V_C > V_A$.

6. **SE** (UFMG) Pessoas que viajam de carro, durante uma tempestade, estão protegidas da ação dos raios porque:

a) a água da chuva conduz o excesso de carga da lataria do carro para a terra.

b) as cargas elétricas se distribuem na superfície do carro, anulando o campo elétrico em seu interior.

c) o ambiente em que se encontram é fechado.

d) o campo elétrico criado entre o carro e o solo é tão grande que a carga escoa para a terra.

e) o carro está isolado da terra pelos pneus.

7. **NE** (Unifor-CE) Uma esfera condutora de raio 30 cm, eletrizada com carga de $3,0 \cdot 10^{-9}$ C, no vácuo, está em equilíbrio eletrostático. O potencial elétrico, em volts, e o módulo do vetor campo elétrico, em volts por metro, num ponto a 10 cm do centro da esfera valem, respectivamente:

a) $9,0 \cdot 10$ e $9,0 \cdot 10^3$.

b) $9,0 \cdot 10$ e zero.

c) $2,7 \cdot 10^2$ e $2,7 \cdot 10^3$.

d) $2,7 \cdot 10^2$ e zero.

e) zero e $2,7 \cdot 10^3$.

Dado:
Constante eletrostática do vácuo $= 9,0 \cdot 10^9$ Nm²/C².

8. **NE** (UFPE) Duas esferas metálicas iguais, *A* e *B*, estão carregadas com cargas $Q_A = +76$ μC e $Q_B = +98$ μC, respectivamente. Inicialmente, a esfera *A* é conectada momentaneamente ao solo através de um fio metálico. Em seguida, as esferas são postas em contato momentaneamente. Calcule a carga final da esfera *B*, em μC.

9. **SE** (UFMG) Uma esfera metálica de raio $R = 0,50$ m é carregada a um potencial de 300 V. A esfera ficará carregada com uma carga de:

a) $1,7 \cdot 10^{-8}$ C.

b) $8,3 \cdot 10^{-5}$ C.

c) 5,0 C.

d) $3,8 \cdot 10^3$ C.

e) $3,0 \cdot 10^{-5}$ C.

10. **S** (UEL-PR) Um condutor esférico, de 20 cm de diâmetro, está uniformemente eletrizado com carga de 4,0 μC e em equilíbrio eletrostático. Em relação a um referencial no infinito, o potencial elétrico de um ponto *P* que está a 8,0 cm do centro do condutor vale, em volts:

a) $3,6 \cdot 10^5$.

b) $4,5 \cdot 10^4$.

c) $4,5 \cdot 10^3$.

d) $9,0 \cdot 10^4$.

e) $3,6 \cdot 10^4$.

Constante eletrostática do meio $K = 9,0 \cdot 10^9$ Nm²/C².

11. **NE** (UFPE) As figuras abaixo mostram gráficos de várias funções *versus* a distância *r*, medida a partir do centro de uma esfera metálica carregada, de raio $a_0$. Qual gráfico melhor representa o módulo do campo elétrico *E*, produzido pela esfera?

a)
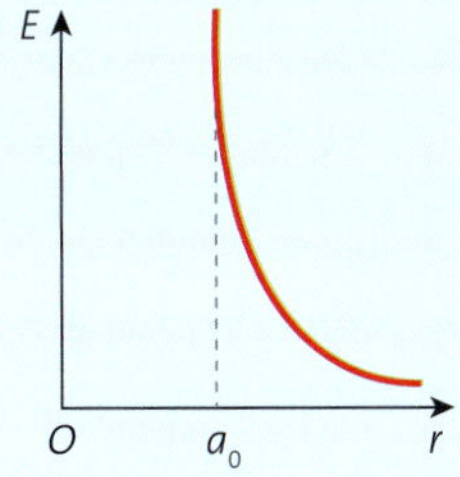


d)
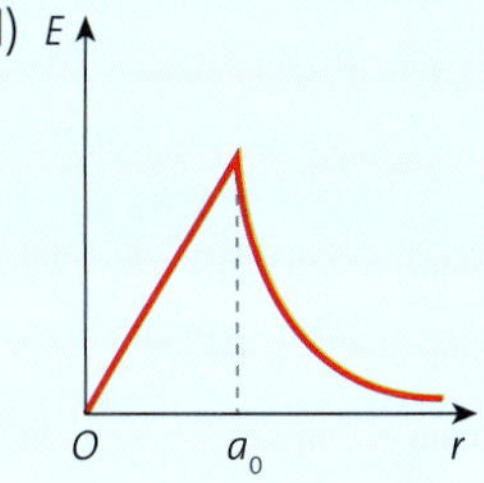


b)
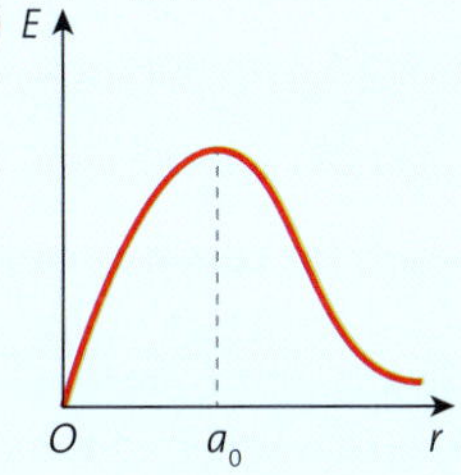


e)
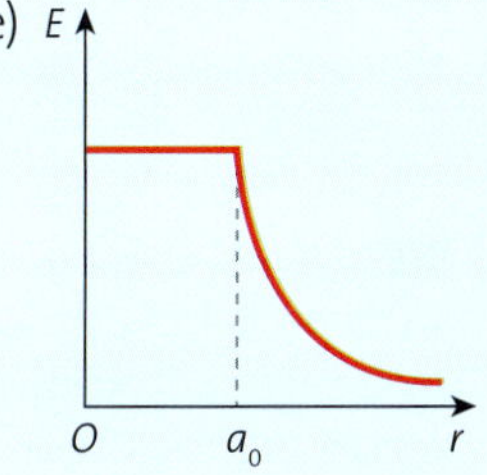


c)
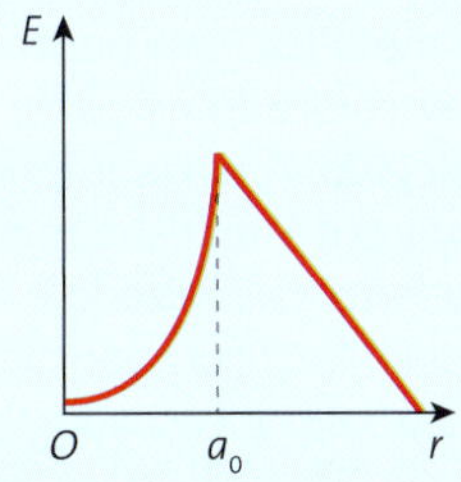


12. **SE** (UFTM-MG) O planeta Terra é um grande condutor esférico eletrizado negativamente com carga avaliada em $-5,8 \cdot 10^5$ C. Seu raio é de aproximadamente $6,4 \cdot 10^3$ km. Se o considerarmos isolado do universo, seu potencial elétrico será, em relação a um referencial no infinito, aproximadamente igual a: (Dado: $K_0 = 9,0 \cdot 10^9$ Nm²/C².)

a) $-9 \cdot 10^2$ V.

b) $-6 \cdot 10^4$ V.

c) $-1 \cdot 10^6$ V.

d) $-4 \cdot 10^7$ V.

e) $-8 \cdot 10^8$ V.

13. **NE** (Unifor-CE) Dois condutores esféricos concêntricos estão eletrizados com cargas elétricas $+10Q$ e $-8Q$, respectivamente, ao interno e no externo. Ligando-se os dois por um fio condutor, a carga elétrica do condutor externo muda para:

a) $-18Q$.

b) $-2Q$.

c) $+2Q$.

d) $+9Q$.

e) $+18Q$.

14. **N** (Ufam) Duas esferas maciças, $A$ e $B$, de raios $R_A$ e $R_B$, respectivamente, em que $R_B = 2R_A$ estão muito distantes uma da outra. Sobre a esfera $B$, distribui-se uma carga $Q$ e, em seguida, as duas esferas são conectadas entre si por um fio metálico muito fino. Após cessar a transferência de cargas entre as esferas, podemos afirmar que:

a) o valor do campo elétrico sobre a superfície das duas esferas é o mesmo.

b) o valor do campo elétrico sobre a superfície da esfera $A$ é menor do que sobre a superfície da esfera $B$.

c) o potencial elétrico das duas esferas é o mesmo.

d) o potencial elétrico da esfera $A$ é maior do que o da esfera $B$.

e) o potencial elétrico da esfera $A$ é menor do que o da esfera $B$.

15. **NE** (Uema) O uso do para-raios faz com que o percurso da descarga elétrica, entre a terra e as nuvens, seja mais seguro. O objetivo desse aparelho é proteger certa região, edifícios, residências ou assemelhados da ação devastadora de um raio. O para-raios é um dispositivo composto por uma haste metálica com pontas nas extremidades, que deve ser colocado na parte mais elevada do local a ser protegido. A parte inferior da haste é ligada à Terra por meio de um cabo metálico conectado a uma haste de ferro galvanizado e introduzido profundamente no solo. Isso leva a concluir que o funcionamento de um para-raios é baseado:

a) no efeito joule e na indução eletrostática.

b) na blindagem eletrostática e no poder de pontas.

c) na indução eletrostática e na blindagem eletrostática.

d) no efeito joule e no poder de pontas.

e) na indução eletrostática e no poder de pontas.

16. **S** (UEM-PR) Uma esfera condutora de raio $R_1 = 30$ cm, eletrizada positivamente com uma carga $Q_1 = 20\ \mu C$, é ligada a uma outra esfera de raio $R_2 = 10$ cm também condutora, mas descarregada. Qual o valor final da carga $Q_1$ (em $\mu C$) depois que o equilíbrio é estabelecido?

17. **SE** (ITA-SP) Duas placas condutoras de raio $R$ e separadas por uma distância $d << R$ são polarizadas com uma diferença de potencial $V$ por meio de uma bateria. Suponha que sejam uniformes a densidade superficial de carga nas placas e o campo elétrico gerado no vácuo entre elas. Um pequeno disco fino, condutor, de massa $m$ e raio $r$, é colocado no centro da placa inferior. Com o sistema sob a ação da gravidade $g$, determine, em função dos parâmetros dados, a diferença de potencial mínima fornecida pela bateria para que o disco se desloque ao longo do campo elétrico na direção da placa superior.

18. **CO** (UEG-GO) Os recentes motins em presídios brasileiros chamaram a atenção de modo geral para a importância das telecomunicações na operação de estruturas organizacionais. A necessidade de se impossibilitar qualquer tipo de comunicação, no caso de organizações criminosas, tornou-se patente. Embora existam muitos sistemas de comunicação móvel, o foco centrou-se em celulares, em virtude de suas pequenas dimensões físicas e da facilidade de aquisição e uso. Várias propostas foram colocadas para o bloqueio das ondas eletromagnéticas ou de rádio. A primeira delas consiste em envolver o presídio por uma "gaiola de Faraday", ou seja, "embrulhá-lo" com um material que seja bom condutor de eletricidade ligado à terra. Uma segunda proposta era utilizar um aparelho que gerasse ondas eletromagnéticas na mesma faixa de frequência utilizada pelas operadoras de telefonia móvel. Essas ondas seriam espalhadas por meio de antenas, normalmente instaladas nos muros do presídio.

Antonio Robson/Arquivo da editora

Acerca das informações contidas no texto acima, julgue a validade das afirmações a seguir.

I. Uma "gaiola de Faraday" é uma blindagem elétrica, ou seja, uma superfície condutora que envolve uma dada região do espaço e que pode, em certas situações, impedir a entrada de perturbações produzidas por campos elétricos e/ou magnéticos externos.

II. A eficiência da "gaiola de Faraday" depende do comprimento de onda das ondas eletromagnéticas da telefonia celular, pois isso definirá as dimensões da malha utilizada em sua construção.

III. A segunda proposta citada no texto é a geração de ondas nas mesmas frequências utilizadas pelas operadoras de telefonia móvel. Com isso, através de interferências destrutivas, compromete-se a comunicação entre a ERB (torre celular ou estação de rádio) e o telefone.

Assinale a alternativa **correta**:

a) Apenas as afirmações I e II são verdadeiras.

b) Apenas as afirmações I e III são verdadeiras.

c) Apenas as afirmações II e III são verdadeiras.

d) Todas as afirmações são verdadeiras.

CAPÍTULO

# 6 Capacitores e transistores

Volodymyr Krasyuk/Shutterstock/Glow Images

Placa-mãe de um computador: capacitores, transistores, circuitos integrados.

# 1 Indução eletrostática e condensação de cargas

Todos nós já passamos pela desagradável experiência de tomar pequenos choques elétricos ao tocarmos maçanetas de portas ou outros objetos metálicos em dias secos.

A explicação para esse fenômeno reside no fato de que, nos dias secos, o ar está mais isolante e, portanto, as cargas estáticas geradas acumulam-se nos diversos objetos.

Quando tocamos esses objetos eletrizados, nosso corpo proporciona um meio condutor, por onde essa carga se movimenta. A energia potencial elétrica armazenada no corpo eletrizado é transferida ao nosso corpo.

Essa energia, se convenientemente armazenada, pode ser útil em diversas situações. Se for manipulada adequadamente, pode ser compartilhada entre as diversas partes de um circuito elétrico.

Para melhor entendermos os dispositivos capazes de armazenar energia potencial eletrostática, vamos retomar a descrição do fenômeno da indução eletrostática, seguindo uma linha de raciocínio que utiliza o conceito de potencial elétrico.

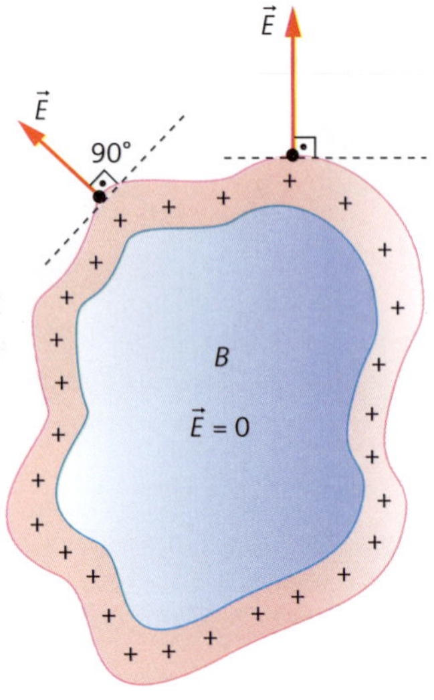

Figura 6.1 Campo elétrico em um indutor eletrizado positivamente.

Para tanto, vamos considerar um condutor *B*, que chamaremos de indutor, eletrizado positivamente. A carga elétrica $+Q$ do condutor *B*, distribuída por sua superfície externa, cria um campo elétrico que é nulo no seu interior e se direciona para fora dele, nos pontos do seu exterior (figura 6.1).

Podemos interpretar essa situação dizendo que o potencial elétrico para todos os pontos de *B* é o mesmo. Ao se dirigir para o exterior de *B*, esse potencial diminui no sentido do campo, conforme mostra o gráfico 1 da figura 6.2.

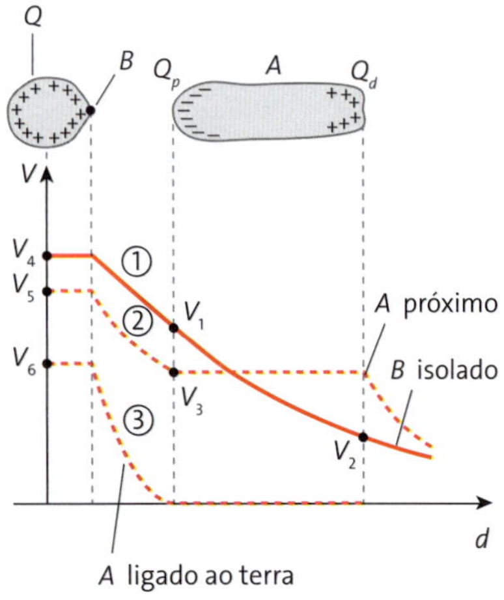

Figura 6.2 Gráfico do potencial elétrico.

Ao aproximarmos de *B* um condutor *A*, inicialmente neutro, que chamaremos de induzido, a região de *A* próxima de *B* terá potencial elétrico $V_1$, maior do que $V_2$, da região mais distante. É essa diferença de potencial que movimenta os elétrons livres de *A* para a região próxima de *B*, deixando uma carga positiva na região distante.

O equilíbrio eletrostático se restabelece quando o potencial elétrico de *A* fica constante e igual a $V_3$, valor intermediário entre $V_1$ e $V_2$, em todos os seus pontos (gráfico 2 da figura 6.2).

Nessas condições, na região de *A* próxima de *B* estabelece-se uma carga negativa $Q_p$ e, na região distante, uma positiva $Q_d$, ambas de mesmo módulo, pois *A* estava inicialmente neutro.

Essa nova distribuição de cargas em *A* produz a diminuição do potencial elétrico de *B* para $V_5$ (gráfico 2 da figura 6.2) e a mudança na distribuição de cargas de *B*. Embora *B* continue com a mesma carga $+Q$, sua região mais próxima de *A* terá maior concentração.

A mudança de concentração de cargas em *B* recebe o nome de condensação de cargas e será tão mais acentuada quanto maiores forem os módulos de $Q_p$ e $Q_d$.

Como os módulos máximos de $Q_p$ e $Q_d$ são iguais a $Q$, a máxima condensação ocorrerá quando a indução for total, isto é, quando todas as linhas de campo do indutor passarem pelo induzido.

Com a finalidade de tornar a condensação de cargas ainda mais acentuada, vamos ligar o induzido ao terra, isto é, vamos reduzir seu potencial elétrico a zero. Essa redução, $V_3$, faz com que os elétrons vão ao terra para o corpo *A*, equilibrando a carga $Q_d$.

Na nova situação de equilíbrio eletrostático, *A* terá potencial elétrico nulo e *B* terá seu potencial elétrico ainda mais reduzido, $V_6$, e as cargas em *B* estarão ainda mais condensadas.

Chega-se, então, à ideia de condensador ideal (capacitor): dois condutores, separados por um isolante, com possibilidade de indução total e com o induzido ligado ao terra. A **figura 6.3** exemplifica os dois casos mais comuns de capacitores: o plano e o esférico.

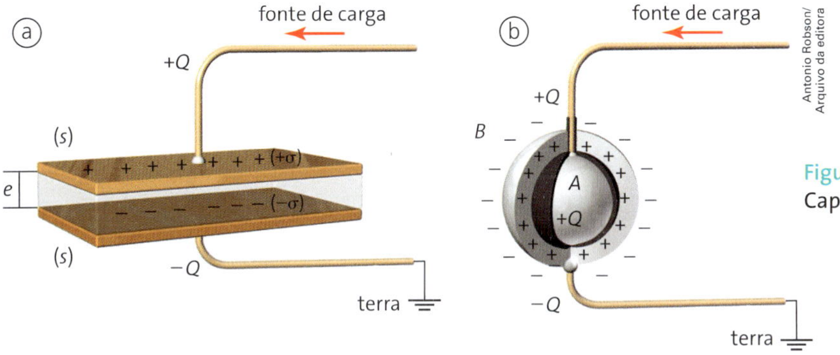


Figura 6.3 Capacitor plano (**a**). Capacitor esférico (**b**).

Vamos estabelecer a seguinte notação: como a carga da parte indutora de um capacitor é $+Q$ e a da parte induzida é $-Q$, chamamos de $Q$ a carga do capacitor. Além disso, a diferença de potencial entre os corpos condutores é $U = V_a - V_b$.

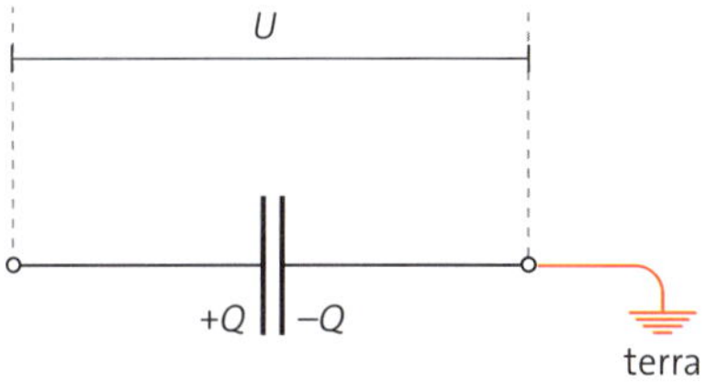


Figura 6.4 Representação de um capacitor eletrostático.

Quanto maior a ddp *U* de um capacitor, maior sua carga *Q*. Define-se capacidade eletrostática, ou capacitância, de um capacitor como:

$$C = \frac{Q}{U}$$

No Sistema Internacional de Unidades (SI), a capacidade eletrostática é medida em coulomb (C)/volt (V). Em uma das várias homenagens prestadas a Michael Faraday (1791-1867) ao longo da história da Eletricidade, essa unidade recebeu o nome de farad (F).

Embora seja a unidade oficial de capacidade eletrostática, o farad (F) é muito grande e seus submúltiplos mais utilizados são:

- milifarad (mF) $= 10^{-3}$ F;
- microfarad (μF) $= 10^{-6}$ F;
- nanofarad (nF) $= 10^{-9}$ F;
- picofarad (pF) $= 10^{-12}$ F.

Qualquer que seja o tipo de capacitor, seu símbolo é representado como mostra a **figura 6.4**. Os capacitores são componentes bastante úteis, na prática, e aparecem sob os mais diversos tipos de encapsulamento (**figura 6.5**).

Figura 6.5 Formatos mais comuns de capacitores.

Física tem História

## O primeiro capacitor: garrafa de Leyden

"A garrafa de Leyden é um dispositivo que armazena cargas elétricas; foi o primeiro modelo de capacitor: um componente de circuitos elétricos compostos de duas placas separadas por um dielétrico que armazenam cargas opostas.

A sua invenção é atribuída a Pieter van Musschenbroeck (1692-1761), docente na Universidade de Leyden, Holanda. Foi usada nas primitivas experiências sobre cargas elétricas.

Uma típica garrafa de Leyden consta de:

1. uma garrafa de vidro com dois eletrodos: uma lâmina (tipo papel-alumínio) que forra a garrafa por dentro e uma outra que forra a garrafa por fora;
2. o vidro é o dielétrico – o isolante que separa os dois eletrodos;
3. uma haste metálica que atravessa uma rolha isolante que tem contato com o eletrodo interno.

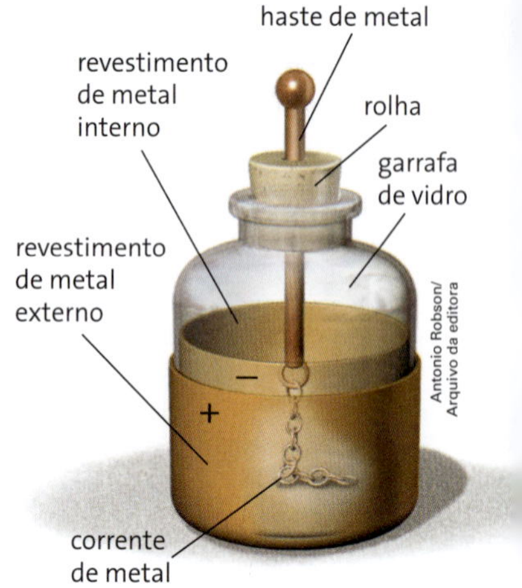


A esfera na extremidade da haste e a lâmina metálica que envolve a superfície externa da garrafa constituem os terminais da garrafa de Leyden.

A garrafa de Leyden é eletrizada por contato por meio da esfera; uma vez carregada, os seus eletrodos ficam com quantidades iguais de carga, porém de sinais opostos. A quantidade de cargas que uma garrafa de Leyden pode acumular depende das suas dimensões; se ela descarregar no ar faíscas de 1 cm – muito comuns –, a sua voltagem é cerca de 30 000 V. Por isso, elas são 'capacitores de alta-tensão', porém de baixa corrente."

Disponível em: <www.rc.unesp.br/showdefisica/99_Explor_Eletrizacao/paginas%20htmls/Garrafa%20de%20Leyden.htm>. Acesso em: nov. 2012. Adaptado.

**Trabalho em equipe**

Sob orientação do professor, construa, com sua equipe, uma garrafa de Leyden. Depois, relacione as partes da garrafa com as partes componentes de um capacitor.

### Garrafa de Leyden caseira

"Existem muitas maneiras de construir uma garrafa de Leyden caseira, por exemplo, com uma garrafa plástica de refrigerante contendo água com um pouco de sal dissolvido (eletrodo interno) e uma lâmina de papel-alumínio envolvendo a sua parte externa (eletrodo externo).

O plástico que separa a água salina e o papel-alumínio funciona como dielétrico.

O caracol de fio de cobre na extremidade da haste de cobre que transpassa a tampa da garrafa é um dos terminais, e o papel-alumínio que cobre a parte externa é o outro terminal."

Materiais para construir uma garrafa de Leyden caseira.

Disponível em: <www.rc.unesp.br/showdefisica/99_Explor_Eletrizacao/paginas%20htmls/Garrafa%20de%20Leyden.htm>. Acesso em: nov. 2012. Adaptado.

## Exercícios

1. O capacitor da foto tem uma indicação de capacitância de 1 000 μF.

Andrew Lambert Photography/SPL/Latinstock

a) Converta a capacitância dele para farad (F).

b) Supondo que esse capacitor esteja ligado a uma bateria de 12 V, calcule a carga armazenada.

2. Quando um capacitor de 10 μF é conectado a uma fonte de 100 V, qual é a carga adquirida por ele?

3. De maneira simplificada, considere que a descarga elétrica entre duas nuvens, separadas por 150 m, forma as placas de um capacitor plano de capacitância $1{,}0 \cdot 10^{-8}$ F. Sabendo que o campo elétrico entre as nuvens atinge a intensidade de $3 \cdot 10^{6}$ V/m provocando a descarga elétrica, responda:

a) Qual é a ddp entre as nuvens no instante da descarga?

b) Qual é a carga das nuvens no instante da descarga?

4. Considere um capacitor que, submetido a uma ddp de 100 V, armazenou uma carga de 10 μC.

a) Calcule sua capacitância.

b) Trace o gráfico da carga armazenada em função da ddp.

5. Para um capacitor de 1 μF com terminais submetidos a uma ddp de 8 V:

a) calcule a carga armazenada;

b) faça um esboço do capacitor, indicando a carga de cada placa.

6. Em nossas células, as membranas que separam o meio intracelular e o extracelular podem ser entendidas como capacitores planos. Internamente ocorrem grandes concentrações iônicas de potássio ($-Q$) e externamente, grandes concentrações iônicas de sódio ($+Q$), gerando uma diferença de potencial que varia entre −40 mV e −80 mV. A espessura média $d$ na membrana é, aproximadamente, 70 Å ($10^{-10}$ m). Classifique as informações a seguir em **certo** e **errado**.

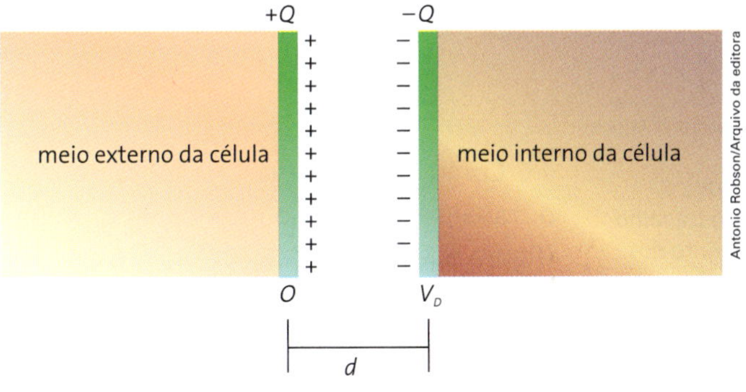


Antonio Robson/Arquivo da editora

I. Em uma diferença de potencial de −70 mV, a intensidade do campo elétrico na membrana é de aproximadamente $10^{7}$ V/m.

II. Sendo a capacitância da membrana $1{,}26 \cdot 10^{-3}$ F e a diferença de potencial de −70 mV, a carga armazenada nela é de 8,82 μC.

# 2 Energia de um capacitor e capacitor plano

## Energia armazenada em um capacitor

Em nossos estudos de Eletrodinâmica, estamos considerando a situação de regime estacionário de corrente contínua, isto é, a situação em que a intensidade da corrente elétrica permanece constante ao longo do tempo. Nessas condições, o capacitor está contido em uma parte do circuito considerado aberto. Para analisar o processo de carga de um capacitor quando ligado a uma bateria, considere a **figura 6.6**.

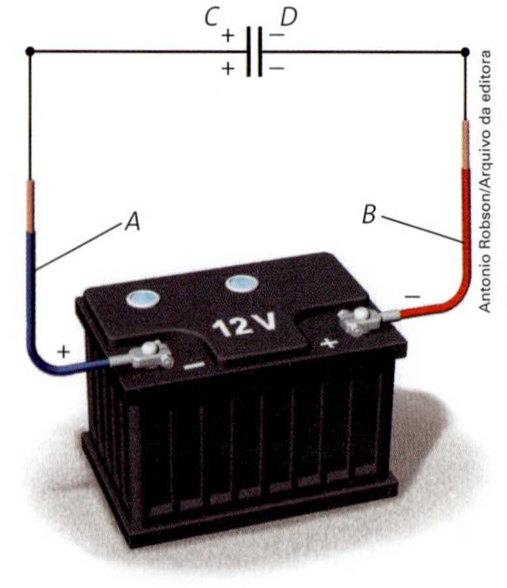


Figura 6.6 Esquema de um capacitor, inicialmente descarregado, ligado a uma bateria.

Inicialmente, a tensão nos polos da bateria é, por exemplo, 12 V, e, entre as armaduras (placas) do capacitor, é nula. À medida que as armaduras são carregadas, o potencial do ponto *C* vai aumentando e o do ponto *D*, diminuindo. Estabelece-se, portanto, a diferença de potencial entre as armaduras do capacitor. Esse processo continua até que a tensão entre os terminais do capacitor seja igual à força eletromotriz da bateria.

O potencial $V_A$ deveria ser igual ao $V_C$, assim como o $V_B$ deveria ser igual ao $V_D$, pois esses pontos estão ligados por fios ideais. No entanto, a igualdade só existirá após um breve intervalo de tempo, chamado de transiente ou transitório, que é o tempo de carga do capacitor. Durante esse intervalo, há um deslocamento de cargas, sob uma diferença de potencial cada vez maior, até que a tensão no capacitor se iguala à *fem* da bateria, atingindo o chamado regime estacionário.

Os primeiros portadores de carga são transferidos de uma armadura a outra praticamente sem diferença de potencial, ao passo que os últimos sofrem o transporte sob tensão praticamente igual à força eletromotriz.

O trabalho da força elétrica para que se processe o deslocamento dos portadores de carga vai corresponder à energia potencial elétrica ($E_p$) armazenada no capacitor. Para uma certa quantidade de carga $\Delta Q$, deslocada sob uma tensão *U*, o trabalho da força elétrica é:

$$\tau = \Delta Q \cdot U$$

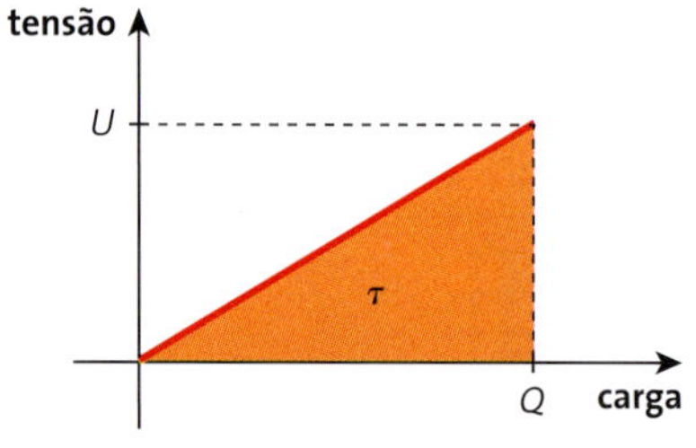


Figura 6.7 A área laranja no gráfico representa, numericamente, o trabalho da força elétrica no deslocamento dos portadores de carga.

Como a tensão *U* varia durante o processo de carga, pode-se calcular o trabalho usando como recurso a propriedade da área sob o gráfico (**figura 6.7**) de $U \times Q$:

$$\begin{cases} E_p = \tau \\ \tau = \text{Área} \end{cases} \Rightarrow E_p = \frac{Q \cdot U}{2} = \frac{C \cdot U^2}{2} = \frac{Q^2}{2 \cdot C}$$

**Observação**: Terminado o processo para carregar o capacitor, não há mais movimento ordenado de portadores de carga. O circuito entra em regime estacionário, e a intensidade da corrente elétrica torna-se nula.

# Capacitor plano

Dentre os vários tipos de capacitor, o capacitor plano recebe um destaque especial. Ele é constituído por duas placas planas e paralelas, entre as quais temos um campo elétrico uniforme, perpendicular às superfícies das placas (**figura 6.8**). Sendo *U* a tensão entre as armaduras e *d* a distância entre elas, pode-se escrever, pelas propriedades do campo elétrico uniforme, que: $E \cdot d = U$.

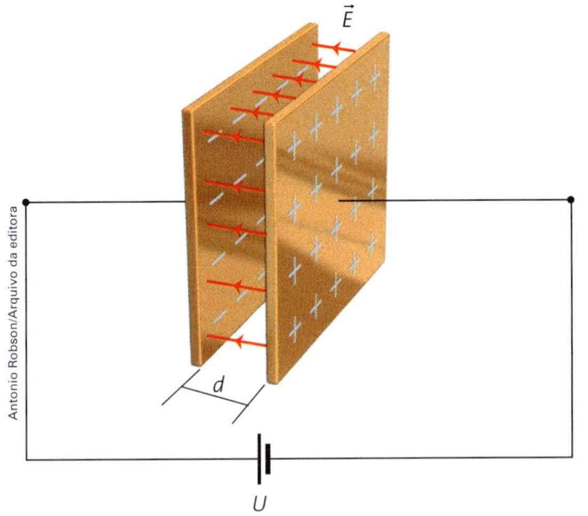


**Figura 6.8** Representação esquemática de um capacitor plano.

A capacidade do capacitor plano pode ser calculada por:

$$C = \frac{\varepsilon \cdot A}{d}$$

Nessa expressão, *A* é a área de cada uma das armaduras, e *d*, a distância entre elas. A constante $\varepsilon$ é chamada de permissividade elétrica do meio e relaciona-se com a constante eletrostática *k* através de:

$$k = \frac{1}{4\pi\varepsilon}$$

No vácuo, tem-se $\varepsilon = \varepsilon_0 = 8{,}85 \cdot 10^{-12}$ (SI). Os meios materiais, em geral, possuem permissividade elétrica maior que o vácuo.

Inserindo um material isolante (dielétrico) entre as armaduras do capacitor, aumentamos sua capacidade. É habitual utilizarmos uma grandeza admensional que indica a razão entre a permissividade do meio e a permissividade elétrica do vácuo, chamada constante dielétrica ($\varepsilon_r$):

$$\varepsilon_r = \frac{\varepsilon}{\varepsilon_0} \text{ ou } \varepsilon = \varepsilon_r \cdot \varepsilon_0$$

Nesse caso, a expressão para o cálculo da capacidade torna-se:

$$C = \frac{\varepsilon_r \cdot \varepsilon_0 \cdot A}{d}$$

**Observações:**

- A inserção de um dielétrico entre as armaduras aumenta a capacidade $\varepsilon_r$ vezes.
- Pela expressão do cálculo da capacitância, pode-se inferir que, conforme a distância entre as placas varia, a capacidade varia de modo inversamente proporcional.
- Se for retirado o capacitor do circuito após o processo de carga, quer se aproximem ou se afastem as armaduras, quer se venha a inserir um dielétrico ou não, a carga das armaduras permanece a mesma.

## Exercícios

7. Um técnico improvisa a construção de um capacitor plano tomando duas folhas metálicas planas de 16 $cm^2$ de área e pondo entre elas uma outra placa de mesma geometria, cuja espessura é 1,77 mm, mas com material isolante cuja constante dielétrica é 3.
   a) Qual é a capacidade desse capacitor?
   b) Se esse capacitor for ligado a uma fonte de 10 V, qual será a energia potencial elétrica nele armazenada quando estiver plenamente carregado?

8. (UFG-GO) Podemos entender, simplificadamente, a descarga elétrica entre duas nuvens, supondo que elas se comportem como um capacitor ideal de placas paralelas, com cargas iguais e de sinais opostos. Considere que a distância entre essas duas nuvens seja de 150 m e que a capacitância do sistema formado pelas nuvens seja igual a $1{,}6 \cdot 10^{-8}$ F.
   a) Qual é a carga elétrica acumulada em cada uma dessas nuvens, para provocar uma descarga elétrica entre elas, sabendo-se que um campo elétrico de intensidade igual a $3 \cdot 10^6$ V/m ioniza o ar entre as nuvens?
   b) Supondo que toda a energia fornecida pela descarga elétrica fosse armazenada, quantas lâmpadas de 60 W poderiam ficar acesas durante uma hora, utilizando essa energia?

9. (Funrei-MG) Um capacitor de placas planas e paralelas, separadas por uma distância *d*, está carregado com carga *q* e submetido à diferença de potencial *V*, conforme ilustra a figura.

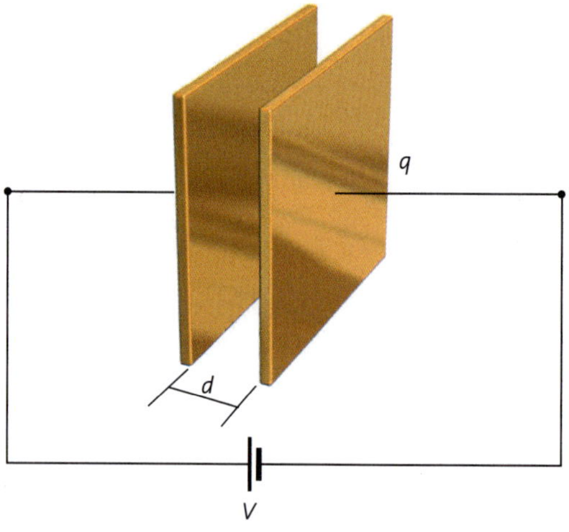


Antonio Robson/Arquivo da editora

Aumentando-se a distância *d* entre as placas, é incorreto afirmar que:
   a) a diferença de potencial permanece a mesma.
   b) a capacidade diminui.
   c) a energia armazenada no capacitor diminui.
   d) a carga permanece constante.

10. Considerando o gráfico ao lado, determine o trabalho necessário para carregar um capacitor, inicialmente descarregado, até uma carga $q = 10\ \mu C$.

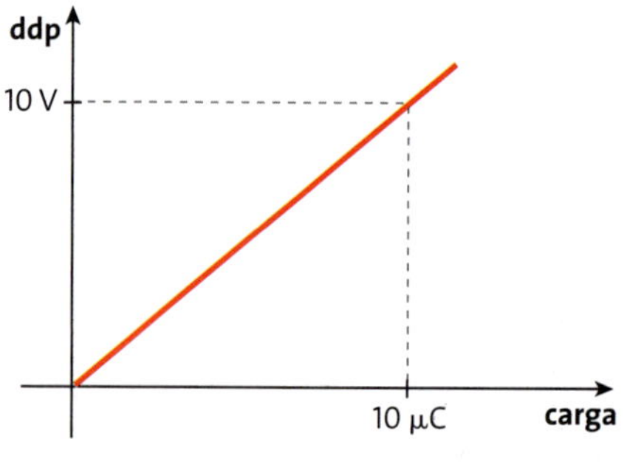


11. Um capacitor de 10 μF foi conectado por um tempo muito longo a uma fonte de 12,0 V.
   a) Qual foi a energia potencial elétrica acumulada no capacitor?
   b) Considerando que o capacitor carregado foi ligado a uma lâmpada de pequena resistência e que ficou praticamente descarregado após um intervalo de tempo $\Delta t$, qual foi o valor desse intervalo se a potência média enquanto a lâmpada se acendeu foi 72 W?
   c) Faça uma estimativa da resistência da lâmpada.

# 3 Associações e circuitos com capacitores

Quando ligados aos circuitos elétricos, os capacitores funcionam como bipolos que armazenam energia elétrica em certos intervalos de tempo, disponibilizando-a para os outros bipolos em outros instantes.

É o caso do *flash* das lâmpadas fotográficas tradicionais: a pilha carrega o capacitor, que, por sua vez, descarrega a energia adquirida na lâmpada.

Em projetos de engenharia, por exemplo, a quantidade de energia a ser utilizada e os valores de capacitância precisam ser calculados com precisão. Para esses cálculos, em muitos casos, são usadas associações de capacitores.

## Associação de capacitores em série

Os três capacitores da **figura 6.9** estão associados em série.

A carga $Q$ será deslocada da armadura esquerda de $C_1$ para a armadura direita de $C_2$. As outras armaduras, seguindo o processo de indução total, também ficarão com carga de mesmo módulo. Tudo se passa como se houvesse um único capacitor com carga $Q$.

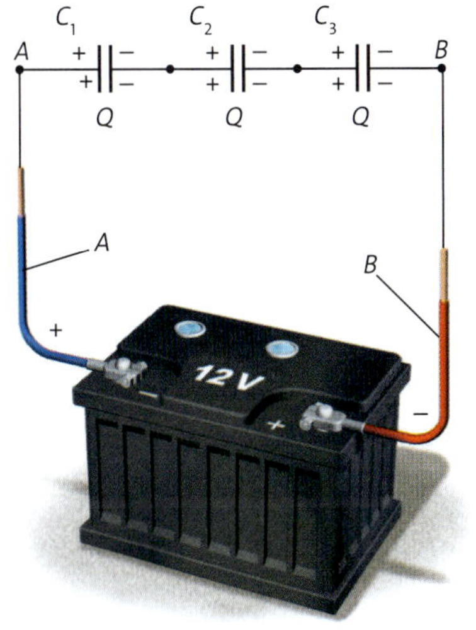


Figura 6.9 Associação de capacitores em série: a quantidade de carga é a mesma em todos eles.

**Observações:**

- A tensão total é a soma das tensões parciais:

$$U = U_1 + U_2 + U_3$$

- O capacitor equivalente é dado por:

$$U = \frac{Q}{C} \Rightarrow \frac{Q}{C_{eq.}} = \frac{Q}{C_1} + \frac{Q}{C_2} + \frac{Q}{C_3} \Rightarrow \frac{1}{C_{eq.}} = \frac{1}{C_1} + \frac{1}{C_2} + \frac{1}{C_3}$$

- Para dois capacitores em série: $C_{eq.} = \dfrac{C_1 \cdot C_2}{C_1 + C_2}$

- Para $n$ capacitores **iguais** associados em série: $C_{eq.} = \dfrac{C}{n}$

## Associação de capacitores em paralelo

A **figura 6.10** ilustra três capacitores associados em paralelo.

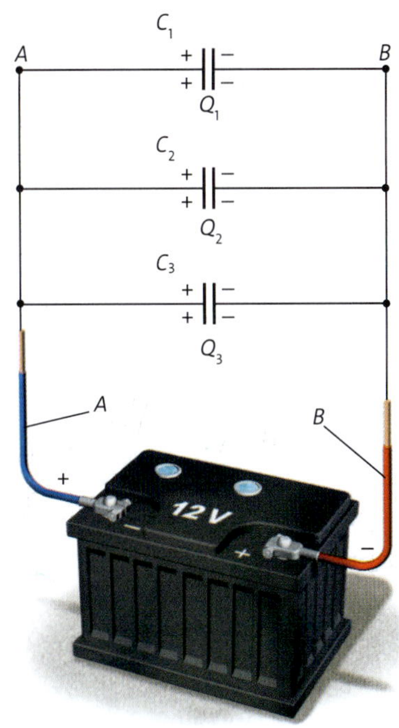


Ilustrações: Antonio Robson/Arquivo da editora

Figura 6.10 Associação de capacitores em paralelo: a tensão é a mesma em todos eles.

**Observações:**

- A quantidade de carga total é igual à soma das quantidades parciais de carga:

$$Q = Q_1 + Q_2 + Q_3$$

- O capacitor equivalente é dado por:

$$Q = C \cdot U$$

$$C_{eq.} \cdot U = C_1 \cdot U + C_2 \cdot U + C_3 \cdot U$$

$$C_{eq.} = C_1 + C_2 + C_3$$

- Para $n$ capacitores **iguais** associados em paralelo: $C_{eq.} = n \cdot C$

## Circuitos com capacitores

Para armazenar energia elétrica, os capacitores devem ser ligados a circuitos elétricos com pelo menos um bipolo gerador.

Consideremos, por exemplo, um circuito formado por uma bateria de *fem* $\varepsilon$, um resistor de resistência elétrica $R$ e um capacitor de capacitância $C$, ligados em série por uma chave *ch* (**figura 6.11**).

Vamos considerar que, no início, a chave esteja aberta e o capacitor descarregado. Ao ligarmos a chave, a ddp $U_C$ do capacitor é nula. Como a associação é em série, a ddp $U_R$ no resistor é igual à *fem* $\varepsilon$.

Da primeira lei de Ohm, concluímos que a corrente no circuito, imediatamente após fechar a chave (**figura 6.12**), é dada por:

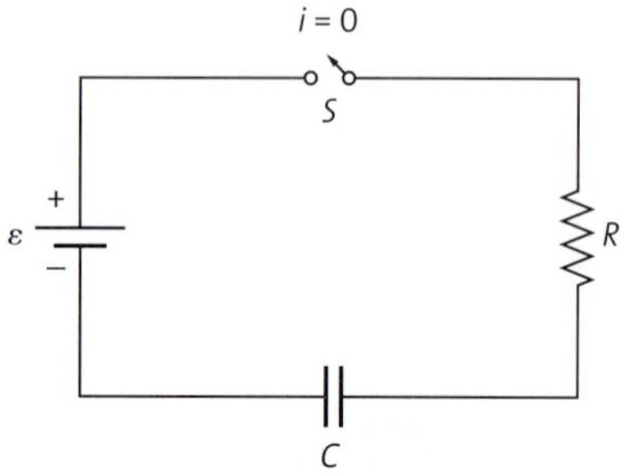


**Figura 6.11** Representação do circuito de um capacitor com a chave aberta.

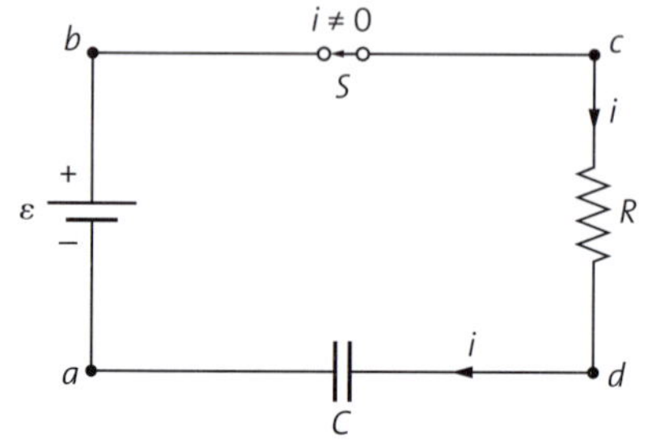


**Figura 6.12** Representação do circuito de um capacitor com a chave fechada.

$$i = \frac{\varepsilon}{R}$$

Nesse momento, podemos pensar que algo está estranho: como o capacitor e o resistor estão em série, são atravessados pela mesma corrente. Como isso é possível se o capacitor tem um isolante entre os dois condutores que o compõem?

Veja uma explicação simples: uma das placas do capacitor está ligada ao polo positivo do gerador e os elétrons livres saem dela em busca do potencial maior, o que faz com que ela, gradativamente, adquira carga positiva (**figura 6.13**).

Essa carga positiva provoca indução eletrostática na outra placa, que está ligada ao polo negativo (Terra) do gerador e dele recebe elétrons, ficando negativa (**figura 6.14**).

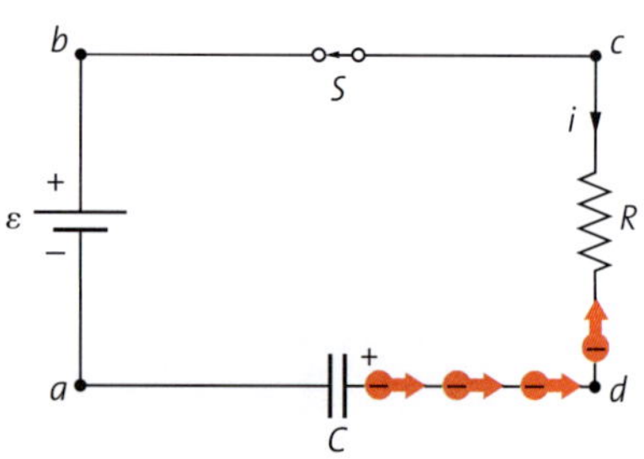


**Figura 6.13** Representação simplificada da ligação da placa positiva de um capacitor.

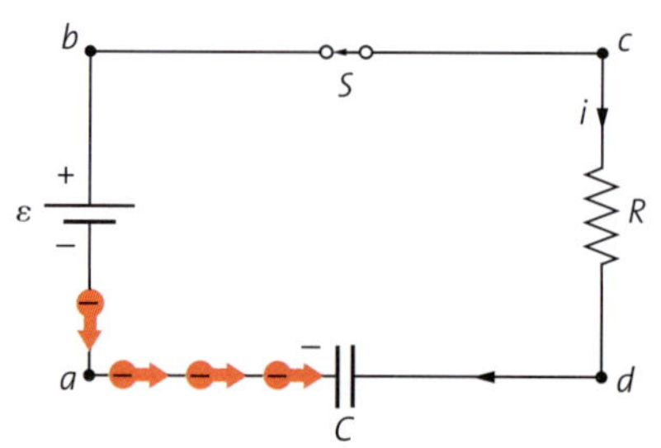


**Figura 6.14** Representação simplificada da ligação da placa negativa de um capacitor.

Assim, macroscopicamente, há uma corrente elétrica no sentido habitual e uma variação no campo elétrico no interior do capacitor.

Esse processo ocorre até o instante em que a ddp $U_c$ no capacitor se iguala à *fem* $\varepsilon$, impondo uma corrente final nula (**figura 6.15**).

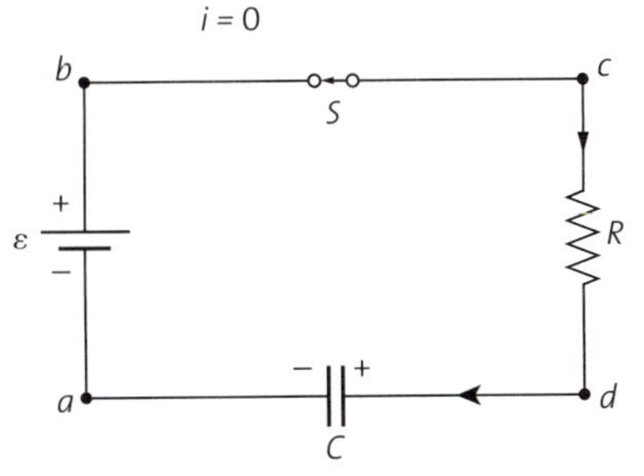


**Figura 6.15** Representação do circuito em regime estacionário.

Em resumo, o funcionamento do circuito tem três fases:

| Regime | Instante | ddp no capacitor ($U_c$) | ddp no resistor ($U_R$) | Corrente no circuito |
|---|---|---|---|---|
| início | $t = 0$ | nula (curto-circuito) | $\varepsilon$ | $\frac{\varepsilon}{R}$ |
| transitório | $t$ é crescente | crescente | decrescente | decrescente |
| estacionário | $t = \infty$ | $\varepsilon$ | nula | nula (circuito aberto) |

## Exercícios

**12.** A figura representa um circuito elétrico em regime estacionário.

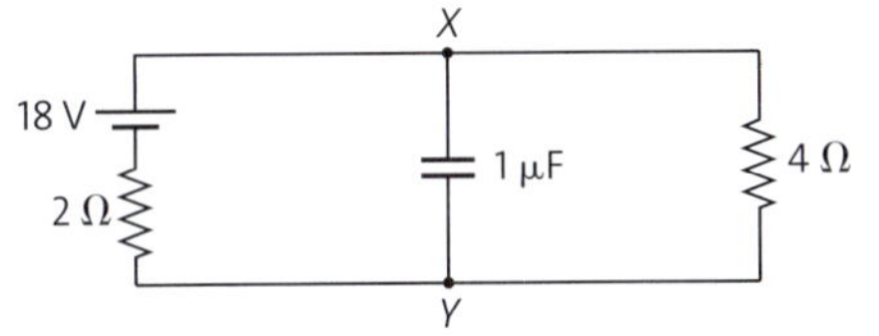


a) Qual é a intensidade e o sentido da corrente no gerador?

b) Qual é a intensidade da corrente no ramo de circuito que contém o capacitor?

c) Determine a energia potencial elétrica armazenada no capacitor e determine os sinais das cargas em cada uma das armaduras.

**13.** (UPM-SP) No esquema da figura, os três capacitores encontram-se neutros, desprezam-se as resistências internas dos geradores. Leva-se a chave para a posição 1 e aguarda-se o equilíbrio elétrico; a seguir, leva-se a chave para a posição 2. Atingindo o equilíbrio elétrico após essa operação, qual será a carga do capacitor de capacitância 1 μF?

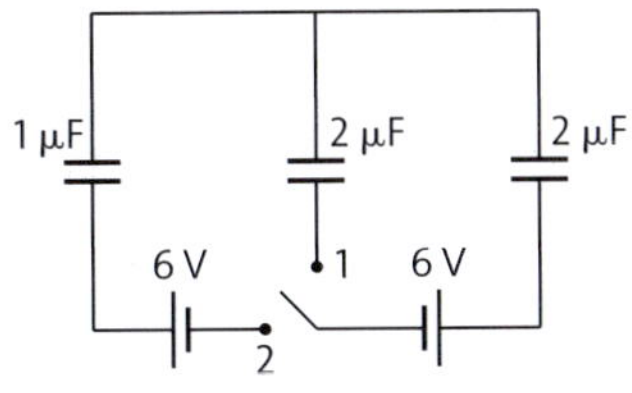


a) 0 b) 3 μC c) 1 μC d) 3/16 μC e) 1/2 μC

**14.** Associam-se em série dois capacitores, $C_1 = 3$ μF e $C_2 = 2$ μF, e o conjunto é ligado a uma fonte de ddp $U = 18$ V. Determine:

a) a capacitância equivalente;

b) a carga de cada capacitor;

c) a ddp de cada capacitor;

d) a energia potencial elétrica de cada capacitor.

**15.** Associam-se em paralelo dois capacitores, $C_1 = 3$ μF e $C_2 = 2$ μF, e o conjunto, ligado a uma fonte, adquire uma carga total de 30 μC. Determine:

a) a capacitância equivalente;

b) a ddp de cada capacitor;

c) a carga de cada capacitor;

d) a energia potencial elétrica de cada capacitor.

**16.** No circuito esquematizado, o capacitor está com plena carga.

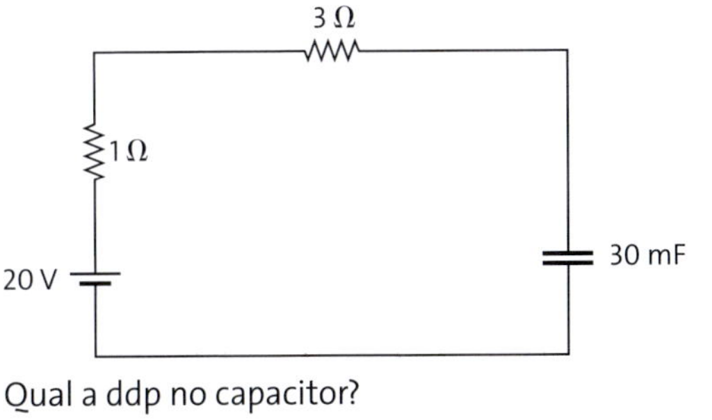


a) Qual a ddp no capacitor?

b) Determine a energia potencial elétrica nele armazenada.

Figura 6.16 Representação bidimensional da estrutura do silício ($^{14}Si$). O átomo de silício possui 14 elétrons ($1s^2$; $2s^2$; $2p^6$; $3s^2$; $3p^2$), com quatro elétrons na camada de valência.

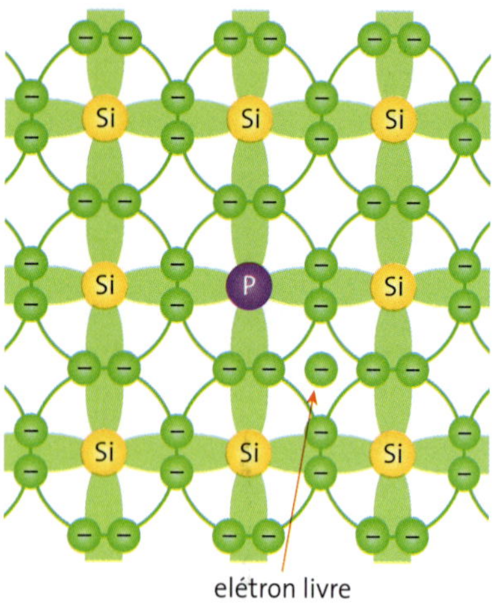


Figura 6.17 Representação de um cristal de silício dopado com átomos de fósforo. Nesse caso, obtêm-se portadores de carga elétrica negativa livres.

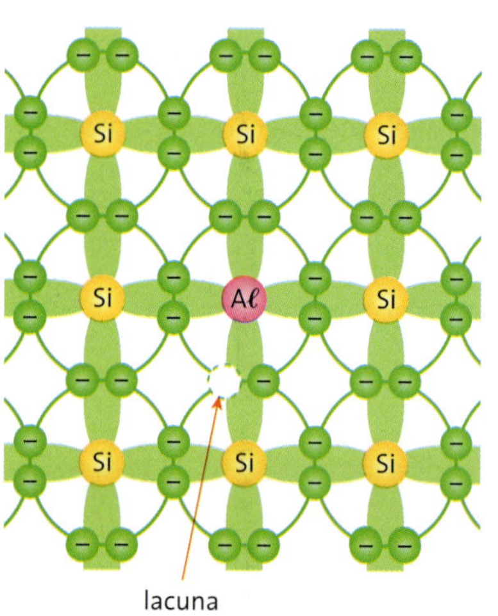


Figura 6.18 Representação esquemática de um cristal de silício dopado com átomos de alumínio. Nesse caso, obtêm-se portadores de carga elétrica positiva livres.

## 4 Semicondutores

Do ponto de vista da Física, a eletricidade é estudada com base nos condutores de primeira classe, ou seja, os condutores metálicos que, em condições ambientes, normalmente são sólidos, mas nem todos os sólidos são condutores de eletricidade.

De acordo com a resistividade elétrica à temperatura ambiente, os sólidos podem ser classificados em três grupos: os condutores (metais), os isolantes e semicondutores. Enquanto um condutor tem uma resistividade da ordem de $10^{-8}\ \Omega \cdot m$, um isolante tem de $10^{16}\ \Omega \cdot m$ e um semicondutor, de $10^3\ \Omega \cdot m$.

Vamos tratar especificamente dos dispositivos semicondutores, amplamente utilizados em comunicações, computação e outras áreas, responsáveis pela revolução na eletrônica que mudou nosso modo de viver e se comunicar.

É importante saber que, com o aumento da temperatura, a resistividade elétrica dos condutores metálicos aumenta, enquanto a dos semicondutores diminui. Esse fato pode ser usado para melhorar o desempenho dos semicondutores na condução de corrente elétrica.

O processo que possibilita a utilização prática dos semicondutores na condução de corrente elétrica é denominado dopagem. A dopagem consiste na mistura de impurezas (átomos de um outro elemento químico) na rede atômica de um semicondutor. Como exemplo, vamos considerar um semicondutor típico: o silício.

Depois do oxigênio (46,6%), o silício é o elemento mais abundante da crosta terrestre (27,7%), sendo encontrado principalmente na areia ($SiO_2$).

Na representação bidimensional da estrutura cristalina do silício mostrada na **figura 6.16**, observamos que cada átomo de silício, com quatro elétrons na camada de valência, compartilha dois elétrons com cada um dos quatro átomos vizinhos, numa ligação covalente.

O silício pode ser dopado com átomo de fósforo ($^{15}P$), que possui 15 elétrons ($1s^2$; $2s^2$; $2p^6$; $3s^2$; $3p^3$) e, portanto, cinco elétrons na camada de valência (valência 5). Na **figura 6.17**, temos a representação de uma rede cristalina de silício com um de seus átomos sendo substituído por um átomo de fósforo.

Observe na figura que, na substituição de um átomo de silício (valência 4) por um átomo de fósforo (valência 5), o quinto elétron do átomo de fósforo não participa da ligação covalente. Esse elétron fica praticamente livre, constituindo-se em um portador de carga elétrica negativa. Nesse processo, o silício adquire propriedades semelhantes às do condutores metálicos (condução por meio de elétrons livres). O átomo de fósforo é chamado de átomo doador, e o silício é chamado de semicondutor do tipo *n* (negativo).

Vejamos, agora, como o silício se comporta se for dopado com átomos de alumínio ($^{13}A\ell$). O átomo de alumínio possui 13 elétrons ($1s^2$; $2s^2$; $2p^6$; $3s^2$; $3p^1$) e valência 3. A **figura 6.18** representa a estrutura cristalina do silício com um de seus átomos sendo substituído por um átomo de alumínio.

Observe que, na substituição de um átomo de silício (valência 4) por um átomo de alumínio (valência 3), um elétron do átomo de silício migra para o átomo de alumínio deixando uma lacuna em seu lugar. Essa lacuna se comporta como um portador de carga elétrica positiva. Nesse processo, o silício adquire propriedades de condução elétrica, sendo a corrente elétrica constituída de cargas elétricas positivas. O átomo de alumínio é chamado átomo aceitador; o átomo de silício se denomina semicondutor do tipo *p* (positivo).

# Diodos

Suponha, agora, que um semicondutor do tipo *n* seja colocado junto a um semicondutor do tipo *p*, formando um diodo, conforme mostra a **figura 6.19**. Na **figura 6.20** temos a representação simbólica de um diodo e na **figura 6.21** são apresentados alguns tipos de diodo.

Figura 6.19 Uma junção *pn* constitui um diodo (dois terminais).

Figura 6.20 Símbolo de diodo.

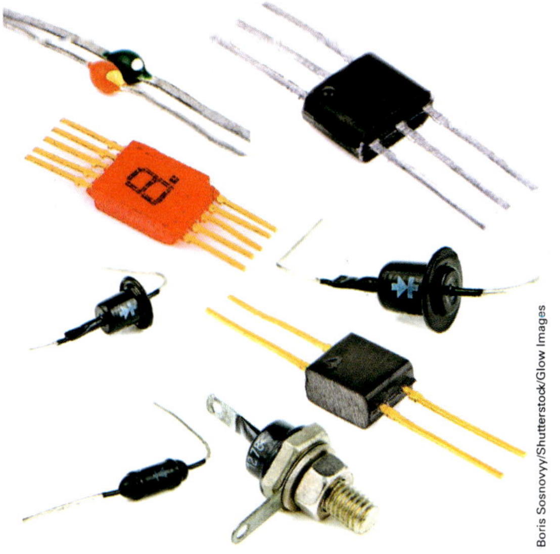


Figura 6.21 Alguns tipos de diodo.

Quando uma junção *pn* (diodo) está ligada a uma bateria, ela apresenta uma característica fundamental. Se o polo positivo da bateria for ligado ao lado *p* da junção, o diodo se comporta como uma chave fechada (resistência nula), permitindo a passagem de corrente elétrica (da **figura 6.22.a**). Mas, se o polo positivo da bateria for ligado ao lado *n* da junção, o diodo se comporta como uma chave aberta (resistência infinita), não permitindo a passagem de corrente elétrica (**figura 6.22.b**).

Na prática, uma das aplicações mais importantes do diodo é como retificador, convertendo uma corrente alternada em uma corrente contínua (**figura 6.23**).

Figura 6.23 Representação de um diodo que converte corrente alternada em corrente contínua.

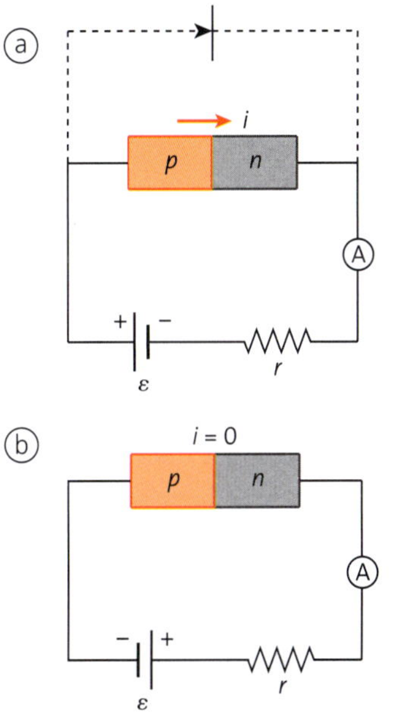


Figura 6.22 Um diodo ideal (junção *pn*), um resistor, um amperímetro e uma bateria ligados em série: o diodo está ligado (polarização direta) (**a**); o diodo está desligado (polarização inversa) (**b**).

Uma junção *pn* pode emitir luz. É o que acontece com os diodos emissores de luz, muito usados nos visores de aparelhos digitais. Um diodo emissor de luz também é chamado de LED (em inglês, *light-emitting diode*) (**figura 6.24**).

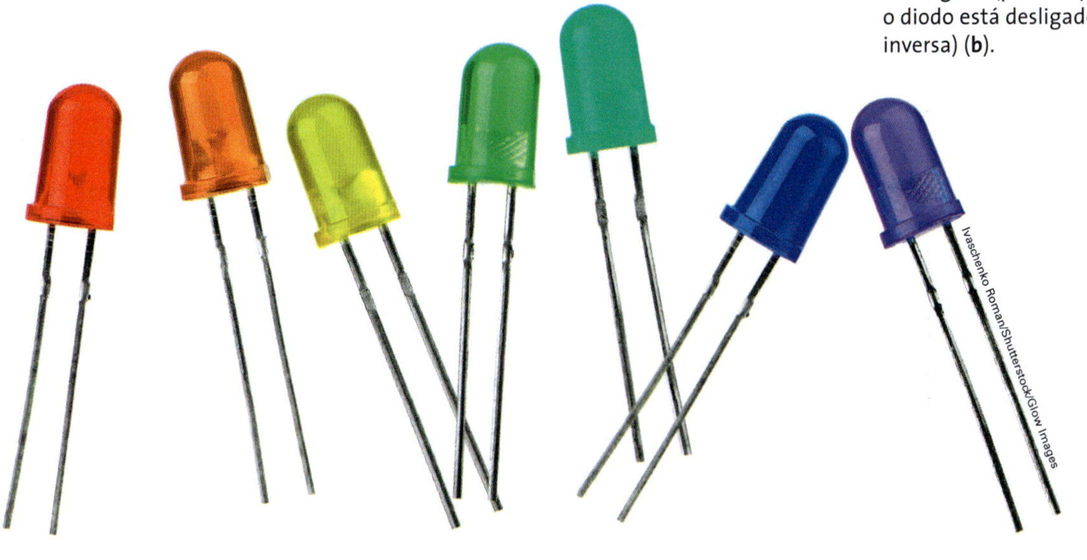


Figura 6.24 Tipos de LED.

# Transistores

Além dos diodos, dispositivos de dois terminais, os semicondutores dos tipos *p* e *n* podem ser associados de tal forma a produzir dispositivos de três terminais, os **transistores** (figura 6.25), desenvolvidos em 1948 por um grupo formado por William Shockley (1910-1989), John Bardeen (1908--1991) e Walter H. Brattain (1902-1987), que por isso e por suas pesquisas de semicondutores receberam o Prêmio Nobel de Física em 1956.

DeSerg/Shutterstock/Glow Images

Figura 6.25 Tipos de transistor.

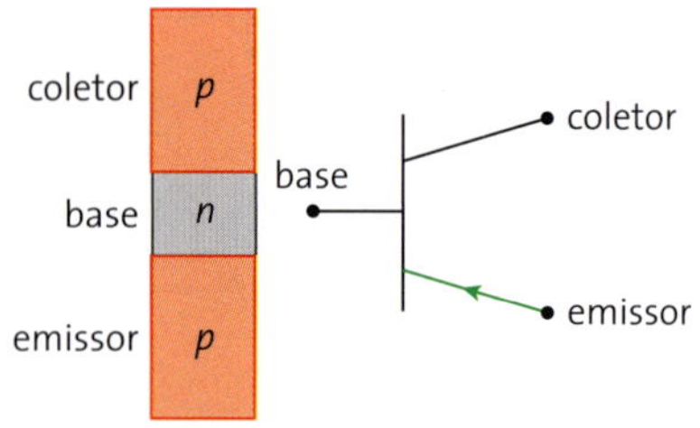


Figura 6.26 No transistor *pnp*, a corrente elétrica vai do emissor (*p*) para a base (*n*).

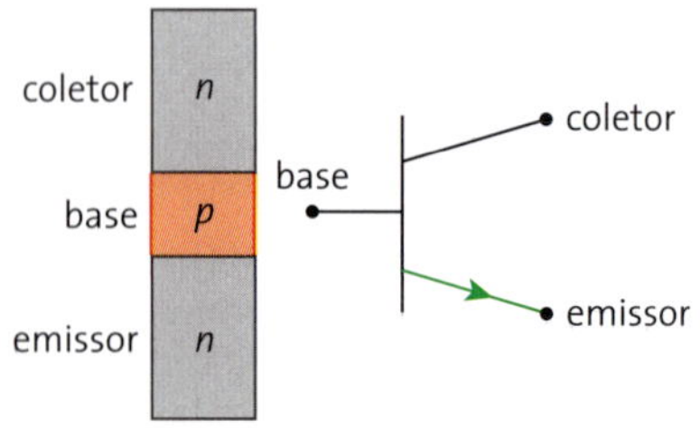


Figura 6.27 No transistor *npn*, a corrente elétrica vai da base (*p*) para o emissor (*n*).

Nas figuras 6.26 e 6.27, temos os dois tipos básicos de transistor, o *pnp* e o *npn*, bem como suas representações esquemáticas nos circuitos elétricos.

Os três terminais de um transistor são conhecidos como emissor, base e coletor. No transistor *pnp*, o emissor e o coletor são semicondutores do tipo *p*, e a base é um semicondutor do tipo *n*. No transistor *npn*, o emissor e o coletor são semicondutores do tipo *n*, e a base é um semicondutor do tipo *p*.

A função básica de um transistor é amplificar uma corrente elétrica, como mostra a figura 6.28.

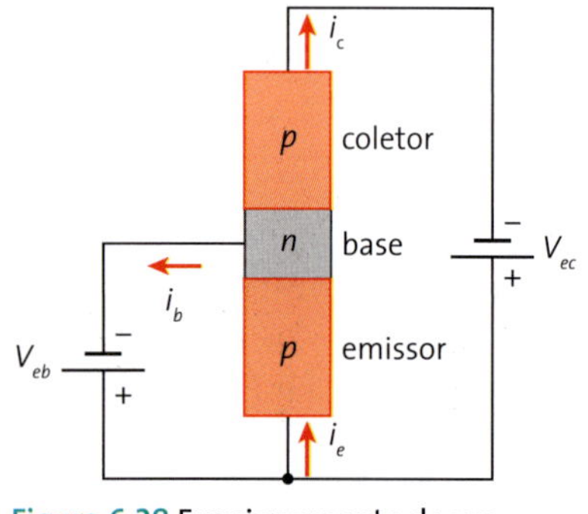


Figura 6.28 Funcionamento de um transistor *pnp* como amplificador de corrente.

Como o emissor é do tipo *p*, ele emite lacunas (cargas positivas), representadas pela corrente $i_e$, que atinge a base. A maior parte dessa corrente, representada pela corrente $i_c$, atravessa a base e chega ao coletor. O restante retorna da base, representada pela corrente $i_b$, ao emissor.

Geralmente, a corrente da base ($i_b$) é muito menor do que a corrente do coletor ($i_c$), sendo a relação $\frac{i_c}{i_b}$ denominada ganho de corrente do transistor.

Na prática, os transistores apresentam ganho de corrente que varia de 10 a 1000 vezes. Nessas condições, pequenas variações na corrente da base podem provocar grandes variações na corrente do coletor.

Nas últimas décadas, os dispositivos elétricos (resistores, capacitores, diodos e transistores) passaram a ser moldados em uma única placa de um cristal semicondutor (silício). Eles constituem os *chips*, circuitos integrados responsáveis pela miniaturização dos aparelhos eletrônicos.

## Física tem História

Nossa interação está cada vez mais rápida, graças aos nossos computadores, celulares e outros dispositivos que nos conectam ao mundo virtual. Conforme a tecnologia evolui, novos dispositivos ficam menores e mais rápidos, mas nada disso aconteceria se os transistores não tivessem sido inventados; eles são a base para qualquer dispositivo eletrônico, recebendo um posto entre as dez invenções mais importantes do milênio.

Os diodos semicondutores já eram conhecidos antes mesmo de 1920. Com a criação da válvula triodo, muitos pesquisadores passaram a trabalhar com a possibilidade de controlar a corrente num retificador de estado sólido (um diodo semicondutor), a partir de algum eletrodo colocado na sua estrutura. Isso permitiria elaborar um dispositivo de estado sólido capaz de amplificar correntes da mesma forma que faz a válvula triodo. No entanto, apesar de haver certa validade na ideia, nenhum dos pesquisadores teve sucesso justamente porque os materiais usados na fabricação dos diodos semicondutores não eram apropriados. Foi somente depois da Segunda Guerra Mundial que o germânio e o silício passaram a ser usados em diodos detectores de micro-ondas para radares e que se desenvolveu uma teoria completa que permitiria entender os estados quânticos dos portadores de carga nesses materiais.

Primeiro transistor.

Disponível em: <www.newtoncbraga.com.br/index.php/artigos/67-historia-da-eletronica/407-a-historia-do-transistor>. Acesso em: mar. 2013. Adaptado.

## Exercícios

**17.** (Unicamp-SP) Grande parte da tecnologia utilizada em informática e telecomunicações é baseada em dispositivos semicondutores, que não obedecem à lei de Ohm. Entre eles está o diodo, cujas características ideais são mostradas no gráfico abaixo.

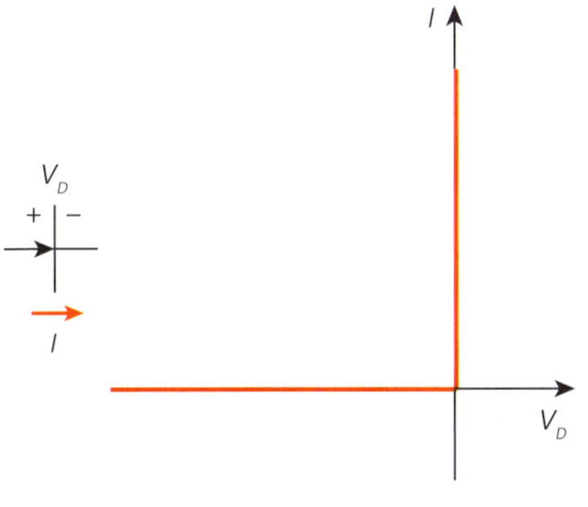


O gráfico deve ser interpretado da seguinte forma: se for aplicada uma tensão negativa sobre o diodo ($V_D < 0$), não haverá corrente (ele funciona como uma chave aberta). Caso contrário ($V_D > 0$), ele se comporta como uma chave fechada.

Considere o circuito abaixo:

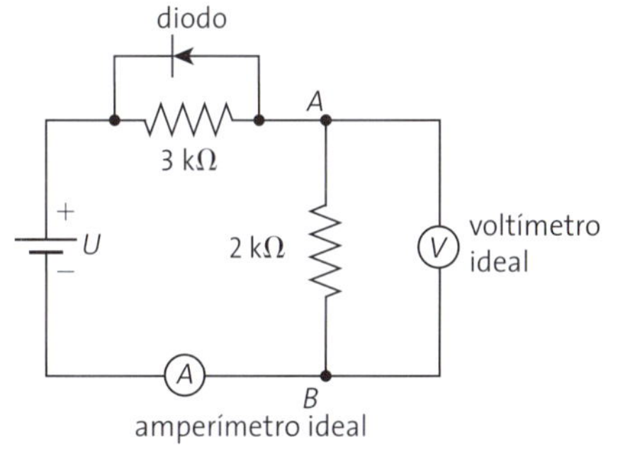


a) Obtenha as resistências do diodo para $U = +5$ V e $U = -5$ V.

b) Determine os valores lidos no voltímetro e no amperímetro para $U = +5$ V e $U = -5$ V.

**18.** Na fabricação de um material semicondutor de tipo *P*, emprega-se o silício (tetravalente) dopado com uma substância que, na sua camada mais externa, tem quantidade de elétrons igual a:

a) 1.
b) 2.
c) 3.
d) 4.
e) 5.

19. (Vunesp-SP) A figura representa esquematicamente um diodo, dispositivo eletrônico formado pela junção de dois cristais semicondutores, um com excesso de portadores de carga positiva, denominado *p*, e outro com excesso de portadores de cargas negativas, denominado *n*.

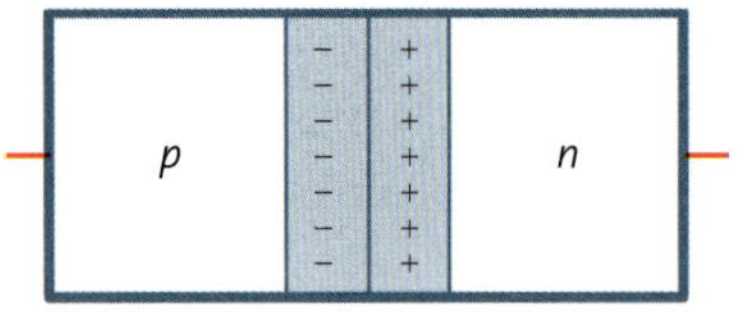

diodo

Na região de contato desses cristais, representada pela faixa sombreada, nota-se que, por difusão, parte dos portadores de carga positiva do cristal *p* passa para o cristal *n* e parte dos portadores de carga negativa passa do cristal *n* para o cristal *p*. Liga-se esse diodo a uma pilha, formando o circuito da figura a seguir:

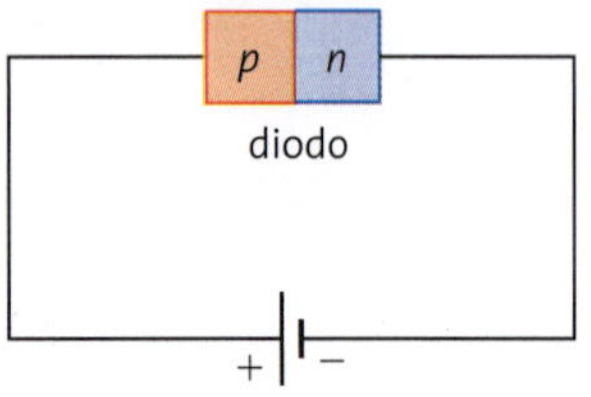


Pode-se afirmar que, nessas condições, o diodo:

a) vai ser percorrido por uma corrente elétrica formada de portadores de carga negativa, no sentido de *p* para *n*, e de portadores de carga positiva, no sentido de *n* para *p*.
b) vai ser percorrido por uma corrente elétrica formada de portadores de carga negativa, no sentido de *n* para *p*, e de portadores de carga positiva, no sentido de *p* para *n*.
c) vai ser percorrido por uma corrente elétrica formada de portadores de cargas positiva e negativa no sentido de *n* para *p*.
d) vai ser percorrido por uma corrente elétrica formada de portadores de cargas positiva e negativa no sentido de *p* para *n*.
e) não será percorrido por nenhuma corrente elétrica em qualquer sentido.

20. No circuito seguinte, determine as indicações dos amperímetros $A_1$ e $A_2$:

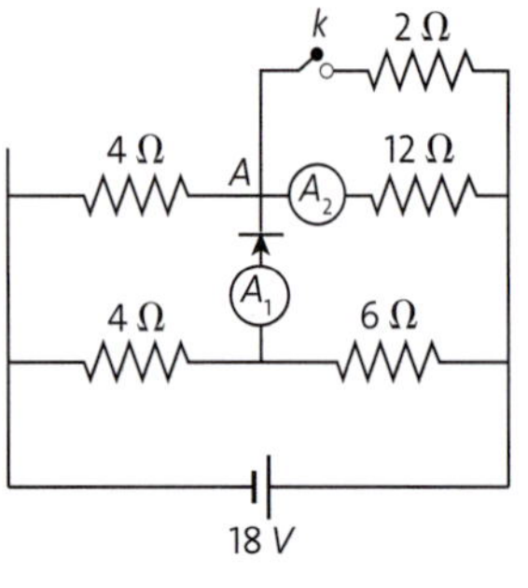


a) com a chave *k* aberta;
b) com a chave *k* fechada.

21. A figura a seguir mostra um circuito elétrico constituído de uma bateria ideal de 12 V, três diodos, $D_1$, $D_2$ e $D_3$, e quatro lâmpadas, sendo as lâmpadas $L_1$ e $L_2$ de 12 V e 6 W e as lâmpadas $L_3$ e $L_4$ de 6 V e 6 W.

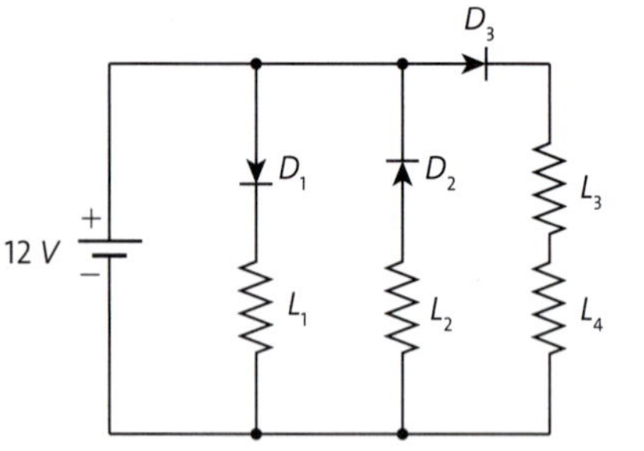


a) Quais são os diodos que estão funcionando como chave aberta e quais estão funcionando como chave fechada?
b) Quais são as lâmpadas que estão acesas?
c) As lâmpadas acesas estão funcionando em condições normais?

22. (Unicamp-SP) Um LED (do inglês *light-emitting diode*) é um dispositivo semicondutor para emitir luz. Sua potência depende da corrente elétrica que passa através desse dispositivo, controlada pela voltagem aplicada. Os gráficos abaixo representam as características operacionais de um LED com comprimento de onda na região do infravermelho, usado em controles remotos.

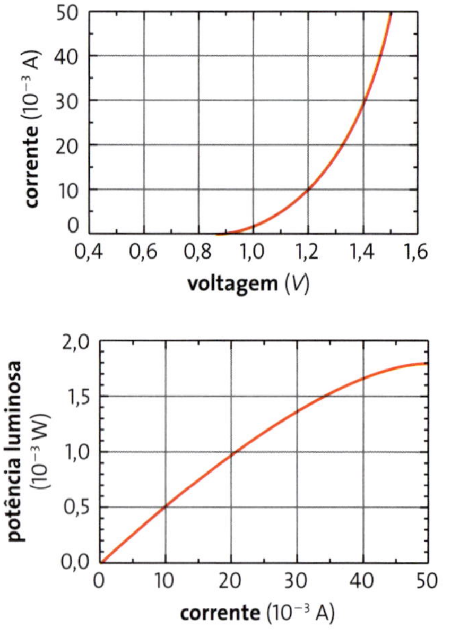


a) Qual é a potência elétrica do diodo, quando uma tensão de 1,2 V é aplicada?
b) Qual é a potência de saída (potência elétrica transformada em luz) para essa voltagem? Qual é a eficiência do dispositivo?
c) Qual é a eficiência do dispositivo sob uma tensão de 1,5 V?

## William Bradford Shockley

William Bradford Shockley (1910-1989).

Físico anglo-americano nascido em Londres (1910), coinventor do transistor, que lhe rendeu o Prêmio Nobel de Física (1956) juntamente com sua equipe do *Bell Telephone Labs*, John Bardeen, Murray Hill e Walter H. Brattain.

Filho de William Hillman Shockley, engenheiro de minas de Massachusetts, e Mary Bradford, William migrou com a família para os Estados Unidos em 1913 e se formou pelo *California Institute of Technology* em 1932. Estudou no *Massachusetts Institute of Technology*, orientado pelo professor J. C. Slater, onde obteve o Ph.D., em 1936, com uma tese sobre a estrutura energética do cloreto de sódio.

Trabalhou no *Bell Telephone Labs*, de 1936 a 1956, e lá iniciou as experiências que conduziram à invenção e ao desenvolvimento do transistor de junção. Durante a Segunda Guerra Mundial serviu de diretor de pesquisa para o *Antisubmarine Warfare Operations Research Group* da Marinha americana. Depois da guerra, retornou ao *Bell Labs* como diretor de pesquisa da Física do Transistor. Foi professor visitante de Física no *California Institute of Technology*, em 1954, e diretor do Departamento de Defesa dos Estados Unidos (1954-1955). Uniu-se à *Beckman Instruments Inc.*, para implantar o Laboratório Shockley de Semicondutor (1955), assumindo a direção da *Shockley Transistor Corp.*, em Palo Alto, Califórnia, na qual foi presidente (1958-1960) e consultor (1960-1965). Tornou-se, em 1958, professor da *Stanford University*, Califórnia, e o primeiro professor de Ciência da Engenharia nessa universidade (1963). Morreu em Palo Alto, em 1989.

O transistor executa funções eletrônicas semelhantes às das válvulas eletrônicas do rádio e da televisão, mas de longe é muito menor do que essas válvulas e usa menos energia. Com seu surgimento, iniciou-se a Eletrônica moderna: o *microchip* e a tecnologia do computador.

Disponível em: <www.dec.ufcg.edu.br/biografias/WilliBra.html>. Acesso em: nov. 2013. Adaptado.

# Vestibulares de Norte a Sul

1. SE (Vunesp-SP) Capacitores são elementos de circuito destinados a:

a) armazenar corrente elétrica.

b) permitir a passagem de corrente elétrica de intensidade constante.

c) corrigir as variações de tensão nos aparelhos de televisão.

d) armazenar energia elétrica.

e) nenhuma das afirmações acima é satisfatória.

2. SE (PUC-MG) Se dobrarmos a carga acumulada nas placas de um capacitor, a diferença de potencial entre as suas placas ficará:

a) inalterada.

b) multiplicada por quatro.

c) multiplicada por dois.

d) dividida por quatro.

e) dividida por dois.

3. SE (UFU-MG) Um capacitor, de capacitância desconhecida, tem sido usado para armazenar e fornecer energia a um aparelho de tevê. O capacitor é carregado com uma fonte de 1000 V, armazenando uma carga de 10 C. O televisor funciona num intervalo de diferença de potencial entre 80 V e 260 V. Quando ocorre falta de energia, liga-se o capacitor ao televisor, e este consegue funcionar durante cerca de 5 minutos. A carga que fica armazenada no capacitor, no instante em que o televisor deixa de funcionar, é de:

a) 1 C. c) 2,6 C.

b) 10 C. d) 0,8 C.

4. S (UNICENP-PR) A eletrostática estuda a obtenção e interação das cargas elétricas em repouso. Analise as informações abaixo.

I. Na eletrização por atrito, os corpos adquirem cargas elétricas de sinais contrários.

II. O campo elétrico no interior de um condutor eletrizado em equilíbrio eletrostático é nulo.

III. O capacitor é um componente elétrico que tem a função de armazenar cargas elétricas.

Podemos considerar verdadeira(s) a(s) afirmação(ões):

a) II e III. d) I e II.

b) nenhuma. e) todas.

c) I e III.

5. SE (PUC-SP) A carga de um capacitor sofre um aumento de 60 μC, quando a diferença de potencial entre seus terminais aumenta de 50 V para 60 V. Esse capacitor tem capacidade de:

a) 12 μF. d) 2 μF.

b) 30 μF. e) 1 μF.

c) 6 μF.

6. SE (UFRJ) Um aluno deseja carregar duas placas, *A* e *B*, por indução. Utilizando cabos isolantes, o aluno junta as duas placas e as coloca entre duas outras placas grandes, paralelas, *C* e *D*, ligadas a uma bateria, como ilustra a figura 1.

Ainda entre as duas placas *C* e *D*, ele separa as placas *A* e *B* (figura 2) e, em seguida, as retira daquela região (figura 3).

figura 1

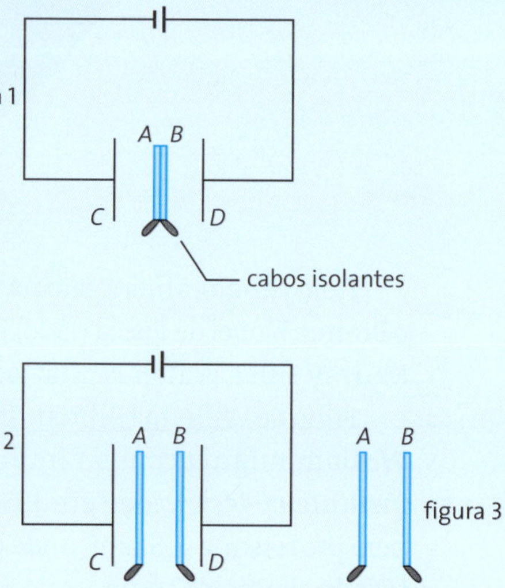


figura 2

a) Indique os sinais das cargas das placas *A* e *B* no estado final.

b) Compare os módulos dessas cargas entre si, indicando se o módulo da carga de *A* é maior, igual ou menor do que o módulo da carga de *B*. Justifique suas respostas.

7. SE (ITA-SP) O catálogo de uma fábrica de capacitores descreve um capacitor de 25 V de tensão de trabalho e capacitância de 22 000 μF. Se a energia armazenada nesse capacitor se descarrega em um motor, sem atrito, arranjado para levantar um tijolo de 0,5 kg de massa, a altura alcançada pelo tijolo é:

a) 1 km. d) 20 m.

b) 10 cm. e) 2 mm.

c) 1,4 m.

8. **SE** (Ufla-MG) A energia armazenada num capacitor de 10 000 $\mu$F, submetido a uma diferença de potencial de 16 V, se descarrega num motor sem atrito, arranjado para erguer um bloco de 0,10 kg de massa. Qual é a altura máxima atingida pelo bloco, em metros? (Adote $g = 10$ m/s$^2$.)

a) 0,24 m
b) 1,56 m
c) 1,28 m
d 2,15 m
e) 3,21 m

9. **SE** (UFJF-MG) Um capacitor de placas planas e paralelas, isolado a ar, é carregado por uma bateria. Em seguida o capacitor é desligado da bateria e a região entre as placas é preenchida com óleo isolante. Sabendo-se que a constante dielétrica do óleo é maior do que a do ar, pode-se afirmar que:

a) a carga do capacitor aumenta e a ddp entre as placas diminui.
b) a capacitância do capacitor aumenta e a ddp entre as placas diminui.
c) a capacitância do capacitor diminui e a ddp entre as placas aumenta.
d) a carga do capacitor diminui e a ddp entre as placas aumenta.

10. **SE** (UFF-RJ) A figura abaixo representa algumas superfícies equipotenciais na região entre duas placas paralelas, separadas por uma distância $d = 6{,}0$ cm muito menor que as dimensões lineares da mesma. As placas estão ligadas aos terminais de uma bateria de 12 V. Os pontos $L$, $M$ e $N$ indicam algumas posições específicas entre as placas.

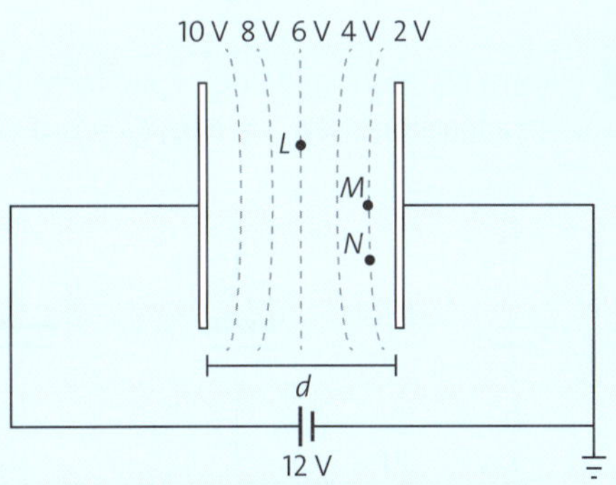


a) Estime o valor do campo elétrico no ponto $M$.
b) Estime o valor da força elétrica que atua sobre uma carga $q_0 = -2{,}0 \cdot 10^{-6}$ C colocada em $M$ e indique, na figura que se encontra no espaço reservado para a sua resposta, sua direção e sentido.
c) Calcule o trabalho realizado pela força elétrica quando essa carga é deslocada entre os pontos:
   - $M$ e $N$;
   - $M$ e $L$.

11. **SE** (PUC-SP) Entre as armaduras horizontais de um capacitor plano situa-se uma gota de óleo de raio $5 \cdot 10^{-5}$ cm e massa específica 0,80 g/cm$^3$. A gota permanece imóvel quando a ddp entre as armaduras é de 256 V. Calcule a carga da gota sabendo-se que a separação entre as armaduras é de 1 cm e que $g = 9{,}80$ m/s$^2$.

12. **NE** (Uespi) A próxima figura à esquerda ilustra um capacitor eletrolítico do tipo bastante utilizado em dispositivos elétricos em geral, tais como placas-mães (figura à direita) e placas de vídeo de computadores. A sua função é essencialmente armazenar pequenas quantidades de energia, de modo a absorver variações na corrente elétrica, protegendo os demais componentes eletrônicos do circuito ligados a ele. Qual a quantidade de energia elétrica armazenada por um capacitor eletrolítico de capacitância 100 $\mu$F $= 10^{-4}$ F, submetido a uma tensão de 60 V entre os seus terminais?

Hsagencia/Shutterstock/ Glow Images

Hellen Sergeyeva/Shutterstock/Glow Images

a) 0,09 J
b) 0,18 J
c) 0,27 J
d) 0,36 J
e) 0,42 J

13. **NE** (Uece) Considere seis capacitores de capacitância $C$ conforme indicado na figura:

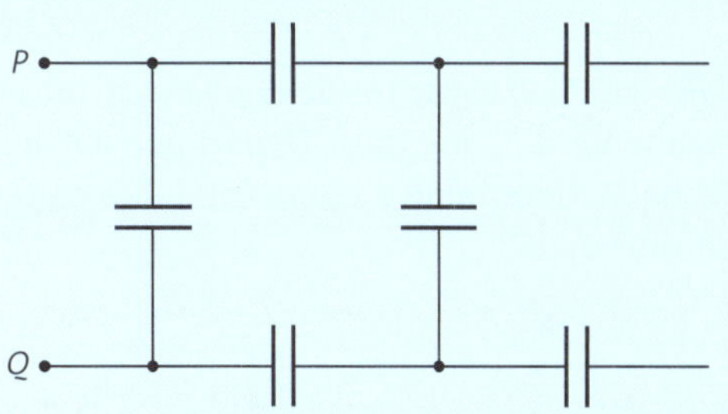


A capacitância equivalente entre os pontos $P$ e $Q$ é:

a) $6C$.
b) $\frac{C}{6}$.
c) $\frac{4C}{3}$.
d) $\frac{3C}{4}$.

14. **S** (PUC-RS) Um dispositivo usado em circuitos elétricos é denominado capacitor, cujo o símbolo é —| |—. Calcula-se a capacidade ($C$) de um capacitor por meio de razão entre a carga ($Q$) que ele armazena em uma de suas armaduras e a tensão ($V$) aplicada a ele, ou seja, $C = Q/V$. Um capacitor $A$, com capacitância $C_A$, está inicialmente submetido a uma tensão $V$. Então, um outro capacitor, $B$, de capacitância diferente $C_B$, é conectado em paralelo com $A$, mantendo-se na associação a mesma tensão elétrica $V$. Em relação à associação dos capacitores, $A$ e $B$, pode-se afirmar que:

a) depois de associados, os capacitores terão cargas iguais.

b) a energia da associação é igual à energia inicial de $A$.

c) a energia da associação é menor do que a energia inicial de $A$.

d) depois de associados, o capacitor de menor capacitância terá maior carga.

e) a capacitância da associação é igual à soma das capacitâncias de $A$ e $B$.

15. **NE** (UFPE) No circuito a seguir os três capacitores têm a mesma capacitância $C_1 = C_2 = C_3 = 1\ \mu F$. Qual a diferença de potencial nos terminais do capacitor $C_1$, em volts?

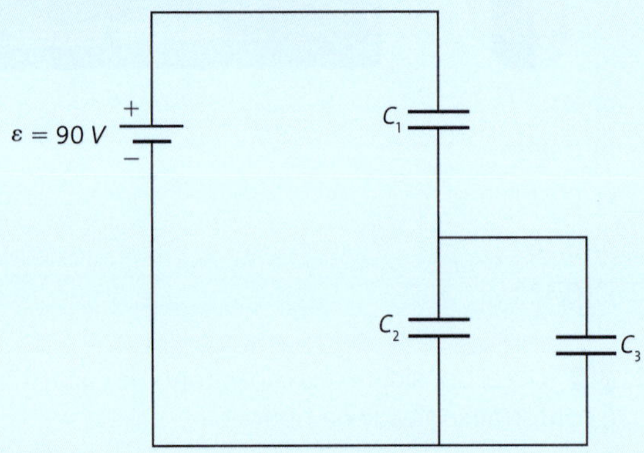


16. **NE** (UFPE) O capacitor de 15 μF do circuito está inicialmente descarregado. Depois que a chave *ch* for fechada, determine a carga total que passará pela chave, em μC.

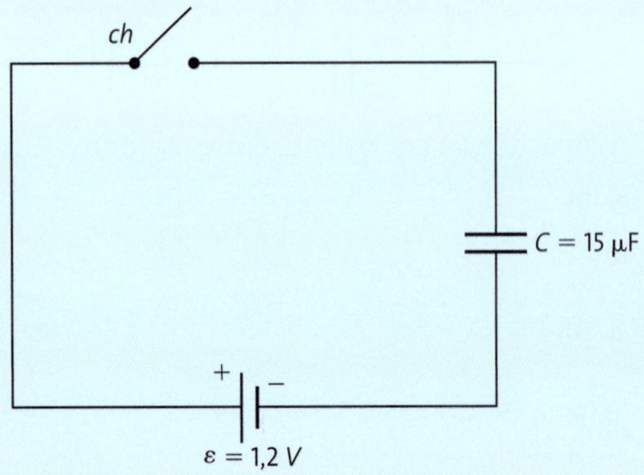


17. **SE** (Uerj) Para a segurança dos clientes, o supermecado utiliza lâmpadas de emergência e rádios transmissores que trabalham com corrente contínua.

Para carregar suas baterias, no entanto, esses dispositivos utilizam corrente alternada. Isso é possível graças a seus retificadores, que possuem, cada um, dois capacitores de 1400 mF, associados em paralelo. Os capacitores, descarregados e ligados a uma rede elétrica de tensão máxima igual a 170 V, estarão com carga plena após um certo intervalo de tempo $t$.

Considerando $t$, determine:

a) a carga elétrica acumulada;

b) a energia potencial elétrica total armazenada.

18. **NE** (Uece) Considere os seis capacitores vistos na figura.

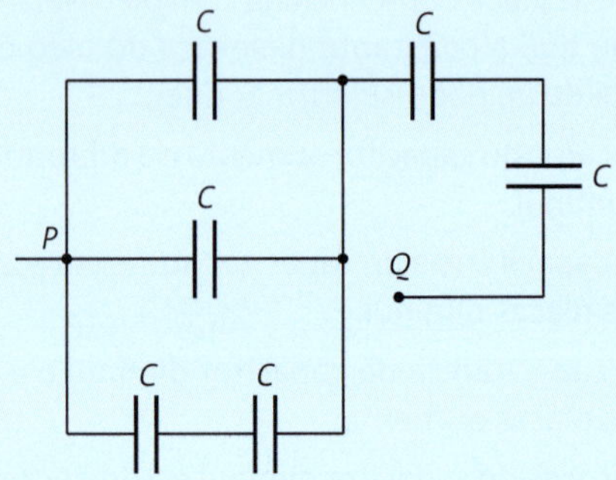


Supondo que a capacitância de cada capacitor é $C$, a capacitância equivalente entre os pontos $P$ e $Q$ é:

a) $6C$.

b) $\frac{5C}{12}$.

c) $\frac{5C}{8}$.

d) $3C$.

19. **N** (Ufam) Na associação de capacitores do circuito abaixo, os capacitores são $C_1 = 6\ \mu F$, $C_2 = 3\ \mu F$ e $C_3 = 3\ \mu F$.

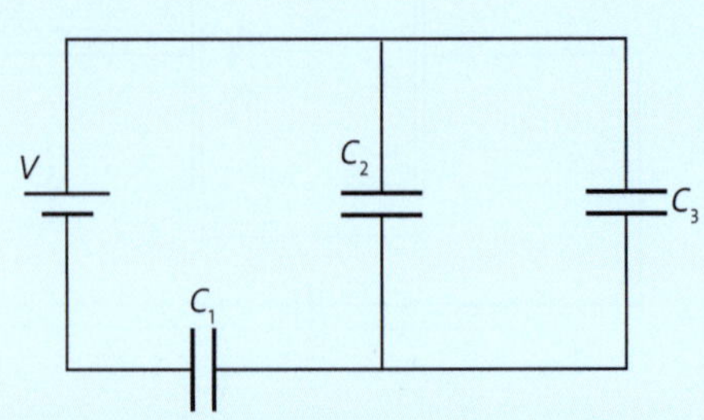


Sabendo que $V = 300$ V, as cargas $q_1$, $q_2$, $q_3$ são:

a) $q_1 = 2250\ \mu C$; $q_2 = 1125\ \mu C$; $q_3 = 1125\ \mu C$.
b) $q_1 = 900\ \mu C$; $q_2 = 400\ \mu C$; $q_3 = 500\ \mu C$.
c) $q_1 = 900\ \mu C$; $q_2 = 450\ \mu C$; $q_3 = 450\ \mu C$.
d) $q_1 = 1125\ \mu C$; $q_2 = 725\ \mu C$; $q_3 = 400\ \mu C$.
e) $q_1 = 900\ \mu C$; $q_2 = 300\ \mu C$; $q_3 = 600\ \mu C$.

20. **S** (Furg-RS) Todos os capacitores que aparecem nas figuras abaixo têm a mesma capacitância. Escolha a associação cuja capacitância equivalente é igual à de um único capacitor:

a) 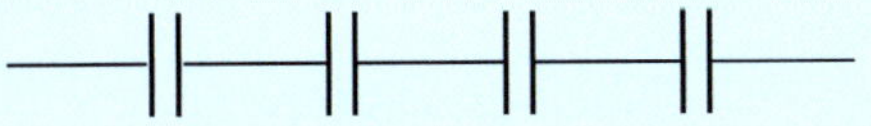

b) 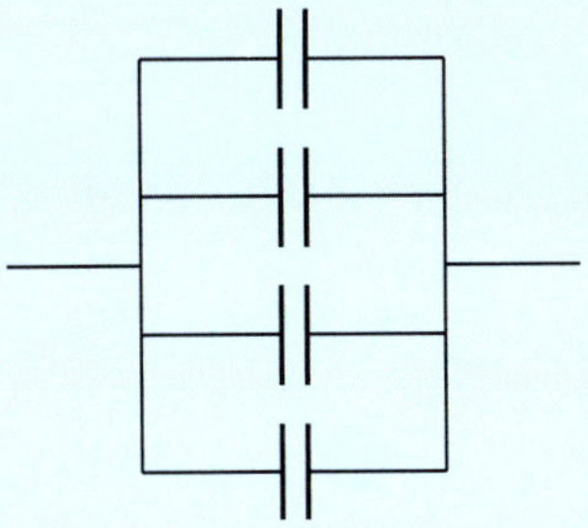

c) 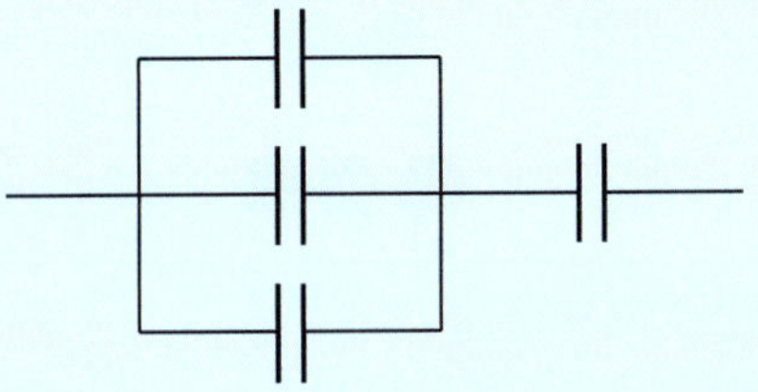

d) 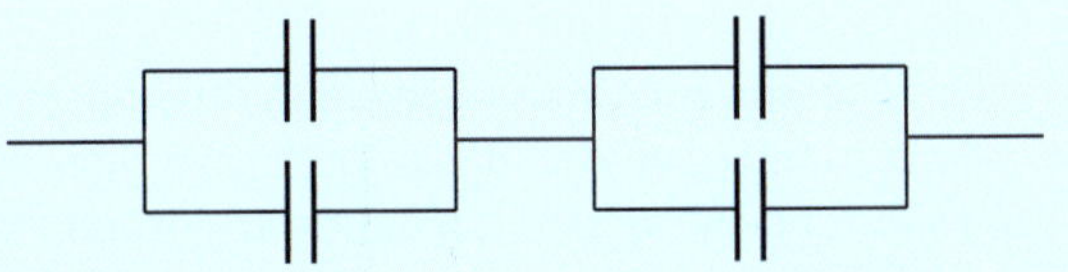

e) 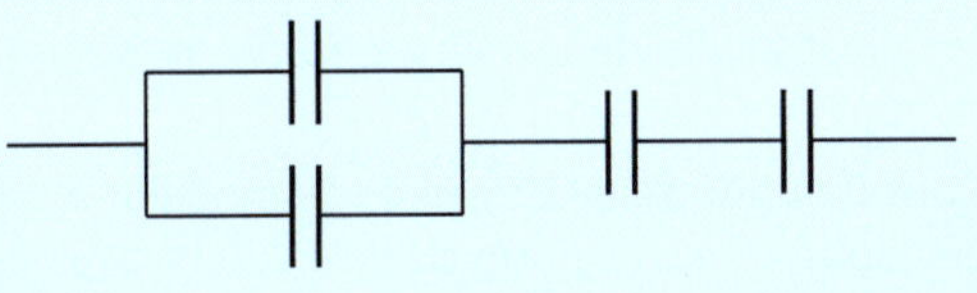

21. **SE** (UPM-SP) Considere o circuito abaixo, alimentado por duas baterias que fornecem 10 V, cada uma. Ele contém quatro resistores de 1 ohm cada um. O capacitor de capacitância 1 mF foi conectado ao circuito estando inicialmente neutro.

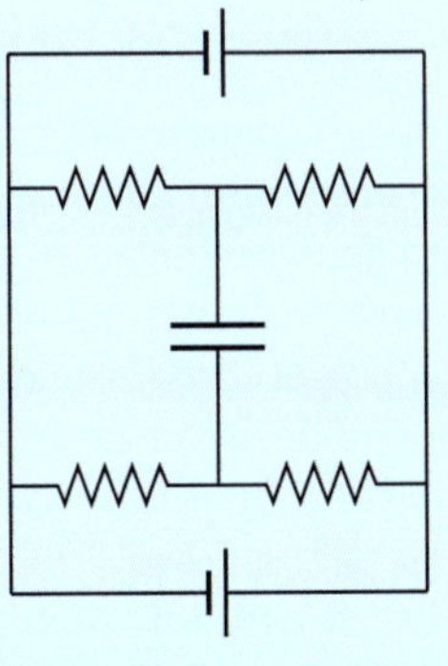

Nessas condições, o capacitor fica eletrizado com carga igual a:

a) 0 μC.
b) 10 μC.
c) 20 μC.
d) 30 μC.
e) 40 μC.

22. **SE** (ITA-SP) Duas baterias, de *fem* de 10 V e 20 V, respectivamente, estão ligadas a duas resistências de 200 Ω e 300 Ω e com um capacitor de 2 mF, como mostra a figura.

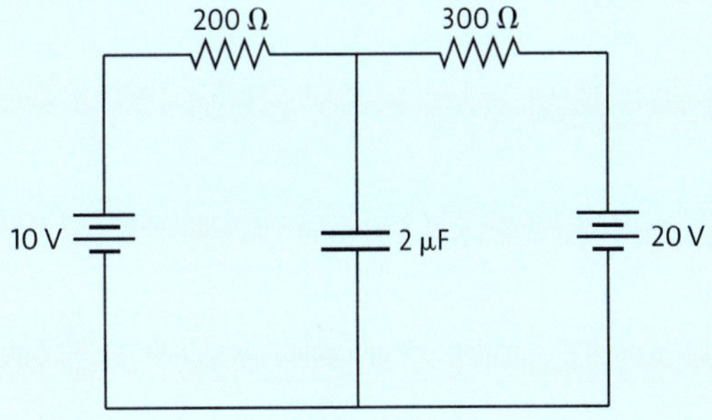


Sendo $Q_C$ a carga do capacitor e $P_d$ a potência total dissipada depois de estabelecido o regime estacionário, conclui-se que:

a) $Q_C = 14$ μC; $P_d = 0{,}1$ W.
b) $Q_C = 28$ μC; $P_d = 0{,}2$ W.
c) $Q_C = 28$ μC; $P_d = 10$ W.
d) $Q_C = 32$ μC; $P_d = 0{,}1$ W.
e) $Q_C = 32$ μC; $P_d = 0{,}2$ W.

23. **S** (PUC-RS) Na fabricação de um material semicondutor tipo *N*, emprega-se silício (tetravalente) dopado com uma substância que, na sua camada mais externa, tem quantidade de elétrons igual a:

a) 1.
b) 2.
c) 3.
d) 4.
e) 5.

24. **CO** (UFG-GO)

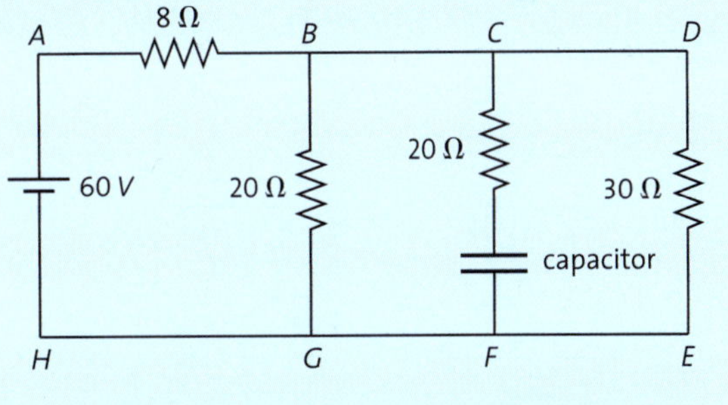


Um estudante encontrou, em um laboratório de eletricidade, o circuito acima. Utilizando instrumentos de medidas apropriados, ele verificou que o capacitor estava carregado e que:

( ) a resistência equivalente do circuito era 15,5 Ω.

( ) a corrente entre os pontos *C* e *F* era nula.

( ) a ddp entre os pontos *A* e *B* era igual à ddp entre os pontos *D* e *E*.

( ) a potência dissipada pelo resistor de 30 Ω era menor do que a potência dissipada pelo resistor de 20 Ω situado entre os pontos *B* e *G*.

# Caiu no Enem

1. No manual de uma máquina de lavar, o usuário vê o símbolo:

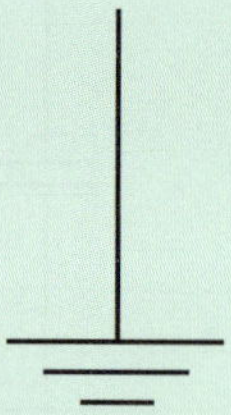

Este símbolo orienta o consumidor sobre a necessidade de a máquina ser ligada a:

a) um fio terra para evitar sobrecarga elétrica.
b) um fio neutro para evitar sobrecarga elétrica.
c) um fio terra para aproveitar as cargas elétricas do solo.
d) uma rede de coleta de água da chuva.
e) uma rede de coleta de esgoto doméstico.

2. Um eletricista precisa medir a resistência elétrica de uma lâmpada. Ele dispõe de uma pilha, de uma lâmpada (*L*), de alguns fios e de dois aparelhos: um voltímetro (*V*), para medir a diferença de potencial entre dois pontos, e um amperímetro (*A*), para medir a corrente elétrica.

O circuito elétrico montado pelo eletricista para medir essa resistência é:

a)
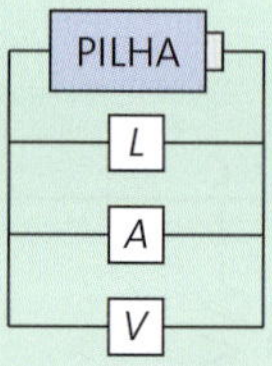


d)
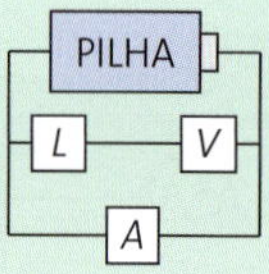


b)
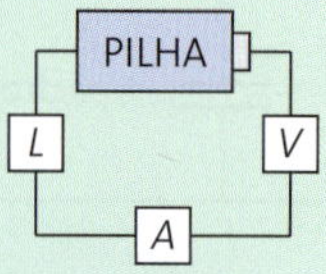


e)
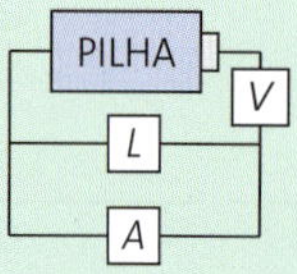


c)
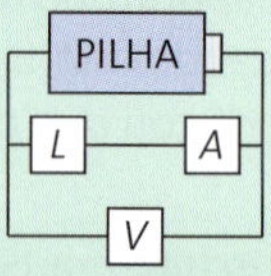


3. Em um manual de um chuveiro elétrico são encontradas informações sobre algumas características técnicas, ilustradas no quadro, como a tensão de alimentação, a potência dissipada, o dimensionamento do disjuntor ou fusível e a área da seção transversal dos condutores utilizados.

| Características técnicas | | | | |
|---|---|---|---|---|
| Especificação | | | | |
| Modelo | | | *A* | *B* |
| Tensão (V~) | | | 127 | 220 |
| Potência (watt) | Seletor de temperatura multitemperaturas | ○ | 0 | 0 |
| | | ● | 2 440 | 2 540 |
| | | ●● | 4 400 | 4 400 |
| | | ●●● | 5 500 | 6 000 |
| Disjuntor ou fusível (ampère) | | | 50 | 30 |
| Seção dos condutores ($mm^2$) | | | 10 | 4 |

Uma pessoa adquiriu um chuveiro do modelo *A* e, ao ler o manual, verificou que precisava ligá-lo a um disjuntor de 50 ampères. No entanto, intrigou-se com o fato de que o disjuntor a ser utilizado para uma correta instalação de um chuveiro do modelo *B* devia possuir amperagem 40% menor.

Considerando-se os chuveiros de modelos *A* e *B*, funcionando à mesma potência de 4 400 W, a razão entre as suas respectivas resistências elétricas, $R_A$ e $R_B$, que justifica a diferença de dimensionamento dos disjuntores, é mais próxima de:

a) 0,3.
b) 0,6.
c) 0,8.
d) 1,7.
e) 3,0.

4. Duas irmãs que dividem o mesmo quarto de estudos combinaram de comprar duas caixas com tampas para guardarem seus pertences dentro de suas caixas, evitando, assim, a bagunça sobre a mesa de estudos. Uma delas comprou uma metálica, e a outra, uma caixa de madeira de área e espessura lateral diferentes, para facilitar a identificação. Um dia as meninas foram estudar para a prova de Física e, ao se acomodarem na mesa de estudos, guardaram seus celulares ligados dentro de suas caixas.

Ao longo desse dia, uma delas recebeu ligações telefônicas, enquanto os amigos da outra tentavam ligar e recebiam a mensagem de que o celular estava fora da área de cobertura ou desligado.

Para explicar essa situação, um físico deveria afirmar que o material da caixa cujo telefone celular não recebeu as ligações é de:

a) madeira, e o telefone não funcionava porque a madeira não é um bom condutor de eletricidade.
b) metal, e o telefone não funcionava devido à blindagem eletrostática que o metal proporcionava.
c) metal, e o telefone não funcionava porque o metal refletia todo tipo de radiação que nele incidia.
d) metal, e o telefone não funcionava porque a área lateral da caixa de metal era maior.
e) madeira, e o telefone não funcionava porque a espessura desta caixa era maior que a espessura da caixa de metal.

5. Atualmente, existem inúmeras opções de celulares com telas sensíveis ao toque (*touchscreen*). Para decidir qual escolher, é bom conhecer as diferenças entre os principais tipos de telas sensíveis ao toque existentes no mercado. Existem dois sistemas básicos usados para reconhecer o toque de uma pessoa:

- O primeiro sistema consiste de um painel de vidro normal, recoberto por duas camadas afastadas por espaçadores. Uma camada resistente a riscos é colocada por cima de todo o conjunto. Uma corrente elétrica passa através das duas camadas enquanto a tela está operacional. Quando um usuário toca a tela, as duas camadas fazem contato exatamente naquele ponto. A mudança no campo elétrico é percebida, e as coordenadas do ponto de contato são calculadas pelo computador.
- No segundo sistema, uma camada que armazena carga elétrica é colocada no painel de vidro do monitor. Quando um usuário toca o monitor com seu dedo, parte da carga elétrica é transferida para o usuário, de modo que a carga na camada que a armazena diminui. Esta redução é medida nos circuitos localizados em cada canto do monitor. Considerando as diferenças relativas de carga em cada canto, o computador calcula exatamente onde ocorreu o toque.

Disponível em: <http://eletronicos.hsw.uol.com.br>. Acesso em: 18 set. 2010 (adaptado).

O elemento de armazenamento de carga análogo ao exposto no segundo sistema e a aplicação cotidiana correspondente são, respectivamente:
a) receptores — televisor.
b) resistores — chuveiro elétrico.
c) geradores — telefone celular.
d) fusíveis — caixa de força residencial.
e) capacitores — *flash* de máquina fotográfica.

6. A resistência elétrica de um fio é determinada pelas suas dimensões e pelas propriedades estruturais do material. A condutividade ($\sigma$) caracteriza a estrutura do material, de tal forma que a resistência de um fio pode ser determinada conhecendo-se *L*, o comprimento do fio, e *A*, a área de seção reta. A tabela relaciona o material à sua respectiva condutividade em temperatura ambiente.

**Tabela de condutividade**

| Material | Condutividade ($S \cdot m/mm^2$) |
|---|---|
| alumínio | 34,2 |
| cobre | 61,7 |
| ferro | 10,2 |
| prata | 62,5 |
| tungstênio | 18,8 |

Mantendo-se as mesmas dimensões geométricas, o fio que apresenta menor resistência elétrica é aquele feito de:
a) tungstênio.
b) alumínio.
c) ferro.
d) cobre.
e) prata.

7. Quando ocorre um curto-circuito em uma instalação elétrica, como na figura, a resistência elétrica total do circuito diminui muito, estabelecendo-se nele uma corrente muito elevada.

João Xavier de Campos/Arquivo da editora

O superaquecimento da fiação, devido a esse aumento da corrente elétrica, pode ocasionar incêndios, que seriam evitados instalando-se fusíveis e disjuntores que interrompem essa corrente, quando a mesma atinge um valor acima do especificado nesses dispositivos de proteção.

Suponha que um chuveiro instalado em uma rede elétrica de 110 V, em uma residência, possua três posições de regulagem da temperatura da água. Na posição "verão" utiliza 2 100 W, na posição "primavera", 2 400 W e na posição "inverno", 3 200 W.

GREF. *Física 3:* Eletromagnetismo. São Paulo: Edusp, 1993 (adaptado).

Deseja-se que o chuveiro funcione em qualquer uma das três posições de regulagem de temperatura, sem que haja riscos de incêndio. Qual deve ser o valor mínimo adequado do disjuntor a ser utilizado?
a) 40 A
b) 30 A
c) 25 A
d) 23 A
e) 20 A

8. Todo carro possui uma caixa de fusíveis, que são utilizados para proteção dos circuitos elétricos. Os fusíveis são constituídos de um material de baixo ponto de fusão, como o estanho, por exemplo, e se fundem quando percorridos por uma corrente elétrica igual ou maior do que aquela que são capazes de suportar. O quadro a seguir mostra uma série de fusíveis e os valores de corrente por eles suportados.

| Fusível | Corrente elétrica (A) |
|---|---|
| azul | 1,5 |
| amarelo | 2,5 |
| laranja | 5,0 |
| preto | 7,5 |
| vermelho | 10,0 |

Um farol usa uma lâmpada de gás halogênio de 55 W de potência que opera com 36 V. Os dois faróis são ligados separadamente, com um fusível para cada um, mas, após um mau funcionamento, o motorista passou a conectá-los em paralelo, usando apenas um fusível. Dessa forma, admitindo-se que a fiação suporte a carga dos dois faróis, o menor valor de fusível adequado para proteção desse novo circuito é o:

a) azul.
b) preto.
c) laranja.
d) amarelo.
e) vermelho.

9. Observe a tabela seguinte. Ela traz especificações técnicas constantes no manual de instruções fornecido pelo fabricante de uma torneira elétrica.

<table>
<tr><th colspan="6">Especificações técnicas</th></tr>
<tr><th colspan="2">Modelo</th><th colspan="4">Torneira</th></tr>
<tr><td colspan="2">tensão nominal (volts)</td><td colspan="2">127</td><td colspan="2">220</td></tr>
<tr><td rowspan="3">potência nominal (watts)</td><td>(frio)</td><td colspan="4">desligado</td></tr>
<tr><td>(morno)</td><td>2800</td><td>3200</td><td>2800</td><td>3200</td></tr>
<tr><td>(quente)</td><td>4500</td><td>5500</td><td>4500</td><td>5500</td></tr>
<tr><td colspan="2">corrente nominal (ampères)</td><td>35,4</td><td>43,3</td><td>20,4</td><td>25,0</td></tr>
<tr><td colspan="2">fiação mínima (até 30 m)</td><td>6 mm²</td><td>10 mm²</td><td>4 mm²</td><td>4 mm²</td></tr>
<tr><td colspan="2">fiação mínima (acima 30 m)</td><td>10 mm²</td><td>16 mm²</td><td>6 mm²</td><td>6 mm²</td></tr>
<tr><td colspan="2">disjuntor (ampère)</td><td>40</td><td>50</td><td>25</td><td>30</td></tr>
</table>

Disponível em: <http://www.cardeal.com.br.manualprod/Manuais/Torneira%20Suprema/"Manual...Torneira...Suprema...roo.pdf>.

Considerando que o modelo de maior potência da versão 220 V da torneira suprema foi inadvertidamente conectada a uma rede com tensão nominal de 127 V, e que o aparelho está configurado para trabalhar em sua máxima potência, qual o valor aproximado da potência ao ligar a torneira?

a) 1830 W.
b) 2800 W.
c) 3200 W.
d) 4030 W.
e) 5500 W.

10. A energia elétrica consumida nas residências é medida, em quilowatt-hora, por meio de um relógio medidor de consumo. Nesse relógio, da direita para esquerda, tem-se o ponteiro da unidade, da dezena, da centena e do milhar. Se um ponteiro estiver entre dois números, considera-se o último número ultrapassado pelo ponteiro. Suponha que as medidas indicadas nos esquemas seguintes tenham sido feitas em uma cidade em que o preço do quilowatt-hora fosse de R$ 0,20.

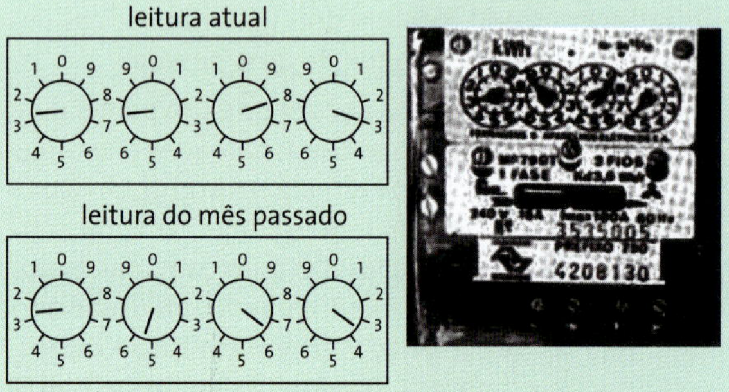


FILHO, A. G.; BAROLLI, E. *Instalação elétrica*. São Paulo: Scipione, 1997.

O valor a ser pago pelo consumo de energia elétrica registrado seria de:

a) R$ 41,80.
b) R$ 42,00.
c) R$ 43,00.
d) R$ 43,80.
e) R$ 44,00.

11. As células possuem potencial de membrana, que pode ser classificado em repouso ou ação, e é uma estratégia eletrofisiológica interessante e simples do ponto de vista físico. Essa característica eletrofisiológica está presente na figura a seguir, que mostra um potencial de ação disparado por uma célula que compõe as fibras de Purkinje, responsáveis por conduzir os impulsos elétricos para o tecido cardíaco, possibilitando assim a contração cardíaca. Observa-se que existem quatro fases envolvidas nesse potencial de ação, sendo denominadas fases 0, 1, 2 e 3.

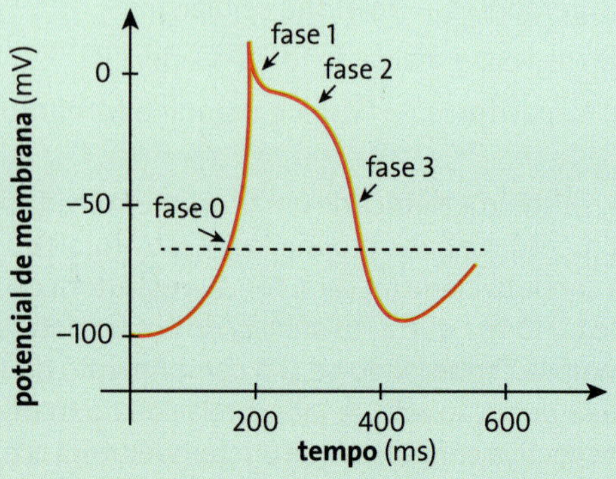

O potencial de repouso dessa célula é −100 mV, e quando ocorre influxo de íons $Na^+$ e $Ca^{2+}$, a polaridade celular pode atingir valores de até +10 mV, o que se denomina despolarização celular. A modificação no potencial de repouso pode disparar um potencial de ação quando a voltagem da membrana atinge o limiar de disparo que está representado na figura pela linha pontilhada. Contudo, a célula não pode se manter despolarizada, pois isso acarretaria a morte celular. Assim, ocorre a repolarização celular, mecanismo que reverte a despolarização e retorna a célula ao potencial de repouso. Para tanto, há o fluxo celular de íons $K^+$.

Quais das fases, presentes na figura, indicam o processo de despolarização e repolarização celular, respectivamente?

a) Fases 0 e 2.
b) Fases 0 e 3.
c) Fases 1 e 2.
d) Fases 2 e 0.
e) Fases 3 e 1.

12. O manual de instruções de um aparelho de ar condicionado apresenta a seguinte tabela, com dados técnicos para diversos modelos:

| Capacidade de refrigeração kW/(BTU/h) | Potência (W) | Corrente elétrica – ciclo frio (A) | Eficiência energética COP (W/W) | Vazão de ar ($m^3$/h) | Frequência (Hz) |
|---|---|---|---|---|---|
| 3,52/(12 000) | 1193 | 5,8 | 2,95 | 550 | 60 |
| 5,42/(18 000) | 1790 | 8,7 | 2,95 | 800 | 60 |
| 5,42/(18 000) | 1790 | 8,7 | 2,95 | 800 | 60 |
| 6,45/(22 000) | 2188 | 10,2 | 2,95 | 960 | 60 |
| 6,45/(22 000) | 2188 | 10,2 | 2,95 | 960 | 60 |

Considere-se que um auditório possua capacidade para 40 pessoas, cada uma produzindo uma quantidade média de calor, e que praticamente todo o calor que flui para fora do auditório o faz por meio dos aparelhos de ar-condicionado.

Nessa situação, entre as informações listadas, aquelas essenciais para se determinar quantos e/ou quais aparelhos de ar condicionado são precisos para manter, com lotação máxima, a temperatura interna do auditório agradável e constante, bem como determinar a espessura da fiação do circuito elétrico para a ligação desses aparelhos, são:

a) vazão de ar e potência.
b) vazão de ar e corrente elétrica – ciclo frio.
c) eficiência energética e potência.
d) capacidade de refrigeração e frequência.
e) capacidade de refrigeração e corrente elétrica – ciclo frio.

13. Considere a seguinte situação hipotética: ao preparar o palco para a apresentação de uma peça de teatro, o iluminador deveria colocar três atores sob luzes que tinham igual brilho e os demais, sob luzes de menor brilho. O iluminador determinou então aos técnicos que instalassem no palco oito lâmpadas incandescentes com a mesma especificação ($L_1$ a $L_8$), interligadas em um circuito com uma bateria, conforme mostra a figura.

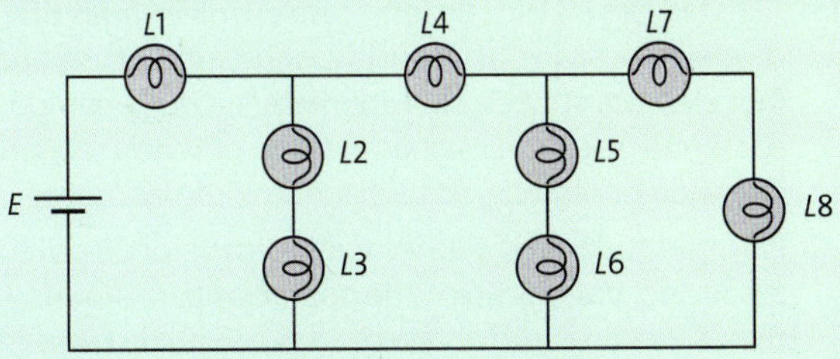


Nessa situação, quais são as três lâmpadas que acendem com o mesmo brilho por apresentarem igual valor de corrente fluindo nelas, sob as quais devem se posicionar os três atores?

a) $L_1$, $L_2$ e $L_3$.
b) $L_2$, $L_3$ e $L_4$.
c) $L_2$, $L_5$ e $L_7$.
d) $L_4$, $L_5$ e $L_6$.
e) $L_4$, $L_7$ e $L_8$.

14. Uma estudante que ingressou na universidade e, pela primeira vez, está morando longe da sua família, recebe a sua primeira conta de luz:

| Medidor | | | Consumo | Leitura | | Cód. | Emissão | Id. Bancária | | |
|---|---|---|---|---|---|---|---|---|---|---|
| Número 7131312 | Consumidor 951672 | Leitura 7295 | kWh 260 | Dia 31 | Mês 03 | 21 | 01/04/2009 | Banco 222 | Agência 999-7 | Município S. José das Moças |

| Consumo dos últimos 12 meses (kWh) | | | | Descrição |
|---|---|---|---|---|
| 253 Mar./08 | 278 Jun./08 | 272 Set./08 | 265 Dez./08 | Fornecimento ICMS |
| 247 Abr./08 | 280 Jul./08 | 270 Out./08 | 266 Jan./09 | |
| 255 Maio/08 | 275 Ago./08 | 260 Nov./08 | 268 Fev./09 | |

| Base de cálculo ICMS | Alíquota | Valor | Total |
|---|---|---|---|
| R$ 130,00 | 25% | R$ 32,50 | R$ 162,50 |

Se essa estudante comprar um secador de cabelos que consome 1 000 W de potência e considerando que ela e suas três amigas utilizem esse aparelho por 15 minutos cada uma durante 20 dias no mês, o acréscimo em reais na sua conta mensal será de:

a) R$ 10,00.
b) R$ 12,50.
c) R$ 13,00.
d) R$ 13,50.
e) R$ 14,00.

15. A instalação elétrica de uma casa envolve várias etapas, desde a alocação dos dispositivos, instrumentos e aparelhos elétricos até a escolha dos materiais que a compõem, passando pelo dimensionamento da potência requerida, da fiação necessária, dos eletrodutos*, entre outras.

Para cada aparelho elétrico existe um valor de potência associado. Valores típicos de potências para alguns aparelhos elétricos são apresentados no quadro seguinte:

| Aparelhos | Potência (W) |
|---|---|
| aparelho de som | 120 |
| chuveiro elétrico | 3 000 |
| ferro elétrico | 500 |
| televisor | 200 |
| geladeira | 200 |
| rádio | 50 |

*Eletrodutos são condutos por onde passa a fiação de uma instalação elétrica, com a finalidade de protegê-la.

A escolha das lâmpadas é essencial para obtenção de uma boa iluminação. A potência da lâmpada deverá estar de acordo com o tamanho do cômodo a ser iluminado. O quadro a seguir mostra a relação entre as áreas dos cômodos (em $m^2$) e as potências das lâmpadas (em W), e foi utilizado como referência para o primeiro pavimento de uma residência.

| Área do cômodo ($m^2$) | Potência da lâmpada (W) | | |
|---|---|---|---|
| | sala/copa/cozinha | quarto, varanda e corredor | banheiro |
| até 6,0 | 60 | 60 | 60 |
| 6,0 a 7,5 | 100 | 100 | 60 |
| 7,5 a 10,5 | 100 | 100 | 100 |

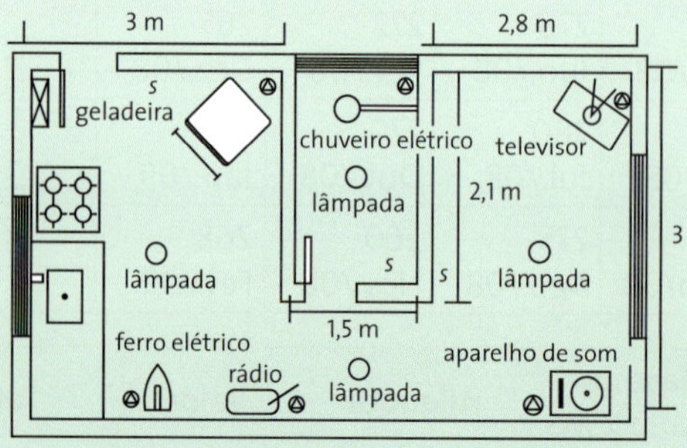


**Obs.**: Para efeitos dos cálculos das áreas, as paredes são desconsideradas.

Considerando a planta baixa fornecida, com todos os aparelhos em funcionamento, a potência total, em watts, será de:

a) 4 070.
b) 4 270.
c) 4 320.
d) 4 390.
e) 4 470.

16. É possível, com 1 litro de gasolina, usando todo o calor produzido por sua combustão direta, aquecer 200 litros de água de 20 °C a 55 °C. Pode-se efetuar esse mesmo aquecimento por um gerador de eletricidade, que consome 1 litro de gasolina por hora e fornece 110 V a um resistor de 11 Ω, imerso na água, durante um certo intervalo de tempo. Todo o calor liberado pelo resistor é transferido à água.

Considerando que o calor específico da água é igual a $4{,}19\ J \cdot g^{-1} \cdot °C^{-1}$, aproximadamente qual a quantidade de gasolina consumida para o aquecimento de água obtido pelo gerador, quando comparado ao obtido a partir da combustão?

a) A quantidade de gasolina consumida é igual para os dois casos.
b) A quantidade de gasolina consumida pelo gerador é duas vezes maior que a consumida na combustão.
c) A quantidade de gasolina consumida pelo gerador é duas vezes menor que a consumida na combustão.
d) A quantidade de gasolina consumida pelo gerador é sete vezes maior que a consumida na combustão.
e) A quantidade de gasolina consumida pelo gerador é sete vezes menor que a consumida na combustão.

17. Os motores elétricos são dispositivos com diversas aplicações, dentre elas, destacam-se aquelas que proporcionam conforto e praticidade para as pessoas. É inegável a preferência pelo uso de elevadores quando o objetivo é o transporte de pessoas pelos andares de prédios elevados. Nesse caso, um dimensionamento preciso da potência dos motores utilizados nos elevadores é muito importante e deve levar em consideração fatores como economia de energia e segurança.

Considere que um elevador de 800 kg, quando lotado com oito pessoas ou 600 kg, precisa ser projetado. Para tanto, alguns parâmetros deverão ser dimensionados. O motor será ligado à rede elétrica que fornece 220 volts de tensão. O elevador deve subir dez andares, em torno de 30 metros, a uma velocidade constante de 4 metros por segundo. Para fazer uma estimativa simples de potência necessária e da corrente que deve ser fornecida ao motor do elevador para ele operar com lotação máxima, considere que a tensão seja contínua, que a aceleração da gravidade vale 10 $m/s^2$ e que o atrito pode ser desprezado. Nesse caso, para um elevador lotado, a potência média de saída do motor do elevador e a corrente elétrica máxima que passa no motor serão respectivamente de:

a) 24 kW e 109 A.
b) 32 kW e 145 A.
c) 56 kW e 255 A.
d) 180 kW e 818 A.
e) 240 kW e 1 090 A.

18. A eficiência de um processo de conversão de energia é definida como a razão entre a produção de energia ou trabalho útil e o total de entrada de energia no processo. A figura mostra um processo com diversas etapas. Nesse caso, a eficiência geral será igual ao produto das eficiências das etapas individuais. A entrada de energia que não se transforma em trabalho útil é perdida sob formas não utilizáveis (como resíduos de calor).

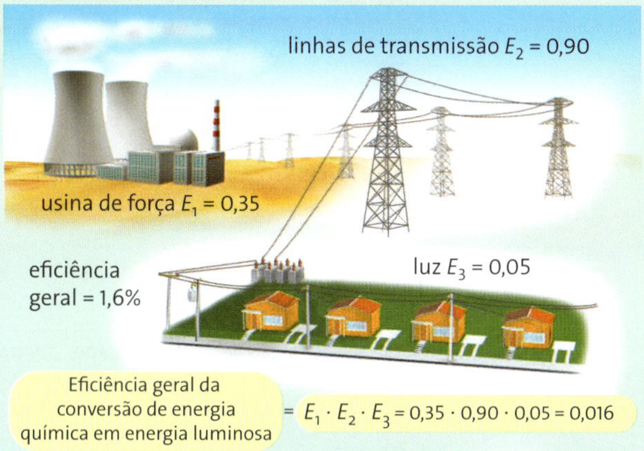


Antonio Robson/Arquivo da editora

HINRICHS, R. A. *Energia e meio ambiente.* São Paulo: Pioneira Thomson Learning, 2003 (adaptado).

Aumentar a eficiência dos processos de conversão de energia implica economizar recursos e combustíveis. Das propostas seguintes, qual resultará em maior aumento da eficiência geral do processo?

a) Aumentar a quantidade de combustível para queima na usina de força.

b) Utilizar lâmpadas incandescentes, que geram pouco calor e muita luminosidade.

c) Manter o menor número possível de aparelhos elétricos em funcionamento nas moradias.

d) Utilizar cabos com menor diâmetro nas linhas de transmissão a fim de economizar o material condutor.

e) Utilizar materiais com melhores propriedades condutoras nas linhas de transmissão e lâmpadas fluorescentes nas moradias.

19. Um eletricista analisa o diagrama de uma instalação elétrica residencial para planejar medições de tensão e corrente em uma cozinha. Neste ambiente existem uma geladeira (*G*), uma tomada (*T*) e uma lâmpada (*L*), conforme a figura. O eletricista deseja medir a tensão elétrica aplicada à geladeira.

Para isso ele dispõe de um voltímetro (*V*) e dois amperímetros (*A*).

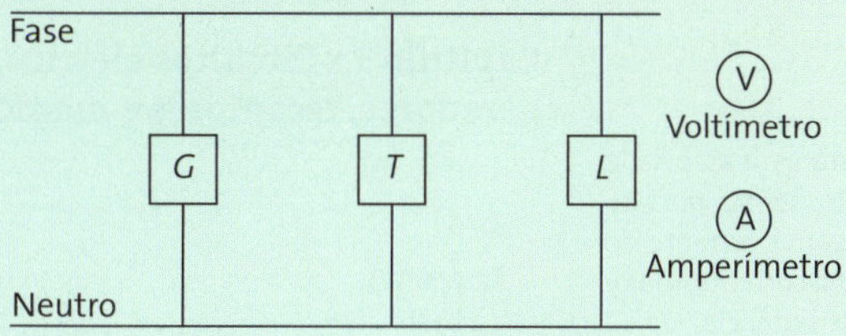


Para realizar as medidas, o esquema da ligação desses instrumentos está representado em:

a)
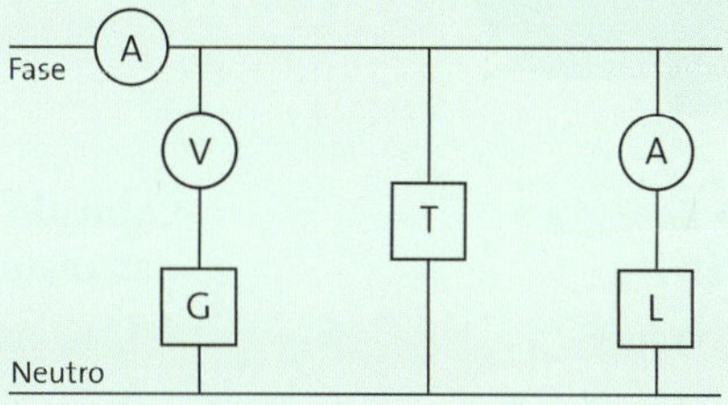


b)
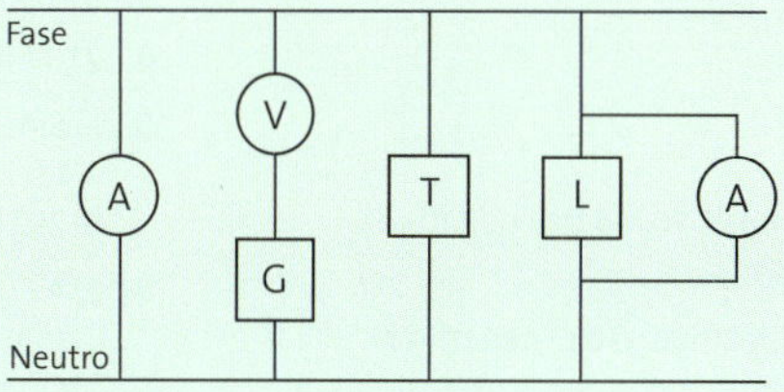


c)
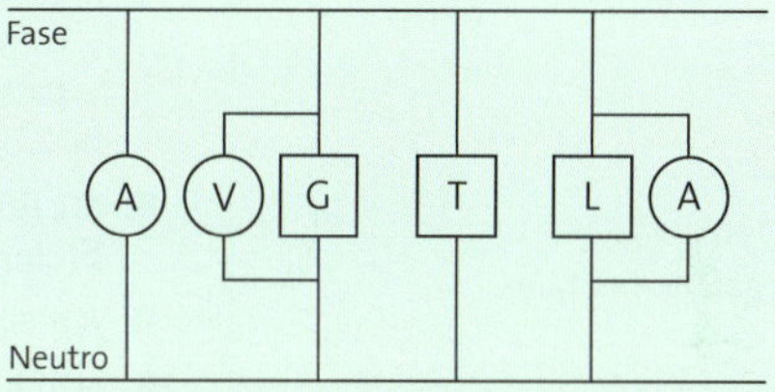


d)
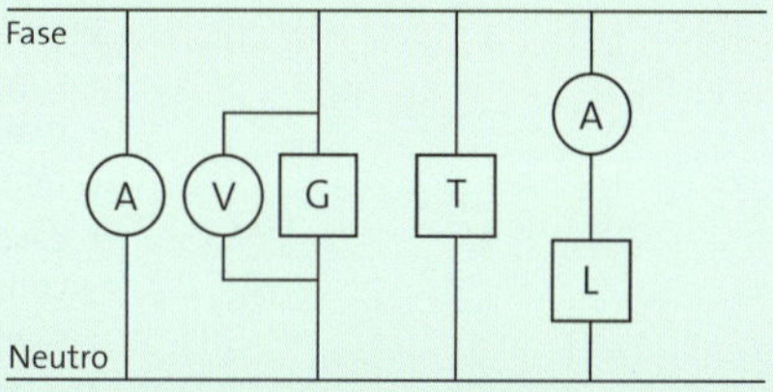


e)
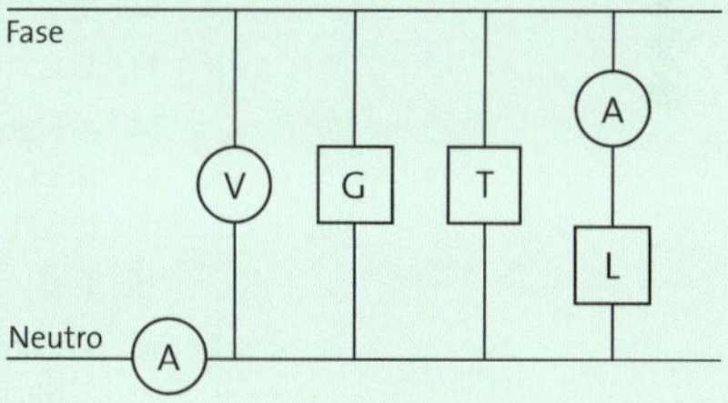


20. O chuveiro elétrico é um dispositivo capaz de transformar energia elétrica em energia térmica, o que possibilita a elevação da temperatura da água. Um chuveiro projetado para funcionar em 110 V pode ser adaptado para funcionar em 220 V, de modo a manter inalterada sua potência.

Uma das maneiras de fazer essa adaptação é trocar a resistência do chuveiro por outra, de mesmo material e com o(a):

a) dobro do comprimento do fio.

b) metade do comprimento do fio.

c) metade da área da seção reta do fio.

d) quádruplo da área da seção reta do fio.

e) quarta parte da área da seção reta do fio.

# Respostas

## Capítulo 1 • Energia e corrente elétrica

1. a) US$ 1 000 000
b) US$ 20 000 000
c) R$ 2,25
d) R$ 3,00
2. d
3. c
4. a) *A* fica positivo e *B* fica negativo.
b) Atração.
5. a) *A* fica positivo; *B* e *C*, negativos.
b) Atração.
c) Repulsão.
6. e
7. I. Errada;
II. Errada;
III. Certa.
8. a) $10^{18}$ cargas elementares.
b) $1,6 \cdot 10^{-1}$ C
9. $4 \cdot 10^{13}$
10. 3 Hr
11. $3 \text{ Hr} = 1,6 \cdot 10^{-19}$ C
12. c
13. d
14. b
15. e
16. e
17. a) 0,16 C
b) 1,6 C
18. a) 0,32 A
b) 0,48 A
c) 0,8 A
19. a) 6 C
b) 2 A
20. $3,2 \cdot 10^{-11}$ A
21. b

### Vestibulares de Norte a Sul

1. d
2. c
3. d
4. c
5. d
6. b
7. a) 21 600 C
b) 7,920 g
8. c
9. e
10. b
11. a
12. a

## Capítulo 2 • Os circuitos elétricos nas residências

1. $1,2 \cdot 10^6$ J
2. 120 V
3. R$ 83,70
4. 21,47 h
5. a) Sim, mas insatisfatoriamente, pois a tensão é menor que a nominal.
b) 252 kWh
6. a) As pilhas AA têm corrente máxima maior.
b) Química.
7. a) Receptor, pois parte da energia elétrica converte-se em mecânica (ventilação) e parte em térmica.
b) 12,7 A
8. a) Lâmpada.
b) Chuveiro.
9. A melhor solução é a II-c.
10. Não há contradição, pois a análise deve sempre ser feita partindo-se de um dos pressupostos descritos abaixo:
    - caso a ddp seja mantida constante, maior resistência implica menor potência;
    - caso a corrente elétrica seja mantida constante, maior resistência implica maior potência.
11. 283 W
12. d
13. 15
14. a) Figura *A*
b) 5 Ω
c) 2 Ω
15. 11 Ω
16. a) Como o gráfico da ddp (*U*) em função da corrente (*i*) é uma reta passando pela origem, *U* e *i* são diretamente proporcionais. Logo, trata-se de um condutor ôhmico.
b) 8 100 J
17. 0,1 Ω
18. a) $4 \cdot 10^{-2}$ Ω
b) 2,1%
19. Como se trata de um circuito em série, a retirada de uma das lâmpadas deixa o circuito aberto, o que implica corrente nula em todas as lâmpadas.
20. b) 4 A
c) 108 V e 27 Ω
d) 30 Ω
21. O trecho de mau contato está associado em série com o conjunto, sendo, portanto, atravessado pela mesma corrente do circuito. Para uma mesma corrente, maior resistência implica maior potência.
22. Na associação em paralelo, todos os ramos estão submetidos à mesma ddp e suas correntes são, portanto, independentes umas das outras.
23. a) 1,5 A
b) 8 Ω
c) 18 W
24. a) 2 A
b) 9 Ω
25. d
26. b
27. c
28. a) 9 380 W
b) São necessários, no mínimo, quatro circuitos.
29. 1 km
30. c
31. a

### Vestibulares de Norte a Sul

1. $2,4 \cdot 10^{-15}$ J
2. 0,75 A
3. b
4. c
5. d
6. c
7. e
8. a) É um condutor ôhmico; 0,5 Ω.
b) Potência instantânea do fio. Energia dissipada.
9. e
10. $\frac{P_1}{P} = 4$ e o efeito desejado foi obtido.
11. e
12. d
13. a
14. b
15. a) 20 Ω
b) 0,25 kg
16. 00. F
11. F
22. V
33. V
44. F
17. c

## Capítulo 3 • Circuitos elétricos: geradores, receptores e medidores

1. d
2. a
3. a) 6 Wh
b) 2h

4. a) 24 J
b) 24 J
c) 12 J

5. a) 0,33 A
b) 300 J

6. I. V
II. V
III. V

7. a) 1,5 V
b) $U = 1{,}5 - 0{,}5 \cdot i$

8. a) $\varepsilon = 20$ V; $r = 2\ \Omega$.
b) $U = 20 - 2 \cdot i$
d) 16 V
e) 80%
f) 38 400 J

9. a) $U = 6$ V
b) $\varepsilon = 12$ V
c) $r = 2\ \Omega$
d) $U = 12 - 2 \cdot i$

10. a) $\varepsilon = 12$ V e $r = 2\ \Omega$.
b) $U = 12 - 2 \cdot i$ (V; A)
d) 16,6%

11. a) $P_u = 12 \cdot i - 2 \cdot i^2$ (W; A)
b) 18 W
c) $2\ \Omega$
d) $R = 2\ \Omega$ e $\eta = 50\%$.

12. a) As caixas devem ser ligadas em série para que a resistência equivalente do circuito externo seja $8\ \Omega$, ou seja, igual à resistência interna do gerador.

13. c) 0,375 W d) 50%

14. b

15. Equivalente em cada série de duas:
$\varepsilon = 3$ V; $r = 2\ \Omega$.
As duas séries em paralelo:
$\varepsilon = 3$ V;
$r = 1\ \Omega$.

16. Para obter uma corrente de curto-circuito de 2 A, a resistência interna equivalente deve ser de $1{,}5\ \Omega$. Logo, a associação deve ser: duas em paralelo e o conjunto em série com a outra.
Duas em paralelo: $\varepsilon = 1{,}53$ V; $r = 0{,}5\ \Omega$.
Conjunto em série com a outra: $\varepsilon = 3$ V; $r = 1{,}5\ \Omega$.

17. a) $\varepsilon' = 90$ V
b) $P_{útil} = 450$ W; $P_{total} = 500$ W; $P_{dissipada} = 50$ W.
c) $P_{dissipada} = 5\,000$ W

18. a) 75 V b) 33,3%

19. (I) – receptor; (II) – gerador; (III) – resistor.

21. a) Corrente no sentido anti-horário (2 A).
b) 30 V

22. a

23. a) $E_2$ é gerador, $E_1$ e $E_3$ são receptores.
b) Sentido anti-horário (1,6 A).

24. b) 1,44 A

25. a) 15 V
b) 10 V, diminui.

26. a

27. a) 3 A, 2 A e 1 A.
b) 1 V

28. a) 6 V
b) 37 V
c) 43 V

29. 1,2 A; 2,4 V.

30. b

31. e

32. c

33. a) 0 b) $40\ \Omega$ c) 0,2 A

34. 100 mA

### Vestibulares de Norte a Sul

1. c
2. e
3. a
4. a) $E = 15$ V (ddp em aberto); $r = 0{,}25\ \Omega$.
5. b
6. c
7. c
8. 60 V
9. a) $r = 6\ \Omega$ b) 10 J
10. e
11. e
12. a) $0{,}3\ \Omega$ b) 0,75 A
13. e

## Capítulo 4 • Campo elétrico

1. a) 16 C
b) −16 C

2. b

3. $Q_A = -2\ \mu C$; $Q_B = -4\ \mu C$; $Q_C = -2\ \mu C$; $Q_{pano} = 8\ \mu C$.

4. Na horizontal.

5. d

6. V; F; V; F; V.

7. a) $\frac{F}{4}$
b) $6F$
c) $F$

8. a) $2{,}8 \cdot 10^{-5}$ C
b) 5 N

9. a) $3F$ (→)
b) $10F$ (←)
c) $7F$ (→)

10. b

11. b

13. $5 \cdot 10^6$ N/C para o norte.

14. a) $7{,}7 \cdot 10^4$ N/C (→)
b) Nulo.

15. $2{,}16 \cdot 10^8$ N/C, vertical para cima.

16. b

17. a

18. $-1{,}5 \cdot 10^{-7}$ J

19. a) 4 500 V e 3 000 V
b) 1 500 V
c) 5 m

20. a) 12 V
b) −12 V
c) 15 V

21. 1,54 J

22. a) $5{,}4 \cdot 10^7$ V e $2{,}7 \cdot 10^7$ V
b) $2{,}7 \cdot 10^7$ V
c) $5{,}4 \cdot 10^4$ J

23. $1{,}3 \cdot 10^7$ V

24. a) $-2 \cdot 10^{-5}$ J

25. 480 V

26. a) 5 000 V/m
b) $5 \cdot 10^{-3}$ N
c) $2{,}5 \cdot 10^{-4}$ J

27. b

28. a

29. a) 10 V; 0 V; 10 V.
b) $1 \cdot 10^{-4}$ N

### Vestibulares de Norte a Sul

1. e
2. a
3. d
4. e
5. a
6. c
7. 3
8. a) III
b) posição II
9. c
10. a
11. b) $2{,}2 \cdot 10^{-7}$ C
12. c
13. d
14. b
15. a
16. b
17. 02

## Capítulo 5 • Cargas elétricas em condutores

1. V; V; F; F.

2. d

3. b

4. Não

5. a) zero
b) −30 V

6. e

7. a) Zero.
b) Nula.
c) $-6 \cdot 10^4$ V
d) $1 \cdot 10^5$ N/C muito próximo e $1{,}0 \cdot 10^5$ N/C na superfície.
e) Não.
f) $5 \cdot 10^4$ N/C

8. c

9. $1{,}8 \cdot 10^4$ m

10. 200 V e 50 V.

12. a) $20\ \mu F$
b) 12 mC

13. a) 900 m
b) 1 mC
c) 5 J

14. c

15. b

16. a) $9 \cdot 10^9$ m

17. a) $Q_1 = 2 \cdot Q_2$
b) $E_1 = 2 \cdot E_2$

18. a) 240 V
b) 14,4 nC e 9,6 nC

19. $\frac{1}{2}$

20. a) 4 000 V
b) 8 μC e 12 μC

21. a

22. a

23. a) 10
b) $\frac{1}{10}$

**Vestibulares de Norte a Sul**

1. b
2. d
3. a
4. e
5. a
6. b
7. b
8. 49 μC
9. a
10. a
11. a
12. e
13. c
14. c
15. e
16. 15 μC
17. $\frac{d}{r} \cdot \sqrt{\frac{m \cdot g}{\pi \cdot \varepsilon_0}}$
18. d

## Capítulo 6 • Capacitores e transistores

1. a) $1,0 \cdot 10^{-3}$ F
b) $1,2 \cdot 10^{-2}$ C

2. $1,0 \cdot 10^{-3}$ C

3. a) $4,5 \cdot 10^{8}$ V
b) 4,5 C

4. a) $1,0 \cdot 10^{-7}$ F

5. a) 8 μC

6. I. Verdadeira;
II. Falsa.

7. a) 24 pF
b) $1,2 \cdot 10^{-9}$ J

8. a) 7,2 C
b) 7 500 lâmpadas.

9. d

10. $5 \cdot 10^{-5}$ J

11. a) $7,2 \cdot 10^{-4}$ J
b) $1,0 \cdot 10^{-5}$ s
c) 0,5 Ω

12. a) 3 A (horário)
b) Zero.
c) $7,2 \cdot 10^{-5}$ J. Placa superior fica positiva e a inferior, negativa.

13. b

14. a) 1,2 μF
b) 21,6 μC
c) 7,2 V e 10,8 V
d) 77,76 μJ e 116,64 μJ

15. a) 5 μF
b) 6 V
c) 18 μC e 12 μC
d) 54 μJ e 36 μJ

16. a) 20 V
b) 6 J

17. a) Para $U = +5$ V, a resistência do diodo pode ser considerada infinita. Para $U = -5$ V, a resistência do diodo pode ser considerada nula.
b) Para $U = +5$ V, 1 mA e 2 V.
Para $U = -5$ V, 2,5 mA e 5 V.

18. c

19. b

20. a) $A_1 = 0,5$ A e $A_2 = 1$ A.
b) $A_1 = 0$ A e $A_2 = 0,46$ A.

21. a) O diodo $D_2$ funciona com a chave aberta. Os diodos $D_1$ e $D_3$ funcionam com as chaves fechadas.
b) $L_1$, $L_3$ e $L_4$.
c) $L_1$ (12 V), $L_3$(6 V) e $L_4$(6 V).

22. a) 12 mW
b) 4%
c) 2,4%

**Vestibulares de Norte a Sul**

1. d
2. c
3. d
4. e
5. c
6. a) *A* fica positiva e *B* negativa.
b) Os módulos das cargas de *A* e *B* são iguais, pelo princípio da conservação das cargas.
7. c
8. c
9. b
10. a) 200 V/m ou 2 V/cm, horizontal para a direita.
b) $4 \cdot 10^{-4}$ N, horizontal e para a esquerda (carga negativa).
c) *M* para *N*: $\tau = 0$ (não há ddp).
*M* para *L*: $\tau = 4 \cdot 10^{-6}$ J.
11. $1,6 \cdot 10^{-19}$ C
12. b
13. c
14. e
15. 60 V
16. 18 μC
17. a) 476 C
b) 40 460 J
18. b
19. c
20. d
21. a
22. b
23. e
24. F; V; F; V.

## Caiu no Enem

1. a
2. c
3. a
4. b
5. e
6. e
7. b
8. c
9. a
10. e
11. b
12. e
13. b
14. a
15. d
16. d
17. c
18. e
19. e
20. e

# Parte 2



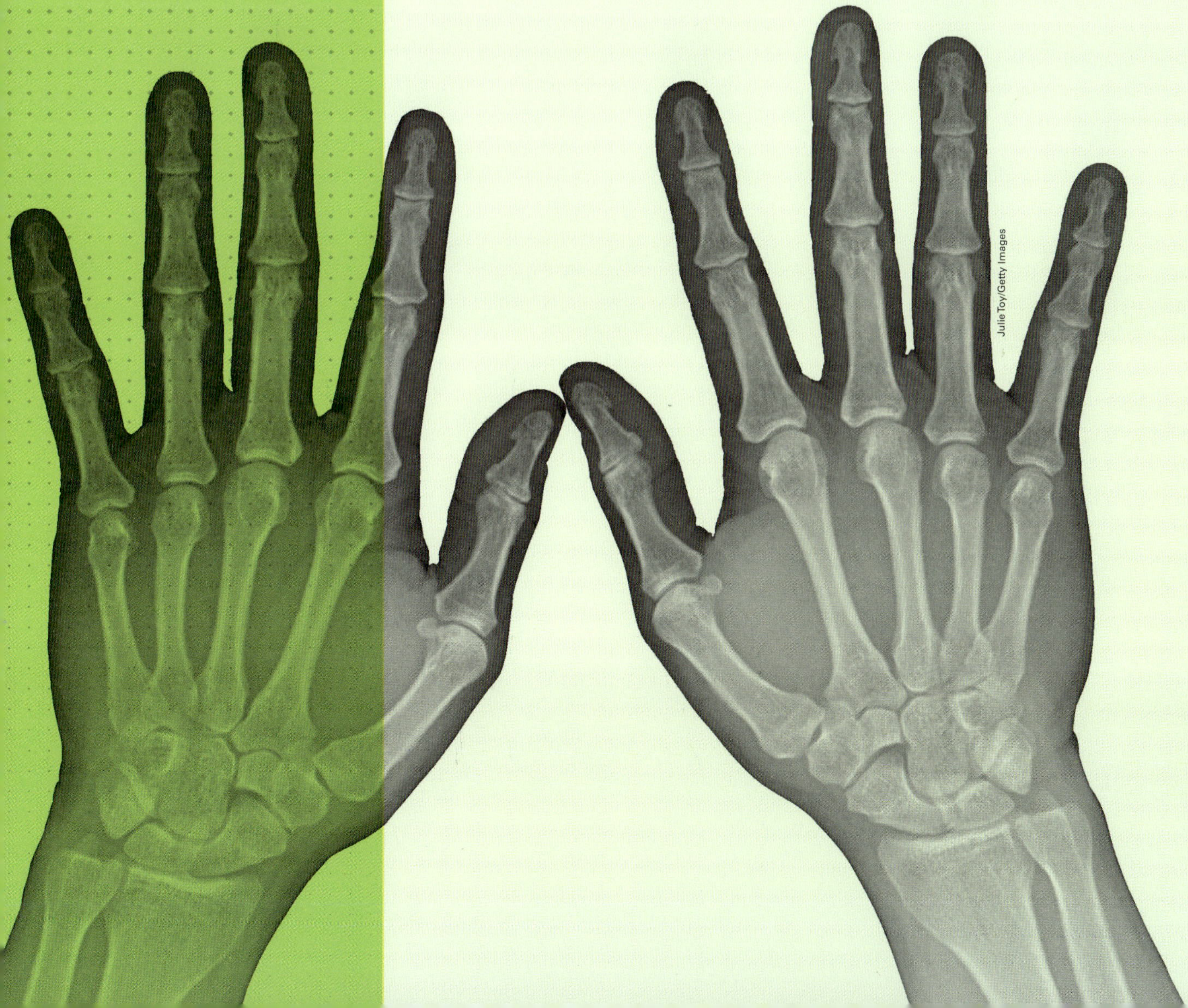

Julie Toy/Getty Images

CAPÍTULO

# 7 Campos e forças de natureza magnética

Triff/Shutterstock/Glow Images

Por que a agulha da bússola aponta sempre para o norte?

# 1 Campos magnéticos criados por ímãs

Quem não fica fascinado quando observa pela primeira vez os "poderes" de um ímã? Mas como será que as propriedades magnéticas foram conhecidas e explicadas ao longo da história da humanidade?

O fenômeno magnético é conhecido, pelo menos, desde o século VI a.C., na Grécia, na China e no Egito. Inicialmente o magnetismo foi considerado apenas mais uma das forças da natureza, que se manifestava somente no ferro e em outras substâncias mais raras, que genericamente foram chamadas de **ferromagnéticas**.

Os experimentos realizados por Hans Christian Oersted contribuíram para o entendimento mais profundo da natureza do magnetismo. Ele provou a relação entre magnetismo e eletricidade por meio da observação de um campo magnético gerado por uma corrente elétrica aplicada em um condutor.

Os geradores de eletricidade e os motores elétricos, entre outros dispositivos, abriram caminho para o desenvolvimento do Eletromagnetismo, que proporcionou a criação de diversas tecnologias.

## O magnetismo natural

A palavra magnetismo origina-se de uma pequena região da Ásia Menor, Magnésia, onde foi encontrado, em abundância, um mineral naturalmente magnético chamado magnetita (figura 7.1). A pedra desse mineral é um ímã natural.

Na figura 7.2 podemos observar que, ao pendurarmos um ímã natural de formato alongado, ele ficará sempre alinhado na direção geográfica norte-sul. A extremidade que aponta para o norte geográfico é chamada de **polo norte do ímã**. A outra, que aponta para o sul geográfico, é denominada **polo sul do ímã**.

Figura 7.1 A magnetita é um mineral magnético formado por óxidos de ferro. No Brasil, é o principal minério de ferro.

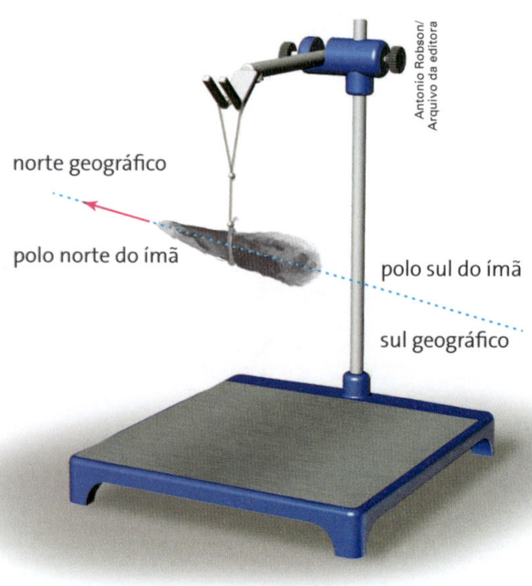


Figura 7.2 O alinhamento natural de agulhas magnéticas segundo a direção geográfica norte-sul é o princípio básico do funcionamento de uma bússola.

Os polos são as partes dos ímãs em que os efeitos magnéticos se apresentam mais intensos.

Quando dois ímãs são colocados próximos, o polo norte de um repele o polo norte do outro. Já o polo norte de um atrai o polo sul do outro (figura 7.3). Assim, podemos concluir que polos iguais se repelem e polos diferentes se atraem.

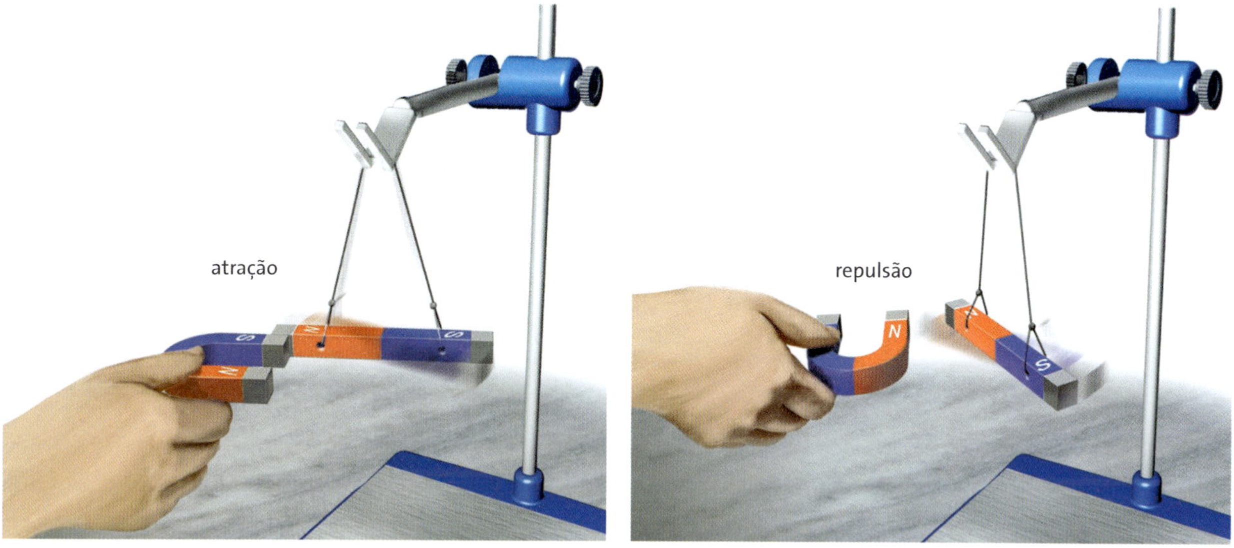


Antonio Robson/Arquivo da editora

Figura 7.3 Atração e repulsão magnética.

É importante observar que cada pedaço de um ímã partido forma um novo ímã, cada um deles com um polo norte e um polo sul. Esse fenômeno é conhecido como **inseparabilidade dos polos** (figura 7.4).

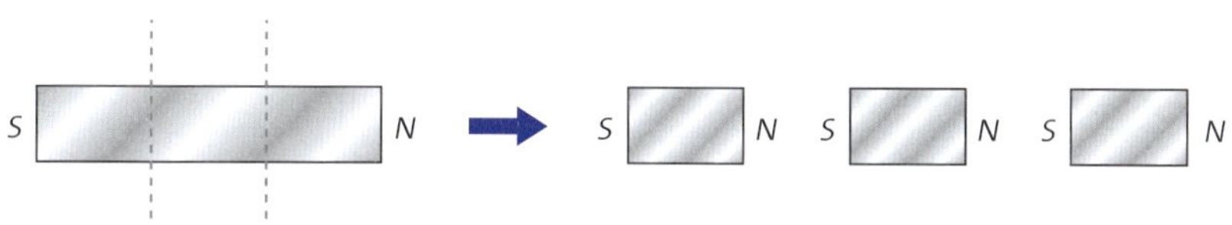


Figura 7.4 Fenômeno da inseparabilidade dos polos.

Uma explicação para esse fenômeno foi proposta por André-Marie Ampère (1775-1836). Ele supôs que cada ímã era constituído de pequenos ímãs elementares; a soma dos efeitos de todos esses ímãs elementares resultaria no ímã completo. Hoje, no entanto, sabemos que cada um dos ímãs elementares corresponde a uma pequena porção de matéria, chamada de **domínio magnético**, na qual os átomos têm a mesma orientação magnética (figura 7.5).

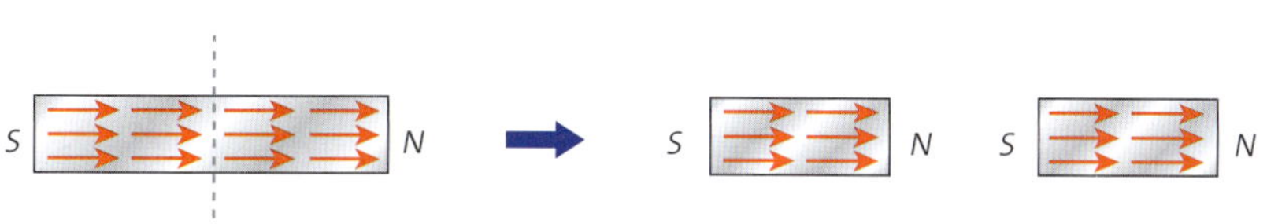


Figura 7.5 As setas vermelhas indicam a orientação da maioria dos domínios magnéticos da barra imantada.

## Campo magnético

Um corpo de prova (deve ser um pequeno objeto feito de material que apresente propriedades magnéticas) colocado em um ponto de uma região onde existe um campo magnético fica sujeito a uma força de origem magnética. Na **figura 7.6** temos um exemplo de visualização do campo magnético.

Sérgio Dotta Jr./Arquivo da editora

Figura 7.6 Quando pequenos ímãs se submetem à ação de outros ímãs fica fácil visualizar um campo magnético.

Representemos o campo magnético em cada ponto de uma região do espaço pelo vetor campo magnético ($\vec{B}$). Para determinar a direção e o sentido do vetor $\vec{B}$ usamos uma agulha magnética (o polo norte da agulha nos indica o sentido de $\vec{B}$). Veja a **figura 7.7**.

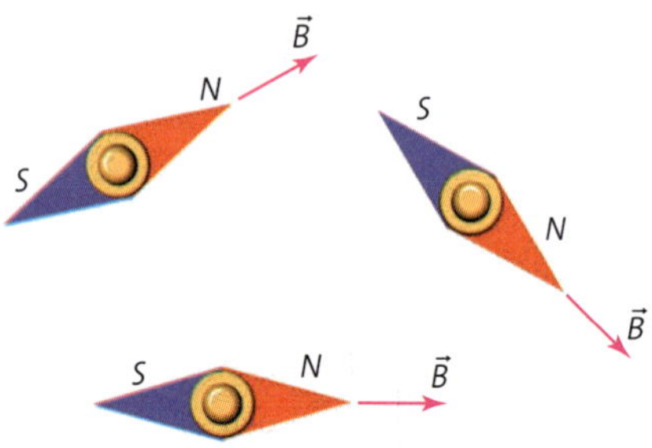


Figura 7.7 Determinação da direção e do sentido de um campo magnético.

Em um campo magnético, as linhas são compostas de maneira que o vetor campo magnético apresenta as seguintes características:

- sua direção é sempre tangente a cada linha de campo em qualquer ponto do campo magnético;
- seu sentido é o mesmo da respectiva linha de campo;
- sua intensidade é proporcional à densidade das linhas de campo.

Para construir linhas de campo, podemos usar o conceito de domínio magnético. Cada domínio magnético é um pequeno ímã, que podemos considerar um pequeno corpo de prova. Observe, na **figura 7.8.a**, que, internamente ao ímã, as linhas de campo começam no polo sul e vão até o polo norte. Externamente ao ímã (**figura 7.8.b**), ocorre o contrário. Desse modo, as linhas de campo magnético são fechadas.

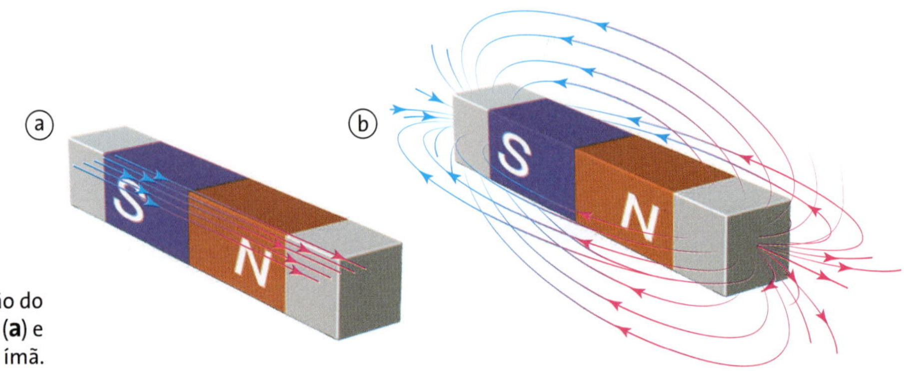


Ilustrações: Antonio Robson/Arquivo da editora

Figura 7.8 Representação do domínio magnético interno (**a**) e do externo (**b**) de um ímã.

## Campo magnético uniforme

O campo magnético é uniforme em uma determinada região quando, em todos os pontos dessa região, o vetor campo magnético tem a mesma intensidade, a mesma direção e o mesmo sentido. Na **figura 7.9.a** temos a representação de um campo magnético uniforme. Na **figura 7.9.b** temos exemplos de ímãs em que há campo magnético praticamente uniforme.

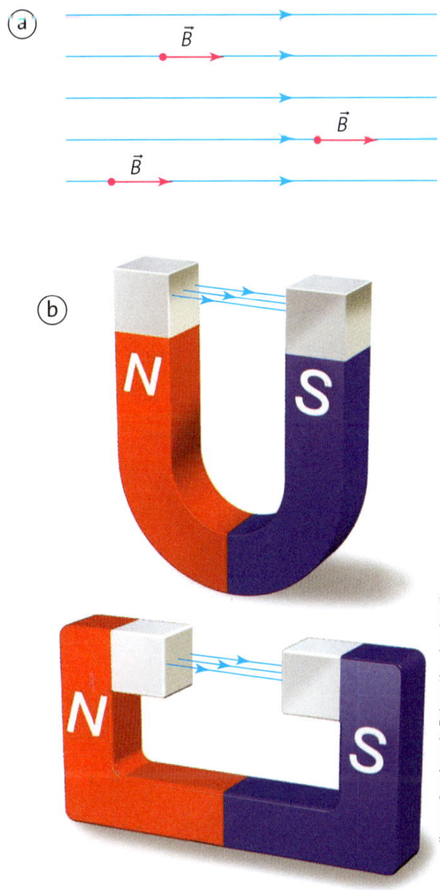


Ilustrações: Antonio Robson/Arquivo da editora

**Figura 7.9** Representação do campo magnético uniforme (**a**) e de ímãs que apresentam essa propriedade (**b**).

## Campo magnético terrestre

A Terra é um grande ímã. Se a compararmos com um ímã em forma de barra, verificamos que o eixo dessa barra está um pouco inclinado em relação ao eixo de rotação da Terra, conforme ilustra a **figura 7.10**.

Os polos geográficos da Terra, pelos quais passa o eixo de rotação, estão ligeiramente afastados dos polos magnéticos (cerca de 12,5°). Portanto, as linhas do campo magnético terrestre não acompanham exatamente os meridianos.

Observe também na **figura 7.10** que o norte das bússolas é atraído pela região norte da Terra, ou seja, lá temos um polo sul magnético. Analogamente, próximo ao polo sul geográfico, temos o polo magnético norte da Terra.

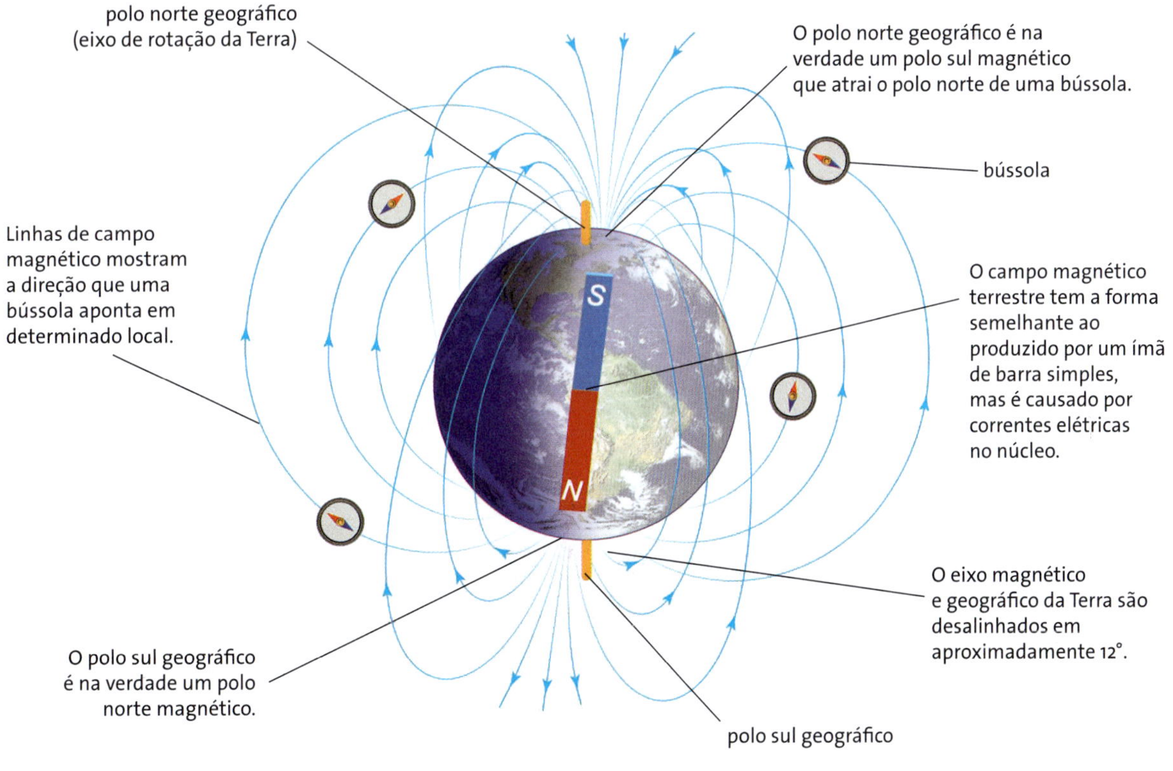


**Figura 7.10** Campo magnético terrestre.

A diferença entre o norte apontado pela bússola e o norte geográfico verdadeiro é chamada de declinação magnética (**figura 7.11.a**). Por convenção, ela é positiva quando for para leste. A declinação magnética varia de local para local e também lentamente ao longo do tempo.

Genericamente falando, as linhas de campo magnético não são horizontais. O ângulo entre a linha do campo magnético e a horizontal é chamado de inclinação magnética.

Assim como a declinação, a inclinação varia de local para local e, lentamente, ao longo do tempo (**figura 7.11.b**). Nos polos magnéticos a agulha da bússola, se estiver livre, fica na vertical: norte para cima ou para baixo!

(a)

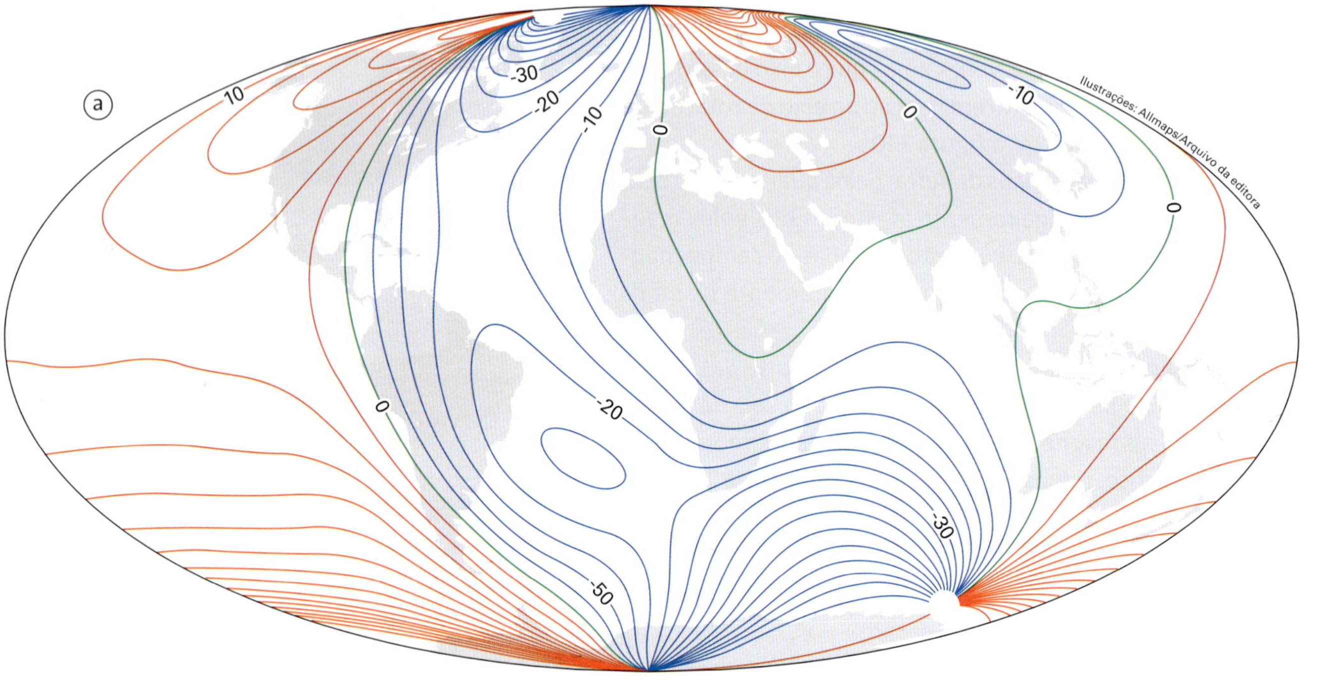


(b)

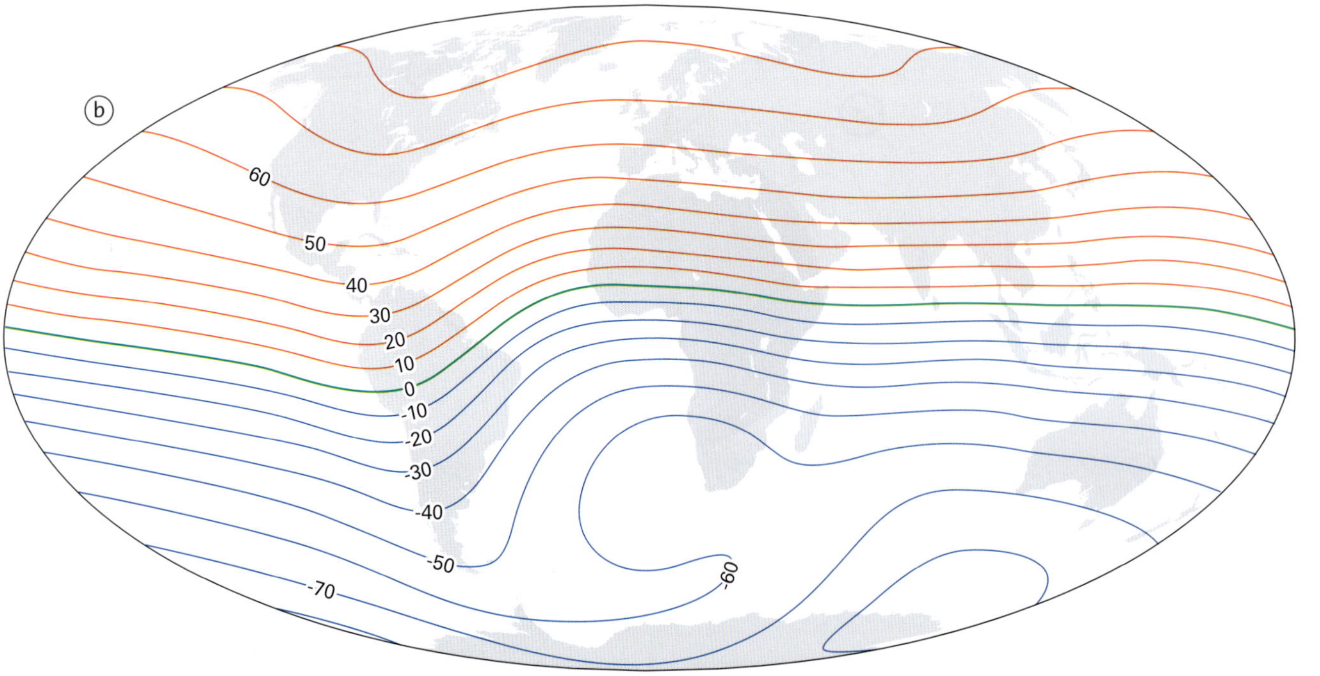


**Figura 7.11** Mapa das declinações (**a**) e inclinações (**b**) magnéticas no ano de 2010.

## O magnetismo na matéria

Na natureza, encontramos substâncias ferromagnéticas, paramagnéticas ou diamagnéticas.

### Ferromagnetismo

O ferro, o níquel, o cobalto e alguns compostos e ligas que contenham esses elementos são ferromagnéticos. Eles possuem domínios magnéticos (pequenos ímãs), que, sob influência de um campo magnético externo, tendem a se alinhar com ele, fazendo com que a substância também se torne um ímã (**figuras 7.12** e **7.13**).

Vamos analisar a interação de um ímã com um pedaço de ferro (**figura 7.14**). Ao aproximarmos o ímã do ferro, este fica magnetizado por influência, formando polos que se alinham com o campo externo e resultando numa mútua atração (atração de grande intensidade).

Arquivo Pessoal/Orions Ciência e Educação

**Figura 7.12** Domínios magnéticos irregulares, antes da aproximação de um ímã.

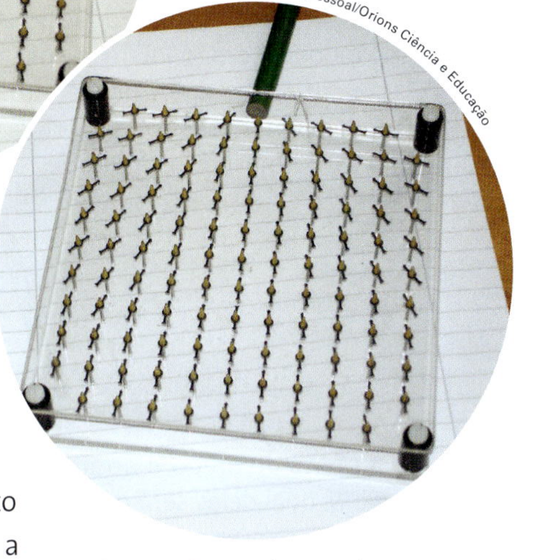

Arquivo Pessoal/Orions Ciência e Educação

**Figura 7.13** Quando aproximamos um ímã dos domínios magnéticos, ocorre imantação por influência.

### Paramagnetismo

São as substâncias que se imantam fracamente sob influência de um campo magnético externo, resultando uma força de atração muito pequena. Exemplos de substância paramagnética: o alumínio, o cromo, a platina, o manganês, o estanho e o ar.

### Diamagnetismo

São as substâncias que interagem com o campo magnético, resultando uma fraca repulsão. Exemplos: a prata, o ouro, o mercúrio, o chumbo, o zinco, o antimônio, o bismuto e a água.

### Ponto Curie

Consideremos um prego atraído por um ímã e submetido ao calor de uma chama. Acima de determinada temperatura, a agitação térmica se torna tão intensa que impede a orientação dos domínios magnéticos. Nessas condições, o prego deixa de ser atraído pelo ímã. A temperatura a partir da qual a magnetização se desfaz é denominada temperatura Curie, cujo valor é específico para cada substância (aproximadamente 770 °C para o ferro).

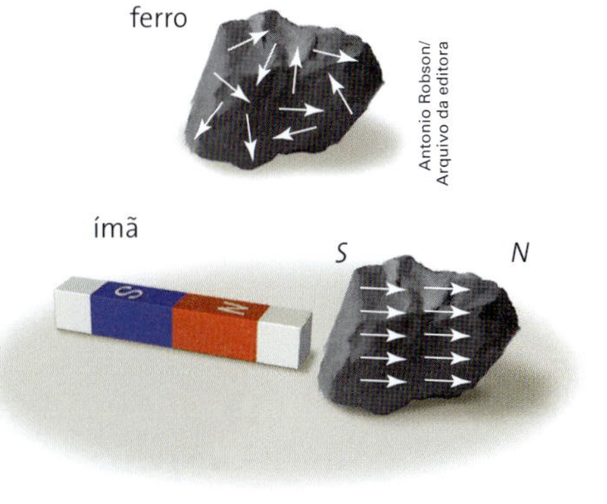


Antonio Robson/Arquivo da editora

**Figura 7.14** Quando colocado próximo de um ímã, um pedaço de ferro se magnetiza.

### Magnetismo remanescente

Afastando-se o ímã de um corpo que foi atraído por ele, ainda restará nesse corpo um resquício de magnetização, chamado de magnetismo remanescente. A intensidade do magnetismo remanescente depende da substância, do tempo de exposição ao campo externo e da temperatura durante o experimento.

Ímãs e força magnética

## Exercícios

1. Em um prego de aço, Pedro esfrega continuamente um ímã permanente, sempre no mesmo sentido, conforme indica a figura.
Após esse processo, o estudante verifica que o prego fica imantado, atraindo outros pregos.

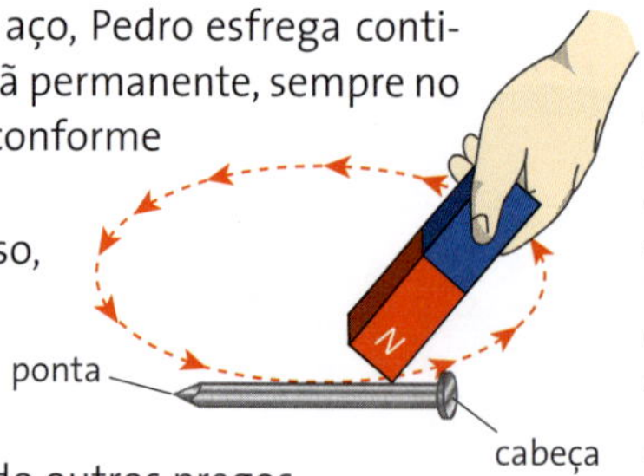


Ilustrações: Formato/Arquivo da editora

   a) O polo norte do prego é a sua ponta. Como Pedro pode verificar isso?

   b) Distraidamente, Pedro coloca o prego imantado ao lado de outro prego idêntico, mas não imantado. Para verificar qual dos dois é o prego imantado, usando apenas esses dois objetos, ele os posicionam conforme indica a figura.

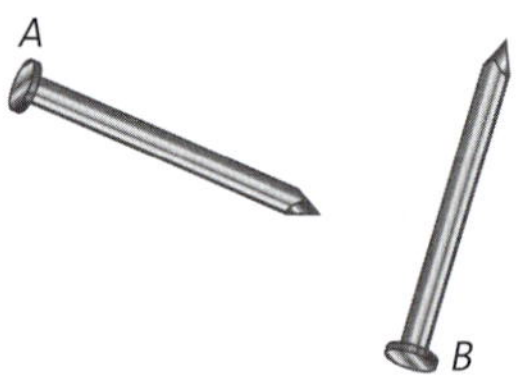


   Se a ponta do prego *A* atrair a região central do prego *B*, qual deles será o imantado? Qual seria a conclusão se essa atração não ocorresse?

2. A figura a seguir mostra um ímã atraindo limalha de ferro. Pode-se afirmar que:

Sérgio Dotta Jr./Arquivo da editora

   a) o polo mostrado é o norte.
   b) o polo mostrado é o sul.
   c) o campo magnético é mais intenso na região central do ímã.
   d) o campo magnético é mais intenso na extremidade do ímã.
   e) a limalha de ferro só é atraída pelo ímã por ser muito leve.

3. Nas figuras **a** e **b**, podemos visualizar as linhas de campo de dois campos magnéticos em regiões distintas. O primeiro (**a**) é uniforme e o segundo (**b**) está próximo a uma das extremidades de um ímã em forma de barra. No campo uniforme foram colocadas duas bússolas, (1) e (2), cujas posições iniciais estão também representadas na figura **a**. No campo não uniforme, a bússola, (3), já aparece em sua orientação final.

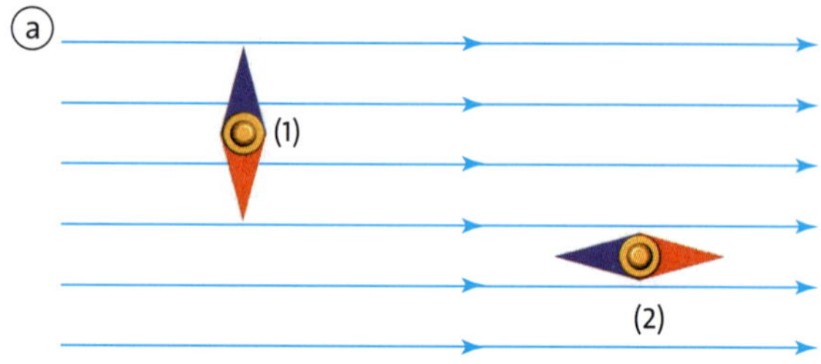


Disposição inicial de duas bússolas em um campo uniforme.

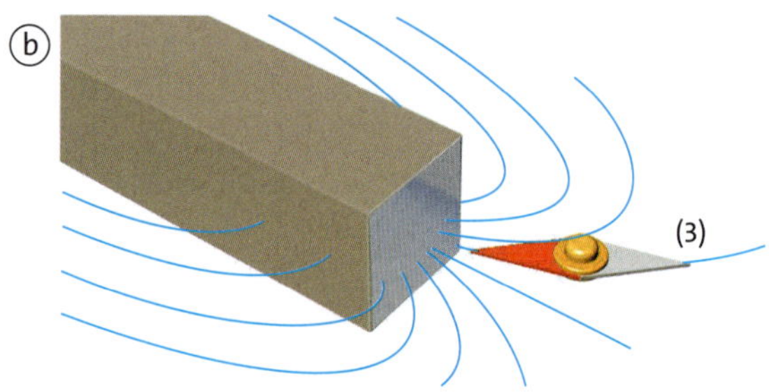


Ilustrações: Antonio Robson/Arquivo da editora

Orientação de uma bússola em um campo não uniforme.

   a) Qual é o polo correspondente à extremidade apresentada na figura **b**, considerando que o lado norte da bússola é o vermelho?
   b) Esquematize as forças que agem em cada um dos polos das três bússolas distribuídas nesses campos magnéticos.
   c) Em quais bússolas a soma vetorial das forças que agem é nula?

4. Caso a Terra fosse representada por um grande ímã, de acordo com o campo magnético por ela criado:
   a) ao norte geográfico estaria associado o polo norte do ímã.
   b) ao norte geográfico estaria associado o polo sul do ímã.
   c) ao sul geográfico estaria associado o polo sul do ímã.
   d) ao leste geográfico estaria associado o polo sul do ímã.
   e) ao oeste geográfico estaria associado o polo sul do ímã.

5. Um ímã em forma de barra é cortado transversalmente. Descreva como ficam as duas metades da barra, do ponto de vista magnético, depois do corte.

## Trabalho em equipe

Sob orientação do professor, reúna-se com dois ou três colegas. Leiam o texto a seguir:

Em uma aula de História do Ensino Fundamental, um aluno perguntou: como os navegadores das caravelas, aqueles que supostamente descobriram o Brasil, achavam o caminho de volta?

A professora, pacientemente, tentou explicar para os garotos e garotas de 10 anos de idade o que era uma bússola. Eles não entenderam muito bem, embora ela tivesse mostrado uma bússola de bolso, com a extremidade colorida sempre voltada para o norte.

Como aquilo funcionava? Como construir uma? Aquilo ficou na cabeça da garotada por semanas.

Um dia, a professora solicitou aos alunos: tragam, amanhã, um pequeno suporte de madeira, uma rolha, um prego, uma ampola de remédio vazia, um pedaço de massinha e uma agulha de costura.

No dia seguinte havia pregos, tábuas e agulhas dos mais diversos tipos e tamanhos.

Na base da tábua prenderam o prego; no prego, a rolha foi encaixada. Na ponta do prego prenderam a ampola, com a massinha prendendo a agulha no seu topo. Antes disso, esfregaram a agulha no ímã que a professora levou.

Ilustrações: Antonio Robson/Arquivo da editora

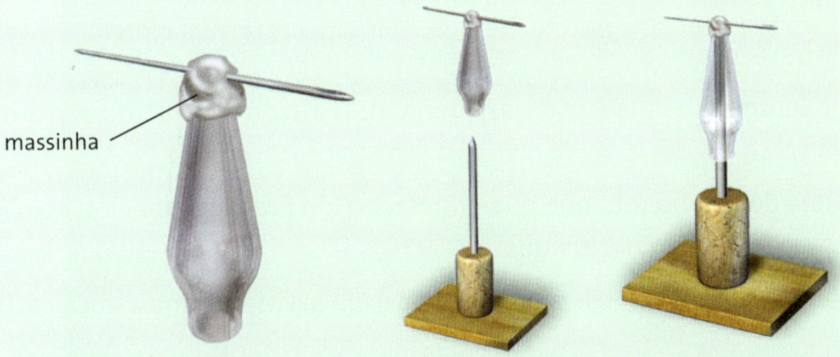


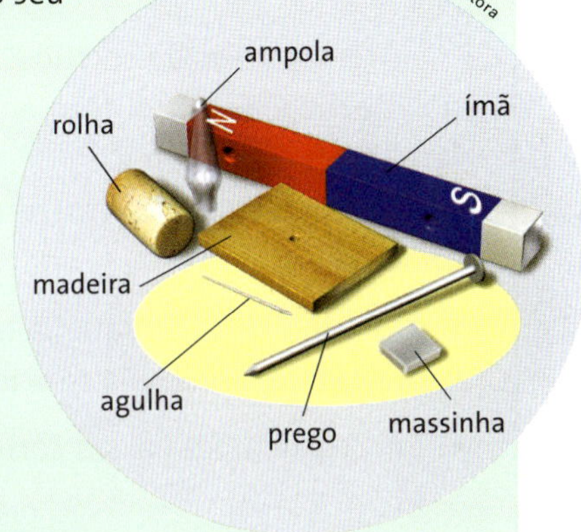


Resultado: cerca de vinte pequenas bússolas, todas apontando na mesma direção. "Isso é Física", disse a professora. "Sem ela, é impossível navegar".

1. Construam uma bússola caseira como a que a professora fez no texto.
2. Comparem o comportamento da bússola caseira com o de uma bússola comercial e formulem hipóteses sobre suas semelhanças e diferenças.
3. Também é possível construir uma bússola caseira com os seguintes materiais: ímã, agulha, um pedaço de cortiça (rolha), um recipiente (copo) e água.

   Passem a ponta da agulha mais de vinte vezes sobre o ímã e numa única direção, prendam-na na rolha e coloquem com cuidado sobre a água no recipiente. Assim temos uma bússola.

   Respondam: quais são as semelhanças e diferenças entre as duas formas de se montar uma bússola? Destaque quais são os materiais presentes nas duas montagens e suas funções.

4. O que faz a agulha apontar sempre para o mesmo lugar?

# 2 Campos magnéticos criados por correntes elétricas

Considerando as respostas das questões da seção **Física tem História**, analisaremos três casos de importância prática: o fio reto, a espira circular e o solenoide.

## Física tem História

### A experiência de Oersted

Até o começo do século XIX, não se associava a eletricidade ao magnetismo, isto é, os fenômenos de atração e repulsão entre ímãs pareciam não ter relação com as correntes elétricas circulando nos condutores.

Um professor de Amsterdã (Holanda), Hans Christian Oersted, realizou em 1820 o seguinte experimento:

- aproximou uma pequena bússola de um fio reto que não era percorrido por corrente elétrica. Observou que a bússola se orientava na direção norte-sul;
- em seguida, fez passar corrente pelo fio reto e observou que a bússola assumiu uma direção ortogonal ao fio.

Com base nessa experiência, Oersted concluiu que correntes elétricas produziam campos magnéticos.

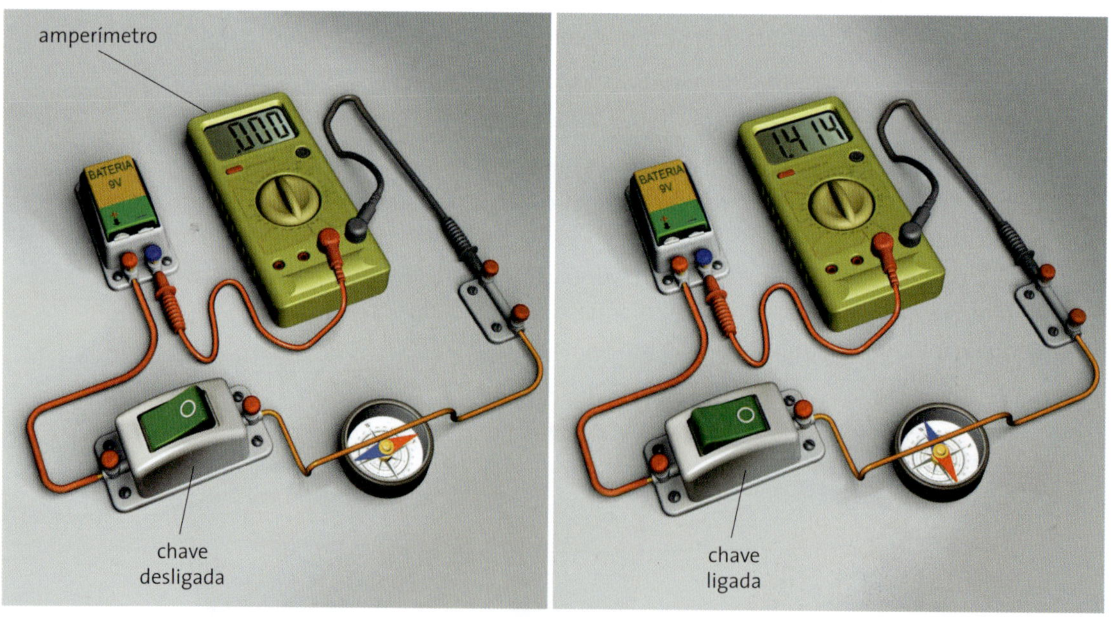


Antonio Robson/Arquivo da editora

Experiência de Oersted.

1. É possível formular hipóteses a respeito da direção do campo magnético criado por uma corrente elétrica com base na experiência de Oersted?
2. Os campos magnéticos criados por correntes elétricas dependem do formato do condutor que serve de suporte a essas correntes?

# Fio reto e longo

Espalhando limalha de ferro nas imediações de um fio reto e longo, é possível ter uma ideia de como são as linhas do campo magnético criado por um fio desse tipo. Essas linhas são circunferências situadas em planos perpendiculares ao fio, e com centro nele (**figura 7.15**).

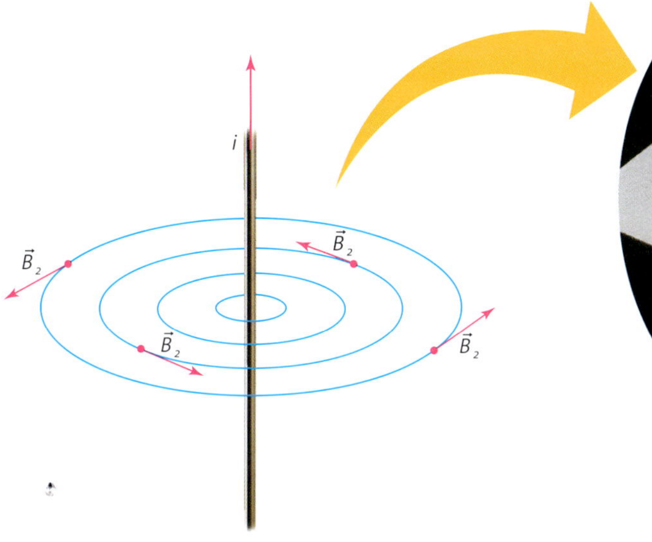


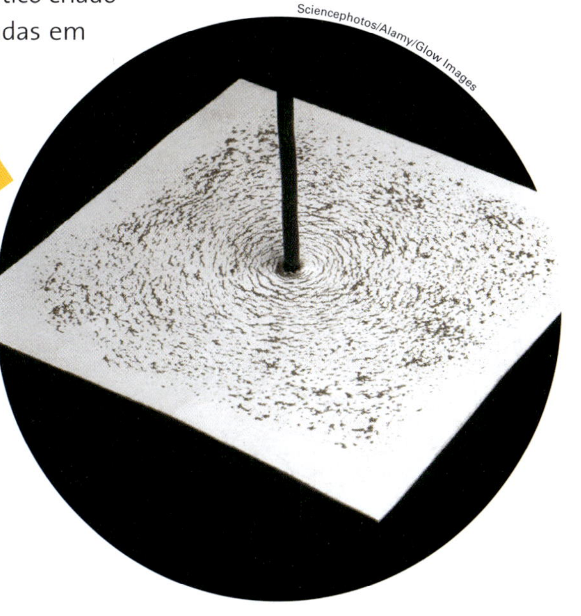

Sciencephotos/Alamy/Glow Images

**Figura 7.15** Campo magnético em um fio reto e longo.

Para caracterizar esse campo magnético, tomemos um ponto *P* nele situado. A direção do campo magnético é sempre perpendicular ao plano determinado por *P* e pela reta que corresponde ao fio (**figura 7.16**).

Para representar o sentido do campo em uma folha de papel, vamos adotar como referência um observador que olhe de frente para a folha; o vetor campo magnético pode estar orientado no sentido de sair do plano da folha (**figura 7.17.a**) ou de entrar nele (**figura 7.17.b**).

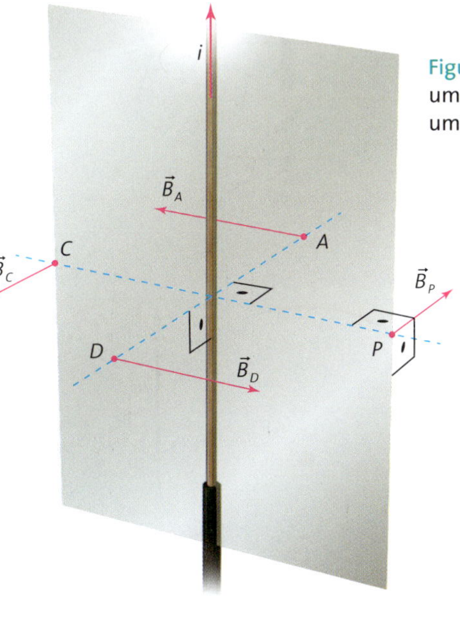


**Figura 7.16** Caracterização de um campo magnético em um fio reto e longo.

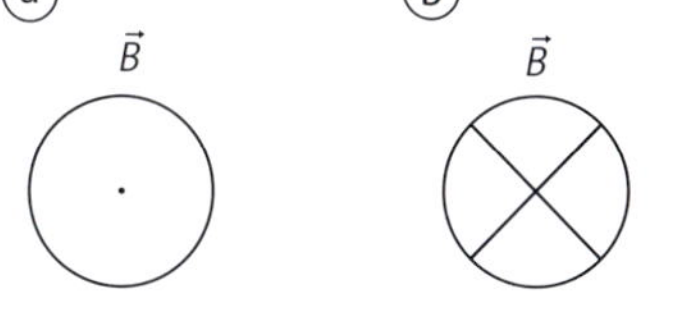


**Figura 7.17** Representação dos sentidos do campo magnético em um fio reto e longo.

Ilustrações: Antonio Robson/Arquivo da editora

Um modo prático de relacionar o sentido da corrente elétrica com o do vetor campo magnético gerado por ela é conhecido como **regra da mão direita**.

Com a mão aberta, aponta-se o polegar no sentido da corrente elétrica no fio e os demais dedos no sentido do condutor para o ponto *P*. O sentido do vetor $\vec{B}$ no ponto *P* é obtido curvando-se os dedos ou dando um tapinha (**figura 7.18**).

Verificamos experimentalmente que a intensidade (*B*) do campo magnético criado por um fio reto e longo (**figura 7.19**) é proporcional à intensidade de corrente (*i*) que o atravessa e inversamente proporcional à distância (*r*) do ponto até o fio, o que pode ser representado da seguinte forma:

$$B = \frac{\mu \cdot i}{2\pi \cdot r}$$

Na expressão acima, a constante $\mu$ é a permeabilidade magnética do meio em que está o fio. Para o vácuo, essa constante vale:

$$\mu_0 = 4\pi \cdot 10^{-7}\,\text{T} \cdot \text{m/A}$$

A unidade de medida para o campo magnético no Sistema Internacional de Unidades (SI) é o tesla (T), em homenagem a Nikola Tesla (1856-1943).

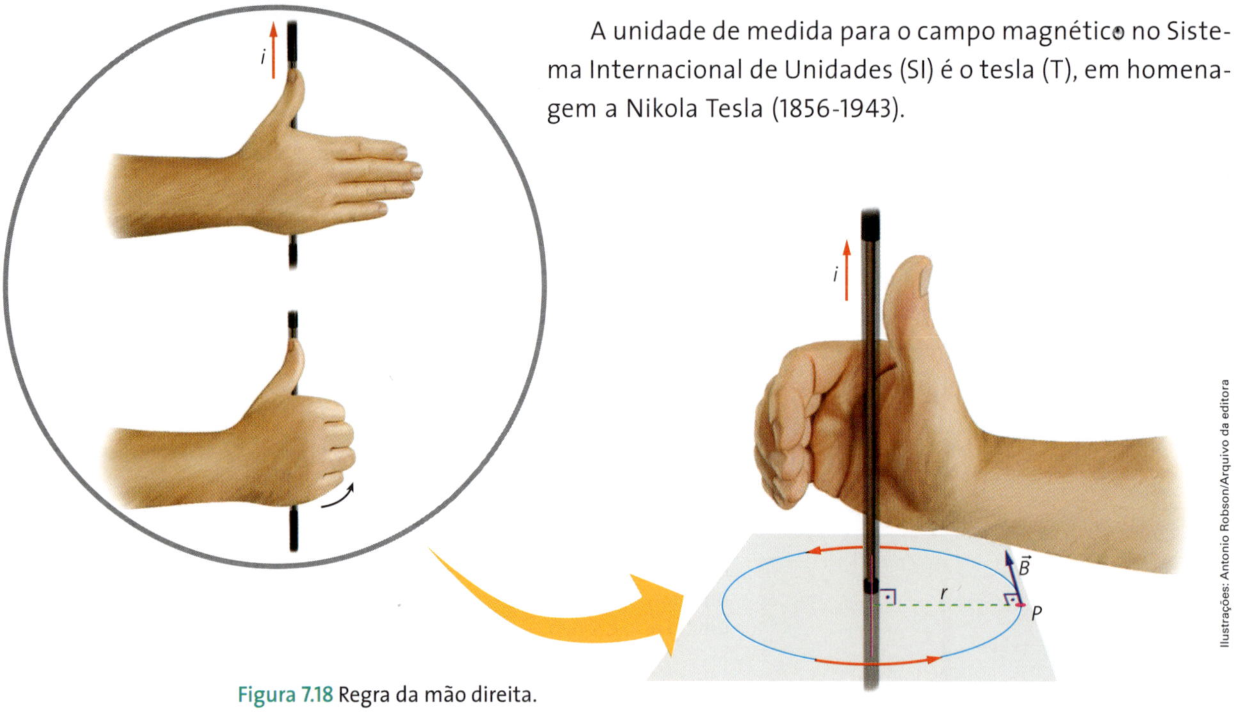


Figura 7.18 Regra da mão direita.

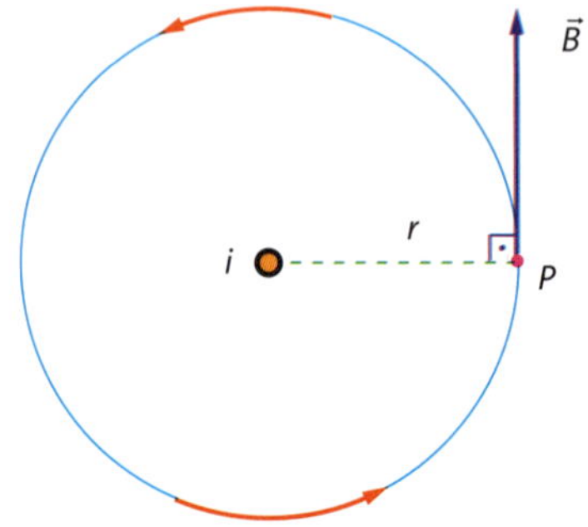


Figura 7.19 Campo magnético de um fio reto e longo.

# Espira circular

Espalhando limalha de ferro nas imediações de uma espira circular, temos uma ideia de como são as linhas do campo magnético criado por ela (**figura 7.20**).

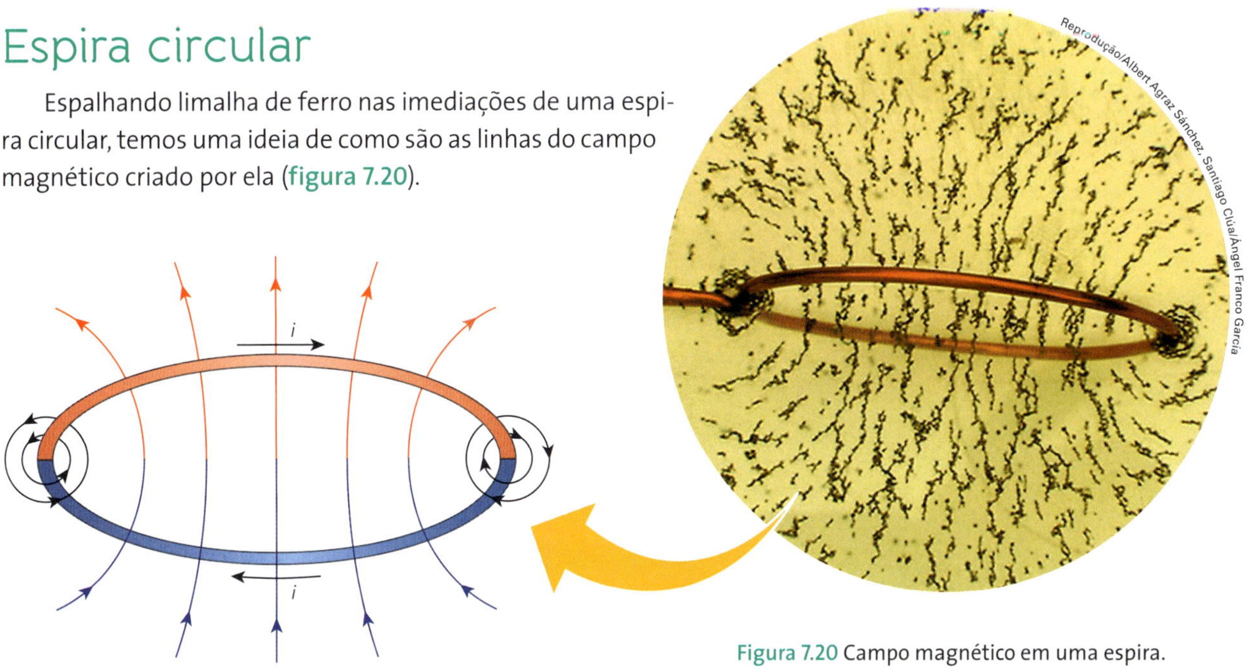




Figura 7.20 Campo magnético em uma espira.

É possível observar que, no centro da espira circular, o campo magnético criado por ela é perpendicular ao plano que a contém. Podemos representar a espira circular e seu campo, como mostra a **figura 7.21**.

A intensidade do campo magnético no centro da espira é:

$$B = \frac{\mu \cdot i}{2 \cdot R}$$

Nessa expressão, $R$ é o raio da circunferência determinada pela espira.

Para determinar a direção e o sentido de $\vec{B}$ no centro da espira, utilizamos a regra da mão direita, imaginando cada pequeno trecho da circunferência como um pedaço de fio retilíneo e longo.

Na **figura 7.22**, o observador 1 "vê" linhas de campo saindo da espira: portanto, essa face corresponde ao polo norte de um ímã. O observador 2, por sua vez, "vê" linhas de campo entrando na espira, o que determina o polo sul.

Se enrolarmos várias vezes um fio em torno da mesma circunferência, estaremos fazendo uma superposição de várias espiras; desse modo a intensidade do campo magnético aumentará proporcionalmente de acordo com o número de voltas.

Se o número de voltas for $n$, a intensidade do campo será:

$$B = n \cdot \frac{\mu \cdot i}{2 \cdot R}$$

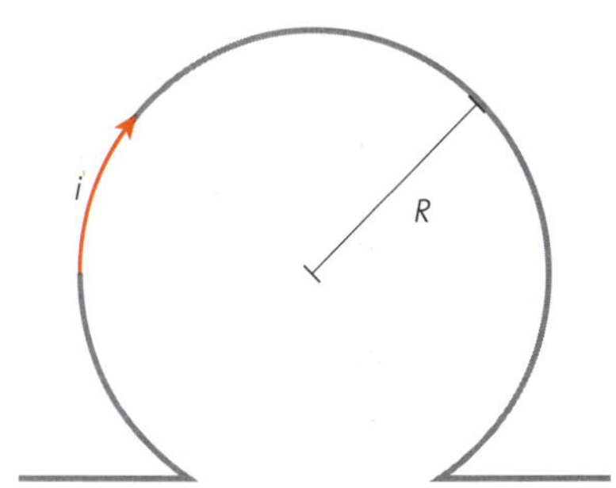


Figura 7.21 Representação do campo em uma espira circular.

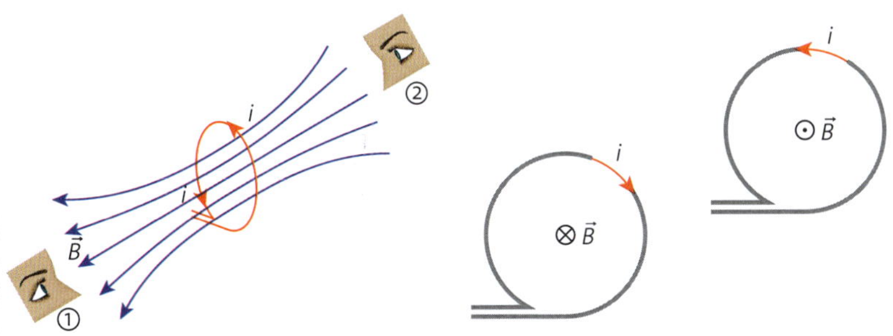




Figura 7.22 Visualizações do campo magnético de uma espira.

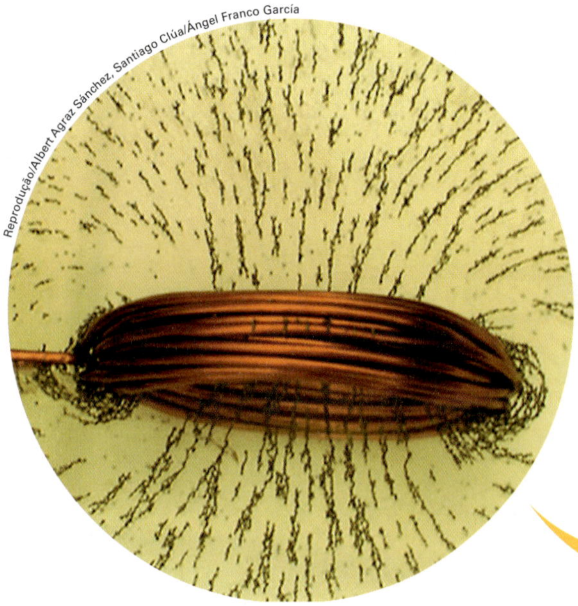

Reprodução/Albert Agraz Sánchez, Santiago Clúa/Ángel Franco García

## Solenoide

Um solenoide é constituído por um fio metálico enrolado no formato de uma hélice cilíndrica. Ao ser atravessado por uma corrente elétrica, cria um campo magnético cujas linhas são mostradas na **figura 7.23**.

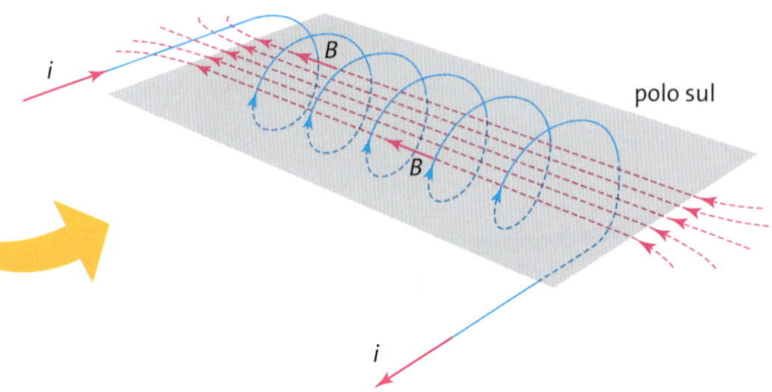


Antonio Robson/Arquivo da editora

Figura 7.23 Campo magnético em um solenoide.

Vamos considerar a situação em que o comprimento ($L$) predomina em relação ao diâmetro ($d$) do cilindro. Nesse caso, o campo magnético no interior do solenoide é praticamente uniforme; há apenas uma distorção nas extremidades.

Na região externa ao cilindro, o campo magnético é praticamente nulo. Na interna, a intensidade do campo magnético é:

$$B = \frac{n}{L} \cdot \mu i$$

Nessa expressão, $n$ é o número de voltas e $L$ é o comprimento do cilindro. É comum conhecermos de antemão o quociente $\frac{n}{L}$, que é a quantidade de voltas por unidade de comprimento.

Na **figura 7.24.a**, temos um arranjo experimental para a medição do valor do campo magnético (em um ponto no interior do solenoide) em função da corrente elétrica que passa por ele. Se colocarmos um núcleo de ferro no interior do solenoide, a intensidade do campo magnético aumentará consideravelmente. Esse processo é usado na construção de eletroímãs, como mostra a **figura 7.24.b**.

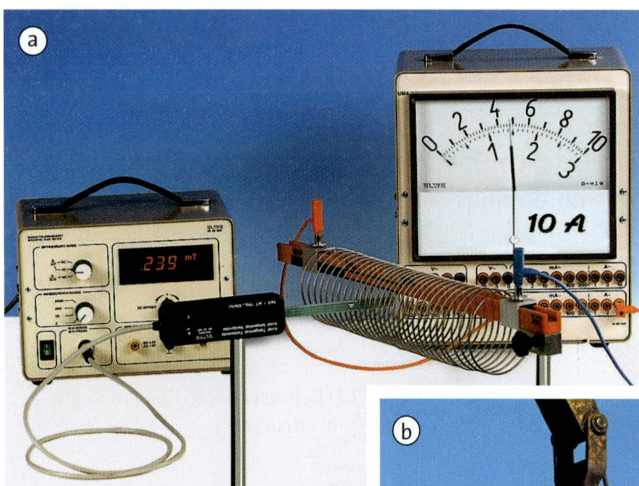


Acervo do autor/Arquivo da editora

Paul Ridsdale/Alamy/Glow Images

Figura 7.24 Arranjo experimental para a obtenção do campo magnético em função da corrente elétrica (**a**). Uso de um eletroímã (**b**).

Física explica

## O magnetismo das moscas

*O estudo do comportamento de organismos frente a campos magnéticos tem sido feito intensamente desde meados do século passado. Assim, verificou-se, por exemplo, que os pombos-correios podem se orientar pelo campo da Terra e que as trutas têm partículas de mineral magnético na região próxima ao bulbo olfativo. Entretanto, a descoberta das bactérias magnéticas, em 1975, foi o único caso em que um receptor de campo magnético (ou magnetorreceptor) foi identificado, e seu efeito na orientação dos microrganismos comprovado inequivocamente.*

*Bactérias magnéticas vivem em ambientes aquáticos e seu movimento sofre efeito direto de um campo magnético. No interior delas, existe uma cadeia linear de cristais nanométricos de magnetita, responsáveis pela sua orientação, agindo como se fossem a agulha de uma bússola. Mesmo quando a bactéria está morta, é possível orientá-la com um ímã, embora ela não possa mais nadar.*

*Agora, um estudo feito com moscas-das-frutas coloca mais uma peça importante nesse cenário complexo: uma proteína sensível a certas frequências de luz tem papel chave na sensibilidade desse inseto ao campo magnético.*

FARINA, Marcos. *Ciência Hoje*. v. 42, n. 252, set. 2008.

Mosca-das-frutas (*Drosophila melanogaster*).

1. Indique a afirmativa correta:
   a) Pombos e trutas não são sensíveis ao campo magnético da Terra.
   b) Pombos-correios possuem pequenos ímãs nos pés.
   c) Bactérias magnéticas vivem em ambientes aquáticos e perdem a magnetização quando morrem.
   d) No interior das bactérias magnéticas há pequenos cristais de magnetita que funcionam como bússola.
   e) A luz não muda as propriedades magnéticas das moscas-das-frutas.

2. O texto dá a entender que:
   a) os efeitos do campo magnético da Terra nos pombos-correios é assunto totalmente dominado pelos cientistas.
   b) o único caso de magnetorreceptor, por enquanto, foi identificado em algumas bactérias.
   c) o estudo dos efeitos dos campos magnéticos em moscas mostrou que elas não dependem da luz.
   d) bactérias magnéticas ingeridas pelas moscas são responsáveis pela sua orientação espacial.
   e) campos magnéticos modificam o sentido do olfato nas trutas.

## Exercícios

6. Um fio retilíneo e longo é percorrido por uma corrente elétrica com intensidade de 4 A, conforme mostra a figura. Determine o vetor campo magnético em um ponto $P$ situado a 50 cm do fio. Considere que o meio em que se encontra o fio é o vácuo.

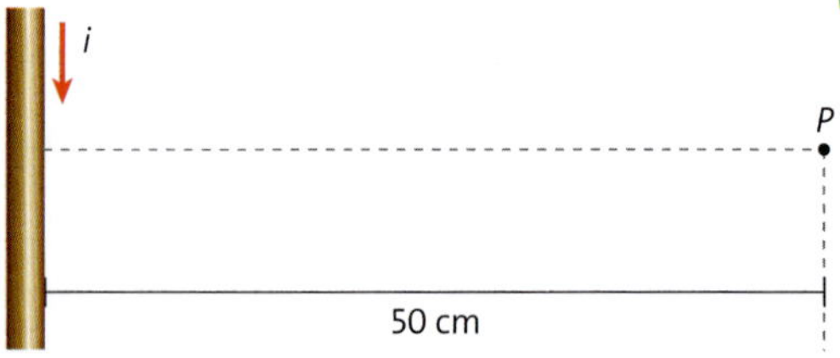


Formato/Arquivo da editora

7. Em torno de um cilindro de 10 cm de comprimento foi enrolado uniformemente um fio, com revestimento isolante, perfazendo 2 000 voltas completas ao longo dele (solenoide). Foi estabelecida no fio uma corrente elétrica com intensidade de 10 A.
   a) Qual é a intensidade do campo magnético em um ponto externo ao cilindro, situado longe das bordas?
   b) Qual será a intensidade do vetor campo magnético no interior do solenoide se nele houver apenas ar? ($\mu_{ar} = \mu_0 = 4\pi \cdot 10^{-7}$ T · m/A)
   c) Qual será a intensidade do vetor campo magnético se inserirmos, no interior do cilindro, um núcleo cuja permeabilidade magnética seja 100 vezes a do vácuo?

8. Uma espira circular tem raio 2 cm e é atravessada por uma corrente de 0,5 A, no sentido horário. Sendo $\mu_0 = 4\pi \cdot 10^{-7}$ T · m/A, caracterize o campo magnético no centro da espira.

9. Dois fios paralelos e longos, separados por 2 m, são atravessados por correntes de 2 A, no mesmo sentido. Determine a intensidade do campo magnético nos pontos equidistantes dos fios.

10. Um fio é enrolado em um carretel de raio 5 cm. O número total de espiras é 1 000 e o fio é percorrido por uma corrente de 10 A. Sendo $\mu_0 = 4\pi \cdot 10^{-7}$ T · m/A, determine a intensidade do campo magnético no centro do carretel, nos seguintes casos:
    a) o comprimento do carretel é 10 cm;
    b) o comprimento do carretel é 1 m.

11. (PUC-SP) Na experiência de Oersted, o fio de um circuito passa sobre uma agulha de uma bússola. Com a chave $C$ aberta, a agulha alinha-se como mostra a figura 1. Fechando-se a chave $C$, a agulha da bússola assume nova posição (figura 2).

Antonio Robson/Arquivo da editora

A partir desse experimento, Oersted concluiu que a corrente elétrica estabelecida no circuito:

a) gerou um campo elétrico numa direção perpendicular à da corrente.
b) gerou um campo magnético numa direção perpendicular à da corrente.
c) gerou um campo elétrico numa direção paralela à da corrente.
d) gerou um campo magnético numa direção paralela à da corrente.
e) não interfere na nova posição assumida pela agulha da bússola, que foi causada pela energia térmica produzida pela lâmpada.

# 3 Força magnética sobre cargas elétricas

As manifestações magnéticas se revelam por meio de forças. Este tópico trata da quantificação das forças magnéticas que atuam sobre as cargas elétricas em movimento.

A denominação força magnética é muitas vezes substituída por força de Lorentz, em homenagem ao físico holandês Hendrik Antoon Lorentz (1853-1928), um dos ganhadores do Prêmio Nobel de Física de 1902 e um dos precursores da teoria da relatividade.

Vamos analisar o efeito de um campo magnético sobre uma carga elétrica móvel. Para isso, consideremos uma carga elétrica $q$ deslocando-se com velocidade $\vec{v}$ em relação às linhas de um campo magnético uniforme $\vec{B}$ (figura 7.25).

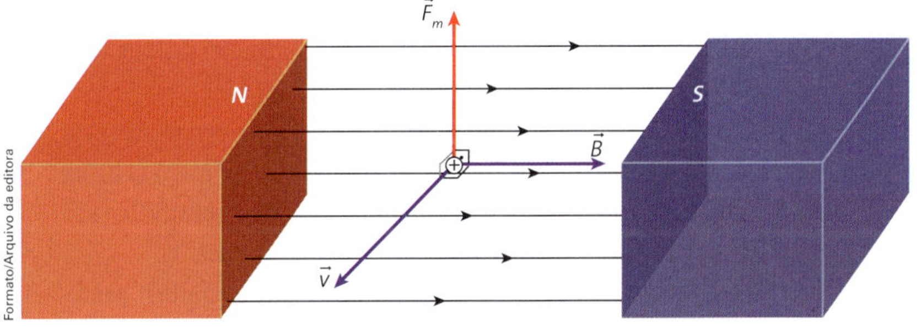


Figura 7.25 Representação da força magnética ($\vec{F}_m$) que age em uma carga $q$ em movimento com velocidade $\vec{v}$ em um campo magnético $\vec{B}$.

A força magnética $\vec{F}_m$ que age sobre a carga móvel ($q$) apresenta as seguintes características:

- é sempre perpendicular ao vetor velocidade ($\vec{v}$);
- é sempre perpendicular ao vetor campo magnético ($\vec{B}$).

Assim, a força magnética é perpendicular ao plano determinado pelos vetores $\vec{v}$ e $\vec{B}$. Conhecendo as direções e os sentidos dos vetores $\vec{v}$ e $\vec{B}$, podemos determinar a direção e o sentido do vetor força magnética $\vec{F}_m$ pela chamada regra da mão esquerda. A figura 7.26 ilustra a aplicação dessa regra para uma carga elétrica positiva. Caso a carga seja negativa, devemos inverter o sentido do vetor que representa a força magnética.

A intensidade da força magnética é dada por:

$$F_m = |q| \cdot v \cdot B \cdot \text{sen}\ \theta$$

Nessa expressão, $\theta$ é o ângulo entre os vetores $\vec{v}$ e $\vec{B}$.

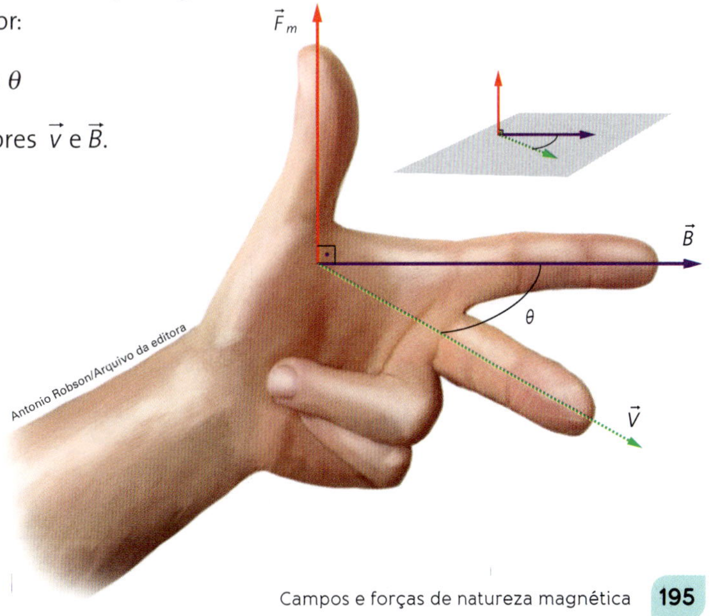


Figura 7.26 Regra da mão esquerda para uma carga positiva.

Física explica

## Supercondutividade

Heike Kamerlingh Onnes (1853-1926).

O diário do físico Heike Onnes registrou em abril de 1911 um fenômeno até então desconhecido. Utilizando a recente descoberta da produção de hélio líquido, ele resfriou uma amostra de mercúrio sólido e verificou que a amostra atingiu a temperatura de 4,2 K e que a resistividade ficava subitamente nula. Não foi apenas a descoberta de uma boa condutividade, mas, sim, a obtenção da condutividade ideal.

Se, por um processo qualquer, fosse estabelecida uma corrente elétrica em um anel dessa amostra, ela permaneceria indefinida enquanto a temperatura ficasse abaixo de 4,2 K, denominada como temperatura crítica. Nessa condição, o mercúrio é um **supercondutor**.

Dois anos depois, foi descoberto que o chumbo se tornava supercondutor a 7 K, e algumas décadas se passaram até que se observasse a supercondutividade em outros elementos em temperaturas maiores.

A pesquisa se estendeu além dos elementos simples, procurando supercondutividade em materiais compostos. No final da década de 1980, os cientistas descobriram supercondutividade em algumas ligas para temperaturas acima de 90 K. Essas ligas ficaram conhecidas como "cerâmicas supercondutoras" de altas temperaturas. Observe que o termo "alta" é relativo, pois 90 K corresponde a −183 °C.

A grande vantagem trazida por essas cerâmicas foi a de poder ser mantidas abaixo da temperatura crítica refrigeradas pelo nitrogênio líquido, uma tecnologia bem mais acessível e menos dispendiosa do que o processo com hélio líquido, que dera a Onnes o prêmio Nobel em 1913.

Uma aplicação promissora da supercondutividade é a transmissão da energia elétrica sem perdas. No entanto, não podemos esquecer que, para manter a supercondutividade, há o custo da manutenção de baixíssimas temperaturas nos condutores, um obstáculo à aplicação em grande escala. Por essa razão, é intensa a busca por materiais com temperaturas críticas maiores.

A intensidade dos ímãs permanentes é relativamente pequena. Quando se deseja campos magnéticos de grande intensidade, a tecnologia lança mão dos eletroímãs – ímãs artificiais obtidos com a circulação de uma corrente elétrica. Nesses casos, a utilização da supercondutividade se revelou uma espantosa vantagem em relação aos condutores convencionais.

Essa aplicação está presente nos aparelhos de ressonância magnética, trens com levitação magnética e em grandes aceleradores de partículas.

Para o futuro, estuda-se a possibilidade de aplicar a supercondutividade em supercomputadores, motores, veículos com levitação magnética e armazenamento de energia.

Ímã levitando acima de um supercondutor refrigerado com nitrogênio líquido.

Trem com levitação magnética (Maglev), em Xangai, China, 1º de junho de 2010.

## Exercícios

12. As figuras a seguir representam quatro situações em que uma carga elétrica é lançada para dentro de um campo magnético uniforme. Em I, a velocidade ($\vec{v}$) é perpendicular ao plano do papel e orientada para fora. Em II, a velocidade ($\vec{v}$) é perpendicular ao plano do papel e orientada para dentro.

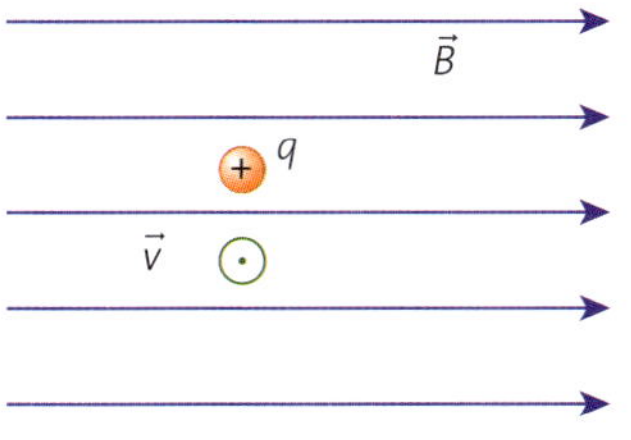


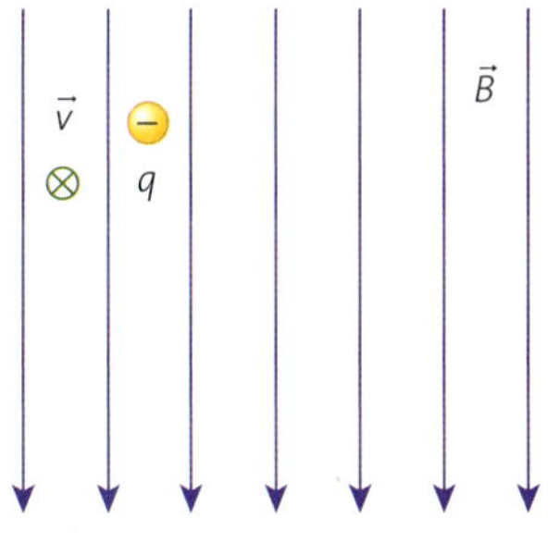


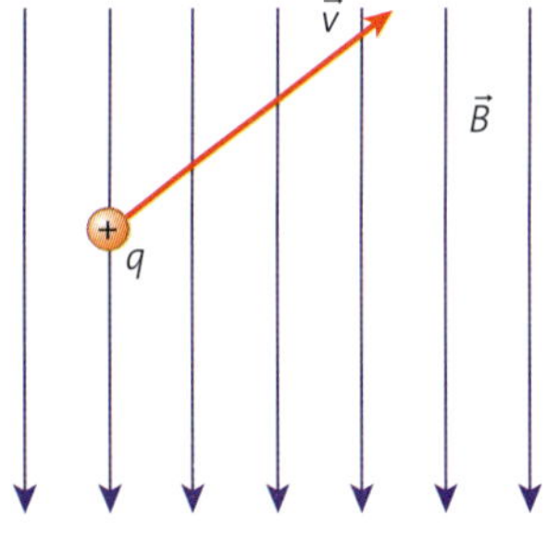


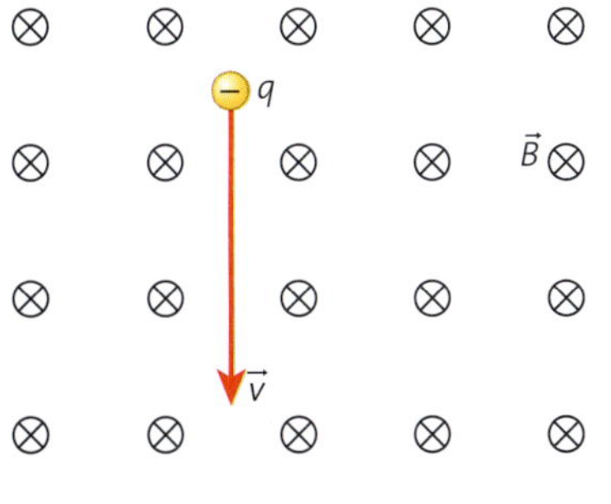


Em cada um dos casos, determine a direção e o sentido da força magnética atuante sobre a partícula eletrizada em movimento.

13. Em dado instante, um elétron se desloca com velocidade $v = 2{,}0 \cdot 10^6$ m/s, com direção e sentido indicados na figura. Na região em que o elétron se desloca existe um campo magnético $\vec{B}$ de intensidade 15 T, com direção e sentido também representados na figura. Determine o módulo, a direção e o sentido da força magnética que atua nessa partícula.

Dados: sen 30° $= \frac{1}{2}$; cos 30° $= \sqrt{\frac{3}{2}}$ ; $e = 1{,}6 \cdot 10^{-19}$ C.

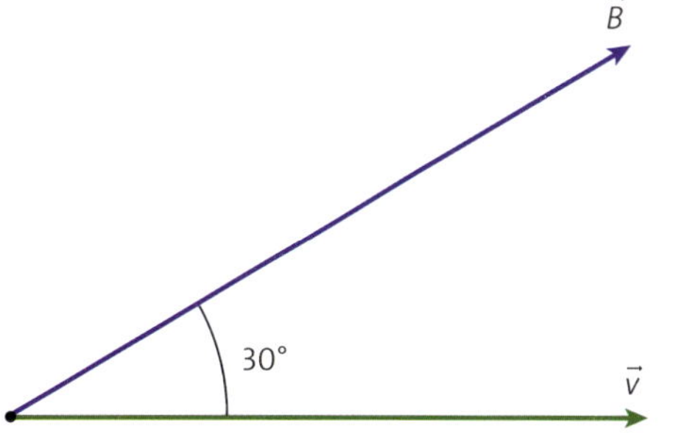


14. Em um arranjo conhecido como "seletor de velocidade", um feixe de íons positivos com diferentes massas, mas todos com a mesma carga, penetra através do orifício $M$ em uma região em que atuam campos uniformes, um magnético $\vec{B}$ e um elétrico $\vec{E}$, perpendiculares entre si, conforme ilustra a figura.

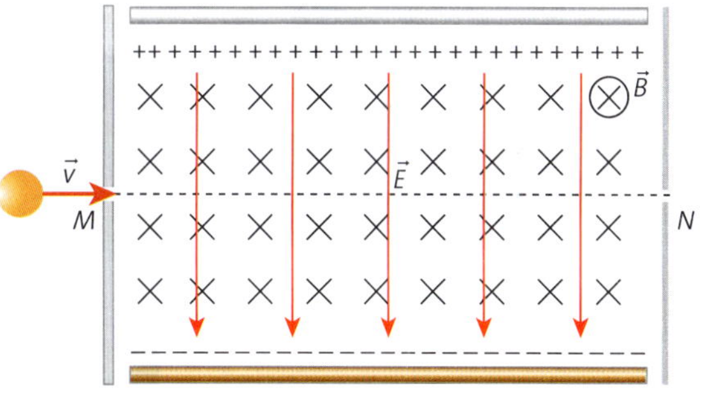


Sabendo-se que as intensidades dos campos são $B = 2 \cdot 10^{-3}$ T e $E = 2 \cdot 10^3$ V/m e que somente alguns íons emergem pelo orifício $N$, qual é a velocidade dos íons emergentes? Despreze as ações gravitacionais.

15. Uma partícula eletrizada com carga de 1 μC é lançada em um campo magnético de intensidade 2 T, com velocidade 2,5 m/s. Determine a intensidade da força magnética para os ângulos de lançamento:

a) 30°. b) 90°.

16. Em relação ao problema anterior, determine os ângulos de lançamento da partícula para os quais a força magnética é nula.

## Física explica

# A garrafa magnética

O que aconteceria com a trajetória de uma partícula carregada se fosse lançada obliquamente em um campo **não uniforme**?

Suponhamos que uma partícula seja lançada em um campo cuja intensidade vai aumentando significativamente à medida que nos afastamos do centro, conforme ilustra a figura abaixo.

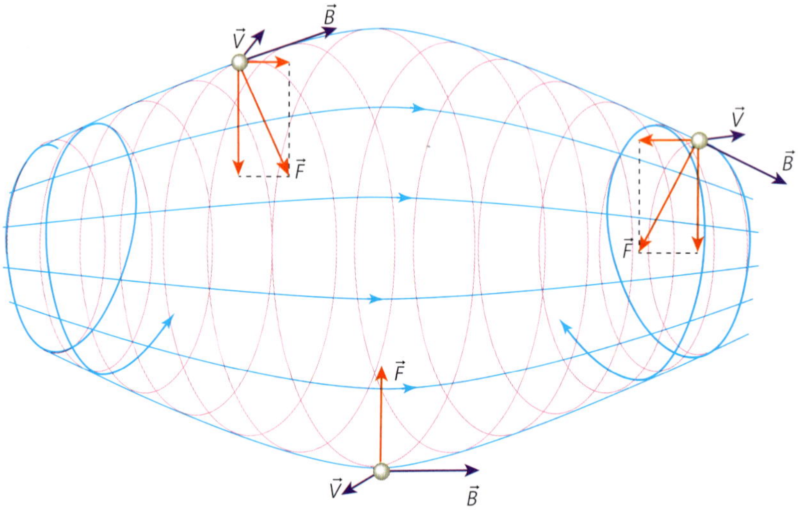


O raio da trajetória descrita é inversamente proporcional à intensidade do campo magnético. Então, conforme a partícula se afasta da região central, o raio da hélice descrita por ela diminui. Além disso, em razão da mudança de direção das linhas de campo magnético, a força magnética se inclina em relação à situação inicial e, eventualmente, a partícula poderá retornar à região central, deslocar-se para o outro extremo e novamente retornar, ficando aprisionada como se estivesse no interior de uma garrafa invisível, a garrafa magnética.

A contenção magnética surgiu como uma solução natural para o aprisionamento de matéria em temperaturas muito altas. Por exemplo, um plasma a 6 000 K; nenhuma garrafa material suportaria essa temperatura.

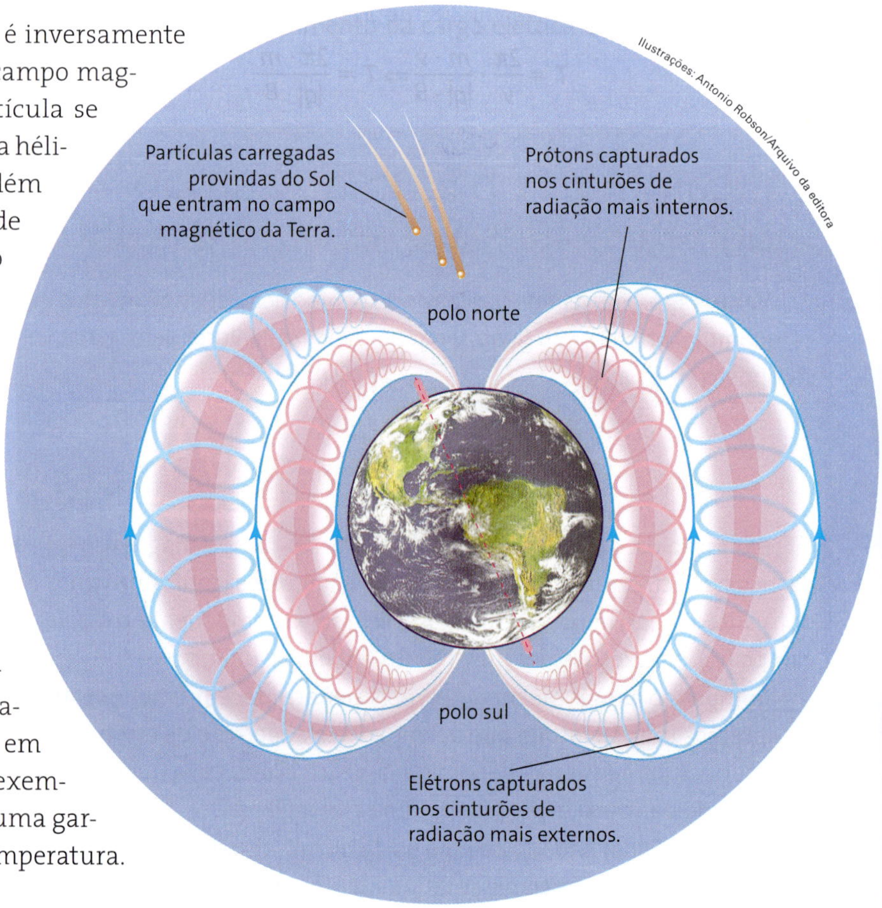


Ilustrações: Antonio Robson/Arquivo da editora

O campo magnético da Terra assemelha-se ao do exemplo anterior. As linhas de campo vão ficando mais próximas conforme nos aproximamos dos polos. Partículas carregadas trazidas pelo "vento solar" são recebidas em toda a atmosfera superior de nosso planeta, mas a ação do campo magnético torna a concentração dessas partículas muito maior nas regiões polares. Tempestades magnéticas ocasionalmente injetam partículas carregadas para dentro da parte mais alta da atmosfera a altas latitudes, formando as conhecidas auroras – a boreal e a austral. Devido à inclinação do eixo da Terra, essas auroras são mais prováveis nos períodos de inverno de cada hemisfério.

Pi-Lens/Shutterstock/Glow Images

Aurora boreal sobre Yukon, Canadá.

NOAA/Newsmakers/Getty Images

O céu em uma aurora austral vista do sul da Austrália.

## Exercícios

17. Um íon de massa $8,0 \cdot 10^{-27}$ kg e carga $1,6 \cdot 10^{-19}$ C entra na câmara de um espectrômetro de massa com uma energia cinética de $1,6 \cdot 10^{-16}$ J, após ter sido acelerado por uma ddp.

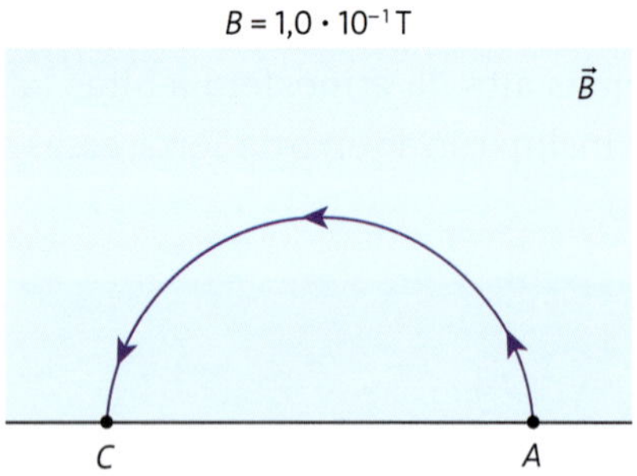


Depois de descrever a trajetória ilustrada na figura, o íon atinge o ponto *C* de uma chapa fotográfica distante de *A*:

a) 0,10 cm.
b) 1,0 cm.
c) 2,0 cm.
d) 10 cm.
e) 20 cm.

18. Uma partícula eletrizada com carga *q* é lançada com velocidade *v*, perpendicularmente a um campo magnético uniforme, de intensidade *B*, realizando movimento circular uniforme. Qual é o trabalho da força magnética enquanto a partícula percorre meia-volta?

19. Duas partículas eletrizadas com a mesma carga têm massas ligeiramente diferentes e são lançadas em um campo magnético uniforme, com a mesma velocidade, executando os movimentos indicados na figura. Qual delas tem maior massa?

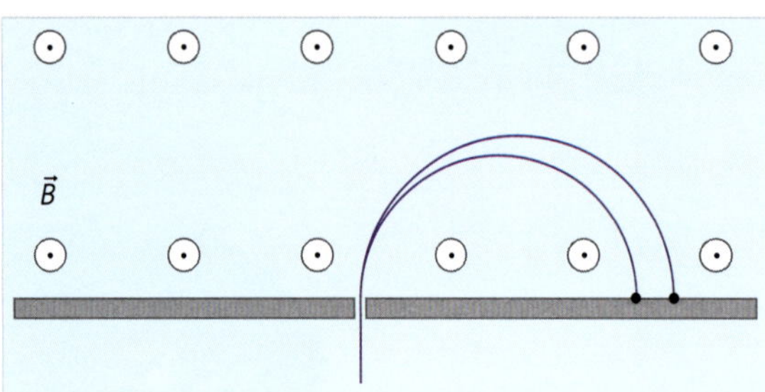


20. Considere uma partícula eletrizada, em movimento retilíneo uniforme, sob a ação de um campo elétrico de intensidade *E* e de um campo magnético de intensidade *B*. Sabendo-se que o movimento é perpendicular ao campo magnético, qual é o valor absoluto da velocidade da partícula?

21. Uma partícula eletrizada negativamente $(-q)$ é lançada com velocidade *v*, formando 30° com um campo magnético de intensidade *B*. Descreva o movimento helicoidal da partícula, calculando o raio da hélice.

22. (ITA-SP) Um próton em repouso é abandonado do eletrodo positivo de um capacitor de placas paralelas submetidas a uma diferença de potencial $\varepsilon = 1\,000$ V e espaçadas entre si de $d = 1$ mm, conforme a figura. A seguir, ele passa através de um pequeno orifício no segundo eletrodo para uma região de campo magnético uniforme de módulo $B = 1,0$ T. Faça um gráfico da energia cinética do próton em função do comprimento de sua trajetória até o instante em que a sua velocidade torna-se paralela às placas do capacitor. Apresente detalhadamente seus cálculos.

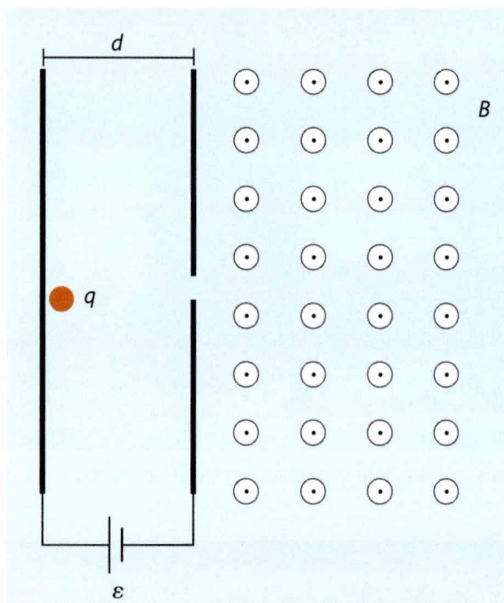


23. (PUC-RJ) Cientistas creem ter encontrado o tão esperado "bóson de Higgs" em experimentos de colisão próton-próton com energia inédita de 4 TeV (teraelétron-volts) no grande colisor de hádrons, LHC. Os prótons, de massa $1,7 \cdot 10^{-27}$ kg e carga elétrica $1,6 \cdot 10^{-19}$ C, estão praticamente à velocidade da luz ($3 \cdot 10^{8}$ m/s) e se mantêm em uma trajetória circular graças ao campo magnético de 8 Tesla, perpendicular à trajetória dos prótons.

Com esses dados, a força de deflexão magnética sofrida pelos prótons no LHC é em newton:

a) $3,8 \cdot 10^{-10}$.
b) $1,3 \cdot 10^{-18}$.
c) $4,1 \cdot 10^{-18}$.
d) $5,1 \cdot 10^{-19}$.
e) $1,9 \cdot 10^{-10}$.

# 5 Força magnética sobre condutores

Estudaremos agora não uma, mas várias cargas em movimento sob a ação de um campo magnético uniforme. Essas várias cargas estão confinadas em um fio e constituem uma corrente elétrica ($i$). Veja a figura 7.32.

Sendo $L$ o comprimento do fio e $v$ a velocidade dos portadores de carga, escrevemos:

$$v = \frac{\Delta S}{\Delta t} \Rightarrow v = \frac{L}{\Delta t}$$

Como $F_m = |\Delta q| \cdot v \cdot B \cdot \text{sen } \theta$, temos:

$$F_m = |\Delta q| \cdot \frac{L}{\Delta t} \cdot B \cdot \text{sen } \theta$$

Lembrando que $i = \frac{|\Delta q|}{\Delta t}$, concluímos que, em módulo, a força magnética é:

$$F_m = B \cdot i \cdot L \cdot \text{sen } \theta$$

A direção da força magnética é perpendicular ao plano determinado pela reta que contém o fio e pela reta que contém o vetor campo magnético.

O sentido pode ser obtido pela regra da mão esquerda, na qual o vetor velocidade é substituído pelo sentido da corrente elétrica.

Na figura 7.33 temos a força magnética que empurra o pequeno condutor que pende da haste.

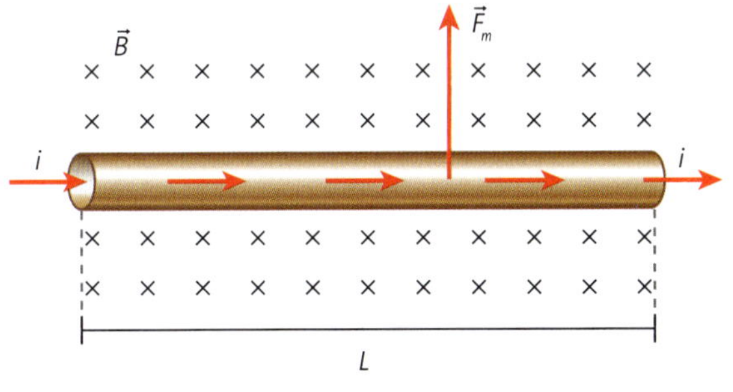


Figura 7.32 Condutor percorrido por uma corrente elétrica e submetido a um campo magnético.

Acervo do autor/Arquivo da editora

Figura 7.33 Experimento da força magnética em um condutor.

# Força magnética entre fios paralelos

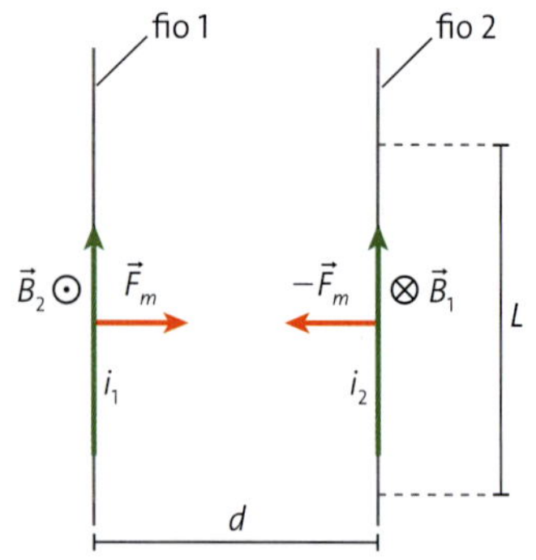


**Figura 7.34** Forças entre dois fios retos e paralelos.

Vamos considerar dois fios longos e paralelos, 1 e 2, percorridos pelas correntes elétricas $i_1$ e $i_2$ (**figura 7.34**). Devido à corrente elétrica no fio 1, é gerado um campo magnético $\vec{B}_1$ na região em que se encontra o fio 2. Uma vez que os fios são paralelos, todos os pontos do fio 2 estão a uma mesma distância do fio 1 e, portanto, sujeitos a um campo de mesma intensidade. Como resultado, o fio 2 fica sujeito a uma força magnética. Considerando um trecho de fio com comprimento $L$, a intensidade dessa força, por unidade de comprimento, é:

$$F_m = B_1 \cdot i_2 \cdot L \cdot \text{sen } 90°$$

Como $B_1 = \dfrac{\mu \cdot i_1}{2\pi \cdot d}$, temos: $F_m = \dfrac{\mu \cdot i_1 \cdot i_2 \cdot L}{2\pi \cdot d}$.

Reciprocamente, o fio 1 também fica sujeito a uma força magnética. Para calculá-la, basta trocarmos os índices e obteremos a mesma intensidade da força magnética que atua sobre o fio 2 (ação e reação).

As **figuras 7.35** e **7.36** ilustram duas situações. Na da **figura 7.35**, os fios são percorridos por correntes de mesmo sentido; na da **figura 7.36**, as correntes têm sentidos opostos. A força entre os fios é de atração, no primeiro caso, e de repulsão, no segundo.

Correntes de mesmo sentido (atração)

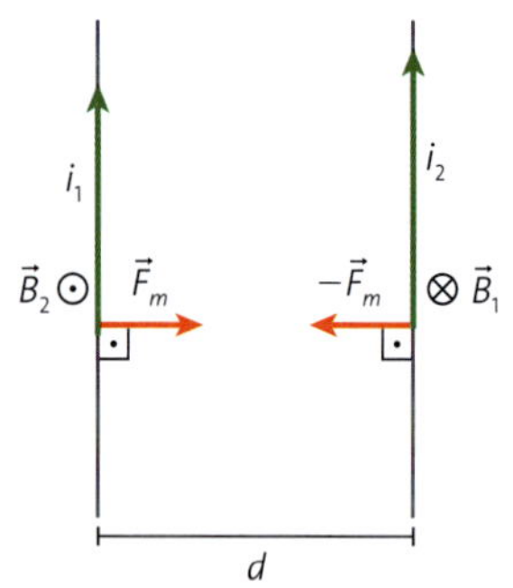


**Figura 7.35** Forças entre dois fios retos e paralelos com correntes de mesmo sentido.

Correntes de sentidos contrários (repulsão)

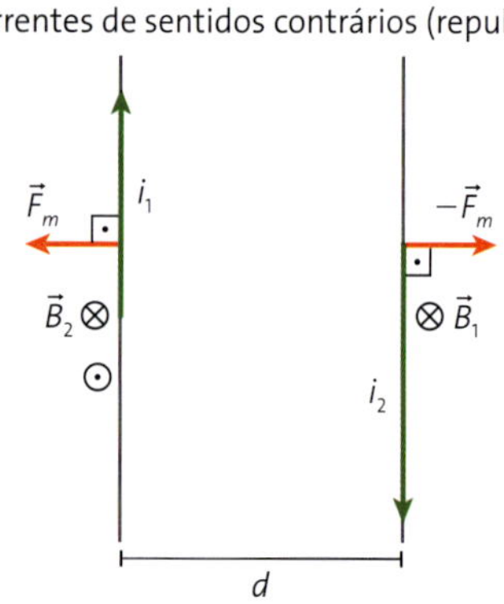


**Figura 7.36** Forças entre dois fios retos e paralelos com correntes de sentido contrário.

## Exercício resolvido

Um fio retilíneo, muito longo e fino é disposto de modo a ter dois ramos paralelos e é percorrido por uma corrente elétrica constante, conforme ilustra a figura. Os ramos são dispostos paralelamente a uma distância de 1 m.

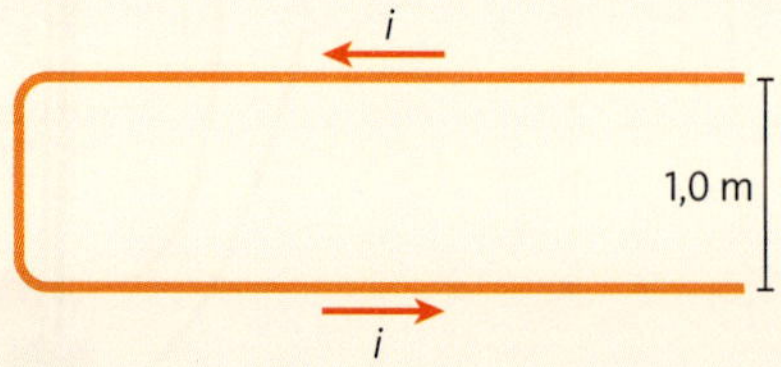


A força, por metro, entre os fios, tem intensidade de $2{,}0 \cdot 10^{-7}$ N e o meio entre eles é o vácuo.

a) A força mencionada é de atração ou de repulsão?

b) Qual é a intensidade da corrente nos fios?

**Resolução**

a) Como as correntes têm sentidos contrários, a força é de repulsão.

b) Pela expressão da força entre os fios, temos:

$$F_m = \frac{\mu \cdot i_1 \cdot i_2 \cdot L}{2\pi \cdot d} \Rightarrow$$

$$\Rightarrow 2{,}0 \cdot 10^{-7} = \frac{4\pi \cdot 10^{-7} \cdot i_2 \cdot 1}{2\pi \cdot 1} \Rightarrow$$

$$\Rightarrow i = 1{,}0 \text{ A}$$

Esse arranjo corresponde à definição legal de ampère. Observe que com ele é possível identificar a corrente de 1,0 A utilizando-se apenas um dinamômetro e uma fita métrica como instrumentos de medida.

## Exercícios

**24.** Um fio retilíneo de comprimento 2 cm forma 30° com a direção de um campo magnético de intensidade 0,5 T. Caso o fio seja atravessado por uma corrente de 3 A, qual será a intensidade da força magnética aplicada nele?

**25.** Um condutor retilíneo possui contatos que podem deslizar por trilhos, como está esquematizado na figura. O condutor está na horizontal e sobre ele atuam exclusivamente a força magnética e a gravitacional. Se o peso do condutor é 6 N, qual deverá ser a intensidade da corrente elétrica e seu sentido no interior do condutor para que ele fique em equilíbrio sob ação do campo magnético $B = 2$ T?

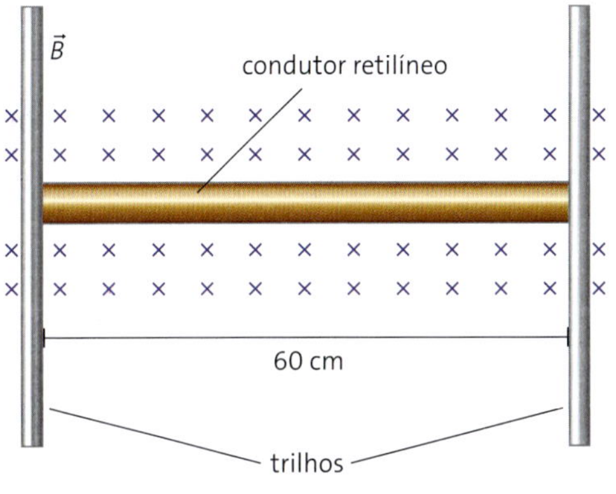


**26.** O condutor *AB* da figura a seguir está imerso numa região onde atua um campo de indução magnética *B* de intensidade 0,5 T, perpendicular ao plano desta folha e orientado para o leitor. O condutor é percorrido por uma corrente $i = 2$ A.

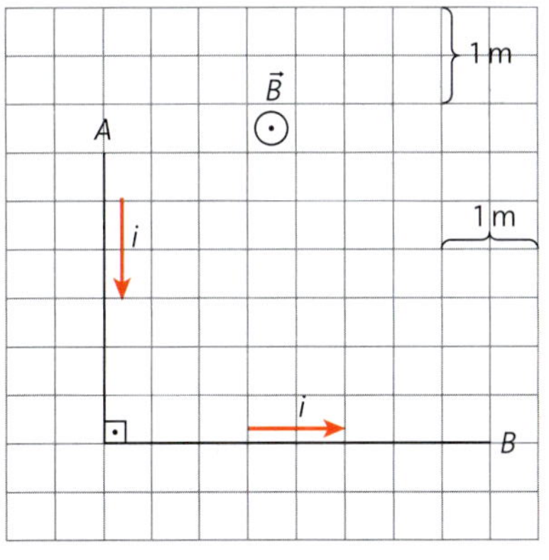


A intensidade da força magnética que atua sobre o condutor é:

a) 5 N.

b) 4 N.

c) 2 N.

d) 1 N.

e) zero.

**27.** Um fio de 20 cm é disposto paralelamente a um campo magnético de intensidade 0,5 T. Se o fio for percorrido por 0,25 mA, qual será a intensidade da força magnética a que ficará submetido?

**28.** Um fio reto de comprimento *L* e massa *m* é colocado perpendicularmente a um campo magnético de intensidade *B*. Sabe-se que, nessas condições, a força magnética é equilibrada pelo peso do fio. Sendo *g* a aceleração da gravidade, dê a expressão da corrente que deve circular pelo fio.

**29.** (Vunesp-SP) A figura mostra um fio metálico *AB* suspenso entre os polos de um ímã por meio de dois fios condutores leves e flexíveis, ligados a uma bateria e a uma chave *C*.

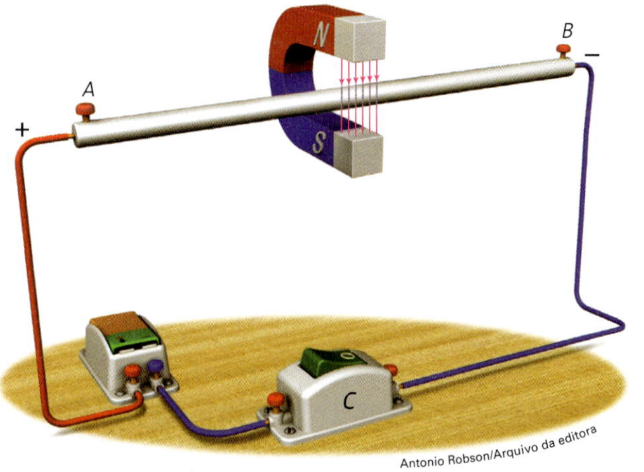

Antonio Robson/Arquivo da editora

O fio *AB* está colocado perpendicularmente às linhas de campo magnético $\vec{B}$. Desprezando a presença de outros campos magnéticos, podemos afirmar que, ao ser fechada a chave *C*:

a) não aparecerá nenhuma força adicional atuando no fio.

b) aparecerá uma força magnética atuando no fio, perpendicularmente ao plano da figura e penetrando na página.

c) aparecerá uma força magnética atuando no fio, perpendicularmente ao plano da figura e apontando para o leitor.

d) aparecerá uma força magnética atuando na direção do fio e sobre ele e que aponta para a esquerda do leitor.

e) aparecerá uma força magnética atuando na direção do fio e sobre ele e que aponta para a direita do leitor.

EM CONSTRUÇÃO

## Hans Christian Oersted

Sheila Terry/SPL/Latinstock

Hans Christian Oersted.

Hans Christian Oersted, um dos principais cientistas do século XIX, nasceu em Rudkobing, Dinamarca, em 1777, e morreu em Copenhague, Dinamarca, em 1851. Em 1820, fez uma descoberta crucial para o Eletromagnetismo, ao observar que a agulha de uma bússola sofre a ação de uma corrente elétrica próxima a ela.

Isso mostrou que eletricidade e magnetismo eram fenômenos correlatos, um fato essencial para o desenvolvimento posterior do Eletromagnetismo que possibilitou tecnologias como a do rádio, da televisão e das fibras ópticas. Por essa razão, a unidade de intensidade de campo magnético recebeu o nome de Oersted.

Hans Christian Oersted era filho de Soren Christian Oersted e Karen Hermandsen. Seu pai era farmacêutico em Rudkobing. Hans e seu irmão, Anders Sandoe Oersted (1778-1860), mais tarde professor de Jurisprudência e Política, educaram-se com aulas particulares que os habilitaram a ir para Copenhague. Lá ambos mostraram excepcionais qualidades, as quais moldaram suas vidas futuras.

O interesse de Hans pela ciência começou na farmácia do pai. Em 1797 ele passou no exame para farmacêutico com distinção. Em 1796 e 1797 publicou artigos premiados em Estética e Medicina. Dois anos depois obteve o doutorado com uma dissertação sobre Kant.

Depois de 1800 ele estudou o novo galvanismo. No verão de 1801 foi agraciado com uma bolsa para passar três anos visitando a Alemanha e a França. Nessa viagem, teve contato com o físico alemão Johann Wilhelm Ritter (1776-1810), que o influenciou fortemente. Durante esse tempo, aprofundou-se nos estudos do trabalho de Kant e de Filosofia da natureza.

De volta para casa, em 1806, tornou-se professor da Universidade de Copenhague, onde começou a pesquisar correntes elétricas. Ele foi o verdadeiro fundador dos estudos de Física da Escola de Copenhague.

Entre 1812 e 1813, fez nova viagem, passando por Alemanha, França e Bélgica. De volta para casa, casou-se com Brigitte Ballum, com quem viveu harmoniosamente e teve cinco filhas e três filhos.

De 1815 até a sua morte, foi secretário da Academia Real Dinamarquesa de Ciências e Letras.

Durante uma aula, em abril de 1820, Oersted descobriu a evidência experimental da relação entre eletricidade e magnetismo. Enquanto preparava um experimento, notou algo que o surpreendeu: a bússola que deixara próxima de um fio condutor percorrido por corrente elétrica não permanecia na direção do campo magnético da Terra, sendo movida por ação dessa corrente. Esse fenômeno havia sido descoberto em 1802 pelo jurista italiano Gian Domenico Romagnosi (1761-1835), mas seu anúncio fora ignorado.

Em julho de 1820, Oersted escreveu um artigo relatando sua descoberta. Esse artigo foi publicado nos mais importantes periódicos científicos. A descoberta foi imediatamente reconhecida como um grande avanço científico e aprimorada por André-Marie Ampère. Oersted trabalhou, também, com compressibilidade de gases e líquidos.

Oersted acreditava que a ciência devia ser amplamente divulgada e, para isso, criou a "Sociedade para a disseminação da ciência natural". Por sua iniciativa, o Instituto Politécnico de Copenhague foi criado em 1829.

Além disso, Oersted produziu obras literárias e era um grande interessado no estudo do idioma dinamarquês.

Disponível em: <http://chem.ch.huji.ac.il/history/oersted.htm>. Acesso em: out. 2008. Texto traduzido pelos autores.

EXPERIMENTO

# Construindo um motor elétrico

**Material necessário**

- 1 pilha grande
- 1 ímã
- 2 m de fio de cobre esmaltado
- 1 base de madeira com suporte metálico
- alicate

1

Sérgio Dotta Jr./Arquivo da editora

**Procedimento**

Para construir um motor, siga as instruções abaixo.

Faça círculos concêntricos com o fio de cobre esmaltado, deixando as pontas uma para cada lado, como no primeiro desenho.

Fixe a pilha no suporte metálico para que funcione como uma fonte de energia.

Raspe totalmente uma das pontas da bobina e apenas uma faixa da outra extremidade, de maneira que o fio esmaltado conduza energia somente quando em contato com a parte raspada. Veja a figura ao lado.

Fixe a bobina sob a parte aérea do suporte para que comece a rodar. Caso o movimento não comece sozinho, você pode dar um impulso inicial. Se ainda assim a bobina não rodar, pode ser porque a faixa semirraspada da sua extremidade não está posicionada corretamente. Pegue um alicate e rotacione levemente.

O motor está pronto! Observe que a faixa crítica deste experimento é somente a extremidade semirraspada da bobina; **se ela for feita corretamente, o motor funcionará**.

2

Maspi/Arquivo da editora

3

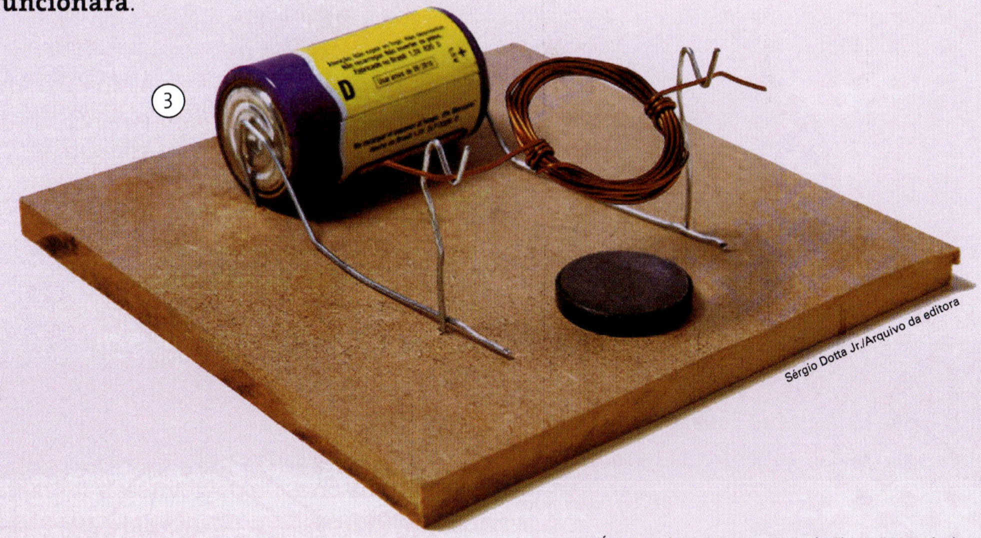

Sérgio Dotta Jr./Arquivo da editora

Fonte: FÍSICO maluco. Experimentos de Física. Disponível em: <http://fisicomaluco.com/experimentos/2008/06/17/como-fazer-um-motor-eletrico-simples/>. Acesso em: 9 jan. 2013.

# Vestibulares de Norte a Sul

1. **SE** (UFV-MG) Aline estava em sua casa realizando um trabalho de Ciências. Ela dispunha de um ímã em forma de barra, um clipe de aço, uma placa de alumínio, uma borracha, um prego e um fio de cobre. Ao aproximar o ímã dos materiais de que dispunha, ela percebe que:
   a) o ímã atrai o prego com apenas um de seus polos.
   b) o ímã atrai o clipe de aço, a placa de alumínio, o prego e o fio de cobre.
   c) o prego fica imantado, atraindo o clipe quando está encostado no ímã.
   d) o ímã cai, quebra-se ao meio e separa-se em dois polos diferentes.

2. **NE** (Ufal) Qual das seguintes figuras melhor representa as linhas de força do campo magnético da Terra? (*E* é a linha do Equador.)

a)
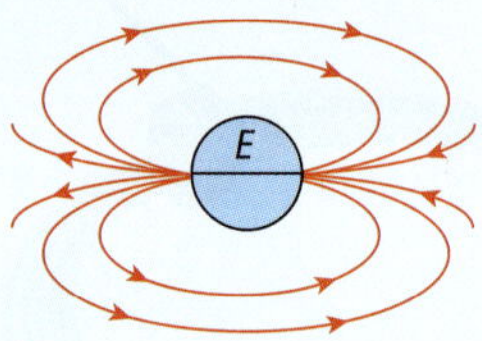


c)
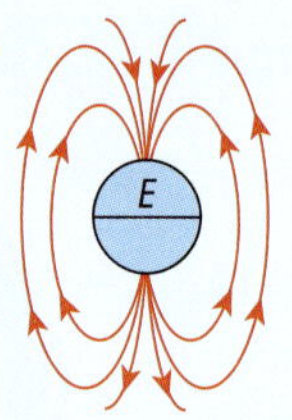


b)
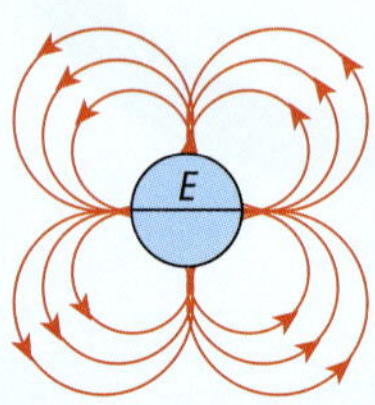


d)
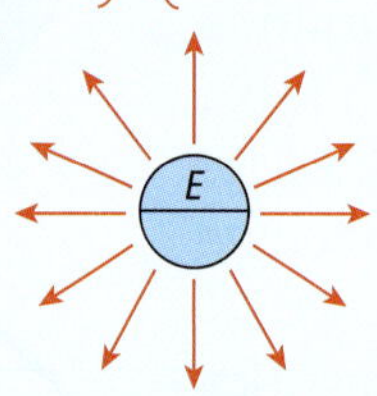


3. **N** (UFRR) Abaixo mostramos a figura da Terra, onde *N'* e *S'* são os polos norte e sul geográficos e *N* e *S* são os polos norte e sul magnéticos.

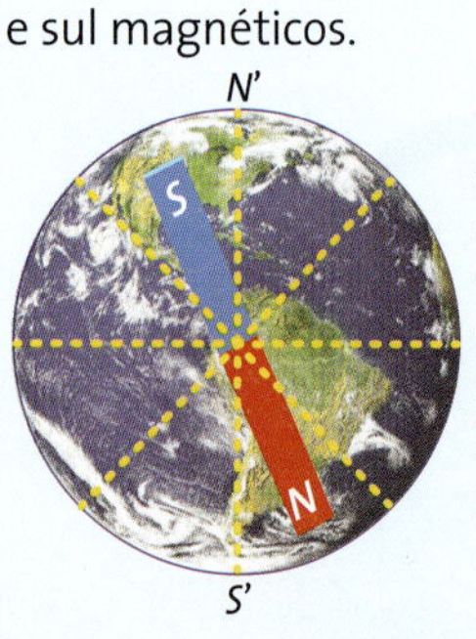


Antonio Robson/Arquivo da editora

Sobre as linhas do campo magnético, é correto afirmar que:
   a) elas são paralelas ao Equador.
   b) elas são radiais ao centro da Terra.
   c) elas saem do polo norte magnético e entram no polo sul magnético.
   d) o campo magnético é mais intenso no Equador.
   e) o polo sul magnético está próximo ao sul geográfico.

4. **SE** (UFMG) Fazendo uma experiência com dois ímãs em forma de barra, Júlia colocou-os sob uma folha de papel e espalhou limalhas de ferro sobre essa folha. Ela colocou os ímãs em duas diferentes orientações e obteve os resultados mostrados nas figuras I e II.

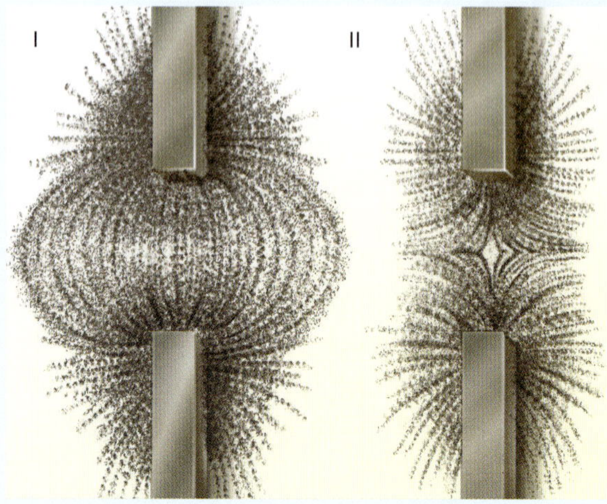


Antonio Robson/Arquivo da editora

Nessas figuras, os ímãs estão representados pelos retângulos.

Com base nessas informações, é correto afirmar que as extremidades dos ímãs voltadas para a região entre eles correspondem aos polos:
   a) norte e norte na figura I e sul e norte na figura II.
   b) norte e norte na figura I e sul e sul na figura II.
   c) norte e sul na figura I e sul e norte na figura II.
   d) norte e sul na figura I e sul e sul na figura II.

5. **NE** (UFPB) Nas figuras mostradas, estão representadas as seções transversais de dois fios condutores longos e paralelos, $F_1$ e $F_2$. As correntes nos condutores têm sentidos opostos no caso 1, e mesmo sentido no caso 2. Os condutores são percorridos por correntes de 5 A, e o ponto *P* está a 0,2 m distante de cada um deles.
Dado: $\mu_0 = 4\pi \cdot 10^{-7}$ T · m/A

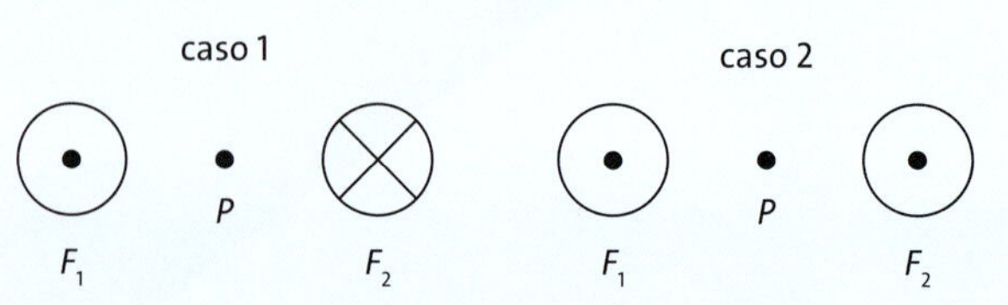


Para cada caso:
   a) represente as linhas de campo da indução magnética resultante devido às correntes nos condutores;
   b) determine a intensidade do vetor indução magnética resultante no ponto *P*.

6. **NE** (UFRN) Visando discutir os efeitos magnéticos da corrente elétrica sobre quatro pequenas bússolas postas sobre uma placa, um professor montou, em um laboratório didático, o dispositivo experimental representado na figura abaixo.

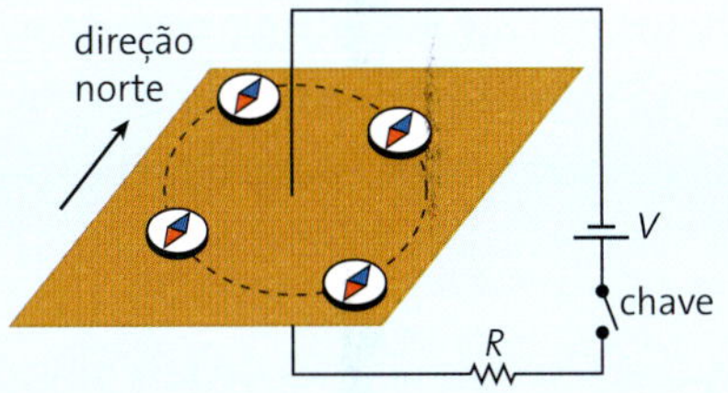


Inicialmente, com a chave desligada, as bússolas ficam orientadas exclusivamente pela ação do campo magnético terrestre. Ao ligar a chave e fazer circular uma corrente elétrica no circuito, esta irá produzir um campo magnético muito mais intenso que o terrestre. Com isso, as bússolas irão se orientar de acordo com as linhas desse novo campo magnético.

Das representações abaixo, a que melhor representa o efeito do campo magnético produzido pela corrente sobre as bússolas é:

a)

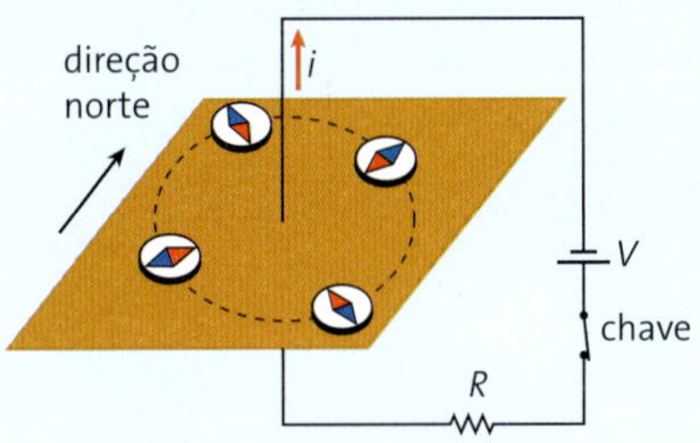


b)

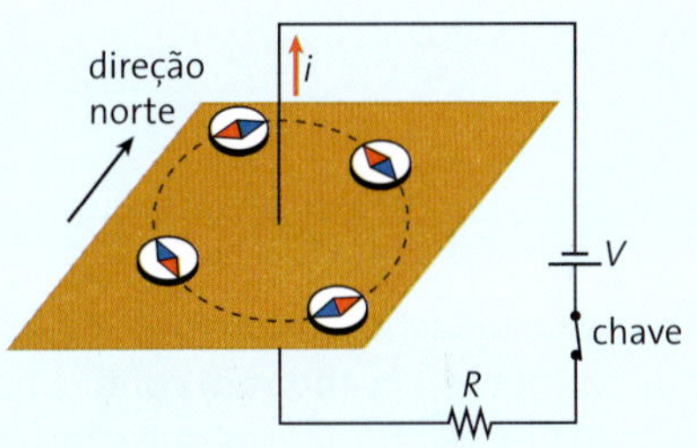


c)

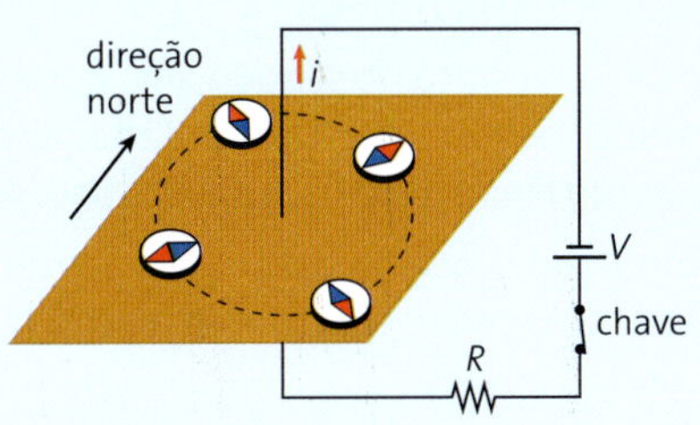


d)

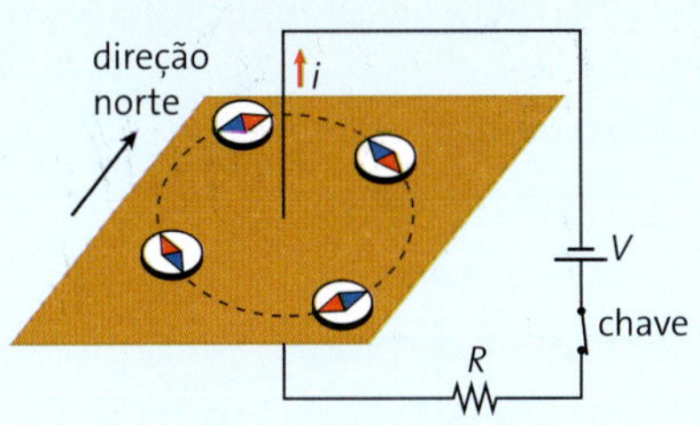


7. **E** (Furg-RS) Uma corrente constante $i$ passa em cada um dos três fios retilíneos longos, situados nos vértices de um triângulo equilátero. Os fios são normais em relação ao plano que contém o triângulo, conforme mostra a figura.

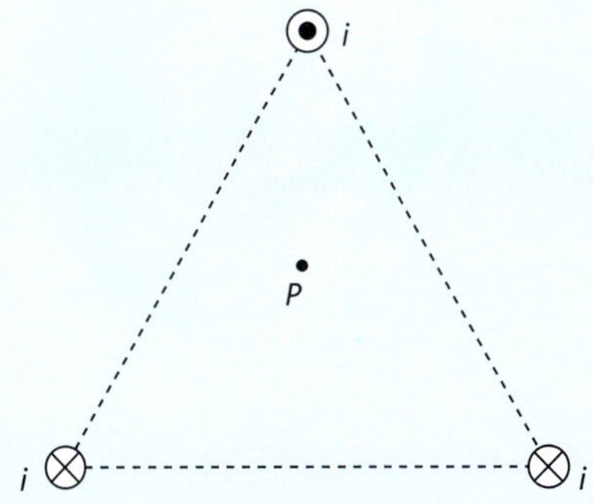


Desconsiderando o campo magnético terrestre, a orientação de uma bússola colocada no ponto $P$ é:

a)

b)

c)

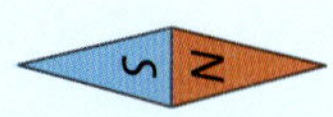


d)

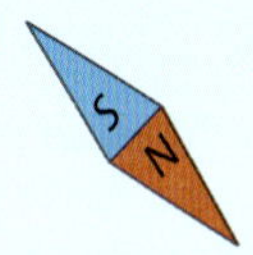


e)

8. **SE** (ITA-SP) Uma espira circular de raio $R$ é percorrida por uma corrente $i$. A uma distância $2R$ de seu centro, encontra-se um condutor retilíneo muito longo que é percorrido por uma corrente $i_1$ (conforme a figura). As condições que permitem que se anule o campo de indução magnética no centro da espira, são, respectivamente:

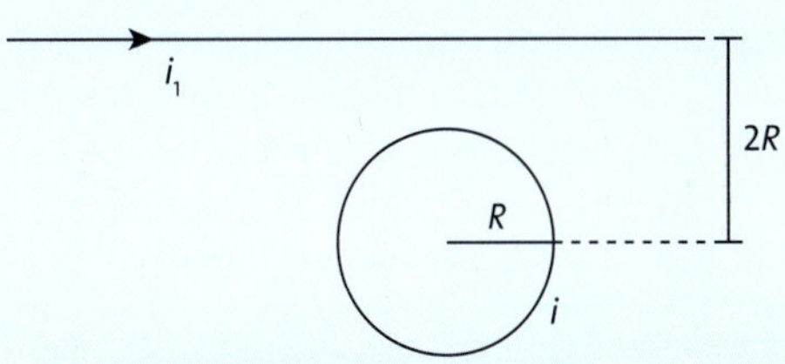


a) $i_1/i = 2\pi$ e a corrente na espira no sentido horário.
b) $i_1/i = 2\pi$ e a corrente na espira no sentido anti-horário.
c) $i_1/i = \pi$ e a corrente na espira no sentido horário.
d) $i_1/i = \pi$ e a corrente na espira no sentido anti-horário.
e) $i_1/i = 2$ e a corrente na espira no sentido horário.

9. CO (UnB-DF)

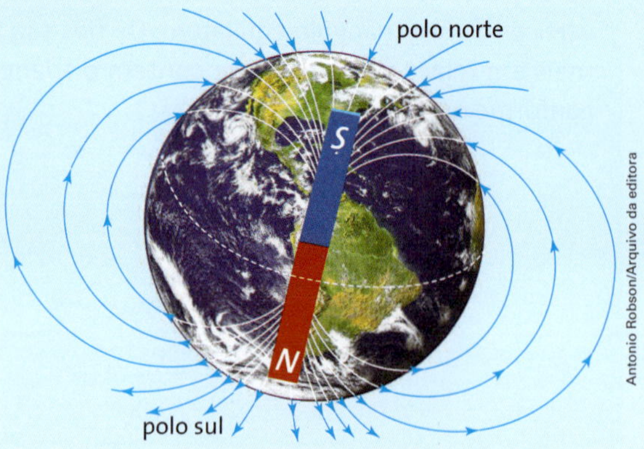


A figura acima ilustra, de maneira esquemática, as linhas do campo magnético da Terra no espaço que a circunda. A barra mostrada no meio do planeta representa um ímã que geraria um campo equivalente ao da Terra.

Com base nessas informações, julgue os itens abaixo.

I. Segundo a figura, o polo norte geográfico corresponde ao polo norte magnético do ímã, uma vez que, no polo norte, as linhas do campo magnético estão **entrando** na Terra.

II. Considerando que o campo magnético da Terra seja equivalente ao campo gerado por uma espira circular percorrida por uma corrente constante, com o eixo central coincidindo com a reta que une os polos sul e norte, é correto inferir que, ao aplicar a regra da mão direita para o sentido de rotação da corrente na espira, o dedo polegar apontará para o polo sul.

III. Uma partícula carregada, lançada paralelamente às linhas de campo mostradas na figura, sofrerá um desvio de 90° devido à ação de uma força magnética.

10. NE (UFPE) Um fio *MN*, de 40 cm de comprimento e massa igual a 30 g, está suspenso horizontalmente por uma mola ideal de constante elástica $k = 10$ N/m. O conjunto encontra-se em uma região de campo magnético uniforme $B = 0{,}1$ Wb/m$^2$, como indicado na figura. Quando a corrente no fio for de 10 A, dirigida de *N* para *M*, atuará sobre o fio uma força magnética dirigida verticalmente para baixo. Determine a elongação total, devido à força magnética e à força gravitacional, sofrida pela mola, em cm.

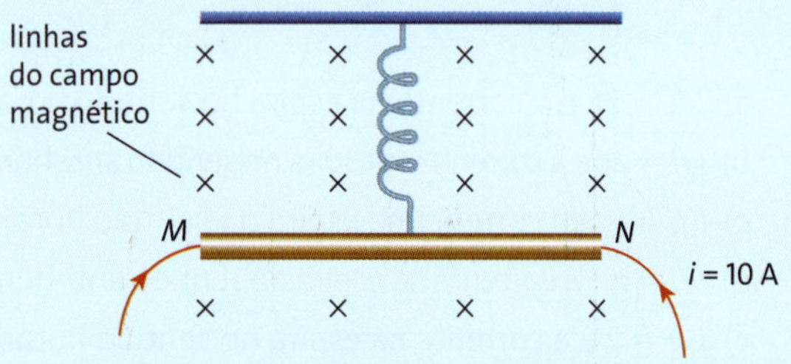


11. SE (UFMG) Um feixe de elétrons entra em uma região onde existe um campo magnético, cuja direção coincide com a direção da velocidade dos elétrons.

Com base nessas informações, é correto afirmar que, ao entrar no campo magnético, os elétrons desse feixe:

a) são desviados e sua energia cinética não se altera.
b) não são desviados e sua energia cinética aumenta.
c) são desviados e sua energia cinética aumenta.
d) não são desviados e sua energia cinética não se altera.

12. N (Ueap) No último mês de setembro entrou em funcionamento no CERN (Conseil Européen pour la Recherche Nucléaire, localizado na Suíça) o maior acelerador de partículas do mundo, o LHC (Large Hadron Collider), com um anel de colisão com cerca de 27 km de circunferência e 8,6 km de diâmetro, instalado num túnel subterrâneo, numa zona de fronteira da Suíça com a França. São 27 quilômetros de túneis que visam colidir dois feixes de prótons a 99,9% da velocidade da luz, guiados pela ação de campos magnéticos muito elevados. Imagine, numa situação análoga, um próton percorrendo uma trajetória circular sob a ação de um campo magnético uniforme, com velocidade constante, conforme a figura.

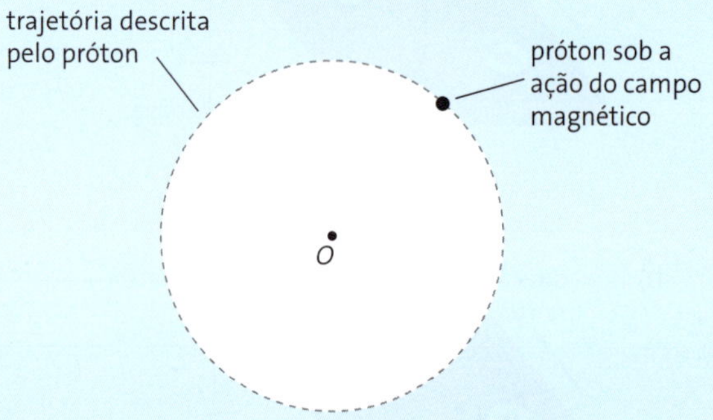


As afirmativas abaixo são feitas com base na situação exposta anteriormente. Levando em conta a geometria da figura, analise as afirmativas que vêm a seguir e assinale a alternativa correta.

I. Se o próton se desloca no sentido anti-horário, então o campo magnético está orientado perpendicularmente ao plano da folha, e aponta para dentro.

II. Se o próton se desloca no sentido horário, então a direção do campo magnético é tangente à trajetória, no sentido horário.

III. Se o campo magnético for perpendicular ao plano da folha, saindo dela, o próton se deslocará no sentido horário.

a) Todas estão corretas.
b) Apenas I e II estão corretas.
c) Apenas I e III estão corretas.
d) Apenas II e III estão corretas.
e) Nenhuma das afirmativas está correta.

CAPÍTULO

# 8 Indução eletromagnética

Sukpaiboonwat/Shutterstock/Glow Images

Subestação de alta-tensão.

# 1 Indução eletromagnética

Em 1831, Michael Faraday apresentou um artigo científico denominado "Experimental Researches in Eletricity" [Pesquisas experimentais em Eletricidade] no qual descreveu, pela primeira vez, o fenômeno da indução eletromagnética. Esse talvez seja o fato histórico mais relevante para o modo de vida da sociedade atual, uma vez que proporcionou dois desenvolvimentos tecnológicos importantes: a possibilidade de conversão, de maneira econômica, da energia mecânica em elétrica e a possibilidade de comunicação, sem suporte material, pelo uso de ondas eletromagnéticas.

## Física tem História

### Ciência e prática

"Uma série de eventos fortuitos na Royal Institution, na Grã-Bretanha, fez com que Faraday se tornasse o novo assistente do cientista Humphry Davy (1778-1829), químico e físico inglês. Logo, ele se transformou no principal experimentador de Davy em Eletromagnetismo e, em 1821, conseguiu criar um dispositivo em que uma corrente elétrica provocava o movimento circular de um ímã. Era o início de um trabalho que o levaria à criação do motor elétrico.

Dez anos mais tarde, fez algo mais significativo. Projetou uma máquina que fazia o inverso: o movimento de um magneto gerava corrente elétrica numa bobina formada por um fio enrolado ao ímã. Esse era o princípio do dínamo – um motor em constante rotação, como a máquina a vapor, podia gerar corrente elétrica.

Faraday criou as duas partes da indústria de energia elétrica: a corrente elétrica que gera movimento e o movimento que gera eletricidade.

No início, dínamos e motores elétricos ficavam restritos aos laboratórios ou eram usados como curiosidades para impressionar o público. Porém, na década de 1870, já se havia construído um dínamo capaz de fornecer eletricidade em escala industrial, projeto do engenheiro belga Zénobe Théophile Gramme (1826-1901), que construiu outra máquina quase idêntica operando no sentido contrário e funcionando como um motor elétrico.

Agora, com a eletricidade disponível em escala industrial, as fábricas podiam usar vapor ou água para girar enormes dínamos e criar energia elétrica, distribuída para motores elétricos menores que acionavam as máquinas, livrando-se da complexidade das correias e polias usadas na conexão de motores a vapor. Até o fim da década, Thomas Edison [inventor norte-americano] (1847-1931) já desenvolvera lâmpadas incandescentes de produção comercialmente viável, e o ambiente de trabalho podia ser iluminado até tarde da noite. A nova tecnologia elétrica anunciava a Segunda Revolução Industrial."

MOSLEY, Michael; LINCH, John. *Uma história da ciência: experiência, poder e paixão*. Rio de Janeiro: Zahar, 2011. p. 174.

The Bridgeman/Keystone

Uma das primeiras fábricas movidas a eletricidade do século XX.

- Converse com o professor de História sobre as implicações da Segunda Revolução Industrial na sociedade da época: as relações entre empregado e empregador, a jornada de trabalho, os direitos e deveres civis e trabalhistas, entre outros elementos, comparando-os com a situação atual.

# Faraday e a indução eletromagnética

Faraday era um cientista criativo que dominava o trabalho de laboratório. As experiências em Eletromagnetismo, de que uma corrente elétrica gera um campo magnético, levaram-no a questionar se seria possível a produção de uma corrente elétrica a partir de um campo magnético ou outra corrente elétrica em um corpo próximo.

Faraday obteve a resposta a essa questão com os seguintes experimentos:

- **Ímã se movimentando em relação a uma bobina**: de uma bobina ligada aos terminais de um galvanômetro, instrumento capaz de indicar a corrente elétrica, aproxima-se e afasta-se um ímã em forma de barra (figura 8.1).

  Observa-se que, enquanto o ímã está em repouso em relação à bobina, não há indicação de corrente pelo galvanômetro. Quando o movimento ocorre, há corrente elétrica em um sentido durante a aproximação e no sentido oposto, durante o afastamento.

  É importante notar que a bobina não está ligada a gerador algum e a corrente que aparece é resultado do movimento relativo entre ela e o ímã.

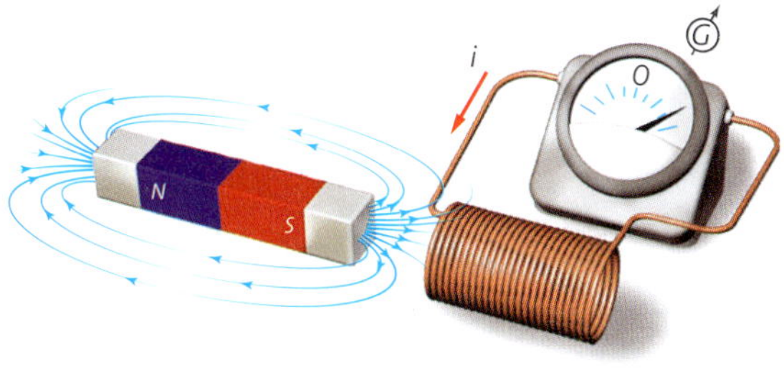


Ilustrações: Antonio Robson/Arquivo da editora

Figura 8.1 O movimento do ímã em relação à bobina induz uma corrente elétrica.

- **Uma bobina próxima de outra**: próxima à mesma bobina, ligada aos terminais de um galvanômetro, aproxima-se uma segunda bobina, ligada a um gerador por uma chave (figura 8.2).

  Mantendo-se a chave fechada ou aberta, isto é, mantendo-se constante a corrente *i* da bobina da esquerda, a corrente *i'* da bobina da direita será nula.

  O ato de ligar ou desligar a chave da bobina da esquerda produz, na bobina da direita, uma corrente instantânea *i'* em um sentido ao desligar a chave e em sentido oposto ao ligar. Essa corrente se reduz a zero quando a posição da chave não muda.

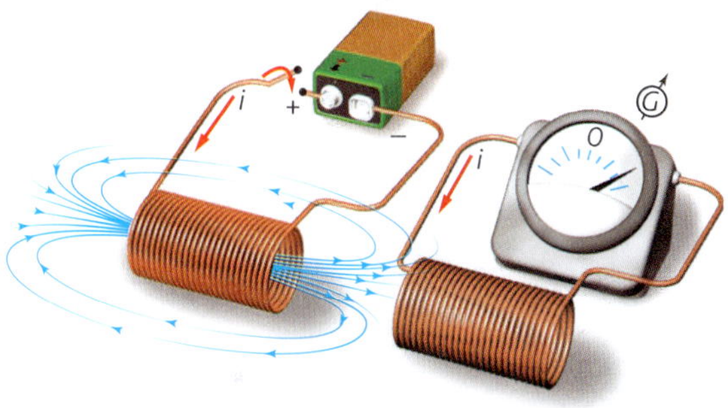


Figura 8.2 Indução de corrente elétrica entre duas bobinas.

- **Barra condutora em movimento em um campo magnético**: em uma região em que existe um campo magnético uniforme, que pode ter sido criado por um ímã ou por uma corrente elétrica, monta-se um circuito com dois trilhos paralelos, ligados por um resistor, perpendicularmente a esse campo. Sobre esses trilhos, monta-se uma barra *XY*, fechando o circuito (figura 8.3).

  Caso essa barra permaneça em repouso, não circulará corrente pelo resistor. Seu movimento para a direita, isto é, no sentido de aumentar a área do circuito exposta ao campo magnético, provocará circulação de corrente em um sentido.

  Seu movimento para a esquerda, isto é, no sentido de diminuir a área do circuito exposta ao campo magnético, provocará circulação de corrente no sentido oposto.

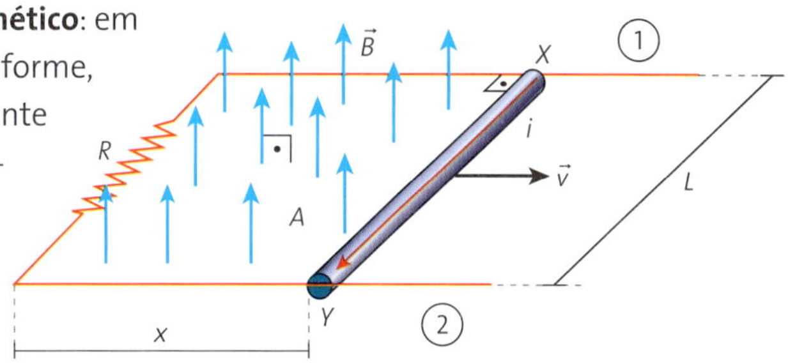


Figura 8.3 Corrente induzida em uma barra condutora movimentando-se em um campo magnético.

- **Espira girando em um campo magnético uniforme**: um par de bobinas atravessadas por uma corrente elétrica gera, em uma região limitada, um campo magnético uniforme. Nessa região, coloca-se uma espira ligada a um osciloscópio, aparelho capaz de fornecer uma visualização de uma corrente ou uma ddp, variável no tempo. A montagem é executada de maneira que permita a rotação da espira no interior da região exposta ao campo magnético (figura 8.4).

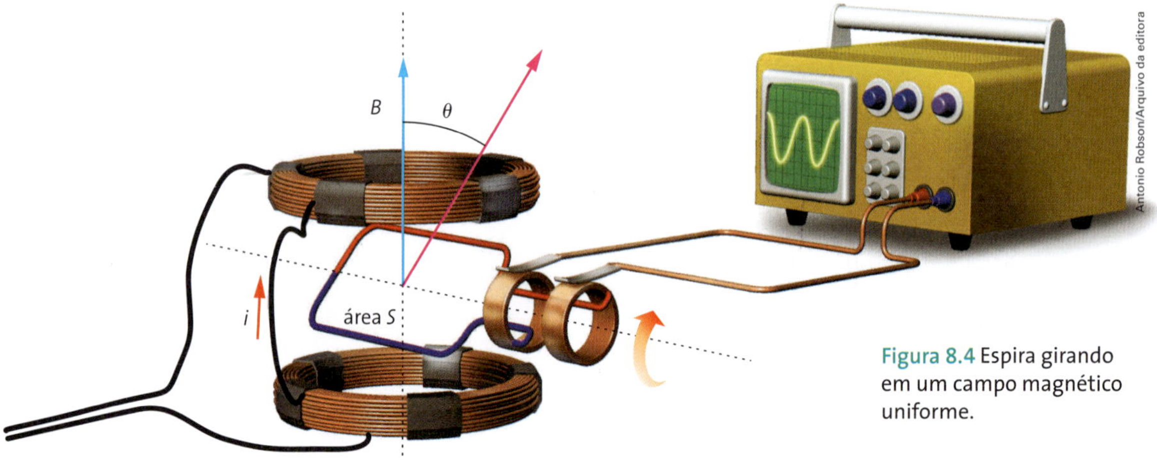


Antonio Robson/Arquivo da editora

Figura 8.4 Espira girando em um campo magnético uniforme.

Girando uniformemente a espira, conforme indicado na figura, entre seus terminais aparece uma diferença de potencial variável no tempo, segundo uma função senoidal.

Essas quatro experiências podem resumir as principais realizações de Faraday que permitiram a descoberta da **indução eletromagnética**.

Assim, podemos dizer que, toda vez que um dado circuito estiver imerso em um campo magnético, o qual, a partir de agora, chamaremos de **campo original** ($B_{orig.}$), o aparecimento de corrente elétrica induzida (circuito fechado) ou de ddp induzida (circuito aberto) ocorre em três situações diferentes:

- o campo original varia com o tempo;
- a área do circuito, exposta ao campo original, varia com o tempo;
- o ângulo formado entre o campo original e o circuito varia com o tempo.

É importante ressaltarmos que o campo original pode ter sido criado por um ímã ou por uma corrente elétrica.

Uma vez publicados por Faraday, esses experimentos fizeram com que os cientistas da época tentassem estabelecer uma teoria que unificasse os modelos já desenvolvidos para os campos magnéticos.

James Clerk Maxwell (1831-1879) (figura 8.5.a), contemporâneo de Faraday, era um pesquisador que dominava amplamente a Matemática, aplicando-a com maestria para elaborar modelos de sistemas físicos.

Em ampla e extensa correspondência, Maxwell propôs a Faraday o conceito de fluxo do vetor campo magnético ou fluxo de indução magnética ($\phi$), o qual permitia sintetizar as experiências dele. Esse conceito foi definido em seu *Tratado sobre Eletricidade e Magnetismo* (figura 8.5.b).

(a)

(b)

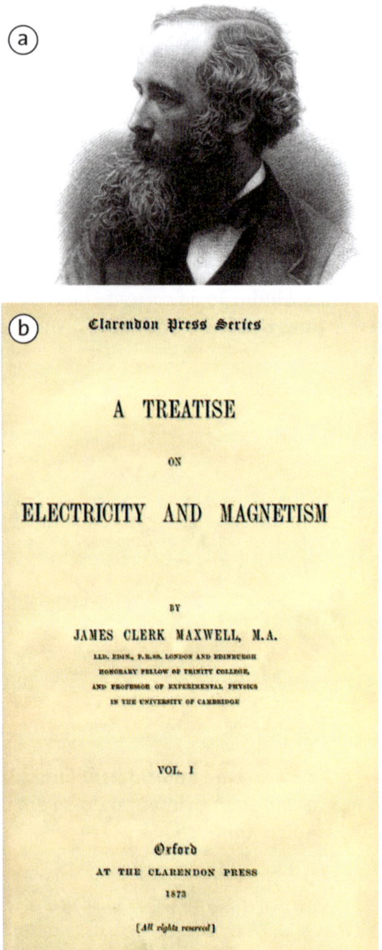

Clarendon Press Series

A TREATISE

ON

ELECTRICITY AND MAGNETISM

BY

JAMES CLERK MAXWELL, M.A.

VOL. I

Oxford

AT THE CLARENDON PRESS

1873

[All rights reserved]

Image Asset Management/Keystone

Reprodução/Arquivo da editora

Figura 8.5 Maxwell (a) e seu *Tratado sobre Eletricidade e Magnetismo* (b).

## Fluxo magnético

A **figura 8.6** ilustra as linhas de um campo magnético $\vec{B}$ “atravessando” a área *A* em uma superfície.

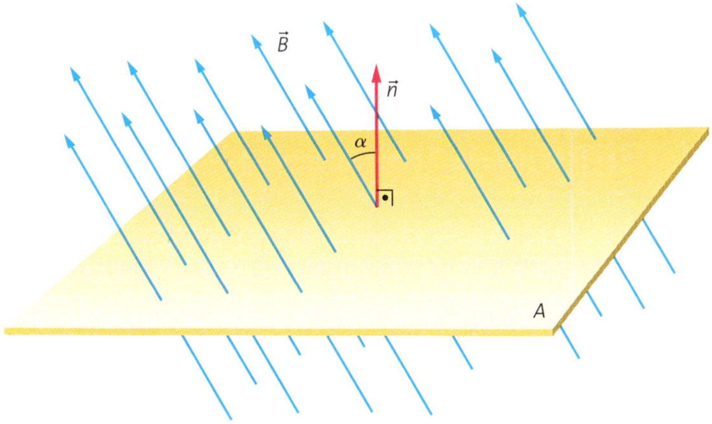


Figura 8.6 Representação das linhas de indução magnética através de uma superfície de área *A*.

O fluxo do campo magnético ($\phi$) através dessa área é dado por:

$$\phi = B \cdot A \cdot \cos \alpha$$

Nessa expressão, $\alpha$ é o ângulo entre o vetor $\vec{n}$, perpendicular ao plano da superfície, e as linhas de campo. No Sistema Internacional de Unidade (SI), o fluxo magnético é dado em **weber (Wb)**.

O fluxo magnético está relacionado à quantidade de linhas de campo que atravessa a área da superfície. Para facilitar o entendimento do conceito de fluxo, vamos fazer uma analogia.

Suponha que uma pessoa, com uma vasilha, queira coletar a água da chuva que cai verticalmente. A quantidade de água coletada, num determinado intervalo de tempo, depende da intensidade da chuva, do tamanho da “boca” da vasilha e da inclinação desta em relação ao movimento da chuva. Com a “boca” posicionada verticalmente (**figura 8.7.a**), a quantidade de água coletada é máxima. À medida que a pessoa inclina a vasilha (**figura 8.7.b**), a captação de água diminui; com a área da “boca” da vasilha na horizontal, a quantidade de água coletada é zero (**figura 8.7.c**).

Figura 8.7 Representação da variação na captação de água pela vasilha. O mesmo se aplica à variação do fluxo magnético em uma área.

Indução eletromagnética

# Força eletromotriz (*fem*)

Usando o conceito de fluxo de indução proposto por Maxwell e os experimentos realizados por Faraday, podemos dizer que indução eletromagnética é:

> O aparecimento de uma *fem* induzida ($\varepsilon$) em um circuito, que é provocada pela variação do fluxo do campo magnético (fluxo de indução).

A manifestação dessa força eletromotriz induzida pode ocorrer de duas formas: corrente elétrica (circuito fechado) e ddp (circuito aberto).

A causa dessa *fem* é a variação do fluxo ($\phi$) do campo magnético original ($B_{orig.}$), que pode ter sido gerado por um ímã ou por uma corrente elétrica. É importante notar que os valores de campo e fluxo, sejam pequenos ou grandes, não criam a indução eletromagnética, apenas a variação dessas grandezas que a originam. Essa variação pode ser produzida por uma alteração da:

- área $A$;
- intensidade do campo magnético ($B_{orig.}$);
- inclinação ($\alpha$) da reta normal à superfície de área $A$ em relação às linhas do campo magnético.

O diagrama em blocos da **figura 8.8** ilustra o fenômeno da indução eletromagnética.

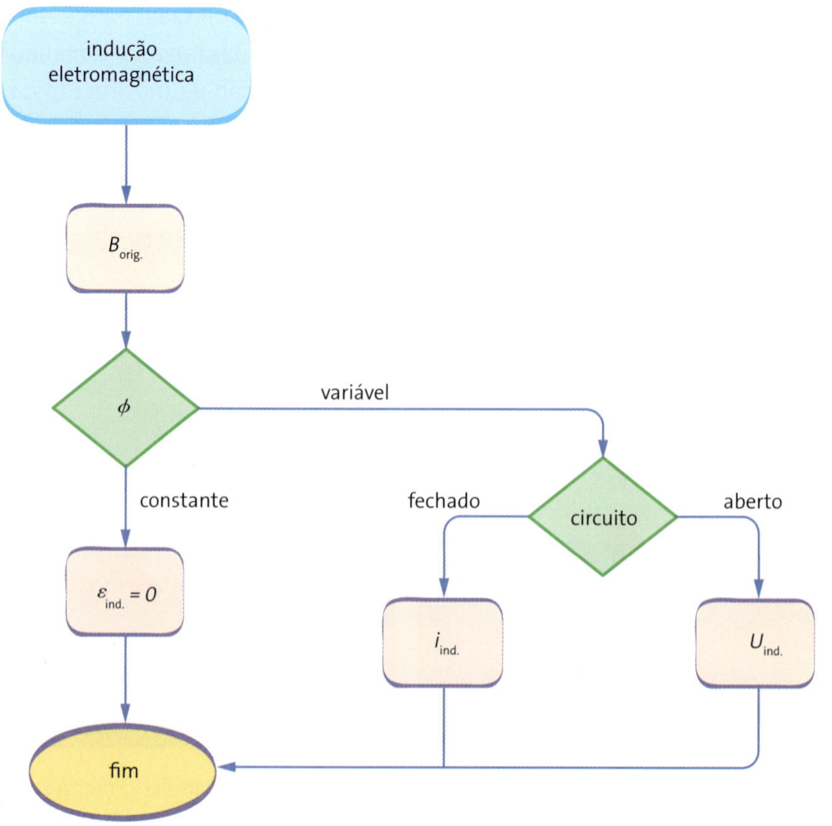


**Figura 8.8** Diagrama em blocos do fenômeno da indução eletromagnética.

## Exercícios

1. (Uniube-MG) Uma espira retangular de lados 5 cm e 8 cm está imersa em uma região em que existe um campo de indução magnética uniforme de 0,4 T, perpendicular ao plano da espira. O fluxo de indução magnético através da espira é igual a:

a) 16 T.
b) 16 Wb.
c) 1,6 Wb.
d) $1{,}6 \cdot 10^{-3}$ T.
e) $1{,}6 \cdot 10^{-3}$ Wb.

2. A figura mostra uma espira condutora flexível, em forma de laço, em um plano horizontal. No interior da espira há um ímã em forma de barra, disposto na direção vertical, com o polo norte para cima.

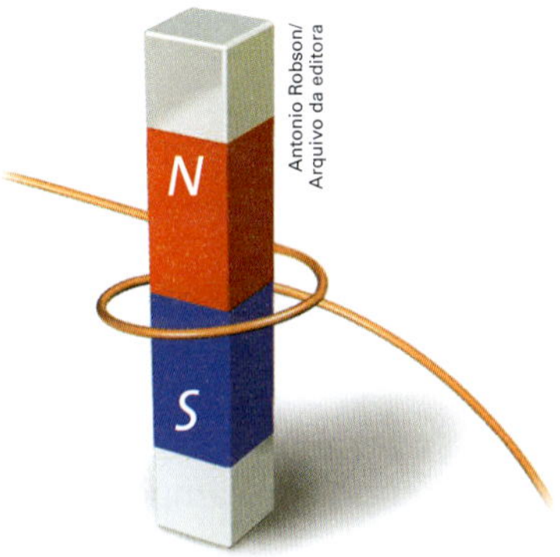

Antonio Robson/ Arquivo da editora

Descreva se há variação de fluxo do campo magnético do ímã, através da espira, nos seguintes casos:

I. A espira e o ímã são deslocados juntos, sem movimento relativo.
II. O ímã é mantido na mesma posição e a espira é deslocada para cima.
III. O laço é apertado em volta do ímã.

3. Uma espira retangular movimenta-se em um campo magnético com velocidade constante, conforme mostra a figura a seguir.

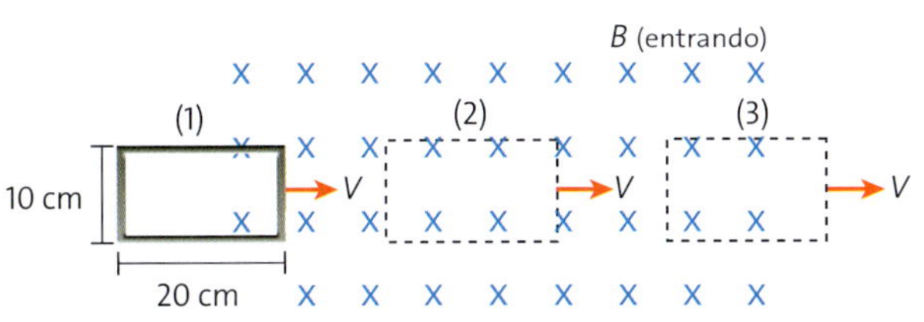


Há corrente induzida na espira quando ela está passando pelo ponto:

a) (1).
b) (2).
c) (3).

4. Um anel de alumínio, suspenso por um fio isolante, oscila entre os polos de um ímã, mantendo-se no plano perpendicular ao eixo norte-sul, conforme mostra a figura. Sabendo-se que o campo magnético criado pelo ímã é uniforme, responda às perguntas a seguir. Justifique suas respostas.

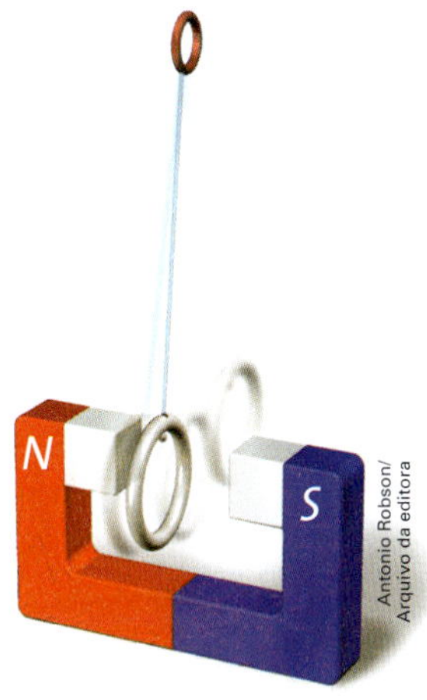

Antonio Robson/ Arquivo da editora

a) Há corrente induzida no anel?
b) Caso a oscilação fosse paralela ao eixo norte-sul do ímã, haveria corrente induzida no anel?

5. Descreva a importância da descoberta da indução eletromagnética para o desenvolvimento dos processos de geração de energia elétrica.

6. Redija um texto explicando o diagrama de blocos para o fenômeno da indução eletromagnética.

7. Um fio reto é atravessado por uma corrente elétrica de intensidade *i*, variável no tempo, criando à sua volta um campo magnético. Uma espira circular condutora *C* é colocada próxima ao fio, conforme mostra a figura.

Determine o sentido (horário ou anti-horário) da corrente induzida em *C* quando a corrente elétrica *i*:

a) aumenta com o tempo;
b) diminui com o tempo.

## 2 Lei de Lenz

Após a publicação do trabalho de Faraday e das primeiras formulações matemáticas proporcionadas por Maxwell, o fenômeno da indução eletromagnética continuou a ser estudado por muitos outros cientistas que tentavam obter uma relação quantitativa entre a variação do fluxo de indução magnética ($\Delta\phi$) e a intensidade da força eletromotriz induzida ($\varepsilon$). Em 1833, o físico estoniano Heinrich Friedrich Emil Lenz (1804-1865) apresentou a seguinte interpretação para o fenômeno da indução eletromagnética: era uma reação à variação do fluxo do campo magnético original.

A hipótese era de que os sistemas físicos sempre tendiam a manter seus estados de equilíbrio dinâmico. Assim, ao variar o fluxo magnético em um circuito, haveria uma reação com o objetivo de mantê-lo.

Essas observações levaram Lenz a enunciar a seguinte lei qualitativa:

> A força eletromotriz induzida sempre tende a produzir uma corrente induzida cujo campo magnético associado deve compensar a variação do fluxo magnético original.

Embora pareça singelo, o enunciado da lei de Lenz é muito sutil. Veja a seguir alguns itens que devem ser observados para aplicar essa lei de forma adequada.

1. Inicialmente, deve-se verificar o sentido do campo magnético original.
2. Deve-se verificar se o fluxo do campo magnético original está aumentando, diminuindo ou mantendo-se constante.
3. O fluxo do campo magnético original constante indica que a *fem* induzida é nula.
4. O aumento do fluxo do campo magnético original indica que a *fem* induzida deve produzir uma corrente induzida ($i_{ind.}$) para criar um campo magnético induzido ($B_{ind.}$) em sentido oposto ao campo magnético original.
5. A diminuição do fluxo do campo magnético original indica que a *fem* induzida deve produzir uma corrente induzida ($i_{ind.}$) para criar um campo magnético induzido ($B_{ind.}$) no mesmo sentido do original.

Nos dois últimos casos, o conhecimento do sentido do campo magnético induzido permite determinar o sentido da corrente elétrica induzida pela regra da mão direita.

O diagrama em blocos da **figura 8.9** ilustra o processo de aplicação da lei de Lenz.

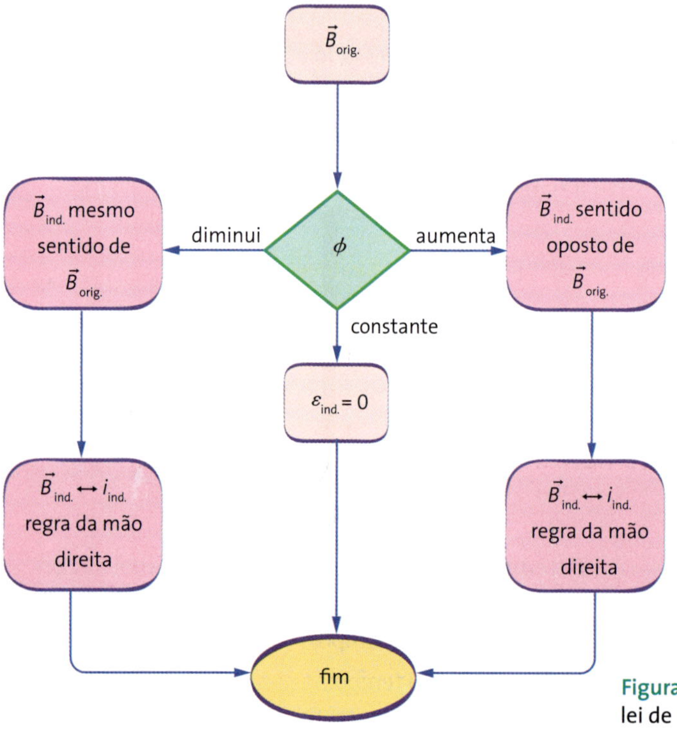


**Figura 8.9** Diagrama em blocos que ilustra a lei de Lenz para a indução eletromagnética.

## Exercícios

8. Um condutor em forma de *U* tem um lado paralelo ao eixo *x* e os dois outros paralelos ao eixo *y*, como mostra a figura. Uma barra condutora pode ser movimentada paralelamente ao eixo *x* sobre o condutor, e o conjunto está imerso em um campo magnético uniforme na direção e no sentido de *z*.

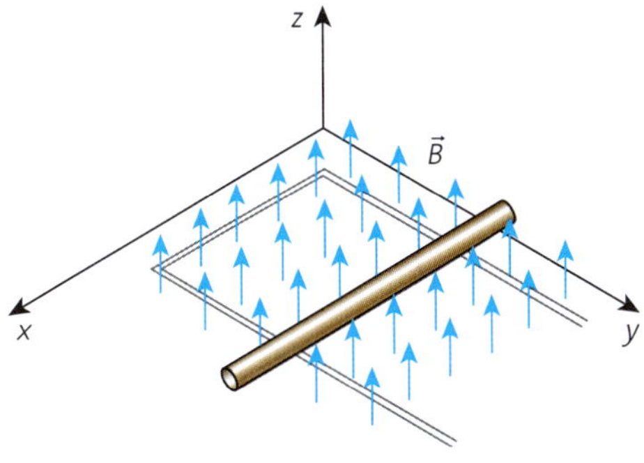


Determine o sentido da corrente induzida no conjunto caso o condutor se movimente:

a) no sentido do eixo *y*.

b) no sentido oposto ao eixo *y*.

9. Um solenoide é colocado no interior de um campo magnético, conforme mostra a figura.

Descreva a força eletromotriz originada no solenoide quando:

a) o campo magnético não varia;

b) a intensidade do campo magnético aumenta;

c) a intensidade do campo magnético diminui.

10. A figura mostra correntes induzidas em espiras circulares pelo movimento de ímãs próximos a elas.

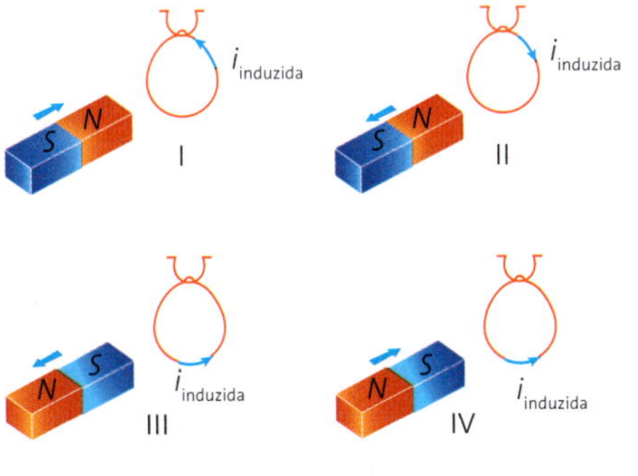


Verifique, em cada caso, se o sentido da corrente induzida está correto, justificando a resposta.

11. (ITA-SP) A figura representa um fio retilíneo pelo qual circula uma corrente de *i* ampères no sentido indicado. Próximo do fio, existem duas espiras retangulares *A* e *B* planas e coplanares com o fio. Se a corrente no fio retilíneo está crescendo com o tempo, pode-se afirmar que:

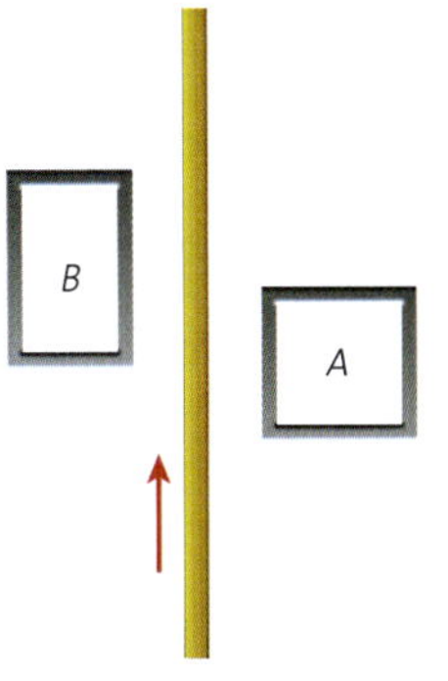


a) aparecem correntes induzidas em *A* e *B*, ambas no sentido horário.

b) aparecem correntes induzidas em *A* e *B*, ambas no sentido anti-horário.

c) aparecem correntes induzidas no sentido anti-horário em *A* e horário em *B*.

d) neste caso, só se pode dizer o sentido da corrente induzida se conhecemos as áreas das espiras *A* e *B*.

e) o fio atrai as espiras *A* e *B*.

12. (UFMG) Um anel metálico rola sobre uma mesa, passando, sucessivamente, pelas posições *P*, *Q*, *R* e *S*, como representado nesta figura:

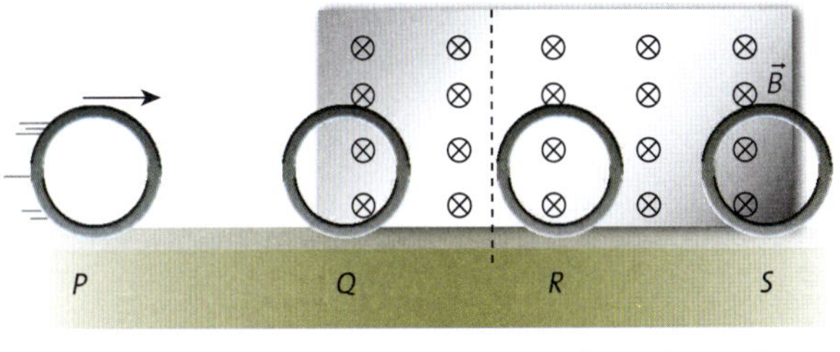


Na região indicada pela parte sombreada na figura, existe um campo magnético uniforme, perpendicular ao plano do anel, representado pelo símbolo $\vec{B}$.

Considerando-se essa situação, é correto afirmar que, quando o anel passa pelas posições *Q*, *R* e *S*, a corrente elétrica, nele:

a) é nula apenas em *R* e tem sentidos opostos em *Q* e em *S*.

b) tem o mesmo sentido em *Q*, em *R* e em *S*.

c) é nula apenas em *R* e tem o mesmo sentido em *Q* e em *S*.

d) tem o mesmo sentido em *Q* e em *S* e sentido oposto em *R*.

# 3 Força eletromotriz induzida

Seguindo os trabalhos realizados por Faraday, Maxwell e Lenz, o físico alemão Franz Ernst Neumann (1798-1895) enunciou, em 1845, uma lei que resumia todos os pontos do fenômeno da indução eletromagnética estudados até aquele momento.

Essa lei ficou conhecida como **lei de Faraday-Neumann** e expressa como a força eletromotriz induzida em um circuito se relaciona com a variação de fluxo magnético através dele.

Vejamos um exemplo. Consideremos que, em um dado instante *t*, o fluxo magnético através de um circuito seja $\phi$. Em um instante posterior $t' > t$, consideremos que esse fluxo seja $\phi'$.

Sendo $\Delta\phi$ a variação do fluxo magnético e $\Delta t$ o intervalo de tempo, a lei de Faraday-Neumann diz que a *fem* induzida ($\varepsilon$) que aparece no circuito é dada por:

$$\varepsilon = -\frac{\Delta\phi}{\Delta t}$$

O sinal (−) da lei de Faraday-Neumann indica sua coerência com a lei de Lenz e permite a construção do diagrama em blocos da figura 8.10, que resume os principais aspectos qualitativos e quantitativos da indução eletromagnética.

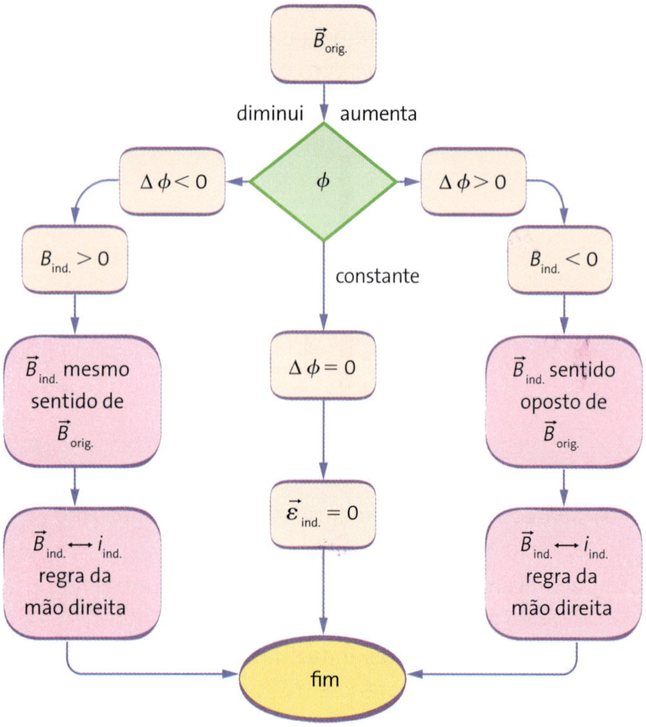


Figura 8.10 Diagrama em blocos que ilustra a lei de Faraday-Neumann.

## Condutor retilíneo

Vamos determinar a *fem* induzida no caso específico de um condutor retilíneo *XY*, de comprimento *L*, conectado a um circuito elétrico, que pode deslizar pelos fios 1 e 2 e está imerso em um campo magnético uniforme $\vec{B}$ (figura 8.11).

O circuito compreende uma região de área *A*, denominada espira, atravessada por um campo magnético uniforme $\vec{B}$, perpendicular ao plano que contém o condutor e os fios 1 e 2.

Ao deslocarmos o condutor *XY*, há uma variação de fluxo, pois a área *A* também varia. Em módulo, a *fem* induzida na espira é dada por:

$$\varepsilon = \frac{\Delta\phi}{\Delta t}$$

Como a variação de fluxo magnético se deve à variação da área *A* da espira, podemos escrever:

$$\varepsilon = \frac{\Delta\phi}{\Delta t} = \frac{B \cdot \Delta A \cdot \cos 0°}{\Delta t}$$

Sendo $\Delta A = L \cdot \Delta x$ e $\cos 0° = 1$, temos:

$$\varepsilon = \frac{B \cdot L \cdot \Delta x}{\Delta t}$$

Como a velocidade do condutor *XY* é dada por $v = \frac{\Delta x}{\Delta t}$, a expressão da *fem* induzida é:

$$\varepsilon = B \cdot L \cdot v$$

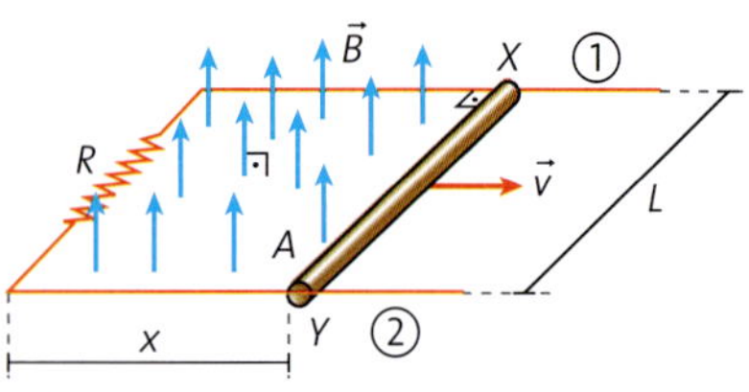


Figura 8.11 O condutor retilíneo *XY* é deslocado com velocidade constante sobre dois fios e imerso em um campo magnético uniforme.

Em virtude da força eletromotriz (*fem*) induzida, estabelece-se no circuito uma corrente elétrica induzida, cujo sentido é determinado utilizando-se a lei de Lenz.

## Exercícios

13. Um fio condutor em forma de anel de raio $R = 5,0$ cm está em uma região do espaço em que existe um campo magnético uniforme $B = 2,0$ T, formando 30° com o plano do anel. Nessas condições:
    a) Qual é o fluxo magnético através do anel?
    b) Determine a *fem* induzida caso a intensidade do campo magnético seja reduzida a zero em 2,0 s.

14. Considere um fio reto percorrido por uma corrente que produz fluxos de 2 Wb e de 4 Wb através das espiras quadrada e circular da figura, respectivamente.

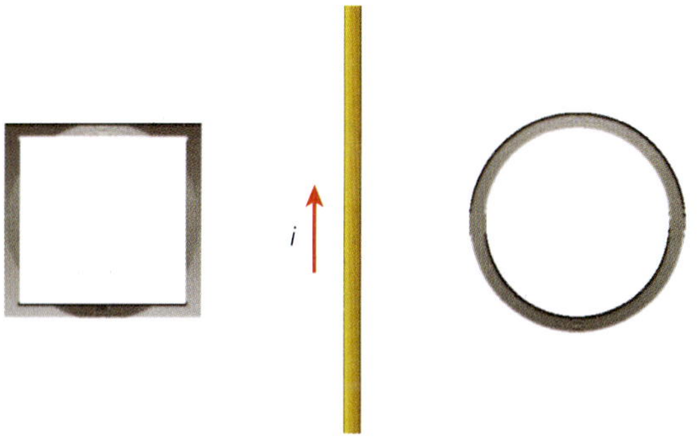


Considere que as duas espiras têm resistência elétrica $R = 3\ \Omega$ e que a corrente elétrica tenha seu valor dobrado em um intervalo de tempo de 4 s.
    a) A intensidade da corrente elétrica induzida é maior na espira quadrada ou na circular? Justifique.
    b) Qual é o sentido da corrente elétrica induzida em cada espira?

15. De acordo com o diagrama em blocos que ilustra a lei de Faraday-Neumann, quais são as condições para que haja uma corrente elétrica induzida?

16. Uma espira retangular condutora, com velocidade $v = 10$ m/s, atravessa uma região onde existe um campo magnético $B = 0,5$ T, perpendicular ao plano da espira, conforme mostra a figura.

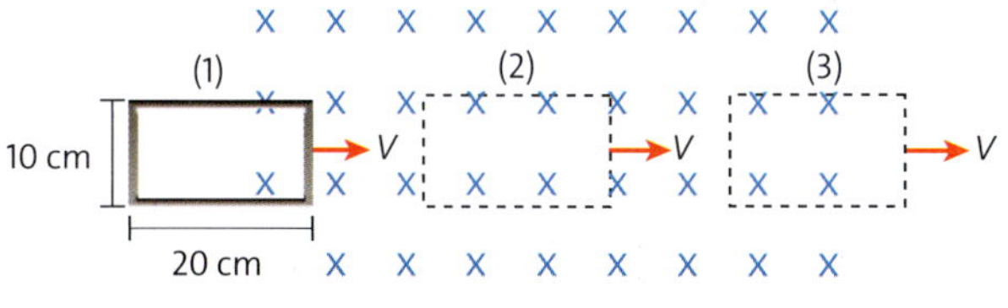


    a) O que acontece com o fluxo magnético através da espira nas posições (1), (2) e (3)?
    b) Determine a *fem* induzida na espira na posição (1).
    c) Explique se o sentido da corrente elétrica induzida é o mesmo nas posições (1) e (3).

17. (UEL-PR) O fluxo magnético sobre uma espira varia no tempo de acordo com o gráfico abaixo.

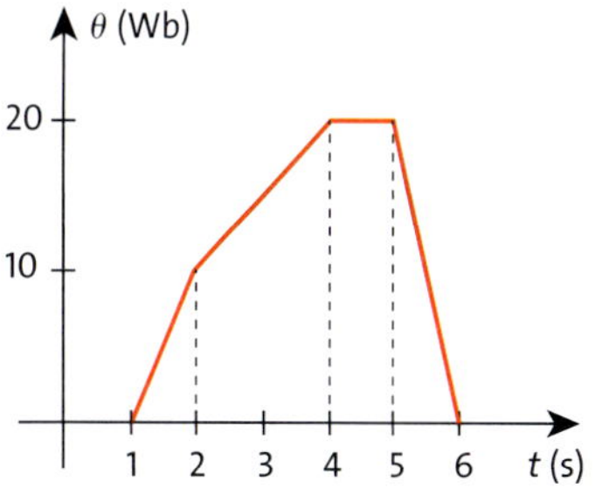


Qual das alternativas melhor representa a força eletromotriz induzida na espira?

a)
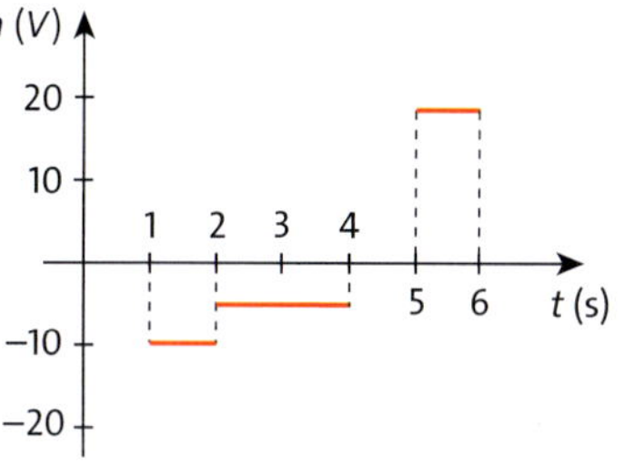


b)
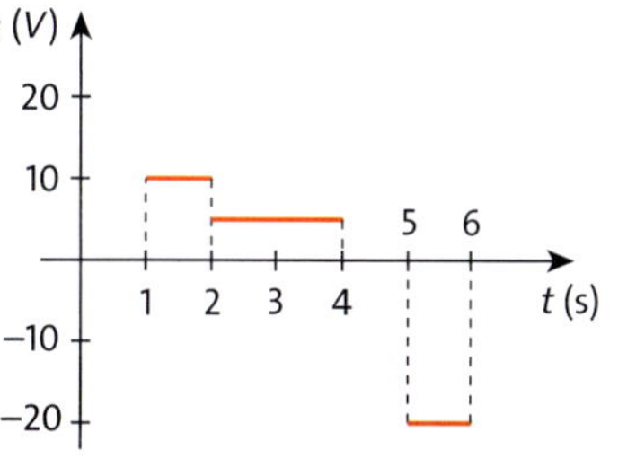


c)
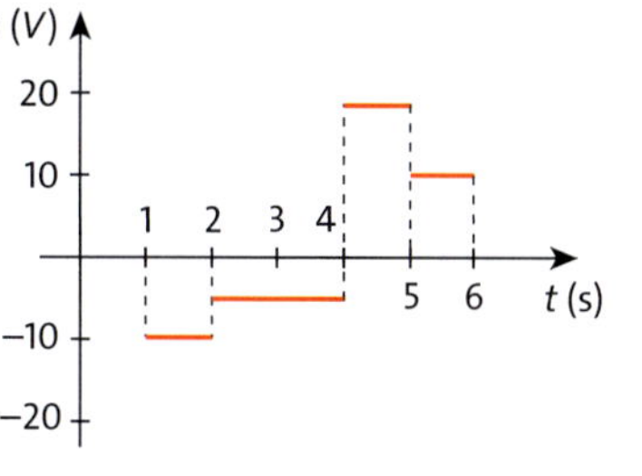


d)
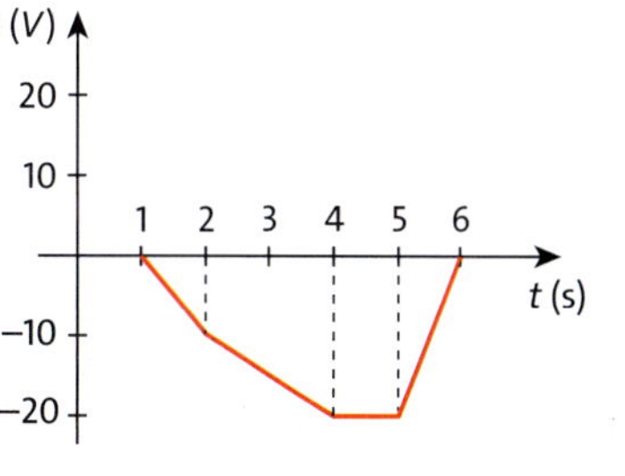


18. (UFMT) Uma espira de 0,5 m² de área se encontra colocada perpendicularmente às linhas de um campo magnético que varia entre 10 T e 4 T, num intervalo de 0,5 s. Determine o valor, em volts, da *fem* induzida.

Os eletroímãs

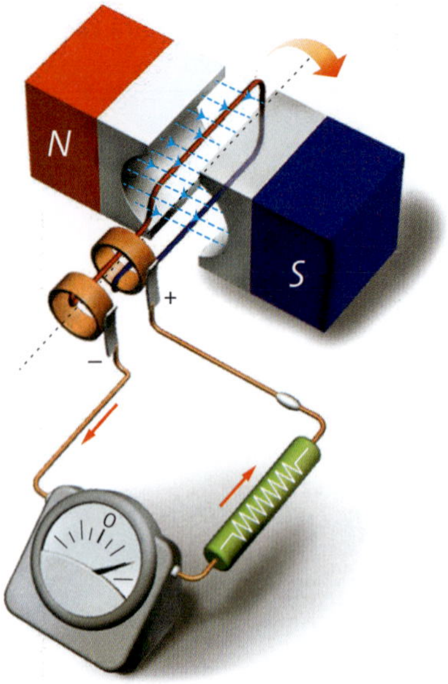


Figura 8.12 Ilustração de uma espira retangular girando em um campo magnético uniforme.

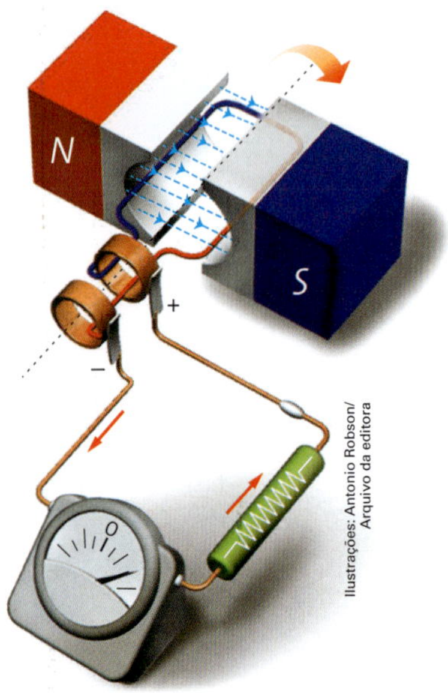


Ilustrações: Antonio Robson/Arquivo da editora

Figura 8.13 Ilustração da posição da espira paralela às linhas de campo.

## 4 Gerador de corrente alternada

A descoberta da indução eletromagnética e o entendimento das leis que a descrevem permitiram um avanço tecnológico considerável, pois foi possível, de maneira prática e econômica, construir dispositivos capazes de converter energia mecânica em elétrica. Estes, os chamados **geradores de corrente alternada**, têm seu funcionamento fundamentado na produção de uma *fem* induzida, provocada pelo movimento de rotação de uma espira em uma região em que existe um campo magnético.

Observe, por exemplo, a espira retangular da figura 8.12, colocada entre os polos de um ímã, posicionada inicialmente na vertical e girando no sentido indicado.

Na posição inicial, indicada na figura, o vetor normal à espira e o campo magnético formam um ângulo $\alpha = 0°$. À medida que a espira gira, esse ângulo $\alpha$ varia ao longo do tempo, assumindo valores entre 0° e 360° (uma volta completa). Na posição mostrada na figura 8.13, temos $\alpha = 90°$.

Desse modo, o fluxo magnético que atravessa a espira tem, inicialmente, um valor máximo ($\alpha = 0°$); depois, passa por um valor nulo ($\alpha = 90°$), assume um valor negativo de módulo máximo ($\alpha = 180°$) e volta para o valor nulo ($\alpha = 270°$). Após ser completada uma volta, retorna ao seu valor inicial.

Esse fluxo variável produz uma *fem* induzida que é responsável por uma corrente no resistor, medida pelo galvanômetro. O fluxo do campo magnético é dado por:

$$\phi = B \cdot A \cdot \cos \alpha$$

Supondo que a rotação da espira seja uniforme, podemos escrever:

$$\alpha = \alpha_0 + \omega \cdot t$$

em que $\omega$ é a velocidade angular do movimento.

Logo, o fluxo do campo magnético é uma função cossenoidal do tempo, dada por:

$$\phi = B \cdot A \cdot \cos (\alpha_0 + \omega \cdot t)$$

Nessas condições, efetuando cálculos, que fogem à finalidade deste capítulo, pode-se concluir que a *fem* induzida na espira é dada por:

$$\varepsilon = -\omega \cdot B \cdot A \cdot \text{sen} (\alpha_0 + \omega \cdot t)$$

e, como consequência, a corrente elétrica indicada pelo galvanômetro é:

$$i = \frac{\omega \cdot B \cdot A}{R} \cdot \text{sen} (\alpha_0 + \omega \cdot t)$$

Esse é o princípio de funcionamento dos geradores de corrente alternada. Essa simplicidade de funcionamento permitiu que esses geradores fossem usados de maneira ampla, formando a base do sistema energético de nossa sociedade.

**Para refletir**

Por que o sistema energético utiliza corrente alternada e não corrente contínua?

## Valores eficazes de tensão e corrente elétrica

Com a finalidade de reduzir as perdas na transmissão da energia elétrica, as linhas de transmissão são de alta tensão. Para transformar essas tensões altas em tensão de operação doméstica, faz-se uso dos transformadores. Os transformadores só funcionam com tensão variável e, dessa forma, a opção tecnológica adotada foi fornecer a energia elétrica por tensão variável no tempo, em ciclos. No Brasil, o ciclo de variação da tensão dura $\frac{1}{60}$ s, isto é, sua frequência é de 60 Hz, mas há países, como o Japão, que utilizam 50 Hz. A **figura 8.14** ilustra como varia a tensão durante um ciclo em uma tomada típica de 220 V.

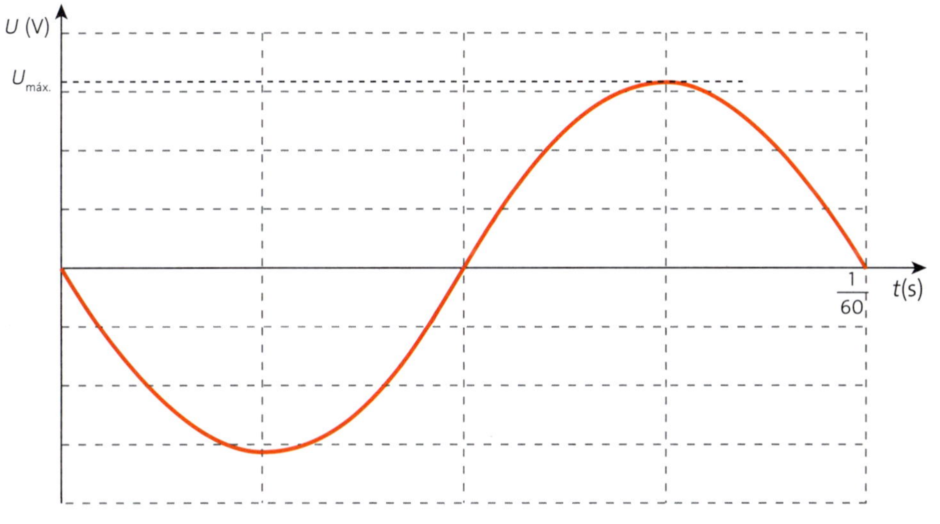


Figura 8.14 Variação da tensão em um ciclo.

## Comportamento da tensão ao longo do tempo

A tensão varia com o tempo; em consequência, a corrente elétrica também varia com o tempo. Matematicamente, o comportamento da tensão ao longo do tempo pode ser escrito como:

$$U = U_{máx.} \cdot \text{sen}\,(120\pi \cdot t)$$

As variações são muito rápidas, mas, se fossem lentas, teríamos um banho de chuveiro com temperaturas oscilantes. Porém, quando a potência começa a diminuir e a resistência a esfriar, inicia-se um novo ciclo de aquecimento. Para o usuário, o banho funciona como se a potência fosse constante.

A potência dissipada em um resistor pode ser calculada por:

$$P = \frac{U^2}{R}$$

Assim, a expressão para a potência em cada instante $t$ é:

$$P = \frac{U^2_{máx.}}{R} \cdot \text{sen}^2\,(120\pi \cdot t)$$

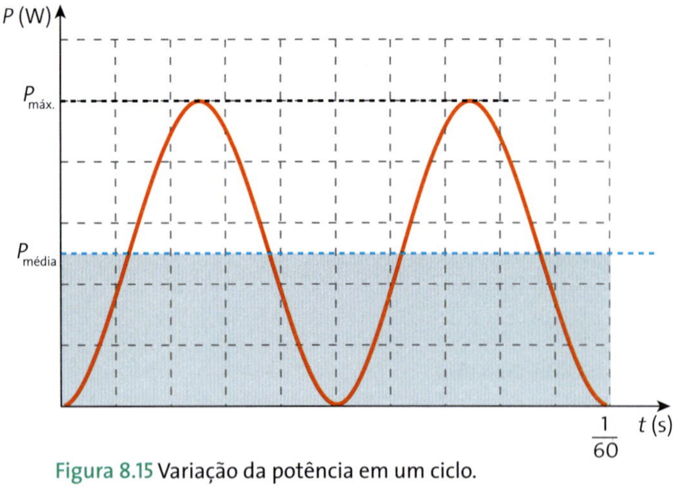

Figura 8.15 Variação da potência em um ciclo.

O gráfico de um ciclo para a potência dissipada em função do tempo é mostrado na figura 8.15. A área desse gráfico fornece a energia dissipada em um ciclo. Observe que a linha pontilhada, situada na metade da potência máxima, delimita um retângulo que tem a mesma área da senoide. Isto é, a potência média é metade da potência máxima.

Qual seria o valor da potência que, permanecendo constante, dissiparia a mesma energia nesse ciclo? Esse valor médio é a chamado potência eficaz ($P_e = P_{média}$). Portanto:

$$P_e = \frac{P_{máx.}}{2}$$

No dimensionamento das instalações elétricas há grande interesse nos valores de tensão e intensidade da corrente elétrica. Tanto a tensão eficaz como a corrente eficaz correspondem a uma fração dos valores máximos. Isto é, são os valores máximos divididos por uma constante $k$, que é determinada da seguinte maneira:

$$P = U_e \cdot i_e = \frac{U}{k} \cdot \frac{i}{k} \Rightarrow \frac{U}{k} \cdot \frac{i}{k} = \frac{U \cdot i}{2} \Rightarrow k^2 = 2 \Rightarrow k = \sqrt{2}$$

Dessa forma, temos:

$$U_e = \frac{U_{máx.}}{\sqrt{2}}$$

e, analogamente, a intensidade da corrente elétrica eficaz é:

$$i_e = \frac{i_{máx.}}{\sqrt{2}}.$$

## Exercício resolvido

Um chuveiro elétrico tem potência de 4 400 W quando ligado a uma tomada de 220 V de tensão eficaz. O circuito do chuveiro vai ser protegido por um fusível. Qual é o valor mínimo de corrente que esse fusível deve suportar? Quais serão os valores máximos de tensão e intensidade da corrente quando o chuveiro estiver operando?

**Resolução**

A potência declarada nos chuveiros elétricos é a potência eficaz.

Como $P = U \cdot i$, podemos escrever $P_{média} = U_e \cdot i_e$, assim:

$4400 = 220 \cdot i_e \Rightarrow i_e = 20$ A

O fusível deverá suportar, no mínimo, 20 A.

Como $i_e = \frac{i_{máx.}}{\sqrt{2}}$, temos:

$i_{máx.} = i_e \cdot \sqrt{2} \Rightarrow i_{máx.} = 20 \cdot \sqrt{2} \Rightarrow i_{máx.} \simeq 28$ A.

Analogamente:

$U_{máx.} = U_e \cdot \sqrt{2} = 220 \cdot \sqrt{2} \Rightarrow U_{máx.} \simeq 311$ A

Física explica

## Usinas elétricas

O caminho da energia elétrica

A questão energética é bastante complexa, pois, apesar de ser a fonte de energia, nosso planeta também é o depósito dos resíduos. Por isso a escolha e o desenvolvimento de fontes de energia, o consumo consciente e a preservação ambiental devem sempre estar presentes no dia a dia do cidadão. Mas o que diferencia as usinas elétricas?

Todas as usinas elétricas têm algo em comum: a energia elétrica, em razão da indução eletromagnética, é obtida pelo movimento de uma turbina. A diferença está no modo de movimentação das turbinas de cada uma delas.

- **Hidrelétrica**: a energia mecânica das águas que se encontram acima do nível da turbina se transfere para ela que, ao se movimentar, ativa espiras em campos magnéticos.

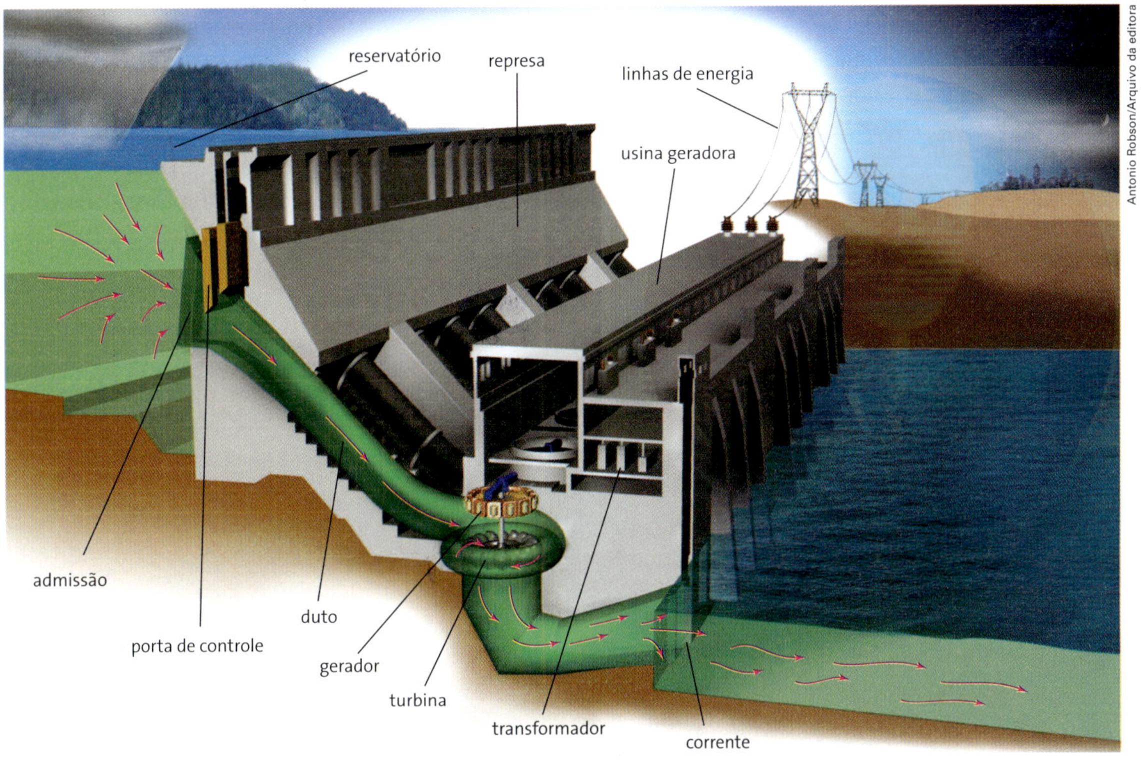


Antonio Robson/Arquivo da editora

- **Termelétrica**: a energia da queima de carvão, gás ou óleo é transferida ao vapor que, ao se movimentar, ativa espiras em campos magnéticos.
- **Termonuclear**: a energia liberada nas reações nucleares aquece um fluido, normalmente a água, que, ao se movimentar, aciona a turbina.
- **Eólica**: a energia dos ventos movimenta pás anexas às espiras que se movem em campos magnéticos.

O Brasil é um país privilegiado, pois todos esses métodos são viáveis. O ideal é compor a matriz energética da maneira mais inteligente e diversificada possível, distribuindo assim o “custo” da geração de energia e a localização das fontes energéticas pelo país.

Explique a sequência de transformação de energia em cada um dos quatro tipos de usina elétrica citados no texto.

## Exercícios

**19.** Uma espira de área $A = 1\ cm^2$ gira em um campo magnético com velocidade angular $\omega = \pi$ rad/s, partindo de um ângulo inicial $\alpha_0 = 0$. Se a intensidade do campo magnético é de 2 T, usando as expressões matemáticas apresentadas:

a) calcule o fluxo do campo magnético através da espira;

b) faça o gráfico desse fluxo em função do tempo;

c) calcule a *fem* induzida pelo movimento da espira;

d) faça o gráfico dessa *fem* em função do tempo.

**20.** Em uma residência, a ddp é alternada com valor máximo 110 V e frequência de 60 Hz, com fase inicial $\alpha_0 = 0$.

a) Expresse a corrente elétrica que ela produz em uma lâmpada de dados nominais 110 W – 110 V.

b) Se a corrente elétrica é alternada com frequência 60 Hz, ela assume o valor zero 120 vezes por segundo. Explique por que não vemos a lâmpada acender e apagar 120 vezes por segundo.

**21.** (Ufla-MG) A figura abaixo representa uma espira girando em torno de um eixo, com velocidade angular constante, em um campo magnético.

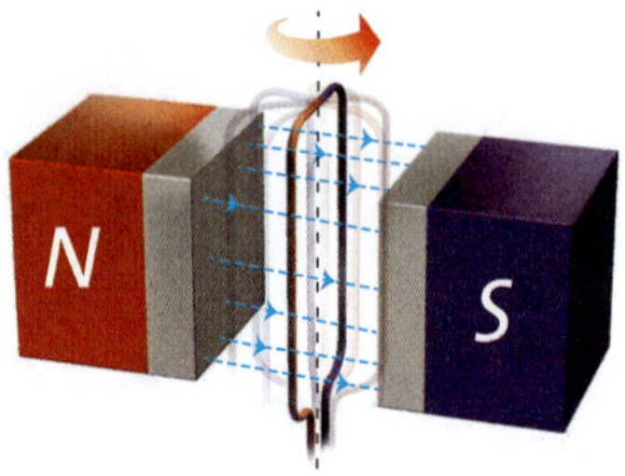


O gráfico que melhor representa a *fem* induzida entre os terminais *A* e *B*, em relação ao tempo, é:

a)
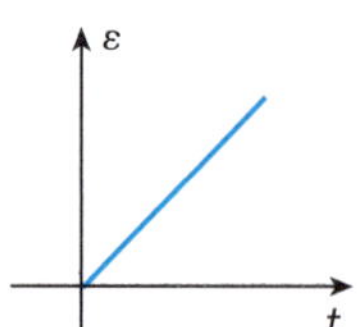


d)
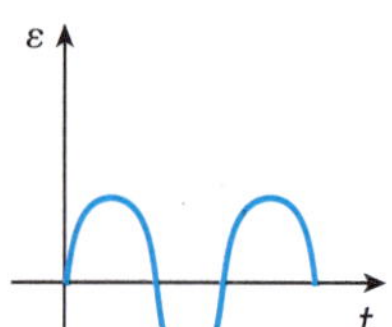


b)
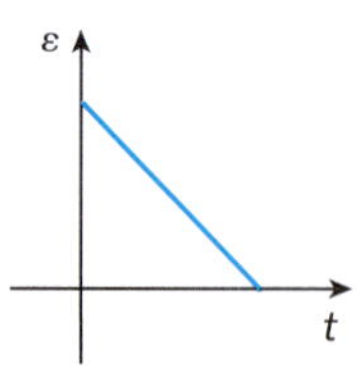


e)
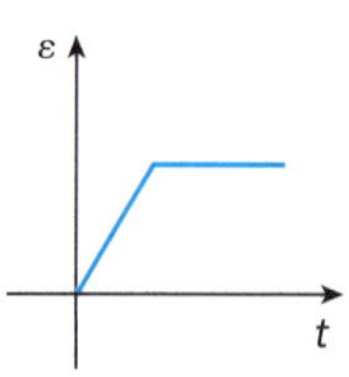


c)
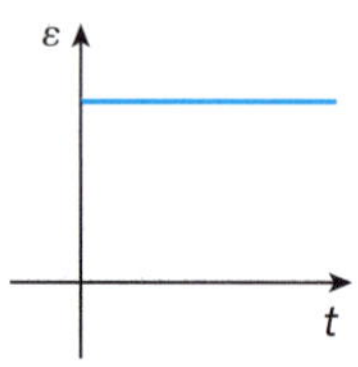


**22.** (Acafe-SC) Para compreender a influência da ciência e da tecnologia na evolução das sociedades e suas mudanças de comportamento, bem como os condicionamentos históricos e sociais na criação científica e tecnológica, o indivíduo deve conhecer, por exemplo, os princípios do eletromagnetismo aplicados em muitos recursos tecnológicos hoje usados.

Analisando alguns princípios ou fenômenos eletromagnéticos e suas aplicações, correlacione as linhas de cima com as de baixo.

( ) Motor elétrico

( ) Eletroímã

( ) Alternador (gerador de corrente alternada)

1. Uma corrente elétrica num fio estabelece um campo magnético em torno desse fio.
2. Um condutor, em que passa uma corrente elétrica, em um campo magnético, sofre a ação de uma força exercida por esse campo.
3. Uma corrente elétrica induzida em um circuito no qual existe variação do fluxo magnético.

A alternativa, contendo a sequência correta, de cima para baixo, é:

a) 1 – 2 – 3.

b) 2 – 3 – 1.

c) 3 – 1 – 2.

d) 1 – 3 – 2.

e) 2 – 1 – 3.

**23.** (Fuvest-SP) Um anel de alumínio, suspenso por um fio isolante, oscila entre os polos de um ímã, mantendo-se, inicialmente, no plano perpendicular ao eixo N – S e equidistante das faces polares. O anel oscila, entrando e saindo da região entre os polos, com uma certa amplitude. Nessas condições, sem levar em conta a resistência do ar e outras formas de atrito mecânico, pode-se afirmar que, com o passar do tempo:

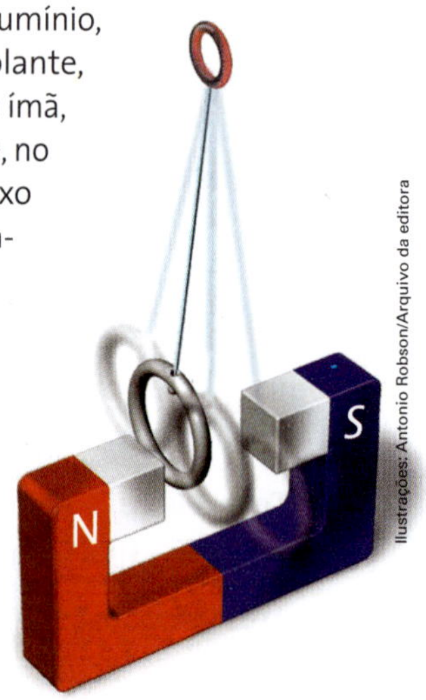


Ilustrações: Antonio Robson/Arquivo da editora

a) a amplitude de oscilação do anel diminui.

b) a amplitude de oscilação do anel aumenta.

c) a amplitude de oscilação do anel permanece constante.

d) o anel é atraído pelo polo norte do ímã e lá permanece.

e) o anel é atraído pelo polo sul do ímã e lá permanece.

# 5 Arranjos para indução eletromagnética

Vamos considerar duas espiras, 1 e 2, lado a lado (figura 8.16). A espira 1 possui a chave $K$ e está ligada a uma fonte de tensão.

Inicialmente a chave $K$ está aberta. A corrente, em ambas as espiras, é nula. Ao se fechar a chave $K$, a corrente na espira 1 passa de um valor nulo até um determinado valor, em um curto intervalo de tempo. Nesse curto intervalo de tempo, cresce a intensidade do campo magnético gerado pela corrente $i_1$ e, em decorrência, aumenta o fluxo de linhas de campo magnético que saem da espira 2. A variação do fluxo magnético na espira 2 induz a *fem* $\varepsilon_2$. Assim, no curto intervalo de tempo em que a corrente é variável na espira 1, temos a corrente $i_2$, induzida na segunda espira. Pela lei de Lenz, essa corrente se opõe à variação de fluxo, tendo, portanto, sentido horário.

Caso a primeira espira esteja ligada a uma fonte de tensão variável, a corrente variável $i_1$ induz constantemente uma corrente $i_2$ na segunda espira. Em tal situação, é comum chamarmos a primeira espira de circuito primário (indutor) e a segunda espira de circuito secundário (induzido).

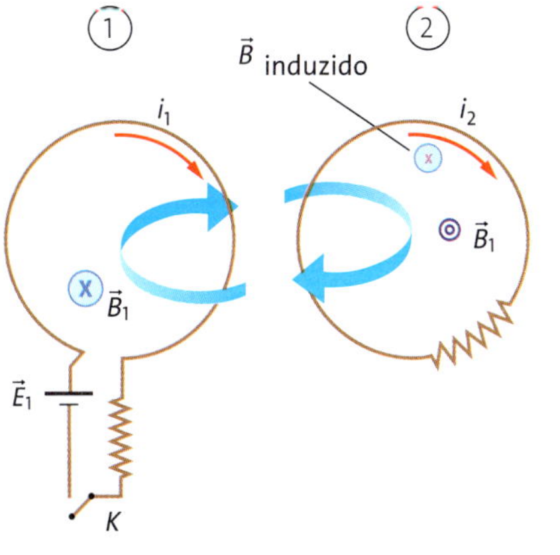


Figura 8.16 Arranjo para indução eletromagnética.

## Autoindução

Suponhamos agora somente uma espira ligada a uma fonte de tensão. Variando-se a corrente $i$, variam o campo magnético $B$ e o fluxo desse campo através da própria espira. A variação do fluxo induz na própria espira uma *fem* contrária a essa variação.

Se, por exemplo, a chave $K$ estiver fechada, ao abri-la, a redução brusca na intensidade da corrente elétrica faz variar a intensidade do campo magnético que atravessa a espira. Em decorrência, temos a indução de uma *fem* contrária à redução de corrente e, entre os contatos da chave $K$, a tensão induzida pode ser alta a ponto de saltar uma faísca de um contato ao outro.

Usando o mesmo raciocínio, concluímos que, se a chave $K$ estiver inicialmente aberta, ao fecharmos a chave, a *fem* induzida se opõe ao crescimento da corrente elétrica.

Em resumo, uma variação na intensidade da corrente elétrica induz uma *fem*, no próprio circuito, contrária a essa variação. Essa propriedade do circuito é denominada **autoindução**, pois o indutor é o próprio induzido. A grandeza física que mede essa propriedade é a **indutância**.

A indutância pode ser atribuída a qualquer circuito (espira circular, bobina chata, solenoide, etc.). Nesses circuitos, o fluxo do campo magnético é proporcional à intensidade da corrente elétrica. Podemos então escrever:

$$\phi = L \cdot i$$

Nessa expressão, $L$ é uma constante que traduz a indutância do circuito. A unidade de indutância no SI é **henry** (**H**), tal que: 1 H = 1 Wb/A.

Como $\varepsilon = \frac{\Delta\phi}{\Delta t}$, temos:

$$\varepsilon = L \cdot \frac{\Delta i}{\Delta t}$$

Assim, quanto maior a indutância, maior a *fem* induzida por variações na intensidade da corrente elétrica.

## Indutância do solenoide

A título de exemplo, vamos calcular a indutância $L$ de um dos indutores mais utilizados, o solenoide. O campo magnético no interior do solenoide de comprimento $\ell$ é praticamente uniforme e vale:

$$B = \mu \cdot \frac{n}{\ell} \cdot i$$

Supondo um solenoide de área de secção transversal $A$, em cada espira o fluxo é:

$$\phi = B \cdot A = \mu \cdot \frac{n}{\ell} \cdot i \cdot A$$

Observando que o solenoide contém $n$ espiras, o fluxo total é:

$$\phi_{\text{total}} = n \cdot \mu \cdot \frac{n}{\ell} \cdot i \cdot A = \frac{\mu \cdot n^2 \cdot i}{\ell} \cdot A$$

Como $\phi = L \cdot i$, temos:

$$L \cdot i = \frac{\mu \cdot n^2 \cdot i}{\ell} \cdot A \Rightarrow L = \frac{\mu \cdot n^2 \cdot A}{\ell}$$

Como a indutância é proporcional ao quadrado do número de espiras, são obtidas altas indutâncias com arranjos de espiras sobrepostas, de modo a aumentar o seu número.

## Correntes de Foucault

Até aqui, falamos sobre o fenômeno da indução em circuitos com fios condutores, mas a indução ocorre também em corpos de material condutor não filiforme. Considere um bloco de material condutor sujeito à uma variação no fluxo do campo magnético.

Vejamos duas maneiras de se conseguir tal situação.

1ª) Fazendo-se o bloco penetrar numa região em que há um campo magnético (figura 8.17).

Como todo o bloco é condutor, podemos imaginá-lo composto de inúmeras espiras, das quais destacamos algumas na figura. Em cada

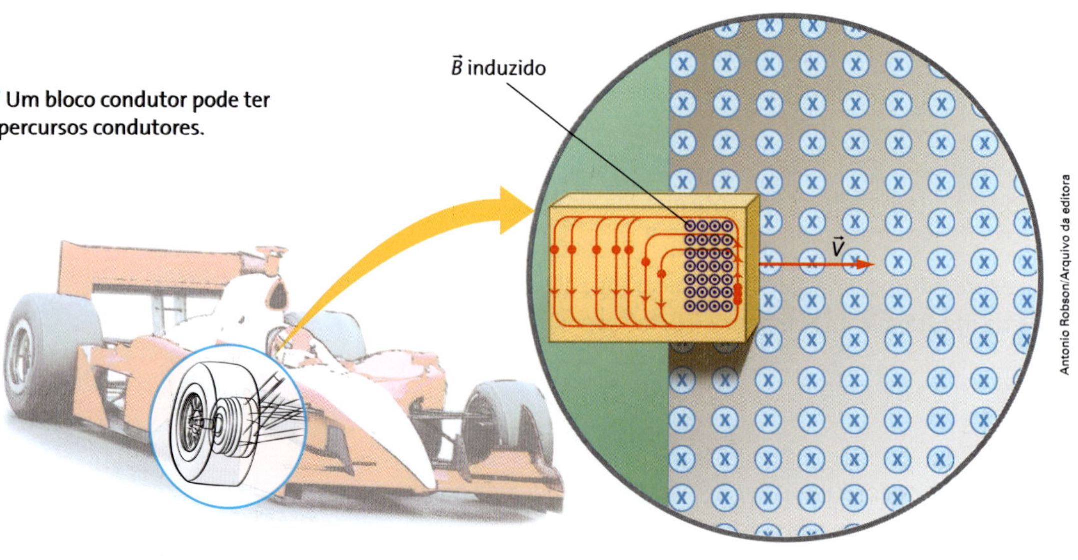


Figura 8.17 Um bloco condutor pode ter inúmeros percursos condutores.

uma dessas espiras, há corrente induzida. A energia despendida para empurrar o bloco para dentro da região em que há o campo magnético está sendo dissipada por efeito Joule, pois o movimento dos portadores de carga vai encontrar no material uma certa resistência. Dessa forma, temos um aquecimento do bloco, utilizando energia eletromagnética.

O processo pode ser usado para frear um corpo metálico que se desloca. É o chamado **freio eletromagnético**. Se, de fato, substituirmos o bloco por um conjunto de espiras, a tensão induzida pode realimentar uma bateria. Essa aplicação corresponde a um reabastecimento enquanto o veículo freia. Isso já é aplicado na Fórmula 1, por meio de um dispositivo chamado de KERS, sigla em inglês para Sistema de Recuperação da Energia Cinética (Kinetic Energy Recovering System).

2ª) Mantendo-se o bloco fixo e variando-se o campo magnético que o atravessa (figura 8.18).

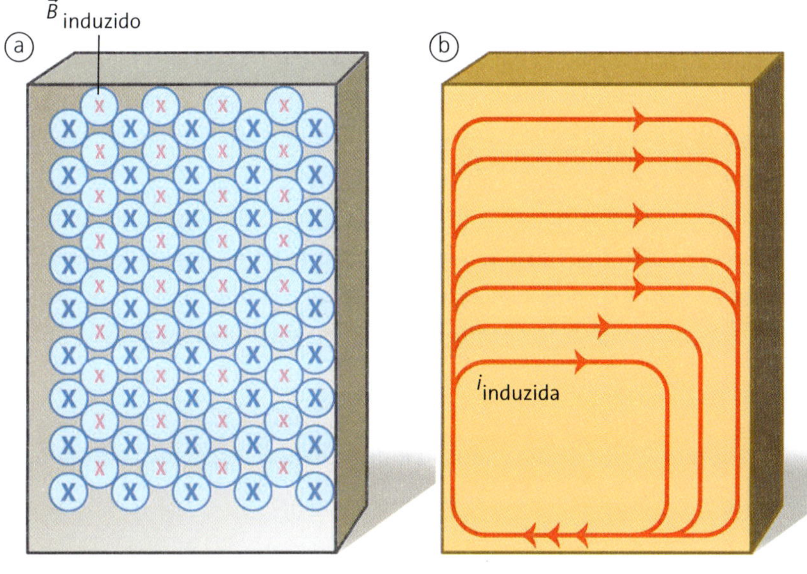


Figura 8.18 Campo magnético induzido em um bloco condutor fixo (**a**). Algumas correntes induzidas no bloco condutor (**b**).

Na figura ilustramos o bloco num instante em que a intensidade do campo magnético aplicado está aumentando. Pela lei de Lenz, as correntes induzidas são tais que tendem a manter o fluxo magnético constante, e o campo magnético induzido tem sentido apontando para dentro da página.

Induzindo-se correntes muito intensas, o material pode chegar ao ponto de fusão. Essa técnica é utilizada para fundir metais nos chamados **fornos de indução**. A vantagem desse tipo de forno é que o foco de aquecimento é dirigido diretamente ao metal, reduzindo-se o desnecessário aquecimento de paredes, fornalhas, etc.

Há casos em que essas correntes induzidas são indesejáveis, pois representam perdas em relação à finalidade que tem o equipamento. Num transformador, por exemplo, o aquecimento do núcleo de ferro deve ser evitado. Um recurso que se utiliza para isso é o de transformar a peça em várias lâminas, isoladas entre si, restringindo-se assim os possíveis percursos condutores e as correntes induzidas (figura 8.19).

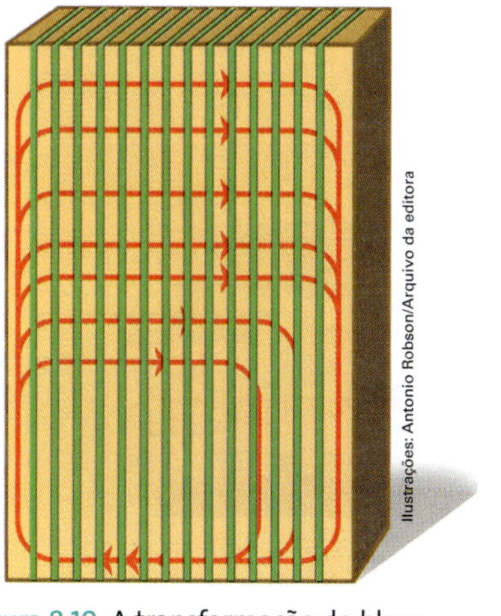

Ilustrações: Antonio Robson/Arquivo da editora

Figura 8.19 A transformação do bloco condutor em várias lâminas "corta" a maior parte das possíveis correntes induzidas.

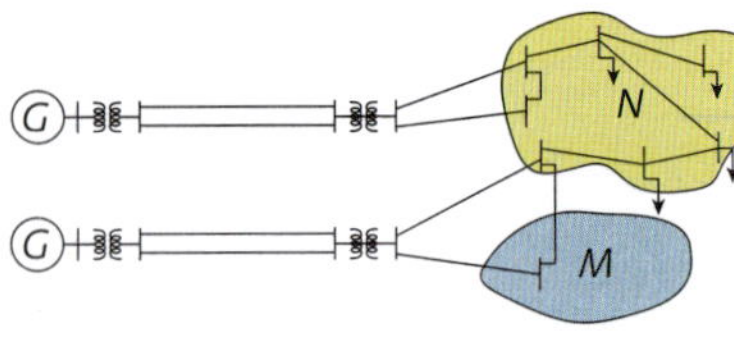


Formato/Arquivo da editora

Figura 8.20 Ilustração de um sistema de distribuição de energia elétrica.

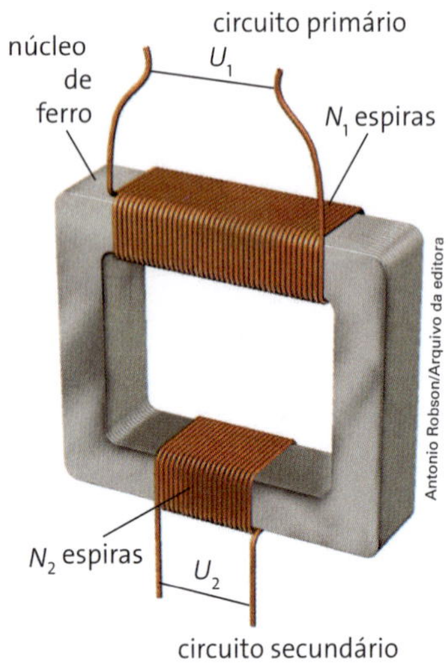


Antonio Robson/Arquivo da editora

Figura 8.21 Representação de um transformador.

Acervo do autor/Arquivo da editora

Figura 8.22 Este transformador aumenta 40 vezes a intensidade da tensão eficaz. A alta intensidade do campo entre as hastes provoca a ionização do ar. Isso resulta em descargas elétricas entre as hastes.

# Transformadores

A energia elétrica gerada nas centrais percorre um longo caminho até chegar aos centros consumidores. Esse caminho envolve sistemas de transmissão e distribuição ao longo dos quais a ddp deve sofrer modificações para se adaptar às necessidades operacionais.

No Brasil, em que a energia provém essencialmente de hidrelétricas, os geradores são de corrente alternada, seguindo as leis aqui descritas, nas frequências de 60 Hz ou 50 Hz. A tensão de geração, na maioria dos casos, varia entre 20 000 V e 25 000 V.

Para que essa energia seja transmitida satisfatoriamente a longas distâncias, a tensão deve ser ampliada para valores entre 138 000 V e 1 200 000 V. Ao chegar aos centros de distribuição, essa tensão deve ser novamente reduzida para valores entre 3 000 V e 25 000 V (figura 8.20).

Dispositivos capazes de produzir esses aumentos e diminuições de ddps alternadas, sem variar a energia associada, são chamados **transformadores** (figuras 8.21 e 8.22). Eles são comumente utilizados para ligar um aparelho que funciona com 110 V em tomadas nas quais a tensão é 220 V.

O circuito denominado primário contém $N_1$ espiras enroladas em um núcleo de ferro. O circuito denominado secundário contém $N_2$ espiras enroladas no mesmo núcleo de ferro.

Um fluxo magnético $\phi$ atravessa o núcleo de ferro. Caso esse fluxo seja constante, não haverá indução. Para que o transformador funcione, é necessário um fluxo variável, obtido através de uma tensão variável.

Em cada espira do circuito primário ou secundário, a tensão induzida é: $\varepsilon = u = \frac{\Delta\phi}{\Delta t}$.

Como há $N_1$ espiras, a tensão induzida total no circuito primário é:

$$U_1 = N_1 \cdot u \text{ (I)}$$

Do mesmo modo, no circuito secundário a tensão induzida total é:

$$U_2 = N_2 \cdot u \text{ (II)}$$

De I e II, obtemos: $\frac{U_1}{N_1} = \frac{U_2}{N_2}$

Os transformadores apresentam alto rendimento. Assim, podemos dizer que a potência do circuito primário ($P_1$) é igual à do circuito secundário ($P_2$):

$$P_1 = P_2 \Rightarrow U_1 \cdot i_1 = U_2 \cdot i_2$$

Portanto, à maior tensão corresponde uma menor corrente elétrica.

O valor eficaz de uma tensão ou corrente elétrica é aquele que, se permanecesse constante, resultaria na mesma quantidade de energia – transferida ou transformada – ao longo do tempo.

É importante ressaltar que o transformador deve sempre ser utilizado em circuitos de corrente alternada. As relações entre tensão e corrente deduzidas devem ser interpretadas como válidas para os valores de pico de cada uma delas.

## Física explica

# As correntes de Foucault nos supercondutores

Vamos pensar agora que o bloco no qual será feita a indução eletromagnética seja de material supercondutor, resfriado abaixo da temperatura crítica.

Walther Meissner (1882-1974).

Emilio Segre Visual Archives/American Institute of Physics/SPL/Latinstock

Qualquer tentativa de variação de fluxo irá induzir correntes em um material de resistência nula. Sabemos, da lei de Lenz, que as correntes induzidas se opõem à variação de fluxo, mas, como não há resistência elétrica, elas se opõem integralmente. Essas correntes manterão o campo magnético nulo no interior do supercondutor. Esse efeito, chamado de efeito Meissner, foi descoberto pelos físicos alemães Walther Meissner e Robert Ochsenfeld, em 1933.

Robert Ochsenfeld (1901-1993).

Reprodução/<http://superconductors.org/history.htm>

O efeito Meissner é o responsável pela chamada levitação magnética, um fenômeno no qual um pequeno ímã paira "flutuando" sobre um supercondutor (veja figura).

Mas se o ímã está parado, como há indução eletromagnética? A indução ocorreu durante a aproximação do ímã, mas como o material é supercondutor, as correntes induzidas permanecem indefinidamente.

Por fim, vale lembrar do efeito da gaiola de Faraday, a blindagem eletrostática. No interior de um condutor o campo elétrico é nulo. Analogamente, os supercondutores fazem a blindagem magnética.

Ímã levitando acima de um supercondutor refrigerado com nitrogênio líquido.

Lawrence Manning/Corbis/Latinstock

## Exercícios

**24.** Explique por que os transformadores devem sempre ser utilizados em circuitos de corrente alternada.

**25.** Em um sistema de distribuição local de energia elétrica, a tensão de linha é de 138 kV. Sabendo-se que a tensão a ser distribuída é de 380 V, descreva o transformador a ser utilizado.

**26.** A corrente no circuito primário de um transformador com 100 espiras é 1,0 A. Sabendo-se que a potência no primário é de 100 W e que a tensão no secundário é 50 V, determine:

a) a tensão no primário;

b) a potência no secundário.

**27.** Um adaptador para "carregar" celular apresenta a seguinte indicação:

Entrada:

110-240 V; 50-60 Hz; 0,15 A.

Saída:

5 V; 0,7 A.

a) Esse adaptador funciona normalmente se for ligado em uma tomada de 127 V? E em uma tomada de 220 V?

b) A tensão de saída do adaptador é contínua ou alternada? Explique.

EM CONSTRUÇÃO

## Michael Faraday

Michael Faraday

Michael Faraday nasceu em 22 de setembro de 1791 em Londres [Inglaterra]. Sua família não era de posses e Faraday recebeu somente educação formal básica. Aos 14 anos de idade, tornou-se aprendiz de encadernador e, nos sete anos seguintes, fez-se autodidata por intermédio da leitura de livros sobre diversos assuntos científicos que encadernava.

Em 1812, Faraday frequentou quatro aulas proferidas pelo químico Humphry Davy no Royal Institute. Em seguida, escreveu para ele candidatando-se para trabalhar como seu assistente. Davy não o aceitou de imediato, mas, em 1813, escolheu-o para o trabalho de químico assistente no Royal Institute.

Um ano depois, Faraday foi convidado a acompanhar Davy e sua esposa em uma temporada turística de 18 meses pela Europa, passando por França, Suíça, Itália e Bélgica, encontrando muitos cientistas influentes. Em seu retorno, em 1815, Faraday continuou a trabalhar no Royal Institute, ajudando Davy e outros cientistas nos experimentos.

Em 1821 publicou seu trabalho em rotação eletromagnética, contendo os princípios de funcionamento do motor elétrico. Em 1826, fundou os Friday Evening Discourses [Discursos de sexta-feira à noite], no Royal Institute, e no mesmo ano as Christmas Lectures [Aulas de Natal], ambos existentes até hoje. Ele mesmo proferiu várias aulas, estabelecendo sua reputação de excelente palestrante científico.

Em 1831, Faraday descobriu a indução eletromagnética, princípio de funcionamento do transformador e do gerador. Essa descoberta foi crucial, transformando a eletricidade de curiosidade em poderosa tecnologia. Durante o restante da década, trabalhou desenvolvendo suas ideias sobre eletricidade. Ele foi parcialmente responsável pela criação das expressões: eletrodo, cátodo e íon.

O conhecimento científico de Faraday sempre teve uso prático, levando-o a ocupar postos como conselheiro científico do Trinity House (1836-1865) e professor de Química da Academia Real Militar em Woolwich (1830-1851).

Faraday faleceu em 25 de agosto de 1867 em Hampton, deixando enorme legado de conhecimentos à Física e à Química, sendo responsável pelo grande progresso tecnológico do século XX.

Historic Figures. *BBC*. Disponível em: <www.bbc.co.uk/history/historic_figures/faraday_michael.shtml>. Acesso em: nov. 2012. Texto traduzido.

**Trabalho em equipe**

Façam uma pesquisa sobre a vida e a obra de Michael Faraday. Conversem com o professor de Química sobre as contribuições de Faraday nessa área. Apresentem seus resultados em um seminário.

Vocês podem consultar:

BASSALO, José M. F. Faraday e o efeito magnético-óptico (efeito Faraday). *Seara da ciência:* curiosidades da Física. Disponível em: <www.seara.ufc.br/folclore/folclore148.htm>. Acesso em: 28 jan. 2013.

PIRES, Antonio S. T. Teoria eletromagnética. In: *Evolução das ideias da Física*. São Paulo: Livraria da Física, 2008. p. 271-275.

ROCHA, José F. M. Origens e evolução do Eletromagnetismo. In: *Origens e evolução das ideias da Física*. Salvador: Ed. da UFBA, 2002. p. 246-264.

# Usina hidrelétrica

Propomos a construção de uma pequena usina hidrelétrica. Para isso, você vai precisar dos seguintes materiais: uma roda-d'água de plástico, um ímã permanente, um núcleo de ferro em forma de *U*, fio de cobre esmaltado (AWG-26) e um LED ou uma pequena lâmpada incandescente "mignon".

A roda-d'água de plástico (turbina) é ligada ao ímã permanente por seu eixo. Ambos são capazes de girar solidariamente, num plano vertical, conforme mostra a figura.

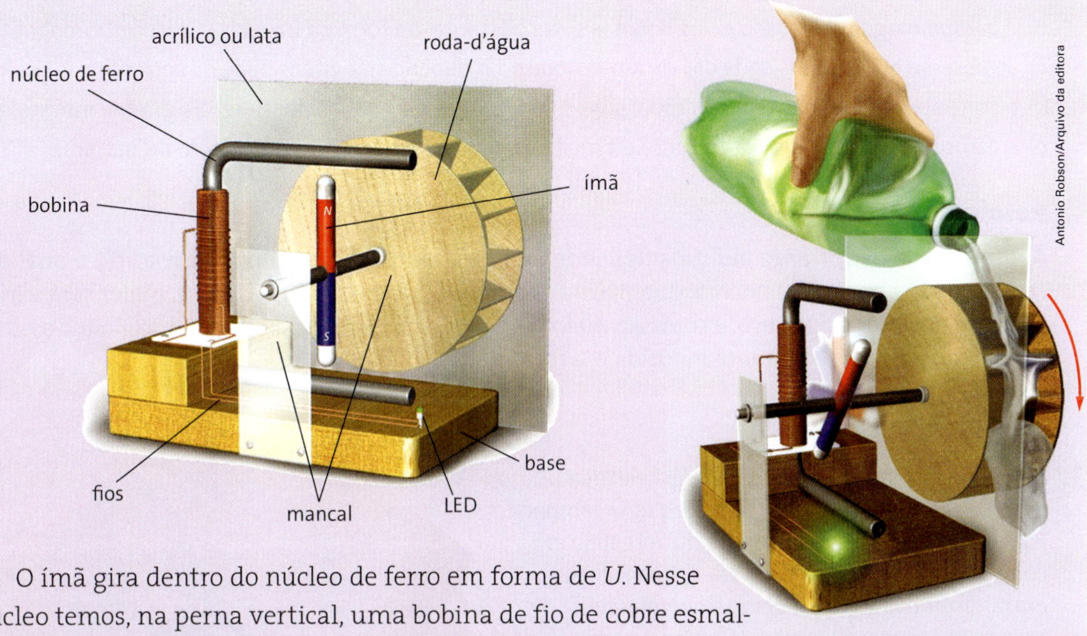


O ímã gira dentro do núcleo de ferro em forma de *U*. Nesse núcleo temos, na perna vertical, uma bobina de fio de cobre esmaltado (150 espiras de fio AWG-26) a qual, por sua vez, está ligada à pequena lâmpada incandescente "mignon" (1,5 V) ou ao LED.

A turbina é acionada pelo jato de água proveniente de uma torneira. A parte elétrica é separada da hidráulica por uma chapa de lata ou alumínio (para evitar respingos). Ao girar o ímã, observa-se o acendimento da lâmpada (ou do LED).

A parte crítica da montagem proposta é o ímã permanente; todas as demais partes deverão se ajustar a ele. A seguir, fornecemos as especificações para a utilização de um ímã cilíndrico de 10 cm de comprimento e 1 cm de diâmetro (também pode ser um ímã de seção quadrada ou retangular). Ajuste o processo às medidas do ímã que tiver em mãos.

O núcleo da bobina deve ser feito de um vergalhão de ferro de construção de pelo menos 37 cm de comprimento e diâmetro de 1 cm a 1,5 cm. Para ter a forma de *U*, esse vergalhão de ferro maciço deve ser curvado de forma que a abertura das pernas do *U* fique com 11 cm. Desse modo, o ímã poderá girar entre as pernas desse *U*, bem próximo delas. Descontando as dobras do ferro, as pernas do *U* ficarão com cerca de 12 cm.

Na perna central do *U* enrolam-se 150 voltas de fio de cobre esmaltado AWG-26. (Nessa perna central, caberão tranquilamente até umas 200 voltas de fio, se as espiras forem bem arrumadas, juntas, em camadas.)

**1.** Qual é a função do ímã permanente no modelo proposto? E da bobina?

**2.** Aumentando-se o jato de água, o brilho da lâmpada varia?

# Pensando no Enem

1. Há vários tipos de tratamentos de doenças cerebrais que requerem a estimulação de partes do cérebro por correntes elétricas. Os eletrodos são introduzidos no cérebro para gerar pequenas correntes em áreas específicas. Para se eliminar a necessidade de introduzir eletrodos no cérebro, uma alternativa é usar bobinas que, colocadas fora da cabeça, sejam capazes de induzir correntes elétricas no tecido cerebral.

   Para que o tratamento de patologias cerebrais com bobinas seja realizado satisfatoriamente, é necessário que:

   a) haja um grande número de espiras nas bobinas, o que diminui a voltagem induzida.
   b) o campo magnético criado pelas bobinas seja constante, de forma a haver indução eletromagnética.
   c) se observe que a intensidade das correntes induzidas depende da intensidade da corrente nas bobinas.
   d) a corrente nas bobinas seja contínua, para que o campo magnético possa ser de grande intensidade.
   e) o campo magnético dirija a corrente elétrica das bobinas para dentro do cérebro do paciente.

**Resolução**

A intensidade da corrente induzida depende apenas da variação do fluxo magnético, o qual é gerado pela corrente que atravessa a bobina: quanto mais intensa for a corrente na bobina, maior será a intensidade da variação do fluxo magnético, e com isso maior a corrente que é induzida no cérebro. Sendo assim, existe uma relação direta entre a corrente induzida e a corrente da bobina.

A alternativa correta é a **c**.

2. Os dínamos são geradores de energia elétrica utilizados em bicicletas para acender uma pequena lâmpada. Para isso, é necessário que a parte móvel esteja em contato com o pneu da bicicleta e, quando ela entra em movimento, é gerada energia elétrica para acender a lâmpada. Dentro desse gerador, encontram-se um ímã e uma bobina.

   O princípio de funcionamento desse equipamento é explicado pelo fato de que a:

   a) corrente elétrica no circuito fechado gera um campo magnético nessa região.
   b) bobina imersa no campo magnético em circuito fechado gera uma corrente elétrica.
   c) bobina em atrito com o campo magnético no circuito fechado gera uma corrente elétrica.
   d) corrente elétrica é gerada em circuito fechado por causa da presença do campo magnético.
   e) corrente elétrica é gerada em circuito fechado quando há variação do campo magnético.

Antonio Robson/Arquivo da editora

**Resolução**

A lei de Faraday-Neumann nos diz que uma força eletromotriz é gerada em um circuito quando ocorre a variação de campo magnético sobre ele; observamos que no dínamo o ímã é fixo e a bobina é movimentada em razão do movimento do pneu.

A alternativa correta é a **e**.

# Vestibulares de Norte a Sul

1. **S** (PUC-RS) Uma espira circular com área de $1{,}00 \cdot 10^{-2}\ m^2$ se encontra totalmente dentro de um campo magnético uniforme, com suas linhas de indução perpendiculares ao plano da espira e saindo do plano. O valor inicial do campo magnético é 0,50 tesla. Se o campo magnético for reduzido a zero, qual o valor do fluxo magnético inicial?

a) $5{,}0 \cdot 10^{-4}$ Wb
b) $5{,}0 \cdot 10^{-3}$ Wb
c) $2{,}5 \cdot 10^{-2}$ Wb
d) $2{,}5 \cdot 10^{-3}$ Wb
e) $1{,}0 \cdot 10^{-2}$ Wb

2. **SE** (UFV-MG) As figuras abaixo representam uma espira e um ímã próximos.

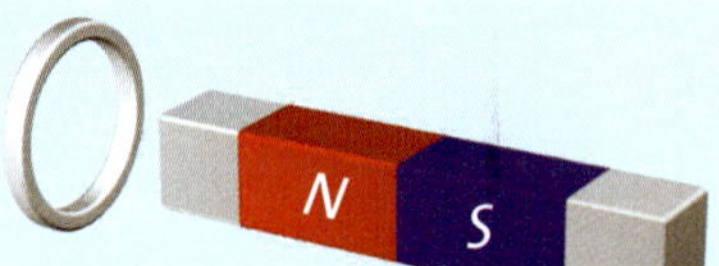


Antonio Robson/Arquivo da editora

Das situações abaixo, a que **não** corresponde à indução de corrente na espira é aquela em que:

a) a espira e o ímã se afastam.
b) a espira está em repouso e o ímã se move para cima.
c) a espira se move para cima e o ímã para baixo.
d) a espira e o ímã se aproximam.
e) a espira e o ímã se movem com a mesma velocidade para a direita.

3. **SE** (Faap-SP) Num condutor fechado, colocado num campo magnético, a superfície determinada pelo condutor é atravessada por um fluxo magnético. Se por um motivo qualquer o fluxo variar, ocorrerá:

a) curto-circuito.
b) interrupção da corrente.
c) o surgimento de corrente elétrica no condutor.
d) a magnetização permanente do condutor.
e) extinção do campo magnético.

4. **SE** (Ufscar-SP) Você já deve ter visto um tipo de lanterna que necessita ser chacoalhada na direção de seu comprimento para que funcione. Ao desmontar uma delas, verifica-se que, entre outras coisas, há uma bobina, fixa no corpo da lanterna, e um ímã solto no interior da bobina.

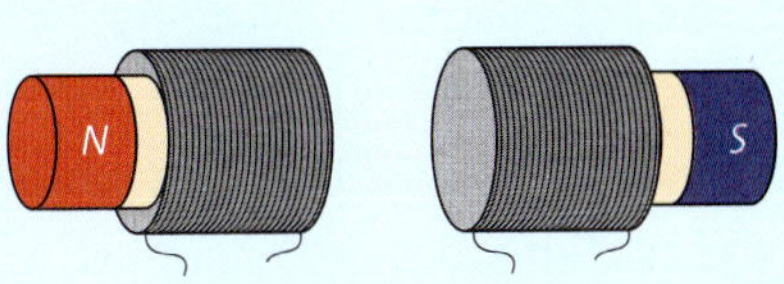


Formato/Arquivo da editora

Sobre a corrente elétrica induzida na bobina, analise:

I. Se o ímã entrar na bobina com velocidade constante, a corrente elétrica induzida tem valor constante.

II. Quando o ímã se encontra estacionado no interior da bobina não ocorre indução.

III. Quando uma força faz o ímã atravessar a bobina de um lado para o outro, o movimento dos elétrons na bobina ora é num sentido, ora é no outro.

É certo o contido em:

a) I, apenas.
b) III, apenas.
c) I e II, apenas.
d) II e III, apenas.
e) I, II e III.

5. **NE** (Uespi) A figura ilustra um ímã em forma de barra que se aproxima com velocidade $\vec{V}$, de uma espira metálica circular de centro $C$. Sabe-se que a referida espira tem resistência elétrica $R$. Com relação aos fenômenos verificados pelo observador $O$, podemos afirmar que, com a aproximação do ímã:

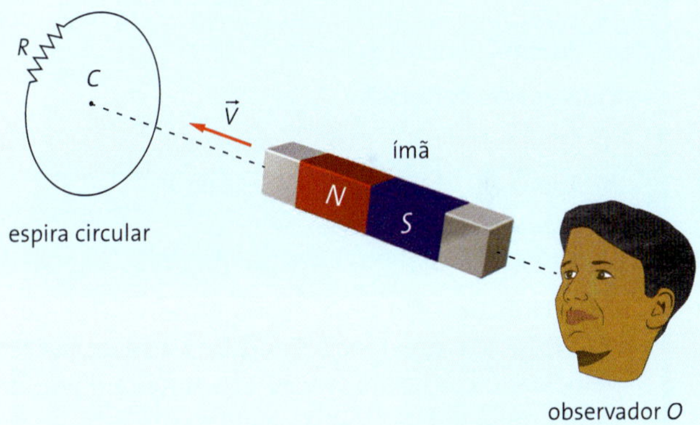


Antonio Robson/Arquivo da editora

a) só haverá o surgimento de uma força eletromotriz induzida na espira, se a velocidade $\vec{V}$ do ímã variar no tempo.
b) haverá uma grande dissipação de energia através da resistência $R$, fazendo com que a força eletromotriz induzida na espira caia a zero quase que instantaneamente.
c) surgirá na espira um fluxo magnético induzido que proporcionará uma atração magnética entre o ímã e a espira.
d) surgirá na espira um fluxo magnético induzido que circulará no sentido horário.
e) surgirá na espira uma corrente elétrica induzida que circulará no sentido anti-horário.

6. S (UFRGS-RS) Um ímã, em formato de pastilha, está apoiado sobre a superfície horizontal de uma mesa. Uma espira circular, feita de um determinado material sólido, é mantida em repouso, horizontalmente, a uma certa altura acima de um dos polos do ímã, como indica a figura abaixo, onde estão representadas as linhas do campo magnético do ímã. Ao se soltar, a espira cai devido à ação da gravidade, em movimento de translação, indo ocupar, num instante posterior, a posição representada pelo círculo tracejado.

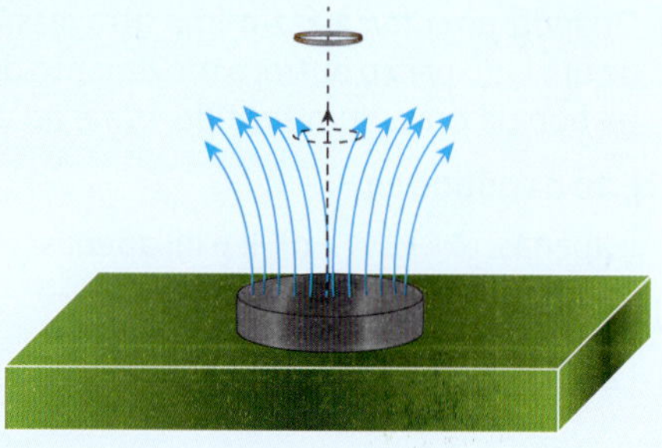

Examine as afirmações abaixo, relativas à força magnética *F* exercida pelo ímã sobre a espira durante sua queda.

I. Se a espira for de cobre, a força *F* será orientada de baixo para cima.

II. Se a espira for de alumínio, a força *F* será orientada de cima para baixo.

III. Se a espira for de plástico, a força *F* será orientada de cima para baixo.

Quais estão corretas?

a) Apenas I.
b) Apenas II.
c) Apenas III.
d) Apenas I e III.
e) Apenas II e III.

7. SE (Unicamp-SP) Uma espira quadrada de lado $a = 0{,}20$ m e resistência $R = 2{,}0\ \Omega$ atravessa com velocidade constante $v = 10$ m/s uma região quadrada de lado $b = 0{,}50$ m, onde existe um campo magnético constante de intensidade $B = 0{,}30$ tesla. O campo penetra perpendicularmente no plano do papel e a espira se move no sentido de *x* positivo, conforme indica na figura adiante.

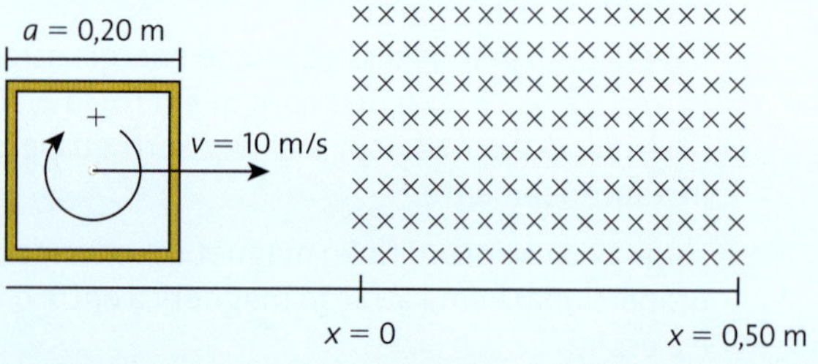


Considerando o sentido horário da corrente elétrica como positivo, faça um gráfico da corrente na espira em função da posição de seu centro. Inclua valores numéricos e escala no seu gráfico.

8. NE (UFC-CE) Uma espira retangular condutora passa com velocidade constante entre os polos de um ímã, conforme a figura a seguir.

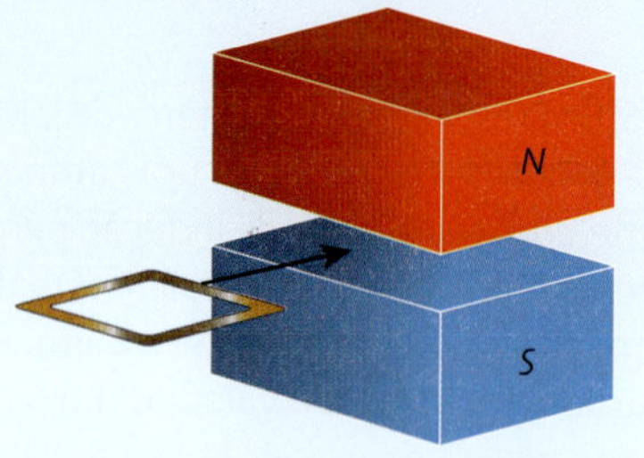


Assinale a alternativa que melhor representa a variação da intensidade *I* da corrente elétrica com o tempo *t*, enquanto a espira atravessa o espaço entre os polos do ímã.

a)
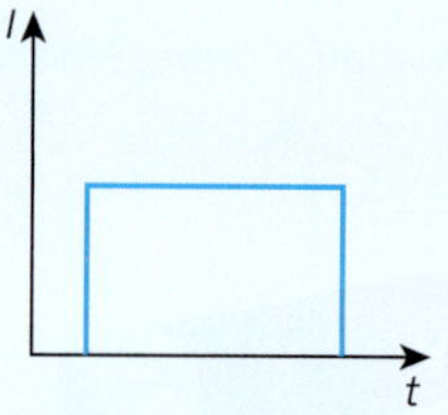


b)
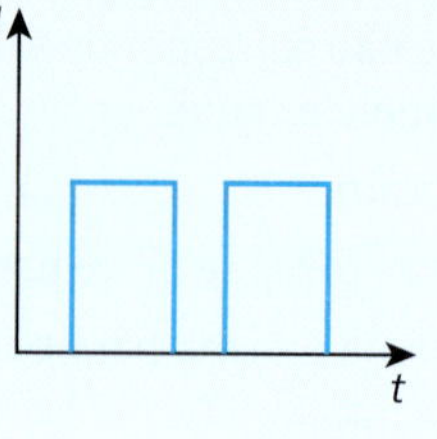


c)
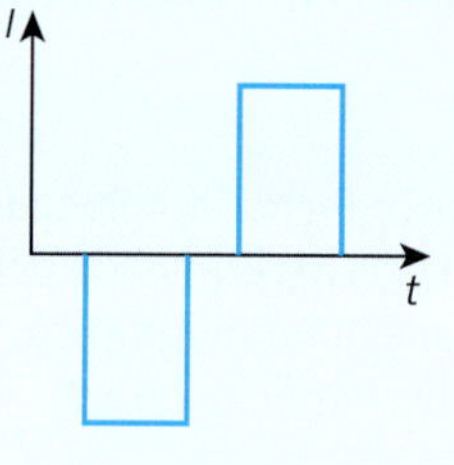


d)
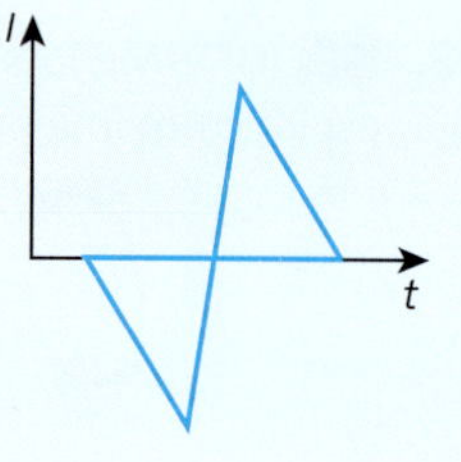


e)
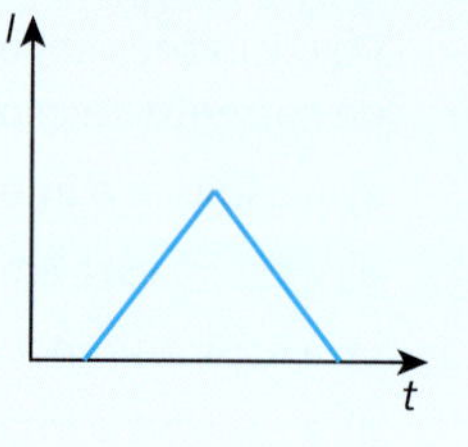


9. N (UFT-TO) Com relação ao fenômeno da indução eletromagnética:

I. Foi descoberto experimentalmente por M. Faraday.

II. Uma força eletromotriz (*fem*) é sempre induzida em um laço condutor fechado quando o fluxo magnético que o atravessa varia.

III. A *fem* induzida neste laço causa a aparição de uma corrente induzida.

Podemos afirmar que:

a) nenhuma das afirmações está correta.
b) apenas a afirmação I está correta.
c) apenas as afirmações I e II estão corretas.
d) apenas as afirmações I e III estão corretas.
e) todas as afirmações estão corretas.

10. **SE** (ITA-SP) O circuito da figura é constituído de um ponteiro metálico $MN$, com uma das extremidades pivotada em $M$ e a outra extremidade $N$, deslizando sobre uma espira circular condutora de raio $MN = 0{,}4$ m. $R$ é um resistor ligando os pontos $M$ e $A$. A espira é aberta num ponto ao lado da extremidade $A$, e o circuito $AMN$ é fechado. Há uma indução magnética uniforme $B = 0{,}5$ T, perpendicular ao plano do circuito, e cujo sentido aponta para fora desta folha. No instante inicial, o ponteiro tem sua extremidade $N$ sobre o ponto $A$ e se a partir de então descrever um movimento uniforme, com frequência 0,2 Hz, no sentido do horário.

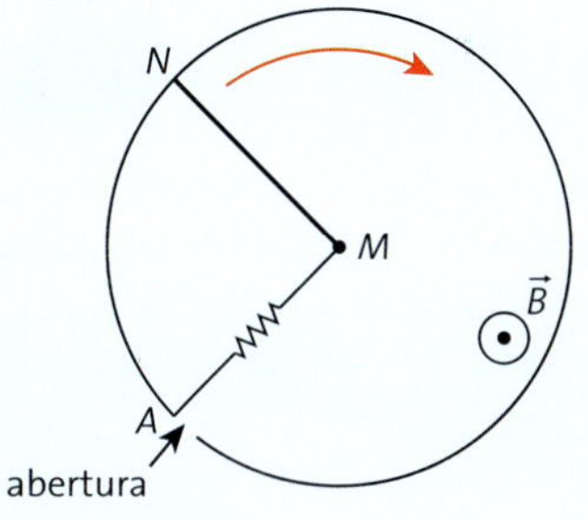


Qual será a força eletromotriz média induzida no circuito fechado?

11. **CO** (UFMS) Após duas pilhas de 1,5 V serem ligadas ao primário de um pequeno transformador, conforme mostra a figura abaixo, não haverá voltagem induzida no secundário.

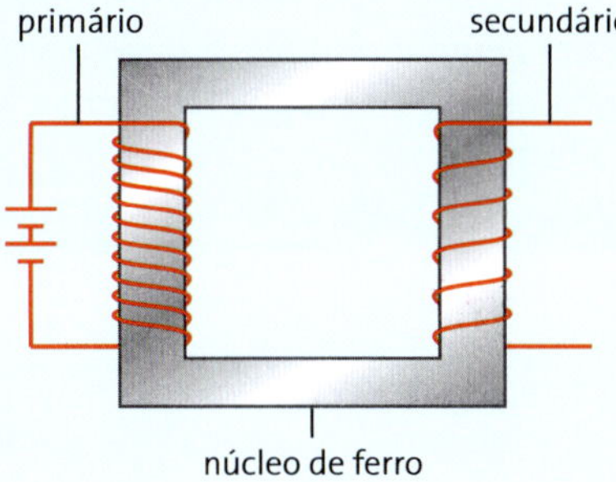


Qual(is) das afirmações seguintes justifica(m) esse fato? Dê como resposta a soma dos números correspondentes às afirmações corretas.

(01) Existe um fluxo magnético no secundário, mas ele não varia com o tempo.

(02) Uma corrente contínua não produz campo magnético no núcleo de ferro.

(04) O campo magnético criado na bobina primário não atravessa o secundário.

(08) O número de espiras da bobina do secundário não é suficiente para o surgimento da voltagem induzida.

(16) O número de pilhas no primário não é suficiente para o surgimento da voltagem induzida.

12. **SE** (Unifei-MG) Um *CD player* portátil é alimentado por um transformador de baixa tensão de 120 V para 12 V. Sabe-se que esse transformador tem 200 espiras no primário e que o *CD* é alimentado através do secundário. A potência fornecida ao primário é de 2,0 W. Supondo que não há dissipação de energia no transformador, determine:

a) o número de espiras no secundário;

b) a corrente no secundário.

13. **CO** (UFG-GO) Os transformadores colocados nos postes de rede elétrica são utilizados para baixar a voltagem alternada da linha de transmissão de energia elétrica.

A figura a seguir mostra o esquema de um transformador ideal abaixador de voltagem, composto de duas bobinas enroladas em torno de um núcleo de ferro. A bobina primária, com $N_p$ espiras, está submetida a uma voltagem alternada $V_p$ e a bobina secundária, com $N_s$ espiras, está ligada a uma carga resistiva $R$ que representa o número de usuários permitidos.

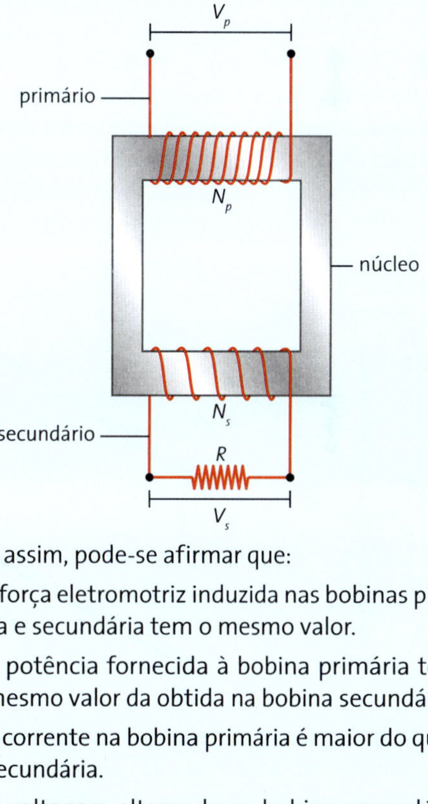


Sendo assim, pode-se afirmar que:

(01) a força eletromotriz induzida nas bobinas primária e secundária tem o mesmo valor.

(02) a potência fornecida à bobina primária tem o mesmo valor da obtida na bobina secundária.

(03) a corrente na bobina primária é maior do que na secundária.

(04) a voltagem alternada na bobina secundária é $V_s = \left(\frac{N_s}{N_p}\right) \cdot V_p$.

14. **SE** (Uerj) Um transformador que fornece energia elétrica a um computador está conectado a uma rede elétrica de tensão eficaz igual a 120 V.

A tensão eficaz no enrolamento secundário é igual a 10 V, e a corrente eficaz no computador é igual a 1,2 A. Estime o valor eficaz da corrente no enrolamento primário do transformador.

15. **NE** (Uern) A corrente elétrica induzida em uma espira, ao se aproximar e afastar com velocidade constante um ímã na direção do seu eixo, conforme indicado na figura a seguir, é:

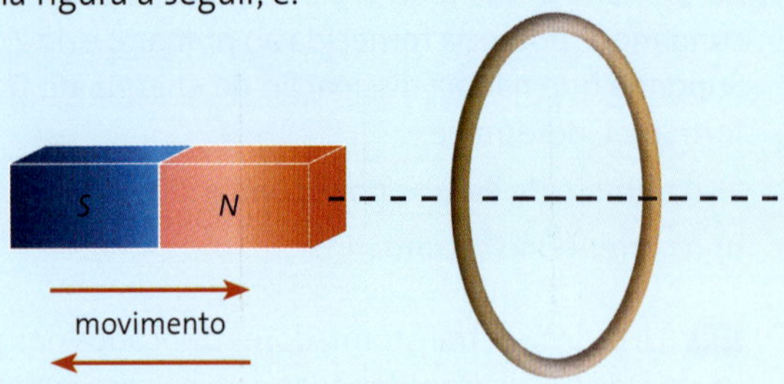


a) contínua e se opõe à variação do fluxo magnético que a originou.

b) alternada e se opõe à variação do fluxo magnético que a originou.

c) contínua e ocorre a favor da variação do fluxo magnético que a originou.

d) alternada e ocorre a favor da variação do fluxo magnético que a originou.

16. **SE** (UFMG) O professor Lúcio pretende demonstrar o efeito de indução eletromagnética. Para isso, ele usa um fio condutor retilíneo, encapado com material isolante, no qual estabelece uma corrente elétrica *i* cujo valor varia com o tempo. Ele coloca um anel metálico próximo ao fio em três situações distintas, descritas a seguir.

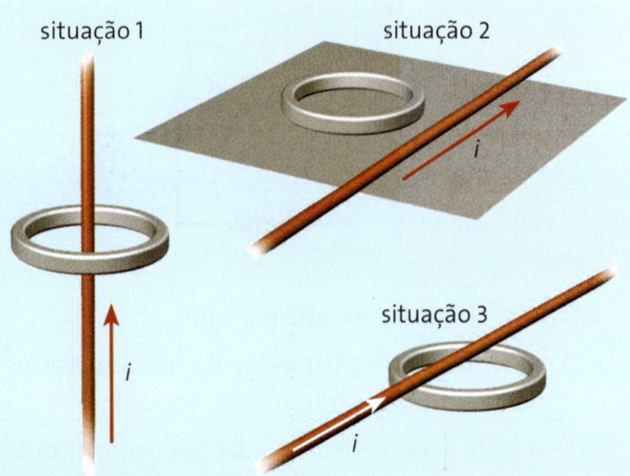


Ilustrações: Antonio Robson/Arquivo da editora

a) Na situação 1, o professor sustenta o anel na horizontal e coloca o fio na vertical, passando pelo centro do anel, como representado na figura. Nessa situação, existe corrente induzida no anel? Justifique sua resposta.

b) Na situação 2, o professor Lúcio coloca o anel e o fio sobre uma superfície plana, um ao lado do outro, como representado na figura. Na situação 2, existe corrente induzida no anel? Justifique sua resposta.

c) Na situação 3, o professor Lúcio coloca o fio sobre o anel, passando pelo seu centro, como representado na figura. Na situação 3, existe corrente induzida no anel? Justifique sua resposta.

17. **SE** (Epcar-MG) Um gerador homopolar consiste de um disco metálico que é posto a girar com velocidade angular constante em um campo magnético uniforme, cuja ação é extensiva a toda a área do disco, conforme ilustrado na figura abaixo.

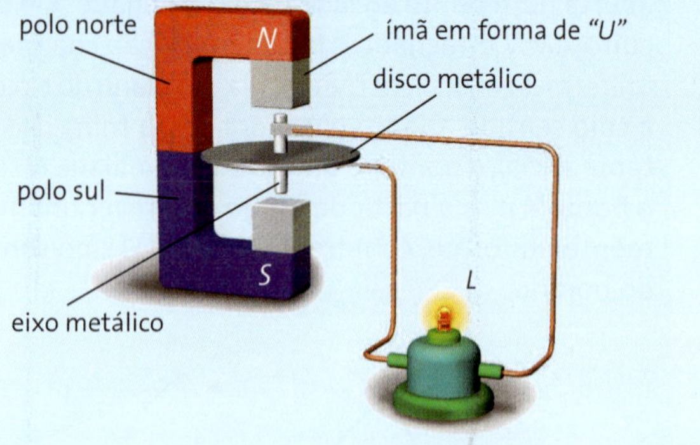


Ao conectar, entre a borda do disco e o eixo metálico de rotação, uma lâmpada *L* cuja resistência elétrica tem comportamento ôhmico, a potência dissipada no seu filamento, em função do tempo, é melhor representada pelo gráfico.

a)
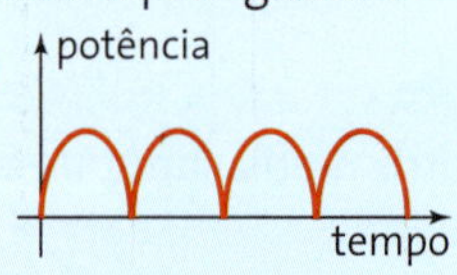


c)
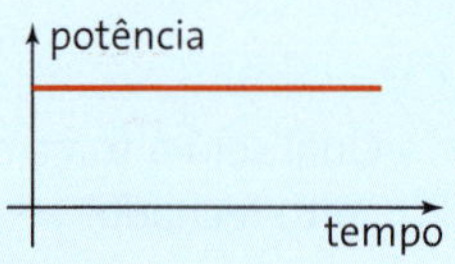


b)
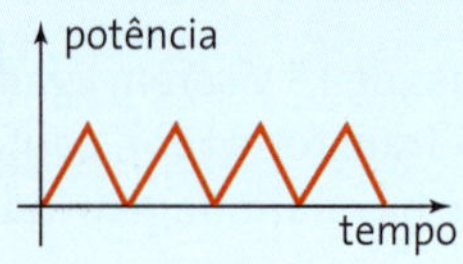


d)
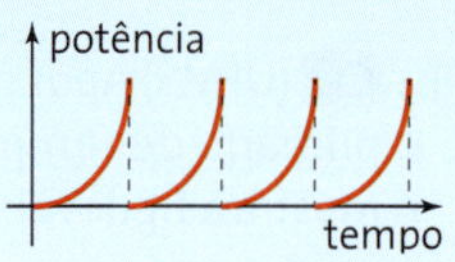


18. **SE** (ITA-SP) O circuito mostrado na figura é constituído por um gerador com *fem* $\varepsilon$ e um resistor de resistência *R*. Considere as seguintes afirmações, sendo a chave *S* fechada:

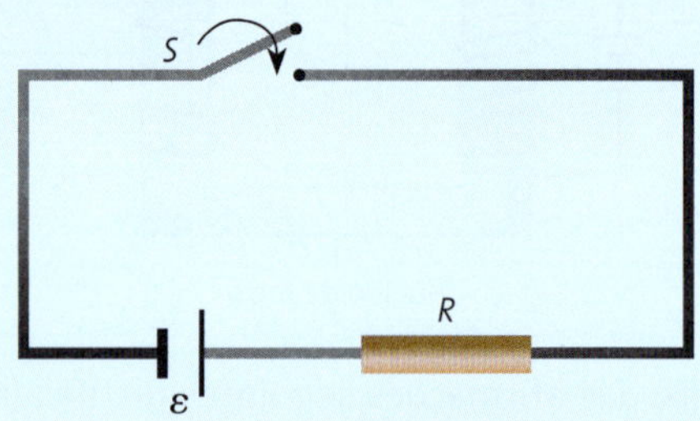


I. Logo após a chave *S* ser fechada haverá uma *fem* autoinduzida no circuito.

II. Após um tempo suficientemente grande cessará o fenômeno de autoindução no circuito.

III. A autoindução no circuito ocorrerá sempre que houver variação da corrente elétrica no tempo.

Assinale a alternativa verdadeira.

a) Apenas a I é correta.

b) Apenas a II é correta.

c) Apenas a III é correta.

d) Apenas a II e a III são corretas.

e) Todas são corretas.

CAPÍTULO

# 9 Ondas eletromagnéticas

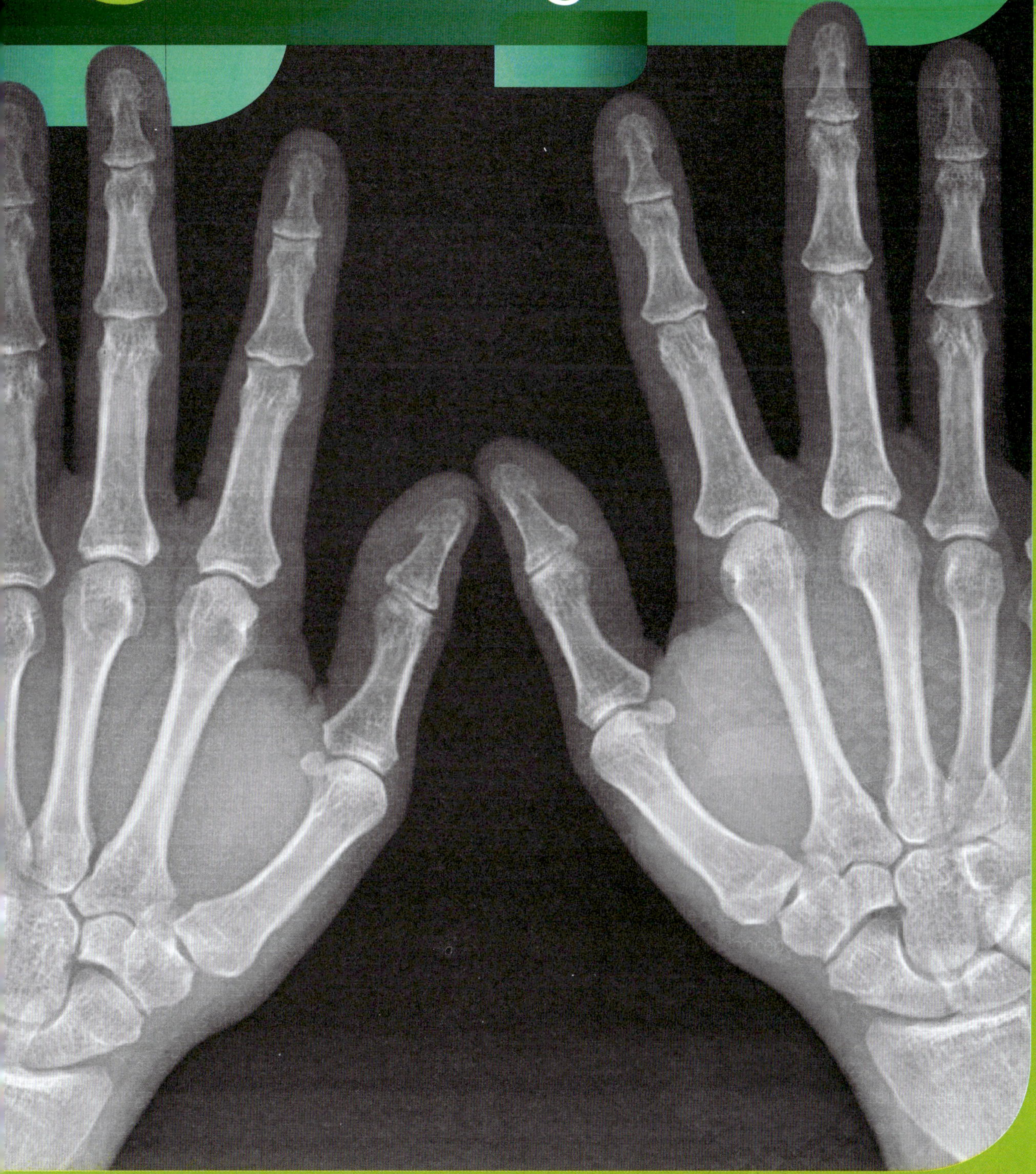

Julie Toy/Getty Images

As ondas eletromagnéticas possuem grande extensão de frequências, entre elas estão as de raio X.

## 1 O espectro eletromagnético

Figura 9.1 Thomas Young (1773-1829).

Figura 9.2 Hans Christian Öersted (1777-1851).

Figura 9.3 Michael Faraday (1791-1867).

Figura 9.4 Henrich Rudolf Hertz (1857-1894).

O século XIX teve uma posição de destaque no desenvolvimento da Eletricidade, do Magnetismo e da Óptica, mais especificamente da natureza da luz. Desse período, vamos destacar, resumidamente, alguns trabalhos.

O primeiro deles é de Thomas Young (figura 9.1). Ele doutorou-se em 1796 na Universidade de Gottingen, na Alemanha, com uma tese sobre acústica, mais especificamente sobre a voz humana. As pesquisas sobre cordas vibrantes e tubos sonoros, e a influência das experiências com ondas sonoras e sobre a interferência de ondas na água, levaram Young a apresentar à Royal Society of London, em 1801, os resultados dos seus experimentos sobre a interferência de raios luminosos, que revelavam o caráter ondulatório da luz.

O segundo trabalho é sobre a conexão entre eletricidade e magnetismo. Em 1820, Hans Christian Öersted (figura 9.2), durante uma aula, observou a deflexão da agulha de uma bússola colocada próxima a um fio percorrido por uma corrente elétrica. Essa observação, de uma corrente elétrica gerando um campo magnético, pode ser considerada como o marco zero do Eletromagnetismo, ou seja, a unificação da eletricidade com o magnetismo.

O terceiro trabalho é de Michael Faraday (figura 9.3) sobre sua descoberta da indução eletromagnética, em 1831. Em um dos seus experimentos, ele descobriu que era possível produzir uma corrente elétrica por meio de um ímã em movimento na região onde se encontrava um fio condutor.

Na segunda metade do século XIX, entre 1864 e 1865, James Clerk Maxwell unificou as teorias sobre eletricidade e magnetismo existentes na época em um conjunto de equações, que passariam a ser conhecidas como **equações de Maxwell**. A importância desse trabalho é comparável à formulação das leis dos movimentos por Newton.

Além de as equações de Maxwell englobarem as leis da eletricidade e do magnetismo, elas tiveram uma consequência fundamental: previam a existência de **ondas eletromagnéticas** que se deslocam com velocidade de $c = \sqrt{\frac{1}{\mu \cdot \varepsilon}}$, em que $\mu$ é a permeabilidade magnética do meio e $\varepsilon$ é a permissividade elétrica do meio. Para o vácuo, a velocidade é de 300 000 km/s. Essa previsão foi verificada experimentalmente por Henrich Rudolf Hertz (figura 9.4) em 1887, utilizando uma fonte de frequência conhecida para produzir ondas eletromagnéticas estacionárias.

Hertz mediu o comprimento de onda e, como a frequência da onda é igual à da fonte, ele, usando a equação fundamental da ondulatória, $v = \lambda \cdot f$, verificou que a velocidade da onda era igual à da luz, comprovando a teoria de Maxwell. Em reconhecimento ao trabalho de Hertz, a unidade de frequência no Sistema Internacional de medidas (SI) recebeu o nome de hertz.

## Física tem História

Figura a – Albert Abraham Michelson (1852-1931).

Quando Maxwell apresentou seu trabalho com a previsão das ondas eletromagnéticas, sabia-se que as ondas mecânicas necessitavam de um meio para se propagar e que a luz se propagava em um meio hipotético denominado "éter", que permeava todo o espaço. Essa ideia do éter era uma concepção antiga: no século IV a.C., Aristóteles defendia que o espaço entre os corpos celestes era preenchido por essa substância invisível. Isso tudo levou Maxwell a admitir que as ondas eletromagnéticas também necessitavam de um meio para se propagar, e esse meio era o éter.

Em 1887, dois cientistas norte-americanos, Albert Abraham Michelson (**figura a**), primeiro norte-americano a ganhar um prêmio Nobel de Física (em 1907), e Edward William Morley (**figura b**), utilizaram um dispositivo experimental denominado interferômetro (**figura c**) que, para comprovar a existência do éter, levava em conta o movimento da Terra em relação a ele.

Esse experimento entrou para a História. Repetido várias vezes, e em diferentes épocas do ano, o resultado era sempre o mesmo: não se conseguia detectar o éter. Os resultados fizeram com que o éter fosse desconsiderado e se compreendesse que as ondas eletromagnéticas não necessitavam de um meio para a sua propagação.

Figura b – Edward William Morley (1838-1923).

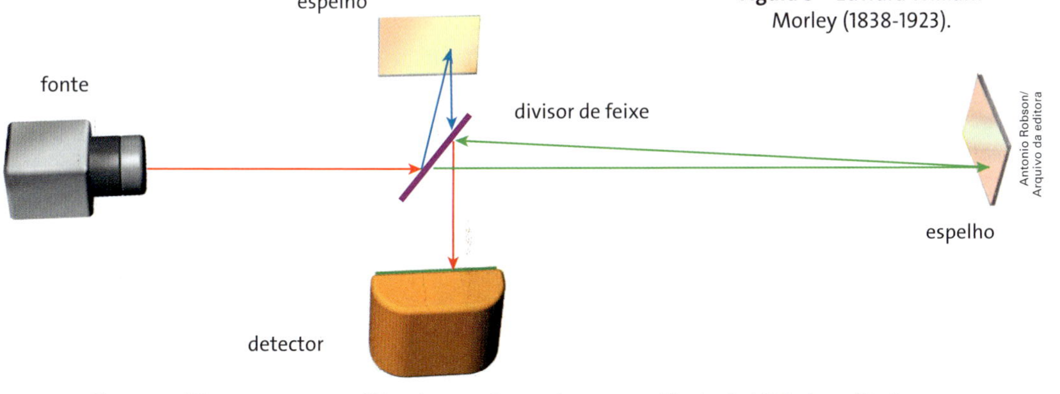


**Figura c** – Diagrama esquemático do arranjo usado na experiência de Michelson-Morley.

1. Que nome se dava ao suposto meio material que, segundo se acreditava, servia de suporte para a propagação das ondas eletromagnéticas?
2. Qual foi a contribuição dos físicos experimentais Michelson e Morley para o estudo das ondas eletromagnéticas?

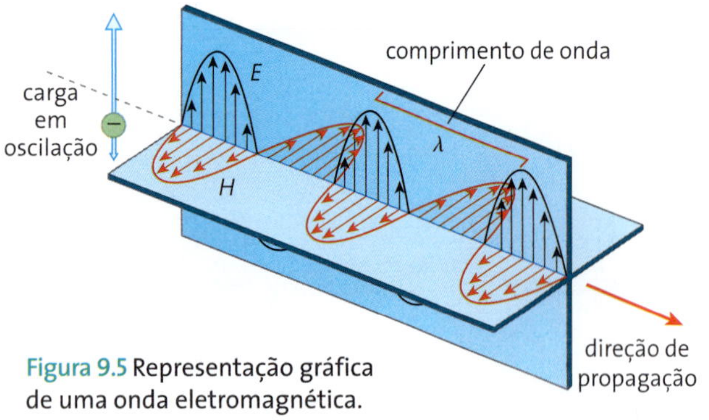


Figura 9.5 Representação gráfica de uma onda eletromagnética.

# Ondas eletromagnéticas

Mas o que são ondas eletromagnéticas? Elas são, basicamente, um campo magnético perpendicular a um campo elétrico (figura 9.5). Assim como produzimos ondas mecânicas na água por meio da agitação de uma varinha, podemos produzir ondas eletromagnéticas no ar mediante a variação de uma corrente elétrica, do movimento de uma carga elétrica, de um campo elétrico ou magnético. A frequência das ondas produzidas é igual à frequência da fonte.

Como todas as ondas eletromagnéticas se propagam com a mesma velocidade no vácuo – com a velocidade da luz – sua classificação é feita com base na frequência ou no comprimento de onda. As frequências das ondas eletromagnéticas variam de alguns ciclos por segundo (Hz) a valores quase inimagináveis, como $10^{22}$ Hz, que é a frequência de alguns raios cósmicos. Em termos de comprimento de onda, temos uma variação que inclui valores extremamente pequenos, da ordem de $10^{-15}$ m, até valores da ordem de metros.

Na figura 9.6, temos o chamado **espectro eletromagnético**, que inclui as ondas eletromagnéticas com suas frequências e comprimentos de onda correspondentes. Cada tipo de onda eletromagnética é produzido por um dispositivo diferente. Por exemplo, obtemos ondas de rádio por meio de circuitos elétricos oscilantes, e os raios X, que compreendem frequências muito altas, são obtidos por oscilações que ocorrem em nível atômico, ou pela desaceleração brusca de elétrons.

Observamos na figura 9.6 que as ondas de rádio e TV são as ondas eletromagnéticas com menor frequência e maior comprimento de onda; em seguida, temos as micro-ondas, infravermelho, luz visível, ultravioleta, raios X e raios gama. Nesse espectro, os raios gama são as ondas eletromagnéticas com maior frequência e menor comprimento de onda.

Do mesmo modo que as ondas mecânicas, as eletromagnéticas transportam energia, sem transporte de matéria. O forno de micro-ondas é um excelente exemplo prático que confirma essa declaração: a energia transportada pelas ondas eletromagnéticas é utilizada no aquecimento de alimentos.

Figura 9.6 Os diversos tipos de ondas eletromagnéticas conhecidas constituem o espectro eletromagnético (os limites dos intervalos mostrados não devem ser considerados com rigidez).

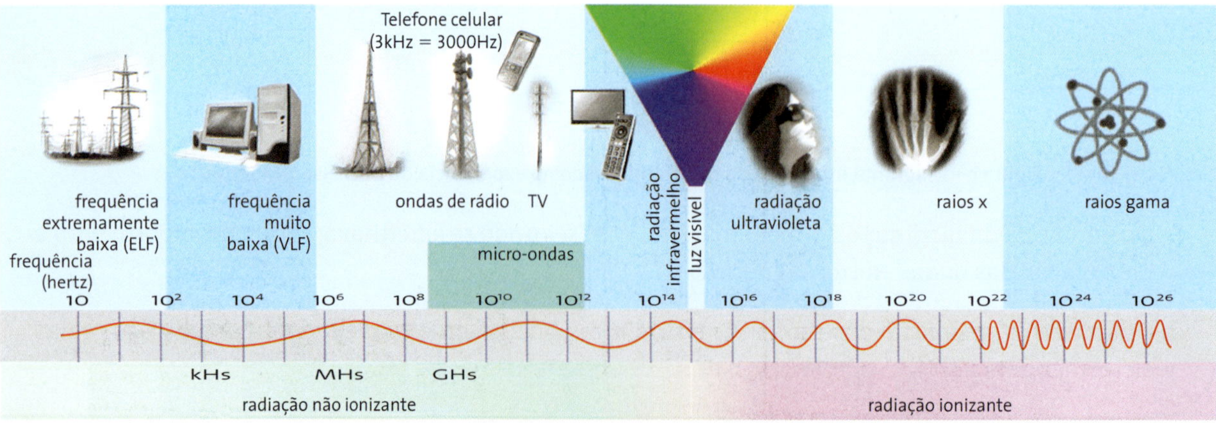


Antonio Robson/Arquivo da editora

## Exercício resolvido

1. Ondas eletromagnéticas podem ser produzidas por meio da agitação de um bastão eletricamente carregado. Sabendo-se que o comprimento de onda da luz amarela é de 580 nanômetros ($580 \cdot 10^{-9}$ m) e que a frequência das ondas produzidas é a de oscilação da fonte, com que frequência um bastão eletrizado deve ser agitado para se produzir luz amarela?

**Resolução**

Sendo a velocidade da onda correspondente à luz amarela igual a $3 \cdot 10^8$ m/s (velocidade da luz), temos:

$v = \lambda \cdot f \Rightarrow 3 \cdot 10^8 = 580 \cdot 10^{-9} \cdot f \Rightarrow f = 5{,}2 \cdot 10^{14}$ Hz

Esse resultado nos fornece a frequência da luz amarela e também a de oscilação do bastão eletrizado (fonte). Então, para produzir luz amarela, o bastão eletrizado deve ser agitado com uma frequência de $5{,}2 \cdot 10^{14}$ Hz, ou seja, 520 trilhões de vezes por segundo.

## Exercícios

1. Suponha que ondas eletromagnéticas com comprimento de onda igual a $1{,}2 \cdot 10^{-4}$ m sejam produzidas no vácuo. Em que frequência devemos sintonizar um receptor para captar essas ondas?

2. Uma estação de rádio (*A*) transmite seus programas em ondas curtas de 40 m. Outra estação (*B*) transmite seus programas em ondas de 400 m. Qual é a relação entre as frequências dessas duas estações?

3. (UFJF-MG) Sabe-se que a velocidade de propagação de uma onda eletromagnética depende do meio em que ela se propaga. Assim sendo, pode-se afirmar que uma onda eletromagnética na região do visível, ao mudar de um meio para outro:
   a) tem a velocidade de propagação alterada, bem como a sua frequência.
   b) tem a sua cor alterada, permanecendo com a mesma frequência.
   c) tem a velocidade de propagação alterada, bem como a frequência e o comprimento de onda.
   d) tem a velocidade de propagação alterada, bem como o seu comprimento de onda.
   e) tem a sua cor inalterada, permanecendo com o mesmo comprimento de onda.

4. (UnB-DF) Assinale certo ou errado nas afirmativas seguintes.
   I. A luz UV é uma radiação eletromagnética que não necessita de meio material para se propagar.
   II. Considerando-se a velocidade da luz no vácuo igual a $3{,}0 \cdot 10^8$ m/s e o comprimento de onda da luz UV nesse meio igual $3{,}0 \cdot 10^{-7}$ m, é correto concluir que a frequência dessa radiação eletromagnética é menor que $1{,}0 \cdot 10^{10}$ Hz.
   III. Para uma onda eletromagnética, quanto maior for o seu comprimento de onda, maior será a sua velocidade.
   IV. As ondas em alto-mar não podem ser usadas como fonte de energia por não transportarem matéria.
   V. A luz e o som, aspectos cênicos importantes no teatro, são ondas longitudinais que requerem meio material para se propagarem.

5. (UFG-GO) As ondas eletromagnéticas foram previstas por Maxwell e comprovadas experimentalmente por Hertz (final do século XIX). Essa descoberta revolucionou o mundo moderno. Sobre as ondas eletromagnéticas são feitas as afirmações:
   I. Ondas eletromagnéticas são ondas longitudinais que se propagam no vácuo com velocidade constante $c = 3{,}0 \cdot 10^8$ m/s.
   II. Variações no campo magnético produzem campos elétricos variáveis que, por sua vez, produzem campos magnéticos também dependentes do tempo, e assim por diante, permitindo que energia e informações sejam transmitidas a grandes distâncias.
   III. São exemplos de ondas eletromagnéticas muito frequentes no cotidiano: ondas de rádio, sonoras, micro-ondas e raios X.

   Está correto o que se afirma em:

   a) I, apenas. b) II, apenas. c) I e II, apenas. d) I e III, apenas. e) II e III, apenas.

## 2 Ondas de rádio

As **ondas de rádio**, produzidas por circuitos elétricos cujas tensões e correntes variam de maneira oscilatória, são aquelas cujo comprimento de onda varia de alguns metros a centenas de quilômetros ou, em termos de frequência, de $10^2$ Hz a $10^9$ Hz, aproximadamente.

Basicamente, as ondas de rádio são utilizadas para a comunicação entre dois pontos e seu campo de ação inclui as transmissões de rádio, televisão, telefone e dados da internet.

Produzidas inicialmente por Hertz, as ondas de rádio ganharam grande impulso quando Guglielmo Marconi (figura 9.7), um engenheiro italiano, fez, no início do século XX, a primeira transmissão telegráfica através do canal da Mancha, usando o telégrafo sem fio.

Science & Society Picture Library/Getty Images

Figura 9.7 Guglielmo Marconi (1874-1937).

**Trabalho em equipe**

Em 1892, o padre brasileiro Landell de Moura construiu o primeiro transmissor sem fio para o envio de mensagens. Em 1894, realizou a primeira transmissão por meio de ondas eletromagnéticas, entre o alto da avenida Paulista e o alto de Santana, em São Paulo, cobrindo uma distância de 8 km. Entre 1903 e 1904, Landell de Moura patenteou, nos Estados Unidos, três inventos: o transmissor de ondas hertzianas, o telefone sem fio e o telégrafo sem fio.

Reprodução/Arquivo da editora

Landell de Moura (1861-1928).

Façam uma pesquisa sobre o padre Landell de Moura. Levantem os seguintes dados:

- onde nasceu, cresceu e estudou esse brilhante brasileiro;
- que dificuldades as autoridades brasileiras, civis e eclesiásticas da época impuseram ao seu trabalho;
- qual era a essência do trabalho dele.

Ao final do trabalho, respondam: seria justo chamar as ondas hertzianas de landelianas? Justifiquem a resposta.

As ondas de rádio, e também as demais ondas eletromagnéticas, se propagam muito mais rápido e têm alcance muito maior que as ondas sonoras. Enquanto você está ouvindo um programa de rádio, seu aparelho está detectando ondas eletromagnéticas transmitidas pela emissora, quase que instantaneamente, e convertendo-as em ondas sonoras. Os astronautas que pisaram na Lua também se comunicaram com a Terra dessa forma.

De acordo com a Agência Nacional de Telecomunicações (Anatel), são denominadas radiofrequências as frequências situadas na faixa entre 0 Hz e 3000 GHz, conforme definido pela União Internacional de Telecomunicações (UIT).

No Brasil, para as transmissões de som e imagem (rádio e televisão) são usadas antenas ou torres (figura 9.8) que utilizam frequências que variam de 540 kHz a 2 GHz. As estações de rádio que operam na faixa de 540 kHz a 1700 kHz utilizam as chamadas ondas médias ou MF (*Medium Frequency*) e realizam transmissões nacionais. Para as transmissões internacionais, as emissoras utilizam as denominadas ondas curtas ou HF (*High Frequency*, alta frequência), de 2 MHz a 25 MHz, em razão de sofrerem reflexão na ionosfera (camada atmosférica da Terra), o que normalmente não ocorre com as ondas médias.

Na faixa de frequência entre 30 MHz e 300 MHz, temos as transmissões em VHF (*Very High Frequency*, frequência muito alta), que são usadas principalmente nas rádios FM e em estações de TV. As ondas de TV apresentam grande vantagem nas transmissões, pois podem ser utilizadas entre continentes, por meio de satélites retransmissores.

De 300 MHz a 2 GHz, temos as transmissões em UHF (*Ultra High Frequency*, frequência ultra-alta), usadas geralmente em televisão e outros tipos de comunicação.

Nas transmissões radiofônicas, o ponto fundamental é a conversão de ondas sonoras, que se situam na faixa de 20 Hz a 20 kHz, em ondas de rádio (eletromagnéticas), na faixa de 540 kHz (AM) a 90 MHz (FM). É necessário que a onda de rádio (eletromagnética) seja modulada pelo sinal de áudio (onda sonora) para a transmissão do som. Essa modulação pode ser na amplitude ou na frequência da onda de rádio.

Se a modulação for na amplitude, temos a transmissão em **AM** (amplitude modulada); se for na frequência, temos a transmissão em **FM** (frequência modulada).

Cada emissora dispõe de uma pequena faixa de frequências em que pode transmitir as suas ondas moduladas. Ao receber a onda, o aparelho receptor considera somente as modulações e as converte em sinal sonoro. Para sintonizar a emissora desejada, basta escolher no receptor a frequência que coincide com a da emissora.

SantiPhotoSS/Shutterstock/Glow Images

Figura 9.8 Torre de transmissão de ondas de televisão.

Na **figura 9.9**, apresentamos o esquema de funcionamento de uma típica transmissão em AM. Devemos observar que, não fosse o sinal de áudio (onda sonora) modulando a onda portadora (onda eletromagnética), esta teria amplitude constante no decorrer do tempo e, nesse caso, nenhuma informação seria transmitida.

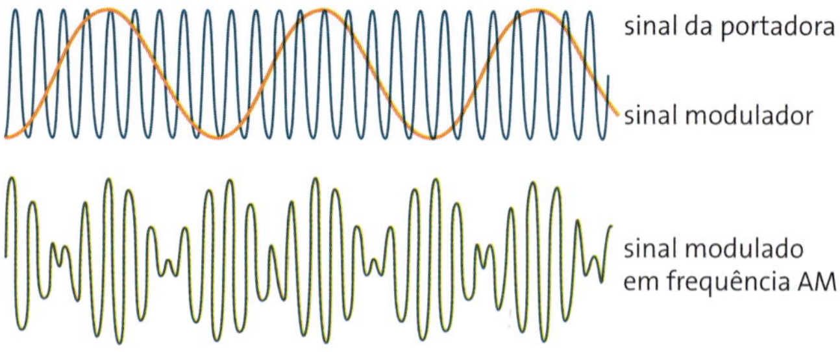


**Figura 9.9** Esquema da transmissão em AM. A amplitude da onda portadora característica de uma dada emissora é modulada pelo sinal de áudio que, em seguida, é transmitido para o receptor.

Conforme mostra a **figura 9.10**, nas transmissões em FM a frequência da onda portadora característica de uma dada emissora é modulada pelo sinal de áudio que, em seguida, é transmitido para o receptor.

As amplitudes das ondas são afetadas por obstáculos e variações atmosféricas, o que não ocorre com as frequências. Em razão disso, as transmissões em FM têm muito mais fidelidade do que aquelas em AM, em relação ao sinal original.

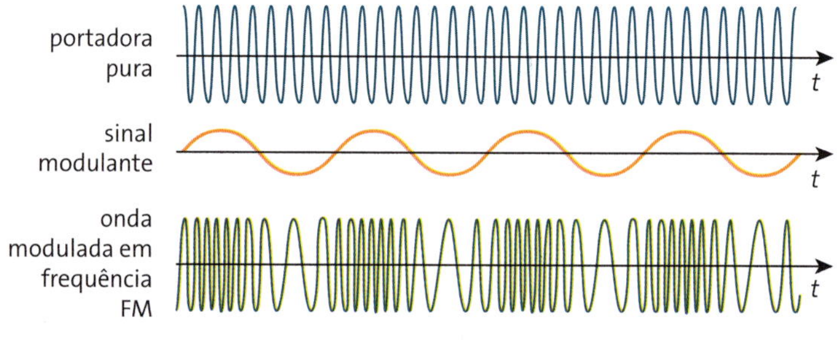


**Figura 9.10** Esquema da transmissão em FM. As alterações de frequência estão representadas com exagero, para maior clareza.

## Exercícios

6. Na maioria dos rádios receptores existe um botão que permite a opção entre as emissoras AM, que operam entre 550 kHz e 1550 kHz, e as emissoras FM, que operam entre 88 MHz e 108 MHz. Nessas condições, responda:
   a) Com o botão na opção AM é possível sintonizar uma emissora FM? Justifique.
   b) Considerando que, no ar, a velocidade das ondas eletromagnéticas vale 300 000 km/s, quais são o menor e o maior comprimento de onda das ondas emitidas pelas emissoras AM e FM?

7. Comente a afirmativa seguinte: "Como os aparelhos de rádio emitem sons, podemos concluir que as ondas de rádio são ondas sonoras".

8. Leia o texto a seguir: "As radiações ionizantes estão localizadas na faixa de frequências acima de $10^{15}$ Hz e são capazes de produzir alterações químicas em tecidos do corpo humano".

   Com base no espectro eletromagnético mostrado na figura 9.6, justifique se radiofrequências utilizadas na televisão são, ou não, radiações ionizantes.

9. Na figura 9.9, que ilustra uma transmissão em AM:
   a) Qual é a função da onda portadora?
   b) A onda portadora é uma onda mecânica ou eletromagnética?

10. Explique a função do modulador nas transmissões em AM (figura 9.9) e naquelas em FM (figura 9.10).

## 3 Micro-ondas

As radiações denominadas **micro-ondas** são produzidas por correntes alternadas em tubos de vácuo. São ondas eletromagnéticas que possuem frequências que variam de 1 GHz a 100 GHz, ou, em termos de comprimento de onda, de 1 mm a 1 m. No espectro eletromagnético, localizam-se entre as ondas de rádio e a região do infravermelho.

Entre 1940 e 1950, tivemos uma das primeiras aplicações das micro-ondas nos radares. A palavra "radar" (*Radio Detection and Ranging*) significa 'detecção e localização por ondas de rádio' (figura 9.11). No entanto, a utilização das micro-ondas em substituição às ondas de rádio representou um grande avanço nesse setor, pois as micro-ondas têm comprimento de onda inferior ao das ondas de rádio e, por isso, sofrem menos os efeitos da difração.

Na transmissão de uma estação de rádio, todos os que possuem um receptor podem captar as informações emitidas pela estação. Por isso, quando se deseja transmitir informações para um receptor específico, como o celular, as micro-ondas são mais utilizadas do que as ondas de rádio. Ainda em relação às comunicações, as micro-ondas também levam vantagem sobre as ondas de rádio por apresentarem maior frequência e, consequentemente, transmitirem maior número de informações. Mas existe um inconveniente: o envio de informações a grandes distâncias por meio de micro-ondas requer a utilização de antenas receptoras e transmissoras próximas entre si (a uma distância de cerca de 40 km), pois essas ondas não se refletem na alta atmosfera.

Figura 9.11 Antena de um radiotelescópio.

Martin Bernetti/Agência France-Presse

Do mesmo modo que, com a radioastronomia, as ondas de rádio deram início a uma nova era na Astronomia, as micro-ondas deram início a uma nova era no estudo da Cosmologia graças à descoberta da radiação cósmica de fundo em micro-ondas.

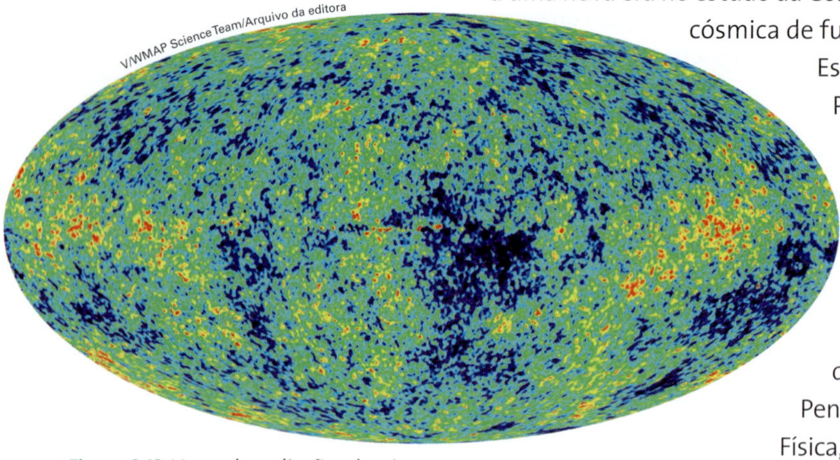


Figura 9.12 Mapa da radiação cósmica de fundo.

Essa radiação, descoberta em 1964 por Arno Penzias (1933-) e Robert Wilson (1936-), é um tipo de ruído que permeia todo o Universo desde os seus primórdios. Ela é um forte argumento em favor da teoria do *big-bang*, proposta em 1940 para explicar a formação do Universo. Em razão da importância da descoberta da radiação cósmica de fundo (figura 9.12), Penzias e Wilson receberam o prêmio Nobel de Física, em 1978.

O **forno de micro-ondas** é uma aplicação tecnológica das micro-ondas que revolucionou o modo de vida das pessoas. Nesse equipamento, o aumento de temperatura para o aquecimento ou o cozimento de alimentos hidratados é provocado pela vibração das radiações de micro-ondas quando estas interagem com as moléculas de água presentes nesses alimentos. Nos alimentos não hidratados, o processo é o mesmo, mas a temperatura não se eleva tanto, e as radiações de micro-ondas não os afetam muito, nem os recipientes (de alimentos hidratados ou não), como xícaras, pratos, etc.

Na figura 9.13 temos a representação de um forno de micro-ondas, com os seus principais componentes. A maioria dos fornos domésticos utiliza micro-ondas com frequência de 2,45 GHz, o que proporciona um comprimento de onda similar às dimensões do forno.

No forno de micro-ondas, as radiações são geradas no magnétron e encaminhadas para a câmara de cozimento. Esta possui paredes metálicas que refletem continuamente as micro-ondas, fazendo-as retornar para os alimentos e interagir com as moléculas de água presentes neles.

Forno de micro-ondas

Figura 9.13 Principais componentes de um forno de micro-ondas e seu funcionamento.

As micro-ondas também são utilizadas na **telefonia celular** (figura 9.14). No Brasil, a faixa de frequência de micro-ondas utilizada pelos telefones celulares varia de 825 MHz a 890 MHz, o que corresponde a comprimentos de onda de 36 cm a 34 cm, aproximadamente.

De acordo com a Anatel, no final de julho de 2012, o número de linhas de telefone móvel no Brasil era de aproximadamente 246,41 milhões. Na figura 9.15 podemos notar como o crescimento desse setor é surpreendente.

Se, por um lado, é indiscutível a importância do telefone celular na vida das pessoas, por outro, dois pontos são preocupantes.

Wavebreakmedia/Shutterstock/Glow Images

Figura 9.14 O aparelho celular está cada vez mais presente no cotidiano das pessoas.

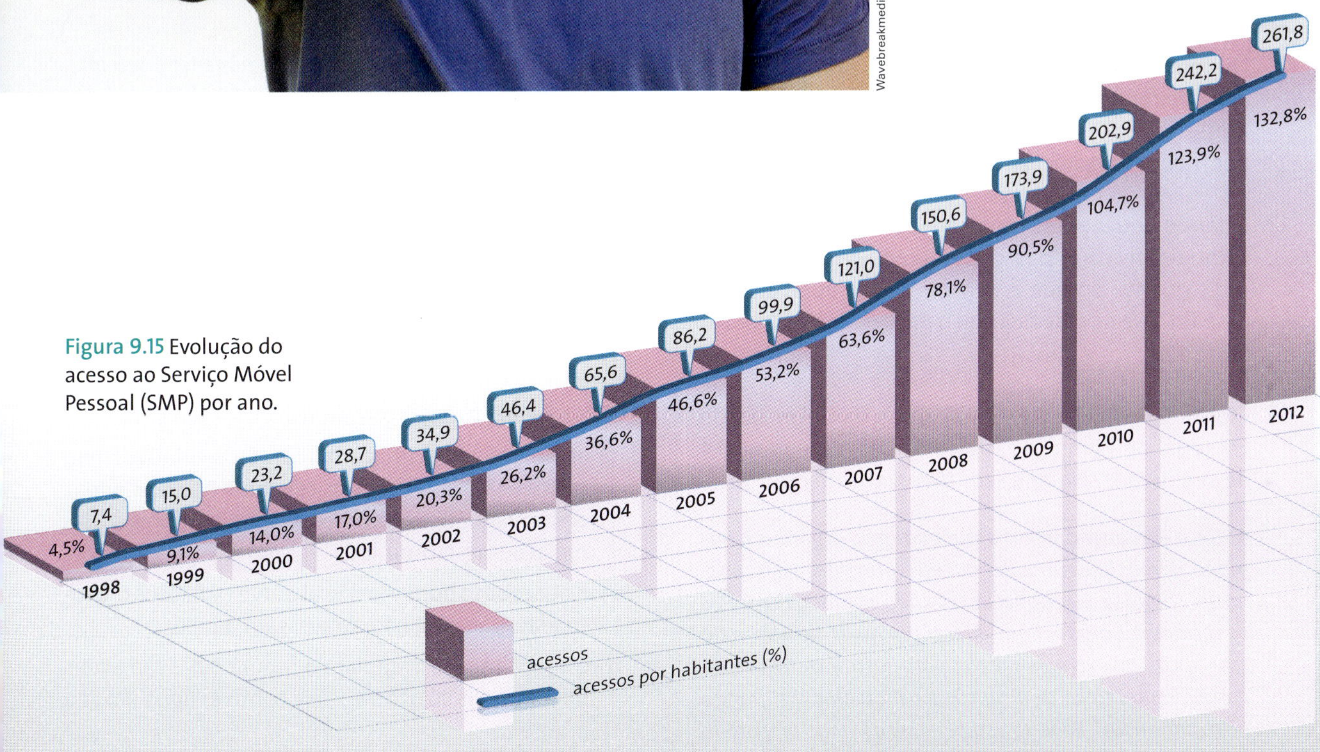


Walmir Santos/Arquivo da editora

Figura 9.15 Evolução do acesso ao Serviço Móvel Pessoal (SMP) por ano.

Fonte: RELATÓRIO Anual da Anatel 2011. Disponível em: <www.anatel.gov.br>. Acesso em: maio 2014.

**Radiação ionizante** – Uma radiação é denominada ionizante quando possui energia suficiente para ionizar a matéria, ou seja, arrancar elétrons dos átomos da matéria com a qual interage, transformando-os em íons.

O primeiro ponto é a quantidade de antenas transmissoras/receptoras, que emitem radiação 24 horas por dia, existentes no país. Embora as micro-ondas não sejam **radiações ionizantes**, como os raios X e os raios gama, pois seus efeitos são estritamente térmicos e, em princípio, não alteram a estrutura molecular do material irradiado, os cientistas têm desenvolvido pesquisas com o objetivo de obter resultados conclusivos sobre os efeitos dessa radiação no organismo humano em função do tempo de exposição.

O segundo ponto é a quantidade de horas que as pessoas, principalmente os jovens, convivem com esses aparelhos e outros equipamentos. É comum observarmos crianças substituindo atividades físicas por atividades que envolvem o uso desses equipamentos eletrônicos.

A Medicina é uma área promissora para a aplicação das micro-ondas. Partindo do fato de que elas são usadas para o aquecimento ou o cozimento de alimentos hidratados no forno de micro-ondas, os cientistas pesquisam seu uso em seres humanos, uma vez que o corpo humano é constituído principalmente de água.

*Verificando que tumores cancerígenos se aquecem com mais facilidade que o tecido normal, quando expostos às micro-ondas, alguns pesquisadores em Medicina têm usado essa radiação nas cirurgias de câncer de mama. O aquecimento por micro-ondas de baixa potência parece também ser útil no tratamento de inflamações como artrite e reumatismos. No entanto, o uso das micro-ondas em Medicina é restrito às áreas experimentais, pois ainda não estão bem estabelecidos os critérios de utilização segura dessa radiação.*

CARVALHO, Regina Pinto de. *Micro-ondas*. São Paulo: Livraria da Física, 2005.

## Exercícios

11. Um professor pretende demonstrar o fenômeno da difração com ondas eletromagnéticas e dispõe de duas fontes: uma de ondas de rádio e outra de micro-ondas. Com qual delas será mais fácil demonstrar o fenômeno?

12. Quando aquecemos uma caneca com leite em um forno de micro-ondas, observamos que o leite fica mais quente do que a caneca. Como você explica esse fato, se os dois ficaram o mesmo tempo dentro do forno?

13. O professor doutor Vitor Baranaukas, da Universidade Estadual de Campinas (Unicamp-SP), na página 44 de seu livro *O celular e seus riscos*, afirma que:

*As micro-ondas, ao serem absorvidas pelo organismo humano, geram aquecimento, ou seja, aumentam a temperatura corpórea. Esse aquecimento não é homogêneo, pois os tecidos ou órgãos têm diferentes taxas de absorção específica. Um exemplo simples para ilustrar essa questão das diferentes taxas de absorção é o problema do "frango no micro-ondas". Pode-se observar que o frango preparado no forno de micro-ondas doméstico pode ter o seu interior completamente cozido, enquanto sua pele continua crua. Isso ocorre porque a pele, por ter pouca água, tem uma taxa de absorção muito menor do que as partes internas do frango e, como consequência, ainda não está cozida quando, comparativamente, o interior do frango já está pronto.*

De acordo com o texto, pode-se concluir que:

a) uma pessoa exposta à radiação de micro-ondas poderá sofrer queimaduras internas, sem que haja nenhuma transformação visível em sua pele.

b) as pessoas que utilizam aparelhos celulares não correm esse risco, pois os celulares utilizam ondas eletromagnéticas com frequências inferiores às das radiações micro-ondas.

c) o organismo humano não absorve radiações micro--ondas, pois elas não atravessam a pele.

d) o aquecimento irregular do frango pelas radiações micro-ondas só ocorre se ele contiver água em seu interior.

# 4 Outras ondas eletromagnéticas

## Radiações infravermelhas

As radiações **infravermelhas** são aquelas produzidas nas camadas eletrônicas mais externas de átomos e moléculas. Situam-se na faixa de frequência de $10^{12}$ Hz a $10^{14}$ Hz (valores aproximados). Os comprimentos de onda dessa radiação variam de 1 milionésimo de metro a 1 milímetro, aproximadamente.

A descoberta da radiação infravermelha data de 1800 e é atribuída ao astrônomo alemão Friedrich Wilhelm Herschel (1738-1822). Herschel, ao realizar experiências sobre as temperaturas das cores do espectro solar, observou que, além de ser maior na região do vermelho, a temperatura aumentava ainda mais além dessa região, já fora do espectro visível.

O corpo humano é um excelente sensor da radiação infravermelha. Ao nos colocarmos próximos de uma fogueira, o nosso corpo acusa a presença dessas radiações e as absorve na forma de calor. A radiação infravermelha emitida pelo Sol, juntamente com a luz visível e a ultravioleta, é fundamental para o desenvolvimento da vida na Terra.

Existem muitos materiais sensíveis à radiação infravermelha que podem ser usados como sensores. Na figura 9.16, podemos ver torneiras de pia que funcionam automaticamente quando colocamos as mãos sob elas.

No interior da torneira, existe um dispositivo que emite radiações na faixa do infravermelho. Essas radiações são refletidas no interior da pia e retornam ao dispositivo. A colocação das mãos interceptando esse feixe aciona um mecanismo que libera o fluxo de água. A retirada das mãos faz com que o sistema volte à situação original, e o fluxo de água é interrompido.

Figura 9.16 Pessoa utilizando uma torneira automática. Na base da torneira podemos visualizar o dispositivo que emite radiação infravermelha.

Sérgio Dotta Jr./Arquivo da editora

Figura 9.17 Pessoa usando binóculos de visão infravermelha.

As radiações infravermelhas também são utilizadas nos controles remotos, muito comuns para acionar aparelhos de TV, rádio, ar condicionado, etc. Ao acionarmos o botão do controle remoto para mudar o canal de um aparelho de TV, por exemplo, fazemos com que pulsos de radiação infravermelha, invisíveis aos olhos, sejam emitidos. Esses pulsos são detectados por um sensor no aparelho, que interpreta a mensagem enviada.

Todo corpo com temperatura acima de −273 °C (zero absoluto) emite radiação infravermelha. Assim, detectores de infravermelho são usados, por exemplo, para localizar aviões, pessoas e animais (**figura 9.17**), bem como para determinar a temperatura destes.

A sensibilidade à radiação infravermelha varia de animal para animal. Em alguns casos, essa sensibilidade pode significar a sobrevivência da espécie. Por exemplo, a extrema sensibilidade das cobras ao infravermelho lhes permite a localização de presas, mesmo durante a noite.

Na Medicina também encontramos aplicações das radiações infravermelhas. O uso de fotografias térmicas (obtidas com radiação infravermelha) tem permitido, em algumas áreas, diagnósticos que normalmente não se conseguiria com a luz visível ou com os raios X.

Outro campo que se utiliza das radiações infravermelhas é a Astronomia. Com câmeras infravermelhas, os astrônomos e pesquisadores têm obtido informações sobre os corpos celestes que normalmente os telescópios ópticos não conseguem fornecer (**figura 9.18**).

Figura 9.18 Foto do centro da Via Láctea tirada com uma câmera de infravermelho.

## Luz visível

A região do espectro eletromagnético denominada **luz visível** é gerada por elétrons que, excitados, mudam de estado e ao retornarem ao estado inicial emitem radiação na forma de luz visível. Essa região ocupa uma estreita faixa no espectro eletromagnético que vai do vermelho, com comprimento de onda de 750 nm, ao violeta, com comprimento de onda de 400 nm. São radiações eletromagnéticas que se situam na faixa de frequência entre $4 \cdot 10^{14}$ Hz (vermelho) e $7{,}5 \cdot 10^{14}$ Hz (violeta) e conseguem sensibilizar a retina do olho humano, provocando a sensação de visão (figura 9.19).

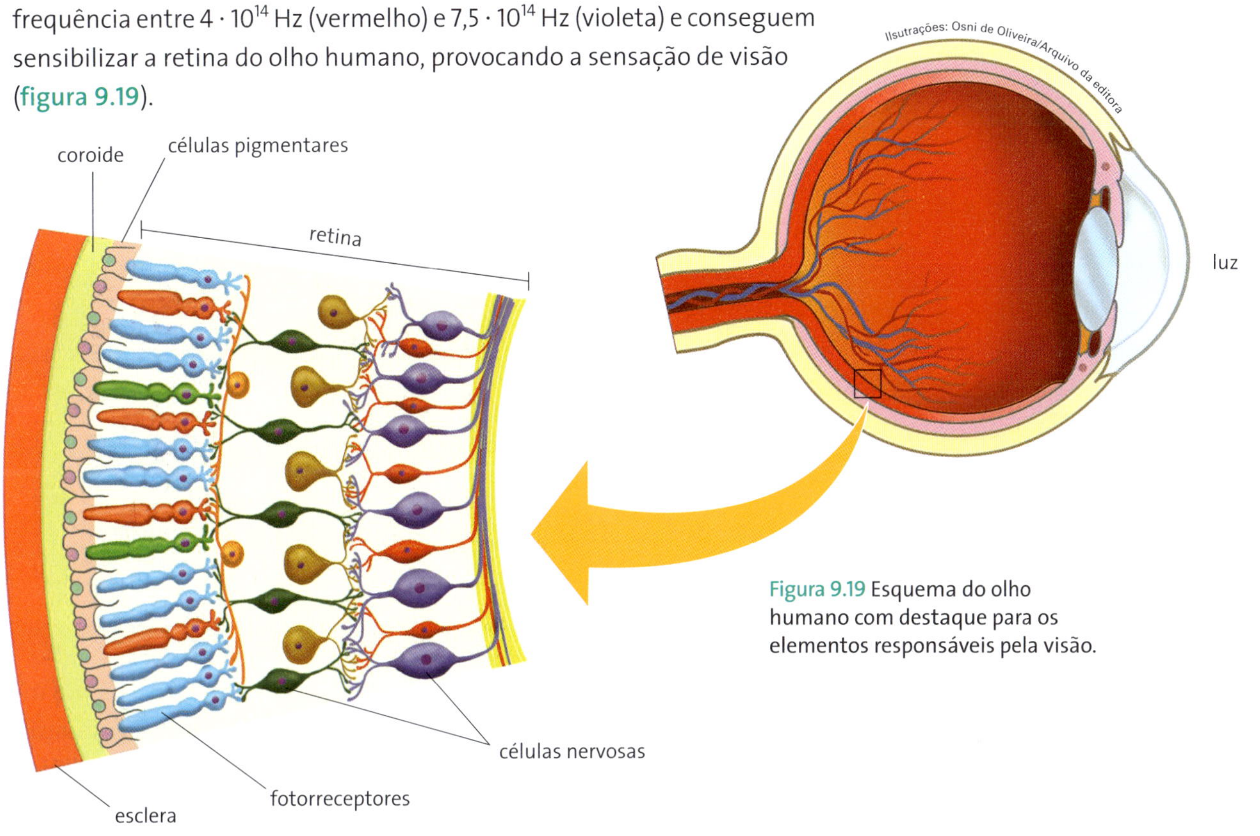


Figura 9.19 Esquema do olho humano com destaque para os elementos responsáveis pela visão.

Cada cor componente da luz visível (figura 9.20), com seu comprimento de onda e frequência característicos, ao interagir com a retina dos olhos provoca uma sensação diferente, o que é interpretado pelo cérebro como uma cor diferente.

A seguir, vamos utilizar a luz para comentar os fenômenos de polarização, difração e interferência, aos quais todas as ondas eletromagnéticas estão sujeitas em condições favoráveis.

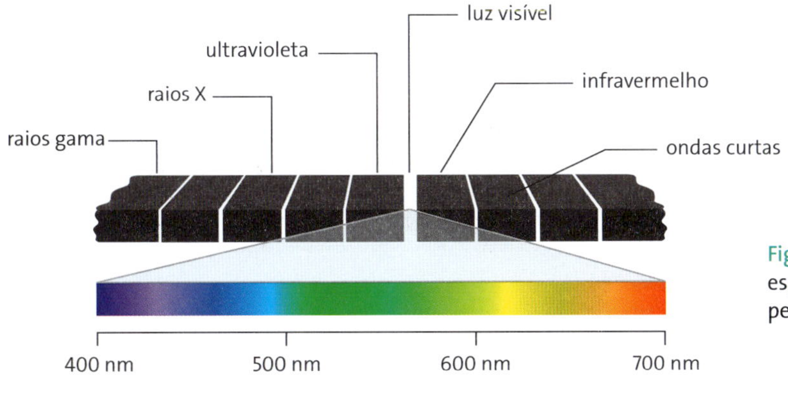


Figura 9.20 Relação entre o espectro magnético e as cores percebidas pelo olho humano.

## Polarização da luz

Nas fontes de luz comuns, como o Sol, as lâmpadas incandescentes ou a luz das velas, os osciladores elementares são os átomos ou elétrons em transições de energia que atuam independentemente uns dos outros. Por essa razão, quando captamos a luz emitida por essas fontes em uma dada direção, ela é composta por vários feixes de ondas (trens de onda), com vários planos de vibração, orientados aleatoriamente, conforme mostra a **figura 9.21**.

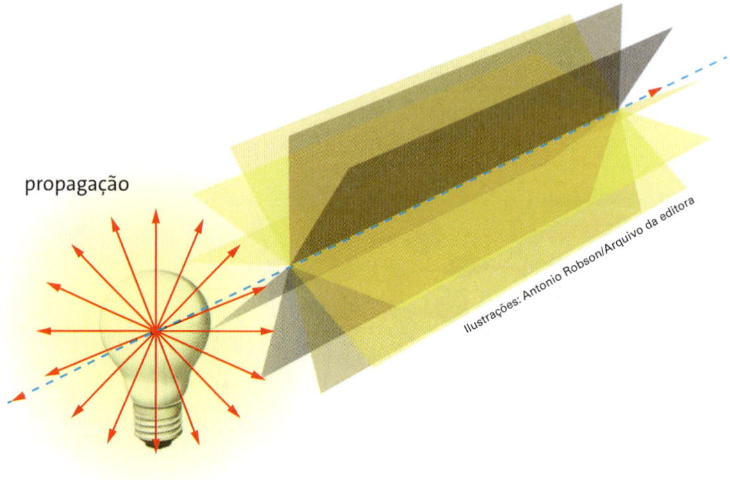


Figura 9.21 Propagação de um feixe de ondas não polarizadas.

Na natureza, existem alguns cristais que são chamados de polarizadores. Eles só permitem a passagem dos componentes da vibração eletromagnética referente a um determinado plano. Também existem polarizadores produzidos industrialmente, os quais são utilizados em alguns tipos de óculos e em técnicas fotográficas.

A **figura 9.22** mostra a luz que emerge polarizada ao incidir sobre uma lâmina polarizadora. As linhas paralelas indicam o plano de polarização.

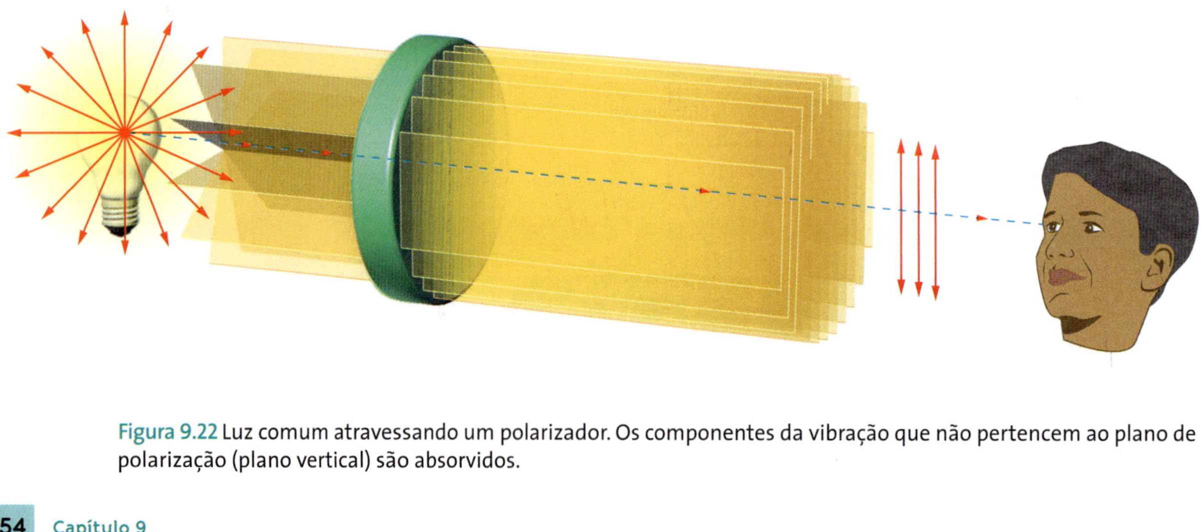

Figura 9.22 Luz comum atravessando um polarizador. Os componentes da vibração que não pertencem ao plano de polarização (plano vertical) são absorvidos.

Visualmente não percebemos se determinada luz é polarizada ou não, mas podemos fazê-lo utilizando um polarizador. Nessa situação, ele é chamado de analisador. Se o plano de polarização do analisador for perpendicular ao plano de polarização da luz incidente, praticamente nenhuma radiação emergirá do analisador (figura 9.23).

Na figura 9.24, temos duas placas polarizadoras com eixos perpendiculares. Praticamente nenhuma radiação emerge da região coberta pela intersecção das duas.

Antonio Robson/Arquivo da editora

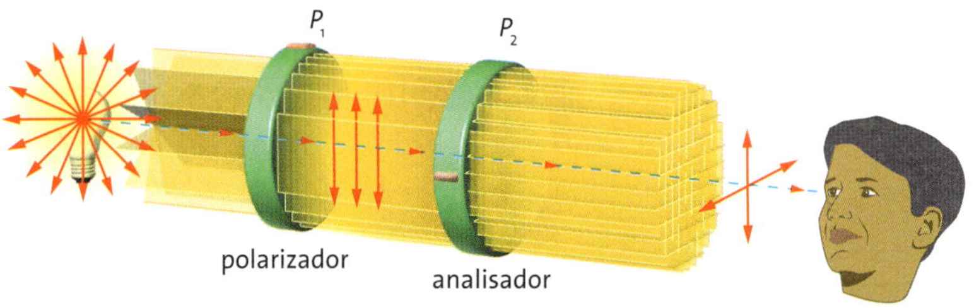


Figura 9.23 A incidência em um segundo polarizador com uma direção diferente do primeiro nos permite ver se uma luz é polarizada ou não.

Acervo do autor/Arquivo da editora

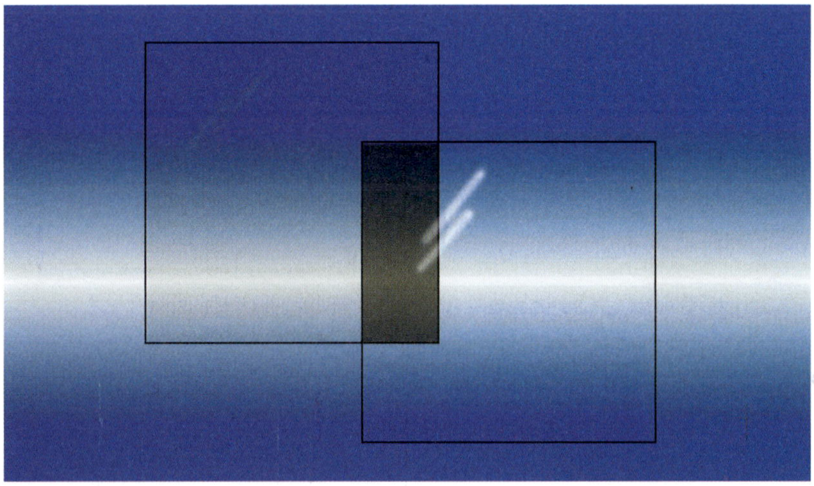

Figura 9.24 A sobreposição das placas polizadoras em direções diferentes não permite a passagem de nenhuma luz.

A luz refletida em poças de água, vidraças e outras substâncias dielétricas é praticamente polarizada. Em determinadas condições ela pode ser totalmente polarizada. Por essa razão, certos tipos de óculos de sol, como os da figura 9.25, têm lentes polarizadas com eixo vertical para diminuir o ofuscamento proveniente desses reflexos.

As ondas eletromagnéticas usadas nas telecomunicações são, em sua maioria, polarizadas; por esse motivo, normalmente são necessários ajustes nas antenas para uma melhor recepção.

A polarização é um fenômeno que ocorre exclusivamente com as ondas transversais, como é o caso das ondas eletromagnéticas. As ondas longitudinais, entre elas o som, não são passíveis de polarização.

Sérgio Dotta Jr./Arquivo da editora

Figura 9.25 Observe que a superposição das lentes em diferentes direções ocasiona o ofuscamento da luz.

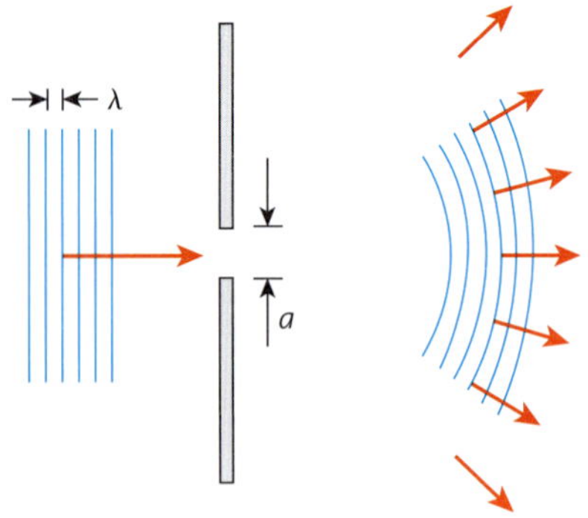


Figura 9.26 Quanto menor for a largura da fenda, mais acentuada será a difração.

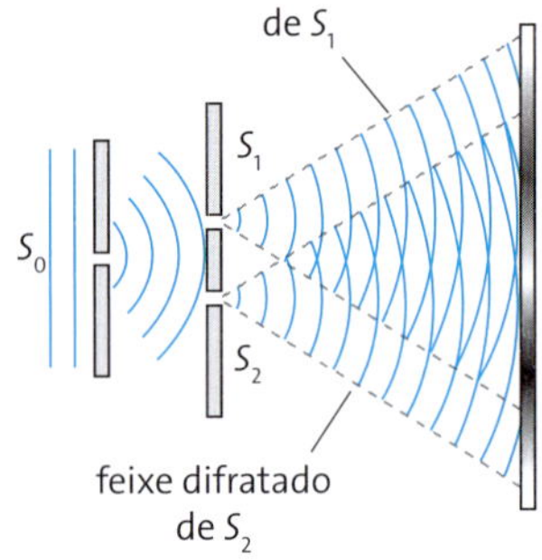


Figura 9.27 Dispositivo semelhante ao utilizado por Thomas Young no estudo da interferência luminosa.

# Difração e interferência da luz

No capítulo 8 do volume 2, tratamos da difração e da interferência de ondas, com ênfase nas ondas mecânicas. Embora as mesmas ideias possam ser aplicadas a todas as ondas eletromagnéticas, vamos detalhar um pouco mais esse assunto com relação à luz.

Quando uma onda consegue contornar uma fenda ou um obstáculo, ocorre difração, o que não aconteceria caso apresentasse somente propagação retilínea. No caso específico das ondas sonoras, como os obstáculos apresentam dimensões da ordem do comprimento de onda do som – pois no ar variam de 1,7 cm a 17 m –, satisfazendo a condição básica para a difração, esse fenômeno é percebido no dia a dia. Um exemplo disso é o som de um rádio, que pode ser ouvido mesmo se o aparelho estiver atrás de uma parede.

No caso específico da luz, essa condição também é verificada. A difração ocorre quando uma onda luminosa atinge uma fenda com dimensões da ordem do comprimento de onda da luz. Ao atravessar a fenda, a onda espalha-se, assumindo uma forma praticamente esférica, conforme a **figura 9.26**.

Para ilustrar o fenômeno da interferência da luz, vamos utilizar a **figura 9.27**, na qual uma luz monocromática, após passar pela fenda $S_0$, atravessa as fendas $S_1$ e $S_2$ e atinge a tela na qual se forma uma figura de interferência constituída por faixas. As faixas brilhantes indicam uma interferência construtiva, e as escuras, uma interferência destrutiva.

## Exercício resolvido

2. A figura seguinte é uma representação esquemática da experiência de Thomas Young no estudo da interferência da luz.

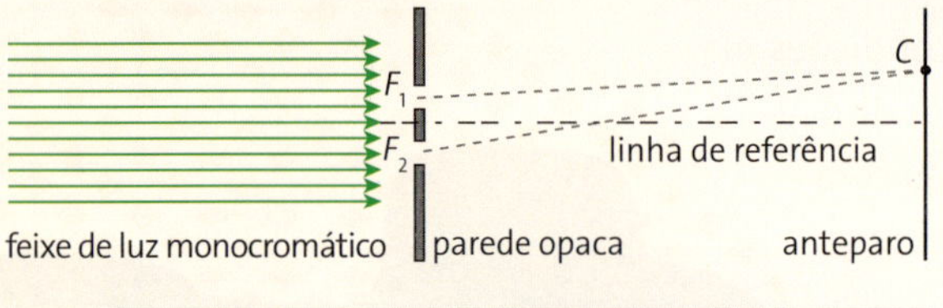


| Cor | Comprimento de onda |
|---|---|
| vermelha | $6{,}5 \cdot 10^{-7}$ m |
| amarela | $5{,}7 \cdot 10^{-7}$ m |
| verde | $5{,}4 \cdot 10^{-7}$ m |
| azul | $4{,}8 \cdot 10^{-7}$ m |
| violeta | $4{,}5 \cdot 10^{-7}$ m |

Um feixe de luz monocromático incide perpendicularmente sobre a parede opaca da esquerda, que tem duas fendas, $F_1$ e $F_2$, próximas entre si. A luz, após passar pelas fendas, forma uma figura de interferência no anteparo da direita. O ponto $C$ é a posição do primeiro ponto de interferência destrutiva, contada a partir da interferência construtiva central (indicada pela linha de referência).

Sabendo-se que a diferença de percurso entre as luzes provenientes de $F_1$ e $F_2$ até o ponto $C$ é de $2{,}7 \cdot 10^{-7}$ m, determine:

a) o comprimento de onda da luz utilizada no experimento;

b) a cor da luz do experimento, com base na figura apresentada.

**Resolução**

a) De acordo com o tópico 4 do capítulo 8 do volume 2, a diferença de percurso das ondas $(\overline{F_2C} - \overline{F_1C})$ para que aconteça uma interferência destrutiva é dada por:

$$\frac{d}{\lambda} = 0{,}5;\ 1{,}5;\ 2{,}5;\ 3{,}5;\ \ldots$$

Como se trata da primeira interferência destrutiva, temos:

$$\frac{d}{\lambda} = 0{,}5 \Rightarrow \lambda = \frac{d}{0{,}5} \Rightarrow \frac{2{,}7 \cdot 10^{-7}}{0{,}5} \Rightarrow$$

$$\Rightarrow \lambda = 5{,}4 \cdot 10^{-7}\ \text{m}$$

b) De acordo com a figura que ilustra este exercício e com a resposta do item **a**, a luz utilizada no experimento é verde.

## Exercícios

**14.** Sabe-se que a energia irradiada por um corpo não é uniforme quanto aos comprimentos de onda. Há um comprimento de onda para o qual a energia irradiada é máxima. Esse comprimento de onda é inversamente proporcional à temperatura absoluta do corpo e pode ser calculado pela lei de **Wien**: $\lambda_{máx.} = \frac{2{,}9 \cdot 10^{-3}}{T}$.

Nessa expressão, $T$ é a temperatura do corpo em kelvin e $\lambda_{máx}$ é o comprimento de onda, em metros, para o qual a emissão de energia é máxima.

Considere que a temperatura média da pele humana seja 27 °C (300 K). Nessas condições:

a) Em que comprimento de onda a pele humana emite radiação com intensidade máxima?

b) Localize no espectro eletromagnético a radiação correspondente ao comprimento de onda obtido no item anterior.

**15.** A figura seguinte apresenta a curva de distribuição de energia irradiada por um corpo a 3 000 K, que é aproximadamente a temperatura de um filamento de tungstênio de uma lâmpada incandescente.

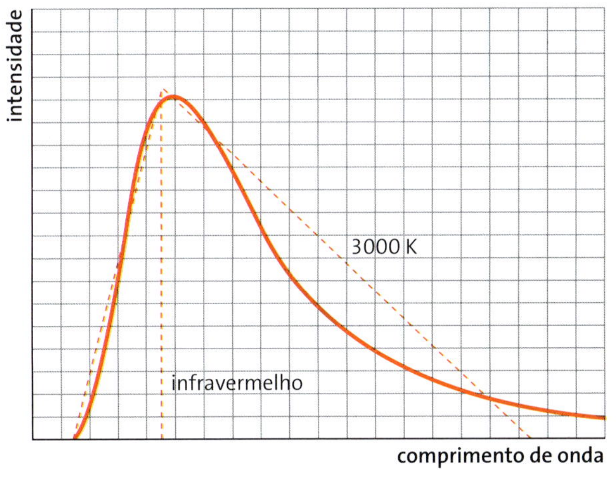


Observe que a maior parte da energia é irradiada na forma de radiação infravermelha.

a) Faça um cálculo aproximado da porcentagem de energia que é emitida no infravermelho.

b) Considerando que o restante de energia seja emitido na forma de luz visível, essa lâmpada rende mais como aquecedor ou como iluminador?

**16.** Normalmente, quando a luz incide sobre a superfície de um bloco de vidro ou sobre a superfície da água, parte dela é refletida, parte é refratada e parte é transmitida. Observa-se que boa parte da luz refletida é polarizada, o que caracteriza o brilho dessas superfícies (veja a figura).

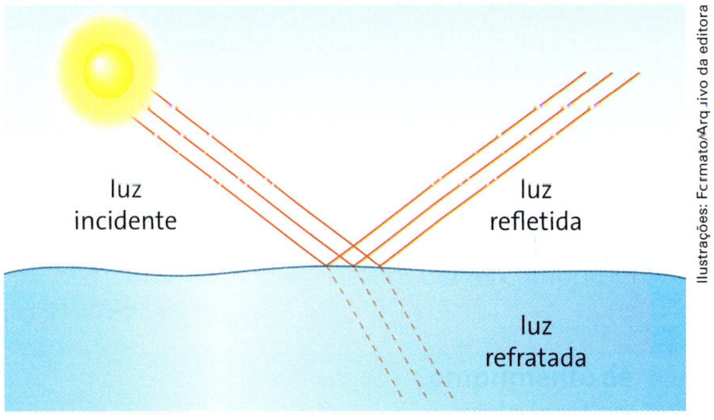


Ilustrações: Formato/Arquivo da editora

Se você vai passear em um dia de sol e pretende usar óculos escuros polarizados, qual dos três apresentados a seguir é mais apropriado?

Observe que os eixos de polarização estão indicados pelas linhas retas.

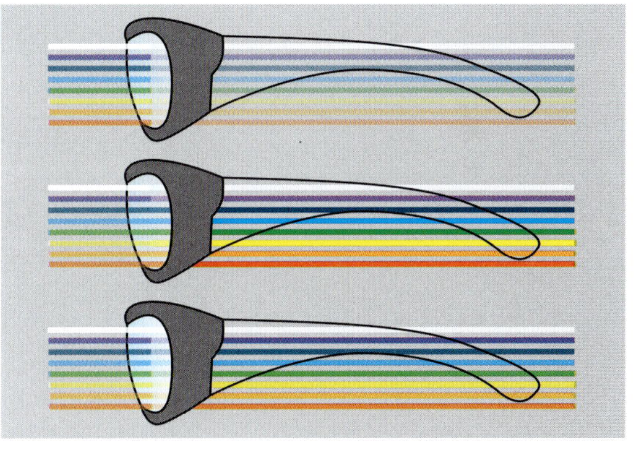

**17.** Explique por que a luz pode ser polarizada, mas o som não.

**18.** No esquema seguinte, a figura **a** representa uma fonte que ilumina uma placa retangular contendo um buraco de grandes dimensões. Na tela, colocada atrás da placa, observa-se uma sombra com os contornos do buraco bem definidos. Quando as dimensões do buraco são reduzidas, formando uma fenda estreita, conforme mostra a figura **b**, os contornos da fenda não são muito bem definidos. Explique por que isso acontece.

Antonio Robson/Arquivo da editora

Radiação ultravioleta

# 5 Radiações e fisiologia

## Ultravioleta

As **radiações ultravioleta**, cujas frequências variam de $10^{15}$ Hz a $10^{17}$ Hz (valores aproximados) e os comprimentos de onda, de 400 nm a 100 nm, respectivamente, são geradas pelos mesmos processos que originam a luz visível, ou seja, elétrons excitados que mudam de um estado mais energético para um menos energético, emitindo radiação.

As radiações ultravioleta foram descobertas pelo físico alemão Johann Wilhelm Ritter (1776-1810) em 1801. As experiências de Ritter com cloreto de prata ($AgC\ell$) exposto à luz visível permitiram a conclusão da existência de raios invisíveis, além do violeta, no espectro solar.

Na década de 1930, a radiação ultravioleta foi classificada em três tipos: A, B e C, conforme mostra a tabela 9.1.

**Tabela 9.1 – Faixas da radiação ultravioleta segundo a Comissão Internacional de Iluminação (CIE)**

| Denominação da radiação ultravioleta | Intervalo de comprimento de onda (nm) | Denominação popular |
|---|---|---|
| A | 400 – 315 | luz negra |
| B | 315 – 280 | luz eritematogênica |
| C | 280 – 100 | radiação germicida |

Fonte: OKUNO, Emico; VILELA, Maria A. C. *Radiação ultravioleta:* características e efeitos. São Paulo: Livraria da Física, 2005. p. 19.

A denominação popular para as radiações ultravioleta A, B e C, da tabela 9.1 está relacionada ao uso e às características de cada tipo de radiação. Assim, a denominação **luz negra** diz respeito ao efeito fluorescente dessa radiação. Na década de 1970, a luz negra era muito usada em discotecas e casas de *show*.

A denominação **luz eritematogênica**, para a radiação ultravioleta B, está relacionada às queimaduras de pele provocadas por esse tipo de radiação, e a denominação **luz germicida**, para a radiação ultravioleta C, diz respeito à capacidade de destruição de germes. Essa propriedade é utilizada nos hospitais, para esterilizar instrumentos cirúrgicos.

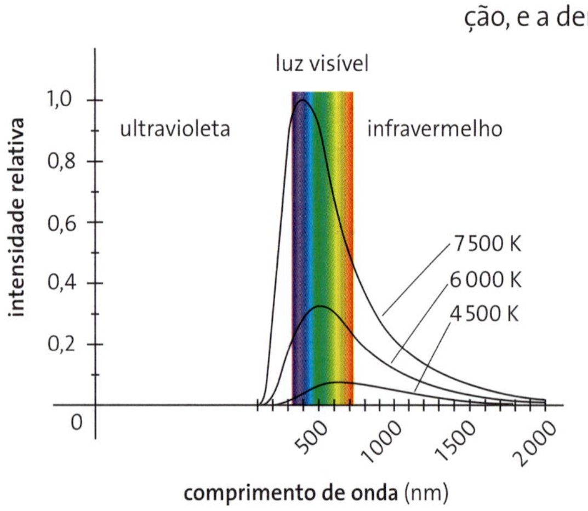


Figura 9.28 Gráfico da intensidade relativa em função do comprimento de onda, para as radiações UV (ultravioleta), visível e infravermelha (IV), de acordo com a temperatura em kelvin.

O Sol é uma fonte natural de luz visível, radiação infravermelha e radiação ultravioleta. Mas, de modo geral, todos os corpos aquecidos emitem radiações. O tipo de radiação emitida depende da temperatura do corpo, conforme mostra o gráfico da figura 9.28. Observe que a intensidade relativa de UV (ultravioleta), luz visível e IV (infravermelho) depende fundamentalmente da temperatura do corpo. Corpos com temperatura da ordem de 6 000 K, que é aproximadamente a temperatura da superfície do Sol, emitem os três tipos de radiação. À medida que a temperatura diminui, a intensidade relativa de UV e luz visível também diminui. À temperatura de 3 000 K, a emissão é praticamente apenas de radiação infravermelha.

De toda a radiação ultravioleta emitida pelo Sol (A, B e C) que poderia atingir a Terra, uma parte é blindada pela camada de ozônio, principalmente a radiação ultravioleta C.

Embora as radiações solares sejam essenciais ao desenvolvimento de plantas e animais, não podemos esquecer que exposições prolongadas ao sol, sem proteção, em horários de maior incidência (das 10h às 16h), podem provocar efeitos biológicos indesejáveis, tais como câncer de pele e catarata. Observamos que a pele e os olhos são os órgãos mais sensíveis à radiação ultravioleta. Assim, a utilização de loções com filtro solar e óculos protetores são recomendáveis para as pessoas que passam muito tempo expostas aos raios solares.

A interação da radiação ultravioleta de baixa energia (grandes comprimentos de onda) com a pele estimula a produção de pigmentos responsáveis pelo bronzeamento (escurecimento da pele). Por outro lado, radiações ultravioleta com pequenos comprimentos de onda possuem energia suficiente para danificar células da pele. Embora a maioria das radiações ultravioleta seja classificada como não ionizante, pode provocar a excitação de elétrons. Nesse caso, os elétrons não são arrancados do átomo, mas levados a um nível energético maior.

## Raios X

Em 1895, o físico alemão Wilhelm Conrad Röntgen (1845-1923), usando um tubo com vácuo, um filamento incandescente e alta voltagem, acelerou elétrons emitidos pelo filamento. Nesse dispositivo, conhecido como tubo de raios catódicos, Röntgen utilizou um princípio bem semelhante ao dos tubos de televisão.

Ao atingir a tela do tubo, grande parte da energia dos elétrons era transformada em energia térmica. Havia também uma parte que se transformava em energia radiante. A radiação emitida, muito mais penetrante do que a luz, não era percebida pelo olho humano, mas podia sensibilizar uma chapa fotográfica. Desconhecida até então, ela foi chamada de radiação X, ou raios X.

A descoberta de Röentgen, que lhe rendeu o Prêmio Nobel de Física de 1901 (primeiro prêmio Nobel de Física), teve aplicação quase imediata na Medicina, nas radiografias (**figura 9.29**), permitindo o acesso a regiões nas quais nossa visão não penetra.

Figura 9.29 A primeira radiografia da História foi obtida em 1896. A imagem é da mão de Bertha, esposa de Röentgen (**a**). Esquema de um aparelho de raios X na obtenção da radiografia de um pé humano (**b**). Radiografia de pés humanos (**c**).

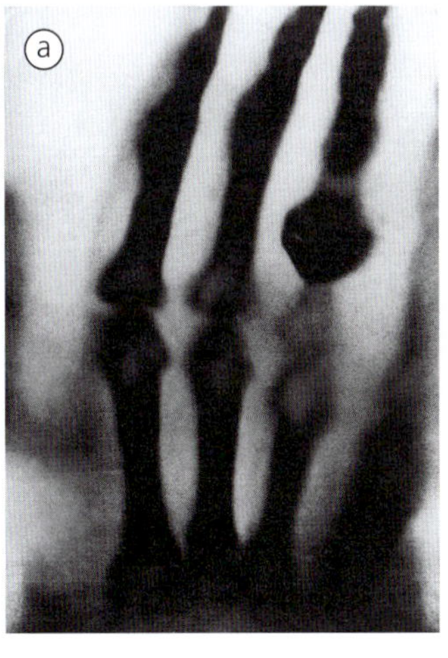


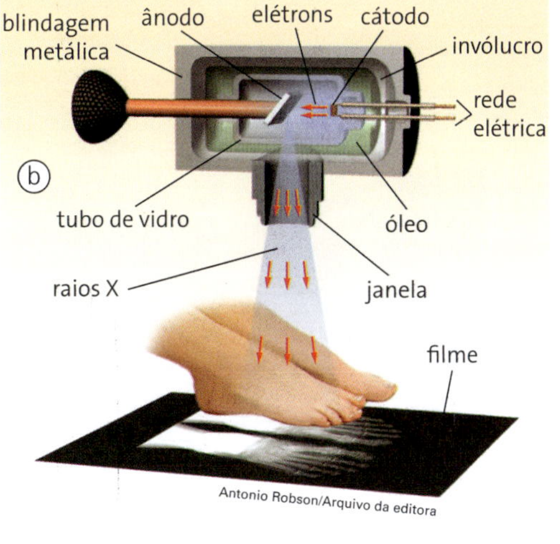


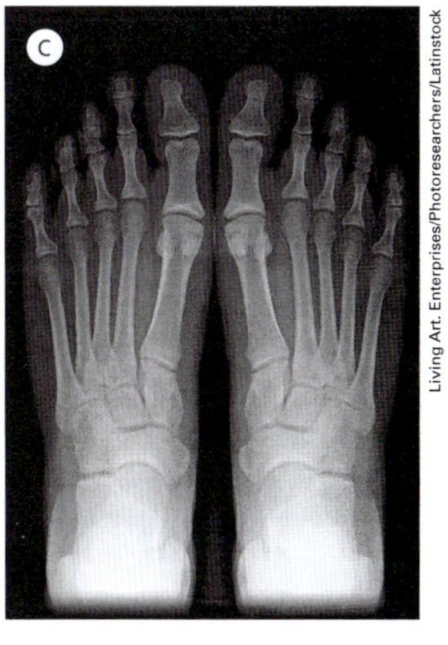

Hoje sabemos que os raios X são radiações eletromagnéticas com comprimentos de onda muito pequenos, da ordem de $10^{-10}$ m, e frequências muito altas, da ordem de $10^{20}$ Hz. São radiações extremamente energéticas, com alto poder de penetração, produzidas por oscilações que ocorrem em nível atômico, ou pela desaceleração brusca de elétrons. Os raios X e os raios gama pertencem à classe de radiações denominadas ionizantes.

Com o desenvolvimento das radiografias, tornou-se possível diagnosticar pequenas anormalidades nos tecidos, como fraturas ósseas, por exemplo. Radiografias de cavidades, como os pulmões, são particularmente eficientes, pois o ar é bem mais transparente que os tecidos biológicos, permitindo, assim, alto contraste. Em vista disso, pouco depois de serem descobertos, os raios X se transformaram no mais importante meio de diagnóstico da tuberculose.

Na radiografia de outras cavidades do corpo humano, como o estômago, por exemplo, pode-se empregar um líquido de contraste para preenchê-las.

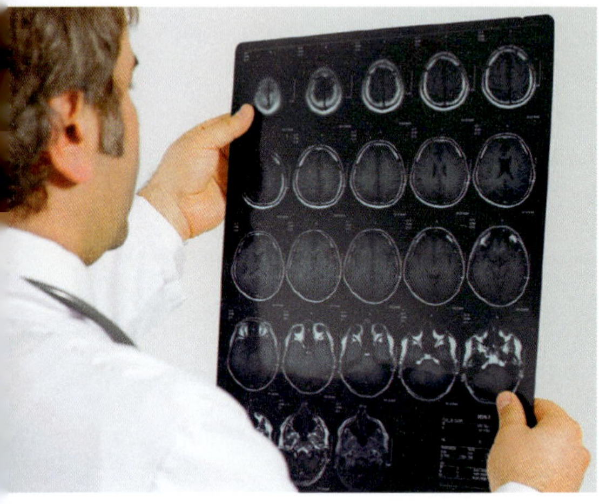
JazzIRT/Getty Images

Figura 9.30 Médico avaliando imagens de uma tomografia computadorizada.

A exposição excessiva aos raios X é prejudicial para os tecidos humanos. Pode provocar lesões, manchas na pele e até mesmo o câncer. Por essa razão, o uso de radiografias deve ser rigorosamente controlado e os equipamentos muito bem calibrados, para que tanto o paciente quanto o técnico em radiologia estejam seguros. Quando possível, as radiografias devem ser substituídas por outros mecanismos de diagnóstico, como o ultrassom, que é inofensivo para o ser humano.

Em 1972, o inglês Godfrey N. Hounsfield (1919-2004) e o sul-africano naturalizado norte-americano Allan M. Cormack (1924-1998) inventaram o tomógrafo. Por esse trabalho, os dois receberam o prêmio Nobel de Fisiologia e Medicina, em 1979.

Na tomografia computadorizada (figura 9.30), um estreito feixe de raios X é emitido por uma fonte que circunda o paciente. Diametralmente opostos, sensores captam a radiação e a enviam para um computador. Com a mesma dosagem de radiação de uma radiografia convencional, essa técnica permite a obtenção de vários planos radiográficos (fatias), com uma definição centenas de vezes melhor.

Na indústria, os raios X são muito empregados em dispositivos de segurança. Utilizando-se raios X de baixa energia, pode-se verificar, por exemplo, o conteúdo de embalagens sem a necessidade de abri-las. Nos aeroportos, eles são muito úteis na identificação de objetos metálicos em bagagens (figura 9.31).

Figura 9.31 Equipamento de raios X usado em aeroportos para verificação da bagagem dos passageiros.

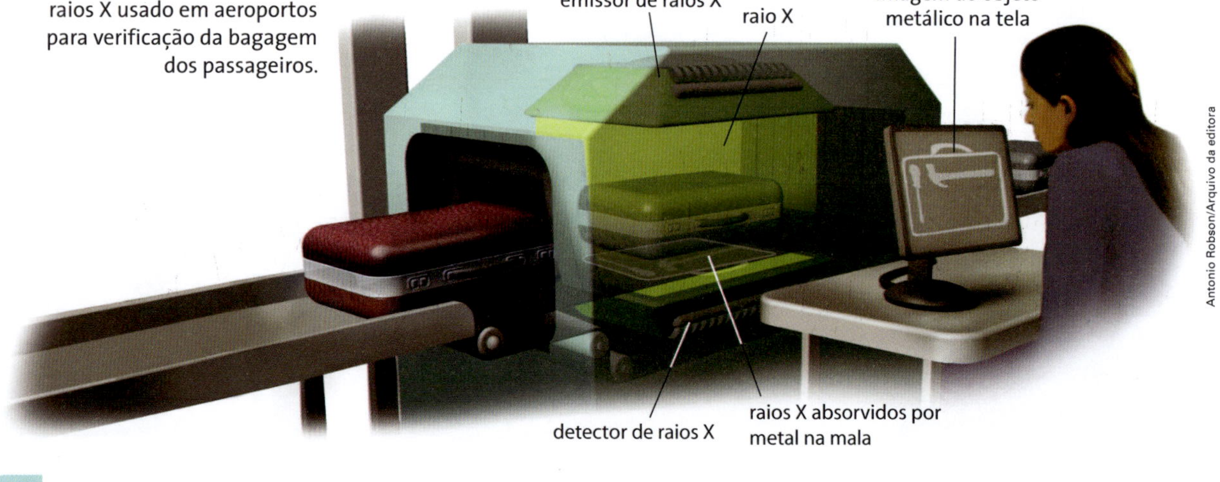

Antonio Robson/Arquivo da editora

# Radioatividade

A descoberta dos raios X em 1895 teve repercussão imediata na comunidade científica. Muitos físicos passaram a pesquisar essa nova forma de radiação. Um deles foi o físico francês Antoine H. Becquerel (1852-1908).

Durante pesquisas realizadas em 1896, nas quais analisava a possibilidade de emissão de raios X por parte de diferentes elementos químicos, Becquerel notou que uma amostra de sal de urânio impressionava uma chapa fotográfica (figura 9.32), mesmo quando não submetida a tratamento térmico ou a qualquer outra forma de excitação.

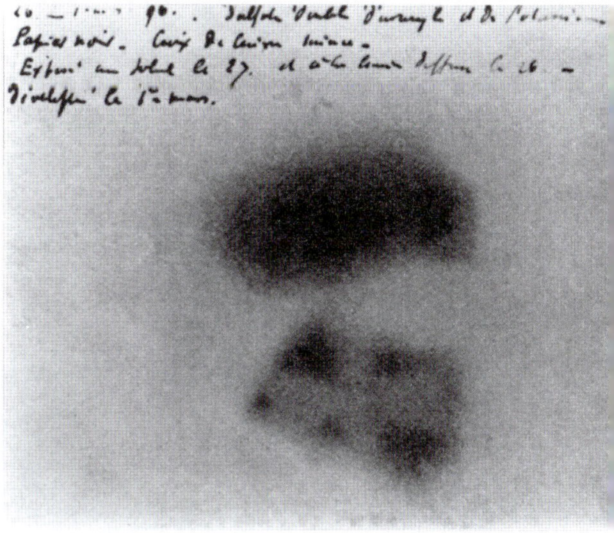

SPL/Latinstock

Figura 9.32 Foto que mostra uma das chapas fotográficas originais usadas por Becquerel e impressionada pela radiação.

Becquerel repetiu o experimento com diversos sais de urânio nas mais variadas condições e chegou à conclusão de que o sal emitia espontaneamente uma forma de radiação que, com certeza, não era raio X, mas impressionava as chapas fotográficas. Essa nova forma de radiação recebeu inicialmente o nome de raios urânicos, e sua emissão espontânea foi atribuída apenas ao urânio.

O casal Pierre Curie (1859-1906) e Marie Curie (1867-1934) deu continuidade a essas pesquisas e mostrou que a emissão espontânea de radiação não era exclusividade do urânio. O tório e o polônio também a emitiam. O elemento polônio foi descoberto pelo casal e seu nome é uma homenagem à terra natal de Marie Curie, a Polônia. Eles também descobriram o rádio, elemento químico que emitia uma radiação muito mais intensa que a do urânio. A partir de então, o fenômeno da emissão espontânea de radiação por parte de alguns elementos químicos passou a ser conhecida como **radioatividade**. Em 1903, Pierre Curie, Marie Curie e Becquerel receberam o Prêmio Nobel de Física pelas pesquisas sobre a radioatividade.

A etapa seguinte das pesquisas visava à descrição das propriedades da radioatividade. Era preciso responder a algumas questões, como: qual é a sua origem? Como é constituída? De onde é emitida?

As pesquisas realizadas pelo físico neozelandês Ernest Rutherford (1871-1937), em 1898, levaram à identificação de três tipos de radiação na radioatividade, as quais foram denominadas **alfa** ($\alpha$), **beta** ($\beta$) e **gama** ($\gamma$). A radiação $\alpha$ foi identificada como partículas elétricas carregadas positivamente; a radiação $\beta$, como partículas elétricas carregadas negativamente; e a radiação $\gamma$, como radiação eletromagnética.

Os raios gama são emitidos pelos núcleos de átomos radioativos. São os mais energéticos do espectro eletromagnético até hoje conhecidos. Possuem frequências da ordem de $10^{24}$ Hz e comprimentos de onda de $10^{-14}$ m, com grande poder de penetração na matéria. A figura 9.33 ilustra as blindagens necessárias para as radiações alfa, beta e gama. Observe que a blindagem das radiações gama é feita com blocos de chumbo.

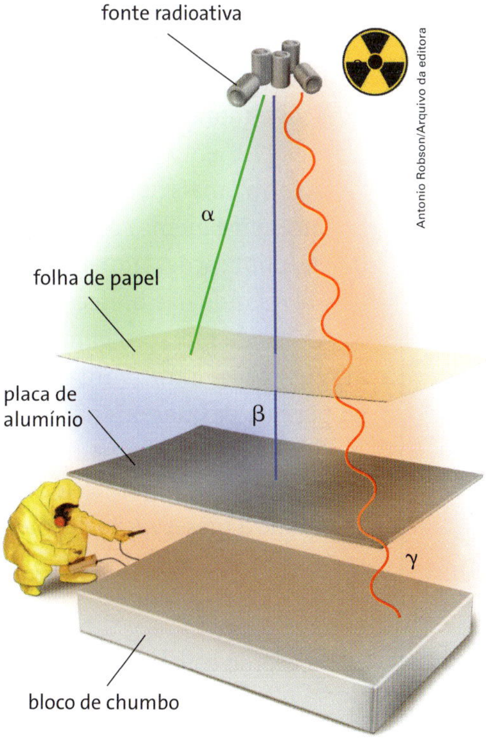


Antonio Robson/Arquivo da editora

Figura 9.33 Blindagem das emissões radioativas.

De acordo com o tipo de radiação e a energia a ela associada, temos diferentes riscos e aplicações. As emissões dos núcleos radioativos normalmente têm energia muito superior às das radiações comuns, como as ondas de rádio, luz ou de infravermelho, e por isso têm alto poder de ionização. Assim como os raios X, são chamadas de radiações ionizantes.

Física explica

## Radiação gama é usada na preservação do patrimônio brasileiro

"O patrimônio histórico e cultural é mais um dos setores que poderá ser beneficiado no Brasil com as aplicações da radiação ionizante. O Instituto de Engenharia Nuclear (IEN), uma das unidades da Comissão Nacional de Energia Nuclear (Cnen) no Rio de Janeiro, já testou e começa a aplicar uma técnica que utiliza radiação gama no combate a fungos e bactérias que destroem livros, documentos e obras de arte nas bibliotecas e museus do país. Papéis mais antigos são as grandes vítimas desses microrganismos. [...]

Couperfield/Shutterstock/Glow Images

A imagem mostra a deterioração de um livro pela ação de fungos.

[...] Os fungos são os maiores vilões. Eles geram substâncias que destroem a celulose do papel, além de afetarem materiais como couro, palha, tecidos, colas e adesivos. O prejuízo aparece na forma de buracos e manchas. O clima tropical do Brasil agrava o problema, pois calor e umidade favorecem o desenvolvimento de fungos.

A forma mais habitual de combatê-los tem sido o uso de produtos químicos. Mas o processo, além de caro, exige intensa manipulação dos livros. Outro problema é que o uso de produtos tóxicos faz com que as publicações fiquem em uma espécie de quarentena, podendo ser novamente consultadas somente quando não oferecem mais perigo à saúde dos leitores.

O uso da radiação gama para esterilização e conservação dos livros e obras de arte já ocorre em alguns países e traz vantagens em relação aos processos químicos. A manipulação é mínima e não há período de quarentena. [...]

[...] A técnica assemelha-se à irradiação de alimentos, que elimina fungos e bactérias de carnes, vegetais e grãos sem interferir no sabor, coloração e valor nutritivo. Na área cultural, seu uso pode ser estendido à preservação de fotografias, desenhos e peças arqueológicas, entre outras coleções."

ASSESSORIA de Comunicação do IEN. Radiação gama é usada na preservação do patrimônio brasileiro. Disponível em: <http://agenciact.mct.gov.br/index.php/content/view/123877.html>. Acesso em: nov. 2012.

1. De acordo com o texto, quais os maiores vilões de livros, documentos e obras de arte?

2. Qual é a vantagem em se utilizar a radiação gama, em vez de produtos químicos, no combate a fungos e bactérias que destroem livros, documentos e obras de arte nas bibliotecas e museus?

## Exercícios

19. Qual das três radiações ultravioleta, A, B ou C, é mais energética? Justifique.

20. Geralmente, as pessoas utilizam óculos escuros quando se expõem ao sol, principalmente nas ruas e na praia. Qual é a função básica desses óculos: estética ou proteção? Explique.

21. Leia o texto a seguir.

*Os filtros solares, utilizados pelas pessoas para se protegerem da ação do sol, são identificados por um número, chamado de* ***fator de proteção solar*** *(FPS). Se uma pessoa usar um filtro solar com FPS-15 de acordo com as recomendações, ela poderá ficar exposta ao sol por um tempo até 15 vezes maior do que se não estivesse usando o protetor.*

De acordo com o texto, podemos concluir que, se uma pessoa usar um filtro solar com FPS-30:

a) estará protegida da ação do sol durante 30 horas.

b) certamente pretende ficar exposta ao sol por um período de 15 a 30 horas.

c) poderá ficar exposta ao sol por um período até 30 vezes maior do que se não estivesse usando o protetor.

d) para estar protegida, precisa aplicar o protetor a cada 30 minutos.

22. Nas radiografias dos pulmões, é comum o técnico pedir à pessoa a ser radiografada que encha os pulmões de ar e prenda a respiração. Já nas radiografias de estômago, solicita-se que a pessoa tome um líquido antes da radiografia. Qual é a finalidade desses procedimentos?

23. Se os raios X podem danificar os tecidos humanos, o que justifica a sua utilização em diagnósticos médicos?

24. O que significa dizer que determinado elemento químico é radioativo?

25. Com base em seus conhecimentos de Química sobre a estrutura de um átomo, responda: qual é a diferença básica entre os raios X e os raios gama?

26. (Vunesp-SP) A luz visível é uma onda eletromagnética, que na natureza pode ser produzida de diversas maneiras. Uma delas é a bioluminescência, um fenômeno químico que ocorre no organismo de alguns seres vivos, como algumas espécies de peixes e alguns insetos, onde um pigmento chamado luciferina, em contato com o oxigênio e com uma enzima chamada luciferase, produz luzes de várias cores, como verde, amarela e vermelha. Isso é o que permite ao vaga-lume macho avisar, para a fêmea, que esta chegando, e à fêmea indicar onde está, além de servir de instrumento de defesa ou de atração para presas.

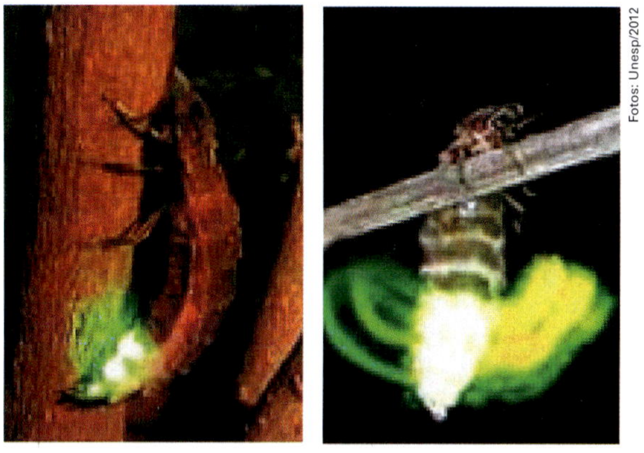

Fotos: Unesp/2012

As luzes verde, amarela e vermelha são consideradas ondas eletromagnéticas que, no vácuo, têm:

a) os mesmos comprimentos de onda, diferentes frequências e diferentes velocidades de propagação.

b) diferentes comprimentos de onda, diferentes frequências e diferentes velocidades de propagação.

c) diferentes comprimentos de onda, diferentes frequências e iguais velocidades de propagação.

d) os mesmos comprimentos de onda, as mesmas frequências e iguais velocidades de propagação.

e) diferentes comprimentos de onda, as mesmas frequências e diferentes velocidades de propagação.

27. (UFRN) Recentemente, tem-se falado muito sobre os possíveis danos que o uso contínuo de aparelhos celulares pode trazer ao ser humano. Por sua vez, muitas pessoas que já utilizaram o celular encostado à orelha, por um tempo suficientemente longo, perceberam que a região em torno desta se aqueceu. Isso se explica pelo fato de que:

a) o celular absorve ondas eletromagnéticas, que são transformadas em radiação ultravioleta e aquecem os tecidos da região da orelha.

b) o celular emite ondas sonoras, as quais são absorvidas pelos tecidos da região da orelha, aquecendo-a.

c) o celular emite ondas eletromagnéticas, as quais são absorvidas pelos tecidos da região da orelha, aquecendo-a.

d) o celular absorve ondas sonoras, que são transformadas em radiação infravermelha que aquece os tecidos da região da orelha.

EM CONSTRUÇÃO

## James Clerk Maxwell

James Clerk Maxwell

O físico e matemático James Clerk Maxwell nasceu em Edimburgo, na Escócia, em 1831, e faleceu em Cambridge, na Inglaterra, em 1879.

Em 1847, com 16 anos de idade, Maxwell iniciou seus estudos de Matemática, Filosofia Natural, que incluía a Física, e Lógica na Universidade de Edimburgo. Em 1850, foi para a Universidade de Cambridge, onde iniciou seus estudos sobre eletricidade e magnetismo e formou-se em 1854. Nesse ano, Maxwell foi o segundo estudante com a mais alta distinção em Matemática da universidade e o primeiro detentor do prêmio Smith, prestigiosa competição que premiava as melhores pesquisas originais.

Ainda em 1854 tornou-se membro do Trinity College e em 1856 foi indicado para o cargo de professor universitário de Filosofia Natural no Marischal College, em Aberdeen, na Escócia. Paralelamente, deu sequência às suas pesquisas sobre eletricidade e magnetismo, e nesse ano publicou seu primeiro trabalho sobre o assunto que, posteriormente, o consagraria. Em 1858, Maxwell casou-se com Katherine Mary Dewar, filha do diretor do Marischal College. Não teve filhos, mas essa união foi descrita pelos seus biógrafos como "uma vida conjugal exemplar".

Em 1860, com a fusão entre o Marischal College e o King's College [em Londres], Maxwell foi indicado para professor universitário de Filosofia Natural no King's College, cargo que ocupou até 1865. Em 1861, foi admitido como membro da Royal Society. Esses anos foram, incontestavelmente, os mais produtivos de sua carreira.

Em 1865, Maxwell deixou Londres e retirou-se para Glenlair, onde prosseguiu seu trabalho, que o consagraria como um dos grandes cientistas da História, o mais importante físico do século XIX. Em seu *Tratado sobre Eletricidade e Magnetismo*, publicado em 1873, que deu origem às famosas "equações de Maxwell" e que uniu a Eletricidade, o Magnetismo e a Óptica, ele apresentou a teoria eletromagnética da luz e previu a existência das ondas eletromagnéticas. A teoria de Maxwell sugeria que ondas eletromagnéticas podiam ser geradas em laboratório, fato comprovado por Heinrich Rudolf Hertz em 1887. Posteriormente, em 1905, esse trabalho serviria de base para Albert Einstein (1879-1955) desenvolver a sua teoria da relatividade restrita.

Maxwell publicou inúmeros artigos científicos. Sua contribuição para a ciência inclui, além do Eletromagnetismo, a Física estatística e molecular, a teoria cinética dos gases e a Óptica geométrica. Supervisionou a determinação experimental das unidades elétricas para a Associação Britânica para o Progresso da Ciência, e seu trabalho com medições e padronizações foi de suma importância para o Laboratório Nacional de Física. Maxwell teve participação efetiva na nona edição da *Enciclopédia Britânica*. Em sua homenagem, a unidade eletromagnética de fluxo magnético, no Sistema CGS (centímetro, grama, segundo), foi denominada maxwell.

Em 1871, Maxwell supervisionou a construção do Laboratório Cavendish, em Cambridge, e tornou-se seu diretor. Os últimos anos de sua vida foram dedicados à edição de trabalhos, basicamente sobre Matemática e Eletromagnetismo. Em virtude de um câncer no estômago, faleceu aos 48 anos de idade.

ENCYCLOPAEDIA Britannica. Disponível em: <www.britannica.com/EBchecked/topic/370621/James-Clerk-Maxwell>. Acesso em: fev. 2014. Texto traduzido pelos autores.

# Pensando no Enem

1. O progresso da tecnologia introduziu diversos artefatos geradores de campos eletromagnéticos. Uma das mais empregadas invenções nessa área são os telefones celulares e *smartphones*. As tecnologias de transmissão de celular atualmente em uso no Brasil contemplam dois sistemas. O primeiro deles é operado entre as frequências de 800 MHz e 900 MHz e constitui os chamados sistemas TDMA/CDMA. Já a tecnologia GSM, ocupa a frequência de 1 800 MHz. Considerando que a intensidade de transmissão e o nível de recepção "celular" sejam os mesmos para as tecnologias de transmissão TDMA/CDMA ou GSM, se um engenheiro tiver de escolher entre as duas tecnologias para obter a mesma cobertura, levando em consideração apenas o número de antenas em uma região, ele deverá escolher:

   a) a tecnologia GSM, pois é a que opera com ondas de maior comprimento de onda.
   b) a tecnologia TDMA/CDMA, pois é a que apresenta efeito Doppler mais pronunciado.
   c) a tecnologia GSM, pois é a que utiliza ondas que se propagam com maior velocidade.
   d) qualquer uma das duas, pois as diferenças nas frequências são compensadas pelas diferenças nos comprimentos de onda.
   e) qualquer uma das duas, pois nesse caso as intensidades decaem igualmente da mesma forma, independentemente da frequência.

**Resolução**

Considerando que a antena emissora das ondas eletromagnéticas seja uma fonte puntiforme e que o ar seja um meio não dissipativo, a intensidade das ondas eletromagnéticas $I$ em um dado ponto do meio, distante $r$ da fonte emissora, é dada por:

$$I = \frac{\text{potência da fonte}}{4\pi \cdot r^2}$$

Como a intensidade decai da mesma forma para as duas tecnologias citadas, o engenheiro poderá escolher qualquer uma das duas.

A alternativa correta é a **e**.

2. Considere um equipamento capaz de emitir radiação eletromagnética com comprimento de onda bem menor que a radiação ultravioleta. Suponha que a radiação emitida por esse equipamento foi apontada para um tipo específico de filme fotográfico e entre o equipamento e o filme foi posicionado o pescoço de um indivíduo. Quanto mais exposto à radiação, mais escuro se torna o filme após a revelação. Após acionar o equipamento e revelar o filme, evidenciou-se a imagem mostrada na figura abaixo:

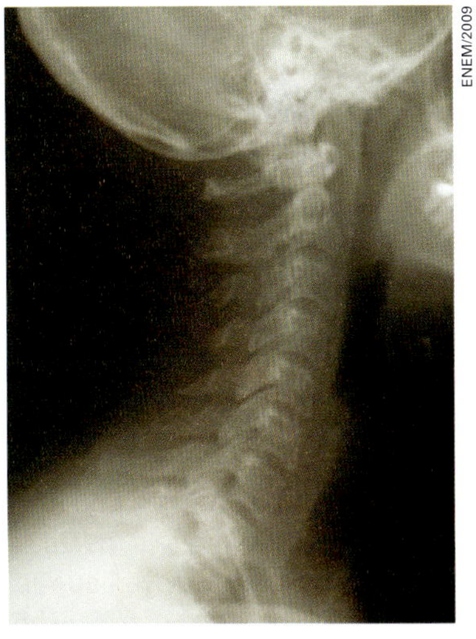


Entre os fenômenos decorrentes da interação entre a radiação e os átomos do indivíduo que permitem a obtenção desta imagem inclui-se a:

   a) absorção da radiação eletromagnética e a consequente ionização dos átomos de cálcio, que se transformam em átomos de fósforo.
   b) maior absorção da radiação eletromagnética pelos átomos de cálcio que por outros tipos de átomos.
   c) maior absorção da radiação eletromagnética pelos átomos de carbono que por átomos de cálcio.
   d) maior refração ao atravessar os átomos de carbono que os átomos de cálcio.
   e) maior ionização de moléculas de água que de átomos de carbono.

**Resolução**

A figura mostrada é de um filme sensível à radiação X. Como o enunciado da questão nos indica, as regiões mais escuras são aquelas submetidas a maior exposição de radiação, locais onde os raios atravessam a matéria sem interação, sem serem absorvidos, refletidos ou refratados. Assim, podemos observar que as áreas mais claras da figura correspondem à estrutura óssea do paciente, região que possui maior concentração de cálcio. O que nos leva a concluir que ocorre maior absorção da radiação eletromagnética nos átomos de cálcio do que nos outros tipos de átomos.

A alternativa correta é a **b**.

12. **SE** (Fuvest-SP) Em um ponto fixo do espaço, o campo elétrico de uma radiação eletromagnética tem sempre a mesma direção e oscila no tempo, como mostra o gráfico abaixo, que representa sua projeção *E* nessa direção fixa; *E* é positivo ou negativo conforme o sentido do campo.

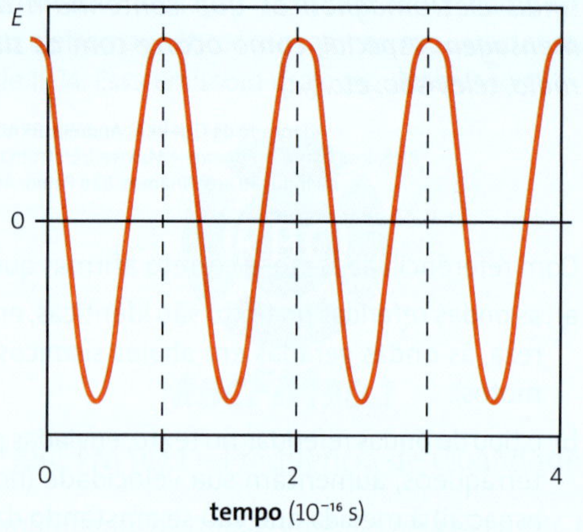


| Radiação eletromagnética | Frequência *f* (Hz) |
|---|---|
| rádio AM | $10^6$ |
| TC (VHF) | $10^8$ |
| micro-onda | $10^{10}$ |
| infravermelha | $10^{12}$ |
| visível | $10^{14}$ |
| ultravioleta | $10^{16}$ |
| raios X | $10^{18}$ |
| raios $\gamma$ | $10^{20}$ |

Consultando a tabela acima, que fornece os valores típicos de frequência *f* para diferentes regiões do espectro eletromagnético, e analisando o gráfico de *E* em função do tempo, é possível classificar essa radiação como:

a) infravermelha.
b) visível.
c) ultravioleta.
d) raio X.
e) raio $\gamma$.

13. **S** (UEM-PR) Cientistas descobriram que a exposição das células humanas endoteliais à radiação dos telefones celulares pode afetar a rede de proteção do cérebro. As micro-ondas geradas pelos celulares são ondas de mesma natureza que:

a) o som, mas de menor frequência.
b) a luz visível, mas de menor frequência.
c) o som, mas de mesma frequência.
d) a luz visível, mas de maior frequência.
e) o som, mas de maior frequência.

14. **S** (Udesc) Analise as afirmações abaixo, com relação às ondas eletromagnéticas.

I. Os raios gama são radiações eletromagnéticas de frequência maior do que a luz visível.
II. As micro-ondas são ondas eletromagnéticas que se propagam, no ar, com velocidade maior do que as ondas de rádio.
III. Os campos elétricos e magnéticos em uma radiação infravermelha vibram paralelamente à direção de propagação da radiação.

Assinale a alternativa correta.

a) Somente as afirmativas I e III são verdadeiras.
b) Somente a afirmativa II é verdadeira.
c) Somente a afirmativa III é verdadeira.
d) Somente as afirmativas II e III são verdadeiras.
e) Somente a afirmativa I é verdadeira.

15. **SE** (Cefet-SP) Além de luz e calor, o Sol libera muitos tipos de radiações e emite ondas de rádio, raios ultravioleta e raios X que, apesar da distância, também atingem o pequeno Plutão. Na Terra, somos protegidos dos efeitos nocivos dos raios ultravioleta e dos raios X devido à presença da atmosfera terrestre. O Sol emite radiações por meio de ondas:

a) mecânicas, longitudinais e que se propagam apenas nos meios materiais.
b) mecânica, transversais e que se propagam nos meios materiais e no vácuo.
c) eletromagnéticas, longitudinais e que se propagam apenas no vácuo.
d) eletromagnéticas, transversais e que se propagam nos meios materiais e no vácuo.
e) mecânica ou eletromagnéticas, longitudinais e que se propagam em qualquer meio.

16. **S** (UFRGS-RS) São exemplos de ondas os raios X, os raios gama, as ondas de rádio, as ondas sonoras e as ondas de luz. Cada um desses cinco tipos de onda difere, de algum modo, dos demais.

Qual das alternativas apresenta uma afirmação que diferencia corretamente o tipo de onda referido das demais ondas acima citadas?

a) Raios X são as únicas ondas que não são visíveis.
b) Raios gama são as únicas ondas transversais.
c) Ondas de rádio são as únicas ondas que transportam energia.
d) Ondas sonoras são as únicas ondas longitudinais.
e) Ondas de luz são as únicas ondas que se propagam no vácuo com velocidade de 300 000 km/s.

CAPÍTULO

# 10 Os pilares da Física moderna

Tony & Daphne Hallas/SPL/Latinstock

A galáxia de Andrômeda tem formato espiral e está localizada a 2,54 milhões de anos-luz da Terra.

# 1 Postulados da teoria da relatividade especial

## A Física no final do século XIX

Próximo ao final do século XIX parecia que toda a ciência estava sob a influência da corrente filosófica denominada **determinismo**. Nessa época, os avanços do conhecimento científico foram muito significativos, e reinava a impressão de que a humanidade deixara para trás sua ignorância em relação ao Universo e estava às portas do saber absoluto.

As leis da Mecânica, da Física térmica, da Óptica, da Ondulatória, do Eletromagnetismo, enfim, da Física em geral, estavam tão solidamente confirmadas pelas experiências e aplicações que muitos imaginavam que o equacionamento completo da natureza era apenas uma questão de tempo. Restavam ainda algumas pontas soltas, mas isso parecia sem importância diante de tudo o que já se conhecia.

Felizmente, existem os que sempre veem a ciência como uma obra inacabada. E foi graças ao questionamento desses espíritos críticos que a natureza revelou novos e inesperados aspectos. Estes, de tão surpreendentes, foram enquadrados no que se convencionou chamar de **Física moderna**.

Mas por que "moderna"?

Já se passaram mais de cem anos desde a publicação dos trabalhos do físico alemão Max Planck (1858-1947) sobre a quantização da energia, e mais de cem anos das publicações de Einstein sobre o efeito fotoelétrico e a relatividade restrita. É também mais ou menos o mesmo intervalo de tempo que nos separa da formulação do físico dinamarquês Niels Bohr (1885-1962) sobre o átomo de hidrogênio e dos trabalhos do casal Curie sobre a radioatividade. Em outras áreas do conhecimento, dificilmente alguém chamaria de modernos fatos que ocorreram um século antes. Mas há razões para que a Física mantenha essa distinção.

Matthew Russell/Visuals Unlimited/Corbis/Latinstock

Figura 10.1 Galáxia Andrômeda. Imagem obtida da captação de radiações eletromagnéticas de diferentes frequências.

Sem os avanços que essa nova abordagem da natureza física da matéria, do espaço e do tempo trouxe para nossos dias, ainda seria possível a concepção de invenções como os aviões, os automóveis e muitas outras máquinas. No entanto, certamente não existiriam as células fotoelétricas que controlam as portas de elevadores, bem como as utilizadas na cronometragem, os telefones celulares, as cirurgias a *laser*, a ressonância magnética, a injeção eletrônica, que aprimorou o desempenho dos motores, os CDs e, sobretudo, os computadores.

A Física clássica, que rege o comportamento do nosso dia a dia newtoniano, continua válida e extremamente precisa dentro de certos limites, mas, quando nos voltamos para problemas que envolvem velocidades muito altas ou distâncias astronômicas (figura 10.1), não podemos resolvê-los sem considerar a teoria da relatividade. Além disso, é com base na relatividade que se conclui haver possibilidade de transformar matéria em energia. Deixando de lado a polêmica sobre sua utilização, sem a energia nuclear países como a França entrariam em colapso. Em novembro de 2012, segundo a Associação Mundial Nuclear, 77,7% da energia gerada na França era de centrais nucleares: sem essa energia, hospitais, metrôs, trens, fábricas e sistemas de aquecimento não funcionariam.

Já nas questões dos *microchips* (figura 10.2) e da radioatividade, é a Mecânica quântica que melhor descreve esses sistemas, com aprofundamento da Física do estado sólido.

A Física do século XX, denominada Física moderna, tem como alicerces a relatividade, que fornece a estrutura teórica para a compreensão do Universo em escala macroscópica (estrelas, galáxias, etc.), e a Mecânica quântica, que fornece a estrutura teórica para a compreensão do Universo em escala microscópica (partículas elementares, átomos, etc.).

De um lado, temos o limite do extremamente grande, a idade e o tamanho de nosso Universo – as questões cosmológicas em que aplicamos a relatividade geral; de outro lado, temos a abordagem do extremamente pequeno, o limite do observável na matéria, onde reina o princípio da incerteza proposto pelo físico alemão Werner Heisenberg (1901-1976) e que é um dos pilares da Mecânica quântica. As duas teorias se complementam, mas não estão unificadas.

O que se busca, hoje, é a teoria do campo unificado: uma teoria que junte a relatividade e a Mecânica quântica e que nos permita compreender o Universo em sua totalidade, ou seja, desde o infinitamente pequeno até o extremamente grande.

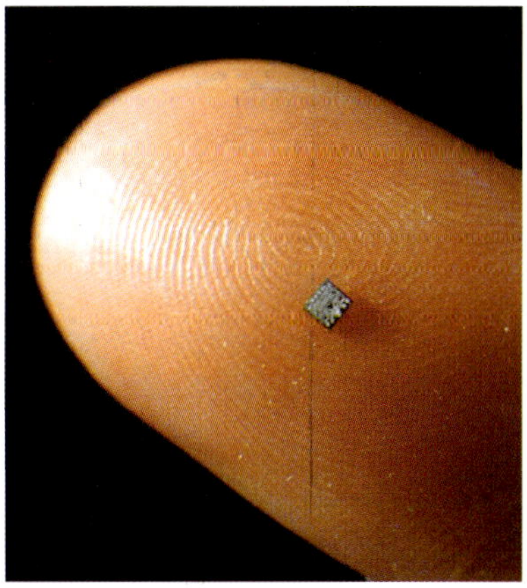

Nelson Morris/Latinstock

Figura 10.2 O avanço da pesquisa científica tem possibilitado a fabricação de *microchips* cada vez menores e potentes, o que possibilita a miniaturização de vários aparelhos.

## Física tem História

O ano de 2005 foi eleito pela comunidade internacional dos físicos como o Ano Mundial da Física, por ser o do centenário de publicação dos trabalhos de Albert Einstein. Em 1905, considerado o ano miraculoso, foi publicada pela revista alemã de Física *Annalen der Physik* [Anais da Física] uma série de artigos do jovem Einstein, então com 26 anos e ocupando o cargo de especialista técnico do Departamento Suíço de Patentes, em Berna.

Philippe Halsman/Magnum/Latinstock

Albert Einstein.

Um desses artigos – "Sobre um ponto de vista heurístico a respeito da produção e transformação da luz", publicado em 9 de junho de 1905 e que contém a explicação quântica de como a radiação eletromagnética interage com a matéria (efeito fotoelétrico) – rendeu-lhe o prêmio Nobel de Física de 1921.

Outro artigo – "Sobre a eletrodinâmica dos corpos em movimento", publicado em 26 de setembro de 1905 – contém o que hoje conhecemos como teoria da relatividade restrita ou especial. Nesse artigo, Einstein conciliou as leis da mecânica de Newton com o eletromagnetismo de Maxwell, postulando a constância da velocidade da luz. Esse postulado trouxe sérias consequências à nossa concepção de espaço e tempo.

Em 21 de novembro de 1905 foi publicado o artigo "A inércia de um corpo depende de seu conteúdo energético?", no qual Einstein introduz a equação mundialmente conhecida, $E = m \cdot c^2$, que estabelece a relação entre matéria e energia.

Nos anos seguintes, Einstein expandiu sua teoria da relatividade. Em 1916, publicou o artigo sobre as origens da teoria geral da relatividade. Ainda nesse ano, terminou o livro sobre as teorias da relatividade especial e da relatividade geral, o qual trazia as explicações para a gravitação newtoniana e representou um desafio para o senso comum.

# Teoria da relatividade especial

Antes da publicação da teoria de Einstein, o conceito de relatividade já havia sido incorporado à Física. Os trabalhos de Copérnico, Galileu e Newton faziam referências à relatividade dos movimentos. Essas contribuições podem ser sintetizadas no chamado princípio da relatividade do século XVII:

> As leis da Mecânica (leis de Newton) são as mesmas para dois observadores que se movem, um em relação ao outro, com velocidade constante (referenciais inerciais).

De acordo com a relatividade de Galileu, quando dois corpos se movimentam no mesmo sentido, a velocidade relativa entre eles é diferente daquela de quando eles se movimentam em sentidos contrários, ou ainda daquela de quando se movimentam em direções perpendiculares entre si.

A figura 10.3 mostra dois carros, *A* e *B*, que se movem simultaneamente, em relação ao solo, com velocidades constantes $v_A$ e $v_B$, respectivamente, em três situações distintas: na **figura a**, eles se movem na mesma direção e no mesmo sentido; na **figura b**, movem-se na mesma direção, mas em sentidos contrários; na **figura c**, movem-se em direções perpendiculares entre si.

Se os carros se movem, em relação ao solo, com velocidades $v_A = 80$ km/h e $v_B = 60$ km/h, qual é a velocidade do carro *A* em relação ao *B*?

Na figura 10.3.a, na qual os carros se movem no mesmo sentido, a velocidade do carro *A* em relação ao *B* é de 20 km/h (80 − 60). Isso quer dizer que, para o motorista do carro *B*, ele está parado e o carro *A* se afasta dele com velocidade de 20 km/h.

Na figura 10.3.b, na qual os carros se movem em sentidos contrários, a velocidade do carro *A* em relação ao *B* é de 140 km/h (80 + 60). Isso quer dizer que, para o motorista do carro *B*, ele está parado e o carro *A* se aproxima dele com velocidade de 140 km/h.

Finalmente, na figura 10.3.c, na qual os carros se movem em direções perpendiculares entre si, a velocidade do carro *A* em relação ao *B* é de 100 km/h ($\sqrt{(80)^2 + (60)^2}$). Isso quer dizer que, para o motorista do carro *B*, ele está parado e o carro *A* se aproxima dele com velocidade de 100 km/h.

Figura 10.3 Ilustração de três situações de movimento de dois carros.

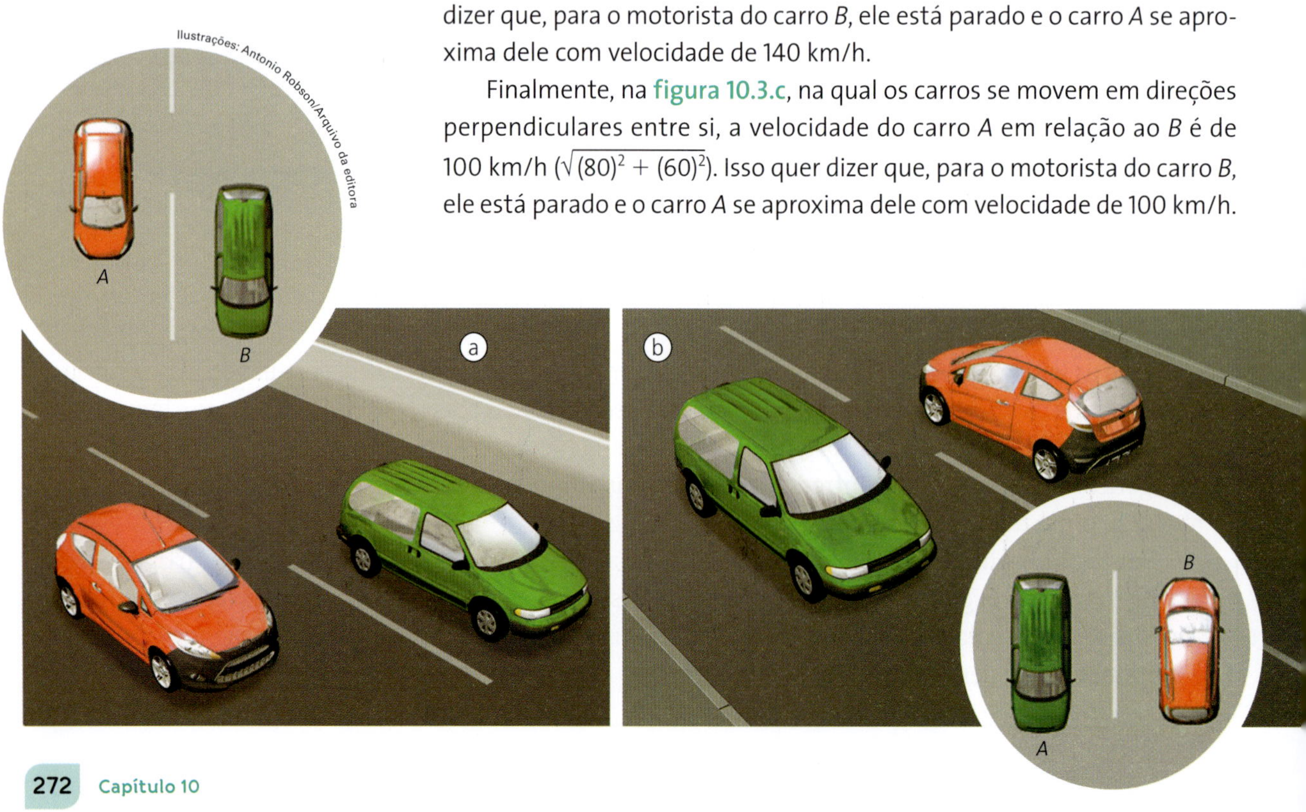

Einstein tentou aplicar os conceitos citados a uma experiência de pensamento que o preocupava desde os 16 anos de idade: "O que verei se correr atrás de um feixe de luz na velocidade da luz?". De acordo com a relatividade de Galileu e a Física newtoniana, ele deveria ver a luz em repouso, pois, se ambos se movimentam com a mesma velocidade, a velocidade relativa entre eles é zero.

Em 1905, Einstein chegou à conclusão de que essa resposta não estava correta, e a Física newtoniana precisaria ser reformulada. Com o artigo "Sobre a eletrodinâmica dos corpos em movimento", que passaria para a História como a teoria da relatividade especial, alicerçada em dois postulados aparentemente simples, Einstein modificou o modo de pensar o tempo, o espaço, a matéria e a energia.

Os dois postulados da teoria da relatividade especial são:

1º – Da relatividade: as leis da Física são as mesmas para todos os observadores em sistemas de referências inerciais.
2º – Da velocidade da luz: a velocidade da luz no vácuo tem sempre o mesmo valor em todas as direções e em todos os referenciais inerciais e não depende da velocidade da fonte nem do observador.

Com o primeiro postulado, Einstein ampliou o princípio da relatividade de Newton para toda a Física. Dois observadores em referenciais inerciais podem obter valores diferentes para um mesmo evento, mas as leis da Física são as mesmas para os dois.

Com o segundo postulado, Einstein estabeleceu que o valor da velocidade da luz no vácuo é sempre o mesmo, independentemente da velocidade da fonte ou do observador: a velocidade da luz é **absoluta**.

Além disso, como decorrência desses postulados, é possível mostrar que nenhum observador inercial pode se deslocar com a velocidade da luz. Somente anos mais tarde, Einstein percebeu a falha na sua pergunta aos 16 anos: ele não poderia estar viajando na velocidade da luz.

Um ponto importante na teoria da relatividade especial é que **a simultaneidade de um evento é um conceito relativo, que depende da velocidade relativa entre os observadores**.

Ilustrações: Antonio Robson/Arquivo da editora

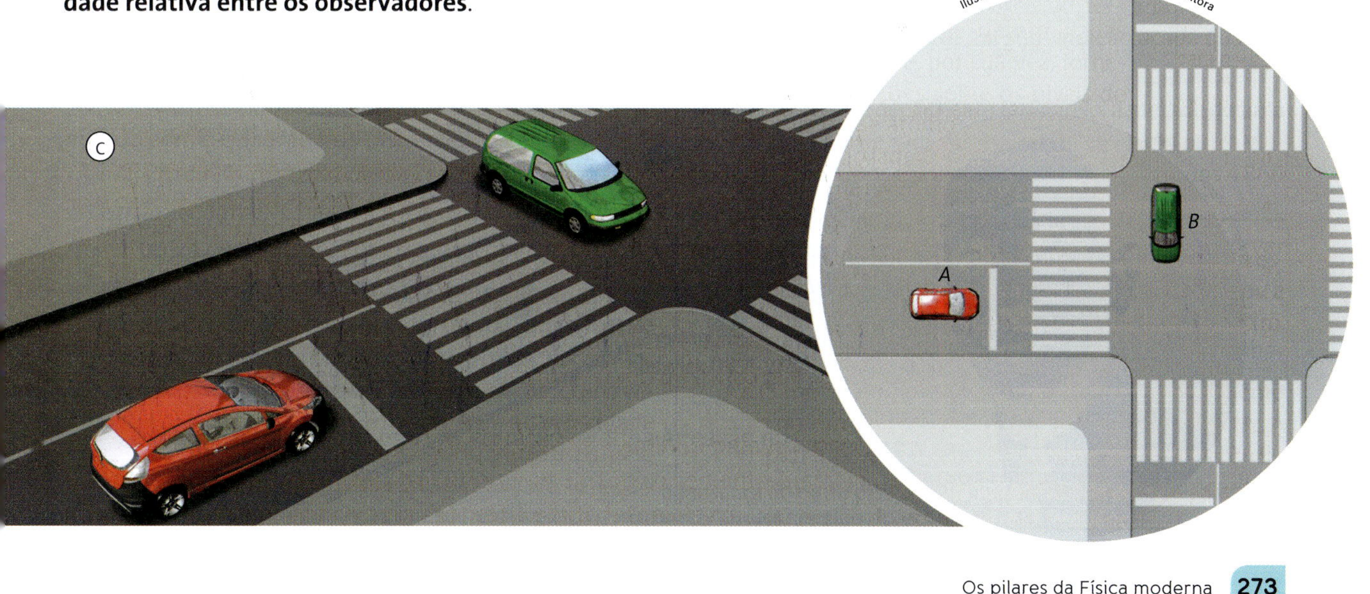

OED Relatividade especial

Figura 10.4 Ilustração sobre a relatividade da simultaneidade de Einstein.

Ilustrações: Antonio Robson/Arquivo da editora

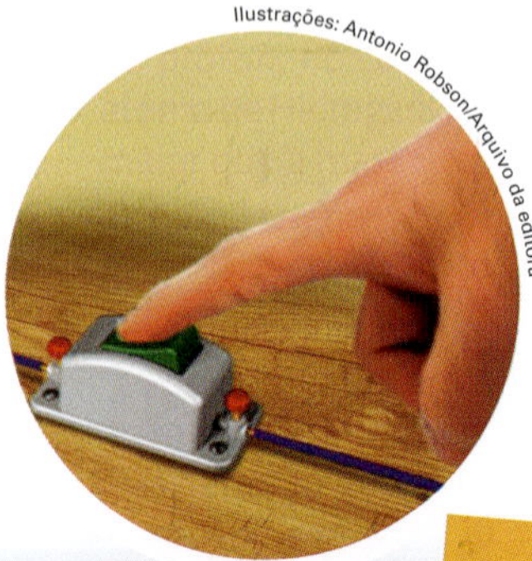

Como essa conclusão parece contrariar o nosso senso comum, acompanhe o exemplo a seguir. Suponha que um trem em movimento, com uma velocidade extremamente alta, possua duas lâmpadas fixadas, uma na frente e a outra na traseira. Considere, também, dois observadores, um dentro e outro fora do trem, conforme mostra a **figura 10.4**.

O comando para as lâmpadas acenderem é dado pelo observador que está dentro do trem. Para esse observador, os dois sinais (pulsos eletromagnéticos) emitidos pelo controle vão viajar à mesma distância e as lâmpadas vão acender simultaneamente.

Para o observador fora do trem, a lâmpada traseira vai ao encontro do pulso eletromagnético vindo do meio do trem, enquanto a dianteira foge desse pulso. Como os percursos efetuados pelos raios são diferentes e a velocidade da luz não depende do sistema de referência, para o observador fora do trem a lâmpada traseira acende antes da dianteira.

Vemos, então, que o mesmo evento (acendimento das lâmpadas) é simultâneo para o observador dentro do trem, mas não o é para o observador fora dele. Devemos ressaltar que, para que os efeitos dessa simultaneidade relativa sejam percebidos, é preciso que a velocidade relativa entre os observadores não seja desprezível quando comparada à velocidade da luz, ou seja, o trem deve estar se deslocando com velocidade próxima à da luz.

## Exercícios

1. De acordo com os postulados de Einstein da teoria da relatividade especial, julgue as afirmações seguintes.
   I. Se uma pessoa obtém o valor de 10 cm para o comprimento de uma barra, todas as pessoas que medirem essa barra deverão encontrar o valor de 10 cm.
   II. As leis da Física são as mesmas para todos os observadores.
   III. Se uma pessoa conseguir se movimentar com a velocidade da luz no mesmo sentido de um raio de luz, para ela, o raio de luz estará em repouso.

2. Uma nave espacial hipotética, com velocidade de 150 000 km/s, aproxima-se de uma estação orbital. Num determinado instante, a estação emite um *flash* luminoso que se propaga com velocidade de 300 000 km/s ao encontro do foguete. Qual é a velocidade com que o *flash* luminoso aproxima-se do foguete?

3. Suponha que uma nave se afasta de um planeta com velocidade de 60 000 km/s. Em um determinado momento, a nave envia um sinal de rádio para comunicar-se com o planeta. Determine a velocidade do sinal medida por um observador na nave e a medida por um observador no planeta. Admita que as ondas de rádio se propaguem com velocidade igual à da luz, 300 000 km/s.

4. (UFMG) Suponha que, no futuro, uma base avançada seja construída em Marte. Suponha, também, que uma nave espacial está viajando em direção à Terra, com velocidade constante igual à metade da velocidade da luz. Quando essa nave passa por Marte, dois sinais de rádio são emitidos em direção à Terra – um pela base e outro pela nave. Ambos são refletidos pela Terra e, posteriormente, detectados na base em Marte. Sejam $t_B$ e $t_N$ os intervalos de tempo total de viagem dos sinais emitidos, respectivamente, pela base e pela nave, desde a emissão até a detecção de cada um deles pela base em Marte. Considerando essas informações, é correto afirmar que:

   a) $t_B = 2 \cdot t_N$.
   b) $t_B = \dfrac{3}{2} \cdot t_N$.
   c) $t_B = \dfrac{6}{5} \cdot t_N$.
   d) $t_B = t_N$.

# 2 Dilatação do tempo e contração da distância

## Dilatação do tempo

Uma das consequências dos postulados da teoria da relatividade especial é que o **tempo é relativo**, ou seja, dois observadores, em movimento relativo, podem obter valores diferentes para a duração de um mesmo evento.

Para exemplificar como a medida de um intervalo de tempo de um evento é afetada pela velocidade relativa entre o observador e esse evento, vamos considerar a situação a seguir.

Uma fonte luminosa (lâmpada), colocada no piso de um carrinho que se movimenta com velocidade *v* em relação ao solo, emite um raio de luz que atinge um espelho plano colocado no teto do carrinho, reflete e retorna ao ponto de partida.

Uma pessoa (observador 1), dentro do carrinho, mede com um cronômetro o intervalo de tempo ($\Delta t_1$) entre a emissão do raio de luz (evento 1) e o retorno desse raio (evento 2) após a reflexão no espelho (figura 10.5).

Como a velocidade do raio de luz é constante e igual à da luz *c*, o intervalo de tempo $\Delta t_1$ é dado por:

$$\Delta t_1 = \frac{2 \cdot d}{c}$$

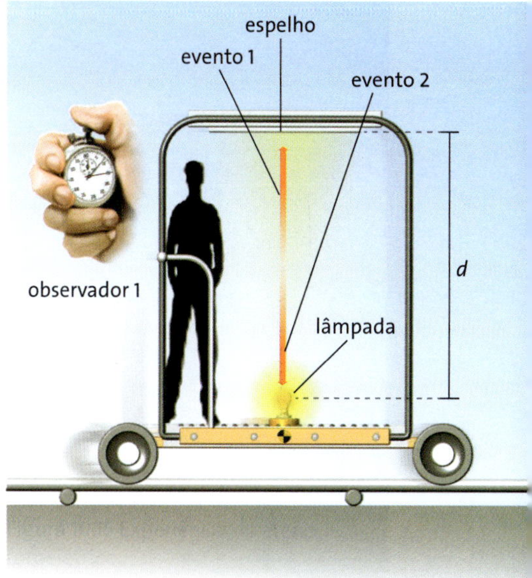


Figura 10.5 Pulso luminoso indo ao espelho e voltando à lâmpada, visto pelo observador no carrinho.

Nessa expressão, *d* é a distância entre a lâmpada e o espelho. Observe que os dois eventos (emissão e retorno do raio de luz) ocorrem no mesmo local e são medidos por um único relógio.

Suponha, agora, que o intervalo de tempo entre os dois eventos (emissão do raio e retorno após a reflexão no espelho) seja medido pelo observador 2, fora do carrinho. A figura 10.6 mostra o comportamento do raio de luz para esse observador.

Para o observador 2, o raio de luz percorre a distância *L* para ir da lâmpada ao espelho e voltar a esta. Portanto, o intervalo de tempo entre os dois eventos, medido por ele, é dado por:

$$\Delta t_2 = \frac{L}{c}$$

Figura 10.6 Pulso luminoso indo ao espelho e voltando à lâmpada, observado por uma pessoa parada no solo vendo o carrinho passar.

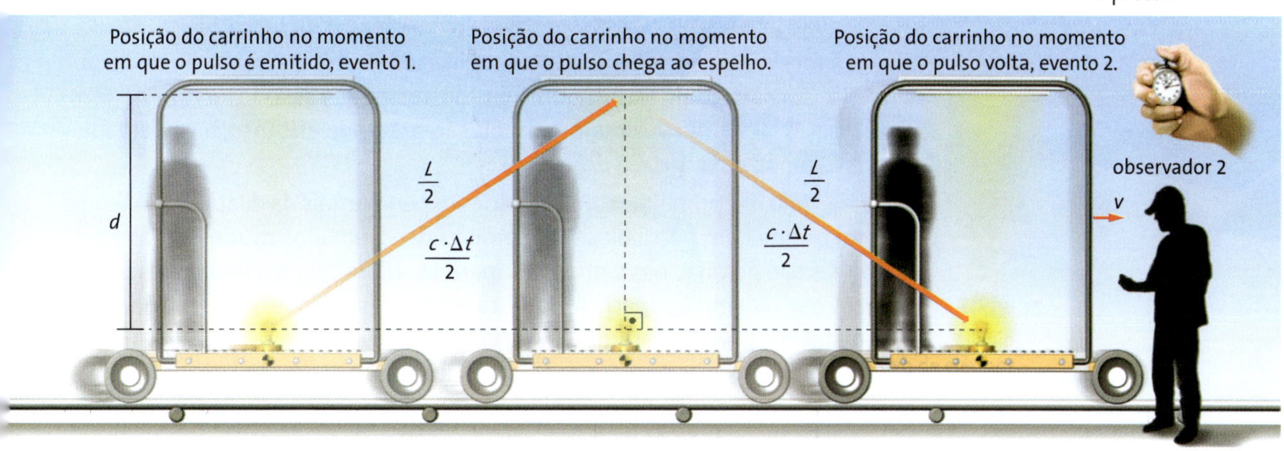


Ilustrações: Antonio Robson/Arquivo da editora

Comparando as expressões para os dois intervalos de tempo, verificamos que o intervalo de tempo medido com a fonte em movimento em relação ao observador ($\Delta t_2$) é maior que o medido com a fonte em repouso em relação ao observador ($\Delta t_1$). Isso se justifica, pois, de acordo com as **figuras 10.5** e **10.6**, $L > 2 \cdot d$. Assim, escrevemos:

$$\Delta t_2 > \Delta t_1$$

Esse resultado permite afirmar que **o relógio em repouso em relação a um determinado observador anda mais rapidamente que o outro idêntico que ele observa em movimento**.

A medida do intervalo de tempo feita por um observador em relação ao qual o objeto de medida está em repouso é chamada **medida própria** e normalmente é identificada pelo índice zero. Nesse caso, como se trata de uma medida de intervalo de tempo, temos o **intervalo de tempo próprio**:

$$\Delta t_1 = \Delta t_0$$

Observe que, para efetuar a medida do intervalo de tempo $\Delta t_2$, o observador fora do carrinho, para o qual a fonte está em movimento, precisa de dois relógios: um no evento 1 e o outro no 2. Essa medida não é própria, mas sim **relativa**. Portanto:

$$\Delta t_2 = \Delta t$$

A relação entre esses dois intervalos de tempo, $\Delta t$ (intervalo de tempo relativo) e $\Delta t_0$ (intervalo de tempo próprio), depende da velocidade $v$ com que a fonte se movimenta e da velocidade da luz $c$, que é dada por:

$$\Delta t = \frac{\Delta t_0}{\sqrt{1 - \left(\frac{v}{c}\right)^2}}$$

De acordo com essa expressão, concluímos que:

- como a velocidade $v$ com que a fonte se movimenta é sempre menor que a da luz $c$, $\Delta t$ é sempre maior que $\Delta t_0$;
- se a velocidade $v$ com que a fonte se movimenta for muito menor do que a da luz $c$ ($v << c$), os intervalos de tempo $\Delta t$ e $\Delta t_0$ serão praticamente iguais ($\Delta t \cong \Delta t_0$). Isso significa dizer que no nosso cotidiano não percebemos os efeitos da dilatação do tempo, pois as velocidades com a qual convivemos são desprezíveis em relação à da luz (300 000 km/s);
- à medida que a velocidade $v$ aumenta, os efeitos da dilatação do tempo se tornam mais acentuados. Em outras palavras, o intervalo de tempo $\Delta t$ fica cada vez maior em relação a $\Delta t_0$. No entanto, a velocidade $v$ não pode ser igual à $c$.

Uma das primeiras comprovações experimentais da dilatação do tempo foi obtida com partículas subatômicas denominadas **múons**. Essas partículas são geradas nas camadas superiores da Terra a partir de raios cósmicos e se dirigem à superfície da Terra em alta velocidade. Em razão de serem instáveis, pois num tempo extremamente curto sofrem decaimento, ou seja, transformam-se em outras partículas, dificilmente seriam observadas no nível do mar. Como, então, explicar a quantidade de múons observados no nível do mar? A resposta encontra-se no exercício resolvido 1.

**Comentário**

Vamos deduzir a expressão $\Delta t = \dfrac{\Delta t_0}{\sqrt{1 - \left(\dfrac{v}{c}\right)^2}}$. Para isso, utilizamos o teorema de Pitágoras (figura 10.7). Temos:

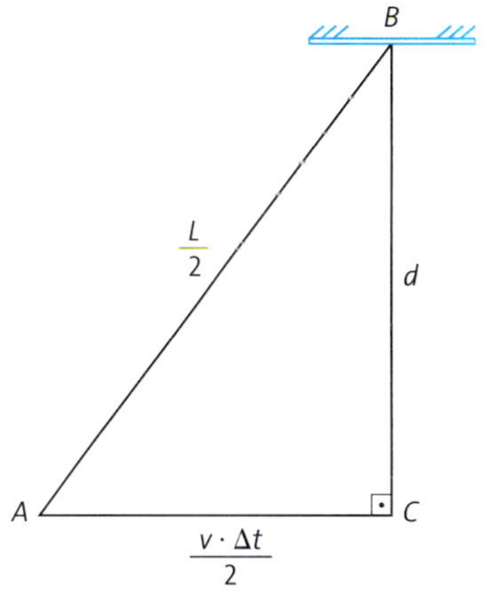


Figura 10.7 Caminho da luz para os dois observadores.

$$\left(\frac{L}{2}\right)^2 = d^2 + \left(\frac{v \cdot \Delta t}{2}\right)^2 \Rightarrow \frac{L^2}{4} = d^2 + \frac{v^2 \cdot \Delta t^2}{4} \Rightarrow L^2 = 4 \cdot \left(d^2 + \frac{v^2 \cdot \Delta t^2}{4}\right) \Rightarrow$$

$$\Rightarrow L = 2 \cdot \sqrt{d^2 + \frac{v^2 \cdot \Delta t^2}{4}} \quad \text{(I)}$$

Dividindo as expressões de $\Delta t$ e $\Delta t_0$, obtemos:

$$\frac{\Delta t}{\Delta t_0} = \frac{\frac{L}{\cancel{c}}}{\frac{2 \cdot d}{\cancel{c}}} \Rightarrow \frac{\Delta t}{\Delta t_0} = \frac{L}{2 \cdot d} \Rightarrow L = \frac{\Delta t}{\Delta t_0} \cdot 2 \cdot d \quad \text{(II)}$$

Substituindo (I) em (II) e lembrando que $d = \dfrac{c \cdot \Delta t_0}{2}$, temos:

$$\frac{\Delta t}{\Delta t_0} \cdot \cancel{2} \cdot \frac{c \cdot \Delta t_0}{2} = \cancel{2} \cdot \sqrt{\frac{c^2 \cdot (\Delta t_0)^2}{4} + \frac{v^2 \cdot \Delta t^2}{4}} \Rightarrow$$

$$\Rightarrow \frac{\Delta t}{\Delta t_0} = \frac{2}{c \cdot \Delta t_0} \cdot \sqrt{\frac{c^2 \cdot (\Delta t_0)^2}{4} + \frac{v^2 \cdot \Delta t^2}{4}} \Rightarrow$$

$$\Rightarrow \frac{\Delta t}{\Delta t_0} = \sqrt{\frac{\cancel{4}}{c^2 \cdot (\Delta t_0)^2} \cdot \left(\frac{c^2 \cdot (\Delta t_0)^2}{\cancel{4}} + \frac{v^2 \cdot \Delta t^2}{\cancel{4}}\right)} \Rightarrow$$

$$\Rightarrow \frac{\Delta t}{\Delta t_0} = \sqrt{\left(\frac{\cancel{c^2 \cdot (\Delta t_0)^2}}{\cancel{c^2 \cdot (\Delta t_0)^2}} + \frac{v^2 \cdot \Delta t^2}{c^2 \cdot (\Delta t_0)^2}\right)} \Rightarrow \frac{\Delta t}{\Delta t_0} = \sqrt{\left(1 + \frac{v^2 \cdot \Delta t^2}{c^2 \cdot (\Delta t_0)^2}\right)}$$

Elevando os dois lados ao quadrado, obtemos:

$$\frac{(\Delta t)^2}{(\Delta t_0)^2} = 1 + \frac{v^2 \cdot \Delta t^2}{c^2 \cdot (\Delta t_0)^2} \Rightarrow \frac{(\Delta t)^2}{(\Delta t_0)^2} - \frac{v^2 \cdot \Delta t^2}{c^2 \cdot (\Delta t_0)^2} = 1 \Rightarrow \frac{(\Delta t)^2}{(\Delta t_0)^2} \cdot \left(1 - \frac{v^2}{c^2}\right) = 1 \Rightarrow$$

$$\Rightarrow \frac{(\Delta t)^2}{(\Delta t_0)^2} = \frac{1}{\left(1 - \frac{v^2}{c^2}\right)} \Rightarrow (\Delta t)^2 = \frac{(\Delta t_0)^2}{\left(1 - \frac{v^2}{c^2}\right)} \Rightarrow \Delta t = \frac{\Delta t_0}{\sqrt{\left(1 - \frac{v^2}{c^2}\right)}} = \frac{\Delta t_0}{\sqrt{1 - \left(\frac{v}{c}\right)^2}}$$

## Exercício resolvido

1. Em repouso no laboratório, as partículas subatômicas denominadas múons sofrem decaimento em, aproximadamente, 2,2 μs. Se os múons gerados nas camadas superiores se dirigem à superfície da Terra com velocidade da ordem de 99% da velocidade da luz, explique como eles conseguem atingir o nível do mar, antes de decair.

**Resolução**

O intervalo de 2,2 μs, medido com um único cronômetro, é o intervalo de tempo próprio $\Delta t_0$. Nesse tempo, em movimento com velocidade da ordem de 99% da velocidade da luz, os múons percorrem, antes do decaimento, uma distância igual a:

$d = v \cdot \Delta t_0 \Rightarrow d = 0{,}99 \cdot 3 \cdot 10^5 \cdot 2{,}2 \cdot 10^{-6} \Rightarrow$

$\Rightarrow d = 0{,}65 \text{ km} = 650 \text{ m}$

Mas, de acordo com a dilatação do tempo, o intervalo medido por um observador na Terra para o tempo de vida dos múons é de:

$$\Delta t = \frac{\Delta t_0}{\sqrt{1 - \left(\frac{v}{c}\right)^2}} \Rightarrow \Delta t = \frac{2{,}2}{\sqrt{1 - \left(\frac{0{,}99 \cdot c}{c}\right)^2}} \Rightarrow \Delta t = 16{,}2 \ \mu\text{s}$$

E, nesse tempo, a distância percorrida pelos múons é:

$d = v \cdot \Delta t_0 \Rightarrow d = 0{,}99 \cdot 3 \cdot 10^5 \cdot 16{,}2 \cdot 10^{-6} \Rightarrow$

$\Rightarrow d = 4{,}81 \text{ km} = 4\,810 \text{ m}$

Sem levar em conta a dilatação do tempo, os múons percorrem 650 m até o decaimento. Levando-se em conta as correções relativísticas, os múons percorrem 4 810 m até o decaimento, o que justifica serem observados no nível do mar.

# Paradoxo dos gêmeos

Um exemplo interessante para ilustrar a dilatação do tempo é denominado paradoxo dos gêmeos. Pedro e Mateus são gêmeos e estão com 20 anos de idade. Um dia, Pedro resolve fazer uma viagem interplanetária em uma nave espacial que se movimenta com uma velocidade $v$ igual a 60% da velocidade da luz ($v = 0{,}6 \cdot c$), enquanto Mateus permanece na Terra (**figura 10.8**).

Ao retornar à Terra, Pedro está com 30 anos. Para ele, a viagem demorou 10 anos. Qual será a idade de Mateus?

Em princípio, deveríamos responder 30 anos, pois eles são gêmeos. Mas observe que, de acordo com a teoria da relatividade, para Mateus, que ficou na Terra, tudo o que ocorre com Pedro é mais lento. Para Pedro, o tempo passa mais devagar, portanto, ele envelhece menos. Isso significa dizer que Mateus estará com mais de 30 anos. Para sermos exatos, 32,5 anos. Veja o cálculo a seguir. Para Pedro, a viagem demorou 10 anos. Então: $\Delta t_0 = 10$ anos (intervalo de tempo próprio). Para Mateus, que ficou na Terra, o intervalo de tempo da viagem de Pedro é $\Delta t$ igual a:

$$\Delta t = \frac{\Delta t_0}{\sqrt{1 - \left(\frac{v}{c}\right)^2}} \Rightarrow \Delta t = \frac{10}{\sqrt{1 - \left(\frac{0{,}6 \cdot c}{c}\right)^2}} \Rightarrow \Delta t = 12{,}5 \text{ anos}$$

Como Mateus estava com 20 anos quando Pedro partiu e, para ele, a viagem demorou 12,5 anos, ele estará com 32,5 anos quando Pedro retornar.

Vejamos, agora, a situação do ponto de vista de Pedro. No seu referencial, ele está parado na nave espacial e Mateus se movimenta junto com o planeta Terra. Portanto, o tempo passa mais lentamente para Mateus e, no reencontro, Pedro deveria estar mais velho.

Assim, estamos diante de um paradoxo: afinal, qual dos dois gêmeos está mais velho?

Na realidade, a suposta simetria entre as duas versões não existe. Somente a versão de Mateus está de acordo com a teoria da relatividade especial, pois ele se encontra em um **referencial inercial**. Devemos observar que o referencial de Pedro não é inercial. Para que Pedro possa retornar e encontrar o irmão, é preciso que a nave seja acelerada: no início da viagem, durante o retorno e na chegada à Terra.

Essa experiência hipotética com os gêmeos foi realizada com relógios atômicos a bordo de satélites artificiais em torno da Terra e ficou provado: o tempo passa mais lentamente para o relógio em movimento no satélite do que para um relógio na Terra.

Antonio Robson/Arquivo da editora

**Figura 10.8** Enquanto Mateus fica na Terra, Pedro, seu irmão gêmeo, faz uma viagem com velocidade igual a 60% da velocidade da luz.

Física explica

## A dilatação do tempo e suas consequências

Vamos mostrar as consequências da dilatação do tempo na vida das pessoas por meio de dois artigos.

### Artigo 1

Em outubro de 1971, os físicos americanos Joseph Hafele e Richard Keating realizaram uma experiência no sentido de verificar a teoria da relatividade especial de Einstein com relógios macroscópicos. Quatro relógios atômicos portáteis foram colocados em aviões comerciais que deram duas voltas em torno da Terra, uma vez em cada sentido.

As medições macroscópicas somente se tornaram possíveis graças à elevada precisão dos relógios atômicos modernos. As previsões da teoria da relatividade foram confirmadas pelos físicos com margem de erro de 10%.

Alguns anos mais tarde, físicos da Universidade de Maryland (USA) realizaram uma experiência semelhante com maior precisão. Eles colocaram relógios atômicos em aviões que deram várias voltas sobre a baía de Chesapeake durante 15 horas e conseguiram verificar a dilatação do tempo com erro menor que 1%.

Hoje em dia, quando se transportam relógios atômicos de um lugar para outro para calibração, ou para outros propósitos, o efeito da dilatação do tempo devido aos seus movimentos deve sempre ser levado em conta.

HALLIDAY; RENICK; WALKER. *Fundamentos de Física:* Óptica e Física moderna. 4. ed. Rio de Janeiro: Livros Técnicos e Científicos, 1995. p. 130.

### Artigo 2

Nos dias atuais, há um sistema de navegação de alta precisão que depende de satélites artificiais em órbita em torno da Terra. Para que não haja erros significativos nas posições fornecidas por esses satélites, é necessário corrigir relativisticamente o intervalo de tempo medido pelo relógio a bordo de cada um desses satélites.

A teoria da relatividade especial prevê que, se não for feito esse tipo de correção, um relógio a bordo não marcará o mesmo intervalo de tempo que outro relógio em repouso na superfície da Terra, mesmo sabendo que ambos os relógios estão sempre em perfeitas condições de funcionamento e foram sincronizados antes de o satélite ser lançado.

Vestibular da Universidade Federal do Rio Grande do Norte (UFRN).

1. Por que é necessário fazer a correção relativística nas medidas de intervalo de tempo realizadas por um relógio em movimento?
2. Se não for feita a correção relativística para o tempo medido pelo relógio a bordo do satélite, ele ficará cada vez mais atrasado ou adiantado em relação ao relógio em repouso na superfície da Terra?

## Contração da distância

Para verificar como o deslocamento, ou a distância, é afetado pela velocidade relativa entre o observador e o evento, vamos considerar a situação descrita no início deste tópico.

Observe que, enquanto o raio de luz vai da lâmpada até o espelho e retorna à lâmpada, o carrinho se desloca entre os pontos $P_1$ e $P_2$ indicados na plataforma por onde ele passa, conforme mostra a figura 10.9.

Suponha que ambos os observadores (o primeiro colocado dentro do carrinho e, o segundo, em repouso na plataforma) meçam a distância entre os pontos $P_1$ e $P_2$, nos quais ocorrem os eventos 1 e 2.

Comecemos pelo observador 2, que se encontra parado na plataforma. A medida efetuada por ele da distância entre os pontos $P_1$ e $P_2$ é a **medida própria**, que representaremos por $L_0$. Observe que esse observador somente precisa colocar a origem zero de uma trena no ponto $P_1$ e anotar o valor correspondente ao ponto $P_2$.

Por outro lado, a medida efetuada pelo observador 1 é uma **medida relativa**, que representaremos por $L$, pois ele se encontra parado dentro do carrinho com velocidade $v$ em relação ao solo. Para ele, é a plataforma que se movimenta para a esquerda, passando por ele com velocidade $v$ (figura 10.10).

Para estabelecer a relação entre $L$ e $L_0$, devemos considerar que:

- para o observador dentro do carrinho em movimento, a plataforma se aproxima e depois se afasta, com velocidade $v$ constante. Então, o comprimento $L$ da plataforma, medido por ele, é dado pelo produto da velocidade $v$ pelo intervalo de tempo próprio $\Delta t_0$ (medido com um único relógio):

$$L = v \cdot \Delta t_0 \text{ (I)}$$

Figura 10.9 Para um observador em repouso na plataforma, a distância entre os pontos $P_1$ e $P_2$ é o comprimento próprio desse segmento de reta.

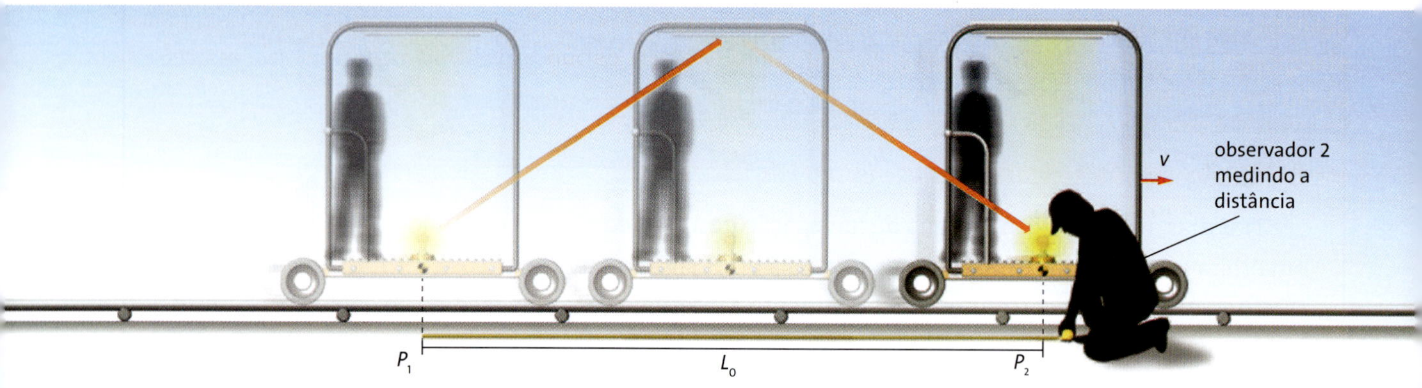


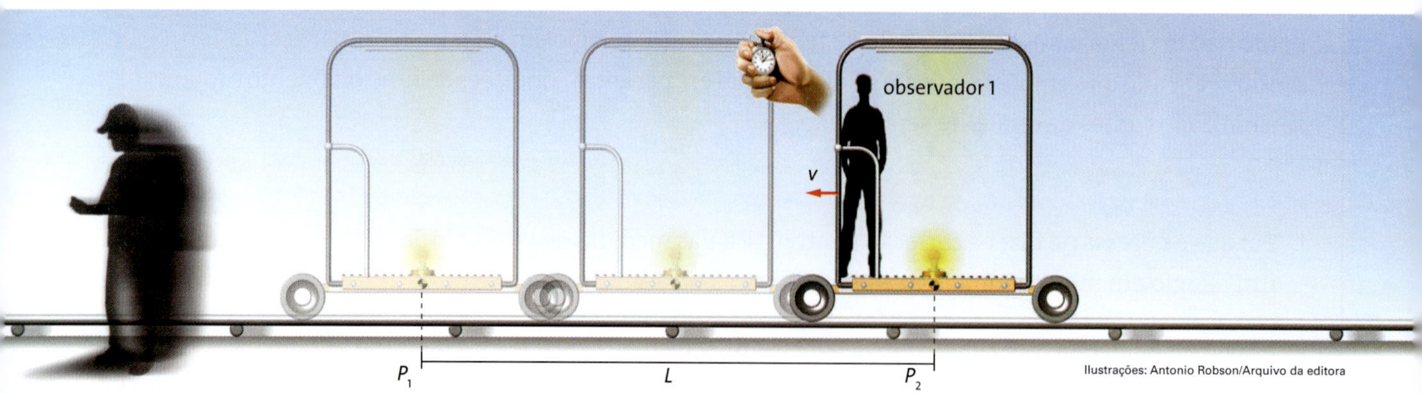


Ilustrações: Antonio Robson/Arquivo da editora

Figura 10.10 Para um observador dentro do carrinho, a plataforma se movimenta com velocidade $v$ para a esquerda. A distância entre os pontos $P_1$ e $P_2$ é o comprimento relativo do segmento de reta.

- para o observador na plataforma, o comprimento $L_0$ da plataforma, medido por ele, pode ser entendido como o deslocamento de um ponto no carrinho, que se movimenta com velocidade $v$ constante. Assim, esse comprimento é dado pelo produto da velocidade $v$ do carrinho pelo intervalo de tempo relativo $\Delta t$ (medido com dois relógios):

$$L_0 = v \cdot \Delta t \text{ (II)}$$

Dividindo a expressão (II) pela expressão (I), obtemos:

$$\frac{L}{L_0} = \frac{\Delta t_0}{\Delta t}$$

De acordo com a expressão que relaciona os intervalos de tempo $\Delta t$ e $\Delta t_0$, obtemos:

$$L = L_0 \cdot \sqrt{1 - \left(\frac{v}{c}\right)^2}$$

Nessa expressão, podemos concluir que o comprimento $L$ da plataforma, medido pelo observador em movimento, é sempre menor do que o comprimento $L_0$, medido pelo observador em repouso, pois a velocidade $v$ (velocidade do carrinho) é sempre menor do que $c$ (velocidade da luz). Assim, podemos enunciar que:

> Corpos em movimento sofrem uma contração de tamanho na direção desse movimento em relação ao tamanho que têm quando medidos em repouso.

Em relação à contração do comprimento, algumas observações são necessárias:

- se a velocidade $v$ é muito menor do que a da luz $c$ ($v << c$), os comprimentos $L$ e $L_0$ são praticamente iguais ($L \cong L_0$). Isso significa dizer que no nosso cotidiano não percebemos os efeitos da contração da distância, pois as velocidades com as quais convivemos são desprezíveis em relação à da luz (300 000 km/s).
- à medida que a velocidade $v$ aumenta, os efeitos da contração da distância se tornam mais acentuados. Em outras palavras, o comprimento $L$ fica cada vez menor em relação ao $L_0$. No entanto, a velocidade $v$ não pode ser igual à $c$.
- o efeito da relatividade só se verifica em relação à distância medida na direção do movimento. O comprimento perpendicular à direção do movimento não é afetado pelo movimento relativo.

Relatividade geral

## Exercício resolvido

**2.** Uma nave espacial possui 10 m de comprimento quando está em repouso na Terra. Quando em movimento com velocidade $v$ igual a 80% da velocidade da luz, um observador fixo na Terra, dispondo de aparelhagem adequada, efetua a medida do comprimento da nave.

a) Qual é o resultado obtido pelo observador fixo na Terra?

b) Qual é o comprimento da nave medido por um tripulante da nave?

**Resolução**

a) O comprimento L da nave medido pelo observador da Terra é:

$$L = L_0 \cdot \sqrt{1 - \left(\frac{v}{c}\right)^2}$$

$$L = 10 \cdot \sqrt{1 - \frac{(0{,}8 \cdot c)^2}{c^2}} \Rightarrow L = 6 \text{ m}$$

b) Para um tripulante da nave, o comprimento dela é 10 m.

## Exercícios

5. Suponha que você esteja parado em uma esquina e um amigo passe de carro. Consultando os respectivos relógios, vocês anotam a hora em que o carro passou por dois cruzamentos diferentes e, com base nessas anotações, determinam o intervalo de tempo entre os dois eventos. Qual dos dois intervalos de tempo representa uma medida própria: o medido por você ou o medido pelo seu amigo?

6. Uma pessoa viajando em uma nave espacial em alta velocidade utiliza uma régua de 30 cm (comprimento de repouso). Para essa pessoa, o comprimento da régua parece contraído?

7. (UEMS) Em experimentos de laboratório, cientistas mediram o tempo de vida médio de partículas múons e constataram que, em repouso, o valor aproximado é $2{,}2 \cdot 10^{-6}$ s e, quando a partícula se encontra em movimento com altas velocidades, o tempo de vida médio sofre um aumento. Isso significa que essas partículas vivem mais quando estão se movendo do que quando estão em repouso. Assinale a alternativa que explica esse fato.
   a) Quando os múons estão em alta velocidade, há distorção no tempo, fazendo com que os cientistas tenham a impressão de que os múons vivem mais, não se constituindo como algo real.
   b) Quando os múons estão em alta velocidade, há dilatação do tempo em seu entorno, portanto, o tempo de vida médio é maior.
   c) Quando os múons estão em alta velocidade, o tempo se contrai, fazendo com que os cientistas tenham uma impressão distorcida do tempo.
   d) O tempo de vida médio dos múons não depende de sua velocidade nem de quem a mede. Os cientistas, contudo, têm a impressão de que o tempo e o espaço são alterados.
   e) O tempo de vida médio dos múons depende de sua velocidade com relação aos cientistas, que fazem os experimentos e medem o tempo. O tempo de vida médio dos múons, medido pelos cientistas, é maior quanto maior for a velocidade relativa entre ambos.

8. Uma barra, com comprimento de repouso igual a 1,70 m, mantém-se paralela ao eixo $x$ de um referencial $S$, movendo-se ao longo desse eixo com velocidade $0{,}6 \cdot c$, em que $c$ é a velocidade da luz. O comprimento da barra medido por um observador em $S$ é maior, menor ou igual a 1,70 m? Justifique.

9. Um astronauta é colocado a bordo de uma espaçonave e enviado a uma estação espacial a uma velocidade constante $v = 0{,}8 \cdot c$, em que $c$ é a velocidade da luz no vácuo. O tempo transcorrido entre o lançamento e a chegada do astronauta à estação espacial, no referencial da Terra, foi de 20 meses.
   a) Qual foi o tempo de viagem, em meses, medido no referencial da espaçonave?
   b) Qual das duas medidas é a medida própria?

10. Uma partícula subatômica $A$ é instável e, quando em repouso, após 2,4 μs transforma-se em outra partícula, $B$. Em uma experiência, a partícula $A$ foi acelerada até atingir a velocidade de $0{,}80c$ ($c$ é a velocidade da luz no vácuo). Nessa velocidade, o intervalo de tempo que a partícula $A$ demorou para transformar-se na partícula $B$ foi, em μs:
    a) 4,0.
    b) 3,6.
    c) 3,0.
    d) 2,4.
    e) 1,44.

11. Uma barra, em repouso, possui 2,0 m de comprimento. Se, em relação a um observador, essa barra entra em movimento com velocidade $v$ na direção de seu comprimento, o que acontece com a medida de seu comprimento calculada pelo observador:
    a) se a velocidade da barra é desprezível em relação à da luz?
    b) se a velocidade da barra é comparável à da luz?

12. Durante o período de treinamento, um astronauta recebe da Administração Nacional do Espaço e da Aeronáutica (Nasa) um salário mensal. Como parte desse treinamento, ele faz uma viagem pelo espaço com velocidade próxima à da luz, a qual, para ele, dura oito meses. Ao receber o pagamento, ele fica surpreso. A Nasa pagou mais ou menos do que ele esperava?

13. Um painel de propaganda tem formato retangular com 5 m de comprimento e 3 m de altura. Para que o formato desse painel pareça quadrado para um viajante espacial, este deverá estar em movimento:
    a) em direção paralela ao lado mais curto do painel.
    b) em direção paralela ao lado mais comprido do painel.
    c) em direção perpendicular ao lado mais comprido do painel.
    d) em qualquer direção.

## 3 Dinâmica relativística

Não só o comprimento e o intervalo de tempo são afetados pelo movimento relativo entre o observador e o evento. A teoria da relatividade prevê que a inércia de um corpo não é invariável e sofre os efeitos relativísticos em razão do movimento relativo.

A inércia de um corpo aumenta com o aumento de sua velocidade.

Sendo a massa a medida da inércia de uma partícula ou um corpo, devemos observar que o aumento na inércia (aumento de massa) de uma partícula em virtude de sua velocidade não significa aumento de quantidade de matéria. Se tivermos, por exemplo, um elétron em alta velocidade, a quantidade de matéria continua sendo de um elétron, mas sua massa aumenta em relação ao referencial ao qual ele está em movimento.

Com sua teoria, Einstein mostrou que, se a massa (inércia) de uma partícula em repouso é $m_0$, a massa $m$ dessa partícula em movimento com velocidade $v$ é dada por:

$$m = \frac{m_0}{\sqrt{1 - \left(\frac{v}{c}\right)^2}}$$

As mesmas observações feitas para a dilatação do tempo são válidas para a correção relativística dada pela expressão acima, ou seja:

- se a velocidade $v$ com que a partícula se movimenta é muito menor que a da luz, ou seja, $v << c$, sua massa $m$ em movimento é praticamente igual à sua massa em repouso, $m_0$;
- quanto maior for o valor da velocidade $v$ da partícula, maior será o valor de sua massa $m$.

## Energia relativística

Vejamos, agora, o que diz a teoria da relatividade em relação à **energia**. Einstein estabeleceu que uma partícula em repouso possui uma energia de repouso $E_0$ dada por:

$$E_0 = m_0 \cdot c^2$$

Do mesmo modo, uma partícula de massa $m$ em movimento possui uma energia de movimento (energia total) $E$ dada por:

$$E = m \cdot c^2 = \frac{m_0}{\sqrt{1 - \left(\frac{v}{c}\right)^2}} \cdot c^2$$

Essa expressão representa a famosa equação de Einstein, que relaciona as transformações entre matéria e energia. É usada para o cálculo de transformação de massa em energia, ou vice-versa, e constitui a chave para a compreensão da energia nuclear, que explica a origem do combustível nuclear das estrelas.

A diferença entre a energia total e a de repouso é a energia cinética do corpo. Assim:

$$E_c = E - E_0 = (m - m_0) \cdot c^2$$

Essa expressão deve ser usada para velocidades não desprezíveis em relação à da luz, ou seja, quando os efeitos relativísticos não podem ser desprezados. Para velocidades muito pequenas, quando comparadas à da luz, podemos usar a expressão da Física clássica: $E_c = \dfrac{m \cdot v^2}{2}$.

É importante observar que a teoria da relatividade não é uma negação da Física clássica, mas sim um refinamento tão aguçado que várias verificações experimentais mais precisas só foram possíveis muitos anos depois de Einstein ter elaborado a teoria.

## Exercício resolvido

**3.** Em um acelerador de partículas, um elétron é acelerado até atingir 10% da velocidade da luz no vácuo.

a) Calcule, pela expressão clássica $\left(E_c = \dfrac{m \cdot v^2}{2}\right)$, a energia cinética de um corpo de 2 kg que atingisse essa velocidade.

b) Calcule o valor dessa energia cinética usando a expressão relativística.

c) Qual é a diferença percentual entre os valores obtidos?

d) A usina hidrelétrica de Itaipu pode produzir 12 GW, ou seja, $12 \cdot 10^9$ J/s. Nesse regime, quanto tempo ela levaria para produzir a energia necessária para acelerar esse corpo de 2 kg até a velocidade do acelerador?

**Resolução**

a) Como $E_{cinética} = \dfrac{m \cdot v^2}{2}$ e $v = 0{,}1 \cdot c$, temos:

$$E_c = \frac{2 \cdot (0{,}1 \cdot 3 \cdot 10^8)^2}{2} \Rightarrow E_c = 9{,}0 \cdot 10^{14}\ \text{J}$$

b) Substituindo os valores na expressão:

$E_c = E - E_0 = \dfrac{m_0c^2}{\sqrt{1 - \dfrac{v^2}{c^2}}} - m_0c^2$, temos:

$$E_{cinética} = 2 \cdot (3{,}0 \cdot 10^8)^2 \cdot \left(\frac{1}{\sqrt{1 - \left(\dfrac{0{,}1 \cdot c}{c}\right)^2}} - 1\right) \Rightarrow$$

$$\Rightarrow E_{cinética} = 9{,}1 \cdot 10^{14}\ \text{J}$$

c) A diferença percentual ($\Delta_{\%}$) é:

$$\Delta_{\%} = \frac{|9{,}07 - 9|}{9{,}07} \cdot 100\% \Rightarrow \Delta_{\%} = 0{,}77\%,$$ ou seja, menos de 1%.

d) Pela definição de potência, temos $P = \dfrac{\Delta E}{\Delta t}$;

logo: $12 \cdot 10^9 = \dfrac{9 \cdot 10^{14}}{\Delta t} \Rightarrow \Delta t = 75\,000\ \text{s} \Rightarrow$

$\Rightarrow \Delta t = 20$ h 50 min

A relatividade mostra que acelerar corpos macroscópicos a velocidades próximas à da luz envolve quantidades gigantescas de energia.

## Exercícios

**14.** *As antigas noções de que a massa nunca se altera e de que o tempo flui à mesma velocidade para qualquer um faziam sentido quando as pessoas só percebiam os objetos comuns que se moviam lentamente ao seu redor. No verdadeiro Universo mais amplo, elas não são corretas, mas existem leis exatas que explicam como elas se alteram.*

BODANIS, David. *E = mc²*: uma biografia da equação que mudou o mundo e o que ela significa. Rio de Janeiro: Ediouro, 2001. p. 94.

Quais são as leis exatas a que o texto acima se refere?

**15.** De acordo com a Mecânica clássica, quando dobramos a velocidade de um corpo, sua energia cinética quadruplica. Essa afirmação é válida também para a Mecânica relativística?

**16.** Qual é a quantidade de energia, em joule, que se obtém quando a massa de 1,0 kg é convertida em energia? Considere $c = 3 \cdot 10^8$ m/s.

**17.** A massa de repouso de um corpo é 0,20 kg. Determine as energias de repouso, total e cinética desse corpo quando ele se movimenta com velocidade igual a $\dfrac{\sqrt{3}}{2} \cdot c$. Considere $c = 3 \cdot 10^8$ m/s.

# 4 Teoria quântica

Como funciona o *laser*

## Física tem História

### Energia em pacotes

A teoria quântica, juntamente com a teoria da relatividade, forma os alicerces da Física moderna. No final do século XIX, um dos problemas que atraía a atenção dos físicos era a distribuição de energia na radiação emitida por um corpo aquecido. Para esse experimento utilizamos o chamado corpo negro, que será visto a seguir. Não conseguimos conciliar as teorias vigentes na época com os resultados experimentais (**figura a**).

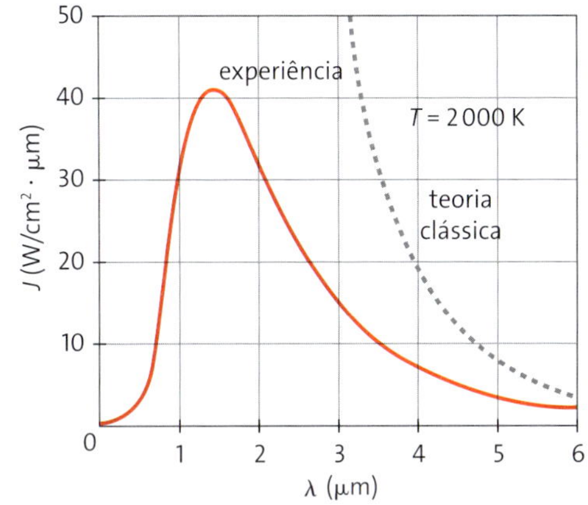


**Figura a** Radiação emitida de um corpo negro à temperatura de 2000 K (linha cheia) e previsão da teoria eletromagnética clássica (linha tracejada).

Em 14 de dezembro de 1900, Max Planck apresentou um trabalho à Sociedade Alemã de Física, no qual lançava um novo conceito que viria revolucionar o mundo da Física microscópica: o conceito de *quantum*.

De acordo com Planck, a absorção ou a emissão de energia pela matéria não é contínua, como previa a Física clássica, mas sim, descontínua. Ainda mais: a emissão ou a absorção de energia acontece de forma discreta, em pequenos pacotes. Planck denominou ***quantum*** a unidade de radiação de energia. No plural, temos a palavra ***quanta***, termo que deu origem à Física quântica.

Em 1905, Einstein aplicou essa quantização de energia para explicar o efeito fotoelétrico. Ele utilizou o termo **fóton** para um *quantum* de energia. Assim, os *quanta* de radiações eletromagnéticas, inclusive a luz, são denominados fótons. Em 1913, o físico dinamarquês Niels Bohr (1885-1962) aplicou a teoria quântica para o átomo de hidrogênio.

A Física quântica tem propiciado um desenvolvimento tecnológico sem precedentes. A aplicação dos transistores e dos *lasers* tem produzido profundas mudanças na Eletrônica, na Medicina, na Biotecnologia e, consequentemente, no nosso modo de vida (**figura b**).

Tony Craddock/SPL/Latinstock

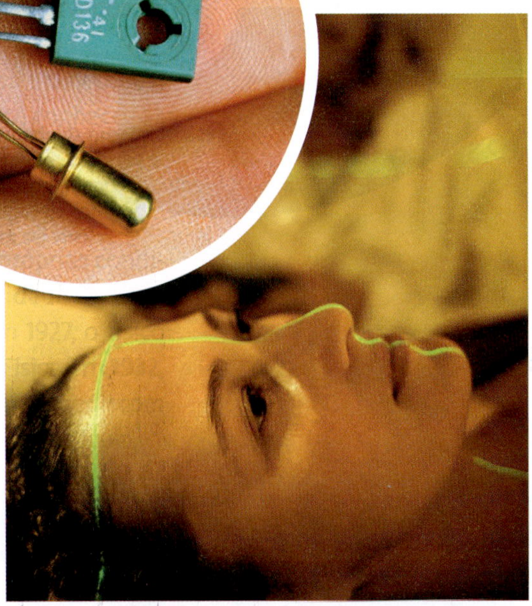

SPL/Latinstock

**Figura b** O transistor revolucionou a eletrônica, e o *laser* abriu novas perspectivas na Medicina.

1. Qual é a principal diferença entre a teoria eletromagnética clássica e a proposta por Planck?
2. O que é um fóton?

# A radiação do corpo negro

Em relação aos fenômenos atômicos, um dos conflitos entre as previsões da Física clássica e os resultados experimentais está relacionado à dependência entre a intensidade de energia e o comprimento de onda da radiação emitida por um corpo.

Para entender como esse conflito foi solucionado, vamos partir do fato comprovado de que cargas elétricas aceleradas produzem ondas eletromagnéticas. Por exemplo, na agitação molecular ocorrem oscilações dos portadores de carga elétrica e emissão de ondas eletromagnéticas. Um corpo irradia energia em qualquer temperatura, excluindo-se, naturalmente, o zero absoluto, 0 K (−273 °C).

A radiação emitida pelos corpos em razão da agitação térmica em geral denomina-se **radiação térmica**. Ela depende exclusivamente da natureza da fonte emissora e de sua temperatura. Até cerca de 900 K (627 °C), é desprezível a quantidade de radiação na faixa visível do espectro eletromagnético. Quando em brasa, tanto o carvão como o ferro apresentam temperaturas acima desse valor e são exemplos de corpos emissores de radiação visível. No filamento de uma lâmpada incandescente, a temperatura atinge cerca de 3 000 °C e a radiação emitida contém uma quantidade significativa de todos os comprimentos de onda na faixa do visível, fazendo com que a luz se torne branca.

Outro aspecto importante é que os corpos em geral também podem absorver energia, a qual provoca, normalmente, aumento na agitação molecular e, consequentemente, aumento de temperatura. Se um corpo está em equilíbrio térmico com o ambiente ao seu redor, sua taxa de emissão de energia é igual à sua taxa de absorção; caso contrário, haverá variação em sua temperatura, violando a hipótese de equilíbrio térmico. Vemos, então, que um bom absorvedor de energia é também um bom emissor. O absorvedor ideal, em equilíbrio térmico com o meio ambiente, é chamado de **corpo negro**; as cavidades dos corpos aquecidos se comportam como eles (figura 10.11).

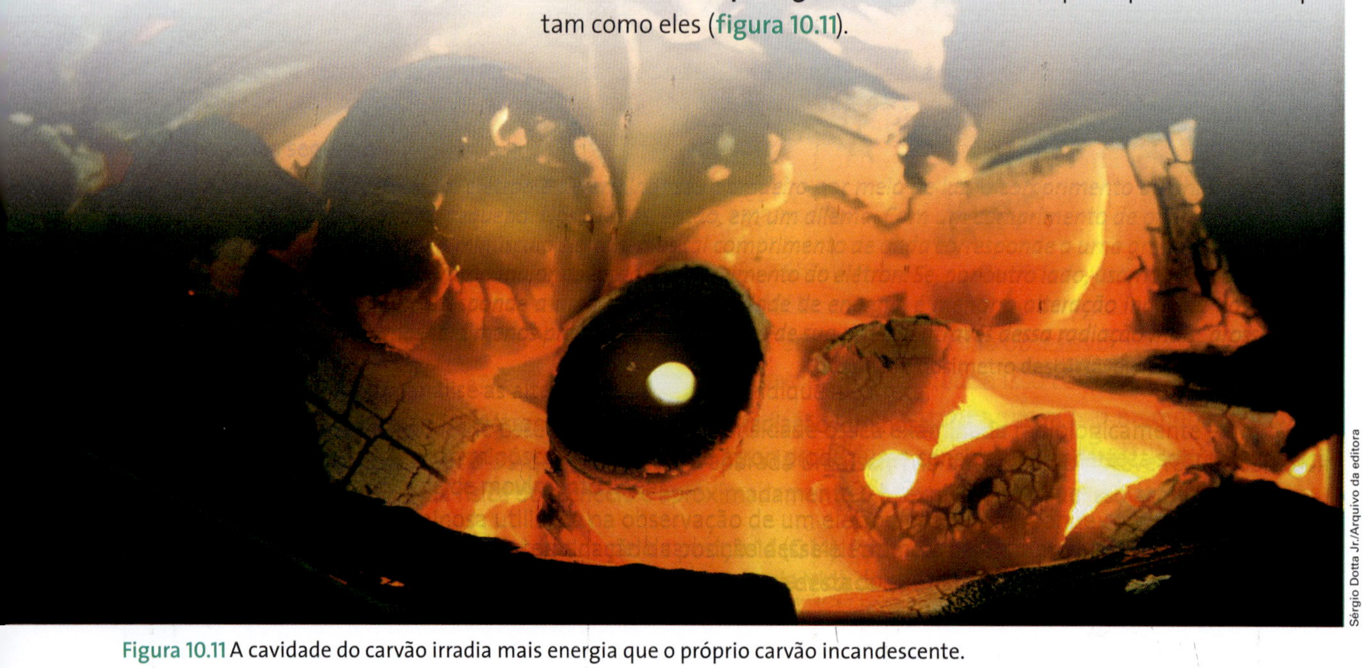

Sérgio Dotta Jr./Arquivo da editora

Figura 10.11 A cavidade do carvão irradia mais energia que o próprio carvão incandescente.

Em 1879, o físico austríaco Josef Stefan (1835-1893), com base em resultados experimentais, sugeriu uma regra para relacionar a emissão de energia por unidade de área e por unidade de tempo ($R$) com a temperatura absoluta ($T$) de um corpo.

Em 1884, o físico austríaco Ludwig Eduard Boltzmann (1844-1906), com base na Termodinâmica, sintetizou a regra de Stefan na expressão abaixo, a qual, por isso, é conhecida como a **lei de Stefan-Boltzmann**:

$$R = \varepsilon \cdot \sigma \cdot T^4$$

Nessa expressão:

- $\varepsilon$ é a emissividade, um coeficiente que depende do material, do tipo de superfície e do comprimento de onda da radiação incidente, podendo assumir valores entre 0 e 1, conforme mostra a tabela 10.1;
- $\sigma$ é uma constante universal, cujo valor, no Sistema Internacional de Unidades (SI), é $5{,}67 \cdot 10^{-8}$ W/m$^2$ $\cdot$ K$^4$. Ela é denominada **constante de Stefan-Boltzmann**.

Observe na tabela 10.1 que emissividade ($\varepsilon$) igual a 1 corresponde ao corpo negro: o melhor absorvedor e o melhor emissor, ou seja, possui refletividade nula. Na realidade, não existem corpos negros na natureza. Os corpos que podem ser considerados negros são aqueles que refletem somente uma pequena parcela da radiação incidente.

**Tabela 10.1 – Emissividade de alguns materiais**

| Material | Emissividade ($\varepsilon$) |
|---|---|
| alumínio polido | 0,05 |
| alumínio oxidado | 0,10 |
| fuligem | 0,94 |
| pele (infravermelho) | 0,97 |
| corpo negro | 1,00 |

Experimentos conduzidos na década de 1890 mostraram que a energia irradiada por um corpo varia com o comprimento de onda e com a temperatura. De acordo com o gráfico da figura 10.12, há um comprimento de onda no qual a intensidade de energia irradiada é máxima. À medida que a temperatura aumenta, esse máximo se desloca para valores menores de comprimento de onda.

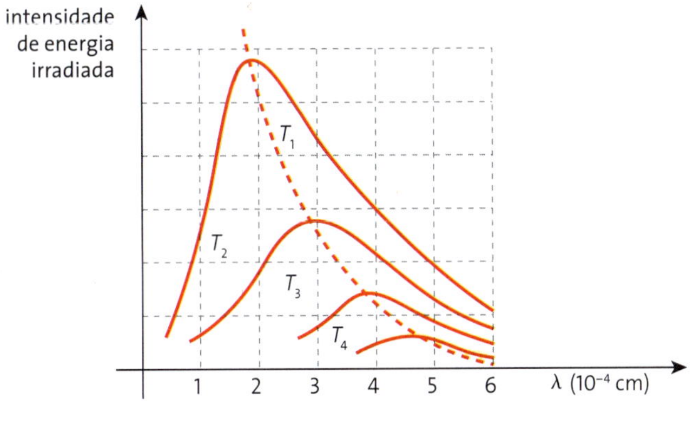


Figura 10.12 Distribuição de energia irradiada em função do comprimento de onda de 1890.

Na tentativa de explicar a irradiação de energia em função do comprimento de onda por meio da Física clássica, dois trabalhos merecem destaque.

O primeiro, de 1893, ficou conhecido como a **lei de Wien**, em homenagem ao físico alemão Wilhelm Wien (1864-1928), que recebeu o prêmio Nobel de Física em 1911 por suas descobertas sobre as leis que governam a irradiação de calor. A expressão desenvolvida por Wien estava de acordo com as curvas experimentais para pequenos comprimentos de onda. Para comprimentos de onda maiores, no entanto, ela se afastava muito dos valores experimentais (figura 10.13).

O segundo trabalho, também com base na Física clássica, ficou conhecido como a **lei de Rayleigh-Jeans**, em homenagem a James Hopwood Jeans (1877-1946) e John William Strutt (1842-1919), o lorde Rayleigh. A fórmula funcionava bem para grandes comprimentos de onda, porém se afastava grosseiramente dos resultados experimentais a partir da radiação ultravioleta (figura 10.13).

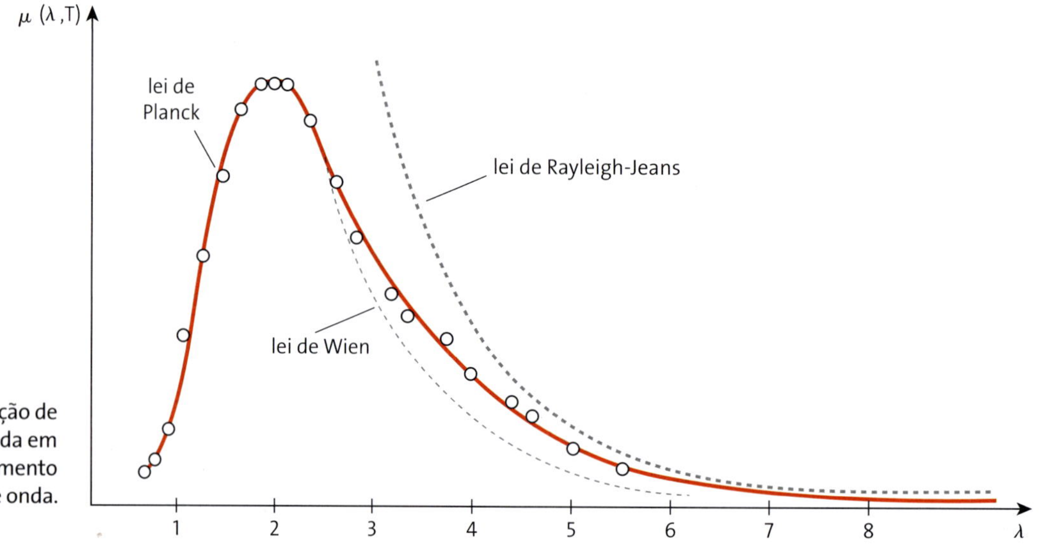


Figura 10.13 Distribuição de energia irradiada em função do comprimento de onda.

## Exercício resolvido

**4.** O Sol, cuja temperatura na superfície é de aproximadamente 5 800 K, pode ser considerado, com excelente aproximação, um corpo negro. Sabe-se que a energia irradiada pelo Sol não é uniforme quanto aos comprimentos de onda. O comprimento de onda, em metros, para o qual a distribuição apresenta um máximo ($\lambda_{máx.}$) é inversamente proporcional à temperatura absoluta ($T$), em kelvin, e é dado pela lei de Wien: $\lambda_{máx.} = \dfrac{2{,}9 \cdot 10^{-3}}{T}$.

Determine:

a) em qual comprimento de onda a distribuição da energia solar tem um máximo;

b) em que faixa do espectro eletromagnético esse comprimento de onda máximo se encontra.

**Resolução**

a) Para $T = 5\,800$ K, obtemos, por meio da lei de Wien, o comprimento de onda máximo da emissão solar:

$$\lambda_{máx.} = \frac{2{,}9 \cdot 10^{-3}}{T} \Rightarrow \lambda_{máx.} = \frac{2{,}9 \cdot 10^{-3}}{5\,800} \Rightarrow \lambda_{máx.} = 5 \cdot 10^{-7}\ \text{m}$$

b) O comprimento de onda obtido pertence à região do espectro visível pelos humanos.

# A teoria quântica

Em 1879, Max Planck apresentou em Munique, na Alemanha, sua tese de doutorado sobre Termodinâmica. Dez anos mais tarde, ele assumiu uma cátedra na Universidade de Berlim, Alemanha, e passou a se dedicar à radiação do corpo negro. Em 19 de outubro de 1900, Planck estabeleceu um marco na Física ao apresentar seu trabalho sobre radiação diante da Sociedade de Física de Berlim. Pelo seu trabalho, Planck recebeu o prêmio Nobel de Física de 1918.

Para explicar a distribuição espectral da radiação térmica, Planck introduziu hipóteses totalmente novas, revolucionárias, que o conduziram a uma equação que concordava com os dados experimentais da radiação do corpo negro em todos os comprimentos de onda.

Como na agitação molecular ocorrem oscilações dos portadores de carga elétrica e emissão de ondas eletromagnéticas, Planck associou osciladores harmônicos (sistemas que oscilam com frequências bem definidas) na superfície do corpo às cargas elétricas dentro das moléculas e estabeleceu as seguintes condições:

- a energia de um oscilador é **quantizada**, ou seja, não pode haver uma quantidade qualquer de energia, mas somente múltiplos de um valor fundamental;
- a energia irradiada por um oscilador não é contínua; ela se manifesta de forma discreta, por meio de pulsos, ou ***quanta***. A energia é emitida quando um oscilador passa de um estado quantizado para outro;
- a menor quantidade de radiação de energia é o ***quantum***. Um *quantum* de energia $E$ é diretamente proporcional à frequência $f$ da radiação, ou seja:

$$E = h \cdot f$$

Nessa expressão, $h$ é denominada constante de Planck e, no SI, o seu valor é:

$$h = 6{,}6 \cdot 10^{-34}\ \text{J} \cdot \text{s}$$

Portanto, a emissão ou absorção de energia por um oscilador só pode ter valores múltiplos de $h \cdot f$, sendo dada por:

$$E = n \cdot h \cdot f$$

em que $n$ é um número inteiro (1, 2, 3, ...), chamado de **número quântico**.

Quando o oscilador sofre uma transição de um estado quântico para outro, há emissão ou absorção de energia, dada pela diferença entre as energias dos estados inicial e final. Por exemplo, se o oscilador sofrer uma transição do estado quântico $n = 3$ para o $n = 2$, a diferença de energia entre esses dois estados é emitida como um único *quantum* de radiação. Se o oscilador permanecer em um único estado quântico, não há emissão ou absorção de energia.

Na figura 10.14, temos a representação dos níveis de energia para um oscilador com frequência $f$. As setas indicam as transições entre os estados quânticos. Se o oscilador passa para um estado quântico mais baixo, temos **emissão** de energia; quando ele passa para um estado quântico mais alto, temos **absorção** de energia.

As hipóteses formuladas por Planck abriram caminho para um novo campo: a **Mecânica quântica**. Como veremos no tópico seguinte, Einstein utilizou o modelo quântico para explicar o efeito fotoelétrico.

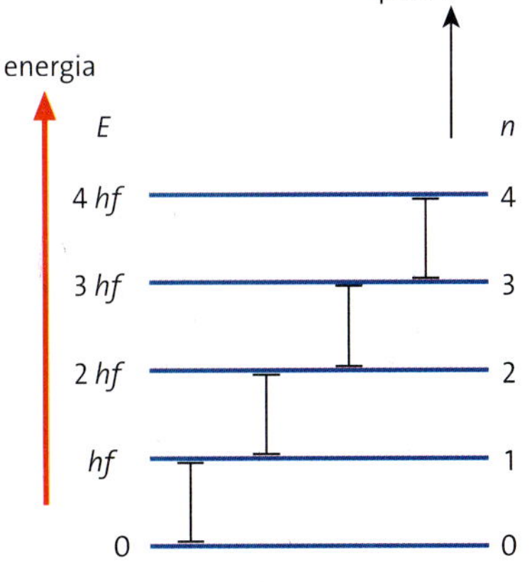


**Figura 10.14** Níveis de energia para um oscilador com frequência $f$.

## Exercícios

18. Partindo do fato de que todos os corpos irradiam energia, explique por que normalmente não conseguimos enxergar pessoas e alguns corpos no escuro.

19. A temperatura da pele do corpo humano é aproximadamente 35 °C. Admitindo que o corpo humano possua uma área superficial total de 2,0 $m^2$, a quantidade de energia irradiada é equivalente a 10 lâmpadas de 100 W cada. Nessas condições:
   a) determine o pico do comprimento de onda da radiação que a pele emite, de acordo com a lei de Wien.
   b) localize essa radiação no espectro eletromagnético.
   c) explique por que as pessoas não brilham tanto quanto as 10 lâmpadas de 100 W citadas no texto.

20. A curva de distribuição de energia irradiada mostrada no gráfico é a de um corpo negro a 3 000 K.

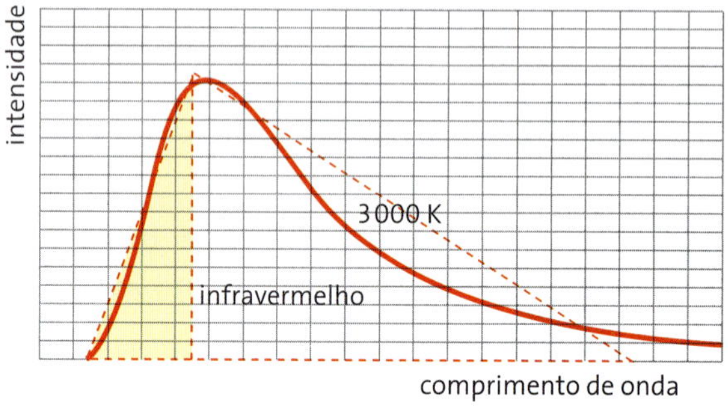


Podemos estimar que essa temperatura seja a de um filamento de tungstênio de uma lâmpada incandescente.
   a) De acordo com a lei de Wien, em qual comprimento de onda a emissão é máxima?
   b) Pela relação entre as áreas dos triângulos auxiliares destacados no gráfico, determine, do total irradiado pela lâmpada, a porcentagem aproximada de energia luminosa que é aproveitada.

21. O que significa dizer que determinada grandeza é quantizada? Explique se as grandezas "intervalo de tempo" e "quantidade de carga elétrica" são, ou não, quantizadas.

22. Na figura estão representados dois níveis de energia de determinado átomo.

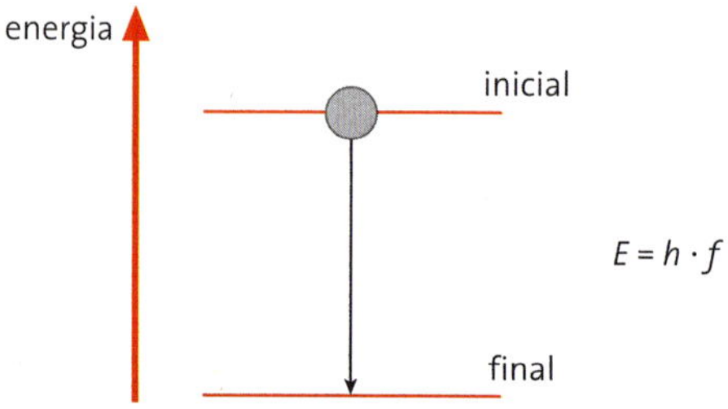


A diferença de energia entre os níveis inicial e final é $3,4 \cdot 10^{-19}$ J.
   a) Determine a frequência da radiação emitida na transição do nível inicial para o nível final.
   b) Sabendo-se que a relação entre a frequência e o comprimento de onda é $\lambda \cdot f = c$, em que $c$ é a velocidade da luz no vácuo ($3 \cdot 10^8$ m/s), e com base na tabela seguinte, determine a cor da luz correspondente à radiação emitida.

| Cor | $\lambda$ ($10^{-10}$ m) |
|---|---|
| violeta | 4 000 – 4 400 |
| anil | 4 400 – 4 600 |
| azul | 4 600 – 5 000 |
| verde | 5 000 – 5 700 |
| amarelo | 5 700 – 5 900 |
| laranja | 5 900 – 6 200 |
| vermelho | 6 200 – 7 000 |

# 5 Efeito fotoelétrico

O efeito fotoelétrico consiste na emissão de elétrons por uma superfície metálica quando iluminada por luz de frequência adequada. Na **figura 10.15**, temos uma representação desse efeito.

A Física clássica esbarrava em alguns pontos na tentativa de explicar o efeito fotoelétrico utilizando o caráter ondulatório da luz. Albert Einstein teorizou que a energia chega aos elétrons do metal em "pacotes" e não continuamente, ao contrário do que se pensava na visão ondulatória clássica.

Cada "pacote" é um *quantum* de energia, ou seja, carrega uma quantidade bem definida de energia. O modelo elaborado por Einstein passou a ser conhecido como **teoria dos *quanta***. O trabalho de Einstein mostrou que o efeito fotoelétrico não pode ser interpretado com base no modelo ondulatório da luz. Para a luz, deve ser utilizado um modelo corpuscular, pois ela é constituída de fótons e obedece aos postulados da teoria quântica.

No efeito fotoelétrico, os fótons interagem com a matéria como se fossem partículas, mas sua propagação no espaço tem um comportamento ondulatório. A energia de um fóton de luz é transferida, numa única colisão, para um elétron da placa metálica. Como cada elétron ligado a um metal interage com o núcleo por meio de uma força atrativa, precisa receber uma quantidade mínima de energia para ser arrancado. Se a energia do fóton ($E$) não supera essa quantidade mínima, o elétron não é arrancado e o efeito fotoelétrico não acontece. Mas, se a energia de cada fóton superar o valor mínimo exigido, o elétron é arrancado. Sendo a energia do fóton diretamente proporcional à frequência da radiação incidente ($E = h \cdot f$), o efeito fotoelétrico depende somente da frequência (ou comprimento de onda) da radiação incidente.

Figura 10.15 Experiência do efeito fotoelétrico.
A luz emitida por uma lanterna incide sobre uma superfície metálica, arrancando elétrons. Esses elétrons – fotoelétrons –, atraídos por uma placa carregada positivamente, formam uma corrente elétrica que é indicada pelo medidor.

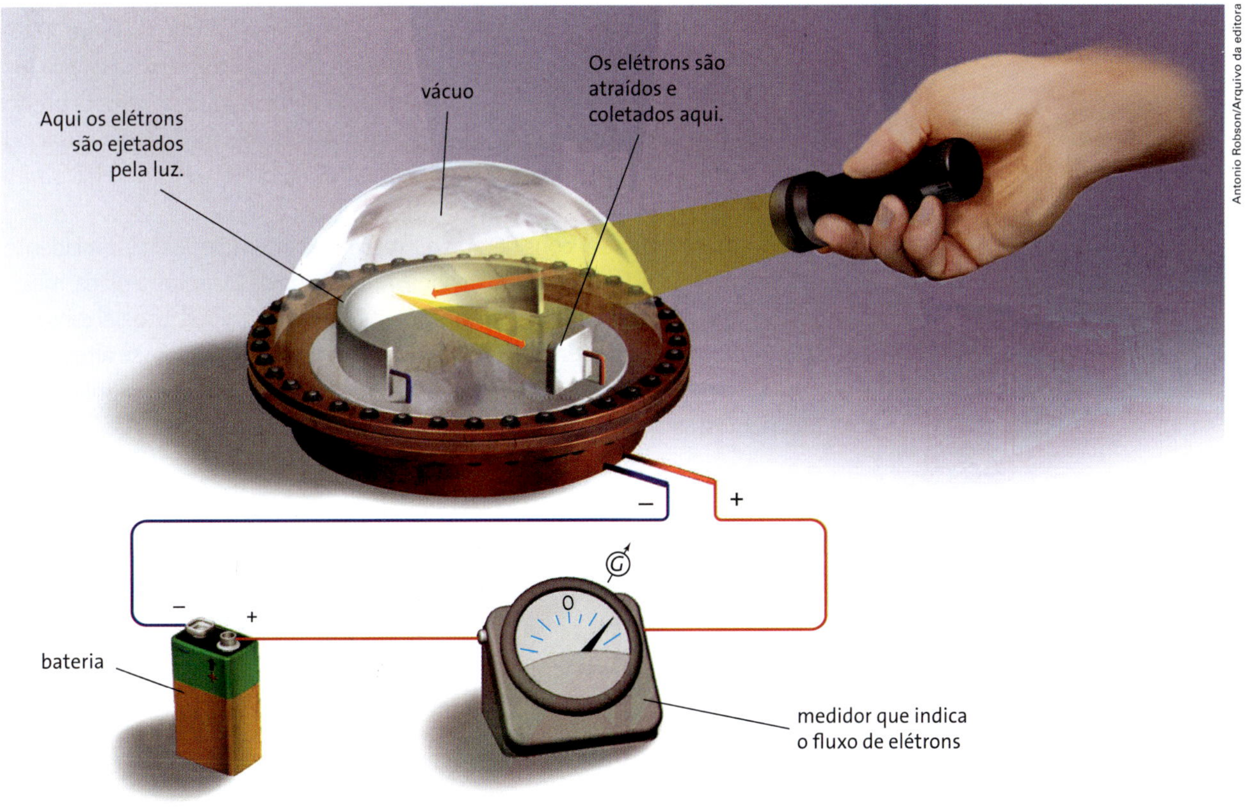


Antonio Robson/Arquivo da editora

A energia mínima para extrair (arrancar) um elétron de uma placa metálica é chamada de **função trabalho** ($W$) do material dessa placa. Cada tipo de metal utilizado possui uma função trabalho específica.

No SI, a unidade utilizada para a função trabalho ($W$) é o **joule** (**J**), pois se trata de uma energia. Mas, na Física moderna, uma unidade de energia muito utilizada é **elétron-volt** (**eV**), definida do seguinte modo:

1 eV é a energia adquirida por um elétron ao ser acelerado por uma diferença de potencial igual a 1 V.

Sendo a carga elétrica de um elétron igual a $1{,}6 \cdot 10^{-19}$ C, a relação entre o elétron-volt (eV) e o joule (J) é:

$$1 \text{ eV} = 1{,}6 \cdot 10^{-19} \text{ J}$$

Se a energia do fóton for superior a essa energia mínima (função trabalho), a diferença entre elas é a energia cinética máxima ($E_{c(\text{máx.})}$) do elétron ejetado (fotoelétron):

$$E_{c(\text{máx.})} = E - W$$

Lembrando que a energia $E$ do fóton é dada por $E = h \cdot f$, a expressão acima pode ser escrita como:

$$E_{c(\text{máx.})} = h \cdot f - W$$

A representação gráfica dessa expressão está mostrada na figura 10.16.

Observe no gráfico abaixo que existe uma frequência mínima ($f_0$) da luz que corresponde a uma energia cinética do elétron igual a zero. O efeito fotoelétrico ocorre somente quando usamos luz de frequência igual ou maior que $f_0$. Abaixo dessa frequência mínima, o efeito fotoelétrico não acontece.

Outro ponto a ser considerado diz respeito à intensidade da luz incidente sobre a placa metálica. Quanto maior a intensidade da luz sobre a placa, maior a quantidade de elétrons arrancados. Contudo, a energia dos fotoelétrons não aumenta; portanto, a energia cinética dos elétrons ejetados não se altera. Isso significa dizer que, se a luz incidente não possuir a frequência mínima necessária, mesmo aumentando sua intensidade, o efeito fotoelétrico não ocorrerá.

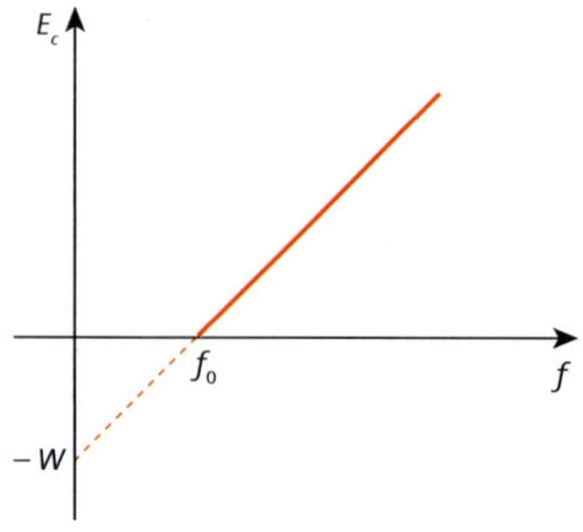


Figura 10.16 Gráfico da energia cinética em função da frequência, para o efeito fotoelétrico.

## Física explica

# Células fotoelétricas

Embora o efeito fotoelétrico pareça algo que diz respeito somente aos físicos nos laboratórios, o nosso cotidiano está impregnado de dispositivos que utilizam **células fotoelétricas**. Basta observarmos, por exemplo, o funcionamento automático de determinadas portas em lojas, hotéis, *shoppings*, etc., o acendimento automático de lâmpadas em postes de iluminação nas ruas e o controle automático de água em torneiras (**figura a**).

Para ilustrar, vamos mostrar como funciona um dispositivo que controla o acendimento automático de uma lâmpada em um poste de iluminação. Observe a **figura b**.

Durante o dia, a luz do Sol incide sobre o dispositivo fotoelétrico, arrancando elétrons e fazendo com que uma corrente circule pela bobina, ativando-a. Com isso, a chave do relé fica na posição 2 e não passa corrente pelo filamento da lâmpada do poste. A lâmpada permanece apagada.

Durante a noite, sem a luz do Sol, a bobina não é ativada. Com isso, a chave do relé vai para a posição 1, fazendo com que uma corrente elétrica passe pelo filamento da lâmpada, acendendo-a.

1. Cite uma vantagem da instalação de célula fotoelétrica no controle automático de água na torneira.
2. Qual é o princípio básico de funcionamento de uma célula fotoelétrica?

Kutlayev Dmitry/Shutterstock/Glow Images

**Figura a** As portas automáticas utilizam células fotoelétricas. Elas são responsáveis por indicar a presença de um usuário.

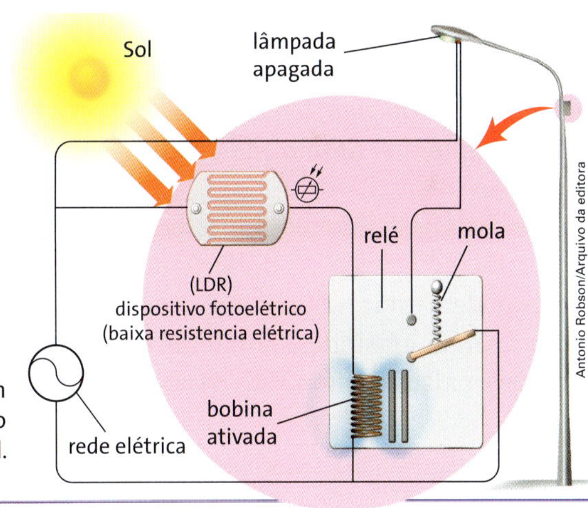

Antonio Robson/Arquivo da editora

**Figura b** Ilustração do princípio de funcionamento de um dispositivo fotoelétrico que controla o acendimento automático de uma lâmpada, utilizando a luz do Sol.

## Exercícios

23. Por que Einstein precisou lançar mão do modelo corpuscular para a luz para explicar o efeito fotoelétrico?

24. Dois feixes de luz, de mesma frequência, mas de intensidades diferentes, incidem sobre duas placas metálicas de mesmo material. Qual feixe poderá ejetar mais elétrons ao incidir sobre a respectiva placa?

25. Dois feixes de luz, de mesma intensidade, mas de frequências diferentes, incidem sobre duas placas metálicas de mesmo material. Um deles consegue arrancar elétrons da respectiva placa, mas o outro não. Qual a explicação para esse fato?

26. Para um determinado metal, o efeito fotoelétrico ocorre somente para radiação luminosa com frequência superior a $5{,}0 \cdot 10^{14}$ Hz. Calcule a função trabalho desse metal, em elétrons-volt (eV). Considere $h = 6{,}6 \cdot 10^{-34}$ J · s.

# 6 Bohr e o átomo de hidrogênio

Para que possamos entender o que levou Niels Bohr a aplicar a teoria quântica para a estrutura atômica, com base no átomo de hidrogênio, vamos apresentar alguns dados históricos a respeito dos modelos atômicos.

## Física tem História

A história do átomo começa em Abdera, porto marítimo que foi desenvolvido por refugiados provenientes da invasão persa da Lídia. Geograficamente, Abdera está situada na costa norte do mar Egeu. Nesta pequena cidade da região da Trácia, o legendário filósofo grego Leucipo, nascido em 500 a.C., em Eleia ou Mileto, foi morar por volta de 478 a.C. Muitos acreditam que Leucipo era um pseudônimo do grande filósofo grego Demócrito. A maioria dos autores considera, todavia, que Leucipo foi discípulo de Zenon e mestre de Demócrito, tendo sido o fundador da Escola de Abdera, onde se originou a teoria atomística grega. A Escola de Abdera se notabilizou por estudar um dos problemas maiores da Filosofia e da Ciência: a constituição da matéria que compõe o Universo.

### A escola atomística

Entre as várias teorias sobre a constituição da matéria que compõe o Universo, a mais lógica na Antiguidade grega foi a hipótese atomística. Essa teoria possibilitou aos seus autores, Leucipo e Demócrito, dar uma explicação para a estrutura da matéria do nosso Universo sem recorrer a entidades divinas ou misteriosas.

[...] *A teoria fundamental de Leucipo e Demócrito é a de que o Universo é constituído de duas coisas: os átomos e o vácuo; isto é, composto de agregados de matéria e de um vazio total. Demócrito acreditava que as diversas espécies de matéria poderiam ser subdivididas em pedaços cada vez menores até atingir um limite, além do qual nenhuma divisão seria possível.*

*A denominação* ***átomo*** *dada a estas partículas indivisíveis foi, na realidade, de Epicuro, quase um século mais tarde.*

As substâncias são diferentes porque os seus átomos diferem quanto à forma ou pela maneira como estão agregados. As diversas substâncias são diferentes entre si quanto à dureza, porque os átomos podem estar bastante próximos ou afastados. Quando estão muito próximos, o corpo é sólido; e, quando mais afastados, o material é mais maleável. Os átomos explicam também todas as nossas sensações: paladar, olfato, tato, visão e audição.

MARTINS, Jader B. *A história do átomo*: de Demócrito aos *quarks*. Rio de Janeiro: Ciência Moderna, 2001. p. 1-2.

**Para refletir**

A teoria de Leucipo e Demócrito está de acordo com os conhecimentos que temos hoje a respeito dos átomos?

Na época de Newton, no século XVII, o átomo era idealizado como uma pequena esfera, dura e indestrutível. Até hoje, a palavra "átomo" permanece, mesmo sabendo-se que essa visão de um átomo indivisível não é correta.

Em 1803, o químico e físico britânico John Dalton (1766-1844) estabeleceu as primeiras bases científicas da teoria atômica, sendo considerado por isso um dos "pais da Física moderna". Dalton percebeu que a combinação de elementos era feita de acordo com proporções bem definidas de números inteiros e reforçou a ideia do átomo como uma partícula que não podia ser dividida por nenhum processo químico conhecido na época.

No final do século XIX, mais precisamente em 1897, na Universidade de Cambridge, Inglaterra, o físico britânico Joseph John Thomson (**figura 10.17.a**) constatou a existência do elétron como parte constituinte do átomo. Thomson utilizou, em seus experimentos, um tubo de raios catódicos semelhante aos tubos utilizados nos televisores tradicionais (**figura 10.17.b**).

Nos tubos de raios catódicos, um filamento aquecido (*F*) emite partículas que são aceleradas por uma diferença de potencial (*V*), atravessam uma região onde existe um campo elétrico (*E*) e um campo magnético (*B*), perpendiculares entre si, e atingem a tela fluorescente (*S*) em um ponto que se torna visível. O trabalho de Thomson consistiu em medir a razão entre a carga elétrica e a massa dessas partículas, que foram chamadas inicialmente de corpúsculos e, posteriormente, de **elétrons**.

Como resultado de suas pesquisas experimentais, Thomson lançou a hipótese de que os seus corpúsculos eram, de fato, constituintes da matéria. Thomson estabeleceu um modelo físico para o átomo, que ficou conhecido como **pudim de passas**, pois, para ele, o átomo era um pudim positivo no qual estavam incrustadas passas negativas distribuídas de tal forma que o conjunto era eletricamente neutro. Em 1906, Thomson recebeu o prêmio Nobel de Física pelo estudo da descarga elétrica em gases e pela descoberta do elétron.

**Figura 10.17** Joseph John Thomson (1856-1940) (**a**). Representação de um tubo de raios catódicos (**b**).

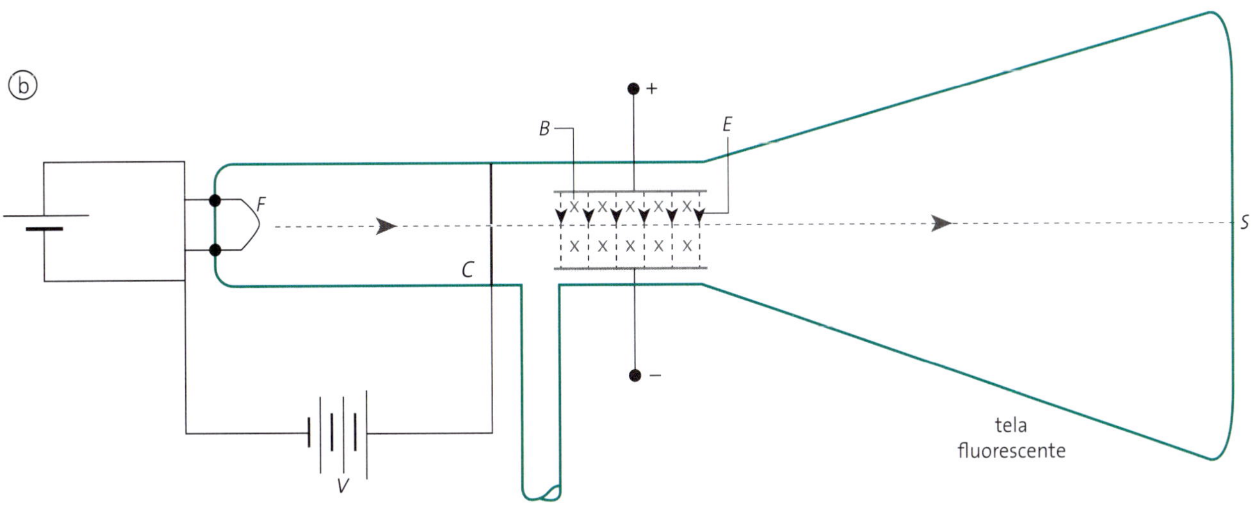

Partícula alfa – Partícula constituída por dois prótons e dois nêutrons.

Em 1911, o físico neozelandês Ernest Rutherford (1871-1937), que havia recebido o prêmio Nobel de Química em 1908 pelo estudo da radioatividade e pela descoberta da desintegração dos átomos pelos raios alfa, realizou experimentos sobre a dispersão de **partículas alfa** quando lançadas ao encontro de uma película metálica delgada (figura 10.18).

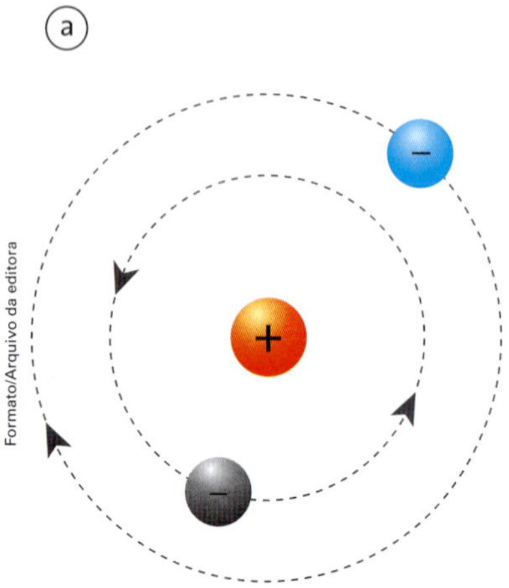


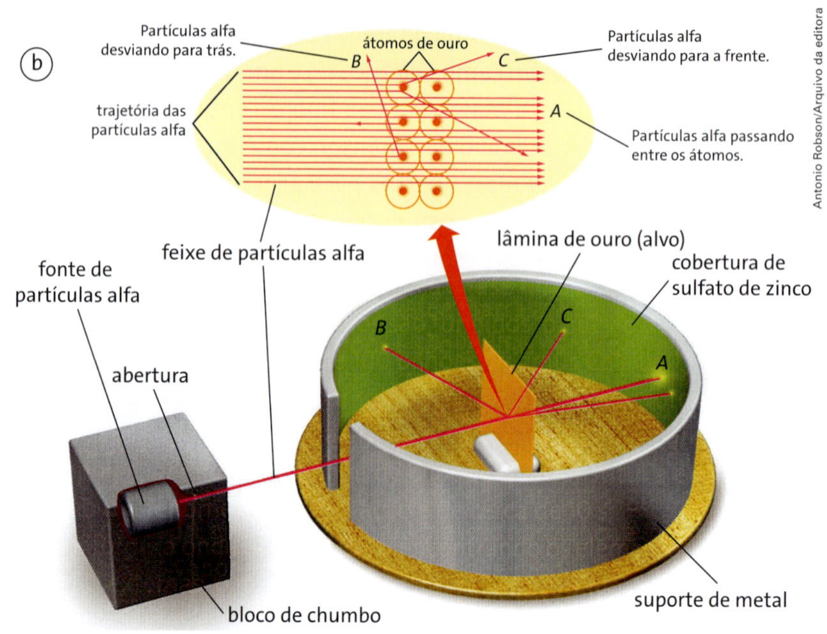


Figura 10.18 Modelo de Rutherford para o átomo (**a**). Espalhamento, em uma película metálica e delgada (alvo), de partículas alfa emitidas por uma fonte (**b**).

Os resultados desse experimento apontaram para um modelo no qual o átomo é formado por uma região central muito pequena, denominada **núcleo**. Neste se concentra toda a carga positiva do átomo e a maior parte de sua massa. Em torno do núcleo há uma nuvem de elétrons em órbita cujos diâmetros são da ordem de $10^{-10}$ m.

Esse modelo de Rutherford, que descartou a ideia do pudim de passas de Thomson, foi denominado **modelo planetário do átomo**, em razão de sua semelhança com o Sistema Solar: um núcleo denso (Sol) circundado pelos elétrons (planetas) e com grandes espaços vazios (figura 10.19).

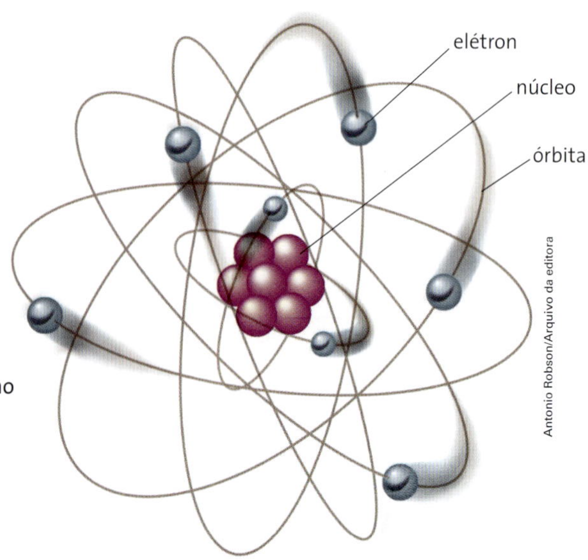


Figura 10.19 Modelo do átomo de Rutherford.

O modelo planetário de Rutherford não resistiu a alguns questionamentos. Dois aspectos, em especial, encontravam contradições com a Física clássica.

O primeiro deles estava relacionado ao fato de os elétrons girarem em torno do núcleo e, portanto, estarem acelerados. Como os elétrons já se constituem em cargas elétricas aceleradas, devendo irradiar energia continuamente na forma de ondas eletromagnéticas, ao girarem ao redor do núcleo seriam absorvidos por ele. Os cálculos mais otimistas demonstravam que, com isso, o átomo entraria em colapso em menos de um milionésimo de segundo. No entanto, isso não ocorria.

O segundo aspecto estava relacionado ao raio da órbita do elétron. Variando esse raio, seria possível obter uma infinidade de frequências. No entanto, os experimentos realizados exaustivamente com o átomo de hidrogênio apresentavam um espectro de emissão com somente algumas linhas bem definidas.

Em 1912, Niels Bohr (**figura 10.20**) transferiu-se para Manchester, na Inglaterra, e iniciou um trabalho com Rutherford sobre a hipótese quântica na descrição do átomo. Em 1913, Bohr, que simbolizou uma época e é considerado por muitos como o "arquiteto da Mecânica quântica", aplicou a quantização de energia ao átomo e, com isso, revelou uma nova visão do interior da matéria. Essa nova visão permitiu o esclarecimento das propriedades dos átomos. Bohr recebeu o prêmio Nobel de Física de 1922 pela investigação da estrutura do átomo e da radiação emitida por ele.

É importante observar que Niels Bohr não descartou o modelo planetário do átomo com os elétrons girando em torno de um núcleo carregado positivamente, estabelecido por Rutherford. No seu trabalho, para explicar a pseudoinstabilidade do átomo, Bohr aplicou a quantização de energia. De acordo com a teoria de Bohr:

- o elétron pode ocupar determinadas órbitas circulares sem irradiar energia; essas órbitas correspondem a situações estáveis, chamadas de estados estacionários;
- todas as órbitas estacionárias possíveis são tais que o momento angular do elétron é um múltiplo de um valor fundamental;
- quando o elétron muda de um estado estacionário para outro, de energia diferente, há em correspondência a emissão de um fóton, cuja frequência é obtida pela expressão:

$$f = \frac{E_{\text{inicial}} - E_{\text{final}}}{h}$$

**Figura 10.20** Niels Bohr (1885-1962).

Nessa expressão, $h$ é a constante de Planck.

- o fóton é emitido quando a energia inicial ($E_{\text{inicial}}$) é maior do que a energia final ($E_{\text{final}}$); em caso contrário, ele é absorvido. Essa hipótese explica tanto o espectro de **emissão** quanto o de **absorção**, pois ambos são descontínuos (**figura 10.21**).

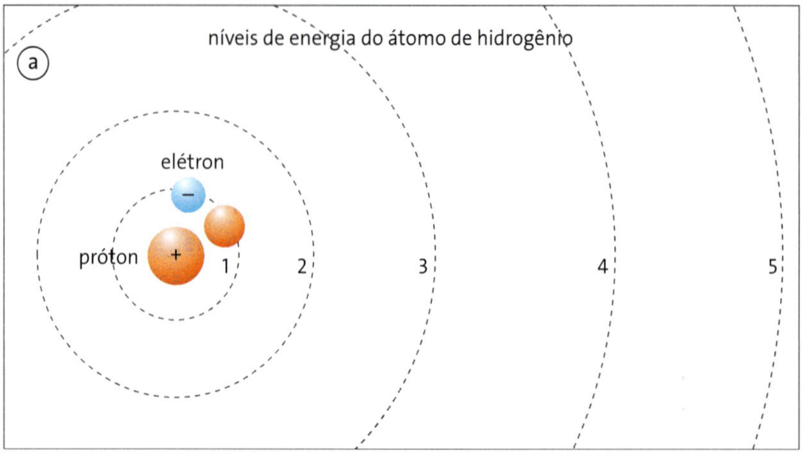


(**a**) O elétron gira em torno do próton no núcleo em uma órbita estável ($n$ = 1), sem irradiar energia.

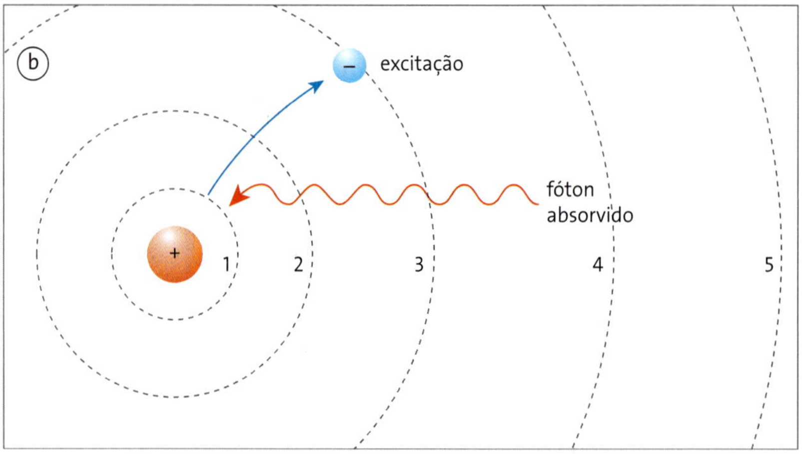


(**b**) Ao absorver um fóton, o elétron passa para um estado excitado ($n$ = 3).

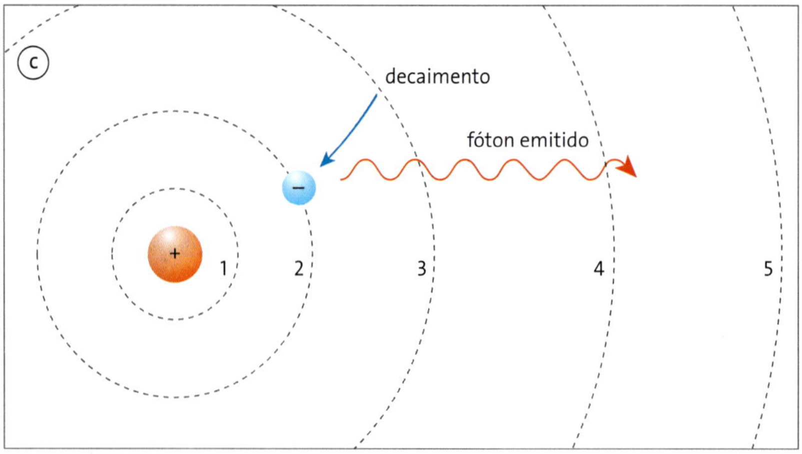


(**c**) Quando o elétron retorna ao estado estacionário (órbita estável), um fóton é emitido.

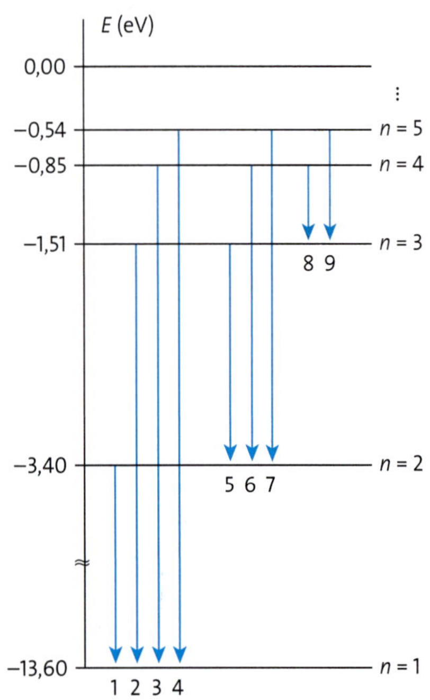


Ilustrações: Formato/Arquivo da editora

**Figura 10.21** Níveis de energia para o átomo de hidrogênio.

No modelo clássico do átomo de hidrogênio, um único elétron gira em órbita circular em torno de um único próton localizado no núcleo. O modelo de Bohr para o átomo de hidrogênio permite mostrar que a energia ($E_n$) referente ao nível energético ($n$) é dada por:

$$E_n = -\frac{13{,}6}{n^2}$$

Nessa expressão, a energia $E_n$ é calculada em elétron-volt (eV) e $n$, denominado **número quântico principal**, pode assumir valores inteiros: 1, 2, 3, ...

Para o estado fundamental, o número quântico principal é $n = 1$. Nesse caso, obtemos, de acordo com a expressão acima, $E_1 = -13{,}6$ eV. A **figura 10.22** mostra os valores da energia para o estado fundamental ($n = 1$) e para os demais estados ($n = 2, 3, 4, ...$). Observe que, quando $n$ tende para o infinito, o átomo de hidrogênio está ionizado, o que significa dizer que a energia de ligação do elétron com o núcleo é zero: $E' = 0$.

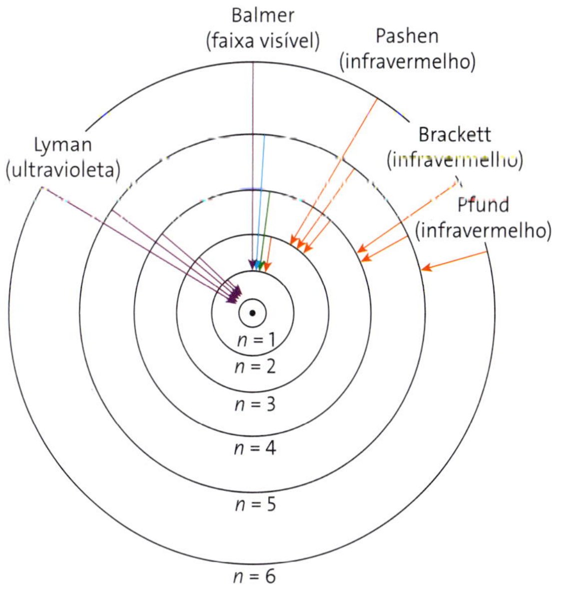


**Figura 10.22** Valores de energia, em eV, para o estado fundamental ($n = 1$) e os demais estados ($n = 2, 3, 4, 5, ...$) para o átomo de hidrogênio.

Quando o elétron muda de órbita, por absorção ou emissão de um fóton, a energia referente a essa transição é expressa por:

$$\Delta E_{1,2} = -13{,}6 \cdot \left(\frac{1}{n_1^2} - \frac{1}{n_2^2}\right)$$

Nessa expressão, $n_1$ e $n_2$ referem-se a dois níveis genéricos quaisquer. Se $n_2 > n_1$, obtemos $\Delta E_{1,2} < 0$. Isso corresponde à absorção de energia pelo átomo. Em caso contrário, temos a emissão de energia. Em qualquer caso, a energia é dada por:

$$\Delta E = h \cdot f$$

A **figura 10.23** mostra as possíveis transições do elétron quando há mudança em seu nível de energia, desde $n = 1$ até $n = 4$.

Cada família de transição é uma série. A série de Balmer, por exemplo, representa transições cujas frequências estão na região visível do espectro eletromagnético. As demais séries mostradas na figura representam transições cujas frequências estão na faixa do ultravioleta (série de Lyman) e do infravermelho (séries de Pashen, Brackett e Pfund).

Em 1926, o físico austríaco Erwin Rudolf Josef Alexander Schrödinger (1887-1961) publicou alguns artigos nos quais desenvolveu as bases da Mecânica ondulatória. No primeiro deles, ele introduziu a função de onda que aplicou ao caso do átomo de hidrogênio, aperfeiçoando o modelo de Bohr. Com isso, deixou de lado as órbitas para introduzir o conceito de **orbital**, região de máxima probabilidade para a localização dos elétrons. Para Schrödinger, o elétron não gira em torno do núcleo como os planetas em torno do Sol, mas deve ser pensado como uma onda que se curva à volta de todo o núcleo.

Em 1933, Schrödinger e Paul A. M. Dirac (1902-1984) receberam o prêmio Nobel de Física por suas contribuições à teoria (Mecânica) quântica.

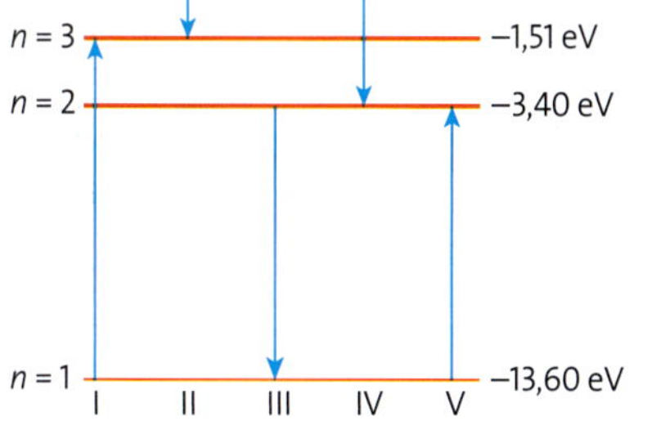


**Figura 10.23** Transições de energia no átomo de hidrogênio.

## Exercícios

27. A palavra "átomo" significa 'o que não pode ser dividido'. Explique por que nos dias atuais essa visão de indivisível não é mais correta.

28. Faça uma comparação entre os modelos atômicos propostos por Joseph John Thomson e Ernest Rutherford e responda: o que eles têm em comum? Quais as diferenças entre eles?

29. Em 1909, o físico norte-americano Robert A. Millikan (1868-1953), Prêmio Nobel de Física de 1923, idealizou um experimento e determinou o valor numérico de uma unidade de carga elétrica. Faça uma pesquisa sobre esse experimento.

30. De acordo com a teoria de Bohr, explique por que nos átomos os elétrons não perdem energia continuamente e terminam absorvidos pelo núcleo.

31. Na figura seguinte, temos a representação de um átomo no qual um dos elétrons está, inicialmente, em um estado excitado (figura **a**). A seguir, as figuras **b** e **c** mostram duas possibilidades para o elétron voltar ao estado estacionário: em um único salto (figura **b**), com a emissão de um único fóton; em duas etapas (figura **c**), com a emissão de dois fótons.

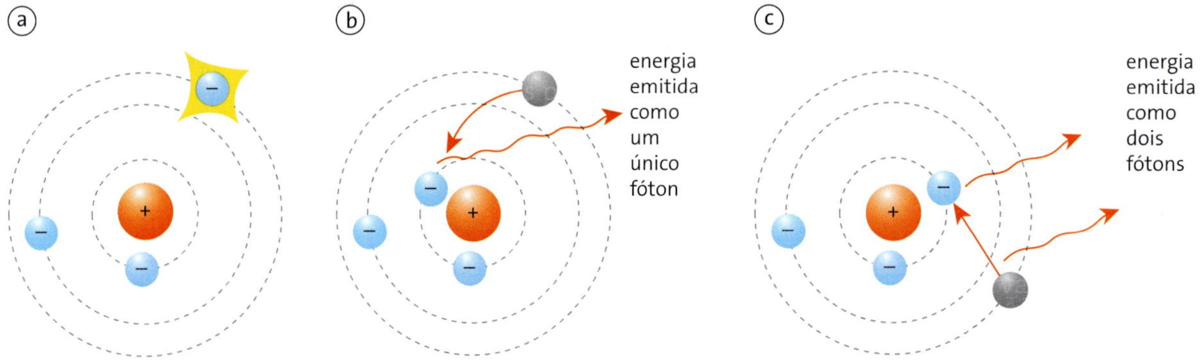


a) As energias dos fótons emitidos em duas etapas (figura **c**) podem ser diferentes ou elas devem ser exatamente iguais?

b) O que podemos dizer da soma das energias dos fótons emitidos em duas etapas quando comparada com a energia do fóton emitido em um único salto (figura **b**)?

32. O diagrama de níveis de energia para um elemento hipotético *X* está mostrado na figura abaixo.

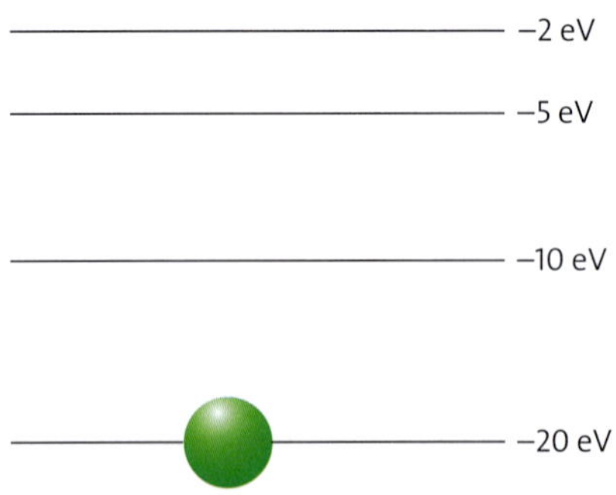


A energia é zero quando a distância entre o elétron e o núcleo é infinita.

a) Qual é a energia necessária, em eV, para ionizar o elétron a partir do nível fundamental?

b) Suponha que um fóton de 18 eV seja absorvido por um átomo do elemento *X* em seu nível fundamental. Quando o átomo retornar ao nível fundamental, quais são as energias possíveis para os fótons emitidos?

# 7 A dualidade onda-partícula e o princípio da incerteza

Quando afirmamos que a luz é uma radiação eletromagnética, imediatamente associamos a luz a uma **onda** que se propaga tanto no vácuo como nos meios materiais. Nesse caso, falamos de um fenômeno puramente ondulatório no qual a energia é distribuída continuamente. É o caso de uma onda se propagando ao longo de uma corda, ao longo de uma superfície, ou mesmo ao longo de determinada região do espaço tridimensional.

As experiências sobre interferência (figura 10.24), realizadas por Thomas Young (1773-1829) em 1801, e as experiências com difração demonstraram o **caráter ondulatório da luz**, ou seja, a luz se comporta como uma onda.

Mas o que dizer da absorção e emissão de fótons que vimos no efeito fotoelétrico e na explicação da estrutura atômica? Como a energia é quantizada, em muitas interações da radiação com as partículas elementares observamos o comportamento corpuscular da luz, ou seja, a energia não está distribuída, mas concentrada em pacotes de energia: os **fótons**.

Experiências como o efeito fotoelétrico e o efeito Compton, esta idealizada pelo físico americano Arthur H. Compton (1892-1962) em 1923 e que lhe proporcionou o prêmio Nobel de Física em 1927, demonstraram que a luz pode também se comportar como partícula. Aqui, temos o **caráter corpuscular da luz**.

Mas, afinal, a luz é uma onda ou uma partícula? Em determinados fenômenos, a luz se comporta como uma onda. Em outros fenômenos, seu comportamento é de partícula. Esse comportamento da luz, ora onda ora partícula, foi denominado **dualidade onda-partícula**.

Dependendo do experimento, a matéria pode apresentar comportamento corpuscular ou ondulatório. Segundo o **princípio da complementaridade de Bohr**, esses comportamentos não podem ser observados simultaneamente; eles são complementares.

A teoria quântica colocou em xeque a precisão rigorosa e o determinismo que caracterizam a Física clássica de Newton: se você conhecer as forças que agem em uma partícula e as condições iniciais às quais ela está submetida, poderá prever, com certeza, as condições em que ela se encontrará em qualquer instante posterior.

Para a teoria quântica, a incerteza é algo inerente às próprias condições iniciais. Se quisermos medir a localização e a velocidade de uma partícula, devemos nos contentar com probabilidades. Em 1927, o físico alemão Werner Heisenberg (1901-1976), prêmio Nobel de Física em 1932, estabeleceu o **princípio da incerteza**, o qual afirma ser impossível medir com precisão, no mesmo instante, a posição e a velocidade de uma partícula.

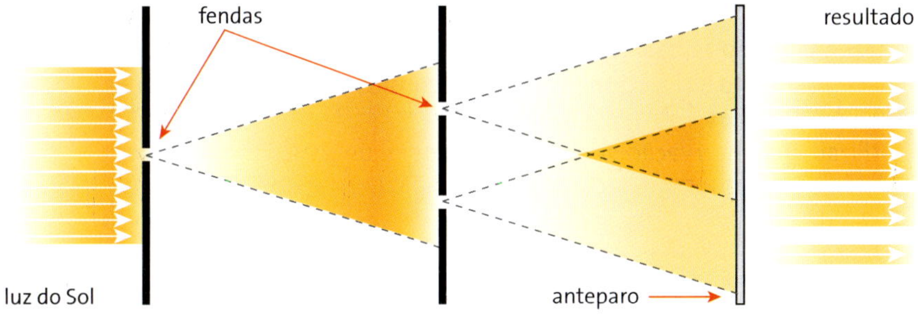


Figura 10.24 Experimento de Young sobre difração da luz.

Suponha que um físico deseja medir a posição e a velocidade de um elétron em movimento. Se ele projetar um experimento para medir, com grande precisão, a posição do elétron, verificará que não poderá medir com a mesma precisão, simultaneamente, a velocidade desse elétron.

De modo semelhante, se ele projetar outro experimento para medir com precisão a velocidade do elétron, não conseguirá medir, com a mesma precisão, simultaneamente, a posição desse elétron.

O princípio da incerteza somente é levado em conta quando se trata de fenômenos quânticos. Assim, no mundo quântico, um elétron **não** pode ser tratado como uma bolinha. Segundo as palavras do físico norte-americano Richard P. Feynmann (1918-1988):

> *Pense em termos de ondas de matéria. Abandone a ideia de o elétron ser uma pequenina esfera. Quando quiser pensar em elétrons, faça-o estatisticamente, guiado pela densidade de probabilidade associada à onda de matéria.*

O princípio da incerteza de Heisenberg e o princípio da complementaridade de Bohr causaram incômodo a muitos físicos da época, entre eles Albert Einstein e Erwin Schrödinger. Em 1935, o paradoxo EPR (Einstein--Podolsky-Rosen), estabelecido por Einstein e seus assistentes Podolsky e Rosen, propôs que o princípio da incerteza traz uma contradição na afirmação de que, no mundo quântico, duas partículas poderiam se comunicar de forma instantânea, independentemente de suas posições. Além disso, contraria um dos princípios da relatividade restrita que estabelece que a informação não pode ser transmitida mais rapidamente que a velocidade da luz.

Também em 1935, o experimento conhecido como "o gato de Schrödinger", proposto por Erwin Schrödinger, procurou mostrar que a teoria quântica é limitada ao mundo do infinitamente pequeno e que, sob o ponto de vista da quântica, um gato colocado em uma caixa poderia estar vivo e morto ao mesmo tempo.

## Exercícios

**33.** Analise as afirmativas seguintes e indique se estão certas ou erradas.

I. A dualidade onda-partícula significa que pode existir determinado fenômeno no qual a luz se comporta, simultaneamente, como onda e como partícula.

II. O princípio da incerteza é relevante quando pretendemos determinar a posição e a quantidade de movimento linear de uma partícula como o elétron, mas não é relevante se a partícula for uma bola de tênis.

**34.** Leia o texto seguinte.

> [...] *Se desejarmos observar um elétron e determinar seu paradeiro por meio de luz, o comprimento de onda da radiação luminosa teria que ser muito pequeno. Nós caímos, então, em um dilema. Com um comprimento de onda mais curto nós podemos "enxergar" melhor o minúsculo elétron, mas tal comprimento de onda corresponde a uma grande quantidade de energia, que produz uma alteração maior no estado de movimento do elétron. Se, por outro lado, usamos um comprimento de onda mais longo, que corresponde a uma menor quantidade de energia, é menor a alteração induzida no estado de movimento eletrônico, mas será menos precisa a determinação de sua posição através dessa radiação mais "grosseira".*
>
> HEWITT, Paul G. *Física conceitual*. p. 537.

De acordo com o texto, analise as alternativas a seguir e indique a correta.

a) Não é possível observar um elétron utilizando-se uma radiação luminosa.

b) O ato de observar algo tão minúsculo quanto um elétron produz uma considerável incerteza sobre sua posição ou sobre sua quantidade de movimento linear.

c) Quando a radiação luminosa utilizada na observação de um elétron possui um grande comprimento de onda, obtém-se grande precisão na determinação da posição desse elétron.

d) O texto se refere ao princípio da incerteza de Heisenberg e destaca que não podemos afirmar, com certeza, que o elétron existe.

## Albert Einstein

Albert Einstein nasceu em 14 de março de 1879 em Ulm, na Alemanha, e faleceu em 18 de abril de 1955, no Hospital Princeton, nos Estados Unidos.

No período de 1885 a 1894, Einstein realizou seus estudos primário e secundário em Munique, na Alemanha. Sem concluir o ensino secundário, tentou ingressar no Instituto Politécnico de Zurique, na Suíça, sem sucesso. Após frequentar uma escola suíça em Aarau, foi aprovado no Instituto Politécnico em 1896, ano em que renunciou à cidadania alemã. Ele sempre se destacou como aluno, mas, para muitos professores, apresentava um grande defeito: só estudava o que lhe interessava.

Em 1900, Einstein formou-se na Escola Politécnica. Em seguida, trabalhou como professor substituto numa escola técnica. Em 1902, iniciou seu trabalho como "perito técnico de terceira classe" no Departamento de Patentes da Suíça, em Berna. Esse emprego deu a Einstein a tranquilidade de que ele precisava para se manter em dia com os avanços das ciências, em particular da Física.

Influenciado principalmente pelos trabalhos de Faraday, Maxwell, Hertz e Lorentz, Einstein pôde se dedicar com afinco à questão que o preocupava desde a adolescência: "O que verei se correr atrás de um feixe de luz na velocidade da luz?".

O ano de 1905 é considerado o "ano miraculoso de Einstein", pois, nesse único ano, ele provocou uma verdadeira revolução na Física. Após concluir a tese de doutorado – *Uma nova determinação das dimensões moleculares* –, com a publicação do artigo "Sobre a eletrodinâmica dos corpos em movimento", ele mostrou ao mundo uma nova maneira de pensar o espaço e o tempo, dando origem ao que passaria a ser conhecido como a "teoria da relatividade restrita (especial)". Segundo nos relata o físico brasileiro Marcelo Gleiser, em outro artigo Einstein desenvolveu a teoria sobre o movimento browniano: "a existência de um mundo invisível repleto de moléculas e átomos em colisão constante, conforme confirmado pelo físico francês Jean Perrin (1870-1942) em 1908". Em um terceiro artigo, que viria a coroar seu trabalho com o prêmio Nobel de Física de 1921, Einstein explicou o efeito fotoelétrico: a interação da luz com a matéria.

Em 1909, Einstein deixou o emprego no Departamento de Patentes e se tornou professor de Física teórica na Universidade de Zurique, de onde saiu em 1911 e assumiu o cargo de diretor do Instituto de Física Teórica da Universidade Alemã de Praga. No ano seguinte, retornou a Zurique, onde assumiu o cargo de professor do Instituto Politécnico. Em 1913, foi eleito para a Academia Prussiana de Ciências.

Em 1915, Einstein completou o trabalho iniciado em 1905 sobre a relatividade e, no ano seguinte, publicou suas conclusões sobre a "teoria da relatividade geral".

Em 1917, Einstein publicou dois importantes artigos. O primeiro deles referente à emissão estimulada de luz que serviria de base para a construção do *laser* e, o segundo, sobre a estrutura do Universo, base da cosmologia moderna.

Einstein proferiu palestras praticamente em todos os centros de ciências e, em 1925, visitou Brasil, Argentina e Uruguai. Em vida, recebeu diversas honrarias, como a Medalha de ouro da Royal Astronomical Society da Grã-Bretanha e a Medalha Planck, além de títulos honoríficos. Abraçou a causa do desarmamento mundial e envolveu-se com questões políticas.

Em 1939, Einstein assinou a carta ao presidente dos Estados Unidos Franklin Delano Roosevelt (1882-1945), redigida pelo físico húngaro Leo Szillard (1898-1964), sobre as implicações militares da energia nuclear.

Após tornar-se cidadão norte-americano em 1940, Einstein viveu nos Estados Unidos até sua morte. Praticamente em toda a sua vida, dedicou-se integralmente às causas pacifistas, tendo erguido sua voz contra o nazismo, o racismo e todas as formas de intolerância.

Fontes: BRENNAN, R. *Gigantes da Física*. Rio de Janeiro: Jorge Zahar, 1998; EINSTEIN está vivo. *Folha de S.Paulo*. São Paulo, 5 jun. 2005. Especial 1; STUDART, N. Einstein: uma breve cronologia. *Física na escola*, v. 6, n. 1, 2005.

# Vestibulares de Norte a Sul

1. CO (UEMS) Aponte a alternativa **falsa**:
   a) As leis da Física clássica (ou newtoniana) se aplicam ao movimento de corpos mensuráveis ("grandes") e com pequenas velocidades.
   b) A Física moderna surgiu no final do século XIX e início do século XX, principalmente com os trabalhos de Max Planck e Albert Einstein, que explicavam fenômenos que não podiam ser entendidos com as leis da Física clássica.
   c) A teoria da relatividade descreve com maior precisão o movimento de corpos em altas velocidades, próximos à velocidade da luz.
   d) Fazendo uma aproximação para velocidades pequenas na teoria da relatividade não é possível retornar às leis da Física clássica.
   e) Para explicar o efeito fotoelétrico, Albert Einstein utilizou o conceito de quantização da energia luminosa ("*quantum* de luz") apresentada por Max Planck.

2. CO (UFG-GO) O efeito fotoelétrico, explorado em sensores, células fotoelétricas e outros detectores eletrônicos de luz, refere-se à capacidade da luz de retirar elétrons da superfície de um metal. Quanto a este efeito, pode-se afirmar que:
   a) a energia dos elétrons ejetados depende da intensidade da luz incidente.
   b) a energia dos elétrons ejetados é discreta, correspondendo aos *quanta* de energia.
   c) a função trabalho depende do número de elétrons ejetados.
   d) a velocidade dos elétrons ejetados depende da cor da luz incidente.
   e) o número de elétrons ejetados depende da cor da luz incidente.

3. NE (UFRN) Raios cósmicos são partículas que bombardeiam continuamente a Terra. Eles são compostos, principalmente, de partículas alfa, prótons e neutrinos.
   Um neutrino vindo do espaço se desloca em relação à Terra com velocidade da luz igual a *c*.
   Para um foguete que se desloca com velocidade *v* em relação à Terra, em direção ao neutrino, esta partícula terá velocidade igual a:
   a) $v - c$.
   b) $v + c$.
   c) $c$.
   d) $v$.

4. CO (UFMT) A coluna da esquerda apresenta pesquisadores ligados à Física do século XX e a da direita, fenômenos por eles estudados. Numere a coluna da direita de acordo com a da esquerda.

| | |
|---|---|
| 1 – Albert Einstein | ( ) Transição orbital por absorção ou emissão de fótons. |
| 2 – César Lattes | ( ) Efeito fotoelétrico. |
| 3 – Louis de Broglie | ( ) Princípio da incerteza. |
| 4 – Niels Bohr | ( ) Caráter ondulatório da matéria. |
| 5 – Werner Heisenberg | ( ) Píon. |

   Assinale a sequência correta.
   a) 2, 4, 5, 3, 1
   b) 5, 4, 1, 2, 3
   c) 3, 1, 4, 5, 2
   d) 4, 1, 5, 3, 2
   e) 2, 5, 4, 1, 3

5. NE (UFPE) Em uma experiência de efeito fotoelétrico com uma placa metálica, foram determinados os potenciais de corte em função da frequência da luz incidente, como mostrado no gráfico abaixo. A partir do gráfico, determine o **potencial de superfície** (também chamado de **função trabalho**) do metal, em unidade de $10^{-20}$ J.

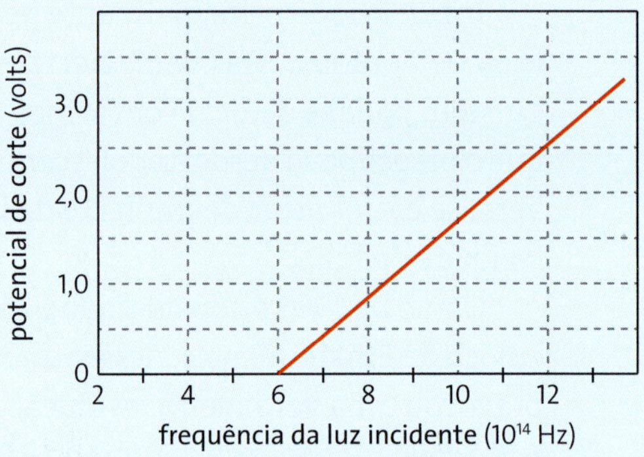


6. N (UFT-TO) Em um átomo, o primeiro nível, ocupado por um elétron, tem energia $E_1 = -2,6 \cdot 10^{-19}$ J e o segundo, desocupado, tem energia $E_2 = -1,3 \cdot 10^{-19}$ J. Ao ser iluminado com luz monocromática, de determinada frequência, esse átomo absorve um fóton e, com isso, o elétron passa do primeiro nível para o segundo. Sabe-se que o valor da constante de Planck é de $6,6 \cdot 10^{-34}$ J · s.
   Considerando-se essas informações, é **correto** afirmar que, na situação descrita, a frequência da luz incidente no átomo é de, aproximadamente:
   a) $1 \cdot 10^{14}\ s^{-1}$.
   b) $2 \cdot 10^{14}\ s^{-1}$.
   c) $3 \cdot 10^{14}\ s^{-1}$.
   d) $4 \cdot 10^{14}\ s^{-1}$.

7. **NE** (UFC-CE) No início do século XX, novas teorias provocaram uma surpreendente revolução conceitual na Física. Um exemplo interessante dessas novas ideias está associado às teorias sobre a estrutura da matéria, mais especificamente aquelas que descrevem a estrutura dos átomos. Dois modelos atômicos propostos nos primeiros anos do século XX foram o de Thomson e o de Rutherford. Sobre esses modelos, assinale a alternativa correta.

a) No modelo de Thomson, os elétrons estão localizados em uma pequena região central do átomo, denominada núcleo, e estão cercados por uma carga positiva, de igual intensidade, que está distribuída em torno do núcleo.

b) No modelo de Rutherford, os elétrons são localizados em uma pequena região central do átomo e estão cercados por uma carga positiva, de igual intensidade, que está distribuída em torno do núcleo.

c) No modelo de Thomson, a carga positiva do átomo encontra-se uniformemente distribuída em um volume esférico, ao passo que os elétrons estão localizados na superfície da esfera de carga positiva.

d) No modelo de Rutherford, os elétrons movem-se em torno da carga positiva, que está localizada em uma pequena região central do átomo, denominada núcleo.

e) O modelo de Thomson e o modelo de Rutherford consideram a quantização da energia.

8. **N** (Unifap) O comprimento de onda mínimo de uma determinada luz para provocar o efeito fotoelétrico em determinado material é $3{,}3 \cdot 10^{-7}$ m.
Considerando a constante de Planck $h = 6{,}6 \cdot 10^{-34}$ J · S e a velocidade da luz de $3{,}0 \cdot 10^{8}$ m/s, obtenha o(s) valor(es) numérico(s) associado(s) à(s) proposição(ões) **verdadeira(s)**.

(01) O trabalho para arrancar um elétron deste material é $6{,}0 \cdot 10^{-19}$ J.

(02) A energia cinética máxima dos elétrons emitidos pelo material depende da intensidade da luz incidente.

(04) A energia cinética máxima dos elétrons emitidos pelo material aumenta com o aumento da frequência da luz incidente.

(08) O efeito fotoelétrico ocorre no núcleo dos átomos do material.

9. **SE** (Ufes) Os *mésons muon* dos raios cósmicos são produzidos na alta atmosfera e caminham em direção à superfície da Terra com velocidades muito altas. O tempo de vida de um *méson muon* é de $2{,}0 \cdot 10^{-6}$ s. Considerando, para efeito de simplificação, que a velocidade do *méson muon* é $0{,}8c$, onde $c$ é a velocidade da luz no vácuo, calcule a distância percorrida pelo *méson* de acordo com a mecânica:

a) não relativística; b) relativística.

10. **N** (Unama-PA) Nos dias de hoje, a tecnologia *laser* está presente numa vasta variedade de dispositivos e aparelhos. Só para citar alguns: *CD players*, aparelhos de cortes cirúrgicos, brocas de dentista, máquinas de corte de metal, sistemas de medição, etc. Dependendo de sua aplicação e finalidade, os *lasers* são fabricados a partir de diversos materiais, os quais fornecem fótons luminosos de diferentes comprimentos de ondas associados e, por conseguinte, diferentes energias.
Eis alguns dos *lasers* mais comuns e seus comprimentos de onda de emissão:

| Tipo de *laser* | Comprimento de onda (nm) |
|---|---|
| fluoreto de argônio (UV) | 193 |
| nitrogênio (UV) | 337 |
| hélio-neônio (verde) | 543 |
| rubi ($CrA\ell O_3$) (vermelho) | 694 |
| dióxido de carbono (infravermelho) | 10 600 |

Diante do exposto, afirma-se que:

a) os fótons emitidos pelo *laser* de *Dióxido de carbono (infravermelho)* são os de menor energia entre os *lasers* apresentados.

b) os fótons emitidos por quaisquer um dos *lasers* terão a mesma energia se os mesmos se propagarem no vácuo.

c) os fótons emitidos pelo *laser* de *Hélio-neônio (verde)* possuem mais energia quando comparados com aqueles emitidos pelo *laser* de ***Nitrogênio (UV)***.

d) sob ponto de vista da óptica geométrica, um raio emitido pelo *laser* de ***Fluoreto de argônio (UV)*** terá maior velocidade que um raio emitido por um de ***Rubi ($CrA\ell O_3$) (vermelho)***, se ambos propagarem-se em um determinado meio que não seja o vácuo, como a água, por exemplo.

11. **SE** (UFMG) O espectro de emissão de luz do átomo de hidrogênio é discreto, ou seja, são emitidas apenas ondas eletromagnéticas de determinadas frequências, que, por sua vez, fornecem informações sobre os níveis de energia desse átomo.
Na figura ao lado está representado o diagrama de níveis de energia do átomo de hidrogênio.

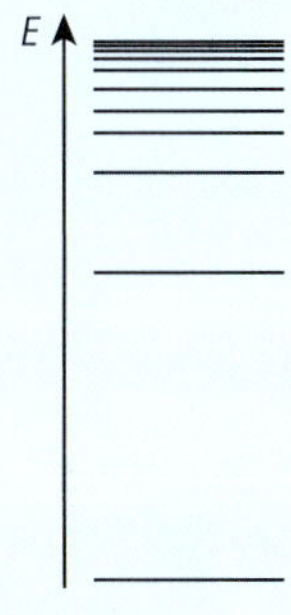


1. No século XIX, já se sabia que cada frequência do espectro de emissão do hidrogênio é igual à soma ou à diferença de duas outras frequências desse espectro. Explique por que isso ocorre.

2. Sabe-se que o espectro do átomo de hidrogênio contém as frequências $2{,}7 \cdot 10^{14}$ Hz e $4{,}6 \cdot 10^{14}$ Hz. A partir desses dados, determine outra frequência desse espectro que corresponde a uma luz emitida na região do visível.

12. **SE** (Unicamp-SP) Com um pouco de capacidade de interpretação do enunciado, é possível entender um problema de Física moderna, como o exposto abaixo, com base nos conhecimentos de Ensino Médio.

O Positrônio é um átomo formado por um elétron e sua antipartícula, o pósitron, que possui carga oposta e massa igual à do elétron. Ele é semelhante ao átomo de Hidrogênio, que possui um elétron e um próton. A energia do nível fundamental desses átomos é dada por $E_1 = \dfrac{-13{,}6}{\left(1 + \dfrac{m_e}{m_p}\right)}$ eV, onde $m_e$ é a massa do elétron e $m_p$ é a massa do pósitron, no caso do Positrônio, ou a massa do próton, no caso do átomo de Hidrogênio. Para o átomo de Hidrogênio, como a massa do próton é muito maior que a massa do elétron, $E_1 = -13{,}6$ eV.

a) Calcule a energia do nível fundamental do Positrônio.

b) Ao contrário do átomo de Hidrogênio, o Positrônio é muito instável, pois o elétron pode se aniquilar rapidamente com a sua antipartícula, produzindo fótons de alta energia, chamados raios gama. Considerando que as massas do elétron e do pósitron são $m_e = m_p = 9 \cdot 10^{-31}$ kg, e que, ao se aniquilarem, toda a sua energia, dada pela relação de Einstein $E_p + E_e = m_e \cdot c^2 + m_p \cdot c^2$, é convertida na energia de dois fótons gama, calcule a energia de cada fóton produzido. A velocidade da luz é $c = 3{,}0 \cdot 10^8$ m/s.

13. **S** (UFSC) A Física moderna é o estudo da Física desenvolvido no final do século XIX e início do século XX. Em particular, é o estudo da Mecânica quântica e da teoria da relatividade restrita.

Assinale a(s) proposição(ões) correta(s) em relação às contribuições da Física moderna.

(01) Demonstra limitações da Física newtoniana na escala microscópica.

(02) Nega totalmente as aplicações das leis de Newton.

(04) Explica o efeito fotoelétrico e o *laser*.

(08) Afirma que as leis da Física são as mesmas em todos os referenciais inerciais.

(16) Comprova que a velocidade da luz é diferente para quaisquer observadores em referenciais inerciais.

(32) Demonstra que a massa de um corpo independe de sua velocidade.

14. **SE** (ITA-SP) Considere as seguintes relações fundamentais da dinâmica relativística de uma partícula: a massa relativística $m = m_0 \cdot \gamma$, o *momentum* relativístico $p = m_0 \cdot \gamma \cdot v$ e a energia relativística $E = m_0 \cdot \gamma \cdot c^2$, em que $m_0$ é a massa de repouso da partícula e $\gamma = \dfrac{1}{\sqrt{1 - \dfrac{v^2}{c^2}}}$ é o fator de Lorentz. Demonstre que $E^2 - p^2 \cdot c^2 = (m_0 \cdot c^2)^2$ e, com base nessa relação, discuta a afirmação: "Toda partícula com massa de repouso nula viaja com a velocidade da luz $c$".

15. **S** (Udesc) Uma espaçonave passa sobre a Terra com velocidade igual a $0{,}80c$, sendo $c$ a velocidade da luz no vácuo. O tripulante observa a pista de pouso de um aeroporto – orientada paralelamente à direção do movimento da nave – que, medida segundo o referencial da Terra, possui comprimento $L$. O comprimento da pista observado pelo tripulante será:

a) 60% maior do que $L$.

b) igual a $L$.

c) 40% menor do que $L$.

d) 80% maior do que $L$.

e) 36% menor do que $L$.

16. **S** (UEL-PR) Atualmente, sabe-se que as partículas que compõem a matéria formadora do Universo podem ter comportamentos de natureza tanto corpuscular como ondulatória. O fato de não observarmos diretamente a natureza ondulatória em objetos materiais macroscópicos, como em uma bola de bilhar de aproximadamente 50 g, possuindo velocidade igual a 5,0 m/s, deve-se:

(Dado: $h = 6{,}63 \cdot 10^{-34}$ J · s $= 4{,}14 \cdot 10^{-15}$ eV · s)

a) à razão de não ter sido inventado um aparelho ótico que identifique diretamente essa característica da matéria.

b) ao fato de o comprimento de onda associado, que tem o valor de $2{,}65 \cdot 10^{-33}$ m, ser pequeno para uma detecção, mesmo com aparelhos de medida que alcancem a ordem de grandeza no nível subatômico.

c) à massa da bola, pois tem um valor muito grande para ser possível a demonstração do caráter ondulatório.

d) a uma falha dos postulados de Louis de Broglie e na experiência de Davisson-Germer na medida de comprimento de onda da bola de bilhar.

e) aos centros difratores (orifícios, fendas ou átomos), utilizados para medir a frequência da onda associada à bola, de valor $1{,}89 \cdot 10^{33}$ Hz, estarem localizados incorretamente nos equipamentos de detecção.

17. **SE** (UFMG) Considere que, no ano de 2222, um trem expresso passa por uma estação à velocidade de 0,2 $c$, em que $c$ é a velocidade da luz.

Henrique está dentro desse trem, em um vagão que mede 30 m de comprimento. Quando o trem está passando pela estação, Henrique liga um *laser* situado no fundo do vagão. Esse *laser* emite um pulso de luz, que é refletido por um espelho posicionado na frente do vagão, retorna e atinge um detector situado junto ao *laser*.

a) No referencial de Henrique, calcule o intervalo de tempo entre o pulso sair do *laser* e atingir o detector.

b) Enquanto isso, Alberto, parado na estação, vê o trem passar.

Considerando essa informação, responda: qual é a velocidade do pulso de luz do *laser* medida no referencial de Alberto? Justifique sua resposta.

CAPÍTULO

# 11 Física nuclear

Martin D. Vonka/Shutterstock/Glow Images

Os graves acidentes ocorridos em usinas nucleares vêm diminuindo as construções e os investimentos no setor.

# 1 Radioatividade

Figura 11.1 Antoine Henri Becquerel (1852-1908).

Ao observar que o urânio impressionava uma chapa fotográfica, o físico francês Antoine Henri Becquerel (**figura 11.1**) iniciou uma revolução no conhecimento científico, abrindo caminho para a área da Física nuclear. Essa descoberta colaborou para a hipótese de que os átomos não eram os últimos constituintes da matéria. Ele identificou três partes de radiações diferentes nos chamados "raios urânicos", denominados, atualmente, de radiação $\alpha$ (núcleo do átomo de hélio), radiação $\beta$ (elétrons altamente energéticos) e radiação $\gamma$ (de natureza eletromagnética) (**figura 11.2**).

Incentivados por Becquerel, em 1898 o casal Marie Curie e Pierre Curie verificaram esse mesmo fenômeno em minério de pechblenda. Após vários anos de trabalho, eles isolaram dois novos elementos, o rádio e o polônio, que também emitiam radiação.

Mas por que ocorre a emissão de radiação?

A maioria dos elementos químicos é considerada estável. No entanto, alguns têm a propriedade de se decompor, emitindo radiação espontaneamente e, na maioria dos casos, transformando-se em outros elementos ou reduzindo sua massa atômica. Essa propriedade é a radioatividade e esses elementos são chamados de **radioativos**. Todos os elementos com número atômico maior que 82 são radioativos. A mudança na composição de um **nuclídeo** é chamada de **reação nuclear**.

**Nuclídeo** – Denominação para o núcleo de um átomo (formado por prótons e nêutrons – núcleons) que tenha existência longa o suficiente para a sua identificação.

Quando o núcleo do átomo de um determinado elemento radioativo emite uma partícula alfa (2 prótons e 2 nêutrons), representada por ${}^{4}_{2}\alpha$, o número atômico do átomo (*Z*) reduz 2 unidades e o número de massa (*A*) reduz 4 unidades. Como há alteração no número atômico, o resultado é um átomo diferente do original.

Como exemplo, podemos citar o polônio-211 $({}^{211}_{84}\text{Po})$. Ao emitir uma partícula $\alpha$, o polônio-211 transforma-se em outro elemento: o chumbo-207 $({}^{207}_{82}\text{Pb})$. Essa reação nuclear é representada por:

$$({}^{211}_{84}\text{Po}) \rightarrow ({}^{207}_{82}\text{Pb}) + {}^{4}_{2}\alpha$$

Quando o núcleo do átomo de um determinado elemento emite uma partícula $\beta$ (elétron), representada por ${}^{-1}_{0}\beta$, o número atômico do átomo aumenta 1 unidade e o número de massa não se altera (a massa do elétron é desprezível quando comparada à do próton ou à do nêutron). Como há alteração no número atômico, o resultado é um novo elemento, diferente do original. Como exemplo, podemos citar o sódio-24 $({}^{24}_{11}\text{Na})$, que, ao emitir um elétron, transforma-se no magnésio-24 $({}^{24}_{12}\text{Mg})$. A reação nuclear correspondente é:

$$({}^{24}_{11}\text{Na}) \rightarrow ({}^{24}_{12}\text{Mg}) + {}^{-1}_{0}\beta$$

A emissão $\gamma$ é uma radiação eletromagnética emitida pelo núcleo em razão de um estado de alta energia. Nesta emissão, não há alteração no número atômico nem no número de massa. O resultado é um átomo do mesmo elemento, mas em um estado de energia mais baixa. Normalmente, as emissões alfa e beta são acompanhadas por uma emissão gama.

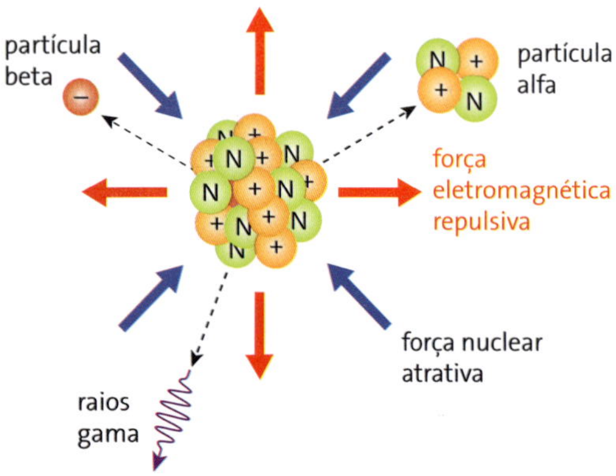


Figura 11.2 Ilustração das radiações $\alpha$, $\beta$ e $\gamma$.

Como exemplo, temos a reação nuclear de um nuclídeo de cobalto-60 em um estado excitado de energia, representado por ${}^{60}_{27}Co^*$, que emite uma radiação gama e decai para um estado de energia mais baixa.

$${}^{60}_{27}Co^* \rightarrow {}^{60}_{27}Co + \gamma$$

Quando um nuclídeo radioativo sofre um decaimento, o resultado pode ser outro nuclídeo radioativo, que, por sua vez, também sofrerá decaimento. Esse processo constitui uma série radioativa que termina quando o nuclídeo resultante for estável.

Na Terra, o nuclídeo radioativo mais abundante é o urânio-238, que sofre uma série de decaimentos, transformando-se em outros elementos até atingir o nuclídeo estável do chumbo-206 (figura 11.3).

Além da série do urânio-238, temos na natureza as séries do urânio-235, que termina com o chumbo-207 (estável), e a do tório-232, que termina com o chumbo-208 (estável).

Um mesmo elemento químico pode existir com diferentes números de massa: são os **isótopos** do elemento. Veja, por exemplo, o urânio-235 e o urânio-238. Ambos possuem número atômico igual a 92 (92 prótons), o que caracteriza o elemento urânio. No entanto, o número de massa do primeiro é 235 (92 prótons e 143 nêutrons), enquanto o do segundo é 238 (92 prótons e 146 nêutrons). O urânio encontrado na natureza é uma mistura de isótopos radioativos. Os três principais são: urânio-238 com 99,274%; urânio-235 com 0,720%; e urânio-234 com 0,006%.

**Para refletir**

Qual é a diferença entre chumbo-206, chumbo-207 e chumbo-208?

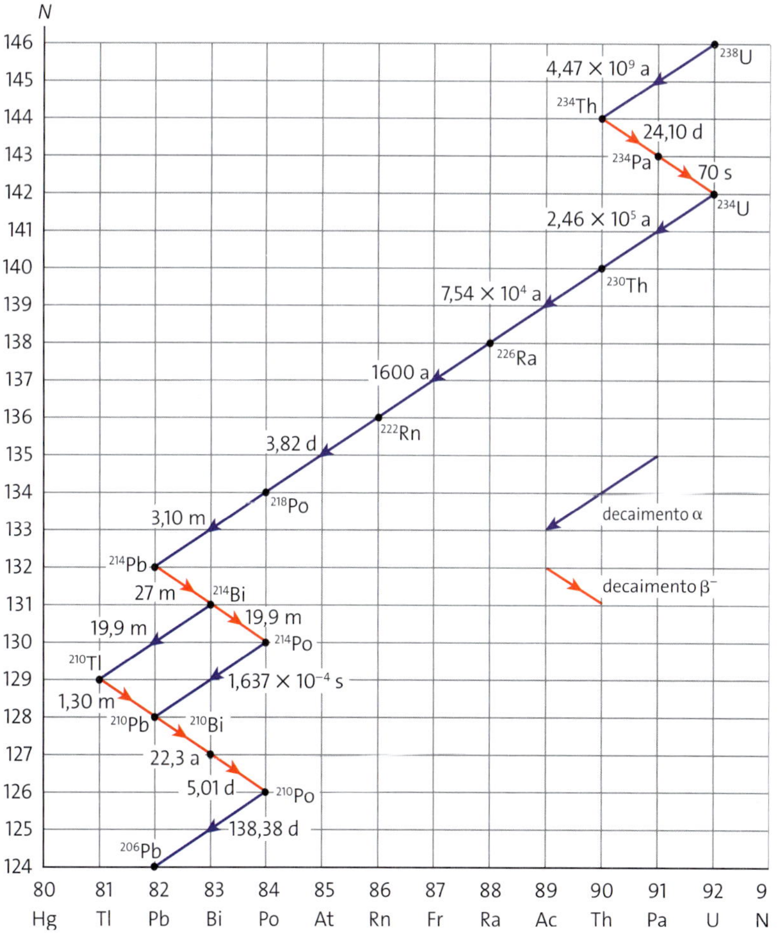


Figura 11.3 Série de decaimentos do urânio-238. Os tempos indicados em anos (a), dias (d), horas (h), minutos (min) ou segundos (s) se referem às meias-vidas.

# Decaimento radioativo

Como na radioatividade elementos vão se transformando em outros elementos, ou simplesmente decaindo para um estado de energia mais baixa, a quantidade de radioatividade original de uma amostra diminui com o passar do tempo. O intervalo de tempo necessário para que a radioatividade da amostra se reduza à metade, por desintegração, é chamado de **meia-vida física** $\left(t_{\frac{1}{2}}\right)$.

A meia-vida física do cobalto-60 é 5,27 anos. Isso significa dizer que a cada 5,27 anos a radioatividade de qualquer amostra de cobalto-60 se reduz à metade. Por exemplo, se hoje temos uma amostra de 100 g de cobalto-60, daqui a 5,27 anos teremos somente 50 g. Mais 5,27 anos e teremos somente 25 g, e assim sucessivamente. A figura 11.4 mostra a curva de decaimento de uma amostra de césio-137, cuja meia-vida física é 30 anos, inicialmente com massa de 1,0 kg. Esse modelo pode ser utilizado para o decaimento de qualquer material radioativo.

Alguns elementos radioativos possuem meia-vida de milésimos de segundos; outros possuem meia-vida de bilhões de anos. A tabela 11.1 apresenta a meia-vida e o tipo de radiação emitida para alguns isótopos radioativos.

**Tabela 11.1 – Meia-vida física de alguns isótopos radioativos e o tipo de emissão**

| Isótopo | Meia-vida | Tipo de emissão |
|---|---|---|
| urânio-238 | $4{,}5 \cdot 10^9$ anos | alfa $\alpha$ |
| rádio-226 | 1622 anos | alfa $\alpha$ |
| césio-137 | 30 anos | beta $\beta$ e gama $\gamma$ |
| radônio-220 | 54 segundos | alfa $\alpha$ |

O decaimento radioativo, ou emissão radioativa, é um processo estatístico, ou seja, não há meios de prever com exatidão qual será o próximo nuclídeo a sofrer desintegração. A probabilidade de decaimento é igual para todos os nuclídeos.

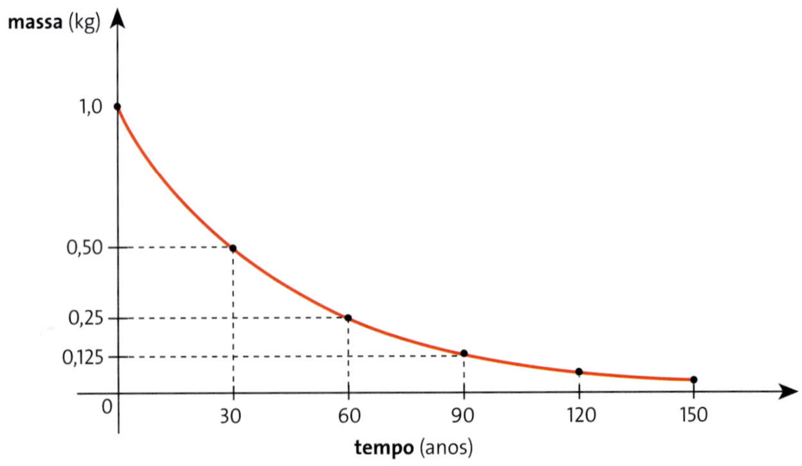


Figura 11.4 Curva de decaimento radioativo: a cada 30 anos, a quantidade de césio-137 se reduz à metade.

No estudo da radioatividade, além da meia-vida física, há outra grandeza de fundamental importância. É a **atividade** (***A***) de uma amostra radioativa, que representa o número de desintegrações nucleares por unidade de tempo. No Sistema Internacional de Unidades (SI), a unidade da atividade é o **becquerel** (Bq): 1 Bq corresponde a uma desintegração por segundo. Uma outra unidade muito utilizada é o **curie** (Ci), que corresponde à atividade inicial de 1 g do elemento rádio purificado: $3{,}7 \cdot 10^{10}$ desintegrações por segundo. Portanto:

$$1 \text{ Ci} = 3{,}7 \cdot 10^{10} \text{ Bq}$$

A atividade ($A$) é proporcional à quantidade de núcleos radioativos ($N$). Assim, se a atividade cair à metade, é porque metade dos núcleos radioativos sofreu decaimento. Supondo que, em $t = 0$, a quantidade de núcleos radioativos é $N_0$, temos:

- após uma meia-vida física, teremos $\frac{N_0}{2}$ núcleos radioativos;
- após duas meias-vidas, teremos $\frac{N_0}{4}$ núcleos radioativos;
- após três meias-vidas, teremos $\frac{N_0}{8}$ núcleos radioativos, e assim por diante.

Podemos, então, escrever que a quantidade $N$ de núcleos radioativos remanescentes, após $n$ meias-vidas, é:

$$N = \frac{N_0}{2^n}$$

## Exercício resolvido

1. Os dados da tabela representam medidas da atividade de uma amostra radioativa de ouro-198, feitas com um detector de radiação, em função do tempo.

| **Atividade** (Ci) | **Tempo** (dias) |
|---|---|
| 400 | 0 |
| 308 | 1 |
| 240 | 2 |
| 184 | 3 |
| 144 | 4 |
| 112 | 5 |
| 84 | 6 |

a) Trace o gráfico da atividade (eixo $y$) em função do tempo (eixo $x$) de acordo com a tabela.

b) Determine a meia-vida física do ouro-198.

c) Após quanto tempo a atividade da amostra é 100 Ci?

**Resolução**

a) A figura mostra o gráfico da atividade em função do tempo, de acordo com os dados da tabela.

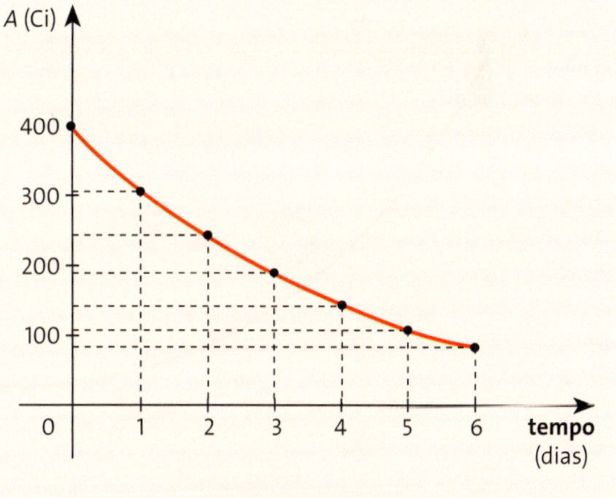


b) Como a atividade inicial da amostra de ouro-198 é 400 Ci, então o tempo, em dias, para que a atividade dessa amostra se reduza a 200 Ci, é a meia-vida física do ouro-198.

No gráfico, para $A = 200$ Ci, obtemos 2,7 dias. Portanto, a meia-vida física é: $t_{\frac{1}{2}} = 2{,}7$ dias.

c) Para a atividade da amostra se reduzir a 100 Ci é necessário um intervalo de tempo igual a duas meias-vidas, ou seja, 5,4 dias.

## Exercícios

1. Se uma partícula β (elétron) é emitida pelo núcleo de um átomo, podemos afirmar que existem elétrons no núcleo dos átomos? Justifique.

2. A seguir, apresentamos a reação nuclear de transmutação do rádio-226 em radônio-222, com a emissão de uma radiação X.

$$^{226}_{88}Ra \rightarrow ^{222}_{86}Rn + X$$

A radiação X corresponde a uma partícula alfa, beta ou uma radiação gama? Justifique.

3. O iodo-123, usado na forma de iodeto de sódio, é um isótopo radioativo muito utilizado na Medicina nuclear para mapeamento da tireoide. Sua meia-vida física é de 13 h. Considere uma amostra de 2,0 g desse isótopo.
   a) Faça uma tabela da quantidade, em gramas, de iodo radioativo em função do tempo, em horas. Utilize valores do tempo que sejam múltiplos da meia-vida do iodo.
   b) De acordo com a tabela obtida no item **a**, quanto tempo é necessário para que a amostra de iodo-123 seja reduzida a um quarto do seu valor inicial?

4. (Vunesp-SP) Em Goiânia, 100 g de $^{137}CsC\ell$ foram liberados de uma cápsula, antes utilizada em radioterapia, e causaram um grave acidente nuclear. O gráfico representa a cinética de desintegração desse isótopo.

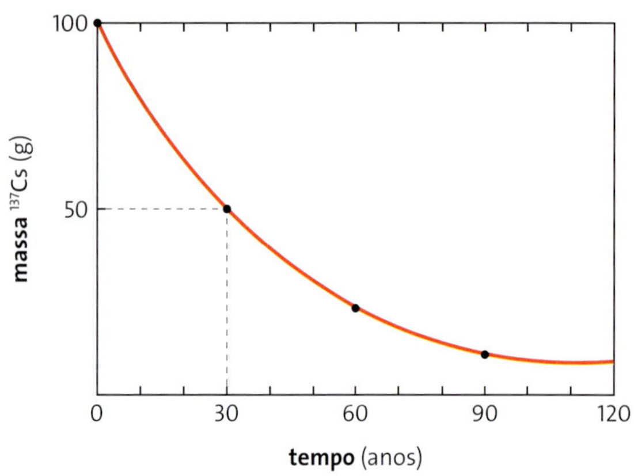


Para o $^{137}Cs$, o tempo de meia-vida e o tempo para que 87,5% tenha se desintegrado são, em anos, respectivamente:
   a) 60 e 30.
   b) 30 e 7,5.
   c) 60 e 90.
   d) 30 e 90.
   e) 120 e 60.

5. (Sesp) Bomba de cobalto é um aparelho muito usado na radioterapia para tratamento de pacientes, especialmente portadores de câncer. O material radioativo usado nesse aparelho é o $^{30}_{27}Co$, com um periodo de meia-vida de aproximadamente 5 anos.

Admita que a bomba de cobalto foi danificada e o material radioativo é exposto à população. Após 25 anos, a atividade deste elemento ainda se faz sentir num percentual, em relação à massa inicial, de:
   a) 3,125%.
   b) 6%.
   c) 0,31%.
   d) 31,25%.
   e) 60%.

6. A curva de decaimento de um elemento químico radioativo está mostrada no gráfico.

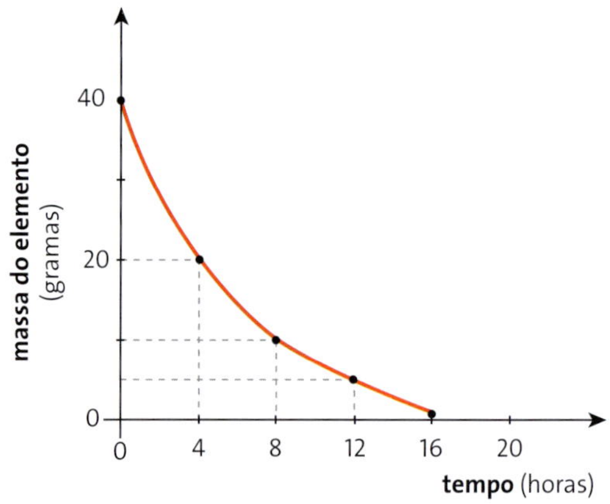


De acordo com o gráfico, qual é a meia-vida física desse elemento?

7. A figura a seguir mostra o decaimento do césio-137.

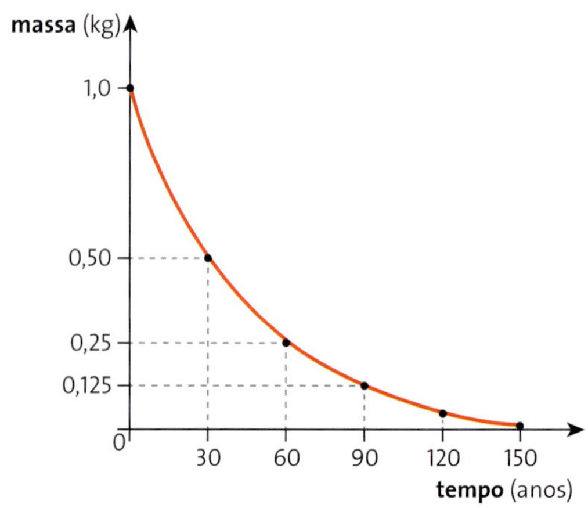


Calcule o tempo de meia-vida do césio-137 e pesquise as aplicações desse elemento.

# 2 Radiações: interações e aplicações

As partículas alfa (α) e beta (β), bem como a radiação gama (γ), podem interagir com a matéria. Os efeitos dessas interações dependem, principalmente, da energia das radiações e do meio com o qual elas interagem.

Dentro da escala atômica, as partículas α são consideradas pesadas e, quando se movimentam em um meio, suas trajetórias são praticamente retilíneas. Normalmente, essas partículas provocam ionizações no meio com o qual interagem e apresentam um pequeno poder de penetração, sendo facilmente blindadas. Por exemplo, uma folha de papel é suficiente para blindá-las (figura 11.5). Em relação ao tecido humano, sua penetração é de décimos de centímetros, não constituindo riscos para a saúde. No entanto, a ingestão ou a inalação de partículas α podem acarretar sérios problemas à saúde.

As partículas β possuem uma massa extremamente pequena em relação às partículas α. Na interação com um meio, as partículas β apresentam trajetórias curvas e produzem ionizações em número menor do que as partículas α. Contudo, apresentam um poder de penetração muito maior. Na blindagem de partículas β são usados plástico ou alumínio (figura 11.5). Em relação ao tecido humano, os efeitos das partículas β se limitam à pele. Como as partículas α, quando ingeridas, as partículas β são extremamente perigosas.

A radiação γ é a mais energética do espectro eletromagnético. Tem frequências da ordem de $10^{24}$ Hz e comprimento de onda da ordem de $10^{-14}$ m, com um poder muito grande de penetração na matéria. Observe, na figura 11.5, que a blindagem da radiação gama é feita com blocos de chumbo. Na interação da radiação γ com os tecidos humanos, o grande perigo está relacionado às modificações que podem ser produzidas nas células. Em contrapartida, os raios gama são muito utilizados no combate ao câncer, pois podem destruir células com má formação.

As emissões dos núcleos radioativos normalmente têm energia muito superior às das radiações comuns, como as ondas de rádio, luz ou infravermelho; por isso têm alto poder de ionização. Assim, são chamadas de **radiações ionizantes**.

No começo do século XX – primórdios da radioatividade – os riscos das radiações ionizantes não eram conhecidos. Prova desse desconhecimento é que Marie Curie morreu de leucemia, em decorrência da longa exposição a elementos radioativos.

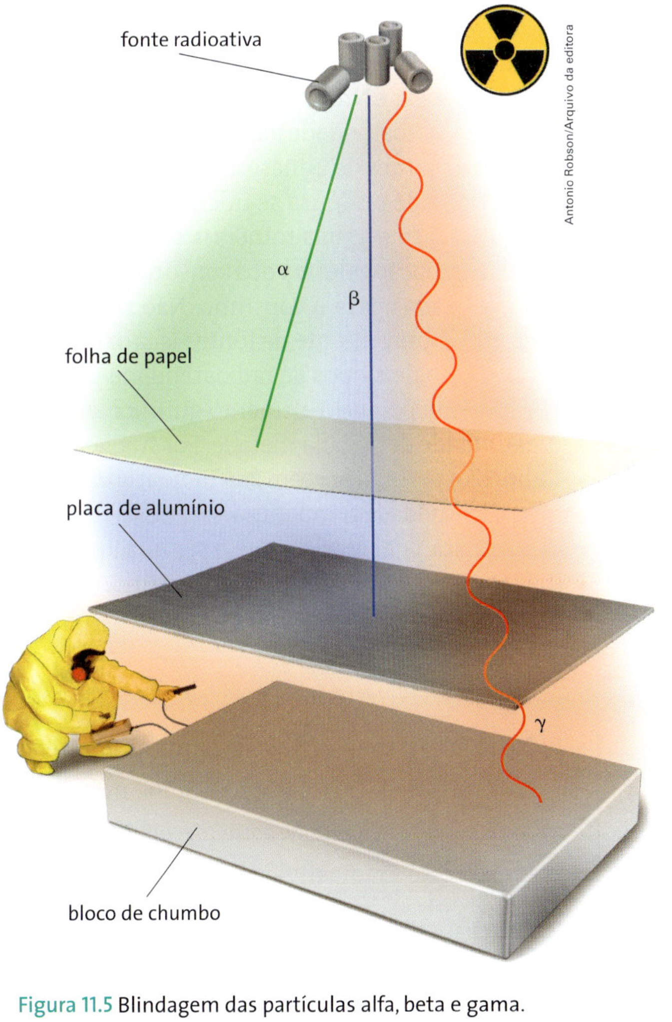


Figura 11.5 Blindagem das partículas alfa, beta e gama.

Física explica

## Vivemos em um mundo radioativo

"Estamos continuamente expostos às radiações provenientes de fontes naturais, como o cosmo (radiações cósmicas), o solo, os materiais usados em construção e o próprio ar, entre outras. Essas fontes existem desde o início dos tempos e seus níveis de radiação não representam riscos. Existem, também, fontes de radiação que foram desenvolvidas na busca de uma melhor qualidade de vida: as utilizadas em diagnósticos, em terapias, na indústria, nos laboratórios de pesquisas, nos tubos de televisão, nos relógios luminosos, etc. O excesso de exposição a essas fontes é muito prejudicial à saúde humana.

O próprio corpo humano é uma fonte de radiação. Além do carbono-14 (carbono radioativo) que existe em nosso corpo, no consumo alimentar de batata ingerimos certa quantidade de potássio-40, um isótopo radioativo.

Sérgio Dotta Jr./Arquivo da editora

A água possui a presença de rádio e radônio.

### Água mineral radioativa

Quem já teve a curiosidade de olhar o rótulo de algumas marcas de água mineral se deparou com a inscrição "água fracamente radioativa na fonte". Trata-se de água proveniente de fontes em que ocorre a presença dos elementos radioativos rádio e radônio. O Departamento de Radiometria Ambiental do Ipen [Instituto de Pesquisas Energéticas e Nucleares] desenvolveu pesquisas para determinar o nível de radioatividade natural presente em águas de abastecimento público, fontes de águas minerais e águas engarrafadas.

A linha de pesquisa se iniciou na década de 1990. Durante oito anos foram analisadas amostras de 35 marcas de águas minerais consumidas nos estados de São Paulo e Minas Gerais. Chegou-se à dose de radiação coletiva dos consumidores do produto. A conclusão dos pesquisadores é de que todas são adequadas para o consumo. Não trazem danos para o homem. Da água mineral consumida no país, 65% é proveniente de fontes localizadas na região Sudeste.

Existem dois tipos de radioatividade presentes nas águas minerais: a temporária e a permanente. Permanente porque o elemento químico rádio-226 tem 1600 anos de meia-vida, tempo em que sua radioatividade decai pela metade. Por sua vez, o radônio-222 (elemento obtido a partir do decaimento do rádio-226) permanece com sua radioatividade inalterada por 3,8 dias. Por esse tempo curto é que se fala na radioatividade temporária.

Setenta por cento do que o ser humano recebe em termos de dose correspondem à chamada radiação natural. De acordo com o estudo, a ingestão de água mineral representaria menos de 2,3% da dose atribuída a essa radiação natural.

[...]"

INSTITUTO de Pesquisas Energéticas e Nucleares (Ipen). Água mineral é tema de pesquisa em radiometria. *Jornal Órbita*, ano IV, n. 16, maio/jun.

1. No rótulo de uma garrafa de água mineral, encontramos a seguinte informação:
   Radioatividade na fonte a 20 °C e 760 mm de Hg: 24,72 maches.
   a) Sabendo que 1 mache equivale a 12,802 becquerel/litro, explique o significado da unidade **mache**.
   b) Expresse a radioatividade dessa água mineral em Bq/litro.

2. Com base no texto, o que podemos concluir sobre as implicações da ingestão de água mineral radioativa para a saúde das pessoas?

# Aplicações das radiações

No Brasil, existem vários centros de referência de pesquisas científicas na área nuclear. De modo geral, o compromisso desses centros é a melhoria da qualidade de vida da população brasileira por meio do uso seguro da tecnologia nuclear e da utilização da energia nuclear como fonte de desenvolvimento. Seus campos de pesquisas incluem desde a fabricação de combustíveis nucleares para reatores de pesquisas, a produção de radioisótopos (isótopos radioativos) que permitam um diagnóstico médico mais preciso e terapias mais eficazes, a esterilização de produtos farmacêuticos, a irradiação de alimentos, o controle de pragas, até os estudos dos efeitos da poluição sobre o solo, as águas e a atmosfera.

Vejamos a seguir as aplicações das radiações em algumas áreas de interesse.

- **Medicina** – A primeira aplicação das radiações na Medicina foi o raio X. Ele propiciou um grande avanço nos diagnósticos por imagem e iniciou um grande campo na área médica, conhecida como **radiologia**, que compreende a radiologia diagnóstica, a radioterapia (figura 11.6) e a Medicina nuclear (figura 11.7).

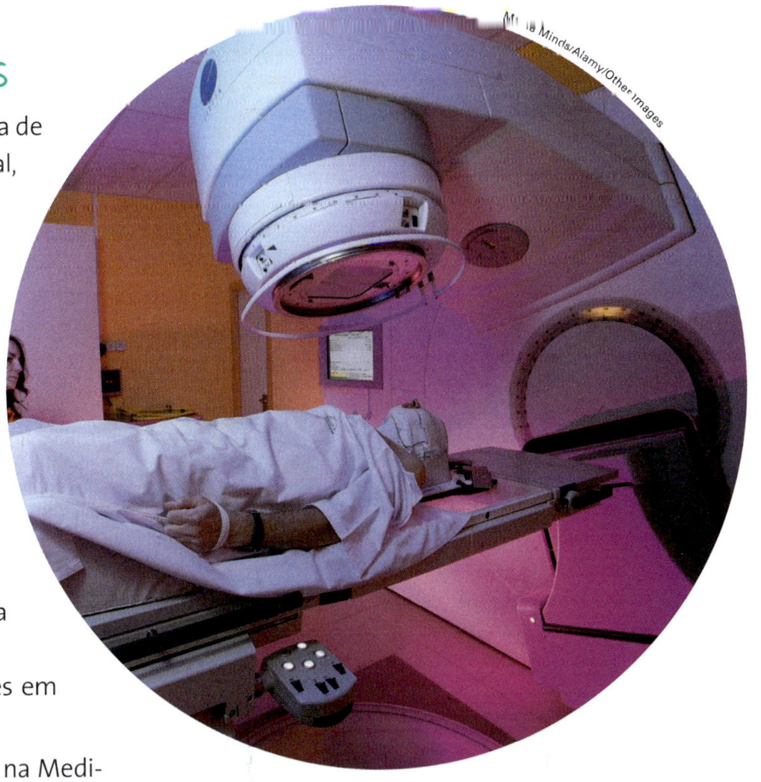


Figura 11.6 A radioterapia utiliza radiações (raios X, raios gama, elétrons, etc.) para tratamento de tumores, normalmente malignos, com a finalidade de destruir suas células.

**Radiologia** – Estudo das radiações e do seu emprego para diagnósticos ou tratamento médico.

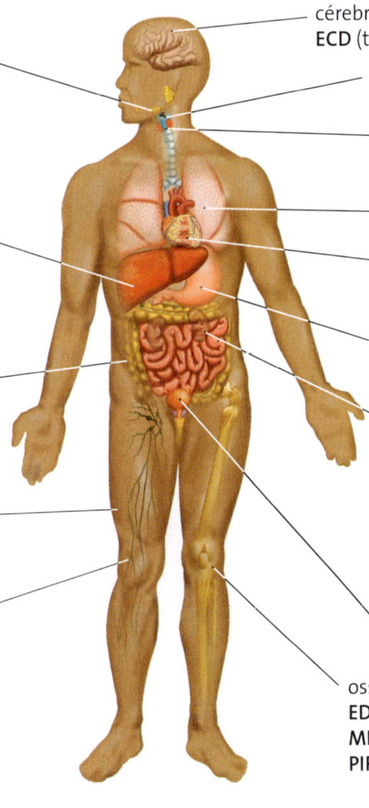


Figura 11.7 Radioisótopos utilizados na Medicina.

Figura 11.8 Comparação entre produtos irradiados e não irradiados.

- **Agricultura** – As aplicações das radiações na agricultura constituem um campo muito vasto, que inclui, entre outros, a irradiação de alimentos (figura 11.8), o controle de pragas, o estudo de fatores relacionados à nutrição animal, as aplicações de radioisótopos em estudos ambientais e agropecuários. Faz parte também a física do solo que, com técnicas nucleares, estuda os efeitos da poluição sobre as águas e sobre o sistema solo/planta/atmosfera, possibilitando ao homem a preservação e conservação da água e do solo em sistemas agrícolas.
- **Indústria** – Os radioisótopos cobalto-60, césio-137 e irídio-192 (emissores gama) são muito empregados em ensaios não destrutivos. São usados para verificação de falhas em tubulações de gás ou de água e em estruturas de concreto, rachaduras e desgastes em peças metálicas e soldas. Constituem uma ferramenta importante para o controle de qualidade e a otimização de processos.

  As radiações podem ser usadas para detectar vazamentos de líquidos ou gases e também na avaliação de desgastes de motores. Na indústria farmacêutica e nos hospitais, as radiações podem ser usadas na esterilização de luvas cirúrgicas, cateteres e seringas (figura 11.9).
- **Arqueologia** – Uma das grandes aplicações da radioatividade na Arqueologia é a datação de rochas, fósseis e peças antigas. No caso específico de materiais orgânicos, o método mais utilizado é a datação pelo carbono-14. Esse método, adequado para medir idades de materiais orgânicos de até dezenas de milhares de anos, foi desenvolvido pelo químico norte-americano Willard F. Libby (1908-1980) que, por esse trabalho, recebeu o prêmio Nobel de Química em 1960.

Figura 11.9 Esterilização de luvas cirúrgicas, seringas e instrumentos médicos usados em cirurgia.

A técnica consiste em comparar a quantidade de carbono-14 presente no organismo atual com a existente antes de o organismo morrer. Para entender como o processo funciona, devemos lembrar que todos os organismos vivos (animais e plantas) absorvem o carbono do ar, na forma de gás carbônico ($CO_2$). O carbono existente na natureza é constituído por três isótopos, carbono-12 (98,9%), carbono-13 (1,1%) e carbono-14 (0,000 001%). A porcentagem indicada entre parênteses se refere à abundância relativa de cada um.

Dos três isótopos, somente o carbono-14 é radioativo e tem uma meia-vida física de aproximadamente 5 730 anos. Portanto, a quantidade de carbono-14 no ar deveria diminuir com o passar do tempo. Isso só não acontece porque, nas altas camadas da atmosfera, raios cósmicos colidem com átomos de nitrogênio mantendo uma produção praticamente constante de carbono-14.

Assim, enquanto o organismo estiver vivo, a proporção entre carbono-14 e carbono-12 presentes nele se mantém constante. Quando o organismo morre, cessa a absorção de carbono do ar por ele. Então, com a emissão de radioatividade pelo carbono-14, a proporção entre o carbono-14 e o carbono-12 vai diminuindo com o tempo, pois a quantidade deste último se mantém constante. Comparando a proporção atual com a de antes da morte do organismo e, conhecendo-se a meia-vida do carbono, podemos determinar a idade do material (**figura 11.10**).

Como a porcentagem de carbono-14 é muito pequena, a datação por esse método nos fornece bons resultados quando a idade do material orgânico encontra-se na faixa entre 500 anos e 50 000 anos. Abaixo de 500 anos, a proporção de carbono-14 é muito próxima da original e acima de 50 000 anos ela é praticamente desprezível.

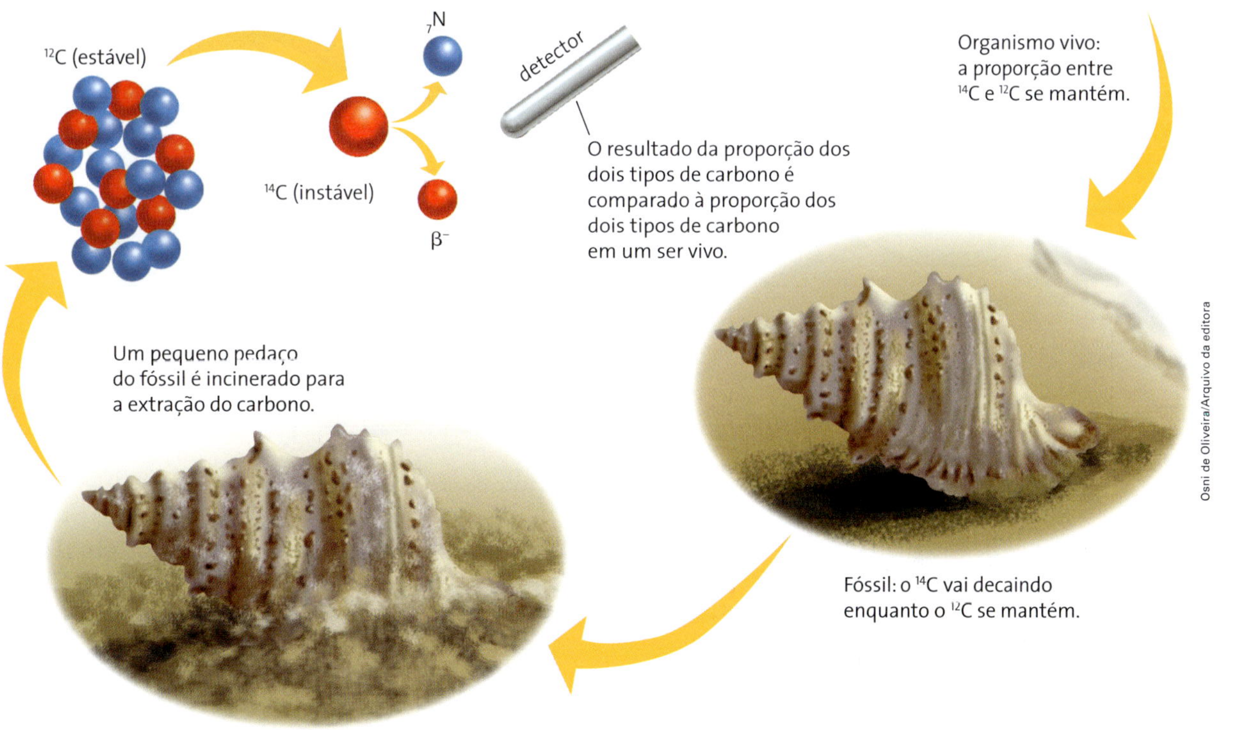


**Figura 11.10** Comparando o decaimento do carbono-14 com sua proporção normal nos seres vivos, é possível estimar a idade de um fóssil.

## Exercício resolvido

2. Para determinar a idade de fósseis recorre-se às propriedades radioativas do carbono-14. Sabendo-se que a meia-vida desse elemento é, aproximadamente, 5 600 anos e que em um esqueleto encontrado por arqueólogos a taxa de carbono-14 é de 12,5% da normal, determine há quanto tempo ocorreu a morte desse ser.

**Resolução**

Para responder à questão, basta construirmos uma tabela com o percentual do elemento radioativo em função do tempo. Para $t = 0$, a taxa de carbono-14 é de 100% e, a cada 5 600 anos (meia-vida), essa taxa decai para a metade. Assim, temos:

| **Tempo** (anos) | **Quantidade percentual** |
|---|---|
| 0 | 100% |
| 5 600 | 50% |
| 11 200 | 25% |
| 16 800 | 12,5% |

Como o esqueleto apresenta uma taxa de 12,5% da normal, então, de acordo com a tabela, o ser morreu há, aproximadamente, 16 800 anos.

## Exercícios

8. Normalmente, as pessoas que trabalham com materiais radioativos usam um crachá contendo um pedaço de filme fotográfico, fechado em um invólucro à prova de luz, para monitorar suas exposições à radiação. Qual(is) radiação(ões) pode(m) ser monitorada(s) com esse dispositivo? Justifique sua resposta.

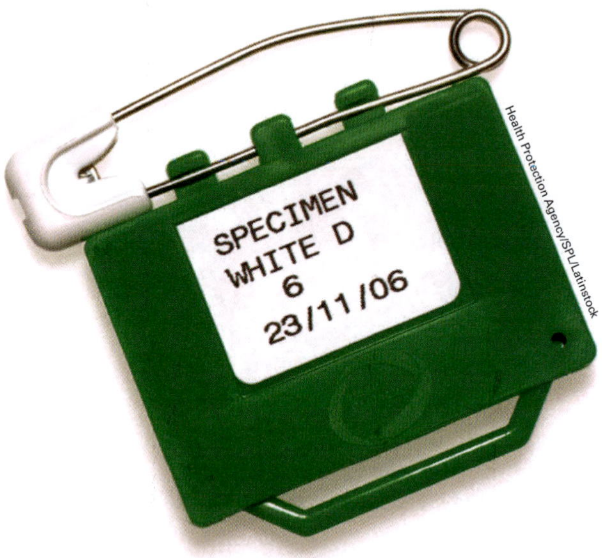


Foto de um dosímetro descartável

9. Em um exame de densitometria óssea – medição da densidade óssea examinada radiologicamente – um técnico usou uma amostra de tecnécio-99 que havia sido preparada uma semana antes, e não obteve resultado algum. Sabendo-se que a meia-vida física do tecnécio é aproximadamente 6 h, explique por que isso aconteceu.

10. A idade de um esqueleto animal foi datada pelo carbono-14 (C-14). Por meio de um detector, obteve-se que a taxa de C-14 era de 6,25% da taxa normal. Considerando que a meia-vida do carbono-14 é aproximadamente 5 700 anos, determine há quanto tempo ocorreu a morte desse animal.

## Física explica

# Radiação gama permite reciclar óleos lubrificantes

"Pesquisadores do Centro Química e Meio Ambiente do Ipen [Instituto de Pesquisas Energéticas e Nucleares, São Paulo, SP] utilizaram uma tecnologia que permite remover elementos contaminantes e degradar compostos presentes em óleos lubrificantes automotivos usados, substâncias tóxicas e danosas ao meio ambiente. Neste processo de reciclagem, a radiação gama foi a alternativa encontrada pelos cientistas.

Estudos recentes mostram que um litro de óleo combustível usado pode contaminar aproximadamente um milhão de litros de água. Um litro deste óleo pode poluir mil metros cúbicos de água e formar uma película de mil metros quadrados de superfície, que impede as trocas entre o meio líquido e a atmosfera, causando sérios danos à fauna e à flora aquática.

A produção de óleos lubrificantes no Brasil é de um bilhão de litros por ano e aproximadamente 20% são recolhidos para reciclagem, por meio de técnicas convencionais, segundo dados do Sindicato das Indústrias de Refino. Desta parcela, 170 milhões são passíveis de recuperação, de acordo com dados de 2004. Um volume de 120 milhões de litros ao ano tem destino desconhecido, podendo estar associado à queima ou descarte inadequado. Na Europa, o índice de reciclagem chega a 50%.

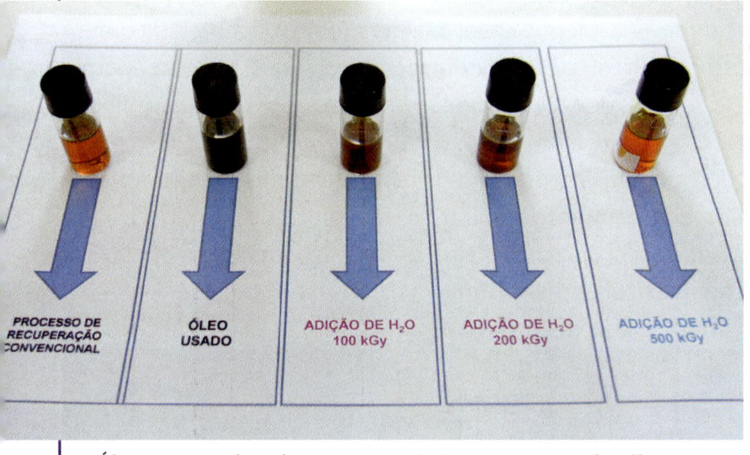

Marcello Vitorino/Fullpress

Óleo recuperado pelo processo químico convencional, o óleo que segue para reciclagem e as diferentes doses de radiação a que foram submetidas as amostras.

[...] O princípio do tratamento já é conhecido e aplicado a outros compostos. Chama-se processo de oxidação avançado utilizando radiação gama. O óleo é irradiado por uma fonte de cobalto-60, que promove a remoção de elementos inorgânicos, principalmente enxofre, cálcio, ferro e níquel. A legislação ambiental estabelece níveis aceitáveis de alguns elementos contaminantes para o reúso dos óleos e proíbe qualquer descarte em solos, águas superficiais e subterrâneas, sistemas de esgoto e evacuação de águas residuais ou qualquer forma de eliminação que cause a contaminação atmosférica superior ao nível estabelecido.

[...] Na amostra em que se obteve maior eficiência na remoção de contaminantes entre todas as outras testadas ocorreu, por exemplo, uma redução de 68% de enxofre, marca 10% melhor em relação ao processo convencional. A presença de enxofre nos derivados do petróleo é indesejável. A queima do combustível provoca a geração de gases com compostos oxigenados de enxofre, que lançados na atmosfera contribuem com a ocorrência de chuva ácida.

[...] Outra vantagem do método em relação aos processos convencionais, de acordo com os pesquisadores, é que não há utilização de agentes químicos e não ocorre a produção de rejeitos adicionais. 'Trata-se de uma tecnologia limpa e ecologicamente correta', conclui Scapin [Marcos Scapin, um dos pesquisadores do projeto]."

INSTITUTO de Pesquisas Energéticas e Nucleares. 24 jan. 2004.
Disponível em: <www.ipen.br/sitio/?idz=1&idc=4546>. Acesso em: nov. 2012.

- Acesse o *site* do Ipen e conheça as aplicações pacíficas da energia nuclear na área da saúde e do meio ambiente.

Lucidio Studio Inc./Corbis/Latinstock

Figura 11.11 Nos botijões utilizamos o GLP (gás liquefeito de petróleo – que é basicamente uma mistura de propano e metano), que, ao entrar em combustão, se transforma em outros gases.

# 3 Reações nucleares

Diariamente, convivemos com as mais diversas reações químicas. Quando produzimos a queima do gás em um fogão para fazer o café (figura 11.11) ou para aquecer a comida, estamos produzindo uma reação química. A queima da gasolina no interior do motor de um automóvel constitui uma reação química.

Mas e as reações nucleares, elas também fazem parte do nosso dia a dia? Para responder a essa questão, vamos observar alguns aspectos importantes relacionados a essas duas reações: a química e a nuclear.

O primeiro aspecto diz respeito às partículas que constituem os átomos. Enquanto as reações químicas envolvem os elétrons da eletrosfera dos átomos, as reações nucleares envolvem os núcleons (prótons e nêutrons) do núcleo dos átomos. Nas reações químicas, temos a força eletromagnética e, nas reações nucleares, a força nuclear forte, cuja intensidade é muito maior do que a da força eletromagnética.

Um segundo aspecto está relacionado aos isótopos de um dado elemento químico. Enquanto os isótopos sofrem as mesmas reações químicas, seus núcleos sofrem reações nucleares diferentes.

Um terceiro aspecto está relacionado à energia envolvida nos processos. Nas reações químicas, a energia envolvida por átomo reagente é da ordem de 10 eV (elétrons-volt) e, nas reações nucleares (figura 11.12), essa energia é da ordem de dezenas de MeV (milhões de elétrons-volt), ou seja, milhões de vezes maior.

A descoberta da desintegração nuclear espontânea, que também é conhecida como decaimento radioativo, fez com que buscássemos a desintegração nuclear artificial. Para isso, foi preciso bombardear os núcleos de átomos com partículas energéticas.

**Para refletir**

As reações nucleares fazem parte do nosso dia a dia?

Thomas Frey/Latinstock

Figura 11.12 As reações nucleares em reatores (câmaras de resfriamento herméticas, com blindagem contra radiações) são desenvolvidas para a produção de energia.

## Física tem História

Figura a Ernest Rutherford (1871-1937).

A primeira desintegração artificial foi realizada pelo físico neozelandês Ernest Rutherford (**figura a**), em 1919. Estava lançada a semente que levaria a humanidade ao conhecimento de uma das formas mais concentradas de energia – a nuclear.

Na reação nuclear produzida por Rutherford, átomos de nitrogênio-14 são bombardeados com partículas α, altamente velozes. Nessa reação, obtém-se oxigênio-17 e um próton:

$$^{14}_{7}N + {}^{4}_{2}\alpha \rightarrow {}^{17}_{8}O + {}^{1}_{1}p$$

Rutherford foi o responsável pela primeira **transmutação** artificial – mudança de um elemento químico em outro –, realizando o sonho dos alquimistas: a transformação de chumbo em ouro. Hoje, a transmutação artificial é realizada nos principais centros de pesquisas do mundo.

A partir dessa primeira reação nuclear artificial, uma "espécie de febre" assolou a maioria dos cientistas da época. Reações nucleares eram produzidas com os mais diferentes elementos.

As pesquisas de bombardeamento de boro, alumínio e magnésio com partículas alfa realizadas pelo casal Joliot-Curie (**figura b**), em 1934, mostraram que os produtos de algumas reações nucleares eram radioativos. Isso conduziu para a criação da radioatividade artificial. Pela síntese dos novos isótopos radioativos, o casal recebeu o Prêmio Nobel de Química em 1935. Esse trabalho foi fundamental para se produzir a fissão nuclear.

Figura b Irène Joliot-Curie, filha de Marie Curie e Pierre Curie, e Jean-Frédéric Joliot-Curie.

Em 1932, em uma dessas reações nucleares induzidas, o físico britânico James Chadwick (**figura c**) reconheceu a existência e a natureza do nêutron. Por essa descoberta, Chadwick recebeu o prêmio Nobel de Física em 1935.

Figura c James Chadwick (1891-1974).

- Explique o balanceamento da equação relativa à reação nuclear produzida por Rutherford.

## Aceleradores de partículas

Durante os anos 1920, geralmente a fonte de partículas $\alpha$ utilizadas pelos cientistas era um pedaço de minério radioativo natural. Isso impunha restrições às pesquisas. Devido ao baixo valor energético da partícula, as pesquisas eram restritas aos elementos mais leves. No final dessa década, com a construção dos aceleradores de partículas, as reações nucleares passaram para um estágio superior. Prótons, dêuterons (partículas constituídas por um próton e um nêutron) e partículas $\alpha$ puderam ser aceleradas e adquirir energia da ordem de vários MeV.

**Para refletir**

Qual é a velocidade dos prótons no LHC?

Segundo o físico Ignacio Bediaga, do Centro Brasileiro de Pesquisas Físicas, RJ:

*Um acelerador de partículas e seus detectores estão para os físicos de partículas assim como o telescópio está para o astrônomo, o microscópio para o biólogo ou o olho para o ser humano. A função é praticamente a mesma: observar a natureza em dimensões ínfimas.*

No acelerador linear de Stanford (Slac, sigla em inglês) (figura 11.13), que está localizado próximo da cidade de São Francisco, nos Estados Unidos, e que é considerado o maior acelerador linear do mundo, elétrons e pósitrons (partícula com a mesma massa do elétron, mas com carga elétrica positiva) são acelerados em um tubo com 3,0 km de comprimento e atingem energias da ordem de 50 GeV (1 GeV = um trilhão de elétrons-volt).

GIPhotoStock Z/Alamy/Other Images

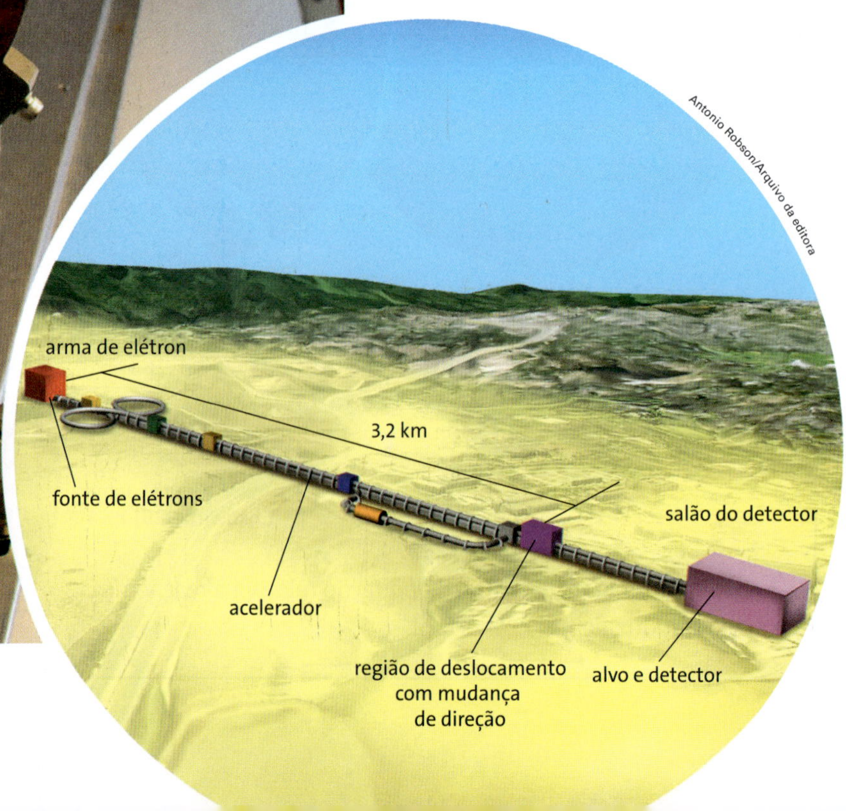


Antonio Robson/Arquivo da editora

Figura 11.13 Acelerador linear de Stanford.

No final de 2008 entrou em funcionamento o Grande Colisor de Hádrons (LHC) (figura 11.14), um acelerador localizado na Organização Europeia para a Pesquisa Nuclear (Cern), na fronteira da Suíça com a França. O LHC tem condições de acelerar prótons até energias da ordem de 10 TeV (1 TeV = 1 000 GeV). Nessa energia, cada próton realiza 11 000 voltas por segundo em um anel de 27 km de circunferência.

Johannes Simon/Getty Images

LHC - O grande colisor de hádrons

Figura 11.14 Com 4,3 km de raio, o anel maior do LHC, que fica a 100 m de profundidade, se estende por parte da Suíça e da França.

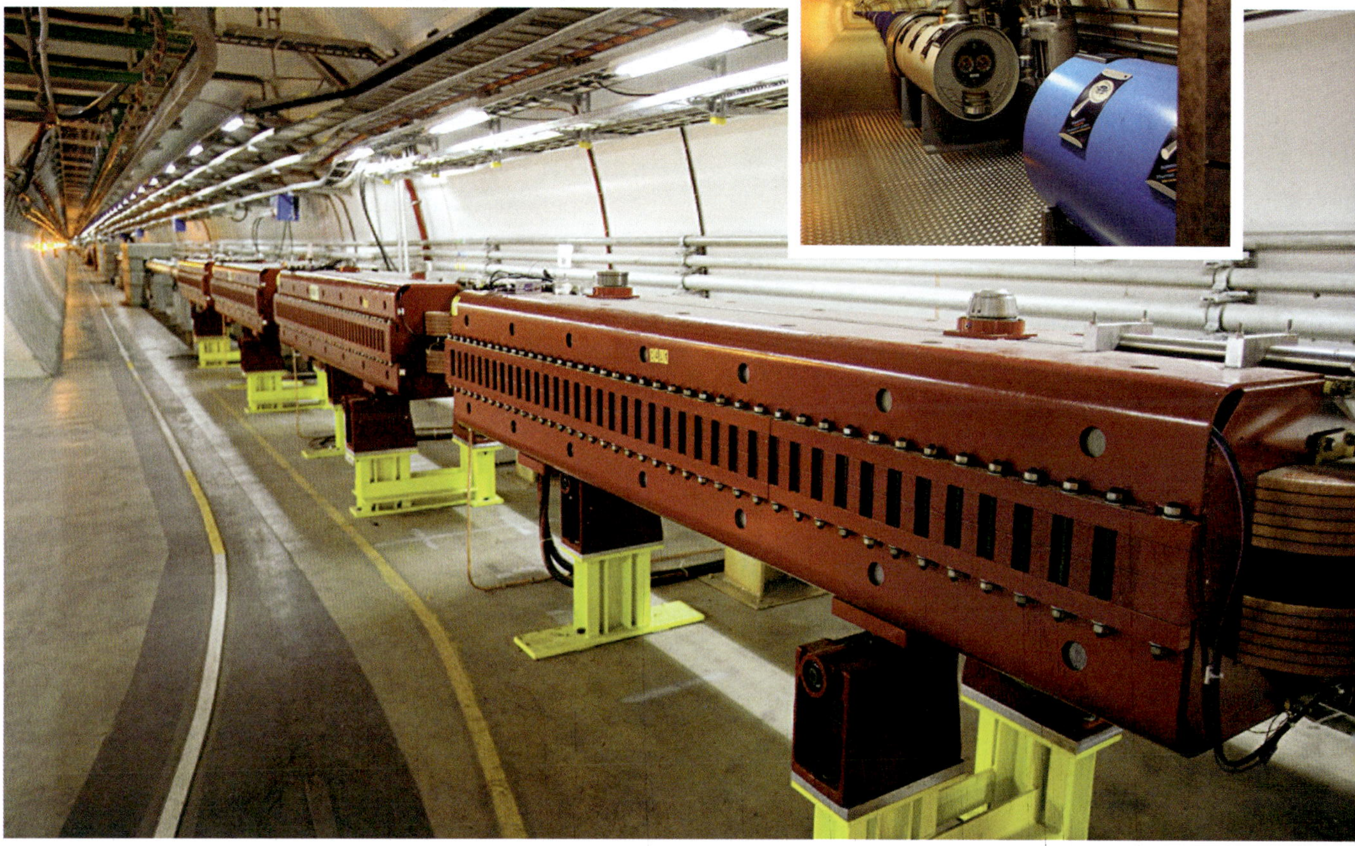

Adam Hart-Davis/SPL/Latinstock

## Exercícios

11. Quais as diferenças básicas entre as reações químicas e as reações nucleares?

12. Uma das reações nucleares realizadas pelo casal Joliot-Curie está esquematizada a seguir:

$$^{27}_{13}A\ell + ^{4}_{2}\alpha \rightarrow ^{30}_{15}P + ^{1}_{0}n$$

Identifique quais são os reagentes e quais são os produtos dessa reação nuclear.

13. Dentre os aceleradores de partículas em funcionamento no mundo, destacam-se o Fermilab, localizado na periferia de Chicago, nos Estados Unidos, no qual partículas são aceleradas em um anel de 1 609 m de diâmetro e levadas a colidir umas com as outras, e o Slac, que é constituído por um tubo de aproximadamente 3,0 km de comprimento, no qual elétrons "montam numa onda eletromagnética como se fossem surfistas no mar".

Qual é a principal diferença entre esses dois aceleradores?

# 4 Fissão nuclear e fusão nuclear

## Fissão nuclear

Nos reatores nucleares, como os utilizados para a geração de eletricidade, a energia é proveniente de uma reação nuclear artificial denominada **fissão nuclear**.

Emilio Segre Visual Archives/American Institute of Physics/SPL/Latinstock

Figura 11.15 Otto Hahn (1879-1968) e Lise Meitner (1878-1968).

A descoberta da fissão nuclear no final de 1938 é atribuída aos físico-químicos alemães Otto Hahn (figura 11.15), prêmio Nobel de Química de 1944, e Fritz Strassmann (1902-1980). Para a explicação desse fenômeno, eles contaram com a colaboração da física austríaca Lise Meitner (figura 11.15) e de seu sobrinho, o físico austríaco Otto R. Frisch (1904-1979).

As experiências de Hahn e Strassmann consistiam em bombardear uma amostra de urânio com nêutrons para obter elementos químicos mais pesados que o urânio. Para surpresa dos dois, a reação produzia elementos mais leves do que o urânio. Um desses elementos é o bário, que possui um pouco mais que a metade da massa do urânio.

Na fissão nuclear, o núcleo de um dado elemento químico, ao ser atingido por um nêutron, fragmenta-se, produzindo dois novos elementos e liberando uma grande quantidade de energia. Normalmente, nas reações de fissão, são liberados de dois a três nêutrons, que vão provocar a fissão de outros núcleos do elemento original, estabelecendo, assim, uma reação em cadeia.

Um exemplo típico de fissão nuclear está representado na equação seguinte:

$$^{235}_{92}U + {}^{1}_{0}n \rightarrow {}^{236}_{92}U^* \rightarrow {}^{144}_{56}Ba + {}^{89}_{36}Kr + 3\,{}^{1}_{0}n$$

Vejamos o que acontece nessa reação de fissão. Um núcleo de urânio-235 ($^{235}_{92}U$), ao absorver um nêutron ($^{1}_{0}n$), passa para um estado excitado que corresponde ao urânio-236 ($^{236}_{92}U^*$). Após um curto intervalo de tempo, esse núcleo excitado sofre uma ruptura, dividindo-se em dois novos elementos, chamados produtos ou fragmentos da fissão. Na reação, esses produtos são o bário-144 ($^{144}_{56}Ba$) e o criptônio-89 ($^{89}_{36}Kr$). Temos, ainda, a liberação de três nêutrons e grande quantidade de energia. Esses três nêutrons liberados vão provocar novas fissões, como ilustrado na figura 11.16.

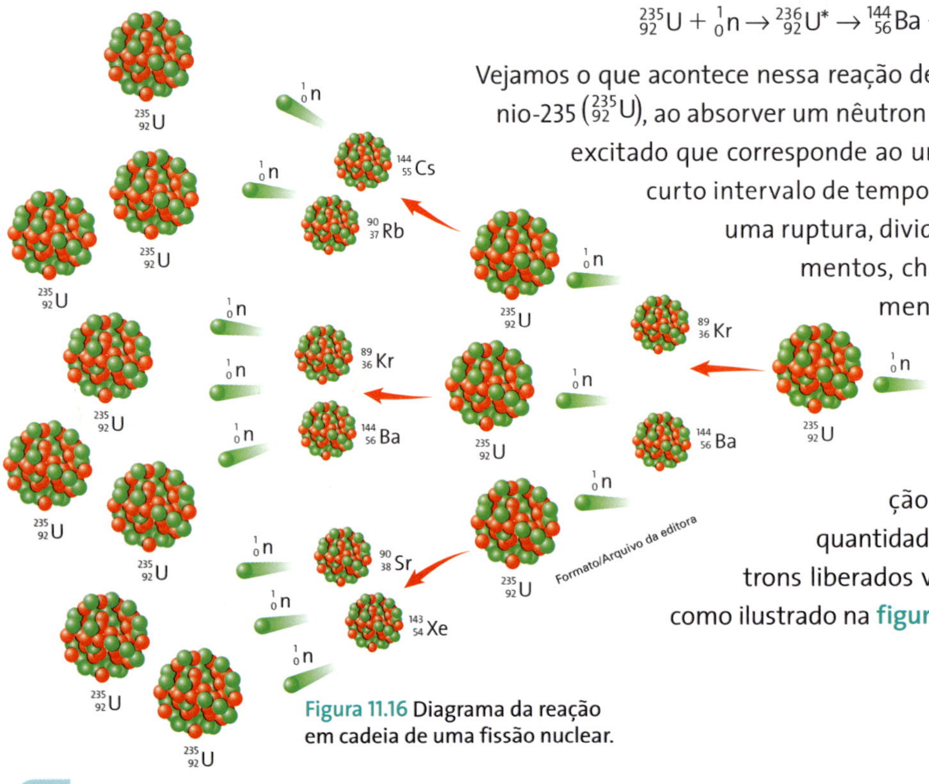


Figura 11.16 Diagrama da reação em cadeia de uma fissão nuclear.

Observe na figura que os produtos da fissão não são sempre os mesmos (bário e criptônio); podem ser formados o césio-144 e o rubídio-90, ou, ainda, o xenônio-143 e o estrôncio-90. Entre os fragmentos da fissão nuclear do urânio-235 já foram constatados cerca de cem nuclídeos diferentes de vinte elementos químicos. Na realidade, a fissão não ocorre com o urânio-235, mas sim com o urânio-236.

A figura 11.17 ilustra a fração percentual do número de massa (*A*) dos fragmentos da fissão produzidos na reação nuclear do urânio. A fração percentual é maior para os fragmentos com números de massa entre 90 e 100 e entre 135 e 145.

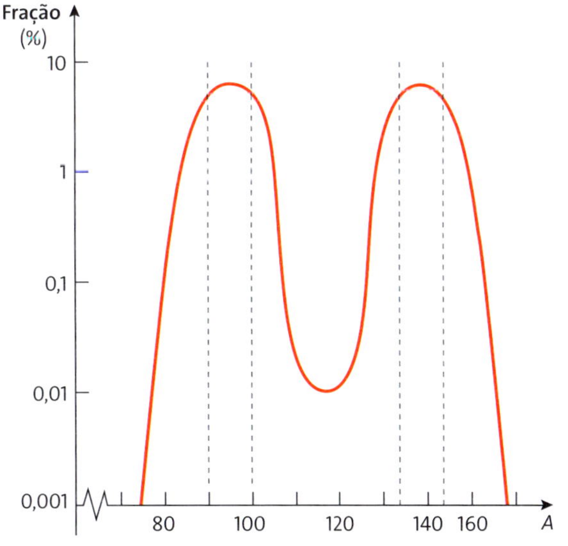

Figura 11.17 Probabilidade de ocorrência na fissão do urânio. Observe que a escala vertical é logarítmica.

A fissão nuclear produziu grande impacto na comunidade científica em virtude da grande quantidade de energia que é liberada na reação. Em média, temos a liberação de 200 MeV (duzentos milhões de elétrons-volt) em cada fissão. Essa energia é cerca de 10 milhões de vezes maior que a obtida com as reações de combustão para cada grama de reagente.

Nas reações nucleares, as transformações de massa em energia e vice-versa estão sempre presentes. Assim, nessas reações, é fundamental a equação de Einstein:

$$E = \Delta m \cdot c^2$$

Se considerarmos que uma unidade de massa atômica (1 u) se transforma totalmente em energia, usando a unidade MeV, temos:

$$1\ \text{u} = 931{,}5\ \text{MeV}/c^2$$

Acompanhe o exercício resolvido 3, que ilustra o cálculo da energia liberada em uma fissão.

## Exercício resolvido

**3.** Eliminando-se alguns processos intermediários, uma reação de fissão do urânio pode ser resumida por:

$$^{235}\text{U} + {}^{1}\text{n} \rightarrow {}^{140}\text{Ce} + {}^{94}\text{Zr} + 2\,{}^{1}\text{n}$$

Em unidades de massa atômica (u), considere os seguintes dados:

$^{235}$U = 235,0439 u; $^{140}$Ce = 139,9054 u;
$^{94}$Zr = 93,9063 u e $^{1}$n = 1,00867 u.

Calcule a energia (*E*) dessa reação nuclear.

**Resolução**

A reação dada pode ser simplificada eliminando-se um nêutron da cada lado da expressão. Assim, temos:

$$^{235}\text{U} \rightarrow {}^{140}\text{Ce} + {}^{94}\text{Zr} + {}^{1}\text{n}$$

Nessa expressão, a diferença de massa ($\Delta m$) é dada por:

$$\Delta m = m_{\text{U}} - (m_{\text{Ce}} + m_{\text{Zr}} + m_{\text{n}})$$

Substituindo os valores dados para as massas, obtemos, em unidade de massa atômica:

$$\Delta m = 235{,}0439 - (139{,}9054 + 93{,}9063 + 1{,}00867) \Rightarrow$$
$$\Rightarrow \Delta m = 0{,}224\ \text{u}$$

Sabendo que 1 u corresponde a 931,5 MeV, uma massa de 0,224 u corresponde a uma energia (*E*), em MeV, igual a:

$$E = 0{,}224 \cdot 931{,}5 \Rightarrow E = 208\ \text{MeV}$$

Como a energia da reação (208 MeV) é positiva, a reação é **exoenergética**, ou seja, essa energia é liberada na reação.

## Fusão nuclear

A **fusão nuclear** é uma reação nuclear em cadeia em que núcleos leves se fundem para formar núcleos mais pesados, ocorrendo grande liberação de energia.

Em 1938, o físico Hans Albrecht Bethe (1906-2005), prêmio Nobel de Física de 1967 pelas contribuições à teoria das reações nucleares, desenvolveu uma teoria mostrando que a energia liberada pelas estrelas provém de reações de fusões nucleares.

Vejamos o que ocorre com a estrela do nosso sistema planetário. No Sol, as reações de fusão ocorrem em várias etapas, nas quais o hidrogênio se transforma em hélio, com liberação de energia.

A figura 11.18 nos dá ideia das reações que ocorrem no interior do Sol.

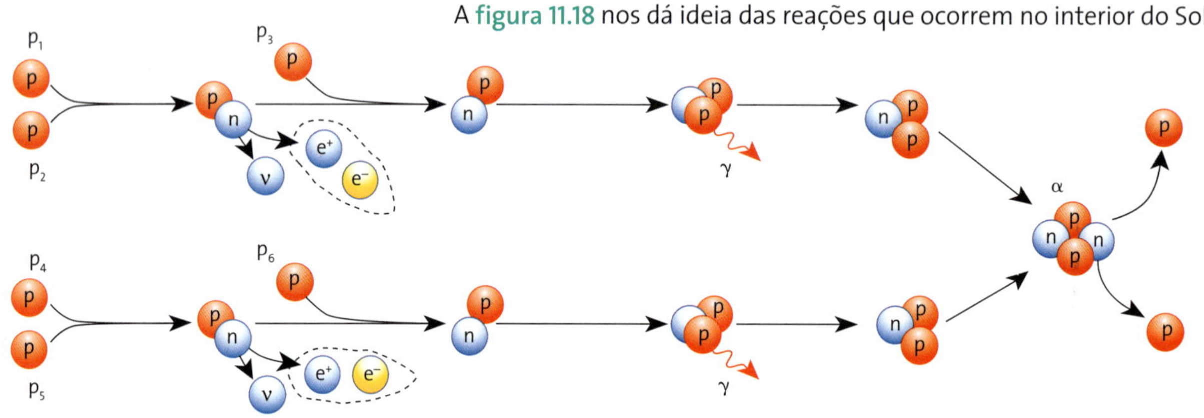


Ilustrações: Formato/Arquivo da editora

Figura 11.18 Ciclo próton-próton.

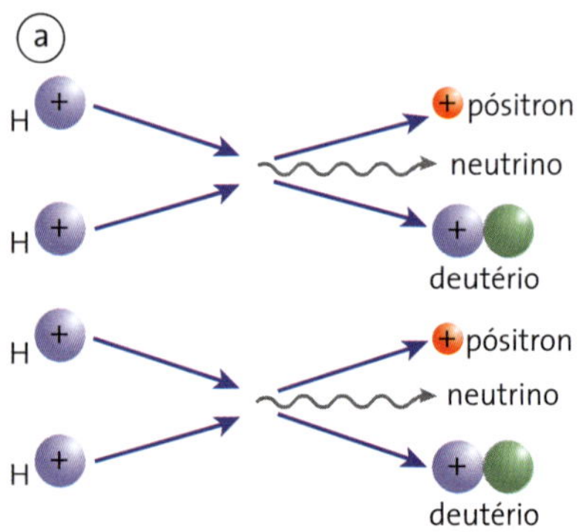


Em duas reações distintas quatro núcleos de hidrogênio se fundem, formando dois núcleos de deutério.

São duas reações próton-próton, que culminam com a formação de uma partícula alfa e liberam dois prótons que vão participar de uma nova reação, constituindo a reação em cadeia. O símbolo ν refere-se a uma partícula subatômica de massa de repouso praticamente nula denominada **neutrino**.

É comum, em Física nuclear, descrever as reações considerando somente o conteúdo dos núwcleos. Assim o próton é o núcleo do hidrogênio, $^1H$; o par próton-nêutron é o núcleo do deutério, $^2H$; e a partícula alfa é o núcleo do hélio, $^4He$.

Na figura 11.19, temos uma representação da fusão nuclear do hidrogênio, utilizando a nomenclatura dos elementos químicos.

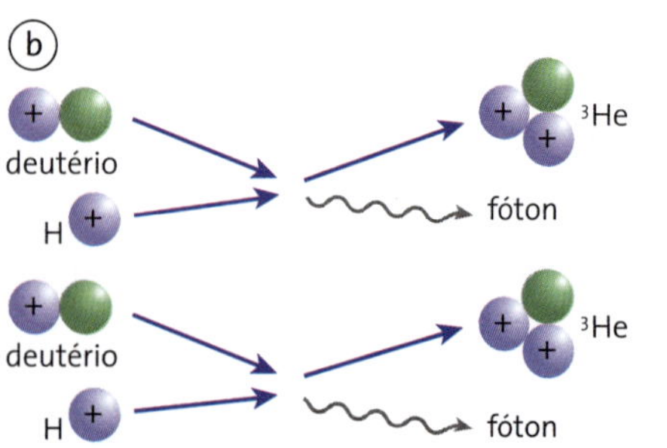


Os núcleos de deutério e dois núcleos de hidrogênio se fundem, formando dois núcleos de hélio-3.

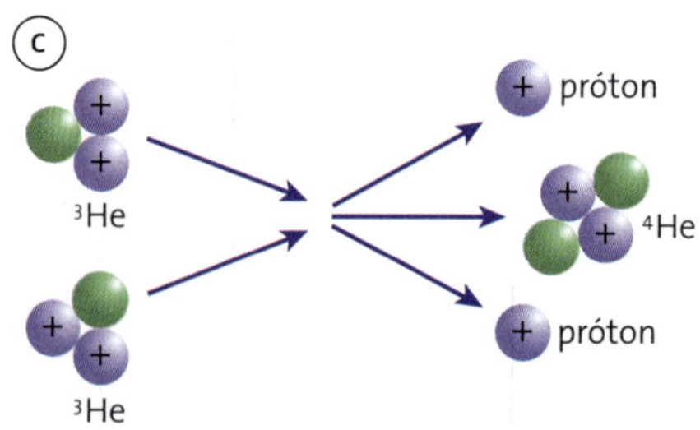


Dois núcleos de hélio-3, formados em (**a**) e (**b**), se fundem para formar hélio-4. No processo todo, temos emissões de pósitron, neutrino, fóton e prótons.

Figura 11.19 Na reação de fusão mostrada, quatro núcleos de hidrogênio se fundem para formar um núcleo de hélio-4, em três etapas.

Em resumo, podemos pensar na fusão de quatro núcleos de hidrogênio produzindo um núcleo de hélio. Nessa reação, observamos que a massa dos quatro prótons é maior que a massa do hélio-4. Assim, temos uma diferença de massa que, transformada em energia, nos fornece 27,8 MeV.

Comparando-se a energia liberada na fusão (27,8 MeV) com a liberada na fissão (200 MeV), vemos que $E_{\text{fusão}} < E_{\text{fissão}}$. No entanto, se consideramos a energia liberada por núcleon referente às duas reações, obtemos que a de fusão é mais eficiente do que a de fissão.

Em cada reação de fissão, temos 236 núcleons envolvidos (urânio-235 e 1 próton), enquanto, na fusão, temos somente quatro núcleons. Assim:

- na reação de fissão: $\dfrac{208 \text{ MeV}}{236 \text{ núcleons}} = 0{,}88 \text{ MeV/núcleon}$;
- na reação de fusão: $\dfrac{27{,}8 \text{ MeV}}{4 \text{ núcleons}} = 6{,}96 \text{ MeV/núcleon}$.

Comparando os dois resultados, obtemos: $\dfrac{E_{\text{fusão}}}{E_{\text{fissão}}} = 7{,}9$. Isso significa dizer que a reação de fusão é cerca de oito vezes mais energética que a de fissão, quando fazemos a comparação por núcleon, ou por grama de combustível gasto.

## Exercícios

14. Na fissão nuclear, nêutrons penetram em núcleos de urânio-235, provocando seu rompimento. Explique se é possível a fissão do urânio-235 com prótons no lugar de nêutrons.

15. Uma reação que pode ocorrer na fissão de um átomo de urânio é:

$$^{235}_{92}\text{U} + ^{1}_{0}\text{n} \rightarrow ^{236}_{92}\text{U}^* \rightarrow ^{144}_{56}\text{Ba} + ^{89}_{36}\text{Kr} + 3\,^{1}_{0}\text{n}$$

Se essa reação libera energia, compare a soma das massas dos reagentes com a soma das massas dos produtos da reação, e calcule a energia liberada.

16. *Embora o urânio-238 não seja físsil, ele pode ser utilizado para a produção do plutônio-239, um elemento químico inexistente na natureza, mas que pode ser obtido bombardeando-se átomos de urânio-238 com nêutrons. A sequência de reações é a seguinte: após o núcleo do átomo de urânio-238 capturar um nêutron, seguido de dois decaimentos β, dá origem ao plutônio-239.*

*Como o urânio-235, o plutônio é um elemento físsil e foi usado em uma das bombas lançadas sobre o Japão.*

De acordo com o texto e utilizando uma tabela periódica, escreva as reações nucleares desde o urânio-238 até o plutônio-239.

17. No interior do Sol, a cada segundo, aproximadamente 650 milhões de toneladas de hidrogênio são transformadas em hélio, pelo processo da fusão nuclear. A quantidade de hélio obtida é pouco menor, pois aproximadamente 5 milhões de toneladas de hidrogênio são transformadas em energia.

a) Faça uma estimativa (ordem de grandeza) da quantidade de energia, em joule, produzida no Sol em 1 s. Utilize a relação $E = m \cdot c^2$ e $c = 3 \cdot 10^8$ m/s.

b) De acordo com o Balanço Energético Nacional (BEN), a oferta interna de energia no Brasil, em 2007, foi aproximadamente 482 TWh. Supondo que toda a energia produzida no Sol em 1 s estivesse disponível para uso no Brasil, determine a ordem de grandeza do número de anos que ela supriria.

18. Por que, mesmo liberando uma menor quantidade de energia, a reação de fusão é mais energética que a de fissão?

# 5 Reatores nucleares

A principal finalidade de uma usina que funciona com reatores de fissão nuclear é a utilização, de uma forma segura e controlada, da energia liberada nas fissões para a produção de eletricidade. Nos reatores nucleares, o combustível é o urânio-235 que, ao sofrer fissões, libera uma grande quantidade de energia. Essa energia aquece a água transformando-a em vapor e, este, por sua vez, movimenta as turbinas do gerador elétrico.

Podemos descrever o funcionamento de um reator nuclear da seguinte forma: os elementos combustíveis – pastilhas de urânio empilhadas em varetas metálicas – são colocados no núcleo do reator e em presença de um moderador – normalmente a água – cuja finalidade é reduzir a velocidade dos nêutrons emitidos na fissão para que a reação em cadeia seja possível. No núcleo do reator existem barras de controle, que contêm elementos que absorvem nêutrons e são usadas para controlar o nível de potência do reator. Observe a **figura 11.20**.

Por causa da energia liberada nas fissões, os elementos combustíveis e a água (moderador) se aquecem. Essa água, mantida líquida por causa da alta pressão a que é submetida, é bombeada para um segundo recipiente (gerador de vapor), onde existe água, à pressão normal, que é transformada em vapor. Esse vapor aciona um gerador que produz eletricidade. O que diferencia os vários tipos de usinas elétricas é o combustível utilizado para colocar o gerador em funcionamento. Após o acionamento do gerador, o vapor é condensado, em razão da troca de calor com a água de um lago, de um rio ou do mar, e retorna para o recipiente gerador de vapor.

Para a segurança dos reatores, a água pressurizada que está em contato com os produtos da fissão – elementos químicos radioativos – não entra em contato direto com a água contida no gerador de vapor.

Figura 11.20 Esquema de um reator nuclear do tipo PWR (água pressurizada). Em Angra dos Reis, a 130 km da cidade do Rio de Janeiro, RJ, é usado um reator desse tipo.

Esquema gráfico de uma usina PWR

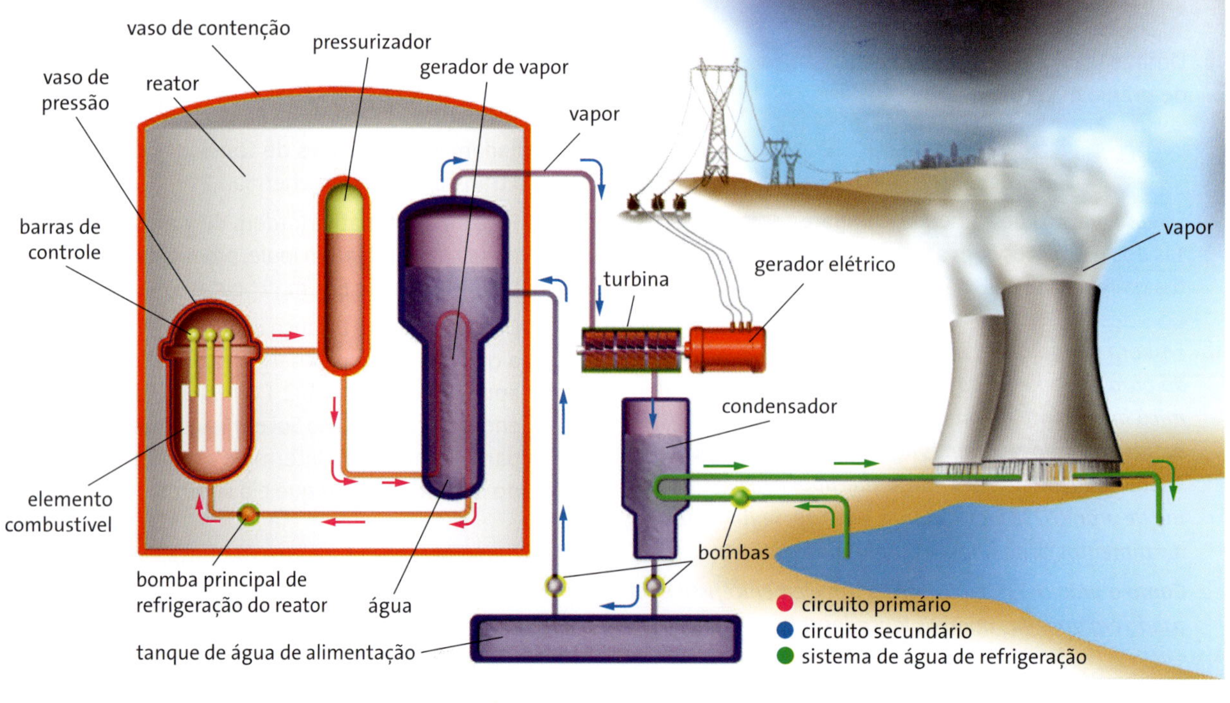

Os reatores utilizam um urânio denominado "urânio enriquecido". Isto porque, no urânio natural, a proporção de urânio-35 (urânio físsil) é de apenas 0,7%. Para manter a reação em cadeia, é preciso aumentar a concentração de urânio físsil. Os reatores do tipo usado em Angra dos Reis utilizam um urânio com uma concentração de 3% de urânio-235.

Vimos que, em cada fissão, a energia liberada é da ordem de 200 MeV. Isso equivale a $3{,}2 \cdot 10^{-11}$ J. Mas como o número de fissões é extremamente grande, cada grama de urânio-235 produz o equivalente a 7 MWh. Segundo David Simon, em seu artigo "Como funciona o reator de Angra", publicado na revista *Ciência Hoje* (Rio de Janeiro: SBPC, v. 2, n. 8, set./out. 1983):

[...] *em Angra 1, o núcleo do reator tem 51 toneladas de urânio, contendo cerca de 1300 kg de urânio-235. Destes, 430 kg são consumidos em um ano, gerando aproximadamente três bilhões de quilowatts-hora.*

## Usinas nucleares no mundo

A polêmica sobre a construção de usinas nucleares está longe de uma solução. A posição dos ambientalistas é muito clara: a energia nuclear expõe a sociedade a riscos desnecessários – que, portanto, podem ser evitados –, além de exigir um alto investimento. Segundo dados da Eletronuclear, para a conclusão de Angra 3, prevista para 2013, são estimados investimentos da ordem de 7,3 bilhões de reais.

No entanto, vários países do mundo estão voltando suas atenções para a utilização de energia nuclear na produção de eletricidade, por dois motivos: a saúde do planeta – na usina nuclear não há emissão de gases que afetam o efeito estufa – e os altos preços do petróleo e do gás usado nas usinas termelétricas.

De acordo com a Associação Mundial Nuclear (WNA), em novembro de 2012 existiam 436 usinas nucleares ativas no mundo, distribuídas em trinta países e com capacidade total de 2 518 TWh. Esse montante corresponde a 13,5% da geração de energia elétrica global. Existem, ainda, 62 usinas nucleares em construção, que representarão um aumento de 62,785 MWe (megawatt elétrico) na capacidade instalada. O Brasil possuía duas usinas nucleares ativas, Angra 1 e Angra 2, na cidade de Angra dos Reis, no estado do Rio de Janeiro, que correspondiam a 3,2% da produção energética (**figura 11.21**).

Embora a participação da energia nuclear na oferta mundial de energia seja ainda relativamente pequena, as projeções feitas por diferentes organizações internacionais indicam um significativo aumento no uso dessa energia. As projeções da Agência Internacional de Energia Atômica (AIEA) indicam uma capacidade de eletricidade gerada por energia nuclear entre 437 GW e 542 GW até 2020, e entre 473 GW e 748 GW até 2030. A agência prevê também para o futuro um aumento no uso de energia nuclear para outros fins, como dessalinização da água do mar, processos de aquecimento em aplicações industriais, liquefação de carvão e produção de hidrogênio.

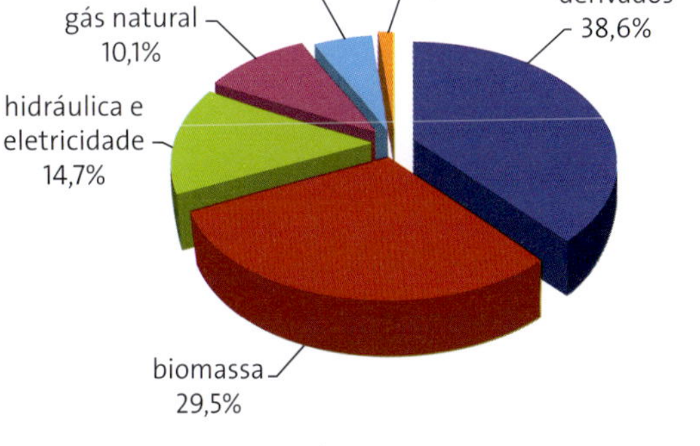


**Figura 11.21** Composição da matriz elétrica brasileira por fonte. Balanço Energético Nacional (BEN) – 2012.

# Rejeitos radioativos e acidentes nucleares

As discussões sobre os problemas decorrentes de um reator nuclear giram em torno de dois pontos básicos.

O primeiro ponto diz respeito aos produtos da fissão: resíduos radioativos inerentes ao processo de fusão que também são conhecidos como lixo atômico. Além de alguns serem altamente tóxicos, são responsáveis por uma atividade radioativa que pode chegar a milhares de anos, em alguns casos. A tabela 11.2 apresenta alguns produtos de fissão e a sua meia-vida em anos.

**Tabela 11.2 – Produtos de fissão e meia-vida correspondente**

| Nuclídeo | Meia-vida (anos) |
|---|---|
| estrôncio-90 | 29 |
| rutênio-106 | 1 |
| césio-134 | 2 |
| césio-137 | 30 |
| promécio-147 | 2,6 |

Levando-se em conta que a radioatividade de um isótopo necessita de um tempo aproximado de 20 vezes a sua meia-vida para se tornar inofensiva, vemos na tabela que tanto o estrôncio-90 como o césio-137, que apresentam meias-vidas em torno de trinta anos, necessitam de seiscentos anos para que sua radioatividade seja reduzida a níveis desprezíveis.

Já que os resíduos não podem ser evitados, a pergunta é: o que fazer? Será que enterrá-los ou colocá-los em órbita, como já foi sugerido, não colocará em risco as futuras gerações?

O segundo ponto diz respeito aos riscos de vazamento de radiação das usinas nucleares, que pode colocar em perigo a vida das pessoas em geral, principalmente daquelas que moram próximas ao reator.

Três grandes acidentes com reatores nucleares, os quais provocaram a liberação de substâncias radioativas para a atmosfera, chamaram a atenção do mundo para esse ponto: em 1979, na usina de Three Mile Island, nos Estados Unidos, decorrente de problemas em seu núcleo; em 1986, na usina de Chernobyl (figura 11.22), na Ucrânia, em razão de uma explosão; e, em 2011, na usina de Fukushima, no Japão.

Os especialistas afirmam que esse tipo de problema pode ser resolvido com uma tecnologia mais aprimorada e normas de segurança mais rígidas.

A possibilidade de usar a energia nuclear como forma alternativa de produção de eletricidade pode ser descartada? Não podemos esquecer que as reservas de combustíveis fósseis estão se esgotando e nem todos os países dispõem de potencial hídrico como alternativa.

Figura 11.22 Usina nuclear de Chernobyl, na Ucrânia.

Oliver Sved/Shutterstock/Glow Images

Física explica

## Risco de acidente nuclear sempre vai existir

"Considerada como 'energia limpa' e segura, a Agência Internacional de Energia Atômica (AIEA) estima a ampliação da utilização da energia nuclear nos próximos anos, mas especialistas afirmam que o fantasma de Chernobyl não deve se afastar completamente.

'O risco de um acidente sempre existirá', explica Luiz Pinguelli Rosa, diretor da Coordenação de Programas de Pós-Graduação em Engenharia da Universidade Federal do Rio de Janeiro (Coppe/UFRJ), em entrevista ao UOL Notícias.

'Como em qualquer tecnologia, existe sempre o risco. Um avião sempre pode cair. Mas existe uma diferença: um acidente nuclear tem capacidade para atingir uma população, pode ter consequências sérias', acrescenta o pesquisador. Prova disso é o acidente da usina nuclear de Chernobyl, ocorrido na Ucrânia no início da madrugada do dia 26 de abril de 1986. Além dos trabalhadores que morreram por intensa exposição à radiação depois de trabalhar no local nos dias seguintes ao acidente, a região registra até hoje um aumento na incidência de câncer. Seis dias depois da explosão, helicópteros militares lançaram no local toneladas de areia, chumbo, boro e outros materiais, para apagar o incêndio. Em seguida, foi construída uma cobertura de concreto sobre a usina para tentar limitar a contínua emissão radioativa. Apesar disso, a AIEA estima que 4 mil pessoas morreram em decorrência do acidente – para o Greenpeace, o número pode chegar a 9 mil, se forem consideradas as mortes por câncer no longo prazo.

A magnitude do acidente impôs mudanças na supervisão das atividades nucleares. Seis meses depois do caso, foram implantadas a Convenção de Rápida Notificação de Acidente Nuclear e a Convenção de Assistência diante de Acidente Nuclear, vinculadas à AIEA.

Apesar dos riscos, a geração de energia elétrica por usinas nucleares no mundo aumentou 75% entre 1986 e 2007, alcançando cerca de 2 600 bilhões de kW/h. Até 2030, a AIEA estima que esse valor pode triplicar, uma vez que outros 43 países manifestaram interesse recentemente em iniciar geração de energia por essa fonte.

A agência aponta que esse aumento se deve principalmente a três fatores: o aumento da demanda global por energia, a volatilidade dos preços dos combustíveis fósseis e o interesse em fontes de energias 'limpas'. A usina nuclear se enquadra nessa classificação porque não altera a qualidade do ar, não influencia na acidez da chuva e não emite dióxido de carbono.

Ao lado dessa expansão, crescem as dúvidas sobre o futuro dos chamados dejetos nucleares, ou seja, componentes de usinas nucleares que não possuem mais condição de uso, mas ainda assim apresentam radioatividade. 'Hoje não há uma solução definitiva para a questão dos rejeitos nucleares. Cogita-se a utilização de reservatórios profundos, mas não existe uma proposta internacionalmente aceita', afirma o especialista Pinguelli Rosa."

SCARELLI, Thiago. *UOL Notícias*. São Paulo, 25 fev. 2009. Disponível em: <http://noticias.uol.com.br/ultnot/internacional/2009/03/25/ult1859u813.jhtm>. (Adaptado). Acesso em: nov. 2012.

**Trabalho em equipe**

Organizem uma **hemeroteca** sobre usinas nucleares: funcionamento, custos, vantagens, desvantagens, rejeitos radioativos e acidentes nucleares. Promovam debates sobre a utilização da energia nuclear na geração de eletricidade.

**Hemeroteca** – Setor das bibliotecas no qual se encontram coleções de jornais, revistas, periódicos e obras em série.

# Reatores de fusão nuclear

Em virtude da repulsão eletrostática entre os núcleos de hidrogênio, são necessárias temperaturas da ordem de milhões de kelvins para a aproximação dos núcleos, a fim de que as forças atrativas iniciadoras da fusão atuem. Estima-se que esses valores correspondam à temperatura do núcleo das estrelas, onde, em razão do altíssimo grau de agitação, a matéria é um "gás" de íons positivos e elétrons denominado **plasma**. O plasma é considerado o quarto estado da matéria.

Eis um dos problemas que envolvem a construção de reatores de fusão nuclear: manter as altíssimas temperaturas necessárias para que a reação seja possível. Atualmente, alguns reatores (figura 11.23) conseguem suportar essas temperaturas e manter um delgado filete de plasma, longe das paredes, durante um curto intervalo de tempo, usando a técnica do confinamento magnético. Por enquanto, a energia posta em jogo para obter todas as condições favoráveis à fusão ainda é maior que a obtida com o processo.

A expectativa é de que os reatores do futuro utilizem a fusão nuclear, que, além de mais eficiente que a fissão, não deixa para a sociedade a herança dos resíduos radioativos.

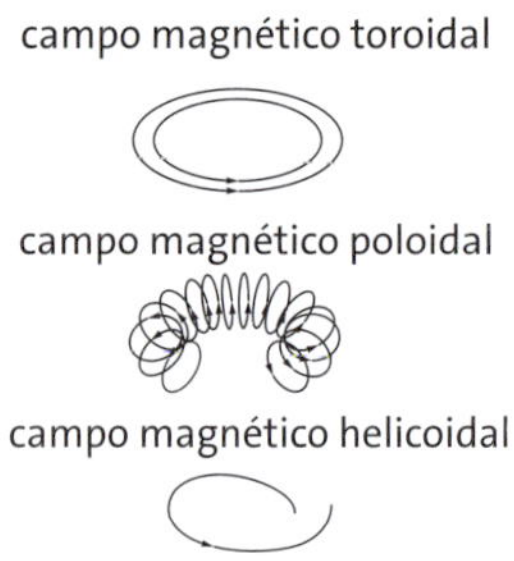


Ilustrações: Antonio Robson/Arquivo da editora

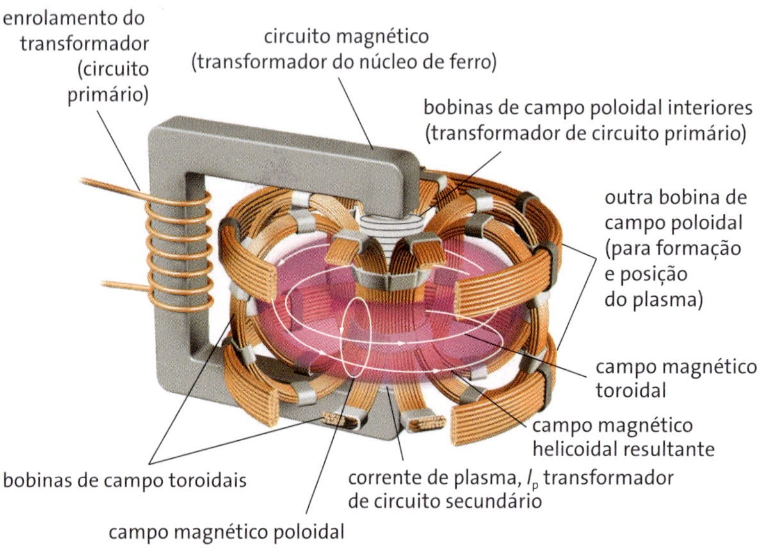


Figura 11.23 O reator de fusão mais promissor atualmente é o Tokamak.

Mishakov Valery/Shutterstock/Glow Images

## Exercícios

19. Quais são as diferenças entre as usinas hidrelétrica, termelétrica e nuclear utilizadas para geração de energia elétrica?

Sky Light Pictures/Shutterstock/Glow Images

Usina hidrelétrica

Gerson Gerloff/Pulsar Imagens

Usina termoelétrica

Mauricio Simonetti/Pulsar Imagens

Usina nuclear

20. Com base no texto "Risco de acidente nuclear sempre vai existir", comente, em seu caderno, cada uma das afirmações a seguir:

I. Mesmo com toda a tecnologia, sempre haverá acidente em qualquer usina nuclear.

II. O aumento de 75% no uso de energia nuclear para geração de energia elétrica, entre 1986 e 2007, é devido ao acidente de Chernobyl não ter sido de grandes proporções.

III. A AIEA considera a energia nuclear "limpa" porque ela não altera a qualidade do ar, não influencia na acidez da chuva e não emite dióxido de carbono.

IV. Os especialistas já chegaram a um consenso sobre o armazenamento dos resíduos radioativos inerentes às usinas nucleares.

# Pensando no Enem

Os núcleos dos átomos são constituídos de prótons e nêutrons, sendo ambos os principais responsáveis pela sua massa. Nota-se que, na maioria dos núcleos, essas partículas não estão presentes na mesma proporção. O gráfico mostra a quantidade de nêutrons ($N$) em função da quantidade de prótons ($Z$) para os núcleos estáveis conhecidos.

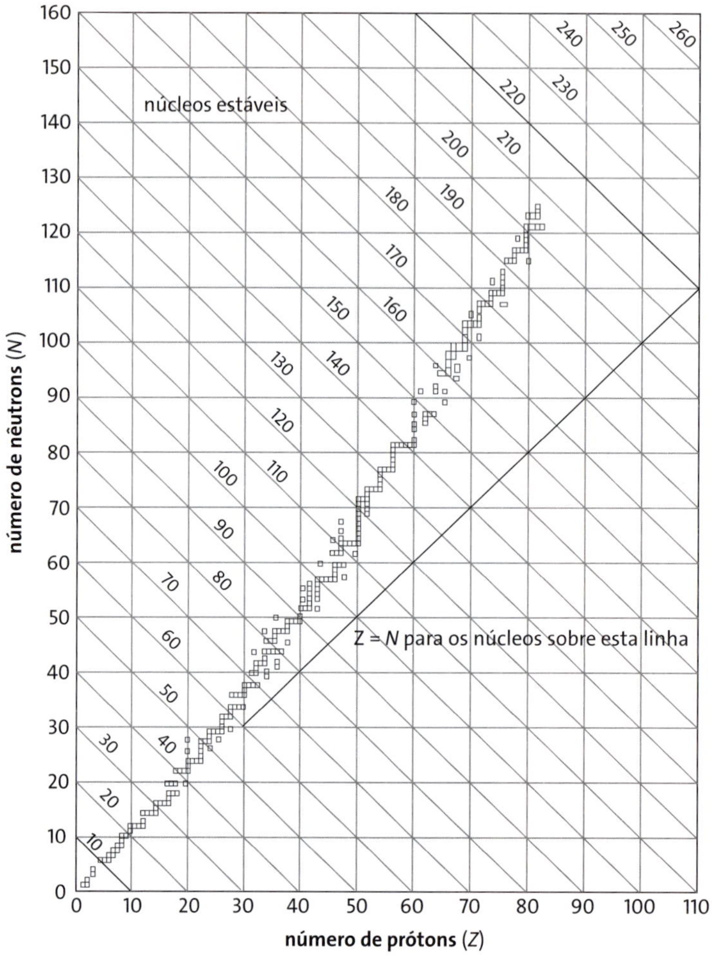


KAPLAN, I. *Física Nuclear*. Rio de Janeiro: Guanabara Dois. 1978 (adaptado).

O antimônio é um elemento químico que possui 50 prótons e possui vários isótopos — átomos que só se diferem pelo número de nêutrons. De acordo com o gráfico, os isótopos estáveis do antimônio possuem:

a) entre 12 e 24 nêutrons a menos que o número de prótons.

b) exatamente o mesmo número de prótons e nêutrons.

c) entre 0 e 12 nêutrons a mais que o número de prótons.

d) entre 12 e 24 nêutrons a mais que o número de prótons.

e) entre 0 e 12 nêutrons a menos que o número de prótons.

## Resolução

Observamos pelo gráfico que a relação entre o número de prótons e nêutrons não é linear, e quando a quantidade de prótons de um átomo é grande, o número de nêutrons é maior que esse valor.

O enunciado nos indica que o antimônio possui 50 prótons. Pelo gráfico, esse valor indica isótopos estáveis com o número de nêutrons entre 62 e 74; assim, os átomos de antimônio têm entre 12 e 24 nêutrons a mais que o número de prótons para ser estável. Portanto, a alternativa correta é a **d**.

# Vestibulares de Norte a Sul

1. **CO** (UFMS) A área médica faz grande uso das radiações ionizantes para tratamento de tumores. Dependendo da conduta de tratamento desses tumores, utilizam-se radiações de naturezas e energias diferentes, como raios X e raios gama. Com relação a essas radiações, é correto afirmar:
   (01) Os raios X podem ser produzidos por colisão de elétrons em um alvo.
   (02) A radiação gama é uma radiação eletromagnética proveniente do núcleo do átomo.
   (04) Os raios X são uma radiação eletromagnética proveniente das transições dos elétrons entre as camadas eletrônicas do átomo.
   (08) Os raios X são uma radiação eletromagnética menos energética que a radiação ultravioleta.
   (16) Os raios X são emitidos somente quando o núcleo do átomo que lhe deu origem estiver instável.

2. **CO** (UFMT) No Oriente, observa-se, hoje em dia, um aumento do número de países detentores de tecnologia bélica nuclear. A principal fração da liberação de energia proporcionada pelas bombas de fusão é caracterizada pela desintegração de pares elétron-pósitron, em que há total conversão da massa de um par em energia na forma de radiação. Levando-se em conta a relação de Einstein entre massa e energia e que, para cada átomo de hidrogênio participante da reação de fusão é aniquilado um par elétron-pósitron, a energia liberada na fusão de 1 grama de hidrogênio está entre:
   a) $10^{12}$ J e $10^{15}$ J.
   b) 1 MJ e 1 GJ.
   c) 1 kJ e 1 MJ.
   d) $10^{15}$ J e $10^{18}$ J.
   e) 1 GJ e $10^{12}$ J.

   Considere:
   - Constante ou Número de Avogadro: $6 \cdot 10^{23}$
   - Massa do par elétron-pósitron: $2 \cdot 10^{-30}$ kg
   - Velocidade da luz no vácuo: $3 \cdot 10^{8}$ m/s

3. **CO** (UnB-DF) Considere que, no momento em que um equipamento de radiação de alimentos foi desativado, a massa do isótopo de cobalto-60 encontrado em seu interior correspondia a 3,125% da massa inicial quando o equipamento foi fabricado. Sabendo que o tempo de meia-vida do cobalto-60 é de 5,27 anos, calcule o tempo decorrido, **em anos**, desde a fabricação do referido equipamento, ou seja, quando havia 100% da massa do isótopo de cobalto-60 em seu interior, até o instante da desativação do referido equipamento.

4. **NE** (UEPB) No dia 6 de agosto de 1945, o mundo assistiu com horror à mais funesta aplicação prática da Física de toda a sua história: a explosão de uma bomba atômica, pelos Estados Unidos, sobre a cidade de Hiroxima, no Japão, matando mais de 80 mil pessoas, e ferindo outras 75 mil. Apenas 3 dias depois desta tragédia, os americanos largaram uma segunda bomba sobre a cidade de Nagasaki, matando outras 40 mil pessoas. Foi a inauguração trágica da era nuclear.

   OLIVEIRA, Ivan S. *Física moderna para iniciados, interessados e aficionados*. v. 2. São Paulo: Ed. Livraria da Física, 2005. p. 225.

   Considerando os princípios básicos da Física nuclear, é correto afirmar:
   a) Na fusão nuclear há uma divisão de dois núcleos leves.
   b) Quando um átomo emite uma partícula alfa, ele se transforma em outro cujo número de massa é diminuído de quatro unidades.
   c) A radioatividade pode ocorrer basicamente de três modos: por emissão de partículas alfa, beta e gama, sendo as primeiras núcleos de hidrogênio.
   d) A radioatividade é a liberação de energia por um núcleo excitado, e, por ser um fenômeno natural, não pode ser produzida em laboratório.
   e) Na natureza os núcleos atômicos não sofrem nenhum tipo de transmutação com o tempo.

5. **NE** (UFPI) Analise as afirmativas que tratam de radioatividade e desintegração radioativa e assinale a alternativa correta.
   a) A datação por carbono-14 é baseada no fato de que, enquanto vivas, as plantas mantêm equilibrada sua taxa de carbono-14, pois todo carbono-14 perdido por decaimento é substituído por carbono-14 retirado da atmosfera. Tal substituição acaba quando a planta morre.
   b) Através de decaimento radioativo, a metade de uma amostra de rádio-226 se transforma em outro elemento após 1 620 anos. Portanto, decorridos 4 860 anos, restará apenas 1/4 da amostra de rádio inicial.
   c) Após a morte, os seres vivos deixam de absorver carbono, e a razão entre o carbono-12 e o carbono-14 diminui devido à desintegração do carbono-14.
   d) Isótopos, assim como os íons, possuem um desbalanceamento de cargas elétricas. Desta forma, eles não podem ser eletricamente neutros.
   e) O hidrogênio possui três isótopos. Um deles, o deutério, é o que possui um próton e dois nêutrons no núcleo.

6. **SE** (Fuvest-SP) Uma substância radioativa, cuja meia-vida é de aproximadamente 20 minutos, pode ser utilizada para medir o volume do sangue de um paciente. Para isso, são preparadas duas amostras, *A* e *B*, iguais, dessa substância, diluídas em soro, com volume de 10 $cm^3$ cada. Uma dessas amostras, *A*, é injetada na circulação sanguínea do paciente e a outra, *B*, é mantida como controle. Imediatamente antes da injeção, as amostras são monitoradas, indicando $N_{A1} = N_{B1} = 160\,000$ contagens por minuto. Após uma hora, é extraída uma amostra *C* de sangue do paciente, com igual volume de 10 $cm^3$, e seu monitoramento indica $N_C = 40$ contagens por minuto.

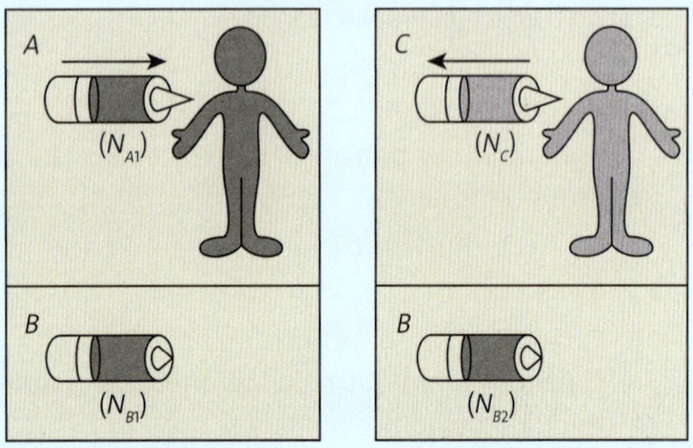


situação inicial — situação 1 hora depois

a) Estime o número $N_{B2}$, em contagens por minuto, medido na amostra de controle *B*, uma hora após a primeira monitoração.

b) A partir da comparação entre as contagens $N_{B2}$ e $N_C$, estime o volume *V*, em litros, do sangue no sistema circulatório desse paciente.

**Note e adote:** A meia-vida é o intervalo de tempo após o qual o número de átomos radioativos presentes em uma amostra é reduzido à metade.
Na monitoração de uma amostra, o número de contagens por intervalo de tempo é proporcional ao número de átomos radioativos presentes.

7. **N** (Uepa) Uma das maiores catástrofes da História foi a invenção e lançamento da bomba atômica nas cidades japonesas de Hiroxima e Nagasaki. O modelo abaixo representado foi a base para a construção da bomba atômica:

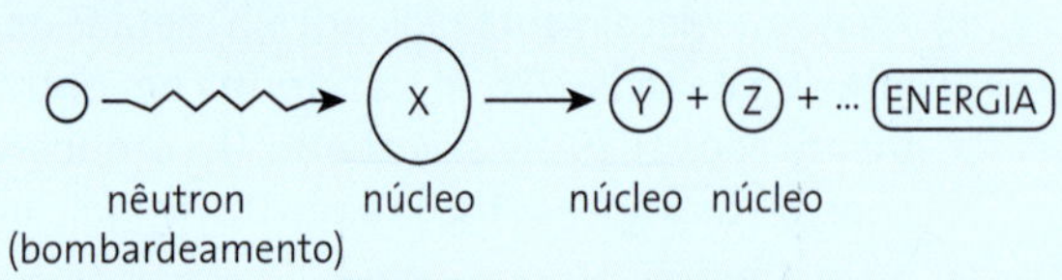


Em relação ao modelo, assinale a alternativa correta.

a) Representa fissão e fusão atômica, seguida de liberação de energia.
b) É uma representação de fusão nuclear.
c) Representa fusão e fissão atômica, seguida de absorção de energia.
d) É uma representação de fissão nuclear.
e) É uma representação de fusão atômica.

8. **N** (Uepa) O urânio-235 é o principal combustível usado nas usinas nucleares e em bombas atômicas, por ser um metal que quando bombardeado por um nêutron libera uma enorme quantidade de calor, conforme a equação de reação representada abaixo:

$$^{1}_{0}n + ^{235}_{92}U \rightarrow ^{92}_{36}Kr + X + 3\,^{1}_{0}n + \text{calor}$$

O número de massa e o número atômico do elemento *X* são, respectivamente:

a) 137 e 56.
b) 137 e 66.
c) 56 e 139.
d) 141 e 55.
e) 141 e 56.

9. **SE** (Fuvest-SP) O isótopo radioativo Cu-64 sofre decaimento β, conforme representado:

$$^{64}_{29}Cu \rightarrow ^{64}_{30}Zn + ^{0}_{-1}\beta$$

A partir de amostra de 20,0 mg de Cu-64, observa-se que, após 39 horas, formaram-se 17,5 mg de Zn-64. Sendo assim, o tempo necessário para que metade da massa inicial de Cu-64 sofra decaimento β é cerca de:

Observação: $^{64}_{29}Cu$

- 64 = número de massa
- 29 = número atômico

a) 6 horas.
b) 13 horas.
c) 19 horas.
d) 26 horas.
e) 52 horas.

10. **S** (UEL-PR) O iodo-131 é um elemento radioativo utilizado em Medicina nuclear para exames de tireoide e possui meia-vida de 8 dias. Para descarte de material contaminado com 1 g de Iodo-131, sem prejuízo para o meio ambiente, o laboratório aguarda que o mesmo fique reduzido a $10^{-6}$ g de material radioativo.
Nessas condições, o prazo mínimo para descarte do material é de:
(Dado: $\log_{10} 2 \simeq 0{,}3$.)

a) 20 dias.
b) 90 dias.
c) 140 dias.
d) 160 dias.
e) 200 dias.

11. **S** (UEM-PR) Sobre a radioatividade, assinale a alternativa incorreta.

a) A gravidade dos efeitos da radioatividade nas pessoas independe do tipo e da quantidade de radiação.
b) Material radioativo provoca mutações cromossômicas que podem causar câncer.
c) A mutação decorrente da radiação que ocorre nas células reprodutoras pode atingir as gerações seguintes.
d) Os raios gama emitidos pelos núcleos atômicos durante a desintegração de elementos radioativos podem causar danos irreparáveis nas células.
e) A energia pode ser transformada de uma forma em outra, mas não pode ser criada nem destruída.

CAPÍTULO

# 12 Cosmologia e partículas elementares

Todos os objetos com os quais interagimos são poeiras de estrelas.

## Física tem História

# A criação

É comum uma criança perguntar a seus pais: "Como foi que eu nasci?". Há algumas décadas, na civilização ocidental, os pais responderiam que ela tinha sido trazida por uma cegonha – mas não demorava muito para a criança questionar de onde tinha vindo a cegonha...

Não queremos aqui julgar as respostas dadas às crianças nesta ou naquela época. Esse comentário serve apenas para destacar que a pergunta sobre a origem de tudo nos acompanha desde a infância, assim como acompanha a história humana desde os primórdios, com diferentes respostas, em diferentes civilizações.

Segundo o livro sagrado dos cristãos, a Bíblia, no início, Deus criou os céus e a Terra. Em seguida, criou a luz e fez a separação entre a luz e as trevas, criando assim o dia e a noite. E foi esse o primeiro dia. Nos quatro dias seguintes, Deus criou os mares, a terra seca, as plantas, o Sol, a Lua, as estrelas, as criaturas do mar e as aves. No sexto dia, criou os animais terrestres e, finalmente, o homem. No sétimo dia, Ele descansou (**figura a**).

Essa concepção não é uma exclusividade cristã: em diversas outras religiões, a origem do Universo também é percebida como um ato de criação intencional de um ser divino, externo ao Universo, que já existia antes de todas as coisas.

Rue des Archives/Other Images

**Figura a** Depois de criar os céus e a Terra, Deus admira a sua obra.

Com base nessa concepção, de caráter religioso, surgiu o chamado **criacionismo** – nome genérico que designa as diversas correntes de pensamento que defendem, fora dos limites da religião, que a origem do Universo foi de fato um ato de criação.

Muitas associações religiosas propuseram, e algumas conseguiram, o ensino obrigatório do criacionismo nas escolas, particularmente na América do Norte. Devemos lembrar que outras culturas têm diferentes livros sagrados; há mitos da criação nas civilizações egípcia, asteca, chinesa, hindu e outras.

Em fevereiro de 2009, comemoraram-se os 150 anos da publicação de *A origem das espécies*, de Charles Darwin (1809-1882). A data recebeu especial atenção de todos os setores da imprensa, que salientaram a importância da obra de Darwin.

Defensores do criacionismo alegam que a teoria da evolução das espécies, de Charles Darwin, não é completa. De fato, os mecanismos da genética e das mutações só vieram a ser compreendidos décadas depois da publicação dos estudos de Darwin. Em ciência, não há teoria completa, não há verdades acabadas, como discutimos no capítulo 1 do volume 1. É um erro básico de lógica achar que o fato de uma teoria ser incompleta dá validade para outra que sequer foi investigada. Além disso, essa postura derruba todos os avanços conseguidos no Renascimento, quando a ciência foi desatrelada da religião, separando-se razão e fé.

Por que estamos discutindo aqui algo que, aparentemente, só diz respeito à Biologia?

Primeiramente, as idades dos fósseis e o tempo proposto pela teoria de Darwin foram de extrema importância para a Física aprimorar o estudo da evolução da Terra e do Sistema Solar. Em segundo lugar, mas não menos importante, é que aceitar o criacionismo não significa apenas descartar a evolução das espécies, mas também abandonar todo o estudo da **Cosmologia**.

**Cosmologia** – Ramo da Astronomia que estuda a estrutura e a evolução do Universo em seu todo, preocupando-se tanto com a origem quanto com a evolução dele.

Apresentamos a seguir como outros povos, outras culturas, viam a criação do Universo, de acordo com Heather Couper (1949-) e Nigel Henbest (1951-), autores da obra *Big-Bang* (São Paulo: Moderna, 1998. p. 26-27).

Os **antigos egípcios**, cuja civilização durou mais de dois milênios, acreditavam que o Universo começou quando o deus Atum surgiu, simplesmente chamando o seu próprio nome. Em seguida, Atum vomitou seu irmão e sua irmã, Shu e Tefnut, que, por sua vez, geraram o deus Geb (a Terra) e a deusa Nut (o céu) (**figura b**). Todos os egípcios nasceram dos filhos de Nut e Geb. Todo ato da criação foi presenciado pelo Olho, que tudo vê, sem interferências.

Para os **antigos chineses**, o Universo surgiu de um imenso ovo cósmico contendo o *yin-yang*. Ali existiam todas as coisas e seu exato oposto. Dentro do *yin-yang* estava o deus P'na-ku: seus olhos transformaram-se no Sol e na Lua; sua respiração, no vento; seus cabelos, nas árvores e plantas; sua carne, na Terra; seu suor, na chuva; e, por fim, os vermes que corroeram seu corpo transformaram-se nos seres humanos (**figura c**).

rt/Latinstock

**Figura b** Na mitologia egípcia, os amantes Geb e Nut são separados um do outro para que possam existir os dias. À noite, eles voltam a se unir.

Ivy Close Images/Alamy/Other Images

**Figura c** Segundo outra versão do mito chinês da criação, P'na-Ku, o criador, esculpiu a sua grande obra em meio ao redemoinho de nuvens.

Os **astecas do México** tinham diversas lendas sobre a criação. Uma delas fala dos deuses Quetzalcoatl e Tezcatlipoca, que retiraram a deusa Coatlicue dos céus e dividiram-na em duas partes, criando o céu e a Terra. Seu corpo transformou-se em montanhas e vales; seus cabelos, em plantas. Mas Coatlicue estava infeliz com o que havia acontecido e exigia frequentes sacrifícios de corações humanos.

Muitos dos mitos da **cultura hindu** sobre a origem do Universo têm como protagonistas deuses que surgiram ao proferirem seus nomes (**figura d**). Alguns mitos descrevem grandes oceanos; outros envolvem ovos cósmicos. De acordo com uma dessas lendas, um oceano gerou um ovo de ouro. Após um ano, Prajapati surgiu do ovo. Ele descansou em sua casa durante mais um ano, antes de tentar falar. O primeiro som que ele emitiu tornou-se a Terra; o segundo, o céu; e o terceiro, as estações.

Demetrio Carrasco/Getty Images

**Figura d** Vishnu, um dos deuses hindus associados à criação.

## Trabalho em equipe

[...] *Na Babilônia, a astrologia tinha enorme importância. Acreditava-se que os astros dirigiam a vida das pessoas e todos os acontecimentos da Terra. Por isso os planetas e as estrelas são considerados elementos centrais no mito da criação. Eles são tão importantes que as constelações recebem formas representando a imagem dos próprios deuses. Pelo contrário, no mito da Bíblia, o centro de tudo é o homem. Não se menciona a Astrologia, e o homem é criado como uma imagem divina. Nos dois casos, esse é um aspecto estranho do mito: em que sentido os deuses possuem uma forma?*

MARTINS, Roberto A. *O Universo:* teorias sobre sua origem e evolução. São Paulo: Moderna, 1994. p. 11.

Respondam:

a) Qual é a diferença básica entre os dois mitos comentados?

b) Atualmente, qual é a importância da Astrologia na vida das pessoas?

# 1 A vida de uma estrela

A compreensão da origem do Universo está intimamente ligada à existência das estrelas.

Uma galáxia é um grande conjunto de bilhões de estrelas e outros **objetos astronômicos**, tais como **nebulosas** e outros tipos de aglomerados, reunidos por forças gravitacionais e girando em torno de um centro de massa comum.

O motivo de começar nosso estudo da história do Universo pelas estrelas é que elas são as fornalhas em que foram formados todos os elementos químicos, a partir do hidrogênio.

**Objeto astronômico** – Qualquer objeto presente no Universo que possa ser estudado pela Astronomia: estrelas, planetas, satélites, asteroides, cometas, aglomerados de matéria, nuvens de poeira cósmica, etc.
**Nebulosa** – Nuvem de gás e poeira cósmica em que predomina o elemento hidrogênio, embora contenha pequenas parcelas de outros elementos.

## A gigante vermelha

As fases da vida de uma estrela são determinadas por sua massa. Quanto maior a massa de uma estrela, mais curto é o seu ciclo de vida. A massa de uma estrela pode ser determinada, antes de seu nascimento, pela quantidade de matéria disponível em sua nebulosa.

Com o passar do tempo, o hidrogênio gasoso da nebulosa é agrupado pela ação da gravidade e, com isso, passa a girar mais rápido, pela conservação do momento angular, como ocorre com a bailarina que junta os braços ao corpo enquanto gira. À medida que o gás se agrupa e gira mais rápido, a porção central se aquece, formando uma **protoestrela**. A redução da energia potencial gravitacional acarreta o aumento da energia térmica.

Quando a temperatura atinge valores próximos a $1{,}5 \cdot 10^7$ K, a fusão nuclear se inicia no centro da nuvem: nasce uma **nova**. A nuvem começa a arder brilhantemente, contrai-se um pouco mais e torna-se estável. Assim se forma uma estrela da **sequência principal** – essa é a fase em que ocorre a fusão de hidrogênio em hélio –, que permanece brilhando por milhões ou bilhões de anos. É esse o estágio em que o Sol se encontra.

O hidrogênio presente no núcleo da estrela (ou **coração**, como chamam os astrônomos) é convertido em hélio, por meio da fusão nuclear, à medida que ela queima. Quando o hidrogênio (combustível) começa a faltar, a quantidade de calor produzida diminui, ocasionando a contração do núcleo. Então, a temperatura aumenta, em razão da transformação da energia potencial gravitacional em térmica, e as reações de fusão passam a ocorrer nas camadas externas, com a migração do hélio produzido para o núcleo.

As camadas mais externas da estrela, as quais contêm ainda muito combustível, começam então a se expandir. À medida que se expandem, elas esfriam e passam a brilhar avermelhadas. Assim a estrela atinge a fase de **gigante vermelha**, e está fora da sequência principal. Vermelha porque sua superfície é mais fria do que na sequência principal; gigante porque as camadas externas se expandem muito. Quando a temperatura atinge cerca de $10^8$ K no coração da gigante vermelha, tem início a fusão do hélio, produzindo carbono.

Todas as estrelas evoluem da mesma maneira até a fase de gigante vermelha. A partir desse estágio, é a massa da estrela que vai determinar o seu caminho evolutivo. Para facilitar a comparação, a figura 12.1 mostra os diferentes caminhos evolutivos de estrelas de baixa massa (como o Sol) e de estrelas massivas (com quatro vezes a massa do Sol ou mais) a partir da fase de gigante vermelha.

Para estrelas de baixa massa, como podemos ver na sequência de cima da figura 12.1, depois que o hélio é fundido em carbono, o núcleo novamente entra em colapso, isto é, sofre nova contração. Quando o núcleo colapsa, as camadas externas da estrela são expelidas, dando origem a uma nebulosa planetária. O núcleo permanece como uma **anã branca** – uma estrela fora da sequência principal – e finalmente esfria até se tornar uma **anã negra**.

Na sequência de baixo da figura 12.1 está representado o ciclo da vida de uma estrela massiva. Assim como as estrelas de baixa massa, as massivas nascem de uma nebulosa, evoluem e vivem na sequência principal. Ao final da fase de gigante vermelha, contudo, o ciclo de vida de uma estrela massiva evolui de modo diferente: ela sofre uma **explosão de supernova**.

Depois dessa explosão, se o núcleo restante tiver uma massa entre 1,4 e 3 vezes a massa do Sol, ela não sobreviverá como uma anã branca estável: vai se transformar em uma **estrela de nêutrons**. Entretanto, se o núcleo restante tiver mais do que três vezes a massa do Sol, a força da gravidade vai superar as forças nucleares, fazendo com que prótons e nêutrons se combinem. O núcleo é então tragado pela sua própria gravidade, dando origem a um **buraco negro** – que prontamente atrai qualquer matéria e energia em suas proximidades.

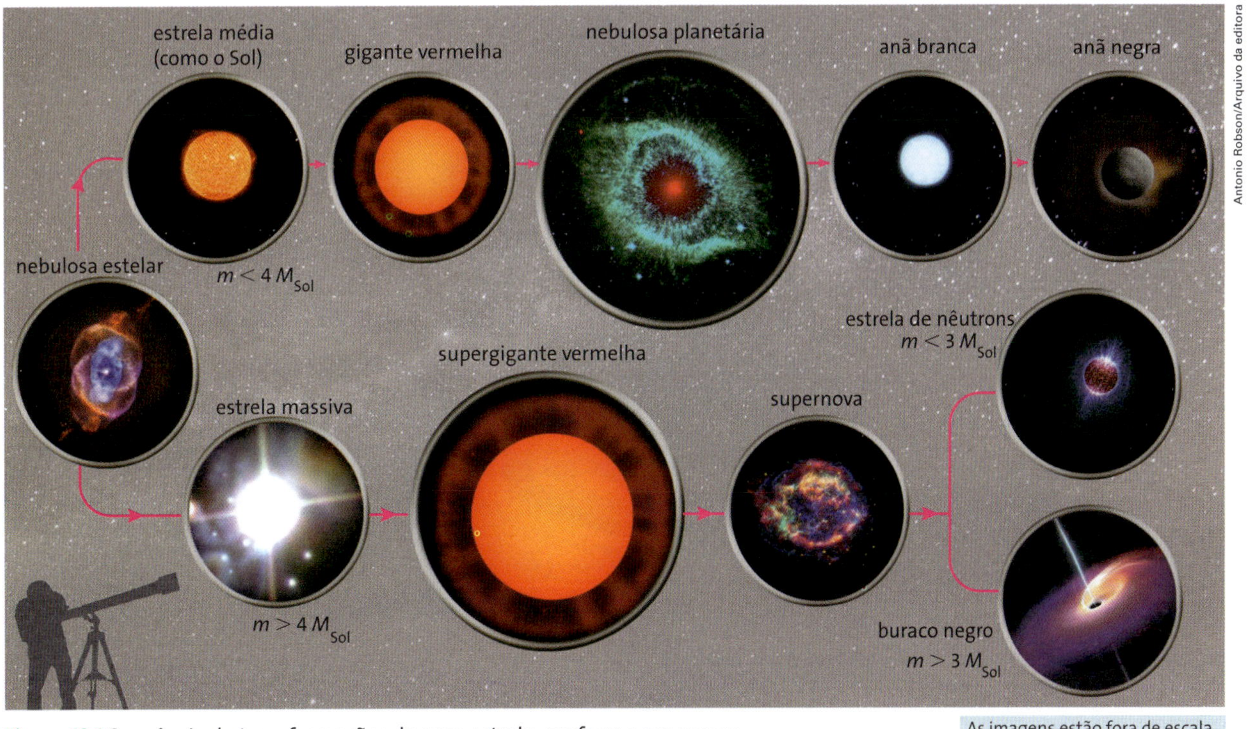


Antonio Robson/Arquivo da editora

Figura 12.1 Sequência de transformações de uma estrela, conforme sua massa.

As imagens estão fora de escala.

## De gigante vermelha a supernova

Quando uma estrela com mais de $4 \cdot M_{Sol}$ (massa do Sol) atinge a fase de gigante vermelha (**figura 12.2**), a fusão do hélio no núcleo forma átomos de carbono e a sua temperatura aumenta. A força gravitacional continua a compactar os átomos de carbono, à medida que a temperatura cresce, e acontecem processos adicionais de fusão, formando oxigênio, nitrogênio e finalmente ferro.

Quando o núcleo estiver composto basicamente de ferro, a fusão cessa. O ferro é o mais compacto e estável de todos os elementos. Isso quer dizer que a produção de elementos mais pesados que o ferro, a partir da fusão, requer uma entrada de energia maior do que a liberada no processo. Uma vez que o núcleo da estrela não está mais irradiando energia, em menos de um segundo começa a fase final do seu colapso gravitacional. À medida que os átomos são fundidos, o núcleo da estrela atinge uma temperatura acima de 100 bilhões de graus Celsius.

A estrela começa a desabar sobre si mesma, até que a força repulsiva dos núcleos supera a força da gravidade e o coração se expande em um contragolpe, gerando uma onda de choque que constitui a explosão da supernova – fenômeno cuja duração é de cerca de 10 s.

Conforme a onda de choque vai encontrando os elementos das camadas mais externas, o material é violentamente aquecido, fundindo-se em novos elementos e isótopos radioativos. Enquanto muitos dos elementos mais comuns são formados no coração da estrela, a onda de choque da explosão da supernova dá origem aos elementos mais pesados e ejeta esse material para o espaço.

O material ejetado e o núcleo remanescente constituem os restos da supernova. Com exceção desse núcleo, que deixa de ser uma estrela da sequência principal, os restos da explosão se espalham pela nebulosa como poeira cósmica e, eventualmente, poderão vir a participar da composição de uma nova estrela.

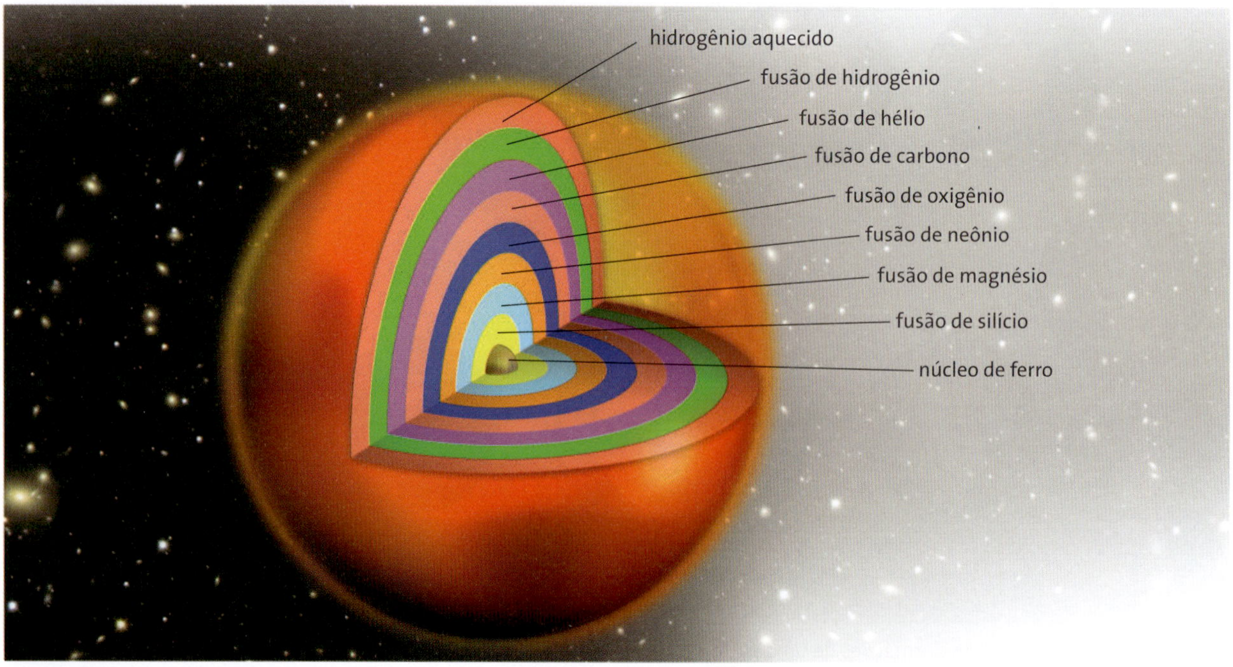


Antonio Robson/Arquivo da editora

Figura 12.2 Processos em andamento numa estrela massiva em um instante próximo ao final da fase de gigante vermelha.

## O buraco negro

No volume 1, capítulo 9, vimos como obter a velocidade de escape de um corpo lançado de um astro esférico, conhecendo-se a massa e o raio desse astro. Para que a velocidade de escape seja igual à da luz, a expressão é:

$$c = \sqrt{\frac{2 \cdot G \cdot M}{R_S}}$$

Esse resultado foi obtido pelo físico e astrônomo alemão Karl Schwarzschild (**figura 12.3**). A partir dessa expressão, podemos escrever:

$$R_S = \frac{2 \cdot G \cdot M}{c^2}$$

Nessa expressão, $R_S$ é conhecido como **raio de Schwarzschild**. Qualquer objeto que se aproxime à distância $R_S$ do centro de um buraco negro é tragado pela gravidade, e dele não se terá mais nenhuma informação. Esse raio delimita o chamado **horizonte de eventos**: superfície esférica a partir da qual nada se pode observar.

Rights Managed/Alamy/Other Images

Figura 12.3 Karl Schwarzschild (1873-1916).

Mas como identificar um corpo do qual não recebemos luz nenhuma? Pelas influências gravitacionais que ele provoca ao redor de si, as quais podem dar origem a outras manifestações, como a emissão de raios X.

Observações mostram que a **supergigante** – estrela com massa trinta a quinhentas vezes a do Sol –, catalogada como HDE 226868 (**figura 12.4**), distante 6 000 anos-luz da Terra, se aproxima e se afasta de nós de modo cíclico, a cada período de 5,6 dias. Essa regularidade sugere que essa estrela estaria descrevendo um movimento orbital – mas não se vê o corpo que ela estaria orbitando. Esse fato levou os astrônomos a admitir que esse corpo poderia ser um buraco negro.

A supergigante HDE 226868, com temperatura de superfície 31 000 K, orbita um objeto não visível, com massa estimada em 8,7 vezes a do Sol, o qual vai tragando os gases da estrela. Esses gases vão sendo acelerados, girando ao redor do objeto invisível, gerando o chamado disco de crescimento.

Martin Kornmesser, ESA/ECF/Nasa

Figura 12.4 Representação do Sistema Cygnus X-1.

## Exercícios

1. Talvez em razão da paixão pelo objeto de estudo, os astrônomos e cosmólogos falam da "vida" das estrelas como se elas realmente fossem seres vivos, embora sejam sistemas estritamente minerais. Aproximadamente, a vida de uma estrela na sequência principal até chegar à etapa de gigante vermelha é inversamente proporcional a $\sqrt{M^5}$, sendo $M$ a massa da estrela.
   a) Considere uma estrela que tenha massa igual a quatro vezes a massa solar. Quantas vezes a vida dessa estrela é menor que a do Sol na sequência principal?
   b) Considerando que a vida do Sol, antes de se tornar uma gigante vermelha, seja de cerca de 10 bilhões de anos, qual é o tempo de vida da estrela do item anterior?

2. O silício é um dos elementos mais utilizados atualmente na produção de circuitos integrados. Em que fase da vida de uma estrela esse elemento foi fabricado?

3. Compare a reação de fusão de hidrogênio em hélio, que ocorre nas estrelas, com a reação de combustão da gasolina, que ocorre nos motores de automóveis. Considere que a fusão de 1 kg de hidrogênio em hélio libera $6{,}3 \cdot 10^{14}$ J e a combustão de 1 L de gasolina libera $4{,}6 \cdot 10^7$ J. A fusão de 1 kg de hidrogênio corresponde à queima de quantos litros de gasolina?

# 2 Origem do Universo e do Sistema Solar

## Sistema Solar

Uma peça-chave das evidências sobre a origem do Sistema Solar é o fato de que todos os planetas orbitam o Sol no mesmo sentido e aproximadamente no mesmo plano. No século XVIII, o filósofo alemão Immanuel Kant (1724-1804) e o cientista francês Pierre-Simon Laplace (1749-1827), trabalhando independentemente, sugeriram que essas ocorrências não poderiam ser mera coincidência. Eles propuseram que o Sistema Solar teria sido formado de uma vasta nuvem girante, composta de gases e poeira cósmica, chamada **Nebulosa Solar**.

É consenso entre os astrônomos de hoje que Kant e Laplace estavam certos. Na visão moderna, a Nebulosa Solar inicialmente era similar ao que é mostrado na figura 12.5.a e tinha uma massa ligeiramente superior à massa atual do Sol.

Figura 12.5 Estágios em que a nebulosa vai se transformando em um disco na sequência de (**a**) para (**c**).

Cada parte da nebulosa exerceu atração gravitacional em todas as outras. Esse puxão gravitacional mútuo fez com que a nebulosa se contraísse (figura 12.5.b). Durante essa contração, a concentração de matéria foi se tornando cada vez maior em sua porção central, formando uma região relativamente mais densa chamada de **protossol** – isso ocorreu por volta de 100 mil anos após o início da contração, quando a nebulosa desenvolveu a estrutura representada na figura 12.5.c. Essa parte da nebulosa finalmente evoluiu para o atual Sol. Já os planetas foram formados da matéria periférica mais esparsa, o que explica o fato de que a massa de todos os planetas juntos equivale aproximadamente a apenas 0,1% (um milésimo) da massa do Sol.

As temperaturas dentro do recém-nascido protossol rapidamente cresceram para vários milhares de graus. Enquanto a temperatura da superfície do protossol permaneceu praticamente constante, a do interior aumentou ainda mais por meio de posteriores contrações. Finalmente, decorridos cerca de 10 milhões de anos desde que a Nebulosa Solar começou a se contrair, a temperatura central do protossol atingiu alguns milhões de graus, dando origem a reações nucleares pelas quais o hidrogênio passou a se converter em hélio. Uma vez iniciadas essas reações, a contração cessou e uma verdadeira estrela nasceu. As reações nucleares no interior do Sol são hoje a fonte de toda a energia que ele irradia no espaço.

Se a Nebulosa Solar não tivesse inicialmente nenhum tipo de rotação, toda a matéria teria caído no protossol, isto é, nada teria sobrado para a formação dos planetas. Por outro lado, tendo essa nebulosa uma rotação global no início, à medida que ela se contraía, a velocidade de rotação aumentava, em virtude da conservação do momento angular.

Conforme a Nebulosa Solar começou a girar mais rapidamente, também começou a se aplanar. Por ação da gravidade, as partículas tendem a orbitar o eixo de rotação da nebulosa, ao mesmo tempo que tendem a se aproximar umas das outras. Com isso, a nuvem girante foi se tornando cada vez mais plana, dispondo em discos as partículas que viriam a compor cada planeta. Assim se explica por que as órbitas dos planetas ocorrem hoje todas no mesmo sentido e praticamente no mesmo plano.

Embora a origem do Sistema Solar ainda não tenha sido comprovada, observações atuais têm constatado a existência de discos de material rodeando estrelas formadas recentemente – fato que reforça a crença na teoria da Nebulosa Solar. Eles são chamados de **discos protoplanetários**, porque os astrônomos acreditam que planetas serão formados a partir deles. Analisando esses supostos sistemas planetários em construção, os astrônomos podem ter uma ideia de como era a Nebulosa Solar 4,6 bilhões de anos atrás.

A figura 12.6 mostra alguns discos protoplanetários da Nebulosa de Órion, uma região ativa que forma estrelas. Observe que há uma estrela visível no centro de cada disco, o que reforça a ideia de que o Sol começou a brilhar antes que os planetas fossem completamente formados. Além disso, um estudo de 110 estrelas da Nebulosa de Órion detectou discos protoplanetários em 56 delas, sugerindo que sistemas planetários podem se formar ao redor de uma fração substancial das estrelas.

Figura 12.6 Foto de uma região da Nebulosa de Órion em que se observam discos protoplanetários.

## Física explica

# Nasa lança telescópio em busca de nova "Terra"

A Nasa lançou em março de 2009 o primeiro telescópio espacial com capacidade de encontrar um planeta fora do Sistema Solar com tamanho e condições de habitabilidade semelhantes aos da Terra. A Missão Kepler vai monitorar a luminosidade de 170 mil estrelas simultaneamente para cumprir sua tarefa. Cada vez que o brilho de uma estrela cai, é sinal de que um planeta pode estar passando na sua frente.

Esse método, conhecido como "trânsito", já é usado por outros telescópios. O Kepler, porém, terá uma sensibilidade inédita. Um planeta do tamanho da Terra, se observado a distância, oculta apenas cerca de um décimo de milésimo da luz emitida por sua estrela-mãe, e o novo telescópio espacial poderá enxergar isso. "Isso equivale à queda de luminosidade que ocorre quando uma pulga passa na frente do farol de um carro vindo na direção contrária a você, de noite, bem longe", disse [...] Jon Jenkins, da Nasa, um dos criadores do *software* que servirá como cérebro do Kepler.

O Kepler não tirará fotos do Universo bonitas o suficiente para enfeitar paredes. Seu papel será mesmo medir a emissão de luz de cada estrela e perceber mínimas oscilações. Contudo, só depois de análises cuidadosas de dados é que cientistas poderão dizer onde estão os tão procurados planetas "gêmeos" da Terra.

O problema é que o brilho de estrelas oscila naturalmente, atrapalhando as medições. Segundo Sylvio Mello, astrônomo da USP, saber se as oscilações ocorrem sozinhas ou por causa dos planetas será "o maior desafio técnico" do Kepler. Para decretar o achado de um planeta, é preciso ver pelo menos três trânsitos com quedas de brilho semelhantes e separados pelo mesmo intervalo.

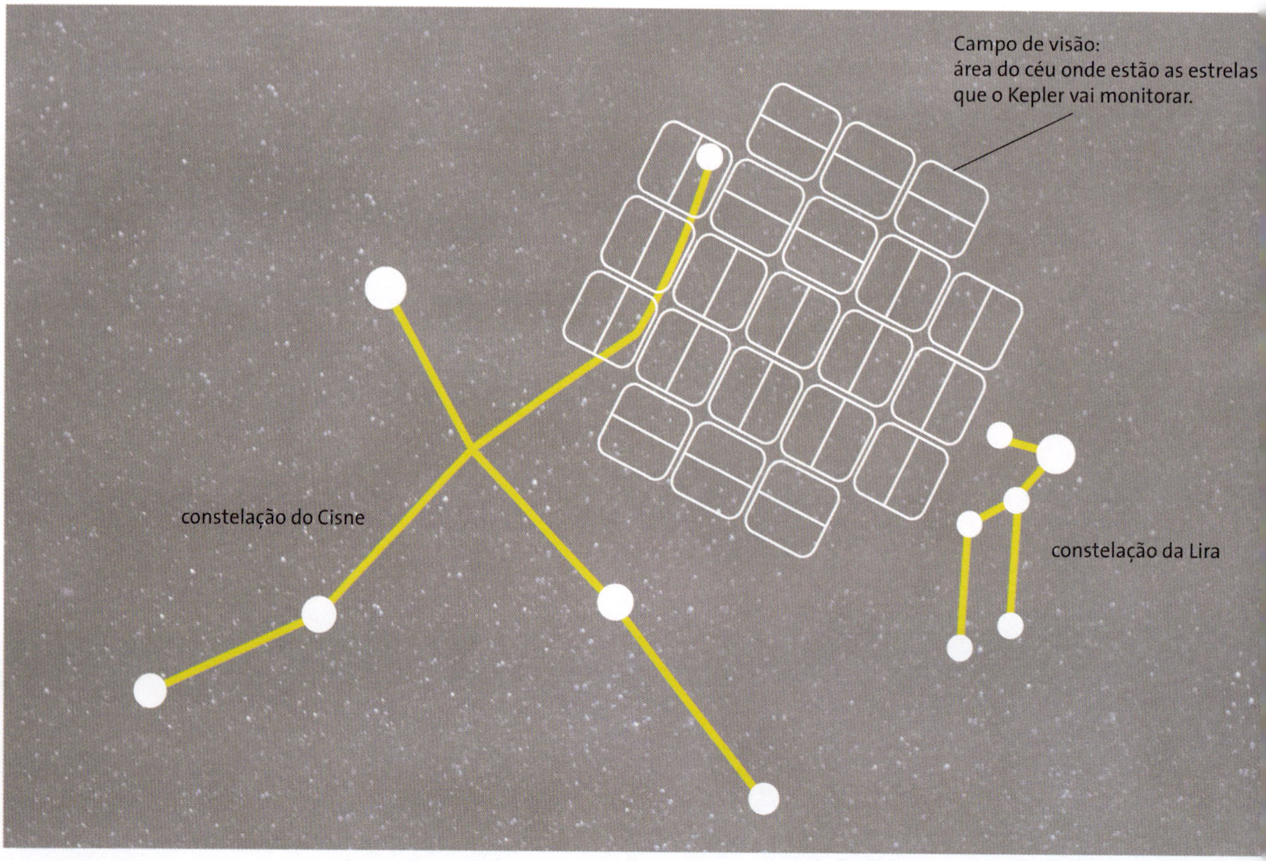


Antonio Robson/Arquivo da editora

A missão durará ao menos três anos e meio, com orçamento previsto de US$ 591 milhões. O Kepler vai girar em torno do Sol, na mesma órbita da Terra, seguindo-a. A vantagem de estar no espaço é que não há ar para atrapalhar a visão. Além disso, como a Terra gira, um telescópio terrestre não é capaz de observar uma mesma estrela continuamente.

O interesse em procurar planetas pequenos é que aqueles muito grandes – chamados de gigantes gasosos – não possuem uma superfície sólida com condições habitáveis. Entretanto, lembra Mello, habitável não significa habitado. E ainda não há muito como tentar investigar se um planeta fora do Sistema Solar tem vida. "Seria muita casualidade encontrar algo logo de saída", diz.

Adaptado de: MIOTO, Ricardo. *Folha de S.Paulo*, 4 mar. 2009.

**1.** De acordo com o texto, o que é "trânsito" de um planeta?

**2.** Quantos trânsitos os astrônomos julgam necessário observar para decretar a existência de um planeta?

Ilustrações: Antonio Robson/Arquivo da editora

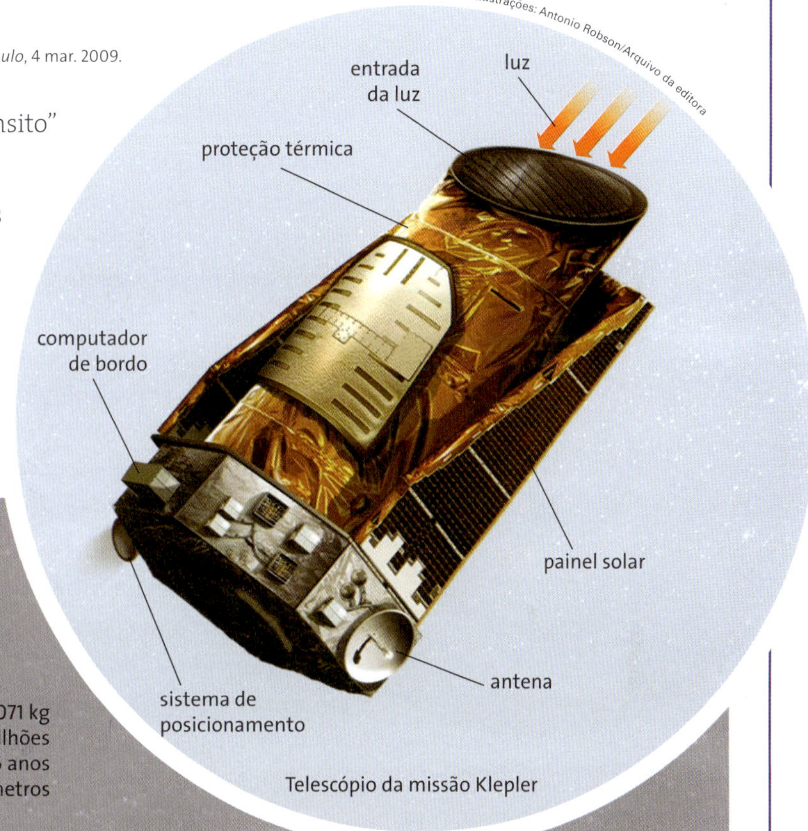


Este telescópio espacial é o primeiro com capacidade de encontrar planetas tão pequenos quanto a Terra.

peso: 1071 kg
custo: US$ 591 milhões
vida útil: 3,5 anos a 6 anos
comprimento: 4,5 metros

Telescópio da missão Klepler

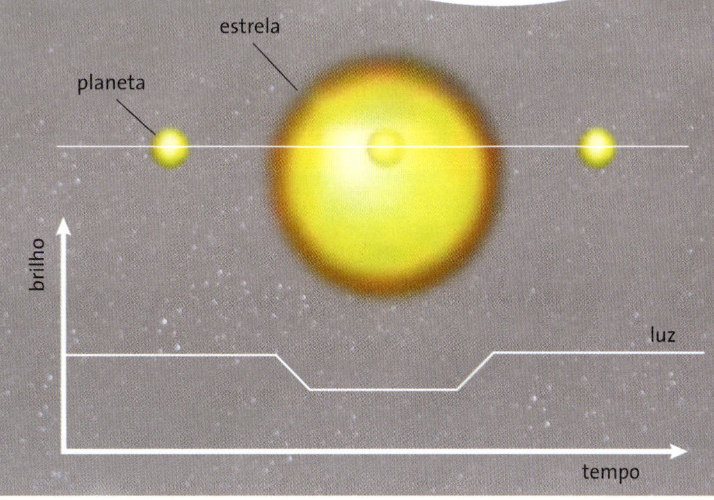


Queda de brilho: o Kepler vai monitorar o brilho de mais de 100 mil estrelas. Uma queda de luminosidade muito sutil pode revelar que um planeta está passando na sua frente.

Fonte: Nasa

# O Universo

No tópico 1, discutimos algumas versões mitológicas sobre a origem do Universo em algumas culturas. Vejamos agora o ponto de vista científico.

Compreendendo as fases da vida de uma estrela, podemos entender a formação dos elementos químicos presentes no Universo. Até a fase de gigante vermelha, temos a formação dos elementos mais leves, como o ferro. Na explosão da supernova, obtemos os elementos de maior número atômico. Depois os elementos passam a fazer parte da poeira interestelar de uma nebulosa. A partir desse ponto, é possível então formular a teoria da formação dos sistemas.

Mas e as primeiras nebulosas, de onde vieram? Essa pergunta nos remete ao estudo das origens do Universo – a Cosmologia.

## O Universo finito

À medida que nos afastamos de um alto-falante, o som vai ficando cada vez mais fraco. O mesmo acontece quando nos distanciamos de uma lâmpada. À medida que nos afastamos, ela vai parecendo cada vez mais fraca; seu brilho aparente vai diminuindo. Por que isso ocorre?

Supondo que a lâmpada emita radiação uniformemente em todas as direções, essa energia se distribui em esferas cada vez maiores (**figura 12.7**). Assim, a energia recebida por unidade de área (e por unidade de tempo) vai ficando cada vez menor. Podemos dizer que, à medida que nos afastamos da fonte, a potência vai se distribuindo em uma esfera cada vez maior.

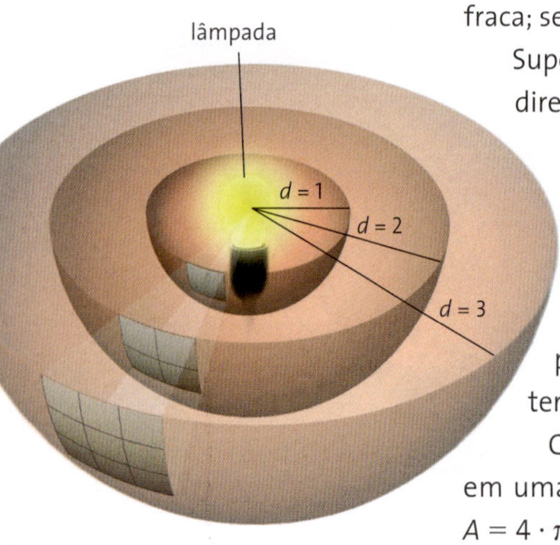


**Figura 12.7** Dobrando-se a distância, a intensidade se reduz a $\frac{1}{4}$; triplicando-se, a redução chega a $\frac{1}{9}$ do valor original.

Em relação às estrelas, conhecendo-se a potência irradiada por uma estrela (brilho real), podemos, pelo brilho aparente *b*, determinar a sua distância, ou vice-versa.

Considerando que a potência está distribuída pela superfície em uma esfera, cujo raio é a sua distância até a estrela, e cuja área é $A = 4 \cdot \pi \cdot d^2$, o brilho aparente é dado por:

$$b = \frac{P}{4\pi \cdot d^2}$$

Por exemplo, no caso do Sol, a potência que ele irradia é $3,86 \cdot 10^{26}$ W. Qual é a intensidade luminosa *b* recebida por nós nas camadas mais altas da atmosfera, se estamos a $1,5 \cdot 10^{11}$ m dessa estrela?

Substituindo na expressão, temos:

$$b = \frac{3,86 \cdot 10^{26}}{4\pi \cdot (1,5 \cdot 10^{11})^2} \Rightarrow b = 1370 \, \frac{\text{W}}{\text{m}^2}$$

que é o valor obtido experimentalmente.

As estrelas têm brilhos reais diferentes, que dependem de suas idades e tamanhos; mas se tivéssemos um tipo de estrela com brilho padrão, pelo brilho aparente poderíamos determinar sua distância. Isso foi conseguido no começo do século XX, com a descoberta das **cefeidas**.

**Cefeida** – Estrela que apresenta variações regulares de brilho.

Por que, com tantas estrelas, o fundo celeste é escuro à noite? Essa pergunta, embora pareça tola, é um bom começo para a compreensão do Universo.

Por muito tempo, o Universo foi considerado infinito e eterno. Isaac Newton (1643-1727) o considerava assim, no século XVII, quando enunciou a sua célebre teoria da gravitação. Contudo, no começo do século XIX, o astrônomo amador alemão Heinrich Olbers (1758-1840), retomando uma questão já abordada antes por diversos cientistas – incluindo Johannes Kepler – (1571-1630), em 1610 –, propôs que a escuridão das noites seria uma prova de que o Universo não era infinito nem eterno.

Olbers argumentou que, se o Universo fosse infinito, povoado por um número infinito de estrelas, qualquer que fosse a direção para a qual olhássemos no céu, à noite, encontraríamos uma estrela; portanto, o céu noturno deveria se apresentar brilhante em todas as direções (figura 12.8.a).

Para entender melhor essa argumentação, imagine-se embrenhado em uma floresta extensa, constituída apenas por árvores (figura 12.8.b). Olhando ao seu redor, você verá as árvores mais próximas bem espaçadas umas das outras; por outro lado, as árvores mais distantes preencherão todo o seu campo de visão, isto é, para qualquer lado que você olhe, verá apenas árvores.

Na tentativa de derrubar o argumento de Olbers, alguns defensores da infinitude do Universo propuseram a seguinte explicação: sendo o Universo infinito, a luz emitida por estrelas infinitamente distantes ainda não teria chegado até nós, o que explicaria a escuridão do céu noturno. Entretanto, em um Universo eterno, qualquer que fosse a distância de uma estrela à Terra, a luz emitida por ela no passado já teria tido tempo de chegar até nós.

Essa contradição entre a ideia de um Universo infinito (em termos de tempo e de espaço) e a escuridão das noites ficou conhecida como paradoxo de Olbers – uma questão que só encontrou uma resolução razoável no século XX.

No Universo de Newton, os relógios tinham eternamente o mesmo ritmo, quaisquer que fossem suas posições e velocidades no espaço, e a luz propagava-se em linha rigorosamente reta, em todas as direções. Essa visão foi modificada pela teoria da relatividade, de Albert Einstein (1879-1955). Primeiro com a relatividade restrita, em 1905, segundo a qual relógios em diferentes estados (em termos de velocidade e posição) apresentam diferentes indicações, ou seja, essa teoria interligava tempo e espaço. Mais tarde, em 1916, Einstein apresentou a teoria da relatividade geral, levando em conta também os campos gravitacionais e interligando o espaço-tempo com a matéria. Nessa teoria, a presença da matéria encurva o que os físicos gostam de chamar de “tecido” do espaço-tempo.

É difícil para qualquer um de nós, num primeiro momento, entender a ideia de um Universo curvo, porque nossa visão de mundo é tridimensional.

Figura 12.8 Representação esquemática da visão que um observador da Terra teria se houvesse no Universo um número infinito de estrelas (**a**). Visão de um observador embrenhado em uma floresta (**b**).

## O Universo em expansão

A luz emitida pelas estrelas permite determinar, além de sua composição química, se elas estão se afastando ou se aproximando da Terra.

Cada elemento químico emite luz com comprimentos de onda bem definidos (o comprimento de onda está associado à cor da luz).

Esses comprimentos de onda podem ser identificados decompondo-se a luz em seus componentes fundamentais. Isso pode ser conseguido utilizando, por exemplo, um prisma de vidro. Um exemplo do resultado da decomposição, o chamado **espectro de emissão**, pode ser visto na figura 12.9. As linhas que se observam no espectro são denominadas **raias espectrais**, e cada uma corresponde a um comprimento de onda.

Se o objeto que emite a luz se move em relação ao observador, as raias espectrais se deslocam. Elas tendem para o azul se o objeto se aproxima e para o vermelho se ele se afasta. A magnitude do deslocamento permite determinar a velocidade da fonte. Esse fenômeno é conhecido pelo nome de "efeito Doppler".

Ao analisar a luz emitida por galáxias distantes, o astrônomo estadunidense Edwin Hubble notou que os comprimentos de onda observados eram maiores do que os valores esperados caso a fonte de luz estivesse em repouso, isto é, as raias espectrais deslocavam-se para o lado vermelho do espectro. Esse fenômeno foi denominado **desvio para o vermelho**, sendo mais conhecido pelo nome em inglês de *redshift*. Quanto mais distante estivesse a galáxia, maior o desvio observado.

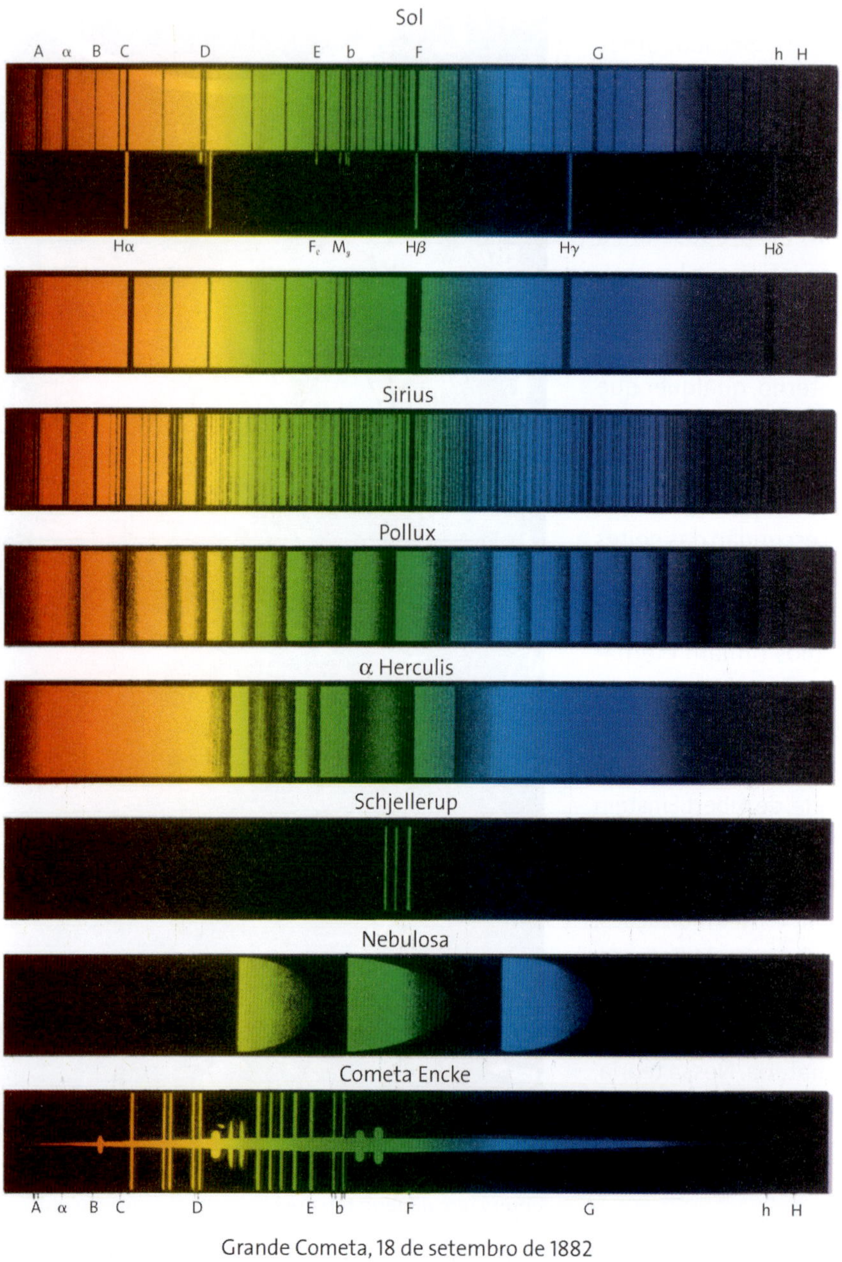


Detlev Van Ravenswaay/SPL/Latinstock

Figura 12.9 Raias espectrais do Sol e de outros corpos celestes.

Tendo em mãos medidas efetuadas por outros cientistas, que mostravam galáxias remotas afastando-se da Terra, Hubble estabeleceu em 1929 uma relação simples entre as distâncias dessas galáxias à Terra e suas respectivas velocidades de afastamento: estas são diretamente proporcionais às distâncias. Mas como ele obteve as distâncias de galáxias tão remotas? Usando as propriedades das cefeidas, descobertas anos antes por Henrietta Leavitt (1868-1921). O gráfico da figura 12.10 ilustra resultados atuais sobre a relação entre as distâncias das galáxias e a velocidade de afastamento.

Matematicamente, podemos então escrever:

$$v = H \cdot d$$

Nessa expressão, $d$ é a distância entre nós e a galáxia, e $H$ é a constante de proporcionalidade, conhecida como constante de Hubble, cujo valor é $H = 7 \cdot 10^{-11}$ ano$^{-1}$, com uma margem de erro em torno de 10%.

Observe que a reta média que representa graficamente a proporcionalidade da lei de Hubble não contém exatamente todos os pontos, isto é, há uma incerteza no valor de $H$. Além disso, como ilustra o gráfico, galáxias próximas podem até ter um movimento relativo de aproximação, por efeitos gravitacionais locais. Em outras palavras, a lei de Hubble se aplica a distâncias muito maiores que as intergalácticas.

Se as galáxias estão todas se afastando de nós, então somos o centro do Universo? A resposta é: não! Para ilustrar a expansão do Universo, podemos utilizar a seguinte analogia: imagine um balão de aniversário com várias moedas coladas na face externa. As moedas representam as galáxias. Conforme o balão vai sendo inflado, as moedas se afastam. Todas se afastam de todas, mas as moedas em si não se expandem – em analogia com as galáxias, que mantêm suas dimensões pela ação gravitacional. No interior das galáxias, a perenidade do espaço se mantém, como imaginava Newton; portanto, nossas órbitas, assim como este livro e nossos corpos, não estão crescendo com a expansão do Universo.

Além disso, nenhuma moeda é o centro da expansão. Da mesma forma, no Universo tridimensional curvo em expansão, todas as galáxias se afastam entre si e nenhum ponto é o centro.

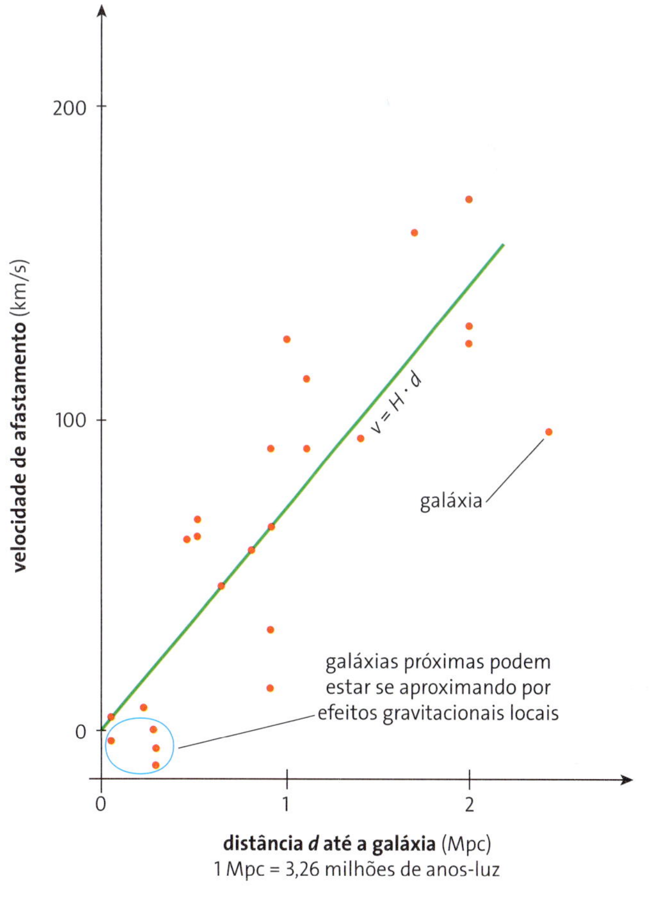


Figura 12.10 Gráfico da lei de Hubble.

## A teoria do *big-bang*

A lei de Hubble mostra que o Universo vem se expandindo por bilhões de anos. Isso significa que, no passado, a matéria estava mais concentrada e, portanto, a densidade do Universo era maior do que é hoje. Há bilhões de anos (**figura 12.11**), houve um momento em que a matéria estava praticamente concentrada em um ponto, chamado de **singularidade**, cuja densidade era gigantescamente alta. Seguiu-se daí uma "explosão", o *big-bang*, e teve início a expansão. O termo explosão está entre aspas porque esse modelo não deve ser confundido com a explosão de um objeto em um espaço vazio, já que o próprio tecido do espaço não existia ao redor da singularidade original.

Em geral, ao primeiro contato com essas ideias, é comum as pessoas perguntarem: mas e antes disso?

Na verdade, dentro desse modelo, a pergunta não tem sentido. Não existe o "antes", pois, sem matéria nem espaço, o conceito de tempo perde o sentido.

Figura 12.11 Expansão do Universo.

Paulo Manzi/Arquivo da editora

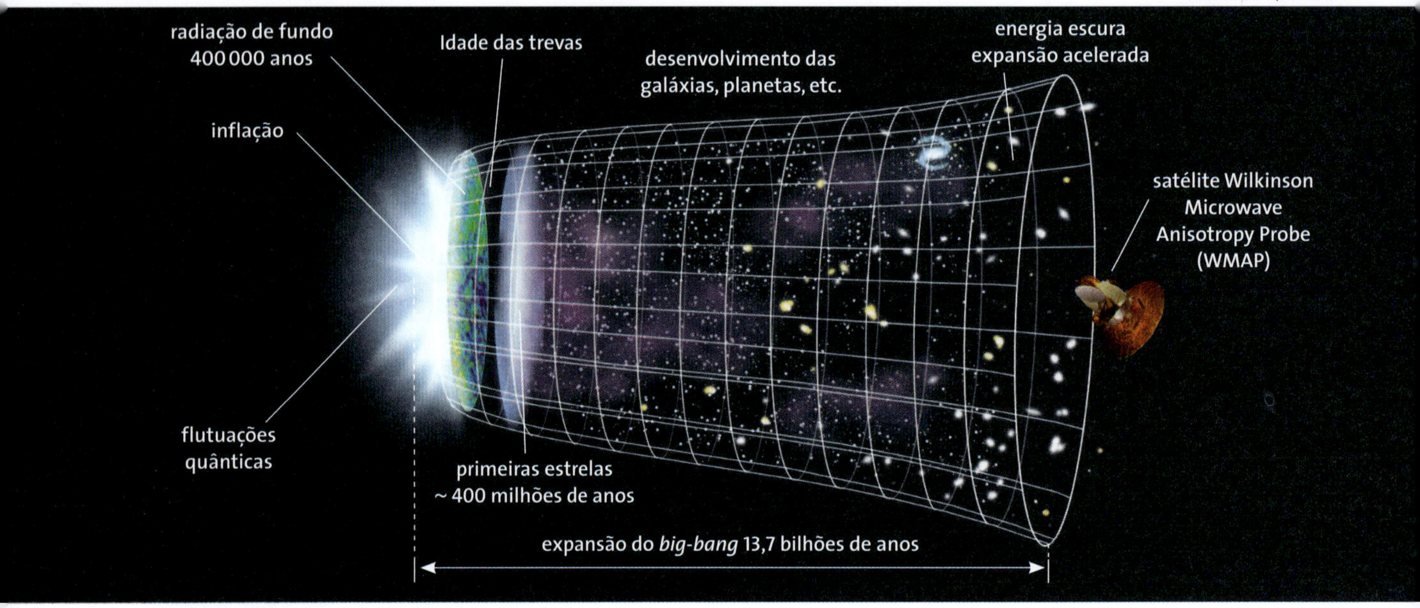


### Exercício resolvido

Considere uma galáxia remota situada a uma distância *d*. Se no momento do *big-bang* toda a matéria do Universo estava praticamente junta, o tempo que essa galáxia levou para se separar de nós seria a idade do Universo. Nessas condições, qual é a idade do Universo, supondo que a separação dessa galáxia tenha acontecido com velocidade constante?

**Resolução**

Sendo $v = \frac{\Delta s}{\Delta t}$, temos $v = \frac{d}{T_0}$, em que $T_0$ seria a idade de nosso Universo. Igualando com a expressão da lei de Hubble, obtemos:

$$\frac{d}{T_0} = H \cdot d \Rightarrow T_0 = \frac{1}{H}$$

Usando-se o valor padrão: $H = 7 \cdot 10^{-11}$ ano$^{-1}$, temos para a idade do Universo o valor:

$T_0 = 14$ bilhões de anos

Considerando-se as margens de erro, a idade do Universo é atualmente estimada entre 12 e 16 bilhões de anos.

## Evidências experimentais do modelo do *big-bang*

O hidrogênio é o elemento mais simples da natureza. Inicialmente, os modelos cosmológicos consideravam que todos os outros elementos seriam produzidos a partir do hidrogênio, nas fornalhas das estrelas e nas explosões de supernovas.

No entanto, as observações mostravam que a quantidade de hélio presente no Universo era muito maior do que o que poderia ter sido "fabricado" pelas estrelas. O Sol, por exemplo, contém cerca de 25% de hélio – muito mais do que ele poderia ter produzido em sua vida como estrela.

Pouco depois da Segunda Guerra Mundial, os físicos norte-americanos Ralph Alpher (1921-2007) e Robert Hermann (1914-1997) propuseram que o Universo, imediatamente após o *big-bang*, teria sido extremamente quente, deflagrando reações nucleares em todos os pontos do pequeno espaço, o que explicaria que a origem do hélio não são as estrelas. Esse "extremamente quente" quer dizer uma temperatura pelo menos igual à do núcleo solar, onde ocorrem as reações de fusão ($\sim 10^8$ K). Com o prosseguimento da expansão, porém, o Universo teria esfriado gradativamente. Com isso, cerca de 380 mil anos depois do *big-bang*, teria começado a chamada fase da **recombinação**, na qual os elétrons teriam se combinado com os núcleos, formando os átomos, a uma temperatura aproximada de 3 000 K. Antes disso, o Universo teria sido opaco.

Seguindo essa ideia, em 1960, Robert Henry Dicke (1916-1997) e Phillip James Edwin Peebles (1935-) consideraram a radiação emitida por esse "corpo opaco" – a chamada radiação de corpo negro do Universo – no início da fase de recombinação e como ela deveria estar hoje. As características dessas radiações dependem da temperatura do corpo negro.

Uma pergunta comum para quem começa a estudar Cosmologia é em que lugar aconteceu o *big-bang*. A resposta é: em todos os pontos do nosso espaço-tempo, uma vez que todos eles se originaram da singularidade. Cada um deles é, por assim dizer, um pedaço da singularidade inicial.

Sendo assim, a radiação procurada por Dicke e Peebles deveria provir, de maneira praticamente uniforme, de todas as regiões do Universo. Outro cuidado que a dupla de cientistas teve foi o de considerar o *redshift* dessa radiação pela expansão do Universo nesses 14 bilhões de anos. Seus cálculos apontaram que o Universo estaria hoje banhado por uma radiação equivalente à emitida por um corpo negro que estivesse à temperatura de 2,7 K.

Os procedimentos experimentais verificaram não só a existência de radiação que provinha de maneira praticamente uniforme de todas as direções, como também que ela correspondia exatamente à radiação de um corpo negro a 2,7 K – exatamente o valor previsto na teoria. Essa radiação é chamada de **radiação de fundo**. É uma das principais fontes de informação dos primórdios de nosso Universo.

A abundância relativa, tanto dos elementos mais pesados, quanto dos mais leves, é também um resultado em acordo com a teoria do *big-bang*.

## Futuro do Universo

As hipóteses em Cosmologia para o futuro do Universo são, de certa maneira, mais filosóficas e menos experimentais do que em outras áreas da Física. Uma das razões é que não se dispõe de vários Universos para levar a cabo uma sequência de experimentos no laboratório; outra é que as escalas de tempo em Cosmologia são muito, mas muito, maiores que a vida média de um pesquisador, ou mesmo de uma espécie.

Um exemplo do ponto de vista filosófico: no começo do século XVI, Nicolau Copérnico (1473-1543) considerou que não ocupávamos um lugar especial no espaço, elaborando sua teoria heliocêntrica.

Hoje sabemos que a Terra não é uma referência privilegiada, e que o Sistema Solar é apenas um dos vários sistemas planetários que dia a dia são descobertos. Sabemos também que nossa galáxia, a Via Láctea, é semelhante a muitas outras.

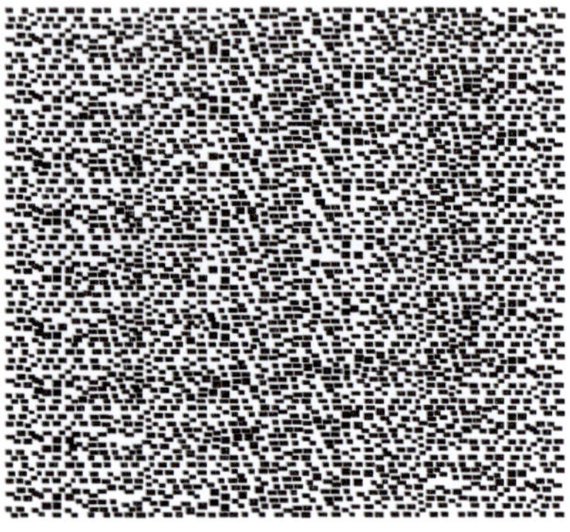
Formato/Arquivo da editora

Figura 12.12 Observe o retângulo de diferentes distâncias. Ele é cinza ou é um conjunto de pontos pretos e brancos?

Einstein considerou que, em larga escala (grandes grupos de galáxias), nosso Universo é praticamente uniforme, hipótese, predominante entre os cosmólogos até hoje, conhecida como **princípio cosmológico**. Exemplificando: se você olhar para a figura 12.12 a uma distância superior a 1,0 m, dirá que todos os pontos são cinza, que não há regiões diferentes. No entanto, ao olhar de perto, perceberá que há regiões brancas e regiões pretas. Em larga escala, a pintura do desenho é uniforme, mas numa visão próxima, há diferenças.

Usando o princípio cosmológico, Einstein aplicou a sua teoria da relatividade geral (1916), considerando um Universo estático (a lei de Hubble ainda não havia sido formulada), e obteve a chamada constante cosmológica.

Com a descoberta de Hubble, Einstein admitiu que sua constante cosmológica havia sido o maior engano de sua vida. No entanto, o trabalho de Einstein serviu de base para novas pesquisas, pois deu origem a conjecturas sobre qual seria o valor exato dessa constante.

**Trabalho em equipe**

Façam uma pesquisa, sob a orientação do professor, sobre como as diversas civilizações compreendiam a Astronomia através dos tempos. Com um painel, apresentem sua pesquisa para os colegas.

## Exercícios

4. Utilizando a equação referente à velocidade de escape, pode-se mostrar que a gravidade da Terra não é suficiente para reter hidrogênio, o elemento mais abundante no Universo. Desse modo, a abundância de elementos mais pesados em nosso planeta é, na verdade, a escassez de hidrogênio. Com essas considerações, explique por que os grandes planetas gasosos são orbitados por luas com composição semelhante à dos planetas terrestres.
5. Considerando as fases da vida de uma estrela, de onde provieram os elementos ouro, chumbo e urânio existentes em nosso planeta?
6. Segundo Heinrich Olbers, como seriam as noites se o Universo fosse infinitamente povoado de estrelas?
7. Cite um exemplo cotidiano que ilustra o efeito Doppler.

# 3 Os tijolos da matéria

De que é feito o mundo? Quais são os elementos fundamentais constituintes da matéria? Filósofos e cientistas vêm levantando essas questões há milhares de anos. Ainda não temos o que poderia se chamar de uma resposta final, mas já trilhamos um longo caminho.

Durante anos, prótons, nêutrons e elétrons foram considerados as partículas elementares constituintes da matéria. Mas, na década de 1960, experimentos contribuíram para que os cientistas chegassem à conclusão de que prótons e nêutrons **não** são partículas elementares. Eles têm uma estrutura interna constituída de outras partículas que receberam o nome de ***quarks***.

Por que um nome tão estranho? Os físicos estavam um pouco desapontados com os nomes escolhidos ao longo da História e que depois não se mostraram adequados, senão conceitualmente errados; por exemplo: calor específico (supondo que os corpos continham calor) e átomo (indivisível). Assim, foi escolhida uma palavra sem significado, tomada de um neologismo de James Joyce (1882-1941), na obra da literatura irlandesa *Finnegans Wake* ("Three quarks for Muster Mark!"). Se, no futuro, o *quark* se revelar, por exemplo, divisível, não haverá problema com o nome escolhido para ele.

Na matéria comum os *quarks* se apresentam em dois tipos: *quarks up* (*u* – para cima) e *quarks down* (*d* – para baixo). Esses, também, são apenas nomes figurativos, para diferenciar os dois tipos. Os *quarks up* têm carga $+\frac{2}{3}e$, enquanto os *down* têm $-\frac{1}{3}e$.

As partículas formadas pela composição de *quarks* são chamadas **hádrons**, como os prótons e os nêutrons. O próton tem 2 *quarks up* e um *quark down*, enquanto o nêutron é composto de 2 *quarks down* e 1 *quark up* (figura 12.13).

próton: $Q_{\text{próton}} = 2 \cdot \frac{2}{3}e + \left(-\frac{1}{3}e\right) = e$

nêutron: $Q_{\text{nêutron}} = 1 \cdot \frac{2}{3}e + 2 \cdot \left(-\frac{1}{3}e\right) = 0$

Além dos *quarks*, são também partículas elementares o elétron ($e^-$) e o neutrino ($\nu_e$ – pronuncia-se *ni*).

A existência do neutrino foi prevista teoricamente em 1930, mas só verificada experimentalmente em 1956. É uma partícula eletricamente neutra e de massa extremamente pequena. Na verdade, até agora, os resultados experimentais não foram decisivos para dizer se a massa do neutrino é de fato muito pequena, ou nula, o que seria inteiramente aceitável de acordo com a teoria da relatividade.

Os neutrinos e o elétron fazem parte do grupo dos **léptons** (em grego, 'pequenos', 'delicados'). Toda matéria comum é constituída por essas quatro partículas elementares: *quark up*, *quark down*, elétron e neutrino.

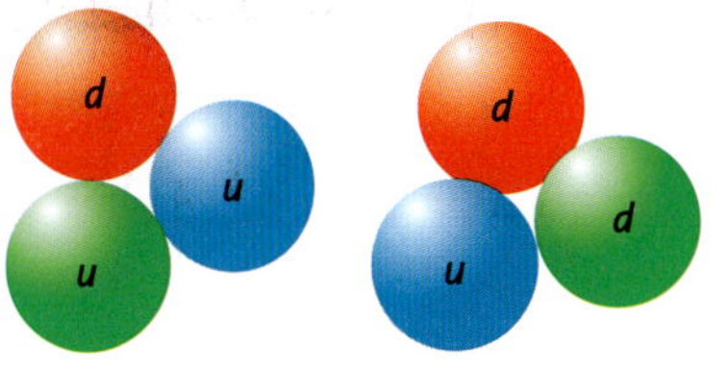


Figura 12.13 Composição e carga elétrica de um próton e de um nêutron.

## Física explica

# Há muito mais espaço lá embaixo

Em 1959, no encontro anual da Sociedade Norte-Americana de Física, o físico norte-americano Richard Feynman (1918-1988), prêmio Nobel de Física em 1965, fez uma conferência inusitada, cujo título, em tradução livre era: "Há muito mais espaço lá embaixo".

Esse estranho título era uma resposta provocativa ao anúncio de que alguém conseguira gravar a oração "Pai Nosso" na cabeça de um alfinete. Feynman disse:

> *Por que apenas uma oração e não todo o conteúdo da* Enciclopédia Britânica*? Ora, se ampliássemos o diâmetro dessa cabeça em 25 mil vezes, teríamos uma área útil que comportaria todas as páginas dessa enciclopédia. Ou melhor, bastaria que utilizássemos caracteres 25 mil vezes menores, escritos com o auxílio da microscopia eletrônica ou, quem sabe, através da manipulação de átomos e moléculas.*

Adaptado de: OLIVEIRA, I. S. (Coord.). Física hoje. *Ciência Hoje*. Rio de Janeiro, 2007. p. 71.

Em 2009, uma grande livraria internacional lançou no mercado um aparelho para leitura, cujo *chip* de memória, menor que a tampa de uma caneta, pode armazenar mais de 17 mil livros inteiros. De certa forma, esse aparelho é a realização da profecia de Feynman. No entanto, o gosto pelos livros tradicionais não é algo que possa mudar repentinamente, como mostra a crônica seguinte.

> *Ao começar a mexer no aparelho de leitura, lembrei-me de uma viagem aos Estados Unidos em que fui apresentado ao hambúrguer de soja. "Não é igual?", quis saber minha irmã, vegetariana, antes que eu engolisse a primeira mordida. Era quase: tinha cara de hambúrguer, cheiro de hambúrguer, gosto de hambúrguer, mas... não era hambúrguer.*
>
> *O aparelho de leitura é assim. Faz um esforço danado para ser um livro, mas, embora esteja mais perto do original de papel do que o bolinho de soja está para a carne, não é. Pareceu-me um objeto útil e fácil de usar, mas esse desejo indisfarçável de ser uma outra coisa me deixou desconfiado. Com uma certa pena, até, como se ele fosse um patinho feio dos* hardwares*, um Pinóquio dos eletrônicos, cujo grande sonho fosse ser de celulose, como seus amiguinhos que moram todos juntos, nas prateleiras.*
>
> *Fui lendo um livro de Stephen King, com facilidade, mas não conseguia parar de pensar em como o aparelho de leitura era um objeto complexado, escondendo sua verdadeira condição eletrônica sob uma capa de couro, seu disfarce de livro.*

Adaptado de: PRATA, Antonio. Crônicas e outras milongas. *O Estado de S. Paulo*, 30 set. 2009.

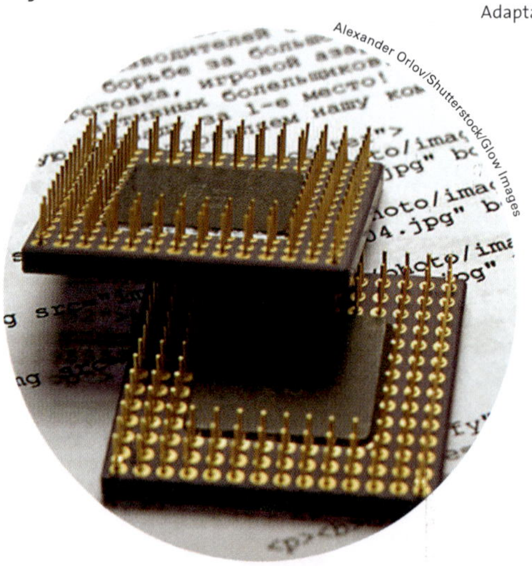

Alexander Orlov/Shutterstock/Glow Images

iofoto/Shutterstock/Glow Images

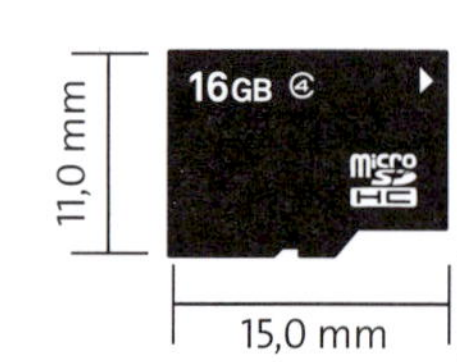


Formato/Arquivo da editora

As imagens estão fora de escala.

1. Considerando que o *chip* de memória do aparelho leitor de livros tenha 1,7 $cm^2$ = 170 $mm^2$, quantos livros ele armazena por milímetro quadrado?

2. Segundo Antonio Prata, qual é a relação entre o hambúrguer de soja e o aparelho de leitura?

# As três gerações de partículas

As partículas elementares, *quark up*, *quark down*, elétron e neutrino, são consideradas os tijolos da matéria comum e são referidas como a **primeira geração** dos *quarks*.

Vivemos em um ambiente cuja temperatura é da ordem de 300 K (27 °C). Com essa temperatura média, a energia cinética das partículas da matéria é relativamente baixa. Mas, como seria a matéria em temperaturas de milhões de kelvin?

Experimentos conduzidos nos modernos aceleradores de partículas, capazes de acelerar partículas carregadas a velocidades próximas à da luz, o que corresponde a elas estarem sob milhões de kelvin, outras partículas estão presentes e acredita-se que isso tenha acontecido também nos primórdios do Universo, quando as temperaturas eram gigantescas.

Os núcleos das estrelas também estão sujeitos a temperaturas muito altas. Por essa razão, o estudo das partículas elementares nos modernos aceleradores tem uma profunda ligação com os modelos cosmológicos e o estudo da Astrofísica.

Um dos fatores decisivos que motivaram a concepção dos *quarks* e dos léptons como fundamentais foi a grande quantidade de partículas que os aceleradores possibilitaram descobrir. Vejamos a descrição de um especialista sobre o que aconteceu há seis décadas:

> *A partir da década de 1950, com o advento dos grandes aceleradores, formou-se um verdadeiro zoológico de novas partículas. Cada uma ganhou uma letra grega. Eram tantas que, nas palavras de um físico, temeu-se que o alfabeto grego não fosse suficiente. Em 1955, o físico norte-americano Willis Lamb Jr. descreveu o espanto de seus colegas: [...] o descobridor de uma nova partícula elementar costumava ser agraciado com o prêmio Nobel, mas agora deveria ser punido com uma multa de $ 10 mil [dólares].*

ANJOS, J.; VIEIRA, C. L. (Ed.). *Um olhar para o futuro*. Rio de Janeiro: Faperj, 2008.

Na **figura 12.14**, vê-se como o cardápio de partículas se avolumou na época.

Além da primeira geração de partículas elementares, têm-se mais duas gerações, cada uma com dois novos léptons e dois novos *quarks*.

A segunda geração contém a partícula múon ($\mu$) e seu próprio neutrino (múon neutrino – $\nu_\mu$), que são léptons, e os *quarks* charme (*c*) e estranho (*s*), com cargas iguais aos respectivos da primeira geração.

**Figura 12.14** Cronologia das partículas elementares.

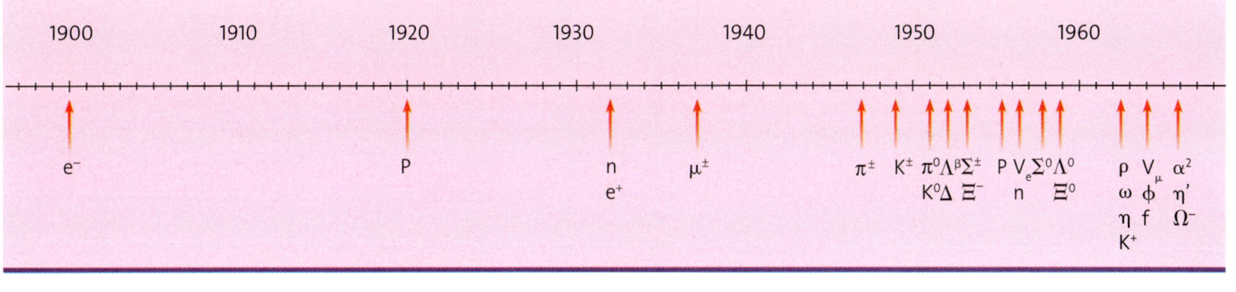

| | Léptons | | *Quarks* | |
|---|---|---|---|---|
| 1ª geração | **elétron** $e^-$ carga −1 | **neutrino do elétron** $\nu_e$ carga 0 | ***up*** u carga +2/3 | ***down*** d carga −1/3 |
| 2ª geração | **múon** $\mu^-$ carga −1 | **neutrino do múon** $\nu_\mu$ carga 0 | **charme** c carga +2/3 | ***strange*** s carga −1/3 |
| 3ª geração | **tau** $\tau^-$ carga −1 | **neutrino de tau** $\nu_\tau$ carga 0 | ***top*** t carga +2/3 | ***bottom*** b carga −1/3 |

Figura 12.15 As três gerações das partículas elementares.

| | Antiléptons | | *Antiquarks* | |
|---|---|---|---|---|
| 1ª geração | **pósitron** $e^+$ carga +1 | **antineutrino do elétron** $\overline{\nu}_e$ carga 0 | ***up antiquark*** $\overline{u}$ carga −2/3 | ***down antiquark*** $\overline{d}$ carga +1/3 |
| 2ª geração | **múon** $\mu^+$ carga +1 | **antineutrino do múon** $\overline{\nu}_\mu$ carga 0 | **charme *antiquark*** $\overline{c}$ carga −2/3 | ***strange antiquark*** $\overline{s}$ carga +1/3 |
| 3ª geração | **tau** $\tau^+$ carga +1 | **antineutrino do tau** $\overline{\nu}_\tau$ carga 0 | ***top antiquark*** $\overline{t}$ carga −2/3 | ***bottom antiquark*** $\overline{b}$ carga +1/3 |

Figura 12.16 As antipartículas das três gerações.

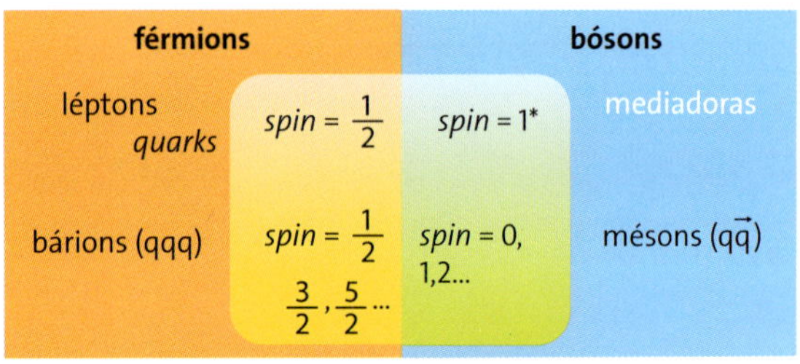


Figura 12.17 Classificação das partículas de acordo com o *spin*.

A terceira geração contém a partícula tau ($\tau$) e seu próprio neutrino ($\nu_\tau$), que são léptons, e os *quarks top* e *bottom* (figura 12.15).

A razão da existência dessas três gerações com características análogas é uma pergunta ainda não respondida. Contudo, os experimentos apontam para a existência somente dessas três e nada mais.

Temos agora todas as partículas elementares desde a criação do Universo? Não exatamente. Nos anos 1930, Paul Adrien Maurice Dirac (1902-1984) previu que toda partícula elementar teria a sua antipartícula, com a mesma massa, mas carga oposta, o que foi constatado inicialmente com a descoberta do pósitron, a antipartícula do elétron.

Devemos então acrescentar às 12 partículas na figura 12.15, as 12 antipartículas, totalizando 24. Para representar a antipartícula usamos o mesmo símbolo da partícula, com um traço em cima, a não ser para os elementos da primeira coluna, pois o sinal da carga já mostra que elas são antipartículas (figura 12.16).

As partículas elementares têm uma propriedade denominada *spin*. Classicamente, essa propriedade era entendida como o efeito da rotação do corpo – o momento angular –, mas essa interpretação **não** se mostrou válida na Mecânica quântica. Por exemplo, o fóton, considerado sem dimensões, tem *spin* 1. Os *spins* de todas as partículas elementares são múltiplos inteiros ou semi-inteiros de $\frac{h}{2\pi}$, em que $h$ é a constante de Planck. As partículas de *spin* inteiro são chamadas **bósons** e as de *spin* semi-inteiro, **férmions**. O motivo dessa nomenclatura reside nas diferenças de comportamento coletivo quando analisamos um grupo do primeiro ou do segundo tipo.

Léptons e bárions são exemplos de férmions, incluindo os elétrons, prótons e nêutrons. As partículas mediadoras, incluindo o fóton, e os mésons são exemplos de bósons (figura 12.17).

## Exercícios

8. No capítulo 1 deste volume, encontramos a seguinte afirmação: "[...] os valores de cargas elétricas dos corpos são, sempre, múltiplos inteiros da chamada **carga elementar** (***e***). Esse fato é chamado de **quantização da carga elétrica**". Como você analisa essa afirmação levando em conta a existência dos *quarks*?

9. Por que o nome "átomo" não se mostrou adequado para o que ele descreve? De onde proveio o nome *quark*?

10. Por que razão o estudo das partículas elementares nos modernos aceleradores têm profunda ligação com a Cosmologia?

11. Considerando-se as três gerações de *quarks* e léptons e as respectivas antipartículas, quantas partículas elementares são obtidas?

# 4 Interações fundamentais e modelo-padrão

Conhecendo-se as partículas elementares, o passo seguinte é conhecer como elas interagem, seja formando novas partículas ou alterando seus estados. Elas interagem por meio de outras partículas, que intermedeiam as interações. São as partículas **mediadoras**.

Na Mecânica, o termo força pode ser aplicado para a tração, o atrito, o peso, a força de contato, etc., que na verdade correspondem à composição de um número gigantesco de interações fundamentais (eletromagnéticas). Mas, no estudo das partículas elementares, é usual dar-se preferência ao termo interação, em vez de força.

Uma interação que nos é familiar é a **eletromagnética**. A partícula mediadora dessa interação é o **fóton**.

A figura 12.18 ilustra dois elétrons se repelindo pela troca de apenas um fóton ($\gamma$). Na realidade uma quantidade gigantesca deles é trocada por segundo entre duas partículas carregadas.

Vamos considerar um fóton que tenha como emissor o elétron da parte de cima. Quando o fóton é emitido, esse elétron da parte de cima já "sente" a reação, em razão da conservação da quantidade de movimento. No entanto, o elétron de baixo só vai "sentir" a ação quando realmente for atingido pelo fóton. Isso quer dizer que, considerando apenas os dois elétrons, a ação e a reação não são simultâneas. A explicação para esse fato é que, durante algum tempo, a interação permanece na partícula mediadora. Isso vai ocorrer para as quatro interações e, quando a massa de repouso da mediadora for nula, sua velocidade será a da luz no vácuo.

Além dos fenômenos eletromagnéticos macroscópicos, a interação eletromagnética é responsável pela formação de grupamentos de átomos e moléculas, que constituem todos os corpos – este livro, o chão que você pisa e você mesmo.

O raio de ação da força eletromagnética é ilimitado, mas sua intensidade vai diminuindo com o quadrado da distância.

Outra que nos é familiar é a **interação gravitacional**, responsável pela formação dos astros, sistemas planetários e galáxias. É a mais fraca das quatro interações fundamentais. A partícula mediadora da interação é o **gráviton**, ainda não detectado experimentalmente. Assim como a interação eletromagnética, seu raio de ação é ilimitado e a intensidade vai diminuindo com o quadrado da distância.

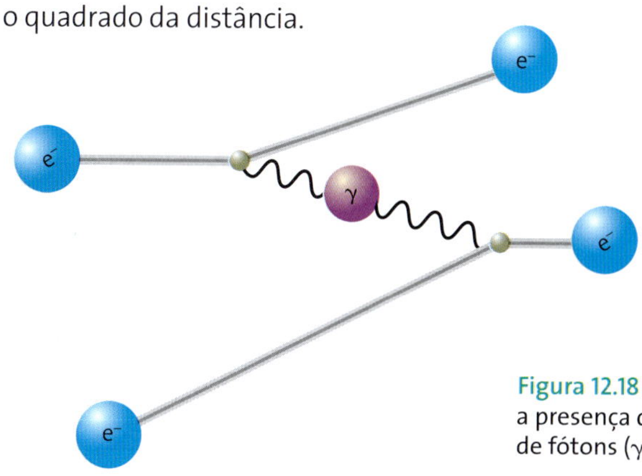


Figura 12.18 Um elétron "sente" a presença do outro pela troca de fótons ($\gamma$).

A **interação nuclear forte**, responsável por manter juntos os núcleons (prótons e nêutrons), é do mundo subatômico. Sabendo que os hádrons são constituídos de *quarks*, conclui-se que a interação nuclear forte ocorre entre estes. As partículas mediadoras são oito tipos de **glúons**.

O raio máximo de ação da interação nuclear forte é cerca de 1 fm $= 10^{-15}$ m, ou seja, atua até uma distância curtíssima. Entretanto, dentro de seu raio de ação, ela é a mais intensa das quatro. Essa força é a principal responsável pela grande quantidade de energia envolvida nas reações nucleares.

A **interação nuclear fraca**, também por pertencer ao mundo subatômico, não é percebida diretamente, mas seus efeitos são significativos. Por exemplo, ela participa de um dos estágios da reação nuclear que ocorre no Sol, a desintegração $\beta$. As partículas que sentem a ação da interação nuclear fraca, mas **não** a forte, são os léptons.

Uma descrição consistente da interação nuclear fraca demanda três partículas mediadoras, $Z^0$, $W^+$ e $W^-$. A primeira é neutra e as duas últimas são eletricamente carregadas.

A teoria moderna que descreve com grande sucesso as interações eletromagnéticas, a nuclear forte e a nuclear fraca começou a ser desenvolvida nos anos 1960. Ela é conhecida como **modelo-padrão** e teve a colaboração de vários cientistas no seu desenvolvimento.

Uma grande quantidade de experimentos independentes tem verificado, com alta precisão, as predições do modelo-padrão, bem como vem confirmando todas as partículas que a teoria prevê existirem. No entanto, o modelo-padrão **não** representa uma explicação para tudo. Por exemplo, ele não inclui a interação gravitacional em sua formulação.

## Horizontes da Física

Os físicos teóricos há muito tempo vêm sonhando em combinar todas as interações da natureza em uma simples teoria unificada. Einstein despendeu décadas em busca dessa teoria.

Entre 1961 e 1967, Sheldon Glashow (1932-), Abdus Salam (1926-1996) e Steven Weinberg (1933-) desenvolveram uma teoria que unificava a interação fraca com a eletromagnética: a **teoria eletrofraca**.

Uma decorrência dessa teoria foi a predição das partículas mediadoras da força fraca e suas massas, os bósons $Z^0$, $W^+$ e $W^-$. A ideia básica é a de que as massas entre os fótons (massa de repouso nula) e os bósons da interação fraca (~100 GeV/$c^2$) têm comportamentos muito diferentes em baixas energias, mas que, em energias suficientemente altas (acima de 100 GeV), a distinção desaparece e as duas massas se misturam em uma única interação. Por esse trabalho teórico, Glashow, Salam e Weinberg receberam o prêmio Nobel de Física em 1979.

A predição desses três cientistas foi verificada na Organização Europeia para a Pesquisa Nuclear (Cern) em 1983, no grande acelerador LEP, com a colisão de um próton e um antipróton, em alta energia. Os bósons fracos foram encontrados e suas massas concordavam com as previsões teóricas: uma maravilhosa convergência entre teoria e experimento.

O sucesso da unificação eletrofraca encorajou os físicos teóricos a considerar que, talvez, em energias suficientemente altas, a interação forte apresente uma convergência similar à da força fraca. Se assim for, será possível unificar as três interações em uma única teoria, a **Grande Teoria Unificada** (GTU). No entanto, por ora, ela é somente uma possibilidade, com várias propostas em sua formulação.

Na maioria das formulações das GTUs, os neutrinos ($\nu_e$, $\nu_\mu$ e $\nu_\tau$) têm massas de repouso não nulas, o que os faz sofrer oscilações de um tipo para outro. Esse fato foi verificado experimentalmente em 1998, no Japão.

A descoberta das oscilações dos neutrinos esclareceu um antigo mistério sobre o Sol. Desde 1960 os cientistas têm usado detectores sensíveis para captar neutrinos solares. Pela quantidade de reações nucleares que ocorrem no Sol por segundo, é possível fazer uma previsão da quantidade de neutrinos solares que deveria chegar à Terra nesse intervalo. Contudo, os fluxos de neutrinos solares observados correspondiam a apenas $\frac{1}{3}$ do previsto. Em 2002, no observatório de neutrinos de Sudbury, Canadá, que pode detectar simultaneamente neutrinos dos três tipos, verificou-se que, considerando esses três tipos, as medidas correspondem aos valores previstos. O que ocorre é que, embora o Sol produza neutrinos de elétrons na quantidade prevista, $\frac{2}{3}$ deles se transformam em neutrinos de múons e neutrinos de tau durante seus voos até os detectores na Terra.

Há um sonho maior ainda do que o da GTU. O sonho de incluir a gravitação e unificar as quatro interações fundamentais.

Diferentemente do modelo-padrão, os trabalhos teóricos admitem a existência de mais dimensões além das três do espaço e uma do tempo, considerando as simetrias e as chamadas supercordas.

A comprovação dessas outras dimensões poderia proporcionar a realização do grande sonho de haver um único modelo teórico para explicar as quatro interações fundamentais: a **teoria de tudo** (em inglês, *Theory of Everthing* – TOE).

## Exercícios

12. (UFMT) Na Física contemporânea, todos os fenômenos podem ser descritos pelas quatro forças naturais:
   - a gravitacional, que atua entre corpos e partículas que possuem massa;
   - a eletromagnética, que atua entre corpos e partículas que possuem carga elétrica;
   - a nuclear forte, que atua entre prótons e nêutrons no interior do núcleo dos átomos;
   - a nuclear fraca, que é responsável pelos processos de transformação de um próton em um nêutron, ou vice-versa.

   Assim sendo, uma reação química é uma manifestação:
   a) da força gravitacional.
   b) da força eletromagnética.
   c) da força nuclear forte.
   d) da força nuclear fraca.
   e) de uma combinação das forças gravitacional e eletromagnética.

13. De acordo com o texto abaixo, qual é a maior dificuldade que os físicos encontram para reproduzir em laboratório as condições iniciais do Universo?

   *Os físicos dispõem de modelos teóricos que unificam as três primeiras interações, mas ninguém ainda conseguiu formular uma teoria de gravitação quântica necessária para lidar com as enormes densidades que existiam nos primeiros instantes do* big-bang*. Em consequência, não temos meios para descrever o que aconteceu até o resfriamento do Universo "congelar" ou "condensar" a força gravitacional, o que deve ter ocorrido cerca de $10^{-43}$ s após o* big-bang*, quando a temperatura ainda era de $10^{32}$ K.*

   TIPLER, Paul A. *Física moderna*. 4. ed. Rio de Janeiro: Livros Técnicos e Científicos, 2000. (Física, v. 3).

EM CONSTRUÇÃO

## Edwin Powell Hubble

"O astrônomo norte-americano Edwin Powell Hubble (1889-1953) é considerado o fundador da Astronomia extragaláctica, por ser o primeiro a mostrar evidências da expansão do Universo. Seu interesse em Astronomia foi despertado na Universidade de Chicago, inspirado pelo astrônomo George E. Hale (1868-1938), famoso na época pelas descobertas sobre as manchas solares.

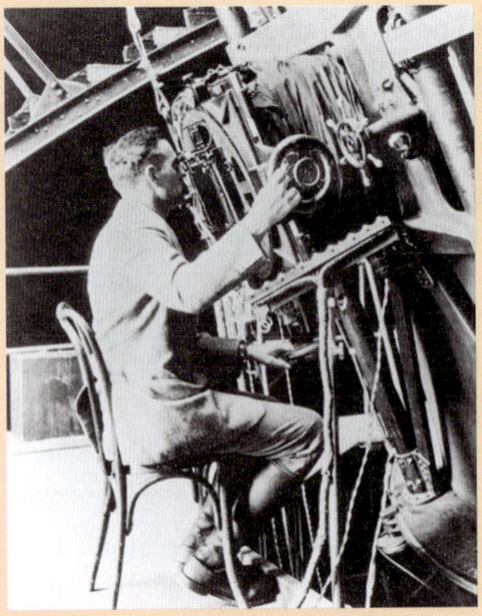
Emilio Segre Visual Archives/American Institute of Physics/SPL/Latinstock

Hubble em Monte Wilson (1922).

Em Chicago, Hubble concluiu em 1910, simultaneamente, os cursos de Matemática e Astronomia, e tinha grande reputação como lutador de boxe. Contudo, após a graduação, deixou de lado tanto o esporte quanto a Astronomia para estudar Direito na Universidade de Oxford, onde se graduou em 1912. Pouco mais de um ano depois, ele se entediou com o trabalho em advocacia e finalmente escolheu trabalhar com Astronomia, retornando à Universidade de Chicago.

Após obter seu doutorado em Astronomia em 1917 e servir a seu país na Primeira Guerra Mundial (1914-1918), Hubble foi muito beneficiado pela conclusão do telescópio Hooker, com um espelho de 100 polegadas (2,5 m), no observatório de Monte Wilson, Pasadena, no qual continuou seu trabalho.

Usando esse maravilhoso refletor (o maior em seu tempo), ele confirmou a hipótese do astrônomo Vesto Slipher (1875-1969), cujos dados eram de 1914, de que muitos astros apontados como nebulosas eram na verdade galáxias como a nossa, a Via Láctea, mas muito distantes.

Slipher despendeu centenas de horas medindo o espectro da luz de espirais distantes. O deslocamento na maioria das linhas espectrais era para o vermelho, indicando que essa maioria estava se afastando de nossa galáxia. Em 1925, ele usou o *redshift* para analisar as velocidades radiais de 44 galáxias. Como as maiores velocidades eram superiores a 1 000 km/s, Slipher concluiu que aquelas galáxias estavam além da Via Láctea. Hubble se concentrou em determinar as suas distâncias e, em 1929, ele e seu colega Milton Lasalle Humason (1891-1972) tinham coletado dados sobre 49 galáxias espirais.

Hubble ficou surpreso ao verificar que, quanto mais distante estava uma galáxia, maior era o *redshift*. Essa correlação mostrava que o Universo estava em expansão e que tinha uma origem definida em determinado instante do passado; essas observações estavam em acordo com as predições dos cosmólogos Georges Lemaitre (1894-1966) e Aleksander Friedmann (1888-1925), feitas com base na relatividade geral de Einstein.

A proporção entre a velocidade de afastamento e a distância ficou conhecida como constante de Hubble. Infelizmente, o valor da constante proposto por Hubble indicava que a idade do Universo era de poucos bilhões de anos, um valor menor que a idade já estimada para a Terra na época. As distâncias das galáxias foram reexaminadas e essa discrepância foi eliminada, com uma nova estimativa da idade do Universo em cerca de 14 bilhões de anos."

TALLACK, Peter (Ed.). *The Science Book*. London: Weindenfeld & Nicolson, 2001. p. 306-307. Texto traduzido pelo autor.

1. De acordo com o texto, quais as principais evidências de que o Universo está em expansão?
2. Explique por que o *redshift* (desvio para o vermelho) indica que o Universo está em expansão.

EXPERIMENTO

# Medindo distâncias por paralaxe

Nesta atividade, você e seu grupo vão medir ângulos utilizando o método da paralaxe, técnica muito usada na Astronomia. Para tanto, vocês vão precisar de um segmento de reta de base, de comprimento conhecido, e um medidor de ângulos. Os agrimensores usam medidores de ângulo sofisticados e precisos, chamados teodolitos, mas vocês podem usar um método caseiro de menor precisão, como uma cópia de um transferidor colada em uma cartolina.

Além do transferidor, vocês vão precisar de dois cabos de vassoura, que serão usados como estacas. A medição deve ser feita próximo a uma árvore. Sigam o esquema representado na figura abaixo.

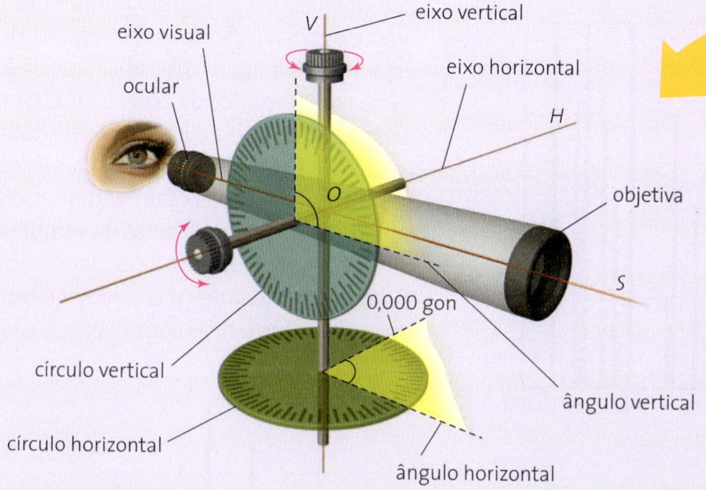

Antonio Robson/Arquivo da editora

Teodolito apoiado em tripé.

Fixem verticalmente uma das estacas em um dos lados da árvore. Em seguida, com uma fita métrica, meçam uma distância de, digamos, 10 m a partir dessa primeira estaca e, paralelamente, fixem a outra no outro lado da árvore. As estacas determinam os extremos de sua linha de base.

A partir do ponto de fixação de uma das estacas, tracem uma linha reta em direção à árvore. Repitam o procedimento com a outra estaca. Vocês agora dispõem de dois ângulos que podem ser medidos ($\alpha$ e $\beta$).

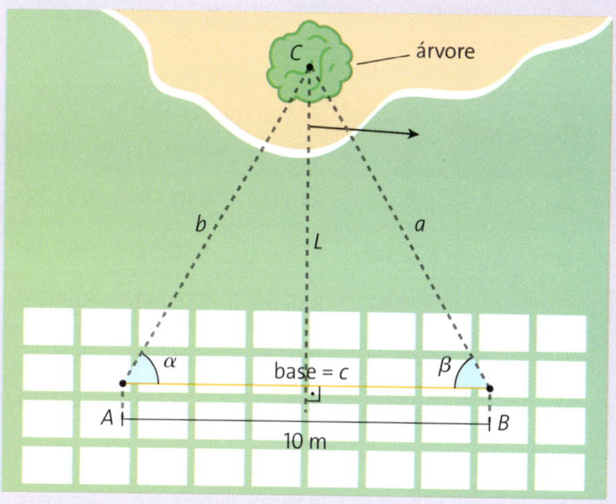


Formato/Arquivo da editora

Esquema para medida dos ângulos com a linha de base de comprimento *c*.

Retirem as estacas para fazer a medida dos ângulos. Anotem os valores obtidos. Em uma folha em branco, refaçam a figura em escala: 1 cm no desenho deve corresponder a 1 m na realidade. Comecem desenhando a linha de base. Depois, com um transferidor, desenhem os outros dois lados do triângulo.

**1.** Quais foram os valores obtidos para os ângulos $\alpha$ e $\beta$?

**2.** Qual é a medida do ângulo do triângulo cujo vértice está no tronco da árvore?

**3.** Em seu desenho, quanto valem os lados *a*, *b* e *c* do triângulo?

**4.** Considerando a escala utilizada, qual é o valor da distância *L*?

# Vestibulares de Norte a Sul

1. CO (UFG-GO) A análise da espectroscopia de emissão da radiação de um planeta tem seu espectro de emissão (transições eletrônicas, dos elétrons em níveis mais excitados para os de mais baixa energia) ilustrado na figura abaixo, na qual as linhas espectrais das quatro primeiras transições estão em ordem crescente de tamanho para cada elemento presente na amostra.

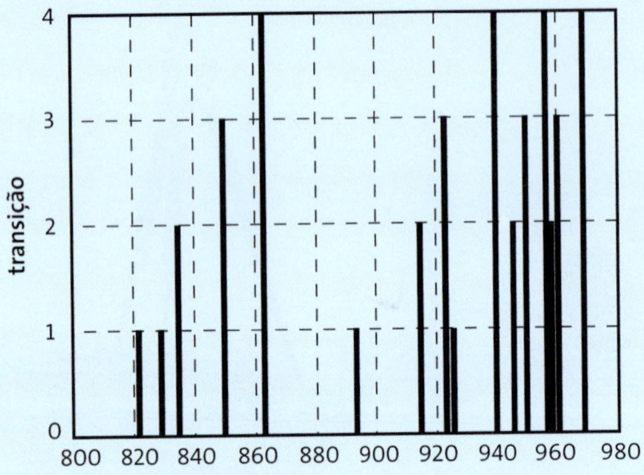


A tabela a seguir fornece a energia das transições de alguns elementos químicos na região pelo espectro, em termos de comprimentos de onda.

| Elemento | λ (Å) das transições atômicas | | | |
|---|---|---|---|---|
| | 1ª | 2ª | 3ª | 4ª |
| Au | 925,72 | 946,03 | 950,39 | 957,78 |
| Ga | 829,60 | 958,67 | 960,57 | 969,19 |
| Ge | 822,97 | 835,08 | 850,50 | 862,23 |
| H | 926,25 | 930,75 | 937,80 | 949,74 |
| Hg | 893,08 | 915,83 | 923,39 | 940,80 |
| Sb | 691,20 | 764,43 | 814,85 | 849,39 |
| Se | 828,50 | 832,70 | 906,60 | 912,90 |
| Si | 805,10 | 820,52 | 843,72 | 845,78 |
| Sn | 899,92 | 917,40 | 935,63 | 945,83 |

Fonte: LIDE, David R. *Handbook of Chemistry and Physics*. 76th Ed. New York: CRC Press, 1995.

Com base no espectro de emissão e nos dados da tabela, conclui-se que esse planeta contém os seguintes elementos:

a) H, Ge, Sb e Sn.
b) H, Se, Si e Sn.
c) Au, Ga, Se e Sb.
d) Au, Ga, Ge e Hg.
e) H, Sb, Si e Hg.

2. CO (UFMS) A espectrometria é um dos recursos utilizados para investigar a composição química de sistemas gasosos quando os elementos que compõem o sistema emitem luz. O resultado da espectrometria de uma fonte luminosa é geralmente apresentado pelos picos das intensidades ($I$) da luz *versus* a respectiva frequência ($f$). A figura A mostra o resultado da espectrometria de um feixe de luz emitido por uma fonte padrão em repouso com relação ao espectrógrafo. Um pesquisador está investigando a composição gasosa de estrelas, e compara o resultado da espectrometria, obtida de uma delas, com a da fonte padrão, e constata que as linhas espectrais estão deslocadas para a esquerda, no eixo das frequências, mas mantiveram as distâncias entre si, veja a figura B, onde as linhas pontilhadas representam a espectrometria da fonte padrão. Com fundamentos nas propriedades das ondas eletromagnéticas, a soma das alternativas corretas é:

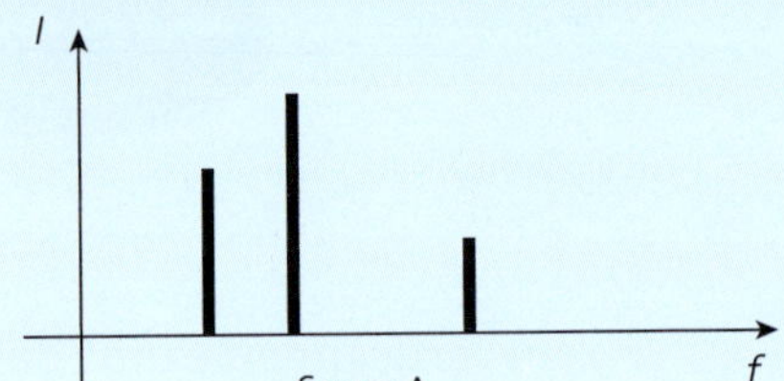

figura A

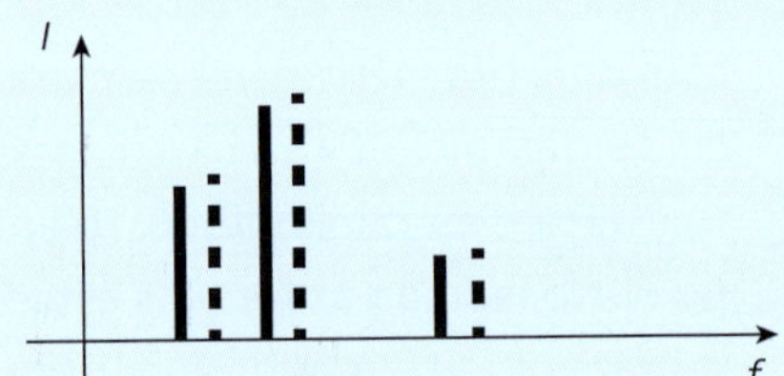

figura B

(01) A estrela tem a mesma composição da fonte padrão.

(02) A estrela está se afastando do pesquisador.

(04) A luz emitida pela estrela que se afasta do pesquisador, propaga-se no vácuo com velocidade menor, com relação a ele, do que quando a estrela está se aproximando dele.

(08) As cores das luzes, emitidas pela estrela que o pesquisador enxerga no espectrógrafo, são as mesmas cores que ele enxerga, emitidas pela fonte padrão no espectrógrafo.

(16) O efeito produzido no deslocamento para a esquerda das linhas espectrais, nos eixos das frequências das luzes emitidas pela estrela, chama-se batimento.

3. CO (UFG-GO) Antipartículas, raras na natureza, possuem carga elétrica oposta à de suas partículas correspondentes. Se encontrássemos uma fonte de antipartículas, poderíamos produzir uma grande quantidade de energia, permitindo que elas se aniquilassem com suas partículas. Dessa forma, calcule:

a) a quantidade de energia que seria liberada se 2,0 gramas de antimatéria fossem aniquilados com 2,0 gramas de sua matéria (considere a velocidade da luz igual a $3{,}0 \cdot 10^8$ m/s);

b) por quanto tempo essa energia abasteceria uma cidade com um milhão de habitantes, considerando que uma pessoa consome, em média, 100 kWh por mês.

4. NE (UFRN) Recentemente, a humanidade conheceu a maior máquina do mundo – o Grande Colisor de Hádrons, ou LHC (*Large Hadron Collider*) –, que é o mais poderoso acelerador de partículas construído até hoje.

Johannes Simon/Getty Images

Um modelo do grande colisor de hádrons no centro de visitantes do Cern, em Genebra.

Com o LHC, os cientistas procuram compreender a natureza do Universo, ao tentarem reproduzir, em um gigantesco laboratório, a escala do fenômeno conhecido como *big-bang*. Nesse experimento, eles esperam encontrar, especificamente, uma partícula chamada bóson de Higgs, que só existe na teoria do *big-bang*.

Em relação a esse experimento, afirma-se:

I. A descoberta do bóson pode ser uma certeza absoluta de que a origem do Universo se deu tal qual explica a teoria do *big-bang*. Dessa forma, essa teoria passaria a ser uma realidade inquestionável.

II. As observações dos cientistas são objetivas e independentes das teorias que norteiam os experimentos.

III. Se os elétrons, os prótons e os fótons cumprem o princípio de incerteza de Heisenberg, isso implica a impossibilidade de se conhecer com precisão, de forma simultânea, a posição e a velocidade de cada uma dessas partículas.

Dessas afirmações, apenas:

a) a I e a II estão corretas.
b) a III está correta.
c) a II está correta.
d) a I e a III estão corretas.

5. NE (UFPI) Na atualidade, todas as forças conhecidas podem ser descritas por quatro classes de interações fundamentais.

Analise as afirmativas que seguem e assinale-as como V (verdadeira) ou F (falsa).

1 ( ) As forças gravitacionais são fundamentais na explicação dos movimentos dos planetas.

2 ( ) As interações eletromagnéticas explicam as forças de contato, como o empuxo.

3 ( ) A força de atrito entre superfícies e a força de resistência do ar são forças de interação nuclear forte.

4 ( ) A força peso é uma força de ação a distância.

6. N (UFPA) Uma das maiores descobertas da humanidade no século XX ocorreu em 1929 quando o astrônomo Edwin Hubble descobriu que as galáxias distantes se moviam com uma velocidade diretamente proporcional à distância em relação a nós, na Terra. Essa descoberta deu suporte experimental à teoria de que o Universo teve origem em uma grande explosão, conhecida por *big-bang*, a partir de um estado inicial, e se expande desde então. A descoberta de Hubble é sumarizada em uma expressão simples, conhecida como lei de Hubble, que relaciona a velocidade à distância da galáxia em relação a nós (na Terra): $V = H \cdot L$, sendo $L$ a distância da galáxia em relação a Terra, e $H$ uma constante (constante de Hubble) que permitiu estimar a idade do Universo, conhecida hoje, em cerca de 14 bilhões de anos. Segundo a expressão da lei de Hubble, a constante $H$ é medida em unidades de:

a) velocidade.
b) tempo.
c) inverso de tempo.
d) comprimento.
e) inverso de comprimento

7. S (Furg-RS) A força que mantém os prótons dentro do núcleo é:

a) força gravitacional.
b) força nuclear forte.
c) força nuclear fraca.
d) força elétrica.
e) força magnética.

8. SE (Uerj) Não é possível observar a estrutura da matéria e as propriedades fundamentais de seus constituintes de maneira simples, como sugere a tirinha da figura 1. Para estudar essas características, são utilizados potentes equipamentos que aceleram partículas subatômicas e provocam sua colisão (veja a figura 2).

Figura 1 – Partículas subatômicas

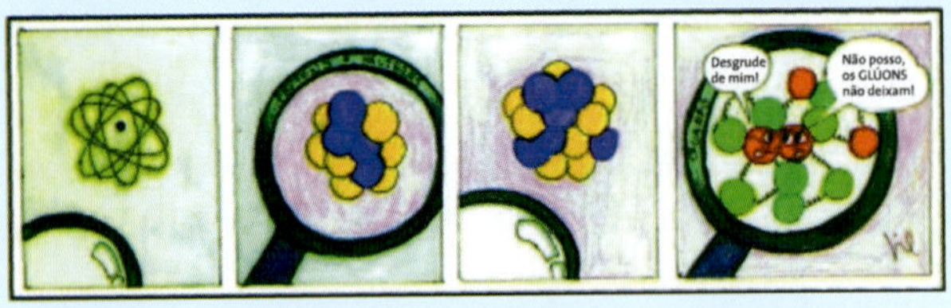


Figura 2 – Túnel de um acelerador de partículas

CARUSO, F.; OGURI, V. *Física moderna:* origens clássicas e fundamentos quânticos. Rio de Janeiro: Elsevier, 2006.

Considere o experimento representado na figura abaixo.

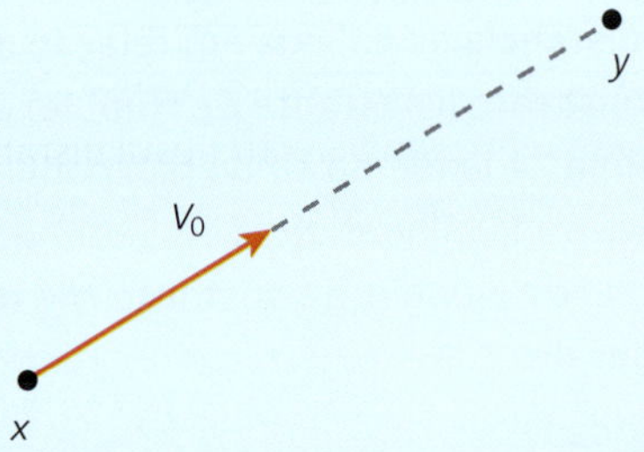


Na etapa de testes do experimento, a partícula $x$ desloca-se, com velocidade constante $V_0 = 3{,}0 \cdot 10^7$ m/s, frontalmente ao encontro da partícula $y$, que está em repouso, de modo que ambas só interajam durante a colisão.

a) Admita que, em um instante $t_0$, a distância entre as partículas $x$ e $y$ seja de 0,3 m. Determine após quanto tempo, a partir desse instante, ocorrerá a colisão entre elas.

b) Após a colisão, as partículas passam a deslocar-se no mesmo sentido, e a velocidade da partícula $x$ é igual a $\frac{1}{3}$ da sua velocidade inicial $V_0$ e $\frac{1}{4}$ da velocidade adquirida pela partícula $y$. Nessas condições, determine a razão $\frac{m_x}{m_y}$ entre suas massas.

9. SE (Unicamp-SP) A Física de Partículas nasceu com a descoberta do elétron, em 1897. Em seguida foram descobertos o próton, o nêutron e várias outras partículas, dentre elas o píon, em 1947, com a participação do brasileiro César Lattes.

a) Num experimento similar ao que levou à descoberta do nêutron, em 1932, um nêutron de massa $m$ desconhecida e velocidade $v_0 = 4 \cdot 10^7$ m/s colide frontalmente com um átomo de nitrogênio de massa $M = 14$ u (unidade de massa atômica) que se encontra em repouso. Após a colisão, o nêutron retorna com velocidade $v'$ e o átomo de nitrogênio adquire uma velocidade $V = 5 \cdot 10^6$ m/s. Em consequência da conservação da energia cinética, a velocidade de afastamento das partículas é igual à velocidade de aproximação. Qual é a massa $m$, em unidades de massa atômica, encontrada para o nêutron no experimento?

b) O Grande Colisor de Hádrons (*Large Hadron Collider* – LHC) é um acelerador de partículas que tem, entre outros propósitos, o de detectar uma partícula, prevista teoricamente, chamada bóson de Higgs. Para esse fim, um próton com energia de $E = 7 \cdot 10^{12}$ eV colide frontalmente com outro próton de mesma energia produzindo muitas partículas. O comprimento de onda ($\lambda$) de uma partícula fornece o tamanho típico que pode ser observado quando a partícula interage com outra. No caso dos prótons do LHC, $E = hc / \lambda$, onde $h = 4 \cdot 10^{-15}$ eV·s, e $c = 3 \cdot 10^8$ m/s. Qual é o comprimento de onda dos prótons do LHC?

10. SE (Unicamp-SP) O fato de os núcleos atômicos serem formados por prótons e nêutrons suscita a questão da coesão nuclear, uma vez que os prótons, que têm carga positiva $q = 1{,}6 \cdot 10^{-19}$ C, se repelem através da força eletrostática. Em 1935, H. Yukawa propôs uma teoria para a força nuclear forte, que age a curtas distâncias e mantém os núcleos coesos.

a) Considere que o módulo da força nuclear forte entre dois prótons $F_N$ é igual a vinte vezes o módulo da força eletrostática entre eles $F_E$, ou seja, $F_N = 20 \cdot F_E$. O módulo da força eletrostática entre dois prótons separados por uma distância $d$ é dado por $F_E = K\frac{q^2}{r^2}$, onde $K = 9{,}0 \cdot 10^9$ N · m²/C. Obtenha o módulo da força nuclear forte $F_N$ entre os dois prótons, quando separados por uma distância $d = 1{,}6 \cdot 10^{-15}$ m, que é uma distância típica entre prótons no núcleo.

b) As forças nucleares são muito maiores que as forças que aceleram as partículas em grandes aceleradores como o LHC. Num primeiro estágio de aceleração, partículas carregadas deslocam-se sob a ação de um campo elétrico aplicado na direção do movimento. Sabendo que um campo elétrico de módulo $E = 2{,}0 \cdot 10^6$ N/C age sobre um próton num acelerador, calcule a força eletrostática que atua no próton.

11. SE (ITA-SP) De acordo com a Lei de Stefan-Boltzmann, o equilíbrio da atmosfera terrestre é obtido pelo balanço energético entre a energia de radiação do Sol absorvida pela Terra e a reemitida por ela. Considere que a energia fornecida por unidade de tempo pela radiação solar é dada por $P = A \cdot e \cdot \sigma \cdot T^4$, em que $\sigma = 5{,}67 \cdot 10^{-8}\ W \cdot m^{-2} \cdot K^{-4}$; $A$ é a área da superfície do corpo; $T$ a temperatura absoluta; e o parâmetro $e$ é a emissividade que representa a razão entre a taxa de radiação de uma superfície particular e a taxa de radiação de uma superfície de um corpo ideal, com a mesma área e mesma temperatura. Considere a temperatura média da Terra $T = 287$ K e, nesta situação, $e = 1$. Sabendo que a emissão de gases responsáveis pelo aquecimento global reduz a emissividade, faça uma estimativa de quanto aumentará a temperatura média da Terra devido à emissão de gases responsáveis pelo aquecimento global, se a emissividade diminuir 8%.

Considere $(1 - x)^{\frac{1}{4}} \simeq 1 - \dfrac{x}{4}$.

12. S (UEL-PR) *O LHC (Large Hadron Collider), maior acelerador de partículas do mundo, foi inaugurado em setembro de 2008, após 20 anos de intenso trabalho. Sua função é acelerar feixes de partículas, de tal forma que estes atinjam uma velocidade estimada em cerca de 99,99% da velocidade da luz. A colisão entre prótons será tão violenta que a expectativa é de se obterem condições próximas àquelas que existiram logo após o* big-bang.

*A primeira missão desse novo acelerador é estudar partículas indivisíveis (elementares) e as forças (interações) que agem sobre elas. Quanto às forças, há quatro delas no Universo: i) a ................., responsável por manter o núcleo atômico coeso; ii) a ....................., que age quando uma partícula se transforma em outra; iii) a ............, que atua quando cargas elétricas estão envolvidas. A quarta força é a ...................... (a primeira conhecida pelo ser humano).*

(Adaptado: BEDIAGA, I. LHC: o colosso criador e esmagador da matéria. *Ciência Hoje*, n. 247, v. 42. abr. 2008. p. 40).

No texto, foram emitidas as expressões correspondentes às nomenclaturas das quatro forças fundamentais da natureza, em acordo com a teoria mais aceita no meio científico hoje.

Assinale a alternativa que apresenta, correta e respectivamente, os nomes dessas forças.

a) força gravitacional, força nuclear fraca, força eletromagnética, força nuclear forte.
b) força eletromagnética, força nuclear fraca, força gravitacional.
c) força nuclear forte, força nuclear fraca, força eletromagnética, força gravitacional.
d) força gravitacional, força nuclear forte, força eletromagnética, força nuclear fraca.
e) força nuclear fraca, força gravitacional, força nuclear forte, força eletromagnética.

13. S (UEL-PR) Leia o texto a seguir:

*A análise do espectro de muitas galáxias distantes conduziu Edwin Hubble a uma importante descoberta: A velocidade de recessão* v *de uma galáxia é proporcional a sua distância* r *à Terra. Esta relação linear conhecida como lei de Hubble é escrita como* $v = r \cdot H_0$, *onde* $H_0$ *é a constante de Hubble cujo melhor valor já obtido (utilizando-se o telescópio Hubble) é* $H_0 = 2{,}3 \cdot 10^{-18}\ s^{21}$.

*Esta lei sugere que em algum tempo no passado toda matéria do Universo estava concentrada numa pequena região ou mesmo num ponto e que posteriormente uma grande explosão, conhecida como* big-bang, *forneceu à matéria luminosa que atualmente observamos, a velocidade de recessão que medimos.*

Com base no texto e nos conhecimentos de Física básica, considere as seguintes afirmativas.

I. A lei de Hubble não é uma equação linear.
II. A análise dimensional da lei de Hubble afirma que a variável calculada deve ser a aceleração e não a velocidade.
III. De acordo com a lei de Hubble, para uma galáxia que se encontra a uma distância $r$ da Terra o tempo $t$ necessário para percorrer esta distância à velocidade constante $v$ e $t = \dfrac{r}{v} = 1{,}4 \cdot 10^{10}$ anos.
IV. Se considerarmos que após o *big-bang* todas as velocidades permaneceram constantes podemos estimar que a idade do Universo é de aproximadamente 14 bilhões de anos.
V. Se considerarmos que após o *big-bang* todas velocidades permaneceram constantes podemos estimar que a idade do Universo é de aproximadamente 140 bilhões de anos.

Assinale a alternativa correta.

a) Somente as afirmativas I e IV são corretas.
b) Somente as afirmativas II e III são corretas.
c) Somente as afirmativas III e IV são corretas.
d) Somente as afirmativas I, II e III são corretas.
e) Somente as afirmativas I, II e IV são corretas.

# Caiu no Enem

1. Desenvolve-se um dispositivo para abrir automaticamente uma porta no qual um botão, quando acionado, faz com que uma corrente elétrica $i = 6$ A percorra uma barra condutora de comprimento $L = 5$ cm, cujo ponto médio está preso a uma mola de constante elástica $k = 5 \cdot 10^{-2}$ N/cm. O sistema mola-condutor está imerso em um campo magnético uniforme perpendicular ao plano. Quando acionado o botão, a barra sairá da posição do equilíbrio a uma velocidade média de 5 m/s e atingirá a catraca em 6 milissegundos, abrindo a porta.

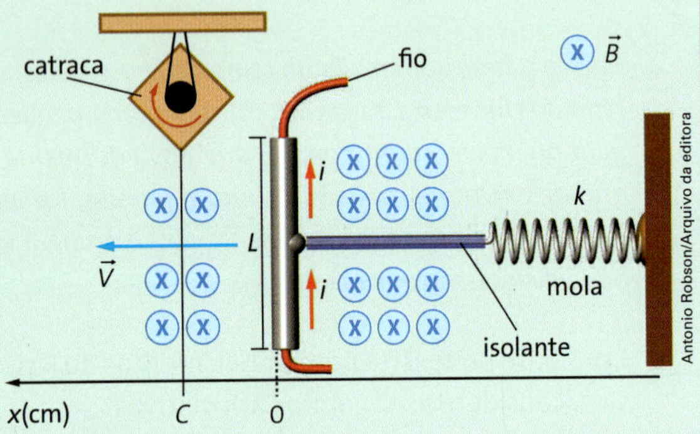


A intensidade do campo magnético, para que o dispositivo funcione corretamente, é de:

a) $5 \cdot 10^{-1}$ T.

b) $5 \cdot 10^{-2}$ T.

c) $5 \cdot 10^{1}$ T.

d) $2 \cdot 10^{-2}$ T.

e) $2 \cdot 10^{0}$ T.

2. O manual de funcionamento de um captador de guitarra elétrica apresenta o seguinte texto:

Esse captador comum consiste de uma bobina, fios condutores enrolados em torno de um ímã permanente. O campo magnético do ímã induz o ordenamento dos polos magnéticos na corda da guitarra, que está próxima a ele. Assim, quando a corda é tocada, as oscilações produzem variações, com o mesmo padrão, no fluxo magnético que atravessa a bobina. Isso induz uma corrente elétrica na bobina, que é transmitida até o amplificador e, daí, para o alto-falante.

Um guitarrista trocou as cordas originais de sua guitarra, que eram feitas de aço, por outras feitas de náilon. Com o uso dessas cordas, o amplificador ligado ao instrumento não emitia mais som, porque a corda de náilon

a) isola a passagem de corrente elétrica da bobina para o alto-falante.

b) varia seu comprimento mais intensamente do que ocorre com o aço.

c) apresenta uma magnetização desprezível sob a ação do ímã permanente.

d) induz correntes elétricas na bobina mais intensas que a capacidade do captador.

e) oscila com uma frequência menor do que a que pode ser percebida pelo captador.

3. Em viagens de avião, é solicitado aos passageiros o desligamento de todos os aparelhos cujo funcionamento envolva a emissão ou a recepção de ondas eletromagnéticas. O procedimento é utilizado para eliminar fontes de radiação que possam interferir nas comunicações via rádio dos pilotos com a torre de controle.

A propriedade das ondas emitidas que justifica o procedimento adotado é o fato de:

a) terem fases opostas.

b) serem ambas audíveis.

c) terem intensidades inversas.

d) serem de mesma amplitude.

e) terem frequências próximas.

# Respostas

## Capítulo 7 • Campos e forças de natureza magnética

**1.** a) Pedro poderia pendurar o prego com um fio fino e verificar se a ponta do prego aponta para o norte.

b) O prego *A* está imantado. Em caso contrário, ambos não estariam imantados, ou somente o prego *B*.

**2.** d

**3.** a) Polo sul.

c) 1 e 2.

**4.** b

**5.** As partes serão novos ímãs.

**6.** $1{,}6 \cdot 10^{-6}$ T, perpendicular ao plano do papel e saindo do papel.

**7.** a) Zero.

b) $8\pi \cdot 10^{-2}$ T

c) $8\pi$ T

**8.** $5\pi \cdot 10^{-6}$ T, perpendicular ao plano do papel e orientado para dentro.

**9.** Zero.

**10.** a) $4\pi \cdot 10^{-2}$ T

b) $4\pi \cdot 10^{-3}$ T

**11.** b

**12.** I. Vertical para baixo; II. Horizontal para a direita; III. Perpendicular ao plano do papel para dentro; IV. Horizontal para a esquerda.

**13.** $2{,}4 \cdot 10^{-12}$ N, perpendicular ao plano do papel e orientada para dentro.

**14.** $2 \cdot 10^{6}$ m/s

**15.** a) $2{,}5 \cdot 10^{-6}$ N

b) $5 \cdot 10^{-6}$ N

**16.** 0° e 180°.

**17.** e

**18.** Zero.

**19.** A que descreve a semicircunferência de maior raio.

**20.** $\frac{E}{B}$

**21.** $R = \frac{m \cdot v}{2 \cdot q \cdot B}$

**23.** a

**24.** $1{,}5 \cdot 10^{-2}$ N

**25.** 5 A, da esquerda para a direita.

**26.** a

**27.** Zero.

**28.** $i = \frac{m \cdot g}{B \cdot L}$

**29.** b

### Vestibulares de Norte a Sul

**1.** c

**2.** c

**3.** c

**4.** d

**5.** I. $10^{-5}$ T; II. 0.

**6.** d

**7.** c

**8.** b

**9.** I. Incorreto;

II. Correto;

III. Incorreto.

**10.** 7 cm

**11.** d

**12.** c

## Capítulo 8 • Indução eletromagnética

**1.** e

**2.** Não; Sim; Sim.

**3.** Sim; Não; Sim.

**4.** a) Sim.

b) Não.

**7.** a) Anti-horário.

b) Horário.

**8.** a) Sentido contrário ao eixo *x*.

b) Sentido do eixo *x*.

**10.** C – C – I – I.

**11.** c

**12.** a

**13.** a) $2{,}5\pi \cdot 10^{-3}$ Wb

b) $1{,}25\pi$ mV

**14.** a) Na espira circular.

b) Quadrada: horário; circular: anti-horário.

**15.** Variação de fluxo em um circuito fechado.

**16.** a) Aumenta; Constante; Diminui.

b) 0,5 V

c) Sentidos contrários.

**17.** a

**18.** 6 V

**19.** a) $2 \cdot 10^{-4} \cdot \cos \pi t$

c) $-2\pi \cdot 10^{-4} \cdot \text{sen}\ \pi t$

**20.** a) $i = 1 \cdot \text{sen}\ 120\pi \cdot t$

b) O tempo entre o "apagar-acender" é muito menor do que o limite de resolução da nossa visão.

**21.** d

**22.** e

**23.** a

**25.** A relação entre os números de espiras do primário e do secundário deve ser igual a 364.

**26.** a) 100 V.

b) 100 W.

**27.** a) Sim.

b) Contínua.

### Vestibulares de Norte a Sul

**1.** b

**2.** a

**3.** c

**4.** e

**5.** e

**6.** a

**8.** c

**9.** e

**10.** 0,05 V

**11.** 01

**12.** a) 20

b) 0,17 A

**13.** E – C – E – C.

**14.** 0,1 A

**15.** b

**16.** Não; Sim; Não.

**17.** c

**18.** e

## Capítulo 9 • Ondas eletromagnéticas

**1.** $2{,}5 \cdot 10^{12}$ Hz

**2.** 10

**3.** d

**4.** V – F – F – F – F.

**5.** b

**6.** a) Não.
b) AM: 193,5 m e 545,5 m; FM: 2,8 m e 3,4 m.

**9.** a) Transmitir o som.
b) Eletromagnética.

**11.** Ondas de rádio.

**13.** a

**14.** a) $9{,}7 \cdot 10^{-6}$ m
b) Infravermelha.

**15.** a) 81%
b) Aquecedor.

**19.** Radiação C.

**20.** Proteção.

**21.** c

**22.** Produzir um contraste.

**24.** Emissão espontânea de radiação.

**25.** Os raios gama são mais energéticos que os raios X.

**26.** c

**27.** c

### Vestibulares de Norte a Sul

**1.** c

**2.** C – E – C.

**3.** a

**4.** d

**5.** c

**6.** b

**7.** e

**8.** d

**9.** b

**10.** d

**11.** e

**12.** c

**13.** b

**14.** e

**15.** d

**16.** d

## Capítulo 10 • Os pilares da Física moderna

**1.** F – V – F.

**2.** 300 000 km/s

**3.** 300 000 km/s para os dois.

**4.** d

**5.** Do amigo.

**6.** Não.

**7.** e

**8.** Menor, 1,36 m.

**9.** a) 12 meses.
b) A da nave.

**10.** a

**11.** a) Permanece a mesma.
b) Será menor.

**12.** Mais.

**13.** b

**14.** Teoria da relatividade.

**15.** Não.

**16.** $\Delta E = 9{,}0 \cdot 10^{16}$ J

**17.** $E_0 = 1{,}8 \cdot 10^{16}$ J, $E = 3{,}6 \cdot 10^{16}$ J e $E_C = 1{,}8 \cdot 10^{16}$ J.

**18.** A sensibilidade de nossa retina é restrita a apenas alguns comprimentos de onda.

**19.** a) $\lambda_{máx.} = 9{,}4 \cdot 10^{-6}$ m
b) Infravermelho.
c) A nossa retina não é sensível a esse comprimento de onda.

**20.** a) $\lambda_{máx.} = 1{,}0 \cdot 10^{-6}$ m
b) $\frac{E_{luz}}{E_{inf.}} = 19\%$

**21.** A grandeza é quantizada quando só existem valores discretos possíveis. O intervalo de tempo pode ser fracionado indefinidamente, mas a carga elétrica é quantizada.

**22.** a) $f = 0{,}5 \cdot 10^{15}$ Hz
b) $6000 \cdot 10^{-10}$ m, laranja.

**23.** A existência da frequência de corte, independente da potência da fonte, não se concilia com o modelo ondulatório e a distribuição contínua de energia.

**24.** O de maior frequência.

**25.** Maior energia por fóton.

**26.** $W = 3{,}31 \cdot 10^{-19} \Rightarrow W = 2{,}07$ eV

**27.** Tanto o átomo quanto o seu núcleo são constituídos de partículas menores.

**29.** Determinação da carga elementar.

**31.** a) Diferentes.
b) Iguais.

**32.** a) 20 eV.
b) Em elétrons-volts, temos: 3 eV, 5 eV, 8 eV, 10 eV, 15 eV e 18 eV.

**33.** F – V.

**34.** b

### Vestibulares de Norte a Sul

**1.** d

**2.** d

**3.** c

**4.** d

**5.** $W = 40 \cdot 10^{-20}$ J

**6.** b

**7.** d

**8.** 05

**9.** a) $\Delta S = 480$ m
b) $\Delta S = 800$ m

**10.** a

**11.** 1. A transição direta entre dois níveis que possuem um nível intermediário tem energia correspondente à soma das transições intermediárias.
2. $f = 1{,}9 \cdot 10^{14}$ Hz

**12.** a) −6,8 eV
b) $E_f = 8{,}1 \cdot 10^{-14}$ J

**13.** 13

**15.** c

**16.** b

**17.** a) $1{,}0 \cdot 10^{-7}$ s
b) Também *c*, pois a velocidade da luz é a mesma em todos os referenciais inerciais.

## Capítulo 11 • Física nuclear

**1.** Não.

**2.** ${}^{4}_{+2}\alpha$

**3.** a)

| *t*(h) | *m*(g) |
|---|---|
| 0 | 2,000 |
| 13 | 1,000 |
| 26 | 0,500 |
| 39 | 0,250 |
| 52 | 0,125 |
| 65 | 0,063 |
| 78 | 0,031 |
| 91 | 0,016 |

b) 26 h

**4.** d

**5.** a

**6.** 4 h

**7.** 30 h

**8.** $\beta$ e $\gamma$.

9. Como a meia-vida é de 6 h, em uma semana a atividade praticamente se extinguiu.

10. 22 800 anos.

11. As reações químicas envolvem mudanças na eletrosfera, enquanto que as nucleares ocorrem no núcleo.

12. O alumínio ($^{27}_{13}\text{A}\ell$) recebe uma partícula alfa ($^{4}_{+2}\alpha$), produzindo fósforo ($^{30}_{15}\text{P}$) e um nêutron ($^{1}_{0}\text{n}$) .

13. No *Fermilab*, em forma de anel, as partículas são aceleradas em trajetória circular, enquanto que no *Slac* elas são aceleradas linearmente.

14. Não.

15. $E = 195$ MeV

16. $^{238}_{92}\text{U} + ^{1}_{0}\text{n} \Rightarrow 2 \cdot ^{0}_{-1}\beta + ^{239}_{94}\text{Pu}$

17. a) $\Delta E = 4{,}5 \cdot 10^{26}$ J

 b) $2{,}6 \cdot 10^{8}$ anos (260 milhões de anos).

18. Porque a energia liberada por unidade de massa é maior.

19. Fluxo de água, combustão e reação de fissão nuclear.

### Vestibulares de Norte a Sul

1. 07

2. e

3. 26,35 anos.

4. b

5. a

6. a) 20 000 cont./min.

 b) 5 000 cm$^3$

7. d

8. e

9. b

10. d

11. a

## Capítulo 12 • Cosmologia e partículas elementares

1. a) 32

 b) 0,31 bilhão de anos.

2. Gigante vermelha.

3. 14 milhões.

4. Escassez de hidrogênio também.

5. Supernova.

6. Iluminadas.

7. A passagem dos carros de Fórmula 1 pelo microfone à beira da pista.

8. A carga elementar agora é $\frac{e}{3}$.

9. Átomo seria o indivisível, mas o nome mostrou-se inadequado. Gellman escolheu o nome *quark* de forma aleatória, para não ter conflitos futuros.

10. Porque as energias envolvidas correspondem a temperaturas extremamente altas, como se imagina ter acontecido nos primórdios do Universo.

11. Como são três gerações, temos: 6 *quarks* e 6 antiquarks, o mesmo acontecendo para os léptons, totalizando 24 partículas elementares. Esse número não inclui as mediadoras das interações fundamentais.

12. b

13. Reproduzir uma situação em que a interação gravitacional tenha intensidade comparável à das outras interações.

### Vestibulares de Norte a Sul

1. d

2. 01

3. a) $\Delta E = 3{,}6 \cdot 10^{14}$ J

 b) 1 mês.

4. b

5. V – V – F – V.

6. c

7. b

8. a) $10^{-8}$ s

 b) 2

9. a) $m = \frac{14}{15} u \simeq 0{,}9\ u$

 b) $1{,}7 \cdot 10^{-19}$ m

10. a) 1 800 N

 b) $3{,}2 \cdot 10^{-13}$ N

11. 6 K

12. c

13. c

### Caiu no Enem

1. a

2. c

3. e

# Sugestões de leituras ou *sites*

A lista apresentada a seguir é sugerida para tentar ampliar seus conhecimentos e incentivá-lo a fazer outras leituras além do livro didático. Boa leitura!

## Livros

- ***As sete maiores descobertas científicas da História.***
David Eliot Brody; Arnold R. Brody. São Paulo: Companhia das Letras, 1999.
O livro apresenta sete descobertas científicas e as pessoas que as fizeram: a gravidade (Newton); a estrutura do átomo (Rutherford e Bohr); o princípio da relatividade (Einstein); o *big-bang* (Hubble); a evolução e a seleção natural (Darwin); a célula e a genética (Flemming e Mendell); a estrutura da molécula de DNA (Watson e Crick).

- ***Ciências físicas no Brasil.***
Ernst Wolfgang Hamburger. São Paulo: Livraria da Física, 2006.
Diversos autores da comunidade científica brasileira contam a história da Física no Brasil, destacando a atuação dos diversos centros de pesquisa existentes nos variados ramos da Física teórica e experimental.

- ***$E = mc^2$: uma biografia da equação que mudou o mundo e o que ela significa.***
David Bodanis. Rio de Janeiro: Ediouro, 2001.

- ***Explicando a teoria da relatividade.***
Ronaldo Rogério de Freitas Mourão. Rio de Janeiro: Ediouro, 1997.
O livro explica a importância de conhecer a relatividade e qual foi a real contribuição brasileira.

- ***Física para o Brasil: pensando o futuro.***
Alaor Chaves; Ronald C. Shellard (Ed.). São Paulo: Sociedade Brasileira de Física, 2005.
O livro aborda o desenvolvimento da Física e sua inserção na vida social e econômica do país.

- ***Gênio obsessivo: o mundo interior de Marie Curie.***
Barbara Goldsmith. São Paulo: Companhia das Letras, 2006.
Da infância pobre na Polônia à consagração na França, o livro apresenta vida e obra de uma das mulheres mais inteligentes e corajosas de todos os tempos.

- ***Gigantes da Física: uma história da Física moderna através de oito biografias.***
Richard P. Brennan. Rio de Janeiro: Jorge Zahar, 1998.
O livro apresenta as biografias de Isaac Newton, Albert Einstein, Max Planck, Ernest Rutherford, Niels Bohr, Werner Heisenberg, Richard Feynman e Murray Gell-Mann.

- ***Laboratório do mundo: ideias e saberes do século XVIII.***
Artur Soares Alves. São Paulo: Pinacoteca – Imprensa Oficial do Estado, 2004.
Trata-se de um catálogo ilustrado e explicado de uma exposição realizada na Pinacoteca do Estado de São Paulo, em 2004, contendo peças do acervo dos principais polos de ciência de Portugal no século XVIII. As grandes realizações científicas da época, sementes do desenvolvimento tecnológico e científico atual, estão explicadas e contextualizadas historicamente.

- ***Nas fronteiras da intolerância: Einstein, Hitler, a bomba e o FBI.***
Ronaldo Rogério de Freitas Mourão. São Paulo: A Girafa, 2007.
O livro fala da intolerância que marcou a vida de um dos grandes gênios da humanidade (Albert Einstein) e de sua capacidade de se contrapor a esse desígnio ao se afirmar como cientista brilhante, como pacifista destemido, defensor intransigente das liberdades individuais, que nunca abandonou suas convicções.

- ***Novas janelas para o Universo.***
Thyrso Villela Neto. São Paulo: Ed. da Unesp, 2005.

- ***O celular e seus riscos.***
Vitor Baranauskas. Campinas: Ed. do Autor, 2001.
O livro aborda as radiações eletromagnéticas e o funcionamento da telefonia celular: as radiações emitidas, os efeitos dessas radiações nos seres humanos, os limites seguros e outros fatores de risco.

- ***O Universo sem mistérios: uma visão descomplicada da Física contemporânea: do* big-bang *às partículas.***
Adriano A. Natale; Cássio Leite Vieira. Rio de Janeiro: Vieira e Lent, 2003.
Os oito capítulos da obra trazem temas presentes em todos os ramos do conhecimento humano, das minúsculas partículas elementares até a imensidão do cosmos.

- ***Os grandes experimentos científicos.***
Michel Rival. Rio de Janeiro: Jorge Zahar, 1997. v. 1.
O autor apresenta 41 experimentos científicos, entre eles a medição do raio da Terra por Eratóstenes, no século III a.C., a medida da velocidade da luz, em 1676, e a caça às ondas gravitacionais, em 1958.

- ***Radiações – mitos e verdades.***
Luiz Alberto M. Scaff. São Paulo: Projeto Saber, 2002.
O autor discute mitos e verdades sobre as radiações por meio de 60 perguntas e suas respectivas respostas.

- ***Retalhos cósmicos.***
Marcelo Gleiser. São Paulo: Companhia das Letras, 1999.
O livro apresenta cinquenta textos, publicados originalmente no jornal *Folha de S.Paulo* e reelaborados para edição em livro, que refletem uma convicção forte do autor: a livre circulação das informações é condição para o exercício da cidadania.

- ***Série Novas Tecnologias.***
É constituída de seis capítulos: 1) O Universo em que vivemos; 2) Novas tecnologias: proporcionando ao ser humano uma nova visão do Universo; 3) O Universo em ondas de rádio e as micro-ondas cósmicas; 4) Uma radiografia do céu: o Universo em raios X e gama; 5) O Universo revelado pelas partículas elementares; 6) O Universo continua um grande desconhecido.

## Revistas

- ***Einstein: o homem além do mito.***
*Scientific American Brasil*: gênios da Ciência. São Paulo: Duetto, n. 2, 2. ed. A edição apresenta a vida e a obra de Albert Einstein.

- ***Fronteiras da Física.***
*Scientific American Brasil*. Edição especial n. 26. Teoria das cordas, buracos negros, teletransporte, Física das partículas e neutrinos são alguns dos temas apresentados.

- ***O passado e o presente do cosmos.***
*Scientific American Brasil*. Edição especial n. 1. A edição aborda a moderna cosmologia, as primeiras estrelas, o ciclo das galáxias, outros universos, ecos do *big-bang*, entre outros assuntos.

- ***Relatividade.***
*Scientific American Brasil*. Edição especial n. 24. Vários artigos tratam da relatividade especial, dos buracos negros e estrelas de nêutrons, da relatividade geral, dos buracos de minhoca e propulsão *warp*, das imagens em 3D, incluindo dois apêndices.

## *Sites*

- Associação Brasileira de Energia Nuclear (Aben): <www.aben.com.br>. Acesso em: mar. 2013.

- Caderno Brasileiro de Ensino de Física: <www.periodicos.ufsc.br/index.php/fisica>. Acesso em: mar. 2013.

- Ciência Hoje: <http://cienciahoje.uol.com.br/>. Acesso em: mar. 2013.

- Comissão Nacional de Energia Nuclear (Cnen): <www.cnen.gov.br>. Acesso em: mar. 2013.

- Instituto de Pesquisas Energéticas e Nucleares (Ipen): <www.ipen.br>. Acesso em: mar. 2013.

- Ministério da Educação e Cultura (MEC): <www.mec.gov.br>. Acesso em: mar. 2013.

- Revista Brasileira de Ensino de Física: <www.scielo.br/rbef>. Acesso em: mar. 2013.

- *Scientific American Brasil*: <www.sciam.com.br>. Acesso em: mar. 2013.

- Sociedade Brasileira de Física: <www.sbfisica.org.br>. Acesso em: mar. 2013.

- Sociedade Brasileira para o Progresso da Ciência: <www.sbpcnet.org.br>. Acesso em: mar. 2013.

# Bibliografia


BASSALO, J. M. F. *Nascimentos da Física*. Belém: EDUFPA, [s.d.]. 3 v.

CHESMAN, C.; ANDRÉ, C.; MACÊDO, A. *Física Moderna*: experimental e aplicada. 2. ed. São Paulo: Livraria da Física, 2004.

EINSTEIN, A.; INFELD, L. *Evolução da Física*. Rio de Janeiro: Guanabara Koogan, 1998.

FEYNMANN, R.; LEIGHTON, R.; SANDS, M. *Lições de Física de Feynmann*. São Paulo: Artmed, 2008. 3 v.

HALLIDAY, D.; RESNICK, R. *Fundamentos de Física*. 3. ed. Rio de Janeiro: Livros Técnicos e Científicos, 1994. 4 v.

HINRICHS, R. A.; KLEINBACH, M. *Energia e meio ambiente*. São Paulo: Pioneira Thomson Learning, 2003.

KAPLAN, I. *Física nuclear*. 2. ed. Rio de Janeiro: Guanabara Dois, 1978.

MARTINS, J. B. *A História do átomo*: de Demócrito aos *quarks*. Rio de Janeiro: Ciência Moderna, 2001.

MARTINS, R. A. *Universo*: teorias sobre sua origem e evolução. São Paulo: Moderna, 1994.

NUSSENZVEIG, H. M. *Curso de Física básica*. São Paulo: Edgard Blücher, 1988. 3 v.

OKUNO, E. et al. *Física para Ciências Biológicas e Biomédicas*. São Paulo: Harbra, 1982.

OREAR, J. *Física*. Rio de Janeiro: Livros Técnicos e Científicos, 1975.

PIRES, A. S. T. *Evolução das ideias da Física*. São Paulo: Livraria da Física, 2008.

RESNICK, R.; HALLIDAY, D. *Física*. Rio de Janeiro: Ao Livro Técnico, 1971. 2 v.

ROCHA, J. F. M. (Org.). *Origens e evolução das ideias da Física*. Salvador: EDUFBA, 2002.

RONAN, C. A. *História ilustrada da ciência da Universidade de Cambridge*. Rio de Janeiro: Jorge Zahar, 1997. 4 v.

SALMERON, R. A. *Introdução à Eletricidade e ao Magnetismo*. São Paulo: Nobel, 1963.

SERWAY, R. A.; JEWETT JR., J. W. *Princípios de Física*. 3. ed. São Paulo: Pioneira Thomson Learning, 2004. 4 v.

TIPLER, P. A. *Física*. 4. ed. Rio de Janeiro: Livros Técnicos e Científicos, 2000. 3 v.

YOUNG, H. D.; FREEDMAN, R. A. *Física*. 12. ed. São Paulo: Addison Wesley, 2008. 4 v.

PROJETO

MÚLTIPLO

# Caderno de Estudo

## Física

### Ensino Médio


**Wilson Carron**

Mestre em Energia Nuclear aplicada à agricultura pela Escola Superior de Agricultura Luiz de Queiroz (Esalq) da Universidade de São Paulo (USP), Piracicaba.
Especializado em Eletricidade pelo Instituto Tecnológico da Aeronáutica (ITA), São Paulo.
Licenciado em Física pela FFCL da Universidade de São Paulo (USP).
Professor e gestor aposentado da rede pública de ensino.

**Osvaldo Guimarães**

Doutor em Engenharia Elétrica pela Escola Politécnica da USP.
Mestre em História da Ciência pela Pontifícia Universidade Católica de São Paulo (PUC-SP).
Pós-graduado pela Escola Politécnica da USP, em Ciência Cognitiva.
Pós-graduado em Teoria de Campos e Mecânica Quântica pelo Instituto de Física Teórica (IFT-SP).
Bacharel em Física pela PUC-SP.
Diretor educacional do Catavento Cultural e Educacional.

**José Roberto Piqueira**

Livre-docente em Controle e Automação pela Escola Politécnica da USP.
Doutor em Engenharia Elétrica pela Escola Politécnica da USP.
Mestre em Engenharia Elétrica pela Escola de Engenharia de São Carlos da USP.
Engenheiro eletricista pela Escola de Engenharia de São Carlos da USP.
Professor titular e diretor da Escola Politécnica da USP.



editora ática

editora ática

Diretoria editorial: Lidiane Vivaldini Olo
Editoria de Ciências Exatas: Cármen Matricardi
Editores: Alterson Cação e Danilo Claro Zanardi
Supervisor de arte e produção: Sérgio Yutaka
Supervisor de arte e criação: Didier Moraes
Editora de arte e criação: Andréa Dellamagna
Editor de arte: Edson Haruo Toyota
Diagramação: Formato
Design gráfico: Ulhôa Cintra Comunicação Visual e Arquitetura (miolo e capa)
Gerente de revisão: Hélia de Jesus Gonsaga
Equipe de revisão: Rosângela Muricy (coord.), Ana Carolina Nitto, Ana Curci, Ana Paula Chabaribery e Vanessa de Paula; Flávia Venézio dos Santos e Gabriela Macedo de Andrade (estags.)
Supervisor de iconografia: Sílvio Kligin
Pesquisadora iconográfica: Claudia Bertolazzi
Tratamento de imagem: Cesar Wolf e Fernanda Crevin
Fotos da capa: Furtseff/Shutterstock/Glow Images
Grafismos: Shutterstock/Glow Images
Cartografia: Portal de Mapas
Ilustrações: Adilson Secco, Antonio Robson, Formato, João Xavier de Campos, Moisés Gonçalves, Osni de Oliveira, Paula Belluomini e Paulo Manzi

Direitos desta edição cedidos à Editora Ática S.A.
Av. das Nações Unidas, 7221, 3º andar, setor C
Pinheiros – São Paulo – SP – CEP 05425-902
Tel.: 4003-3061
www.atica.com.br/editora@atica.com.br

**Dados Internacionais de Catalogação na Publicação (CIP)**
**(Câmara Brasileira do Livro, SP, Brasil)**

Guimarães, Osvaldo
Projeto Múltiplo: Física / Osvaldo Guimarães, José Roberto Piqueira, Wilson Carron. – 1. ed. – São Paulo : Ática, 2014.

Obra em 3 v.
Bibliografia.

1. Física (Ensino Médio) I. Piqueira, José Roberto. II. Carron, Wilson. III. Título.

14-00569 CDD-530.07

**Índice para catálogo sistemático:**
1. Projeto Múltiplo: Física : Ensino Médio 530.07

**2018**
ISBN 978 85 08 16719-7 (AL)
ISBN 978 85 08 16720-3 (PR)
Código da obra CL 737768
CAE 501440 (AL)
CAE 501441 (PR)
1ª edição
6ª impressão

Impressão e acabamento: Bercrom Gráfica e Editora

Uma publicação Abril EDUCAÇÃO

# Apresentação

O Ensino Médio é a época na qual a maioria dos adolescentes faz uma escolha que os acompanhará por toda a vida: a da profissão que desejam seguir.

Além da profissão, a escolha da universidade também é um fator decisivo para o seu futuro sucesso profissional. E para que você tenha um bom desempenho no exame vestibular da universidade que escolher, além de conhecer muito bem todo o conteúdo do Ensino Médio, você deve ter uma ótima habilidade em resolver exercícios. Por esse motivo, este caderno reúne mais de 200 questões das mais renomadas universidades do país, questões de níveis complexos que, no todo, representam um momento único de preparação para o vestibular. Para auxiliá-lo com as resoluções, cada sequência de exercícios de um mesmo tema é precedida por quadros-resumos que sintetizam os principais tópicos do conteúdo.

Encare o período de estudo com este caderno como oportunidade de aperfeiçoar a sua capacidade de resolver exercícios de uma forma rápida e segura. Utilize cada questão deste caderno como um instrumento de aperfeiçoamento de suas habiliades e não desista dos seus sonhos.

Bons estudos!

# Sumário

# Vestibular em foco

Theo Szczepanski/Arquivo da editora

# CARGA E CORRENTE ELÉTRICA

## Carga elétrica (*Q* ou *q*)

Propriedade física presente em algumas partículas constituintes da matéria.

### Carga elementar (*e*)

$e = 1{,}6 \cdot 10^{-19}$ C

### Elétron

Por convenção, sua carga é negativa: $-e = -1{,}6 \cdot 10^{-19}$ C

### Próton

Por convenção, sua carga é positiva: $+e = +1{,}6 \cdot 10^{-19}$ C

### Nêutron

Não apresenta carga elétrica: $q = 0$

## Corpo eletrizado

Apresenta uma desigualdade entre a quantidade total de elétrons ($N_e$) e prótons ($N_p$), o que, de forma geral, ocorre pelo recebimento ou perda de elétrons.

### Quantização

A carga elétrica total de um corpo eletrizado é sempre um múltiplo inteiro da carga elementar (*e*).

### Corpo eletricamente neutro

- $N_p = N_e$
- $Q = (N_p - N_e) \cdot e \rightarrow Q = 0$

### Corpo carregado positivamente

- Perdeu elétrons $\rightarrow N_p > N_e$
- $Q = (N_p - N_e) \cdot e \rightarrow Q > 0$

### Corpo carregado negativamente

- Recebeu elétrons $\rightarrow N_e > N_p$
- $Q = (N_p - N_e) \cdot e \rightarrow Q < 0$

## Corrente elétrica

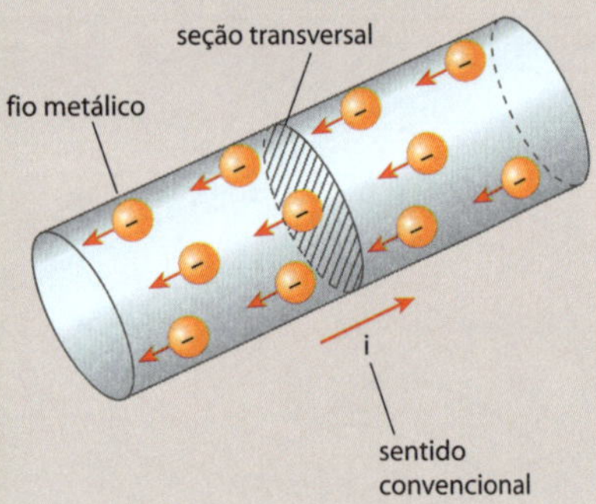


### Definição

Movimento ordenado de partículas portadoras de carga elétrica.

### Sentido convencional

Mesmo sentido do movimento das partículas portadoras de carga positiva e oposto aos de carga negativa.

### Intensidade média

$$i_m = \frac{\Delta Q}{\Delta t}$$

$\Delta Q$ é o valor absoluto da carga elétrica que atravessa uma seção transversal do condutor no intervalo de tempo $\Delta t$.

### Gráfico de corrente

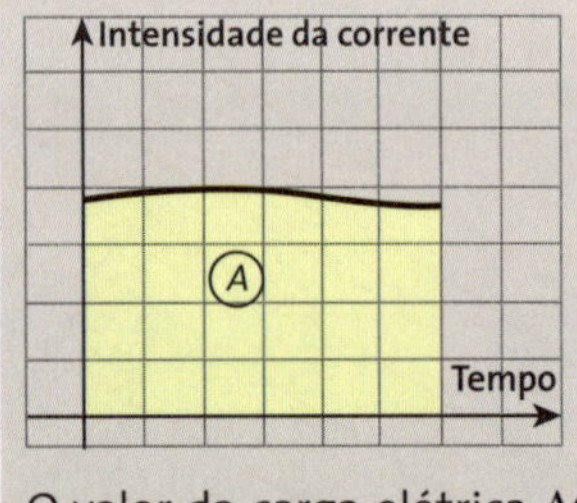


O valor da carga elétrica $\Delta Q$ corresponde, numericamente, à área delimitada entre a linha do gráfico e o eixo do tempo.

## Efeitos da passagem de corrente elétrica

### Magnético
A passagem de corrente é sempre acompanhada por um campo magnético ao seu redor.

### Joule
Transformação de energia elétrica em térmica. É resultado da colisão das partículas portadoras de carga com as partículas que constituem o meio condutor.

### Químico
Favorecimento de reações químicas durante a passagem de corrente. Aplicado no recobrimento de metais (cromação, prateação, etc.).

### Fisiológico
Contrações musculares (choque elétrico). Geralmente, ocorre para correntes superiores a 1 mA.

### Luminoso
A passagem de corrente excita átomos e moléculas do meio condutor; ao retornarem do estado excitado, podem emitir radiação luminosa.

## Corrente contínua

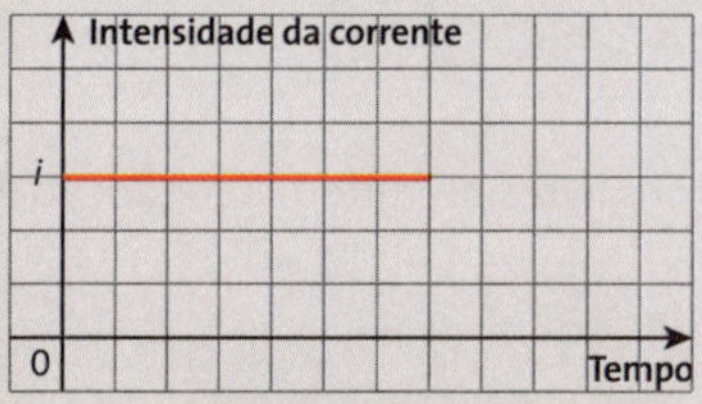


### Aplicações
Pilhas, baterias e a maioria dos aparelhos elétrico-eletrônicos.

## Corrente alternada

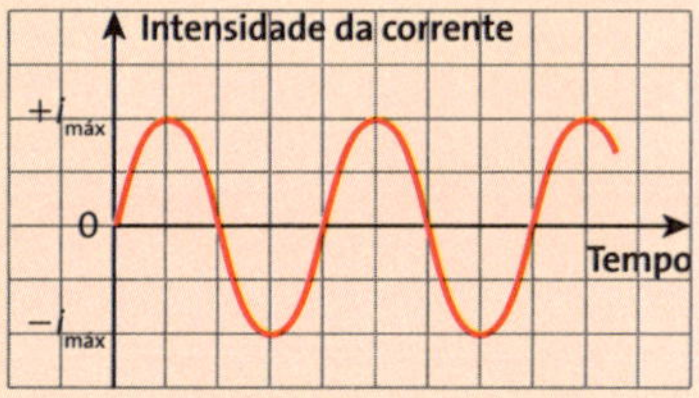


### Aplicações
Transmitida da companhia elétrica aos nossos lares.

## Condutor
Em oposição ao isolante, é um meio material através do qual as partículas portadoras de carga podem mover-se com facilidade.

### Metálicos
Portadores de carga da corrente elétrica: elétrons mais fracamente ligados aos átomos (elétrons livres ou quase livres).

### Soluções eletrolíticas
Portadores de carga da corrente elétrica: íons positivos e negativos presentes na solução.

### Gasosos
Portadores de carga da corrente elétrica: elétrons e íons de um gás ionizado.

# Exercícios

1. (UEL-PR) As baterias de íon-lítio equipam atualmente vários aparelhos eletrônicos portáteis como *laptops*, máquinas fotográficas, celulares, entre outros. As baterias desses aparelhos são capazes de fornecer 1000 mAh (mil miliampères hora) de carga. Sabendo-se que a carga de um elétron é de $1{,}60 \cdot 10^{-19}$ C, assinale a alternativa que representa corretamente o número de elétrons que fluirão entre os eletrodos até que uma bateria com essa capacidade de carga descarregue totalmente.

   a) $0{,}62 \cdot 10^{-18}$
   b) $1{,}60 \cdot 10^{-16}$
   c) $5{,}76 \cdot 10^{13}$
   d) $3{,}60 \cdot 10^{21}$
   e) $2{,}25 \cdot 10^{22}$

2. (UEFS-BA) Uma corrente elétrica é constituída pelo movimento ordenado de cargas elétricas em um condutor, produzido pela ação de uma força elétrica. A passagem da corrente elétrica, através dos condutores, acarreta diferentes efeitos, dependendo da natureza do condutor e da intensidade da corrente. De acordo com essa informação, cargas elétricas em movimento necessariamente produzem efeito:

   a) joule.
   b) químico.
   c) luminoso.
   d) magnético.
   e) fisiológico.

3. (UFPE) Em uma solução iônica, $N_{(+)} = 5{,}0 \cdot 10^{15}$ íons positivos, com carga individual $Q_{(+)} = +2e$, se deslocam para a direita a cada segundo. Por outro lado, $N_{(-)} = 4{,}0 \cdot 10^{16}$ íons negativos, com carga individual igual a $Q_{(-)} = -1e$, se movem em sentido contrário a cada segundo. Qual é a corrente elétrica, em mA, na solução?
   Dado: carga elementar $= 1{,}6 \cdot 10^{-19}$ C.

4. (PUCC-SP) Os elétrons livres permitem a condução de eletricidade

   a) nos açúcares.
   b) nos sais.
   c) nos metais.
   d) nas bases.
   e) nos ácidos.

5. (UFPE) O gráfico mostra a variação da corrente elétrica $I$, em ampère, num fio, em função do tempo $t$, em segundos. Qual a carga elétrica, em coulomb, que passa por uma seção transversal do condutor nos primeiros 4,0 segundos?

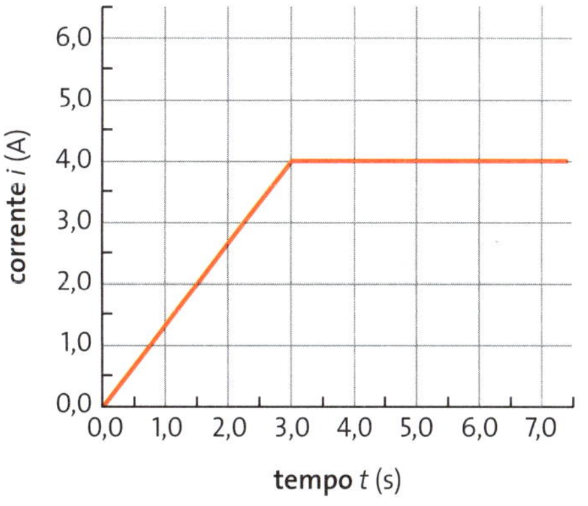


6. (UPE) A corrente de 0,3 A que atravessa o peito pode produzir fibrilação (contrações excessivamente rápidas das fibrilas musculares) no coração de um ser humano, perturbando o ritmo dos batimentos cardíacos com efeitos potencialmente fatais. Considerando que a corrente dure 2,0 min, o número de elétrons que atravessam o peito do ser humano vale:
Dado: carga elementar $= 1{,}6 \cdot 10^{-19}$ C.

a) $5{,}35 \cdot 10^{2}$.
b) $1{,}62 \cdot 10^{-19}$.
c) $4{,}12 \cdot 10^{18}$.
d) $2{,}45 \cdot 10^{18}$.
e) $2{,}25 \cdot 10^{20}$.

7. (UFMG) Uma lâmpada fluorescente contém em seu interior um gás que se ioniza após a aplicação de alta tensão entre seus terminais. Após a ionização, uma corrente elétrica é estabelecida e os íons negativos deslocam-se com uma taxa de $1,0 \cdot 10^{18}$ íons por segundo para o polo *A*. Os íons positivos se deslocam, com a mesma taxa, para o polo *B*.

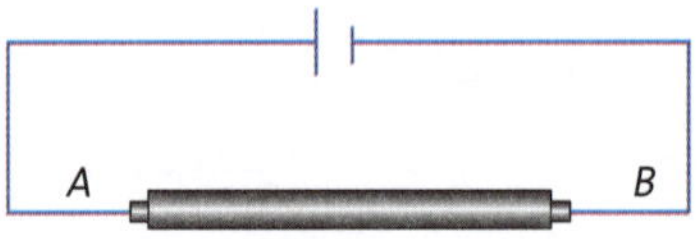


Sabendo-se que a carga de cada íon positivo é de $1,6 \cdot 10^{-19}$ C, pode-se dizer que a corrente elétrica na lâmpada será:

a) 0,16 A.
b) 0,32 A.
c) $1,0 \cdot 10^{18}$ A.
d) nula.
e) $2,0 \cdot 10^{19}$ A.

8. (Vunesp-SP) Mediante estímulo, $2 \cdot 10^5$ íons de $K^+$ atravessam a membrana de uma célula nervosa em 1,0 milissegundo. Calcule a intensidade dessa corrente elétrica, sabendo que a carga elementar é $1,6 \cdot 10^{-19}$ C.

9. (UFRGS-RS) O gráfico da figura representa a intensidade da corrente elétrica *i* em um fio condutor, em função do tempo transcorrido *t*. Calcule a carga elétrica *Q* que passa por uma seção do condutor nos dois primeiros segundos.

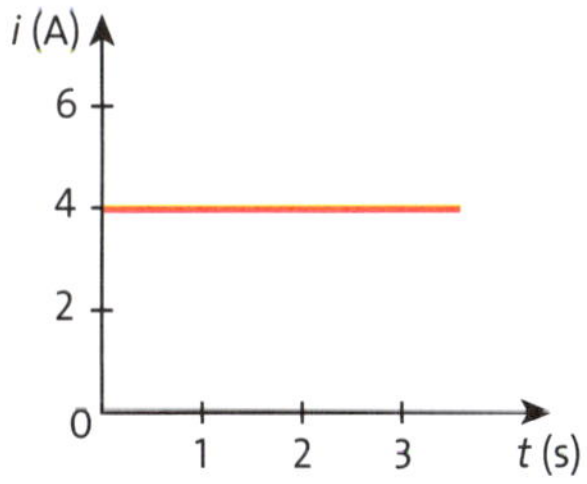


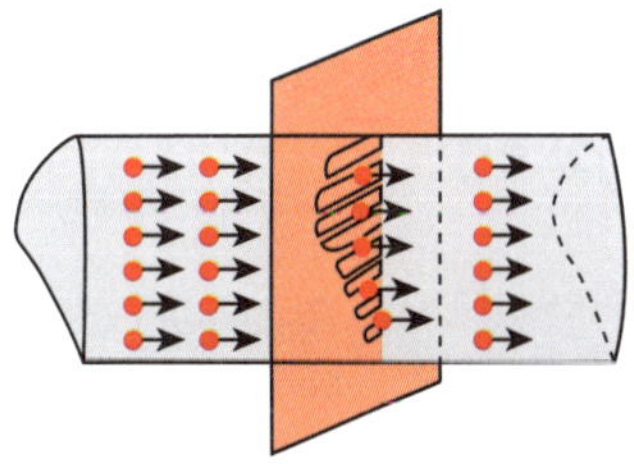

10. (Unifor-CE) Um circuito eletrônico foi submetido a um pulso de corrente indicada no gráfico.

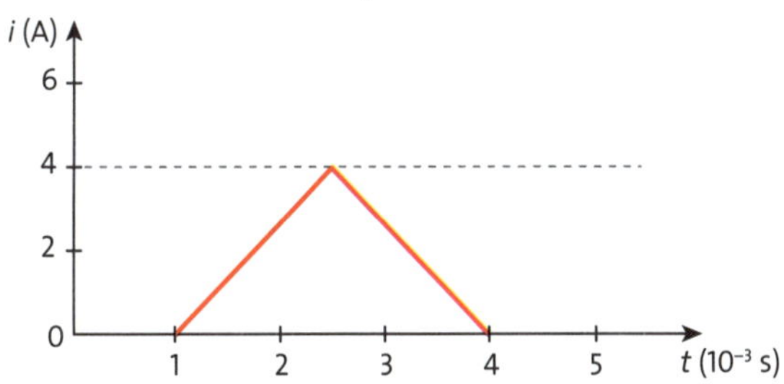


Durante esse pulso, a carga elétrica que fluiu no circuito, em coulombs, foi igual a:

a) $1{,}3 \cdot 10^{-3}$.
b) $2{,}6 \cdot 10^{-3}$.
c) $3{,}0 \cdot 10^{-3}$.
d) $6{,}0 \cdot 10^{-3}$.
e) $1{,}2 \cdot 10^{-2}$.

# RESISTORES E AS LEIS DE OHM

## Diferença de potencial elétrico (*U* ou *ddp*) em um bipolo

Grandeza escalar que representa o desnível de potencial elétrico entre dois pontos: $U_{AB} = V_A - V_B$

### Efeito

Provoca a tendência de movimento ordenado das partículas portadoras de carga elétrica, ou seja, é a origem da corrente elétrica.

### Relação com energia

Representa a quantidade de energia elétrica recebida de (ou doada para) cada unidade de carga que atravessa o bipolo.

### Cálculo

$$U = \frac{\Delta E}{\Delta q}$$

## Potência elétrica (*P*)

Grandeza escalar proporcional à rapidez com que a energia é transformada em um bipolo.

### Cálculo geral

$$P = \frac{\Delta E}{\Delta t}$$

### Para um bipolo qualquer

$P = U \cdot i$

### Consumo de energia elétrica

$\Delta E = P \cdot \Delta t$

**Unidades e conversões**

- $\text{J} = \text{W} \cdot \text{s}$
- $\text{kWh} = \text{kW} \cdot \text{h}$
- $1\ \text{kWh} = 3{,}6 \cdot 10^6\ \text{J}$

## Resistência elétrica (*R*)

Representa a oposição à passagem de corrente elétrica: para uma mesma *ddp*, quanto maior *R*, menor *i*.

### Cálculo

$$R = \frac{U}{i}$$

## Primeira lei de Ohm

Alguns condutores, à temperatura constante, apresentam a relação entre a *ddp* (*U*) e a corrente (*i*), constante:

$$R = \frac{U_1}{i_1} = \frac{U_2}{i_2} = \dots$$

### Condutor ôhmico

- Obedece à primeira lei de Ohm, ou seja, sua resistência *R* é constante.
- Sua curva característica ($U \times i$) é uma reta que passa pela origem.

### Condutor não ôhmico

- Não obedece à primeira lei de Ohm, ou seja, sua resistência *R* não é constante.
- Sua curva característica não é uma reta que passa pela origem.

## Segunda lei de Ohm

A resistência de um condutor é diretamente proporcional ao seu comprimento *L* e inversamente proporcional à área de sua seção transversal *A*:

$$R = \rho \cdot \frac{L}{A}$$

### Resistividade elétrica ($\rho$)

- Depende do material.
- Varia com a temperatura: $\rho = \rho_0 \cdot [1 + \alpha \cdot (\theta - \theta_0)]$
- Condutores: $10^{-8}\ \Omega \cdot \text{m} \leqslant \rho \leqslant 10^{-6}\ \Omega \cdot \text{m}$
- Isolantes: $10^{10}\ \Omega \cdot \text{m} \leqslant \rho \leqslant 10^{17}\ \Omega \cdot \text{m}$

## Resistores

Bipolos que transformam, via efeito Joule, energia elétrica exclusivamente em energia térmica.

Exemplos: resistor do chuveiro elétrico, lâmpada incandescente, fios de instalações, etc.

### Representação no circuito e sentido da corrente (+) → (−)

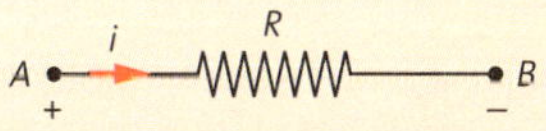


A corrente tem o sentido do maior (+) para o menor (−) potencial elétrico.

### Potência dissipada

$P = U \cdot i$ ou $P = R \cdot i^2$ ou $P = \dfrac{U^2}{R}$

## Resistores em série

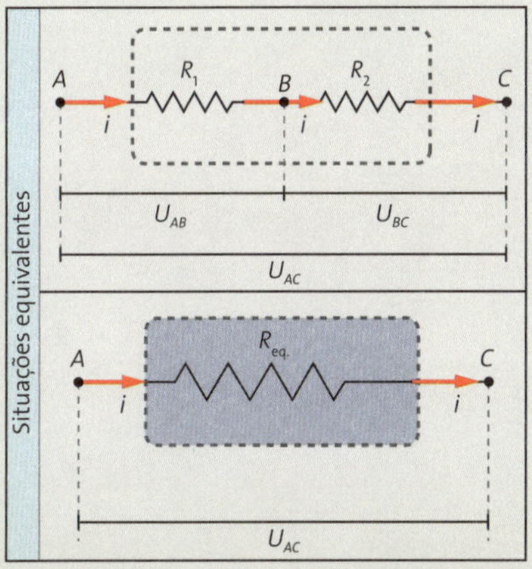


### Equações

- $i_{eq.} = i = i_1 = i_2$
- $P_{eq.} = P_1 + P_2$
- $R_{eq.} = R_1 + R_2$
- $U_{AC} = U_{AB} + U_{BC}$
- $U_{AC} = R_{eq.} \cdot i$
- $U_{AB} = R_1 \cdot i$
- $U_{BC} = R_2 \cdot i$

### Observações

1ª) Se a corrente for interrompida em qualquer um dos resistores, ela deixa de passar por todos eles.

2ª) $R_{eq.}$ é sempre maior do que a resistência de cada resistor associado.

## Resistores em paralelo

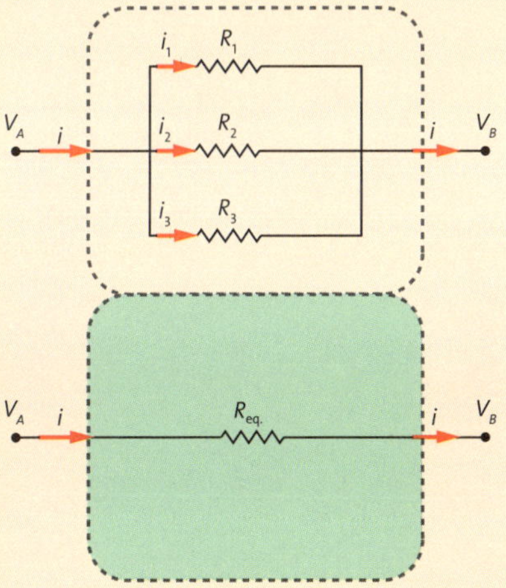


### Equações

- $U_{eq.} = U_{AC} = U_1 = U_2$
- $P_{eq.} = P_1 + P_2$
- $i_{eq.} = i = i_1 + i_2$
- $U_{AC} = R_1 \cdot i_1$
- $U_{AC} = R_2 \cdot i_2$
- $U_{AC} = R_{eq.} \cdot i$
- Para dois resistores: $R_{eq.} = \dfrac{R_1 \cdot R_2}{R_1 + R_2}$
- Para mais de dois resistores: $\dfrac{1}{R_{eq.}} = \dfrac{1}{R_1} + \dfrac{1}{R_2} + ...$
- Para $N$ resistores idênticos de resistência $R$: $R_{eq.} = \dfrac{R}{N}$

### Observações

1ª) Instalações residenciais usam este tipo de associação.

2ª) $R_{eq.}$ é sempre menor do que a resistência de cada resistor associado.

## Fusível

Feito de um material que se funde quando atravessado por uma corrente elétrica que danificaria um componente do circuito.

### Representação no circuito

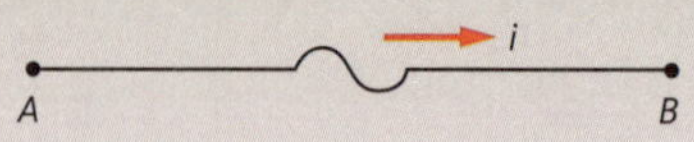


### Observação

Deve ser colocado em série com o componente de circuito a ser protegido, pois, ao fundir, interrompe a corrente que danificaria tal componente.

## Fio ideal

Fio de resistência desprezível: $R \simeq 0$

### Curto-circuito

Elemento de circuito ligado em paralelo com um fio ideal.

**Consequência**

A corrente passa pelo fio ideal em vez de passar pelo elemento em curto; como resultado, o elemento deixa de funcionar.

# Exercícios

1. (UEG-GO) O poraquê (*Electrophorus electricus*) é um peixe da espécie actinopterígio, gimnotiforme, que pode chegar a três metros de comprimento, e atinge cerca de trinta quilogramas. É uma das conhecidas espécies de peixe-elétrico, com capacidade de geração elétrica que varia de 300 até 1500 volts, aproximadamente. Sobre as interações elétricas no poraquê, é CORRETO afirmar:

   a) uma pessoa com uma resistência de 100 000 Ω poderá segurar, com as duas mãos, tranquilamente, um poraquê de 300 volts, já que através dela passará uma corrente menor que 0,070 ampère, valor que poderia causar distúrbios sérios e provavelmente fatais.

   b) uma corrente de 0,1 ampère passará pelo corpo de uma pessoa com a pele totalmente molhada, com resistência de apenas 1 000 Ω, quanto ela tocar, com as duas mãos, um poraquê de 1 000 volts.

   c) uma pessoa, com uma resistência elétrica de 100 000 Ω, ao tocar, com as duas mãos no poraquê, cuja voltagem é de 300 volts, terá produzida em seu corpo uma corrente de 30 mA.

   d) qualquer pessoa pode tocar livremente o poraquê, pois choques elétricos não superaquecem tecidos nem lesam quaisquer funções normais do corpo humano.

2. (Uece) Uma bateria de 12 V de tensão e 60 A · h de carga alimenta um sistema de som, fornecendo a esse sistema uma potência de 60 W. Considere que a bateria, no início, está plenamente carregada e alimentará apenas o sistema de som, de maneira que a tensão da bateria permanecerá 12 V até consumir os 60 A · h de carga. O tempo máximo de funcionamento ininterrupto do sistema de som em horas é:

   a) 8.
   b) 10.
   c) 12.
   d) 14.

3. (UEPG-PR) Na figura ao lado, apresenta-se um circuito elétrico composto de três lâmpadas idênticas, uma fonte de força eletromotriz e uma chave. Quando a chave é fechada, uma corrente elétrica é estabelecida no circuito.

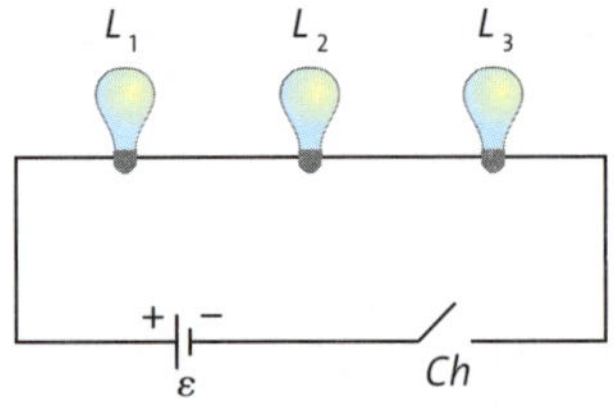


Sobre essa situação, assinale o que for correto.

(01) As três lâmpadas estão ligadas em série, portanto, são percorridas pela mesma corrente elétrica.

(02) Se outra lâmpada, idêntica às demais, for adicionada ao circuito, a luminosidade de cada lâmpada permanecerá inalterada.

(04) Se uma das lâmpadas for retirada do circuito, a passagem da corrente elétrica através do mesmo não será interrompida.

(08) Sendo as três lâmpadas idênticas, todas estarão sujeitas à mesma diferença de potencial.

4. (FMABC-SP) O valor de $R$, para que o resistor equivalente da associação seja 10 Ω, deve ser:

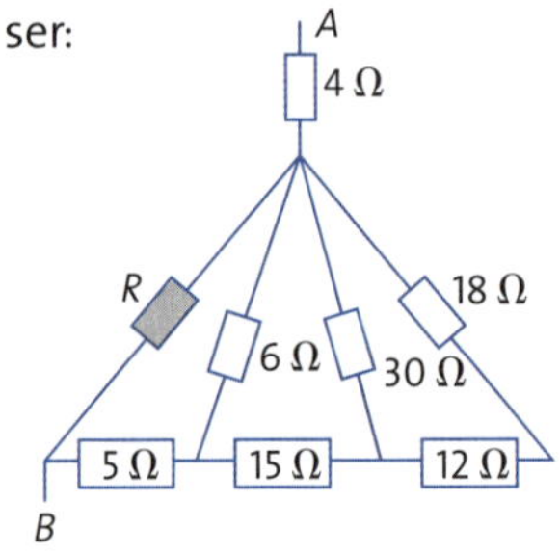


a) 3 Ω.

b) 5 Ω.

c) 7 Ω.

d) 11 Ω.

e) 15 Ω.

5. (PUC-SP) O resistor $R_B$ dissipa uma potência de 12 W.

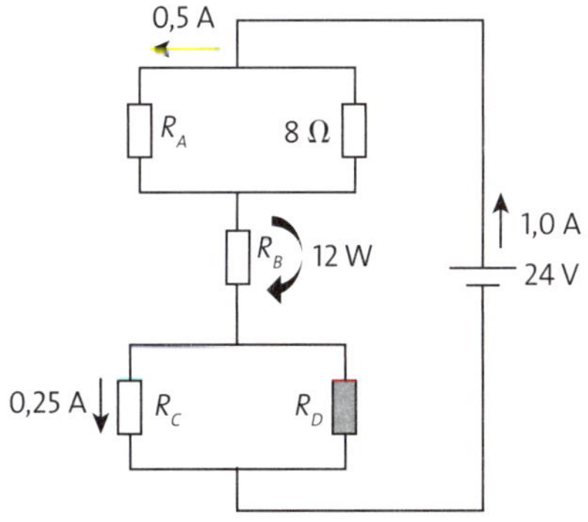


Nesse caso, a potência dissipada pelo resistor $R_D$ vale:

a) 0,75 W.
b) 3 W.
c) 6 W.
d) 18 W.
e) 24 W.

6. (PUC-RJ) Três resistores idênticos são colocados de tal modo que dois estão em série entre si e ao mesmo tempo em paralelo com o terceiro resistor. Dado que a resistência efetiva é de 2 Ω, quanto vale a resistência de cada um destes resistores em ohms (Ω)?

a) 100 Ω
b) 30 Ω
c) 1 Ω
d) 10 Ω
e) 3 Ω

7. (Uespi) A resistência equivalente entre os terminais *A* e *B* da bateria ideal no circuito elétrico a seguir é igual a:

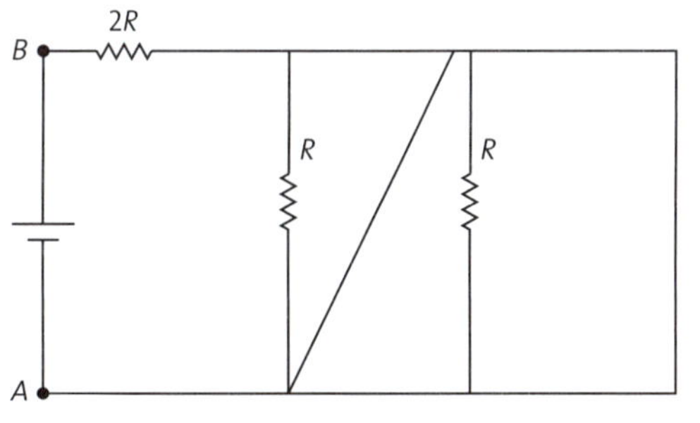


a) *R*.
b) 2*R*.
c) 3*R*.
d) 4*R*.
e) 5*R*.

8. (UFC-CE) Considere dois resistores, $R_1 = R$ e $R_2 = 3R$, e uma bateria de força eletromotriz $\varepsilon$ de resistência interna nula. Quando esses elementos de circuito são ligados em série, a potência fornecida pela bateria à associação de resistores é $P_S$, enquanto, na associação em paralelo, a potência fornecida pela bateria aos resistores é $P_P$. Determine a razão $P_S/P_P$.

9. (Univás-MG) Numa casa, uma lâmpada com as características (110 V, 60 W) ficou acesa durante 30 dias. Supondo que o preço de 1 kWh é de R$ 0,44, podemos deduzir que o custo da energia elétrica consumida, em R$, foi cerca de:

a) R$ 218,00.
b) R$ 140,00.
c) R$ 62,00.
d) R$ 19,00.
e) R$ 2,00.

10. (Fatec-SP) Um chuveiro elétrico tem seletor que lhe permite fornecer duas potências distintas: na posição "verão" o chuveiro fornece 2 700 W; na posição "inverno" fornece 4 800 W. José, o dono desse chuveiro, usa-o diariamente na posição "inverno", durante 20 minutos. Surpreso com o alto valor de sua conta de luz, José resolveu usar o chuveiro com o seletor na posição "verão", pelos mesmos 20 minutos diários. Supondo-se que o preço do quilowatt-hora seja de R$ 0,20, isso representará uma economia diária de aproximadamente:

a) R$ 0,14.
b) R$ 0,20.
c) R$ 1,40.
d) R$ 2,00.
e) R$ 20,00.

11. (Unitau-SP) Um condutor de seção transversal constante e comprimento $L$ tem resistência elétrica $R$. Cortando-se o fio pela metade, sua resistência elétrica será igual a:

a) $2R$.

b) $R/2$.

c) $R/4$.

d) $4R$.

e) $R/3$.

12. (PUC-RJ) Um determinado circuito é composto de uma bateria de 12,0 V e mais quatro resistores, dispostos como mostra a figura.

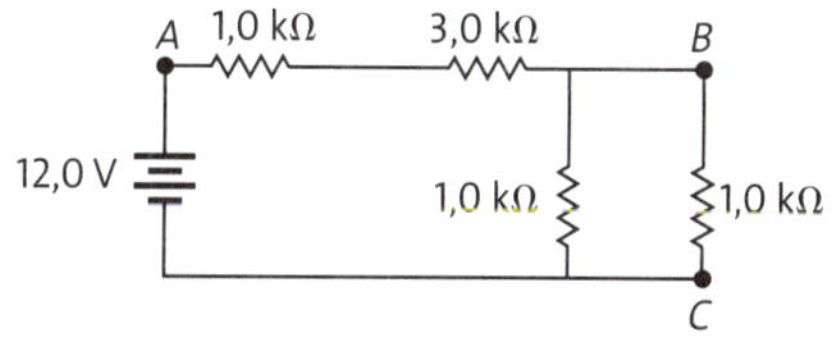


a) Determine a corrente elétrica no ponto $A$ indicado na figura.

b) Determine a diferença de potencial entre os pontos $B$ e $C$ apresentados na figura.

13. (PUC-RJ)

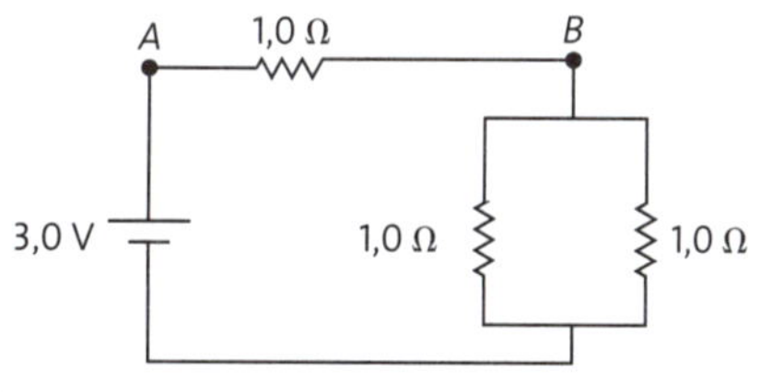


No circuito mostrado na figura, a diferença de potencial entre os pontos $B$ e $A$ vale, em volts:

a) 3,0.

b) 1,0.

c) 2,0.

d) 4,5.

e) 0,75.

14. (Famec-BA) Considerem-se dois fios condutores do mesmo material: o primeiro com diâmetro igual a 0,6 mm, comprimento 6 m e resistência 12 Ω e o segundo com diâmetro igual a 0,4 mm, comprimento igual a 4 m e resistência igual a $x$ Ω. Com base nessas informações, conclui-se que $x$ é igual a:

a) 6.
b) 8.
c) 10.
d) 12.
e) 18.

15. (Udesc) Sobre as características de resistores exclusivamente ôhmicos, analise:

I. a potência elétrica dissipada pelo resistor depende do valor da intensidade da corrente elétrica que o atravessa;

II. a resistividade é uma característica do material do qual o resistor é feito, e quanto maior for o valor da resistividade, mantidas as dimensões espaciais, menos condutor é esse resistor;

III. a classificação como resistor ôhmico se dá pelo fato de que nesses resistores os valores da diferença de potencial aplicada e da intensidade de corrente elétrica quando multiplicados geram sempre um mesmo valor constante;

IV. a potência elétrica total de um circuito elétrico sob diferença de potencial não nula e constituída apenas por resistores é igual à soma das potências dissipadas individualmente em cada resistor, independentemente de como eles são associados.

Está correto apenas o contido em:

a) I e II.
b) I e III.
c) III e IV.
d) I, II e IV.
e) II, III e IV.

16. (UFU-MG) Dois ferros de passar roupa consomem a mesma potência. O primeiro foi projetado para ser utilizado em uma tensão de 110 V, enquanto o segundo para uma tensão de 220 V.

Nas condições projetadas de utilização dos ferros, é correto afirmar que:

a) o consumo de energia será maior para o primeiro ferro, e a corrente que percorrerá o primeiro será maior do que a corrente que percorrerá o segundo ferro.

b) o consumo de energia será o mesmo para os dois ferros, e a corrente que percorrerá o primeiro será maior do que a corrente que percorrerá o segundo ferro.

c) o consumo de energia será maior para o segundo ferro, e as correntes elétricas que percorrerão cada ferro serão iguais.

d) o consumo de energia será o mesmo para os dois ferros, e as correntes elétricas que percorrerão cada ferro também serão iguais.

17. (Fuvest-SP) As lâmpadas fluorescentes iluminam muito mais do que as lâmpadas incandescentes de mesma potência. Nas lâmpadas fluorescentes compactas (de soquete), a eficiência luminosa, medida em lumens por watt (lm/W), é da ordem de 60 lm/W e, nas lâmpadas incandescentes, da ordem de 15 lm/W. Em uma residência, 10 lâmpadas incandescentes de 100 W são substituídas por fluorescentes compactas que fornecem iluminação equivalente (mesma quantidade de lumens). Admitindo que as lâmpadas ficam acesas, em média 6 horas por dia e que o preço da energia elétrica é de R$ 0,30 por kWh, a economia mensal na conta de energia elétrica dessa residência será de, aproximadamente:

a) R$ 18,00. b) R$ 30,00. c) R$ 40,00. d) R$ 54,00. e) R$ 80,00.

# GERADORES E RECEPTORES ELÉTRICOS

## Geradores elétricos

Transformam energia não elétrica em energia elétrica.

Exemplos: pilhas e baterias.

## Representação no circuito e sentido da corrente (−) → (+)

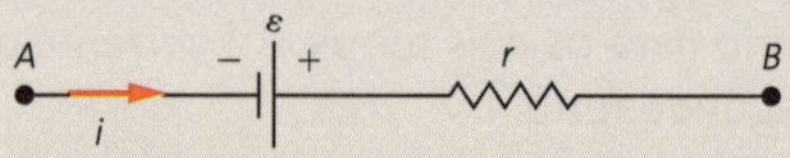


## Equação do gerador

$U = \varepsilon - r \cdot i$

## Elementos da equação

$U$: *ddp* entre os terminais $A$ e $B$.

$\varepsilon$: força eletromotriz (*fem*); tem mesmo valor de $U$ quando não há resistência interna (gerador ideal) ou o circuito está aberto ($i = 0$).

$r$: resistência interna do gerador.

$i$: corrente através do gerador.

## Curva característica do gerador

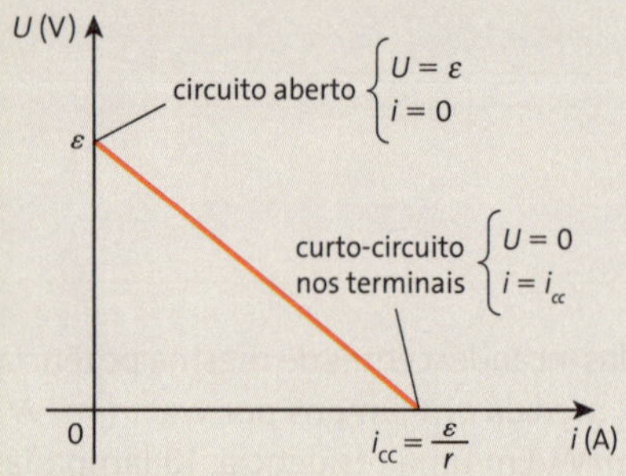


## Observações

1ª) O par de operação ($U$; $i$) depende da resistência equivalente ($R_{eq.}$) do circuito externo.

2ª) O curto-circuito ocorre quando um fio ideal coloca em contato os terminais do gerador; neste caso a corrente através do gerador é máxima ($i_{cc}$) e toda energia por ele fornecida se transforma em térmica por efeito Joule.

## Cálculos de potência no gerador

- Total: $P_t = \varepsilon \cdot i = \dfrac{\Delta E_t}{\Delta t}$
- Útil: $P_u = U \cdot i = \dfrac{\Delta E_u}{\Delta t}$
- Dissipada: $P_d = r \cdot i^2 = \dfrac{\Delta E_d}{\Delta t}$
- Conservação de energia: $P_t = P_u + P_d \rightarrow P_u = \varepsilon \cdot i - r \cdot i^2$

## Rendimento ($\eta$)

$$\eta = \frac{P_u}{P_t} = \frac{U}{\varepsilon} = 1 - \frac{i}{i_{cc}}$$

## Valores que acompanham a potência útil máxima ($P_{u,\,máx.}$)

- $P_{u,\,máx.} = \dfrac{\varepsilon^2}{4r}$
- $i = \dfrac{i_{cc}}{2}$
- $U = \dfrac{\varepsilon}{2}$
- $\eta = 50\%$
- $R_{eq.} = r$

## Geradores em série

Utilizado quando se deseja uma *fem* equivalente maior do que a *fem* de cada gerador associado.

## Cálculos

- $\varepsilon_{eq.} = \varepsilon_1 + \varepsilon_2 + ...$
- $r_{eq.} = r_1 + r_2 + ...$

## Geradores em paralelo

A corrente através de cada gerador associado é menor do que a corrente total, o que prolonga sua vida útil.

### Cálculos

- $\varepsilon_{eq.} = \varepsilon$
- $r_{eq.} = \frac{r}{N}$, em que $N$ é o número de geradores em paralelo.

**Observação**

Tipo de associação eficiente somente quando os geradores têm a mesma *fem* ($\varepsilon$) e a mesma resistência interna ($r$).

## Receptores elétricos

Transformam energia elétrica em outra modalidade que não seja exclusivamente térmica.

Exemplos: baterias sendo carregadas e motores elétricos.

### Representação no circuito e sentido da corrente (+) → (−)

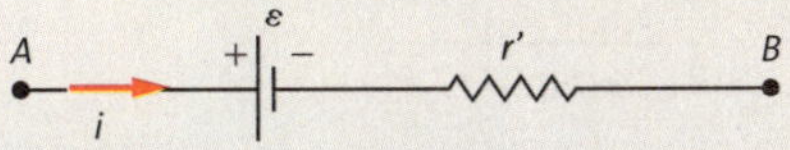


## Equação do receptor

$U = \varepsilon' + r' \cdot i$

### Elementos da equação

$U$: *ddp* entre os terminais $A$ e $B$.

$\varepsilon'$: força contraeletromotriz (*fcem*).

$r'$: resistência interna do receptor.

$i$: corrente através do receptor.

**Caso particular: motor com eixo bloqueado ($\varepsilon' = 0$)**

Toda *ddp* recai sobre a sua resistência interna e, portanto, toda potência recebida é transformada em térmica, o que pode danificá-lo.

## Curva característica do receptor

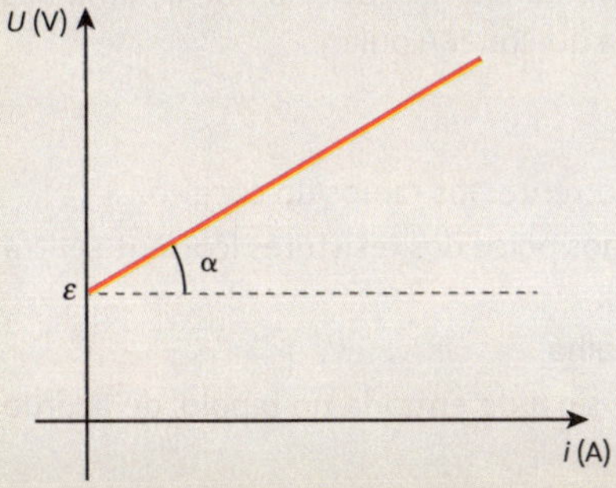


### Observações

1ª) O par de operação ($U$; $i$) depende da *fem* do gerador que o alimenta.

2ª) A tangente do ângulo $\alpha$ é numericamente igual à resistência interna ($r'$).

## Cálculos de potência no receptor

- Total: $P_t = U \cdot i = \dfrac{\Delta E_t}{\Delta t}$
- Útil: $P_u = \varepsilon' \cdot i = \dfrac{\Delta E_u}{\Delta t}$
- Dissipada: $P_d = r' \cdot i^2 = \dfrac{\Delta E_d}{\Delta t}$
- Conservação de energia: $P_t = P_u + P_d$

### Rendimento ($\eta$)

$$\eta = \frac{P_u}{P_t} = \frac{\varepsilon'}{U}$$

## Lei de Pouillet

Válida quando um circuito com geradores, receptores e resistores pode ser reduzido a um circuito de malha única.

### Equação

$$i = \frac{\varepsilon_{eq.} - \varepsilon'_{eq.}}{R_{eq.} + r_{eq.} + r'_{eq.}}$$

**Observação**

No caso de haver polaridades de sentidos contrários, funciona como gerador o sentido de maior *fem* resultante.

## Leis de Kirchhoff

Válidas para circuitos simples e complexos, redutíveis ou não redutíveis a um circuito de malha única.

### Lei dos nós

Consequência do princípio de conservação da carga elétrica, afirma que a soma das intensidades das correntes que chegam ao nó tem o mesmo valor da soma das intensidades das correntes que dele saem: $i_1 + i_2 = i_3$.

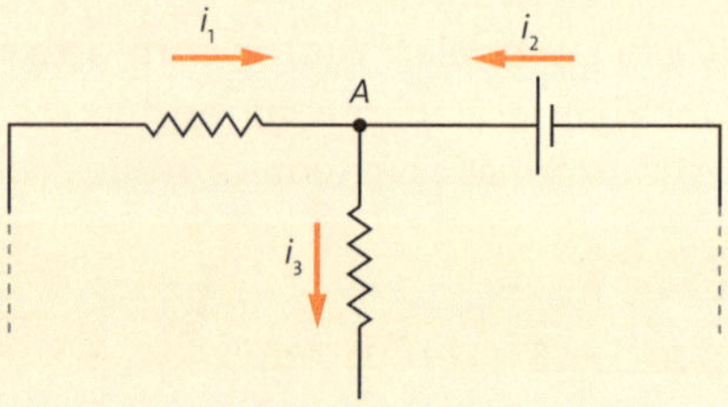


### Lei das malhas

Consequência do princípio de conservação da energia, afirma que a soma das *ddp* de todos os elementos de uma malha qualquer é nula.

### Regra prática

- Escolha arbitrariamente o sentido da corrente nos ramos do circuito.
- Com base na escolha, atribua os sinais aos polos dos resistores (corrente entra no polo positivo e sai no polo negativo).
- Escolha um sentido para percorrer a malha.
- Escreva a equação da malha usando o sinal de entrada no bipolo, de acordo com o sentido do percurso escolhido.
- Valores negativos de corrente indicam que o sentido correto da corrente é contrário ao que foi escolhido.

# Exercícios

1. (FMABC-SP) Observe o circuito ao lado. Quando a chave seletora (*ch*) está posicionada em *x*, o amperímetro ideal (*A*) registra 1,5 A. Quando mudamos a chave seletora para a posição *y*, o amperímetro passa a registrar 1,2 A. Determine a *fem* (força eletromotriz) *E* da bateria.

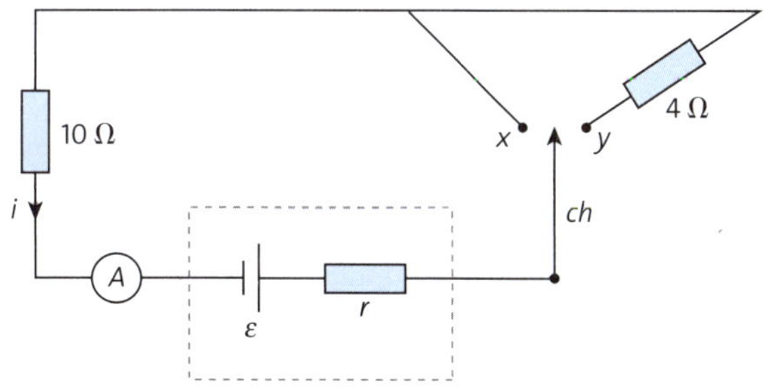


a) 3 V

b) 6 V

c) 12 V

d) 18 V

e) 24 V

2. (FMP/FASE-RJ) Um estudante possui três pilhas idênticas de 1,5 V para alimentar o motor de um carrinho. Para o motor funcionar, a tensão mínima aplicada deve ser de 3,0 V. As pilhas podem ser dispostas conforme as configurações a seguir.

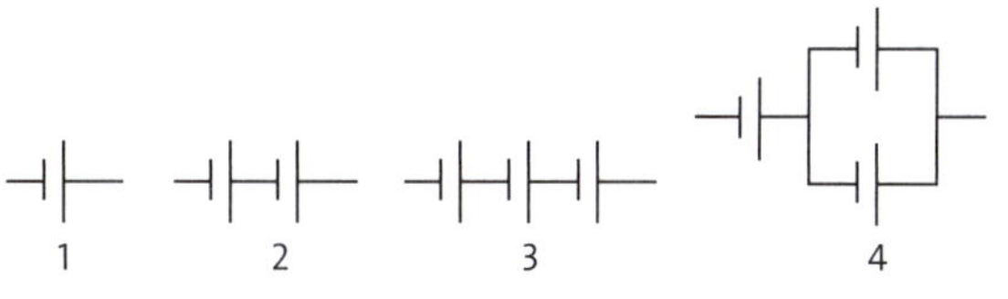


O motor do carrinho funciona somente com as pilhas nas disposições:

a) 1 e 2. b) 1 e 3. c) 2 e 3. d) 1, 3 e 4. e) 2, 3 e 4.

3. (UCS-RS) No circuito abaixo $R_1 = 10\ \Omega$, $R_2 = R_3 = 6\ \Omega$ e $V = 26$ V.

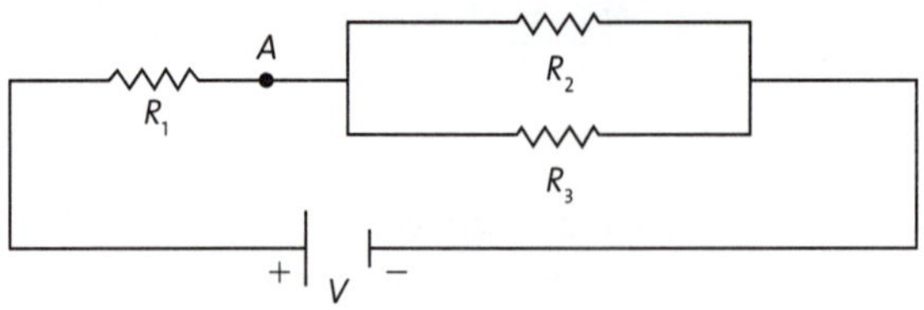


Qual é o valor da corrente elétrica que passa pelo ponto *A*?

a) 0,4 A b) 1,6 A c) 2,0 A d) 2,6 A e) 4,0 A

4. (Acafe-SC) Para garantir a manutenção elétrica preventiva de um automóvel, uma pessoa deseja substituir a bateria (gerador de *fem*) do mesmo. O manual de funcionamento apresenta um diagrama *V* (voltagem) × *i* (corrente) mostrando a curva característica do gerador em questão.

A alternativa correta que mostra os valores da *fem*, em volts, e resistência interna, em ohm, da bateria é:

a) 10 e 1.
b) 12 e 0,5.
c) 12 e 5.
d) 12 e 1.

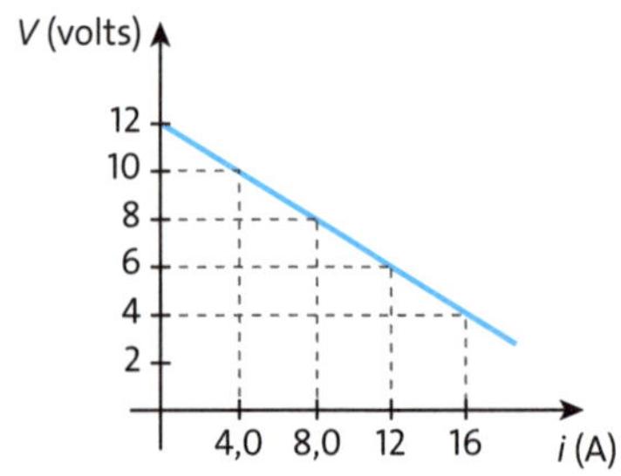

5. (UPE) No circuito elétrico ao lado, considere um gerador de força eletromotriz $\varepsilon = 18$ V e resistência interna igual a 1 Ω. As resistências dos condutores de alimentação são desprezíveis.
Analise as afirmativas a seguir e conclua.

(00) A resistência equivalente entre os pontos *a* e *c* do circuito vale 5 Ω.

(01) A corrente elétrica que circula no gerador tem intensidade igual a 3 A.

(02) A potência dissipada pelo resistor colocado entre os pontos *a* e *b* do circuito é igual à potência dissipada pelos resistores colocados entre os pontos *a* e *c* do circuito.

(03) A diferença de potencial elétrico entre os pontos *a* e *c* vale 18 V.

(04) O rendimento do gerador vale $\eta = 0,75$.

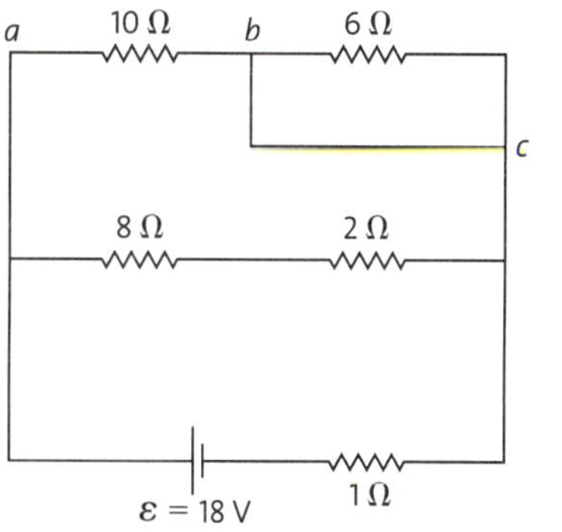


6. (UPE) No circuito elétrico ao lado, considere o gerador com $\varepsilon = 10$ V e $r = 1$ Ω. Analise as afirmativas abaixo.

(01) A corrente elétrica no circuito vale 2 A.

(03) A potência dissipada pelo resistor de 10 Ω é de 10 W.

(05) O rendimento do gerador é de 80%.

(07) A diferença de potencial entre os pontos *A* e *B* vale 8 V.

A soma dos números que corresponde às proposições corretas é igual a

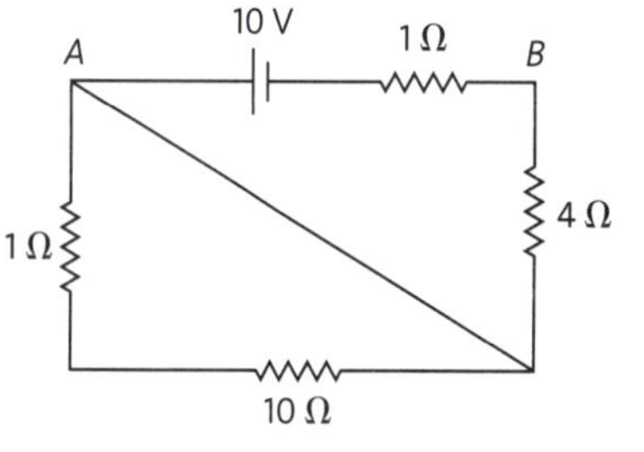


a) 16.
b) 15.
c) 1.
d) 8.
e) 13.

7. (Unifor-CE) Um gerador de força eletromotriz 50 V e resistência interna 1,0 Ω alimenta o circuito esquematizado abaixo, entre os pontos *A* e *B*.

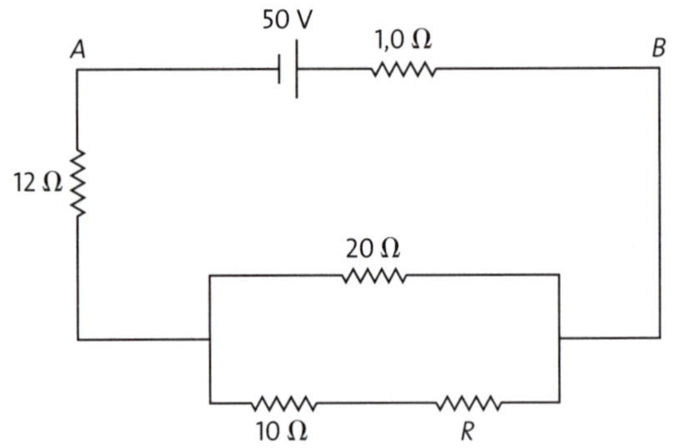


Para que a corrente elétrica fornecida pelo gerador seja de 2,0 A, o valor da resistência *R* deve ser, em ohms:

a) 20.
b) 16.
c) 12.
d) 10.
e) 6,0.

8. (UPE) Um motor elétrico sob tensão 220 V é alimentado por uma corrente elétrica de 10 A. A potência elétrica útil do motor é de 2 000 W. Assinale a alternativa que corresponde à força contraeletromotriz, em volts, à resistência interna do motor, em ohms, e ao rendimento elétrico do motor, respectivamente.

a) 200; 2; 0,80
b) 200; 2; 0,91
c) 400; 4; 1
d) 400; 4; 0,80
e) 400; 4; 1,5

9. (UFU-MG) O circuito representado na figura abaixo mostra um gerador de força eletromotriz ($E$) igual a 12 V e resistência interna ($r$) de 2 Ω, ligado a um receptor de força contraeletromotriz ($E'$) de 8 V e resistência interna ($r'$) de 4 Ω.

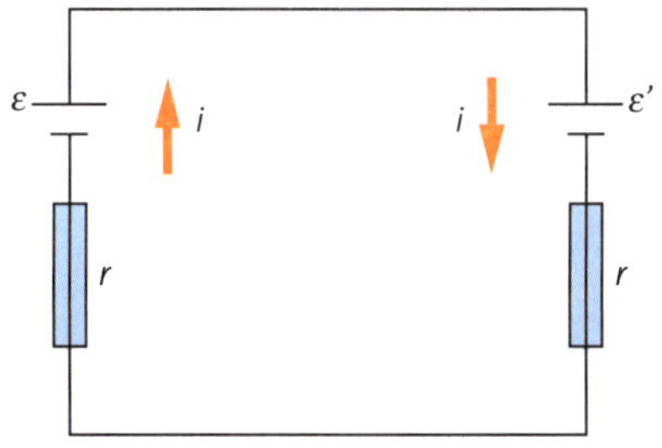


a) Calcule o valor da intensidade da corrente que percorre o circuito.

b) Nas condições dadas, qual o rendimento obtido pelo gerador e pelo receptor?

10. (Ufpel-RS) No circuito mostrado na figura ao lado, temos uma associação de resistores ligados a duas baterias cujas *fem* são $\varepsilon_1 = 6{,}0$ V e $\varepsilon_2 = 24{,}0$ V e cujas resistências internas são, respectivamente, $r_1 = 1{,}0\ \Omega$ e $r_2 = 2{,}0\ \Omega$.

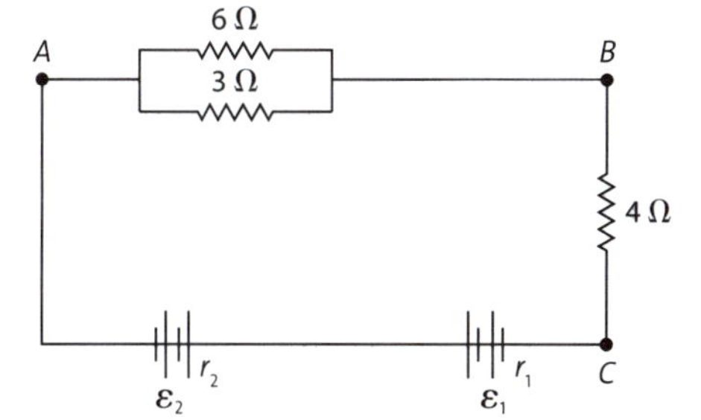


De acordo com seus conhecimentos sobre Eletrodinâmica e com o texto, analise cada uma das seguintes afirmativas.

I. O sentido da corrente elétrica é determinado pela *fem* de maior valor, portanto, no circuito, a corrente tem sentido horário.

II. No circuito da bateria com $\varepsilon_1$ a corrente está passando do polo positivo para o negativo, desta forma, essa bateria está funcionando como um receptor (gerador de *fcem*).

III. A intensidade da corrente elétrica no circuito é de 2,0 A.

IV. O valor da diferença de potencial entre os pontos $A$ e $B$ é de 12 V.

Dessas afirmativas, estão corretas apenas:

a) III e IV.
b) I e II.
c) I, III e IV.
d) II e IV.
e) II e III.

11. (UEPB) Um motor elétrico tem resistência interna de 2,0 Ω e está ligado a uma *ddp* de 100 V. Verifica-se que ele é percorrido por uma corrente elétrica de intensidade igual a 5,0 A. A força contraeletromotriz do motor e a potência total recebida pelo motor, respectivamente, são:

a) 80 V; 350 W. b) 90 V; 450 W. c) 90 V; 500 W. d) 70 V; 300 W. e) 100 V; 400 W.

12. (UEPG-PR) Dispositivos que transformam outras formas de energia em energia elétrica são conhecidos como geradores elétricos. Dispositivos capazes de receber energia elétrica e transformá-la em outras formas de energia que não a térmica são denominados receptores elétricos. Sobre geradores elétricos e receptores elétricos, assinale o que for correto.

(01) Quando um gerador encontra-se em circuito aberto, a diferença entre seus terminais é igual a sua força eletromotriz.

(02) A potência útil fornecida por um gerador a um circuito onde só existem resistores será máxima se a resistência equivalente do circuito for igual à resistência interna do gerador.

(04) Geradores elétricos podem ser associados somente em paralelo.

(08) O rendimento elétrico de um receptor corresponde ao produto entre a potência elétrica útil e a potência elétrica fornecida ao receptor.

(16) A força contraeletromotriz pode, em termos práticos, ser pensada como uma força eletromotriz que se opõe à passagem da corrente elétrica.

13. (UPM-SP) O vendedor de um motor elétrico de corrente contínua informa que a resistência interna desse motor é 1,0 Ω e que o mesmo consome 30,0 W, quando ligado à *ddp* de 6,0 V. A força contraeletromotriz (*fcem*) do motor que ele está vendendo é:

a) 6,0 V.
b) 5,0 V.
c) 3,0 V.
d) 1,0 V.
e) 0,8 V.

14. (AFA-SP) Um gerador fornece a um motor uma *ddp* de 440 V. O motor tem resistência interna de 25 Ω e é percorrido por uma corrente elétrica de 400 mA. A força contraeletromotriz do motor, em volts, é igual a:

a) 375.
b) 400.
c) 415.
d) 430.

15. (UPM-SP) A tensão nos terminais de um receptor varia com a corrente, conforme o gráfico ao lado.

A *fcem* e a resistência interna deste receptor são, respectivamente:

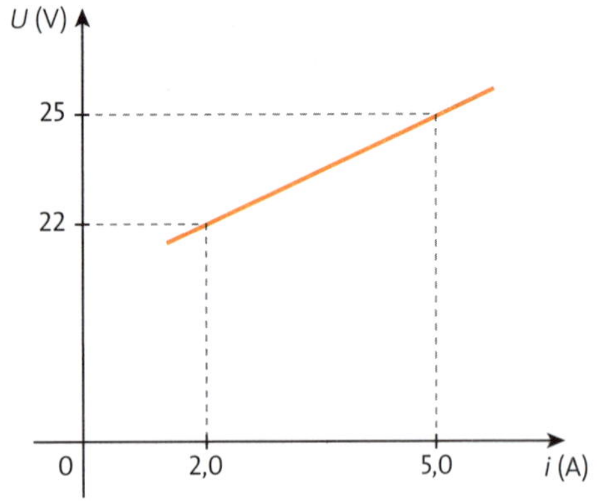


a) 11 V e 1,0 Ω.
b) 12,5 V e 2,5 Ω.
c) 20 V e 1,0 Ω.
d) 22 V e 2,0 Ω.
e) 25 V e 5,0 Ω.

16. (UEM-PR) Analise as alternativas abaixo e assinale o que for correto.

(01) Em um circuito elétrico, o trecho entre dois nós consecutivos é denominado ramo, e o conjunto de ramos, que formam um percurso fechado, é denominado malha.

(02) Em um circuito elétrico, a soma das intensidades das forças eletromotrizes em um nó é nula.

(04) Ao percorrer-se uma malha, em um percurso fechado, a soma algébrica das intensidades de corrente elétrica nessa malha é nula.

(08) A 1ª lei de Kirchhoff, ou lei dos nós, está baseada no princípio da conservação da carga elétrica.

(16) A 2ª lei de Kirchhoff, ou lei das malhas, está baseada no princípio da conservação da energia.

17. (UPE) Um circuito com duas malhas contém duas fontes de tensão constante $E_1 = E_2 = 14$ V e três resistores $R_1 = 1{,}0$ ohm, $R_2 = 3{,}0$ ohms e $R = 1{,}0$ ohm, conforme mostrado na figura ao lado.

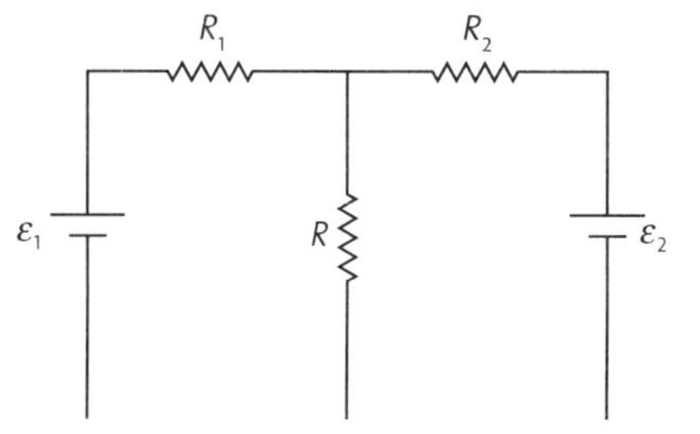


Analise as seguintes proposições:

I. A corrente que passa pelo resistor $R_1$ vale 6 A.

II. O sentido da corrente que passa pelo resistor $R_2$ é da esquerda para a direita.

III. A potência dissipada no resistor $R_2$ vale 12 W.

IV. O sentido da corrente que passa pelo resistor $R$ é de cima para baixo.

Estão corretas:

a) I, II, III e IV.
b) II, III e IV.
c) I, II e III.
d) II e IV.
e) I, III e IV.

18. (UFPE) A corrente *i* através do resistor $R_1$ no circuito ao lado é 400 mA. Calcule a diferença de potencial, $V_B - V_A$, entre os pontos *B* e *A*.

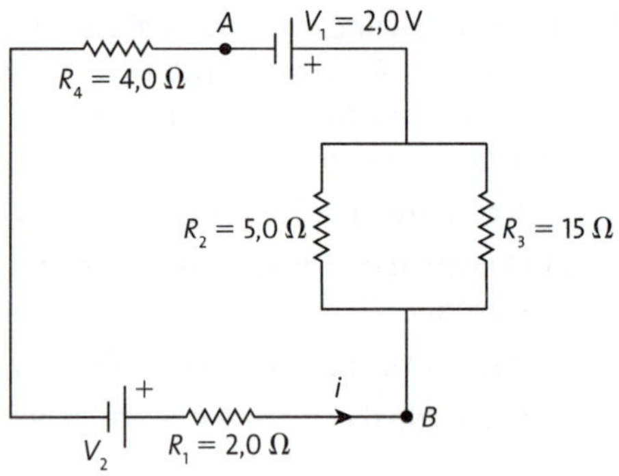


a) 1,5 volts
b) 2,5 volts
c) 3,5 volts
d) 4,5 volts
e) 5,5 volts

19. (Unifor-CE) Considere o circuito elétrico esquematizado ao lado e os valores indicados nos elementos constituintes.
Nesse circuito é correto afirmar que a

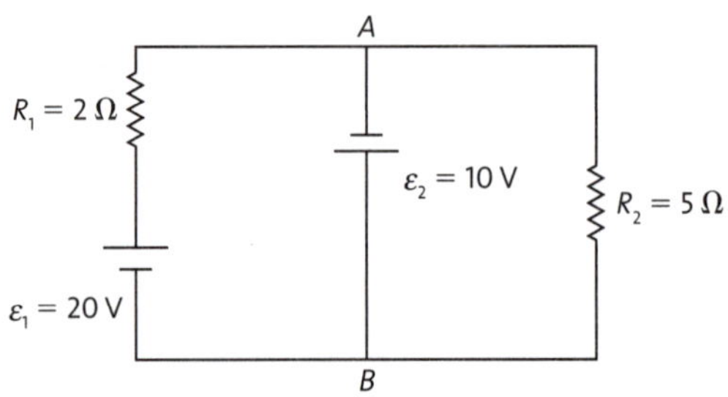


a) intensidade da corrente elétrica em $R_1$ vale 4 A.
b) intensidade da corrente elétrica em $R_2$ vale 3 A.
c) *ddp* entre os pontos *A* e *B* vale 8 V.
d) potência elétrica dissipada em $R_1$ vale 25 W.
e) potência elétrica dissipada em $R_2$ vale 20 W.

20. (Ufpel-RS) A figura ao lado mostra um circuito elétrico que contém um reostato.

Baseado em seus conhecimentos sobre Eletrodinâmica, é correto afirmar que o valor da resistência *R* do reostato, para que seja nula a diferença de potencial entre os pontos *A* e *B*, vale:

a) 2 Ω.

b) 1 Ω.

c) 4 Ω.

d) 0,5 Ω.

e) 3 Ω.

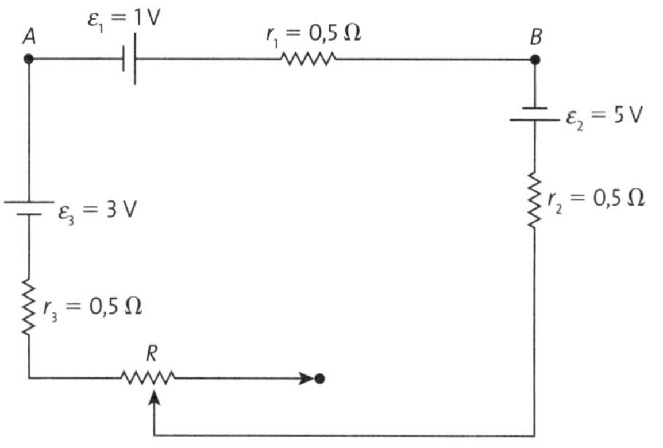


21. (UEM-PR) Qual o sentido e a intensidade da corrente elétrica que passa no resistor de 4,0 Ω?

a) Anti-horário com intensidade de 1,0 A.

b) Horário com intensidade de 2,0 A.

c) Anti-horário com intensidade de 3,0 A.

d) Horário com intensidade de 1,0 A.

e) Horário com intensidade de 3,0 A.

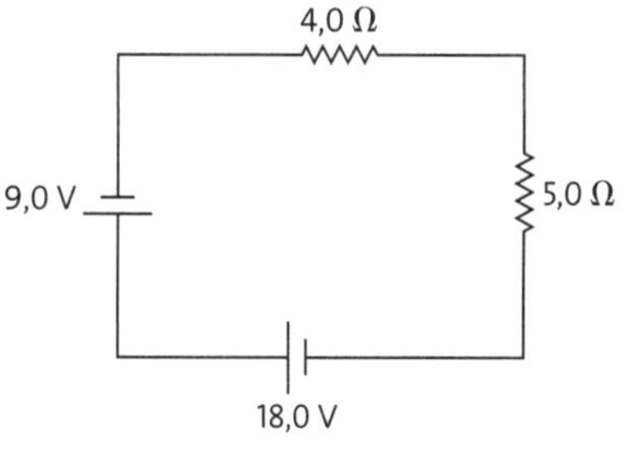

22. (UPM-SP) Quando a intensidade de corrente elétrica que passa no gerador do circuito elétrico a seguir é 2,0 A, o rendimento do mesmo é de 80%.

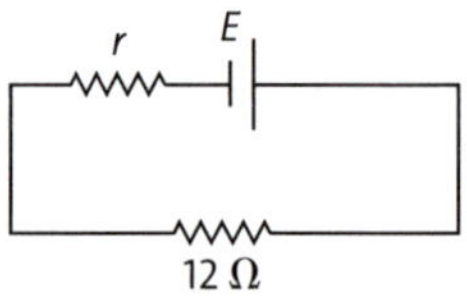


A resistência interna desse gerador vale:

a) 1,0 Ω. b) 1,5 Ω. c) 2,0 Ω. d) 2,5 Ω. e) 3,0 Ω.

23. (ITA-SP) No gráfico a seguir estão representadas as características de um gerador, de força eletromotriz igual a *E* e resistência interna *r*, e um receptor ativo de força contraeletromotriz *E'* e resistência interna *r'*.

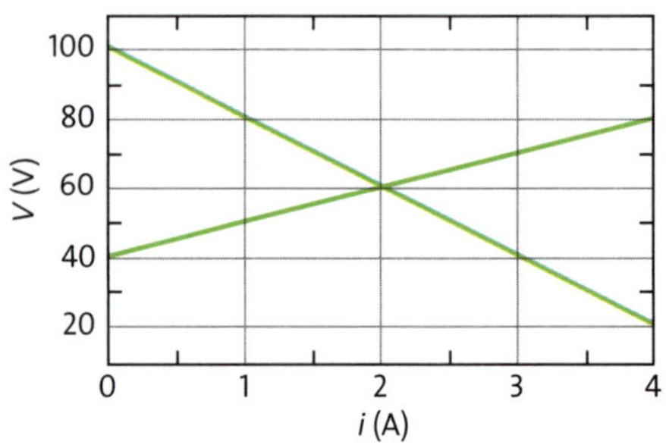


Sabendo que os dois estão interligados, determine a resistência interna e o rendimento para o gerador e para o receptor.

24. (Unespar-PR) Um gerador funcionará em regime de potência útil máxima, quando sua resistência interna for igual:

a) à resistência equivalente do circuito que ele alimenta.

b) à metade de sua resistência equivalente do circuito que ele alimenta.

c) ao dobro da resistência equivalente do circuito que ele alimenta.

d) ao quádruplo da resistência equivalente do circuito que ele alimenta.

e) à quarta parte da resistência equivalente do circuito que ele alimenta.

25. (UFMT-modificada) Ao adquirir um gerador, você observa na sua plaqueta de especificações a seguinte inscrição: potência útil máxima igual a 300 W e corrente de curto-circuito igual a 20 A. Qual o valor da *fem* desse gerador?

# MEDIDORES E CAPACITORES ELÉTRICOS

## Voltímetro

Indica o valor da *ddp* no elemento de circuito com o qual está em paralelo.

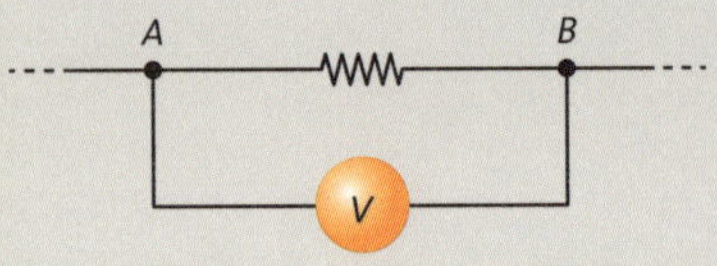


### Ideal

Tem resistência infinita e sua presença não altera valores de corrente ou tensão do circuito.

### Real

- Composto por: galvanômetro de resistência $R_g$ em série com resistor multiplicativo de resistência $R_m$.
- Quanto maior $R_m$, maior a tensão que pode ser medida: $U = U_g \cdot \left(1 + \frac{R_m}{R_g}\right)$.

## Amperímetro

Indica o valor da corrente através do elemento de circuito com o qual é colocado em série.

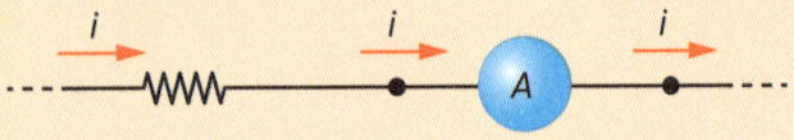


### Ideal

Tem resistência nula e sua presença não altera valores de corrente ou tensão do circuito.

### Real

- Composto por: galvanômetro de resistência $R_g$ em paralelo com *shunt* de resistência $R_s$.
- Quanto menor a $R_s$, maior a corrente que pode ser medida: $i = i_g \cdot \left(1 + \frac{R_g}{R_s}\right)$.

## Ponte de Wheatstone

Arranjo usado para medir valores de resistência (ohmímetro).

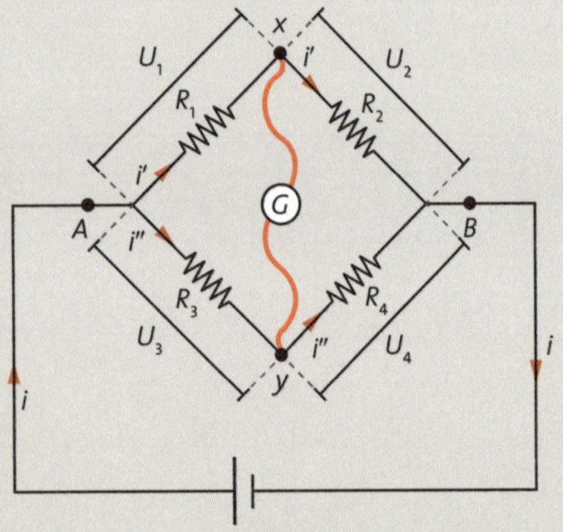


### Ponte em equilíbrio

- Galvanômetro: $i_g = 0 \rightarrow U_g = 0 \rightarrow V_x = V_y \rightarrow U_1 = U_3$ e $U_2 = U_4$
- $R_1$ está em série com $R_2$.
- $R_3$ está em série com $R_4$.
- $R_1 \cdot R_2$ está em paralelo com $R_3 \cdot R_4$.
- $R_1 \cdot R_4 = R_3 \cdot R_2$

## Capacitores

Dispositivos que armazenam carga elétrica e descarregam-na quando solicitados. Exemplos de dispositivos que usam capacitores: desfibriladores e sintonizadores de rádio.

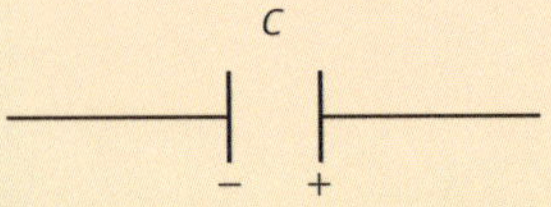


### Processo de carga

- A carga do capacitor não se altera depois de apartado do gerador que o carregou.
- Depois de finalizado o processo de carga, a corrente se anula no ramo de circuito onde está o capacitor.

## Capacitância (*C*)

Representa a capacidade de armazenamento de carga de um capacitor.

### Cálculo

$$C = \frac{Q}{U}$$

- $Q$: módulo da carga elétrica armazenada em cada armadura.
- $U$: *ddp* entre as armaduras.

### Observações

1ª) Para uma mesma *ddp*, quanto maior a capacitância, maior a quantidade de carga elétrica que pode ser armazenada.

2ª) Para uma mesma capacitância, a carga e a *ddp* são diretamente proporcionais.

## Energia potencial armazenada entre as armaduras de um capacitor ($E_p$)

### Cálculos

$$E_p = \frac{Q \cdot U}{2} = \frac{C \cdot U^2}{2} = \frac{Q^2}{2 \cdot C}$$

## Capacitor de placas planas

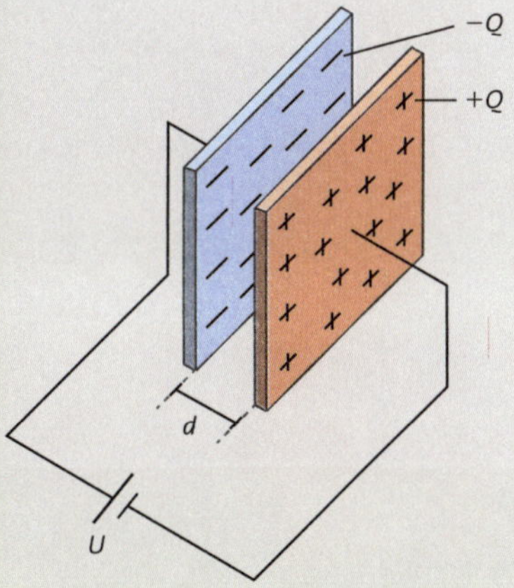


### Com vácuo entre as suas armaduras

$$C = \varepsilon_0 \cdot \frac{A}{d}$$

- $d$: distância entre as armaduras.
- $A$: área de cada armadura.
- $\varepsilon_0$: permissividade elétrica do vácuo $= 8{,}85 \cdot 10^{-12}$ F/m.

### Com isolante (ou dielétrico) entre as placas

- Constante dielétrica: $\varepsilon_r = \frac{\varepsilon}{\varepsilon_0} \geqslant 1$
- Nova capacitância: $C' = \varepsilon \cdot \frac{A}{d} = \varepsilon_r \cdot \varepsilon_0 \cdot \frac{A}{d} \rightarrow C' = \varepsilon_r \cdot C$

## Capacitores em série

situações equivalentes

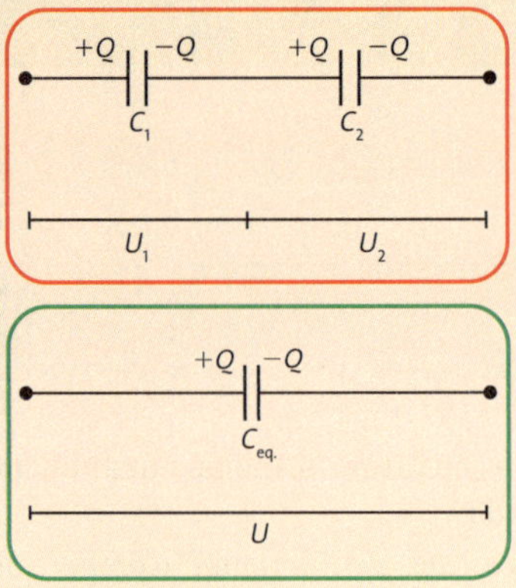


### Equações

- $Q_{eq.} = Q = Q_1 = Q_2$
- $U_{eq.} = U = U_1 + U_2$
- $E_{eq.} = E_p = E_{p1} + E_{p2}$
- $C_1 = \dfrac{Q}{U_1}$
- $C_2 = \dfrac{Q}{U_2}$
- $C_{eq.} = \dfrac{Q}{U}$
- Para dois capacitores: $C_{eq.} = \dfrac{C_1 \cdot C_2}{C_1 + C_2}$
- Para mais de dois capacitores: $\dfrac{1}{C_{eq.}} = \dfrac{1}{C_1} + \dfrac{1}{C_2} + \ldots$
- Para *N* capacitores idênticos de capacitância *C*: $C_{eq.} = \dfrac{C}{N}$

## Capacitores em paralelo

situações equivalentes

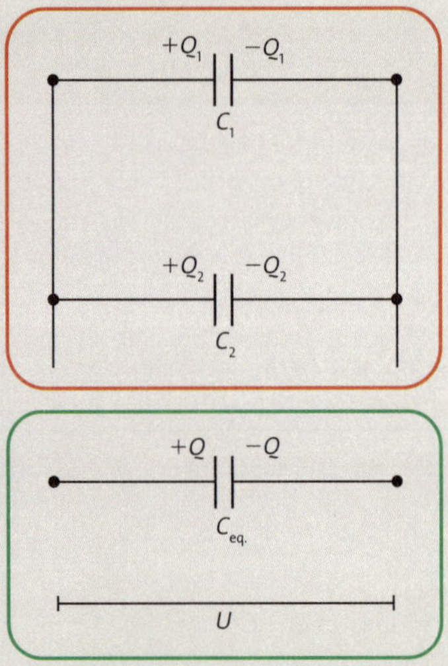


### Equações

- $U_{eq.} = U = U_1 = U_2$
- $Q_{eq.} = Q = Q_1 + Q_2$
- $E_{eq.} = E = E_1 + E_2$
- $C_{eq.} = C_1 + C_2$
- $C_1 = \dfrac{Q_1}{U}$
- $C_2 = \dfrac{Q_2}{U}$
- $C_{eq.} = \dfrac{Q}{U}$

# Exercícios

1. (Unir-RO) Os capacitores no circuito ao lado têm capacitâncias $C_1 = 2$ pF, $C_2 = 4$ pF e $C_3 = 3$ pF, e a voltagem da fonte é 10 V.
Qual a carga total, aproximadamente, armazenada no capacitor equivalente desse circuito?

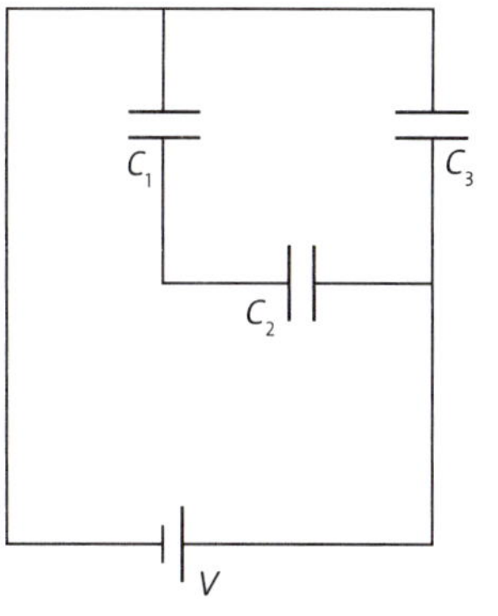


a) 52 pC
b) 22 pC
c) 43 pC
d) 09 pC
e) 90 pC

2. (UFC-CE) Dois capacitores desconhecidos são ligados em série a uma bateria de força eletromotriz $\varepsilon$, de modo que a carga final de cada capacitor é $q$. Quando os mesmos capacitores são ligados em paralelo à mesma bateria, a carga total final da associação é $4q$. Determine as capacitâncias dos capacitores desconhecidos.

3. (Facisb-SP) Três resistores idênticos, com resistência elétrica de 10 ohms cada, são conectados, formando um circuito. Através de dois amperímetros colocados em posições diferentes, constata-se que o maior valor da corrente elétrica medido nesse circuito é igual a 2 A, e o menor, 1 A. A resistência equivalente da associação, em ohms, vale:

a) 15. b) 20. c) 25. d) 30. e) 18.

4. (FPS-PE) Um circuito elétrico é formado por uma bateria ideal que fornece uma tensão elétrica de 9 V a um conjunto de três resistores iguais, de resistência $R = 1\,000\ \Omega$, ligados em paralelo, de acordo com a figura ao lado.
Se um amperímetro ideal *A* for ligado na saída da bateria, ele indicará um valor de:

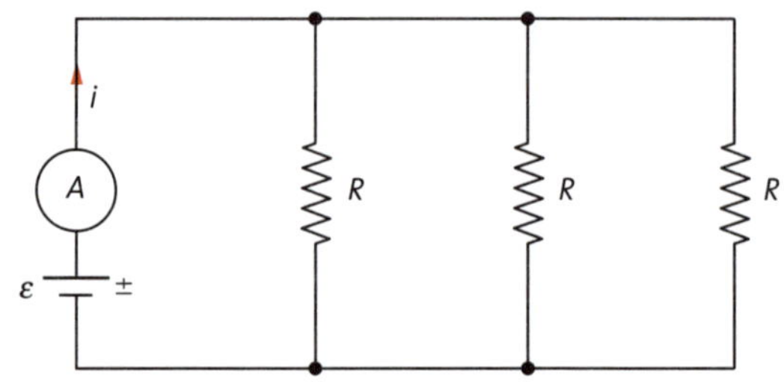


a) 1,7 A.
b) $2,7 \cdot 10^{-2}$ A.
c) 2,7 A.
d) 0,7 A.
e) $1,7 \cdot 10^{2}$ A.

5. (UPM-SP) No circuito elétrico ao lado esquematizado, o gerador elétrico possui resistência elétrica desprezível. Tanto o amperímetro quanto o voltímetro são considerados ideais. As lâmpadas ilustradas são idênticas e trazem as informações nominais: (1 W e 10 V).
Após fechar-se a chave *K*, o amperímetro e o voltímetro indicarão, respectivamente:

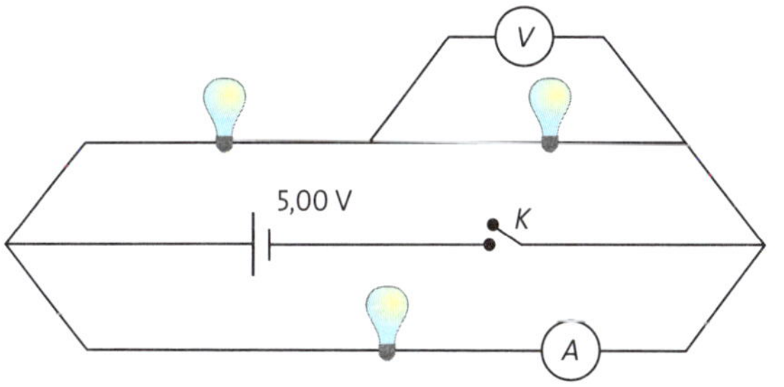


a) 50 mA e 1,25 V.
b) 25 mA e 1,25 V.
c) 50 mA e 2,50 V.
d) 25 mA e 2,50 V.
e) 75 mA e 5,00 V.

6. (Unimontes-MG) No circuito ao lado, temos uma bateria e um amperímetro ideais, mas o voltímetro, conectado aos nós *X* e *Y* do circuito, tem uma resistência interna de 600 Ω.
As leituras do amperímetro e do voltímetro são, respectivamente:

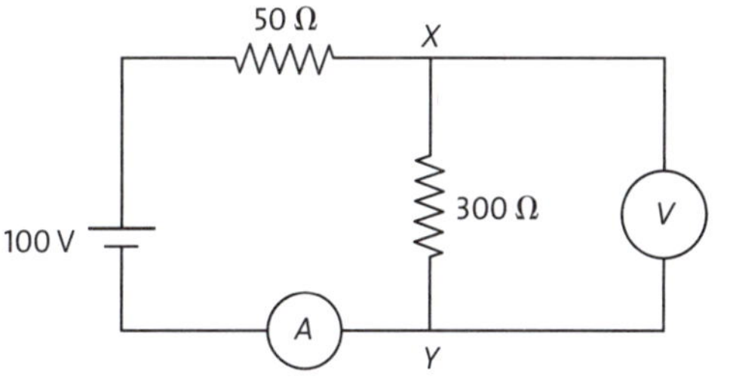


a) $i = 500$ mA, $U = 60$ V.
b) $i = 300$ mA, $U = 120$ V.
c) $i = 400$ mA, $U = 80$ V.
d) $i = 600$ mA, $U = 70$ V.

7. (UFTM-MG) Embora Wheatstone não tenha sido o criador da tão conhecida ponte de Wheatstone, com certeza ele a utilizou em muitos experimentos. Para que esse circuito cumpra sua finalidade, a leitura no galvanômetro deve ser zero, o que confere ao conjunto uma configuração de equilíbrio.

Analise as afirmações, considerando que a ponte de Wheatstone esquematizada esteja em equilíbrio.

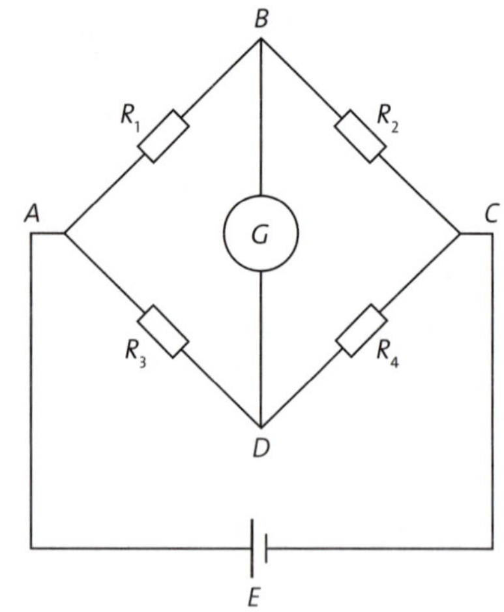


I. Os valores dos resistores $R_1$, $R_2$, $R_3$ e $R_4$ guardam a proporção dada pela expressão $R_1 \cdot R_2 = R_3 \cdot R_4$.

II. Mesmo que o gerador seja substituído por outro de força eletromotriz diferente, o galvanômetro indicará o valor zero.

III. Os pontos $B$ e $D$ são equipotenciais, assim como o são os pontos $A$ e $C$.

É correto o contido em:

a) II, apenas.
b) III, apenas.
c) I e II, apenas.
d) I e III, apenas.
e) I, II e III.

8. (UFPE) No circuito abaixo, determine a leitura do amperímetro ideal $A$, em ampères, considerando que a bateria fornece 120 V e tem resistência interna desprezível.

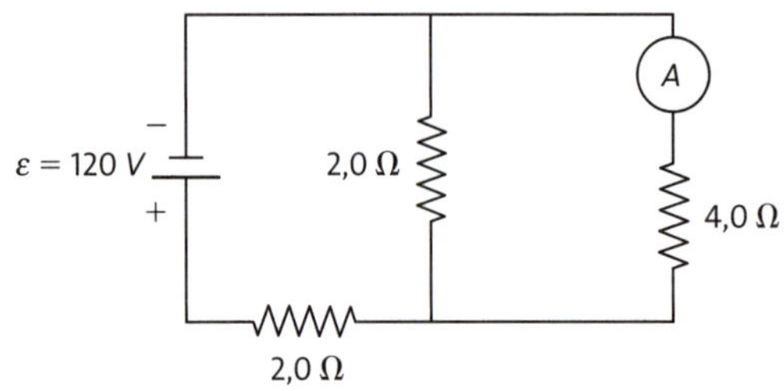


9. (Fatec-SP) No circuito esquematizado abaixo, o amperímetro ideal $A$ indica 400 mA.

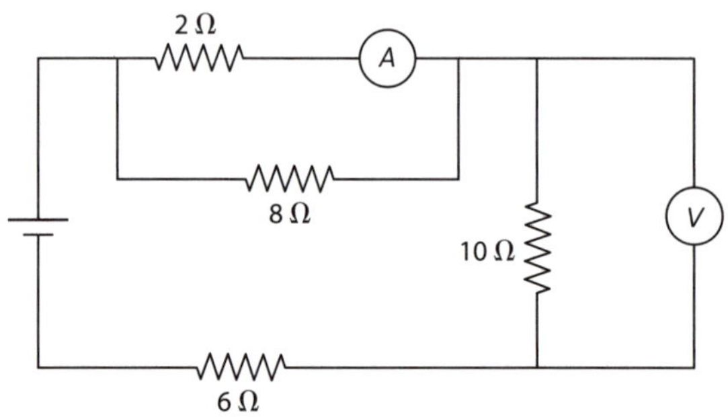


O voltímetro $V$, também ideal, indica, em volts:

a) 2. b) 3. c) 4. d) 5. e) 10.

10. (UPM-SP) No circuito ilustrado ao lado, a *ddp* entre os pontos *A* e *B* é constante e igual a 1,5 V e o amperímetro *A* é considerado ideal. As lâmpadas $L_1$, $L_2$, $L_3$ e $L_4$ são idênticas entre si e cada uma delas apresenta a seguinte indicação nominal de fábrica: (1,5 V e 0,5 W).
Ao fechar-se a chave *Ch*:

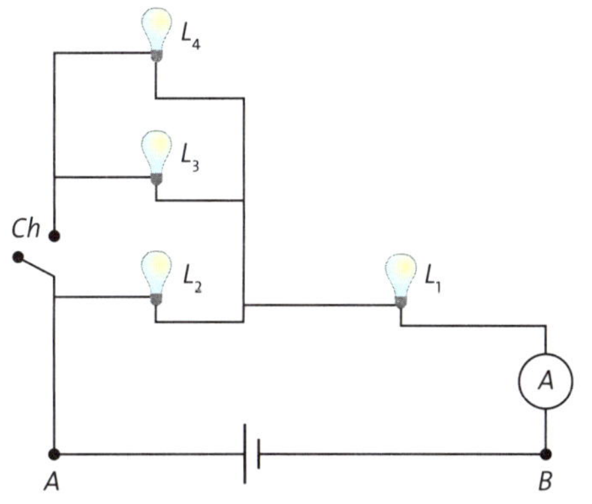


a) as lâmpadas $L_3$ e $L_4$ "queimam" e o amperímetro indica 0,17 A.
b) as lâmpadas $L_3$ e $L_4$ "queimam" e o amperímetro indica 0,34 A.
c) todas as lâmpadas acendem e o amperímetro indica 0,25A.
d) todas as lâmpadas acendem e o amperímetro indica 0,125A.
e) todas as lâmpadas "queimam".

11. (UPE) No circuito *A*, considere os três resistores com resistências iguais e, no circuito *B*, considere os três capacitores com capacitâncias iguais.

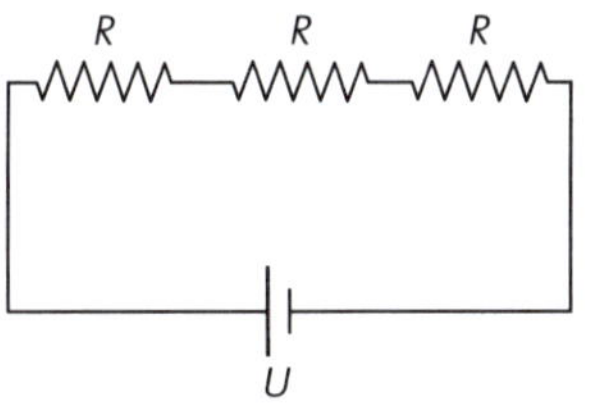

circuito *A*

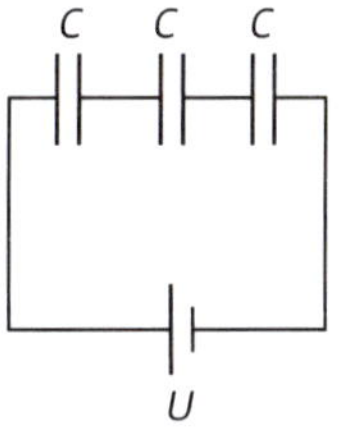

circuito *B*

É correto afirmar que a resistência equivalente é igual a:
a) $3R$, e a capacitância equivalente é igual a $3C$.
b) $R/3$, e a capacitância equivalente é igual a $3C$.
c) $3R$, e a capacitância equivalente é igual a $C/3$.
d) $R/3$, e a capacitância equivalente é igual a $C/3$.
e) $R$, e a capacitância equivalente é igual a $C$.

12. (Ufla-MG) Em quais dos circuitos a seguir é possível garantir que, transcorrido um intervalo de tempo muito longo após fechar a chave *S*, todas as lâmpadas estarão acesas? Suponha que a bateria satisfaça as condições necessárias para que as lâmpadas fiquem acesas e não se queimem.

I.

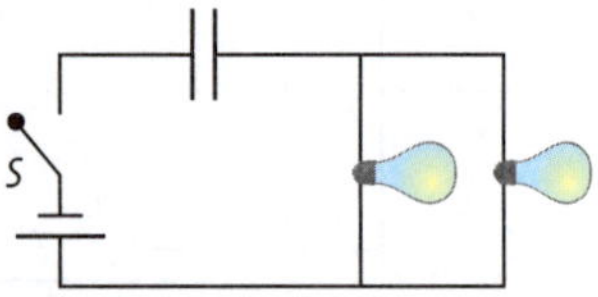


II.

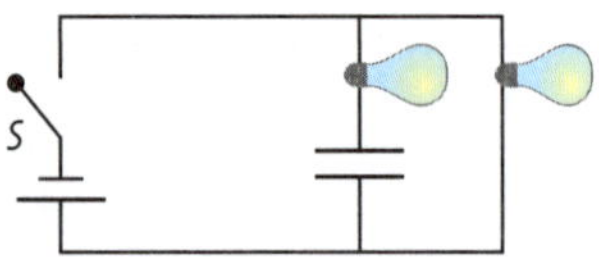


III.

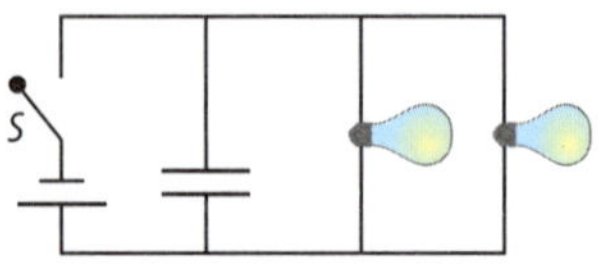


IV.

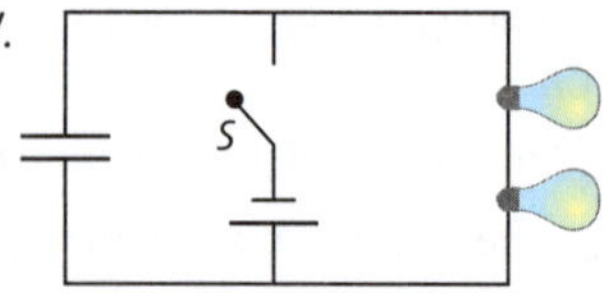


V.

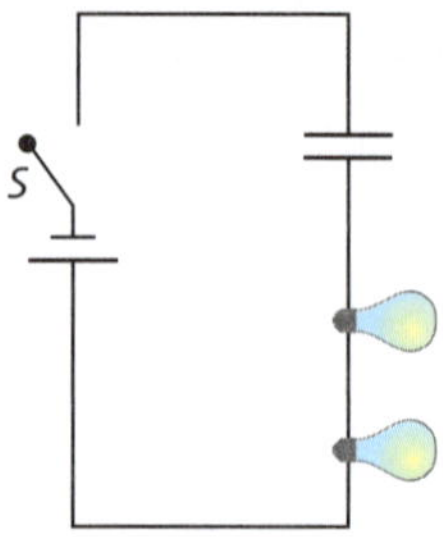


VI.

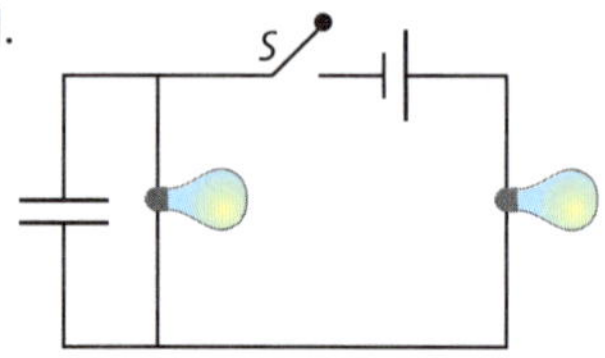


a) I, II, III.
b) I, V, VI.
c) II, IV, VI.
d) III, IV, VI.
e) IV, V, VI.

13. (Ufes) Um equipamento elétrico contém duas pilhas de 1,5 V em série, que carregam um capacitor de capacitância $6,0 \cdot 10^{-5}$ F. A carga elétrica que se acumula no capacitor, em coulombs, é:

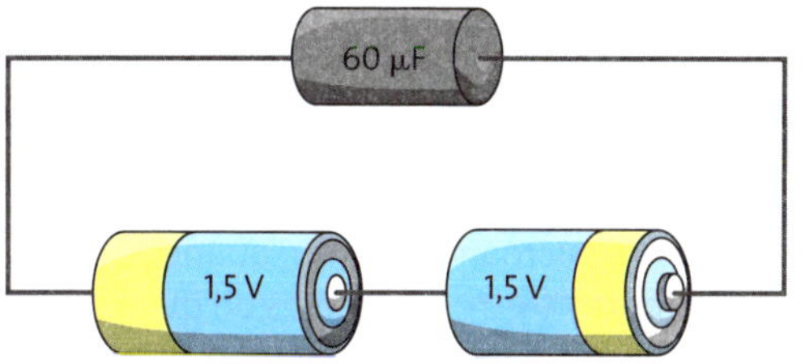


a) $0,2 \cdot 10^{-4}$.
b) $0,4 \cdot 10^{-4}$.
c) $0,9 \cdot 10^{-4}$.
d) $1,8 \cdot 10^{-4}$.
e) $3,6 \cdot 10^{-4}$.

14. (PUC-MG) Um capacitor de placas planas e paralelas é totalmente carregado utilizando-se uma fonte de 12 volts em três situações diferentes. Na situação *A*, ele permanece vazio. Em *B*, um dielétrico preenche metade do volume entre as placas e, em *C*, o mesmo dielétrico preenche todo o volume entre as placas. Assim, com relação às cargas acumuladas, é correto afirmar que:

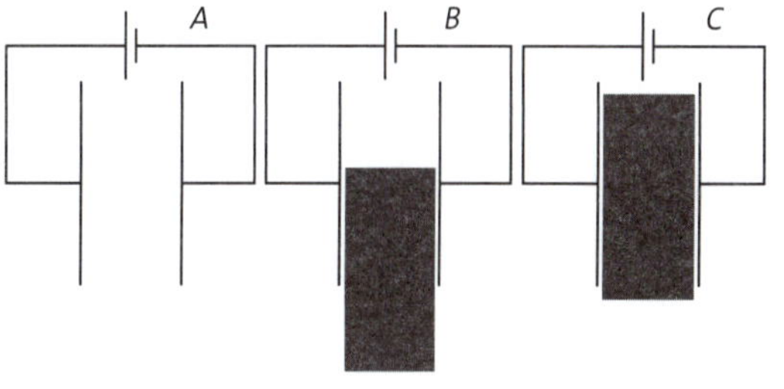


a) as cargas em *A*, *B* e *C* terão o mesmo valor.
b) o capacitor da situação *A* terá a maior carga e *C*, a menor.
c) o capacitor da situação *A* terá a menor carga e *C*, a maior.
d) o capacitor da situação *B* terá a maior carga e *A*, a menor.
e) o capacitor da situação *B* terá a menor carga e *C*, a maior.

15. (UFRGS-RS) Selecione a alternativa que preenche corretamente as lacunas do texto abaixo, na ordem em que elas aparecem.

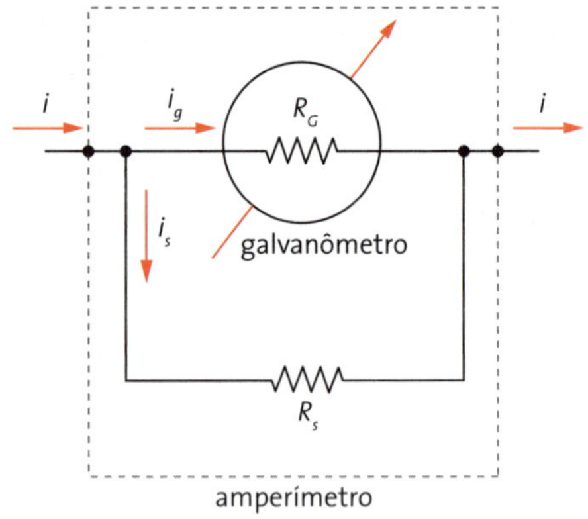


Um "galvanômetro" é um aparelho delicado e sensível capaz de medir uma corrente elétrica contínua, *i*, muito pequena, da ordem de alguns microampères ou, quando muito, miliampères. Para medir correntes elétricas maiores do que essas, usa-se um "amperímetro", que é um galvanômetro modificado da maneira representada na figura ao lado.

Constrói-se um amperímetro a partir de um galvanômetro, ligando-se a resistência interna $R_G$ do galvanômetro em paralelo com uma resistência $R_S$, chamada de 'shunt' (palavra inglesa que significa desvio). Assim, para se obter um amperímetro cuja "corrente de fundo de escala" seja dez vezes maior do que a do galvanômetro usado, ______ da corrente elétrica *i* deverá passar pelo galvanômetro, e o valor de $R_S$ deverá ser ________ do que o valor de $R_G$.

**Observação:** A "corrente de fundo de escala" é o valor máximo de corrente elétrica que o amperímetro ou o galvanômetro são capazes de medir.

a) 1/9 – 9 vezes menor

b) 1/10 – 9 vezes menor

c) 1/10 – 10 vezes maior

d) 9/10 – 9 vezes maior

e) 9/10 – 10 vezes maior

16. (Ufla-MG) A ponte de Wheatstone mostrada abaixo estará em equilíbrio quando o galvanômetro $G$ indicar zero volt.

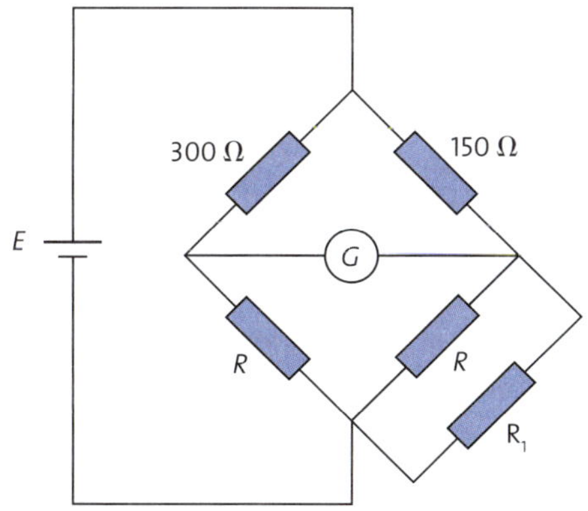


Para que isso ocorra, $R_1$ deve ter valor igual a:

a) $R/3$. b) $R$. c) $2R$. d) $R^2/2$. e) $R^2$.

17. (UFRN) No circuito da figura abaixo, o galvanômetro indica uma corrente nula.

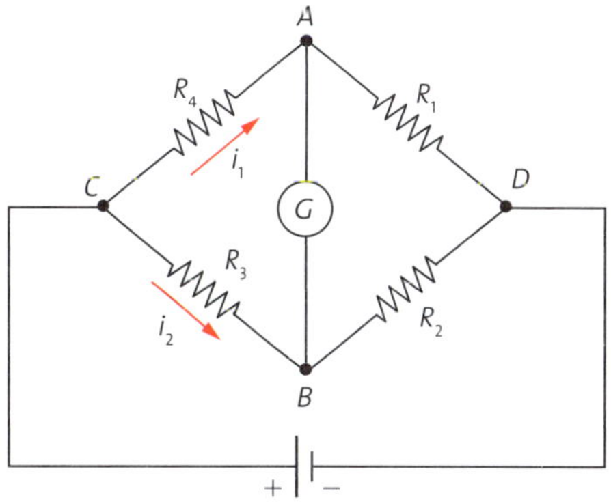


Neste caso, pode-se afirmar que:

a) $i_1 \cdot R_4 + i_2 \cdot R_3 = 0$.

b) $i_1 \cdot R_1 - i_2 \cdot R_3 = 0$.

c) $i_1 \cdot R_4 - i_2 \cdot R_3 = 0$.

d) $i_1 \cdot R_4 + i_2 \cdot R_2 = 0$.

e) $i_1 \cdot R_1 + i_2 \cdot R_2 = 0$.

18. (ITA-SP) Alguns tipos de sensores piezorresistivos podem ser usados na confecção de sensores de pressão baseados em pontes de Wheatstone. Suponha que o resistor $R_x$ do circuito da figura seja um piezorresistor com variação de resistência dada por $R_x = k \cdot p + 10\ \Omega$, em que $k = 2{,}0 \cdot 10^{-4}\ \Omega/\text{Pa}$ e $p$, a pressão em Pa. Usando este piezorresistor na construção de um sensor para medir pressões na faixa de 0,10 atm a 1,0 atm, assinale a faixa de valores do resistor $R_1$ para que a ponte de Wheatstone seja balanceada. Dados: $R_2 = 20\ \Omega$, $R_3 = 15\ \Omega$ e 1 atm $= 10^5$ Pa.

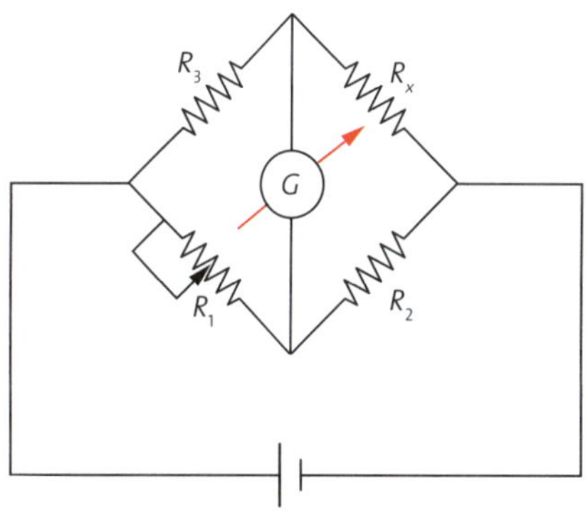


a) 25 Ω a 30 Ω.

b) 20 Ω a 30 Ω.

c) 10 Ω a 25 Ω.

d) 9,0 Ω a 23 Ω.

e) 7,7 Ω a 9,0 Ω.

# ELETRIZAÇÃO E FORÇA ELÉTRICA

## Princípios da eletrostática

### Sistema eletricamente isolado

A soma algébrica das quantidades de carga elétrica antes e depois da troca de carga entre os corpos tem o mesmo valor: $Q_A + Q_B = Q'_A + Q'_B$.

### Isolantes (ou dielétricos)

A carga elétrica em excesso permanece localizada na região do isolante onde ocorreu a eletrização. Exemplos: borracha, madeira e plástico.

### Condutores

A carga elétrica em excesso se espalha pelo condutor após a eletrização. Exemplos: metais, planeta Terra e corpo humano.

## Eletrização por atrito

Ocorre ao se esfregar, vigorosamente, dois corpos de materiais distintos.

### Observações

1ª) Ocorre com mais facilidade nos isolantes.

2ª) É favorecida em dias secos e prejudicada em dias úmidos.

3ª) Para dois corpos inicialmente neutros, ambos adquirem carga elétrica de mesmo valor absoluto, mas de sinais opostos.

### Série triboelétrica

A série triboelétrica determina qual deles fica eletrizado com carga positiva e qual fica com carga negativa. Na série abaixo, aquele que estiver à esquerda fica eletrizado positivamente e o outro, negativamente.

(+) vidro – mica – lã – seda – algodão – madeira – âmbar – enxofre – metais (−)

## Eletrização por contato entre dois condutores

Ocorre pelo contato direto ou indireto entre os condutores.

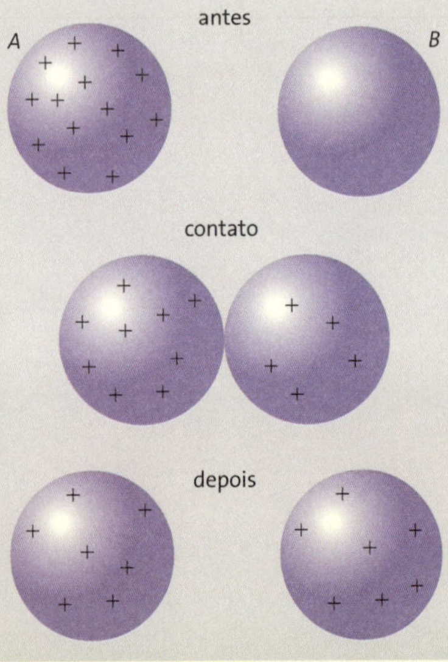


### Observações

1ª) Ao menos um dos condutores deve estar previamente eletrizado.

2ª) O condutor inicialmente neutro adquire carga elétrica de mesmo sinal do eletrizado.

3ª) Caso os condutores sejam idênticos, adquirem cargas de mesmo valor após a eletrização.

4ª) Nos condutores metálicos, o excesso de carga elétrica se distribui pela superfície.

5ª) O fluxo de carga entre os condutores *A* e *B* cessa quando seus potenciais elétricos se igualam: $V_A = V_B$.

6ª) Um condutor solitário carregado se descarrega ao entrar em contato com a Terra.

## Eletrização por indução

O corpo eletricamente carregado (indutor) provoca, sem contato, a redistribuição de cargas no condutor neutro (induzido).

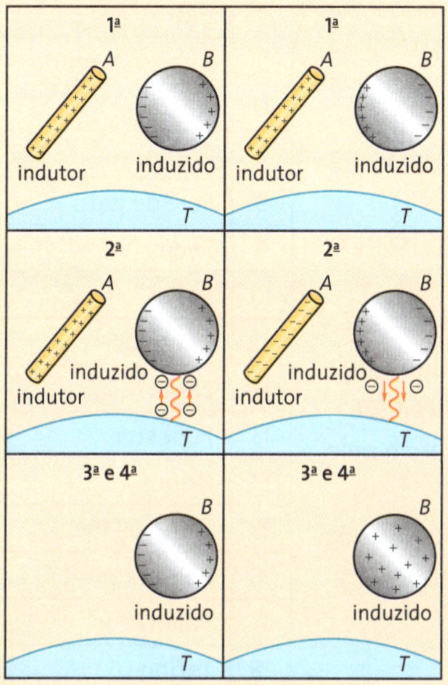


## Ordem das etapas

1ª) Aproxima indutor e induzido.

2ª) Liga induzido à Terra.

3ª) Desfaz fio terra.

4ª) Afasta indutor e induzido.

## Observações

1ª) O contato (direto ou indireto) com a Terra pode ser feito em qualquer ponto do induzido.

2ª) A carga final do induzido (inicialmente neutro) tem sempre sinal oposto à do indutor.

## Atração por indução

- Ocorre antes que o induzido se eletrize com carga de sinal oposto à do indutor; trata-se, portanto, de um exemplo de atração entre um corpo carregado (indutor) e outro neutro (induzido).
- Independe do sinal da carga do indutor.

## Lei de Coulomb para a força elétrica

Lei algébrica para o cálculo da intensidade da força elétrica entre duas partículas eletrizadas com cargas $Q_1$ e $Q_2$, separadas por uma distância $r$:

$$F = k \cdot \frac{|Q_1| \cdot |Q_2|}{r^2}.$$

No vácuo: $k_0 = 9 \cdot 10^9\ N \cdot m^2/C^2$.

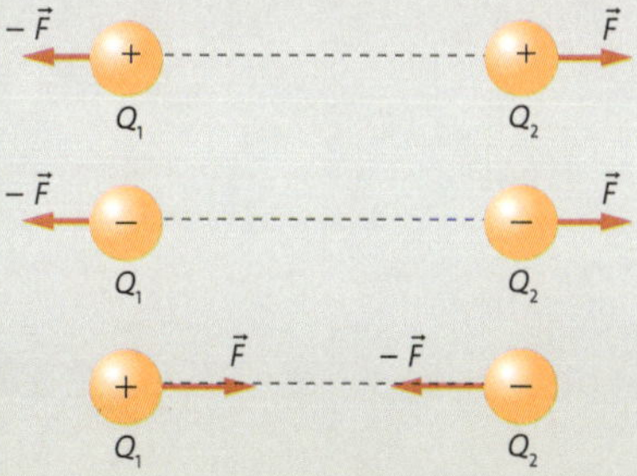


## Aplicação da força elétrica

A força de natureza elétrica é responsável por manter unidas as partículas de nosso corpo e dos objetos que nos rodeiam, além de viabilizar a existência de átomos e moléculas.

## Observações

1ª) Ainda que as cargas $Q_1$ e $Q_2$ sejam distintas, $\vec{F}$ e $-\vec{F}$ têm a mesma intensidade, pois obedecem ao princípio de ação e reação.

2ª) A constante eletrostática $k$ depende do meio que envolve as cargas.

# Exercícios

1. (UFSC) A eletricidade estática gerada por atrito é fenômeno comum no cotidiano. Pode ser observada ao pentearmos o cabelo em um dia seco, ao retirarmos um casaco de lã ou até mesmo ao caminharmos sobre um tapete. Ela ocorre porque o atrito entre materiais gera desequilíbrio entre o número de prótons e elétrons de cada material, tornando-os carregados positivamente ou negativamente. Uma maneira de identificar qual tipo de carga um material adquire quando atritado com outro é consultando uma lista elaborada experimentalmente, chamada série triboelétrica, como a mostrada ao lado. A lista está ordenada de tal forma que qualquer material adquire carga positiva quando atritado com os materiais que o seguem.
Com base na lista triboelétrica, assinale a(s) proposição(ões) correta(s). Dê como resposta a soma das alternativas corretas.

| | Materiais |
|---|---|
| 1 | Pele humana seca |
| 2 | Couro |
| 3 | Pele de coelho |
| 4 | Vidro |
| 5 | Cabelo humano |
| 6 | Náilon |
| 7 | Chumbo |
| 8 | Pele de gato |
| 9 | Seda |
| 10 | Papel |
| 11 | Madeira |
| 12 | Latão |
| 13 | Poliéster |
| 14 | Isopor |
| 15 | Filme de PVC |
| 16 | Poliuretano |
| 17 | Polietileno |
| 18 | Teflon |

(01) A pele de coelho atritada com teflon ficará carregada positivamente, pois receberá prótons do teflon.

(02) Uma vez eletrizados por atrito, vidro e seda, quando aproximados, irão se atrair.

(04) Em processo de eletrização por atrito entre vidro e papel, se o vidro adquire carga de +5 unidades de carga, então o papel adquire carga de −5 unidades de carga.

(08) Atritar couro e teflon produz mais eletricidade estática do que atritar couro e pele de coelho.

(16) Dois bastões de vidro aproximados depois de atritados com pele de gato irão se atrair.

(32) Um bastão de madeira atritado com outro bastão de madeira ficará eletrizado.

2. (Udesc) Duas esferas idênticas, $A$ e $B$, feitas de material condutor, apresentam as cargas $+3e$ e $-5e$ e são colocadas em contato. Após o equilíbrio, a esfera $A$ é colocada em contato com outra esfera idêntica $C$, que possui carga elétrica de $+3e$. Assinale a alternativa que contém o valor da carga elétrica final da esfera $A$.

a) $+2e$ b) $-1e$ c) $+1e$ d) $-2e$ e) zero

3. (UFTM-MG) Em uma festa infantil, o mágico resolve fazer uma demonstração que desperta a curiosidade das crianças ali presentes. Enche uma bexiga com ar, fecha-a, e, a seguir, após esfregá-la vigorosamente nos cabelos de uma das crianças, encosta o balão em uma parede lisa e perfeitamente vertical. Ao retirar a mão, a bexiga permanece fixada à parede. Qual foi a "mágica"?

a) O ar da bexiga interage com a parede, permitindo o repouso da bexiga.

b) Ao ser atritada, a bexiga fica eletrizada e induz a distribuição das cargas da parede, o que permite a atração.

c) O atrito estático existente entre a bexiga e a parede é suficiente para segurá-la, em repouso, na parede.

d) A bexiga fica eletrizada, gerando uma corrente elétrica que a segura à parede.

e) Por ser bom condutor de eletricidade, o ar no interior da bexiga absorve energia elétrica da parede, permitindo a atração.

4. (Fuvest-SP) A lei de conservação da carga elétrica pode ser enunciada como segue.

a) A soma algébrica dos valores das cargas positivas e negativas em um sistema isolado é constante.

b) Um objeto eletrizado positivamente ganha elétrons ao ser aterrado.

c) A carga elétrica de um corpo eletrizado é igual a um número inteiro multiplicado pela carga do elétron.

d) O número de átomos existentes no universo é constante.

e) As cargas elétricas do próton e do elétron são, em módulo, iguais.

5. (UEPG-PR) Considere quatro esferas metálicas idênticas e isoladas uma da outra. Três esferas (*a*, *b* e *c*) estão, inicialmente, descarregadas e a quarta esfera (*d*) está eletrizada com carga igual a *Q*. A seguir, a esfera *d* é posta sucessivamente em contato com as esferas *a*, *b* e *c*. No final todas as esferas estão eletrizadas. Sobre as cargas adquiridas pelas esferas, ao final do processo, assinale o que for correto. Dê como resposta a soma das alternativas corretas.

(01) As quatro esferas estarão igualmente eletrizadas.

(02) A esfera *a* estará eletrizada com carga igual a *Q*/2.

(04) As esferas *c* e *d* estarão eletrizadas com cargas iguais a *Q*/8.

(08) As esferas *a*, *b* e *c* estarão eletrizadas com cargas iguais a *Q*/3.

(16) A esfera *b* estará eletrizada com carga igual a *Q*/4.

6. (UFTM-MG) A indução eletrostática consiste no fenômeno da separação de cargas em um corpo condutor (induzido), devido à proximidade de outro corpo eletrizado (indutor). Preparando-se para uma prova de física, um estudante anota em seu resumo os passos a serem seguidos para eletrizar um corpo neutro por indução, e a conclusão a respeito da carga adquirida por ele. Passos a serem seguidos:

I. aproximar o indutor do induzido, sem tocá-lo.

II. conectar o induzido à Terra.

III. afastar o indutor.

IV. desconectar o induzido da Terra.

Conclusão:

No final do processo, o induzido terá adquirido cargas de sinais iguais às do indutor.
Ao mostrar o resumo para seu professor, ouviu dele que, para ficar correto, ele deverá:

a) inverter o passo III com IV, e sua conclusão está correta.

b) inverter o passo III com IV, e sua conclusão está errada.

c) inverter o passo I com II, e sua conclusão está errada.

d) inverter o passo I com II, e sua conclusão está correta.

e) inverter o passo II com III, e sua conclusão está errada.

7. (Uespi) Uma pequena esfera condutora *A*, no vácuo, possui inicialmente carga elétrica *Q*. Ela é posta em contato com outra esfera, idêntica a ela, porém neutra, e ambas são separadas após o equilíbrio eletrostático ter sido atingido. Esse procedimento é repetido mais 10 vezes, envolvendo outras 10 esferas idênticas à esfera *A*, todas inicialmente neutras. Ao final, a carga da esfera *A* é igual a:

a) $Q/2^9$.
b) $Q/2^{10}$.
c) $Q/2^{11}$.
d) $Q/10$.
e) $Q/11$.

8. (Fadi-SP) Duas cargas puntiformes $Q_1$ e $Q_2$ de mesmo sinal estão situadas a uma distância *x* entre si, conforme mostra a figura a seguir:

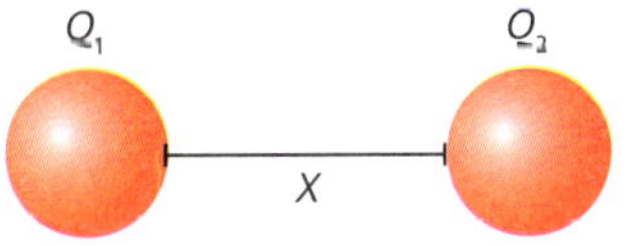


De acordo com a lei de Coulomb, se a distância *x* for dobrada, a nova interação entre as cargas $Q_1$ e $Q_2$ será de:

a) repulsão, com valor duas vezes menor que a inicial.
b) repulsão, com valor duas vezes maior que a inicial.
c) atração, com valor quatro vezes menor que a inicial.
d) repulsão, com valor quatro vezes menor que a inicial.
e) atração, com valor dezesseis vezes menor que a inicial.

9. (UPM-SP) Em um determinado instante, dois corpos de pequenas dimensões estão eletricamente neutros e localizados no ar. Por certo processo de eletrização, cerca de $5 \cdot 10^{13}$ elétrons "passaram" de um corpo a outro. Feito isto, ao serem afastados entre si de uma distância de 1,0 cm, haverá entre eles:
(Dados: $k_0 = 9 \cdot 10$ N $\cdot$ m$^2$/C$^2$ e $e = 1{,}6 \cdot 10^{-19}$ C.)

a) uma repulsão eletrostática mútua, de intensidade 5,76 kN.
b) uma repulsão eletrostática mútua, de intensidade $7{,}2 \cdot 10^5$ kN.
c) uma interação eletrostática mútua desprezível, impossível de ser determinada.
d) uma atração eletrostática mútua, de intensidade $7{,}2 \cdot 10^5$ kN.
e) uma atração eletrostática mútua, de intensidade 5,76 kN.

10. (Unisa-SP) Duas esferas condutoras e idênticas, cada uma com 100 gramas, estão suspensas por fios isolantes inextensíveis, de comprimentos iguais a 50 centímetros e massas desprezíveis. Certa quantidade de carga elétrica é transferida às esferas, de modo que elas se repelem 60 centímetros uma da outra, conforme a figura.

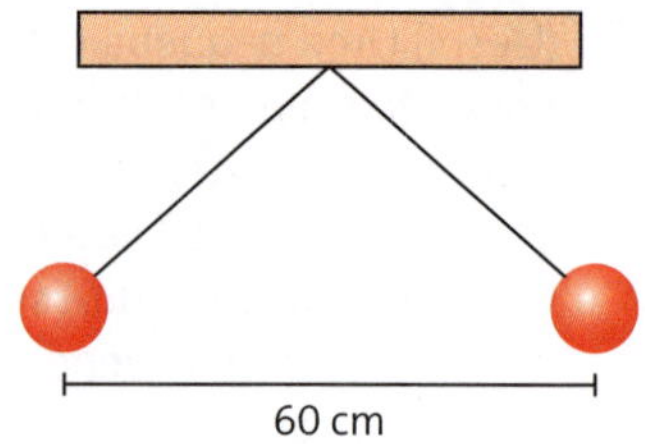


Sendo o raio de cada esfera desprezível comparado com a distância que as separa e a aceleração da gravidade, no S.I., igual a 10, a força de repulsão elétrica entre elas, em newtons, é igual a:

a) 1,00.
b) 1,25.
c) 0,35.
d) 0,75.
e) 0,25.

11. (ESCS-DF) Em três dos quatro vértices de um quadrado de lado $a$ estão fixas partículas carregadas como indica a figura I, que apresenta também as posições iniciais e os valores das cargas dessas partículas.
Seja $F_1$ o módulo da força eletrostática resultante sobre a partícula de carga $q$. Suponha agora que essa partícula seja deslocada até o centro do quadrado e permaneça fixa nesse ponto, como ilustra a figura II. Seja $F_2$ a força eletrostática resultante sobre ela nessa situação.

figura I

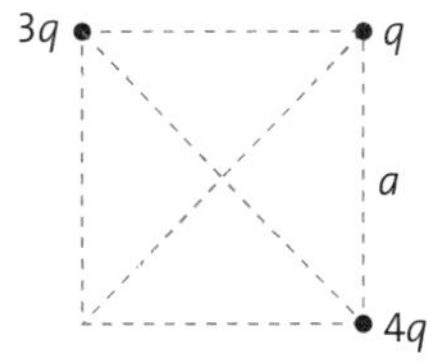


figura II

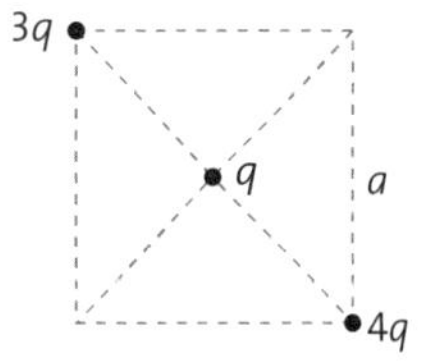


A razão $F_2/F_1$ é igual a:

a) 0.
b) 2/5.
c) 3/5.
d) 4/5.
e) 1.

12. (Udesc) Duas cargas puntiformes $+4q$ e $+q$ estão dispostas ao longo de uma linha reta horizontal e separadas por uma distância $d$. Em que posição $x$, ao longo da linha horizontal, e em relação à carga $+4q$, deve se localizar uma terceira carga $+q$ a fim de que esta adquira uma aceleração nula?

a) $2d/3$
b) $3d/2$
c) $5d/4$
d) $d/3$
e) $3d/4$

13. (ESCS-DF) Três cargas de valores $Q$, $q$ e $Q$ estão alinhadas como mostra a figura abaixo.

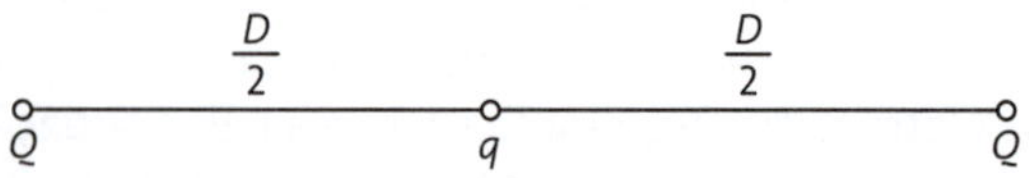


A distância entre as extremidades, onde se encontram cargas $Q$, é $D$, e a carga $q$ se encontra no ponto médio desse segmento. Para que as resultantes das forças eletrostáticas em cada carga sejam nulas, o valor da carga $q$ deve ser:

a) $Q/4$.
b) $4Q$.
c) $-Q/4$.
d) $-4Q$.
e) $-Q/2$.

14. (UPM-SP) Duas cargas elétricas puntiformes, quando separadas pela distância $D$, se repelem com uma força de intensidade $F$. Afastando-se essas cargas, de forma a duplicar a distância entre elas, a intensidade da força de repulsão será igual a:

a) $\sqrt{2} \cdot F$.
b) $2 \cdot F$.
c) $\frac{F}{2}$.
d) $\frac{F}{4}$.
e) $\frac{F}{8}$.

15. (UEFS-BA) O objetivo primordial da Física é entender a natureza de forma unificada. Tem-se algumas ideias sobre como unificar as interações fortes com as fracas e eletromagnéticas – a chamada Grande Unificação –, mas isso só pode ocorrer se a gravidade for incluída na equação, o que traz grandes dificuldades. Sabendo-se que a ordem de grandeza da constante de gravitação universal é $10^{-10}$ N · m$^2$/kg$^2$, da constante eletrostática é $10^{10}$ N · m$^2$/C$^2$, da massa do elétron é $10^{-30}$ kg, da massa do próton é $10^{-27}$ kg, da carga elétrica elementar é $10^{-19}$ C, do raio do átomo de hidrogênio é $10^{-10}$ m, a intensidade da atração gravitacional entre um elétron e um próton, no átomo de hidrogênio, é menor que a força de atração elétrica um número de vezes da ordem de:

a) $10^{19}$.
b) $10^{23}$.
c) $10^{39}$.
d) $10^{41}$.
e) $10^{44}$.

16. (IME-RJ) A figura ao lado ilustra uma mola feita de material isolante elétrico, não deformada, toda contida no interior de um tubo plástico não condutor elétrico, de altura $h = 50$ cm. Colocando-se sobre a mola um pequeno corpo (raio desprezível) de massa 0,2 kg e carga positiva de $9 \cdot 10^{-6}$ C, a mola passa a ocupar metade da altura do tubo.
O valor da carga, em coulombs, que deverá ser fixada na extremidade superior do tubo, de modo que o corpo possa ser posicionado em equilíbrio estático a 5 cm do fundo, é de:
(Dados: $g = 10$ m/s$^2$ e $k_0 = 9 \cdot 10^9$ N · m$^2$/C$^2$.)

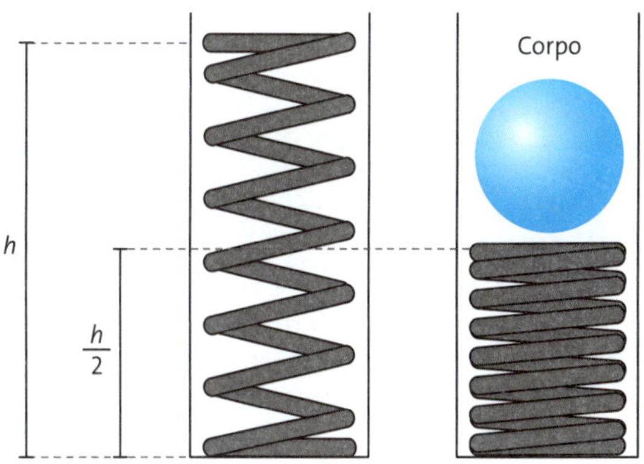


a) $2 \cdot 10^{-6}$.
b) $4 \cdot 10^{-4}$.
c) $4 \cdot 10^{-6}$.
d) $8 \cdot 10^{-4}$.
e) $8 \cdot 10^{-6}$.

# CAMPO E POTENCIAL ELÉTRICO

## Potencial elétrico ($V$)

Grandeza física escalar associada aos pontos do espaço que estão sob a influência de uma carga elétrica.

### Energia potencial elétrica ($E_P$)

Energia armazenada em um sistema de duas ou mais cargas e que pode se transformar em energia cinética.

### Relação entre potencial e energia potencial elétrica

Seja $V_A$ o potencial elétrico no ponto $A$, estabelecido por uma distribuição qualquer de cargas elétricas; quando uma carga de prova ($q$) estiver no ponto $A$, a energia potencial elétrica do sistema composto pela distribuição de cargas mais a carga de prova é calculada por: $E_{P,A} = q \cdot V_A$.

## Campo elétrico ($\vec{E}$)

Propriedade física vetorial estabelecida nos pontos do espaço que estão sob a influência de uma carga elétrica. Pode ser entendido como o agente transmissor da força elétrica.

### Relação entre força elétrica e campo elétrico

Uma carga de prova ($q$), posicionada em um ponto $P$ da região do espaço onde já existe um campo elétrico resultante ($\vec{E}$), fica sujeita a uma força elétrica ($\vec{F}$) dada por: $\vec{F} = q \cdot \vec{E}$.

### Orientação de $\vec{F}$ e $\vec{E}$

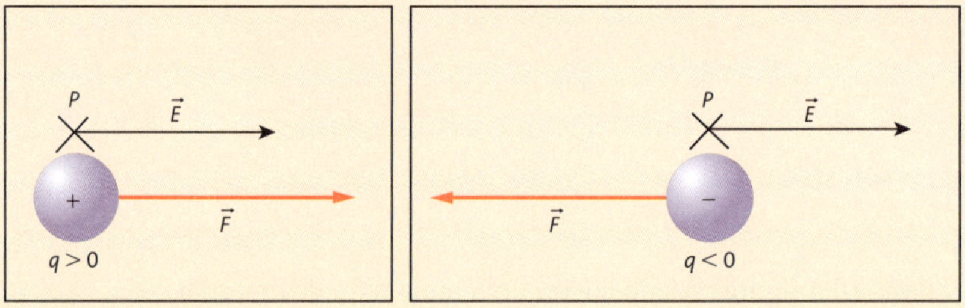


## Trabalho da força elétrica ($\tau$)

Representa a quantidade de energia potencial elétrica transformada em energia não elétrica (ou vice-versa) por intermédio da ação da força elétrica.

### Relação com potencial elétrico

O trabalho ($\tau_{AB}$) da força elétrica que atua em uma carga de prova ($q$) que deixa o ponto $A$ de potencial $V_A$ e chega a outro ponto $B$ de potencial $V_B$ (seguindo qualquer uma das infinitas possíveis trajetórias) é calculado por:

$\tau_{AB} = E_{P,A} - E_{P,B} = q \cdot V_A - q \cdot V_B = q \cdot (V_A - V_B) = q \cdot U_{AB}$

### No caso do campo elétrico uniforme

- $\tau_{AB} = F \cdot d = q \cdot E \cdot d \Rightarrow q \cdot E \cdot d = q \cdot U_{AB} \Rightarrow E \cdot d = U_{AB}$
- Nessa expressão, $d$ é a distância entre a superfície equipotencial que passa por $A$ e aquela que passa por B, e $U_{AB}$ é o módulo da diferença de potencial entre elas.

## Linhas de campo

Usadas para visualizar as características do campo elétrico resultante de uma distribuição qualquer de cargas elétricas.

### Propriedades

- Nunca se cruzam.
- São sempre tangentes ao vetor campo elétrico resultante.
- Têm o mesmo sentido do vetor campo elétrico resultante.
- A concentração de linhas de campo é proporcional à intensidade do campo elétrico resultante.
- São sempre perpendiculares às superfícies equipotenciais.
- Ao longo de uma linha de campo e no sentido de uma linha de campo, o potencial elétrico sempre decresce.

## Partícula eletrizada com carga (Q)

### Intensidade do campo elétrico

$$E = \frac{k \cdot |Q|}{r^2}$$

### Valor algébrico do potencial elétrico

$$V = \frac{k \cdot Q}{r}$$

### Linhas de campo (L.C.) e superfícies equipotenciais (S.E.)

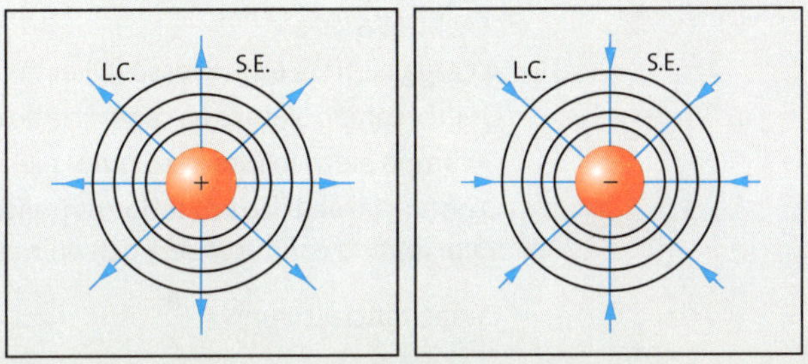


## Placas paralelas com cargas de sinal oposto (+Q e −Q)

Na região entre as placas se estabelece um campo elétrico uniforme.

### Intensidade do campo entre as placas

$$E = \frac{\sigma}{\varepsilon_0} = \frac{Q}{A \cdot \varepsilon_0}$$

$\sigma$: densidade média superficial de carga.

### Valor algébrico do potencial entre as placas

O potencial tem o valor positivo ($+V$) na placa carregada positivamente com carga ($+Q$) e diminui linearmente até atingir o valor negativo ($-V$) na placa carregada com carga negativa ($-Q$).

### Linhas de campo (L.C.) e superfícies equipotenciais (S.E.)

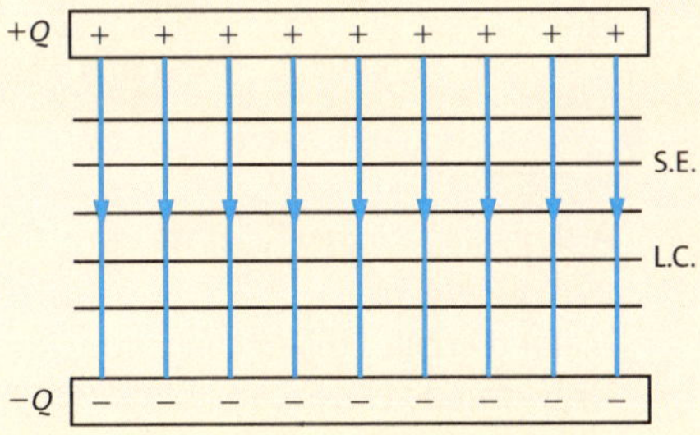

## Condutor esférico de raio (*R*) eletrizado com carga (*Q*) e em equilíbrio eletrostático

### Potencial elétrico (*V*) e Intensidade do campo elétrico (*E*)

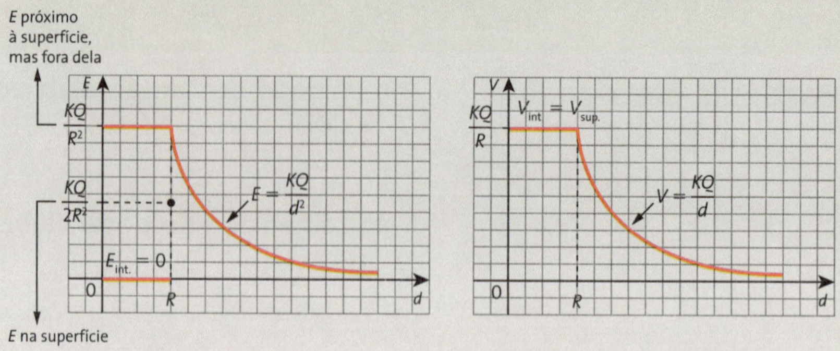


### Propriedades

- A carga elétrica em excesso (*Q*) está distribuída na superfície externa.
- O vetor campo elétrico na superfície do condutor é perpendicular a essa superfície.
- O campo elétrico interno é nulo quer o condutor seja oco ou maciço.
- O potencial elétrico em todos os pontos internos e na superfície tem o mesmo valor, quer o condutor seja oco ou maciço.
- Capacitância: $C = \frac{Q}{V} = \frac{R}{k}$.

## Blindagem eletrostática

Isolamento elétrico da região interna a um condutor. Em homenagem ao seu idealizador, o condutor que faz a blindagem denomina-se gaiola de Faraday.

### Características

- Resultado do fato de o campo elétrico ser nulo (ou o potencial elétrico ser constante) no volume interno do condutor.
- Campo nulo (ou potencial constante) implica que não haja movimento de portadores de carga, ou seja, corrente elétrica nula.

### Aplicações

- Isolamento industrial de transformadores e geradores.
- Isolamentos de componentes eletrônicos.
- Entretenimento em demonstrações públicas.

## Poder das pontas

Aumento da intensidade do campo elétrico nas regiões que envolvem as quinas ou as pontas de um condutor eletrizado.

### Origem

- A densidade superficial de carga, $\sigma$, é maior nas regiões com quinas ou pontiagudas.
- Maior $\sigma$ implica maior concentração de linhas de campo ou, de forma equivalente, campo elétrico mais intenso.

### Aplicações

O campo intenso pode provocar a ionização do ar ao redor das pontas, fazendo com que o ar se torne um gás condutor; tal fato facilita a passagem de portadores de carga através das pontas para o ar e vice-versa e, por isso, as pontas são usadas como para-raios.

# Exercícios

1. (Uespi) Uma partícula de massa 0,1 kg e carga $10^{-6}$ C cai verticalmente numa região de campo elétrico uniforme e vertical, de módulo $10^5$ N/C. Desprezando a resistência do ar e considerando a aceleração da gravidade igual a 10 m/s², os valores mínimo e máximo da aceleração dessa partícula valem:

   a) 8 m/s² e 10 m/s².
   b) 9 m/s² e 10 m/s².
   c) 8 m/s² e 12 m/s².
   d) 9 m/s² e 11 m/s².
   e) 8 m/s² e 9 m/s².

2. (UPE) Um próton se desloca horizontalmente, da esquerda para a direita, a uma velocidade de $4 \cdot 10^5$ m/s. O módulo do campo elétrico mais fraco capaz de trazer o próton uniformemente para o repouso, após percorrer uma distância de 3 cm, vale, em N/C:
   (Dados: massa do próton $= 1{,}8 \cdot 10^{-27}$ kg, carga do próton $= 1{,}6 \cdot 10^{-19}$ C.)

   a) $4 \cdot 10^3$.
   b) $3 \cdot 10^5$.
   c) $6 \cdot 10^4$.
   d) $3 \cdot 10^4$.
   e) $7 \cdot 10^3$.

3. (UPM-SP) Fixam-se as cargas puntiformes $q_1$ e $q_2$, de mesmo sinal, nos pontos *A* e *B*, ilustrados abaixo.

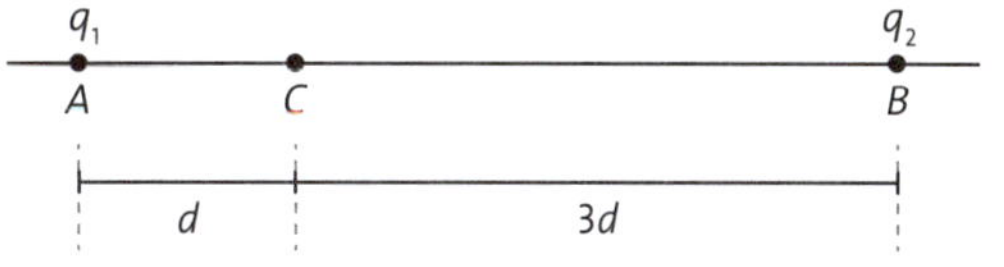


   Para que no ponto *C* o vetor campo elétrico seja nulo, é necessário que:

   a) $q_2 = \frac{1}{9} \cdot q_1$.
   b) $q_2 = \frac{1}{3} \cdot q_1$.
   c) $q_2 = 3 \cdot q_1$.
   d) $q_2 = 6 \cdot q_1$.
   e) $q_2 = 9 \cdot q_1$.

4. (PUC-RJ) Duas cargas pontuais $q_1 = 3{,}0\ \mu C$ e $q_2 = 6{,}0\ \mu C$ são colocadas a uma distância de 1,0 m entre si. Calcule a distância, em metros, entre a carga $q_1$ e a posição, situada entre as cargas, onde o campo elétrico é nulo.
   Dado: $k_0 = 9 \cdot 10^9\ N \cdot m^2/C^2$.

   a) 0,3 b) 0,4 c) 0,5 d) 0,6 e) 2,4

5. (UEPG-PR) Considerando uma carga pontual $Q$, no ar, e um ponto situado a uma distância $r$ da carga, conforme esquematizado abaixo, analise as afirmações que se seguem e dê como resposta a soma das alternativas corretas.

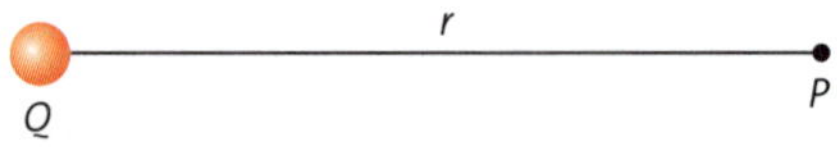


(01) Se no ponto $p$ for colocada uma carga $q$, essa ficará sujeita a uma força $\vec{F}$ que poderá ser conhecida pela lei de Coulomb.

(02) Associada ao ponto $p$ uma carga $q$, a intensidade do campo elétrico nesse ponto não dependerá da carga $q$, mas será proporcional ao valor da carga $Q$.

(04) O campo elétrico gerado pela carga $Q$ e atuante sobre uma carga $q$ é inversamente proporcional à distância que as separa.

(08) Se uma carga $q$ positiva for abandonada no interior do campo elétrico gerado por uma carga $Q$ também positiva, seu movimento no interior do campo será de atração em relação a $Q$.

(16) Se uma carga $q$ estiver sob ação de vários campos elétricos, essa ficará sujeita a um campo elétrico resultante, igual à soma vetorial desses campos.

6. (Uema) O módulo do vetor campo elétrico produzido por uma carga elétrica em um ponto $P$ é igual a $E$. Dobrando-se a distância entre a carga e o ponto $P$, por meio do afastamento da carga e dobrando-se também o valor da carga, o módulo do vetor campo elétrico, nesse ponto, muda para:

a) $8E$. b) $E/4$. c) $2E$. d) $4E$. e) $E/2$.

7. (Udesc) A carga elétrica de uma partícula com 2,0 g de massa, para que ela permaneça em repouso, quando colocada em um campo elétrico vertical, com sentido para baixo e intensidade igual a 500 N/C, é: (Dado: $g = 10\ m/s^2$.)

a) +40 nC.
b) +40 μC.
c) +40 mC.
d) −40 μC.
e) −40 mC.

8. (UFPE) Nos vértices de um triângulo isósceles são fixadas três cargas puntiformes de valores $Q_1 = +1,0 \cdot 10^{-6}$ C, $Q_2 = -2,0 \cdot 10^{-6}$ C e $Q_3 = +4,0 \cdot 10^{-6}$ C. O triângulo tem altura $h = 3,0$ mm e base $D = 6,0$ mm. Determine o módulo do campo elétrico no ponto médio $M$, da base, em unidades de $10^9$ V/m.
Dado: $k_0 = 9,0 \cdot 10^9\ N \cdot m^2/C^2$.

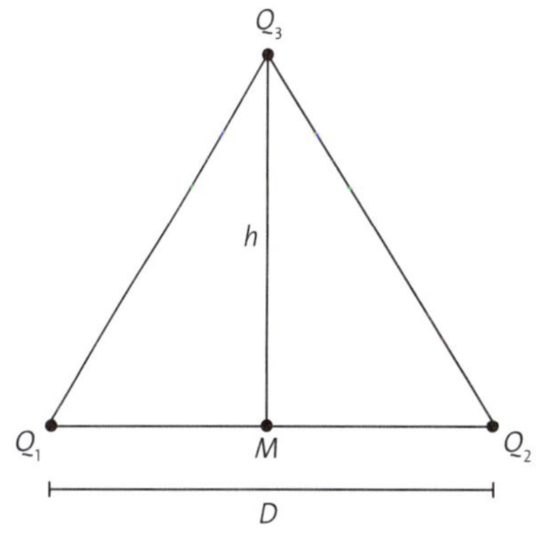


9. (Fuvest-SP) Um raio proveniente de uma nuvem transportou para o solo uma carga de 10 coulombs sob uma diferença de potencial de 100 milhões de volts. A energia liberada por esse raio é de:

a) 30 MWh.
b) 3 MWh.
c) 300 kWh.
d) 30 kWh.
e) 3 kWh.

Note e adote: $1\ J = 3 \cdot 10^{-7}$ kWh.

10. (UPE) Considere a Terra como uma esfera condutora, carregada uniformemente, cuja carga total é 6,0 μC, e a distância entre seu centro e um ponto $P$ na superfície da Lua é de aproximadamente $4 \cdot 10^8$ m. A constante eletrostática no vácuo é de aproximadamente $9 \cdot 10^9\ N \cdot m^2/C^2$. É correto afirmar que a ordem de grandeza do potencial elétrico nesse ponto $P$, na superfície da Lua, vale, em volts:

a) $10^{-2}$.
b) $10^{-3}$.
c) $10^{-4}$.
d) $10^{-5}$.
e) $10^{-12}$.

11. (UPM-SP) Um aluno, ao estudar Física, encontra no seu livro a seguinte questão:
"No vácuo ($k = 9 \cdot 10^9$ N · m²/C²), uma carga puntiforme $Q$ gera, à distância $D$, um campo elétrico de intensidade 360 N/C e um potencial elétrico de 180 V, em relação ao infinito". A partir dessa afirmação, o aluno determinou o valor correto dessa carga como sendo:

a) 24 μC.
b) 10 μC.
c) 30 nC.
d) 18 nC.
e) 10 nC.

12. (UFPE) O gráfico mostra a dependência do potencial elétrico criado por uma carga pontual, no vácuo, em função da distância à carga. Determine o valor da carga elétrica. Dê a sua resposta em unidades de $10^{-9}$ C.
Dado: $k_0 = 1/4\pi\varepsilon_0 = 9{,}0 \cdot 10^9$ N · m²/C².

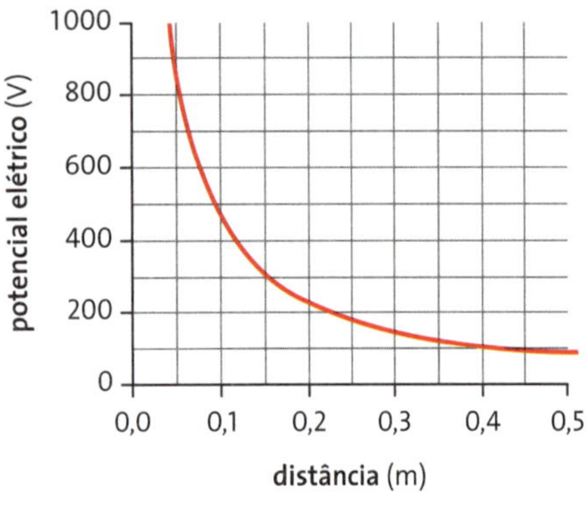


13. (UFPR) Um próton movimenta-se em linha reta paralelamente às linhas de força de um campo elétrico uniforme, conforme mostrado na figura. Partindo do repouso no ponto 1 e somente sob ação da força elétrica, ele percorre uma distância de 0,6 m e passa pelo ponto 2. Entre os pontos 1 e 2 há uma diferença de potencial igual a 32 V.

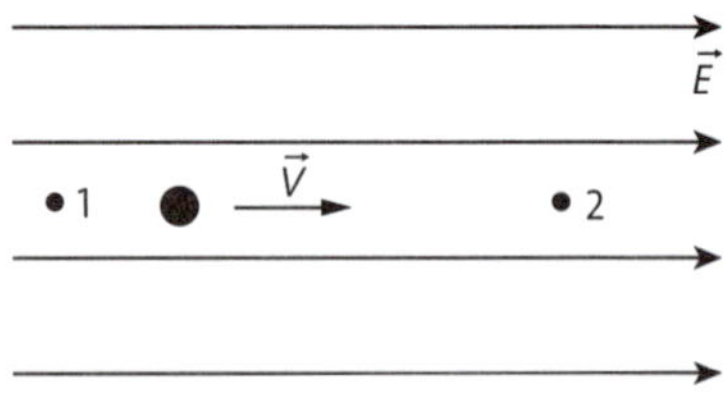


Considerando a massa do próton igual a $1{,}6 \cdot 10^{-27}$ kg e sua carga igual a $1{,}6 \cdot 10^{-19}$ C, assinale a alternativa que apresenta corretamente a velocidade do próton ao passar pelo ponto 2.

a) $2{,}0 \cdot 10^4$ m/s
b) $4{,}0 \cdot 10^4$ m/s
c) $8{,}0 \cdot 10^4$ m/s
d) $1{,}6 \cdot 10^5$ m/s
e) $3{,}2 \cdot 10^5$ m/s

14. (UEFS-BA) No campo elétrico criado por uma esfera eletrizada com carga $Q$, o potencial varia com a distância ao centro dessa esfera, conforme o gráfico.

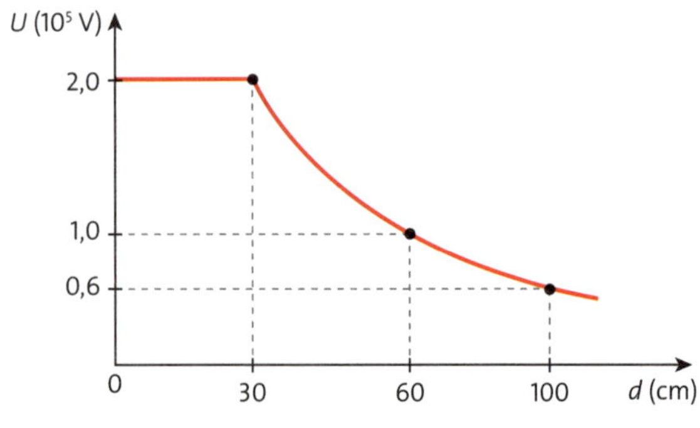


Considerando-se a constante eletrostática do meio igual a $1{,}0 \cdot 10^{10}$ N · m²/C², a carga elétrica, em coulomb, existente na esfera é igual a:

a) $6{,}0 \cdot 10^4$.
b) $6{,}0 \cdot 10^{-5}$.
c) $6{,}0 \cdot 10^{-6}$.
d) $6{,}7 \cdot 10^{-9}$.
e) $6{,}7 \cdot 10^{-16}$.

15. (PUC-RS) A figura ao lado mostra três linhas equipotenciais em torno de uma carga positiva que pode ser considerada puntiforme (as dimensões da carga são muito menores que as distâncias consideradas no problema).
O trabalho realizado por uma força externa ao deslocar, com velocidade constante, a carga de prova de $1,0 \cdot 10^{-6}$ C de *A* até *C* através do caminho indicado *ABC*, em joules, é:

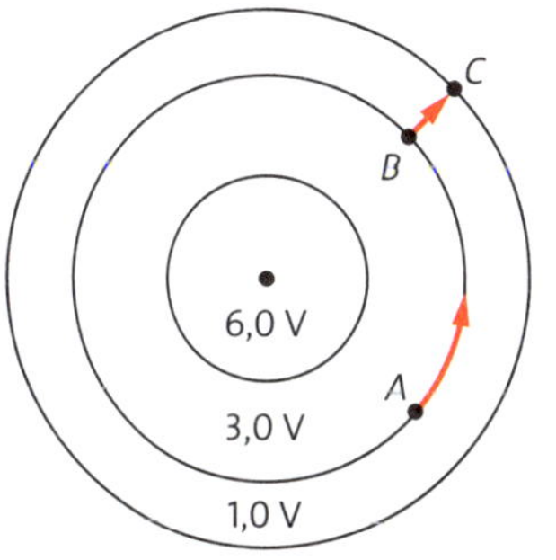


a) $-5,0 \cdot 10^{-6}$.
b) $-3,0 \cdot 10^{-6}$.
c) $-2,0 \cdot 10^{-6}$.
d) $1,0 \cdot 10^{-6}$.
e) $2,0 \cdot 10^{-6}$.

16. (Uespi) Uma carga pontual *Q* está fixa no vácuo. A linha tracejada na figura corresponde a uma circunferência de raio *R* e centro em *Q*. Uma outra carga pontual *q* é levada da posição *A* à posição *B* através da trajetória mostrada na figura em linha sólida. A constante elétrica no vácuo é denotada por *k*.
O trabalho da força elétrica entre as posições *A* e *B* é igual a:

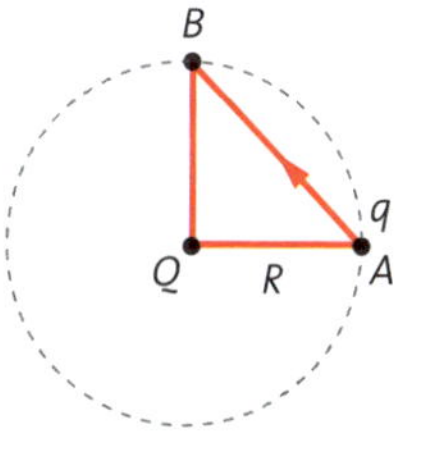


a) zero.
b) $k \cdot Q \cdot q/R$.
c) $k \cdot Q \cdot q/(2 \cdot R)$.
d) $k \cdot Q \cdot q/(R \cdot \sqrt{2})$.
e) $k \cdot Q \cdot q/(2 \cdot R \cdot \sqrt{2})$.

17. (UFTM-MG) Considere uma esfera oca metálica eletrizada. Na condição de equilíbrio eletrostático, podemos dizer que:

a) o vetor campo elétrico no interior da esfera não é nulo.

b) o potencial elétrico em um ponto interior da esfera depende da distância desse ponto à superfície.

c) o vetor campo elétrico na superfície externa da esfera é perpendicular à superfície.

d) a distribuição de cargas elétricas na superfície externa da esfera depende do sinal da carga com que ela está eletrizada.

e) o módulo do vetor campo elétrico em um ponto da região externa da esfera não depende da distância desse ponto à superfície.

18. (ITA-SP) Em uma impressora a jato de tinta, gotas de certo tamanho são ejetadas de um pulverizador em movimento, passam por uma unidade eletrostática onde perdem alguns elétrons, adquirindo uma carga $q$ e, a seguir, se deslocam no espaço entre placas planas paralelas eletricamente carregadas, pouco antes da impressão. Considere gotas de raio igual a 10 μm lançadas com velocidade de módulo $v = 20$ m/s entre placas de comprimento igual a 2,0 cm, no interior das quais existe um campo elétrico vertical uniforme, cujo módulo é $E = 8{,}0 \cdot 10^4$ N/C (veja figura).
Considerando que a densidade da gota seja de 1000 kg/m³ e sabendo-se que a mesma sofre um desvio de 0,30 mm ao atingir o final do percurso, o módulo da sua carga elétrica é de:

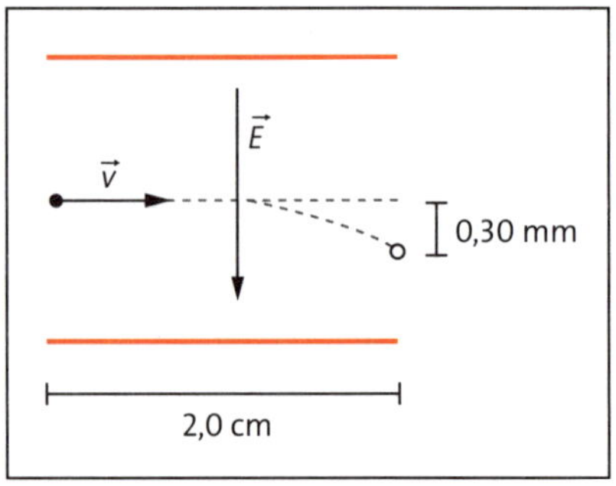


a) $2{,}0 \cdot 10^{-14}$ C.
b) $3{,}1 \cdot 10^{-14}$ C.
c) $6{,}3 \cdot 10^{-14}$ C.
d) $3{,}1 \cdot 10^{-11}$ C.
e) $1{,}1 \cdot 10^{-10}$ C.

19. (UFRR) Uma partícula de massa igual a 10 g com carga elétrica de 10 C se desloca numa região de campo elétrico uniforme de 40 V/m, conforme a figura ao lado.

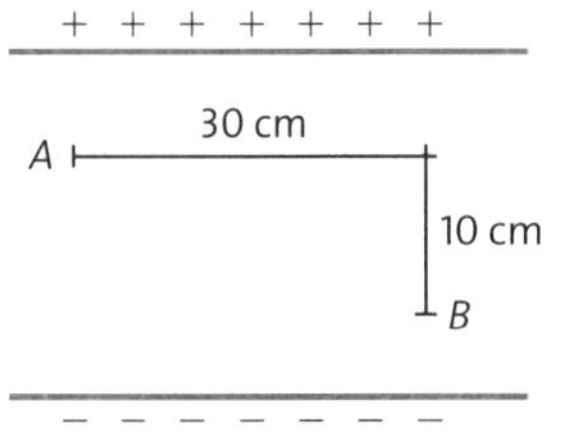


O trabalho elétrico, em joules, para o deslocamento da partícula da posição *A* para a posição *B*, vale:

a) 10.

b) 20.

c) 30.

d) 40.

e) 50.

20. (Acafe-SC) Uma cartilha fornecida pelo DETRAN alerta sobre o risco de acidente no caso de os cabos elétricos estarem em contato com os veículos. Nesta cartilha há um erro conceitual quando é afirmado que: *"No interior dos veículos, as pessoas estão seguras, desde que os pneus estejam intactos e não haja nenhum contato com o chão. Se o cabo estiver sobre o veículo, elas podem ser eletrocutadas ao tocar o solo. Isso já não ocorre se permanecerem no seu interior, pois o mesmo está isolado pelos pneus".*

*Noções de Primeiros Socorros no Trânsito*, p. 25.
São Paulo: ABRAMET, 2005.

Assinale a alternativa correta que proporciona uma justificativa cientificamente adequada para a situação descrita na cartilha.

a) As pessoas jamais estarão seguras, pois os pneus não têm isolamento adequado.

b) As pessoas devem permanecer no interior do carro porque estão blindadas eletricamente, independente de estarem isoladas pelos pneus.

c) Os pneus devem estar cheios de ar, caso contrário, não haverá isolamento.

d) Se as pessoas estiverem com calçados de borracha elas podem saltar do carro.

# CAMPO MAGNÉTICO E FORÇA MAGNÉTICA

## Campo magnético

Propriedade física vetorial estabelecida nos pontos do espaço que estão sob a influência de ímãs ou de correntes elétricas. Pode ser entendido como o agente transmissor da força magnética.

## Vetor campo magnético ($\vec{B}$)

Representa intensidade, direção e sentido do campo magnético.

### Representações

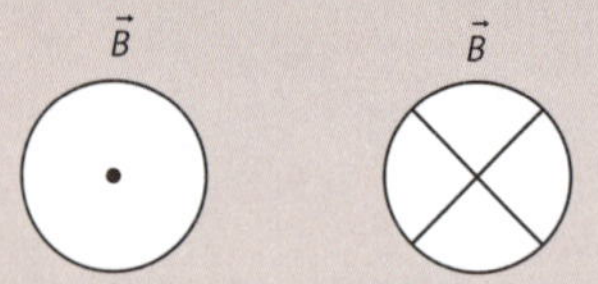


Perpendicular e saindo no plano do papel

Perpendicular e entrando no plano do papel

## Linhas de indução

Usadas para visualizar as características do campo magnético resultante. Uma bússola se direciona paralelamente às linhas de indução do campo magnético resultante local e seu polo norte aponta no mesmo sentido delas.

## Propriedades

- Nunca se cruzam.
- Tangentes ao vetor campo magnético.
- Mesmo sentido do vetor campo magnético.
- Concentração proporcional à intensidade do campo magnético.
- Sempre fechadas.

## Ímã

Fonte de campo magnético. Pode ser natural ou artificial.

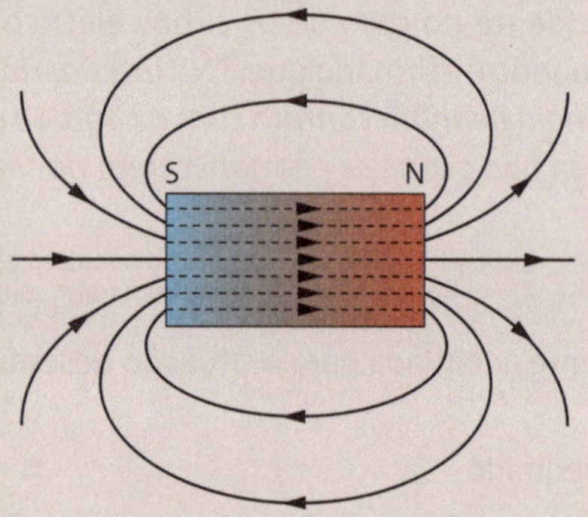


## Força entre ímãs

- Polos de mesmo nome se repelem.
- Polos de nomes distintos se atraem.

## Inseparabilidade dos polos

- Expressa o fato de não existirem monopolos magnéticos.
- Cada fragmento de um ímã seccionado apresenta um polo norte e um polo sul.

## Campo magnético terrestre

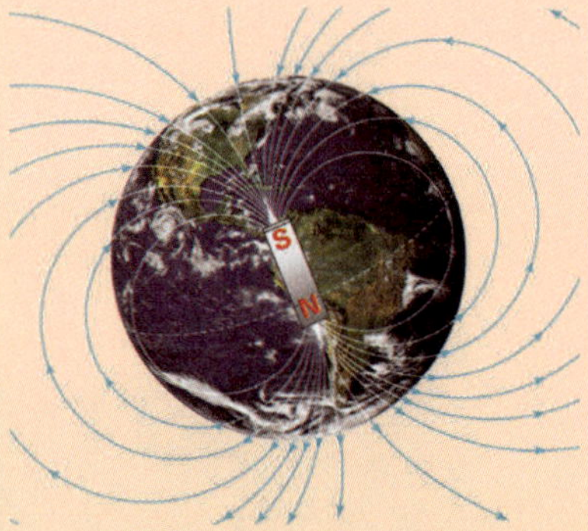


## Características

- Eixo norte-sul magnético ligeiramente desalinhado com o eixo norte-sul geográfico.
- Polo norte magnético próximo ao polo sul geográfico e vice-versa.
- Tem baixa intensidade (da ordem de $10^{-4}$ T) acima da superfície terrestre.
- Protege a Terra ao desviar as partículas eletrizadas que vêm do Sol.

## Campo gerado por corrente em fio longo

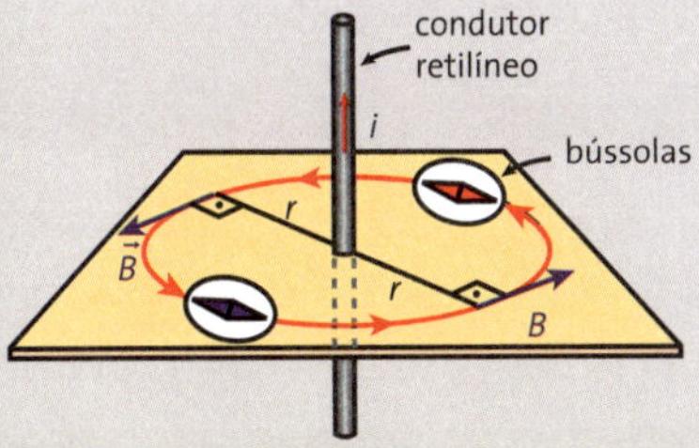


### Intensidade de $\vec{B}$

$$B = \frac{\mu \cdot i}{2\pi \cdot r}$$

**Observação**

Fórmula válida quando o comprimento do fio é muito maior do que a distância $r$.

## Campo gerado por corrente em espira

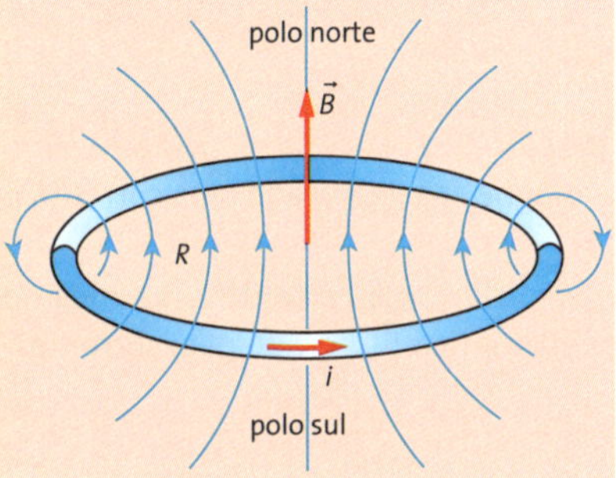


### Intensidade de $\vec{B}$ no centro da espira

$$B = \frac{\mu \cdot i}{2 \cdot R}$$

**Para bobina chata com $n$ espiras**

$$B = n \cdot \frac{\mu \cdot i}{2 \cdot R}$$

### Equivalência com um ímã

As linhas de indução de uma espira ou de uma bobina são similares às de um ímã de barra. Ímã e bobina interagem magneticamente seguindo as mesmas regras de atração e repulsão dos polos.

## Campo gerado por corrente em solenoide

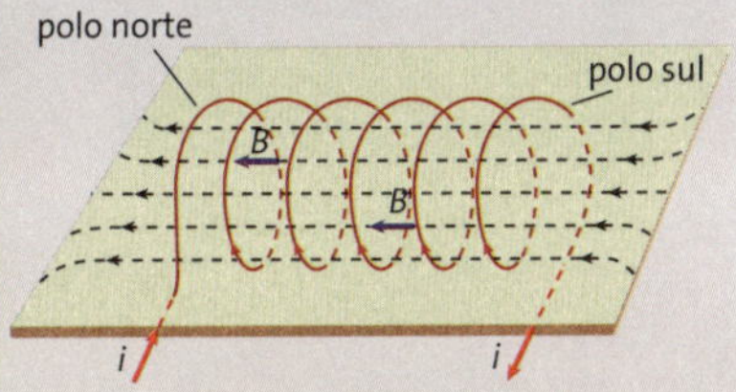


### Intensidade de $\vec{B}$ na região central do solenoide

$$B = \frac{n}{L} \cdot \mu \cdot i$$

**Observação**

Fórmula válida quando o comprimento do solenoide ($L$) é muito maior do que o seu diâmetro; caso em que o campo magnético é aproximadamente uniforme em sua região interna central e de valor desprezível em sua vizinhança.

## Força magnética $\vec{F}_m$ sobre partícula lançada em campo magnético

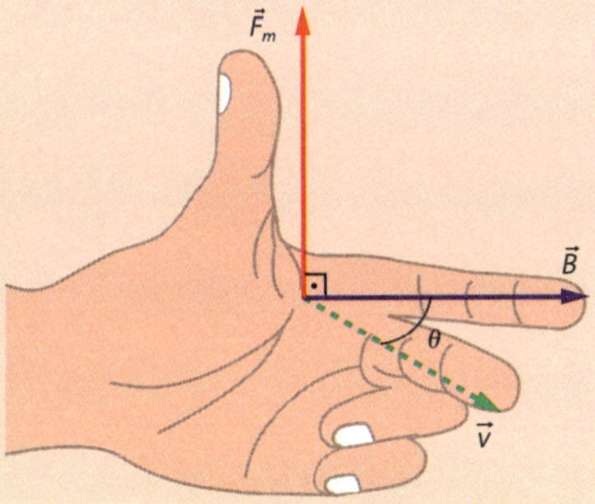


### Intensidade de $\vec{F}_m$

$$F_m = |q| \cdot v \cdot B \cdot \text{sen}\,\theta$$

### Movimento de partícula eletrizada em campo magnético uniforme

- $q = 0$ ou $\theta = 0°$ ou $\theta = 180°$: $F_m = 0$ e carga em MRU.
- $\theta = 90°$: $F_m = |q| \cdot v \cdot B$ e carga em MCU, com $R = \frac{m \cdot v}{|q| \cdot B}$ e $T = \frac{2\pi \cdot m}{|q| \cdot B}$
- $0° < \theta < 90°$: trajetória helicoidal composta de MRU na direção de $\vec{B}$ e MCU na direção perpendicular à $\vec{B}$.

## Força magnética $\vec{F}_m$ sobre condutor retilíneo imerso em campo magnético

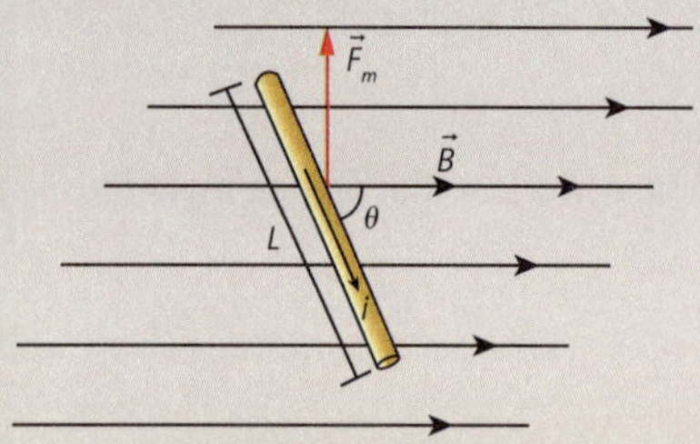


### Intensidade de $\vec{F}_m$

$F_m = B \cdot i \cdot L \cdot \text{sen}\,\theta$

**Observações**

1ª) As direções de $i$, $\vec{B}$ e $\vec{F}$ se relacionam pela regra da mão esquerda, com $i$ no lugar de $\vec{v}$.

2ª) $L$ é o comprimento da parte do fio imersa no campo magnético.

## Força magnética $\vec{F}_m$ entre condutores retilíneos e paralelos

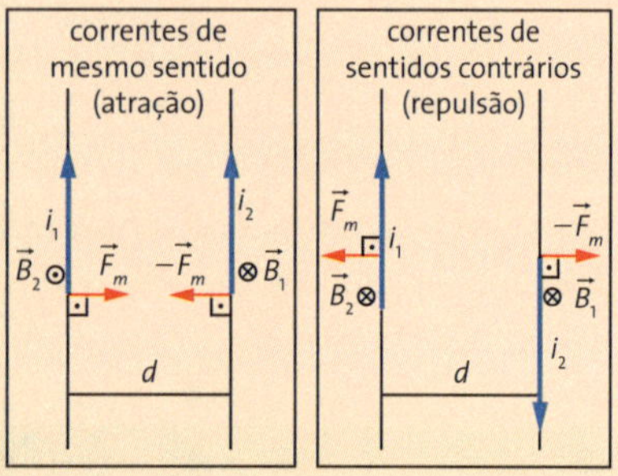


### Intensidade de $\vec{F}_m$

$$F_m = \frac{\mu \cdot i_1 \cdot i_2 \cdot L}{2\pi \cdot d}$$

**Observações**

1ª) A força no fio 1 existe porque ele é percorrido pela corrente $i_1$, ao mesmo tempo em que está imerso no campo magnético $\vec{B}_2$, gerado pela corrente $i_2$ que percorre o fio 2.

2ª) A força no fio 2 existe porque ele é percorrido pela corrente $i_2$, ao mesmo tempo em que está imerso no campo magnético $\vec{B}_1$, gerado pela corrente $i_1$ que percorre o fio 1.

3ª) $L$ é o comprimento comum aos fios.

# Exercícios

1. (IFSP) Um professor de Física mostra aos seus alunos 3 barras de metal *AB*, *CD* e *EF* que podem ou não estar magnetizadas. Com elas faz três experiências que consistem em aproximá-las e observar o efeito de atração e/ou repulsão, registrando-o na tabela a seguir.

| | |
|---|---|
|   | ocorre atração |
|   | ocorre atração |
|   | ocorre repulsão |

Após o experimento e admitindo que cada letra pode corresponder a um único polo magnético, seus alunos concluíram que:

a) somente a barra *CD* é ímã.

b) somente as barras *CD* e *EF* são ímãs.

c) somente as barras *AB* e *EF* são ímãs.

d) somente as barras *AB* e *CD* são ímãs.

e) *AB*, *CD* e *EF* são ímãs.

2. (UEG-GO) O Sol emite uma grande quantidade de partículas radioativas a todo instante. O nosso planeta é bombardeado por elas, porém essas partículas não penetram em nossa atmosfera por causa do campo magnético terrestre que nos protege. Esse fenômeno é visível nos polos e chama-se aurora boreal ou austral. Quando se observa um planeta, por meio de um telescópio, e o fenômeno da aurora boreal é visível nele, esta observação nos garante que o planeta observado:

a) está fora do Sistema Solar.

b) não possui atmosfera.

c) possui campo magnético.

d) possui uma extensa camada de ozônio.

3. (UFTM-MG) Em um ponto horizontal, quatro agulhas magnéticas são colocadas no campo magnético de um ímã *AB* em forma de barra e permanecem em equilíbrio nas posições representadas na figura. Nesse experimento, pode-se considerar desprezível o campo magnético terrestre. As extremidades vermelhas das agulhas representam polos norte magnéticos.

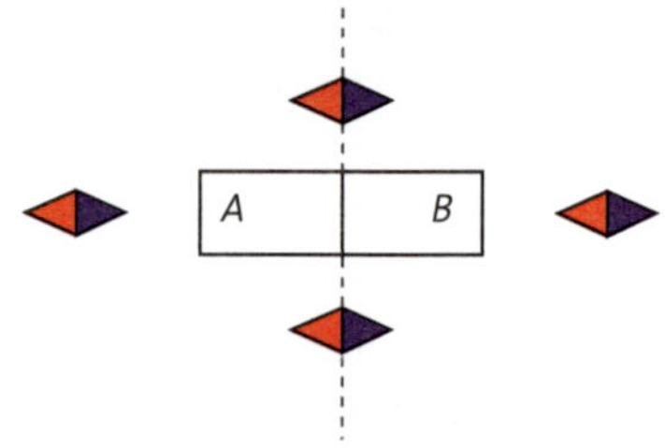


Em seguida, as agulhas são afastadas e o ímã é cortado, formando duas barras, *AC* e *DB*, conforme representa a figura a seguir.

Baseando-se nessas informações, pode-se afirmar corretamente que *A*, *C*, *D* e *B* são, nessa ordem, polos magnéticos:

a) norte, sul, norte e sul.
b) sul, norte, sul e norte.
c) sul, norte, norte e sul.
d) norte, sul, sul e sul.
e) norte, sul, sul e norte.

4. (UCS-RS) Que tipo de problema imediato acarretaria para a humanidade se o campo magnético da Terra deixasse de existir?

a) Feixes de partículas carregadas eletricamente, provenientes do espaço, não seriam mais defletidos para os polos.
b) Deixaria de haver proteção contra os raios ultravioleta do Sol.
c) Haveria degelo nos polos.
d) O período de rotação da Terra em torno de si mesma diminuiria.
e) O período de rotação da Terra em torno de si mesma aumentaria.

5. (UEMG) Um astronauta, ao levar uma bússola para a Lua, verifica que a agulha magnética da bússola não se orienta numa direção preferencial, como ocorre na Terra. Considere as seguintes afirmações, a partir dessa observação:

1) A agulha magnética da bússola não cria campo magnético quando está na Lua.
2) A Lua não apresenta um campo magnético.

Sobre tais afirmações, marque a alternativa correta.

a) Apenas a afirmação 1 é correta.
b) Apenas a afirmação 2 é correta.
c) As duas afirmações são corretas.
d) As duas afirmações são falsas.

6. (FMJ-SP) Um ímã em forma de barra com extremos *A* e *B* foi quebrado e separado em duas partes com *AC* e *DB*, como mostra a figura.

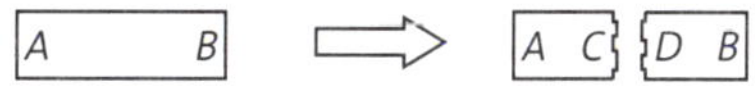


A seguir, o pedaço *AC* foi aproximado de uma pequena barra metálica de extremos 1-2, com o extremo 1 perto de *AC*, e notou-se que houve atração entre eles. Depois, o pedaço *DB* foi aproximado da mesma barra, agora com o extremo 2 perto de *DB*, e notou-se que também houve atração.

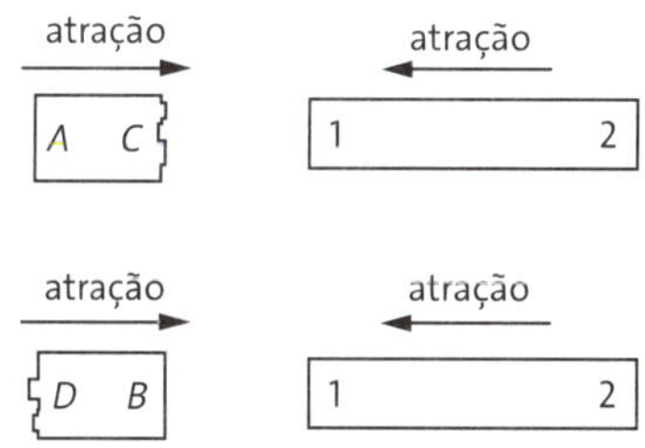


Baseando-se nessas informações, pode-se afirmar que:

a) *B* e *C* são polos magnéticos opostos.

b) *A* e *D* são dois polos norte magnéticos.

c) o extremo 1 da barra é um polo sul magnético.

d) a barra 1-2 não é magnetizada.

e) *C* e *D* são polos magnéticos iguais.

7. (UEM-PR) O diagrama ao lado representa as linhas de um campo magnético uniforme. Assinale a alternativa que melhor representa a posição da agulha de uma bússola colocada em um ponto *P*, no mesmo plano do campo magnético.

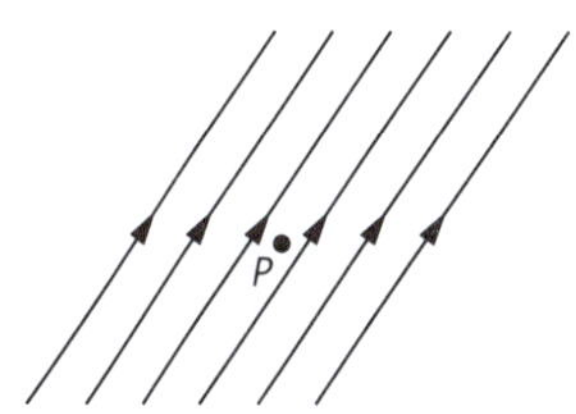


a)
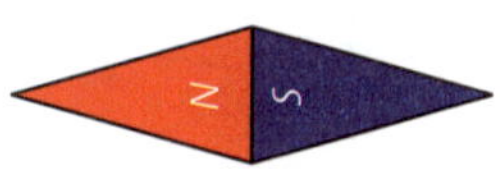


b)
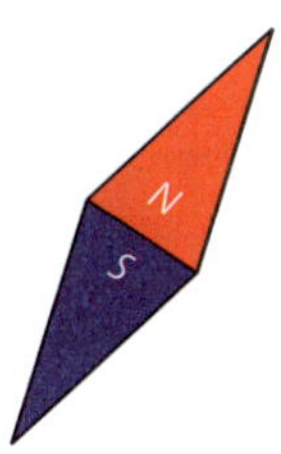


c)
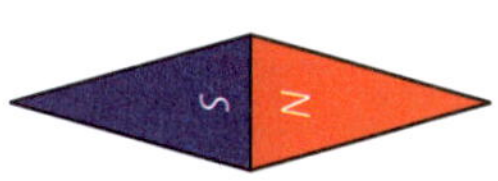


d)
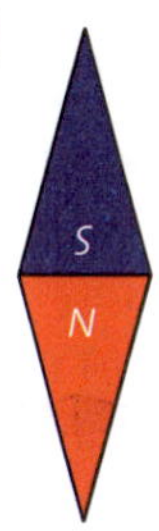


e)
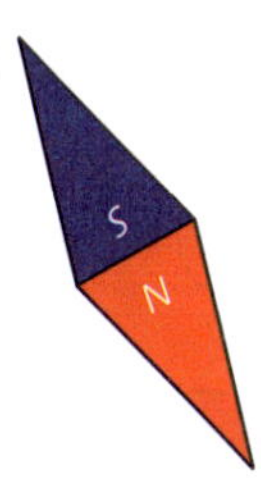

8. (FGV-SP) Os ímãs 1, 2 e 3 foram cuidadosamente seccionados em dois pedaços simétricos, nas regiões indicadas pela linha tracejada.

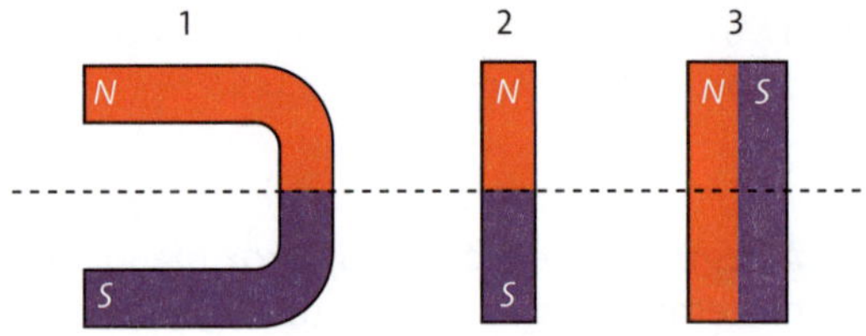


Analise as afirmações referentes às consequências da divisão dos ímãs:

I. Todos os pedaços obtidos desses ímãs serão também ímãs, independentemente do plano de secção utilizado.

II. Os respectivos pedaços dos ímãs 2 e 3 poderão se juntar espontaneamente nos locais da separação, retomando a aparência original de cada ímã.

III. Na secção dos ímãs 1 e 2, os polos magnéticos ficarão separados mantendo cada fragmento um único polo magnético.

Está correto o contido apenas em:

a) I.
b) III.
c) I e II.
d) I e III.
e) II e III.

9. (UPM-SP) Certo condutor elétrico cilíndrico encontra-se disposto verticalmente em uma região do espaço, percorrido por uma intensidade de corrente elétrica *i*, conforme mostra a figura ao lado. Próximo a esse condutor, encontra-se a agulha imantada de uma bússola, disposta horizontalmente. Observando-se a situação ao lado do plano horizontal da figura, segundo a vertical descendente, assinale qual é o esquema que melhor ilustra a posição correta da agulha.

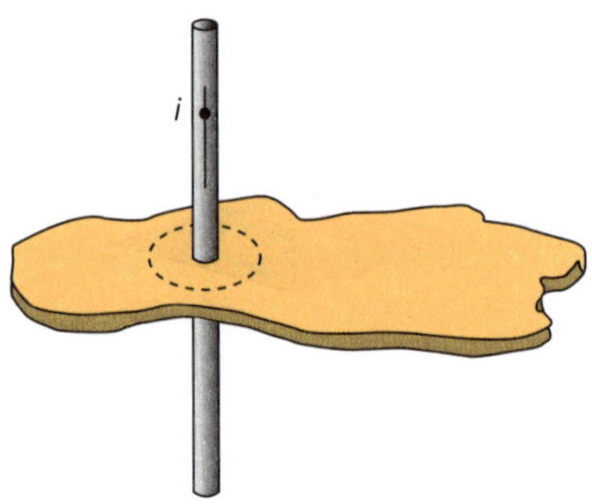


a) 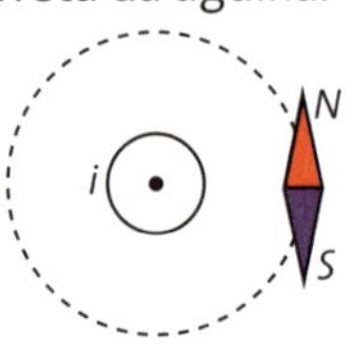


b) 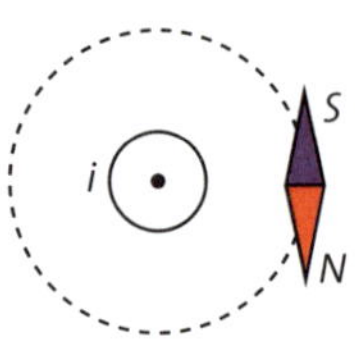


c) 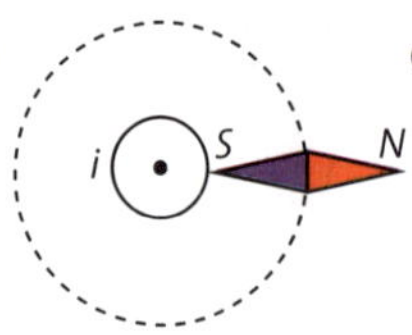


d) 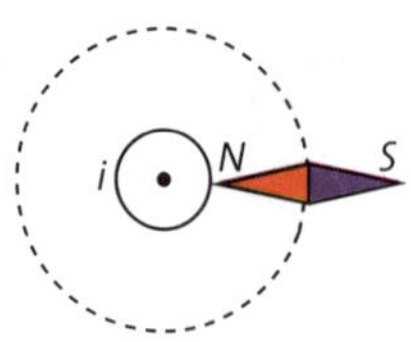


e) 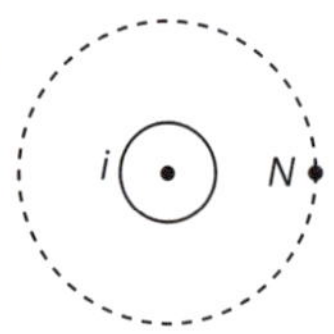

10. (PUC-SP) Na figura ao lado temos a representação de dois condutores retos, extensos e paralelos. A intensidade da corrente elétrica em cada condutor é de $20\sqrt{2}$ A nos sentidos indicados. O módulo do vetor indução magnética resultante no ponto *P*, sua direção e sentido estão mais bem representados em:
Adote: $\mu_0 = 4\pi \cdot 10^{-7}$ T · m/A.

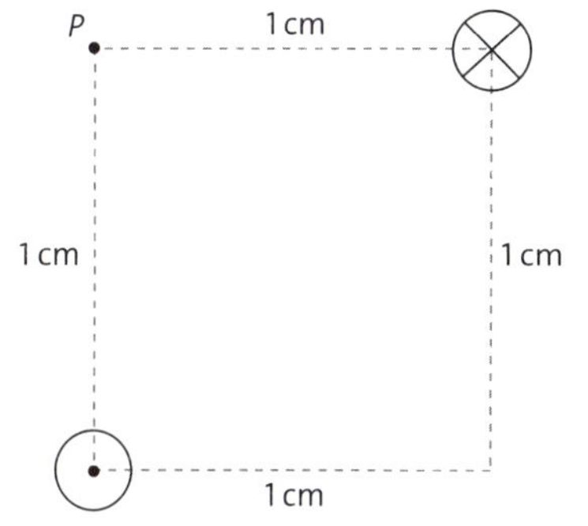


a) $4\sqrt{2} \cdot 10^{-4}$ T e ↘.

b) $8\sqrt{2} \cdot 10^{-4}$ T e ↙.

c) $8 \cdot 10^{-4}$ T e ↖.

d) $4 \cdot 10^{-4}$ T e ↖.

e) $4\sqrt{2} \cdot 10^{-7}$ T e ↗.

11. (Udesc) Dois fios retilíneos e de tamanho infinito, que conduzem correntes elétricas $i_1$ e $i_2$ em sentidos opostos, são dispostos paralelamente um ao outro, como mostra a figura. A intensidade de $i_1$ é a metade da intensidade de $i_2$ e a distância entre os dois fios ao longo da linha *ox* é *d*.

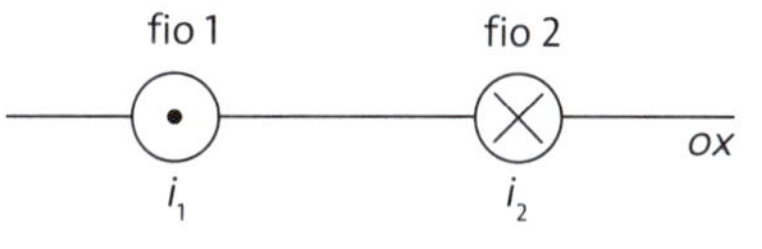


Considere as seguintes proposições sobre os campos magnéticos produzidos pelas correntes $i_1$ e $i_2$ nos pontos localizados ao longo da linha *ox*:

I. À esquerda do fio 1 não existe ponto no qual o campo magnético resultante seja nulo.

II. Nos pontos localizados entre o fio 1 e o fio 2, os campos magnéticos produzidos por ambas as correntes têm o mesmo sentido.

III. À direita do fio 2 existe um ponto no qual o campo magnético resultante é nulo.

IV. O campo magnético resultante é nulo no ponto que fica à distancia $\frac{3d}{4}$ à esquerda do fio 2.

Assinale a alternativa correta.

a) Somente as afirmativas II e III são verdadeiras.

b) Somente as afirmativas I e II são verdadeiras.

c) Somente a afirmativa III é verdadeira.

d) Somente a afirmativa II é verdadeira.

e) Somente a afirmativa IV é verdadeira.

12. (UFPR) Na segunda década do século XIX, Hans Christian Oersted demonstrou que um fio percorrido por uma corrente elétrica era capaz de causar uma perturbação na agulha de uma bússola. Mais tarde, André Marie Ampère obteve uma relação matemática para a intensidade do campo magnético produzido por uma corrente elétrica que circula em um fio condutor retilíneo. Ele mostrou que a intensidade do campo magnético depende da intensidade da corrente elétrica e da distância ao fio condutor. Com relação a esse fenômeno, assinale a alternativa correta.

a) As linhas do campo magnético estão orientadas paralelamente ao fio condutor.

b) O sentido das linhas de campo magnético independe do sentido da corrente.

c) Se a distância do ponto de observação ao fio condutor for diminuída pela metade, a intensidade do campo magnético será reduzida pela metade.

d) Se a intensidade da corrente elétrica for duplicada, a intensidade do campo magnético também será duplicada.

e) No Sistema Internacional de unidades (S.I.), a intensidade de campo magnético é A/m.

---

13. (Uespi) Três fios delgados e infinitos, paralelos entre si, estão fixos no vácuo. Os fios são percorridos por correntes elétricas constantes de mesma intensidade, *i*. A figura ilustra um plano transversal aos fios, identificando o sentido (⊙ ou ⊗) da corrente em cada fio. Denotando a permeabilidade magnética no vácuo por $\mu_0$, o campo magnético no centro da circunferência de raio *R* tem módulo dado por:

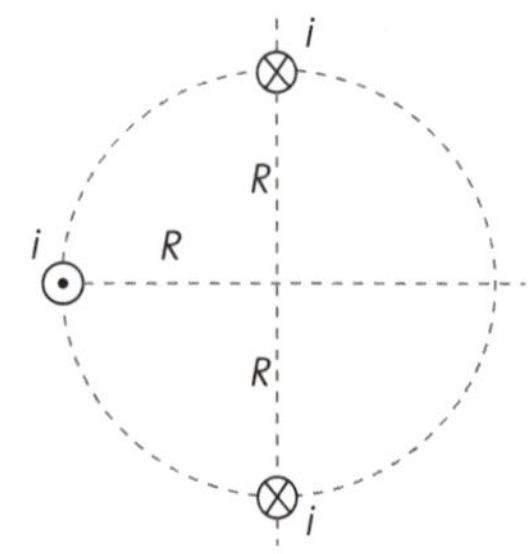


a) $(\mu_0 \cdot i)/(\pi \cdot R)$

b) $(\mu_0 \cdot i)/(2\pi \cdot R)$

c) $(3\mu_0 \cdot i)/(2\pi \cdot R)$

d) $(\sqrt{5}\mu_0 \cdot i)/(\pi \cdot R)$

e) $(\sqrt{5}\mu_0 \cdot i)/(2\pi \cdot R)$

14. (UEM-PR) Considere os campos magnéticos gerados por espiras condutoras e solenoides ideais, quando percorridos por correntes elétricas e imersos no vácuo, e assinale o que for **correto**.

(01) Em um solenoide ideal, as espiras adjacentes conduzem correntes elétricas constantes com o mesmo sentido, que provocam uma atração entre si, que produz uma tensão mecânica de compressão ao longo do eixo principal do solenoide.

(02) As linhas de campo magnético, no interior de um solenoide ideal, percorrido por uma corrente elétrica constante, são antiparalelas, resultando em um campo magnético nulo nessa região.

(04) A intensidade do campo magnético é máxima no centro de uma espira condutora e aumenta com o aumento da intensidade da corrente elétrica que circula na espira.

(08) Os campos magnéticos gerados por solenoides ideais, percorridos por correntes elétricas constantes, não dependem de fatores geométricos associados a estes componentes elétricos.

(16) Os campos magnéticos gerados no exterior das espiras de solenoides ideais, percorridos por correntes elétricas constantes, são muito maiores que aqueles gerados em seu interior.

15. (Unimontes-MG) A intensidade do campo magnético a 20 cm de um fio retilíneo e muito longo, conduzindo uma corrente de 20 A, é igual a $2 \cdot 10^{-5}$ T. Se a corrente for duplicada, o valor do campo magnético a 10 cm do fio será:

a) $8 \cdot 10^{-5}$ T.
b) $4 \cdot 10^{-5}$ T.
c) $6 \cdot 10^{-5}$ T.
d) $2 \cdot 10^{-5}$ T.

16. (Uninove-SP) No vácuo, onde a constante de permissividade magnética vale $4\pi \cdot 10^{-7}$ T · m/A, há um fio retilíneo muito longo pelo qual passa uma corrente elétrica contínua de 2,5 A de intensidade, como mostra a figura. Essa corrente gera, no ponto *A*, um campo magnético de intensidade $5,0 \cdot 10^{-6}$ T.

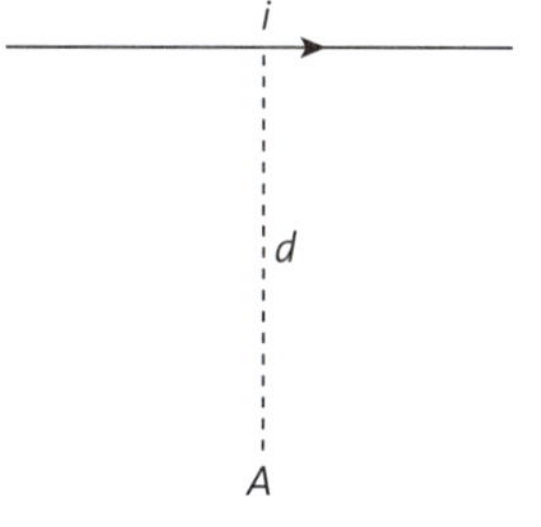


A distância *d* que separa o ponto *A* do fio é, em cm, de:

a) $\pi$.
b) $10\pi$.
c) 1,0.
d) 10.
e) 100.

17. (Unioeste-PR) Um dos efeitos da corrente elétrica é a geração de um campo magnético na sua vizinhança. Este efeito, descoberto por Oersted em 1819, sempre acontece e tem várias aplicações no nosso dia a dia.
Analise as alternativas seguintes e assinale a incorreta.

a) A direção do vetor campo magnético gerado é sempre perpendicular à direção do movimento das cargas que o produz.
b) O campo magnético gerado pela corrente depende do meio onde está sendo feita a medida.
c) A intensidade do campo magnético gerado por uma corrente que percorre um fio longo e reto é inversamente proporcional à distância até o fio.
d) Sejam dois fios longos e retos percorridos por correntes idênticas e no mesmo sentido. Neste caso é nulo o campo magnético resultante em qualquer ponto de uma linha imaginária equidistante dos fios e localizada no plano definido pelos mesmos.
e) Dobrando-se o raio de uma espira circular percorrida por uma corrente, o campo magnético medido no seu centro também dobra.

---

18. (Ufop-MG) Uma bobina de fio condutor está nas vizinhanças de um ímã, em repouso, como é mostrado na figura ao lado.
Após a chave *C* ser fechada, pode-se afirmar:

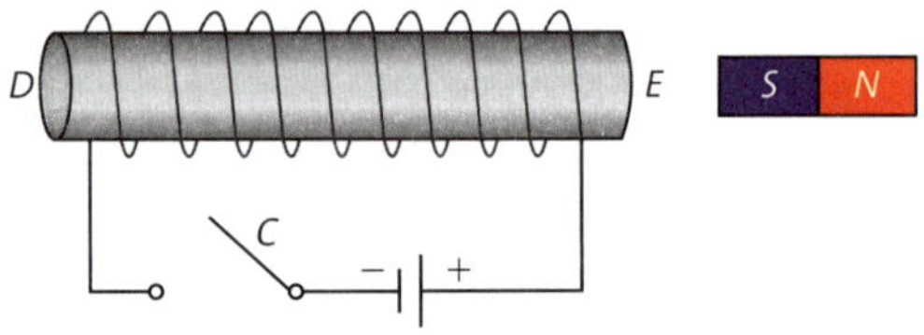


a) o campo magnético no interior da bobina está orientado de *D* para *E*.
b) o ímã será repelido pela espira de fio condutor.
c) o ímã será atraído pela espira de fio condutor.
d) haverá a inversão dos polos no ímã.

19. (Vunesp-SP) Um professor deseja construir um eletroímã que seja capaz de gerar um campo magnético $\vec{B}$ de intensidade $12 \cdot 10^{-3}$ T. Para isso, enrola um fio de cobre em torno de um cilindro de ferro, como indica a figura.

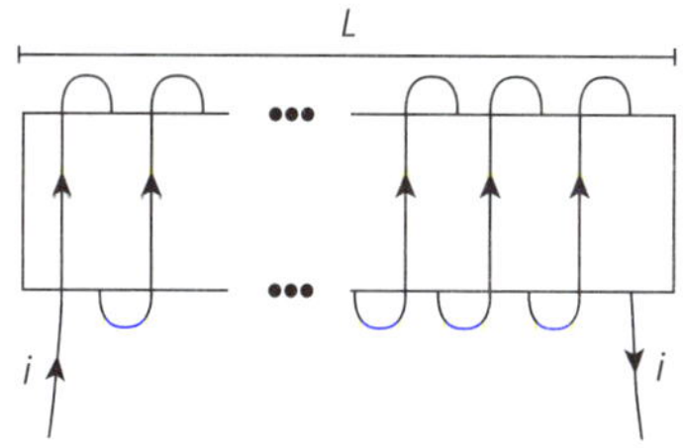


Sabendo que a expressão para determinação da intensidade do campo magnético é $B = \frac{\mu \cdot i \cdot N}{L}$, que a permeabilidade magnética do ferro é $\mu = 3 \cdot 10^{-4}$ T · m/A, e que a intensidade de corrente $i$ que percorrerá o fio será de 2,0 A, determine $\frac{N}{L}$, número de espiras por metro de solenoide. Admitindo que a corrente elétrica circule em torno do cilindro de ferro como indicado na figura, refaça, no caderno de respostas, o desenho do eletroímã, indicando nele o sentido do campo magnético gerado.

20. (Ufam) Na figura estão representados um fio muito longo, percorrido por uma corrente $i\pi$, e uma espira circular de raio $R$ percorrida por uma corrente $i$ no sentido horário, ambos no mesmo plano. Sendo $\mu_0$ a permeabilidade magnética do meio, o campo magnético resultante no centro da espira é:

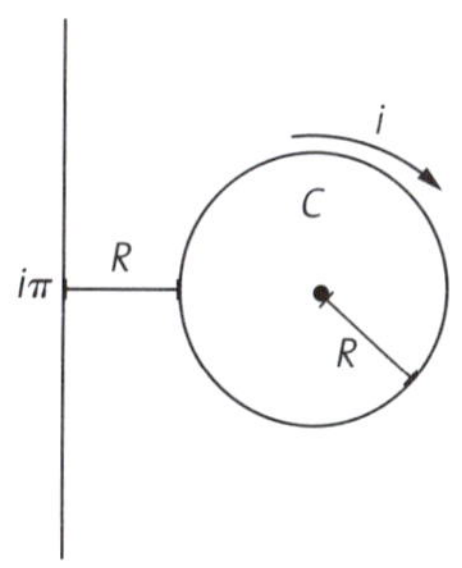


a) $\frac{\mu_0 \cdot i}{2R}$.

b) $\frac{3\mu_0 \cdot i}{2R}$.

c) $\frac{\mu_0 \cdot i}{2\pi \cdot R}$.

d) $\frac{3\mu_0 \cdot i}{4R}$.

e) $\frac{3\mu_0 \cdot i}{R}$.

# SUBSTÂNCIAS MAGNÉTICAS E INDUÇÃO ELETROMAGNÉTICA

## Substância diamagnética

### Propriedade

Sob o efeito de campo magnético externo, gera campo magnético com sentido oposto, de modo que o campo resultante seja um pouco menos intenso que o externo. Exemplos: prata, cobre e bismuto.

## Substância paramagnética

### Propriedade

Sob o efeito de campo magnético externo, gera campo magnético no mesmo sentido, porém de baixa intensidade, o que dá origem a um campo resultante um pouco mais intenso que o externo. Exemplos: estanho, alumínio, ar, platina e sódio.

## Substância ferromagnética

### Propriedade

Sob o efeito de campo magnético externo, os domínios magnéticos já existentes se orientam gerando campo no mesmo sentido do campo externo e de alta intensidade, o que dá origem a um campo magnético resultante muito intenso. Exemplos: ferro, cobalto e níquel.

### Imantação

- Quando imantadas por campo externo, atraem e são atraídas por outros ímãs.
- Algumas delas perdem a imantação quando removido o campo externo. Exemplo: ferro doce.
- Outras mantêm imantação residual na ausência do campo externo. Exemplo: liga alnico.

### Ponto de Curie

Temperatura a partir da qual a agitação térmica provoca o desagregamento dos domínios magnéticos, momento em que o material perde as suas propriedades ferromagnéticas.

## Fluxo magnético

$\phi = B \cdot A \cdot \cos \alpha$

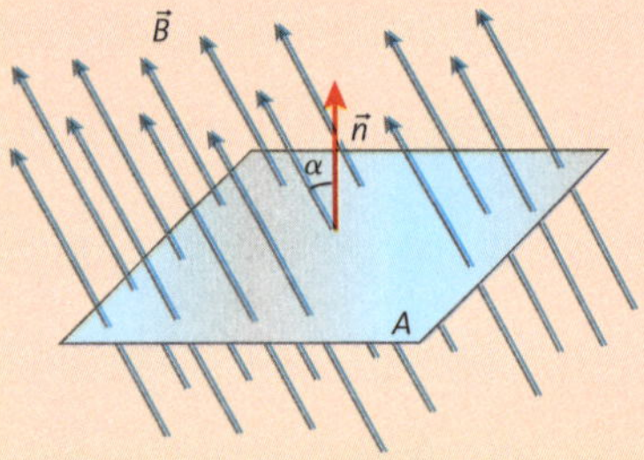


### As três maneiras de variar o fluxo magnético

- Fluxo varia com a variação da intensidade de $\vec{B}$. Exemplo: pela aproximação ou afastamento relativo entre ímãs e espiras.
- Fluxo varia com a variação da área $A$. Exemplo: deslizamento de condutor retilíneo sobre trilho em forma de U.
- Fluxo varia com a variação do ângulo $\alpha$. Exemplo: espira girando em torno de um eixo pertencente ao plano da espira e perpendicular às linhas de indução.

## Indução eletromagnética

Toda vez que o fluxo magnético varia na região que permeia um contorno condutor qualquer, surge, neste contorno, uma força eletromotriz induzida.

### Lei de Faraday-Neumann

$$\varepsilon = -\frac{\Delta\phi}{\Delta t}$$

$\varepsilon$: valor médio da força eletromotriz que foi induzida pela variação do fluxo magnético ($\Delta\phi$) no intervalo de tempo ($\Delta t$).

#### Observações

- O sinal negativo expressa a compatibilidade desta com a lei de Lenz.
- Quando o fluxo ($\phi$) é constante $\rightarrow \Delta\phi = 0 \rightarrow \varepsilon = 0$.

### Lei de Lenz

A corrente induzida produz um campo magnético induzido, cujo fluxo tem sentido oposto à variação do fluxo do campo magnético original.

#### Observação

Lei decorrente do princípio de conservação da energia.

## Movimento relativo entre ímã e espira

A variação do fluxo magnético ($\phi$) se dá em função da mudança na intensidade do vetor $\vec{B}$, que é mais intenso perto dos polos e menos intenso longe deles.

**Ímã e espira se aproximando**

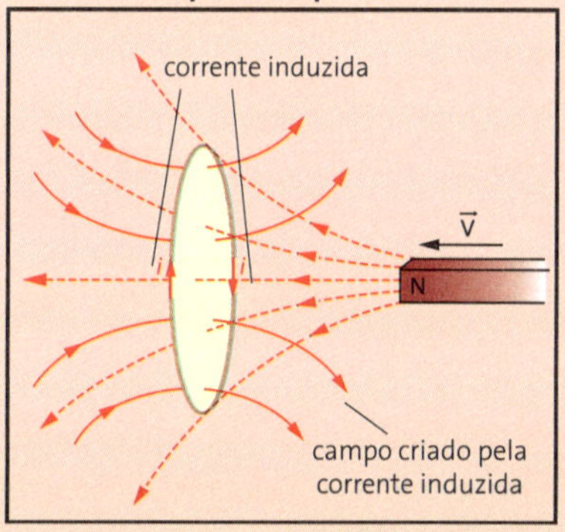


**Ímã e espira se afastando**

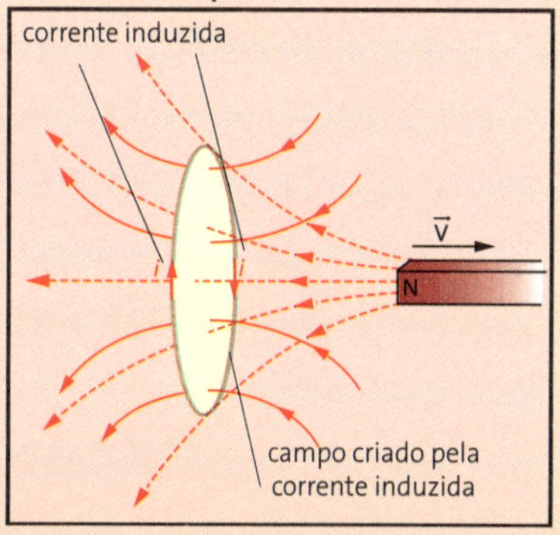


## Deslizamento de condutor retilíneo sobre trilho em forma de U

A variação do fluxo magnético ($\phi$) se dá em função da variação da área do contorno condutor.

### Exemplo com área aumentando

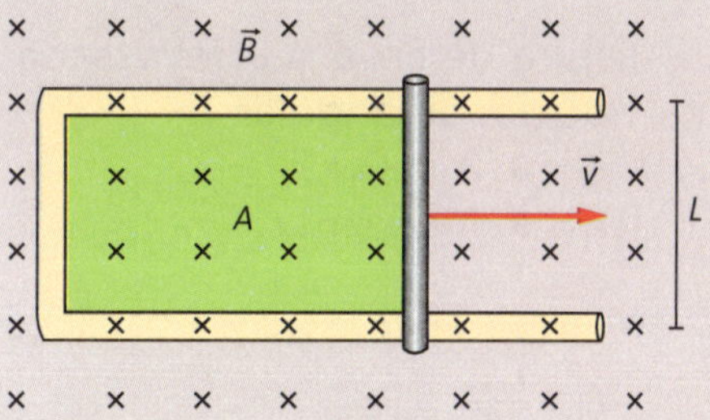


### Força eletromotriz induzida

$\varepsilon = B \cdot v \cdot L$

## Correntes de Foucault

### Origem e consequência

Também chamadas de correntes parasitas, elas surgem quando ocorre o fenômeno da indução em peças metálicas maciças. Por efeito Joule, são acompanhadas de transformação de energia elétrica em térmica e respectiva dissipação de calor para o ambiente.

### Observação

São, por vezes, indesejáveis, como no caso dos transformadores de tensão e, em outras, desejáveis, como nos fornos de indução.

## Transformador de tensão

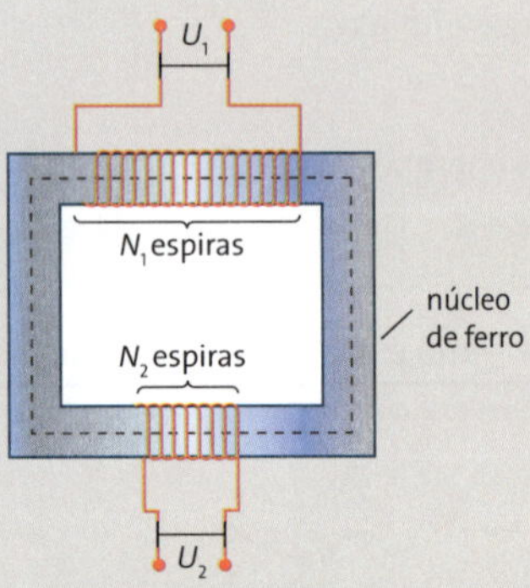


### Potência média e valores eficazes de tensão e corrente no caso de transformador ideal (sem perda de energia)

- $P_1 = P_2 \rightarrow U_1 \cdot i_1 = U_2 \cdot i_2$
- $\frac{U_1}{U_2} = \frac{N_1}{N_2} = \frac{i_2}{i_1}$

### Funcionamento

- Funciona somente com tensão alternada.
- A tensão alternada no primário gera corrente alternada nas espiras do primário.
- A corrente alternada no primário gera, por sua vez, campo magnético de fluxo variável no núcleo de ferro do transformador, que se "propaga" até a região do secundário.
- A variação de fluxo no secundário origina corrente induzida também alternada no secundário.

## Tensão e corrente alternada

### Propriedades e características

- Produzidas graças ao conhecimento do fenômeno da indução eletromagnética.
- Aqui no Brasil, a sua produção e respectiva transmissão até os lares ocorrem em frequência de 60 Hz.
- A possibilidade de aumentar a tensão antes da transmissão – e com isso diminuir perdas energéticas –, foi fator decisivo na escolha da corrente alternada em detrimento da contínua.

### Espira de área *A* atravessada por campo *B* e girando com velocidade angular $\omega$

- $\phi = B \cdot A \cdot \cos \omega t$
- $\varepsilon = B \cdot A \cdot \omega \cdot \text{sen } \omega t$

### Valores eficazes para oscilação senoidal

- $i_{ef} = \frac{i_{máx}}{\sqrt{2}}$
- $U_{ef} = \frac{U_{máx}}{\sqrt{2}}$

# Exercícios

1. (UEM-PR) A construção e o desenvolvimento de dínamos (geradores mecânicos de energia elétrica) se deu graças à descoberta do fenômeno da indução eletromagnética. Sobre a indução eletromagnética, assinale o que for correto.

   (01) O fenômeno da indução eletromagnética consiste no aparecimento de uma corrente elétrica causada pela variação de um fluxo magnético num circuito fechado.

   (02) A *fem* induzida nos terminais de um circuito pode ser determinada pela razão da variação do fluxo magnético observada no intervalo de tempo.

   (04) Quanto maior for a velocidade do fluxo magnético, maior será a *fem* induzida no circuito.

   (08) Transformador é um dispositivo que transforma uma tensão variável em outra variável e sua construção tem por base a indução eletromagnética.

   (16) Quando o fluxo magnético atravessa uma determinada espira, formando com essa um ângulo de 90°, a *fem* nos terminais da espira é nula.

2. (Uerj) Um transformador que fornece energia elétrica a um computador está conectado a uma rede elétrica de tensão eficaz igual a 120 V.
   A tensão eficaz no enrolamento secundário é igual a 10 V, e a corrente eficaz no computador é igual a 1,2 A. Estime o valor eficaz da corrente no enrolamento primário do transformador.

3. (UEL-PR) Em uma usina hidrelétrica, a água do reservatório é guiada através de um duto para girar o eixo de uma turbina. O movimento mecânico do eixo, no interior da estrutura do gerador, transforma a energia mecânica em energia elétrica que chega até nossas casas.

   Com base nas informações e nos conhecimentos sobre o tema, é correto afirmar que a produção de energia elétrica em uma usina hidrelétrica está relacionada

   a) à indução de Faraday.
   b) à força de Coulomb.
   c) ao efeito Joule.
   d) ao princípio de Arquimedes.
   e) ao ciclo de Carnot.

4. (UEL-PR) Um anel condutor de raio $a$ e resistência $R$ é colocado em um campo magnético homogêneo no espaço e no tempo. A direção do campo de módulo $B$ é perpendicular à superfície gerada pelo anel e o sentido está indicado no esquema da figura ao lado.
No intervalo $\Delta t = 1$ s, o raio do anel varia de metade de seu valor.
Calcule a intensidade e indique o sentido da corrente induzida no anel. Apresente os cálculos.

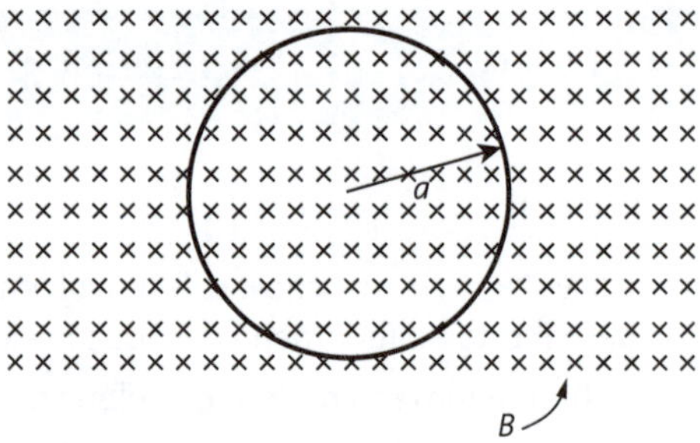


5. (UEFS-BA) Em nossas residências, tem-se, muitas vezes, a necessidade de aumentar ou diminuir a voltagem fornecida pelas companhias de energia elétrica. O dispositivo que nos permite resolver esse problema é denominado transformador. Considere que um transformador foi construído com um primário constituído por uma bobina de 400 espiras e um secundário com 2 000 espiras. Ao se aplicar no primário uma voltagem de 120 volts, surge no primário uma corrente de 1,5 ampère.
Assim, a corrente em ampères que aparece no secundário é de:

a) 0,3. b) 0,5. c) 1,5. d) 2,4. e) 4,5.

6 (UFRN-RN) O inglês Michael Faraday (1791-1867) pode ser considerado um dos mais influentes cientistas de todos os tempos e seus trabalhos científicos ainda hoje têm repercussão na sociedade científico-tecnológica. Um dos mais importantes desses trabalhos é a lei de indução eletromagnética que leva seu nome – Lei de Faraday –, que trata de uma situação experimental envolvendo o ímã e uma espira. Essa lei pode ser enunciada como: "a força eletromotriz induzida em uma espira fechada é proporcional à variação do fluxo magnético que a atravessa e inversamente proporcional ao intervalo de tempo em que ocorre essa variação".

Em relação à lei referida no texto, é correto afirmar que a força eletromotriz induzida na espira:

a) depende do produto da variação do fluxo magnético através da espira pelo intervalo de tempo.

b) não depende do movimento relativo entre o ímã e a espira.

c) depende do movimento relativo entre o ímã e a espira.

d) não depende da razão entre a variação do fluxo magnético através da espira pelo intervalo de tempo.

7. (Udesc) A figura ilustra uma espira condutora circular, próxima de um circuito elétrico inicialmente percorrido por uma corrente *i* constante; *S* é a chave desse circuito.

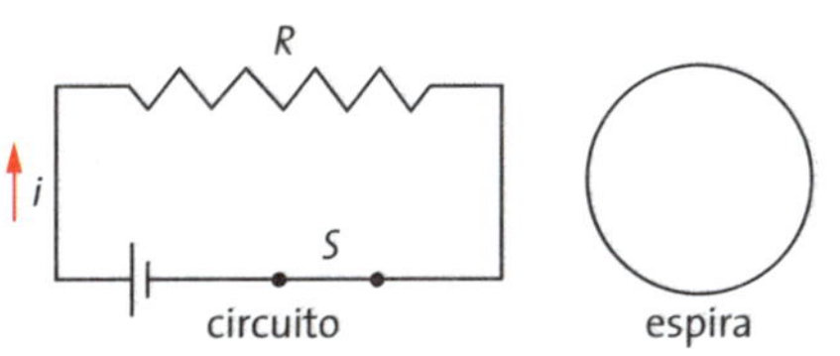


É correto afirmar que:

a) haverá corrente elétrica constante na espira enquanto a chave *S* for mantida fechada.

b) não haverá uma corrente elétrica na espira quando ela se aproximar do circuito, enquanto a chave *S* estiver fechada.

c) haverá uma corrente elétrica na espira quando a chave *S* for repentinamente aberta.

d) haverá corrente elétrica constante na espira quando a chave *S* estiver aberta e assim permanecer.

e) haverá uma corrente elétrica constante na espira quando ela for afastada do circuito, após a chave *S* ter sido aberta.

8. (UEG-GO) O transformador é um aparelho muito simples. Ele é constituído por uma peça de ferro (núcleo do transformador) em torno do qual são enroladas duas bobinas (uma primária e outra secundária), da maneira mostrada na figura ao lado.

Com base no exposto e na figura acima, responda ao que se pede:

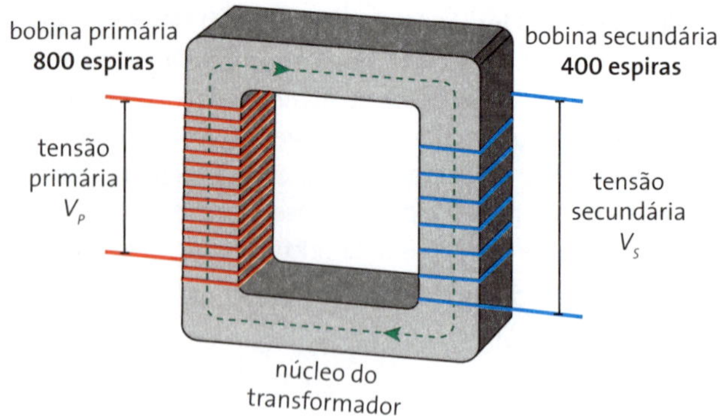


a) explique o funcionamento de um transformador.

b) suponha que uma bateria de 12 V seja conectada aos extremos da bobina primária. Nessas condições, qual é a voltagem na bobina secundária? Justifique sua resposta.

c) agora uma voltagem alternada de 120 V é conectada no enrolamento primário. Que voltagem será obtida no secundário?

9. (Ufal) Uma espira metálica retangular plana, de resistência elétrica $R$, possui dois de seus lados com comprimento fixo $L$ e os outros dois lados de comprimento variável, $x$ (ver figura). Inicialmente, não há corrente elétrica na espira. Um dos lados passa a ser puxado por uma força $\vec{F}$, deslizando, com velocidade constante de módulo $v$, sobre um par de trilhos. Perpendicularmente ao plano da espira, há um campo magnético uniforme, de módulo $B$ e sentido indicado pelo símbolo ⊙, ocupando todo o espaço. Nessa situação, uma corrente elétrica, associada ao fluxo de cargas negativas, é induzida na espira. Pode-se afirmar que o módulo e o sentido desta corrente são, respectivamente:

a) $(B \cdot v \cdot x)/R$, anti-horário.

b) $(B \cdot v \cdot L)/R$, anti-horário.

c) $(B \cdot x \cdot L)/R$, anti-horário.

d) $(B \cdot v \cdot L)/R$, horário.

e) $(B \cdot v \cdot x)/R$, horário.

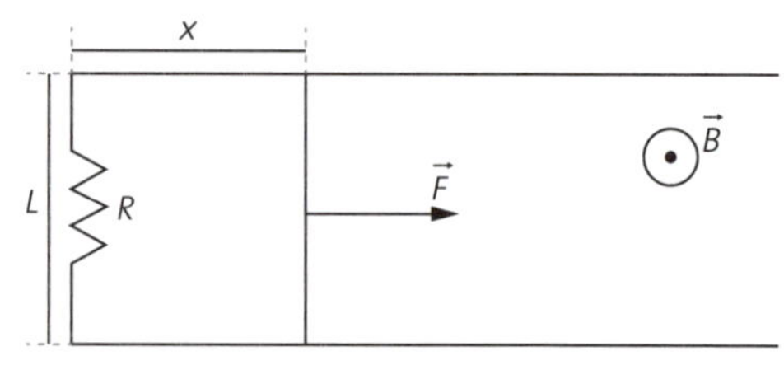

10. (Acafe-SC) Na figura ao lado é representado um trilho condutor *ABCD*, onde desliza uma barra condutora *XY* para a direita, com uma velocidade $\vec{v}$. Tal montagem está imersa em um campo magnético $\vec{B}$, perpendicular ao plano do papel que não se conhece o sentido.

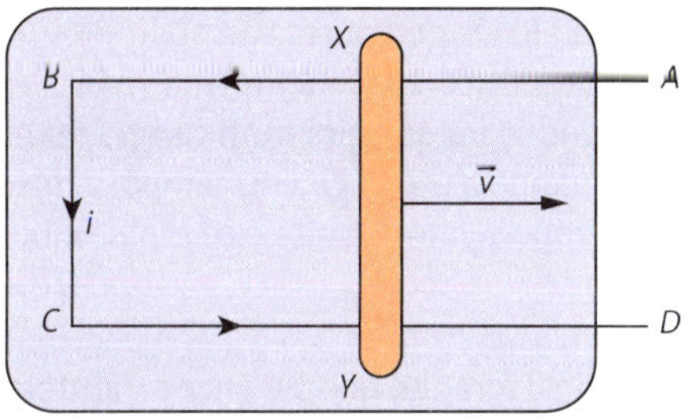


Em relação à situação acima, marque com **V** as afirmações **verdadeiras** e com **F** as **falsas**.

( ) O fluxo magnético através do circuito *XBCY* está aumentando.

( ) O sentido do campo magnético externo *B* está "saindo" do papel.

( ) O sentido do campo criado pela corrente induzida está "saindo" do papel.

( ) O campo criado pela corrente induzida tende a diminuir o fluxo magnético através do circuito *XBCY*.

A sequência **correta**, de cima para baixo, é:

a) F – F – V – F.
b) V – V – F – V.
c) V – F – V – V.
d) V – F – F – V.

11. (ITA-SP) Uma bobina de 100 espiras, com seção transversal de área de 400 cm$^2$ e resistência de 20 Ω, está alinhada com seu plano perpendicular ao campo magnético da Terra, de $7{,}0 \cdot 10^{-4}$ T na linha do Equador. Quanta carga flui pela bobina enquanto ela é virada de 180° em relação ao campo magnético?

a) $1{,}4 \cdot 10^{-4}$ C
b) $2{,}8 \cdot 10^{-4}$ C
c) $1{,}4 \cdot 10^{-2}$ C
d) $2{,}8 \cdot 10^{-2}$ C
e) 1,4 C

12. (UEFS-BA) A área delimitada por uma espira quadrada com 10,0 cm de lado encontra-se perpendicular às linhas de indução de um campo magnético uniforme. Sabendo-se que o módulo do vetor indução magnética era de $8{,}0 \cdot 10^{-3}$ T e que, depois de 0,2 s, o campo caiu a zero, a força eletromotriz média induzida na espira, nesse intervalo de tempo, medida em milivolts, foi de:

a) 0,8.
b) 0,7.
c) 0,6.
d) 0,5.
e) 0,4.

13. (UEPB) Os geradores são aparelhos que operam com base na indução eletromagnética e, na sua forma mais simples, são constituídos por uma espira condutora que gira num campo magnético.

Quando a espira gira no campo, o fluxo magnético através dela se altera com o tempo e, num circuito externo, se induz uma força eletromotriz e uma corrente.

Texto adaptado de: SERWAY, R.A. *Física 3 para cientistas e engenheiros*. LTC, 3ª edição, Rio de Janeiro, 1992

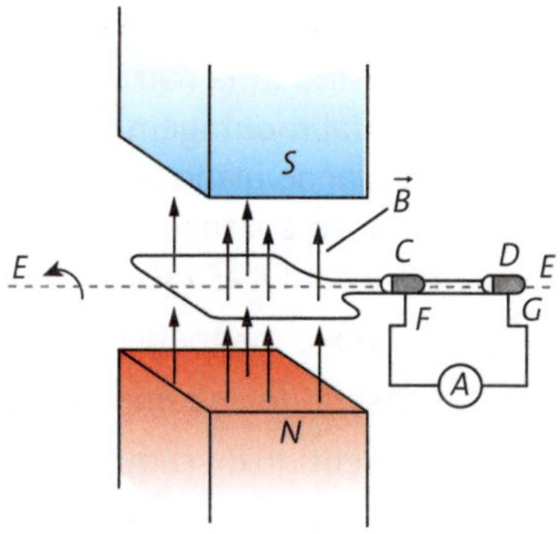


Considerando que a espira condutora tem uma resistência de 0,5 Ω, é retangular, como mostra a figura ao lado, e desloca-se com velocidade 6,0 m/s, dentro de um campo magnético uniforme de intensidade $B = 0{,}5$ T, é correto afirmar que a intensidade da corrente induzida que circula na espira vale:

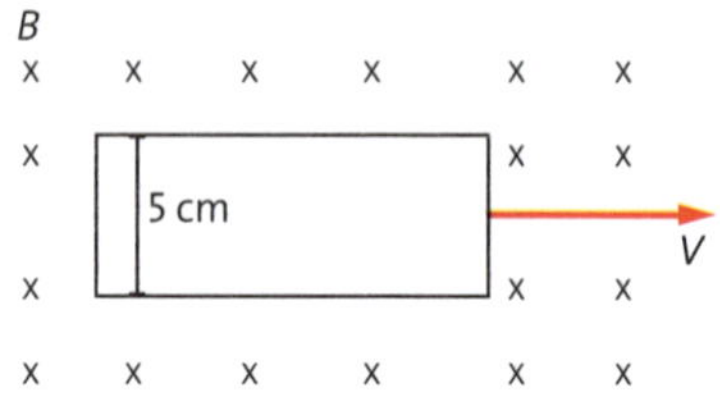


a) 1,5 A.

b) 0,15 A.

c) 15 A.

d) 0,3 A.

e) 10 A.

14. (PUC-RS) Uma espira condutora retangular percorre com velocidade constante de módulo $v$ uma região onde existe um campo magnético uniforme de módulo $B$ perpendicular ao plano da espira, como mostra a figura ao lado.

O gráfico que melhor representa a corrente induzida na espira, em função do tempo, à medida que a espira atravessa o campo, é:

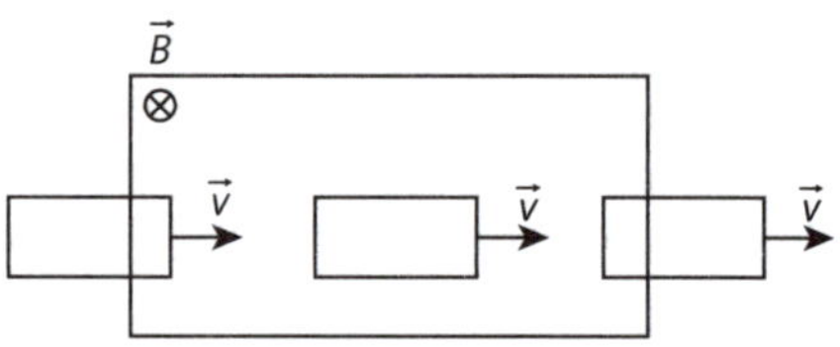


a) 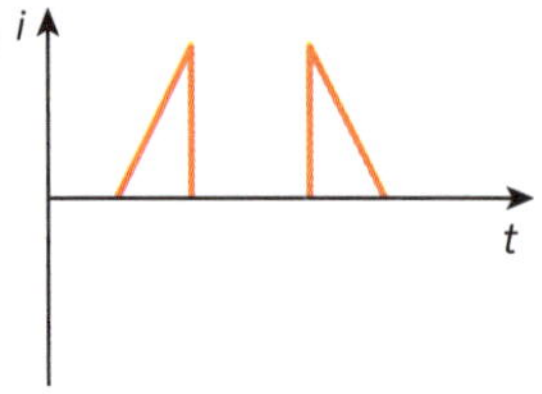

b) 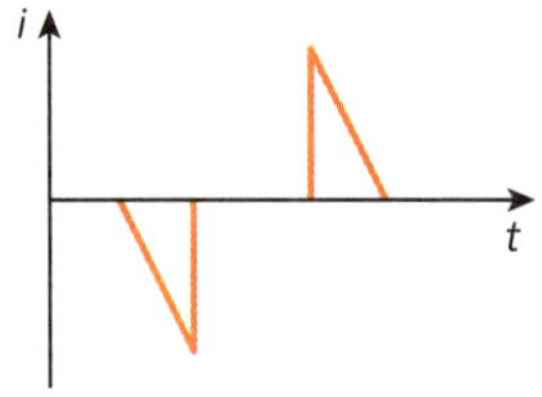

c) 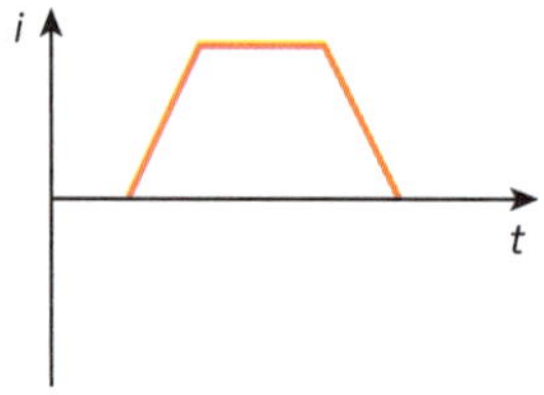

d) 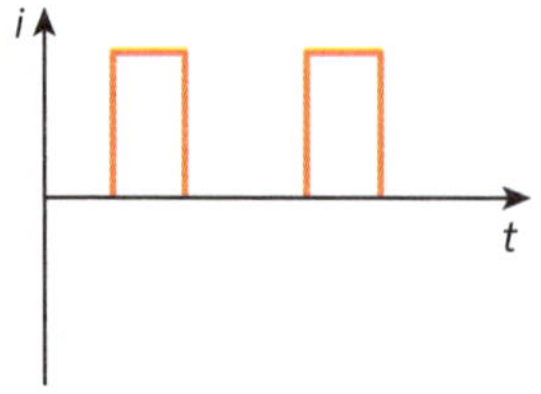

e) 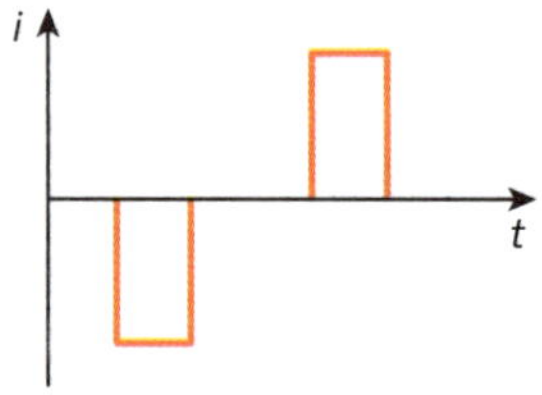

15. (ITA-SP) Quando uma barra metálica se desloca num campo magnético, sabe-se que seus elétrons se movem para uma das extremidades, provocando entre elas uma polarização elétrica. Desse modo, é criado um campo elétrico constante no interior do metal, gerando uma diferença de potencial entre as extremidades da barra. Considere uma barra metálica descarregada, de 2,0 m de comprimento, que se desloca com velocidade constante de módulo $v = 216$ km/h num plano horizontal (veja figura), próximo à superfície da Terra. Sendo criada uma diferença de potencial (ddp) de $3{,}0 \cdot 10^{-3}$ V entre as extremidades da barra, o valor do componente vertical do campo de indução magnética terrestre nesse local é de:

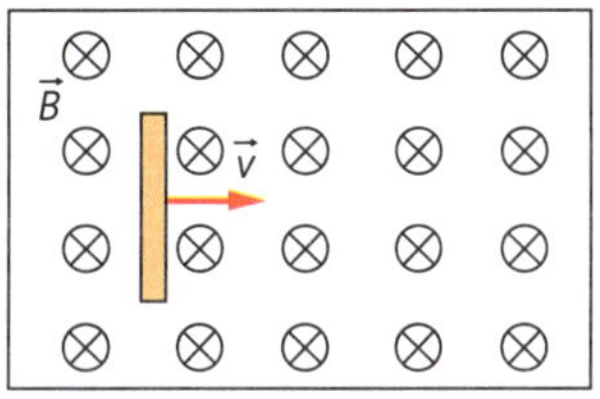


a) $6{,}9 \cdot 10^{-6}$ T.
b) $1{,}4 \cdot 10^{-5}$ T.
c) $2{,}5 \cdot 10^{-5}$ T.
d) $4{,}2 \cdot 10^{-5}$ T.
e) $5{,}0 \cdot 10^{-5}$ T.

16. (Unifesp) A foto mostra uma lanterna sem pilhas, recentemente lançada no mercado. Ela funciona transformando em energia elétrica a energia cinética que lhe é fornecida pelo usuário – para isso ele deve agitá-la fortemente na direção do seu comprimento. Como o interior dessa lanterna é visível, pode-se ver como funciona: ao agitá-la, o usuário faz um ímã cilíndrico atravessar uma bobina para frente e para trás. O movimento do ímã através da bobina faz aparecer nela uma corrente induzida que percorre e acende a lâmpada.

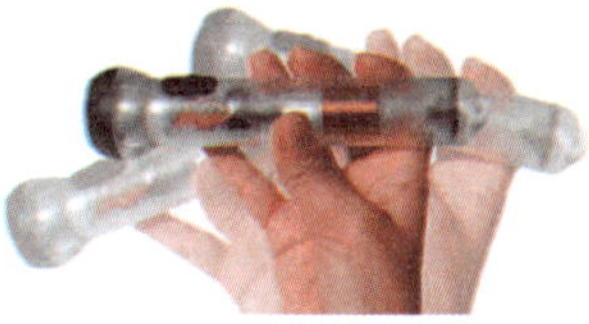
Unifesp/2007

O princípio físico em que se baseia essa lanterna e a corrente induzida na bobina são, respectivamente:

a) indução eletromagnética; corrente alternada.
b) indução eletromagnética; corrente contínua.
c) lei de Coulomb; corrente contínua.
d) lei de Coulomb; corrente alternada.
e) lei de Ampère; correntes alternada ou contínua podem ser induzidas.

17. (UnB-DF) O ímã da figura está estabelecendo um fluxo $\phi_1 = 0{,}3 \cdot 10^{-3}$ Wb. Aproximando rapidamente o ímã da espira, o fluxo passa a valer $\phi_2 = 2{,}3 \cdot 10^{-3}$ Wb. Supondo que essa variação ocorreu em um intervalo de tempo $\Delta t = 0{,}5$ s e que a resistência da espira vale 1,0 $\Omega$, determine a corrente induzida na espira. Dê sua resposta em miliampère.

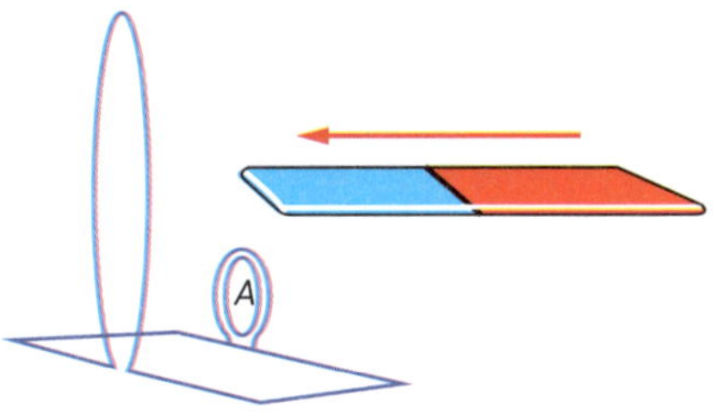

# ONDAS ELETROMAGNÉTICAS E RADIAÇÃO DE CORPO NEGRO

## Espectro eletromagnético

A sociedade moderna aplica o conhecimento relativo às ondas eletromagnéticas em diferentes setores da atividade humana, como na geração e transmissão de informação, no desenvolvimento de equipamentos médicos, na localização de veículos, entre muitos outros.

### Frequência ($f$) e comprimento de onda ($\lambda$)

No vácuo, ondas eletromagnéticas de frequências distintas propagam-se com a mesma velocidade, referida pela letra $c$; nessa situação, frequência ($f$) e comprimento de onda ($\lambda$) são inversamente proporcionais: $c = \lambda \cdot f$

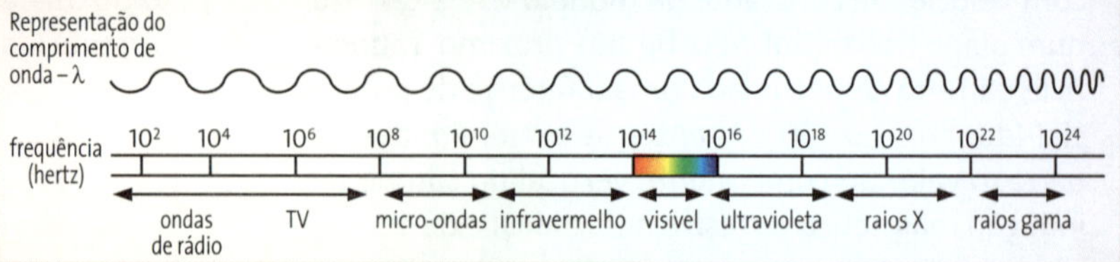


## Características comuns às ondas eletromagnéticas

### Composição

De acordo com o modelo ondulatório, toda onda eletromagnética é composta pela oscilação alternada e ortogonal de um campo elétrico e outro magnético, e a variação de cada um deles mantém a existência do outro.

### Velocidade no vácuo

Mesmo valor para todas as ondas eletromagnéticas:

$$c = \frac{1}{\sqrt{\varepsilon_0 \cdot \mu_0}} \simeq 2{,}997 \cdot 10^8 \text{ m/s}$$

### Propagação e energia

Propagam-se na matéria ou no vácuo, transmitindo energia sem, contudo, transportar matéria.

### Fenômenos

Estão sujeitas aos fenômenos ondulatórios: reflexão, refração, difração, interferência e polarização.

## Diferenças entre as ondas eletromagnéticas

### Geração

São geradas por diferentes processos, como a oscilação de partículas portadoras de carga em antenas, a transição eletrônica de átomos e moléculas, emissões nucleares, entre outras.

#### Exemplo

Processos estelares geram ondas eletromagnéticas de diferentes frequências. O Sol, por exemplo, emite uma enorme diversidade de frequências que chegam a Terra.

### Energia

Pelo modelo quântico, ela é proporcional à frequência. Assim, os raios gama são os mais energéticos, enquanto as ondas de rádio são as menos energéticas.

## Ondas de rádio

### Propriedades e aplicações

- Por apresentarem longos comprimentos de onda, difratam em obstáculos grandes, transpondo prédios e árvores.
- Algumas frequências da faixa refletem bem na ionosfera e, assim, são usadas para transmissão em longa distância.

## As micro-ondas

### Propriedades e aplicações

- Geradas, artificialmente, por dispositivos denominados magnetrons.
- Amplamente utilizadas em telefonia celular.
- Nos fornos, elevam, por ressonância, a temperatura da água contida nos alimentos.

## Luz visível

### Propriedades e aplicações

Apresentam energia na medida “correta” para sensibilizar os fotorreceptores da retina do globo ocular, desencadeando o processo da visão.

#### História

A interferência serviu como evidência de que a luz era onda; a polarização, como evidência de que era transversal.

## Infravermelho

### Propriedades e aplicações

- Não visível, é a radiação térmica predominantemente emitida pelos corpos à temperatura ambiente.
- Detectadas por aparelhos de visão noturna, como binóculos militares.
- Quando aquecido, um corpo aumenta a emissão de infravermelho, daí essa faixa do espectro receber o nome de calor radiante.

## Ultravioleta

### Propriedades e aplicações

- Emitida em grande quantidade pelo Sol e parcialmente absorvida pela camada de ozônio.
- Algumas frequências da faixa causam o câncer de pele; outras participam da síntese de vitamina D.
- Responsáveis pelo bronzeamento da pele.

## Raios X

### Propriedades e aplicações

- Produzidos, artificialmente, pela desaceleração de um feixe de elétrons incidente em uma placa metálica.
- São capazes de atravessar alguns objetos opacos à luz, como a pele e os músculos, e absorvidos por outros, como os ossos; assim, viabilizam o registro de fraturas ósseas em chapas fotográficas.

## Raios $\gamma$

### Propriedades e aplicações

Produzidos em processos nucleares, como ocorre, por exemplo, nas bombas de fusão e fissão.

## Radiação térmica

Energia na forma de radiação eletromagnética e emitida pela superfície de qualquer corpo. O seu nome expressa o fato de que sua frequência e intensidade dependem da temperatura da superfície do corpo que a emite.

### Lei de Stefan-Boltzmann

$R = \varepsilon \cdot \sigma \cdot T^4$

$R$: intensidade total de radiação térmica emitida, o que corresponde à energia total da radiação térmica emitida por unidade de tempo e por unidade de área de sua superfície.

$\varepsilon$: emissividade, coeficiente adimensional que depende da natureza da superfície emissora e que pode assumir valores entre 0 e 1.

$\sigma$: $5{,}67 \cdot 10^{-8}$ $W/m^2K^4$ (constante de Stefan-Boltzmann).

$T$: temperatura absoluta da superfície do corpo.

## Corpo negro

Corpo idealizado que não refletiria nenhuma radiação incidente, fazendo dele um absorvedor e emissor perfeito, caso em que $\varepsilon = 1$.

### Radiação de corpo negro

- A intensidade total de radiação emitida por um corpo negro depende somente da temperatura de sua superfície e não do material de que é constituído.
- A intensidade de radiação emitida para cada comprimento de onda é a mesma para dois corpos negros que estão à mesma temperatura.

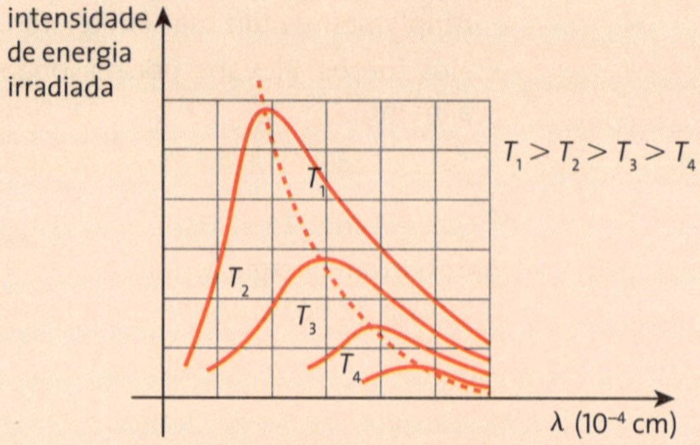


### Espectro de emissão do corpo negro

Em tese, qualquer frequência (ou comprimento de onda), pode ser emitida, ou seja, trata-se de um espectro contínuo.

### Lei de deslocamento de Wien

O comprimento de onda da radiação que é emitida com intensidade máxima é dado por:

$\lambda_{máx.} = \dfrac{2{,}9 \cdot 10^{-3}}{T}$, ou seja, quanto maior a temperatura menor esse comprimento de onda (e maior a respectiva frequência).

# Exercícios

1. (UEPG-PR) A partir da metade do século XVII, surgiu uma longa controvérsia científica sobre a natureza da luz que durou quase dois séculos. Sobre a luz, assinale o que for correto.
   (01) As radiações luminosas se originam de oscilações eletromagnéticas ou das oscilações de cargas elétricas.
   (02) Além de considerar a luz como uma onda eletromagnética, pode-se também considerá-la como um fluxo de partículas energéticas desprovidas de massa, os fótons.
   (04) O espectro luminoso é o conjunto das frequências que compõem a radiação luminosa e sua velocidade é a mesma de todas as ondas que compõem o espectro eletromagnético.
   (08) O espectro luminoso, ondas de rádio, raio X, radiações $\alpha$, $\beta$ e $\gamma$ são algumas das radiações que fazem parte do espectro eletromagnético. O que difere é o modo de obtê-las: o espectro luminoso é visível e as demais, não.
   (16) Os olhos são sensores de ondas eletromagnéticas, portanto, pode-se dizer que a luz é a modalidade de energia radiante percebida por um observador mediante sensações visuais oriundas da retina.

2. (UFRN) Quando olhamos para o céu noturno, vemos uma grande quantidade de estrelas, muitas das quais se encontram a dezenas e até a centenas de anos-luz de distância da Terra. Na verdade, estamos observando as estrelas como elas eram há dezenas, centenas ou até milhares de anos, e algumas delas podem nem mais existir atualmente.
   Esse fato ocorre porque
   a) a velocidade da luz no vácuo é infinita e não depende do movimento relativo entre fontes e observadores.
   b) a velocidade da luz no vácuo, apesar de ser muito grande, é finita e depende do movimento relativo entre fontes e observadores.
   c) a velocidade da luz no vácuo, apesar de ser muito grande, é finita e não depende do movimento relativo entre fontes e observadores.
   d) a velocidade da luz no vácuo é infinita e depende do movimento relativo entre fontes e observadores.

3. (PUC-RJ) Uma superfície quente emite radiação em toda a faixa do espectro eletromagnético. Para dada temperatura absoluta $T$ da superfície, o comprimento de onda $\lambda_M$ da radiação na qual a intensidade da emissão é máxima é dado por: $\lambda_M \cdot T = C$, onde $C = 0{,}29 \cdot 10^{-2}$ m · K. A temperatura média da pele humana é de 27 °C. Em que comprimento de onda a pele emite com intensidade máxima?

4. (Uepa) Corpos aquecidos emitem fótons em diferentes frequências do espectro eletromagnético, cada uma distinta. A frequência emitida com maior intensidade para uma determinada temperatura é dada pela lei do deslocamento de Wien: $f = C \cdot T$, em que $f$ é a frequência do fóton, $T$ é a temperatura, em Kelvin, e $C$ é uma constante que vale $10^{11}$ Hz/K. A temperatura típica do corpo humano é de 310 K. De acordo com a lei de Wien e observando a figura ao lado, o corpo humano emite mais intensamente em que faixa do espectro?

a) Raios X
b) Ultravioleta
c) Luz visível
d) Infravermelho
e) Microondas

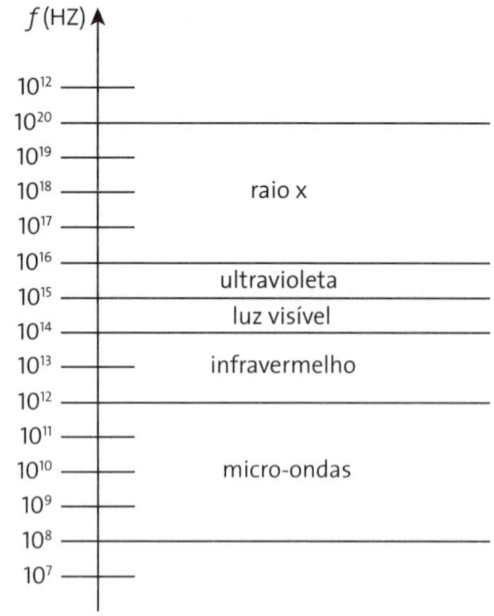


5. (ITA-SP) De acordo com a lei de Stefan-Boltzmann, o equilíbrio da atmosfera terrestre é obtido pelo balanço energético entre a energia de radiação do Sol absorvida pela Terra e a reemitida pela mesma. Considere que a energia fornecida por unidade de tempo pela radiação solar é dada por $P = A \cdot e \cdot \sigma \cdot T^4$, em que $\sigma = 5{,}67 \cdot 10^{-8}\ W \cdot m^{-2} \cdot K^{-4}$; $A$ é a área da superfície do corpo; $T$, a temperatura absoluta, e o parâmetro $e$ é a emissividade que representa a razão entre a taxa de radiação de uma superfície particular e a taxa de radiação de uma superfície de um corpo ideal, com a mesma área e mesma temperatura. Considere a temperatura média da Terra $T = 287$ K e, nesta situação, $e = 1$. Sabendo que a emissão de gases responsáveis pelo aquecimento global reduz a emissividade, faça uma estimativa de quanto aumentará a temperatura média da Terra devido à emissão de gases responsáveis pelo aquecimento global, se a emissividade diminuir 8%.

Considere $(1 - x)^{\frac{1}{4}} \simeq 1 - \frac{x}{4}$

6. (PUC-RJ) Os celulares, assim como o forno de micro-ondas e as emissoras de rádio, emitem radiação eletromagnética. As frequências em que operam, no entanto, são diferentes, sendo a faixa de frequências do celular de 800 MHz a 1800 MHz. De acordo com a frequência da radiação, as reações do meio ambiente são diferentes, assim como os efeitos biológicos, havendo, por exemplo, a possibilidade de ionização de átomos. Comparando-se com o espectro eletromagnético mostrado abaixo, podemos afirmar que os sinais emitidos pelos celulares ($c = 3 \cdot 10^8$ m/s):

I. estão na faixa do espectro eletromagnético das radiações não ionizantes, ao contrário do raio X e dos raios gama que estão na faixa das radiações ionizantes.

II. têm comprimento de onda contido na faixa de 15 cm a 40 cm.

III. estão em faixa de frequência acima da faixa da luz visível.

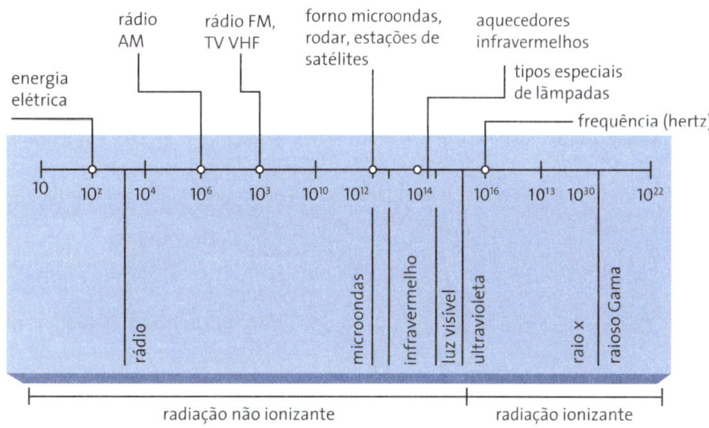


Entre as afirmações acima, apenas está(ão) correta(s):

a) I e III.
b) I, II e III.
c) I e II.
d) II e III.
e) I.

7. (Alfa-GO) Ondas de vários tipos estão presentes em nossa vida. Quando vemos os objetos, por exemplo, nossos órgãos visuais estão sendo sensibilizados por ondas luminosas. Devido às limitações do nosso sistema visual, outras ondas do mesmo tipo de luz não podem ser vistas, como as ondas de rádio.
Podemos ouvir música, vozes e ruídos graças às ondas sonoras. Assim como acontece com as ondas luminosas, as limitações do nosso sistema auditivo não nos permitem ouvir ondas do mesmo tipo do som, como o ultrassom.
Com relação aos conhecimentos sobre ondas, assinale as proposições a seguir com C (certo) ou E (errado):

a) A principal característica de uma onda é que transmite energia sem ocorrer o transporte de matéria.
b) As ondas sonoras são exemplos de ondas longitudinais, e as ondas eletromagnéticas são exemplos de ondas transversais.
c) Uma onda de frequência 50 Hz e comprimento de onda 20 cm está se movendo à velocidade de 10 m/s.
d) Para ondas que têm a mesma velocidade de propagação em um dado meio, são inversamente proporcionais seu período e seu comprimento de onda.

8. (UFRGS-RS) A tabela mostra as frequências ($f$) de três ondas eletromagnéticas que se propagam no vácuo.

| Ondas | f (Hz) |
|---|---|
| $x$ | $3 \cdot 10^{17}$ |
| $y$ | $6 \cdot 10^{14}$ |
| $z$ | $3 \cdot 10^{14}$ |

Comparando-se essas três ondas, verifica-se que:

a) a energia de um fóton associado à onda $x$ é maior do que a energia de um fóton associado à onda $y$.
b) o comprimento de onda da onda $y$ é igual ao dobro do da onda $z$.
c) à onda $z$ estão associados os fótons de maior energia e de menor quantidade de movimento linear.
d) a energia do fóton associado à onda $x$ é igual à associada à onda $y$.
e) as três ondas possuem o mesmo comprimento de onda.

## Efeito fotoelétrico

Remoção de elétrons da superfície de uma placa metálica a partir da incidência de radiação eletromagnética. Foi um dos fenômenos precursores da teoria quântica.

### Observações incompatíveis com a teoria ondulatória

- O aumento da intensidade da radiação incidente não implica a elevação da energia cinética dos elétrons removidos;
- O intervalo de tempo entre a incidência da radiação e a respectiva remoção de elétrons é desprezível.
- A energia cinética do elétron removido varia com a frequência da radiação incidente.
- O efeito só é observado se a frequência da radiação incidente estiver acima de um valor mínimo.

#### Solução de Einstein

- Propôs que a radiação eletromagnética se propague pelo espaço por meio de fótons e que a energia da radiação por eles transportada é dada por:

  $E = h \cdot f$

  $h$: $6{,}63 \cdot 10^{-34}$ J · s (constante de Planck)

  $f$: frequência da radiação.
- Propôs que a remoção do elétron é resultado de sua "colisão" com fótons.

### Equação de energia dos elétrons removidos (fotoelétrons)

$E_{c(máx.)} = h \cdot f - W$

$W$: função trabalho; depende do metal e corresponde à energia mínima necessária para remover um elétron de sua superfície.

#### Frequência mínima ($f_0$)

Caso a energia do fóton ($h \cdot f$) seja menor do que $W$, o elétron não é removido do metal, ou seja, existe um valor mínimo para a energia (e para a respectiva frequência) do fóton:

$$h \cdot f > W \rightarrow f_0 = \frac{W}{h}$$

## Dualidade da luz

### Significado

Expressa o fato de que os fenômenos luminosos são mais bem explicados ora pelo modelo ondulatório (luz entendida como uma onda eletromagnética), ora pelo modelo corpuscular (luz entendida como conjunto de fótons).

## Modelo atômico de Bohr

Um átomo pode assumir somente certos valores de energia (níveis), nos quais seus elétrons ("presos" ao núcleo pela força elétrica) descrevem órbitas circulares sem emitir radiação; quando o elétron assume o nível mais baixo de energia diz-se que ele está no estado fundamental; qualquer outro nível corresponde a um estado excitado.

### Transições eletrônicas

Passagem de um elétron de um nível de energia para outro; quando passa para um nível superior diz-se que houve excitação, e, para um nível inferior, decaimento ou desexcitação.

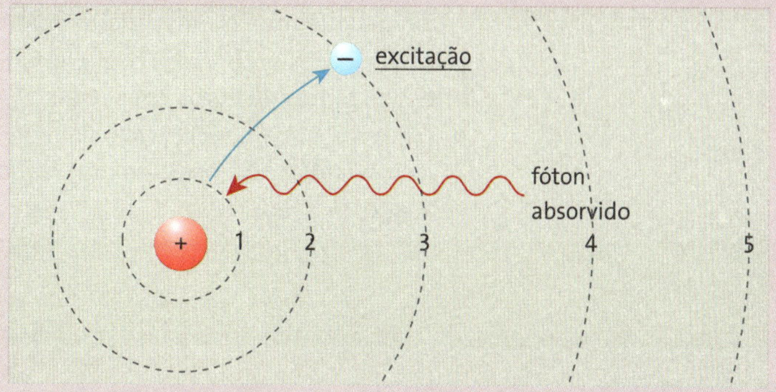


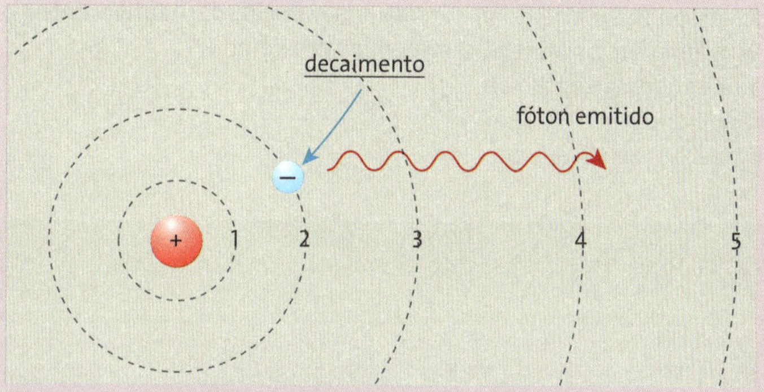


#### Excitação pela absorção de fóton

Ocorre somente se a energia do fóton corresponde exatamente à diferença de energia entre os níveis ocupados pelo elétron depois e antes da transição:

$E_{\text{fóton absorvido}} = h \cdot f = E_{n,\text{ depois}} - E_{n,\text{ antes}}$

#### Decaimento com emissão de fóton

A tendência é que o elétron retorne ao estado fundamental, pois esse é o menor nível de energia; o retorno pode ser direto (com emissão de um único fóton) ou passar por estados intermediários (mais de um fóton); em ambos os casos o decaimento é acompanhado por emissão de fótons cuja energia é dada por:

$E_{\text{fóton emitido}} = h \cdot f = E_{n,\text{ antes}} - E_{n,\text{ depois}}$

## O átomo de hidrogênio pelo modelo de Bohr

### Níveis de energia ($E_n$) do átomo de hidrogênio em função do número quântico principal ($n$)

$$E_n = -\frac{13{,}6}{n^2}\, eV$$

#### Estado fundamental

$n = 1$

#### Estados excitados

$n = 2, 3, 4, ...$

## Relatividade especial

Trata de fenômenos que se tornam relevantes para altas velocidades, não desprezíveis quando comparadas à velocidade da luz no vácuo. Os seus resultados são compatíveis com observações que não puderam ser explicadas pela mecânica clássica.

### Os dois postulados

- Primeiro: as leis da Física são as mesmas em qualquer referencial inercial.
- Segundo: a velocidade da luz no vácuo tem o mesmo valor ($c \simeq 2{,}997 \cdot 10^8$ m/s) em todos os referenciais inerciais, independentemente da velocidade da fonte ou do observador.

### Aplicações e consequências

- O valor da velocidade da luz no vácuo ($c$) é um limite superior para a velocidade de qualquer móvel em qualquer referencial.
- Dois eventos observados como simultâneos em um referencial podem ocorrer em instantes distintos em outro.
- Explica o fato (inexplicável pela mecânica clássica) dos mésons $\mu$ (partículas de baixíssima vida média produzidas nas altas camadas atmosféricas) chegarem à superfície terrestre.

## Dilatação do tempo

O intervalo de tempo ($\Delta t$) entre dois eventos em um referencial inercial qualquer é maior do que o intervalo de tempo ($\Delta t_0$) no referencial que está em repouso em relação ao local dos eventos.

### Cálculo

Sendo $v$ a velocidade relativa entre os dois referenciais, a relação entre os intervalos de tempo é:

$$\Delta t = \frac{\Delta t_0}{\sqrt{1 - \left(\frac{v}{c}\right)^2}} \rightarrow \Delta t > \Delta t_0$$

## Contração do comprimento

O comprimento $L$ de um corpo em um referencial inercial qualquer é menor do que o comprimento $L_0$ no referencial no qual o corpo está em repouso.

### Cálculo

A relação entre os comprimentos se dá pela expressão:

$$L = L_0 \cdot \sqrt{1 - \left(\frac{v}{c}\right)^2} \rightarrow L < L_0$$

## Massa relativística

Um corpo com velocidade $v$ em relação a um referencial tem, neste referencial, massa ($m$) maior do que teria caso estivesse em repouso.

### Cálculo

Sendo $m_0$ a massa de repouso, a relação entre as massas é:

$$m = \frac{m_0}{\sqrt{1 - \left(\frac{v}{c}\right)^2}} \rightarrow m > m_0$$

## Equivalência entre massa e energia

Massa pode ser convertida em energia e vice-versa.

### Cálculos

A expressão que relaciona a energia total ($E$) de um corpo livre da ação de forças, com sua massa, é:

$E = m \cdot c^2 = m_0 \cdot c^2 + E_c$

$m_0 \cdot c^2$: energia de repouso do corpo

$E_c$: energia cinética do corpo

# Exercícios

1. (Acafe-SC) Em regiões afastadas, as torres de telefonia celular podem ser abastecidas com energia fotovoltaica. Esse modo de geração de energia está baseado no efeito fotoelétrico.
Em relação a esse efeito, analise as afirmações a seguir.

I. A emissão de elétrons por uma superfície metálica atingida por uma onda eletromagnética caracteriza o efeito fotoelétrico.

II. A emissão de fotoelétrons em uma superfície metálica fotossensível ocorre quando a frequência de luz incidente nessa superfície apresenta um valor mínimo, que depende do material.

III. O efeito fotoelétrico só ocorre com a utilização de uma onda eletromagnética na faixa de frequência da luz visível.

IV. A explicação do efeito fotoelétrico está baseada em um modelo corpuscular da luz.

Todas as afirmações corretas estão em:

a) III – IV.
b) I – II – III.
c) II – III – IV.
d) I – II – IV.

2. (UFRN) O Diodo Emissor de Luz (LED) é um dispositivo eletrônico capaz de emitir luz visível e tem sido utilizado nas mais variadas aplicações. A mais recente é sua utilização na iluminação de ambientes devido ao seu baixo consumo de energia e à sua grande durabilidade.
Atualmente, dispomos de tecnologia capaz de produzir tais dispositivos para emissão de luz em diversas cores, como, por exemplo, a cor vermelha de comprimento de onda, $\lambda_V$, igual a 629 nm, e a cor azul, de comprimento de onda, $\lambda_A$, igual a 469 nm.
A energia, $E$, dos fótons emitidos por cada um dos LEDs é determinada a partir da equação de Einstein: $E = h \cdot f$, onde $h$ é a constante de Planck, e $f$ é a frequência do fóton emitido.
Sabendo ainda que $c = \lambda \cdot f$, onde $c$ é a velocidade da luz no vácuo e $\lambda$, o comprimento de onda do fóton, é correto afirmar que:

a) o fóton correspondente à cor vermelha tem menos energia que o fóton correspondente à cor azul, pois sua frequência é menor que a do fóton de cor azul.
b) o fóton correspondente à cor vermelha tem mais energia que o fóton correspondente à cor azul, pois sua frequência é maior que a do fóton de cor azul.
c) o fóton correspondente à cor azul tem menos energia que o fóton correspondente à cor vermelha, pois seu comprimento de onda é maior que o do fóton de cor vermelha.
d) o fóton correspondente à cor vermelha tem mais energia que o fóton correspondente à cor azul, pois seu comprimento de onda é menor que a do fóton de cor azul.

3. (UFSC) Em um experimento semelhante aos realizados por Hertz, esquematizado na figura abaixo, um estudante de Física obteve o seguinte gráfico da energia cinética ($E$) máxima dos elétrons ejetados de uma amostra de potássio em função da frequência ($f$) da luz incidente.

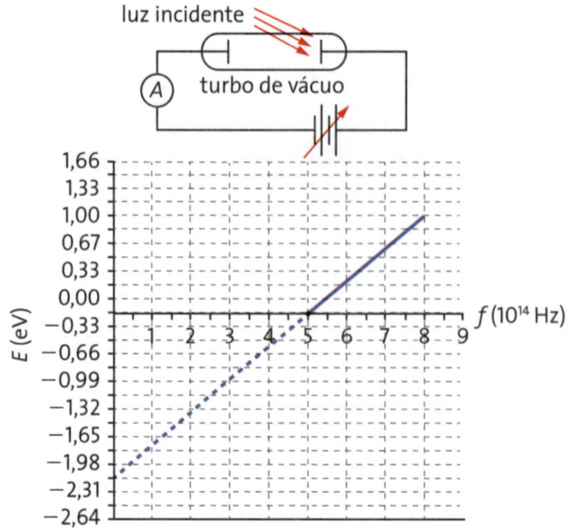


Com base nas características do fenômeno observado e no gráfico, assinale a(s) proposição(ões) correta(s).

(01) O valor da constante de Planck obtido a partir do gráfico é de aproximadamente $4,43 \cdot 10^{-15}$ eVs.

(02) A função trabalho do potássio é maior que 2,17 eV.

(04) Para frequências menores que $5,0 \cdot 10^{14}$ Hz, os elétrons não são ejetados do potássio.

(08) O potencial de corte para uma luz incidente de $6,0 \cdot 10^{14}$ Hz é de aproximadamente 0,44 eV.

(16) Materiais que possuam curvas de $E$ (em eV) em função de $f$ (em Hz) paralelas e à direita da apresentada no gráfico possuem função trabalho maior que a do potássio.

(32) A energia cinética máxima dos elétrons emitidos na frequência de $6,5 \cdot 10^{14}$ Hz pode ser aumentada, aumentando-se a intensidade da luz incidente.

4. (UnirG-TO) Atualmente, nos estádios de futebol, os responsáveis pela segurança são instruídos a não permitir a entrada de ponteiras lasers; entretanto, as que causam preocupação são as de cor verde, devido a sua potência. Considere que uma dessas ponteiras possui as seguintes características: potência de saída 51 mW e comprimento de onda 528 nm. Considerando-se os dados apresentados, quantos fótons são emitidos por segundo por essa ponteira laser?

**Dados:**

$h = 6{,}6 \cdot 10^{-34}\ \text{J} \cdot \text{s}$

$c = 3{,}0 \cdot 10^{8}\ \text{m/s}$

a) $1{,}36 \cdot 10^{17}$

b) $4{,}08 \cdot 10^{17}$

c) $1{,}36 \cdot 10^{20}$

d) $4{,}08 \cdot 10^{20}$

5. (UPE) Uma régua cujo comprimento é de 50 cm está se movendo paralelamente à sua maior dimensão com velocidade 0,6*c* em relação a certo observador. Sobre isso, é correto afirmar que o comprimento da régua, em centímetros, para esse observador vale:

a) 35.  b) 40.  c) 62,5.  d) 50.  e) 100.

6. (Fuvest-SP) Em um laboratório de Física, estudantes fazem um experimento em que radiação eletromagnética de comprimento de onda $\lambda = 300$ nm incide em uma placa de sódio, provocando a emissão de elétrons. Os elétrons escapam da placa de sódio com energia cinética máxima $E_c = E - W$, sendo $E$ a energia de um fóton da radiação e $W$ a energia mínima necessária para extrair um elétron da placa. A energia de cada fóton é $E = h \cdot f$, sendo $h$ a constante de Planck e $f$ a frequência da radiação. Determine:

a) a frequência $f$ da radiação incidente na placa de sódio;

b) a energia $E$ de um fóton dessa radiação;

c) a energia cinética máxima $E_c$ de um elétron que escapa da placa de sódio;

d) a frequência $f_0$ da radiação eletromagnética, abaixo da qual é impossível haver emissão de elétrons da placa de sódio.

NOTE E ADOTE

Velocidade da radiação eletromagnética: $c = 3 \cdot 10^{8}$ m/s

$1\ \text{nm} = 10^{-9}\ \text{m}$

$h = 4 \cdot 10^{-15}\ \text{eV} \cdot \text{s}$

$W_{\text{sódio}} = 2{,}3\ \text{eV}$

$1\ \text{eV} = 1{,}6 \cdot 10^{-19}\ \text{J}$

7. (Udesc) A emissão de elétrons de uma superfície, devido à incidência de luz sobre essa superfície, é chamada de efeito fotoelétrico. Em um experimento um físico faz incidir uma radiação luminosa de frequência $f$ e intensidade $I$ sobre uma superfície de sódio, fazendo com que $N$ elétrons sejam emitidos desta superfície. Em relação aos valores iniciais $f$ e $I$, assinale a alternativa que apresenta como devem variar a frequência e a intensidade da luz incidente para duplicar o número de elétrons emitidos:

a) duplicar a frequência e manter a intensidade.

b) manter a frequência e duplicar a intensidade.

c) reduzir a frequência pela metade e manter a intensidade.

d) manter a frequência e quadruplicar a intensidade.

e) a emissão de elétrons independe da frequência e da intensidade da luz incidente.

8. (UEG-GO) Um fóton de luz é absorvido por um elétron do átomo de hidrogênio que salta do nível de energia $n = 1$ para o nível $n = 5$. Utilizando o modelo de Bohr e sabendo que a constante de Planck é $h = 6{,}6 \cdot 10^{-34}$ J · s, determine:

**Dado**: 1 eV $= 1{,}6 \cdot 10^{-19}$ J

a) a energia de cada nível eletrônico;

b) a diferença de energia entre os níveis eletrônicos $n = 1$ e $n = 5$;

c) a frequência do fóton absorvido.

9. (UEG-GO) O efeito fotoelétrico, interpretado corretamente pelo físico Albert Einstein, em 1905, enuncia que uma luz incidente sobre a superfície de determinados metais pode arrancar elétrons dessa superfície por causa da interação entre a radiação e a matéria, caracterizada pela absorção dos fótons e pela liberação de elétrons. A respeito da interpretação de Einstein sobre o efeito fotoelétrico, é correto afirmar:

a) a luz incidente no metal é composta por fótons dotados de uma energia dada pelo comprimento de onda da luz vezes a constante de Planck.

b) existe uma frequência-limite abaixo da qual esse efeito não ocorre, mesmo que se aumente consideravelmente a intensidade da luz incidente sobre o metal.

c) ocorre um espalhamento por um elétron devido à colisão com um fóton de momento linear igual à constante de Planck dividida pelo comprimento de onda da luz.

d) todos os metais possuem a mesma função trabalho, que é responsável pela ejeção dos elétrons cinéticos do metal.

10. (Uema) Quando ondas eletromagnéticas atingem um corpo, às vezes observamos que elétrons são "arrancados" desse corpo. A emissão de elétrons pela absorção de radiação é chamada de:

a) efeito fotoelétrico.

b) efeito Compton.

c) fusão nuclear.

d) fissão nuclear.

e) radiação do corpo negro.

11. (UFPE) Com relação à teoria da relatividade especial e aos modelos atômicos podemos afirmar que:

(00) a velocidade da luz no vácuo independe da velocidade da fonte de luz.

(01) as leis da Física são as mesmas em todos os referenciais inerciais. A única exceção ocorre em fenômenos físicos que ocorram sob gravidade nula.

(02) é impossível determinar simultaneamente a velocidade e a posição do elétron no átomo de hidrogênio.

(03) no modelo de Bohr do átomo de hidrogênio o elétron não irradia quando se encontra nas órbitas estacionárias, isto é, naquelas órbitas onde o momento linear do elétron é um múltiplo inteiro da constante de Planck.

(04) para ionizar o átomo de hidrogênio, no seu estado fundamental, isto é, separar completamente o elétron do núcleo, gasta-se uma energia menor do que 10 eV.

12. (UFRN) Estudantes interessados em analisar a natureza dual da luz preparavam uma apresentação para uma feira de ciências com três experimentos, conforme mostrados nas figuras abaixo.

1º experimento 2º experimento 3º experimento

- o **1º experimento** mostra a difração da luz ao passar por uma fenda estreita;
- o **2º experimento** mostra o efeito fotoelétrico caracterizado pela geração de corrente elétrica a partir da incidência de luz sobre uma célula fotoelétrica;
- o **3º experimento** mostra o efeito da polarização da luz ao fazê-la incidir sobre filtros polarizadores.

A partir desses experimentos, é correto afirmar que:

a) o efeito fotoelétrico e a polarização evidenciam a natureza ondulatória da luz, enquanto a difração evidencia a natureza corpuscular da luz.

b) a polarização e a difração evidenciam a natureza corpuscular da luz, enquanto o efeito fotoelétrico evidencia a natureza ondulatória da luz.

c) a difração e a polarização evidenciam a natureza ondulatória da luz, enquanto o efeito fotoelétrico evidencia a natureza corpuscular da luz.

d) o efeito fotoelétrico e a difração evidenciam a natureza ondulatória da luz, enquanto a polarização evidencia a natureza corpuscular da luz.

13. (UEG-GO) Qual das afirmações a seguir é correta para a teoria da relatividade de Einstein?

a) No vácuo, a velocidade da luz depende do movimento da fonte de luz e tem igual valor em todas as direções.

b) Elétrons são expulsos de uma superfície quando ocorre a incidência de uma radiação eletromagnética (luz).

c) Em determinados fenômenos, a luz apresenta natureza de partícula e, em outros, natureza ondulatória.

d) Na natureza, não podem ocorrer interações de velocidades superiores à velocidade da luz *c*.

14. (UFMT) Em relação aos conceitos da Física Moderna, marque V para as afirmativas verdadeiras e F para as falsas.

( ) A energia cinética de um elétron emitido pelo efeito fotoelétrico é proporcional à amplitude da onda eletromagnética que incide sobre a placa.

( ) A radioatividade é um fenômeno que ocorre na eletrosfera de átomos instáveis.

( ) A luz apresenta propriedades de grandezas descontínuas assim como de grandezas contínuas.

( ) A massa de um elétron é constante, seja medida em relação ao núcleo de um átomo ou a um sistema de referência em que o elétron esteja em repouso.

( ) Existem partículas com cargas elétricas fracionárias em relação à carga elétrica do elétron.

Assinale a sequência correta.

a) F, V, V, F, V b) V, V, V, F, F c) V, F, F, V, F d) F, F, V, F, F e) F, F, V, F, V

15. (UFRN) No final do século XIX, vários pesquisadores perceberam que a luz era capaz de ejetar elétrons quando incidia em superfícies metálicas. Esse fenômeno, que ocorre sob certas condições, foi chamado de efeito fotoelétrico. A figura **1a** mostra luz policromática de intensidade $I_0$, cujos fótons possuem energia entre 2,0 eV e 6,0 eV incidindo sobre uma superfície metálica. Observa-se que, dessa superfície, são ejetados elétrons com energia cinética máxima, $E_{c(máx)}$. A figura **1b** mostra, também, luz policromática de intensidade $2I_0$, cujos fótons possuem energia entre 2,0 eV e 6,0 eV incidindo sobre a mesma superfície metálica. Observa-se, ainda, que também são ejetados elétrons com energia cinética máxima, $E_{c(máx)}$.

A figura **2a**, por sua vez, mostra luz monocromática de intensidade $I_0$, cujos fótons possuem energia de 3,0 eV incidindo sobre a mesma superfície metálica. Nesse caso, não se observam elétrons ejetados da superfície. Por outro lado, a figura **2b** mostra luz monocromática de intensidade $I_0$, cujos fótons possuem energia de 6,0 eV incidindo sobre a mesma superfície metálica. Nesse caso, observam-se elétrons sendo ejetados da superfície.

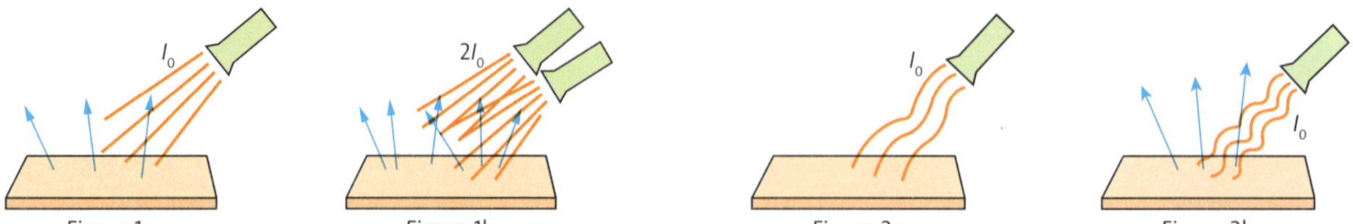

Figura 1a Figura 1b Figura 2a Figura 2b

Com base na teoria de Einstein para o efeito fotoelétrico,

a) explique por que a energia cinética máxima dos elétrons, $E_{c(máx)}$, independe da intensidade da luz policromática incidente.

b) explique por que, para essa superfície metálica, o efeito fotoelétrico ocorre apenas quando incide luz cujos fótons possuem energia de 6,0 eV.

16. (UFG-GO) As portas automáticas, geralmente usadas para dividir ambientes, com climatização, do meio externo, usam células fotoelétricas, cujo princípio de funcionamento baseia-se no efeito fotoelétrico, que rendeu ao físico Albert Einstein o Prêmio Nobel de 1921, por sua explicação de 1905. No experimento para observação desse efeito, incide-se um feixe de luz sobre uma superfície metálica polida, localizada em uma região sob uma diferença de potencial $V$, conforme a figura, e mede-se o potencial freador que faz cessar a corrente entre os eletrodos, sendo este o potencial limite. O gráfico representa a dependência entre o potencial limite e a frequência da luz incidente sobre a superfície de uma amostra de níquel. Tendo em vista o exposto, responda:

a) Qual é a menor frequência da luz, em Hertz, que consegue arrancar elétrons da superfície do metal?

b) Para o potencial de 1,5 V, qual é a energia cinética (em joules) do elétron ejetado da superfície do metal?

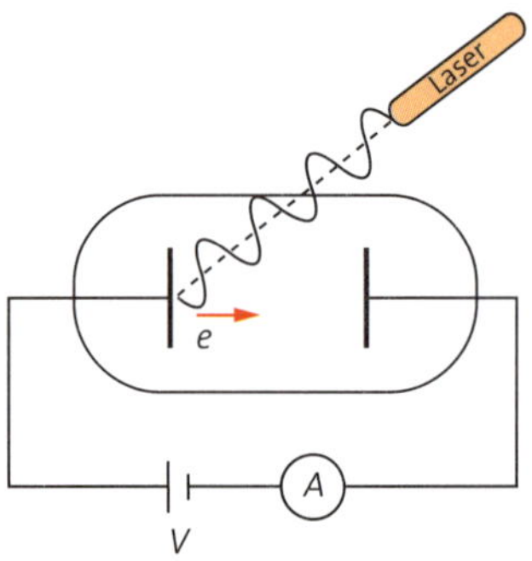


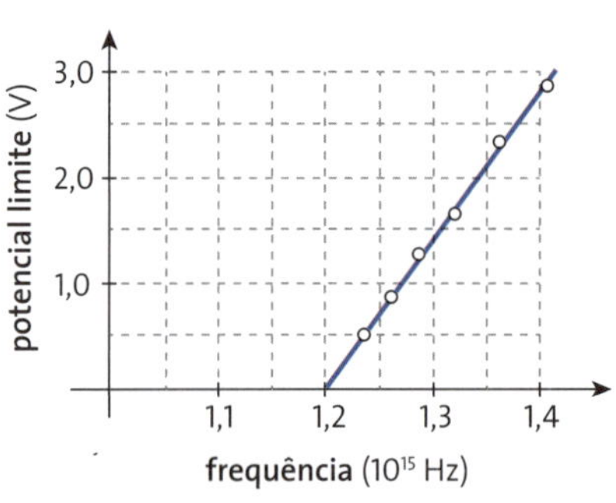


**Dados:**
Constante de Planck: $h = 6{,}6 \cdot 10^{-34}$ J · s.

# Desafio

Theo Szczepanski/Arquivo da Editora

# Olimpíada Brasileira de Física (OBF)

As questões de 1 a 3 são referentes ao texto abaixo.

Quando nos deparamos com avisos de "Cuidado, alta tensão", a caveira desenhada no aviso deixa claro o risco de vida que corremos. Porém o risco não está relacionado à tensão, mas sim à corrente que atravessa o corpo. Na faixa 1 a 5 mA (mA = $10^{-3}$A) já é possível sentir a corrente através do corpo, com 10 mA começamos a sentir dor. Ao levarmos um choque de 1000 V, a corrente de 100 mA que atravessa o corpo além de dor é capaz de causar contrações musculares terríveis, porém um choque de 5 000 V é fatal.

1. De acordo com o texto, a corrente capaz de levar um ser humano à morte é:

a) 150 mA. b) 200 mA. c) 250 mA. d) 300 mA. e) 500 mA.

2. Apesar de a corrente elétrica atravessar todo o corpo causando danos aos órgãos, as extremidades de uma pessoa (mãos é pés) são as partes do corpo visivelmente mais danificadas durante a eletrocussão. Isso se deve ao fato de que:

a) a potência dissipada é maior nas extremidades, causando queimaduras mais graves.
b) a corrente é desprezível no interior do corpo humano.
c) as extremidades do corpo possuem menor capacidade térmica e consequentemente sofrerão maior variação de temperatura.
d) mãos e pés são responsáveis por fechar o circuito; a corrente entra através das mãos e chega à terra através dos pés.
e) ao fechar o circuito, mãos e pés são atravessados por uma corrente maior causando maior dano.

3. A potência dissipada pelo corpo humano em um choque fatal é:

a) 500 W.
b) 1000 W.
c) 1500 W.
d) 2 000 W.
e) 2 500 W.

**James Clerk Maxwell (1831-1879)**

Foi um físico e matemático britânico. Ele é mais conhecido por ter dado a sua forma final à teoria moderna do eletromagnetismo, que une a eletricidade, o magnetismo e a óptica. Esta é a teoria que surge das equações de Maxwell, assim chamadas em sua homenagem e porque ele foi o primeiro a escrevê-las juntando a lei de Ampère, por ele próprio modificada, a lei de Gauss, e a lei da indução de Faraday.

Maxwell demonstrou que os campos elétricos e magnéticos se propagam com a velocidade da luz. Ele apresentou uma teoria detalhada da luz como um efeito eletromagnético, isto é, que a luz corresponde à propagação de ondas elétricas e magnéticas, hipótese que tinha sido colocada por Faraday. Demonstrou em 1864 que as forças elétricas e magnéticas têm a mesma natureza: uma força elétrica em determinado referencial pode tornar-se magnética se analisada noutro, e vice-versa. Maxwell é considerado por muitos o mais importante físico do século XIX, o seu trabalho em eletromagnetismo foi a base da relatividade restrita de Einstein e o seu trabalho em teoria cinética de gases, fundamental ao desenvolvimento posterior da mecânica quântica.

(Adaptado de http://pt.wikipedia.org/wiki/James_Clerk_Maxwell)

4. Uma esfera condutora oca está dentro de uma região de campo elétrico uniforme de módulo 100 V/m. Determine o valor do campo elétrico na superfície da esfera e no seu interior (respectivamente em V/m).

a) 100 e 0 b) 100 e 100 c) 0 e 100 d) 100 e 50 e) 50 e 50

5. Qual das afirmativas abaixo é incorreta.

a) Cargas elétricas manifestam-se em duas espécies: conhecidas como positiva e negativa.
b) Cargas de espécies diferentes se atraem.
c) Cargas de mesma espécie se atraem.
d) Cargas de mesma espécie se repelem.
e) Campos elétricos estáticos são gerados pela presença de cargas elétricas.

6. Imagine que você consiga carregar um bastão, muito longo (comprimento $L$), de material não condutor com uma certa quantidade de carga elétrica $Q$. Vamos representar $r$ a distância radial entre o bastão e um ponto qualquer do espaço ao seu redor. Considere as seguintes afirmações sobre o campo gerado pelo bastão carregado e indique qual a incorreta.

a) A intensidade do campo diminui com $1/r$ nas proximidades do bastão.

b) A intensidade do campo depende da quantidade de carga.

c) O campo elétrico tem simetria radial.

d) Na condição em que $r >> L$, a intensidade do campo diminui com $1/r^2$.

e) O campo é nulo em todo espaço para esta particular distribuição de cargas.

7. Um capacitor é construído a partir de duas placas de metal quadrada de área $L^2$, separadas por uma distância $d$. Numa das metades do espaço interno, preenche-se com material de constante dielétrica $k_1$ e na outra metade com material de constante dielétrica $k_2$. Calcule a capacitância deste capacitor, assumindo que seu valor é $C_0$ na situação em que não há material dentro das placas.

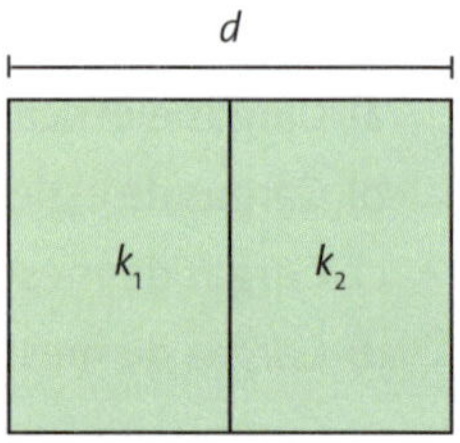


a) $5 \cdot C_0 \cdot k_1 \cdot k_2 /(k_1 + k_2)$

b) $C_0 (k_1 + k_2)$

c) $C_0 \cdot k_1 \cdot k_2 /(k_1 + k_2)$

d) $2 \cdot C_0 \cdot k_1 \cdot k_2 /(k_1 + k_2)$

e) $C_0 \cdot (k_1 + k_2)/2$

8. Considere o circuito abaixo. Determine qual a corrente elétrica que atravessa o resistor de 4 Ω.

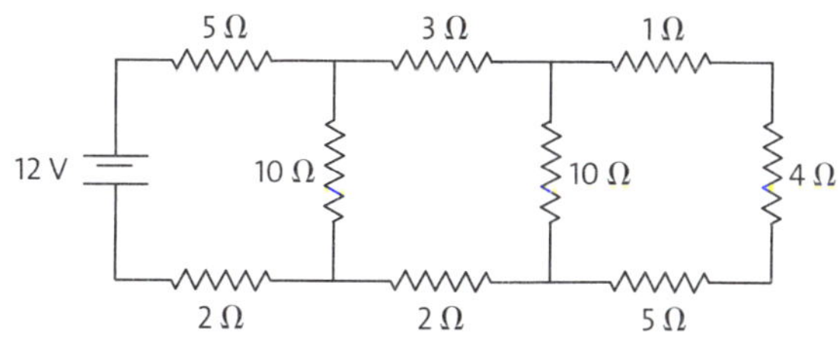


a) 0,25 A b) 0,50 A c) 0,75 A d) 1,00 A e) 1,25 A

**Enrico Fermi (1901-1954)**

Destacou-se pelo seu trabalho sobre o desenvolvimento do primeiro reator nuclear e por sua contribuição ao desenvolvimento da teoria quântica, física nuclear e de partículas, e mecânica estatística. Doutorou-se na Universidade de Pisa e recebeu o Prêmio Nobel de Física em 1938. Foi um dos poucos físicos da era moderna a combinar a teoria com a experiência. Foi um dos idealizadores do projeto Manhattan, que resultou no desenvolvimento dos dois artefatos nucleares lançados no Japão durante a II Guerra mundial.

As chamadas "questões de Fermi", do inglês "*Fermi questions*", são questões de rápida resolução e têm como objetivo estimar ordem de grandezas de quantidades que geralmente são difíceis de serem qualificadas experimentalmente.

(Adaptado de *http://pt.wikipedia.org/wiki/Enrico_Fermi*)

As questões que seguem pedem para que você faça estimativas condizentes com a realidade.

9. Faça uma estimativa de quantos passos um maratonista dá durante uma prova (lembre-se de que a maratona é uma prova com 42 km de percurso).

a) 35 000 b) 420 c) 4 200 d) 3 500 e) 420 000

10. Quantas barrinhas de cereal são necessárias, como referência, para a medida de uma linha de 100 m?

a) 100
b) 1000
c) $1 \cdot 10^6$
d) $1 \cdot 10^7$
e) $1 \cdot 10^8$

12. Qual é a potência elétrica necessária para iluminar as ruas de uma cidade de 100 000 habitantes?

a) 1 W
b) 10 W
c) 1 kW
d) 10 kW
e) 1000 kW

11. Quanto tempo (em horas) são necessários para se contar até um milhão?

a) 10
b) 278
c) 27
d) 10 000
e) 2 777

13. Suponha que, na realização das olimpíadas, seja necessária uma potência média de 1 400 kW de energia. Se conseguíssemos desintegrar matéria e transformá-la em energia, qual a massa de matéria seria necessária para suprir a demanda diária de energia? ($1 \text{ mg} = 10^{-3} \text{ g}$)

a) 1,3 mg
b) 1,7 mg
c) 1,3 g
d) 1,7 g
e) Nenhuma das alternativas.

O texto a seguir se refere aos problemas 14 e 15:
Na esgrima, são utilizados floretes (espadas) de material metálico. Como as lutas podem ser muito rápidas, utiliza-se um equipamento elétrico para indicar que um atleta conseguiu atingir o outro com um toque.
Suponha que a lâmina do florete tenha cerca de 90 cm e o material tenha condutividade elétrica igual a $\sigma = 1{,}0 \cdot 10^7$ S/m e área de seção transversal 4 mm$^2$. Sabendo que durante um toque de 10 ms, haja uma descarga de 15 mC.

14. Utilizando os mesmos dados do problema anterior, determine o campo magnético gerado a 5 mm do centro da lâmina do florete durante a descarga elétrica.

a) 0,02 mT
b) 0,03 mT
c) 0,04 mT
d) 0,05 mT
e) 0,06 mT

15. Suponha que, na realização das olimpíadas, seja necessária uma potência média de 1 400 kW de energia. Qual é a quantidade, aproximada, de energia mensal utilizada no evento? (1 kW = $10^3$ W; 1 GJ = $10^9$ J)

a) 3 300 GJ
b) 3 400 GJ
c) 3 500 GJ
d) 3 600 GJ
e) 3 700 GJ

16. O espectro da luz emitida pelas estrelas pode ajudar os astrofísicos na determinação dos elementos que as compõem. Um efeito similar ao efeito Doppler ocorre com a luz das estrelas: se o objeto que emite luz está se movendo em nossa direção o comprimento de onda parece menor (deslocamento para o azul) e se o objeto está se afastando o comprimento de onda parece maior (deslocamento para o vermelho). Assim, o efeito Doppler altera o espectro da luz. Também o deslocamento do espectro depende da velocidade com que o emissor está se movendo. Portanto, os astrofísicos podem desta forma determinar a velocidade *v* de uma galáxia em relação à Terra. Este é um efeito relativístico cujas frequências estão relacionadas por $f^2 = f_0^2 \cdot \dfrac{1-\beta}{1+\beta}$, onde $\beta = \dfrac{v}{c}$. Uma linha espectral de certa estrela tem 500 nm e nela é observado um deslocamento para o vermelho para 1500 nm. A velocidade com que esta estrela se afasta da Terra é:

a) 0,33*c*.
b) 0,50*c*.
c) 0,80*c*.
d) 1,2*c*.
e) 0,70*c*.

17. A distância média da Terra ao Sol é definida como 1 Unidade Astronômica (1 UA). Qual das equações abaixo nos dá a constante de proporcionalidade entre $T^2$ e $R^3$?

a) 1 $ano^2/UA^3$
b) 1 $UA^3/ano^2$
c) 1 (adimensional)
d) 1 ano/UA
e) 1 UA/ano

As questões 18 e 19 são referentes ao texto abaixo:
Na natureza as fontes mais comuns de energia são químicas. Para alimentos e a maioria dos combustíveis, a energia química é convertida através do processo de oxidação. Em máquinas o processo de oxidação produz energia térmica, que é parcialmente convertida em trabalho ou outras formas de energia. Nos animais o processo de oxidação é mais complexo, porém também pode resultar em energia térmica ou trabalho. O ser humano precisa consumir cerca de 2 000 kcal por dia para que possa suprir suas necessidades básicas. Porém, se consumimos mais energia do que precisamos, esta é armazenada na forma de gordura, outra fonte de energia química.

18. A potência média de um ser humano durante o dia é aproximadamente:

a) 100 W.
b) 200 W.
c) 300 W.
d) 400 W.
e) 500 W.

19. Em uma caminhada gastamos cerca de 4,0 kcal/min. Se uma pessoa consome 1000 kcal a mais em sua dieta diária, para não engordar deve caminhar por dia cerca de:

a) 1 h e 30 min.
b) 2 h e 40 min.
c) 3 h e 20 min.
d) 4 h e 10 min.
e) 5 h e 15 min.

20. As linhas de transmissão de eletricidade utilizam fios de material condutor (metais como cobre e alumínio). O que acontece no verão quando a temperatura média aumenta?

a) O comprimento efetivo entre duas torres (ou postes) diminui.
b) O comprimento efetivo entre duas torres (ou postes) aumenta.
c) O peso do material entre duas torres (ou postes) aumenta.
d) O peso do material entre duas torres (ou postes) diminui.
e) Nada acontece.

As questões 21 e 22 são referentes ao texto abaixo:

Aquecimento global refere-se ao aumento da temperatura média dos oceanos e do ar perto da superfície da Terra que se tem verificado nas décadas mais recentes e sua possível continuação durante o século XXI.

O clima marítimo depende da temperatura dos oceanos nos trópicos; e este está em equilíbrio com a velocidade de evaporação da água e com a radiação solar que atinge a Terra. A principal evidência do aquecimento global vem das medidas de temperatura em todo o globo desde 1860. Os dados com a correção dos efeitos de "ilhas urbanas" mostram que o aumento médio da temperatura foi de $(0,6 \pm 0,2)$ °C durante o século XX. Os maiores aumentos foram observados em dois períodos: 1910 a 1945 e 1976 a 2000. De 1945 a 1976, houve uma diminuição da temperatura global que fez com que temporariamente a comunidade científica suspeitasse que estava ocorrendo um resfriamento global. O grande responsável pelo aquecimento é a queima de combustível fóssil. Cada tonelada de carvão consumida em usinas de geração de energia elétrica produz cerca de 2000 kWh.

(texto adaptado do Wikipedia: *http://pt.wikipedia.org/*)

21. Qual é a energia consumida por uma lâmpada de 100 W ligada durante uma hora:

a) 2000 kW/h. b) 100 J. c) 3600 J. d) 1000 J. e) $3,6 \cdot 10^5$ J.

22. Uma família consome em média 100 kW/h de energia elétrica por mês. Indique qual o valor equivalente em consumo de carvão desta família:

a) 4500 kg. b) 45000 kg. c) 100 kg. d) 50 kg. e) 4,5 kg.

O desenvolvimento da eletrônica nos últimos anos tem levado a uma mudança na vida das pessoas e da sociedade. Os computadores são o exemplo mais marcante do desenvolvimento proporcionado pela eletrônica nos dias de hoje. Todos os circuitos eletrônicos utilizados hoje se baseiam no transporte de carga através de materiais condutores e semicondutores. O gráfico abaixo representa o comportamento da corrente num circuito eletrônico em função da diferença de potencial aplicada. Responda às questões de 23 a 27 baseando-se no comportamento do gráfico abaixo.

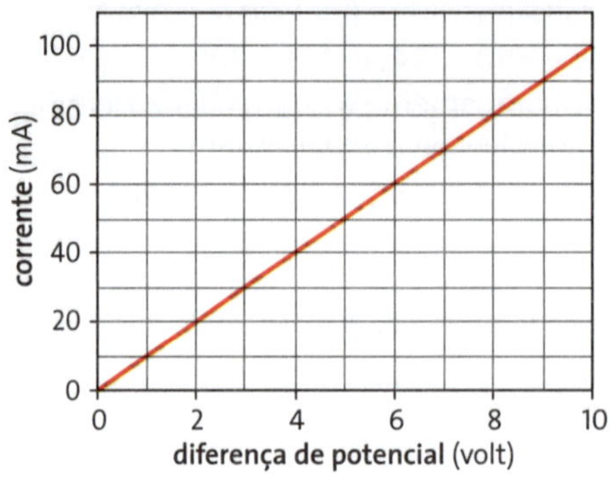


23. A geração de chips Pentium III da Intel possui cerca de dez milhões de transistores num quadrado com cinco milímetros de lado. Tendo como base esta informação, qual a ordem de grandeza da área que ocupa um único transistor:

a) $10^{-7}$ m$^2$. b) 10 000 000 m$^2$. c) 5 mm$^2$. d) $10^{-12}$ m$^2$. e) $10^{-5}$ m$^2$.

24. O comportamento observado no circuito equivalente, representado pelo gráfico acima, é conhecido como:

a) balístico.
b) dielétrico.
c) capacitivo.
d) indutivo.
e) ôhmico.

25. Qual é o valor da resistência equivalente do circuito em Ω (Ohm):

a) 1.
b) 10.
c) 100.
d) 0,1.
e) 0,001.

26. Qual é a potência dissipada no elemento resistivo equivalente quando este circuito opera com uma corrente de 60 mA:

a) 36 W.
b) 60 W.
c) 3,6 W.
d) 0,36 W.
e) 6 W.

27. Qual é a energia consumida pelo circuito, operando na potência máxima que pode ser obtida no gráfico, durante uma hora.

a) 1 J
b) 3,6 J
c) 3,6 kJ
d) 1 kJ
e) 10 J

28. Três partículas iguais e eletricamente carregadas, cada uma com massa *m* e carga de módulo *Q*, estão no plano *xy*, ocupando os vértices de um triângulo isósceles, como mostra a figura ao lado. Considere as interações, gravitacional e elétrica, apenas entre elas. A ação dessas interações sobre a partícula posicionada na origem do sistema de coordenadas permite afirmar corretamente que:

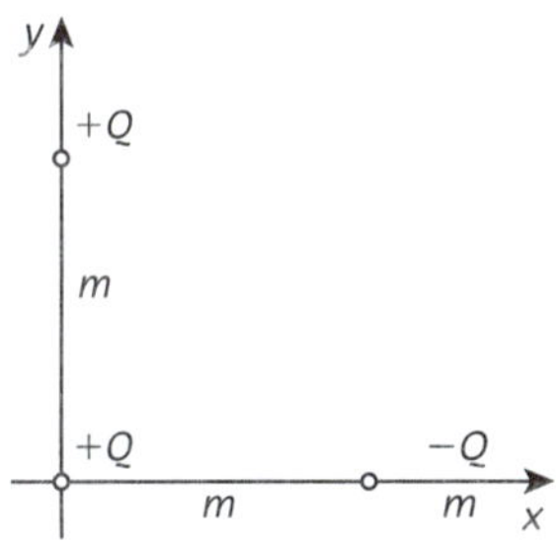


a) as forças resultantes gravitacionais e eletrostáticas têm uma mesma direção e um mesmo sentido.
b) os vetores que representam as forças resultantes gravitacionais e eletrostáticas são ortogonais entre si.
c) as resultantes gravitacionais e eletrostáticas têm uma mesma direção, mas têm sentidos opostos.
d) o ângulo entre as forças resultantes gravitacionais e eletrostáticas vale 45°.
e) a força eletrostática resultante é nula, mas a gravitacional não.

29. Em junho de 1752, Benjamin Franklin (1706-1790) realizou a perigosa experiência de empinar uma pipa (ou papagaio) feita de seda, em uma tempestade.

Observou pequenas faíscas entre uma chave amarrada no barbante da pipa e seu punho. Esta experiência e outras levaram às seguintes conclusões:

I. Que o raio tem a mesma natureza da descarga elétrica em que ocorre em experimentos onde se faz atritar um bastão de vidro num pedaço de lã e aproxima o bastão de vidro de pedaços de papel picado.

II. Que Benjamin Franklin não morreu no experimento como ocorreu com um outro físico, George Wilhelm Richmann, que tentou reproduzir o experimento de Franklin, porque, provavelmente, estava calçando um sapato isolante, da mesma forma que os pneus de borracha isolam o automóvel impedindo que os ocupantes sofram o impacto dos raios.

III. Diferentes mecanismos atuam dentro das nuvens provocando a formação de agrupamentos de cargas positivas e negativas e quando uma delas é atraída por cargas de sinais opostos na Terra ocorre o raio.

Qual das alternativas abaixo é a correta?

a) I e III estão corretas.
b) Apenas I está correta.
c) Apenas III está correta.
d) Todas estão corretas.
e) I e III estão corretas.

30. Nas baterias de chumbo/ácido usadas para fornecer a energia elétrica para as múltiplas necessidades do automóvel, uma delas é a faísca para a combustão ou queima da gasolina. Dizemos que a diferença de potencial entre seus terminais é de 12 Volts. Em relação a esta diferença de potencial podemos dizer que:

I. É análoga à diferença de potencial gravitacional.

II. Não tem nada à ver com a ideia de potencial gravitacional, pois uma se refere à área de eletricidade e a outra à mecânica.

III. O potencial elétrico é a razão da energia elétrica dividida pela carga elétrica.

Em relação às afirmações acima, dizemos que

a) Apenas a afirmativa II está correta.
b) As afirmativas II e III são falsas.
c) Apenas II está correta.
d) As afirmativas I e III estão corretas.
e) Apenas III está correta.

31. A quantidade máxima de carga elétrica a ser acumulada numa bateria de automóvel é indicada na própria bateria. Por exemplo, uma bateria que tem indicada 60 Ah acumula $60 \cdot 3\,600$ coulombs de carga elétrica. Para consumir esta carga elétrica é necessário que exista uma diferença de potencial em seus terminais, num automóvel comum é de 12 V. Se as lâmpadas de um automóvel consomem no conjunto a potência de 180 W, quanto tempo duraria a bateria sem recarga?

a) 6 h  b) 4 h  c) 3 h  d) 2 h  e) 5 h

32. Daqui a muitos anos pode ser que disponibilizemos de melhores fontes de energia e tecnologia para jogarmos tiro ao alvo relativístico. Sabendo que a massa do projétil desse esporte hipotético é de 1 g, qual será sua nova massa quando ele for disparado a uma velocidade $v = 0{,}8c$?

a) 0,80 g b) 1,25 g c) 1,33 g d) 1,50 g e) 1,67 g

---

33. Tendo em vista que cada vez mais componentes eletrônicos e itens de conforto, como direção hidráulica e ar-condicionado, estão sendo adicionados aos automóveis, fica interessante compreender o funcionamento de um dos primeiros circuitos elétricos introduzidos no automóvel: aquele que faz funcionar os faróis do automóvel.
Erroneamente, pode-se achar que as lâmpadas dos faróis estão ligadas à bateria, a qual forneceria corrente elétrica necessária para a iluminação.
No entanto, observamos que a duração da carga elétrica da bateria é finita; assim, foi preciso a introdução de um gerador de corrente elétrica, chamado de alternador, que recarrega a bateria e ao mesmo tempo fornece corrente elétrica às lâmpadas do automóvel (esquema ao lado). Em relação ao que foi dito, qual das afirmações a seguir é a falsa?

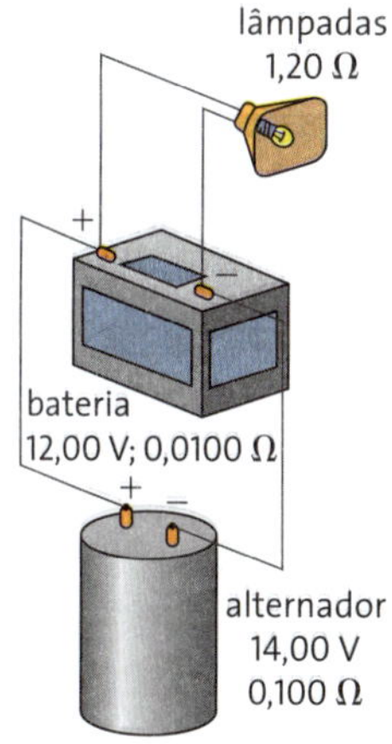


a) O alternador, gerador de energia elétrica, sempre gera corrente elétrica à bateria e esta tem o papel de fornecer corrente elétrica à lâmpada.

b) Se a diferença de potencial nos terminais da bateria for de 12,0 V, haverá sempre corrente elétrica fluindo em direção ao terminal positivo dela, recarregando a bateria.

c) Nesta configuração, a origem do fluxo de corrente elétrica para a lâmpada sempre virá do alternador e quando o alternador não estiver funcionando, ou seja, quando o MCI estiver parado, a corrente elétrica virá da bateria.

d) Uma representação do esquema elétrico mencionado pode ser dada pelo diagrama elétrico.

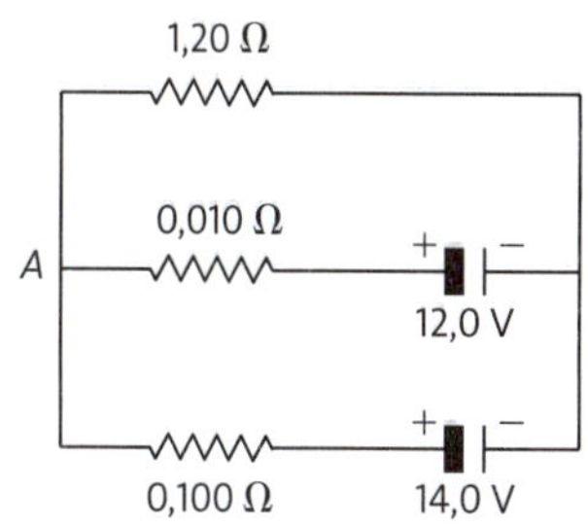


e) Devido à lei de conservação da carga elétrica, a soma das correntes junção A é sempre zero.

34. A magnitude da corrente que passa pela bateria é aproximadamente:

a) 10 A.
b) 6 A.
c) 9 A.
d) 5 A.
e) 4 A.

35. Durante quanto tempo uma lâmpada de 10 W de potência e 12 V de tensão poderia ficar ligada a uma bateria de 8 Ah?

a) 12 min
b) 124 min
c) 576 min
d) 1540 min
e) 3 027 min

36. O cometa Halley é conhecido desde a antiguidade e é o único cometa de período curto que pode ser visto a olho nu da Terra. Sua órbita em torno do Sol tem um período de, aproximadamente, 75 anos. O periélio* do cometa Halley é, aproximadamente, 0,6 UA. Estime o valor do **afélio do cometa.

* Periélio é o ponto da órbita de um corpo celeste que está mais próximo do Sol.

** Afélio é o ponto da órbita de um corpo celeste que está mais afastado do Sol.

a) 15 UA
b) 20 UA
c) 25 UA
d) 30 UA
e) 35 UA

37. Júpiter tem um período de revolução em torno do Sol 12 vezes maior que o período de revolução da Terra. Supondo órbitas circulares, qual é a razão entre a aceleração orbital da Terra pela de Júpiter?

a) 1
b) 12
c) $12^{1/3}$
d) $12^{4/3}$
e) $12^{3/4}$

38. Dois gêmeos, André e Bruno, se encontram no planeta Terra no momento em que André faz uma viagem de ida e volta para a estrela Alfa do Centauro, distante, aproximadamente, 4,5 anos-luz. Sabendo que a nave viajou a uma velocidade constante de 0,6 da velocidade da luz e que após a chegada à estrela ele imediatamente fez o seu retorno à Terra, qual é a diferença de idade entre os gêmeos após a chegada de André?

a) 3 anos b) 6 anos c) 9 anos d) 12 anos e) 15 anos

39. A Estação Espacial Internacional (EEI) orbita a Terra a uma altura de 340 km. Qual é, aproximadamente, a velocidade orbital da EEI em km/h?

a) 30
b) 300
c) 3 000
d) 30 000
e) 300 000

40. Quantas vezes por dia, aproximadamente, a EEI contorna a Terra?

a) 1
b) 5
c) 16
d) 34
e) 122

## Carga e correte elétrica

1. e
2. d
3. 8 mA
4. c
5. 10 C
6. e
7. b
8. $3{,}2 \cdot 10^{-11}$ A
9. 8 C
10. d

## Resistores e as leis de Ohm

1. a
2. c
3. C E E C
4. e
5. c
6. e
7. b
8. $\frac{3}{16}$
9. d
10. a
11. b
12. a) 2,66 mA b) 1,33 V
13. c
14. e
15. d
16. b
17. c

## Geradores e receptores elétricos

1. e
2. e
3. c
4. c
5. CCCEE
6. e
7. a
8. b
9. a) $\frac{2}{3}$ A

   b) $\eta_{gerador} = 89\%$
   $\eta_{receptor} = 75\%$
10. e
11. c
12. CCEEC
13. d
14. d
15. c
16. CEECC
17. e
18. c
19. e
20. e
21. d
22. e
23. 20 Ω; 10 Ω;
    60 %; 67%.
24. a
25. 60 V

## Medidores e capacitores elétricos

1. c
2. $\frac{2q}{\varepsilon}$
3. a
4. b
5. c
6. c
7. a
8. 12 A
9. d
10. c

11. c
12. d
13. d
14. c
15. b
16. b
17. c
18. c

## Eletrização e força elétrica

1. 14
2. c
3. b
4. a
5. 22
6. b
7. c
8. d
9. e
10. d
11. b
12. a
13. c
14. d
15. c
16. c

## Campo e potencial elétrico

1. d
2. d
3. e
4. b
5. 19
6. e
7. d
8. 5
9. c
10. c
11. e
12. 5
13. c
14. c
15. c
16. a
17. c
18. b
19. d
20. b

## Campo magnético e força magnética

1. b
2. c
3. a
4. a
5. b
6. d
7. b
8. a
9. a
10. c
11. d
12. d
13. b
14. 13
15. a
16. d
17. e
18. b
19. 20 espiras/m
20. d

## Substâncias magnéticas e indução eletromagnética

1. 31
2. 0,1 A
3. a
4. $\frac{3B\pi a^2}{4R}$, sentido horário.
5. a
6. c
7. c

8. c) 60V
9. b
10. c
11. b
12. e
13. d
14. e
15. c
16. a
17. 4 mA

## Ondas eletromagnéticas e radiação de corpo negro

1. 23
2. c
3. 0,01 mm
4. d
5. 6 K
6. c
7. CCCE
8. a

## Física quântica e relatividade restrita

1. d
2. a
3. 23
4. a
5. b
6. a) $10^{15}$ Hz c) 1,7 eV
   b) 4 eV d) $5{,}75 \cdot 10^{14}$ Hz
7. b
8. a) −13,6 eV; −0,544 eV.
   b) 13,056 eV
   c) $3{,}2 \cdot 10^{15}$ Hz
9. b
10. a
11. VFVFF
12. c
13. d
14. e
16. a) $1{,}2 \cdot 10^{-15}$ Hz b) $6{,}6 \cdot 10^{-20}$ J

## Desafio

1. e
2. a
3. e
4. a
5. c
6. e
7. d
8. a
9. a
10. b
11. b
12. e
13. a
14. e
15. d
16. c
17. a
18. a
19. d
20. b
21. e
22. d
23. d
24. e
25. c
26. d
27. c
28. b
29. a
30. d
31. b
32. e
33. a
34. c
35. c
36. e
37. d
38. a
39. d
40. c

# Significado das siglas

| | |
|---|---|
| **Acafe-SC** | Associação Catarinense das Fundações Educacionais (Santa Catarina) |
| **Cesgranrio-RJ** | Centro de Seleção de Candidatos ao Ensino Superior do Grande Rio (Rio de Janeiro) |
| **CPS-SP** | Centro Paula Souza (São Paulo) |
| **ESCS-DF** | Escola Superior de Ciências da Saúde (Distrito Federal) |
| **Facisb-SP** | Faculdade de Ciências da Saúde de Barretos Dr. Paulo Prata (São Paulo) |
| **Fameca-SP** | Faculdade de Medicina de Catanduva (São Paulo) |
| **FASM-SP** | Faculdade Santa Marcelina (São Paulo) |
| **Fatec-SP** | Faculdade de Tecnologia (São Paulo) |
| **FGV-SP** | Fundação Getúlio Vargas (São Paulo) |
| **FMABC-SP** | Faculdade de Medicina do ABC (São Paulo) |
| **FPS-PE** | Faculdade Pernambucana de Saúde (Pernambuco) |
| **Fuvest-SP** | Fundação Universitária para o Vestibular (São Paulo) |
| **IFSP** | Instituto Federal de Educação, Ciência e Tecnologia de São Paulo |
| **IME-RJ** | Instituto Militar de Engenharia (Rio de Janeiro) |
| **OBF** | Olímpiada Brasileira de Física |
| **PUC-MG** | Pontifícia Universidade Católica de Minas Gerais |
| **PUC-PR** | Pontifícia Universidade Católica do Paraná |
| **PUC-RJ** | Pontifícia Universidade Católica do Rio de Janeiro |
| **PUC-RS** | Pontifícia Universidade Católica do Rio Grande do Sul |
| **PUC-SP** | Pontifícia Universidade Católica de São Paulo |
| **PUCC-SP** | Pontifícia Universidade Católica de Campinas (São Paulo) |
| **UCS-RS** | Universidade de Caxias do Sul (Rio Grande do Sul) |
| **Udesc** | Universidade do Estado de Santa Catarina |
| **Uece** | Universidade Estadual do Ceará |
| **UEFS-BA** | Universidade Estadual de Feira de Santana (Bahia) |
| **UEG-GO** | Universidade Estadual de Goiás |
| **UEL-PR** | Universidade Estadual de Londrina (Paraná) |
| **Uema** | Universidade Estadual do Maranhão |
| **UEM-PR** | Universidade Estadual de Maringá (Paraná) |
| **UENP-PR** | Universidade Estadual do Norte do Paraná |
| **UEPB** | Universidade Estadual da Paraíba |
| **UEPG-PR** | Universidade Estadual de Ponta Grossa (Paraná) |
| **Uerj** | Universidade do Estado do Rio de Janeiro |
| **Uesc-BA** | Universidade Estadual de Santa Cruz (Bahia) |

| | |
|---|---|
| **Uespi** | Universidade Estadual do Piauí |
| **UFABC-SP** | Universidade Federal do ABC (São Paulo) |
| **Ufal** | Universidade Federal de Alagoas |
| **UFC-CE** | Universidade Federal do Ceará |
| **UFCG-PB** | Universidade Federal de Campina Grande (Paraíba) |
| **UFF-RJ** | Universidade Federal Fluminense (Rio de Janeiro) |
| **UFGD-MS** | Universidade Federal de Grande Dourados (Mato Grosso do Sul) |
| **UFG-GO** | Universidade Federal de Goiás |
| **Ufla-MG** | Universidade Federal de Lavras (Minas Gerais) |
| **UFMA** | Universidade Federal do Maranhão |
| **UFMG** | Universidade Federal de Minas Gerais |
| **UFMS** | Universidade Federal de Mato Grosso do Sul |
| **UFPA** | Universidade Federal do Pará |
| **UFPB** | Universidade Federal da Paraíba |
| **UFPE** | Universidade Federal de Pernambuco |
| **UFPR** | Universidade Federal do Paraná |
| **UFRGS-RS** | Universidade Federal do Rio Grande do Sul |
| **UFRN** | Universidade Federal do Rio Grande do Norte |
| **UFSC** | Universidade Federal de Santa Catarina |
| **Ufscar-SP** | Universidade Federal de São Carlos (São Paulo) |
| **UFTM-MG** | Universidade Federal do Triângulo Mineiro (Minas Gerais) [antiga FMTM-MG] |
| **UFT-TO** | Universidade Federal do Tocantins |
| **UFV-MG** | Universidade Federal de Viçosa (Minas Gerais) |
| **Uncisal** | Universidade Estadual de Ciências da Saúde de Alagoas |
| **Uneb-BA** | Universidade do Estado da Bahia |
| **Unicamp-SP** | Universidade Estadual de Campinas (São Paulo) |
| **Unifacs-BA** | Universidade Salvador (Bahia) |
| **Unifesp** | Universidade Federal de São Paulo |
| **Unifor-CE** | Fundação Edson Queiroz Universidade de Fortaleza (Ceará) |
| **Unimontes-MG** | Universidade de Montes Claros (Minas Gerais) |
| **Unioeste-PR** | Universidade Estadual do Oeste do Paraná |
| **Unisa-SP** | Universidade de Santo Amaro (São Paulo) [antiga Osec-SP] |
| **Unisinos-RS** | Universidade do Vale do Rio dos Sinos (Rio Grande do Sul) |
| **UPE** | Universidade de Pernambuco |
| **UPM-SP** | Universidade Presbiteriana Mackenzie (São Paulo) |
| **Vunesp-SP** | Fundação para o Vestibular da Unesp (São Paulo) |

PROJETO MÚLTIPLO

# Caderno do Enem

## Física

Ensino Médio

editora ática

editora ática

Diretoria editorial: Lidiane Vivaldini Olo
Editoria de Ciências Exatas: Cármen Matricardi
Editores: Alterson Cação e Danilo Claro Zanardi
Supervisor de arte e produção: Sérgio Yutaka
Supervisor de arte e criação: Didier Moraes
Editora de arte e criação: Andréa Dellamagna
Editor de arte: Edson Haruo Toyota
Diagramação: MASPI Criações Gráficas
Design gráfico: UC Produção Editorial e Andréa Dellamagna
Gerente de revisão: Hélia de Jesus Gonsaga
Equipe de revisão: Rosângela Muricy (coord.), Ana Curci e Vanessa de Paula; Flávia Venézio dos Santos e Gabriela Macedo de Andrade (estags.)
Coordenação de iconografia: Fabiana Manna da Silva
Pesquisa iconográfica: Ellen Finta, Graziele Costa, Marcella Doratioto e Tamires Castilho
Grafismos: Shutterstock/Glow Images (utilizado na capa)
Fotos da capa: DNY59/E+/Getty Images, Furtseff/Shutterstock/Glow Images, Jules2000/Shutterstock/Glow Images


Av. das Nações Unidas, 7221, 3º andar, setor C –
Pinheiros – São Paulo – SP – CEP 05425-902
Tel.: 4003-3061
www.atica.com.br/editora@atica.com.br

2018
ISBN 978 8508 16719-7 (AL)
ISBN 978 8508 16720-3 (PR)
Código da obra CL 737768
CAE 501440 (AL)
CAE 501441 (PR)
1ª edição
6ª impressão

Impressão e acabamento: Bercrom Gráfica e Editora

Uma publicação Abril EDUCAÇÃO

**Material elaborado por:**
Fernando Moya Orsatti
José Eduardo Monteiro de Sá Luiz
Luís Ricardo Arruda de Andrade
Madson Molina
Ronaldo Carrilho
Rui Alves Gomes de Sá
Thales W. Trigo Junior
Venerando Santiago de Oliveira

# Sumário

# AULA 1

**Competência 5** Entender métodos e procedimentos próprios das ciências naturais e aplicá-los em diferentes contextos.

Habilidade 17 Relacionar informações apresentadas em diferentes formas de linguagem e representação usadas nas ciências físicas, químicas ou biológicas, como texto discursivo, gráficos, tabelas, relações matemáticas ou linguagem simbólica.

## Em classe

### GRÁFICOS E INFOGRÁFICOS

### Cuidados requeridos na interpretação de gráficos

- Observe as grandezas relacionadas nos eixos dos gráficos ou nas colunas de uma tabela.
- Atente para as unidades utilizadas nos valores das grandezas relacionadas.
- Identifique as tendências de comportamento do gráfico e valores de máximos e mínimos.
- Quando possível, analise se as inclinações das retas ou se as áreas sob as curvas traduzem alguma propriedade relacionada às grandezas.

**Exemplos**

(Enem) Em uma prova de 100 m rasos, o desempenho típico de um corredor padrão é representado pelo gráfico a seguir:

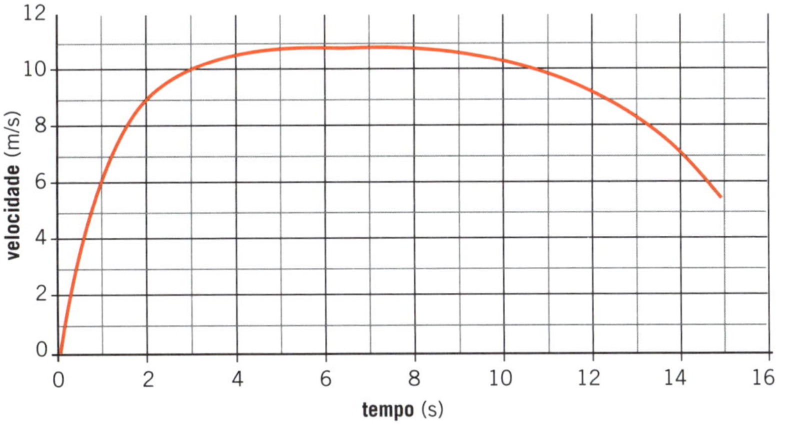


**1.** Com base no gráfico, em que intervalo de tempo a velocidade do corredor é aproximadamente constante?

a) Entre 0 e 1 segundo.

b) Entre 1 e 5 segundos.

c) Entre 5 e 8 segundos.

e) Entre 12 e 15 segundos.

d) Entre 8 e 11 segundos.

**Resolução**

Inicialmente, pode-se identificar que as grandezas relacionadas no gráfico são a velocidade do corredor e o instante de tempo. Além disso, pode-se verificar que a velocidade é medida em m/s e o instante de tempo é medido em segundos. Em seguida, a análise da curva do gráfico permite concluir, aproximadamente, que:

- de 0 a 5 s, a velocidade do corredor aumenta o seu valor;
- de 5 s a 8 s, a velocidade do corredor permanece constante;
- de 8 s a 15 s, a velocidade do corredor diminui o seu valor.

**2.** Em que intervalo de tempo o corredor apresenta aceleração máxima?

a) Entre 0 e 1 segundo.

b) Entre 1 e 5 segundos.

c) Entre 5 e 8 segundos.

d) Entre 8 e 11 segundos.

e) Entre 9 e 15 segundos.

**Resolução**

A aceleração indica a variação da velocidade em determinado intervalo de tempo. Sendo assim, considerando-se um intervalo de tempo de 1 s, pela análise do gráfico, pode-se concluir que a variação da velocidade é maior entre 0 e 1 segundo.

**3.** (Enem) O gráfico a seguir mostra a área desmatada da Amazônia, em km², a cada ano, no período de 1988 a 2008.

As informações do gráfico indicam que:

a) o maior desmatamento ocorreu em 2004.

b) a área desmatada foi menor em 1997 que em 2007.

c) a área desmatada a cada ano manteve-se constante entre 1998 e 2001.

d) a área desmatada por ano foi maior entre 1994 e 1995 que entre 1997 e 1998.

e) o total de área desmatada em 1992, 1993 e 1994 é maior que 60 000 km².

**Resolução**

A análise do gráfico permite identificar que a área desmatada na Amazônia varia ao longo do tempo, sendo que o maior aumento na área desmatada ocorreu no período entre 1994 e 1995, atingindo o maior valor em 1995. Comparando o comportamento da curva entre os anos citados e entre 1997 e 1998, pode-se concluir que entre 1994 e 1995 a área desmatada é maior.

**1** (UFMS) O gráfico do espaço ($S$) em função do tempo ($t$) de uma partícula está registrado a seguir.

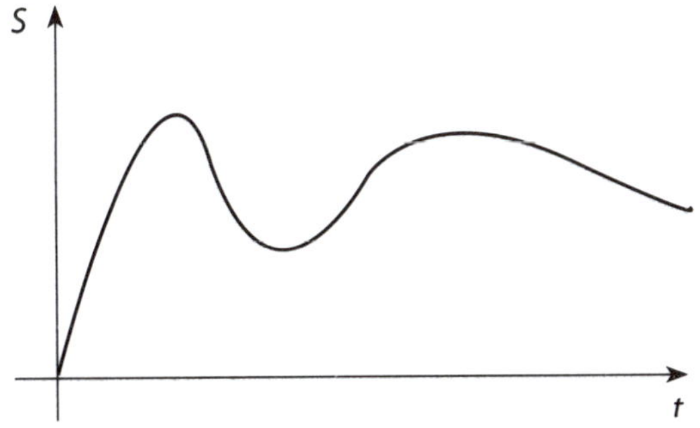


Com relação ao movimento da partícula, é correto afirmar que:

a) a trajetória foi retilínea.
b) a velocidade foi sempre positiva.
c) a aceleração foi sempre positiva.
d) a velocidade foi nula em três instantes.
e) o movimento foi uniforme.

**2** (Enem) A duração do efeito de alguns fármacos está relacionada à sua meia-vida, tempo necessário para que a quantidade original do fármaco no organismo se reduza à metade. A cada intervalo de tempo correspondente a uma meia-vida, a quantidade de fármaco existente no organismo no final do intervalo é igual a 50% da quantidade no início desse intervalo.

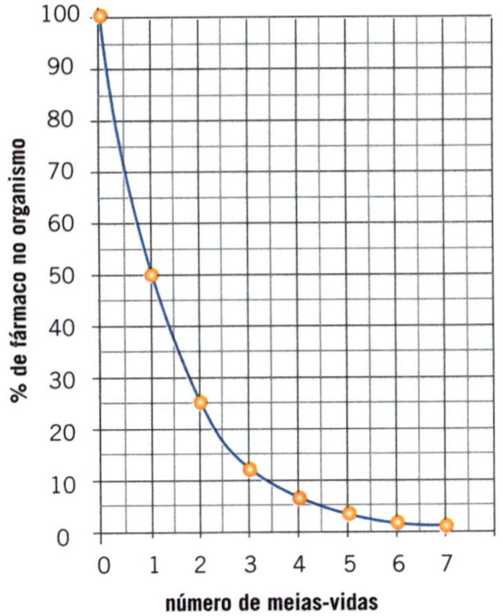


Fonte: FUCHS, F. D.; WANNMA, Cher I. *Farmacologia Clínica*. Rio de Janeiro: Guanabara Koogan, 1992. p. 40.

O gráfico acima representa, de forma genérica, o que acontece com a quantidade de fármaco no organismo humano ao longo do tempo.

A meia-vida do antibiótico amoxicilina é de 1 hora. Assim, se uma dose desse antibiótico for injetada às 12h em um paciente, o percentual dessa dose que restará em seu organismo às 13h 30min será aproximadamente de:

a) 10%.
b) 15%.
c) 25%.
d) 35%.
e) 50%.

**3** (Enem) O processo de interpretação de imagens capturadas por sensores instalados a bordo de satélites que imageiam determinadas faixas ou bandas do Espectro de Radiação Eletromagnética (REM) baseia-se na interação dessa radiação com os objetos presentes sobre a superfície terrestre. Uma das formas de avaliar essa interação é por meio da quantidade de energia refletida pelos objetos. A relação entre a refletância de um dado objeto e o comprimento de onda da REM é conhecida como "curva de comportamento espectral" ou "assinatura espectral do objeto" , como mostrado na figura, para objetos comuns na superfície terrestre.

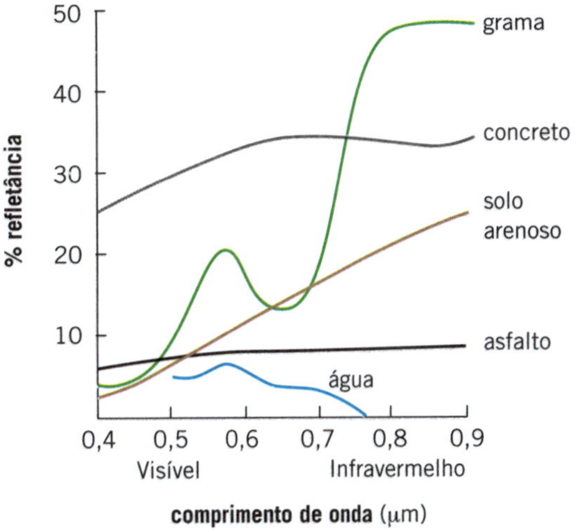


Fonte: D'ARCO, E. *Radiometria e comportamento espectral de alvos. INPE*. Disponível em: <www.agrounitau.com.br>. Acesso em: 3 maio 2009.

De acordo com as curvas de assinatura espectral apresentadas na figura, para que se obtenha a melhor discriminação dos alvos mostrados, convém selecionar a banda correspondente a que comprimento de onda em micrômetros (μm)?

a) 0,4 a 0,5.
b) 0,5 a 0,6.
c) 0,6 a 0,7.
d) 0,7 a 0,8.
e) 0,8 a 0,9.

**4** (Enem) O gráfico a seguir ilustra o resultado de um estudo sobre o aquecimento global. A curva mais escura e contínua representa o resultado de um cálculo em que se considerou a soma de cinco fatores que influenciaram a temperatura média global de 1900 a 1990, conforme mostrado na legenda do gráfico. A contribuição efetiva de cada um desses cinco fatores isoladamente é mostrada na parte inferior do gráfico.

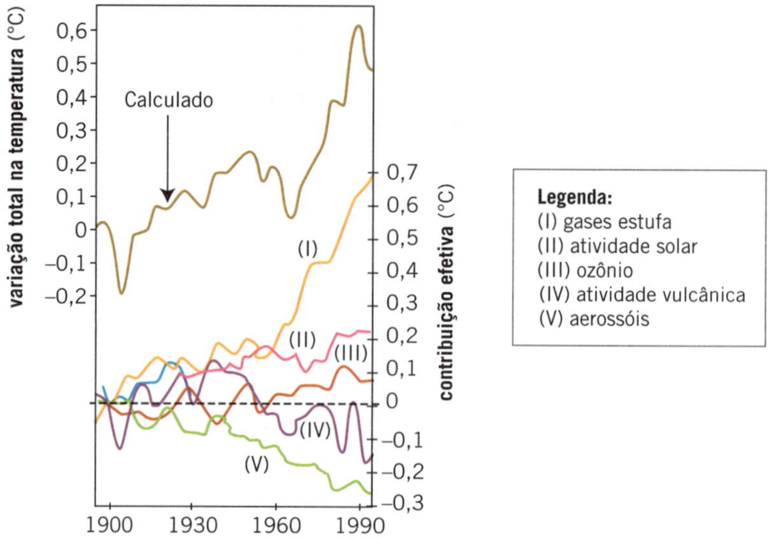


Os dados apresentados revelam que, de 1960 a 1990, contribuíram de forma efetiva e positiva para aumentar a temperatura atmosférica:

a) aerossóis, atividade solar e atividade vulcânica.
b) atividade vulcânica, ozônio e gases estufa.
c) aerossóis, atividade solar e gases estufa.
d) aerossóis, atividade vulcânica e ozônio.
e) atividade solar, gases estufa e ozônio.

## Em casa

### TEXTO DE APOIO

### Gráficos e infográficos

#### 1. Gráficos × Tabelas

Na ciência, é possível fazer a descrição do comportamento dos fenômenos naturais por meio da identificação das relações entre as grandezas (físicas, químicas, biológicas ou de qualquer outra área da ciência), que podem ser associadas a esses fenômenos. Essas relações podem ser identificadas ao se utilizar diversos tipos de representações como uma tabela, uma equação ou um gráfico. Para verificar as vantagens e as desvantagens nas representações por meio de tabelas ou gráficos, vamos considerar como exemplo um fenômeno óptico conhecido como "reflexão da luz".

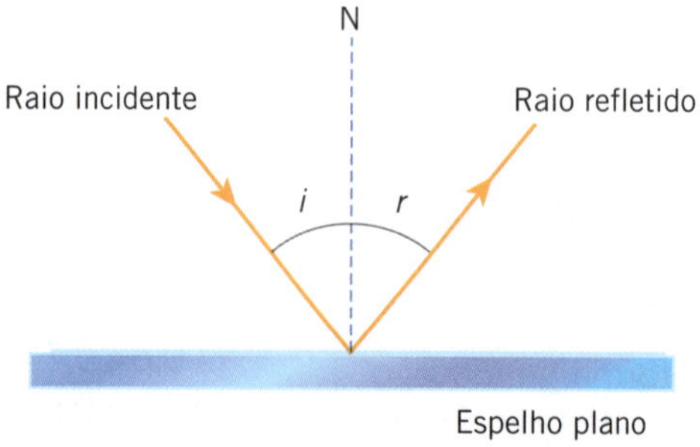

Nesse fenômeno, as grandezas físicas relevantes são o ângulo de incidência ($i$) e o ângulo de reflexão ($r$), indicados na figura. Após algumas medidas realizadas, é possível representar os valores medidos em uma tabela. Para que os valores da tabela sejam representados em um gráfico, deve-se, inicialmente, considerar em um plano duas retas perpendiculares entre si, conhecidas como "eixos cartesianos" do gráfico. Em seguida, deve-se escolher o eixo em que cada grandeza será representada e transpor as linhas da tabela (pares de pontos) para o gráfico, definindo as unidades utilizadas e adotando uma escala conveniente. Após essa transposição, deve-se ligar os pontos por meio de uma linha, conhecida como "curva do gráfico", como indicado na figura a seguir.

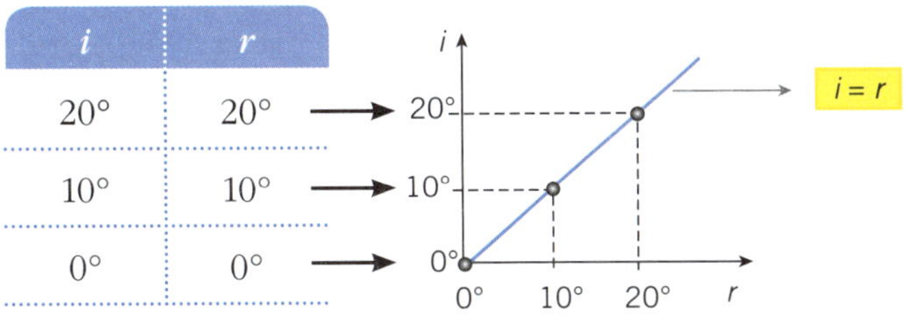


De acordo com o exemplo anterior, pode-se perceber que tanto a tabela como o gráfico são maneiras diferentes de se representar relações entre grandezas físicas. Porém, a análise dessas diferentes representações permite identificar algumas de suas vantagens e desvantagens:

| Representação | Vantagem | Desvantagem |
|---|---|---|
| Tabela | Fornece os valores precisos de cada relação entre as grandezas. | Dificuldade de conhecer os valores intermediários àqueles descritos na tabela. |
| Gráfico | Permite analisar como as grandezas se comportam de maneira global. | Dificuldade de identificar os valores precisos das grandezas em certas ocasiões. |

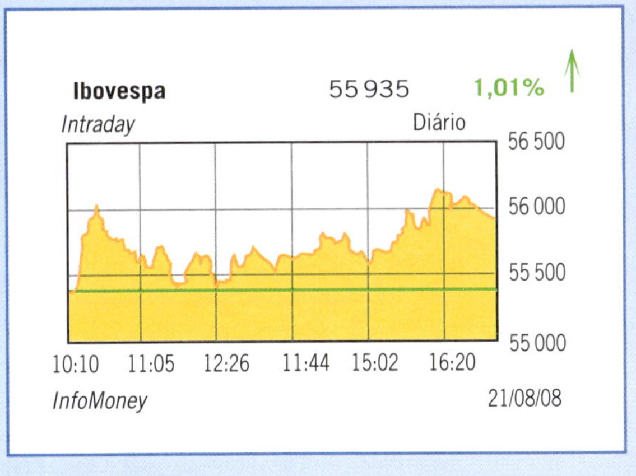


O gráfico ao lado mostra as oscilações, no decorrer de um dia, dos valores das ações da Ibovespa, bolsa de valores de São Paulo e a maior da América Latina. Pela análise de gráficos como esse, os investidores podem tomar decisões rápidas, uma atitude corriqueira no mercado de ações.

## 2. Interpretação de gráficos

Uma leitura cuidadosa de gráficos é um procedimento essencial para identificar quais são as grandezas envolvidas e de que maneira elas se relacionam. Sendo assim, para que se faça uma interpretação inequívoca de um gráfico, é importante que alguns cuidados sejam tomados:

### 2.1. Analisar as grandezas apresentadas em cada eixo

De início, deve-se observar as grandezas representadas em cada eixo do gráfico. Elas, normalmente, são representadas por símbolos tradicionalmente utilizados pela ciência.

Como exemplo, a figura a seguir representa um gráfico em função do tempo ($t$) do movimento de um corpo em uma trajetória conhecida. Porém, a grandeza representada no eixo vertical não foi definida. Sendo assim, esse gráfico pode representar situações diferentes, descritas nos quadros a seguir.

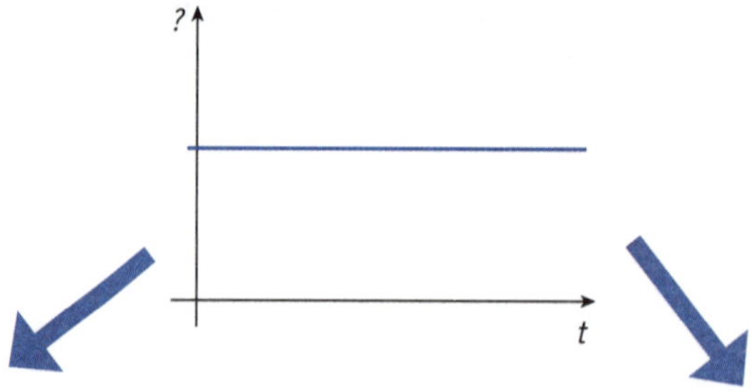


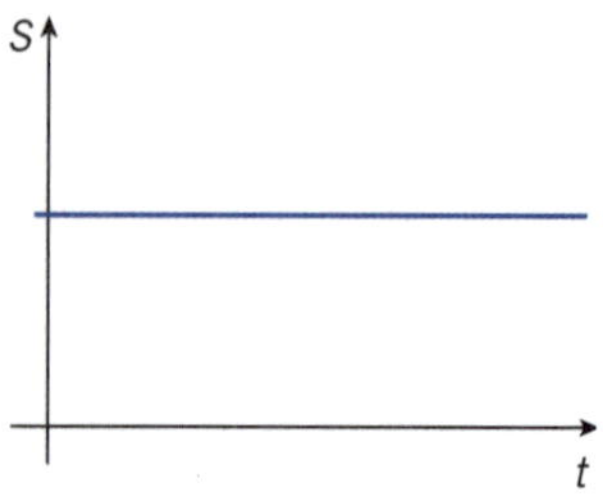


1. Caso a grandeza representada no eixo vertical seja o espaço do corpo ($S$), pela análise do gráfico pode-se concluir que o espaço não varia ao longo do tempo. Portanto o corpo encontra-se em repouso.

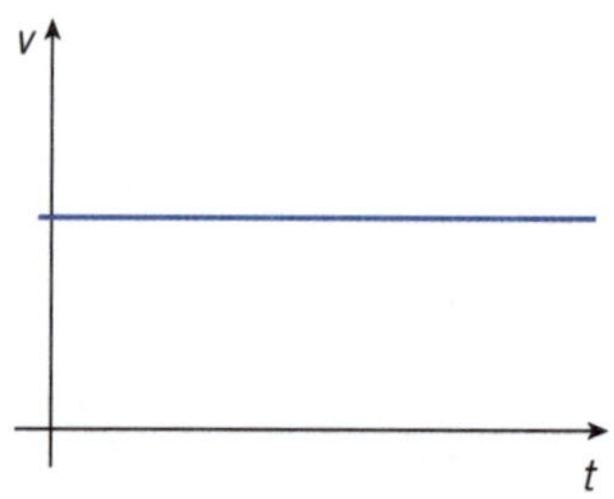


2. Se a grandeza representada no eixo vertical for a velocidade escalar do corpo ($v$), pela análise do gráfico pode-se concluir que sua velocidade escalar não varia ao longo do tempo. Portanto o corpo realiza um movimento uniforme.

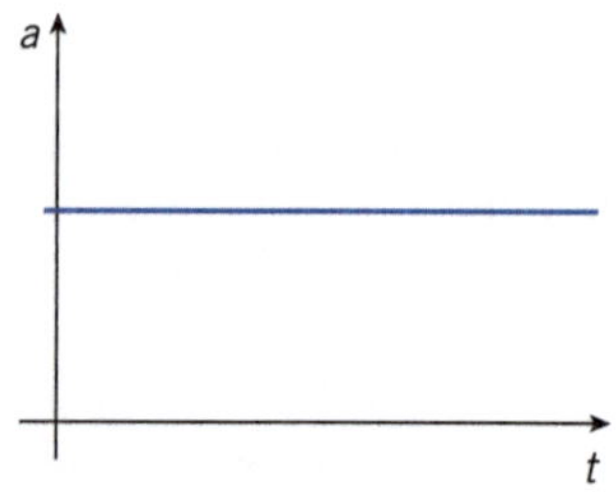


3. Nesse caso, se a grandeza representada no eixo vertical for a aceleração escalar do corpo ($a$), pela análise do gráfico pode-se concluir que sua aceleração não varia ao longo do tempo. Portanto o corpo realiza um movimento uniformemente variado.

### 2.2. Analisar as unidades apresentadas para cada grandeza

Em gráficos quantitativos, deve-se apresentar as unidades relativas às grandezas representadas nos eixos. O conhecimento dessas unidades é fundamental para que se façam relações entre essas grandezas em um sistema coerente de unidades. Os gráficos representados a seguir ilustram algumas dessas situações.

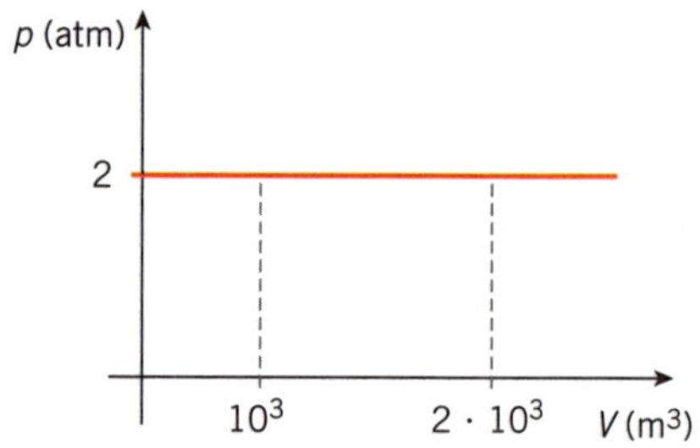


No gráfico, a unidade utilizada para a pressão (atm) não é do SI (Pa), ao contrário da unidade utilizada para o volume ($m^3$), que é a unidade de volume nesse sistema de unidades. Sendo assim, pode ser conveniente fazer uma transformação de unidades para operar com unidades coerentes.

1. Sistema Internacional: deve-se transformar a pressão de atm para Pa (Pascal).
2. Sistema usual: pode-se transformar o volume de $m^3$ para L.

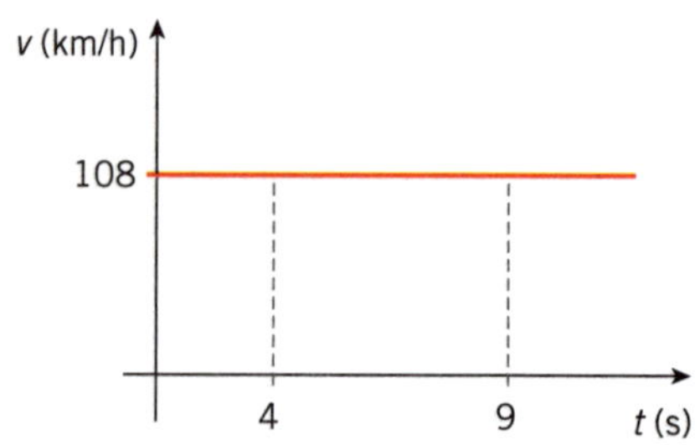


Nesse gráfico, a unidade utilizada para a velocidade é km/h e a unidade utilizada para o instante de tempo é s (segundo). Sendo assim, para se determinar o deslocamento escalar em m ou em km, deve-se transformar unidades.

1. Deslocamento escalar em metros: deve-se transformar a velocidade de km/h para m/s.
2. Deslocamento escalar em km: deve-se transformar o instante de tempo de segundo para hora.

### 2.3. Identificar tendências de comportamento do gráfico e valores de máximos e mínimos

Após os cuidados anteriores, deve-se fazer uma análise do comportamento do gráfico, ou seja, identificar as tendências de crescimento ou decrescimento da curva do gráfico. Essa análise é importante pois, ao conhecer a tendência de crescimento ou decrescimento, pode-se especular o comportamento da curva para valores que não estão representados no gráfico. Além disso, ao analisar a tendência de crescimento e decrescimento, deve-se notar no gráfico quais são os seus valores de máximos e mínimos para que se conheçam os valores extremos admitidos pelas grandezas relacionadas, no intervalo representado. A seguir são apresentados alguns exemplos.

## 3. Propriedades de alguns gráficos

Especificamente em Física, existem alguns gráficos que, além de representar uma relação explícita entre as grandezas apresentadas, mostram uma representação implícita de outras grandezas relevantes para o estudo do fenômeno. Essas grandezas podem ser identificadas por meio de algumas propriedades gráficas. A seguir, serão destacados dois tipos de gráfico: gráficos cuja **inclinação** está relacionada a uma grandeza física e gráficos cuja **área** está relacionada a uma grandeza física.

### 3.1. Gráficos cuja inclinação está relacionada a uma grandeza física

Em certas relações representadas em gráficos lineares, é possível identificar o coeficiente angular da reta (relacionado à inclinação do gráfico, α) com alguma grandeza física. A tabela a seguir representa alguns desses casos em gráficos que possuem as mesmas escalas nos eixos.

| Tipo de gráfico | Representação | Relação matemática |
|---|---|---|
| força elástica ($F_{elást}$)<br>×<br>deformação da mola ($x$) | 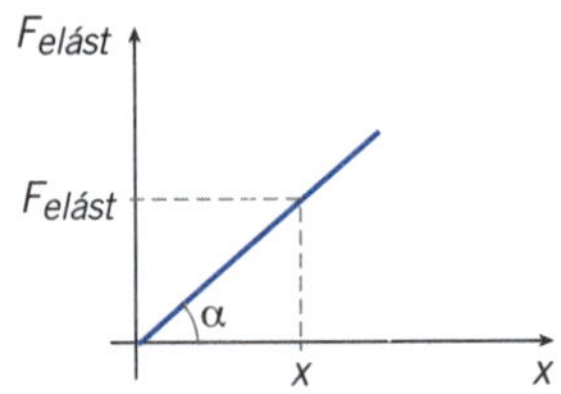<br> | $F_{elást.} = k \cdot x \rightarrow k = \frac{F_{elást.}}{x}$<br>↓<br>$\text{tg}\ \alpha \overset{N}{=} k$<br>($k$: constante elástica de mola) |
| ddp ($U$)<br>×<br>corrente elétrica ($i$) | 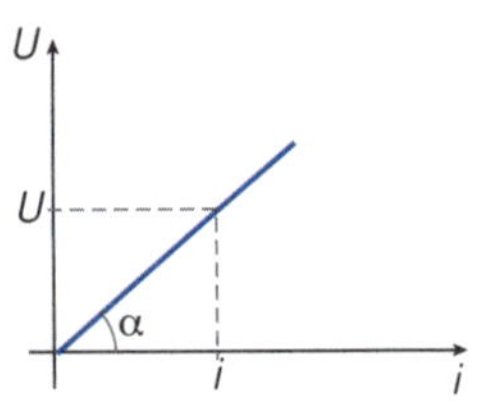<br> | $U = R \cdot i \rightarrow R = \frac{U}{i}$<br>↓<br>$\text{tg}\ \alpha \overset{N}{=} R$<br>($R$: resistência elétrica) |
| força resultante ($R$)<br>×<br>aceleração escalar ($a$) | 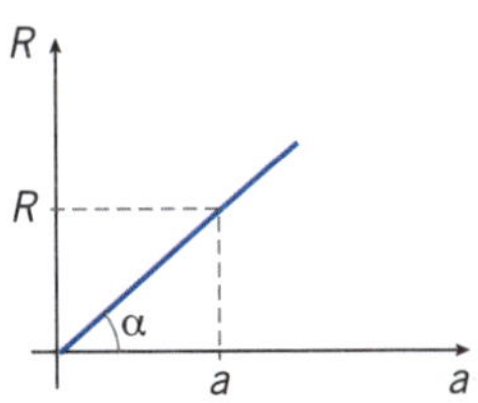<br> | $R = m \cdot \lvert a \rvert \rightarrow m = \frac{R}{\lvert a \rvert}$<br>↓<br>$\text{tg}\ \alpha \overset{N}{=} m$<br>($m$: massa do corpo) |

### 3.2. Gráficos cuja área está relacionada a uma grandeza física

Em alguns gráficos, a área entre a linha do gráfico e o eixo horizontal é numericamente igual a uma grandeza física relevante para o estudo do fenômeno. A tabela a seguir representa alguns desses casos.

| Tipo de gráfico | Representação | Relação matemática |
|---|---|---|
| pressão do gás ($p$) × volume ($V$) | 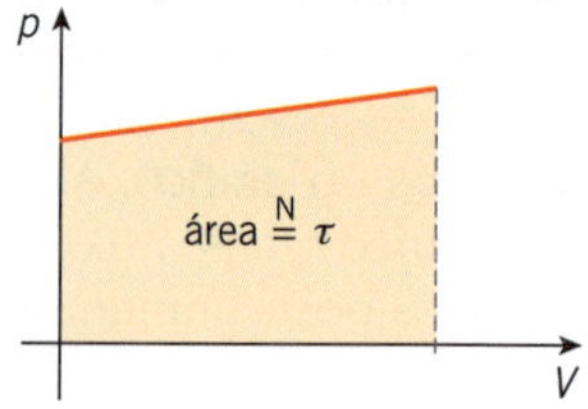 | $p$ constante: $\tau = p \cdot \Delta V$<br>$p$ variável: $\tau \stackrel{N}{=}$ área<br>($\tau$: trabalho da força de pressão) |
| corrente elétrica ($i$) × instante de tempo ($t$) | 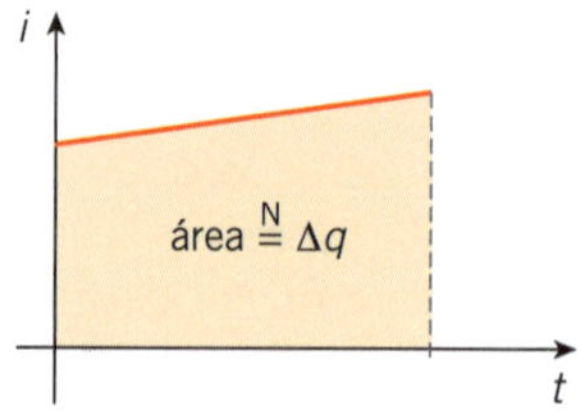 | $i$ constante: $\Delta q = i \cdot \Delta t$<br>$i$ variável: $\Delta q \stackrel{N}{=}$ área<br>($\Delta q$: carga elétrica) |
| velocidade escalar ($v$) × instante de tempo ($t$) | 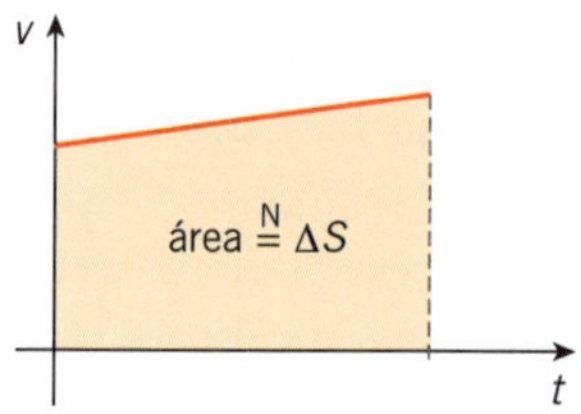 | $v$ constante: $\Delta S = v \cdot \Delta t$<br>$v$ variável: $\Delta S \stackrel{N}{=}$ área<br>($\Delta S$: deslocamento escalar) |

**1** (Enem) Acompanhando o crescimento do filho, um casal constatou que, de 0 a 10 anos, a variação da sua altura se dava de forma mais rápida do que de 10 a 17 anos e, a partir de 17 anos, essa variação passava a ser cada vez menor, até se tornar imperceptível. Para ilustrar essa situação, o casal fez um gráfico relacionando as alturas do filho às idades consideradas. Que gráfico melhor representa a altura do filho desse casal em função da idade?

a)
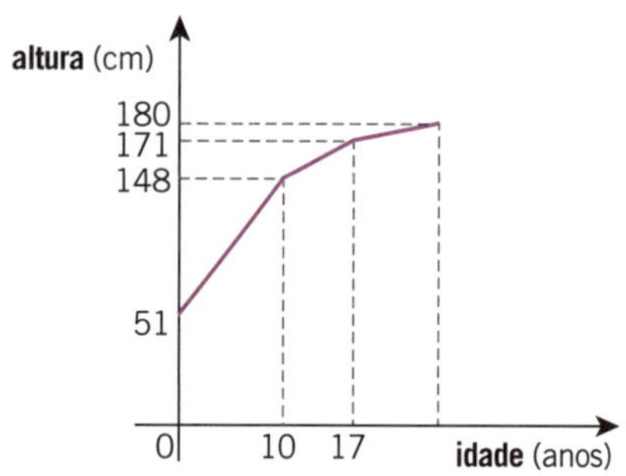


b)
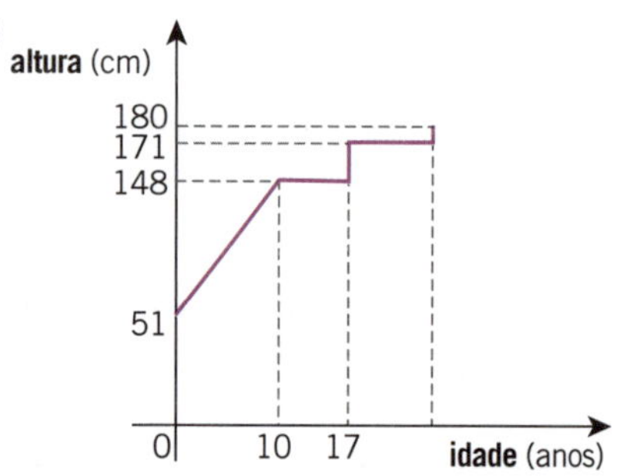


c)
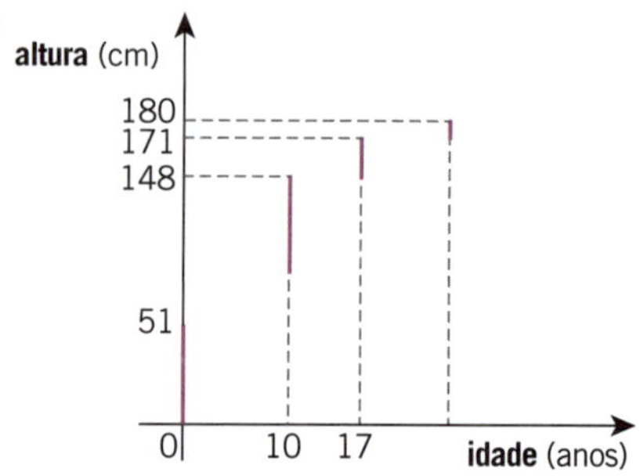


d)
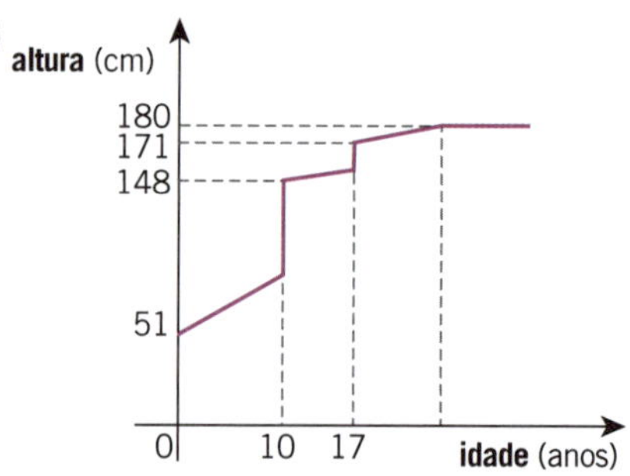


e)
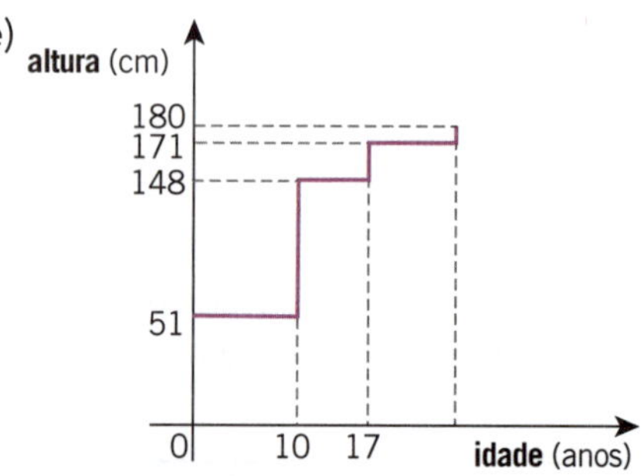

**(Enem) Texto para as questões 2 e 3**

O gráfico ao lado ilustra a evolução do consumo de eletricidade no Brasil, em GWh, em quatro setores de consumo no período de 1975 a 2005.

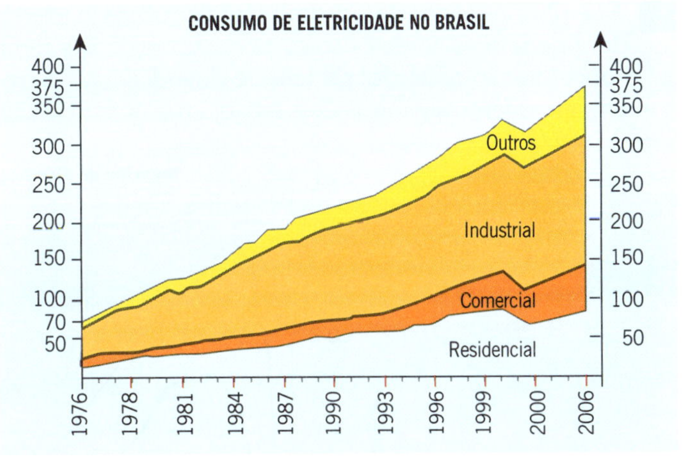


Fonte: *Balanço Energético Nacional.* Brasília: MME, 2003. Adaptado.

**2** A racionalização do uso da eletricidade faz parte dos programas oficiais do governo brasileiro desde 1980. No entanto, houve um período crítico, conhecido como "apagão", que exigiu mudanças de hábitos da população brasileira e resultou na maior, mais rápida e significativa economia de energia. De acordo com o gráfico, conclui-se que o "apagão" ocorreu no biênio:

a) 1998-1999.
b) 1999-2000.
c) 2000-2001.
d) 2001-2002.
e) 2002-2003.

**3** Observa-se que, de 1975 a 2005, houve aumento quase linear do consumo de energia elétrica. Se essa mesma tendência se mantiver até 2035, o setor energético brasileiro deverá se preparar para suprir uma demanda total aproximada de:

a) 405 GWh.
b) 445 GWh.
c) 680 GWh.
d) 750 GWh.
e) 775 GWh.

**4** (Enem) O tempo que um ônibus gasta para ir do ponto inicial ao ponto final de uma linha varia, durante o dia, conforme as condições do trânsito, demorando mais nos horários de maior movimento. A empresa que opera essa linha forneceu, no gráfico abaixo, o tempo médio de duração da viagem conforme o horário de saída do ponto inicial no período da manhã.

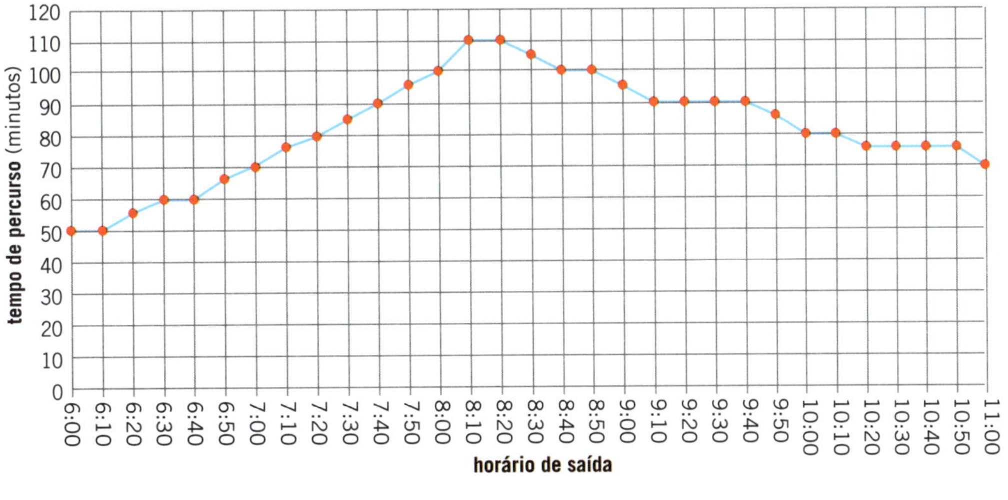


De acordo com as informações do gráfico, um passageiro que necessita chegar até as 10h30min ao ponto final dessa linha, deve tomar o ônibus no ponto inicial, no máximo, até as:

a) 9h20min
b) 9h30min
c) 9h00min
d) 8h30min
e) 8h50min

**5** (Enem) Após a ingestão de bebidas alcoólicas, o metabolismo do álcool e sua presença no sangue dependem de fatores como peso corporal, condições e tempo após a ingestão. O gráfico mostra a variação da concentração de álcool no sangue de indivíduos de mesmo peso que beberam três latas de cerveja cada um, em diferentes condições: em jejum e após o jantar.

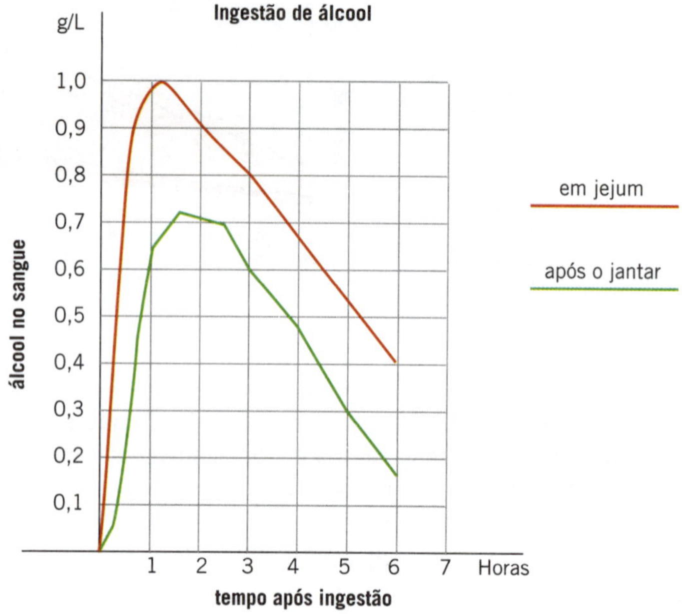


Tendo em vista que a concentração máxima de álcool no sangue permitida pela legislação brasileira para motoristas é 0,6 g/L*, o indivíduo que bebeu após o jantar e o que bebeu em jejum só poderão dirigir após, aproximadamente,

a) uma hora e uma hora e meia, respectivamente.

b) três horas e meia hora, respectivamente.

c) três horas e quatro horas e meia, respectivamente.

d) seis horas e três horas, respectivamente.

e) seis horas, igualmente.

* Atualmente, a legislação em vigor não tolera qualquer concentração de álcool no sangue.

**Anotações**

# AULA 2

**Competência 1** Compreender as ciências naturais e as tecnologias a elas associadas como construções humanas, percebendo seus papéis nos processos de produção e no desenvolvimento econômico e social da humanidade.

Habilidade 2 Associar a solução de problemas de comunicação, transporte, saúde ou outro, com o correspondente desenvolvimento científico e tecnológico.

## Em classe

### AS LEIS DE NEWTON

### 1ª Lei: o princípio da inércia

Considerando a Terra como referencial, a lei da inércia pode ser expressa da seguinte forma:

| Se, num dado instante, um corpo está em | ele tende a permanecer em |
|---|---|
| repouso | repouso |
| movimento | movimento retilíneo e uniforme |

Para enunciar a lei de forma mais precisa, deve-se lembrar que:

- Forças que agem em um corpo tendem a alterar sua velocidade.
- A resultante é a força que não existe, mas que se existisse e atuasse sozinha causaria a mesma alteração de velocidade que todas as forças que agem no corpo.

Assim:

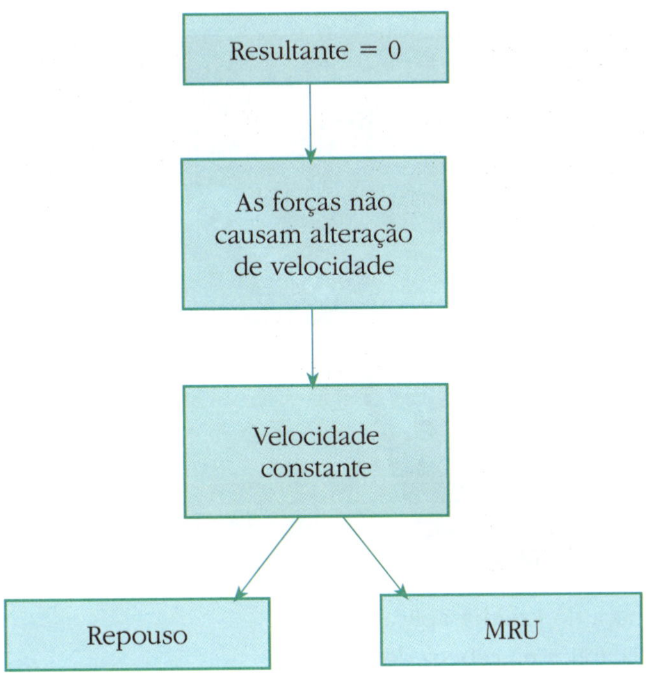

## 2ª Lei: o princípio fundamental da dinâmica

Caso a resultante das forças não seja nula:

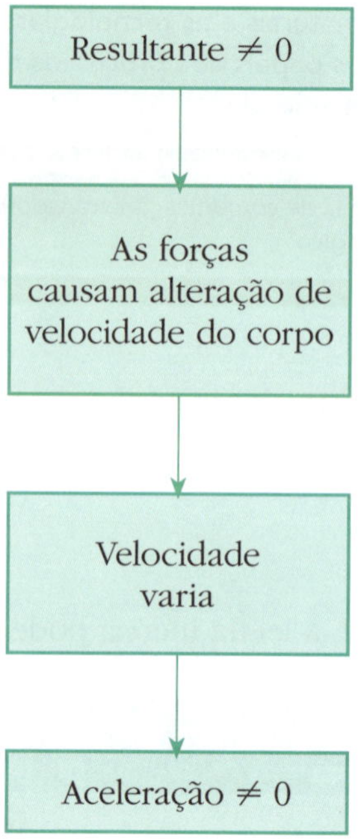


De acordo com a segunda lei de Newton:

resultante = massa × aceleração

(Lembrando que a aceleração indica a taxa de variação da velocidade.)

## 3ª Lei: o princípio da ação e reação

O resultado da interação entre um par de corpos *A* e *B* é um par de forças, uma aplicada por *A* em *B* e outra aplicada por *B* em *A*. Esse par de forças é chamado **par ação e reação**. As forças que compõem um par ação e reação têm sempre mesma intensidade, mesma direção e sentidos opostos.

No exemplo a seguir, considera-se a interação entre a bola (*B*) e a cabeça do jogador (*C*).

©Valery Hache/AFP/Getty Images

$\vec{F}_{C/B}$ é a força que a cabeça do jogador aplica na bola.

$\vec{F}_{B/C}$ é a força que a bola aplica na cabeça do jogador.

**O texto a seguir se refere às questões de 1 a 4.**

No dia 5 de agosto de 2010, 33 trabalhadores chilenos ficaram isolados no interior de uma mina de ouro e cobre, a cerca de 630 metros de profundidade, em San José, que fica a 800 km ao norte de Santiago, em pleno deserto do Atacama, depois que um desabamento bloqueou a galeria de acesso. Após 17 dias de total isolamento, através de um duto de 17 cm de diâmetro, uma sonda conseguiu chegar ao local onde os mineiros estavam agrupados, estabelecendo a primeira comunicação com a equipe de resgate que se encontrava na superfície. A partir de então, alimentos, medicamentos e outros suprimentos foram enviados aos trabalhadores por meio desse canal de abertura. No dia 30 de agosto, começou a ser perfurado um novo duto de 60 cm de diâmetro, por onde uma cápsula de resgate traria os mineiros à superfície.

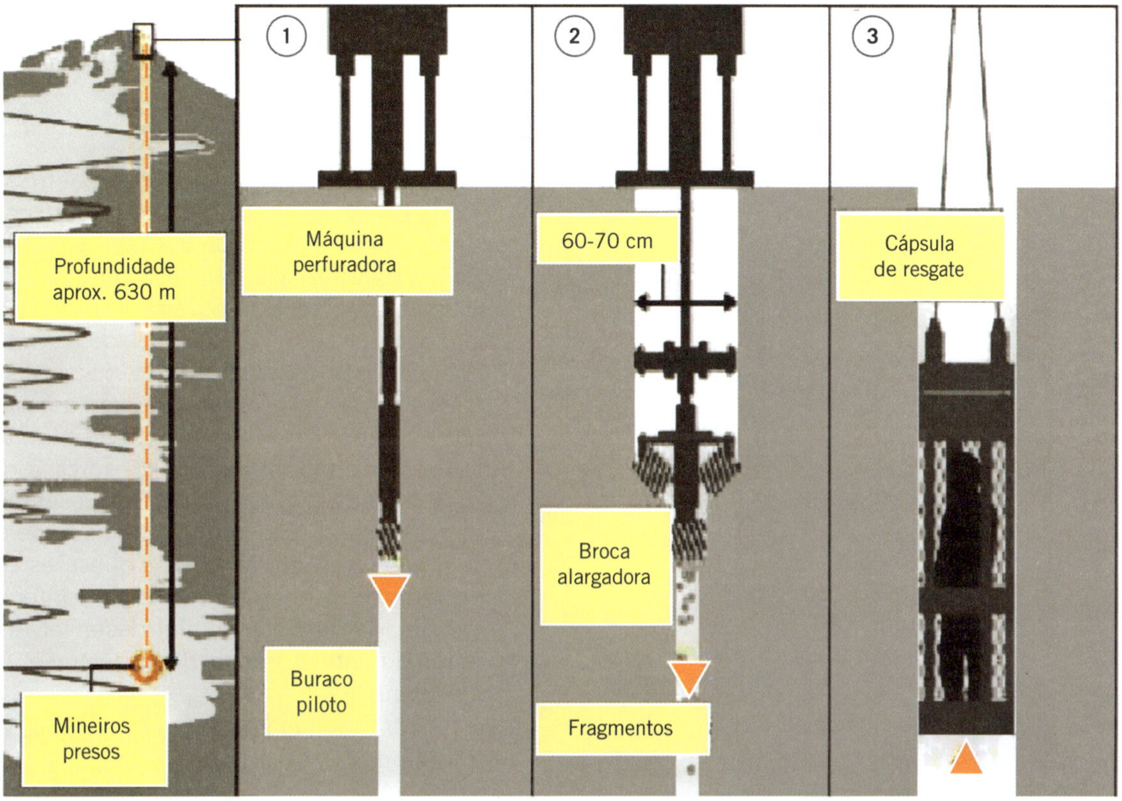


Disponível em: <www.ie.org.br/site/userfiles/resgate.JPG>. Acesso em: 25 mar. 2013.

No dia 13 de outubro, o resgate foi concluído com sucesso. A massa da cápsula de resgate é 450 kg, e a massa de um dos mineiros é 70 kg. Considere o movimento de ascensão do conjunto cápsula + mineiro, que durou 14 minutos, representado no diagrama, sem escala, com velocidade em função do tempo, contendo algumas simplificações e arredondamentos.

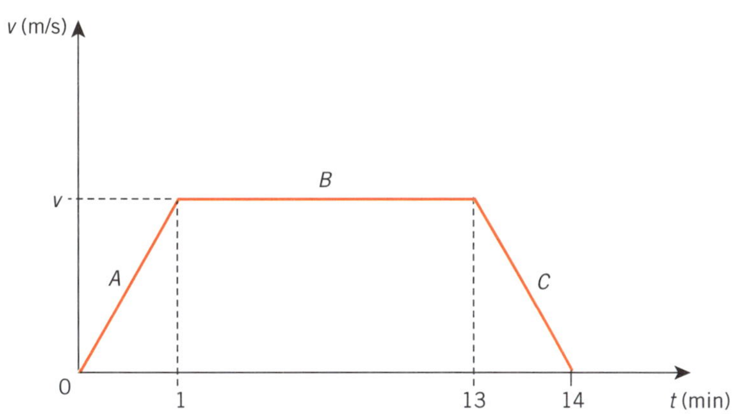

**1** O conjunto foi içado por meio de um cabo de aço que estava preso a um motor. Desprezando-se eventuais contatos entre a cápsula e o duto, a alternativa que melhor representa as forças que agem no conjunto durante a sua subida é:

a)

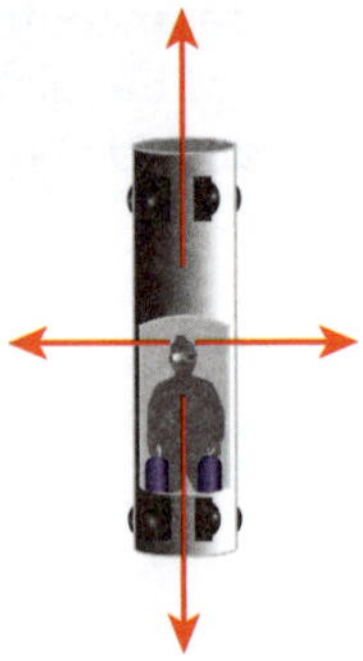

d)

b)

e)

c)

**2** Com relação às intensidades da força de tração e da força peso, durante o referido deslocamento, assinale a opção correta.

a) Durante o trecho do percurso representado por *A*, a intensidade da força peso é igual à da força de tração.
b) Durante o trecho do percurso representado por *B*, a intensidade da força peso é maior que a da força de tração.
c) Durante o trecho do percurso representado por *C*, a intensidade da força peso é maior que a da força de tração.
d) Durante o trecho do percurso representado por *A*, a intensidade da força peso é maior que a da força de tração.
e) Durante o trecho do percurso representado por *C*, a intensidade da força peso é igual à da força de tração.

**3** Assinale a opção que indica o valor aproximado da velocidade escalar média, em m/s, do referente percurso.

a) 0,50
b) 0,75
c) 1,00
d) 1,25
e) 1,50

**4** A potência é definida como a razão entre a quantidade de energia transferida ou transformada e o intervalo de tempo que durou essa transformação ou transferência. No caso de uma força de intensidade *F* sendo aplicada a um corpo que, num dado instante, tem velocidade de módulo *v*, é possível demostrar que a potência instantânea desenvolvida pela força pode ser determinada pela equação: $P = F \cdot v$. No sistema internacional de unidades (SI), a unidade de força é newton (N), a unidade de velocidade é representada por metros por segundo (m/s) e a unidade de potência é watt (W). Com relação às questões anteriores, assinale a opção que indica a intensidade aproximada da potência útil desenvolvida pelo motor durante o trecho *B* do percurso. (Adote $g = 10\ m/s^2$.)

a) 1,3 kW
b) 2,4 kW
c) 3,8 kW
d) 4,2 kW
e) 5,5 kW

**1** Considere a charge a seguir:

Revista *Exame*. São Paulo: Abril, 28 set. 2007.

Com relação à situação apresentada, desprezando eventuais atritos, assinale a opção correta.

a) Durante o movimento de subida, no caracol há uma força aplicada para cima.

b) No ponto de altura máxima, a resultante das forças atuantes no caracol é nula.

c) O movimento ascendente do caracol é do tipo acelerado.

d) Depois de perder contato com a cama elástica, somente uma força é aplicada sobre o caracol.

e) No ponto de altura máxima, a aceleração do caracol é nula.

**2** Ainda com relação à situação abordada na questão anterior, assinale a opção que indica corretamente as transformações mais significativas de energia envolvidas desde o instante em que o caracol provoca a máxima deformação da cama elástica, até o instante em que ele atinge a altura máxima.

a) Energia potencial elástica → energia cinética → energia potencial gravitacional.

b) Energia cinética → energia potencial elástica → energia potencial gravitacional.

c) Energia potencial gravitacional → energia potencial elástica → energia cinética.

d) Energia potencial elástica → energia potencial gravitacional → energia cinética.

e) Energia cinética → energia potencial gravitacional → energia potencial elástica.

**3** Um corpo é apoiado sobre um dinamômetro de molas (popularmente chamado de "balança"), cujo mostrador é adaptado para indicar a massa do corpo apoiado. Em situação de repouso, o mostrador indica 4 kg.

O conjunto está dentro de um elevador que inicia um movimento vertical para cima atingindo novamente o repouso no ponto mais alto de sua trajetória. A tabela a seguir registra os valores indicados pelo dinamômetro em função do tempo.

| t (s) | 0 | 2 | 4 | 6 | 8 | 10 | 12 | 14 | 16 | 18 | 20 | 22 | 24 |
|---|---|---|---|---|---|---|---|---|---|---|---|---|---|
| *m* (kg) | 4 | 5 | 5 | 5 | 6 | 6 | 4 | 4 | 4 | 3 | 3 | 3 | 4 |

Assinale a opção que indica o comportamento do módulo da velocidade *v* do sistema em função do tempo *t*.

a)
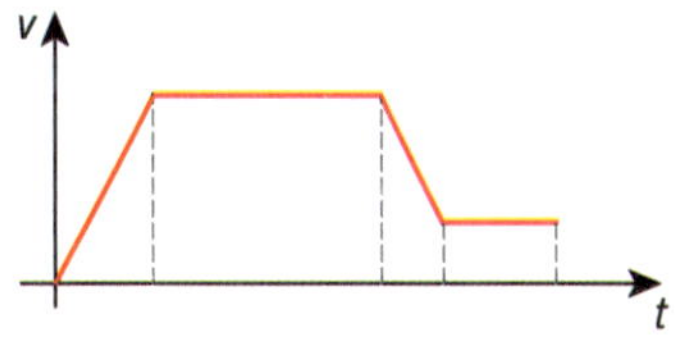


b)
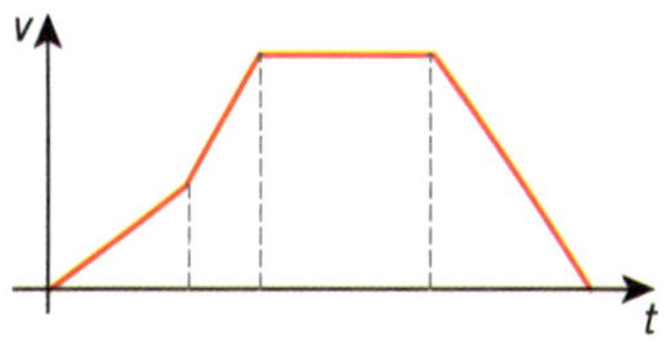


c)
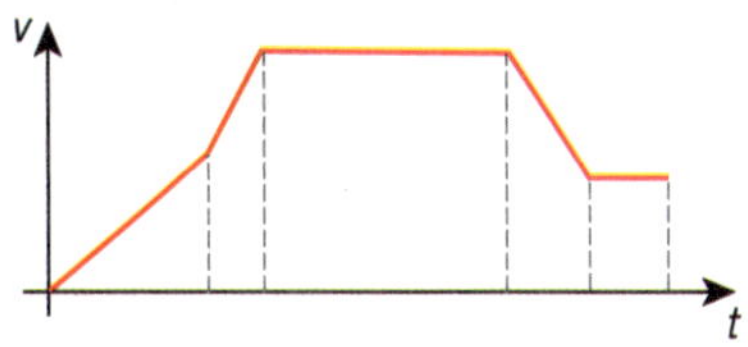


d)
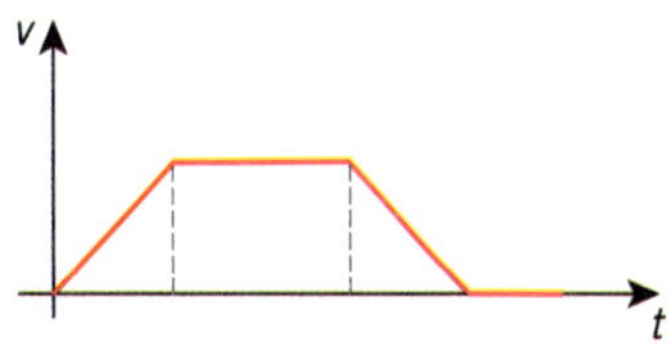


e)
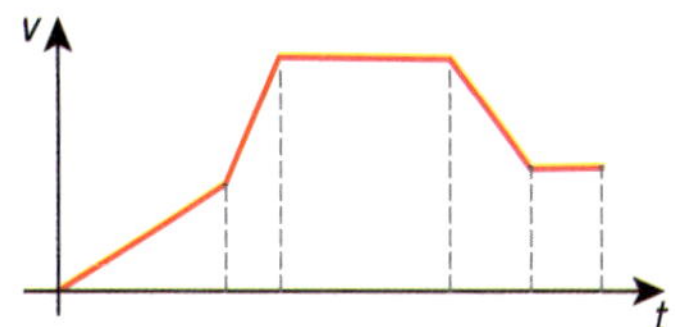

**4** (Enem) Durante uma obra em um clube, um grupo de trabalhadores teve de remover uma escultura de ferro maciço colocada no fundo de uma piscina vazia. Cinco trabalhadores amarraram cordas à escultura e tentaram puxá-la para cima, sem sucesso. Se a piscina for preenchida com água, ficará mais fácil para os trabalhadores removerem a escultura, pois a:

a) escultura flutuará. Dessa forma, os homens não precisarão fazer força para remover a escultura do fundo.
b) escultura ficará com peso menor. Dessa forma, a intensidade da força necessária para elevar a escultura será menor.
c) água exercerá uma força na escultura proporcional a sua massa, e para cima. Esta força se somará à força que os trabalhadores fazem para anular a ação da força peso da escultura.
d) água exercerá uma força na escultura para baixo, e esta passará a receber uma força ascendente do piso da piscina. Esta força ajudará a anular a ação da força peso na escultura.
e) água exercerá uma força na escultura proporcional ao seu volume, e para cima. Esta força se somará à força que os trabalhadores fazem, podendo resultar em uma força ascendente maior que o peso da escultura.

**5** Em pistas de carros de corrida, é comum a utilização de curvas com inclinação, o que possibilita fazer as curvas com maior velocidade. Dependendo da velocidade, é possível até que o piloto consiga percorrer uma curva sem nem mesmo precisar girar o volante. A figura a seguir representa essa situação.

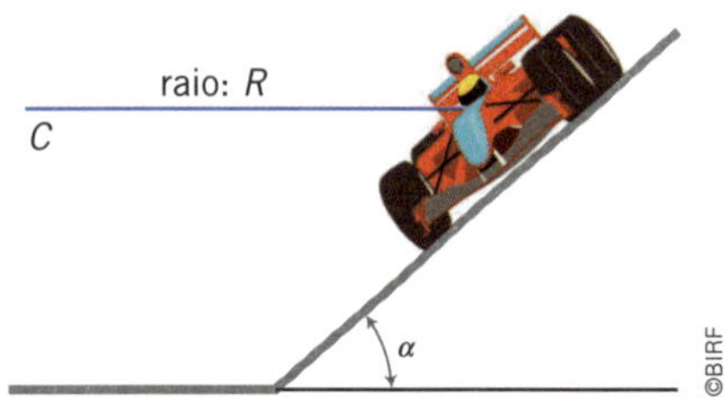


No caso de o carro realizar a curva sem que o piloto gire o volante, desprezando-se os efeitos do ar, é correto afirmar que:

a) o carro deve ter velocidade de módulo constante, que depende da intensidade da força de atrito que a pista aplica ao carro.
b) a normal aplicada pela pista tem intensidade igual ao peso do carro.
c) as únicas forças que agem no corpo são o peso, a normal e o atrito.
d) o atrito entre o carro e a pista é nulo.
e) a velocidade do carro não varia em direção.

**6** Sobre um caminhão, inicialmente em repouso, é colocado um contêiner, como representado na figura. O contêiner não é preso ao caminhão, ele fica simplesmente apoiado sobre a carroceria.

Sabendo que a maior intensidade do atrito entre o contêiner e a carroceria é 40% do valor da normal trocada entre eles, a máxima aceleração que o caminhão pode ter sem que o contêiner escorregue em relação a ele, em $m/s^2$, é:

Dado: $g = 10\ m/s^2$

a) 40.
b) 20.
c) 10.
d) 4.
e) 2.

**7** (Enem) Os motores elétricos são dispositivos com diversas aplicações, dentre elas destacam-se aquelas que proporcionam conforto e praticidade para as pessoas. É inegável a preferência pelo uso de elevadores quando o objetivo é o transporte de pessoas pelos andares de prédios elevados. Nesse caso, um dimensionamento preciso da potência dos motores utilizados nos elevadores é muito importante e deve levar em consideração fatores como economia de energia e segurança.

Considere que um elevador de 800 kg, quando lotado com oito pessoas ou 600 kg, precisa ser projetado. Para tanto, alguns parâmetros deverão ser dimensionados. O motor será ligado à rede elétrica que fornece 220 volts de tensão. O elevador deve subir 10 andares, em torno de 30 metros, a uma velocidade constante de 4 metros por segundo. Para fazer uma estimativa simples de potência necessária e da corrente que deve ser fornecida ao motor do elevador para ele operar com lotação máxima, considere que a tensão seja contínua, que a aceleração da gravidade vale $10\ m/s^2$ e que o atrito pode ser desprezado. Nesse caso, para um elevador lotado, a potência média de saída do motor do elevador e a corrente elétrica máxima que passa no motor serão respectivamente de:

a) 24 kW e 109 A.
b) 32 kW e 145 A.
c) 56 kW e 255 A.
d) 180 kW e 818 A.
e) 240 kW e 1 090 A.

# AULA 3

**Competência 2** Identificar a presença e aplicar as tecnologias associadas às ciências naturais em diferentes contextos.

Habilidade 7 Selecionar testes de controle, parâmetros ou critérios para a comparação de materiais e produtos, tendo em vista a defesa do consumidor, a saúde do trabalhador ou a qualidade de vida.

## Em classe

### ANÁLISE DE ALGUNS FENÔMENOS TÉRMICOS

### Conceitos fundamentais

**1. Temperatura**

Grandeza física escalar relacionada ao grau de agitação das partículas de um corpo.

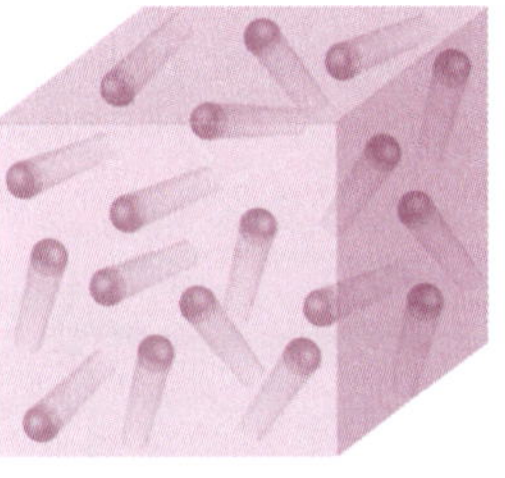

Se a temperatura de um corpo *A* for maior que a de outro corpo, *B*, isso implica que a energia cinética média por partícula do corpo *A* é maior que a do corpo *B*.

**2. Energia interna (*U*)**

É a soma de todas as energias associadas às partículas de um corpo. Essas energias podem ser de qualquer modalidade: energia química de ligação ou de coesão entre as partículas (potencial elétrica), energias nucleares (associadas à coesão entre prótons e nêutrons abrigados nos núcleos dos átomos) e energias cinéticas (associadas à agitação das partículas do corpo).

Em símbolos:

$$U = \Sigma E \text{ (das partículas do corpo)}$$

**3. Energia térmica**

É a parcela da energia interna relacionada à agitação das partículas. Em outras palavras, a energia térmica é a soma das energias cinéticas das partículas que compõem o corpo.

**4. Calor**

É a parcela da energia térmica que é transferida, espontaneamente, do corpo de maior temperatura para o de menor temperatura.

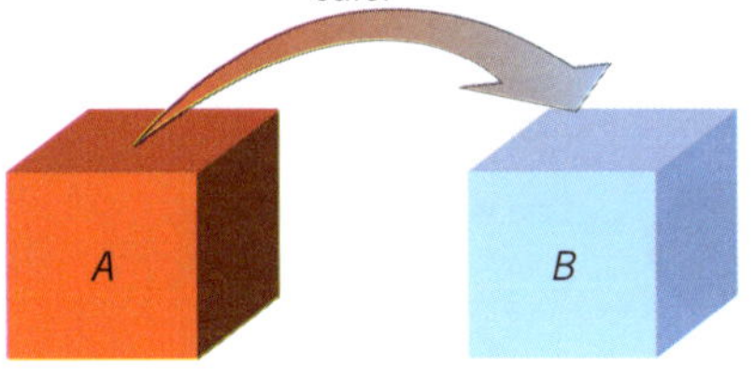


$$\theta_A > \theta_B$$

**Mecanismos de transferência de calor**

a) **Condução** é a transferência de energia térmica por meio de colisão entre as partículas de um meio. No interior dos sólidos, a propagação do calor é feita por condução.

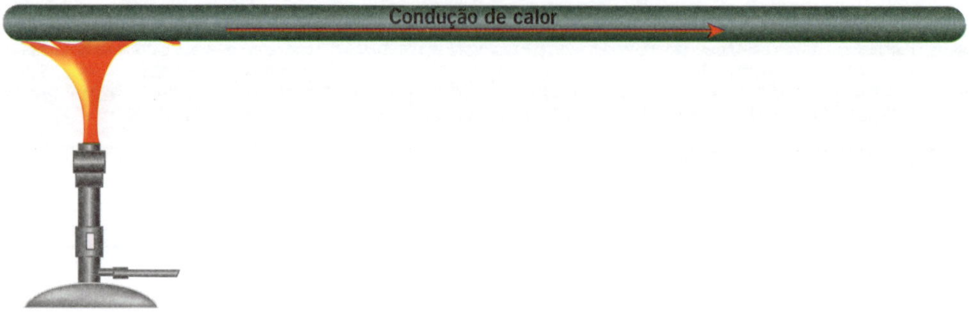


Exemplo de bom condutor de calor: metais.
Exemplos de maus condutores de calor (ou isolantes térmicos): ar, água, gelo, lã e vidro.

b) **Convecção** é a transferência de energia térmica que ocorre por causa da movimentação da matéria. A convecção é o mecanismo de transferência de calor predominante no interior dos fluidos. A porção mais quente, por possuir densidade menor, tende a ocupar as regiões superiores. Por outro lado, a porção mais fria, por ser mais densa, tende a se mover no sentido descendente.

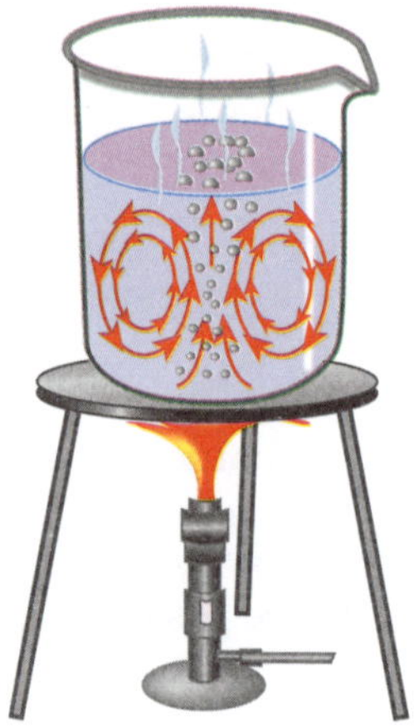

c) **Irradiação** é o mecanismo de transferência de energia térmica que ocorre por meio de trocas (emissão ou recepção) de ondas eletromagnéticas. Todo corpo acima de zero kelvin emite ondas eletromagnéticas. A frequência das ondas eletromagnéticas emitidas por um corpo depende de sua temperatura.

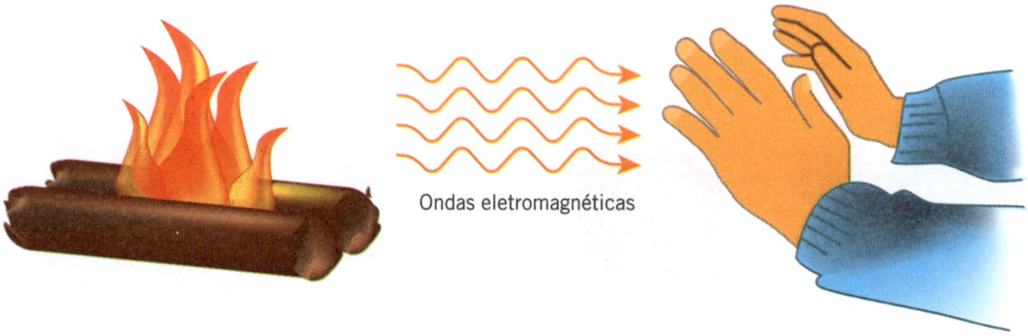

## 5. Efeitos relacionados às trocas de calor

### 5.1. Efeitos térmicos

Quando um corpo ganha ou perde certa quantidade de calor ($Q$), é possível que ocorra:

a) aquecimento ou resfriamento do corpo

Nessa circunstância, a quantidade de calor trocada pelo corpo é dada por:

$$Q = m \cdot c \cdot \Delta\theta \text{ ou } Q = C \cdot \Delta\theta$$

em que:

| Símbolo | Nome | Unidade no SI | Unidade usual | Transformação |
|---|---|---|---|---|
| $Q$ | Quantidade de calor | J (joule) | cal | 1 cal ≈ 4,2 J |
| $C$ | Capacidade térmica do corpo | J/K | cal/°C | 1 cal/°C = 4,2 J/K |
| $\Delta\theta$ | Variação de temperatura | K (kelvin) | °C | $\Delta\theta$ = 1 °C = 1 K |
| $m$ | Massa | kg | g | 1 kg = $10^3$ g |
| $c$ | Calor específico da substância | J/kg · K | cal/g · °C | 1 cal/g · °C = 4,2 · $10^3$ J/kg · K |

b) mudança de estado físico

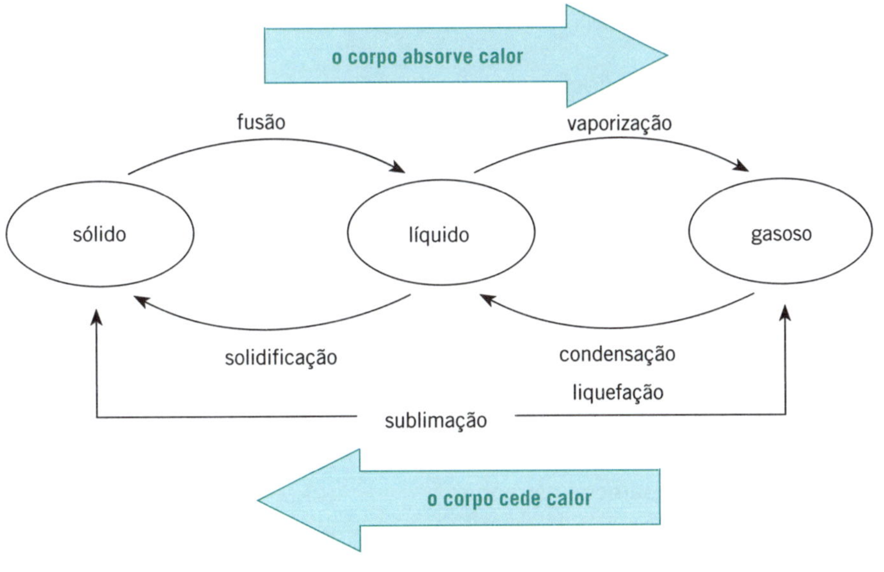


Nessa circunstância, a quantidade de calor trocada pelo corpo é dada pela expressão:

$$Q = m \cdot L$$

em que $L$ é denominado calor latente de mudança de estado.

No SI, a unidade de $L$ é J/kg.

No sistema usual, é cal/kg.

### 5.2. Efeito mecânico

Durante os processos de aquecimento ou resfriamento devido às trocas de calor, também se verifica que parte da energia trocada é utilizada para provocar dilatações ou contrações do corpo.

A análise qualitativa das alterações nas dimensões de um corpo pode ser feita segundo três critérios: linear, superficial e volumétrica.

Para cada caso, as expressões que determinam as variações nas dimensões de um corpo são:

| | |
|---|---|
| Variação linear | $\Delta L = L_0 \cdot \alpha \cdot \Delta\theta$ |
| Variação superficial | $\Delta S = S_0 \cdot \beta \cdot \Delta\theta$ |
| Variação volumétrica | $\Delta V = V_0 \cdot \gamma \cdot \Delta\theta$ |

em que:

| Símbolo | Nome | Unidade no SI |
|---|---|---|
| $\Delta L$ | Dilatação linear | m |
| $\Delta S$ | Dilatação superficial | $m^2$ |
| $\Delta V$ | Dilatação volumétrica | $m^3$ |
| $L_0$ | Comprimento inicial | m |
| $S_0$ | Área inicial | $m^2$ |
| $V_0$ | Volume inicial | $m^3$ |
| $\alpha$ | Coeficiente de dilatação linear | $K^{-1}$ |
| $\beta$ | Coeficiente de dilatação superficial | $K^{-1}$ |
| $\gamma$ | Coeficiente de dilatação volumétrica | $K^{-1}$ |

**1** (UFRN – Adaptada) Certos povos nômades que vivem no deserto, onde as temperaturas durante o dia podem chegar a 50 °C, usam roupas de lã branca, para se proteger do intenso calor da atmosfera. Essa atitude pode parecer estranha para nós, pois, no Brasil, usamos a lã para nos proteger do frio.

O procedimento dos povos do deserto pode, contudo, ser explicado pelo fato de que:

a) a lã é naturalmente quente (acima de 50 °C) e, no deserto, ajuda a esfriar os corpos das pessoas, enquanto o branco é uma "cor fria", ajudando a esfriá-los ainda mais.

b) a lã é bom isolante térmico, impedindo que o calor de fora chegue aos corpos das pessoas, e o branco absorve bem a luz em todas as cores, evitando que a luz do Sol os aqueça ainda mais.

c) a lã é bom isolante térmico, impedindo que o calor de fora chegue aos corpos das pessoas, e o branco reflete bem a luz em todas as cores, evitando que a luz do Sol os aqueça ainda mais.

d) a lã impede que o frio passe do corpo para o ambiente, enquanto que o branco, por refletir acentuadamente a luz, reduz a transferência de calor do ambiente para os corpos.

e) a lã é naturalmente quente (embora esteja abaixo de 50 °C) e, no deserto, ajuda a esfriar os corpos das pessoas, e o branco também é uma "cor quente", ajudando a refletir o calor que vem de fora.

**2** A pressão de vapor de um líquido *A* a certa temperatura é definida como sendo a pressão exercida do vapor *A* quando este está em equilíbrio dinâmico com o líquido *A*. No equilíbrio dinâmico, a quantidade de líquido que evapora é a mesma que se condensa. A pressão de vapor de uma substância depende da temperatura.

Se, em dada temperatura, a pressão de vapor de um líquido se igualar à pressão sobre sua superfície livre, o líquido entra em ebulição, passando rapidamente ao estado de vapor. A temperatura em que se igualam a pressão de vapor e a pressão atmosféricas é conhecida como "temperatura de ebulição".

O gráfico a seguir mostra a pressão de vapor de certos líquidos, em cmHg, em função da temperatura, em graus Celsius. A pressão normal corresponde à pressão de 1 atmosfera, ou seja, 76 cmHg.

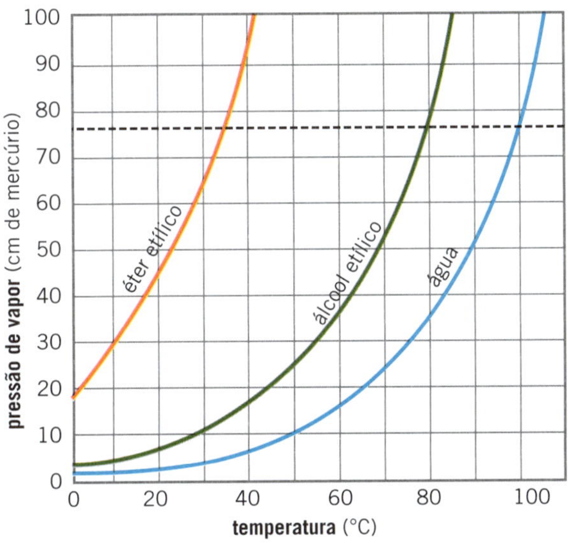


Considere que $\theta_E$, $\theta_A$ e $\theta_{AG}$ sejam as temperaturas de ebulição do éter, do álcool e da água, respectivamente. Com relação às informações contidas no texto e no gráfico, assinale a opção correta.

a) Sob pressão normal, se o éter e o álcool estiverem a 90 °C, certamente eles estarão em estado de vapor.

b) Independentemente da pressão atmosférica local, $\theta_E > \theta_A > \theta_{AG}$.

c) Não é possível a água entrar em processo de ebulição à temperatura de 90 °C.

d) À temperatura superior a 100 °C, certamente a água se encontra em estado de vapor.

e) À pressão normal e a 100 °C, a água não tem mais capacidade de absorver calor.

**3** Nossa experiência cotidiana mostra que, ao colocarmos pedras de gelo em um recipiente contendo água, elas flutuam no líquido. Outro fenômeno bastante conhecido e relacionado à água é o caso de uma garrafa de vidro contendo refrigerante que, quando colocada no congelador de uma geladeira, ao atingir o ponto de solidificação, pode quebrar.

Com relação a esse último fenômeno mencionado, assinale a opção que propõe uma melhor explicação.

a) A garrafa pode se quebrar porque o vidro é melhor condutor de calor que a água. Logo, ele é submetido a uma contração mais acentuada que a água.

b) O possível rompimento das paredes de vidro da garrafa se deve ao aumento do volume da água, ao passar para a fase sólida.

c) A ocasional quebra do vidro se deve ao choque térmico ao qual sua estrutura é submetida ao passar da temperatura ambiente para a temperatura no interior do congelador.

d) A ruptura da estrutura do vidro ocorre devido à dilatação mais acelerada do vidro, comparativamente à água.

e) A garrafa se quebra por causa das inúmeras colisões atômicas entre as moléculas de água e as moléculas que compõem o vidro.

**Anotações**

## Em casa

### TEXTO DE APOIO

### Calor e os efeitos térmicos

Independentemente do estado físico em que se encontra a matéria, as partículas que compõem os corpos apresentam algum tipo de movimento, que pode ser de translação, rotação ou vibração. Assim sendo, é correto afirmar que essas partículas são dotadas de energia cinética.

A energia térmica de um corpo é definida como a soma de todas as energias cinéticas de suas partículas.

Determinar a quantidade de energia térmica de um corpo é uma tarefa, muitas vezes, inexequível e se presta apenas a alguns casos particulares. Todavia, é possível comparar a energia térmica média por partícula de diferentes corpos por meio da aferição de suas temperaturas.

Quando a temperatura de um corpo *A* é maior que a de outro corpo, *B*, isso implica que as partículas que compõem o corpo *A* possuem maior energia cinética média, comparativamente às do corpo *B*.

Se dois corpos, a temperaturas diferentes, são colocados suficientemente próximos um do outro, uma parcela da energia térmica do corpo mais quente é transferida ao corpo menos quente (ou mais frio). Essa parcela de energia térmica que é transferida entre corpos por razão de estarem a diferentes temperaturas é denominada calor.

Quando um corpo troca calor, é possível observar alguns efeitos.

Um deles é o seu aquecimento (no caso de recebimento de calor) ou seu resfriamento (no caso de perda de calor).

Outro possível efeito é a mudança de estado, em que a energia térmica trocada é empregada na alteração das forças de coesão entre as partículas do corpo, modificando o arranjo estrutural da matéria. As mudanças de estado de substâncias puras, submetidas à pressão constante, ocorrem à temperatura constante.

A temperatura na qual ocorre a mudança de estado de uma substância depende da pressão atmosférica local.

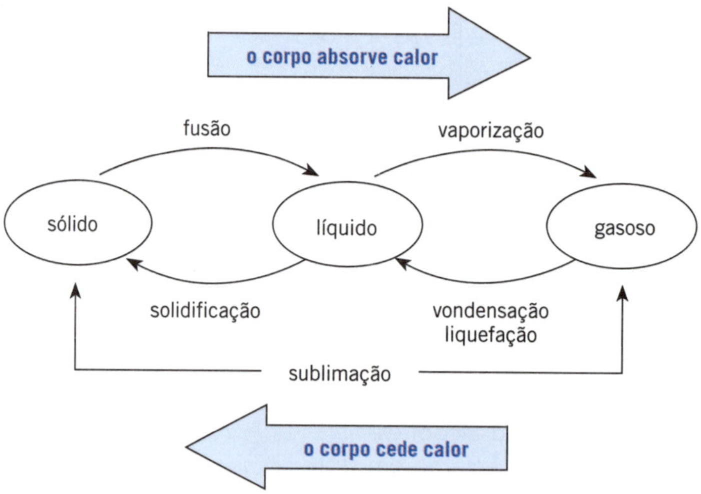


A influência da pressão externa nos processos de mudanças de estado é particularmente importante na vaporização. Para entender essa influência, é necessário compreender o conceito de pressão de vapor de um líquido.

A certa temperatura, a pressão de vapor de um líquido é definida como sendo a pressão que o vapor exerce sobre o líquido que lhe deu origem, quando vapor e líquido se encontram em equilíbrio dinâmico. Entende-se por equilíbrio dinâmico a situação na qual a taxa de conversão de moléculas do estado líquido para o estado vapor é igual à taxa de conversão de moléculas do estado vapor para o estado líquido. A pressão de vapor de um líquido depende de sua natureza e de sua temperatura.

A ebulição de um líquido só ocorre quando sua pressão de vapor se iguala à pressão atmosférica local.

Observe a tabela que indica a temperatura de vaporização da água pura em função da pressão atmosférica local.

| $\theta$ (°C) | $p$ (mmHg) |
|---|---|
| 0 | 4,6 |
| 5 | 5,6 |
| 10 | 8,9 |
| 15 | 12,6 |
| 20 | 17,5 |
| 40 | 55,1 |
| 60 | 150 |
| 80 | 555 |
| 100 | 760 |
| 120 | 1490 |
| 140 | 2710 |

Note que, à pressão normal de 1 atm, que corresponde a 760 mmHg, a água vaporiza a 100 °C. Entretanto, é possível ferver a água a 5 °C. Para tal, basta que a pressão atmosférica sobre ela tenha intensidade de 5,6 mmHg.

## Calor e o efeito mecânico

Outro efeito ocasionado pelas trocas de calor entre corpos é a alteração em suas dimensões devido à dilatação ou contração térmica. Em geral, quando um corpo é submetido a uma elevação em sua temperatura, ele apresenta um aumento em suas dimensões. No caso de um resfriamento, em geral, ocorre uma contração em suas dimensões.

Entretanto, a água, entre 0 °C e 4 °C, apresenta um comportamento contrário ao esperado: ao ser resfriada, ela se dilata e, ao ser aquecida, ela se contrai.

Observe, no gráfico a seguir, o comportamento do volume de certa massa de água em função da temperatura. Atente que:

a) A 4 °C, o volume da água é mínimo. Logo, sua densidade é máxima.

b) No resfriamento de 4 °C a 0 °C, ocorre um aumento no volume da água.

c) Ao passar para a fase sólida, há um aumento no volume.

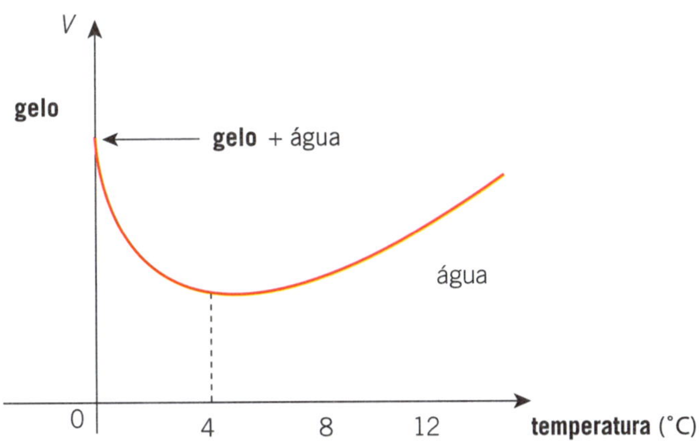

## O conforto térmico

A quantidade de vapor de água na atmosfera está relacionada ao bem-estar do ser humano. O conforto térmico experimentado por nós depende tanto da temperatura do ar como da umidade do ar, uma vez que ambos os fatores interferem em nosso mecanismo de transpiração. Durante a transpiração, a água presente em nossa pele, ao passar para o estado de vapor, retira parte da energia térmica necessária para essa transição de nossa própria pele, ocasionando seu resfriamento.

Quando a atmosfera não apresenta grandes concentrações de vapor de água, nossa transpiração é favorecida. É o caso, por exemplo, de Brasília, cidade onde regularmente a atmosfera apresenta baixos teores de umidade. Nessa cidade, é possível suportar, sem grandes desconfortos, temperaturas de 35 °C. Por outro lado, como a perda de líquido é acentuada, o risco de desidratação é maior.

Já a cidade de Manaus apresenta, ao longo do ano, elevados teores de umidade na atmosfera, dificultando a evaporação do líquido de nossa pele. Nessa cidade, a 35 °C, o desconforto térmico é acentuado e, não raro, podemos observar pessoas com suas vestimentas molhadas de suor.

**1** Com base nas informações contidas no texto e em seus conhecimentos, assinale a afirmativa correta.

a) Sob mesma pressão atmosférica, para colocar dois litros de água em ebulição, é necessário atingir uma temperatura maior do que aquela necessária para colocar em ebulição um litro de água.

b) Para a água passar do estado de vapor ao estado líquido, é necessário que ela absorva certa quantidade de energia térmica.

c) Em Uberlândia, cidade pertencente ao Triângulo Mineiro, cuja altitude é cerca de 770 m acima do nível do mar, a água contida em um recipiente aberto ferve a uma temperatura acima de 100 °C.

d) Os alimentos no interior de uma panela de pressão cozinham mais rapidamente devido à baixa pressão no interior da panela, causada pelo constante escape de vapor pela válvula.

e) É possível ferver a água a uma temperatura de 2 °C.

**2** (PUC-RS) As variações de volume de certa quantidade de água e do volume interno de um recipiente em função da temperatura foram medidas separadamente e estão representadas no gráfico a seguir, respectivamente, pela linha contínua (água) e pela linha tracejada (recipiente).

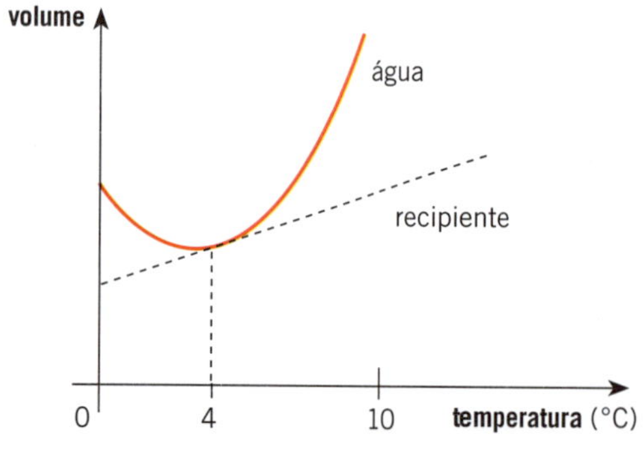


Estudantes, analisando os dados apresentados no gráfico, e supondo que a água seja colocada dentro do recipiente, fizeram as seguintes previsões:

I. O recipiente estará completamente cheio de água, sem haver derramamento, apenas quando a temperatura for 4 °C.

II. A água transbordará apenas se sua temperatura e a do recipiente assumirem simultaneamente valores acima de 4 °C.

III. A água transbordará se sua temperatura e a do recipiente assumirem simultaneamente valores acima de 4 °C ou se assumirem simultaneamente valores abaixo de 4 °C.

A(s) afirmativa(s) correta(s) é (são):

a) I, apenas.
b) I e II, apenas.
c) I e III, apenas.
d) II e III, apenas.
e) I, II e III.

**3** (Enem) A gasolina é vendida por litro, mas, em sua utilização como combustível, a massa é o que importa. Um aumento da temperatura do ambiente leva a um aumento no volume da gasolina. Para diminuir os efeitos práticos dessa variação, os tanques dos postos de gasolina são subterrâneos. Se os tanques NÃO fossem subterrâneos:

I. Você levaria vantagem ao abastecer o carro na hora mais quente do dia, pois estaria comprando mais massa por litro de combustível.

II. Abastecendo com a temperatura mais baixa, você estaria comprando mais massa de combustível para cada litro.

III. Se a gasolina fosse vendida por kg em vez de por litro, o problema comercial decorrente da dilatação da gasolina estaria resolvido.

Destas considerações, somente:

a) I é correta.
b) II é correta.
c) III é correta.
d) I e II são corretas.
e) II e III são corretas.

**4** (Enem) Durante uma ação de fiscalização em postos de combustíveis, foi encontrado um mecanismo inusitado para enganar o consumidor. Durante o inverno, o responsável por um posto de combustível compra álcool por R$ 0,50/litro, a uma temperatura de 5 °C. Para revender o líquido aos motoristas, instalou um mecanismo na bomba de combustível para aquecê-lo, a fim de que atinja a temperatura de 35 °C, sendo o litro de álcool revendido a R$ 1,60. Diariamente o posto compra 20 mil litros de álcool a 5 °C e os revende. Com relação à situação hipotética descrita no texto e dado que o coeficiente de dilatação volumétrica do álcool é de $1 \times 10^{-3}\ °C^{-1}$, desprezando-se o custo da energia gasta no aquecimento do combustível, o ganho financeiro que o dono do posto teria obtido devido ao aquecimento do álcool após uma semana de vendas estaria entre:

a) R$ 500,00 e R$ 1 000,00.
b) R$ 1 050,00 e R$ 1 250,00.
c) R$ 4 000,00 e R$ 5 000,00.
d) R$ 6 000,00 e R$ 6 900,00.
e) R$ 7 000,00 e R$ 7 950,00.

**5** (Enem) Nos últimos anos, o gás natural (GNV: gás natural veicular) vem sendo utilizado pela frota de veículos nacional, por ser viável economicamente e menos agressivo do ponto de vista ambiental. O quadro compara algumas características do gás natural e da gasolina em condições ambiente.

| | Densidade ($kg/m^3$) | Poder calorífico (kJ/kg) |
|---|---|---|
| GNV | 0,8 | 50 200 |
| Gasolina | 738 | 46 900 |

Apesar das vantagens no uso de GNV, sua utilização implica algumas adaptações técnicas, pois, em condições ambientes, o volume de combustível necessário, em relação ao de gasolina, para produzir a mesma energia, seria:

a) muito maior, o que requer um motor muito mais potente.
b) muito maior, o que requer que ele seja armazenado a alta pressão.
c) igual, mas sua potência será muito menor.
d) muito menor, o que o torna o veículo menos eficiente.
e) muito menor, o que facilita sua dispersão para a atmosfera.

**Texto para as questões 6 e 7**

A panela de pressão permite que os alimentos sejam cozidos em água muito mais rapidamente do que em panelas convencionais. Sua tampa possui uma borracha de vedação que não deixa o vapor escapar, a não ser através de um orifício central sobre o qual assenta um peso que controla a pressão. Quando em uso, desenvolve-se uma pressão elevada no seu interior. Para a sua operação segura, é necessário observar a limpeza do orifício central e a existência de uma válvula de segurança, normalmente situada na tampa.

O esquema da panela de pressão e um diagrama de fase da água são apresentados a seguir.

Diagrama de fase de água

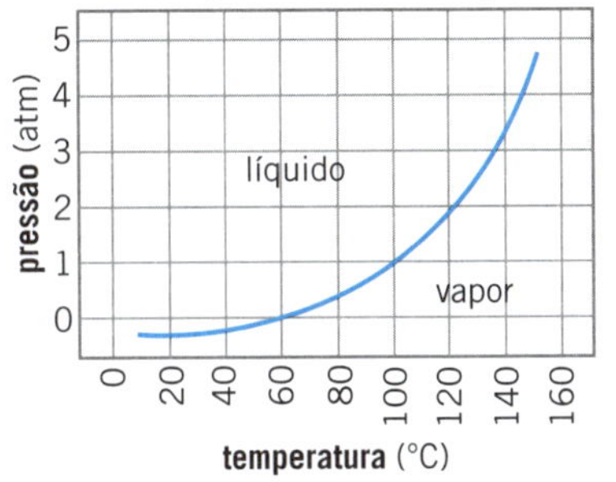


**6** (Enem) A vantagem do uso de panela de pressão é a rapidez para o cozimento de alimentos, e isto se deve:

a) à pressão no seu interior, que é igual à pressão externa.
b) à temperatura de seu interior, que está acima da temperatura de ebulição da água no local.
c) à quantidade de calor adicional que é transferida à panela.
d) à quantidade de vapor que está sendo liberada pela válvula.
e) à espessura da sua parede, que é maior que a das panelas comuns.

**7** (Enem) Se, por economia, abaixarmos o fogo sob uma panela de pressão logo que se inicia a saída de vapor pela válvula, de forma simplesmente a manter a fervura, o tempo de cozimento:

a) será maior porque a panela "esfria".
b) será menor, pois diminui a perda de água.
c) será maior, pois a pressão diminui.
d) será maior, pois a evaporação diminui.
e) não será alterado, pois a temperatura não varia.

**Texto para as questões 8 e 9**

Quando um indivíduo é colocado em um ambiente confortável, sob condições controladas de alimentação e sem a realização de esforços físicos, o oxigênio consumido constantemente por esse indivíduo será empregado na transformação metabólica dos alimentos. Esse consumo de oxigênio é diretamente proporcional ao metabolismo de repouso. Nessas circunstâncias, um homem adulto com 70 kg e 1,8 $m^2$ de superfície corporal produz cerca de 1 500 cal/min de energia térmica.

Dois indivíduos, um magro e outro obeso, com seus metabolismos basais mantidos constantes, foram colocados em um ambiente onde a temperatura foi continuamente resfriada de 40 °C a 16 °C. Durante essa exposição, foram medidos os fluxos de calor (quantidade de calor trocado por unidade de tempo, por unidade de área da superfície corporal) entre seus corpos e o meio por evaporação (EVAP) e por radiação e convecção (R&C). Os resultados estão representados nos diagramas a seguir.

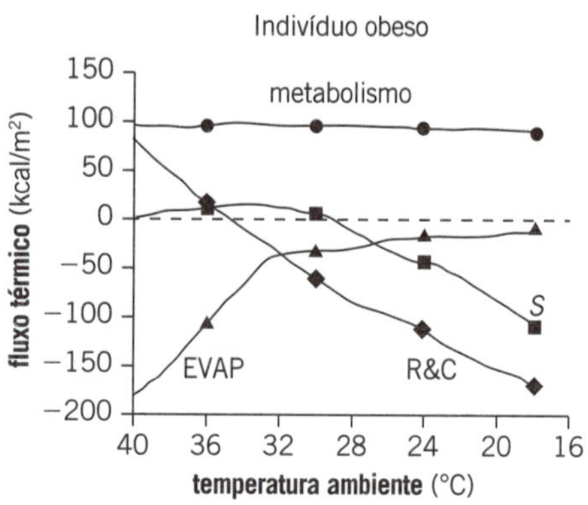


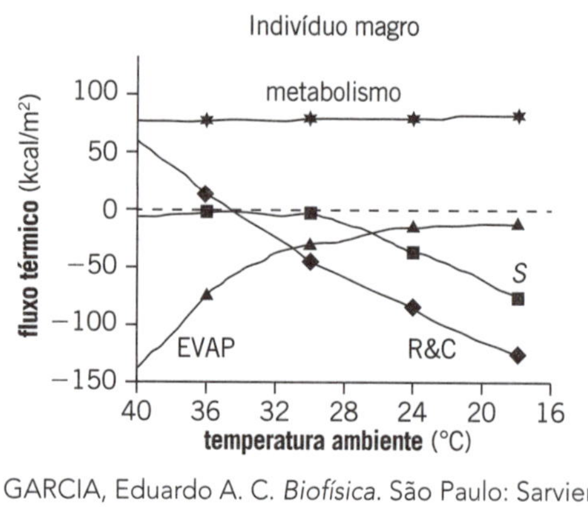


Fonte: GARCIA, Eduardo A. C. *Biofísica*. São Paulo: Sarvier, 2002.

Nesses diagramas, os valores positivos referem-se ao calor recebido pelos indivíduos, e os negativos, ao calor perdido por eles. Note que a produção de energia térmica por metabolismo basal dos indivíduos foi mantida praticamente constante. A curva *S* representa a energia térmica acumulada pelo indivíduo, obtida a partir da diferença entre a energia térmica ganha e a energia térmica perdida.

**8** Com relação a essa situação, assinale a opção correta.

a) À medida que o ambiente foi resfriado, a perda de calor por evaporação dos indivíduos aumentou.

b) A temperatura ambiente é fator preponderante para determinar o sentido do fluxo de transferência de calor por radiação-convecção.

c) A partir de aproximadamente 30 °C, a temperatura dos corpos dos indivíduos deve ter começado a se elevar, pois passou a ocorrer um acúmulo de energia térmica nesses corpos.

d) A taxa metabólica do indivíduo magro é ligeiramente superior à do indivíduo obeso.

e) Durante todo o experimento, o indivíduo magro sempre acumulou energia térmica.

**9** Considere as seguintes informações adicionais.

I. A quantidade de calor Q necessária para elevar a temperatura de um valor $\Delta\theta$ de um corpo de massa *m*, cujo calor específico é *c*, é dada por: $Q = m \cdot c \cdot \Delta\theta$.

II. A quantidade de calor Q necessária para provocar a mudança de estado físico de um corpo de massa *m*, já na temperatura de transição, cujo calor latente de mudança de estado é *L*, é dada por: $Q = m \cdot L$.

Suponha que o indivíduo obeso, empregado no experimento descrito na questão anterior, tenha 2 $m^2$ de superfície corporal. Assuma que sua taxa de metabolismo basal seja constante e valha 100 kcal/min · $m^2$. Se toda energia produzida por esse metabolismo basal durante meia hora fosse integralmente absorvida por 10 litros de água, inicialmente a 40 °C, assinale a opção que descreve a situação térmica final dessa massa de água.

> Dados:
> Calor específico da água: $c = 1$ cal/g °C
> Calor latente de vaporização da água:
> $L = 540$ cal/g
> Calor específico do vapor: $c = 0{,}5$ cal/g °C
> Densidade da água: $d = 1$ g/$cm^3$

a) Ao fim do experimento, os 10 litros de água atingiriam a temperatura de 100 °C.

b) Ao fim do experimento hipotético, restariam 5 litros de água a 100 °C e haveria 5 kg de vapor a 100 °C.

c) Ao fim desse experimento, haveria 10 kg de vapor a 100 °C.

d) Ao fim desse hipotético experimento, haveria 10 kg de vapor a 120 °C.

e) Ao fim desse experimento, haveria 2 kg de água a 100 °C e 8 kg de vapor a 120 °C.

# AULA 4

**Competência 6** Apropriar-se de conhecimento de Física para, em situações-problema, interpretar, avaliar ou planejar intervenções científico-tecnológicas.

Habilidade 21 Utilizar leis físicas para interpretar processos naturais ou tecnológicos inseridos no contexto da termodinâmica e(ou) do eletromagnetismo.

## Em classe

### TERMODINÂMICA

### Conceitos fundamentais

- Termodinâmica é a parte da Física constituída por um conjunto de leis que regem as transformações de energia.
- Energia interna de um corpo é a soma de todas as energias dos átomos e das moléculas que o constituem.
- A temperatura de um corpo (na escala Kelvin) é diretamente proporcional à energia cinética média das partículas que o constituem.
- Calor é uma forma de energia que passa, espontaneamente, do corpo que está a uma maior temperatura para outro que está a uma menor temperatura.
- Trabalho de uma força $F$ constante que age sobre um corpo que apresenta um deslocamento $d$. O trabalho de uma força determina a quantidade de energia que essa força transfere ou retira do corpo, ou a quantidade de energia transformada em outra modalidade: $\tau = F \cdot d$ (trabalho de uma força constante que atua na direção e no sentido do deslocamento); $\tau = -F \cdot d$ (trabalho de uma força constante que atua no sentido contrário ao deslocamento).

**1** (Enem – Adaptada) O Sol representa uma fonte limpa e inesgotável de energia para o nosso planeta. Essa energia, que chega até nós por radiação, pode ser captada por aquecedores solares, armazenada e convertida posteriormente em trabalho útil. Considere determinada região cuja insolação – potência solar incidente na superfície da Terra – seja de 800 watts/m². Para aquecer certa massa $m$ de água que está a uma temperatura $\theta_1$ (temperatura ambiente) até uma temperatura $\theta_2$ utilizando um painel solar de área $A$, temos de levar em conta que:

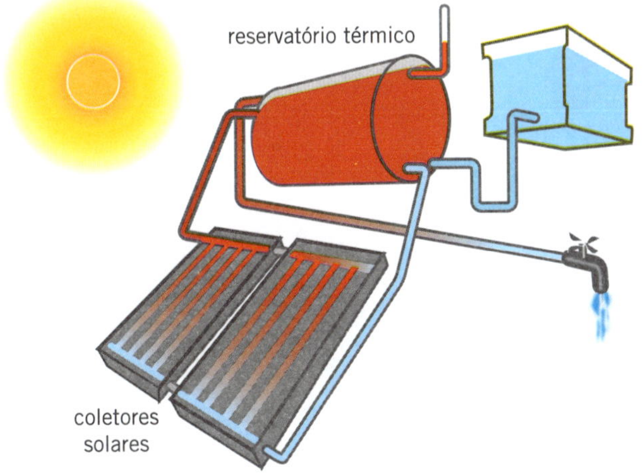


a) quanto maior a área $A$, maior o tempo necessário para aquecer a água.

b) para um dado painel de área $A$, quanto maior a massa de água, maior o tempo necessário para aquecê-la.

c) quanto maior a massa de água que se deseja aquecer, mais rapidamente ocorre o aquecimento desejado.

d) o tempo necessário para aquecer a água até a temperatura $\theta_2$ não depende da temperatura ambiente.

e) para um dado painel de área $A$, a temperatura final $\theta_2$ não depende da massa de água que se deseja aquecer.

**2** (Enem – Adaptada) A invenção da geladeira proporcionou uma revolução no aproveitamento dos alimentos, ao permitir que fossem armazenados e transportados por longos períodos. A figura apresentada ilustra o processo cíclico de funcionamento de uma geladeira, em que um gás no interior de uma tubulação é forçado a circular entre o congelador e a parte externa da geladeira. É por meio dos processos de compressão, que ocorre na parte externa, e de expansão, que ocorre na parte interna, que o gás proporciona a troca de calor entre o interior e o exterior da geladeira.

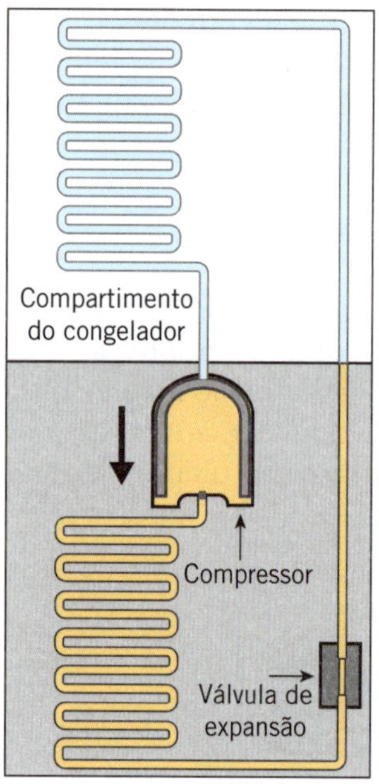


Sobre as transformações que ocorrem na geladeira, está correto afirmar que:

a) no compressor, o gás se aquece por sofrer uma compressão rápida. Antes de retornar ao interior da geladeira, o gás passa por uma serpentina, localizada atrás da geladeira, e cede calor ao meio ambiente. No interior da geladeira, o gás se expande rapidamente e, em consequência, se esfria.

b) a quantidade de calor cedida ao meio externo é igual ao calor retirado da geladeira.

c) se o gás se aquece no compressor é porque recebe calor do meio ambiente.

d) se o gás esfria na válvula de expansão é porque cede calor ao meio ambiente.

e) a quantidade de calor cedida ao meio externo é igual à energia elétrica consumida.

**3** (Enem)

*Um motor só poderá realizar trabalho se receber uma quantidade de energia de outro sistema. No caso, a energia armazenada no combustível é, em parte, liberada durante a combustão para que o aparelho possa funcionar. Quando o motor funciona, parte da energia convertida ou transformada na combustão não pode ser utilizada para a realização de trabalho. Isso significa dizer que há vazamento da energia em outra forma.*

CARVALHO, A. X. Z. *Física térmica*.
Belo Horizonte: Pax, 2009. Adaptado.

De acordo com o texto, as transformações de energia que ocorrem durante o funcionamento do motor são decorrentes de a:

a) liberação de calor dentro do motor ser impossível.

b) realização de trabalho pelo motor ser incontrolável.

c) conversão integral de calor em trabalho ser impossível.

d) transformação de energia térmica em cinética ser impossível.

e) utilização de energia potencial do combustível ser incontrolável.

**Anotações**

## Em casa

### TEXTO DE APOIO

### Termodinâmica

O conjunto de mudanças tecnológicas, acompanhadas por transformações no processo produtivo com as consequentes alterações econômicas e sociais ocorridas nos séculos XVIII e XIX, denominado Revolução Industrial, deveu-se à máquina térmica.

Foram as máquinas a vapor que impeliram a indústria inglesa, que movimentaram os trens e navios do século XIX e que, com o surgimento dos geradores elétricos, produziram energia elétrica.

A máquina a vapor é coisa do passado, mas a máquina térmica não. As máquinas a vapor foram substituídas pelos motores de combustão interna, pelos reatores dos jatos, pelas turbinas a vapor. O carvão, combustível usado nas primeiras máquinas térmicas, foi substituído pelos derivados de petróleo e pelos materiais radioativos.

Apesar de a Termodinâmica ter surgido para estabelecer as bases teóricas do funcionamento da máquina térmica, ela é aplicável a qualquer fenômeno da natureza e pode ser definida como o conjunto de leis que regem as transformações de energia.

Para compreendê-la, começamos por conceituar **energia interna**, **temperatura**, **calor** e **trabalho de uma força**.

#### Energia interna

Energia interna de um corpo é a soma de todas as energias dos átomos e das moléculas que o constituem.

Os corpos são constituídos por átomos. Nos anos 30 do século passado, descobriu-se que a adição de um nêutron ao núcleo de um átomo o torna instável, desencadeando as chamadas **reações nucleares**, que liberam enorme quantidade de energia à qual denominamos **energia nuclear**. Centenas de centrais nucleares produzem, a partir da fissão do núcleo de urânio, 16% da energia elétrica do mundo.

Os átomos podem ligar-se a outros iguais ou diferentes constituindo moléculas. A essa propriedade dos átomos devemos a existência de todas as substâncias que conhecemos. Muitas dessas substâncias, quando sofrem um rearranjo dos átomos, ou seja, quando sofrem uma reação química, liberam energia. Denominamos **energia química** à energia armazenada nas moléculas de uma substância. Nos circuitos elétricos alimentados por pilhas, a energia química se transforma em elétrica. Na queima de combustíveis, a energia química se transforma em energia térmica. A energia química armazenada nos alimentos é transformada pelo metabolismo dos seres vivos em outras formas de energia essenciais à vida.

A rigidez dos corpos quando no estado sólido é explicada pela atração intermolecular ou **forças de coesão**. Quando passam para o estado líquido, essa atração diminui. No estado gasoso, ela é quase nula. Associamos à atração intermolecular uma forma de energia que denominamos **energia de coesão**.

As moléculas movem-se. Nos corpos em estado sólido, esse movimento é apenas uma vibração em torno de uma posição média. No estado líquido, as moléculas têm mais liberdade; e, no estado gasoso, quase total liberdade.

Um corpo em movimento, qualquer que seja o tipo de movimento, mesmo que seja uma vibração, tem uma forma de energia que denominamos **energia cinética**. O conceito de energia cinética se aplica a qualquer tipo de corpo, seja uma pedra ou um planeta. Portanto, as moléculas têm energia cinética. A soma das energias cinéticas de um corpo é denominada **energia térmica**.

Em resumo, a soma da energia nuclear com energia química, com a energia de coesão e com a energia térmica é a energia interna do corpo.

#### Temperatura

Todos sabem que temperatura é uma grandeza associada à noção de quente e frio e que é medida por um aparelho denominado "termômetro". Excetuando-se os Estados Unidos, Belize, Mianmar e Libéria, os demais países utilizam a escala Celsius.

Na Termodinâmica, empregamos a escala Kelvin. Para obter a temperatura na escala Kelvin conhecendo-se a temperatura na escala Celsius, basta somar 273.

Temperatura na escala Kelvin = Temperatura na escala Celsius + 273

A temperatura de um corpo (na escala Kelvin) é diretamente proporcional à energia cinética média das partículas que o constituem. Portanto, um aumento de temperatura só acontece quando aumenta a agitação de suas moléculas, ou seja, quando aumenta sua energia térmica.

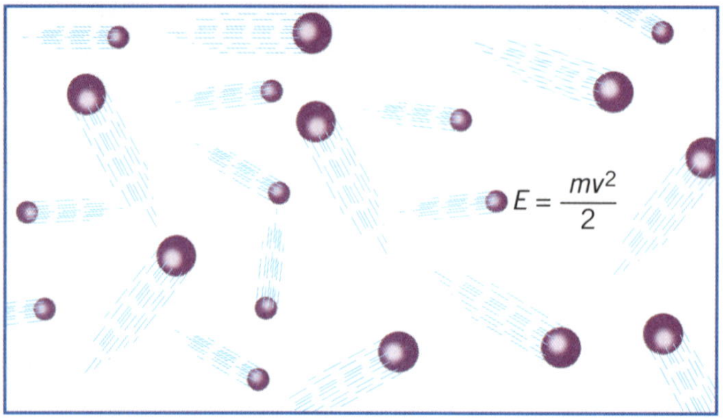


## Calor

Por muito tempo discutiu-se a natureza do calor. Chegou-se a pensar que se tratava de um fluido, ao qual denominavam calórico, que passava do corpo mais quente para o mais frio. Hoje se sabe que calor é uma forma de energia que passa, espontaneamente, do corpo que está a uma maior temperatura para outro que está a uma menor temperatura.

A transmissão do calor de um corpo para outro pode se dar por **condução**, que é o que ocorre quando um corpo é colocado em contato com outro, ou por **radiação**, que são ondas eletromagnéticas. A transmissão do calor por radiação não depende da presença de um meio material, podendo ocorrer através do vácuo.

Como a energia se conserva, quando o corpo cede calor, diminui sua energia interna, que é a soma de todas as energias das partículas que o constituem. Analogamente, quando um corpo recebe calor, aumenta sua energia interna.

## Trabalho de uma força

Aumentar a temperatura de um corpo é aumentar a energia cinética média das partículas que o constituem. Como a energia não pode ser criada nem destruída, esse aumento de energia cinética média só é possível fornecendo-se energia ao corpo. Uma possibilidade é colocá-lo em contato com outro que esteja a uma maior temperatura. Nesse caso, há passagem de calor, que é uma forma de energia, do corpo de maior para o de menor temperatura.

Outro modo de aumentar a temperatura de um corpo é realizando determinados movimentos. Por exemplo, atritando-o contra outro (pessoas esfregando as mãos para aquecê-las em dias frios).

Podemos também aquecer um corpo por deformação. Repetindo várias vezes a operação de entortar e desentortar um pedaço de arame, notamos que, na região da dobra, a temperatura aumenta.

Podemos aquecer um gás comprimindo-o. Por exemplo, enchendo o pneu da bicicleta com uma bomba manual notamos que ela, a bomba, se aquece.

Nesses exemplos, o aumento de temperatura do corpo foi conseguido fornecendo-se a ele energia mecânica. A energia mecânica transferida pode ser medida pelo trabalho de uma força. Essa expressão, trabalho, deve ser aqui entendida no sentido da Física: aplicação de uma força em corpo que se desloca. No caso de a força ser constante e ter a direção e o sentido do movimento, o trabalho é definido pela expressão: $\tau = F \cdot d$ (trabalho de uma força constante que atua na direção e no sentido do deslocamento).

No caso de a força ser constante e ter a mesma direção, mas sentido contrário ao movimento, o trabalho é definido pela expressão: $\tau = -F \cdot d$ (trabalho de uma força constante que atua no sentido contrário ao deslocamento).

## 1º Princípio da Termodinâmica

Considere a seguinte situação: um gás está contido em um cilindro no qual está instalado um êmbolo. Sobre o êmbolo há um corpo. Figura *A*: a temperatura inicial do gás é $T_a$ e a sua energia interna é $U_a$. Figura *B*: colocando-se o cilindro em contato com um corpo mais quente, fornecemos ao gás certa quantidade $Q$ de calor. O gás contido no cilindro se aquece, a pressão aumenta e o êmbolo se move até a situação mostrada na figura *C*, quando o gás atinge a temperatura $T_c$. Se a temperatura em *C* é maior do que em *A*, a energia interna do gás no estado *C* ($U_c$) é maior do que no estado *A*. Vamos chamar de $\Delta U$ a variação de energia interna. Logo:

$$\Delta U = U_C - U_A$$

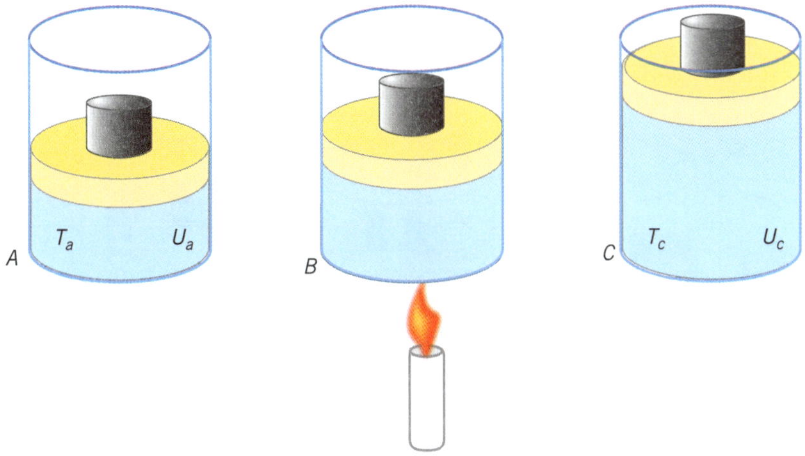


No processo de *A* para *C*, o gás exerce sobre o êmbolo uma força *F* no sentido do movimento. Essa força realiza um trabalho.

Em resumo, o sistema gasoso recebe uma energia $Q$, sofre um aumento de energia interna, pois sua temperatura aumenta, e fornece ao corpo uma energia mecânica que pode ser medida pelo trabalho $\tau$. Em uma linguagem simples, o sistema recebe uma energia $Q$ e entrega uma energia medida pelo trabalho $\tau$. Logo, armazena $Q - \tau$. Essa energia armazenada é a variação de energia interna ($\Delta U$). Em símbolos:

$$\Delta U = Q - \tau$$

Essa é a forma matemática de expressar o 1º Princípio da Termodinâmica.

### Aplicações do 1º Princípio da Termodinâmica em algumas transformações

- **Expansão rápida**. Suponha que o gás contido no cilindro esteja a uma pressão bem maior do que a ambiente e que o êmbolo não se movimente por estar travado. Em um dado instante, a trava 1 é retirada e o gás se expande rapidamente até atingir a trava superior. Como o processo é rápido, o calor absorvido pelo gás é desprezível. Nesse caso, a transformação é denominada **adiabática**. Aplicando-se o 1º Princípio da Termodinâmica, vem:

$$\Delta U = Q - \tau$$

Como, para uma transformação adiabática $Q = 0$. Então:

$$\Delta U = -\tau$$

**Conclusão**: numa expansão rápida, a energia interna diminui. Logo, o gás esfria.

- **Expansão lenta**. Suponha que o gás contido no cilindro esteja na mesma temperatura do ambiente ($T_a$), mas a uma pressão maior do que a ambiente. O gás é mantido em equilíbrio por vários corpos colocados sobre o êmbolo, como se indica na figura. Em um dado instante, retira-se o primeiro corpo. O gás sofre uma pequena expansão. Aguarda-se a temperatura do gás se igualar com a do ambiente. Repete-se o processo para cada um dos corpos, sem permitir que a variação de temperatura do gás seja significativa. Nesse caso, a transformação é chamada **isotérmica**.

Aplicando-se o 1º Princípio da Termodinâmica, vem:

$$\Delta U = Q - \tau$$

Como a temperatura é praticamente constante, $\Delta U = 0$. Logo:

$$0 = Q - \tau \Rightarrow Q = \tau$$

**Conclusão**: Em uma expansão lenta, a temperatura permanece constante, a transformação é chamada isotérmica e todo calor recebido se transforma em energia mecânica.

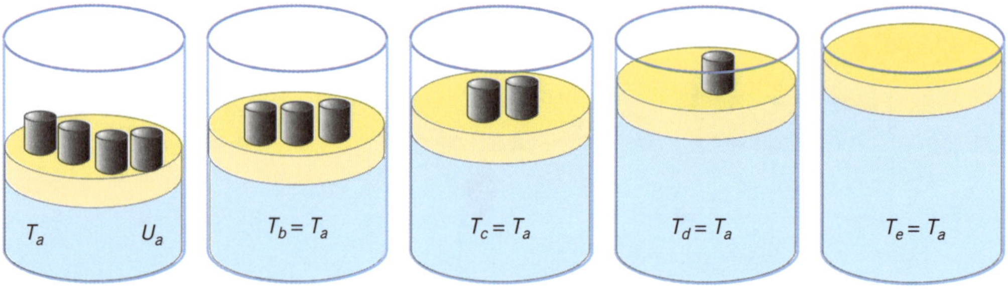


## 2º Princípio da Termodinâmica

Na figura seguinte, está representada, de forma extremamente simplificada, uma máquina a vapor. Na caldeira, a água é aquecida formando vapor. Encontrando a válvula da esquerda aberta, o vapor entra no cilindro com grande pressão, forçando o movimento da roda.

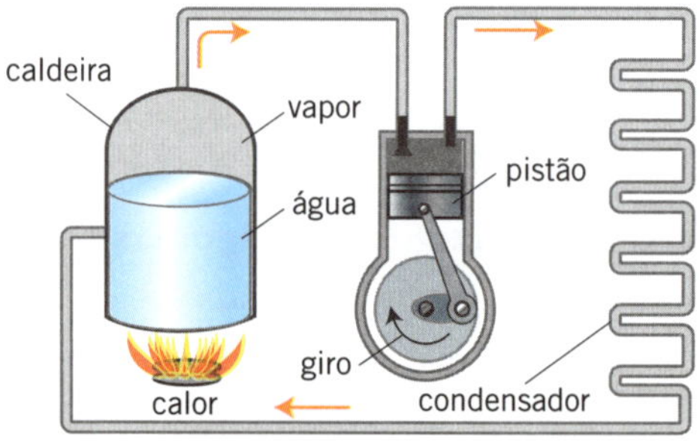


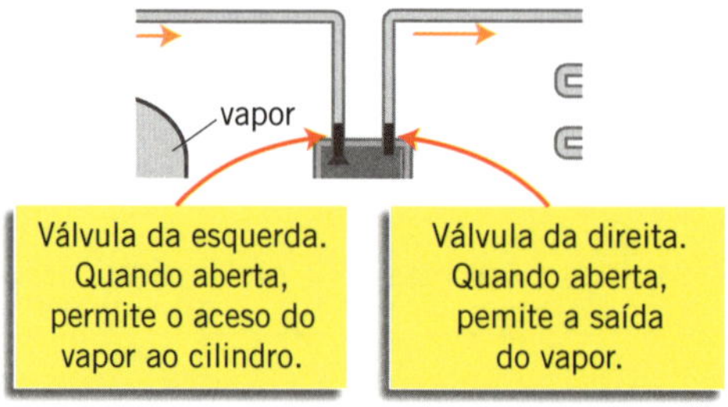


Quando o pistão retorna, a válvula da direita abre e o vapor é expulso do cilindro. O vapor passa pela serpentina, esfria, condensa, volta para a caldeira e o processo continua.

Três considerações importantes sobre o funcionamento da máquina térmica:

I. O trabalho útil acontece na expansão do vapor no interior do cilindro.

II. Não podemos imaginar uma máquina em que só haja expansão. Por isso, ela tem de trabalhar em ciclo.

III. Durante o ciclo, parte do tempo o vapor está recebendo calor e parte do tempo está cedendo.

Tais observações levaram o engenheiro francês Sadi Carnot a enunciar o que denominamos 2º Princípio da Termodinâmica:

É impossível para uma máquina funcionando em ciclo ter como único efeito a transformação de calor em trabalho.

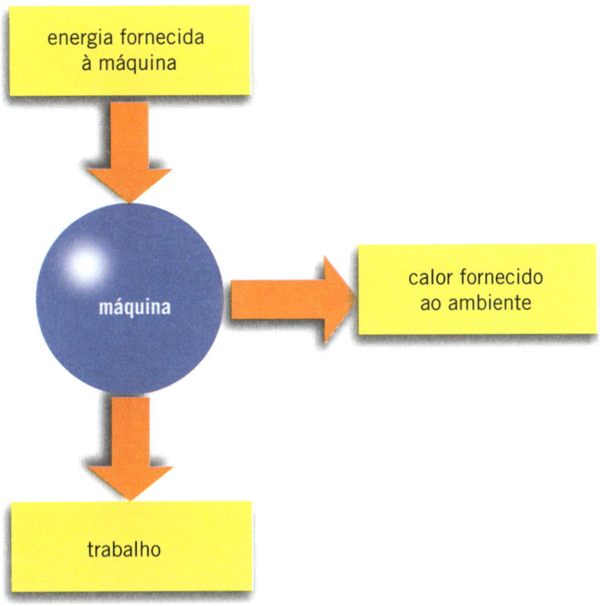


**1** (UEL-PR – Adaptada) Considere o caso de um bloco de alumínio de massa 1 kg que desce uma rampa sem atrito, de *A* até *B*, a partir do repouso, e entra numa camada de asfalto (de *B* até *C*) como apresentado na figura.

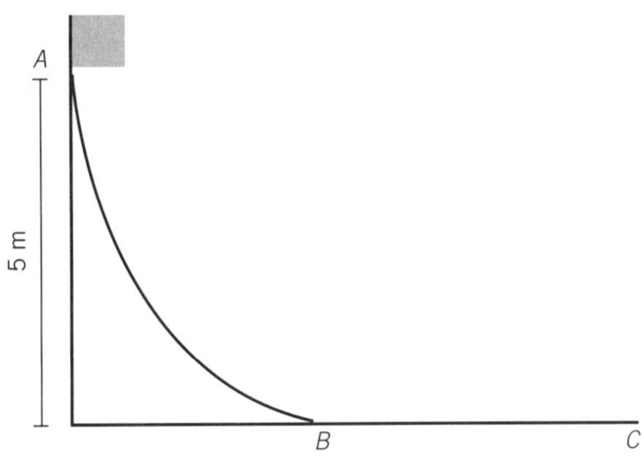


O bloco atinge o repouso em *C*. Ao longo do percurso *BC*, a temperatura do bloco de alumínio, que era 32 °C, se eleva até uma temperatura $\theta$. Sabendo-se que o processo de aumento de temperatura do bloco de alumínio ocorreu tão rápido que pode ser considerado como adiabático, a sequência de transformação de energia que ocorre no processo é:

a) energia cinética → calor → energia cinética.
b) energia potencial gravitacional → energia cinética → calor → aumento de energia interna do bloco.
c) energia potencial gravitacional → energia cinética → calor.
d) energia potencial gravitacional → calor → aumento de energia interna do bloco.
e) energia potencial gravitacional → energia cinética → aumento de energia interna do bloco.

**2** (Enem) No Brasil, o sistema de transporte depende do uso de combustíveis fósseis e de biomassa, cuja energia é convertida em movimento de veículos. Para esses combustíveis, a transformação de energia química em energia mecânica acontece:

a) na combustão, que gera gases quentes para mover os pistões no motor.
b) nos eixos, que transferem torque às rodas e impulsionam o veículo.
c) na ignição, quando a energia elétrica é convertida em trabalho.
d) na exaustão, quando gases quentes são expelidos para trás.
e) na carburação, com a difusão do combustível no ar.

**3** (Enem) O diagrama mostra a utilização das diferentes fontes de energia no cenário mundial. Embora aproximadamente um terço de toda energia primária seja orientada à produção de eletricidade, apenas 10% do total são obtidos em forma de energia elétrica útil.

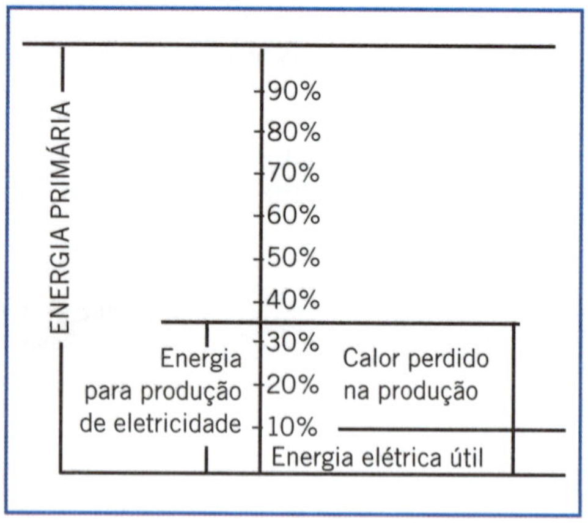


A pouca eficiência do processo de produção de eletricidade deve-se, sobretudo, ao fato de as usinas:

a) nucleares utilizarem processos de aquecimento, nos quais as temperaturas atingem milhões de graus Celsius, favorecendo perdas por fissão nuclear.

b) termelétricas utilizarem processos de aquecimento a baixas temperaturas, apenas da ordem de centenas de graus Celsius, o que impede a queima total dos combustíveis fósseis.

c) hidrelétricas terem o aproveitamento energético baixo, uma vez que parte da água em queda não atinge as pás das turbinas que acionam os geradores elétricos.

d) nucleares e termelétricas utilizarem processos de transformação de calor em trabalho útil, no qual as perdas de calor são sempre bastante elevadas.

e) termelétricas e hidrelétricas serem capazes de utilizar diretamente o calor obtido do combustível para aquecer a água, sem perda para o meio.

**4** (UEL-PR) O reator utilizado na Usina Nuclear de Angra dos Reis – Angra II – é do tipo PWR (*Pressurized Water Reactor*). O sistema PWR é constituído de três circuitos: o primário, o secundário e o de água de refrigeração. No primeiro, a água é forçada a passar pelo núcleo do reator a pressões elevadas, 135 atm, e a temperatura de 320 °C. Devido à alta pressão, a água não entra em ebulição e, ao sair do núcleo do reator, passa por um segundo estágio, constituído por um sistema de troca de calor, onde se produz vapor de água que vai acionar a turbina que transfere movimento ao gerador de eletricidade. Na figura estão indicados os vários circuitos do sistema PWR.

**Central termonuclear de urânio enriquecido e água leve pressurizada**

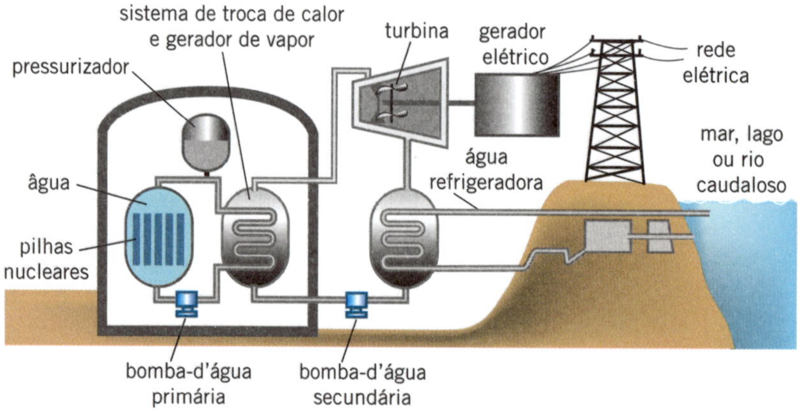


Considerando as trocas de calor que ocorrem em uma usina nuclear como Angra II, é correto afirmar:

a) o calor removido do núcleo do reator é utilizado integralmente para produzir trabalho na turbina.

b) o calor do sistema de refrigeração é transferido ao núcleo do reator através do trabalho realizado pela turbina.

c) todo o calor fornecido pelo núcleo do reator é transformado em trabalho na turbina e, por isso, o reator nuclear tem eficiência total.

d) o calor do sistema de refrigeração é transferido na forma de calor ao núcleo do reator e na forma de trabalho à turbina.

e) uma parte do calor fornecido pelo núcleo do reator realiza trabalho na turbina, e outra parte é cedida ao sistema de refrigeração.

# AULA 5

**Competência 6** Apropriar-se de conhecimentos da Física para, em situações-problema, interpretar, avaliar ou planejar intervenções científico-tecnológicas.

Habilidade 23 Avaliar possibilidades de geração, uso ou transformação de energia em ambientes específicos, considerando implicações éticas, ambientais, sociais e/ou econômicas.

## Em classe

### GERAÇÃO DE ENERGIA ELÉTRICA E ALGUMAS MODALIDADES DE USINAS ELÉTRICAS

Energia não elétrica:
- cinética da água (hidrelétrica);
- cinética do ar (eólica);
- cinética do vapor de água (térmica ou nuclear).

⇓

usina

⇓

Energia elétrica, que é transmitida ou armazenada.

**1** (Enem) No processo de obtenção de eletricidade ocorrem várias transformações de energia. Considere duas delas:

I. cinética em elétrica;

II. potencial gravitacional em cinética.

Analisando o esquema a seguir, é possível identificar que elas se encontram, respectivamente, entre:

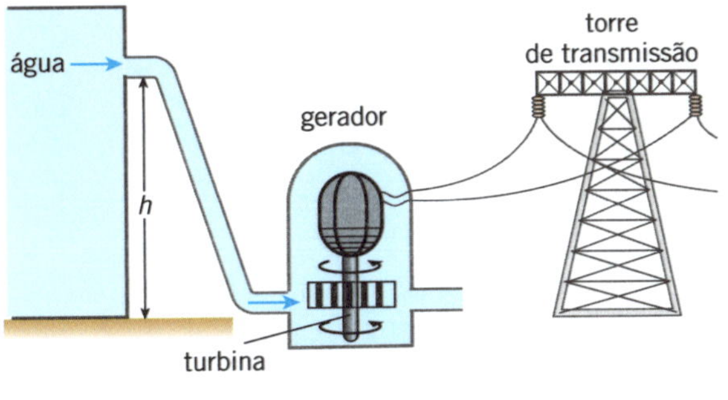


a) I – a água no nível *h* e a turbina, II – o gerador e a torre de distribuição.

b) I – a água no nível *h* e a turbina, II – a turbina e o gerador.

c) I – a turbina e o gerador, II – a turbina e o gerador.

d) I – a turbina e o gerador, II – a água no nível *h* e a turbina.

e) I – o gerador e a torre de distribuição, II – a água no nível *h* e a turbina.

**2** (Enem) Considere a ação de se ligar uma bomba hidráulica elétrica para captar água de um poço e armazená-la em uma caixa-d'água localizada alguns metros acima do solo. As etapas seguidas pela energia entre a usina hidroelétrica e a residência do usuário podem ser divididas da seguinte forma:

I. na usina: água flui da represa até a turbina, que aciona o gerador para produzir energia elétrica;

II. na transmissão: no caminho entre a usina e a residência do usuário a energia elétrica flui por condutores elétricos;

III. na residência: a energia elétrica aciona um motor cujo eixo está acoplado ao de uma bomba hidráulica e, ao girar, cumpre a tarefa de transferir água do poço para a caixa.

As etapas I, II e III mostram, de forma resumida e simplificada, a cadeia de transformações de energia que se processam desde a fonte de energia primária até o seu uso final. A opção que detalha o que ocorre em cada etapa é:

a) Na etapa I, energia potencial gravitacional da água armazenada na represa transforma-se em energia potencial da água em movimento na tubulação, a qual, lançada na turbina, causa a rotação do eixo do gerador elétrico, e a correspondente energia cinética dá lugar ao surgimento de corrente elétrica.

b) Na etapa I, parte do calor gerado na usina se transforma em energia potencial na tubulação, no eixo da turbina e dentro do gerador; e também por efeito Joule no circuito interno do gerador.

c) Na etapa II, elétrons movem-se nos condutores que formam o circuito entre o gerador e a residência; nessa etapa, parte da energia elétrica transforma-se em energia térmica por efeito Joule nos condutores e parte se transforma em energia potencial gravitacional.

d) Na etapa III, a corrente elétrica é convertida em energia térmica, necessária ao acionamento do eixo da bomba hidráulica, que faz a conversão em energia cinética ao fazer a água fluir do poço até a caixa, com ganho de energia potencial gravitacional pela água.

e) Na etapa III, parte da energia se transforma em calor devido a forças dissipativas (atrito) na tubulação; e também por efeito Joule no circuito interno do motor; outra parte é transformada em energia cinética da água na tubulação e potencial gravitacional da água na caixa-d'água.

O texto a seguir é base para as questões 3 e 4.

(Unicamp-SP – Adaptada) Uma usina hidrelétrica gera eletricidade a partir da transformação de energia potencial mecânica em energia elétrica. A usina de Itaipu, responsável pela geração de 25% da energia elétrica utilizada no Brasil, é formada por 18 unidades geradoras. Nelas, a água desce por um duto sob a ação da gravidade, fazendo girar a turbina e o gerador, como indicado na figura a seguir. Pela tubulação de cada unidade passam 700 $m^3/s$ de água. O processo de geração tem uma eficiência de 77%, ou seja, nem toda a energia potencial mecânica é transformada em energia elétrica. Considere a densidade da água 1 000 $kg/m^3$ e $g = 10\ m/s^2$. Suponha que a altura da coluna-d'água seja $H = 130$ m.

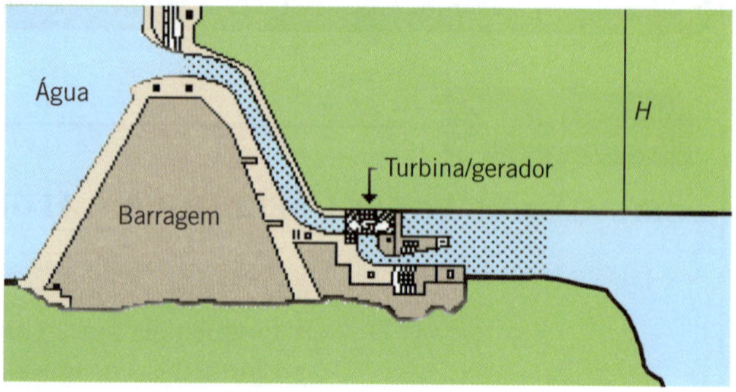


**3** A potência gerada em cada unidade da usina é, aproximadamente:

a) $8 \cdot 10^6$ W.
b) $7 \cdot 10^8$ W.
c) $9 \cdot 10^8$ W.
d) $6 \cdot 10^9$ W.
e) $5 \cdot 10^{10}$ W.

**4** Uma cidade como Campinas consome $6 \cdot 10^9$ Wh por dia. Ignorando as perdas na distribuição, o número de cidades como Campinas que Itaipu é capaz de suprir com energia elétrica é:

a) 5.
b) 12.
c) 15.
d) 25.
e) 50.

**Anotações**

## Em casa

### TEXTO DE APOIO

### Geração de energia elétrica

A energia elétrica pode ser gerada, basicamente, de três maneiras: a partir de reações químicas de oxirredução que ocorrem nas pilhas; a partir da incidência de luz em materiais semicondutores (células fotovoltaicas); ou a partir do movimento de bobinas em campos magnéticos.

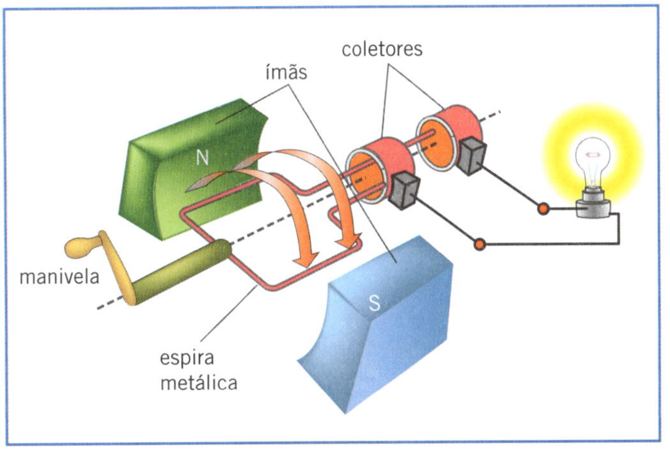


A quantidade de energia elétrica obtida com pilhas ou com células fotovoltaicas é pequena, o que restringe o uso delas a situações específicas. Assim sendo, a geração de energia em larga escala e de uso comum nas residências, nas indústrias e no comércio é a obtida a partir dos geradores eletromagnéticos.

Observe a figura acima. Vê-se um dispositivo constituído por dois ímãs, um fio de metal dobrado formando uma espira, uma manivela acoplada à espira e dois coletores encostados, cada um em uma ponta da espira e em uma lâmpada. Girando a manivela, observa-se que a lâmpada acende. Portanto, com esse simples aparato conseguimos energia elétrica.

A obtenção de energia elétrica nas usinas é feita segundo esse mesmo princípio. Ou fazemos espiras girarem no interior de um campo magnético ou fazemos ímãs girarem em torno de espiras. Esse sistema transforma energia cinética em energia elétrica. Portanto, se encontrarmos maneiras na natureza de obter energia cinética, estaremos, no passo seguinte, obtendo energia elétrica.

### As usinas hidrelétricas

As usinas hidrelétricas são aquelas que se utilizam do movimento das águas para mover um conjunto de pás acopladas a um eixo (turbina) que é conectado ao gerador eletromagnético. A água represada é liberada para passar através de um duto e vai chocar-se com as pás da turbina, movimentando o gerador. Assim, a energia potencial gravitacional transforma-se em energia cinética e depois em energia elétrica.

A água escoando que se vê na foto não é a responsável pela geração de energia elétrica. Trata-se do excesso que está sendo liberado. A água responsável pela movimentação das turbinas escoa por canos que não estão identificados na fotografia.

## Usinas termoelétricas

As usinas termoelétricas são aquelas que se utilizam da queima de combustíveis para produzir vapor d'água a alta pressão, que, ao ser expelido através de um duto, adquire grande velocidade, movimentando as turbinas cujos eixos estão conectados ao gerador. Assim, a energia térmica obtida da queima do combustível transforma-se em energia interna do vapor, depois em cinética e finalmente em elétrica.

© MARTIN LISNER/SHUTTERSTOCK

Nas usinas termoelétricas, ocorrem queimas de combustíveis fósseis, gerando resíduos (gases e material particulado) que, em parte, são liberados à atmosfera, contribuindo para o efeito estufa.

## Usinas termonucleares

A energia potencial armazenada nos núcleos dos elementos químicos é denominada energia nuclear. Nos processos de fissão nuclear (quebra do núcleo do átomo) ou de fusão nuclear (união de dois núcleos de átomos), parte dessa quantidade de energia é liberada na forma de energia térmica. As usinas termonucleares são instalações em que ocorrem processos controlados de fissão nuclear, e a energia liberada é aproveitada para a produção de vapor de água. Sob o aspecto mais geral, a diferença entre as termoelétricas e as termonucleares reside unicamente na forma de se obter energia térmica. Nessa situação, a caldeira das termoelétricas é substituída pelo reator nuclear.

© GELPI JM/SHUTTERSTOCK

Quanto ao processo, a diferença entre uma usina nuclear e uma termoelétrica é o mecanismo pelo qual a água é aquecida. Enquanto nas usinas termoelétricas a energia provém da queima de combustíveis fósseis, nas termonucleares a energia provém da fissão do núcleo de certas substâncias radioativas.

## Usinas eólicas

A energia eólica é a obtida a partir do movimento do ar; trata-se, portanto, de energia cinética. As usinas de energia elétrica que se aproveitam da energia eólica são constituídas de inúmeras torres em que, em cada uma delas, há um sistema gerador de energia elétrica. As pás acionam o rotor, que está conectado a um eixo, que aciona o gerador produzindo energia elétrica.

Algumas torres (aerogeradoras) chegam a medir 100 metros de altura e a possuir massa de, aproximadamente, de 900 toneladas.

China, EUA e Alemanha são os maiores produtores de energia eólica do mundo. Em 2010, a China produziu, aproximadamente, 45 mil MW de energia elétrica a partir da eólica. No mesmo período, o Brasil produziu cerca de 700 MW.

## Vantagens e desvantagens de cada tipo de usina de energia elétrica

A escolha do administrador público a respeito da modalidade de usina que será instalada em determinada região depende da energia primária disponível e da análise das vantagens e desvantagens que cada tipo de usina apresenta. A seguir, tem-se um quadro com as modalidades de energia mais usadas no Brasil para a geração de energia elétrica. Os dados foram extraídos do relatório da Agência Nacional de Energia Elétrica (Aneel), de 21 de outubro de 2010.

| Tipo de usina | Vantagens | Desvantagens | No Brasil |
|---|---|---|---|
| Hidrelétrica | Energia renovável e não poluidora da atmosfera. | Alto custo de implantação, alteração no ecossistema da região devido ao represamento das águas. O rompimento da barragem pode causar transtornos para a população a jusante. | Abundante. Ocupa 67,17% da matriz brasileira. |
| Termoelétrica | Pode ser instalada em qualquer região, com maior ou menor porte. | Energia não renovável, polui a atmosfera com resíduos da queima dos combustíveis fósseis causando chuvas ácidas, efeito estufa, problemas respiratórios, etc. | Ocupa 23,32% da matriz brasileira. |
| Termonucleares | É considerada energia limpa por notáveis ecologistas. É tida como a única alternativa realística às termoelétricas. | Produção de resíduos radioativos. Em caso de acidente o vazamento de materiais radioativos poluiria a região por séculos. | Ocupa 1,68% da matriz brasileira. |
| Eólica | Energia renovável e não poluidora da atmosfera. | Alto custo de implantação, alteração no ecossistema da região devido aos ruídos provocados pelo movimento das pás. | Ocupa 0,7% da matriz brasileira. O potencial eólico do Brasil é de dez usinas de Itaipu (140 GW). |

**Observação**: o Brasil importa dos países vizinhos 7,13% da energia elétrica que consome.

**1** (Enem) O esquema mostra um diagrama de bloco de uma estação geradora de eletricidade abastecida por combustível fóssil.

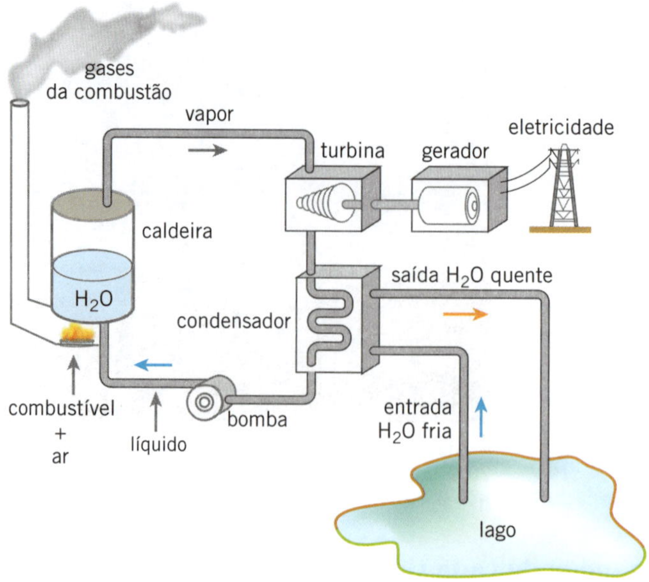


HINRICHS, R, A.; KLEINBACH, M. *Energia e meio ambiente.* São Paulo: Pioneira Thomson Learning, 2003. Adaptado.

Se fosse necessário melhorar o rendimento dessa usina, que forneceria eletricidade para abastecer uma cidade, qual das seguintes ações poderia resultar em alguma economia de energia, sem afetar a capacidade de geração da usina?

a) Reduzir a quantidade de combustível fornecido à usina para ser queimado.
b) Reduzir o volume de água do lago que circula no condensador de vapor.
c) Reduzir o tamanho da bomba usada para devolver a água líquida à caldeira.
d) Melhorar a capacidade de os dutos com vapor conduzirem calor para o ambiente.
e) Usar o calor liberado com os gases pela chaminé para mover outro gerador.

**2** (Enem) A energia térmica liberada em processos de fissão nuclear pode ser utilizada na geração de vapor para produzir energia mecânica, que, por sua vez, será convertida em energia elétrica. A seguir está representado um esquema básico de uma usina de energia nuclear.

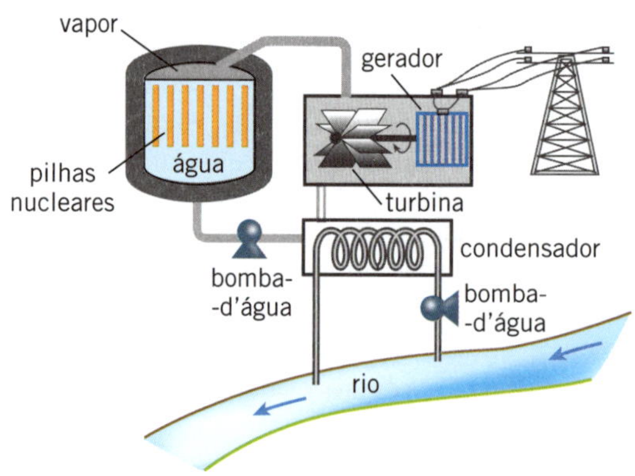


A partir do esquema são feitas as seguintes afirmações:

I. A energia liberada na reação é usada para ferver a água que, como vapor a alta pressão, aciona a turbina.
II. A turbina, que adquire uma energia cinética de rotação, é acoplada mecanicamente ao gerador para produção de energia elétrica.
III. A água, depois de passar pela turbina, é preaquecida no condensador e bombeada de volta ao reator.

Dentre as afirmações, somente está(ão) correta(s):

a) I.　　b) II.　　c) III.　　d) I e II.　　e) II e III.

**3** (Enem) Os números e cifras envolvidos, quando lidamos com dados sobre produção e consumo de energia em nosso país, são sempre muito grandes. Apenas no setor residencial, em um único dia, o consumo de energia elétrica é da ordem de 200 mil MWh. Para avaliar esse consumo, imagine uma situação em que o Brasil não dispusesse de hidrelétricas e tivesse de depender somente de termoelétricas, onde cada kg de carvão, ao ser queimado, permite obter uma quantidade de energia da ordem de 10 kWh.
Considerando que um caminhão transporta, em média, 10 toneladas de carvão, a quantidade de caminhões de carvão necessária para abastecer as termoelétricas, a cada dia, seria da ordem de:

a) 20.
b) 200.
c) 1 000.
d) 2 000.
e) 10 000.

**4** (Enem)

A economia moderna depende da disponibilidade de muita energia em diferentes formas, para funcionar e crescer. No Brasil, o consumo total de energia pelas indústrias cresceu mais de quatro vezes no período entre 1970 e 2005. Enquanto os investimentos em energias limpas e renováveis, como solar e eólica, ainda são incipientes, ao se avaliar a possibilidade de instalação de usinas geradoras de energia elétrica, diversos fatores devem ser levados em consideração, tais como os impactos causados ao ambiente e às populações locais.

RICARDO, B.; CAMPANILI, M. *Almanaque Brasil Socioambiental*. São Paulo: Instituto Socioambiental, 2007. Adaptado.

Em uma situação hipotética, optou-se por construir uma usina hidrelétrica em região que abrange diversas quedas d'água em rios cercados por mata, alegando-se que causaria impacto ambiental muito menor que uma usina termelétrica. Entre os possíveis impactos da instalação de uma usina hidrelétrica nessa região inclui-se:

a) a poluição da água por metais da usina.
b) a destruição do *habitat* de animais terrestres.
c) o aumento expressivo na liberação de $CO_2$ para a atmosfera.
d) o consumo não renovável de toda água que passa pelas turbinas.
e) o aprofundamento no leito do rio, com a menor deposição de resíduos no trecho de rio anterior à represa.

**5** (Enem)

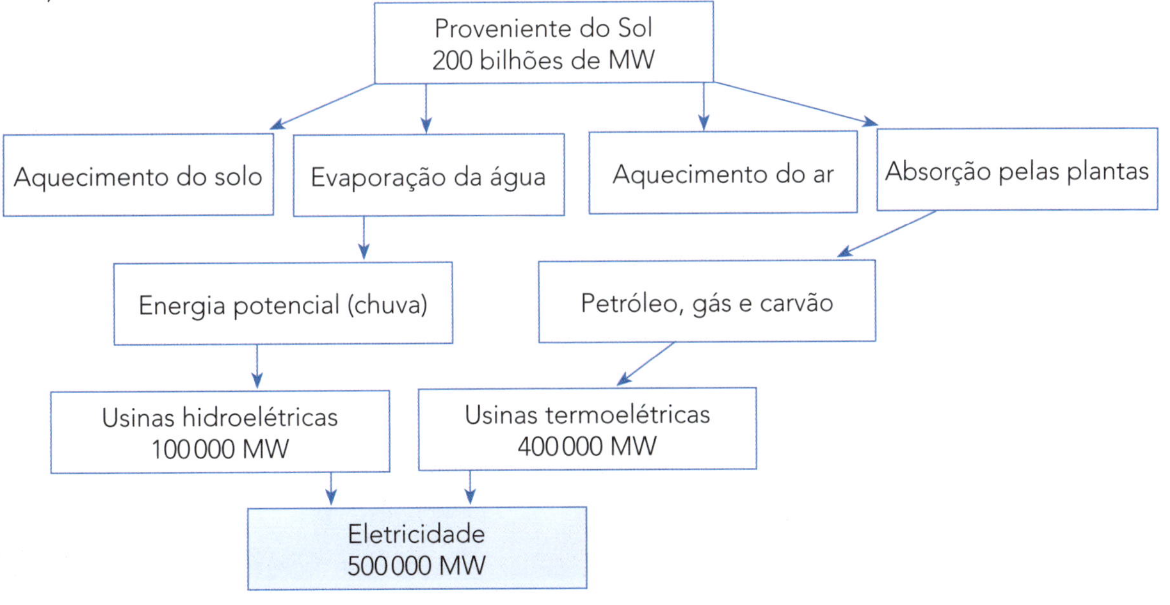


De acordo com esse diagrama, uma das modalidades de produção de energia elétrica envolve combustíveis fósseis. A modalidade de produção, o combustível e a escala de tempo típica associada à formação desse combustível são, respectivamente:

a) hidroelétricas – chuvas – um dia.
b) hidroelétricas – aquecimento do solo – um mês.
c) termoelétricas – petróleo – 200 anos.
d) termoelétricas – aquecimento do solo – um milhão de anos.
e) termoelétricas – petróleo – 500 milhões de anos.

**6** (Enem) Deseja-se instalar uma estação de geração de energia elétrica em um município localizado no interior de um pequeno vale cercado de altas montanhas de difícil acesso. A cidade é cruzada por um rio, que é fonte de água para consumo, irrigação das lavouras de subsistência e pesca. Na região, que possui pequena extensão territorial, a incidência solar é alta o ano todo. A estação em questão irá abastecer apenas o município apresentado.

Qual forma de obtenção de energia, entre as apresentadas, é a mais indicada para ser implantada nesse município de modo a causar o menor impacto ambiental?

a) Termelétrica, pois é possível utilizar a água do rio no sistema de refrigeração.
b) Eólica, pois a geografia do local é própria para a captação desse tipo de energia.
c) Nuclear, pois o modo de resfriamento de seus sistemas não afetaria a população.
d) Fotovoltaica, pois é possível aproveitar a energia solar que chega à superfície do local.
e) Hidrelétrica, pois o rio que corta o município é suficiente para abastecer a usina construída.

**7** (Enem)

**O CALOR QUE VEM DE DENTRO**
Por dentro da captação de energia geotérmica

© ENEM

ZIEGLER, M. F. Energia sustentável. Revista *IstoÉ*. 28 abr. 2010.

A fonte de energia representada na figura, considerada uma das mais limpas e sustentáveis do mundo, é extraída do calor gerado:

a) pela circulação do magma no subsolo.
b) pelas erupções constantes dos vulcões.
c) pelo Sol que aquece as águas com radiação ultravioleta.
d) pela queima do carvão e de combustíveis fósseis.
e) pelos detritos e pelas cinzas vulcânicas.

**8** (Enem)

A eficiência de um processo de conversão de energia é definida como a razão entre a produção de energia ou trabalho útil e o total de entrada de energia no processo. A figura mostra um processo com diversas etapas.

HINRICHS, R. A. *Energia e meio ambiente*. São Paulo: Pioneira Thomson Learning, 2003. Adaptado.

Nesse caso, a eficiência geral será igual ao produto das eficiências das etapas individuais. A entrada de energia que não se transforma em trabalho útil é perdida sob formas não utilizáveis (como resíduos de calor). Aumentar a eficiência dos processos de conversão de energia implica economizar recursos e combustíveis. Das propostas seguintes, qual resultará em maior aumento da eficiência geral do processo?

a) Aumentar a quantidade de combustível para queima na usina de força.

b) Utilizar lâmpadas incandescentes, que geram pouco calor e muita luminosidade.

c) Manter o menor número possível de aparelhos elétricos em funcionamento nas moradias.

d) Utilizar cabos com menor diâmetro nas linhas de transmissão a fim de economizar o material condutor.

e) Utilizar materiais com melhores propriedades condutoras nas linhas de transmissão e lâmpadas fluorescentes nas moradias.

**Anotações**

# AULA 6

**Competência 2** Identificar a presença e aplicar as tecnologias associadas às ciências naturais em diferentes contextos.

Habilidade 5 Dimensionar circuitos ou dispositivos elétricos de uso cotidiano.

## Em classe

### CIRCUITOS ELÉTRICOS

Potência elétrica consumida em um bipolo:

$$P = \frac{\Delta\varepsilon}{\Delta t} = U \cdot i$$

### Resistores ôhmicos

Transformam energia elétrica em energia térmica.

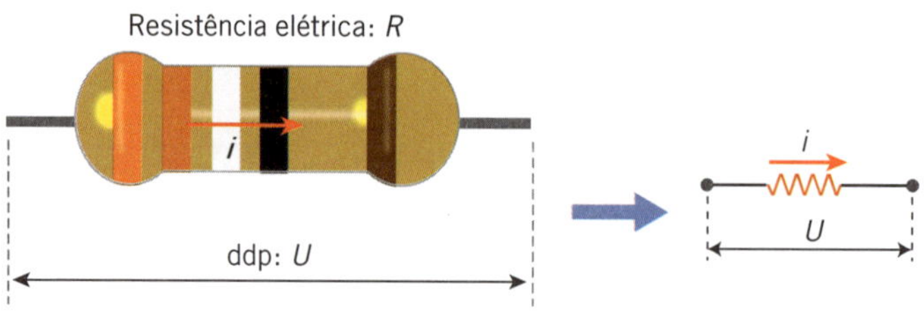


$$U = R \cdot i$$

$$P = U \cdot i = R \cdot i^2 = \frac{U^2}{R}$$

## Associação de resistores

### Em série

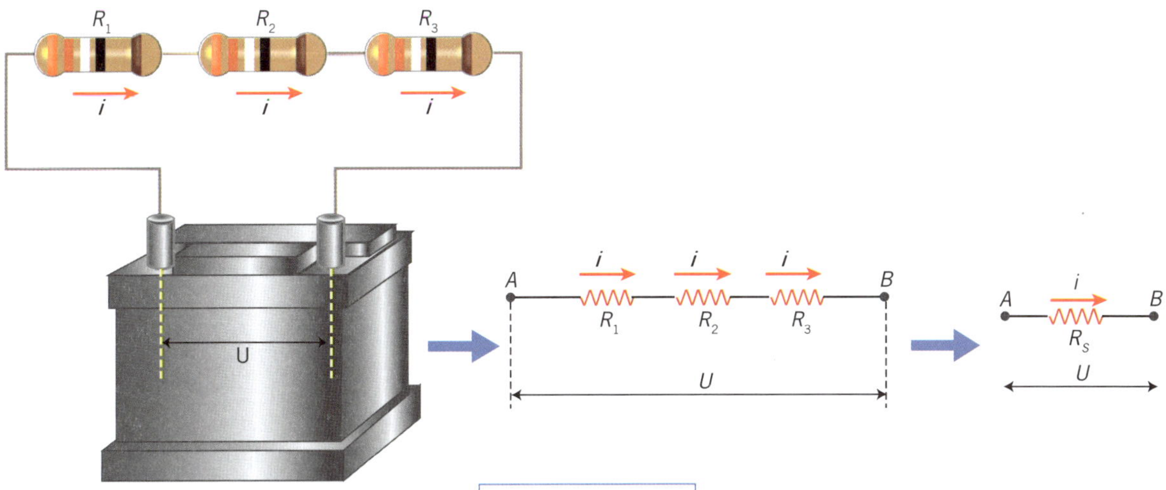


$$R_S = R_1 + R_2 + R_3$$

### Em paralelo

Nas residências, os aparelhos elétricos estão ligados em paralelo.

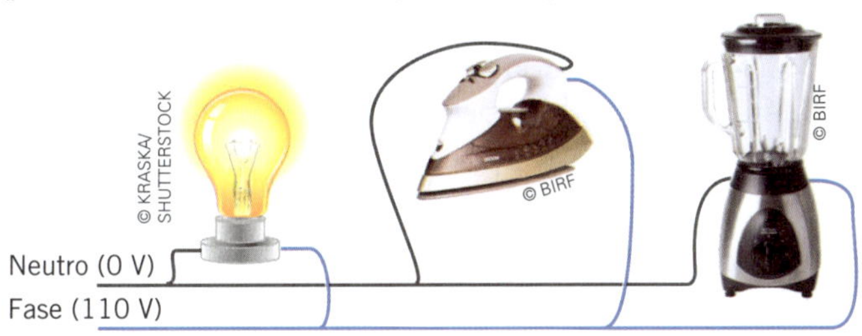


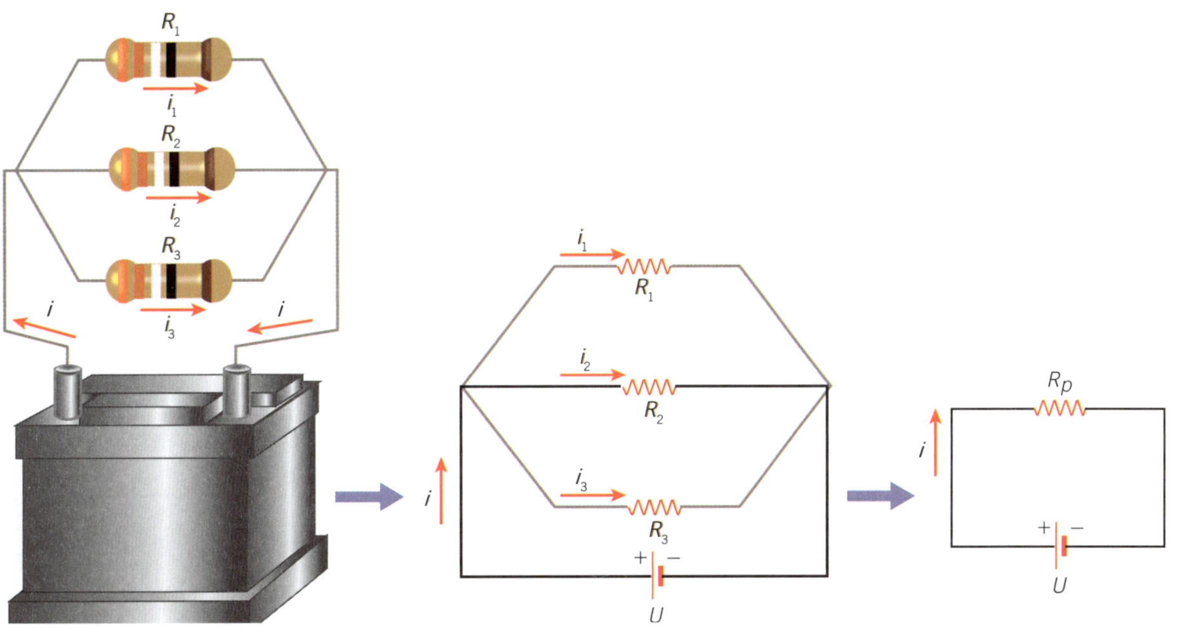


$$i = i_1 + i_2 + i_3$$

$$\frac{1}{R_p} = \frac{1}{R_1} = \frac{1}{R_2} = \frac{1}{R_3}$$

| Grandeza | Nome | Unidade no SI |
|---|---|---|
| $\Delta\varepsilon$ | Quantidade de energia elétrica que é transformada em não elétrica | joule (J) |
| $\Delta t$ | Intervalo de tempo | segundo (s) |
| $U$ | Diferença de potencial (ddp) | volt (V) |
| $i$ | Intensidade da corrente elétrica | ampère (A) |
| $P$ | Potência elétrica consumida no aparelho | watt (W) |
| $R$ | Resistência elétrica | ohm ($\Omega$) |

*Observação*: a energia elétrica consumida também pode ser expressa na unidade quilowatt-hora (kWh). Demonstra-se que 1 kWh = $3{,}6 \cdot 10^6$ J.

**1** A sede de uma fazenda, por demandar quantidades de energia elétrica maiores que as usualmente fornecidas pelas concessionárias, necessitou de instalação de geradores extras de energia elétrica. Entretanto, o engenheiro responsável pela instalação percebeu que havia perda de uma parte da energia elétrica nas linhas de distribuição. A casa (sede) da fazenda está ligada a um gerador que fornece uma tensão contínua de 200 V. Com o chuveiro elétrico em uso, a resistência elétrica total da sede é 5,0 ohms. Sabendo que a potência elétrica fornecida continuamente pelo gerador é 5,0 kW, a porcentagem da energia perdida na transmissão entre o gerador e a residência, está entre os valores:

a) 5,0% e 10%.
b) 20% e 30%.
c) 30% e 40%.
d) 40% e 50%.
e) 60% e 70%.

**2** (Enem) Um eletricista analisa o diagrama de uma instalação elétrica residencial para projetar medições de tensão e corrente em uma cozinha. Neste ambiente existem uma geladeira (*G*), uma tomada (*T*) e uma lâmpada (*L*), conforme a figura. O eletricista deseja medir a tensão elétrica aplicada à geladeira, à corrente total e à corrente na lâmpada.

Para isso, ele dispõe de um voltímetro (*V*) e dois amperímetros (*A*).

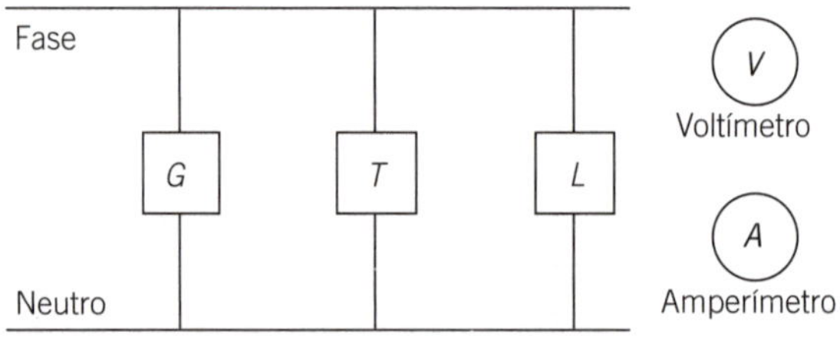


Para realizar as medidas, o esquema da ligação desses instrumentos está representado em:

a)
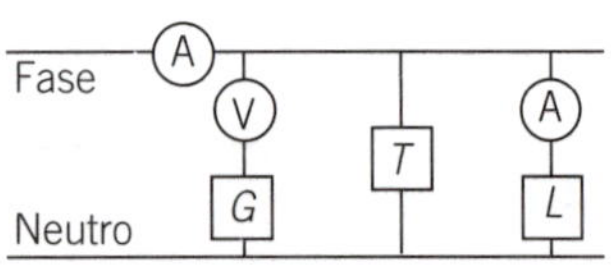

b)
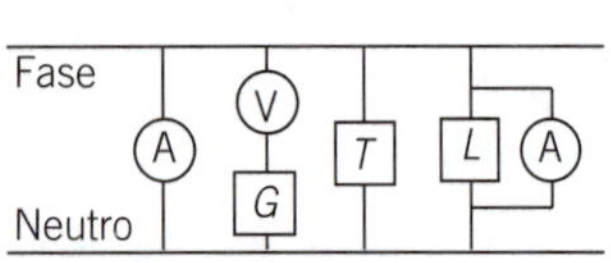

c)
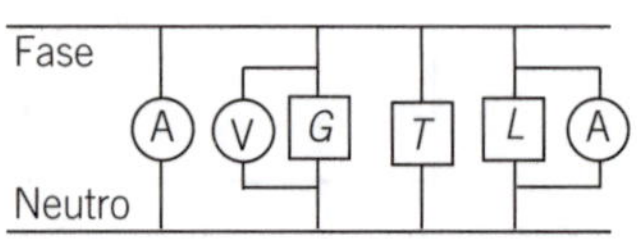

d)
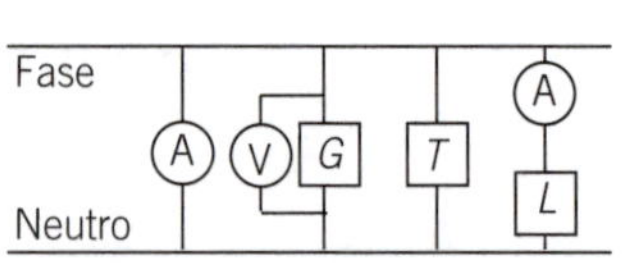

e)
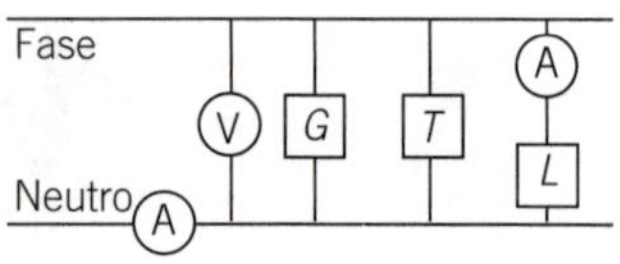

**3** Uma indústria, responsável pela fabricação de um brinquedo elétrico, recebeu uma reclamação relacionada à pouca duração das pilhas que são instaladas no brinquedo. Um funcionário, destacado para entender o problema, sabe que a duração da carga de uma pilha é função da potência elétrica que ela fornece ao circuito. Em um ensaio de laboratório, esse funcionário conecta quatro lâmpadas utilizadas no brinquedo, $L_1$, $L_2$, $L_3$ e $L_4$, com as mesmas características, a três pilhas ideais, novas e idênticas, dispostas em três diferentes arranjos:

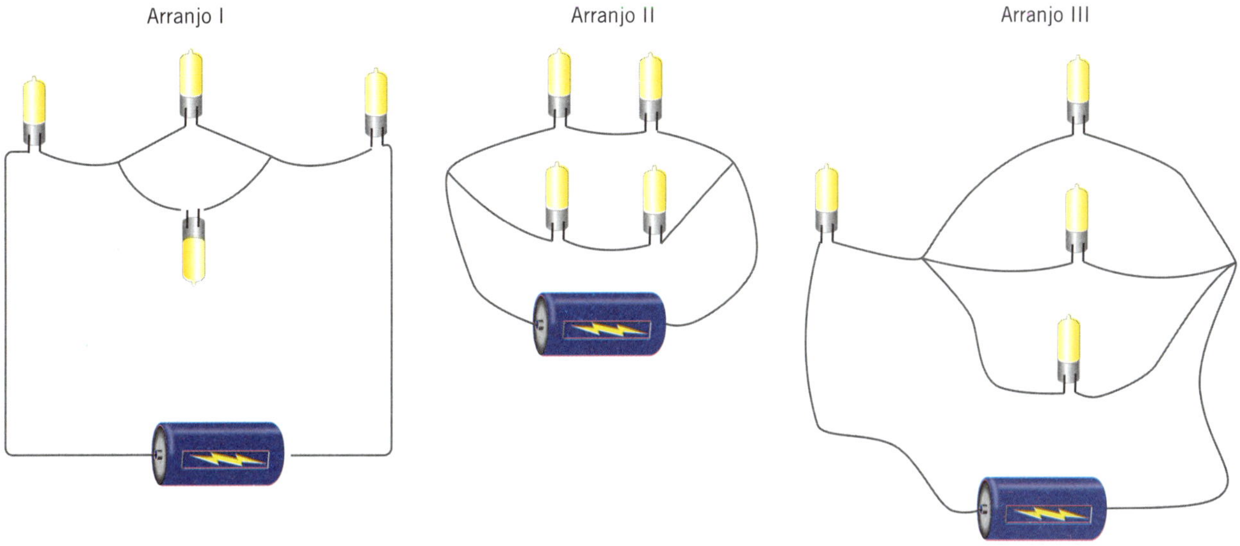


Levando-se em conta essas informações, assinale a alternativa que indica a ordenação adequada dos intervalos de tempo ($\Delta t$) associados às durações das pilhas.

a) $\Delta t_I > \Delta t_{III} > \Delta t_{II}$

b) $\Delta t_I > \Delta t_{II} > \Delta t_{III}$

c) $\Delta t_{III} > \Delta t_{II} > \Delta t_I$

d) $\Delta t_{III} > \Delta t_I > \Delta t_{II}$

e) $\Delta t_{II} > \Delta t_{III} > \Delta t_I$

## Em casa

### TEXTO DE APOIO

### A potência elétrica e suas unidades

A potência é uma grandeza física que relaciona a quantidade de energia transformada em um determinado fenômeno físico com o intervalo de tempo decorrido. Em símbolos:

$$P = \frac{\Delta \varepsilon}{\Delta t}$$

A unidade de medida de potência, no Sistema Internacional de Unidades, é o watt (W). É nas máquinas que ocorrem, de maneira controlada, as transformações de energia que nos interessam. Os manuais de uso das diversas máquinas, nas especificações técnicas, sempre apresentam a potência da máquina, ou seja, indicam a quantidade de energia, em joules, que a máquina transforma em cada segundo de funcionamento. Os aparelhos elétricos, por exemplo, sempre trazem essa indicação. Se as informações técnicas de um chuveiro elétrico indicarem 5 400 W de potência elétrica, entende-se que 5 400 J de energia elétrica são consumidos em cada segundo de funcionamento. Pode-se concluir que, em um banho de 20 minutos, 6 480 000 J de energia elétrica são consumidos. Ao considerar todos os eletrodomésticos de uma residência e o consumo durante o período de um mês, vê-se que o número que expressa em joules a quantidade de energia elétrica consumida é altíssimo. Residências de classe média teriam indicações em torno de um bilhão e quinhentos milhões de joules (1 500 000 000 J) por mês. Por isso, usa-se comercialmente uma unidade de medida de energia maior que o joule, denominada quilowatt-hora (kWh).

A relação entre a unidade de energia em kWh e em J é:

$$1 \text{ kWh} = 3{,}6 \cdot 10^6 \text{ J}$$

## Cálculo da potência elétrica

Toda máquina elétrica funciona de acordo com o esperado no projeto se for ligada à tensão de projeto. É por essa razão que os manuais dos diversos eletrodomésticos especificam a ddp (tensão elétrica) ou, como dizem os técnicos, "a voltagem", além da potência. Assim, quando lemos na embalagem de uma lâmpada de farol de automóveis as informações do tipo 12 V – 51 W, devemos entender que a lâmpada consumirá 51 W de potência elétrica se for conectada à tensão de 12 V. Existe uma relação matemática entre a potência elétrica (*P*) e a ddp (*U*), a saber:

$$P = U \cdot i$$

em que $\boldsymbol{i}$ é a intensidade da corrente elétrica que se estabelece no aparelho.

Para o dimensionamento do fio que será utilizado na instalação elétrica de uma residência, é necessário saber a máxima intensidade de corrente que poderá se formar nele. A determinação da intensidade de corrente é feita com o uso da expressão $P = U \cdot i$.

## Disjuntores

Os disjuntores são dispositivos de proteção da instalação elétrica. São elementos que desligam automaticamente quando a intensidade de corrente elétrica ultrapassa determinado valor. Por exemplo, um disjuntor de 10 A desliga-se quando a intensidade de corrente que nele se forma ultrapassa 10 A. Em todos os projetos de instalação elétrica, o projetista executa cálculos e supõe situações de uso com a finalidade de determinar a máxima intensidade de corrente elétrica que vai se formar em determinado circuito. A partir daí, dimensiona a espessura do fio a ser utilizado e a amperagem do disjuntor de proteção. A seguir, vemos um esquema não convencional de um circuito típico residencial.

© DMITRY KALINOVSKY /SHUTTERSTOCK

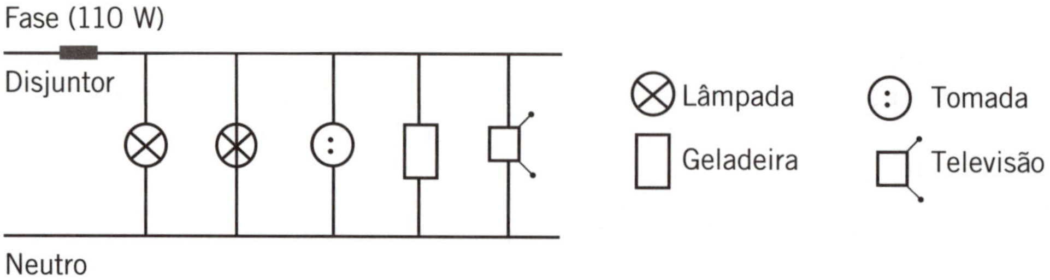

**1** (Enem) A instalação elétrica de uma casa envolve várias etapas, desde a alocação dos dispositivos, instrumentos e aparelhos elétricos até a escolha dos materiais que a compõem, passando pelo dimensionamento da potência requerida, da fiação necessária, dos eletrodutos, entre outras.

Para cada aparelho elétrico existe um valor de potência associado. Valores típicos de potências para alguns aparelhos elétricos são apresentados no quadro seguinte:

| Aparelho | Potência (kW) |
|---|---|
| Aparelho de som | 120 |
| Chuveiro elétrico | 3000 |
| Ferro elétrico | 500 |
| Televisor | 200 |
| Geladeira | 200 |
| Rádio | 50 |

> Eletrodutos: são condutos por onde passa a fiação de uma instalação elétrica, com a finalidade de protegê-la.

A escolha das lâmpadas é essencial para obtenção de uma boa iluminação. A potência da lâmpada deverá estar de acordo com o tamanho do cômodo a ser iluminado. O quadro a seguir mostra a relação entre as áreas dos cômodos (em m$^2$) e as potências das lâmpadas (em W), e foi utilizado como referência para o primeiro pavimento de uma residência.

| Área do cômodo (m$^2$) | Potência da lâmpada (W) | | |
|---|---|---|---|
| | Sala/Copa/Cozinha | Quarto/Varanda/Corredor | Banheiro |
| Até 6,0 | 60 | 60 | 60 |
| 6,0 a 7,5 | 100 | 100 | 60 |
| 7,5 a 10,5 | 100 | 100 | 100 |

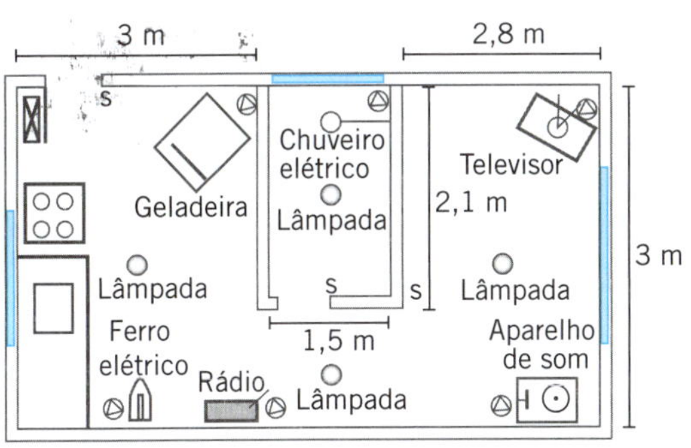


**Observação**: para efeito dos cálculos das áreas, as paredes são desconsideradas.

Considerando a planta baixa fornecida, com todos os aparelhos em funcionamento, a potência total, em watts, será de:

a) 4070.
b) 4270.
c) 4320.
d) 4390.
e) 4470.

**2** Com relação ao exercício anterior, suponha que o engenheiro elétrico tenha projetado nessa parte da residência dois circuitos: um de 220 V para alimentar o chuveiro e outro de 110 V para alimentar todos os outros aparelhos. Sabendo que o mercado oferece disjuntores de 10 A, 15 A, 20 A, 25 A e 30 A, assinale a opção que indica a melhor escolha do disjuntor a ser usado no circuito de 110 V e no de 220 V.

| | 110 V | 220 V |
|---|---|---|
| a) | 10 A | 15 A |
| b) | 15 A | 15 A |
| c) | 15 A | 25 A |
| d) | 15 A | 30 A |
| e) | 10 A | 30 A |

**3** Ainda com relação ao exercício 1, usando a tabela a seguir,

| Fios e cabos padrão métrico | |
|---|---|
| Seção nominal (mm$^2$) | Corrente máxima$^2$ (A) |
| 0,05 | 2 |
| 0,20 | 4 |
| 0,30 | 6 |
| 0,50 | 9 |
| 0,75 | 10 |
| 1,0 | 12 |
| 1,5 | 15 |
| 2,5 | 21 |

especifique a área da seção transversal do fio adequado ao circuito de 110 V e ao de 220 V.

a) 0,20 mm$^2$
b) 0,50 mm$^2$
c) 0,75 mm$^2$
d) 1,00 m$^2$
e) 1,5 mm$^2$

**4** (Enem) Em um manual de um chuveiro elétrico, são encontradas informações sobre algumas características técnicas, ilustradas no quadro, como a tensão de alimentação, a potência dissipada, o dimensionamento do disjuntor ou fusível, e a área da seção transversal dos condutores utilizados.

| Características técnicas | | | | |
|---|---|---|---|---|
| Especificação | | | | |
| Modelo | | | *A* | *B* |
| Tensão (V~) | | | 127 | 220 |
| Potência (watt) | Seletor de temperatura multitemperaturas | ○ | 0 | 0 |
| | | ● | 2440 | 2540 |
| | | ●● | 4400 | 4400 |
| | | ●●● | 5500 | 6000 |
| Disjuntor ou fusível (ampère) | | | 50 | 30 |
| Seção dos condutores ($mm^2$) | | | 10 | 4 |

Uma pessoa adquiriu um chuveiro do modelo *A* e, ao ler o manual, verificou que precisava ligá-lo a um disjuntor de 50 ampères. No entanto, intrigou-se com o fato de que o disjuntor a ser utilizado para uma correta instalação de um chuveiro do modelo *B* devia possuir amperagem 40% menor.

Considerando-se os chuveiros de modelos *A* e *B*, funcionando à mesma potência de 4400 W, a razão entre as suas respectivas resistências elétricas, $R_A$ e $R_B$, que justifica a diferença de dimensionamento dos disjuntores é mais próxima de:

a) 0,3.
b) 0,6.
c) 0,8.
d) 1,7.
e) 3,0.

**5** (Enem) Podemos estimar o consumo de energia elétrica de uma casa considerando as principais fontes desse consumo. Pense na situação em que apenas os aparelhos que constam da tabela a seguir fossem utilizados diariamente da mesma forma. A tabela fornece a potência e o tempo efetivo de uso diário de cada aparelho doméstico.

| Aparelho | Potência (kW) | Tempo de uso diário (horas) |
|---|---|---|
| Ar-condicionado | 1,5 | 8 |
| Chuveiro elétrico | 3,3 | $\frac{1}{3}$ |
| *Freezer* | 0,2 | 10 |
| Geladeira | 0,35 | 10 |
| Lâmpadas | 0,10 | 6 |

Supondo que o mês tenha 30 dias e que o custo de 1 kWh é de R$ 0,40, o consumo de energia elétrica mensal dessa casa é de aproximadamente:

a) R$ 135.
b) R$ 165.
c) R$ 190.
d) R$ 210.
e) R$ 230.

**6** (Enem – Adaptado) Observe a tabela seguinte. Ela traz especificações técnicas constantes no manual de instruções fornecido pelo fabricante de uma torneira elétrica.

| Especificações técnicas | | | | | |
|---|---|---|---|---|---|
| Modelo | | Torneira | | | |
| Tensão nominal (volts) | | 127 | | 220 | |
| Potência normal (watts) | (frio) | Desligado | | | |
| | (morno) | 2800 | 3200 | 2800 | 3200 |
| | (quente) | 4500 | 5500 | 4500 | 5500 |
| Corrente normal (ampères) | | 35,4 | 43,3 | 20,4 | 25,00 |
| Fiação mínima (até 30 m) | | 6 $mm^2$ | 10 $mm^2$ | 4 $mm^2$ | 4 $mm^2$ |
| Fiação mínima (acima de 30 m) | | 10 $mm^2$ | 16 $mm^2$ | 6 $mm^2$ | 6 $mm^2$ |
| Disjuntor (ampère) | | 40 | 50 | 25 | 30 |

Disponível em: <www.cardeal.com.br.manualprod/Manuais/Torneira%20>. Acesso em: 6 jun. 2013.

Considerando que o modelo de maior potência da versão 220 V da torneira foi inadvertidamente conectado a uma rede com tensão nominal de 127 V, e que o aparelho está configurado para trabalhar em sua máxima potência. Qual o valor aproximado da potência ao ligar a torneira?

a) 1830 W
b) 2800 W
c) 3200 W
d) 4030 W
e) 5500 W

**Anotações**

# AULA 7

**Competência 2** Identificar a presença e aplicar as tecnologias associadas às ciências naturais em diferentes contextos.

Habilidade 6 Relacionar informações para compreender manuais de instalação ou utilização de aparelhos, ou sistemas tecnológicos de uso comum.

## Em classe

### APARELHOS DE MEDIDA

### A importância das medidas em Física

O processo de medida das grandezas associadas aos fenômenos naturais é um dos principais pilares do conhecimento científico. Para cada grandeza, há procedimentos e instrumentos próprios para a medição, que pode ser direta ou indireta.

**Exemplos:**

Altura de uma pessoa: medida direta feita com o auxílio de uma fita métrica (instrumento).

A distância entre o nível do solo (chão) e a marca feita na altura do topo da cabeça da pessoa representa a medida direta de sua altura.

Temperatura de uma pessoa: medida indireta feita com o auxílio de um termômetro (instrumento).

A variação do comprimento da coluna líquida (mercúrio ou álcool) está associada à variação na temperatura do próprio líquido, representando uma medida indireta da temperatura do corpo da pessoa.

CESAR AUGUSTO

Conhecer instrumentos de medida e saber utilizá-los nos permite coletar informações quantitativas (medidas).

Tal habilidade (o ato de medir) facilita a utilização de equipamentos tecnológicos comuns em nosso cotidiano e que simplificam tarefas, trazem conforto e melhoria de nossa qualidade de vida.

Há diversos instrumentos de medida utilizados no cotidiano com o objetivo de medir grandezas das mais variadas. A tabela a seguir apresenta alguns deles, suas características básicas e seu funcionamento.

## Principais instrumentos de medida utilizados em Física

© NRT/SHUTTERSTOCK

© SEREGAM/SHUTTERSTOCK

**Régua** ou **trena**: para medida de comprimento ou distância ($d$). Unidades comuns: **m**, **cm**, **mm**. Para medida em **km**, empregam-se outros procedimentos e instrumentos.

Relações básicas:
- $d = x - x_0$;
- 1 m = 100 cm = 1 000 mm

© IGOR SOKOLOV (BREEZE)/ SHUTTERSTOCK

© RANGIZZZ/SHUTTERSTOCK

**Relógio ou cronômetro**: para medida de intervalos de tempo ($\Delta t$). Unidades comuns: **h**, **min**, **s**. Cronômetros geralmente chegam a medir até centésimos de segundo.

Relações básicas:
- $\Delta t = t - t_0$
- 1 dia = 24 h, 1 h = 60 min, 1 min = 60 s

© IVONNE WIERINK/SHUTTERSTOCK

**Balança**: para medida de massa. Unidades comuns: **kg**, **g**.

Relações básicas:
- 1 t = 1 000 kg
- 1 kg = 1 000 g

© DIEMEDROL 68/SHUTTERSTOCK

**Velocímetro**: para medida de intensidade de velocidade. Unidades comuns: **km/h**, **m/s**.

Relações básicas:
- $v_m = \dfrac{\Delta S}{\Delta t}$
- 1 m/s = 3,6 km/h

© BRYON PALMER/SHUTTERSTOCK

**Dinamômetro de mola**: para medida de intensidade de força ($F$). Unidades comuns: **N** (newton), **kgf**.

Relações básicas:
- $F = k \cdot \Delta x$
- 1 kgf ⇔ 9,8 N

© XRPHOTO/SHUTTERSTOCK

**Termômetro de coluna líquida**: para medida de temperatura. Unidades comuns: **°C**, **°F**.

Relação básica:
- $\dfrac{C}{5} = \dfrac{F - 32}{9}$

© TOBIK/SHUTTERSTOCK

**Barômetro**: para medida de pressão ($p$). Unidades comuns: **Pa** (pascal) ou **N/m²**, **atm** (atmosfera).

Relações básicas:
- $p = \dfrac{F}{A}$
- 1 atm ≈ $10^5$ Pa

© STUDIOSMAR/ SHUTTERSTOCK

**Amperímetro**: para medida de intensidade de corrente elétrica ($i$) que flui através de um condutor. Unidades comuns: **A** (ampère), **mA** (miliampère).

Relações básicas:
- $i = \dfrac{Q}{\Delta t}$
- $P = U \cdot i$
- 1 mA = $10^{-3}$A

© DONATAS1205/SHUTTERSTOCK

**Voltímetro**: para medida de diferença de potencial elétrico ($U$). Unidades comuns: **V** (volt), **mV**, **kV**.

Relações básicas:
- $U = R \cdot i$
- $P = U \cdot i$
- 1 kV = 1 000 V
- 1 mV = $10^{-3}$ V

© ZINA SELETSKAYA/ SHUTTERSTOCK

**Medidor de energia elétrica ("relógio de luz")**: para medida de quantidade de energia elétrica utilizada. Unidade comum: **kWh** (quilowatt-hora).

Relações básicas:
- $P = \dfrac{E}{\Delta t}$
- 1 kWh ⇔ $3{,}6 \cdot 10^6$ J

**1** Observe as duas imagens abaixo, em que um lápis está sendo medido com o uso de duas réguas diferentes:

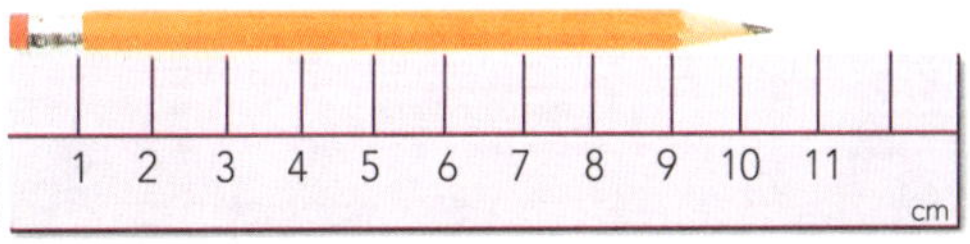


© BIRF

Figura 1

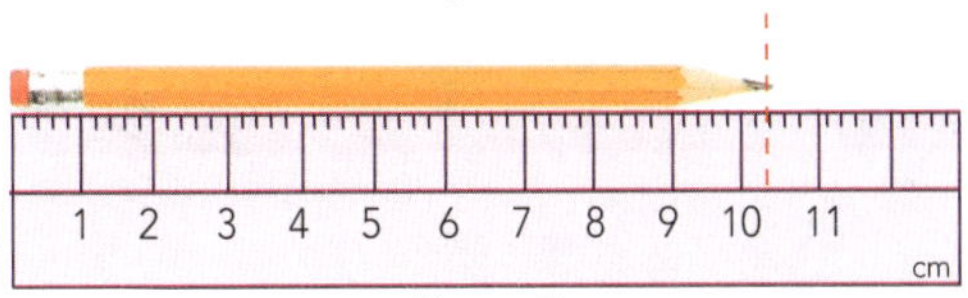


© BIRF

Figura 2

Sobre essa situação, são feitas algumas afirmações:

I. Usando a régua da Figura 1, podemos encontrar a medida do comprimento do lápis como sendo aproximadamente 10,4 cm.

II. Usando a régua da Figura 2, podemos encontrar a mesma medida como sendo aproximadamente 10,38 cm.

III. A régua da Figura 2 permite uma medida mais precisa do que a régua da Figura 1, uma vez que a medida pode ser obtida com mais casas decimais.

IV. Independentemente da situação, a medida do comprimento do lápis sempre deve ser obtida com o maior número possível de casas decimais.

Dentre as afirmações acima, são verdadeiras:

a) I e II.
b) III e IV.
c) II e III.
d) I, II e III.
e) II, III e IV.

**2** A fotografia abaixo apresenta o mostrador de um termômetro de lâmina metálica. Nesse tipo de medidor, à medida que a temperatura aumenta, o ponteiro do mostrador desloca-se no sentido horário.

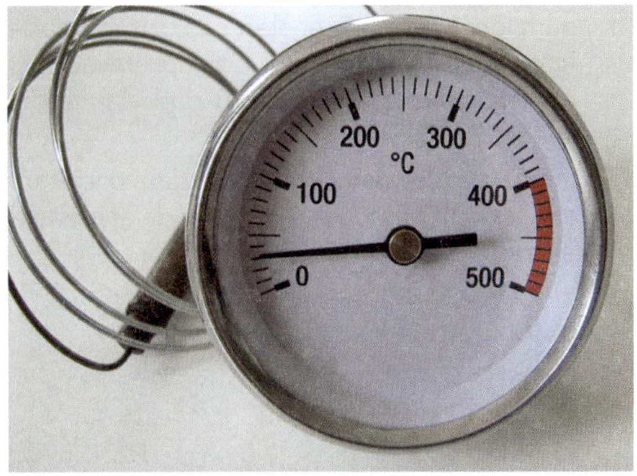


© ARTHEMO

Sobre essa situação, são feitas algumas afirmações:

I. A temperatura registrada no mostrador do termômetro é de 30 °C.

II. O ângulo de giro do ponteiro varia de acordo com a variação de temperatura medida pelo termômetro.

III. Esse termômetro poderia ser utilizado para monitorar a temperatura de um *freezer* doméstico.

IV. Esse termômetro poderia ser utilizado para monitorar a temperatura de um forno elétrico doméstico.

São corretas as afirmativas:

a) I e II.
b) II e III.
c) I e III.
d) II e IV.
e) III e IV.

**3** Uma balança pode ser utilizada como acelerômetro (medidor de aceleração). Numa situação típica, uma balança é colocada no piso de um elevador em repouso, e uma pessoa sobe sobre seu prato. Nessa situação, a balança, cuja escala está graduada em N (newtons), indica 600 N, num local em que a aceleração da gravidade tem intensidade de 10 m/s². Com o elevador posto em movimento, a indicação da balança passa a ser 660 N.

Indique a alternativa que relaciona corretamente a massa da pessoa e o módulo da aceleração do elevador, na situação apresentada.

a) 60 kg; 10 m/s²
b) 60 kg; 1 m/s²
c) 60 kg; 6 m/s²
d) 66 kg; 1 m/s²
e) 66 kg; 10 m/s²

**4** (Enem) A energia elétrica consumida nas residências é medida, em quilowatt-hora, por meio de um relógio medidor de consumo. Nesse relógio, da direita para esquerda, tem-se o ponteiro da unidade, o da dezena, o da centena e o do milhar. Se um ponteiro estiver entre dois números, considera-se o último número ultrapassado pelo ponteiro.

Suponha que as medidas indicadas nos esquemas seguintes tenham sido feitas em uma cidade em que o preço do quilowatt-hora fosse de R$ 0,20.

© ENEM

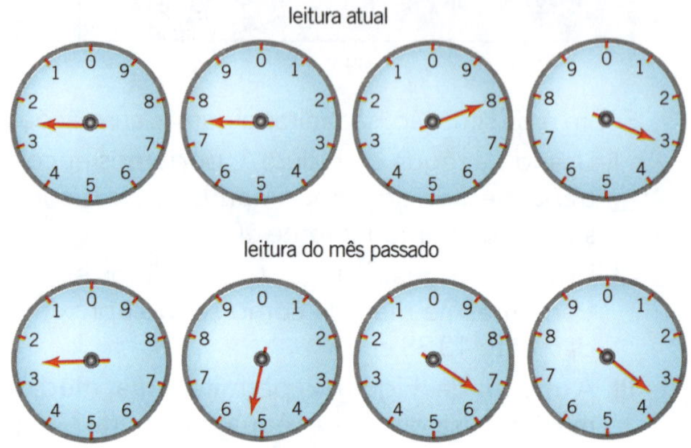


FILHO, A.G.; BAROLLI, E. *Instalação elétrica.* São Paulo: Scipione. 1997.

O valor a ser pago pelo consumo de energia elétrica registrado seria de:

a) R$ 41,80.
b) R$ 42,00.
c) R$ 43,00.
d) R$ 43,80.
e) R$ 44,00.

**5** O velocímetro de um automóvel não mede diretamente a velocidade dos veículos, mas sim as rotações das suas rodas e, por meio dessa medida, calcula e exibe a velocidade aproximada do veículo. Quando um carro sai de fábrica, o seu velocímetro está ajustado para um determinado diâmetro de rodas e pneus. Alterar as configurações originais de fábrica sem a devida regulagem do velocímetro pode levar a problema de leitura correta de sua velocidade. Isso ocorre porque, com o motor em mesma rotação, as rodas giram com a mesma frequência. No entanto, se o diâmetro das novas rodas for maior do que o diâmetro das rodas originais, o carro andará uma distância maior para o mesmo número de rotações das rodas e terá, portanto, maior velocidade real do que aquela assinalada no velocímetro. Suponha, como exemplo, que um determinado carro tenha pneus originais de 54,5 cm de diâmetro e você os substitua por pneus com 61,5 cm.

Sobre essa situação, são feitas as seguintes afirmações:

I. A velocidade real do veículo será sempre 13% maior do que a indicada no medidor do painel.

II. A velocidade indicada no medidor do painel será sempre 13% maior do que a velocidade real.

III. Para passar por uma lombada eletrônica, cuja velocidade máxima é de 70 km/h, sem ser multado, deve-se cuidar para que o ponteiro do velocímetro não ultrapasse o valor de 62 km/h, aproximadamente.

IV. Para passar por uma lombada eletrônica, cuja velocidade máxima é 70 km/h, sem ser multado, deve-se cuidar para que o ponteiro do velocímetro não ultrapasse o valor de 79,1 km/h.

São corretas as afirmações:

a) I e II.
b) I e III.
c) II e IV.
d) II e III.
e) I e IV.

## Em casa

### TEXTO DE APOIO

### Instrumentos de medida

Em Física, medir as grandezas associadas a determinado fenômeno faz parte da rotina do trabalho científico. Há inúmeros equipamentos que podem ser utilizados nas medições de diversas grandezas. Em Física básica do Ensino Médio, alguns instrumentos de medição, como balanças, cronômetros, entre outros, são frequentes. Tais equipamentos são descritos com mais detalhes a seguir:

- **Régua e trena**: utilizadas para medidas de comprimentos ou pequenos deslocamentos. Em geral, tais medidas são fornecidas em milímetros, centímetros ou metros.
- **Relógio e cronômetro**: instrumentos utilizados para medir intervalos de tempo. Os relógios marcam intervalos que podem ser expressos em horas, em minutos e em segundos. Já os cronômetros são utilizados para medidas de intervalos mais rápidos, da ordem de segundos, ou até de centésimos ou de milésimos de segundos.
- **Balança**: equipamento utilizado para medição de massa. Além das modernas balanças eletrônicas, há as balanças de pratos e de mola.

© BORIS15/SHUTTERSTOCK

Balança de pratos: uma massa padrão é colocada em um prato, enquanto, no outro, é colocado o objeto cuja massa se deseja medir.

© LAGUI/SHUTTERSTOCK

Balança de mola: o objeto cuja massa se deseja conhecer é pendurado no suporte. Seu peso faz com que ele distenda a mola do dispositivo. Conhecendo a elasticidade da mola e medindo a distensão, pode-se conhecer a massa do corpo apontada na escala em quilogramas. Se a escala indicar valores em newtons, o dispositivo é denominado dinamômetro.

- **Velocímetro**: medidor de velocidade. Em veículos, como carros de passeio, os velocímetros possuem dispositivos que acompanham as rotações das rodas e, a partir de informações como, por exemplo, o diâmetro da roda, determinam a velocidade do veículo.
- **Dinamômetro**: os dinamômetros mais simples se utilizam de propriedades elásticas de uma mola. Quanto maior é a intensidade da força aplicada no suporte (gancho), maior é a distensão da mola. Essa relação é a seguinte:

$$F = k \cdot \Delta x$$

Nessa expressão, $\boldsymbol{k}$ é a constante elástica da mola do dinamômetro e $\Delta x$ é o valor da distensão dessa mola. Uma escala graduada fornece diretamente o valor da força aplicada. Se a escala for graduada em quilogramas, o dinamômetro pode ser utilizado diretamente como balança.

- **Termômetro**: os modelos de termômetro mais simples funcionam com base nas propriedades térmicas de uma coluna líquida. Quando esfriado, o líquido se contrai, e a coluna diminui de tamanho; quando aquecido, o líquido se dilata, e a coluna aumenta de tamanho. Uma escala graduada ao lado da coluna fornece os valores de temperatura para leitura direta. Para as três escalas em uso na atualidade (Celsius, Fahrenheit e Kelvin), a equação que permite conversão de uma a outra escala é dada por:

$$\frac{\theta_C}{5} = \frac{\theta_F - 32}{9} = \frac{T_K - 273}{5}$$

- **Barômetro**: instrumento utilizado para medir pressão atmosférica. O valor da pressão exercida por qualquer gás é:

$$p = \frac{F}{A}$$

em que:
$p$ – valor da pressão exercida pelo gás;
$F$ – intensidade da componente normal da força exercida pelo gás nas paredes do recipiente;
$A$ – área da superfície sobre a qual tal força é aplicada.

- **Manômetro**: instrumento para medir a pressão exercida por um gás que esteja confinado em um recipiente fechado.
- **Amperímetro**: instrumento para medir a intensidade de corrente elétrica ($\boldsymbol{i}$) em determinado ramo de circuito ou que atravessa um dispositivo ligado ao circuito. A intensidade de corrente elétrica que está associada à quantidade de carga elétrica ($Q$), em coulombs, transportada num determinado intervalo de tempo ($\Delta t$) é dada pela relação:

$$i = \frac{Q}{\Delta t}$$

- **Voltímetro**: instrumento utilizado para medidas de diferença de potencial elétrico (ddp ou $U$) entre dois pontos de um circuito. Caso o trecho de circuito seja percorrido por uma corrente elétrica, a ddp e a intensidade de corrente elétrica podem ser relacionadas por meio da seguinte equação:

$$U = R \cdot i$$

Nessa expressão, $R$ é a resistência elétrica do trecho do circuito ou do dispositivo analisado, medida em ohm ($\Omega$).

- **Medidor de energia elétrica**: chamado popularmente de "relógio de luz", esse instrumento mede a quantidade de energia elétrica enviada pela rede pública a, por exemplo, uma residência. Tal quantidade de energia elétrica utilizada em uma casa está relacionada à quantidade de aparelhos elétricos em funcionamento, ao tempo de utilização desses equipamentos e à potência elétrica de cada um. Para determinado aparelho, a potência pode ser escrita como:

$$P = \frac{\Delta E}{\Delta t}$$

Nessa expressão: $\Delta E$ é a quantidade de energia elétrica utilizada; $\Delta t$, o intervalo de tempo de funcionamento do dispositivo; e $P$, a potência elétrica do dispositivo.
Observe que a potência elétrica de um dispositivo também pode ser associada à ddp à qual ele se submete e à intensidade de corrente elétrica que o percorre. Essa relação é dada por:

$$P = U \cdot i$$

Nessa expressão, $U$ é a ddp nos terminais do dispositivo e $\boldsymbol{i}$ é a intensidade de corrente elétrica que o percorre.

**1** (Udesc) Em um dia típico de verão, utiliza-se uma régua metálica para medir o comprimento de um lápis. Após medir esse comprimento, coloca-se a régua metálica no congelador a uma temperatura de −10 °C e espera-se cerca de 15 min para, novamente, medir o comprimento do mesmo lápis. O comprimento medido nessa situação, com relação ao medido anteriormente, será:

a) maior, porque a régua sofreu uma contração.
b) menor, porque a régua sofreu uma dilatação.
c) maior, porque a régua se expandiu.
d) menor, porque a régua se contraiu.
e) o mesmo, porque o comprimento do lápis não se alterou.

**2** (Ufal) Um aparelho medidor de consumo de energia elétrica tem quatro indicadores. As posições dos ponteiros fornecem os quatro algarismos para a leitura do consumo, em kWh.

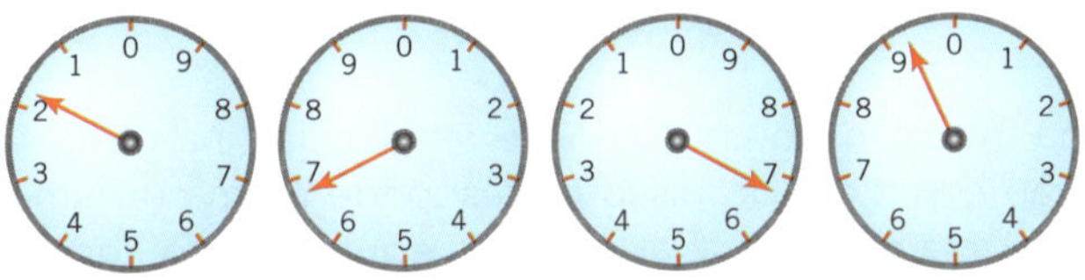

A leitura correspondente à ilustração é, em kWh:

a) 1669.
b) 1751.
c) 1760.
d) 2759.
e) 2770.

**3** Em um termômetro de lâminas bimetálicas, existe uma relação de proporcionalidade direta entre a variação da temperatura e o giro do ponteiro no mostrador. Admita que a temperatura de 0 °C corresponda ao ângulo 0°. Suponha que, no termômetro mostrado a seguir, as marcas referentes às temperaturas de 0 °C e 400 °C, e o eixo do ponteiro estejam sobre uma mesma reta.

Assinale a opção que indica, respectivamente, as temperaturas quando o ângulo do ponteiro, formado com a posição relativa de 0 °C, seja 90°, em uma primeira medida, e 120°, em uma posterior tomada de temperatura.

a) 90,0 °C e 120,0 °C
b) 180,0 °C e 240,0 °C
c) 200,0 °C e 266,7 °C
d) 200,0 °C e 300,0 °C
e) 200 °C e 300,7 °C

**4** (Vunesp-SP) Um termoscópio é um dispositivo experimental, como o mostrado na figura, capaz de indicar a temperatura a partir da variação da altura da coluna de um líquido que existe dentro dele. Um aluno verificou que, quando a temperatura à qual o termoscópio estava submetido era de 10 °C, ele indicava uma altura de 5 mm. Percebeu ainda que, quando a altura havia aumentado para 25 mm, a temperatura era de 15 °C.

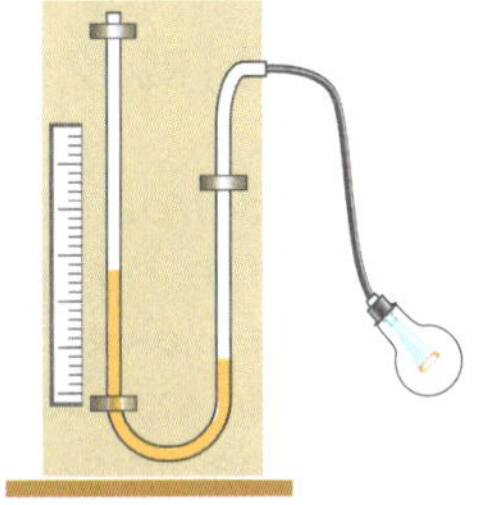

Quando a temperatura for de 20 °C, a altura da coluna de líquido, em mm, será de:

a) 25. b) 30. c) 35. d) 40. e) 45.

**5** (Cefet-CE) A figura mostra uma mola, cuja extremidade livre está presa a um ponteiro, colocada ao lado de uma escala graduada em centímetros. Três diferentes pesos são pendurados na mola, como indicado na figura.

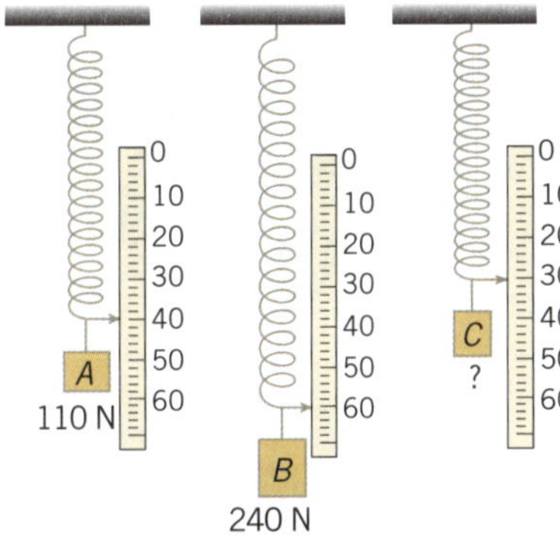


A indicação do ponteiro, se não for pendurado nenhum peso na mola, e o valor do peso do corpo C são, respectivamente:

a) 23,08 cm e 45,4 N.
b) 23,08 cm e 54,6 N.
c) 21,15 cm e 45,4 N.
d) 21,15 cm e 54,6 N.
e) 20,90 cm e 30,4 N.

**6** (Enem) Uma estudante que ingressou na universidade e, pela primeira vez, está morando longe da sua família, recebe a sua primeira conta de luz:

| Medidor | | | Consumo | Leitura | | Cód. | Emissão | Id. Bancária | | |
|---|---|---|---|---|---|---|---|---|---|---|
| Número 7131312 | Consumidor 951672 | Leitura 7295 | kWh 260 | Dia 31 | Mês 03 | 21 | 01/04/2009 | Banco 222 | Agência 999-7 | Município S. José das Moças |

| Consumo dos últimos 12 meses em kWh | | | | | Descrição |
|---|---|---|---|---|---|
| 253 Mar/08 | 278 Jun/08 | 272 Set/08 | 265 Dez/08 | | Fornecimento ICMS |
| 247 Abr/08 | 280 Jul/08 | 270 Out/08 | 266 Jan/09 | | |
| 255 Mai/08 | 275 Ago /08 | 260 Nov/08 | 268 Fev/09 | | |

| Base de cálculo ICMS | Alíquota | Valor | | Total |
|---|---|---|---|---|
| R$ 130,00 | 25 % | R$ 32,50 | | R$ 162,50 |

Se essa estudante comprar um secador de cabelos que consome 1 000 W de potência e considerando que ela e suas 3 amigas utilizem esse aparelho por 15 minutos cada uma durante 20 dias no mês, o acréscimo em reais na sua conta mensal será de:

a) R$ 10,00. b) R$ 12,50. c) R$ 13,00. d) R$ 13,50. e) R$ 14,00.

**7** (Fuvest-SP) No medidor de energia elétrica usado na medição do consumo de residências, há um disco, visível externamente, que pode girar. Cada rotação completa do disco corresponde a um consumo de energia elétrica de 3,6 watt-hora. Mantendo-se, em uma residência, apenas um equipamento ligado, observa-se que o disco executa uma volta a cada 40 segundos. Nesse caso, a potência "consumida" por esse equipamento é de, aproximadamente,

**Note e adote**: a quantidade de energia elétrica de 3,6 watt-hora é definida como aquela que um equipamento de 3,6 W consumiria se permanecesse ligado durante 1 hora.

a) 36 W b) 90 W c) 144 W d) 324 W e) 1 000 W

**8** O consumo de energia elétrica em residências ou indústrias é medido em kWh (quilowatt-hora). Os mostradores dos relógios aferidores dos gastos de energia elétrica indicam diretamente o valor da quantidade de energia em kWh. A figura a seguir mostra um destes relógios em dois momentos diferentes, com intervalo de aproximadamente um mês. A diferença entre as leituras desse medidor no mês atual (figura inferior) e no mês anterior (figura superior) fornece o consumo em kWh no período.

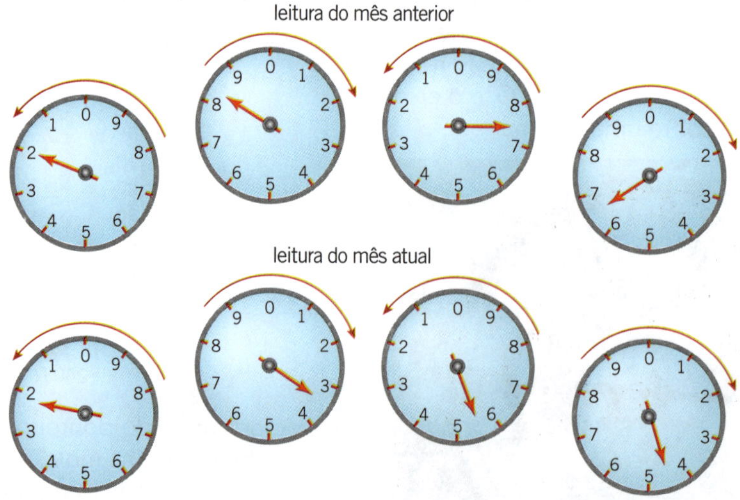


Sabendo que 1 joule = 1 W/s, o consumo da energia elétrica na residência entre as duas leituras do relógio, em joules, foi da ordem de:

a) $10^{10}$. b) $10^{12}$. c) $10^{13}$. d) $10^{14}$. e) $10^{15}$.

**9** (Enem – Adaptado) A tabela a seguir apresenta diversas especificações sobre o funcionamento de uma torneira elétrica residencial. Leia atentamente a tabela e em seguida analise as proposições apresentadas:

| Modelo | | Torneira | | | |
|---|---|---|---|---|---|
| Tensão nominal (Volts ~) | | 127 | | 220 | |
| Potência nominal (Watts) | (Frio) | | Desligado | | |
| | (Morno) | 2800 | 3200 | 2800 | 3200 |
| | (Quente) | 4500 | 5500 | 4500 | 5500 |
| Corrente nominal (Ampères) | | 35,4 | 43,3 | 20,4 | 25,0 |
| Fiação mínima (até 30 m) | | 6 mm² | 10 mm² | 4 mm² | 4 mm² |
| Fiação mínima (acima de 30 m) | | 10 mm² | 16 mm² | 6 mm² | 6 mm² |
| Disjuntor (Ampères) | | 40 | 50 | 25 | 30 |

Disponível em: <www.cardal.com.br/manualprod/Manuais/Torneira%20Suprema/-anual_Torneira_Suprema_roo.pdf>.

I. A potência elétrica da torneira é maior quando ela está ligada em 220 V.

II. Em 220 V, a intensidade de corrente elétrica necessária para o funcionamento da torneira é sempre menor.

III. A "bitola" dos fios de ligação (área de seção em mm²) é inversamente proporcional à intensidade de corrente elétrica utilizada para a operação da torneira.

IV. O disjuntor utilizado na montagem do circuito da torneira tem sempre margem de 10 A em relação à intensidade da corrente elétrica utilizada, em cada caso.

São verdadeiras:

a) todas as afirmativas.

b) nenhuma afirmativa.

c) apenas a I.

d) apenas a II.

e) apenas a III.

**Anotações**

# AULA 8

**Competência 6** Apropriar-se de conhecimentos da Física para, em situações-problema, interpretar, avaliar ou planejar intervenções científico-tecnológicas.

Habilidade 20 Caracterizar causas ou efeitos dos movimentos de partículas, substâncias, objetos ou corpos celestes.

## Em classe

### TÓPICOS DA GRAVITAÇÃO UNIVERSAL

### Leis de Kepler

**Primeira Lei (ou Lei das Órbitas)**

Qualquer planeta girando em torno de uma estrela descreve uma órbita elíptica, em que a estrela ocupa um dos focos dessa elipse.

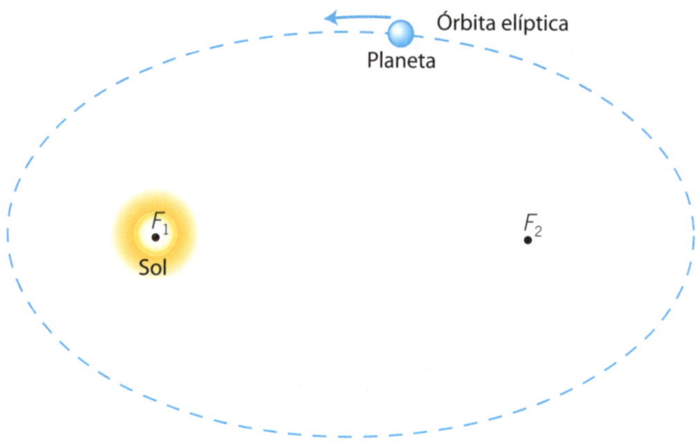


**Segunda Lei (ou Lei das Áreas)**

O raio vetor (linha traçada entre o planeta e o Sol) de um planeta percorre áreas iguais em intervalos de tempos iguais.

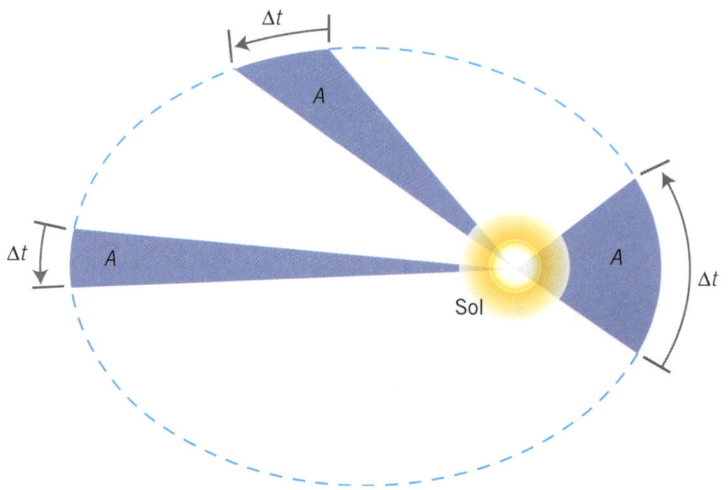

**Terceira Lei (ou Lei dos Períodos)**

Os quadrados dos períodos de revolução dos planetas ($T^2$) são diretamente proporcionais aos cubos dos raios médios de suas órbitas ($R^3$).

Em símbolos: $T^2 = k \cdot R^3$.

### Lei da Gravitação Universal de Newton

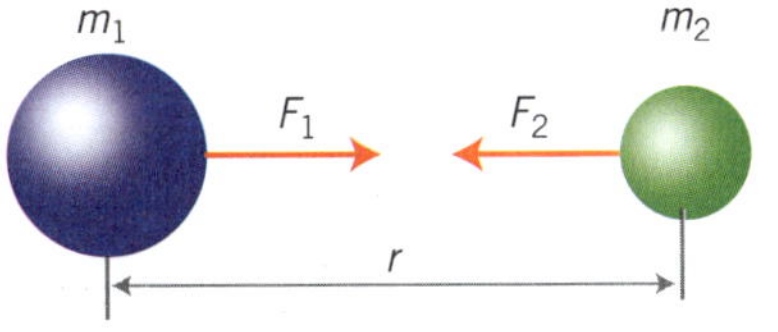


$$F_1 = F_2 = G\frac{m_1 \cdot m_2}{r^2}$$

**1** (Enem) O texto a seguir foi extraído da peça *Troilo e Créssida* de William Shakespeare, escrita, provavelmente, em 1601.

*"Os próprios céus, os planetas, e este centro*
*reconhecem graus, prioridade, classe,*
*constância, marcha, distância, estação, forma,*
*função e regularidade, sempre iguais;*
*eis porque o glorioso astro Sol*
*está em nobre eminência entronizado*
*e centralizado no meio dos outros,*
*e o seu olhar benfazejo corrige*
*os maus aspectos dos planetas malfazejos,*
*e, qual rei que comanda, ordena*
*sem entraves aos bons e aos maus."*
*(personagem Ulysses, Ato I, cena III)*

SHAKESPEARE, W. *Troilo e Créssida*. Porto: Lello & Irmão, 1948.

A descrição feita pelo dramaturgo renascentista inglês se aproxima da teoria:

a) geocêntrica do grego Claudius Ptolomeu.
b) da reflexão da luz do árabe Alhazen.
c) heliocêntrica do polonês Nicolau Copérnico.
d) da rotação terrestre do italiano Galileu Galilei.
e) da gravitação universal do inglês Isaac Newton.

**2** (Enem) Na linha de uma tradição antiga, o astrônomo grego Ptolomeu (100-170 d.C.) afirmou a tese do geocentrismo, segundo a qual a Terra seria o centro do Universo, sendo que o Sol, a Lua e os planetas girariam em seu redor em órbitas circulares. A teoria de Ptolomeu resolvia de modo razoável os problemas astronômicos da sua época. Vários séculos mais tarde, o clérigo e astrônomo polonês Nicolau Copérnico (1473-1543), ao encontrar inexatidões na teoria de Ptolomeu, formulou a teoria do heliocentrismo, segundo a qual o Sol deveria ser considerado o centro do Universo, com a Terra, a Lua e os planetas girando circularmente em torno dele. Por fim, o astrônomo e matemático alemão Johannes Kepler (1571-1630), depois de estudar o planeta Marte por cerca de trinta anos, verificou que a sua órbita é elíptica. Esse resultado generalizou-se para os demais planetas.

A respeito dos estudiosos citados no texto, é correto afirmar que:

a) Ptolomeu apresentou as ideias mais valiosas, por serem mais antigas e tradicionais.
b) Copérnico desenvolveu a teoria do heliocentrismo inspirado no contexto político do Rei Sol.
c) Copérnico viveu em uma época em que a pesquisa científica era livre e amplamente incentivada pelas autoridades.
d) Kepler estudou o planeta Marte para atender as necessidades de expansão econômica e científica da Alemanha.
e) Kepler apresentou uma teoria científica que, graças aos métodos aplicados, pode ser testada e generalizada.

**3** No ano de 2010, comemoraram-se os 400 anos das primeiras descobertas astronômicas com a utilização de um telescópio, realizadas pelo cientista italiano Galileu Galilei. Além de revelar ao mundo que a Lua tem montanhas e crateras e que o Sol possui manchas, ele foi o primeiro a apontar um telescópio para o planeta Júpiter e observar os seus quatro maiores satélites, posteriormente batizados Io, Europa, Ganimedes e Calisto.

| Satélite | Raio orbital ($10^5$ km) | Massa ($10^{22}$ kg) |
|---|---|---|
| Io | 4 | 9 |
| Europa | 6 | 5 |
| Ganimedes | 10 | 15 |
| Calisto | 20 | 11 |

Supondo que as órbitas desses satélites ao redor de Júpiter sejam circulares e com base nas informações da tabela acima, assinale a alternativa correta. (Os valores da tabela foram arredondados por conveniência.)

a) A força de atração entre Júpiter e Ganimedes é maior do que entre Júpiter e Io.

b) Quanto maior for a massa de um satélite, maior será o seu período orbital.

c) A circunferência descrita pelo satélite Calisto é quatro vezes maior que a circunferência descrita pelo satélite Europa.

d) A maior velocidade angular é a do satélite Calisto, por possuir maior período orbital.

e) O período orbital de Europa é aproximadamente o dobro do período orbital de Io.

**4** (Enem) O ônibus espacial Atlantis foi lançado ao espaço com cinco astronautas a bordo e uma câmera nova, que iria substituir outra danificada por um curto-circuito no telescópio Hubble. Depois de entrarem em órbita a 560 km de altura, os astronautas se aproximaram do Hubble. Dois astronautas saíram da Atlantis e se dirigiram ao telescópio. Ao abrir a porta de acesso, um deles exclamou: "Esse telescópio tem a massa grande, mas o peso é pequeno.".

© NASA

Considerando o texto e as leis de Kepler, pode-se afirmar que a frase dita pelo astronauta:

a) se justifica porque o tamanho do telescópio determina a sua massa, enquanto seu pequeno peso decorre da falta de ação da aceleração da gravidade.

b) se justifica ao verificar que a inércia do telescópio é grande comparada à dele próprio e que o peso do telescópio é pequeno porque a atração gravitacional criada por sua massa era pequena.

c) não se justifica, porque a avaliação da massa e do peso de objetos em órbita tem por base as leis de Kepler, que não se aplicam a satélites artificiais.

d) não se justifica, porque a força-peso é a força exercida pela gravidade terrestre, nesse caso, sobre o telescópio e é a responsável por manter o próprio telescópio em órbita.

e) não se justifica, pois a ação da força-peso implica a ação de uma força de reação contrária, que não existe naquele ambiente. A massa do telescópio poderia ser avaliada simplesmente pelo seu volume.

Em casa

## TEXTO DE APOIO

### Introdução

Em 18 de outubro de 2005, a Agência Espacial Brasileira (AEB) e a Agência Espacial da Federação Russa (Roscosmos) assinaram um acordo que possibilitou a realização da Missão Centenário, culminando com a ida do astronauta brasileiro Marcos César Pontes à Estação Espacial Internacional (ISS, sigla em inglês).

O lançamento do astronauta brasileiro foi realizado no dia 30 de março de 2006, no Centro de Lançamento de Baikonur (Cazaquistão). Além do brasileiro, viajaram no interior da nave *Soyuz* o russo Pavel Vinogradov e o norte-americano Jeffrey Williams.

A missão durou dez dias, dos quais oito aconteceram na ISS, onde foram realizados alguns experimentos.

Durante essa missão, Marcos Pontes pôde perceber vários satélites geoestacionários, que se encontram parados relativamente a um ponto fixo sobre a Terra. O plano de órbita desses satélites é o plano equatorial terrestre. Como se encontram sempre sobre o mesmo ponto da Terra, os satélites geoestacionários são utilizados como dispositivos de comunicação e de observação de regiões específicas da Terra.

Quais são as condições para que um satélite geoestacionário fique nessa posição? Será que há alguma relação com o peso dele para que ele fique nessa situação?

Para responder essas indagações, necessitamos conhecer pelo menos uma parte da teoria de um capítulo importante da Física denominado Gravitação Universal.

### Os personagens

Ao longo dos séculos, o ser humano, por muitas vezes, se questionou a respeito do que ocorria fora de nosso planeta. O que poderia existir fora da Terra? Qual seria a relação entre os astros observados e nosso planeta? Haveria alguma influência desses astros em nossa vida?

Para melhor compreender a evolução das ideias que fundamentam a Gravitação Universal, vamos descrever as principais teorias formuladas por certos pensadores e como elas podem nos auxiliar a entender problemas semelhantes aos dos satélites geoestacionários.

**Cláudio Ptolomeu**, pensador grego que viveu no século I, estabeleceu o primeiro registro histórico relevante a respeito das órbitas dos corpos celestes.

Era partidário do geocentrismo, teoria que afirmava que os planetas, além do Sol, giravam em torno da Terra em órbitas circulares e concêntricas. Como essa teoria recebeu forte respaldo por parte da Igreja Católica, no Ocidente, ela perdurou por 16 séculos.

Cláudio Ptolomeu.

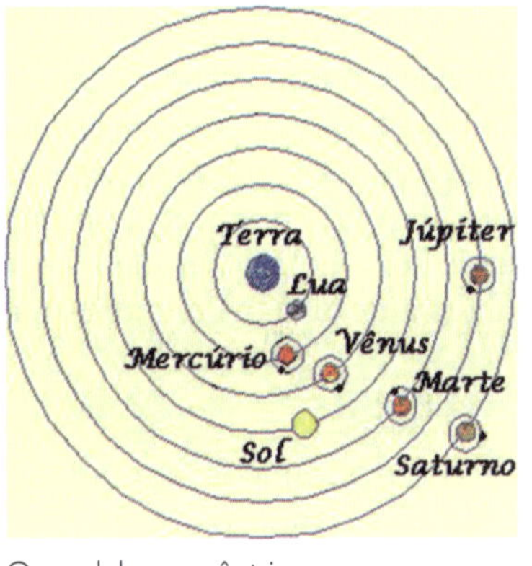


O modelo geocêntrico.

**Nicolau Copérnico** (1473-1543), astrônomo e matemático polonês, propôs um novo modelo para as órbitas dos astros. Nesse modelo, os planetas, incluindo a Terra, descreviam órbitas circulares em torno do Sol. Tratava-se de um modelo heliocêntrico. Essa teoria, com certas correções, ainda permanece.

© WWW.CCVALG.PT

Nicolau Copérnico.

**Galileo Galilei** (1564-1642), físico, matemático e astrônomo italiano, um dos pais do método científico, defendeu a teoria de Copérnico. Por imposição do Tribunal da Inquisição, após a publicação de um de seus livros, em que dava razão à teoria heliocêntrica, teve de negar a veracidade dessa teoria para escapar da acusação de herege e de ser condenado à fogueira. Galileo, fazendo uso do recém-criado "aparelho óptico de aumento", o telescópio, foi responsável pela observação dos satélites de Júpiter (Io, Europa, Ganimedes e Calisto). Por meio da observação do movimento desses satélites, ele compreendeu que a Terra, de fato, não poderia estar no centro do Universo.

© GALLERIA UFFIZI, FLORENÇA, ITÁLIA

Galileo Galilei.

**Tycho Brahe** (1546-1601), astrônomo dinamarquês que, por meio de precisas observações com coleta de dados, foi fundamental para o desenvolvimento das leis que alicerçam a gravitação: as leis de Kepler e a Lei da Gravitação Universal de Newton. Tycho não conseguiu elaborar uma nova teoria sobre as órbitas dos planetas, porque acreditava que o Sol e a Lua rodavam ao redor da Terra e que os demais planetas rodavam ao redor do Sol.

© HTTP://ABOUTFACTS.NET

Tycho Brahe.

**Johannes Kepler** (1571-1630), astrônomo e matemático alemão que elaborou as leis que regem os movimentos dos astros. A partir das observações de seu mestre Tycho Brahe, Kepler foi capaz de corrigir a proposta de Copérnico, ao afirmar que, de fato, o sistema é heliocêntrico, embora as órbitas dos planetas não sejam circulares, mas sim elípticas.

Com os dados de Tycho Brahe, Kepler pôde então escrever as três leis fundamentais relacionando os movimentos dos corpos celestes, que mais tarde seriam explicadas por Isaac Newton, com a Lei da Gravitação Universal.

© HTTP://HOWTHINGSFLY.SI.EDUT

Johannes Kepler.

### O Sistema Solar

Chamamos de Sistema Solar um sistema de corpos celestes constituído por uma estrela situada no centro desse sistema e diversos corpos girando ao redor dessa estrela. Esses corpos podem ser planetas, cometas ou asteroides, que estão ligados à estrela pela gravidade.

Em nosso Sistema Solar, a estrela é o Sol; ao redor dela giram oito planetas e milhares de asteroides. Os planetas que constituem o nosso Sistema Solar são, em ordem crescente de distância do Sol: Mercúrio, Vênus, Terra, Marte, Júpiter, Saturno, Urano e Netuno.

Desde 2006, Plutão não é mais considerado planeta, devido a uma resolução da UAI (União Astronômica Internacional), que adotou a seguinte definição para planeta: um corpo que orbita uma estrela e que seja grande o suficiente para que sua própria gravidade o deixe com forma redonda, e tenha limpado a sua vizinhança de objetos menores nas suas proximidades.

## AS LEIS DE KEPLER

Com os dados astronômicos acumulados até o século XVII, Kepler conseguiu compilar, de forma relativamente simples, como os corpos celestes (principalmente os planetas) orbitavam em torno de uma estrela.

### Primeira Lei de Kepler (ou Lei das Órbitas)

Qualquer planeta girando em torno de uma estrela descreve uma órbita elíptica, com a estrela ocupando um dos focos dessa elipse.

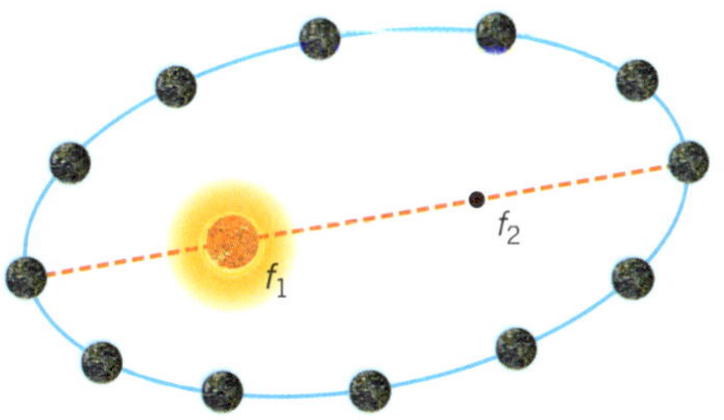


$f_1$ e $f_2$ são os focos da elipse

### Segunda Lei de Kepler (ou Lei das Áreas)

O raio vetor (linha traçada entre o planeta e o Sol) de um planeta percorre áreas iguais em intervalos de tempos iguais.

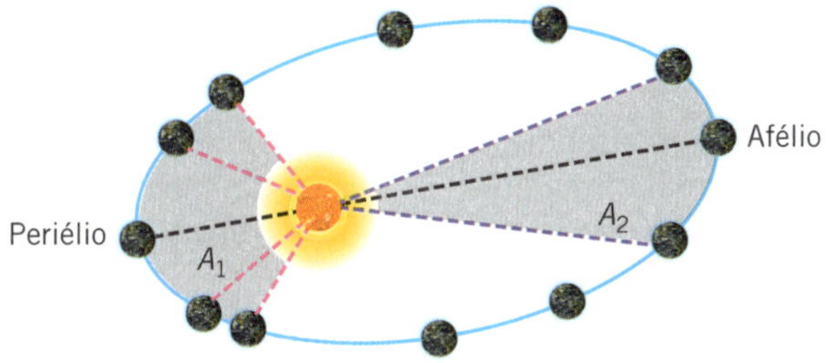


Observe a figura acima. Se a área $A_1$ for igual à área $A_2$, o planeta percorrerá, em sua órbita, ambas as áreas no mesmo intervalo de tempo.

Sejam $\boldsymbol{\Delta t_1}$ o intervalo de tempo para o planeta percorrer a área $\boldsymbol{A_1}$, e $\boldsymbol{\Delta t_2}$, o intervalo de tempo para o planeta percorrer a área $\boldsymbol{A_2}$. De acordo com a Segunda Lei de Kepler, podemos estabelecer a seguinte igualdade:

$$v = \frac{A_1}{\Delta t_1} = \frac{A_2}{\Delta t_2}$$

em que $\boldsymbol{v}$ é a **velocidade areolar** do planeta, a qual é constante durante todo o movimento.

#### Periélio e afélio

Chama-se **periélio** o ponto da órbita mais próximo ao Sol. Por consequência, chama-se **afélio** o ponto da órbita mais distante do Sol.

Observe a figura a seguir. Considere $\Delta S_1$ como sendo o deslocamento do planeta ao percorrer a área $A_1$, e $\Delta S_2$, o deslocamento do planeta ao percorrer a área $A_2$. Note que $\Delta S_1 > \Delta S_2$. Se a Segunda Lei de Kepler garante que os intervalos de tempo nesses deslocamentos são iguais, podemos estimar que a velocidade de translação do planeta ao redor do Sol é máxima no periélio e mínima no afélio.

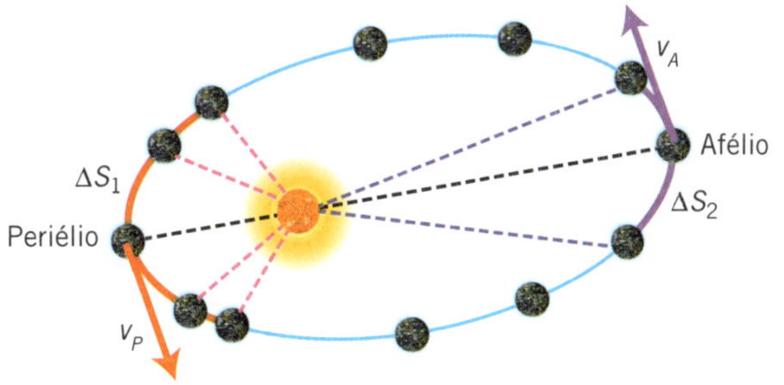

**Terceira Lei de Kepler (ou Lei dos Períodos)**

Os quadrados dos períodos de revolução dos planetas ($T^2$) são diretamente proporcionais aos cubos dos raios médios de suas órbitas ($R^3$).

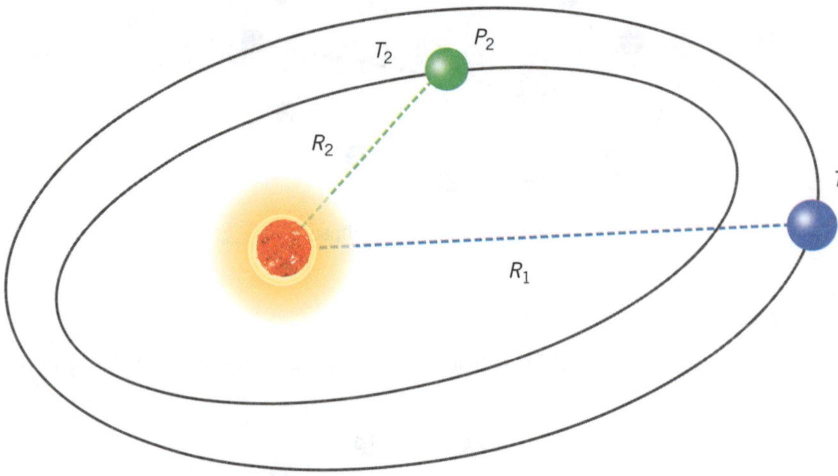


Na figura acima, $T_1$ e $T_2$ são, respectivamente, os períodos de revolução dos planetas $P_1$ e $P_2$ em torno do Sol e $R_1$ e $R_2$ são os raios (ou semieixos) médios da órbita de cada planeta.

Desse modo, pela Terceira Lei de Kepler, temos a seguinte relação:

$$\frac{T_1^2}{R_1^3} = \frac{T_2^2}{R_2^3}$$

Essa relação é válida para todos os planetas girando em torno de uma mesma estrela.

## A Lei da Gravitação Universal de Newton

A partir das Leis de Kepler, Isaac Newton (1643-1727), físico, astrônomo e matemático inglês, deduziu como seriam as forças que mantinham os corpos em órbita. Observando os corpos em queda na superfície terrestre e o movimento da Lua em torno da Terra, ele fez a suposição de que essas forças deviam ter a mesma origem. De acordo com seus estudos, Newton estabeleceu que: "Duas partículas se atraem com forças cuja intensidade é diretamente proporcional ao produto de suas massas e inversamente proporcional ao quadrado da distância que as separa". Sendo ***d*** a distância entre elas, a expressão do módulo da força de atração gravitacional é:

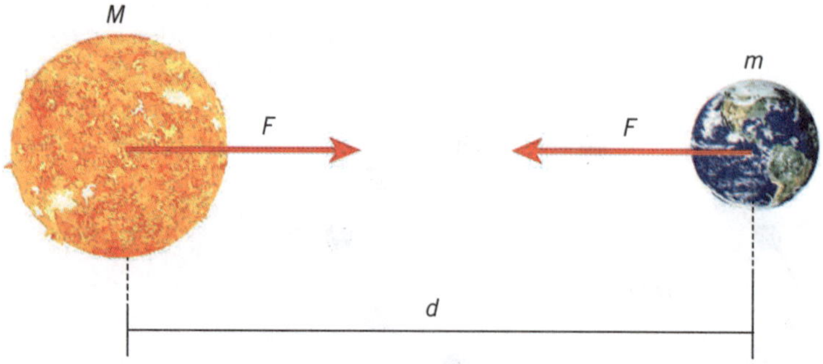


$$F = G \cdot \frac{m_1 \cdot m_2}{r^2}$$

Nessa expressão, $G$ é a **constante universal gravitacional**, cujo valor é $6{,}67 \cdot 10^{-11}$ $Nm^2/kg^2$.

## Consequências da Lei da Gravitação Universal de Newton

### Velocidade orbital

Se considerarmos o sistema Terra-Lua, em que a Lua orbita a Terra, podemos relacionar a dinâmica com a Lei da Gravitação Universal para determinarmos a velocidade com que a Lua orbita a Terra.

Observe o esquema a seguir. Nele estão representados a força de atração gravitacional que a Terra exerce sobre a Lua e o vetor velocidade com que a Lua descreve a sua órbita:

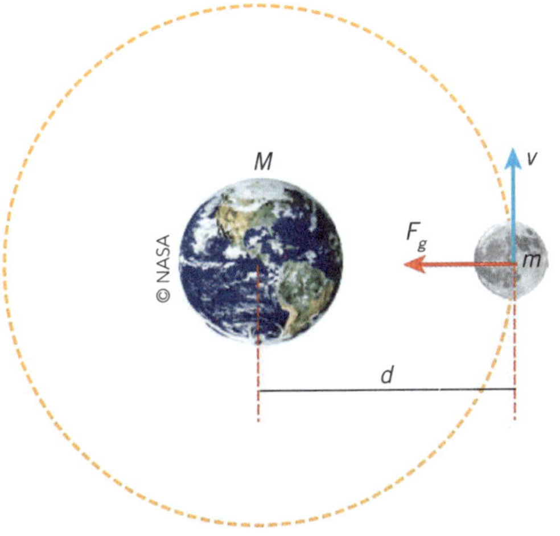


Sejam: ***M***, a massa da Terra; ***m***, a massa da Lua; e ***d***, a distância entre o centro da Terra e o centro da Lua.

Desconsiderando qualquer outra força aplicada à Lua, a força de atração gravitacional é a resultante centrípeta.

Assim:

$$F_{cp} = F_G \Rightarrow m \cdot \frac{v^2}{d} = G \cdot \frac{M \cdot m}{d^2} \Rightarrow v = \sqrt{\frac{G \cdot M}{d}}$$

Essa expressão indica como se determina a velocidade orbital para qualquer corpo celeste que orbite em torno de um corpo de massa *M*.

Observe que essa velocidade não depende da massa do corpo em órbita (no caso a Lua). Ela depende apenas da massa da Terra e da sua distância até o centro desta.

Essa mesma teoria é válida para os satélites geoestacionários vistos pelo astronauta Marcos Pontes.

Observe também que essa expressão de velocidade comprova a Segunda Lei de Kepler, uma vez que, quanto mais perto do Sol, maior deve ser a velocidade de um planeta.

Também podemos provar a Terceira Lei de Kepler (Lei dos Períodos), se expressarmos a força resultante centrípeta como:

$$F_{cp} = m \cdot \omega^2 \cdot R \text{ e } \omega = \frac{2\pi}{T}$$

Dessa forma, temos:

$$F_{cp} = F_G \Rightarrow m \cdot \omega^2 \cdot R = G \cdot \frac{M \cdot m}{R^2} \Rightarrow \omega^2 = \frac{G \cdot M}{R^3} \Rightarrow \left(\frac{2\pi}{T}\right)^2 = \frac{G \cdot M}{R^3} \Rightarrow \frac{T^2}{R^3} = \frac{4 \cdot \pi^2}{G \cdot M} = \text{constante}$$

### Aceleração da gravidade

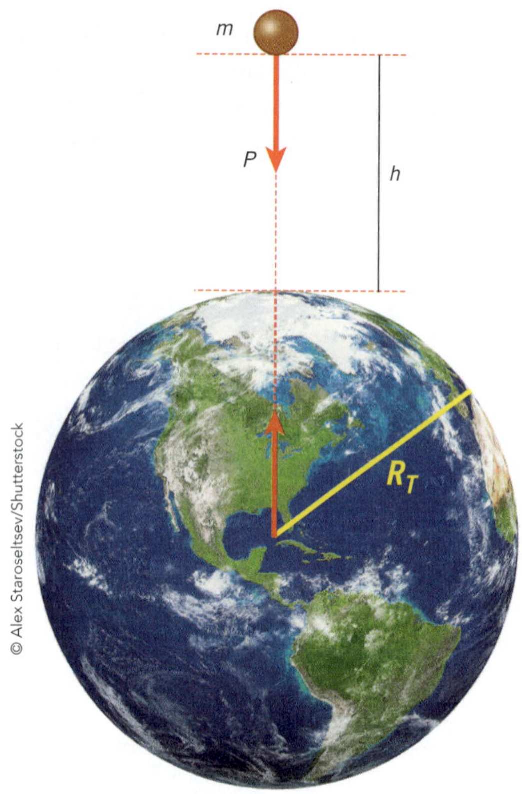


Se levarmos em conta somente a interação entre um corpo próximo à superfície da Terra com a própria Terra, podemos desconsiderar quaisquer interações desse corpo com o Sol ou com a Lua. Assim, empregando a Lei da Gravitação Universal, podemos determinar a aceleração da gravidade local.

A figura acima simboliza um pequeno corpo de massa $\boldsymbol{m}$, próximo à superfície terrestre, a uma altura $\boldsymbol{h}$; $\boldsymbol{R_T}$ representa o raio da Terra.

Isolando-se o corpo, a única força que atua sobre ele é a força peso.

Como a força peso é a força de atração que a Terra exerce sobre o corpo, então é válida a seguinte igualdade:

$$P = F_G \Rightarrow m \cdot g = G \cdot \frac{M \cdot m}{d^2} \Rightarrow m \cdot g = G \cdot \frac{M \cdot m}{(R_T + h)^2} \Rightarrow g = G \cdot \frac{M}{(R_T + h)^2}$$

Essa expressão permite-nos calcular a gravidade da Terra (ou de qualquer corpo) em qualquer ponto no espaço.

Para pontos muito próximos da superfície terrestre, a altura $\boldsymbol{h}$ pode ser desprezada, se comparada ao raio da Terra, que é próximo de 6 378 km.

Assim, a aceleração da gravidade na superfície terrestre pode ser calculada por:

$$g = \frac{G \cdot M}{R_T^2}$$

Entre outros estudos relacionados à gravitação, Newton conseguiu explicar o movimento das marés por meio da Lei da Gravitação Universal.

**1** Leia a tirinha.

© JOAQUIN SALVADOR LAVADO (QUINO)/ACERVO DO CARTUNISTA

Não é difícil imaginar que Manolito desconheça a relação entre a força da gravidade e a forma de nosso planeta. Traduzida pela expressão criada por Newton, conhecida como a Lei de Gravitação Universal, essa lei é, por alguns, aclamada como "a Quarta Lei de Newton". De sua apreciação, é **correto** entender que:

a) em problemas que envolvem a atração gravitacional de corpos sobre o planeta Terra, a constante de gravitação universal, inserida na expressão newtoniana da Lei de Gravitação, é chamada de aceleração da gravidade.

b) é o planeta que atrai os objetos à sua superfície e não o contrário, uma vez que a massa da Terra supera em muitas vezes a massa de qualquer corpo que se encontre sobre sua superfície.

c) o que caracteriza o movimento orbital de um satélite terrestre é seu distanciamento do planeta Terra, longe o suficiente para que o satélite esteja fora do alcance da força gravitacional do planeta.

d) a força gravitacional entre dois corpos diminui linearmente conforme é aumentada a distância que separa esses dois corpos.

e) aqui na Terra, o peso de um corpo é o resultado da interação atrativa entre o corpo e o planeta e depende diretamente das massas do corpo e da Terra.

---

**2** Na figura abaixo, o sul-africano Mark Shuttleworth, que entrou para a história como o segundo turista espacial, depois do empresário norte-americano Dennis Tito, "flutua" a bordo da Estação Espacial Internacional que se encontra em órbita baixa (entre 350 km e 460 km da Terra).

© NASA

Sobre Mark, é correto afirmar:

a) tem a mesma aceleração da Estação Espacial Internacional.

b) não tem peso nessa órbita.

c) tem o poder da levitação.

d) permanece flutuando devido à inércia.

e) tem velocidade menor que a da Estação Espacial Internacional.

**3** A ISS, sigla em inglês para a Estação Espacial Internacional, embora pareça ficção científica, é a realização de um sonho antigo do homem. A ISS tem dentro dela diversos laboratórios, um purificador de ar e, é claro, o dormitório dos astronautas. Os laboratórios servem para fazer experiências científicas que precisam de gravidade relativa zero, como análise e fabricação de diversos materiais, e até estudar o crescimento e a permanência de animais em baixa gravidade (incluindo o próprio ser humano).

© NASA

Os astronautas conseguem flutuar no interior de uma nave em órbita em torno da Terra porque naquela altura:

a) não há gravidade.

b) a nave exerce uma blindagem contra a ação gravitacional da Terra.

c) existe vácuo.

d) os astronautas e a nave têm aceleração igual à da gravidade, isto é, estão em uma espécie de "queda livre".

e) o campo magnético terrestre equilibra a ação gravitacional.

**4** "Perder peso" é a prioridade de muitas pessoas que se submetem às mais diversas dietas, algumas absurdas do ponto de vista nutricional. O gato Garfield, personagem comilão, também é perseguido pelo padrão estético que exige magreza, mas resiste a fazer qualquer dieta, como mostra o "diálogo" a seguir:

GARFIELD

Jim Davis/Universal Uclick

Analisando a "resposta" de Garfield, você:

a) concorda com ele, pois, se o seu peso se tornar menor em outro planeta, sua massa também diminuirá.

b) discorda dele, pois o peso de um corpo independe da atração gravitacional exercida sobre ele pelo planeta.

c) concorda com ele, pois o peso de um corpo diminui quando a atração gravitacional exercida pelo planeta sobre ele é menor.

d) discorda dele, pois seu peso não poderá diminuir, se sua massa permanecer constante.

e) discorda dele, pois, se a gravidade do outro planeta for menor, a massa diminui, mas o peso não se altera.

**5** No sábado, 5 de maio de 2012, ocorreu um raro fenômeno em que a Lua se mostrou maior e mais brilhante do que o normal, por se encontrar em seu perigeu, o ponto mais próximo de sua órbita na Terra. Nessa posição, a Lua esteve a 356 577 km da Terra. Segundo a NASA, nessa ocasião a Lua só se aproximou 26 323 km da Terra. Dessa vez, a posição de perigeu coincidiu com a fase de Lua cheia, o que ampliou o efeito de aproximação. Ainda segundo a NASA, ela nos pareceu 30% mais brilhante e 14% maior. Esse fenômeno é chamado pelos astrônomos de "Superlua", ou "Supermoon", em inglês.

A foto a seguir mostra a imagem da Lua em duas situações passadas em que ela esteve nas posições de perigeu e de apogeu.

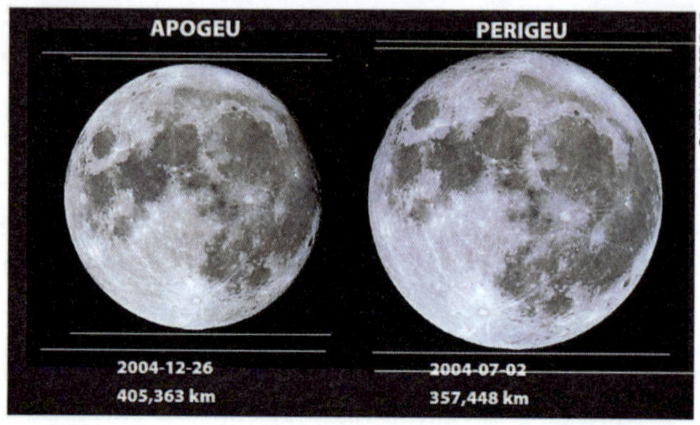


© KEN HURST/PHP

Com relação a essa situação da Superlua descrita no texto, é correto afirmar que:

a) no perigeu, a Lua desenvolve sua maior velocidade de órbita em torno da Terra.

b) no apogeu, posição da órbita oposta ao perigeu, a Lua sempre está na fase Cheia.

c) na data citada, certamente ocorrerá um eclipse lunar.

d) não faz sentido falar em perigeu, tendo em vista que a órbita da Lua em torno da Terra é uma circunferência.

e) nessa data, a força de atração gravitacional entre a Terra e a Lua sofrerá um ligeiro aumento em sua intensidade.

**Anotações**

# AULA 9

**Competência 1** Compreender as ciências naturais e as tecnologias a elas associadas como construções humanas, percebendo seus papéis nos processos de produção e no desenvolvimento econômico e social da humanidade.

Habilidade 6 Reconhecer características ou propriedades de fenômenos ondulatórios ou oscilatórios, relacionando-os a seus usos em diferentes contextos.

## Em classe

### ONDULATÓRIA

### Pulso e onda

- Pulso: é a perturbação que se propaga ao longo de um meio.
- Onda: é uma série de pulsos sucessivos.
- Fonte: é o corpo responsável pela produção das ondas.

Uma onda transfere energia sem transportar matéria.

### Classificação de ondas

**Quanto à forma**

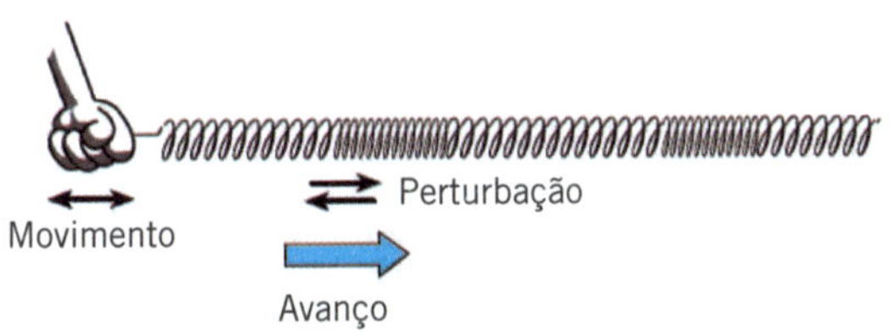


Longitudinal: a direção de propagação é paralela ao avanço da onda.

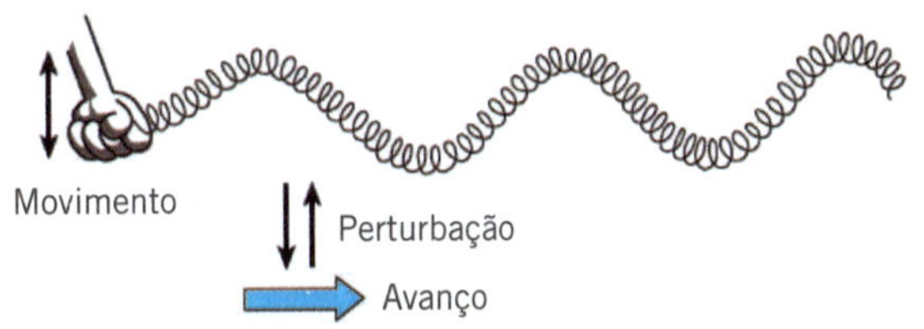


Transversal: a direção de propagação é perpendicular ao avanço da onda.

**Quanto à natureza**

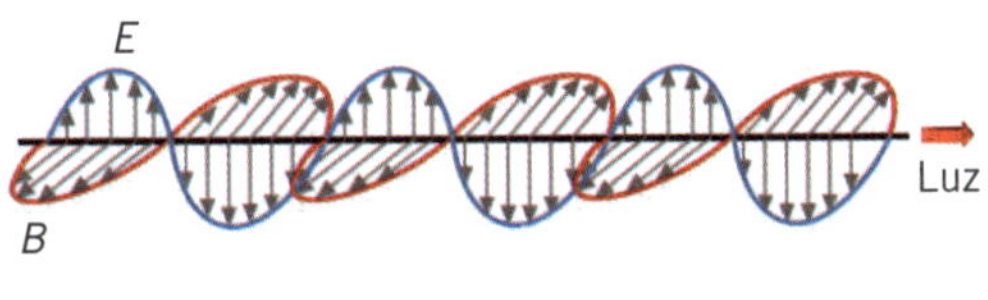


Eletromagnética: produzida por oscilações de campos elétricos e magnéticos.

© EPICSTOCKMEDIA/SHUTTERSTOCK

Mecânica: necessita da presença de um meio material.

## Onda senoidal

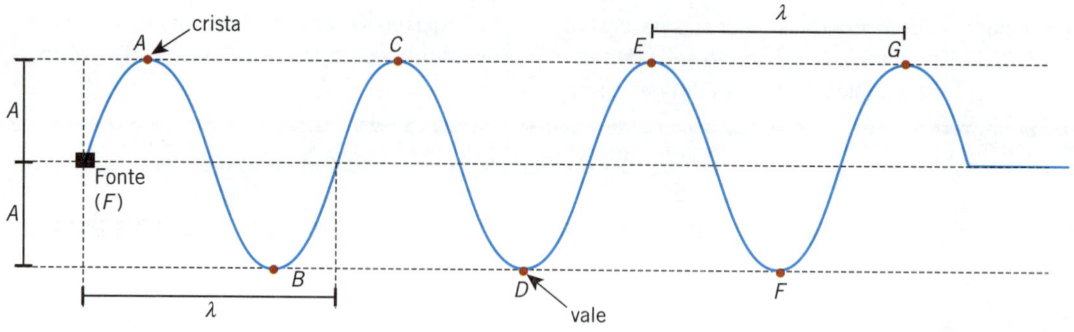


- Amplitude ($A$): altura de uma crista ou profundidade de um vale.
- Frequência ($f$): número de oscilações realizadas pela fonte em dado intervalo de tempo.
- Período ($T$): intervalo de tempo necessário para a fonte realizar uma oscilação completa.
- Comprimento de onda ($\lambda$): distância percorrida pela onda durante uma oscilação completa.

**Relação entre período e frequência**

$$T = \frac{1}{f}$$

Unidades do SI
- Frequência, $f \rightarrow$ Hz (hertz)
- Período, $T \rightarrow$ s (segundos)
- Comprimento de onda, $\lambda \rightarrow$ m (metros)
- Velocidade, $v \rightarrow$ m/s (metros por segundo)

## Equação fundamental da ondulatória

$$v = \lambda \cdot f$$

**1** (PUC-SP) Uma cena comum em filmes de ficção científica é a passagem de uma nave espacial em alta velocidade, no espaço vazio, fazendo manobras com a ajuda de foguetes laterais, tudo isso acompanhado de um forte ruído.

Assinale a alternativa correta.

a) A cena é correta, pois não há problema com o fato de uma nave voar no espaço vazio.

b) A cena é correta, porque é perfeitamente perceptível o ruído de uma nave no espaço vazio.

c) A cena não é correta, pois o som não se propaga no vácuo.

d) A cena não é correta, pois não é possível que uma nave voe no espaço vazio.

e) A cena não é correta, pois não é possível fazer manobras no espaço vazio.

**2** (UFSM-RS) Uma máquina colheitadeira moderna incorpora um dispositivo de GPS, que funciona emitindo ondas eletromagnéticas a um satélite. Se o satélite está a uma distância de 240 km da colheitadeira e se as ondas eletromagnéticas têm comprimento de onda de 1,2 cm, a frequência das ondas e o tempo de ida são, respectivamente, em Hz e em s:

(Adote: velocidade da onda eletromagnética $v = 3 \cdot 10^8$ m/s.)

a) $2{,}5 \cdot 10^{14}$, $8 \cdot 10^{-5}$.

b) $3{,}6 \cdot 10^{12}$, $8 \cdot 10^{-6}$.

c) $2{,}5 \cdot 10^{10}$, $8 \cdot 10^{-4}$.

d) $3{,}6 \cdot 10^{10}$, $8 \cdot 10^{-5}$.

e) $2{,}5 \cdot 10^{8}$, $8 \cdot 10^{-4}$.

**3** (Fuvest-SP) Um estudo de sons emitidos por instrumentos musicais foi realizado, usando um microfone ligado a um computador. O gráfico a seguir, reproduzido da tela do monitor, registra o movimento do ar captado pelo microfone, em função do tempo, medido em milissegundos, quando se toca uma nota musical em um violino.

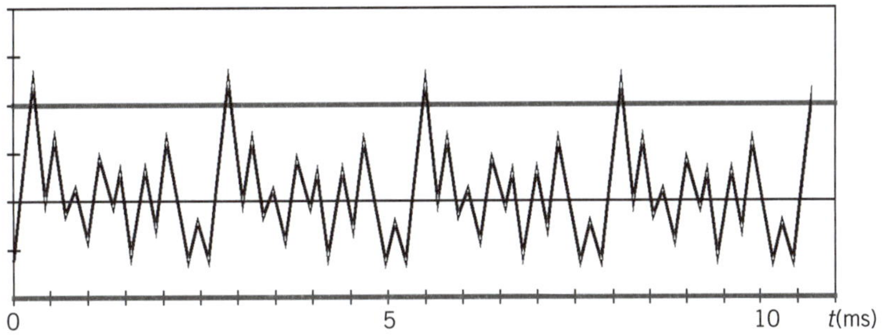


| Nota | dó | ré | mi | fá | sol | lá | si |
|---|---|---|---|---|---|---|---|
| Frequência (Hz) | 262 | 294 | 330 | 349 | 388 | 440 | 494 |

Consultando a tabela acima, pode-se concluir que o som produzido pelo violino era o da nota:
(Dado: 1 ms = $10^{-3}$ s.)

a) dó. b) mi. c) sol. d) lá. e) si.

**4** (UFRJ – Adaptado) Um brinquedo muito divertido é o telefone de latas. Ele é feito com duas latas abertas e um barbante, que tem suas extremidades presas às bases das latas. Para utilizá-lo, é necessário que uma pessoa fale na "boca" de uma das latas e outra pessoa ponha seu ouvido na "boca" da outra lata, mantendo os fios esticados.

Como no caso do telefone comum, também existe um comprimento de onda máximo em que o telefone de latas transmite bem a onda sonora.

Sabendo que para certo telefone de latas o comprimento de onda máximo é 50 cm e que a velocidade do som no ar é igual a 340 m/s, a frequência mínima das ondas sonoras que são bem transmitidas pelo telefone é de:

a) 6,8 Hz. b) 170 Hz. c) 680 Hz. d) 3 400 Hz. e) 17 000 Hz.

**5** (FGV-RJ) A avaliação radiológica de uma pessoa que apresentava dificuldades para escutar foi realizada determinando-se o limiar de nível sonoro de sua audição (mínimo audível) para várias frequências, para os ouvidos direito e esquerdo separadamente.

Os resultados estão apresentados nos gráficos ao lado, onde a escala de frequência é logarítmica, e a de nível sonoro, linear.

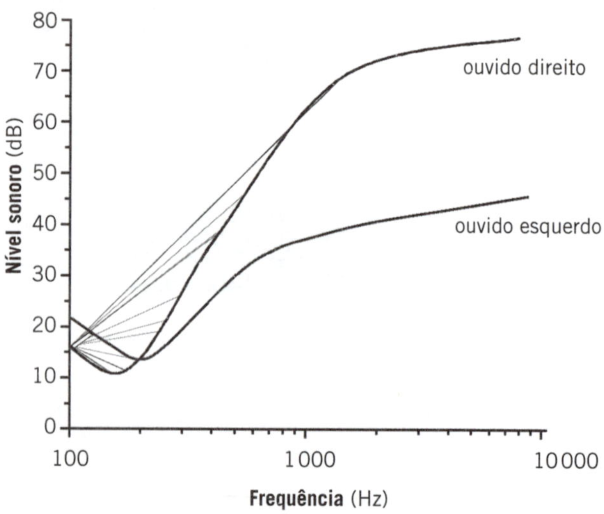


A partir desses gráficos, pode-se concluir que essa pessoa:

a) não escuta um sussurro de 18 dB, independente de sua frequência.
b) percebe o som da nota musical lá, de 440 Hz, apenas com o ouvido esquerdo, independente do nível sonoro.
c) é surda do ouvido esquerdo.
d) escuta os sons de frequências mais altas melhor com o ouvido direito do que com o esquerdo.
e) escuta alguns sons sussurrados, de frequência abaixo de 200 Hz, apenas com o ouvido direito.

## Em casa

### TEXTO DE APOIO

#### Pulso e onda

Os fenômenos ondulatórios estão presentes em diversos momentos do nosso cotidiano. Note, por exemplo, que, enquanto você lê este texto, diversas ondas de natureza eletromagnética penetram seu globo ocular. Ou mesmo quando ouve as explicações do seu professor, existe uma transferência de energia que emerge da boca de seu professor e adentra o seu aparelho auditivo. Essa transferência de energia é feita por meio de ondas sonoras.

Para o estudo de fenômenos ondulatórios, algumas definições são necessárias.

Pulso é toda perturbação criada em um ponto de um meio por certo corpo (fonte), que é transmitida aos pontos vizinhos, propagando-se ao longo do meio. Uma onda é uma sequência periódica e regular de pulsos.

Quando você segura uma corda bem esticada e em repouso, todos os pontos dessa corda estão estáticos. Portanto, sem energia cinética. Supondo a corda na horizontal e adotando-se como plano de referência a horizontal que contém a corda, não podemos associar energia potencial gravitacional a esses pontos da corda. No entanto, ao produzir um abalo vertical no ponto da corda em contato com a sua mão, você observa que os pontos da corda repetem esse comportamento, movimentando-se na direção vertical. Como a energia não pode ser criada, só pode ser transformada ou transferida, conclui-se que houve uma transferência de energia da sua mão (fonte) para os demais pontos da corda, sem que houvesse transporte de matéria ao longo dela.

#### Classificação de ondas

Classificamos ondas de acordo com dois critérios, apresentados a seguir.

a) Quanto à forma:
- **Ondas transversais**, nas quais a direção de oscilação dos pontos do meio é perpendicular à direção de avanço da onda. Oscilações na superfície de um líquido são transversais.
- **Ondas longitudinais**, nas quais a direção de oscilação dos pontos do meio é paralela à direção de avanço da onda. A onda sonora é um exemplo de onda longitudinal.

b) Quanto à natureza:
- **Ondas eletromagnéticas**, que são ondas produzidas por variações de campos elétricos e magnéticos. Essas ondas propagam-se até no meio que não apresenta matéria (vácuo). A luz, as micro-ondas e o raio ultravioleta são exemplos de onda eletromagnética.
- **Ondas mecânicas**, que são as ondas associadas a oscilações de partículas de um meio. Portanto, necessitam da presença de um meio material. O som, as ondas produzidas em cordas e as ondas produzidas na superfície de um líquido são exemplos de onda mecânica.

#### Ondas senoidais

Quando a fonte oscila em um vai e vem constante chamado de **movimento harmônico**, o formato da onda gerada é o do tipo **senoidal** e sua representação é:

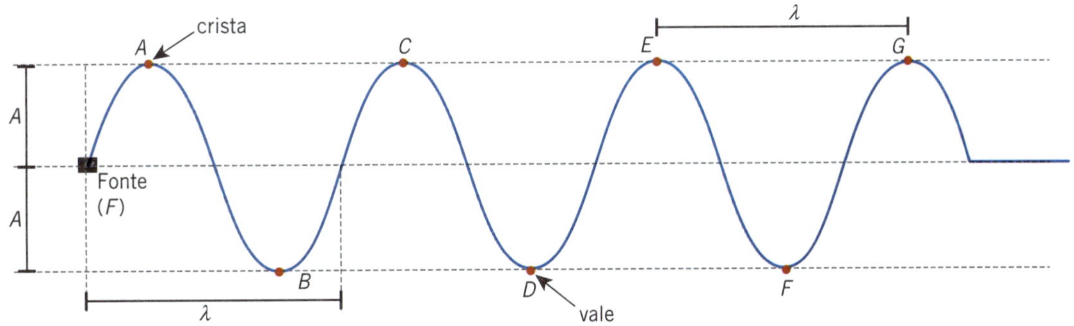

### Algumas grandezas associadas às ondas

- Frequência (*f*): número de oscilações realizadas pela fonte em dado intervalo de tempo. No SI, expressa-se a frequência em **hertz (Hz)**.
- Período (*T*): intervalo de tempo necessário para a fonte realizar uma oscilação completa. No SI, a unidade de período é o **segundo (s)**. Relação entre período e frequência:

$$T = \frac{1}{f}$$

- Comprimento de onda ($\lambda$): distância percorrida pela onda durante uma oscilação completa.
- Amplitude (*A*): distância entre os extremos da oscilação de um ponto da onda e sua posição de equilíbrio (ponto central da trajetória).

### Equação fundamental da ondulatória

Em um meio elástico homogêneo, a velocidade de propagação de uma onda é constante e, portanto, pode ser determinada por meio do cálculo da velocidade média, $v_m$:

$$v_m = \frac{\Delta S}{\Delta t}$$

Sabendo que a distância percorrida pela onda durante uma oscilação completa é $\lambda$ e que o intervalo de tempo necessário para completar essa oscilação é *T*, temos:

$$v = \frac{\lambda}{T}$$

Da relação entre período e frequência, podemos escrever essa equação da seguinte forma:

$$v = \lambda \cdot f$$

## Fenômenos ondulatórios

### Reflexão

A reflexão é o fenômeno que ocorre quando uma onda atinge um obstáculo, retornando ao meio no qual foi emitida. Como o meio de propagação da onda incidente e da onda refletida é o mesmo, elas têm a mesma velocidade.

É devido à reflexão que escutamos o eco de nossa voz quando falamos em frente a um grande obstáculo que esteja a partir de certa distância, como um morro. Nesse caso, o eco nada mais é do que som de nossa própria voz que foi refletido e que retorna aos nossos ouvidos. A ultrassonografia utiliza o fenômeno das reflexões de ondas ultrassônicas (ondas mecânicas com frequências superiores à do som) nos tecidos internos do corpo humano.

### Refração

Quando uma onda se propaga em certo meio, *A*, e passa a se propagar em outro meio, *B*, de características diferentes em relação ao meio *A*, ocorre o fenômeno conhecido como refração. A refração da luz é um tema importante no capítulo da Física denominado **óptica**. O fenômeno do arco-íris é em parte explicado pela refração da luz, acompanhada da dispersão da luz branca em luzes coloridas.

A figura a seguir mostra uma onda formada na superfície de um líquido e que passa a se propagar em uma região diferente.

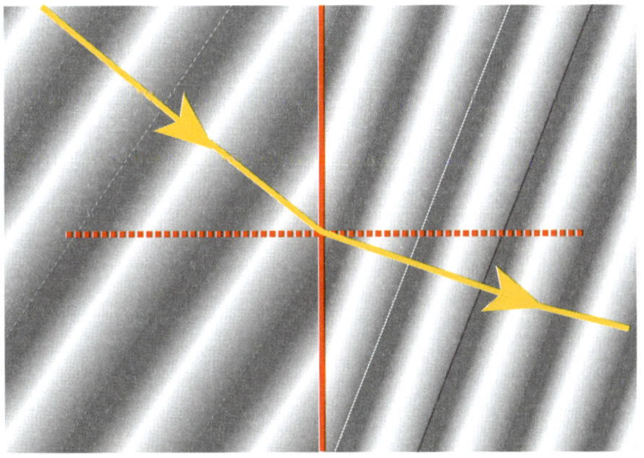

Na refração, ocorre uma mudança no comprimento de onda e na velocidade de propagação da onda. Essas mudanças podem ou não ser acompanhadas de uma mudança na direção de propagação. Na refração, a frequência da onda permanece inalterada.

**Difração**

Uma onda que atinge um obstáculo ou que atinge uma barreira que contenha um orifício é submetida ao fenômeno da difração. Nessa circunstância, a onda pode contornar o obstáculo ou mudar sua forma ao atravessar o orifício. Por esse fenômeno, explica-se o fato de duas pessoas conseguirem conversar mesmo separadas por uma parede. A única característica que muda na difração é o formato da onda, sendo que todas as outras se mantêm invariáveis.

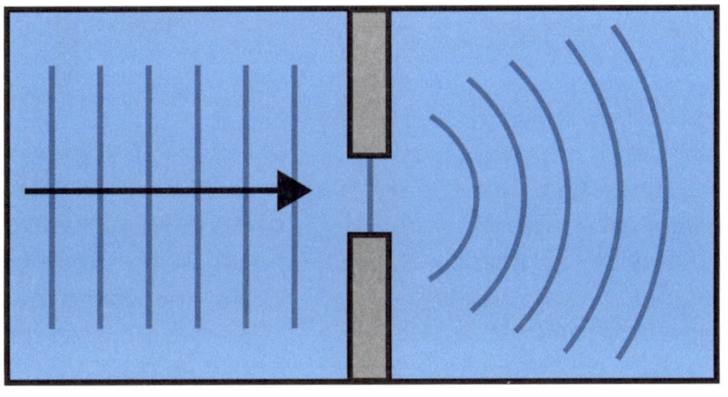

## Qualidades fisiológicas do som

O som é uma onda mecânica e longitudinal gerada por variações de pressão de um meio material. As ondas sonoras possuem frequência entre 20 Hz e 20 000 Hz. Podemos distinguir sons por meio de suas qualidades fisiológicas, que são associadas a características dessas ondas. Essas características são:

- **Intensidade sonora**: associada à amplitude da onda sonora. Quanto maior for a amplitude, mais intenso será o som. Ao alterarmos o "volume" dos alto-falantes de um televisor, estamos alterando a intensidade sonora.
- **Altura do som**: é associada à frequência da onda sonora. Sons de frequência menor são mais graves e os de frequência maior são mais agudos. Portanto, diferente do que diz o senso comum, um som mais alto é um som mais agudo, e não um som com maior intensidade.
- **Timbre**: associado às características da fonte emissora da onda sonora. É por meio da diferença dos timbres que podemos diferenciar uma nota dó emitida por um violino de uma mesma nota dó emitida por um violão.

**1** Na Copa do Mundo de Futebol de 2010, a Fifa determinou que nenhum atleta poderia participar sem fazer uma minuciosa avaliação cardiológica prévia. Um dos testes realizados, no exame ergométrico, foi o eletrocardiograma.

Nele é feito o registro da variação dos potenciais elétricos gerados pela atividade do coração.

Considere a figura que representa parte do eletrocardiograma de um determinado atleta.

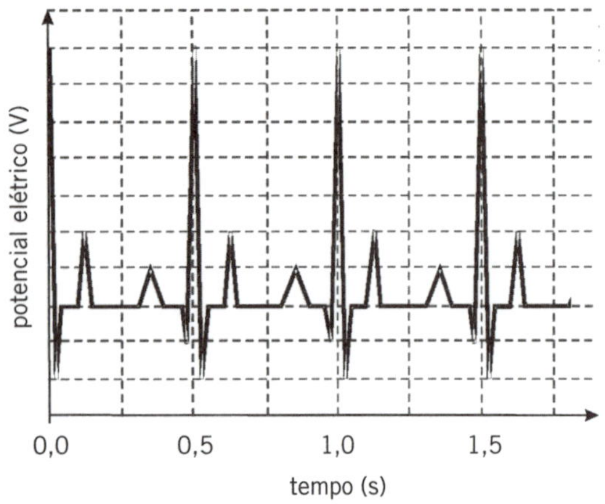


Sabendo que o pico máximo representa a fase final da diástole, conclui-se que a frequência cardíaca desse atleta é, em batimentos por minuto:

a) 60.
b) 80.
c) 100.
d) 120.
e) 140.

**2** (UFBA – Adaptado) A maioria dos morcegos possui ecolocalização — um sistema de orientação e localização que os humanos não possuem. Para detectar a presença de presas ou de obstáculos, eles emitem ondas ultrassônicas que, ao atingirem o obstáculo, retornam na forma de eco, percebido por eles. Assim sendo, ao detectarem a direção do eco e o tempo que demora em retornar, os morcegos conseguem localizar eventuais obstáculos ou presas.

Um dispositivo inspirado nessa estratégia é a trena sônica, a qual emite uma onda sonora que é refletida por um obstáculo situado a uma distância que se deseja medir.

Supondo que uma trena emite uma onda ultrassônica com frequência igual a 22,0 kHz e comprimento de onda igual a 1,5 cm, que essa onda é refletida em um obstáculo e que o seu eco é detectado 0,4 s após sua emissão e considerando que as propriedades do ar não mudam durante a propagação da onda e, portanto, a velocidade do som permanece constante, a distância entre ela e o obstáculo é de:

a) 4 m.
b) 66 m.
c) 132 m.
d) 1 500 m.
e) 2 200 m.

**3** (Enem) Ao se diminuir o tamanho de um orifício atravessado por um feixe de luz, passa menos luz por intervalo de tempo e, próximo da situação de completo fechamento do orifício, verifica-se que a luz apresenta um comportamento como o ilustrado nas figuras. Sabe-se que o som, dentro de suas particularidades, também pode se comportar dessa forma. Em qual das situações a seguir está representado o fenômeno descrito no texto?

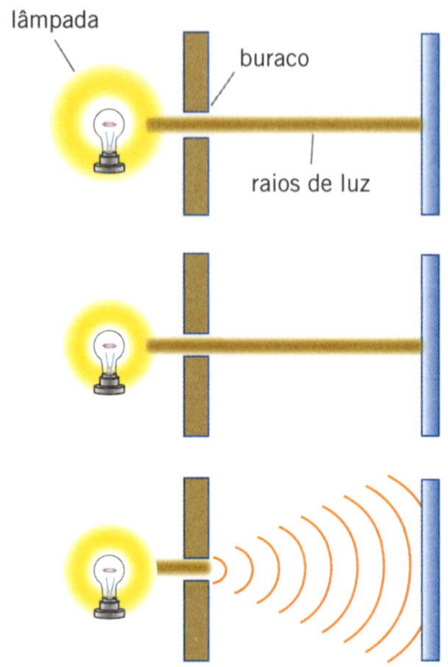


a) Ao se esconder atrás de um muro, um menino ouve a conversa de seus colegas.
b) Ao gritar diante de um desfiladeiro, uma pessoa ouve a repetição do seu próprio grito.
c) Ao encostar o ouvido no chão, um homem percebe o som de uma locomotiva antes de ouvi-lo pelo ar.
d) Ao ouvir uma ambulância se aproximando, uma pessoa percebe o som mais agudo do que quando aquela se afasta.
e) Ao emitir uma nota musical muito aguda, uma cantora de ópera faz com que uma taça de cristal se despedace.

**4** (Etec-SP)

*Ouviram do Ipiranga as margens plácidas*
*De um povo heroico o brado retumbante,*
*E o sol da Liberdade, em raios fúlgidos,*
*Brilhou no céu da Pátria nesse instante...*

A estrofe do *Hino Nacional Brasileiro* destaca que as margens plácidas do Riacho do Ipiranga foram testemunhas auditivas da Proclamação da Independência.

Analise o gráfico representativo do espectro sonoro.

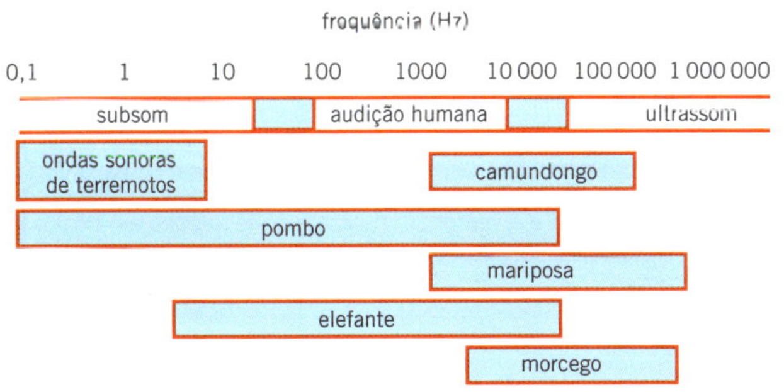


GASPAR, Alberto. *Física*. v. 2. São Paulo: Ática, 2000. p. 63.

Imaginando-se às margens do Riacho do Ipiranga no momento da Proclamação da Independência, você pode afirmar que o brado retumbante emitido pelo heroico povo brasileiro teria sido captado pelos seus ouvidos e também pelos ouvidos:

a) dos elefantes, com frequência na faixa entre 1 Hz e 10 Hz.
b) dos camundongos, com frequência na faixa entre 5 Hz e 500 Hz.
c) das mariposas, com frequência na faixa entre 10 Hz e 500 Hz.
d) dos morcegos, com frequência na faixa entre 20 Hz e 1 000 Hz.
e) dos pombos, com frequência na faixa entre 20 Hz e 20 000 Hz.

**5** (UEG-GO – Adaptada) A curva limiar de audição, apresentada no gráfico, mostra que a intensidade mínima (limiar de audição) para que se consiga ouvir um som depende de sua frequência. Considere o ar como o meio de propagação.

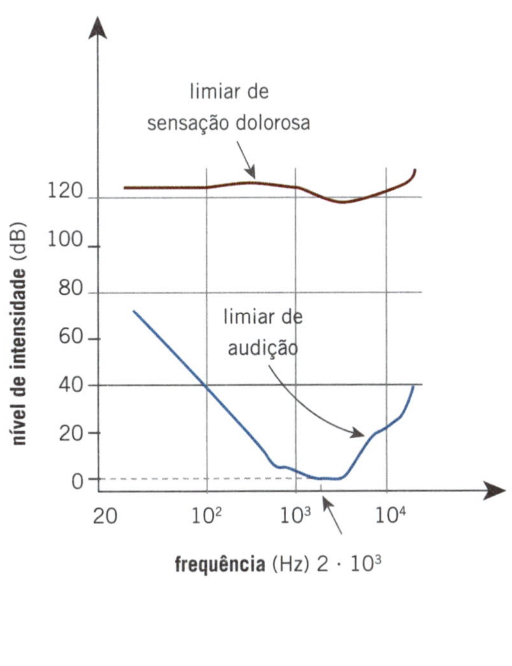


Com base na análise do gráfico, é correto afirmar que:

a) o limiar de audição inicia-se para frequências superiores a 80 kHz.
b) para um som de 1 000 Hz, o comprimento de onda da onda é de 0,34 m.
c) a menor frequência para o limiar de sensação dolorosa é de 2 kHz.
d) para que a frequência de 100 Hz seja audível, a intensidade sonora deve ser maior que 100 dB.
e) sons de intensidade 150 dB apenas causam sensação dolorosa em frequências acima de 100 Hz.

**6** (Unicamp-SP – Adaptado) O nível sonoro $S$ é medido em decibéis (dB) de acordo com a expressão $S = (10\ \text{dB}) \log (I/I_0)$, onde $I$ é a intensidade da onda sonora e $I_0 = 10^{-2}\ \text{W/m}^2$ é a intensidade de referência padrão correspondente ao limiar da audição do ouvido humano. Numa certa construção, o uso de proteção auditiva é indicado para trabalhadores expostos durante um dia de trabalho a um nível igual ou superior a 85 dB. O gráfico a seguir mostra o nível sonoro em função da distância a uma britadeira em funcionamento na obra.

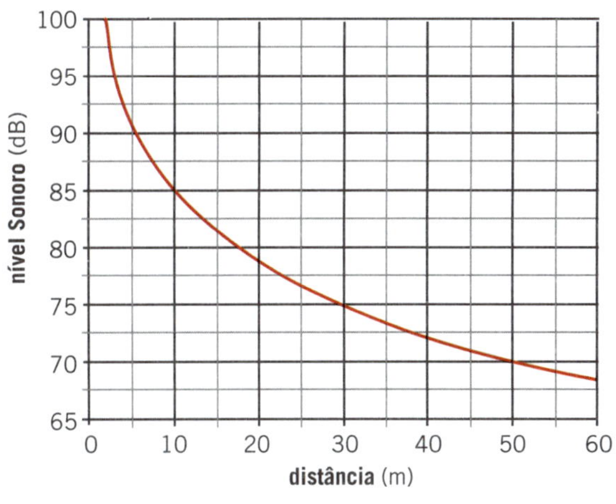


Sabendo que a frequência predominante do som emitido pela britadeira é de 100 Hz, o comprimento de onda para essa frequência e a menor distância em que os trabalhadores podem permanecer sem proteção auditiva são:

Dado: velocidade do som no ar = 340 m/s.

a) 2,9 m e 5 m.
b) 2,9 m e 10 m.
c) 3,4 m e 5 m.
d) 3,4 m e 10 m.
e) 10 m e 20 m.

# AULA 10

**Competência 6** Apropriar-se de conhecimentos da Física para, em situações-problema, interpretar, avaliar ou planejar intervenções científico-tecnológicas.

Habilidade 22 Compreender fenômenos decorrentes da interação entre a radiação e a matéria em suas manifestações em processos naturais ou tecnológicos, ou em suas implicações biológicas, sociais, econômicas ou ambientais.

## Em classe

### RADIAÇÃO ELETROMAGNÉTICA

A radiação eletromagnética é uma onda na qual, a cada ponto, há oscilações de um campo elétrico e de um campo magnético. A energia eletromagnética é propagada em meios materiais e também no vácuo.

A velocidade das ondas eletromagnéticas é:

- no vácuo: $c = 300\,000$ km/s $= 3 \cdot 10^5$ km/s $= 3 \cdot 10^8$ m/s
- nos demais meios materiais: $v < c$
- equação fundamental da ondulatória:

$$v = \lambda \cdot f$$

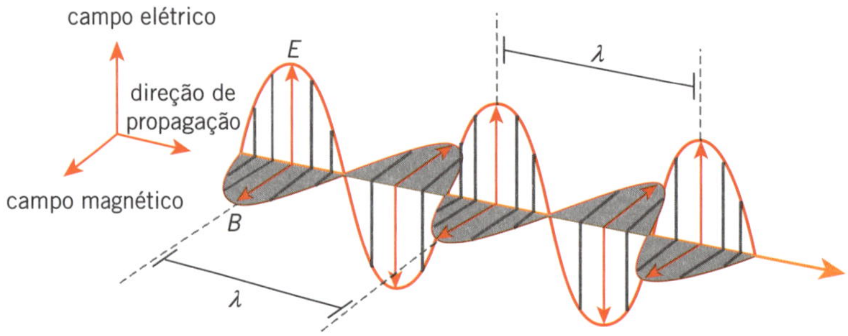


### Fenômenos característicos da onda eletromagnética

As ondas eletromagnéticas, ao interagir com a matéria, apresentam certas propriedades e fenômenos. Podemos destacar:

- **Reflexão**: acontece quando a onda atinge uma superfície polida. Os ângulos de incidência e reflexão são iguais em relação à reta normal. Nas superfícies metálicas, a reflexão é mais intensa.
- **Refração**: é a passagem da onda de um meio para outro, com características diferentes. Na refração, é válida a Lei de Snell.

$$n_1 \cdot \text{sen } i = n_2 \cdot \text{sen } r$$

- **Difração**: é o fenômeno em que as ondas contornam obstáculos ou, ao atravessar uma fenda, têm sua forma modificada. A difração é acentuada quando o tamanho da fenda ou do obstáculo tiver dimensões da mesma ordem de grandeza do comprimento de onda ($\lambda$).

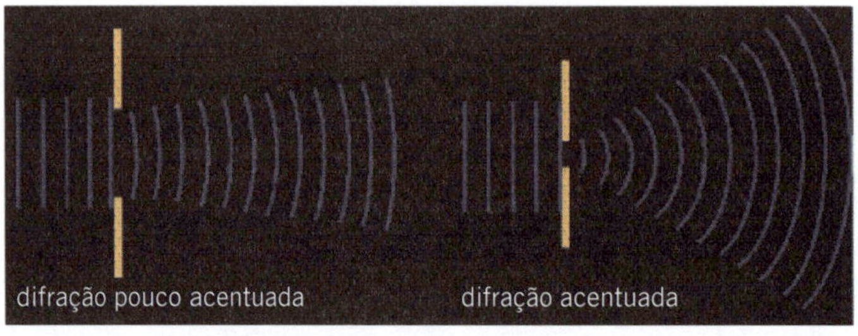

- **Polarização**: acontece quando uma onda eletromagnética atravessa certos materiais que filtram planos de oscilação. Após a passagem, a onda é dita polarizada, apresentando oscilações de seus campos em um único plano.

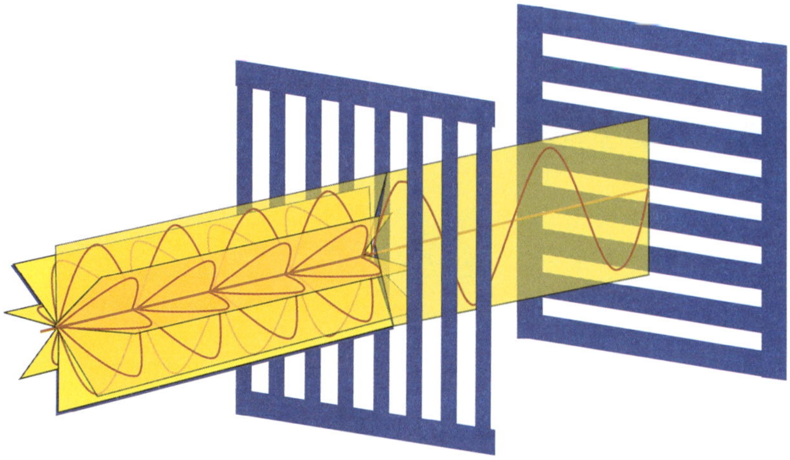

## Interferência de ondas

A superposição de duas ou mais ondas de mesmas características, que se propagam no mesmo meio, resulta no fenômeno da interferência, que pode ser dos tipos construtiva, destrutiva ou parcial.

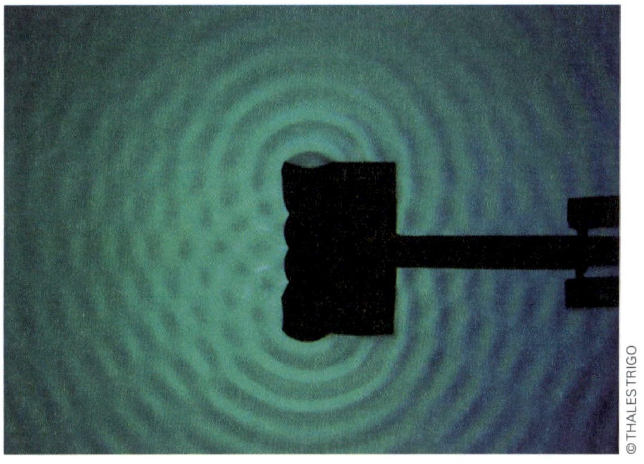


## O espectro eletromagnético

As ondas eletromagnéticas recebem diversas nomenclaturas, dependendo da sua faixa de frequência.

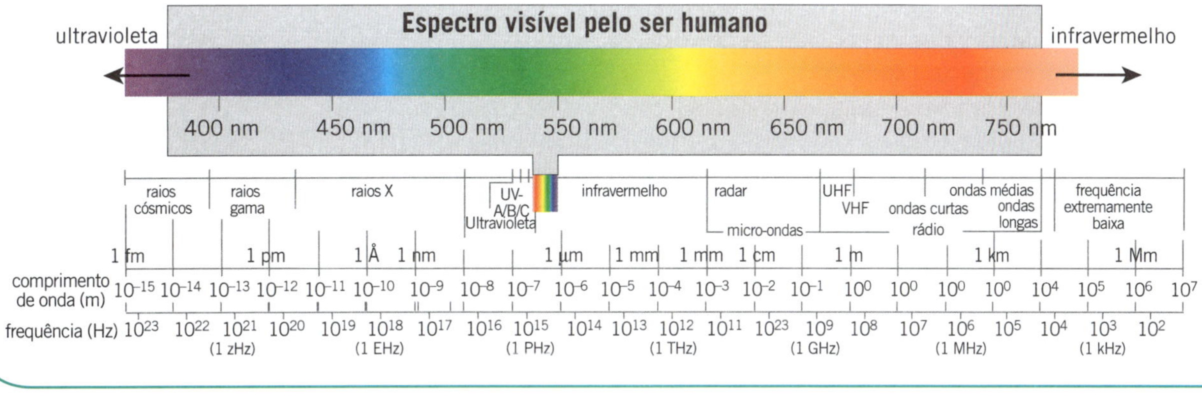

**1** (Enem) As ondas eletromagnéticas, como a luz visível e as ondas de rádio, viajam em linha reta em um meio homogêneo. Então, as ondas de rádio emitidas na região litorânea do Brasil não alcançariam a região amazônica do Brasil por causa da curvatura da Terra. Entretanto, sabemos que é possível transmitir ondas de rádio entre essas localidades devido à ionosfera. Com ajuda da ionosfera, a transmissão de ondas planas entre o litoral do Brasil e a região amazônica é possível por meio da:

a) reflexão.
b) refração.
c) difração.
d) polarização.
e) interferência.

**2** (Enem) Ao contrário dos rádios comuns (AM ou FM), em que uma única antena transmissora é capaz de alcançar toda a cidade, os celulares necessitam de várias antenas para cobrir um vasto território. No caso dos rádios FM, a frequência de transmissão está na faixa dos MHz (ondas de rádio), enquanto, para os celulares, a frequência está na casa dos GHz (micro-ondas). Quando comparado aos rádios comuns, o alcance de um celular é muito menor.

Considerando-se as informações do texto, o fator que possibilita essa diferença entre propagação das ondas de rádio e as de micro-ondas é que as ondas de rádio são:

a) facilmente absorvidas na camada da atmosfera superior conhecida como ionosfera.
b) capazes de contornar uma diversidade de obstáculos como árvores, edifícios e pequenas elevações.
c) mais refratadas pela atmosfera terrestre, que apresenta maior índice de refração para as ondas de rádio.
d) menos atenuadas por interferência, pois o número de aparelhos que utilizam ondas de rádio é menor.
e) constituídas por pequenos comprimentos de onda que lhes conferem um alto poder de penetração em materiais de baixa densidade.

**3** (PUC-SP) O fone de ouvido tem se tornado cada vez mais um acessório indispensável para os adolescentes que curtem suas músicas em todos os ambientes e horários. Antes do advento do *iPod* e outros congêneres, para ouvir as músicas da parada de suc essos, os jovens tinham que carregar seu radinho portátil sintonizado em FM (frequência modulada).

Observando o painel de um desses rádios, calcule a razão aproximada entre o maior e o menor comprimento de onda para a faixa de valores correspondentes a FM.

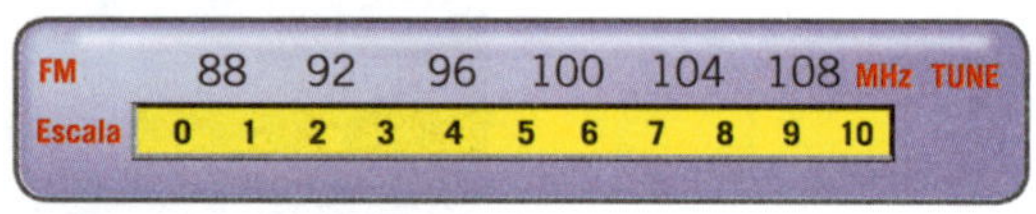


a) 0,81
b) 0,29
c) 1,65
d) 0,36
e) 1,23

## Em casa

### TEXTO DE APOIO

### As ondas eletromagnéticas

Uma radiação eletromagnética é uma onda gerada pela oscilação de um campo elétrico e de um campo magnético que se propaga através de materiais e também pelo vácuo transportando energia. Sua existência foi postulada, no final do século XIX, por James C. Maxwell, físico e matemático britânico, que se apoiou em trabalhos realizados por Faraday, por Ampère e por Gauss, sintetizando-os em equações, chamadas de Equações de Maxwell, que unificaram a eletricidade e o magnetismo. Tais equações exigem o conhecimento de matemática superior e fogem à programação do Ensino Médio.

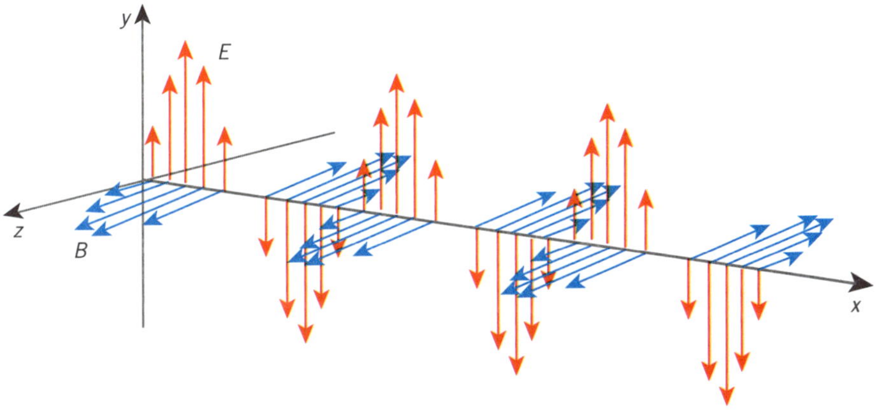


Equações de Maxwell

$$\nabla \cdot B = 0$$
$$\nabla \cdot E = -\frac{\delta B}{\delta \tau}$$
$$\nabla \cdot E = \rho$$
$$\nabla \cdot B = \frac{\delta E}{\delta \tau} + J$$

O modelo empregado na representação gráfica de uma radiação eletromagnética é uma onda senoidal gerada pela oscilação de um campo elétrico ($E$), em que o vetor $\vec{E}$ oscila em um plano perpendicular à outra onda senoidal gerada pela oscilação de um campo magnético $\vec{B}$. Ambas as oscilações são perpendiculares ao avanço da onda.

Dessa forma: **toda onda eletromagnética é do tipo transversal**.

A luz, as ondas de rádio e TV, as micro-ondas e o infravermelho são alguns exemplos de ondas eletromagnéticas.

No vácuo, todas as radiações eletromagnéticas se propagam com a mesma velocidade, que é a maior velocidade conhecida pela ciência. Seu valor é representado pela letra ***c***:

$$c = 300\,000 \text{ km/s} = 3 \cdot 10^5 \text{ km/s} = 3 \cdot 10^8 \text{ m/s}$$

Nos demais meios materiais, a propagação da onda eletromagnética é feita com velocidade inferior a $3 \cdot 10^8$ m/s.

**O modelo de fótons**

No início do século XX, com o avanço da tecnologia que permitia a elaboração de experimentos mais complexos e com aferições mais refinadas, o modelo da onda eletromagnética não foi capaz de elucidar alguns dos resultados obtidos em novos experimentos. A partir dos trabalhos de Max Planck (1858-1947), Albert Einstein (1879-1955) e Albert Compton (1892-1962), foi proposto um novo modelo: as radiações eletromagnéticas. Segundo esse modelo, a radiação eletromagnética consiste em um feixe de "pacotes" de energia. Cada um desses pacotes é denominado fóton e é indivisível (não existe 0,5 fóton). Por simplicidade, imagina-se cada fóton como se fosse uma partícula, mas sem massa. A quantidade de energia de um fóton é diretamente proporcional à frequência da radiação. Em símbolos $E = h \cdot f$, em que $h$ é denominada constante de Planck e vale $6,63 \cdot 10^{-34}$ J.

Portanto, quanto maior é a frequência da radiação eletromagnética, maior é a energia dos fótons que a constituem.

## A geração de uma onda eletromagnética

Embora as equações de Maxwell apresentem um sofisticado entendimento matemático, há uma conclusão de natureza física importante e que nos permite indicar o caminho para gerar uma onda eletromagnética. A conclusão é:

- Um campo elétrico variável no tempo produz um campo magnético, igualmente variável no tempo.
- Um campo magnético variável no tempo produz um campo elétrico, igualmente variável no tempo.

Portanto, quando uma carga elétrica é posta em oscilação, o campo elétrico originado pela carga passa a oscilar, gerando simultaneamente um campo magnético igualmente oscilante.

Assim sendo, onde houver cargas elétricas sendo aceleradas, sendo agitadas ou postas em vibração, haverá emissão de ondas eletromagnéticas.

Todos os corpos na natureza são constituídos por partículas (átomos, moléculas ou íons) que são constituídas por cargas elétricas. Como essas partículas sempre apresentam algum estado de movimento, podemos garantir que:

Todo corpo acima de zero kelvin emite radiações eletromagnéticas.

A frequência da onda eletromagnética emitida pelo corpo está relacionada com sua temperatura. Quanto mais quente estiver um corpo, maior será a frequência das ondas eletromagnéticas emitidas por ele.

## A equação fundamental da ondulatória

A toda onda eletromagnética podemos associar uma frequência ($f$) e um comprimento de onda, representado pela letra grega lambda ($\lambda$).

A velocidade com que a aonda se propaga é dada pela equação:

$$v = \lambda \cdot f$$

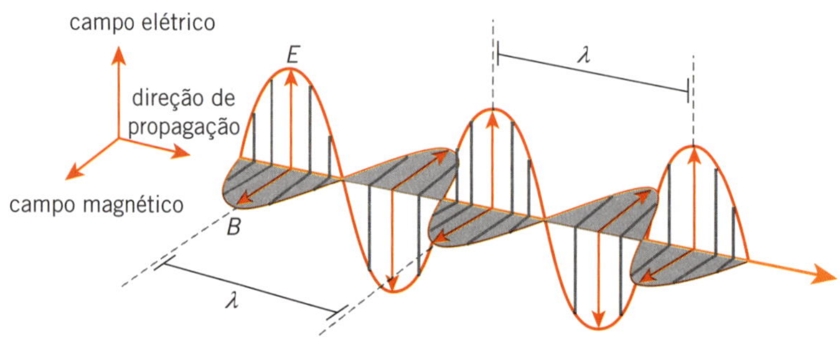


Verifica-se que, quando uma onda eletromagnética é refratada de um meio a outro, sua velocidade e seu comprimento de onda são alterados. Entretanto, sua frequência permanece constante.

## O espectro eletromagnético

Dependendo da faixa de frequência das radiações, elas recebem diferentes nomenclaturas. Observe os esquemas a seguir, em que são mostradas algumas dessas nomenclaturas associadas às ondas eletromagnéticas.

**Espectro eletromagnético**

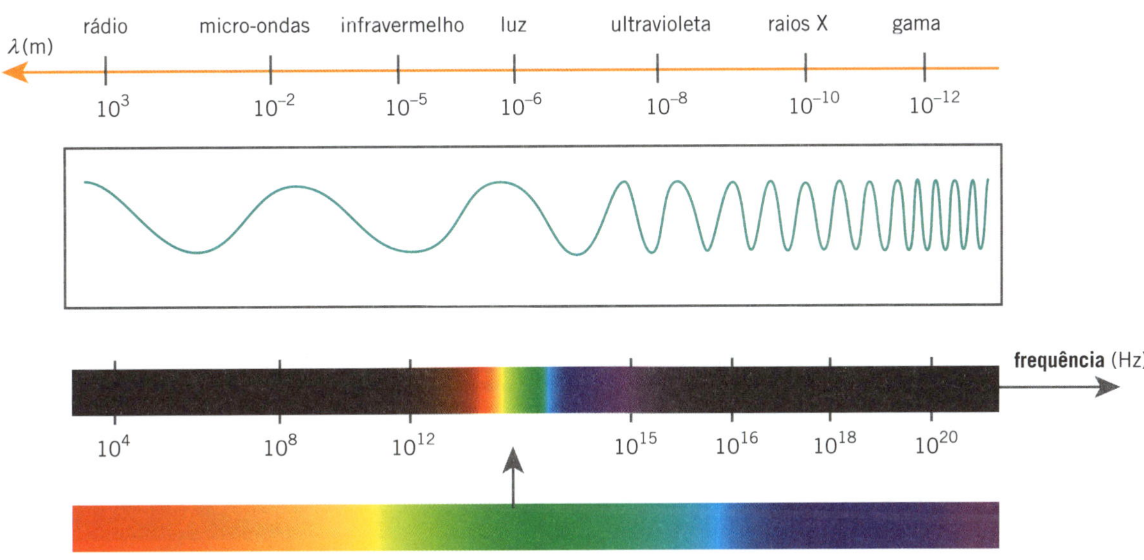


### As ondas de rádio e as micro-ondas

Com frequências até $10^9$ Hz, as ondas de rádio são geradas por circuitos eletrônicos e utilizadas nos sistemas de transmissão de rádio (AM, FM, rádio amador, etc.) e de televisão. A comunicação por telefone e as transmissões de TV por satélites são feitas com micro-ondas, que possuem frequência entre $10^9$ Hz e $3 \cdot 10^{11}$ Hz.

Alguns tipos de onda de rádio podem ser refletidos na camada alta da atmosfera denominada ionosfera. É por essa razão que certas frequências de ondas de rádio conseguem atingir pontos muito distantes do local de origem dessas ondas.

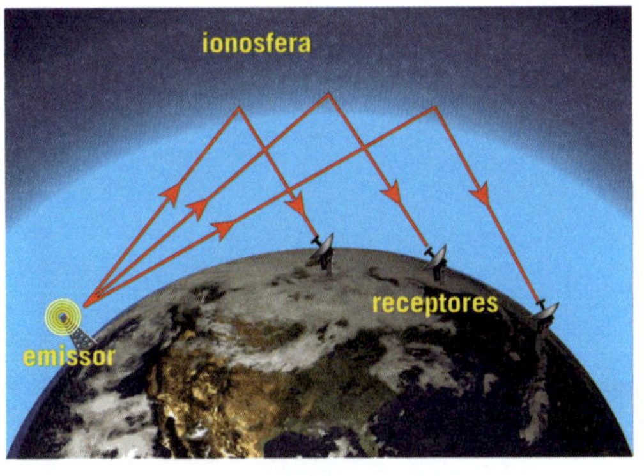


Somente as oscilações moleculares e atômicas podem produzir ondas com frequências acima de micro-ondas.

### A radiação infravermelha

A região do infravermelho estende-se dos $3 \cdot 10^{11}$ Hz até, aproximadamente, $4 \cdot 10^{14}$ Hz.

Todo corpo acima de zero kelvin passa a emitir ondas na faixa infravermelha. Os corpos com temperaturas próximas àquelas experimentadas em nosso cotidiano, como por exemplo, o corpo humano, emitem radiações infravermelhas de forma abundante.

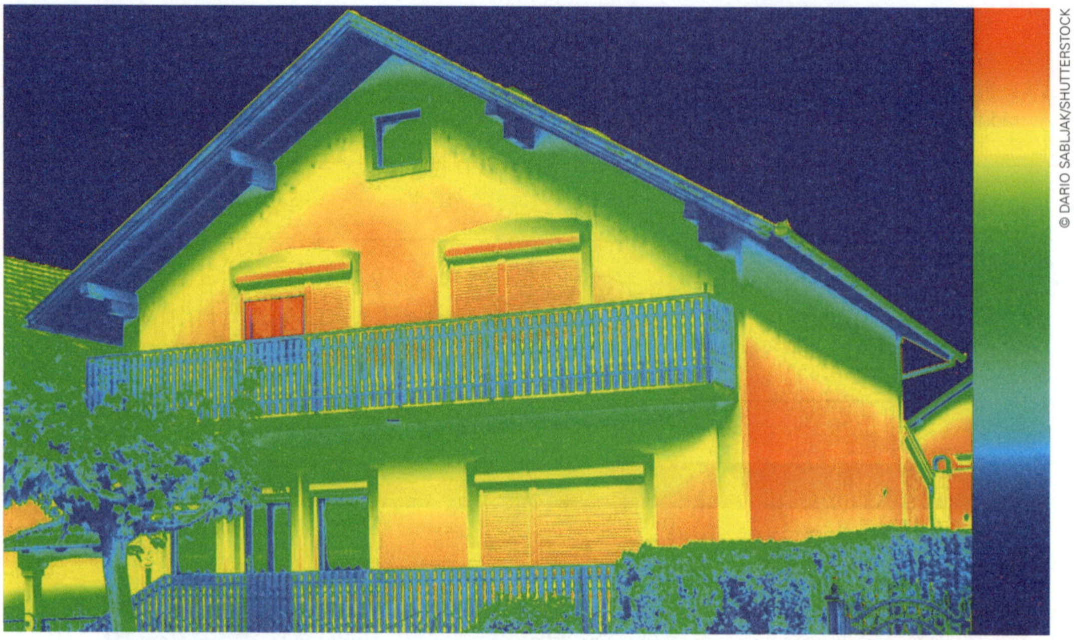


Imagem obtida por uma câmera dotada de dispositivo sensível ao infravermelho.

Os controles remotos de aparelho de televisão empregam essa faixa do espectro eletromagnético.

Devido ao seu poder de aquecimento moderado, as radiações infravermelhas podem ser utilizadas em tratamentos fisioterápicos.

### A luz visível

A radiação visível (luz) apresenta frequências que variam, aproximadamente, de $4 \cdot 10^{14}$ Hz (vermelho) até $7{,}5 \cdot 10^{14}$ Hz (violeta). Cada cor do espectro visível apresenta sua frequência característica. A luz branca proveniente do Sol consiste em uma mistura de ondas com suas frequências variando entre o intervalo acima.

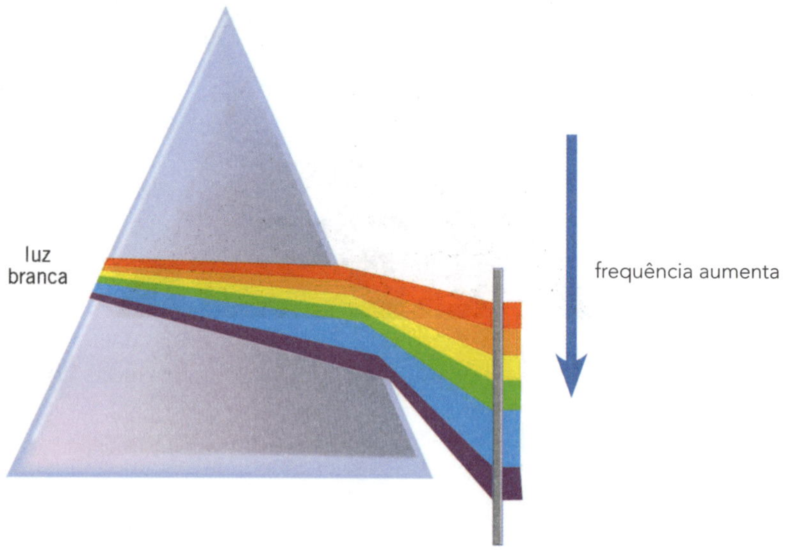

## Radiação ultravioleta

A região do ultravioleta estende-se dos $8 \cdot 10^{14}$ Hz até, aproximadamente, $3 \cdot 10^{16}$ Hz.

Por razões relacionadas à literatura médica, a região do ultravioleta é usualmente dividida em três porções: UVA, UVB e UVC.

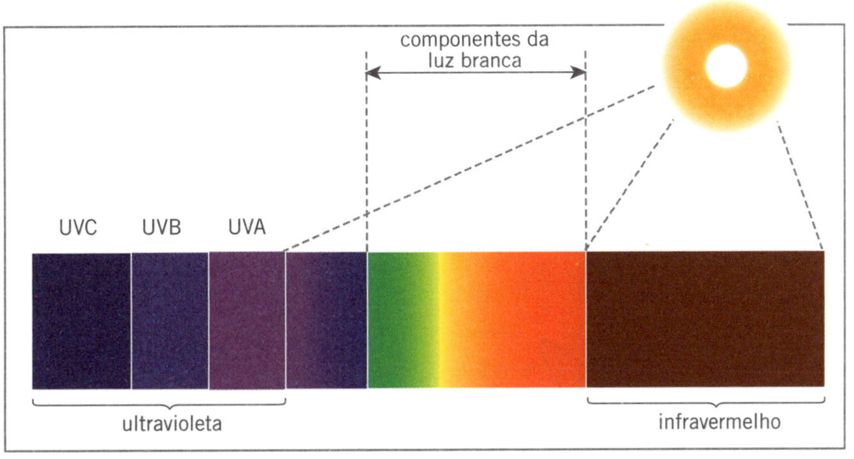


Grande parte das ondas que compõem a radiação solar é constituída por ultravioleta. Todavia, sua maior parte é absorvida nas camadas altas de nossa atmosfera, em especial nas camadas de ozônio. A radiação ultravioleta e os raios X enviados pelo Sol interagem com os átomos e as moléculas presentes na alta atmosfera, produzindo grande quantidade de íons e elétrons livres (em torno de $10^{11}$ Hz por $m^3$). Por esse motivo, essa região da atmosfera, situada, aproximadamente, a 80 km de altura, é denominada ionosfera.

Todas as radiações com frequência acima do visível são denominadas radiações ionizantes.

## Raios X

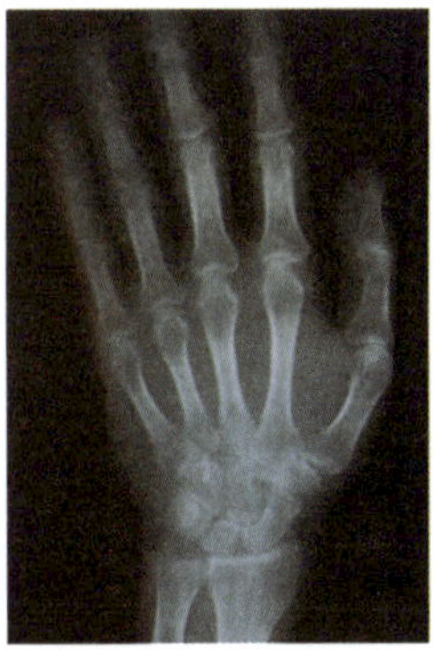

Os raios X, com faixa aproximada de frequência entre $3 \cdot 10^{16}$ Hz e $3 \cdot 10^{19}$ Hz, foram descobertos em 1895, pelo físico alemão Wilhelm Röntgen (1845-1923), e são largamente utilizados nas produções de radiografias.

Um dos mecanismos para a produção de raios X consiste na colisão de elétrons acelerados contra um alvo metálico, em condições especiais.

## Raios gama

A região dos raios gama estende-se desde os $5 \cdot 10^{19}$ Hz até valores superiores a $10^{23}$ Hz.

Por causa de suas altas frequências, as radiações gama são as mais energéticas e com menor comprimento de onda. Por esse motivo, a radiação gama possui elevado poder de penetração, podendo até atravessar a Terra de um lado ao outro.

Devido à alta energia dos fótons associados à radiação gama, ela pode ser empregada na destruição de células cancerígenas.

Os raios gama podem ser produzidos pela desintegração do núcleo de substâncias radioativas, e também em vários fenômenos astronômicos, sendo, portanto, de especial interesse para a astrofísica.

Símbolo característico alertando a possível presença de radiações de alta energia.

## Alguns fenômenos associados às ondas eletromagnéticas

As ondas eletromagnéticas, ao interagir com a matéria, são submetidas a diversos fenômenos, como, por exemplo, a reflexão, a refração, a difração e a polarização. Além disso, quando as ondas (eletromagnéticas ou mecânicas) interagem entre si, ocorre o fenômeno da interferência. Vamos analisar esses fenômenos.

### Reflexão

Ao incidir em uma superfície, parte da radiação eletromagnética é refletida de maneira que o ângulo de incidência e o ângulo de reflexão, medidos em relação à reta normal, apresentem as mesmas medidas.

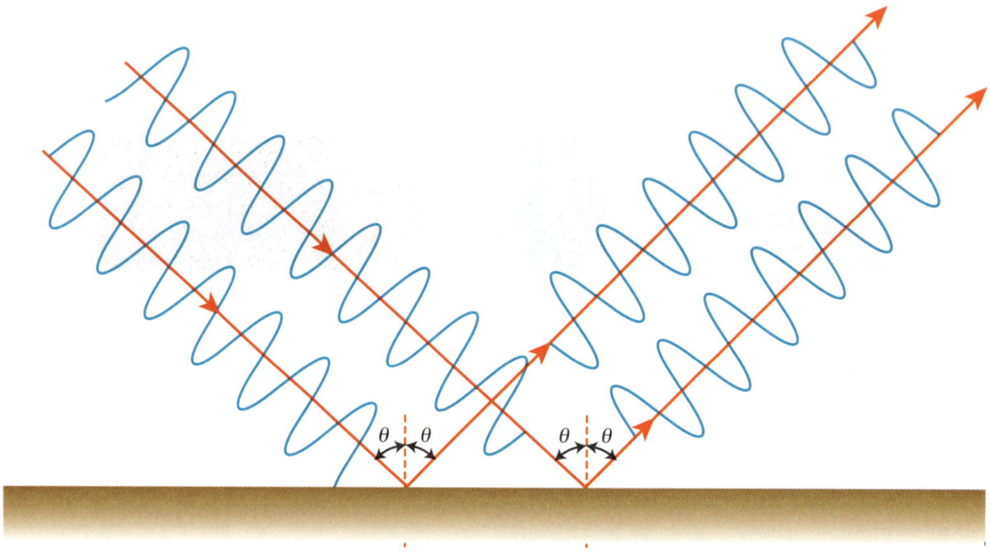


### Refração

Refração é o fenômeno da passagem da onda de um material para outro, com mudança em sua velocidade de propagação. Quando uma onda é refratada, sua velocidade e seu comprimento de onda são modificados. Na refração, uma parte da energia da onda é refletida.

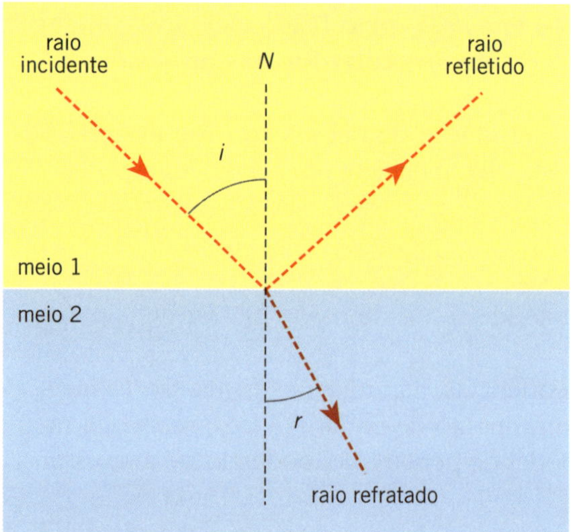


Para qualquer onda, a relação entre os ângulos de incidência (***i***) e de refração (***r***) é dada pela Lei de Snell:

$$n_1 \cdot \text{sen } i = n_2 \cdot \text{sen } r$$

Nessa expressão, $n_1$ e $n_2$ são, respectivamente, os índices de refração dos meios **1** e **2**, definidos da seguinte forma:

$$n_A = \frac{c}{v_A}$$

em que: $n_A$ é o índice de refração de um meio $A$; $c$, a velocidade da radiação no vácuo ($c = 3 \cdot 10^8$ m/s); ($c = 3 \cdot 10^8$ m/s); e $v_A$, a velocidade da radiação no interior do meio $A$.

**Difração**

A difração é um fenômeno que acontece exclusivamente com as ondas. Quando uma onda passa através de uma fenda, ela pode sofrer uma deformação. A velocidade e o comprimento de onda não se modificam.

A difração também é manifestada quando uma onda consegue "contornar" um objeto $P$.

A difração é mais acentuada quando o tamanho da fenda ou do objeto a ser contornado é da mesma ordem de grandeza do comprimento de onda. Por exemplo, a difração da luz é observada quando essa radiação atravessa fendas cuja extensão apresenta valores próximos de $10^{-7}$ m.

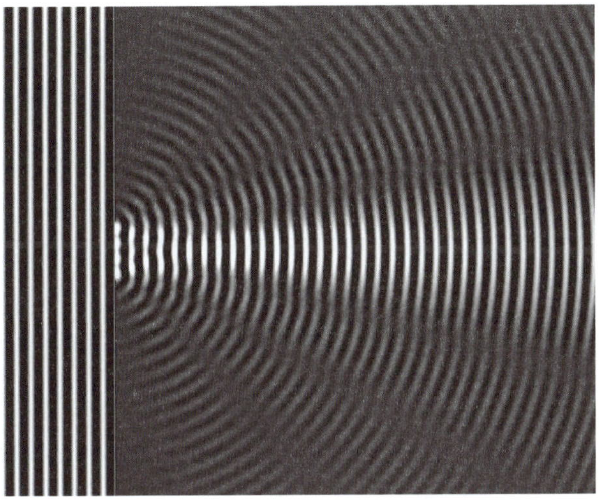

© HTTP://HOLOCENTER.ORG

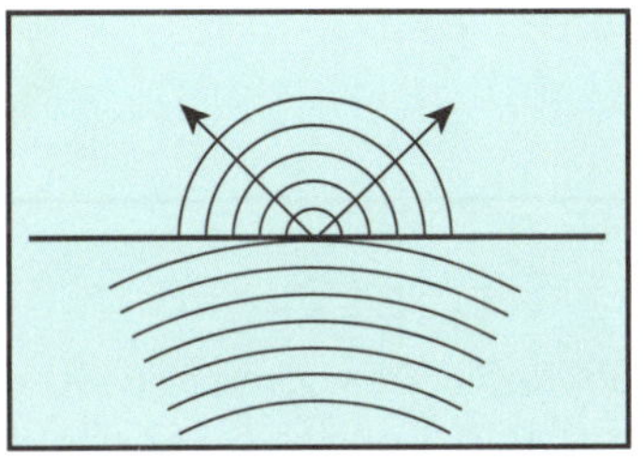

**Interferência**

Quando duas ou mais radiações atingem, simultaneamente, o mesmo ponto do espaço, seus campos elétricos e magnéticos interferem-se mutuamente, podendo haver um reforço nos campos (interferência construtiva) ou uma atenuação (interferência do tipo destrutiva).

As situações em que podemos observar arcos coloridos em películas de gordura sobre a superfície de água, ou em bolhas de sabão, ou mesmo em discos recobertos por uma fina camada de verniz (por exemplo, em um CD) são explicadas pela combinação dos fenômenos de refração, reflexão e interferência. Quando podemos observar, por exemplo, um arco de cor verde, isso significa que, para aquela radiação, a interferência foi do tipo construtiva. Já para as cores não observadas, a interferência é do tipo destrutiva.

© MAZZUR/SHUTTERSTOCK

© KRISTOF DEGREEF/SHUTTERSTOCK

## Polarização

Em uma onda eletromagnética, as oscilações dos campos elétricos e magnéticos não têm um plano de vibração determinado, podendo oscilar em todos os planos. Quando uma onda eletromagnética atravessa determinados materiais, conhecidos como polaroides, a onda passar a vibrar em um único plano. Nesse caso, a onda é chamada de **onda polarizada**.

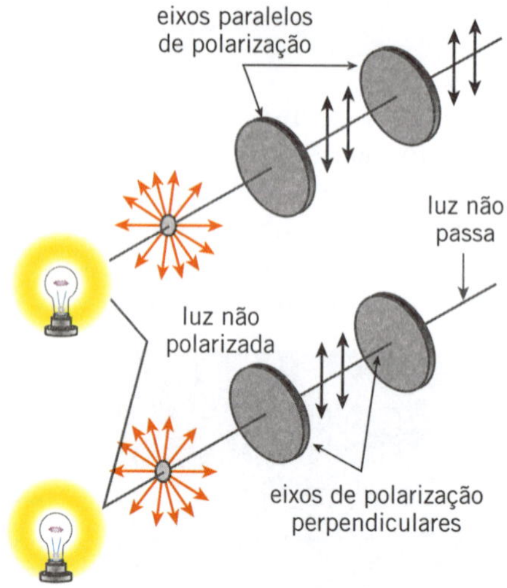


**1** (Fuvest-SP) Radiações como raios X, luz verde, luz ultravioleta, micro-ondas ou ondas de rádio são caracterizadas por seu comprimento de onda ($\lambda$) e por sua frequência ($f$).

Quando essas radiações propagam-se no vácuo, todas apresentam o mesmo valor para:

a) $\lambda$.

b) $f$.

c) $\lambda \cdot f$.

d) $\frac{\lambda}{f}$.

e) $\frac{f}{\lambda}$.

**2** (Unicamp-SP) Nos últimos anos, o Brasil vem implantando em diversas cidades o sinal de televisão digital. O sinal de televisão é transmitido através de antenas e cabos, por ondas eletromagnéticas cuja velocidade no ar é aproximadamente igual à da luz no vácuo.

a) Um tipo de antena usada na recepção do sinal é a log-periódica, representada na figura ao lado, na qual o comprimento das hastes metálicas de uma extremidade a outra, $L$, é variável. A maior eficiência de recepção é obtida quando $L$ é cerca de meio comprimento de onda da onda eletromagnética que transmite o sinal no ar $\left(L \approx \frac{\lambda}{2}\right)$.

Encontre a menor frequência que a antena ilustrada na figura consegue sintonizar de forma eficiente, e marque na figura a haste correspondente.

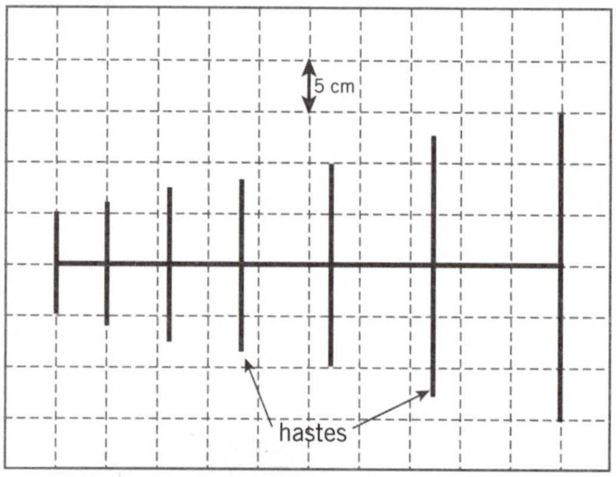


b) Cabos coaxiais são constituídos por dois condutores separados por um isolante de índice de refração $n$ e constante dielétrica $K$, relacionados por $K = n^2$. A velocidade de uma onda eletromagnética no interior do cabo é dada por $v = \frac{c}{n}$. Qual é o comprimento de onda de uma onda de frequência $f = 400$ MHz que se propaga num cabo cujo isolante é o polietileno ($K = 2{,}25$)?

**3** (Vunesp-SP) A luz visível é uma onda eletromagnética, que na natureza pode ser produzida de diversas maneiras. Uma delas é a bioluminescência, um fenômeno químico que ocorre no organismo de alguns seres vivos, como algumas espécies de peixes e alguns insetos, onde um pigmento chamado luciferina, em contato com o oxigênio e com uma enzima chamada luciferase, produz luzes de várias cores, como verde, amarela e vermelha. Isso é o que permite ao vaga-lume macho avisar, para a fêmea, que está chegando, e a fêmea indicar onde está, além de servir de instrumento de defesa ou de atração para presas.

© MITE/123RF

© FERNANDO GREGORY/123RF

As luzes verde, amarela e vermelha são consideradas ondas eletromagnéticas que, no vácuo, têm:

a) mesmos comprimentos de onda, diferentes frequências e diferentes velocidades de propagação.
b) diferentes comprimentos de onda, diferentes frequências e diferentes velocidades de propagação.
c) diferentes comprimentos de onda, diferentes frequências e iguais velocidades de propagação.
d) os mesmos comprimentos de onda, as mesmas frequências e iguais velocidades de propagação.
e) diferentes comprimentos de onda, as mesmas frequências e diferentes velocidades de propagação.

**4** (UFPE – Adaptada) Uma recomendação importante, nos dias de hoje, é o uso de protetor solar, como forma de proteção dos raios ultravioleta (UV) oriundos do Sol, que podem causar, dentre outros problemas, envelhecimento precoce e câncer de pele.

Esses raios UV são:

a) ondas emitidas pelos elementos radioativos presentes no Sol.
b) ondas eletromagnéticas de frequência maior do que a da luz visível.
c) ondas eletromagnéticas de comprimento de onda maior do que o da luz visível.
d) uma radiação eletromagnética de frequência semelhante à dos raios infravermelhos.

**5** (Fuvest-SP) Em um ponto fixo do espaço, o campo elétrico de uma radiação eletromagnética tem sempre a mesma direção e oscila no tempo, como mostra o gráfico abaixo, que representa sua projeção *E* nessa direção fixa; *E* é positivo ou negativo conforme o sentido do campo.

| Radiação eletromagnética | Frequência *f* (Hz) |
|---|---|
| Rádio AM | $10^6$ |
| TV (VHF) | $10^8$ |
| Micro-onda | $10^{10}$ |
| Infravermelha | $10^{12}$ |
| Visível | $10^{14}$ |
| Ultravioleta | $10^{16}$ |
| Raios X | $10^{18}$ |
| Raios γ | $10^{20}$ |

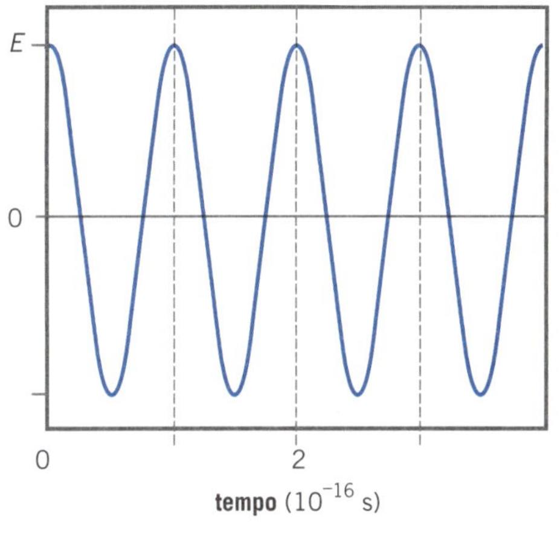


Consultando a tabela acima, que fornece os valores típicos de frequência *f* para diferentes regiões do espectro eletromagnético, e analisando o gráfico de *E* em função do tempo, é possível classificar essa radiação como:

a) infravermelha.
b) visível.
c) ultravioleta.
d) raio X.
e) raio γ.

**6** (UFRGS-RS) Em cada uma das imagens abaixo, um trem de ondas planas move-se a partir da esquerda.

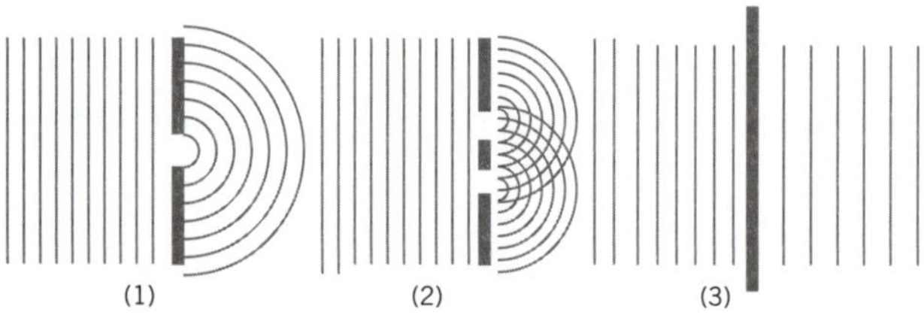

Os fenômenos ondulatórios apresentados nas figuras 1, 2 e 3 são, respectivamente:

a) refração – interferência – difração.
b) difração – interferência – refração.
c) interferência – difração – refração.
d) difração – refração – interferência.
e) interferência – refração – difração.

**7** (Unicamp-SP) O radar é um dos dispositivos mais usados para coibir o excesso de velocidade nas vias de trânsito. O seu princípio de funcionamento é baseado no efeito Doppler das ondas eletromagnéticas refletidas pelo carro em movimento.

Considere que a velocidade medida por um radar foi $v_m = 72$ km/h para um carro que se aproximava do aparelho.

Para se obter $v_m$ o radar mede a diferença de frequências $\Delta f$, dada por $\Delta f = f - f_0 = \pm \frac{v_m}{c \cdot f_0}$, sendo $f$ a frequência da onda refletida pelo carro, $f_0 = 2{,}4 \cdot 10^{10}$ Hz a frequência da onda emitida pelo radar e $c = 3{,}0 \cdot 10^8$ m/s a velocidade da onda eletromagnética. O sinal (+ ou −) deve ser escolhido dependendo do sentido do movimento do carro com relação ao radar, sendo que, quando o carro se aproxima, a frequência da onda refletida é maior que a emitida.

Pode-se afirmar que a diferença de frequência $\Delta f$ medida pelo radar foi igual a:

a) 1 600 Hz.
b) 80 Hz.
c) −80 Hz.
d) −1 600 Hz.

**8** (Enem)

Os radares comuns transmitem micro-ondas que refletem na água, gelo e outras partículas na atmosfera. Podem, assim, indicar apenas o tamanho e a distância das partículas, tais como gotas de chuva. O radar Doppler, além disso, é capaz de registrar a velocidade e a direção na qual as partículas se movimentam, fornecendo um quadro do fluxo de ventos em diferentes elevações.

Nos Estados Unidos, a Nexrad, uma rede de 158 radares Doppler, montada na década de 1990 pela Diretoria Nacional Oceânica e Atmosférica (NOAA), permite que o Serviço Meteorológico Nacional (NWS) emita alertas sobre situações do tempo potencialmente perigosas com um grau de certeza muito maior.

O pulso da onda do radar ao atingir uma gota de chuva, devolve uma pequena parte de sua energia numa onda de retorno, que chega ao disco do radar antes que ele emita a onda seguinte. Os radares da Nexrad transmitem entre 860 a 1 300 pulsos por segundo, na frequência de 3 000 MHz.

FISCHETTI, M., Radar meteorológico: sinta o vento. *Scientific American Brasil*. n. 8, São Paulo, jan. 2003.

No radar Doppler, a diferença entre as frequências emitidas e recebidas pelo radar é dada por $\Delta f = \left(\frac{2u_r}{c}\right) f_0$ onde $u_r$ é a velocidade relativa entre a fonte e o receptor, $c = 3{,}0 \cdot 10^8$ m/s é a velocidade da onda eletromagnética, e $f_0$ é a frequência emitida pela fonte. Qual é a velocidade, em km/h, de uma chuva, para a qual se registra no radar Doppler uma diferença de frequência de 300 Hz?

a) 1,5 km/h
b) 5,4 km/h
c) 15 km/h
d) 54 km/h
e) $10^8$ km/h

**Anotações**

PROJETO MÚLTIPLO

# Revisão

## Física

Ensino Médio


### Wilson Carron

Mestre em Energia Nuclear aplicada à agricultura pela Escola Superior de Agricultura Luiz de Queiroz (Esalq) da Universidade de São Paulo (USP), Piracicaba. Especializado em Eletricidade pelo Instituto Tecnológico da Aeronáutica (ITA), São Paulo.
Licenciado em Física pela Faculdade de Filosofia, Ciências e Letras de São Paulo – USP.
Professor e gestor aposentado da rede pública de ensino.

### Osvaldo Guimarães

Doutor em Engenharia Elétrica pela Escola Politécnica da USP.
Mestre em História da Ciência pela Pontifícia Universidade Católica de São Paulo (PUC-SP).
Pós-graduado pela Escola Politécnica da USP, em Ciência Cognitiva.
Pós-graduado em Teoria de Campos e Mecânica Quântica pelo Instituto de Física Teórica (IFT-SP).
Bacharel em Física pela PUC-SP.
Diretor educacional do Catavento Cultural e Educacional.

### José Roberto Piqueira

Livre-docente em Controle e Automação pela Escola Politécnica da USP.
Doutor em Engenharia Elétrica pela Escola Politécnica da USP.
Mestre em Engenharia Elétrica pela Escola de Engenharia de São Carlos da USP.
Engenheiro eletricista pela Escola de Engenharia de São Carlos da USP.
Professor titular e diretor da Escola Politécnica da USP.



editora ática

editora ática

Diretoria editorial: Lidiane Vivaldini Olo
Editoria de Ciências Exatas: Cármen Matricardi
Editores: Alterson Cação e Danilo Claro Zanardi
Supervisor de arte e produção: Sérgio Yutaka
Supervisor de arte e criação: Didier Moraes
Editora de arte e criação: Andréa Dellamagna
Editor de arte: Edson Haruo Toyota
Diagramação: Formato e Ester Harue Inakake
Design gráfico: UC Produção Editorial e Andréa Dellamagna
Gerente de revisão: Hélia de Jesus Gonsaga
Equipe de revisão: Rosângela Muricy (coord.), Ana Carolina Nitto, Ana Curci, Ana Paula Chabaribery e Vanessa de Paula; Flávia Venézio dos Santos e Gabriela Macedo de Andrade (estags.)
Supervisor de iconografia: Sílvio Kligin
Pesquisadora iconográfica: Claudia Bertolazzi
Cartografia: Allmaps
Tratamento de imagem: Cesar Wolf e Fernanda Crevin
Grafismos: Shutterstock/Glow Images
Fotos da capa: Jules2000/Shutterstock/Glow Images
Cartografia: Allmapas
Ilustrações: Antonio Robson, João Xavier de Campos, Formato, Maspi, Moisés Gonçalves, Osni de Oliveira, Paulo Manzi, Walmir Santos

Direitos desta edição cedidos à Editora Ática S.A.
Av. das Nações Unidas, 7221, 3º andar, setor C –
Pinheiros – São Paulo – SP – CEP 05425-902
Tel.: 4003-3061
www.atica.com.br/editora@atica.com.br

**Dados Internacionais de Catalogação na Publicação (CIP)**
**(Câmara Brasileira do Livro, SP, Brasil)**

Guimarães, Osvaldo
Projeto Múltiplo: Física / Osvaldo Guimarães, José Roberto Piqueira, Wilson Carron. – 1. ed. – São Paulo : Ática, 2014.

Obra em 3 v.
Bibliografia.

1. Física (Ensino Médio) I. Piqueira, José Roberto. II. Carron, Wilson. III. Título.

14-00569 CDD-530.07

**Índice para catálogo sistemático:**
1. Projeto Múltiplo: Física : Ensino Médio 530.07

2018
ISBN 978 85 08 16719-7 (AL)
ISBN 978 85 08 16720-3 (PR)
Código da obra CL 737768
CAE 501440 (AL)
CAE 501441 (PR)
1ª edição
6ª impressão

Impressão e acabamento: Bercrom Gráfica e Editora

Uma publicação Abril EDUCAÇÃO

# Apresentação

O final de um ciclo escolar se aproxima e, com ele, um momento propício para reforçar a aprendizagem adquirida até aqui. Hora de resgatar o conteúdo e recordar os modelos de exercícios mais comuns nos principais vestibulares do país. Afinal, você chegou à última série do Ensino Médio, e o exame vestibular, cada vez mais próximo, coloca à prova todo o conhecimento abordado nesses três anos.

Este caderno de revisão foi preparado para ajudá-lo a transpor essa etapa com segurança e tranquilidade. Nele você encontra resumos de todos os tópicos tratados no Ensino Médio, além de questões resolvidas, questões propostas e exercícios-tarefa. Enfim, um material completo de revisão a sua disposição.

Aproveite a oportunidade, consolide a aprendizagem e garanta o ingresso nas melhores universidades do país.

Boa revisão!

# Sumário geral

## Revisão 1

### Frente A



### Frente B



### Frente C



## Revisão 2

### Frente A



### Frente B



### Frente C

# Revisão 1

## Frente A



## Frente B



## Frente C

# MÓDULO 1 • Sistema de unidades e cinemática escalar

## Grandezas físicas

De modo geral, podemos definir como **grandeza** tudo aquilo que conseguimos comparar a um padrão efetuando uma medição. Uma quantidade padrão recebe o nome de **unidade.** A unidade é a quantidade específica que serve de comparação entre grandezas de mesma espécie.

## Notação científica

Qualquer número real $x$ pode ser escrito como o produto de um número $a$, cujo módulo está entre 1 e 10 (incluindo o 1) por outro, que é uma potência de 10 com expoente inteiro $10^n$, ou seja:

$$x = a \cdot 10^n$$

Essa forma de representação do número $x$ é denominada **notação científica**.

## Ordem de grandeza

A ordem de grandeza é a potência de 10, de expoente inteiro, que mais se aproxima da medida da grandeza analisada.

## Sistema Internacional de Unidades (SI)

Com o avanço das ciências, veio a necessidade de se agruparem as unidades, formando sistemas, para unificar os métodos de trabalho em todo o mundo. Atualmente, o mais usado é o Sistema Internacional de Unidades, conhecido como SI, padronizado em 1960 na 11ª Conferência Geral de Pesos e Medidas (CGPM), tendo como base o antigo Sistema MKS (metro, quilograma, segundo). Hoje o SI é o sistema oficialmente adotado na maioria dos países – incluindo o Brasil, que aderiu a ele em 1962.

Atualmente, o SI é composto de:

- **Unidades de base:** essas unidades se referem às sete grandezas de base: comprimento, massa, tempo, corrente elétrica, temperatura termodinâmica, quantidade de matéria e intensidade luminosa.

**Unidades de base do SI**

| Grandeza | Unidades de base | |
|---|---|---|
| | Nome | Símbolo |
| comprimento | metro | m |
| massa | quilograma | kg |
| tempo | segundo | s |
| corrente elétrica | ampère | A |
| temperatura termodinâmica | kelvin | K |
| quantidade de matéria | mol | mol |
| intensidade luminosa | candela | cd |

Fonte: INMETRO. *Sistema Internacional de Unidades* (SI). 8. ed. Rio de Janeiro, 2003.

- **Unidades derivadas:** unidades que podem ser expressas a partir das unidades de base, utilizando-se símbolos matemáticos de multiplicação e de divisão. As unidades derivadas referem-se às grandezas derivadas, que são definidas em razão das sete grandezas de base.

| Algumas unidades SI derivadas expressas a partir das unidades de base | | | | |
|---|---|---|---|---|
| **Grandeza** | **Unidades SI derivadas** | | | |
| | **Nome** | **Símbolo** | **Expressão em outras unidades SI** | **Expressão em unidades SI de base** |
| velocidade | metro por segundo | m/s | | |
| aceleração | metro por segundo ao quadrado | $m/s^2$ | | |
| massa específica | quilograma por metro cúbico | $kg/m^3$ | | |
| superfície | metro quadrado | $m^2$ | | |
| volume | metro cúbico | $m^3$ | | |
| força | newton | N | | $m \cdot kg \cdot s^{-2}$ |
| pressão | pascal | Pa | $N/m^2$ | $m^{-1} \cdot kg \cdot s^{-2}$ |
| energia, trabalho | joule | J | $N \cdot m$ | $m^2 \cdot kg \cdot s^{-2}$ |
| potência | watt | W | J/s | $m^2 \cdot kg \cdot s^{-3}$ |
| impulso | newton · segundo | $N \cdot s$ | $N \cdot s$ | $m \cdot kg \cdot s^{-1}$ |

Fonte: INMETRO. *Sistema Internacional de Unidades* (SI). 8. ed. Rio de Janeiro: Inmetro, 2003.

| Múltiplos e submúltiplos do metro | | | |
|---|---|---|---|
| Múltiplos | Relação com o metro | Submúltiplos | Relação com o metro |
| quilômetro (km) | $1\ km = 1000\ m = 10^3\ m$ | decímetro (dm) | $1\ dm = 0,1\ m = 10^{-1}\ m$ |
| hectômetro (hm) | $1\ hm = 100\ m = 10^2\ m$ | centímetro (cm) | $1\ cm = 0,01\ m = 10^{-2}\ m$ |
| decâmetro (dam) | $1\ dam = 10\ m$ | milímetro (mm) | $1\ mm = 0,001\ m = 10^{-3}\ m$ |

| Submúltiplos do quilograma | |
|---|---|
| Submúltiplo | Relação com o quilograma (kg) |
| hectograma (hg) | $1\ hg = 0,1\ kg = 10^{-1}\ kg$ |
| decagrama (dag) | $1\ dag = 0,01\ kg = 10^{-2}\ kg$ |
| grama (g) | $1\ g = 0,001\ kg = 10^{-3}\ kg$ |
| decigrama (dg) | $1\ dg = 0,0001\ kg = 10^{-4}\ kg$ |
| centigrama (cg) | $1\ cg = 0,00001\ kg = 10^{-5}\ kg$ |
| miligrama (mg) | $1\ mg = 0,000001\ kg = 10^{-6}\ kg$ |

| Relações entre unidades de tempo | |
|---|---|
| **Unidade** | **Relação com o segundo (s)** |
| minuto | $1\ min = 60\ s$ |
| hora | $1\ h = 60\ min = 3\,600\ s\ (3,6 \cdot 10^3\ s)$ |
| dia | $1\ dia = 24\ h = 1440\ min = 86400\ s\ (8,6 \cdot 10^4\ s)$ |
| ano | $1\ ano = 365\ dias = 8\,760\ h = 5,3 \cdot 10^5\ min = 3,2 \cdot 10^7\ s$ |

## Exercício resolvido

1. Suponha que uma bactéria tenha o formato cúbico com aresta $a = 1\ \mu m$. Faça uma estimativa da ordem de grandeza do número de bactérias que cabe em um recipiente de 2 litros.
Considere: $1\ \mu m = 10^{-6}$ m; $1\ m^3 = 10^3$ L e $V_{cubo} = a^3$.

**Resolução**

O volume de uma bactéria é:
$V = a^3 \Rightarrow V = (10^{-6})^3 \Rightarrow V = 10^{-18}\ m^3$
O número ($n$) de bactérias que cabe no recipiente de 2 litros é:
$$n = \frac{\text{volume do recipiente}}{\text{volume da bactéria}} = \frac{2 \cdot 10^{-3}\ m^3}{10^{-18}\ m^3} \Rightarrow$$
$\Rightarrow n = 2 \cdot 10^{15}$ bactérias
Portanto, a ordem de grandeza é $10^{15}$.

## Movimento, repouso e trajetória

A posição de um móvel está ligada à ideia de **referencial**, ou seja, para especificá-la, necessitamos usar outro corpo como referência.

Um móvel se encontra em **movimento** em relação a determinado referencial quando ele muda de posição no decorrer do tempo.

Se, durante determinado intervalo de tempo, a posição de um móvel permanece constante, ele está em **repouso** para esse referencial.

Quando um corpo se movimenta, ele deixa "pegadas" por onde passa. Essas pegadas determinam a sua **trajetória** – linha que une as sucessivas posições ocupadas por um corpo –, isto é, indicam se o corpo se movimenta em linha reta ou em curva.

A trajetória de um corpo depende do referencial adotado.

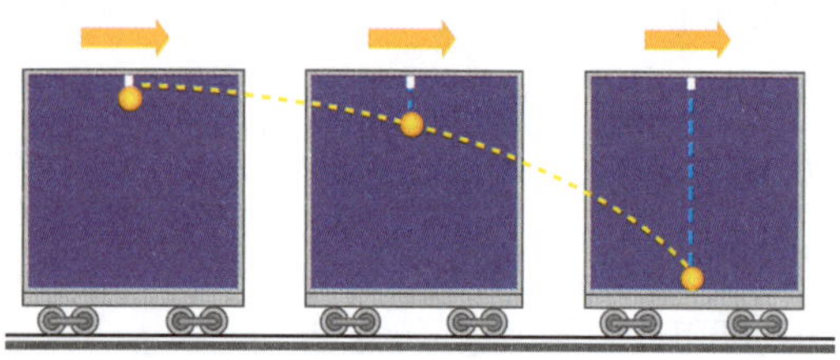

Para um observador dentro do vagão, a trajetória da bola é retilínea e, para um observador em repouso fora do vagão, a trajetória é parabólica.

## Espaço, deslocamento e distância percorrida

O espaço $S$ é a medida algébrica da distância, obtida ao longo da trajetória, do ponto onde se encontra o móvel ao ponto de referência adotado como origem ($O$).

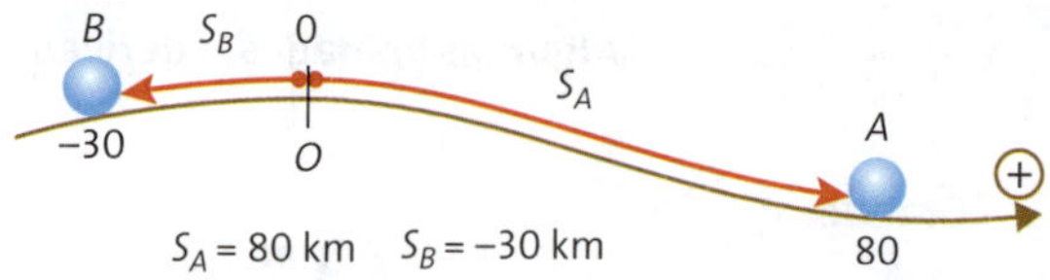


Representação esquemática do espaço de um móvel.

Se o móvel modifica sua posição, o espaço varia. Nesse caso, dizemos que o móvel sofreu um deslocamento escalar, que representamos por $\Delta S$, dado pela diferença entre o espaço final $S_f$ e o espaço inicial $S_i$:

$$\Delta S = S_f - S_i$$

A distância percorrida, em um dado intervalo de tempo, é a soma dos módulos de todos os deslocamentos escalares efetuados pelo móvel nesse intervalo de tempo.

$$d.p. = |\Delta S_1| + |\Delta S_2| + \ldots + |\Delta S_n|$$

## Velocidade escalar

A **velocidade escalar média ($v_m$)** é a razão entre o deslocamento escalar ($\Delta S$) e o correspondente intervalo de tempo ($\Delta t$).

$$v_m = \frac{\Delta S}{\Delta t} = \frac{S_2 - S_1}{t_2 - t_1}$$

No Sistema Internacional (SI), a unidade de velocidade é o metro por segundo (m/s), mas é muito comum no dia a dia o emprego da unidade quilômetro por hora (km/h). Pode-se demonstrar que 1 m/s é equivalente a 3,6 km/h. Para isso, devemos lembrar que 1 km = 1000 m e que 1 h = 3600 s. Portanto:

$$1\frac{km}{h} = \frac{1000\ m}{3\,600\ s} = \frac{1\ m}{3{,}6\ s} \Rightarrow 1\frac{m}{s} = 3{,}6\frac{km}{h}$$

Os velocímetros dos automóveis, motos, ônibus, etc. indicam a velocidade do móvel em um determinado instante. Essa velocidade recebe o nome de **velocidade escalar instantânea**.

## Aceleração escalar

Quando ocorre mudança na velocidade de um móvel, dizemos que existe aceleração.

Assim, se um móvel possui velocidade escalar instantânea $v_1$ no instante $t_1$ e, após um intervalo de tempo $\Delta t$, possui velocidade escalar instantânea $v_2$ no instante $t_2$, a **aceleração escalar média** é dada pela razão entre a variação da velocidade escalar instantânea ($\Delta v$) e o intervalo de tempo correspondente ($\Delta t$):

$$a_m = \frac{\Delta v}{\Delta t} = \frac{v_2 - v_1}{t_2 - t_1}$$

No SI, a unidade de aceleração é (m/s)/s = m/s$^2$.

Quando consideramos a aceleração escalar em determinado instante, e não em um intervalo de tempo, ela recebe a denominação de aceleração escalar instantânea ($a$).

## Exercício resolvido

2. A figura mostra esquematicamente a BR-116, no trecho compreendido entre as cidades de São Paulo e Rio de Janeiro, conhecida com via Dutra.

All Maps/Arquivo da editora

Considere essa rodovia como a trajetória de um automóvel e a cidade de São Paulo como a origem dessa trajetória.

a) Considerando a orientação de São Paulo para o Rio de Janeiro, qual é o espaço escalar da cidade de Resende?

b) Suponha que um automóvel parte de São Paulo, vai a Guaratinguetá e retorna a São José dos Campos. Calcule o deslocamento escalar e a distância percorrida pelo automóvel.

c) Qual é a velocidade escalar média, em km/h, de um carro que faz o trajeto São Paulo-Rio de Janeiro em 4 h e 30 min?

### Resolução

a) O deslocamento escalar de São Paulo a Resende é:

$\Delta S = 96 + 81 + 92 \Rightarrow \Delta S = 269$ km

Portanto, o espaço escalar ($S_R$) da cidade de Resende é **269 km**.

b) Início: km 0; final: km 96. Assim, o deslocamento escalar é:

$\Delta S = S_f - S_i \Rightarrow \Delta S = 96 - 0 \Rightarrow \Delta S = 96$ km

E a distância percorrida é:

$d_{total} = d_{SP\text{-}Guar.} + d_{Guar.\text{-}SJC} \Rightarrow$

$\Rightarrow d_{total} = (96 + 81) + 81 \Rightarrow \mathbf{d_{total} = 258\ km}$

c) O deslocamento escalar de São Paulo ao Rio de Janeiro é:

$\Delta S = 96 + 81 + 92 + 161 \Rightarrow \Delta S = 430$ km

E o intervalo de tempo da viagem é: 4 h 30 min = 4,5 h

Portanto, a velocidade escalar média é:

$$V_m = \frac{\Delta S}{\Delta t} \Rightarrow V_m = \frac{430}{4,5} \Rightarrow V_m = \mathbf{95,6\ km/h}$$

## Exercícios propostos

1. (Cefet-MG) Nos trabalhos científicos, números muito grandes ou próximos de zero são escritos em notação científica, que consiste em um número $x$, tal que $1 < x < 10$ multiplicado por uma potência de base 10. Assim sendo, 0,000 000 45 deve ser escrito da seguinte forma:

a) $0,45 \cdot 10^{-7}$.
b) $4,5 \cdot 10^{-7}$.
c) $45 \cdot 10^{-6}$.
d) $4,5 \cdot 10^{8}$.

2. (UFG-GO) Leia o texto:

*Pois há menos peixinhos a nadar no mar*
*Do que os beijinhos que eu darei na sua boca*

*Vinicius de Moraes*

Supondo que o volume total de água nos oceanos seja de cerca de um bilhão de quilômetros cúbicos e que haja em média um peixe em cada cubo de água de 100 m de aresta, o número de beijos que o poeta beijoqueiro teria que dar em sua namorada, para não faltar com a verdade, seria da ordem de:

a) $10^{10}$.
b) $10^{12}$.
c) $10^{14}$.
d) $10^{16}$.
e) $10^{18}$.

3. (CPS-SP) Até o final do século XVIII, a falta de uma linguagem comum para a medição de grandezas foi um problema na comunicação de informações, entre elas as científicas, por isso se criou um sistema de unidades chamado Sistema Internacional.

A implantação desse sistema de medida ainda passa por uma fase de adaptação. É o caso da unidade de energia que nos moldes antigos era a caloria (cal) e, no Sistema Internacional, a mesma grandeza atualmente se mede em joule (J).

Assim sendo, se a embalagem de determinado alimento indica que o valor energético desse alimento é de 340 000 cal, também deverá informar que a energia é, em joules, aproximadamente,

Considere: 1 cal = 4,2 J.

a) 1400 000.
b) 3 400 000.
c) 4 200 000.
d) 6 300 000.
e) 8 100 000.

4. (Unicastelo-SP) A maratona é uma prova de atletismo que consiste em uma corrida de 42 195 metros. Excelentes atletas correm as maratonas no ritmo de um quilômetro a cada três minutos. Um atleta que mantenha esse ritmo durante toda a maratona a completará em um tempo aproximado de

a) 2 h 45 min.
b) 3 h 10 min.
c) 2 h 20 min.
d) 1 h 50 min.
e) 2 h 06 min.

5. (Cefet-PR) Caçador nato, o guepardo é uma espécie de mamífero que reforça a tese de que os animais predadores estão entre os bichos mais velozes da natureza. Afinal, a velocidade é essencial para os que caçam outras espécies em busca de alimentação. O guepardo é capaz de, saindo do repouso e correndo em linha reta, chegar à velocidade de 72 km/h em apenas 2,0 s, o que nos permite concluir que o módulo da aceleração escalar média dele, em $m/s^2$, é igual a:

a) 10.
b) 26.
c) 18.
d) 36.
e) 50.

# MÓDULO 2 • Movimentos: uniforme e uniformemente variado

## Função horária do movimento uniforme (M.U.)

Uma característica fundamental dos **movimentos uniformes** é que, em **intervalos de tempo iguais, o móvel percorre deslocamentos iguais**. Essa é a característica que define uma velocidade cujo valor numérico permanece constante.

Sendo a velocidade constante, podemos escrever:

$$v = \frac{\Delta S}{\Delta t} \Rightarrow \Delta S = v \cdot \Delta t$$

Na equação $\Delta S = v \cdot \Delta t$, substituindo $\Delta S$ por $S - S_0$ e $\Delta t$ por $t - t_0$, obtemos:

$$S - S_0 = v \cdot (t - t_0)$$

Adotando o instante inicial ($t_0$) como igual a zero, podemos escrever:

$$S = S_0 + v \cdot t$$

Esta última equação recebe nome de **função horária do espaço** do movimento uniforme e nos fornece o espaço de um móvel em qualquer instante $t \neq 0$, desde que sejam conhecidos o espaço inicial (espaço no instante $t = 0$) e sua velocidade (que é constante). A função $S = S_0 + v \cdot t$ aplica-se a qualquer movimento uniforme, seja ele retilíneo ou curvilíneo.

## Diagramas horários

O diagrama horário de um movimento serve para visualizarmos o comportamento de uma grandeza (espaço, velocidade ou aceleração) em função do tempo. Vejamos, a seguir, a representação dessas grandezas no movimento uniforme.

Em relação à aceleração escalar temos que, como no movimento uniforme a velocidade escalar é constante, não há variação de velocidade e, nesse caso, a aceleração escalar é nula:

**velocidade escalar constante ⇔**
**⇔ aceleração escalar nula**

O diagrama horário correspondente é dado na figura seguinte.

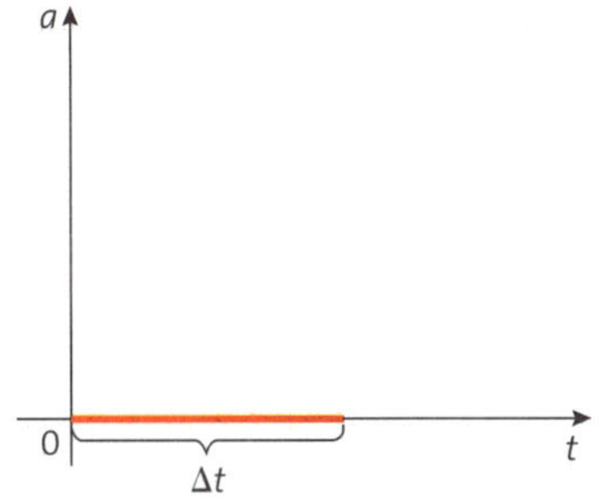


Com relação à **velocidade escalar**, devemos lembrar que ela é constante para o movimento uniforme, podendo ser positiva (movimento progressivo) ou negativa (movimento retrógrado). Os correspondentes **diagramas horários** estão representados nas figuras.

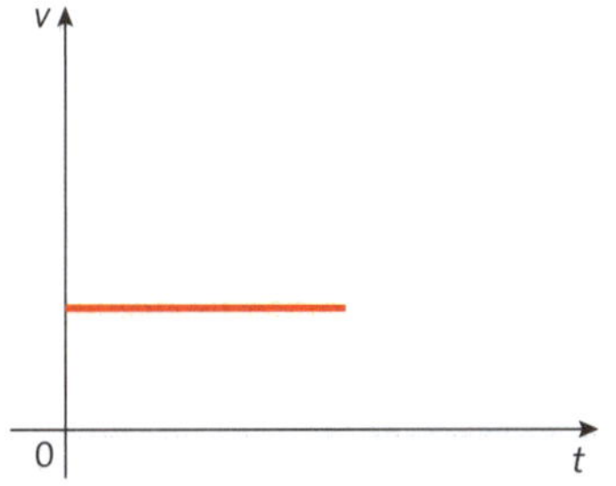


Diagrama horário da velocidade escalar para o movimento uniforme e progressivo.

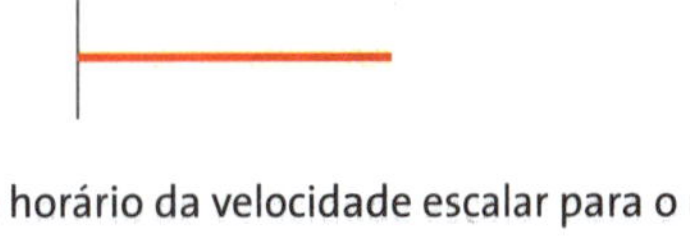


Diagrama horário da velocidade escalar para o movimento uniforme e retrógrado.

Para a construção do diagrama horário do espaço, devemos lembrar que o espaço varia com o tempo de acordo com a função:

$$S = S_0 + v \cdot t$$

A representação gráfica dessa função é uma reta inclinada em relação aos eixos $S$ e $t$. As figuras a seguir ilustram, respectivamente, os diagramas horários para o espaço nos movimentos progressivo e retrógrado.

Movimento uniforme e progressivo ($v > 0$).

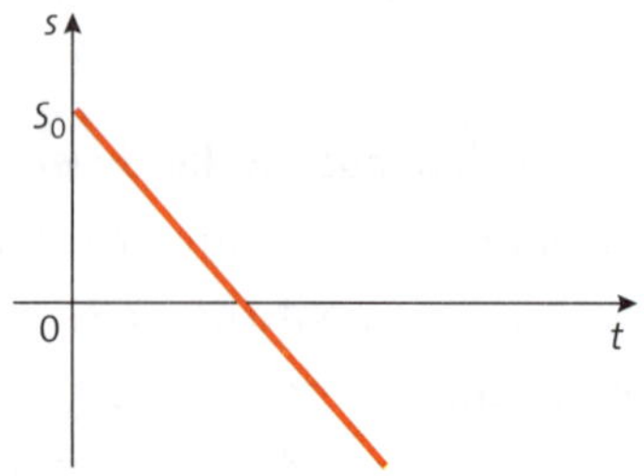


Movimento uniforme e retrógrado ($v < 0$).

## Velocidade ($v$) e deslocamento ($\Delta S$)

A partir do diagrama horário da velocidade escalar, podemos efetuar o cálculo do deslocamento escalar para um determinado intervalo de tempo; e, a partir do diagrama horário do espaço, podemos efetuar o cálculo da velocidade escalar.

Sabendo que, no M.U., $\Delta S = v \cdot \Delta t$ e que o produto $v \cdot \Delta t$ corresponde, numericamente, à área do retângulo assinalado na figura, temos:

$$\Delta S \overset{n}{=} \text{área do retângulo}$$

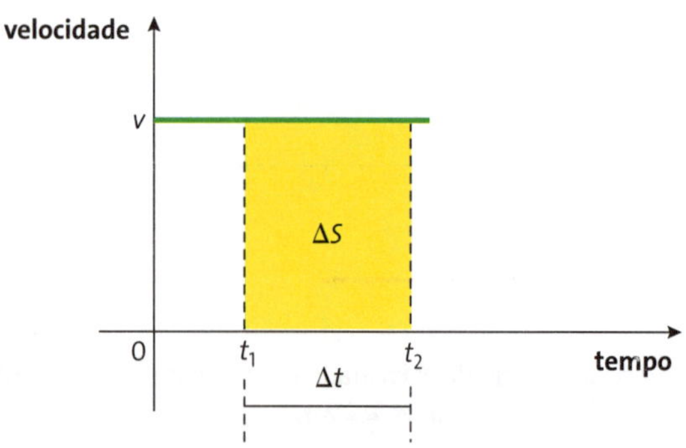


Observe, na figura a seguir, que a razão $\frac{\Delta S}{\Delta t}$ coincide com a expressão da tangente do ângulo $\theta$:

$$\frac{\Delta S}{\Delta t} \overset{n}{=} \tan \theta$$

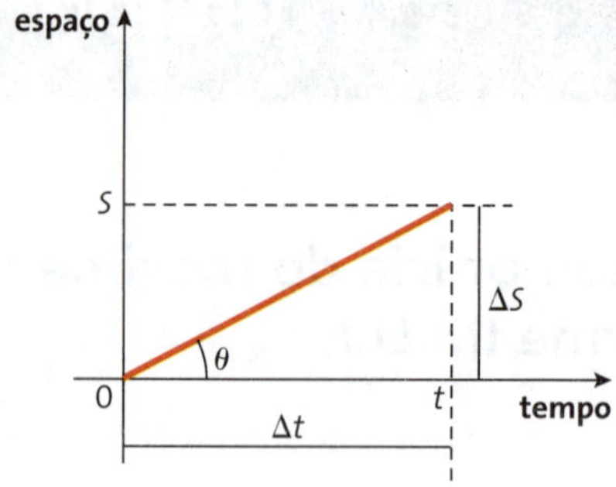


Lembrando que $v = \frac{\Delta S}{\Delta t}$, obtemos:

$$v \overset{n}{=} \tan \theta$$

No diagrama horário do espaço, a velocidade escalar é dada, numericamente, pela tangente do ângulo que a linha do gráfico forma com o eixo horizontal.

## Encontro e ultrapassagem de móveis

Uma das aplicações do estudo dos movimentos é a previsão do instante e da posição em que dois móveis se encontram ou, ainda, a determinação do tempo que um móvel leva para ultrapassar um outro.

Em certas situações, a determinação da posição do encontro dos móveis pode ser resolvida considerando-se os móveis como pontos materiais, conforme ilustra a figura.

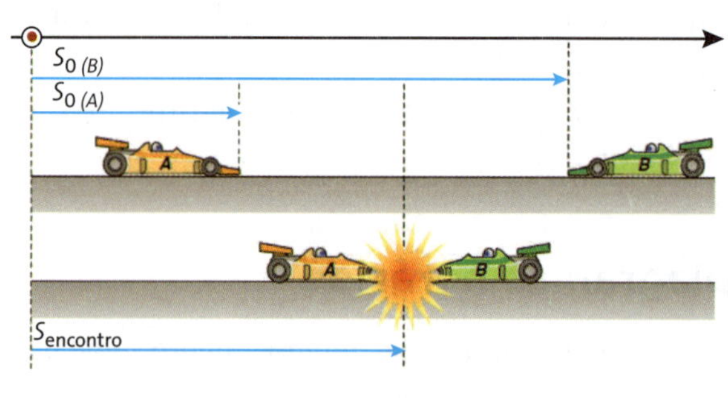


Nessa figura, observamos que, quando ocorre o encontro de dois móveis, $A$ e $B$, eles estão na mesma posição em uma dada trajetória. Isso significa dizer que os móveis possuem o mesmo espaço:

$$S_A = S_B = S_{encontro}$$

Essa mesma condição pode ser aplicada para o caso de um móvel alcançar um outro, quando eles se movem na mesma trajetória.

## Exercício resolvido

1. Dois carros partem, simultaneamente, de duas cidades, $A$ e $B$, distantes 280 km, um de encontro ao outro. O que parte de $A$ mantém uma velocidade constante de 80 km/h, e o que parte de $B$ mantém uma velocidade constante de 60 km/h.
Determine:
a) quanto tempo após a partida eles se encontram;
b) a que distância da cidade $A$ se verifica o encontro.

### Resolução

a) Façamos inicialmente uma representação esquemática do problema:

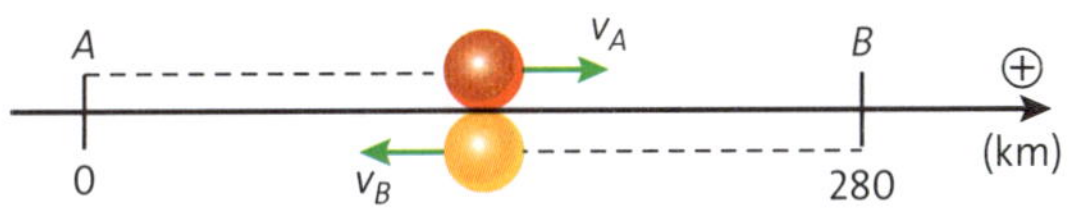


A partir da figura, temos:
Carro $A$: $S_0 = 0$ e $v_A = 80$ km/h
Carro $B$: $S_0 = 280$ km e $v_B = -60$ km/h
A função horária do espaço escalar para cada móvel vale:
$S = S_0 + v \cdot t \Rightarrow S_A = 80\,t$ e $S_B = 280 - 60\,t$
Quando os carros se encontram, temos:
$S_A = S_B \Rightarrow 80\,t = 280 - 60\,t \Rightarrow$
$\Rightarrow 140\,t = 280 \Rightarrow t = 2$ h

b) Para determinar o ponto de encontro, basta substituirmos o tempo $t$ por 2 h na função horária de qualquer um dos dois móveis:
$S_A = 80\,t \Rightarrow S_A = 80 \cdot 2 \Rightarrow S_A = 160$ km
Portanto, os móveis se encontram, 2 h após a partida, a 160 km da cidade $A$.

## Movimento uniformemente variado

Os movimentos variados caracterizam-se por apresentar uma velocidade escalar variável ao longo do tempo. Entre os movimentos variados, vamos tratar especificamente dos movimentos cujas velocidades escalares variam de uma maneira uniforme, ou seja, em intervalos de tempos iguais, as variações de velocidade escalar são iguais. Nessas condições, o movimento é denominado **uniformemente variado (M.U.V.)**.

**No M.U.V., a velocidade escalar varia uniformemente: a aceleração escalar é constante e diferente de zero.**

## Função horária da velocidade escalar ($v$)

No M.U.V. a aceleração escalar é constante, podendo ser positiva ou negativa. Assim, temos:

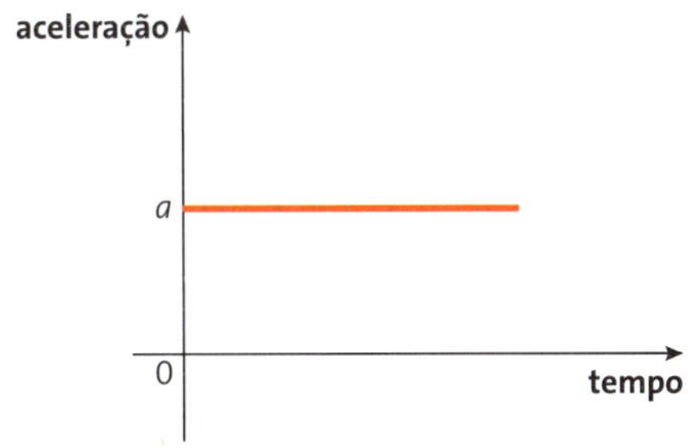


Diagrama horário da aceleração constante e positiva.

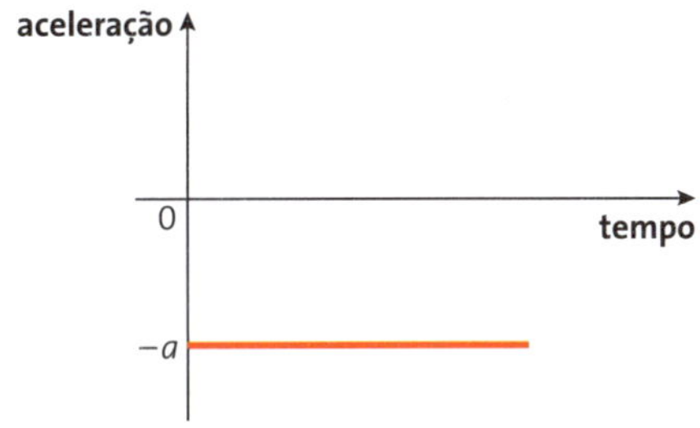


Diagrama horário da aceleração constante e negativa.

O diagrama horário da aceleração escalar nos fornece, numericamente, a variação da velocidade escalar ($\Delta v$) por meio do cálculo da área da figura, determinada pela linha do gráfico com o eixo dos tempos, dentro do intervalo. Diagrama horário da aceleração no intervalo de tempo considerado:

$$\left.\begin{array}{l}\Delta v = a \cdot \Delta t \\ a \cdot \Delta t \overset{n}{=} \text{área do retângulo}\end{array}\right\} \Rightarrow \Delta v \overset{n}{=} \text{área do retângulo}$$

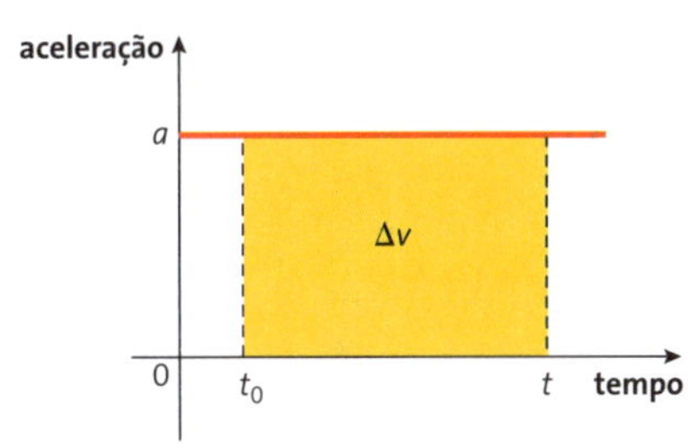


Devemos observar que a aceleração escalar instantânea no M.U.V. apresenta o mesmo valor que a aceleração escalar média:

$$a = a_m = \frac{\Delta v}{\Delta t} = \frac{v - v_0}{t - t_0}$$

Fazendo $t_0 = 0$, podemos escrever:

$$a \cdot t = v - v_0$$

E, nessa expressão, obtemos:

$$v = v_0 + a \cdot t$$

Com essa relação, denominada **função horária da velocidade escalar** para o M.U.V., determinamos a velocidade escalar de um móvel em qualquer instante, desde que conheçamos a velocidade inicial ($v_0$) e a aceleração escalar ($a$) do movimento.

Como a velocidade escalar varia segundo uma função linear, os diagramas horários possíveis são (figuras abaixo):

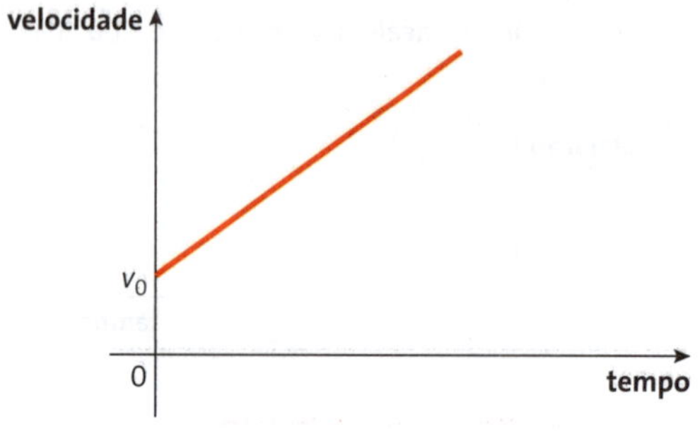


Função crescente: aceleração positiva.

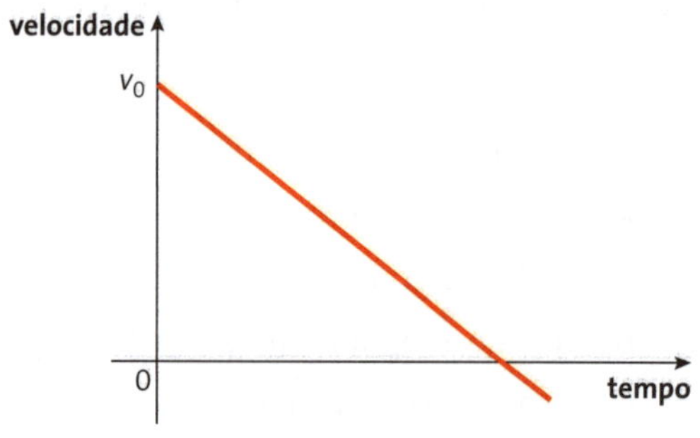


Função decrescente: aceleração negativa.

## Função horária do espaço escalar ($S$)

Suponha que um móvel que esteja em velocidade inicial $v_0$ acelere uniformemente até atingir a velocidade $v$ no instante $t$, conforme diagrama horário seguinte:

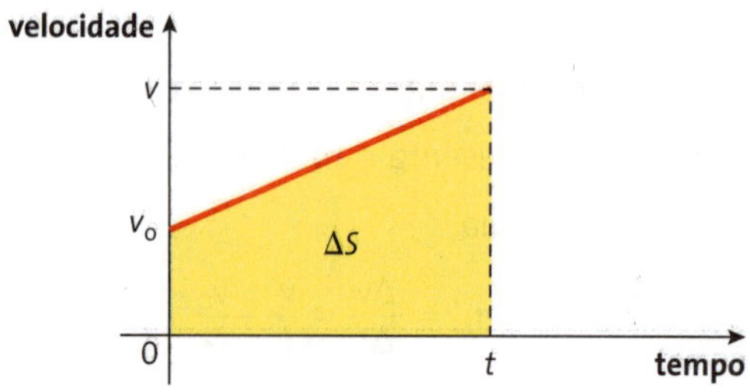


O deslocamento escalar ($\Delta S$), no intervalo de tempo de 0 a $t$, é dado pela área do trapézio, mostrado na figura. Assim:

Como $v = v_0 + a \cdot t$, temos:

$$\Delta S = \frac{v + v_0}{2} \cdot t \Rightarrow \Delta S = \frac{v_0 + a \cdot t + v_0}{2} \cdot t \Rightarrow$$

$$\Rightarrow \Delta S = \frac{2(v_0 \cdot t) + a \cdot t^2}{2} \Rightarrow \Delta S = v_0 \cdot t + \frac{a}{2} \cdot t^2$$

Como essa função, podemos determinar o **deslocamento escalar** efetuado por um móvel desde o instante inicial $t = 0$ até um instante $t$ qualquer, desde que sejam dadas a velocidade inicial e a aceleração escalar do M.U.V.

Podemos, também, determinar a função horária do espaço $S$. Lembrando que $\Delta S = S - S_0$, obtemos:

$$S = S_0 + v_0 \cdot t + \frac{a}{2} \cdot t^2$$

Com essa função – **função horária do espaço** para o M.U.V. – é possível localizar o móvel em qualquer instante, ou seja, ela nos fornece o espaço do móvel em qualquer instante $t$, desde que conheçamos o espaço inicial, a velocidade inicial e a aceleração do movimento.

A função horária do espaço de um M.U.V. é uma função quadrática (do segundo grau), e sua representação gráfica é uma curva, denominada **parábola**. As figuras a seguir representam os dois tipos de parábola para o M.U.V.

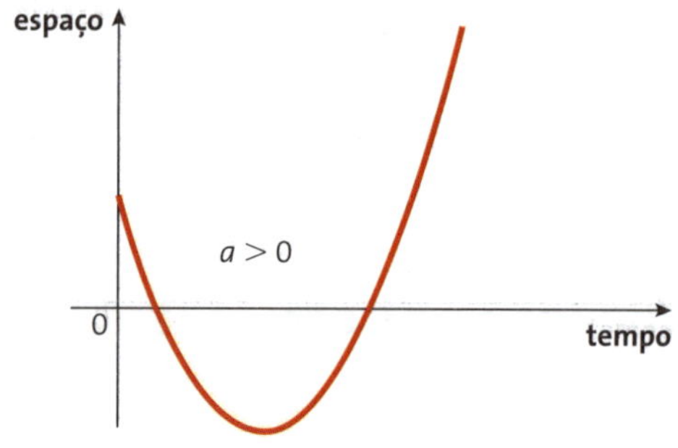


Aceleração positiva: concavidade para cima.

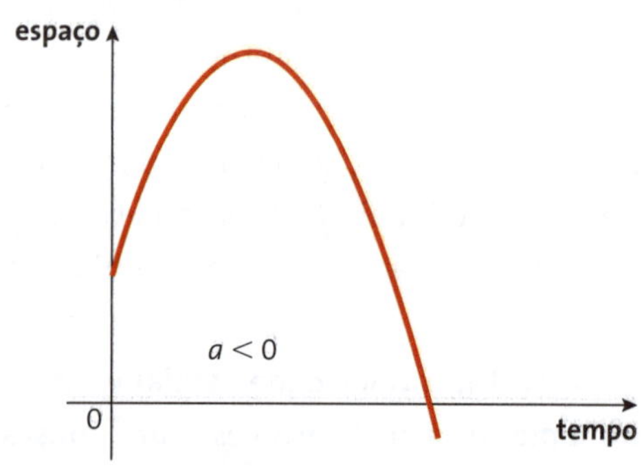


Aceleração negativa: concavidade para baixo.

## Equação de Torricelli

Com a função horária da velocidade escalar e a função horária do deslocamento escalar, podemos obter uma terceira equação, relacionando velocidade, aceleração e deslocamento, independentemente do tempo.

Na equação $v = v_0 + a \cdot t$, isolando o tempo $t$, obtemos:

$$t = \frac{v - v_0}{a}$$

Substituindo essa expressão na equação que representa a função horária do deslocamento, temos:

$$\Delta S = v_0 \cdot \frac{v - v_0}{a} + \frac{a}{2} \cdot \left(\frac{v - v_0}{a}\right)^2 \Rightarrow$$

$$\Rightarrow \Delta S = \frac{v \cdot v_0 - v_0^2}{a} + \frac{a}{2} \cdot \left(\frac{v^2 - 2 \cdot v \cdot v_0 + v_0^2}{a^2}\right) \Rightarrow$$

$$\Rightarrow \Delta S = \frac{v \cdot v_0}{a} - \frac{v_0^2}{a} + \frac{v^2}{2a} - \frac{v \cdot v_0}{a} + \frac{v_0^2}{2a} \Rightarrow \Delta S = \frac{v^2}{2a} - \frac{v_0^2}{2a} \Rightarrow$$

$$\Rightarrow 2a \cdot \Delta S = v^2 - v_0^2 \Rightarrow v^2 = v_0^2 + 2a \cdot \Delta S$$

Essa expressão é denominada **equação de Torricelli** para o movimento uniformemente variado.

## Lançamento vertical e queda livre

Os movimentos verticais próximos à superfície da Terra são movimentos uniformemente variados, nos quais a aceleração é constante e denominada aceleração da gravidade ($g$):

$$a = g = 9{,}8 \text{ m/s}^2$$

Na subida, o movimento do corpo é uniformemente retardado (o módulo da velocidade escalar diminui uniformemente) e, na descida, uniformemente acelerado (o módulo da velocidade escalar aumenta uniformemente).

Portanto, podemos utilizar as funções horárias da velocidade, do espaço e a equação de Torricelli para o lançamento vertical e para a queda livre, bastando, para isso, adotar um referencial e orientar a trajetória.

## Exercício resolvido

**2.** As velocidades de dois automóveis, $A$ e $B$, que se deslocam em uma avenida retilínea, estão representadas no gráfico seguinte.

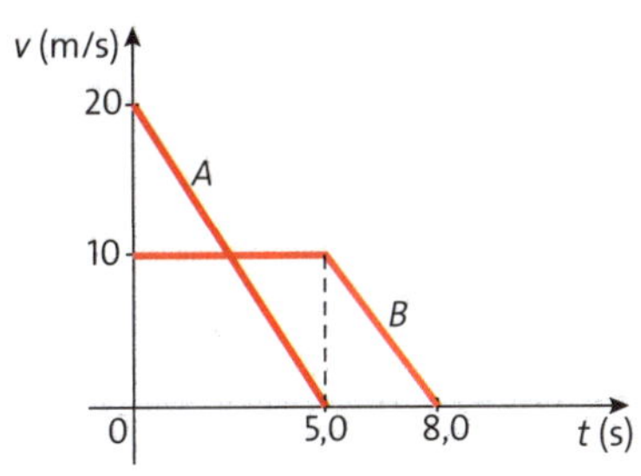


No instante $t = 0$, os dois automóveis estão emparelhados e a 65 m de um semáforo com sinal vermelho. De acordo com as informações dadas, determine:

a) a aceleração de cada automóvel;

b) se os automóveis param antes ou ultrapassam o semáforo.

**Resolução**

a) De acordo com o gráfico, o automóvel $A$ freia uniformemente desde o instante $t = 0$ e atinge o repouso no instante $t = 5{,}0$ s. Sua aceleração vale:

$$a = \frac{\Delta v}{\Delta t} = \frac{0 - 20}{5{,}0 - 0} \Rightarrow a = -4{,}0 \text{ m/s}^2$$

O carro $B$ mantém a velocidade constante até o instante $t = 5{,}0$ s. A partir desse instante, freia uniformemente e atinge o repouso no instante $t = 8{,}0$ s. Assim, de 0 a 5,0 s sua aceleração é zero, e de 5,0 s a 8,0 s sua aceleração vale:

$$a = \frac{\Delta v}{\Delta t} = \frac{0 - 10}{8{,}0 - 5} \Rightarrow a = -3{,}3 \text{ m/s}^2$$

b) Para determinar se os automóveis ultrapassam o semáforo ou param antes, devemos calcular a distância percorrida por eles até parar. Como a distância percorrida é igual ao deslocamento escalar, temos:

Automóvel $A$

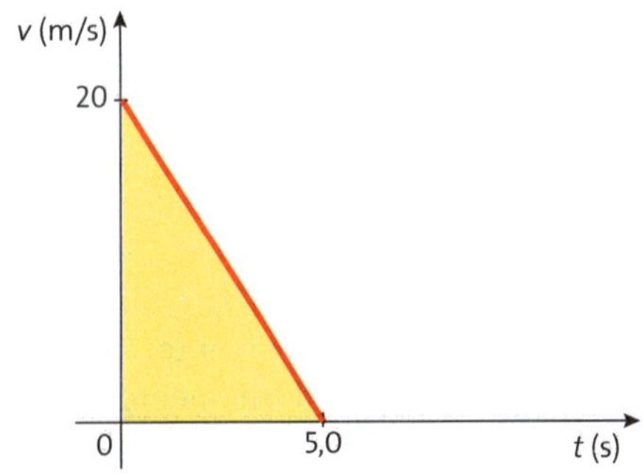


$\Delta S_A \overset{n}{=}$ área do retângulo $\Rightarrow \Delta S_A = \dfrac{5{,}0 \cdot 20}{2} \Rightarrow$
$\Rightarrow \Delta S_A = 50$ m

Automóvel $B$

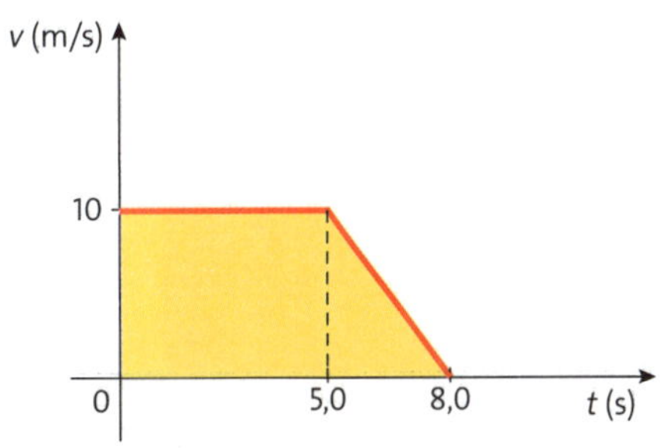


$\Delta S_B \overset{n}{=}$ área do trapézio $\Rightarrow \Delta S_B = \dfrac{8{,}0 + 5{,}0}{2} \cdot 10 \Rightarrow$
$\Rightarrow \Delta S_A = 65$ m

O automóvel $A$ percorre 50 m até parar e o automóvel $B$, 65 m. Como eles estavam a 65 m do semáforo, o automóvel $A$ para antes e o automóvel $B$ para exatamente no semáforo.

## Exercícios propostos

1. (UPM-SP) Uma partícula descreve um movimento retilíneo e uniforme, segundo um referencial inercial. A função horária do espaço escalar, com dados no SI, é $x = -2 + 5 \cdot t$. Com base nessas informações, julgue as afirmativas seguintes e assinale a alternativa correta.

   I. A velocidade escalar da partícula é constante, igual a 2 m/s, e o movimento é progressivo.

   II. O espaço inicial da partícula é −2 m e sua velocidade é constante e igual a 5 m/s.

   III. No instante $t = 3$ s, a partícula encontra-se a 13 m do ponto de partida.

   a) Somente I é correta.
   b) Somente II é correta.
   c) Somente III é correta.
   d) Somente I e II são corretas.
   e) Somente II e III são corretas.

2. (Vunesp-SP) Um veículo está rodando à velocidade de 36 km/h numa estrada reta e horizontal, quando o motorista aciona o freio. Supondo que a velocidade do veículo se reduz uniformemente à razão de 4 m/s em cada segundo a partir do momento em que o freio foi acionado, determine:

   a) o tempo decorrido entre o instante do acionamento do freio e o instante em que o veículo para;
   b) a distância percorrida pelo veículo nesse intervalo de tempo.

3. (UEA-AM) Além de uma bela obra arquitetônica, a Ponte Rio Negro, inaugurada em outubro de 2011, leva o desenvolvimento às regiões dos rios Solimões e Purus e cidades proximais. É a maior ponte fluvial estaiada do Brasil, com extensão aproximada de 3 600 m, possuindo uma seção suspensa por cabos. Para segurança daqueles que a utilizam, a velocidade máxima permitida é de 18 m/s.

Chico Batata/Agecom

   Suponha que dois veículos, cada um em um extremo da ponte e ao mesmo tempo, iniciem sua travessia, desenvolvendo a velocidade máxima permitida. O momento em que esses veículos passarão um pelo outro está entre o intervalo, em minutos, de

   a) 1,5 a 2,0.
   b) 2,0 a 2,5.
   c) 2,5 a 3,0.
   d) 3,0 a 3,5.
   e) 3,5 a 4,0.

4. (FASM-SP) O gráfico representa o deslocamento de uma pessoa em função do tempo em uma caminhada.

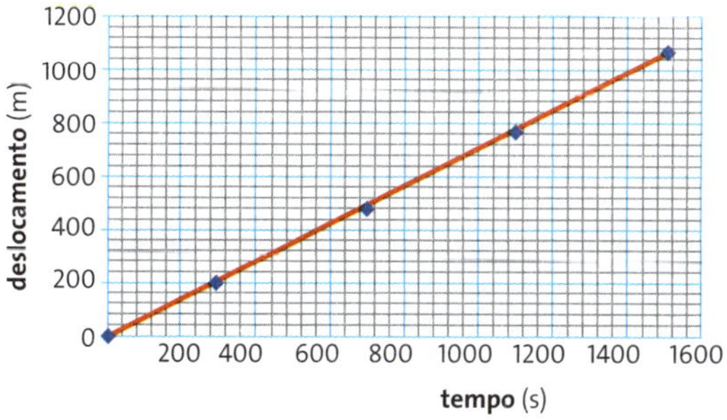


A velocidade média desta pessoa, em km/h, ao caminhar 1,0 km foi, aproximadamente

a) 5,0.
b) 6,0.
c) 2,6.
d) 3,8.
e) 1,4.

5. (FGV-SP) Um carro deslocou-se por uma trajetória retilínea e o gráfico qualitativo de sua velocidade ($v$), em função do tempo ($t$), está representado na figura.

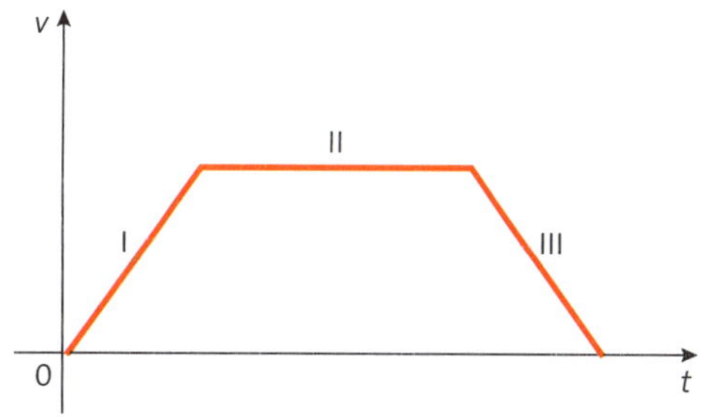


Analisando o gráfico, conclui-se corretamente que:

a) o carro deslocou-se em movimento uniforme nos trechos I e III, permanecendo em repouso no trecho II.
b) o carro deslocou-se em movimento uniformemente variado nos trechos I e III, e em movimento uniforme no trecho II.
c) o deslocamento do carro ocorreu com aceleração variável nos trechos I e III, permanecendo constante no trecho II.
d) a aceleração do carro aumentou no trecho I, permaneceu constante no trecho II e diminuiu no trecho III.
e) o movimento do carro foi progressivo e acelerado no trecho I, progressivo e uniforme no trecho II, mas foi retrógrado e retardado no trecho III.

# MÓDULO 3 • Cinemática vetorial e movimento circular e uniforme

## Vetores

As grandezas vetoriais são representadas por um ente matemático denominado **vetor.** Graficamente, um vetor é representado por um segmento de reta orientado. O comprimento desse segmento representa o módulo (valor numérico ou intensidade) do vetor; a reta suporte do segmento de reta determina a direção do vetor; e a orientação do segmento de reta indica o sentido do vetor.

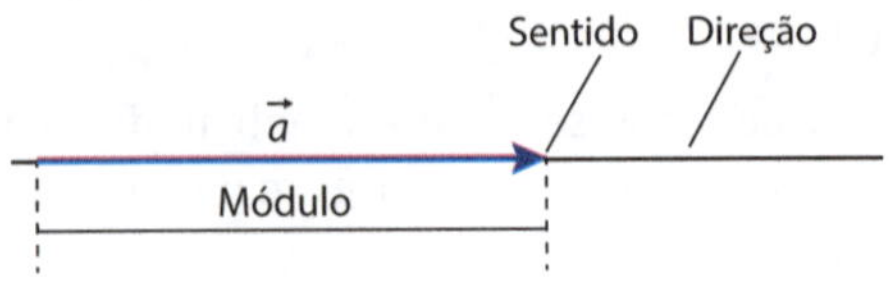


### Adição vetorial

Vejamos um exemplo. Uma pessoa, para chegar ao trabalho partindo de sua casa, efetua os seguintes deslocamentos: inicialmente, ela se desloca 800 m para leste; em seguida, 300 m para norte; e, finalmente, 400 m para oeste. Nessas condições, qual é a distância, em linha reta, de sua casa ao trabalho?

A figura mostra os vetores $\vec{d}_1$, $\vec{d}_2$ e $\vec{d}_3$, que representam cada um dos deslocamentos efetuados pela pessoa, e o vetor $\vec{d}_r$, que representa o deslocamento, em linha reta, de casa ao trabalho.

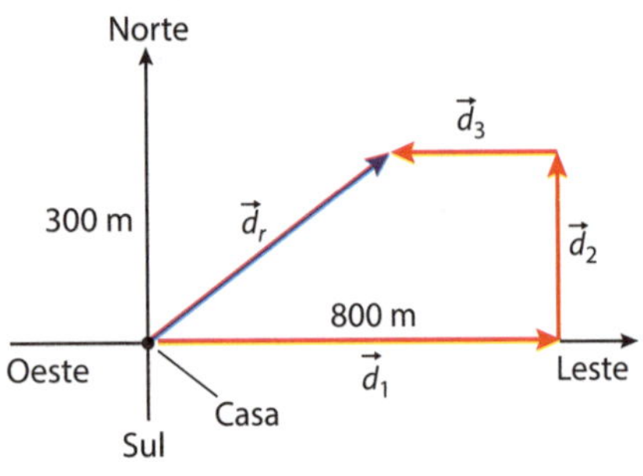


O vetor $\vec{d}_r$ é chamado de vetor soma ou vetor resultante dos vetores $\vec{d}_1$, $\vec{d}_2$ e $\vec{d}_3$:

$$\vec{d}_r = \vec{d}_1 + \vec{d}_2 + \vec{d}_3$$

### Regra do paralelogramo

Sendo $\theta$ o ângulo formado entre os vetores $\vec{a}$ e $\vec{b}$, calculamos os módulos do vetor soma utilizando a expressão:

$$s = \sqrt{a^2 + b^2 + 2 \cdot a \cdot b \cdot \cos \theta}$$

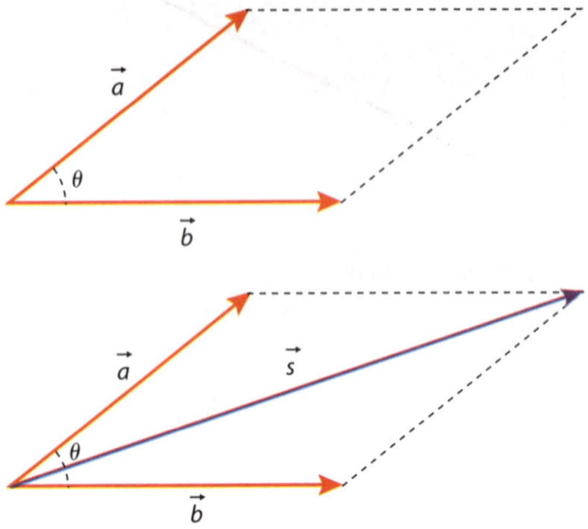


## Componentes de um vetor

Todo vetor pode ser obtido a partir da soma de dois outros vetores, perpendiculares entre si, chamados de componentes do vetor dado. Assim, dado um vetor $\vec{a}$, ele pode ser decomposto em dois outros vetores, $\vec{a}_x$ e $\vec{a}_y$, que recebem o nome de **componentes do vetor $\vec{a}$ nos eixos perpendiculares *x* e *y*.**

A figura ilustra o procedimento para a decomposição de um vetor. As relações matemáticas entre o vetor $\vec{a}$ e seus componentes perpendiculares, $\vec{a}_x$ e $\vec{a}_y$, são dadas pelo teorema de Pitágoras e pelas relações trigonométricas no triângulo retângulo:

$$a^2 = a_x^2 + a_y^2$$

$$\cos \alpha = \frac{a_x}{a} \Rightarrow a_x = a \cdot \cos \alpha$$

$$\text{sen } \alpha = \frac{a_y}{a} \Rightarrow a_y = a \cdot \text{sen } \alpha$$

$$\tan \alpha = \frac{a_y}{a_x}$$

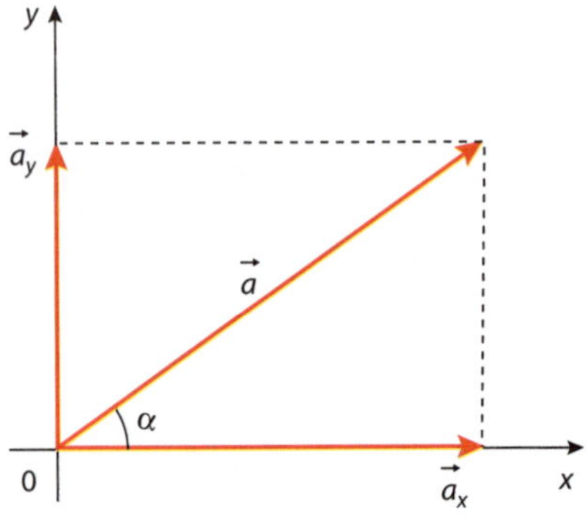

## Deslocamento vetorial ($\Delta\vec{r}$)

A figura ilustra duas posições *A* e *B* ocupadas por um móvel que se movimenta em relação ao referencial *O*, $\vec{r}_A$ e $\vec{r}_B$ indicam os vetores posição do móvel e o vetor $\Delta\vec{r}$ representa o deslocamento vetorial do móvel entre os dois pontos considerados.

$$\Delta\vec{r} = \vec{r}_B - \vec{r}_A$$

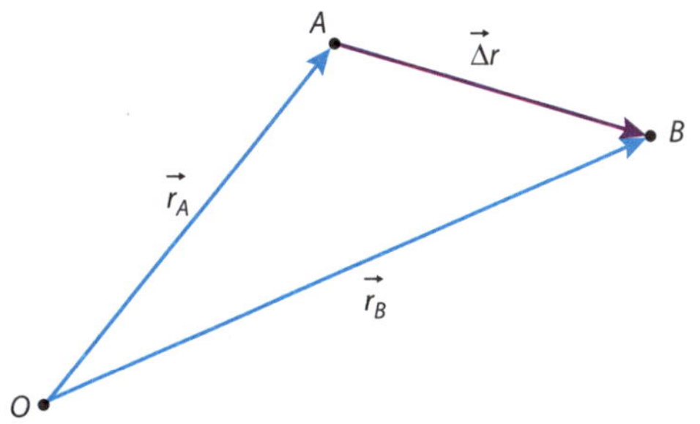


## Velocidade vetorial ($\vec{v}$)

A **velocidade vetorial média ($\vec{v}_m$)** é a razão entre o deslocamento vetorial e o correspondente intervalo de tempo:

$$\vec{v}_m = \frac{\Delta\vec{r}}{\Delta t}$$

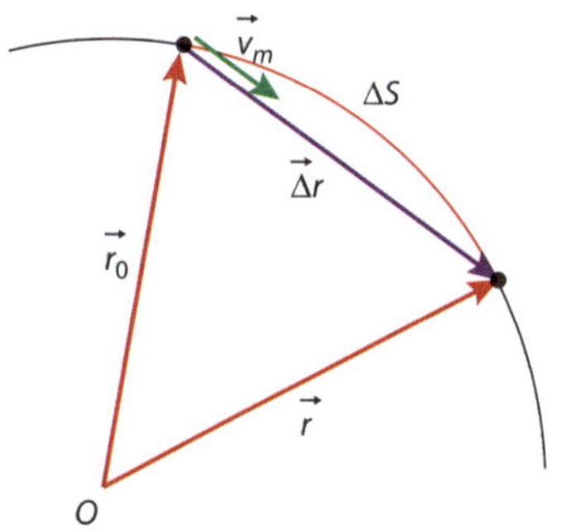


A **velocidade vetorial instantânea ($\vec{v}$)** é uma grandeza vetorial definida do seguinte modo:

$$\vec{v} = \begin{cases} \text{intensidade: } v \\ \text{direção: reta suporte da trajetória} \\ \text{sentido: indicado pela orientação do vetor} \end{cases}$$

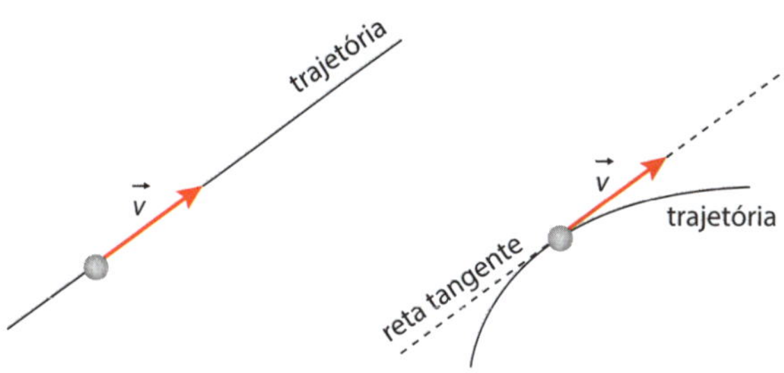


## Aceleração vetorial ($\vec{a}$)

A **aceleração vetorial média ($\vec{a}_m$)** é a razão entre o vetor variação de velocidade e o correspondente intervalo de tempo:

$$\vec{a}_m = \frac{\Delta\vec{v}}{\Delta t}$$

A aceleração vetorial instantânea ($\vec{a}$) é a aceleração vetorial de um móvel em cada ponto de sua trajetória. Ela é representada por um vetor que pode formar um ângulo qualquer, entre 0° e 180°, com o vetor velocidade instantânea ($\vec{v}$). Vejam dois exemplos nas figuras a seguir.

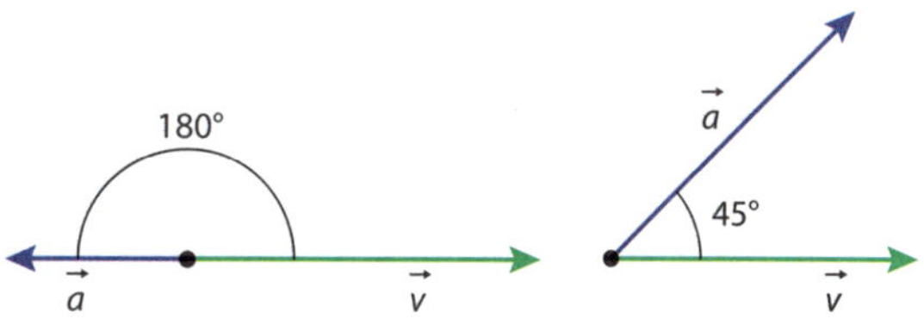


### Aceleração tangencial e aceleração centrípeta

Uma vez que todo vetor pode ser obtido pela soma de dois componentes perpendiculares, vamos decompor o vetor aceleração instantânea tomando como base a direção do vetor velocidade. A figura ilustra essa decomposição.

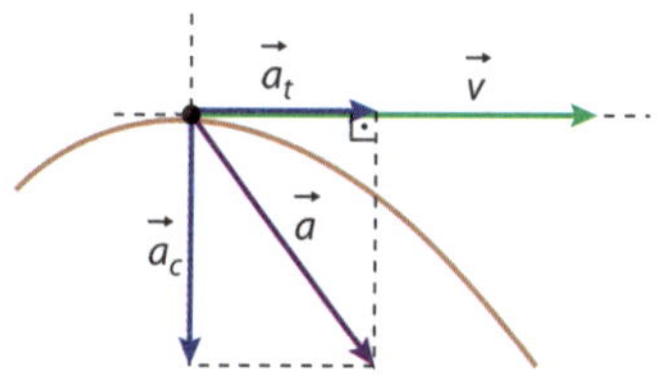


O componente que possui a direção do vetor velocidade é chamado de **aceleração tangencial** ($\vec{a}_t$), pois é tangente à trajetória, enquanto o outro componente, que é perpendicular à direção do vetor velocidade, é chamado de **aceleração centrípeta** ($\vec{a}_c$), ou aceleração normal.

O módulo da aceleração tangencial é o módulo da aceleração escalar, ou seja, $|\vec{a}_t| = |\vec{a}|$.

- se $\vec{v}$ e $\vec{a}_t$ têm mesmo sentido, o movimento é acelerado;

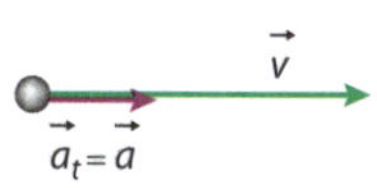


Movimento retilíneo acelerado.

- se $\vec{v}$ e $\vec{a}_t$ têm sentidos contrários, o movimento é retardado.

Movimento retilíneo retardado.

O vetor aceleração centrípeta apresenta as seguintes características:

$$\vec{a}_c = \begin{cases} \text{intensidade: } \dfrac{v^2}{R} \\ \text{direção: radial} \\ \text{sentido: apontando para o centro} \end{cases}$$

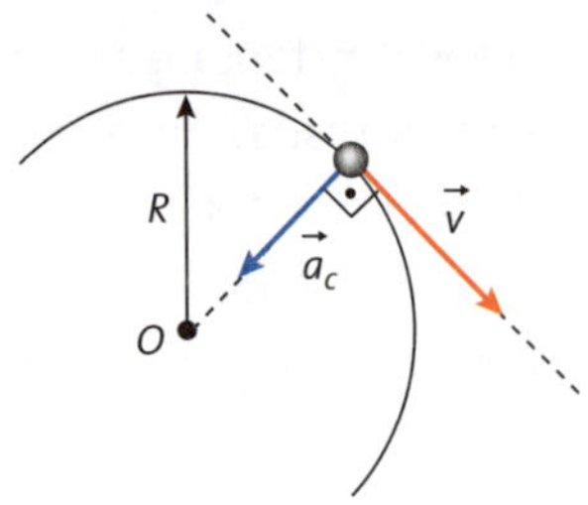


## Exercício resolvido

1. A figura abaixo representa a trajetória descrita por um móvel. Num determinado instante, ele se encontra no ponto *A* com velocidade $\vec{v_1}$ cujo módulo vale 3 m/s. Após 3,5 s, ele passa pelo ponto *B* a uma velocidade $\vec{v_2}$, cujo módulo é 8 m/s. Determine o módulo da aceleração vetorial média e represente-a vetorialmente.

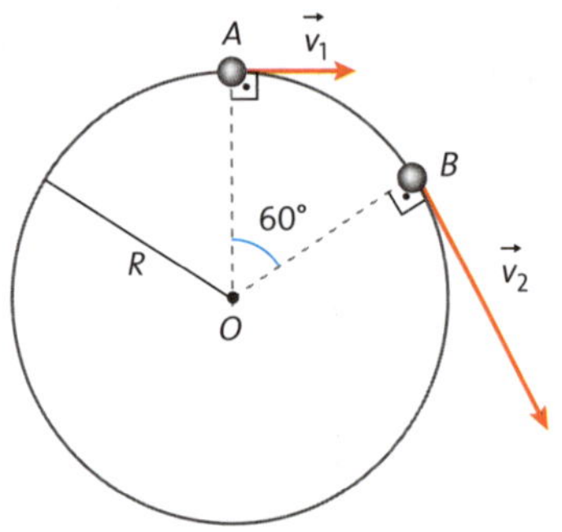


### Resolução

O ângulo entre os vetores $\vec{v_1}$ e $\vec{v_2}$ tem também 60° (ângulos de lados perpendiculares). Obtemos o módulo de $\Delta\vec{v}$ aplicando a lei dos cossenos:

$\Delta v^2 = v_1^2 + v_2^2 - 2 \cdot v_1 \cdot v_2 \cdot \cos 60°$

$\Delta v = \sqrt{3^2 + 8^2 - 2 \cdot 3 \cdot 8 \cdot \frac{1}{2}} \Rightarrow \Delta v = 7 \text{ m/s}$

O vetor aceleração média é dado por:

$\vec{a}_m = \frac{\Delta\vec{v}}{\Delta t} \Rightarrow \vec{a}_m = \frac{7}{3{,}5} \Rightarrow \vec{a}_m = 2 \text{ m/s}^2$

A direção e o sentido do vetor aceleração média são os mesmos do vetor $\Delta\vec{v}$.

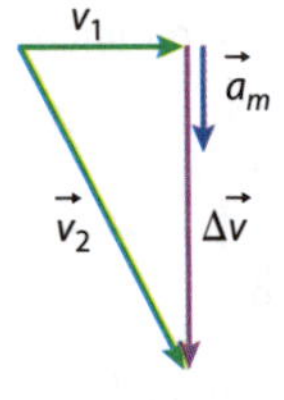


## Movimento circular e uniforme (M.C.U.)

O **movimento circular e uniforme** (M.C.U.) apresenta as seguintes características (figura a seguir).

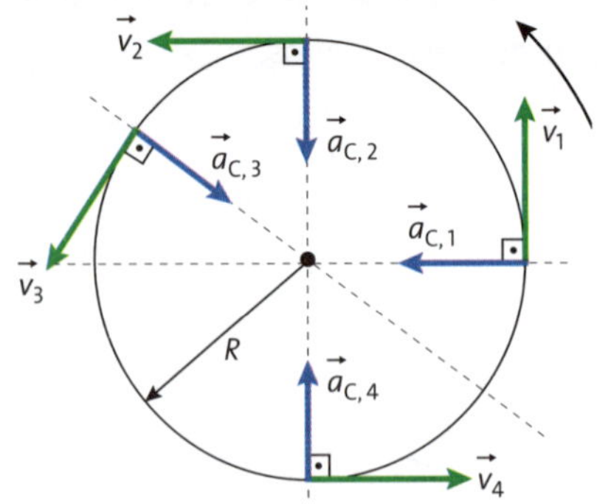


- a trajetória é uma circunferência;
- a velocidade vetorial é constante em módulo e variável na direção e no sentido;
- a aceleração tangencial é nula;
- a aceleração centrípeta é constante em módulo e variável na direção e no sentido.

Como a velocidade vetorial é constante em módulo, a velocidade média é igual à velocidade instantânea. Assim, uma partícula em M.C.U. efetua deslocamentos iguais em intervalos de tempo iguais. Utilizando as grandezas angulares (próxima figura), temos $\omega = \frac{\Delta\theta}{\Delta t}$.

Sendo $\Delta\theta = \theta - \theta_0$; $\Delta t = t - t_0$ e para $t = 0$, temos:

$$\theta = \theta_0 + \omega \cdot t$$

Essa expressão é denominada função horária do M.C.U.

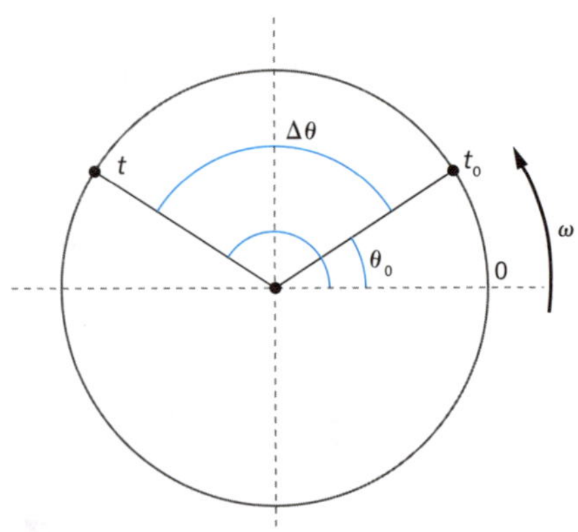


### Frequência e período

A frequência e o período são grandezas características dos movimentos periódicos, ou seja, dos movimentos que se repetem em intervalos de tempo iguais.

No caso do movimento circular, a **frequência** ($f$) representa o número de voltas ($n$) que o móvel efetua por unidade de tempo, e é dada pela relação:

$$f = \frac{n}{\Delta t}$$

No SI, a frequência é medida em **rotações por segundo** (rps), que recebe o nome de **hertz** (Hz).

O **período** ($T$) é o intervalo de tempo correspondente a uma volta completa:

$$T = \frac{\Delta t}{n}$$

Com base nessas duas equações, concluímos que:

$$f = \frac{1}{T} \text{ ou } T = \frac{1}{f}$$

### Velocidade angular

A velocidade angular ($\omega$) é constante durante todo o intervalo de tempo e pode ser relacionada com a frequência ou com o período do movimento.

Sendo $\omega = \frac{\Delta\theta}{\Delta t}$ e considerando uma volta completa, temos: $\Delta\theta = 2\pi$ rad e $\Delta t = T$. Assim:

$$\omega = \frac{2\pi}{T} \text{ ou } \omega = 2 \cdot \pi \cdot f$$

### Aceleração centrípeta

Como a velocidade vetorial é constante em módulo, mas é variável na direção e no sentido, o M.C.U. não tem aceleração tangencial, somente aceleração centrípeta ($a_c$):

$$a_c = \frac{v^2}{R} = \omega^2 \cdot R$$

## Movimentos concêntricos e transmissão de M.C.U.

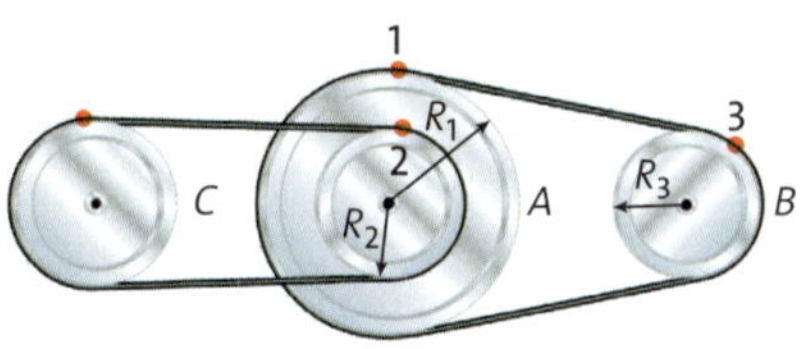


Em relação aos pontos 1 e 2:

**Todos os pontos de um corpo rígido em rotação têm a mesma velocidade angular.**

Os pontos 1 e 3, embora não estejam na mesma polia, têm a mesma velocidade linear, pois estão em contato com a mesma correia sem que haja escorregamento:

$$v_1 = v_3$$

Assim, temos: $\left.\begin{array}{l} v_1 = v_3 \\ v = \omega \cdot R \end{array}\right\} \omega_1 \cdot R_1 = \omega_3 \cdot R_3$

Como $\omega = 2\pi \cdot f$, obtemos: $2\pi \cdot f_1 \cdot R_1 = 2\pi \cdot f_3 \cdot R_3$.

$$f_1 \cdot R_1 = f_3 \cdot R_3$$

## Exercício resolvido

2. Uma bicicleta possui 52 dentes na engrenagem maior e 20 na engrenagem menor. O raio da roda traseira é 0,4 m. Pedalando vigorosamente, um ciclista faz o pedal realizar 60 voltas por minuto. Considere que, em cada engrenagem, o raio é proporcional ao número de dentes.

a) Quantas voltas por minuto realiza a engrenagem menor?

b) A catraca menor está rigidamente ligada à roda traseira. Sendo assim, qual é a relação entre a velocidade angular dessa catraca e a da roda traseira?

c) Em relação ao solo, qual é a velocidade da bicicleta? Considere $\pi = 3{,}14$.

**Resolução**

a) Como $f_1 \cdot R_1 = f_2 \cdot R_2$, temos:
$60 \cdot 52 = f_2 \cdot 20 \Rightarrow f_2 = 156$ voltas/min

b) Por serem concêntricas e solidárias, a catraca menor e a roda traseira têm a mesma velocidade angular.

c) Sendo $v = \omega \cdot R$ e $\omega = 2\pi \cdot f$, podemos escrever:

$$v = 2\pi \cdot f \cdot R = 2 \cdot 3{,}14 \cdot 0{,}4 \cdot \frac{156}{60} \Rightarrow v = 6{,}5 \text{ m/s}$$

## Exercícios propostos

1. (UFPB) Um cidadão está à procura de uma festa. Ele parte de uma praça, com a informação de que o endereço procurado estaria situado a 2 km ao norte. Após chegar ao referido local, ele recebe nova informação de que deveria se deslocar 4 km para o leste. Não encontrando ainda o endereço, o cidadão pede informação a outra pessoa, que diz que a festa está acontecendo a 5 km ao sul daquele ponto. Seguindo essa dica, ele finalmente chega ao evento. Na situação descrita, o módulo do vetor deslocamento do cidadão, da praça até o destino final, é:

a) 11 km. b) 7 km. c) 5 km. d) 4 km. e) 3 km.

2. (PUC-PR) Um ônibus percorre, em 30 minutos, as ruas de um bairro, de *A* até *B*, como mostra a figura:

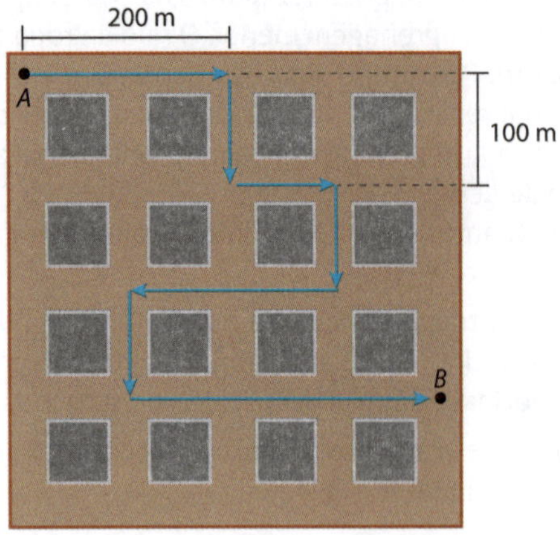


Considerando a distância entre duas ruas paralelas e consecutivas igual a 100 m, analise as afirmações:

I. A velocidade vetorial média nesse percurso tem módulo 1 km/h.

II. O ônibus percorre 1500 m entre os pontos *A* e *B*.

III. O módulo do vetor deslocamento é 500 m.

IV. A velocidade vetorial média do ônibus entre *A* e *B* tem módulo 3 km/h.

Estão corretas:

a) I e III.
b) I e IV.
c) III e IV.
d) I e II.
e) II e III.

3. (UFRN) A figura 1 representa uma sucessão de fotografias de um atleta durante a realização de um salto ornamental numa piscina. As linhas tracejadas nas figuras 1 e 2 representam a trajetória do centro de gravidade desse atleta para este mesmo salto. Nos pontos I, II, III e IV da figura 2, estão representados os vetores velocidade, $\vec{v}$, e aceleração, $\vec{a}$, do centro de gravidade do atleta.

Figura 1 Figura 2

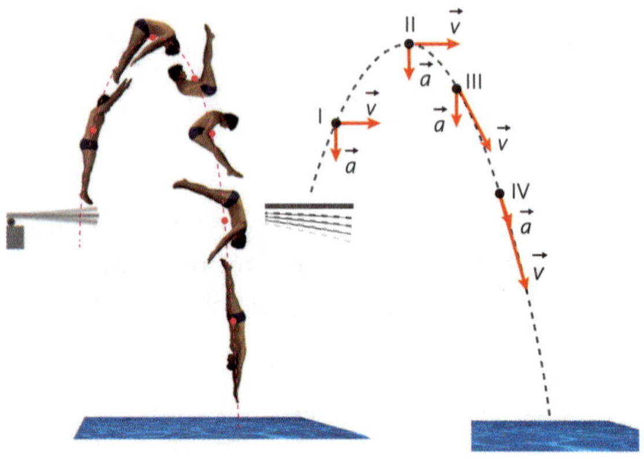


Os pontos em que os vetores velocidade, $\vec{v}$, e aceleração, $\vec{a}$, estão representados corretamente são

a) II e III.
b) I e III.
c) II e IV.
d) I e IV.

4. (UFPB) Na modalidade de arremesso de martelo, o atleta gira o corpo juntamente com o martelo antes de arremessá-lo. Em um treino um atleta girou 4 vezes em 3 s para efetuar um arremesso. O comprimento do braço do atleta é de 80 cm. Desprezando o tamanho do martelo, admitindo que esse martelo descreva um movimento circular antes de ser arremessado, então é correto afirmar que a velocidade com que o martelo é arremessado é de:

a) 2,8 m/s.

b) 3,0 m/s.

c) 5,0 m/s.

d) 6,7 m/s.

e) 7,0 m/s.

5. (UEL-PR) Uma pista de corrida de 400 m é constituída por trechos retos e semicirculares, conforme a figura a seguir:

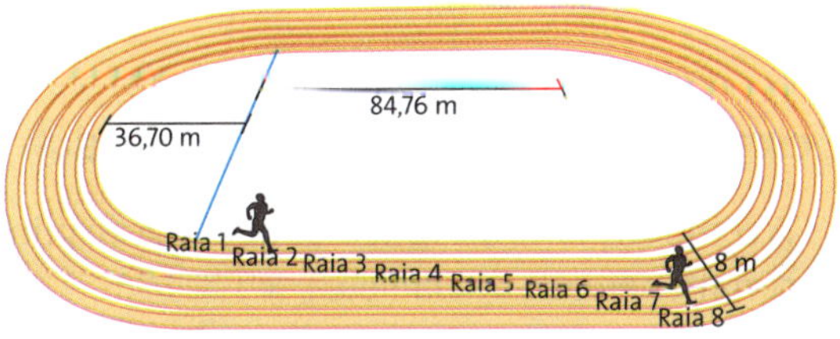


Suponha que dois atletas, nas curvas, sempre se mantenham na parte mais interna de suas raias, de modo a percorrerem a menor distância nas curvas, e que a distância medida a partir da parte interna da raia 1 até a parte interna da raia 8 seja de 8 m. Para que ambos percorram 400 m, quantos metros o atleta da raia mais externa deve partir à frente do atleta da raia mais interna?

Dado: $\pi = 3,14$.

a) 10,00 m

b) 25,12 m

c) 32,46 m

d) 50,24 m

e) 100,48 m

# MÓDULO 4 • Composição de movimentos e movimento de projéteis

## Composição de movimentos

A composição de movimentos obedece ao princípio da simultaneidade de Galileu:

**O movimento de um corpo pode ser o resultado da composição de outros movimentos realizados simultaneamente.**

Para exemplificar, vamos considerar que, em uma balsa que está sendo arrastada pela correnteza de um rio, uma pessoa se desloque da posição $P_1$ para a posição $P_2$, conforme mostra a figura.

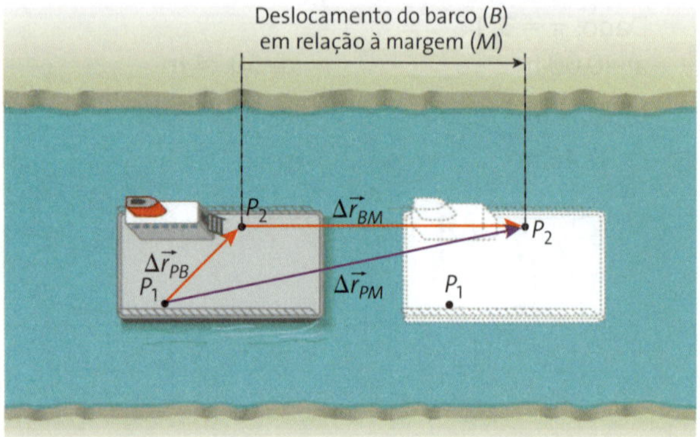


Em relação à margem do rio, o movimento da pessoa se superpõe ao movimento da balsa.

$$\Delta\vec{r}_{PM} = \Delta\vec{r}_{PB} + \Delta\vec{r}_{BM}$$

Como esses deslocamentos são simultâneos, isto é, ocorrem no mesmo tempo, podemos dividir os dois membros da equação anterior pelo mesmo intervalo de tempo ($\Delta t$) e obter a relação entre as velocidades:

$$\vec{v}_{PM} = \vec{v}_{PB} + \vec{v}_{BM}$$

## Exercício resolvido

1. A largura de um rio é 800 m e suas águas movimentam-se com velocidade constante de 3,0 m/s em relação às margens. Suponha que um barco a motor, com velocidade constante de 4,0 m/s em relação às águas, se movimente nesse rio.
   a) Qual a distância percorrida pelo barco em relação à margem em 20 s se ele se movimenta a favor da correnteza? E contra a correnteza?
   b) Em quanto tempo o barco atravessa o rio se sua proa for mantida perpendicularmente à correnteza?
   c) Nas condições do item **b**, determine o ponto onde o barco atinge a margem oposta e o deslocamento total do barco.

**Resolução**

a) Com o barco movimentando-se a favor da correnteza, sua velocidade em relação à margem ($v_{BM}$) é dada pela soma da velocidade do barco em relação às águas ($v_{BA}$) com a velocidade das águas em relação à margem ($v_{AM}$):

$v_{BM} = v_{BA} + v_{AM} \Rightarrow v_{BM} = 4{,}0 + 3{,}0 \Rightarrow v_{BM} = 7{,}0$ m/s

E a distância percorrida em 20 s vale:

$d = v_{BM} \cdot \Delta t = 7{,}0 \cdot 20 \Rightarrow d = 140$ m

Com o barco movimentando-se contra a correnteza, sua velocidade em relação à margem ($v_{BM}$) é dada pela subtração entre a velocidade do barco em relação às águas ($v_{BA}$) e a velocidade das águas em relação à margem ($v_{AM}$):

$v_{BM} = v_{BA} - v_{AM} \Rightarrow v_{BM} = 4{,}0 - 3{,}0 \Rightarrow v_{BM} = 1{,}0$ m/s

E a distância percorrida em 20 s vale:
$d = v_{BM} \cdot \Delta t = 1{,}0 \cdot 20 \Rightarrow d = 20$ m

b) Se o barco mantiver sua proa perpendicular à correnteza, o tempo para atravessar o rio de largura $L$, é dado por:

$L = v_{BA} \cdot \Delta t \Rightarrow 800 = 4{,}0 \cdot \Delta t \Rightarrow \Delta t = 200$ s

c) A figura seguinte ilustra a situação proposta:

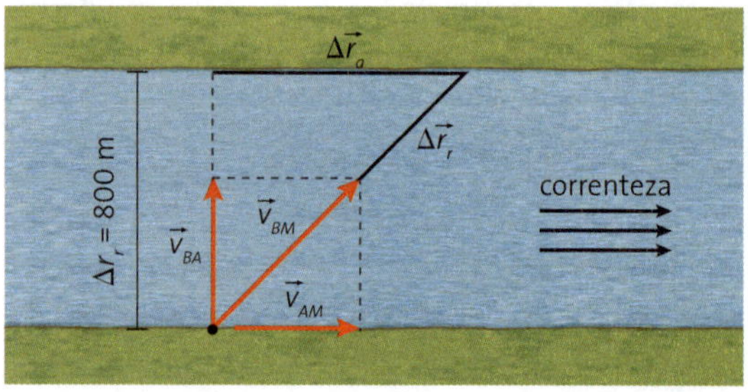


Durante o tempo de travessia (200 s), o deslocamento de arrastamento do barco devido à correnteza vale:

$\Delta r_a = v_{AM} \cdot \Delta t = 3{,}0 \cdot 200 \Rightarrow \Delta r_a = 600$ m

Portanto, o barco atinge a margem oposta em um ponto situado a 600 m rio abaixo, e o deslocamento total do barco é de:

$\Delta r_t = \sqrt{(\Delta r_r)^2 + (\Delta r_a)^2} = \sqrt{(800)^2 + (600)^2} = 1000$ m

## Lançamento horizontal

Quando um corpo lançado horizontalmente entra em queda, ele descreve uma trajetória parabólica até atingir o solo, conforme mostra a figura a seguir.

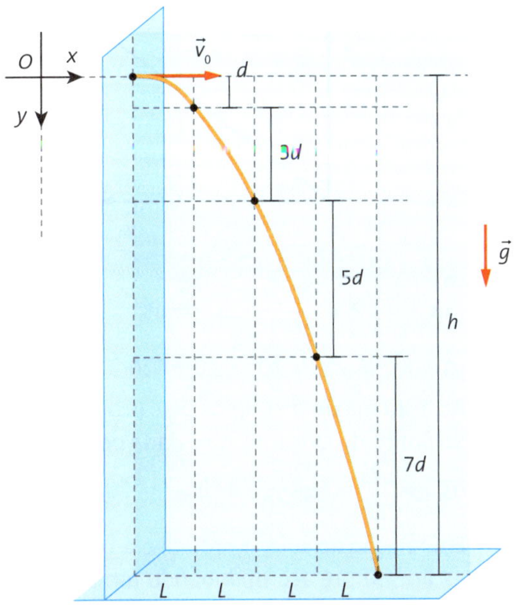


- **Direção horizontal** (eixo $Ox$) – O movimento é retilíneo e uniforme, ou seja, a velocidade é constante e não nula ($v_x$). No M.U., a função horária é do tipo $S = S_0 + v \cdot t$. Em relação à figura, temos $|\vec{v}_x| = |\vec{v}_0|$, o que acarreta:

$$x = v_0 \cdot t$$

- **Direção vertical** (eixo $Oy$) – O movimento é retilíneo acelerado uniformemente, ou seja, a velocidade aumenta uniformemente com o tempo e seu módulo é dado por $v_y = g \cdot t$. A função horário do M.U.V. é do tipo $S = S_0 + v_0 \cdot t + \frac{a \cdot t^2}{2}$. Em relação à figura, temos:

$$y = \frac{g \cdot t^2}{2}$$

## Lançamento oblíquo

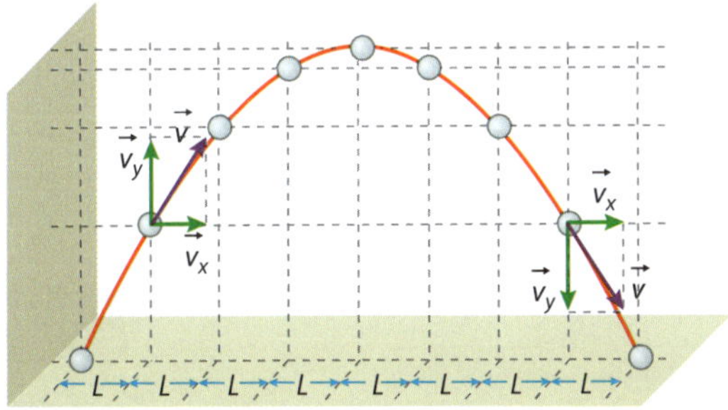


- **Direção horizontal** (eixo $Ox$) – O movimento é retilíneo e uniforme. A velocidade é dada por $v_x = v_{0x} = v_0 \cdot \cos\theta$ (constante). A função horária é do tipo $S = S_0 + v \cdot t$, dada por:

$$x = v_0 \cdot (\cos\theta) \cdot t$$

- **Direção vertical** (eixo $Oy$) – O movimento é variado uniformemente. A função da velocidade é do tipo $v = v_0 + a \cdot t$:

$$v_y = v_0 \cdot (\text{sen}\ \theta) - g \cdot t$$

A função horária é do $S = S_0 + v_0 \cdot t + \frac{a \cdot t^2}{2}$. Assim temos:

$$y = v_0 \cdot (\text{sen}\ \theta) \cdot t - \frac{g \cdot t^2}{2}$$

- **Tempo de voo** – Se a partícula retorna à mesma horizontal do lançamento, o movimento é simétrico em relação ao ponto de altura máxima. Isso significa dizer que o tempo de descida é igual ao tempo de subida:

$$t_{\text{subida}} = t_{\text{descida}} = \frac{v_0 \cdot \text{sen}\ \theta}{g}$$

O tempo de voo é a soma do tempo de subida com o tempo de descida.

$$t_{\text{voo}} = t_{\text{subida}} + t_{\text{descida}}$$

- **Altura máxima** – Para a determinação da altura máxima ($h_{\text{máx.}}$) atingida pela partícula lançada obliquamente em relação ao solo, aplicamos a equação de Torricelli para o movimento vertical, lembrando que, no ponto de altura máxima, a velocidade vertical é nula ($v_y = 0$). Nessas condições, obtemos:

$$h_{\text{máx.}} = \frac{(v_0 \cdot \text{sen}\ \theta)^2}{2g}$$

- **Alcance** – O alcance ($A$) corresponde à coordenada $x$ que a partícula atingiu ao retornar ao solo. Para obter essa coordenada, basta observar que, no instante em que a partícula chega ao solo, $t = t_{\text{voo}} = 2t_{\text{subida}}$. Assim, temos:

$$x = (v_0 \cdot \cos\theta) \cdot t$$

$$A = v_0 \cdot \cos\theta \cdot 2 \cdot \frac{v_0 \cdot \text{sen}\ \theta}{g}$$

$$A = \frac{v_0^2 \cdot 2 \cdot \text{sen}\ \theta \cdot \cos\theta}{g}$$

Da trigonometria, obtemos que:

$$2 \cdot \text{sen}\ \theta \cdot \cos\theta = \text{sen}\ 2\theta$$

E, substituindo na expressão anterior, temos:

$$A = \frac{v_0^2 \cdot \text{sen}\ 2\theta}{g}$$

Se os lançamentos forem feitos com a mesma velocidade, porém sob ângulos de lançamentos diferentes, observaremos que o alcance é o mesmo para dois lançamentos em que os ângulos de disparo sejam complementares (ângulos cuja soma é igual a 90°), conforme a figura.

Para uma determinada velocidade, o alcance máximo se obtém quando o ângulo de lançamento for $\theta = 45°$. Nessas condições, temos:

$$A_{máx.} = \frac{v_0^2}{g}$$

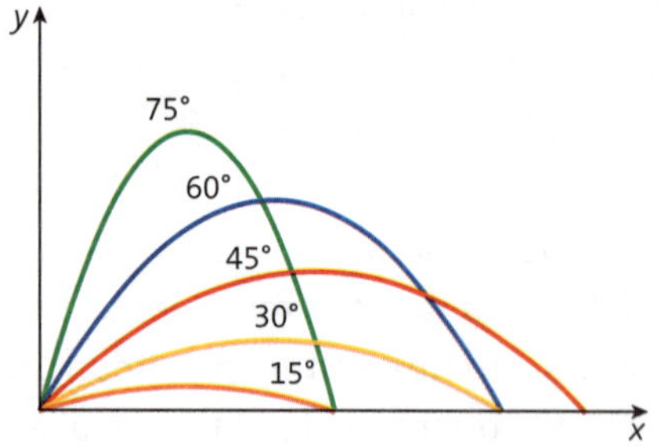


## Exercício resolvido

2. Um caminhão se desloca em movimento retilíneo e horizontal com velocidade constante de 20 m/s. Sobre sua carroceria está um canhão, postado para tiros verticais, conforme indica a figura. A origem do sistema de coordenadas coincide com a boca do canhão e no instante $t = 0$, ele dispara um projétil com velocidade de 20 m/s. Despreze a resistência do ar e considere $g = 10\ m/s^2$.

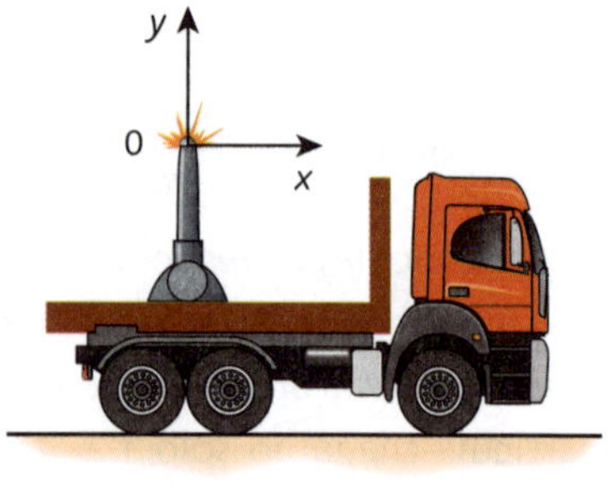


a) Qual é o ângulo de lançamento do projétil em relação ao caminhão? E em relação ao solo?

b) Qual é a altura máxima atingida pelo projétil em relação à origem *O* do sistema de coordenadas?

c) Em relação ao solo, qual é a distância *x* percorrida pela boca do canhão até o retorno do projétil?

### Resolução

a) No referencial do caminhão, o ângulo de lançamento é 90° com a horizontal, pois nesse referencial o projétil não tem componente horizontal de velocidade; somente componente vertical.
Em relação ao solo, o projétil apresenta os dois componentes de velocidade:
$v_{0x} = 20$ m/s e $v_{0y} = 20$ m/s. Então, o ângulo de lançamento é 45°, conforme mostra a figura:

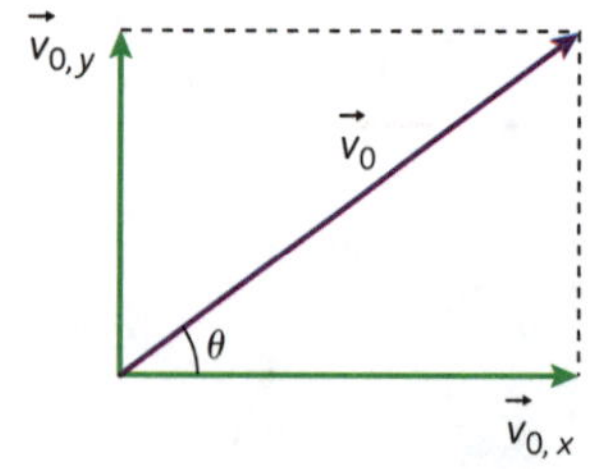


$$\tan\theta = \frac{v_{0y}}{v_{0x}} = \frac{20}{20} = 1 \Rightarrow \theta = 45°$$

$$v_0^2 = v_{0x}^2 + v_{0y}^2 = 20^2 + 20^2 = 20\sqrt{2}\ m/s$$

b) A altura máxima atingida pelo projétil em relação ao ponto de lançamento é dada por:

$$h_{máx.} = \frac{v_0^2}{g} = \frac{20^2}{2 \cdot 10} \Rightarrow h_{máx.} = 20\ m$$

c) Em relação ao solo, o projétil e a boca do canhão estão sempre acompanhando um ao outro, pois ambos se movimentam com a mesma velocidade constante de 20 m/s. Assim, a distância *x* percorrida pela boca do canhão é exatamente o alcance do projétil. Como o ângulo de lançamento é 45°, o alcance é máximo e dado por:

$$x = A_{máx.} = \frac{v_0^2}{g} = \frac{20\sqrt{2}^{\,2}}{10} \Rightarrow x = 80\ m$$

## Exercícios propostos

1. (Unicamp-SP) Para fins de registros de recordes mundiais, nas provas de 100 metros rasos não são consideradas as marcas em competições em que houver vento favorável (mesmo sentido do corredor) com velocidade superior a 2 m/s. Sabe-se que, com vento favorável de 2 m/s, o tempo necessário para a conclusão da prova é reduzido em 0,1 s. Se um velocista realiza a prova em 10 s sem vento, qual seria sua velocidade se o vento fosse favorável com velocidade de 2 m/s?

a) 8,0 m/s
b) 9,9 m/s
c) 10,1 m/s
d) 12,0 m/s

2. (Unitau-SP) Entre duas cidades, *X* e *Y*, sopra um vento de 50 km/h na direção indicada na figura. Um avião, que desenvolve 250 km/h em relação ao ar, faz, em linha reta, a trajetória *XY*.

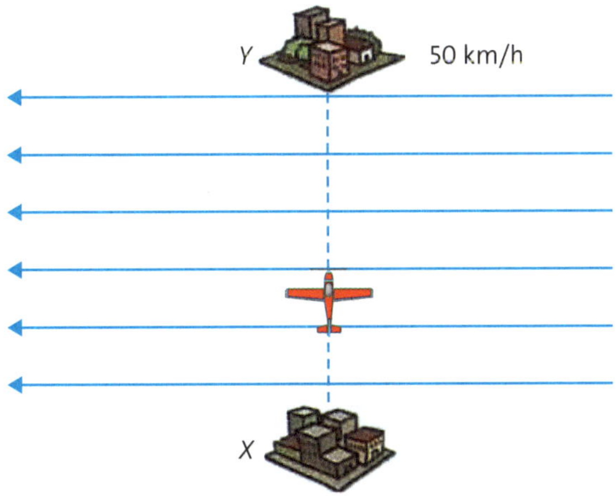


Qual das setas a seguir melhor indica (no plano horizontal de voo) a inclinação do avião em relação à trajetória *XY*?

a) 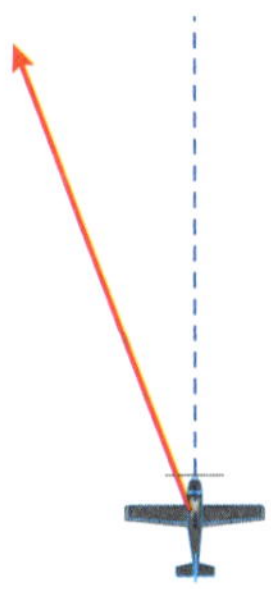

b) 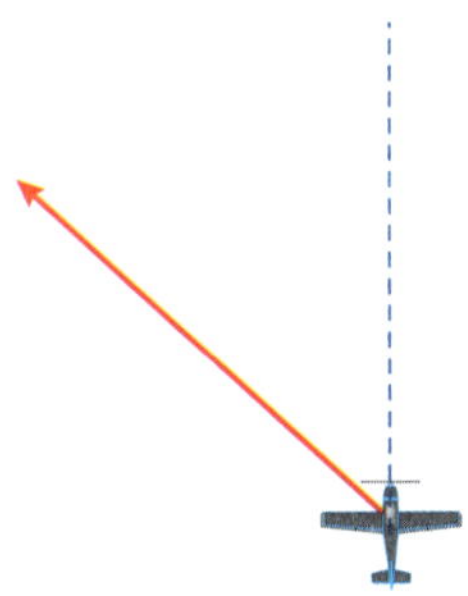

c) 

d) 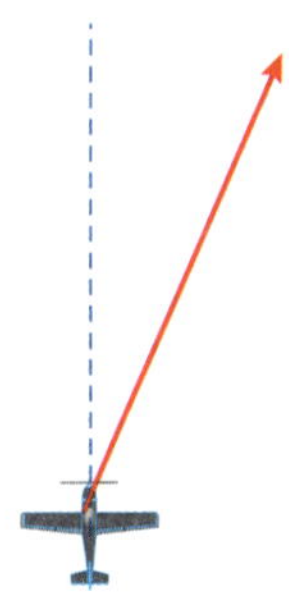

e) 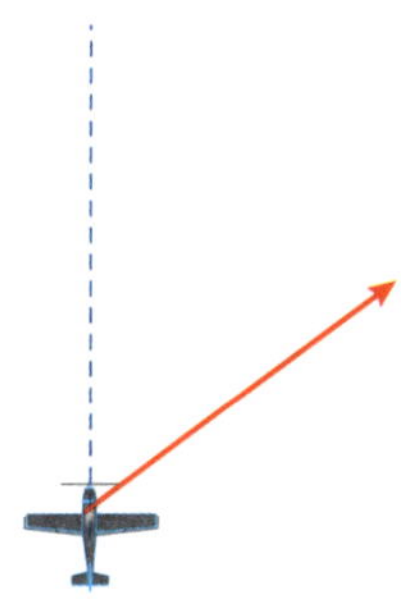

3. (UFSC) Descendo um rio em sua canoa, sem remar, dois pescadores levam 300 s para atingir o seu ponto de pesca, na mesma margem do rio e em trajetória retilínea. Partindo da mesma posição e remando, sendo a velocidade da canoa em relação ao rio, igual a 2,0 m/s, eles atingem o seu ponto de pesca em 100 segundos. Após a pescaria, remando contra a correnteza do rio, eles gastam 600 segundos para retornar ao ponto de partida.

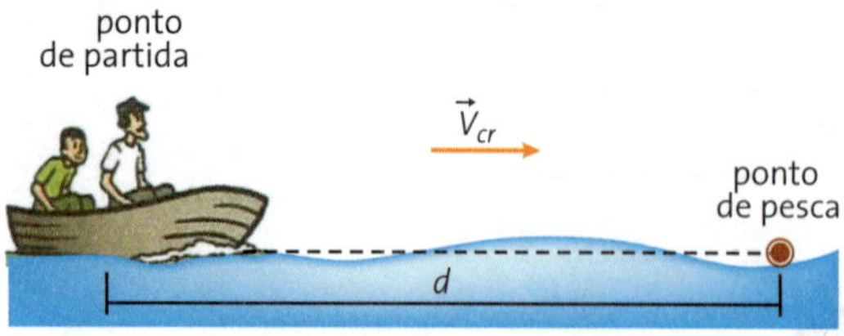


Considerando que a velocidade da correnteza é constante, assinale a(s) proposição(ões) correta(s):

(01) Quando os pescadores remaram rio acima, a velocidade da canoa, em relação à margem, foi igual a 4,00 m/s.

(02) Não é possível calcular a velocidade com que os pescadores retornaram ao ponto de partida, porque a velocidade da correnteza não é conhecida.

(04) Quando os pescadores remaram rio acima, a velocidade da canoa, em relação ao rio, foi de 1,50 m/s.

(08) A velocidade da correnteza do rio é 1,00 m/s.

(16) O ponto de pesca fica a 300 metros do ponto de partida.

(32) Não é possível determinar a distância do ponto de partida até ao ponto de pesca.

(64) Como a velocidade da canoa foi de 2,0 m/s, quando os pescadores remaram rio abaixo, então, a distância do ponto de partida ao ponto de pesca é 200 m.

4. (PUC-RJ) Um objeto é lançado horizontalmente de um penhasco vertical, com uma velocidade inicial $v$ horizontal de 10 m/s. Ao atingir o solo, o objeto toca um ponto situado a 20 m da base do penhasco. Indique a altura $H$ (em metros) do penhasco considerando que a aceleração da gravidade é $g = 10$ m/s$^2$ e desprezando a resistência do ar.

a) $H = 20$
b) $H = 40$
c) $H = 60$
d) $H = 80$
e) $H = 100$

5. (UFJF-MG) Uma perereca adulta pode saltar a uma distância $x = 0,80$ m com um ângulo de lançamento de $\theta = 45°$. Desprezando a resistência do ar, podemos afirmar que o tempo total que a perereca permanece no ar é:

Use $g = 10$ m/s$^2$.

a) 0,1 s.
b) 0,2 s.
c) 0,3 s.
d) 0,4 s.
e) 0,5 s.

# MÓDULO 5 • As leis de Newton para os movimentos

## Interações mecânicas

Na natureza, é comum um corpo estar sujeito à ação de várias forças simultaneamente. Mas podemos, por motivos práticos, substituir essas forças por uma única, chamada **força resultante**.

**A força resultante produz o mesmo efeito dinâmico de todas as forças que agem simultaneamente sobre o corpo.**

## Interações a distância

Dois corpos podem interagir, ou seja, trocar forças, sem que entre eles haja contato. Um corpo sofre a influência de outro através do transmissor dessas forças, que chamamos de **campo**. Por essa razão, as interações a distância são chamadas de **forças de campo**. Ilustramos a seguir a interação do campo gravitacional, denominada força peso ($\vec{P}$).

a)

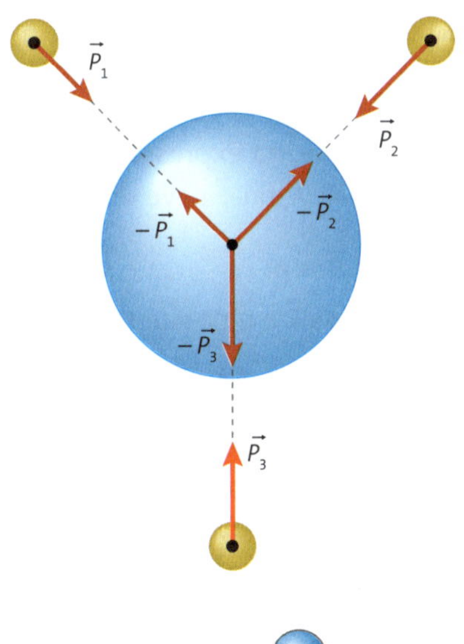


b)

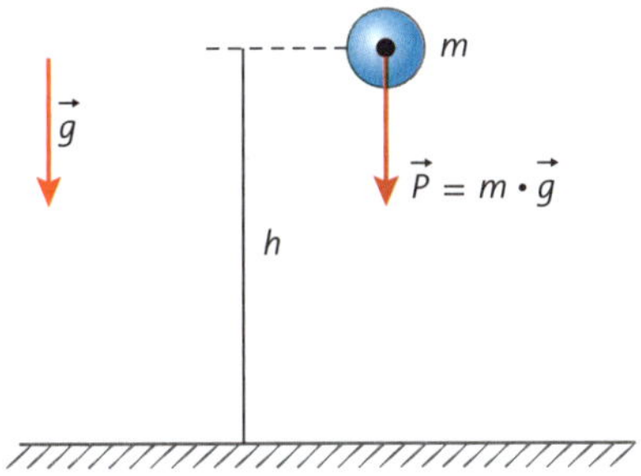


a) visão panorâmica (astronômica);
b) visão local (não panorâmica).

## Interações de contato (normal e atrito)

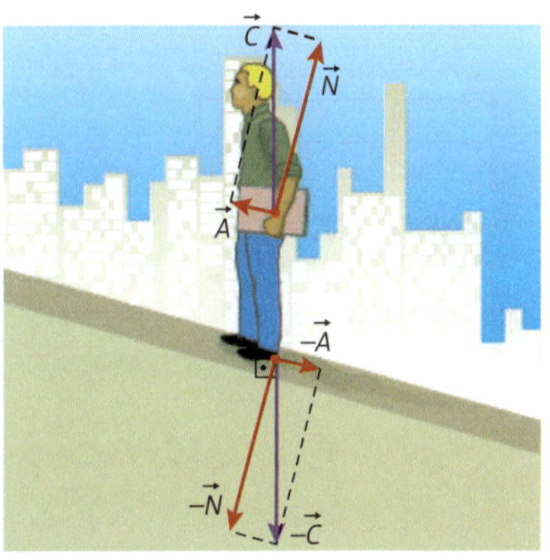


A força normal ($\vec{N}$) representada nas figuras possui direção normal à superfície de contato, sentido de empurrar e intensidade que depende da interação.

A força de atrito se deve às rugosidades das superfícies, que às vezes são microscópicas. Quando um bloco está em repouso sobre uma rampa (observe a figura a seguir), a força de atrito se opõe ao seu deslizamento rampa abaixo.

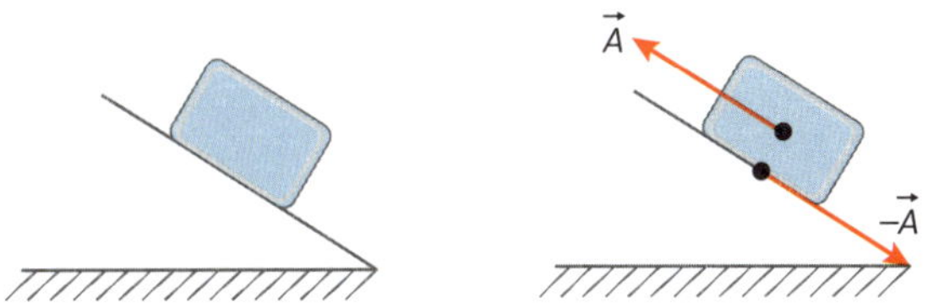


- Força de atrito estático máxima: $A_{e(máx).} = \mu_e \cdot N$;
- Força de atrito dinâmico: $A_d = \mu_d \cdot N$.

## Força de tração

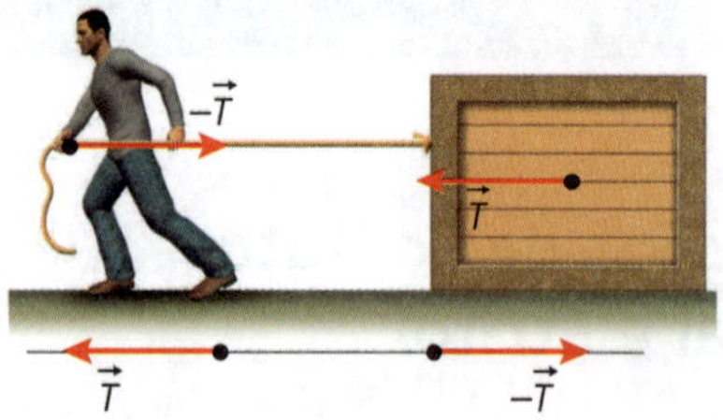


$$\vec{T} = \begin{cases} \text{direção do fio} \\ \text{sentifo de puxar} \\ \text{intensidade depende da situação} \end{cases}$$

## Força elástica

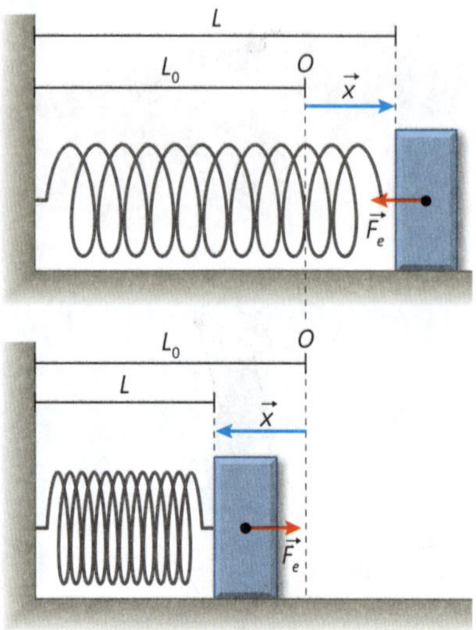


$$\vec{F}_e = -k \cdot \vec{x}$$

## Exercício resolvido

1. Um objeto está sob a ação de seis forças, conforme mostra a figura. Considere que o lado de cada quadriculado corresponde a 10 N.

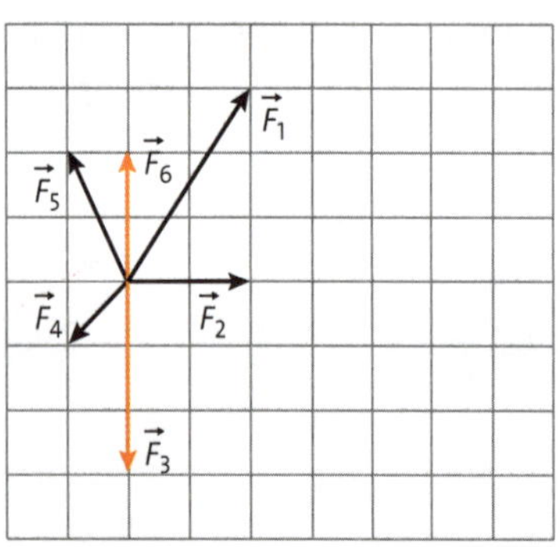


Determine os componentes (horizontal e vertical) e o módulo da força resultante sobre o objeto.

**Resolução**

Na horizontal, temos:

$R_{hor.} = F_{1x} + F_2 - F_{4x} - F_{5x} \Rightarrow$

$\Rightarrow R_{hor.} = 20 + 20 - 10 - 10 \Rightarrow$

$\Rightarrow \mathbf{R_{hor.} = 20\ N}$ **(para a direita)**

Na vertical, temos:

$R_{vert.} = F_{1y} - F_3 - F_{4y} + F_{5y} + F_6 \Rightarrow$

$\Rightarrow R_{vert.} = 30 - 30 - 10 + 20 + 20 \Rightarrow$

$\Rightarrow \mathbf{R_{vert.} = 30\ N}$ **(para cima)**

E o módulo da força resultante é:

$R = \sqrt{R_{hor.}^2 + R_{vert.}^2} = \sqrt{20^2 + (30)^2} \Rightarrow R = 36{,}1\ N$

## Primeira lei: Inércia

Inércia é a propriedade que a matéria tem de manter o seu estado de movimento ou o seu estado de repouso.

Sob condição de força resultante nula, um corpo tende a permanecer ou em repouso ou em movimento com velocidade vetorial constante.

## Segunda lei: Definição de força

A segunda lei de Newton relaciona a força, a massa, a variação de velocidade e o intervalo de tempo:

$$\vec{F} = m \cdot \frac{\Delta\vec{v}}{\Delta t}$$

Como $\vec{a} = \frac{\Delta\vec{v}}{\Delta t}$, temos que:

$$\vec{F} = m \cdot \vec{a}$$

Devemos ressaltar que, na expressão que representa a segunda lei de Newton, $\vec{F}$ deve ser a força resultante ($\vec{R}$):

$$\vec{R} = m \cdot \vec{a}$$

As grandezas vetoriais $\vec{R}$ e $\vec{a}$ possuem mesma direção e sentido.

No SI, utilizamos as seguintes unidades: **quilograma** (**kg**) para massa; **metro por segundo, por segundo** (**m/s²**) para a aceleração; e **newton** (**N**) para força.

## Terceira lei: Ação e reação

Se um corpo $A$ exerce uma força sobre um corpo $B$ ($\vec{F}_{AB}$), o corpo $B$ "reage" em $A$ com uma força de mesma intensidade, mesma direção, mas de sentido contrário ($\vec{F}_{BA}$).

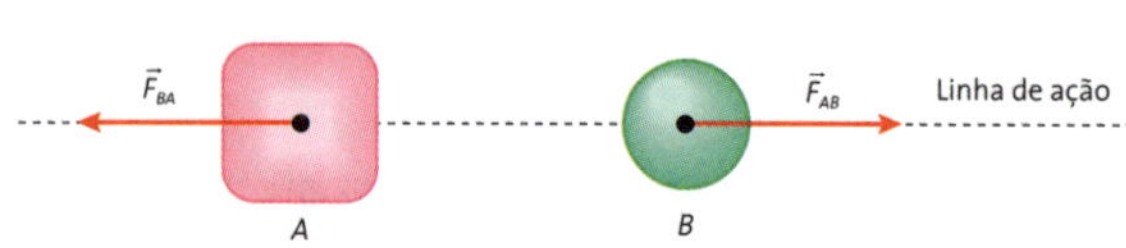


Em módulo: $F_{AB} = F_{BA}$.

## Exercício resolvido

2. Um caminhão, que se move com velocidade constante de 72 km/h (20 m/s) em uma trajetória retilínea, transporta em sua carroceria uma caixa de 300 kg de massa. O motorista aciona os freios durante 10 s e diminui uniformemente a velocidade do caminhão para 36 km/h (10 m/s). Observa-se que, durante a aplicação dos freios, a caixa não escorrega na carroceria do caminhão. Em relação ao período de aplicação dos freios:
   a) faça o diagrama de forças que agem na caixa;
   b) determine o módulo da força resultante na caixa;
   c) determine o valor mínimo do coeficiente de atrito entre a caixa e a carroceria do caminhão.

### Resolução

a) A figura a seguir mostra a força peso da caixa e as forças normal e atrito, componentes da força de contato entre a caixa e a carroceria.
Observe que o sentido da força de atrito é para a esquerda, pois a tendência da caixa é deslizar para a direita devido à aplicação dos freios.

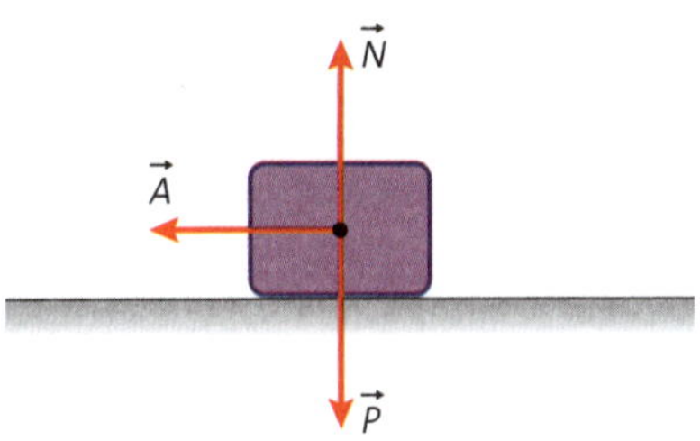


b) Como a caixa não se movimenta em relação ao caminhão, ela possui a mesma aceleração do caminhão em relação ao solo. Nessas condições, o módulo da força resultante na caixa é dada por:

$$R = m \cdot a = m \cdot \frac{\Delta v}{\Delta t} \Rightarrow R = 300 \cdot \frac{|10 - 20|}{10} \Rightarrow R = 300\ \text{N}$$

c) Na figura do item **a**, temos que as forças peso e normal anulam-se e a força de atrito é a força resultante.
Como a força de atrito estático máxima é dada por $A = \mu_e \cdot N$ e $N = P = m \cdot g$, obtemos:
$A = \mu_e \cdot m \cdot g \Rightarrow 300 = \mu_e \cdot 300 \cdot 10 \Rightarrow \mu_e = 0{,}10$
Para a caixa não deslizar, o coeficiente de atrito estático não pode ser inferior a 0,10.

## Exercícios propostos

1. (PUC-MG) Duas forças, de 5 N e 7 N, atuam no mesmo ponto de um corpo. Se o ângulo entre as forças variar de 0 grau a 180 graus, nessa ordem, o módulo da força resultante irá variar de:
   a) 0 a 12 N.
   b) 12 N a 2 N.
   c) 2 N a 12 N.
   d) 12 N a 0.

2. (IFSC) Um bloco, apoiado em uma superfície horizontal, está submetido à ação de duas forças, $F_1 = 4$ N e $F_2 = 2$ N, como mostra a figura.

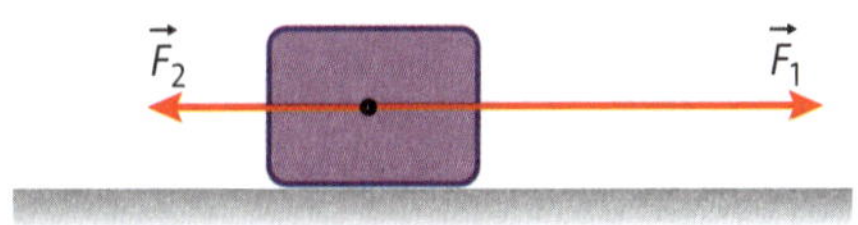


É correto afirmar que:
   a) O módulo da força resultante no bloco é 6 N.
   b) O bloco não está em equilíbrio.
   c) A resultante das forças que atuam no bloco é nula.
   d) A resultante das forças é perpendicular à superfície.
   e) Se o bloco estiver em repouso, permanecerá em repouso.

3. (Unicamp-SP) Na viagem do "descobrimento", a frota de Cabral precisou navegar contra o vento uma boa parte do tempo. Isso só foi possível graças à tecnologia de transportes marítimos mais moderna da época: as caravelas. Nelas, o perfil das velas é tal que a direção do movimento pode formar um ângulo agudo com a direção do vento, como indicado pelo diagrama de forças a seguir:

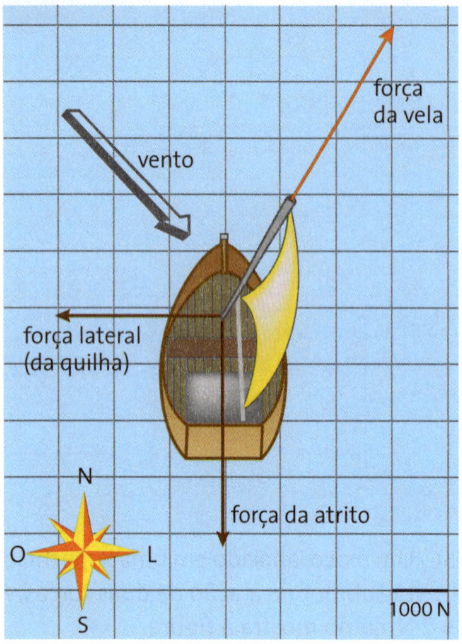


Determine o módulo, a direção e o sentido da força resultante sobre a caravela.

4. (Uerj) No interior de um avião que se desloca horizontalmente em relação ao solo, com velocidade constante de 1000 km/h, um passageiro deixa cair um copo. Observe a ilustração a seguir, na qual estão indicados quatro pontos no piso do corredor do avião e a posição desse passageiro.

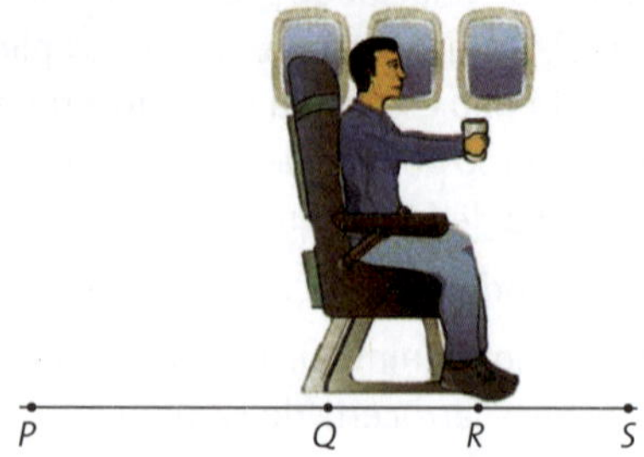


O corpo, ao cair, atinge o piso do avião próximo ao ponto indicado pela seguinte letra:

a) *P*.
b) *Q*.
c) *R*.
d) *S*.

5. (Uerj) Um corpo de massa igual a 6,0 kg move-se com velocidade constante de 0,4 m/s, no intervalo de 0 s a 0,5 s.

Considere que, a partir de 0,5 s, esse corpo é impulsionado por uma força de módulo constante e de mesmo sentido que a velocidade, durante 1,0 s.

O gráfico a seguir ilustra o comportamento da força em função do tempo.

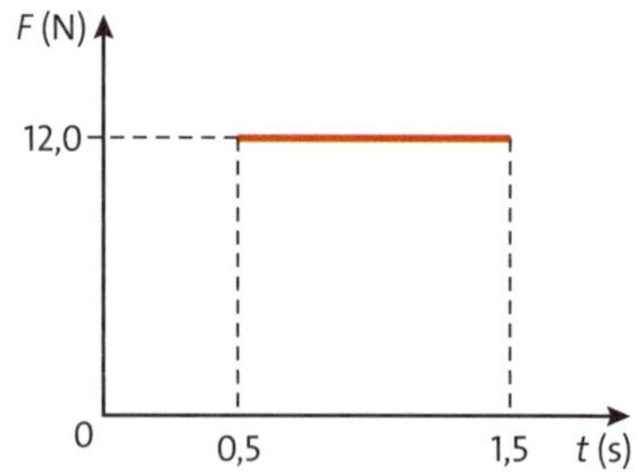


Calcule a velocidade do corpo no instante $t = 1,5$ s.

# MÓDULO 6 • Aplicações das leis de Newton

## Polias: fixa e móvel

Uma máquina muito utilizada na construção civil é a polia. De modo geral, as polias (ou roldanas) têm por finalidade mudar a direção de um fio tracionado, mas também podem ser usadas com a intenção de duplicar a intensidade de uma força.

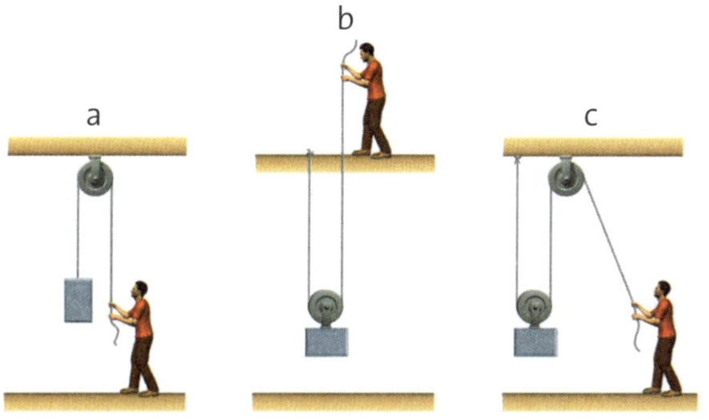


Polia fixa: muda a direção e/ou o sentido da força, mas sem ganho de intensidade (figura **a**);

Polia móvel: ganho de intensidade. Nas figuras **b** e **c**, o operador exerce metade da força peso do bloco para equilibrá-lo.

A propriedade da polia móvel é transmitir em seu eixo o dobro da força de tração do fio que a envolve. Essa propriedade pode ser explorada sequencialmente pela associação de várias polias móveis. A figura a seguir ilustra um arranjo, chamado **talha exponencial**, no qual a intensidade da força é duplicada em cada uma das polias móveis. Para *n* polias móveis, a intensidade da força elevatória obtida na polia inferior é $F = 2^n \cdot T$, sendo $T$ a tração que o operador exerce no fio.

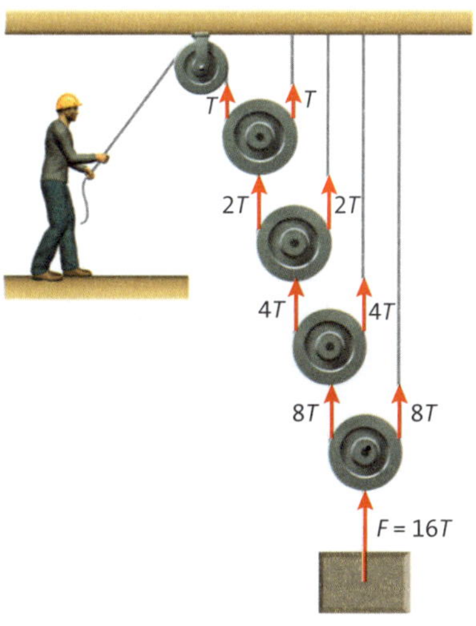


## Elevadores

Basicamente, os elevadores podem ser tratados como um bloco de massa total $M$ que se movimenta verticalmente em movimento retilíneo sob a ação de duas forças: a força de tração ($\vec{T}$) e a força peso ($\vec{P}$).

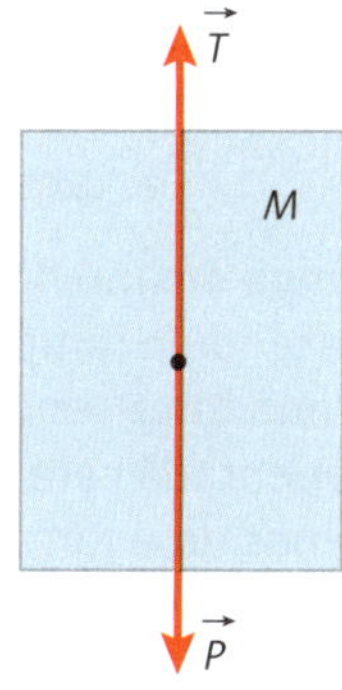


- Elevador em repouso ou em movimento uniforme: $T = P$;
- Elevador subindo acelerado ($v$ aumenta): $T > P \Rightarrow R = T - P$;
- Elevador subindo retardado ($v$ diminui): $T < P \Rightarrow R = P - T$;
- Elevador descendo acelerado ($v$ aumenta): $T < P \Rightarrow R = P - T$;
- Elevador descendo retardado ($v$ diminui): $T > P \Rightarrow R = T - P$.

## Plano inclinado

A figura abaixo mostra um bloco em um plano inclinado sob a ação das forças peso ($\vec{P}$) e de contato ($\vec{C}$), com destaque para as componentes da força peso ($\vec{P}_t$ e $\vec{P}_n$) e as componentes da força de contato ($\vec{N}$ e $\vec{A}$).

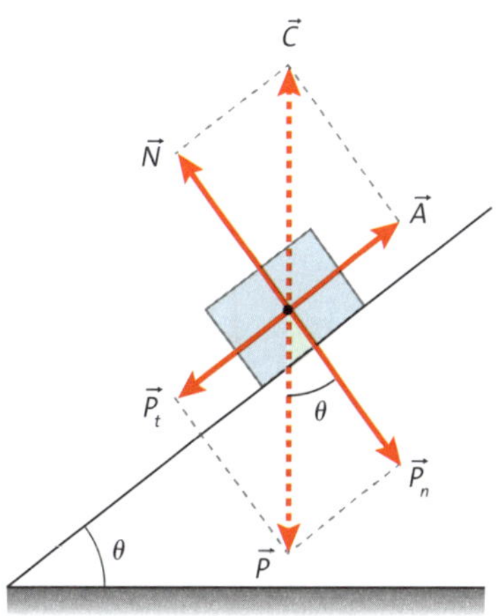

**1) O bloco encontra-se em repouso**

Se o bloco encontra-se em repouso, a resultante das forças é nula. A força de atrito equilibra o componente tangencial ($P_t$) da força peso:

$$A = P_t = P \cdot \text{sen } \theta$$

**2) O bloco está em repouso, mas na iminência de deslizar**

Nesse caso, **a força de atrito é máxima** e ainda equilibra o componente tangencial ($P_t$) da força de peso:

$$A = P_t = P \cdot \text{sen } \theta$$

Lembrando que a força de atrito máxima é dada por $A_{máx.} = \mu_e \cdot N$, temos:

$$\mu_e \cdot N = P \cdot \text{sen } \theta$$

E, como $N = P \cdot \cos \theta$, escrevemos:

$$\mu_e = \frac{\text{sen } \theta}{\cos \theta} = \tan \theta$$

**3) O bloco desce a rampa em movimento acelerado**

Se o bloco está descendo a rampa em movimento acelerado, temos uma força resultante paralela ao plano inclinado e orientada para baixo. Lembrando que, nesse caso, temos uma força de atrito dinâmico, escrevemos:

$$R = P_t - A_{din.}$$

Sendo $R = m \cdot a$; $P_t = m \cdot g \cdot \text{sen } \theta$ e $A_{din.} = \mu_d \cdot N = \mu_d \cdot m \cdot g \cdot \cos \theta$, escrevemos:

$$m \cdot a = m \cdot g \cdot \text{sen } \theta - \mu_d \cdot m \cdot g \cdot \cos \theta$$

Simplificando a expressão, obtemos a aceleração do bloco:

$$a = g \cdot (\text{sen } \theta - \mu_d \cdot \cos \theta)$$

## Resistência do ar

Quando um corpo movimenta-se em queda no ar, além da força peso, ele fica sujeito a uma força que se opõe ao movimento, denominada **força de resistência do ar ($\vec{R}_{ar}$)**, cujo módulo é diretamente proporcional ao quadrado da velocidade:

$$R_{ar} = k \cdot v^2$$

Nessa expressão, *k* é uma constante que depende da densidade (*d*) do ar, da área frontal (*A*) do corpo e do coeficiente aerodinâmico de arrasto (*C*):

$$k = \frac{1}{2} \cdot d \cdot A \cdot C$$

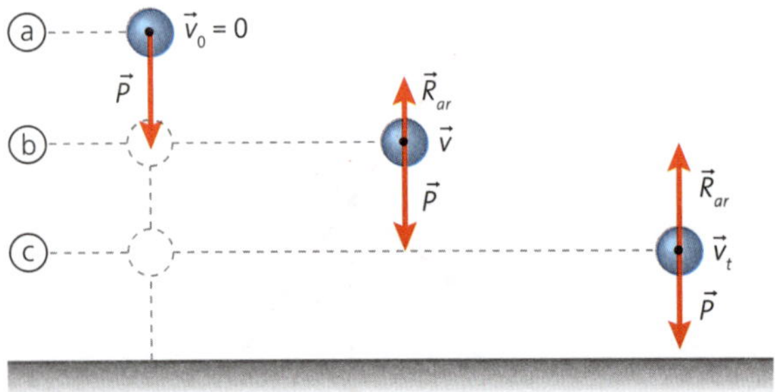


Velocidade limite ou terminal ($v_t$) de queda: $R_{ar} = P \Rightarrow$ velocidade constante.

## Exercício resolvido

1. Uma bola de tênis com massa de 150 g é abandonada de uma altura de 125 m em relação ao solo. Considere: área da bola frontal ao movimento $= 4{,}2 \cdot 10^{-3}$ m²; coeficiente aerodinâmico de arrasto $= 0{,}5$; densidade do ar $= 1{,}2$ kg/m³, e $g = 10$ m/s².
   a) Qual é a velocidade terminal da bola?
   b) Com que velocidade a bola atingiria o solo se a queda acontecesse no vácuo?

**Resolução**

a) A velocidade terminal (velocidade limite) de queda é obtida quando a resistência do ar anula a força peso. Assim, temos:

$$R_{ar} = P \Rightarrow \frac{1}{2} d \cdot A \cdot C \cdot v^2 = m \cdot g$$

$$v = \sqrt{\frac{2 \cdot m \cdot g}{d \cdot A \cdot C}} \Rightarrow v = \sqrt{\frac{2 \cdot 0{,}15 \cdot 10}{1{,}2 \cdot 4{,}2 \cdot 10^{-3} \cdot 0{,}5}} \Rightarrow$$

$$\Rightarrow v = 34{,}5 \text{ m/s}$$

b) No caso de uma queda livre (no vácuo), a velocidade da bola ao atingir o solo pode ser obtida pela equação:

$$v^2 = v_0^2 + 2 \cdot g \cdot h \Rightarrow$$

$$\Rightarrow v^2 = 0 + 2 \cdot 10 \cdot 125 \Rightarrow v = 50 \text{ m/s}$$

## Trajetórias curvas

Quando um corpo descreve uma curva de raio *R* com velocidade vetorial constante em módulo, as forças que agem no corpo devem "produzir" uma resultante orientada para o centro da curva, chamada de resultante centrípeta, cujo módulo é dado por:

$$R_C = m \cdot \frac{v^2}{r}$$

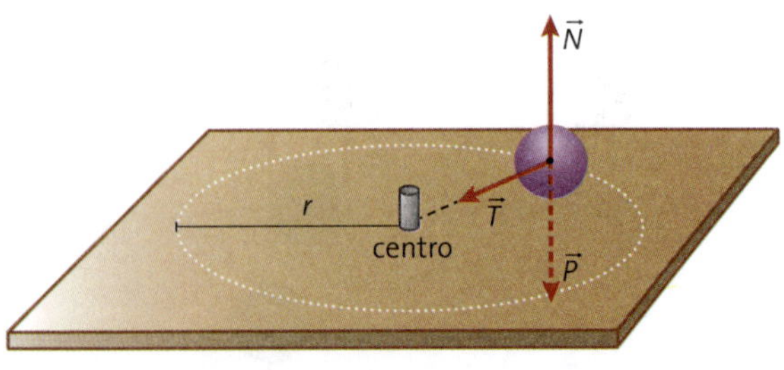


Corpo girando preso a um fio

$$T = R_C = m \cdot \frac{v^2}{r}$$

## Carro descrevendo uma curva

- **Curva plana**

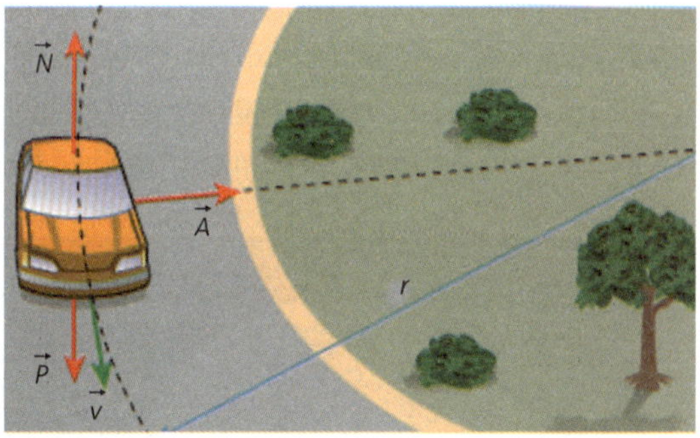


$$A_{est.} = R_C = m \cdot \frac{v^2}{r} \Rightarrow v_{máx.} \Rightarrow \sqrt{\mu_e \cdot r \cdot g}$$

- **Curva sobrelevada**

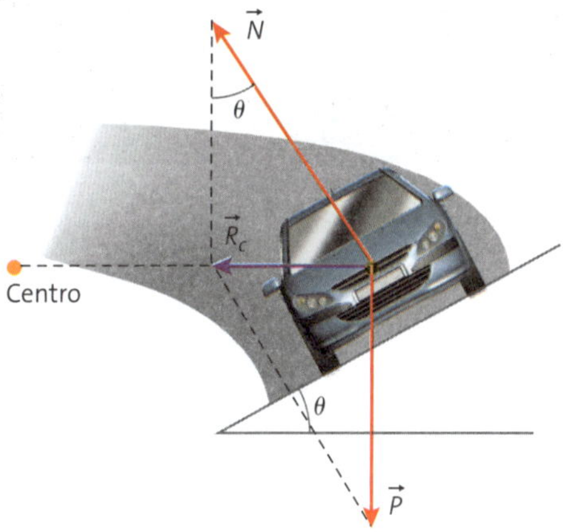


$$\tan\theta = \frac{R_C}{P} \Rightarrow \tan\theta = \frac{m \cdot \frac{v^2}{r}}{m \cdot g} \Rightarrow v^2 = r \cdot g \cdot \tan\theta \Rightarrow$$

$$\Rightarrow v = \sqrt{r \cdot g \cdot \tan\theta}$$

## Rotor

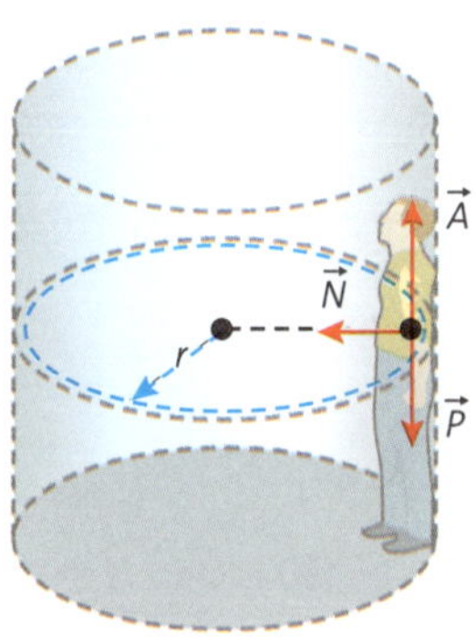


Forças agindo na pessoa: peso ($\vec{P}$), normal ($\vec{N}$) e atrito ($\vec{A}$).

$$R_C = N \Rightarrow m \cdot \frac{v^2}{r} = N$$

Na iminência de perder contato com o rotor:

$$A_{e(máx).} = P \Rightarrow \mu_e \cdot N = P \Rightarrow$$

$$\Rightarrow v_{mín.} = \sqrt{\frac{r \cdot g}{\mu_e}} \text{ e } \omega_{mín.} = \sqrt{\frac{g}{\mu_e \cdot r}}$$

## Pêndulo cônico

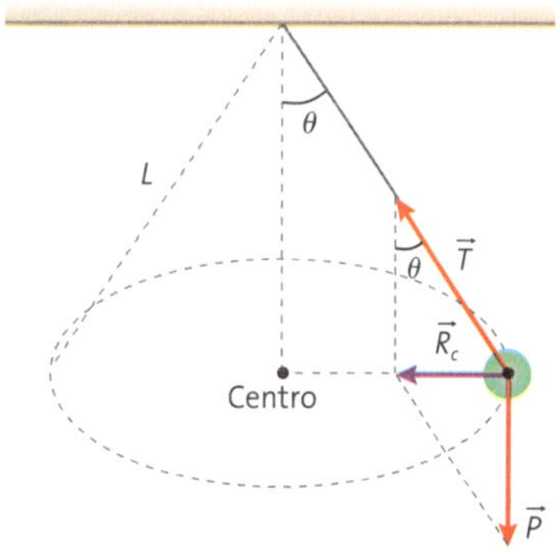


A soma vetorial da força peso com a força de tração nos fornece a resultante centrípeta. Do triângulo de forças, tiramos:

$$\tan\theta = \frac{R_C}{P} \Rightarrow \tan\theta = \frac{m \cdot \omega^2 \cdot r}{m \cdot g} = \frac{\omega^2 \cdot r}{g}$$

Temos que $r = L \cdot \text{sen}\,\theta$ e $\tan\theta = \frac{\text{sen}\,\theta}{\cos\theta}$:

$$\frac{\text{sen}\,\theta}{\cos\theta} = \frac{\omega^2 \cdot L \cdot \text{sen}\,\theta}{g} \Rightarrow \omega = \sqrt{\frac{g}{L \cdot \cos\theta}}$$

Essa última expressão nos dá a velocidade angular do pêndulo cônico definido pelo ângulo $\theta$.

## Lombada

© Mark Azavedo/Alamy

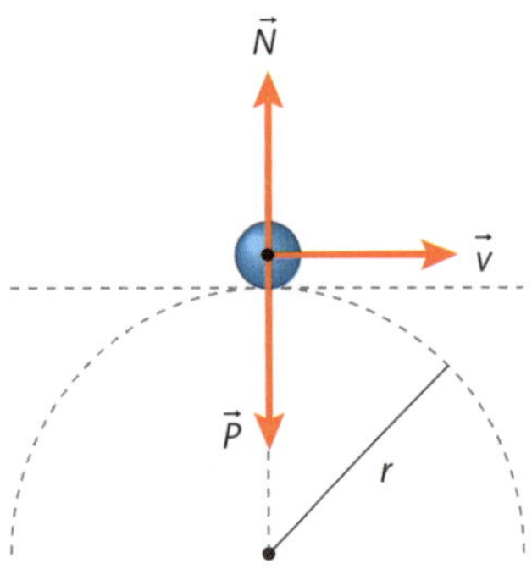


$$R_C = P - N \Rightarrow m \cdot \frac{v^2}{r} = m \cdot g - N$$

Na iminência de perder contato com a pista:

$$N = 0 \Rightarrow v = \sqrt{r \cdot g}$$

## Depressão (valeta)

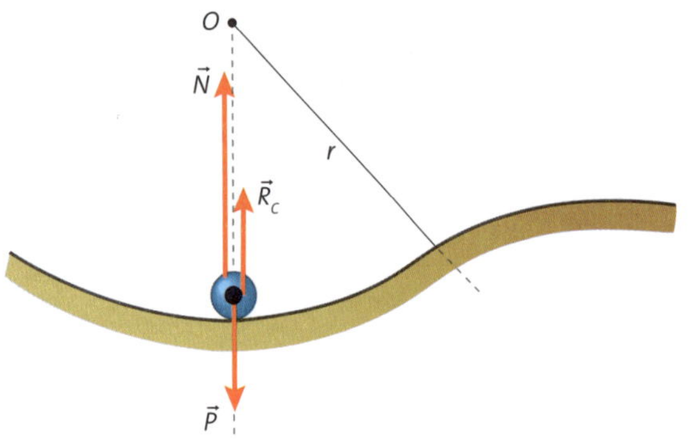


$$R_C = N - P \Rightarrow m \cdot \frac{v^2}{r} = N - m \cdot g \Rightarrow N = m \cdot \left(g + \frac{v^2}{r}\right)$$

## Globo da morte

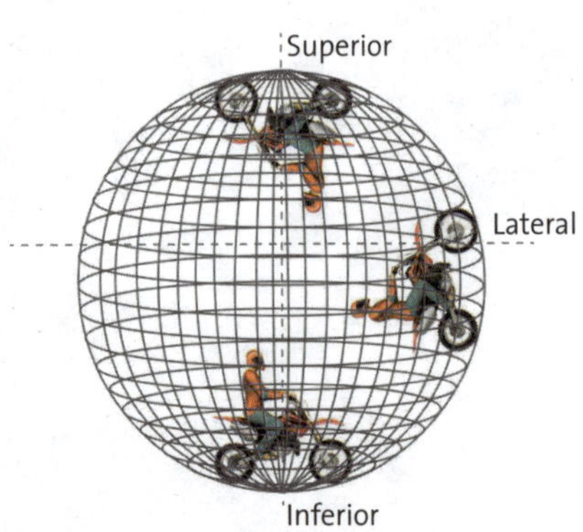


- Ponto superior: $v_{mín.} = \sqrt{r \cdot g}$
- Ponto inferior: $N = m \cdot \left(g + \frac{v^2}{r}\right)$
- Na posição lateral: $R_C = N = m \cdot \frac{v^2}{r}$

## Exercício resolvido

2. Um piloto e sua moto formam um conjunto de 120 kg de massa. Ambos giram num círculo vertical, dentro de uma esfera com raio de 5,0 m, e passam pelo ponto mais alto da trajetória com velocidade de 10 m/s.

Dontworry/Wikimedia Commons

Considerando $g = 10\ m/s^2$, determine:

a) a intensidade da reação normal da esfera sobre a moto, no ponto mais alto da trajetória;

b) o valor da velocidade mínima com que a moto pode passar pelo ponto mais alto da trajetória sem cair.

### Resolução

a) No ponto mais alto da trajetória, a intensidade da resultante centrípeta é dada pela soma das intensidades das forças peso e normal:

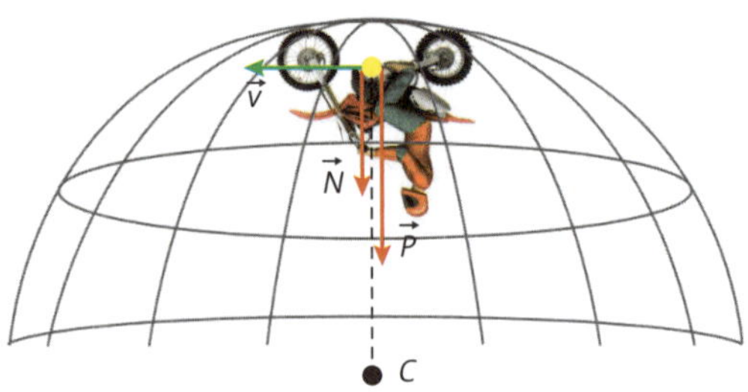


$$\frac{mv^2}{r} = m \cdot g + N$$

$$N = \frac{120 \cdot (10)^2}{5,0} - 120 \cdot 10 \Rightarrow N = 1\,200\ N$$

b) A velocidade mínima, para não cair do ponto mais alto da trajetória, é dada por:

$$v_{mín.} = \sqrt{r \cdot g} \Rightarrow v_{mín.} = \sqrt{5,0 \cdot 10} \Rightarrow v_{mín.} \simeq 7,1\ m/s$$

## Exercícios propostos

1. Faz parte do equipamento usado pelos bombeiros uma série de polias associadas que são usadas para levantar objetos pesados em missões de salvamento. No esquema abaixo, tenta-se levantar uma caixa de 160 kg de massa. Determine qual é a força mínima que se deve fazer para conseguir deslocar a caixa. Use $g = 10$ m/s$^2$.

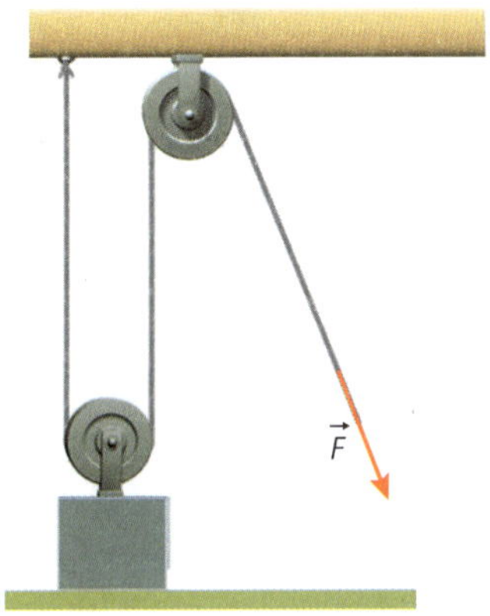


2. (UFGD-MS) Suponha que você more no último dos 15 andares de um edifício e que deseja levar para seu apartamento um corpo de peso igual a 20 N. Ao entrar no elevador, coloca o objeto sobre uma balança que se encontra no interior. Se o elevador subir com uma aceleração constante de 3 m/s$^2$ e se a gravidade local for de 10 m/s$^2$, qual será a leitura do peso (em newtons) do objeto na balança durante o trajeto de subida?

a) 80 N
b) 60 N
c) 30 N
d) 26 N
e) 36 N

3. (Cede-RJ) Um bloco de massa *m*, ao ser abandonado no topo de um plano que tem inclinação $\theta$ em relação à horizontal, passa a se movimentar com velocidade constante.

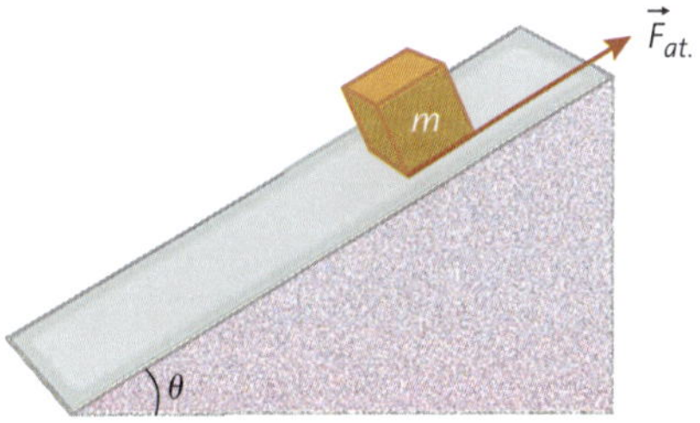


A aceleração da gravidade local é *g*; então, a força de atrito $F_{at}$ entre o bloco e o plano é:

a) zero.
b) $m \cdot g \cdot \cos \theta$.
c) $m \cdot g$.
d) $m \cdot g \cdot \text{sen } \theta$.

4. (USFSJ-MG) Um menino gira, sobre sua cabeça, uma pedra amarrada a um barbante. A pedra descreve uma trajetória circular de raio constante em um plano horizontal. O menino vai aumentando cada vez mais o número de voltas completas que a pedra executa a cada intervalo regular de tempo.

É correto afirmar que a força resultante sobre a pedra possui:

a) um correspondente centrípeto, responsável por manter a pedra em uma trajetória circular, um componente tangencial, responsável por fazer a pedra girar cada vez mais rápido, e um componente vertical, que equilibra o peso da pedra.

b) um componente centrípeto, responsável por manter a pedra em trajetória circular, e um componente tangencial, responsável por fazer a pedra girar cada vez mais rápido.

c) apenas o componente centrípeto, uma vez que a trajetória da pedra é circular.

d) um componente centrípeto, responsável por manter a pedra em trajetória circular, e um componente vertical, que equilibra o peso da pedra.

5. (Ufal) Um carro trafega com velocidade $v$ por uma curva, com ângulo $\theta$ de superelevação entre as laterais da pista, conforme figura.

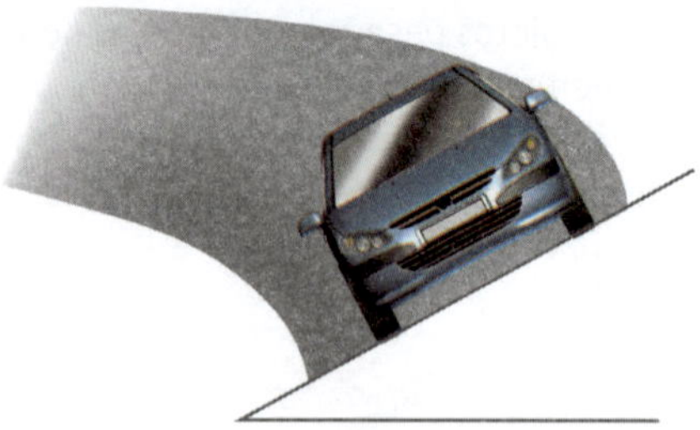

Julgue (V ou F) as afirmações:

I. A força de atrito entre os pneus e a pista é a resultante centrípeta necessária para que o carro descreva a curva.

II. A força gravitacional (peso) sobre o carro atua perpendicularmente à pista.

III. A força normal de reação do solo sobre o carro atua perpendicularmente à pista.

IV. O componente horizontal da força de reação do solo contribui para que o carro descreva a trajetória curva.

V. O componente horizontal do peso contribui para que o carro descreva a trajetória curva.

# MÓDULO 7 • Energia, trabalho e potência

## Formas de energia

Energia mecânica (cinética e potencial) – Energia térmica – Energia química – Energia elétrica – Energia solar – Energia luminosa – Energia sonora – Energia nuclear.

**Princípio de conservação:**

**A energia não pode ser criada nem destruída, somente pode ser transformada.**

## Unidades de energia

SI: joule (J).

| Fatores de conversão de unidade de energia | |
|---|---|
| Unidade | Relação com o joule (J) |
| caloria (cal) | $1\,cal = 4{,}19\,J$ |
| quilowatt-hora (kWh) | $1\,kWh = 3{,}6 \cdot 10^6\,J$ |
| tonelada equivalente de petróleo (tep) | $1\,tep = 4{,}19 \cdot 10^{10}\,J$ |
| unidade térmica britânica (Btu) | $1\,Btu = 1{,}0 \cdot 10^3\,J$ |

## Trabalho de uma força

**Trabalho é uma grandeza física que representa a medida das transformações de energia.**

O trabalho está sempre associado à atuação de uma força ao longo de um deslocamento e, para forças constantes, pode ser calculado por:

$$\tau = F \cdot d \cdot \cos\theta$$

Quando a intensidade da força varia ao longo do deslocamento:

$$\tau \overset{n}{=} \text{área da figura}$$

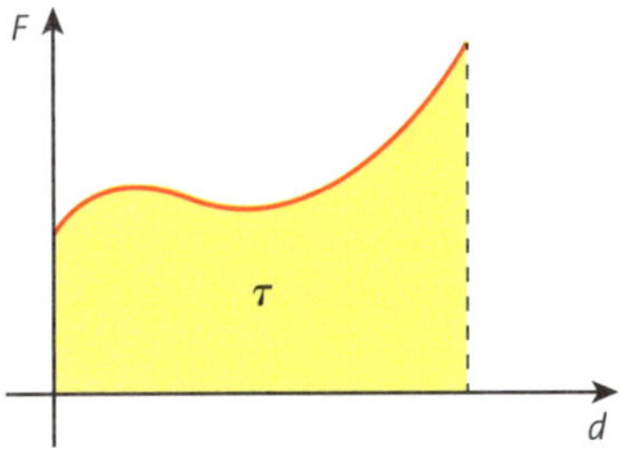


### Trabalho resultante

Obtido pela soma algébrica dos trabalhos realizados por cada uma das *n* forças que atuam no corpo:

$$\tau_R = \tau_1 + \tau_2 + ... + \tau_n$$

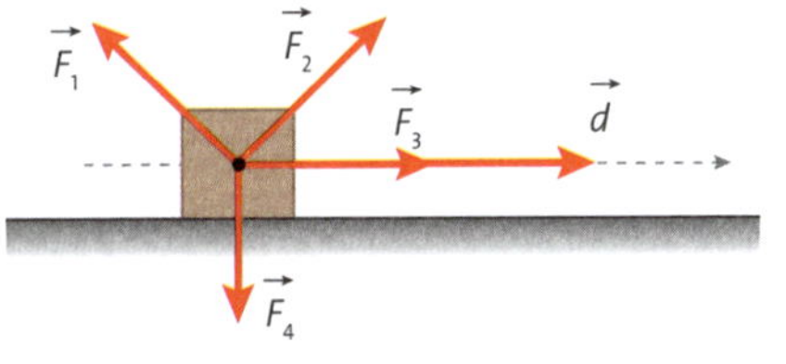


## Exercício resolvido

1. Um bloco de 10 kg é arrastado sobre uma superfície horizontal por uma força $\vec{F}$ cujo módulo varia conforme o gráfico. O coeficiente de atrito dinâmico entre o bloco e a superfície é 0,25.

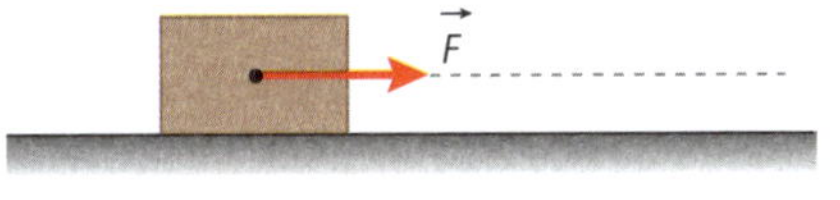


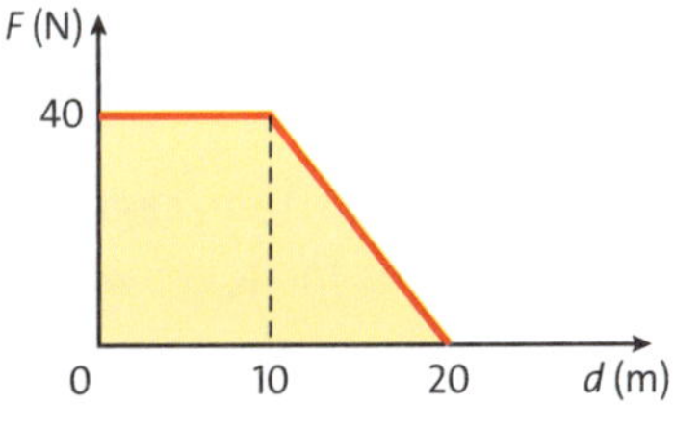


a) Determine o trabalho de cada força que age no bloco para um deslocamento de 20 m.

b) Nas condições do item **a**, determine o trabalho resultante no bloco.

## Resolução

a) De acordo com o diagrama de forças da figura abaixo, percebe-se que somente as forças $\vec{F}$ e de atrito realizam trabalho, já que as forças peso e normal são perpendiculares à superfície. Assim, temos: $\tau_P = \tau_N = 0$

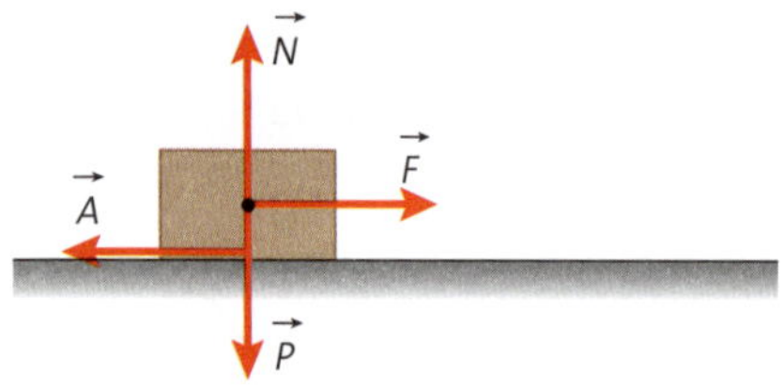


O trabalho da força $\vec{F}$ é dado pela área do trapézio mostrado na figura a seguir:

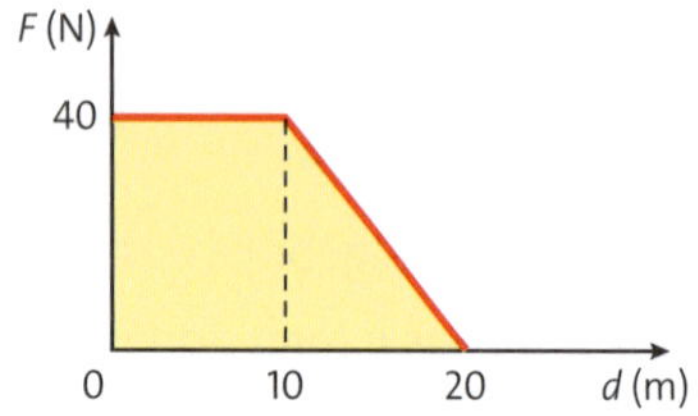


$$\tau_F = \frac{B + b}{2} \cdot h \Rightarrow \tau_F = \frac{20 + 10}{2} \cdot 40$$

$\tau_F = 600$ J

E o trabalho da força de atrito é dado por:

$\tau_A = A \cdot d \cdot \cos 180° = \mu_d \cdot N \cdot d \cdot \cos 180° =$

$= \mu_d \cdot P \cdot d \cdot \cos 180°$

$\tau_A = 0{,}25 \cdot 10 \cdot 10 \cdot 20 \cdot (-1) \Rightarrow \tau_A = -500$ J

b) O trabalho resultante é a soma dos trabalhos das forças:

$\tau_R = \tau_P + \tau_N + \tau_F + \tau_A$

$\tau_R = 0 + 0 + 600 + (-500) \Rightarrow \tau_R = 100$ J

## Potência

A **potência média** ($P_m$) de uma força é a razão entre o trabalho realizado, ou a transformação de energia, por unidade de tempo:

$$P_m = \frac{\tau}{\Delta t} = \frac{\Delta E}{\Delta t}$$

No SI medimos essas grandezas com as seguintes unidades:

- trabalho ($\tau$) e a energia transformada ($\Delta E$), em **joules** (**J**);
- intervalo de tempo ($\Delta t$), em **segundos** (**s**);
- potência ($P$) de uma força, em **watts** (**W**).

## Rendimento

O rendimento ($\eta$) de uma máquina é calculado pela relação entre potência útil ($P_u$) por ela realizada e a potência total ($P_t$) a ela fornecida:

$$\eta = \frac{P_u}{P_t} \text{ ou, em porcentagem, } \eta = \frac{P_u}{P_t} \cdot 100\%$$

## Exercício resolvido

2. A figura representa um elevador $E$ com massa de 800 kg e um contrapeso $B$, também de 800 kg, acionados por um motor $M$. A carga interna do elevador é de 500 kg e $g = 10$ m/s$^2$. Qual deve ser a potência fornecida pelo motor para que o elevador suba em velocidade constante de 1,0 m/s?

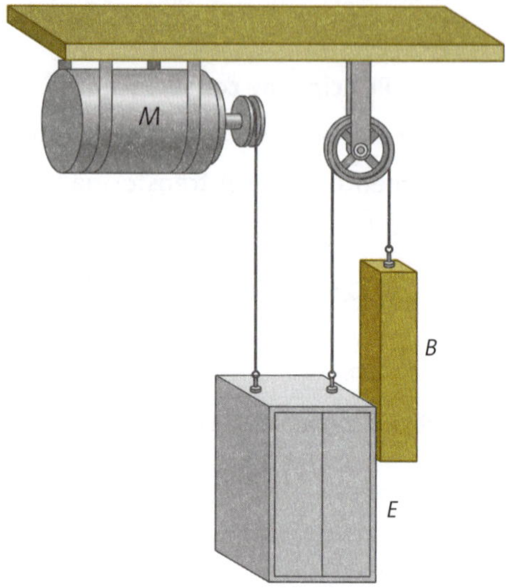


### Resolução

A figura a seguir apresenta as forças agindo no elevador: $\vec{F}$ (força do motor); $\vec{T}$ (tração do contrapeso) e $\vec{P}$ (peso do elevador).

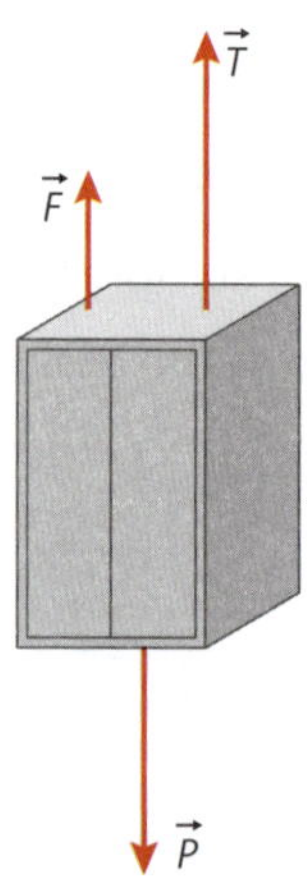


Como o elevador sobe em velocidade constante, então a resultante das forças é nula:

$F + T = P \Rightarrow F = 13\,000 - 8\,000 \Rightarrow F = 5\,000$ N

A potência fornecida pelo motor é dada por:

$P = F \cdot v \cdot \cos 0° \Rightarrow P = 5\,000 \cdot 1 \cdot 1 \Rightarrow P = 5\,000$ W

## Exercícios propostos

1. (Unir-RO) A atleta brasileira Fabiana Murer, em 2010, quebrou o recorde sul-americano na modalidade salto com vara, com a marca de 4,85 m. O salto com vara é um esporte olímpico no qual os competidores, após uma corrida de no mínimo 45 metros, usam uma vara longa e flexível para se projetar por sobre uma barra elevada. Considerando-se o princípio de conservação da energia mecânica, pode-se afirmar que, desde a corrida até o momento em que a atleta transpôs a barra elevada, a ordem para as conversões de energia foi:
   a) Energia cinética ⇒ energia potencial gravitacional ⇒ ⇒ energia potencial elástica.
   b) Energia potencial elástica ⇒ energia potencial gravitacional ⇒ energia cinética.
   c) Energia potencial elástica ⇒ energia cinética ⇒ ⇒ energia potencial gravitacional.
   d) Energia cinética ⇒ energia potencial elástica ⇒ ⇒ energia potencial gravitacional.
   e) Energia potencial gravitacional ⇒ energia cinética ⇒ energia potencial elástica.

2. (Aman-RJ) Um bloco, puxado por meio de uma corda inextensível e de massa desprezível, desliza sobre uma superfície horizontal com atrito, descrevendo um movimento retilíneo e uniforme. A corda faz um ângulo de 53° com a horizontal e a tração que ela transmite ao bloco é de 80 N. Se o bloco sofrer um deslocamento de 20 m ao longo da superfície, o trabalho realizado pela tração no bloco será de:
   Dados: sen 53° = 0,8 e cos 53° = 0,6.
   a) 480 J.
   b) 640 J.
   c) 960 J.
   d) 1280 J.
   e) 1600 J.

3. (UPE-PE) Um corpo de massa *m* desliza sobre o plano horizontal, sem atrito ao longo do eixo *AB*, sob a ação das forças $\vec{F_1}$ e $\vec{F_2}$, de acordo com a figura a seguir. A força $\vec{F_1}$ é constante, de módulo igual a 10 *N* e forma com a vertical um ângulo $\theta = 30°$.

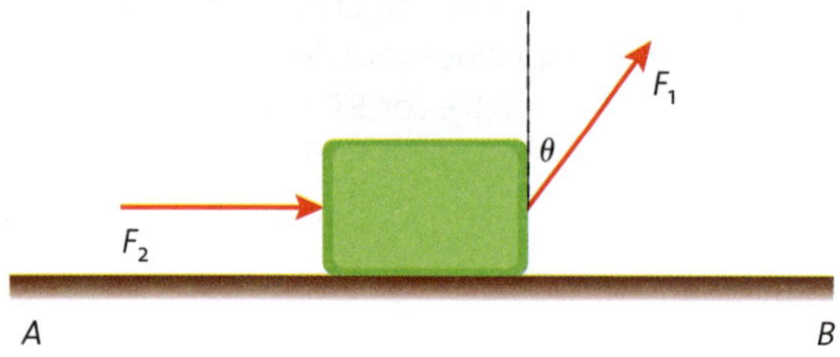


A intensidade da força $\vec{F_2}$ varia de acordo com o gráfico a seguir:

Dados sen $30° = \cos 60° = \frac{1}{2}$.

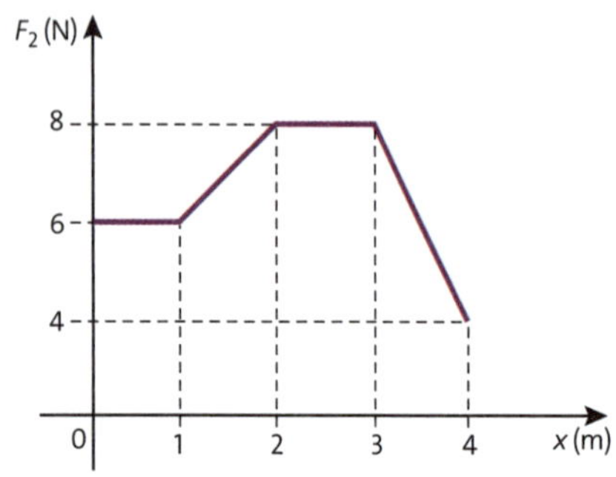


O trabalho realizado pelas forças, para que o corpo sofra um deslocamento de 0 a 4 m, em joules, vale:

a) 20.
b) 47.
c) 27.
d) 50.
e) 40.

4. (Unaerp-SP) Considerando-se que o coração de uma pessoa desenvolve 5 W de potência média, o trabalho realizado por ele durante o período de um dia normal será, em kJ:

a) 0,12.
b) 4,8.
c) 18.
d) 432.
e) 720.

5. (Vunesp-SP) A quantidade de energia informada na embalagem de uma barra de chocolate é igual a 200 kcal. Após o consumo dessa barra, uma pessoa decide eliminar a energia adquirida praticando uma corrida, em percurso plano retilíneo, com velocidade constante de 1,5 m/s, o que resulta em uma taxa de dissipação de energia de 500 W. Considerando 1 kcal = 4 200 J, quantos quilômetros, aproximadamente, a pessoa precisará correr para dissipar a mesma quantidade de calorias ingeridas ao comer o chocolate?

# MÓDULO 8 • Sistemas mecânicos conservativos e não conservativos

## Energia cinética

A **energia cinética ($E_C$)** de um corpo é aquela associada ao movimento do corpo e que depende da massa e da velocidade do corpo. Pode ser obtida pela expressão:

$$E_c = \frac{m \cdot v^2}{2}$$

## Teorema da energia cinética

O teorema da energia cinética (T.E.C.) relaciona o trabalho realizado pela força resultante com a variação de energia cinética que ocorre durante a realização do trabalho:

**O trabalho da força resultante é igual à variação de energia cinética.**

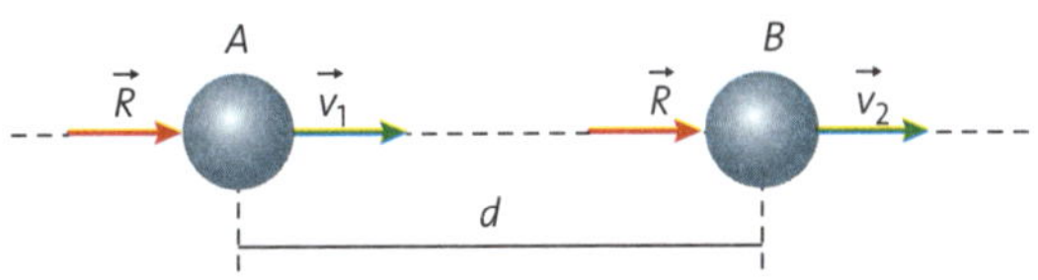


$$\tau_R = \Delta E_C = \frac{m \cdot v_2^2}{2} - \frac{m \cdot v_1^2}{2}$$

## Energia potencial

A energia potencial representa a energia armazenada que pode ser transformada em energia cinética, ou seja, é a energia que pode produzir movimento. Podemos armazenar energia potencial utilizando o campo gravitacional da Terra (energia potencial gravitacional) ou provocando deformações elásticas nos corpos (energia potencial elástica).

## Energia potencial gravitacional

A **energia potencial gravitacional ($E_{PG}$)** de um corpo de massa *m* que se encontra a uma altura *h* acima do solo, no campo gravitacional da Terra, é dada por:

$$E_{PG} = m \cdot g \cdot h$$

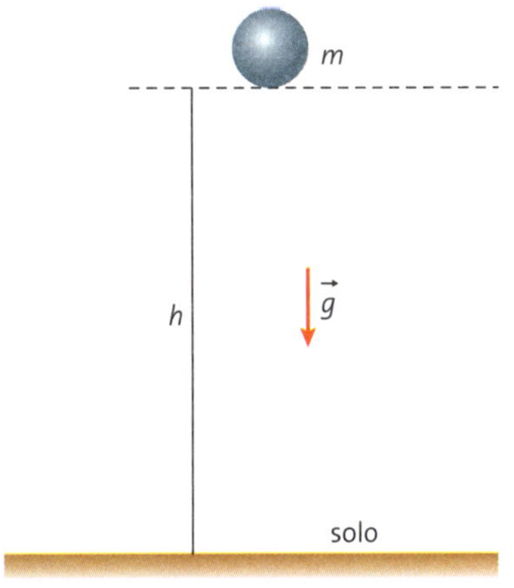


## Energia potencial elástica

A **energia potencial elástica ($E_{PE}$)** é a energia associada a corpos elásticos como uma mola:

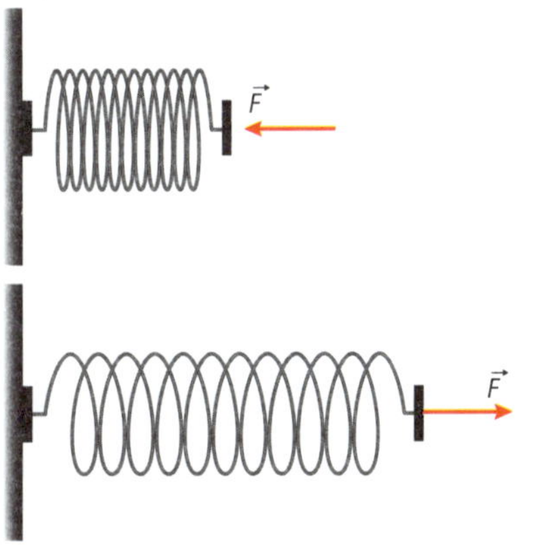


A mola tracionada ou comprimida possui energia potencial elástica.

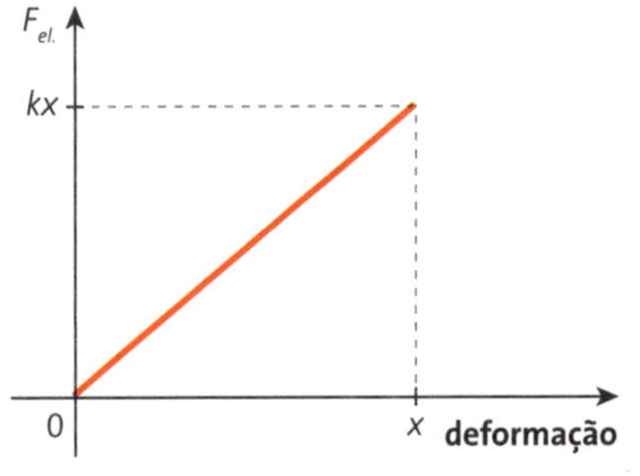


Gráfico do módulo da força elástica em função da deformação *x*.

O valor da energia potencial elástica pode ser obtido pela área sob o gráfico da força elástica *versus* deformação, mostrado na figura acima:

$$E_{PE} = k \cdot \frac{x^2}{2}$$

## Exercício resolvido

1. Um bloco com 10 kg de massa desce um plano inclinado, sem atrito, que forma um ângulo de 30° com a horizontal, percorrendo a distância de 20 m (dados: $g = 10\ m/s^2$ e $\cos 60° = 0{,}50$). Suponha que o bloco parte do repouso e determine a sua velocidade após percorrer os 20 m.

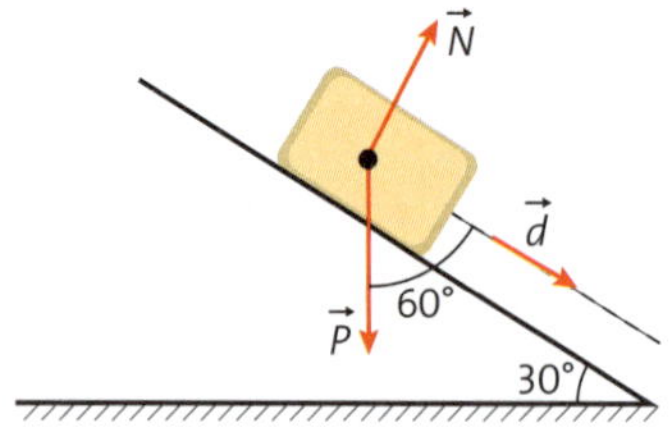


### Resolução

No bloco agem as forças peso e normal. Destas, somente a força peso realiza trabalho, pois a força normal é perpendicular ao deslocamento.
De acordo com o teorema da energia cinética, temos:

$\tau_R = E_{C\,(B)} - E_{C\,(A)}$

$P \cdot d \cdot \cos 60° = \dfrac{m \cdot v_B^2}{2} - 0$

$10 \cdot 10 \cdot 20 \cdot 0{,}50 = \dfrac{10 \cdot v_B^2}{2} - 0 \Rightarrow v_B = 10 \cdot \sqrt{2}\ m/s$

## Energia mecânica

A **energia mecânica ($E_M$)** é calculada pela soma das energias cinética e potencial:

$$E_M = E_C + E_P \Rightarrow E_M = E_C + E_{PG} + E_{PE}$$

## Sistemas mecânicos

- **Conservativo** – A energia mecânica é constante; não existem forças dissipativas, como o atrito e a resistência do ar.
- **Não conservativo** – A energia mecânica não permanece constante.

2. A figura a seguir mostra um trecho da montanha-russa de um parque de diversões. Um carrinho, com massa total de 300 kg, inicia a descida, partindo do repouso do ponto *A*.

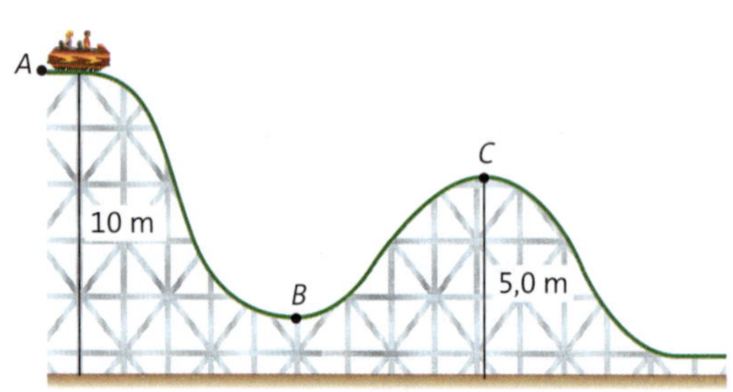


Desprezando os efeitos do atrito e supondo $g = 10\ m/s^2$, determine:

a) a energia mecânica do carrinho nos pontos *A*, *B*, e *C*;

b) a velocidade do carrinho ao passar pelo ponto *C*.

### Resolução

a) No ponto *A*, o carrinho possui velocidade nula e encontra-se a 10 m de altura. Sua energia mecânica é dada somente pela energia potencial gravitacional, pois a energia cinética é nula:

$E_{M\,(A)} = E_{PG} = m \cdot g \cdot h_A$

$E_{M\,(A)} = 300 \cdot 10 \cdot 10$

$E_{M\,(A)} = 30\,000\ J$

Nos pontos *B* e *C*, a energia mecânica tem o mesmo valor que em *A*, pois o sistema é conservativo (a única força realizadora de trabalho é a força peso). Assim:

$$\mathbf{E_{M\,(A)} = E_{M\,(B)} = E_{M\,(C)} = 30\,000\ J}$$

b) No ponto *C*, o carrinho possui energias cinética e potencial gravitacional, e a soma das duas é 30 000 J:

$E_{M\,(C)} = E_C + E_{PG}$

$E_{M\,(C)} = \dfrac{m \cdot v_C^2}{2} + m \cdot g \cdot h_C$

$30\,000 = \dfrac{300 \cdot v_C^2}{2} + 300 \cdot 10 \cdot 5$

$30\,000 = 150 \cdot v^2 + 15\,000$

$150 \cdot v^2 = 15\,000 \Rightarrow v = 10\ m/s$

## Exercícios propostos

1. (UFRJ) Um pequeno veleiro, de massa total equivalente a 700 kg, possui, no seu diário de bordo do dia 10 de fevereiro, a seguinte tabela:

| Hora local | Velocidade escalar |
|---|---|
| 14 h | 5 nós |
| 16 h | 10 nós |
| | 1 nó = 0,5 m/s |

A variação de energia cinética do veleiro, no referido intervalo de tempo, em joules, foi de:

a) 6 562,5.
b) 6 570,5.
c) 6 370,5.
d) 6 507,5.
e) 6 053,5.

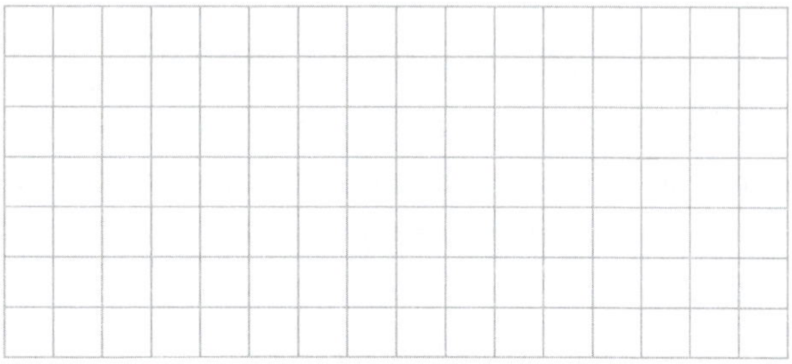

2. (PUC-MG) Uma força horizontal de 5,0 N atua sobre um objeto de massa 3,0 kg, movendo-o por uma distância de 6,0 m ao longo de uma superfície horizontal, com atrito desprezível. A variação da energia cinética do objeto é, em joules, igual a:

a) 6,0.
b) 30.
c) 15.
d) 90.

3. (Vunesp-SP) Um praticante de esporte radical, amarrado a uma corda elástica, cai de uma plataforma, a partir do repouso, seguindo uma trajetória vertical. A outra extremidade da corda está presa na plataforma. A figura mostra dois gráficos que foram traçados desprezando-se o atrito do ar em toda a trajetória. O primeiro é o da energia potencial gravitacional, $U_{gravitacional}$, do praticante em função da distância $y$ entre ele e a plataforma, onde o potencial zero foi escolhido em $y = 30$ m. Nesta posição, o praticante atinge o maior afastamento da plataforma, quando sua velocidade se reduz, momentaneamente, a zero. O segundo é o gráfico da energia armazenada na corda, $U_{elástica}$, em função da distância entre suas extremidades.

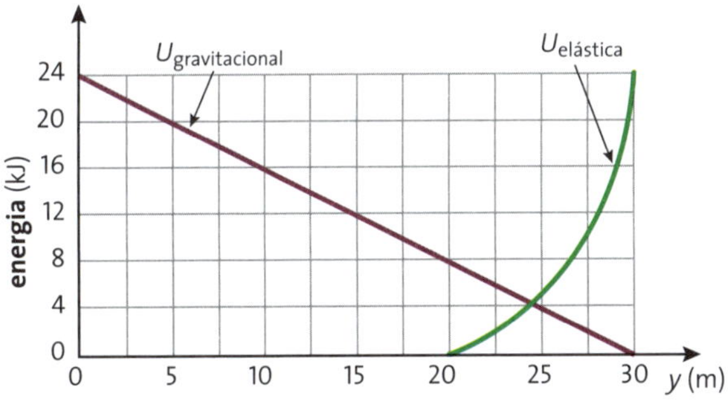


Determine:

a) o peso $P$ do praticante e o comprimento $L_0$ da corda, quando não está esticada;
b) a constante elástica $k$ da corda.

4. (Unicastelo-SP) Uma criança de 20 kg brinca em um escorregador de 1,2 m de altura, partindo do repouso do ponto mais alto, chegando posteriormente ao solo. Considerando que não ocorra perda de energia mecânica no processo e que a aceleração da gravidade local é igual a 10 m/s$^2$, a energia cinética, em joules, com que a criança chega ao solo é igual a:

a) 120.
b) 360.
c) zero.
d) 240.
e) 480.

5. (Unicid-SP) Em uma montanha-russa, um carro de passageiros parte do repouso no ponto superior da pista a 24 m de altura do solo horizontal e, após uma curta viagem, chega ao nível do solo, sendo amortecido em um tanque com água, parando em seguida. Desprezando a ação de agentes dissipativos no percurso, e adotando 10 m/s$^2$ o valor da aceleração da gravidade, a velocidade com que o carro chega ao nível do solo antes do amortecimento provocado pela água

a) é de 22 m/s, aproximadamente.
b) é de 7 m/s, aproximadamente.
c) depende apenas da massa dos passageiros.
d) é de 48 m/s, aproximadamente.
e) depende da massa do carro com os passageiros.

## Escalas termométricas

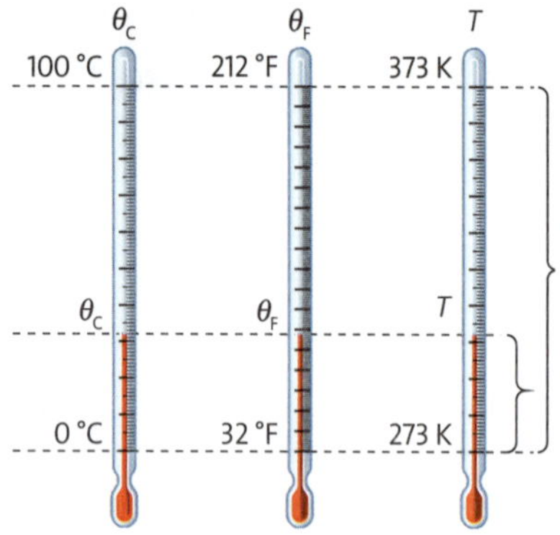


$$\frac{\theta_C}{5} = \frac{\theta_F - 32}{9} = \frac{T - 273}{5} \text{ e } \frac{\Delta\theta_C}{5} = \frac{\Delta\theta_F}{9} = \frac{\Delta T}{5}$$

## Dilatação térmica de sólidos

### Linear

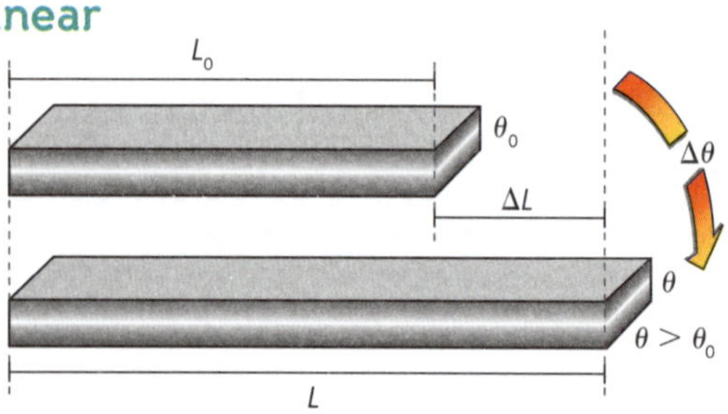


$$\Delta L = \alpha \cdot L_0 \cdot \Delta\theta \Rightarrow L = L_0 \cdot (1 + \alpha \cdot \Delta\theta)$$

### Superficial

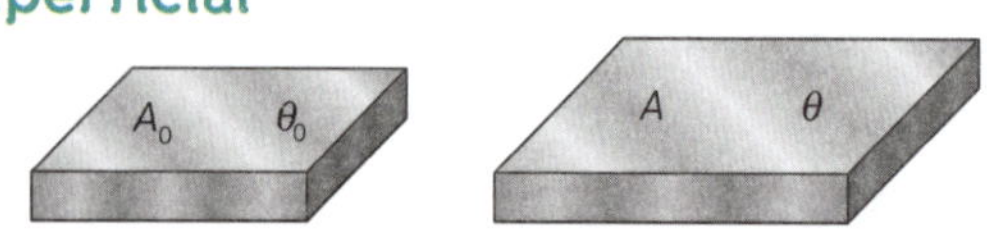


$$\Delta A = \beta \cdot A_0 \cdot \Delta\theta \Rightarrow A = A_0 \cdot (1 + \beta \cdot \Delta\theta) \text{ e } \beta = 2 \cdot \alpha$$

### Volumétrica

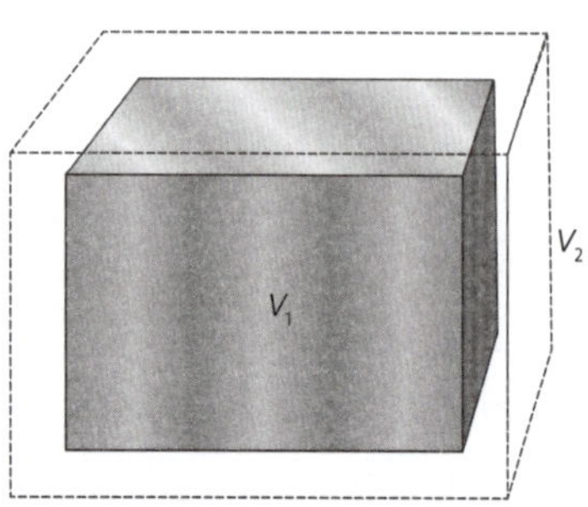


$$\Delta V = \gamma \cdot V_0 \cdot \Delta\theta \Rightarrow V = V_0 \cdot (1 + \gamma \cdot \Delta\theta) \text{ e } \gamma = 3 \cdot \alpha$$

## Exercício resolvido

1. Uma barra de latão possui comprimento de 90 m a 10 °C. Determine a dilatação linear e o comprimento final da barra quando aquecida a 60 °C ($\alpha = 19 \cdot 10^{-6}\ °C^{-1}$).

**Resolução**

A dilatação linear é dada por:
$\Delta L = L_0 \cdot \alpha \cdot \Delta\theta \Rightarrow \Delta L = 90 \cdot 19 \cdot 10^{-6} \cdot 50 \Rightarrow$
$\Rightarrow \Delta L = 0{,}0855$ m
E o comprimento final da barra é:
$L = L_0 + \Delta L \Rightarrow L = 90 + 0{,}0855 \Rightarrow L = 90{,}0855$ m

## Dilatação térmica de líquidos

Dilatação real: $\Delta V_r = V_0 \cdot \gamma_{liq} \cdot \Delta\theta$
Diltação aparente: $\Delta V_{ap} = V_0 \cdot \gamma_{ap} \cdot \Delta\theta$
Diltação do recipiente: $\Delta V_{rec} = V_0 \cdot \gamma_{rec} \cdot \Delta\theta$

**Dilatação real = dilatação aparente + dilatação do recipiente** $\Rightarrow \gamma_{liq} = \gamma_{ap} + 3 \cdot \alpha_{rec}$

## Transmissão de energia térmica

O **calor** corresponde à energia térmica que é transferida de um corpo para outro. Espontaneamente, o calor flui do corpo mais quente para o corpo mais frio.

### Condução de calor

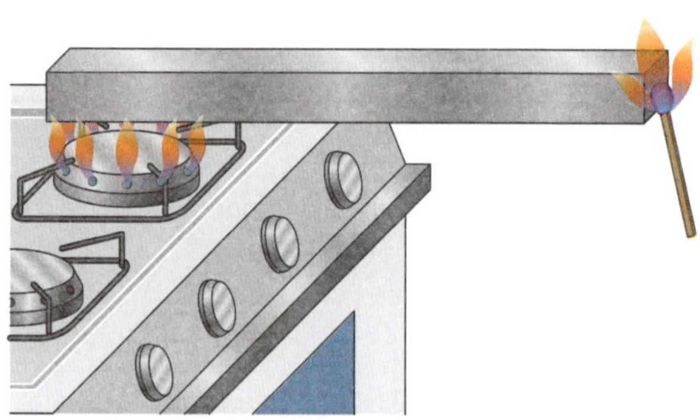

O fósforo, encostado na extremidade direita da barra, é aceso através do calor trasmitido pela barra.

O **fluxo de calor ($\Phi$)** é a quantidade de calor $Q$ transmitida por unidade tempo:

$$\Phi = \frac{Q}{\Delta t} \text{ e } \Phi = \frac{k \cdot A \cdot \Delta\theta}{L}$$

## Convecção térmica

A convecção não é exatamente um processo de transferência de energia térmica, mas um processo de transferência de massa. Não é especificamente o calor que vai de um corpo a outro, mas sim a matéria mais fria que se aproxima da região de matéria mais quente por ação gravitacional, estabelecendo correntes de convecção no fluido (figura).

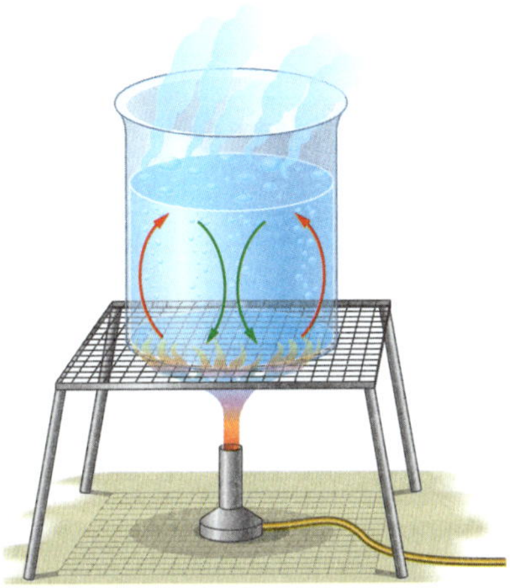

A água quente sobe, enquanto a água fria desce. As setas representam as correntes de convecção ascendentes (em vermelho) e descendentes (em verde).

## Irradiação térmica

O processo de transferência de calor através de ondas eletromagnéticas, denominadas ondas de calor radiante, recebe o nome de **irradiação térmica**.

# Exercício resolvido

2. Uma barra de alumínio tem 2,0 metros de comprimento e 10 cm$^2$ de área de seção transversal. Uma de suas extremidades está em contato com água em ebulição a 100 °C, e a outra extremidade está em contato com o gelo fundente a 0 °C.
A barra é isolada para evitar perdas radiais de calor, como se vê na figura.
Dado: $k_{Al} = 0{,}50$ cal/s · cm · °C.

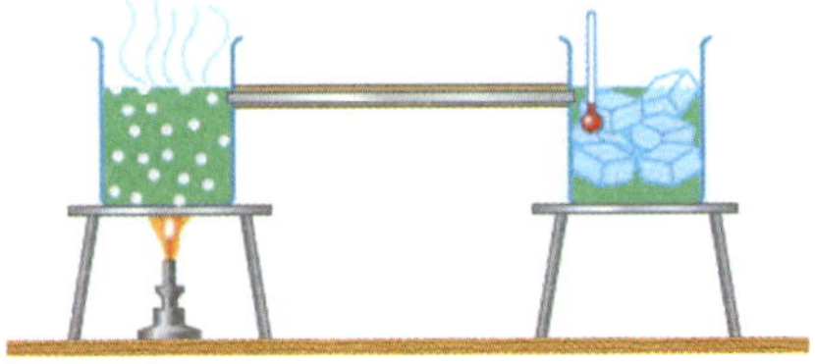

Determine:
a) o fluxo de calor através da barra;
b) a temperatura num ponto a 40 cm da extremidade quente.

**Resolução**

a) Considerando $k_{Al} = 0{,}50$ cal/s · cm · °C, o fluxo de calor é dado por:

$$\Phi = \frac{k \cdot A \cdot \Delta\theta}{L} \Rightarrow \Phi = \frac{0{,}5 \cdot 10 \cdot 100}{200} \Rightarrow$$

$$\Phi = 2{,}5 \text{ cal/s}$$

b) Considerando um regime estacionário, ou seja, um regime no qual a temperatura se distribui uniformemente ao longo da barra, temos que, para 200 cm, a queda de temperatura é de 100 °C. Então, para 40 cm, a queda de temperatura vale $x$:

$$\left.\begin{matrix} 200 \text{ cm} —— 100\ °\text{C} \\ 40 \text{ cm} —— x \end{matrix}\right\} \Rightarrow x = 20\ °\text{C}$$

Portanto, a 40 cm da extremidade quente, a temperatura vale: $100 - 20 \Rightarrow \theta_C = 80$ °C

# Exercícios propostos

1. (UFRR) Um termômetro Fahrenheit defeituoso registra a temperatura ambiente de uma sala como 79 °F. Sabendo-se que esse mesmo termômetro registra 28 °F para o gelo em fusão e 232 °F para a água em ebulição, a temperatura real da sala é:
a) 81 °F.
b) 45 K.
c) 77 °C.
d) 25 °C.
e) 18 °F.

2. (UFMG) O coeficiente de dilatação térmica do alumínio (Aℓ) é, aproximadamente, duas vezes maior que o coeficiente de dilatação térmica do ferro (Fe). A figura mostra duas peças em que um anel feito de um desses metais envolve um disco feito de outro. À temperatura ambiente, os discos estão presos aos anéis.

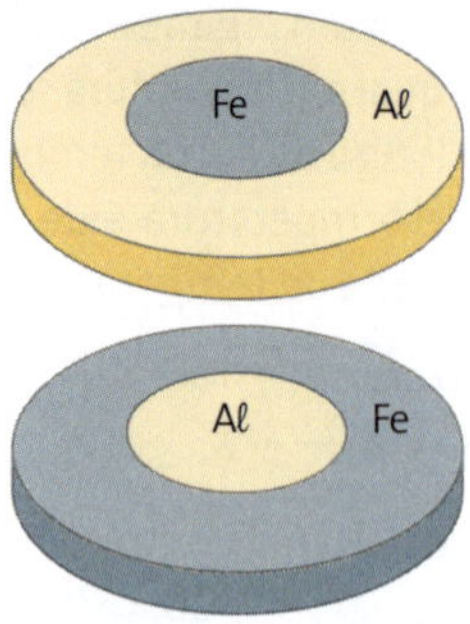


Se as duas peças forem aquecidas uniformemente, é correto afirmar que:

a) apenas o disco de Aℓ se soltará do anel de Fe.

b) apenas o disco de Fe se soltará do anel de Aℓ.

c) os dois discos se soltarão dos respectivos anéis.

d) os discos não se soltarão dos anéis.

3. (UPM-SP) Um conjunto de certos dispositivos para laboratório, proveniente dos Estados Unidos, contém, dentre outros produtos, uma pequena lâmina retangular. No livro de informações, existe a recomendação para não se expor essa lâmina a temperaturas inferiores a 30 °F e tampouco superiores a 85 °F. Um estudante brasileiro, interessado em saber de que material era constituída a lâmina, descobriu, por meio de um ensaio, que, durante um aquecimento nesse intervalo de temperatura, a área da lâmina aumentava de 0,165%.

| Material | Coeficiente de dilatação linear (°C$^{-1}$) |
|---|---|
| Ferro | $12 \cdot 10^{-6}$ |
| Ouro | $15 \cdot 10^{-6}$ |
| Bronze | $18 \cdot 10^{6}$ |
| Alumínio | $22 \cdot 10^{-6}$ |
| Chumbo | $27 \cdot 10^{-6}$ |

Consultando-se essa tabela, pode-se afirmar que, possivelmente, a lâmina é de:

a) ferro.

b) ouro.

c) bronze.

d) alumínio.

e) chumbo.

4. (UFRN) Suponha um recipiente com capacidade de 1,0 litro cheio com um líquido que tem o coeficiente de dilatação volumétrica duas vezes maior que o coeficiente do material do recipiente. Qual quantidade de líquido que transbordará quando o conjunto sofrer uma variação de temperatura de 30 °C?
Dado: coeficiente de dilatação volumétrica do líquido $= 2 \cdot 10^{-5}\ °C^{-1}$.

a) $0{,}01\ cm^3$
b) $0{,}09\ cm^3$
c) $0{,}30\ cm^3$
d) $0{,}60\ cm^3$
e) $1{,}00\ cm^3$

5. (Faap-SP) Uma casa tem cinco janelas, tendo cada uma um vidro de área $1{,}5\ m^2$ e espessura $3 \cdot 10^{-3}$ m. A temperatura externa é $-5$ °C e a interna mantida a 20 °C por meio da queima de carvão. Qual a massa de carvão consumida no período de 12 h para repor o calor perdido apenas pelas janelas?
Dados: calor de combustão do carvão $= 6 \cdot 10^3$ cal/g; condutividade térmica do vidro $= 0{,}72$ kcal/(h · m · °C).

# MÓDULO 10 • Trocas de calor e diagramas de fase

## Capacidade térmica

**Capacidade térmica (*C*)** é a razão entre a quantidade de calor trocada por um corpo e a variação da temperatura desse corpo:

$$C = \frac{Q}{\Delta\theta}$$

A unidade usualmente utilizada para quantidade de calor é a **caloria** (**cal**), e para a variação de temperatura, o grau Celsius (°C). Assim, uma unidade usual para a capacidade térmica é a cal/°C e, no Sistema Internacional (SI), a unidade J/K (joule por kelvin).

## Calor específico

O calor específico *c* de uma substância é dado pela razão entre a capacidade térmica *C* de um corpo constituído por essa substância e a massa *m* do corpo. Assim, temos:

$$c = \frac{C}{m} \Rightarrow C = m \cdot c$$

No sistema usual da calorimetria, o calor específico é dado em cal/(g · °C). No SI, temos: J/(kg · K).

## Calor sensível

**Calor sensível** é a quantidade de calor trocada por um corpo quando esse calor acarreta exclusivamente uma variação de temperatura:

$$Q = m \cdot c \cdot \Delta\theta$$

## Calor latente

**Calor latente** é a quantidade de calor trocada por um corpo que acarreta exclusivamente uma mudança de fase:

$$Q = m \cdot L$$

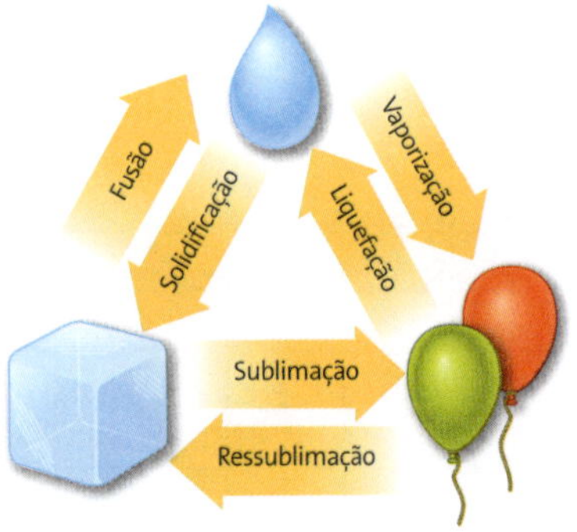


Fases da matéria e seus processos de mudança.

## Exercício resolvido

1. O gráfico representa a variação da temperatura em função do tempo de um corpo sólido, com massa de 500 g, ao ser aquecido por uma fonte que libera 200 cal/min.

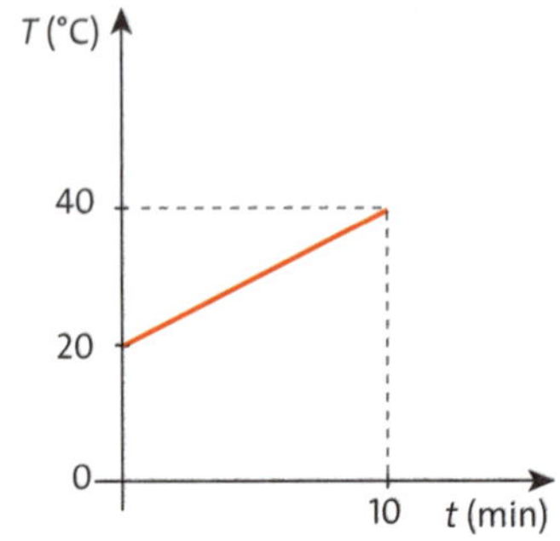


Determine:

a) o calor específico da substância que constitui o corpo;

b) a capacidade térmica do corpo.

**Resolução**

a) Pelo gráfico, temos que, em 10 min., a temperatura do corpo variou de 20 °C para 40 °C ($\Delta\theta = 20$ °C). Como a fonte fornece 200 cal/min., então, em 10 min., temos $Q = 2000$ cal. Aplicando a equação para a quantidade de calor sensível ($Q = m \cdot c \cdot \Delta\theta$), obtemos:

$$c = \frac{Q}{m \cdot \Delta\theta} \Rightarrow c = \frac{2000}{500 \cdot 20} \Rightarrow c = 0{,}2 \text{ cal/g} \cdot \text{°C}$$

b) A capacidade térmica do corpo é dada por:

$C = m \cdot c \Rightarrow C = 500 \cdot 0{,}2 \Rightarrow C = 100$ cal/°C

## Trocas de calor

Quando dois ou mais corpos trocam calor, há transferência de energia térmica do corpo mais quente para o corpo mais frio. O equilíbrio térmico vai ocorrer quando não houver diferença de temperatura entre os corpos. Para um sistema isolado, temos:

$$Q_A + Q_B + ... + Q_n = 0$$

## Diagrama de fases

O diagrama de fases de uma substância pura é uma representação gráfica dos valores de pressão e temperatura que determinam o estado de agregação da matéria. Ele é constituído por três curvas, que delimitam três regiões distintas. As regiões referem-se às fases sólida, líquida e gasosa.

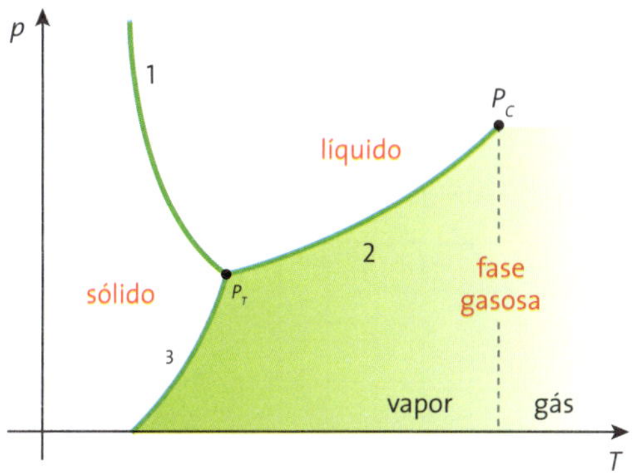


Diagrama de fases de uma substância pura

A curva (1) recebe o nome de **curva de fusão** e delimita a transição entre as fases sólida e líquida; a (2), **curva de vaporização**, delimita a transição entre as fases líquida e de vapor; e a curva (3), **curva de sublimação**, delimita a transição entre as fases sólida e de vapor.

O ponto de encontro das três curvas descreve o **ponto triplo** ($P_T$), ou seja, o ponto em que coexistem, em equilíbrio térmico, as três fases: sólida, líquida e vapor.

Na curva de vaporização, o ponto representado por $P_C$, chamado de ponto crítico, corresponde à pressão e temperatura críticas. Acima da temperatura crítica, a substância é gás; abaixo, é vapor.

## Umidade do ar

A **umidade relativa (*h*)** é a razão entre a pressão parcial de vapor de água ($p_v$) e a pressão de saturação do vapor de água ($p_s$) nessa temperatura. Normalmente, a umidade relativa é expressa em porcentagem:

$$h = \frac{p_v}{p_s} \cdot 100\%$$

## Exercício resolvido

2. Colocam-se 80 g de gelo a 0 °C em 100 g de água a 20 °C. Admitindo o sistema isolado termicamente, determine:
   a) a temperatura final da mistura;
   b) a massa de água líquida após o equilíbrio térmico.
   (Dados: $L_{F(gelo)} = 80$ cal/g e $c_{água} = 1{,}0$ cal/g · °C.)

**Resolução**

a) O gelo, para se transformar totalmente em água, precisa receber a quantidade de calor:
$Q_F = m \cdot L_F \Rightarrow Q_F = 80 \cdot 80 \Rightarrow Q_F - 6400$ cal
A quantidade máxima de calor que a água pode liberar corresponde a uma variação de temperatura de −20 °C (de 20 °C a 0 °C):
$Q_{água} = m \cdot c \cdot \Delta\theta = 100 \cdot 1{,}0 \cdot (-20) \Rightarrow$
$\Rightarrow Q_{água} = -2000$ cal
Comparando os valores, observamos que a quantidade de calor máxima liberada pela água não é suficiente para derreter todo o gelo. Portanto temos, no equilíbrio, uma mistura de água e gelo, o que acarreta uma temperatura de equilíbrio de 0 °C: $\theta_{eq.} = 0$ °C

b) Vamos calcular agora a quantidade de gelo que derrete.
Como a água consegue fornecer para o gelo uma quantidade de calor igual a 2000 cal, temos:
$Q_F = m_F \cdot L_F \Rightarrow 2000 = m_F \cdot 80 \Rightarrow m_F = 25$ g
Como foram colocados 80 g de gelo, mas somente 25 g sofreram fusão, então, no equilíbrio térmico, temos:
$m_{gelo} = 80 - 25 \Rightarrow m_{gelo} = 55$ g
$m_{água} = 100 + 25 \Rightarrow m_{água} = 125$ g

## Exercícios propostos

1. (Unicamp-SP) Em abril de 2010, erupções vulcânicas na Islândia paralisaram aeroportos em vários países da Europa. Além do risco da falta de visibilidade, as cinzas dos vulcões podem afetar os motores dos aviões, pois contêm materiais que se fixam nas pás de saída, causando problemas de funcionamento do motor a jato. Considere que o calor específico de um material presente nas cinzas seja $c = 0{,}8$ J/(g · °C). Supondo que esse material entre na turbina a −20 °C, a energia cedida a uma massa $m = 5$ g do material para que ele atinja uma temperatura de 880 °C é igual a:
   a) 220 J.
   b) 1 000 J.
   c) 4 600 J.
   d) 3 600 J.

2. (Fuvest-SP) O conhecimento do ponto de fusão e do ponto de ebulição de uma substância indica seu estado físico a determinada temperatura. Considere a tabela a seguir, que apresenta essas informações para alguns halogênios:

| Substância | Ponto de fusão (°C) | Ponto de ebulição (°C) |
|---|---|---|
| Cloro | −101,4 | −33,9 |
| Bromo | −7,2 | 59,0 |
| Iodo | 113,9 | 184,4 |

A 25 °C, cloro, bromo e iodo encontram-se respectivamente, nos estados:

a) sólido, líquido e gasoso.

b) sólido, líquido e líquido.

c) líquido, líquido e gasoso.

d) gasoso, líquido e líquido.

e) gasoso, líquido e sólido.

3. (UFSE) O gráfico representa a temperatura de um corpo de massa 200 g que, inicialmente no estado sólido, recebe calor na razão de 1000 calorias por minuto.

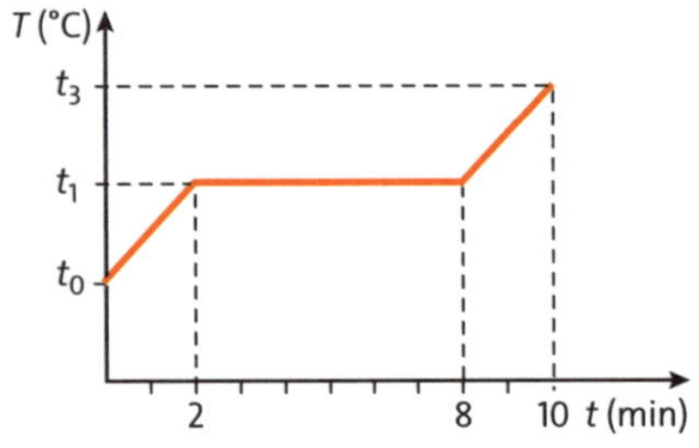


O calor latente de fusão do material que constitui esse corpo é, em cal/g, igual a:

a) 10.

b) 30.

c) 50.

d) 70.

e) 100.

4. (Unifacs-BA) No interior de um calorímetro ideal, encontram-se 300 g de um líquido, $L_1$, a uma temperatura de 80 °C. Acrescentando-se ao calorímetro 100 g de outro líquido, $L_2$, à temperatura de 15 °C, o sistema atinge o equilíbrio térmico a 75 °C. Sabendo que o calor específico de $L_1$ é igual a 1 cal/(g · °C) e o de $L_2$ é igual a $x \cdot 10^{-2}$ cal/(g · °C), determine o valor de $x$.

5. (Uece) Um pedaço de gelo a 0 °C é colocado em 200 g de água a 30 °C, em um recipiente de capacidade térmica desprezível e isolado termicamente. O equilíbrio se estabelece em 20 °C. O calor latente de fusão do gelo é 80 cal/g e o calor específico da água é 1,0 cal/(g · °C). A massa do pedaço de gelo usado no experimento é:

a) 10 g.

b) 20 g.

c) 30 g.

d) 40 g.

## Estudo dos gases

As três grandezas macroscópicas que caracterizam um sistema gasoso são: pressão ($p$), volume ($V$) e temperatura ($T$).

| Transformações gasosas | | | |
|---|---|---|---|
| **Transformação** | **Característica** | **Relação** | **Equação** |
| Isobárica | Pressão constante | O volume é diretamente proporcional à temperatura absoluta. | $\frac{V}{T} = \text{constante}$ <br> $\frac{V_1}{T_1} = \frac{V_2}{T_2}$ |
| Isométrica | Volume constante | A pressão é diretamente proporcional à temperatura absoluta. | $\frac{p}{T} = \text{constante}$ <br> $\frac{p_1}{T_1} = \frac{p_2}{T_2}$ |
| Isotérmica | Temperatura constante | A pressão é inversamente proporcional ao volume. | $p \cdot V = \text{constante}$ <br> $p_1 \cdot V_1 = p_2 \cdot V_2$ |
| Geral | Pressão, volume e temperatura variam | $\frac{p \cdot V}{T} = \text{constante}$ | $\frac{p_1 \cdot V_1}{T_1} = \frac{p_2 \cdot V_2}{T_1}$ |

**Equação de Clapeyron**

$$p \cdot V = n \cdot R \cdot T \qquad R = 8{,}31 \frac{\text{J}}{\text{mol} \cdot \text{k}} \qquad R = 0{,}082 \frac{\text{atm} \cdot \text{L}}{\text{mol} \cdot \text{k}}$$

## Trabalho em termodinâmica

Os gases podem experimentar variações de volume muito maiores que os sólidos e os líquidos. Durante a variação de volume de um gás, ele aplica forças nas paredes móveis do recipiente em que está contido; essas forças realizam trabalho mecânico. É isso que ocorre, por exemplo, no cilindro do motor de um automóvel. A expansão gasosa realiza trabalho e a energia térmica é transformada em mecânica, como ilustra a figura abaixo.

Antonio Robson/Arquivo da editora

### Pressão constante

Quando o volume do gás varia sob pressão constante, o trabalho pode ser calculado pela expressão: $\tau = p \cdot \Delta V$

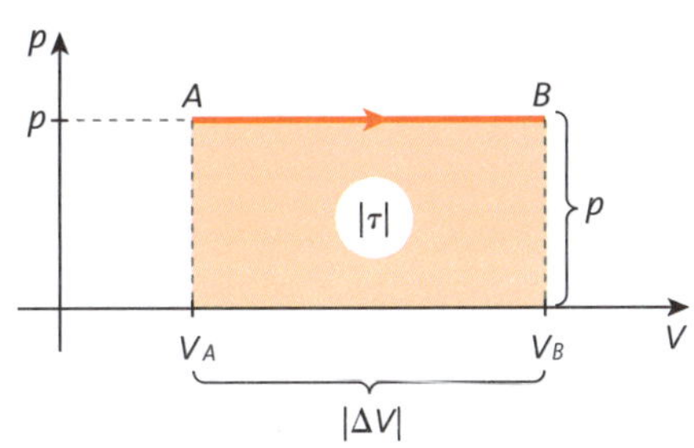

### Pressão variável

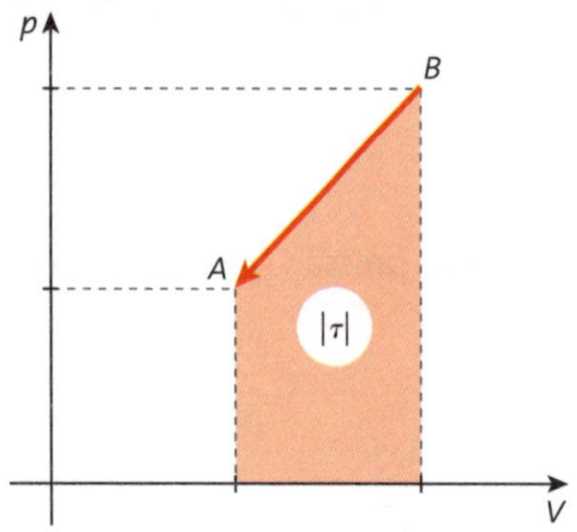


Quando a pressão varia, o módulo do trabalho corresponde, numericamente, à área delimitada entre a linha do gráfico e o eixo do volume: $|\tau| \overset{n}{=}$ área

## Primeira lei da Termodinâmica

A primeira lei da Termodinâmica é uma aplicação do princípio da conservação da energia. Especificamente em relação a um sistema termodinâmico, devemos levar em consideração:

- a quantidade de energia $Q$, na forma de calor, trocada pelo sistema com o meio externo;
- o trabalho mecânico $\tau$ trocado pelo sistema com o meio externo;
- a variação de energia interna $\Delta U$ do sistema termodinâmico.

Assim, a primeira lei da Termodinâmica pode ser escrita como:

$$Q = \Delta U + \tau \Rightarrow \Delta U = Q - \tau$$

### Transformação isotérmica

A temperatura é constante. A quantidade de calor é integralmente convertida em trabalho ou vice-versa: $\Delta U = 0 \Rightarrow Q = \tau$.

### Transformação isométrica

O volume é constante: $\Delta V = 0 \Rightarrow \tau = 0$. A variação de energia interna é igual à quantidade de energia trocada na forma de calor: $\Delta U = Q$.

### Transformação isobárica

A pressão é constante. O sistema gasoso troca calor e trabalho com o meio externo com variação em sua energia interna: $\Delta U = Q - \tau$.

### Transformação adiabática

Não há troca de calor com o meio externo:

$$Q = 0 \Rightarrow \Delta U = -\tau.$$

### Transformação cíclica

Após uma série de transformações, o gás retorna ao estado inicial. No ciclo: $\Delta U = 0 \Rightarrow Q = \tau$.

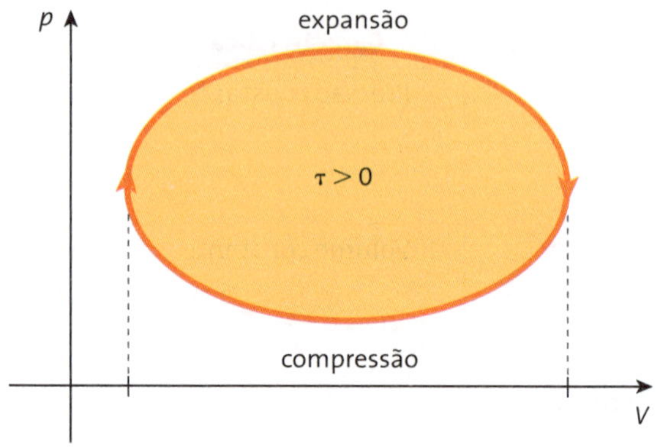


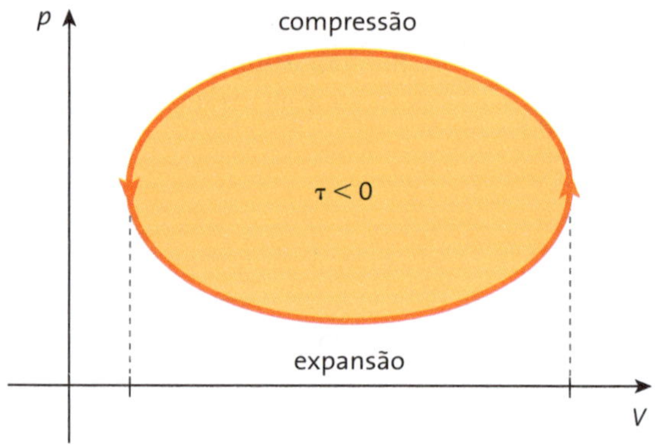


## Exercício resolvido

1. A figura representa uma transformação cíclica $ABCA$ sofrida por um gás perfeito. Determine:

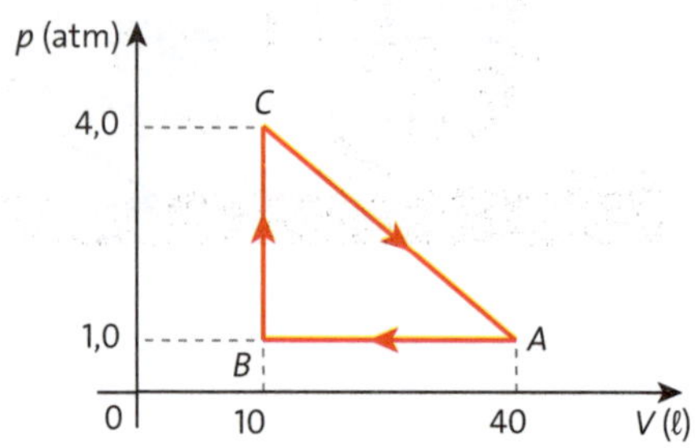


a) o trabalho realizado em cada transformação;

b) o trabalho no ciclo;

c) a quantidade de calor correspondente ao ciclo.

**Resolução**

a) A transformação $AB$ é uma compressão isobárica: $p = 1{,}0$ atm (constante) e $\Delta V = 10 - 40 = -30\ l$.
O trabalho realizado nessa transformação vale:
$\tau_{AB} = p \cdot \Delta V \Rightarrow \tau_{AB} = 1{,}0 \cdot (-30)$
$\tau_{AB} = -30\ \text{atm} \cdot l \Rightarrow \tau_{AB} \simeq -3\,000\ \text{J}$
A transformação $BC$ é isométrica (volume constante):
$\tau_{BC} = 0$
Na transformação $CA$, o trabalho é dado pela área do trapézio:
$\tau_{CA} = \dfrac{(4{,}0 + 1{,}0)}{2} \cdot 30 \Rightarrow \tau_{CA} = 75\ \text{atm} \cdot l \Rightarrow$
$\Rightarrow \tau_{CA} \simeq 7500\ \text{J}$

b) O trabalho realizado no ciclo pode ser obtido de dois modos:
1º) somatório dos trabalhos de cada transformação;
2º) área do ciclo (triângulo):
1º) $\tau_{ciclo} = \tau_{AB} + \tau_{BC} + \tau_{CA}$
$\tau_{ciclo} = -3\,000 + 0 + 7\,500 \Rightarrow \tau_{ciclo} = 4\,500\ \text{J}$
ou
2º) $\tau_{ciclo} = \dfrac{30 \cdot 3{,}0}{2} \Rightarrow \tau_{ciclo} = 45\ \text{atm} \cdot l = 4\,500\ \text{J}$

c) No ciclo, a avariação de energia interna é zero. Assim, aplicando o primeiro pricípio da Termodinâmica, temos:
$Q = \Delta U + \tau = 0 + 4\,500 \Rightarrow Q = 4\,500\ \text{J}$

## Segunda lei da Termodinâmica

- Enunciado de Kelvin-Planck:
**É impossível construir um motor térmico cíclico com rendimento de 100%.**
- Enunciado de Clausius:
**É impossível construir uma máquina térmica cíclica que transfira, sem dispêndio de energia, calor de um corpo mais frio para outro mais quente.**
- Enunciado derivado do ciclo de Carnot:
**O zero absoluto é intangível.**

### Máquinas térmicas

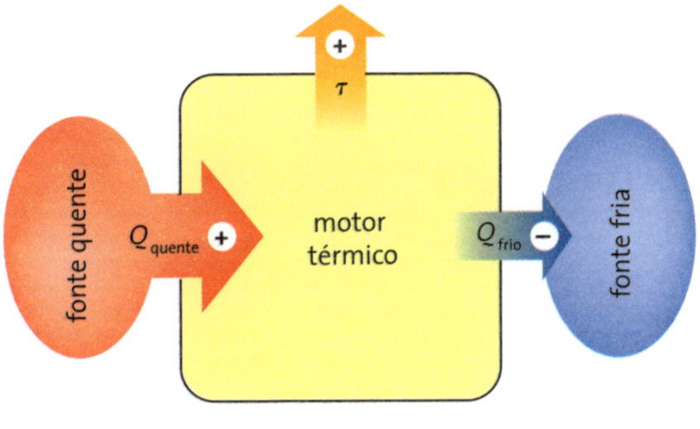


Esquema de funcionamento de um motor térmico, que realiza trocas de energia em um ciclo genérico.

- $Q_q > 0$: o motor recebe calor da fonte quente;
- $Q_f < 0$: o motor cede calor para a fonte fria;
- $\tau > 0$: o motor fornece energia mecânica na forma de trabalho.

Aplicando o princípio de conservação de energia ao motor térmico: $Q_q = \tau + Q_f$

### Rendimento ($\eta$)

Em uma máquina térmica o rendimento (ou eficiência) é normalmente expresso pela relação entre quantidade útil de energia que se obtém (trabalho mecânico) e a quantidade de energia térmica fornecida à máquina.

$$\eta = \frac{\tau}{Q_q} = 1 - \frac{Q_f}{Q_q}$$

### Ciclo de Carnot

O **ciclo de Carnot** é aquele que proporciona rendimento máximo a uma máquina térmica que, neste caso, recebe o nome de **máquina de Carnot**. Reversível, esse ciclo é constituído de duas transformações isotérmicas intercaladas com duas transformações adiabáticas, conforme mostra a figura.

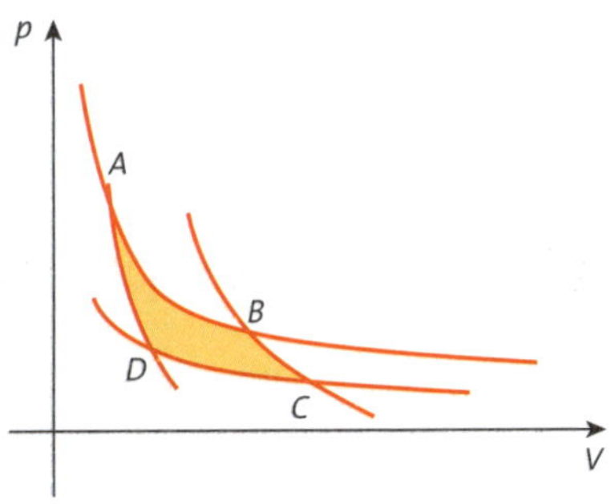


No ciclo de Carnot, vale a relação: $\dfrac{Q_f}{Q_q} = \dfrac{T_f}{T_q}$,

em que $T_f$ e $T_q$ representam as temperaturas, em kelvin, das fontes fria e quente, respectivamente.

Portanto, o rendimento do ciclo de Carnot pode ser calculado como:

$$\eta = \frac{\tau}{Q_q} = 1 - \frac{Q_f}{Q_q} = 1 - \frac{T_f}{T_q}$$

## Exercício resolvido

**2.** Um motor térmico, funcionando entre as temperaturas de 127 °C (fonte quente) e 27 °C (fonte fria), realiza 5 cps (ciclos por segundo). Em cada ciclo, ele recebe 800 J de calor da fonte quente e rejeita 640 J de calor para a fonte fria.

Determine:

a) o rendimento da máquina;

b) o trabalho realizado em cada ciclo e a potência da máquina, em hp;

c) o rendimento de uma máquina de Carnot que opera entre os mesmos valores de temperatura.

Dado: 1 hp = 750 W.

### Resolução

a) O rendimento da máquina é dado por:

$$\eta = 1 - \frac{Q_f}{Q_q} \Rightarrow \eta = 1 - \frac{640}{800} \Rightarrow \eta = 0{,}2 \text{ (ou 20\%)}$$

b) O trabalho em cada ciclo é dado por:

$$\tau = Q_q - Q_f \Rightarrow \tau = 800 - 640 \Rightarrow \tau = 160 \text{ J}$$

Sendo o intervalo de tempo ($\Delta t$) para cada ciclo igual a $\frac{1}{5}$ s = 0,2 s, a potência da máquina vale:

$$P = \frac{\tau}{\Delta t} = \frac{160}{0{,}2} \Rightarrow P = 800 \text{ W}$$

$$P = \frac{800}{750} \Rightarrow P \simeq 1{,}1 \text{ hp}$$

c) O rendimento de uma máquina de Carnot operando sob as mesmas temperaturas da máquina do enunciado é calculado por:

$$\eta_{\text{Carnot}} = 1 - \frac{T_f}{T_q}, \text{ em que } T_q = 127 + 273 = 400 \text{ K e}$$

$$T_f = 27 + 273 = 300 \text{ K}$$

$$\eta_{\text{Carnot}} = 1 - \frac{300}{400} \Rightarrow \eta_{\text{Carnot}} = 0{,}25 \text{ (ou 25\%)}$$

## Exercícios propostos

1. (UFRGS-RS) Um balão meteorológico fechado tem volume de 50,0 m$^3$ ao nível do mar, onde a pressão atmosférica é de $1{,}0 \cdot 10^5$ Pa e a temperatura é de 27 °C. Quando o balão atinge a altitude de 25 km na atmosfera terrestre, a pressão e a temperatura assumem, respectivamente, os valores de $5{,}0 \cdot 10^3$ Pa e −63 °C. Considerando-se que o gás contido no balão se comporta como um gás ideal, o volume do balão nessa altitude é de:

a) 14,0 m$^3$.

b) 46,7 m$^3$.

c) 700,0 m$^3$.

d) 1428,6 m$^3$.

e) 2 333,3 m$^3$.

2. (UFU-MG-modificado) Certa quantidade de gás ideal ocupa inicialmente um volume $V_0$, à pressão $p_0$ e temperatura $T_0$. Esse gás se expande à temperatura constante e realiza trabalho sobre o sistema, o qual é representado nos gráficos pela área sob a curva. Indique a alternativa que melhor representa a transformação sofrida pelo gás.

a)

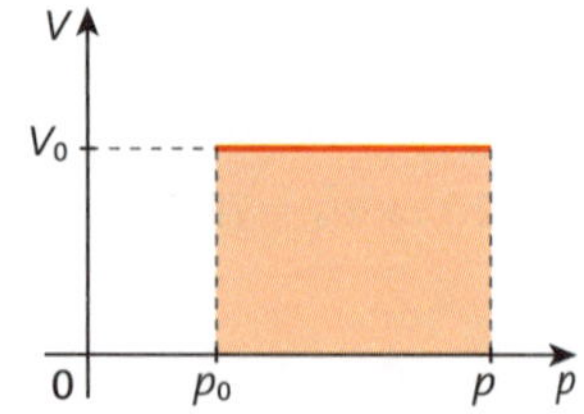


b)

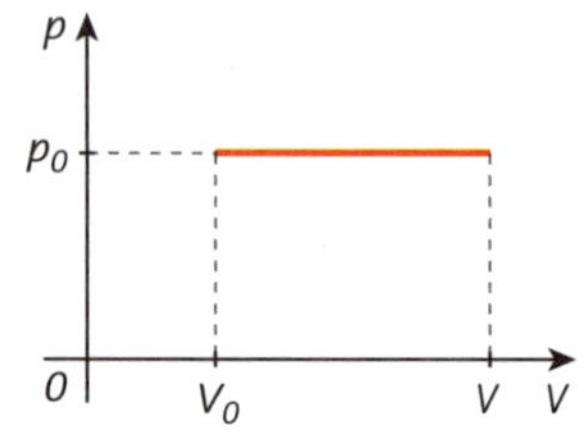


c)

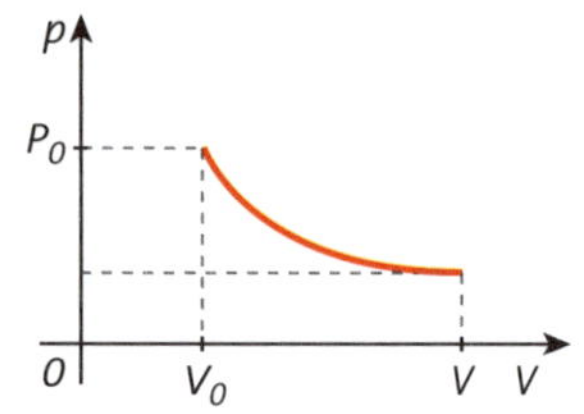


d)

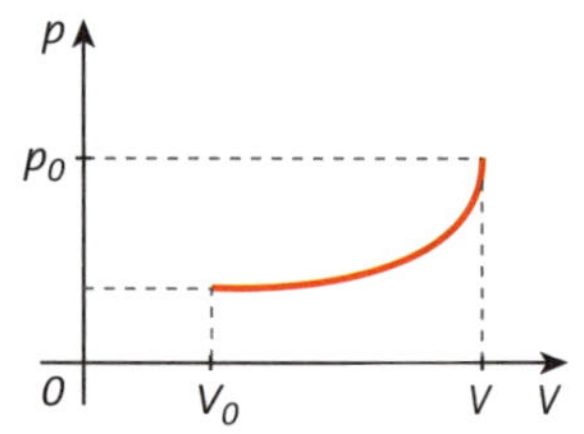

3. (UEMT-modificado) Um gás ideal sofreu uma transformação à pressão constante de 120 $N/m^2$ e seu volume variou com a temperatura, conforme mostra o gráfico seguinte. Durante o processo, o gás recebeu 800 J de calor.

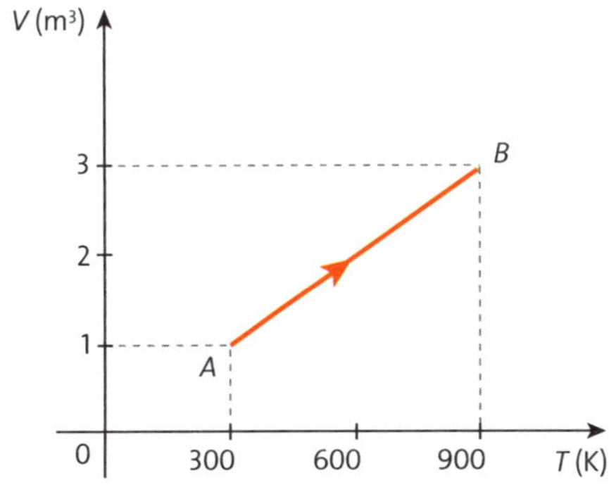


Com os dados, podemos dizer que a variação da energia interna do gás foi de:

a) 580 J.
b) 560 J.
c) 480 J.
d) 300 J.
e) 260 J.

4. (UFV-MG) Uma máquina térmica opera entre dois reservatórios de calor retirando, em um ciclo de operação, 1 000 J de calor da fonte quente e transferindo 500 J de calor para a fonte fria. Se em 10 s a máquina térmica realiza 40 ciclos, marque a alternativa que apresenta o valor da potência dessa máquina, em watt:

a) 2 000.
b) 500.
c) 20 000.
d) 5 000.

5. (Unioeste-PR) Uma máquina térmica é caracterizada pelo diagrama pressão *versus* volume a seguir. O ciclo começa e termina no ponto *A* e o processo *CA* é adiabático.

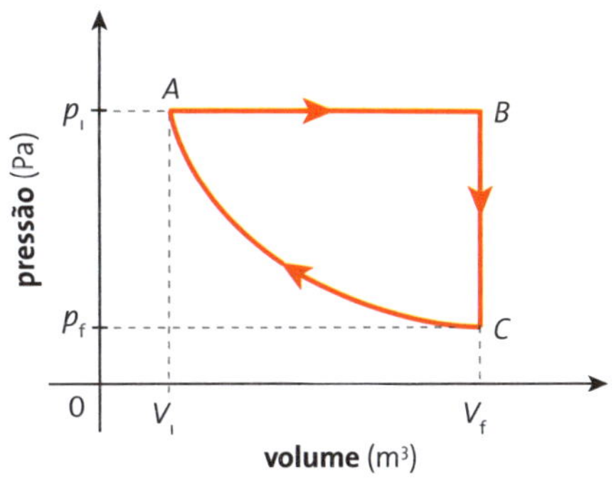


Para esse ciclo, considere as afirmações a seguir e assinale a alternativa correta.

I. O processo *AB* é isobárico e o processo *BC* é isotérmico.
II. No processo *BC*, a variação de energia interna é igual ao calor retirado do sistema.
III. No processo *CA*, o trabalho realizado pelo sistema é nulo.
IV. O processo *AB* é isobárico é o processo *BC* é isocórico.
V. A variação de energia interna no ciclo *ABCA* é negativa.

Estão corretas somente:

a) I e V.
b) II e IV
c) II, III e V.
d) V.
e) III.

FRENTE B MÓDULO 11

## Princípios da óptica geométrica

1. Nos meios transparentes e homogêneos, a luz se propaga em linha reta.

2. As trajetórias dos raios de luz são independentes, ou seja, uma não interfere na outra.

3. A trajetória de um raio de luz não se modifica quando se inverte o sentido de propagação.

## Sombra, penumbra e eclipse

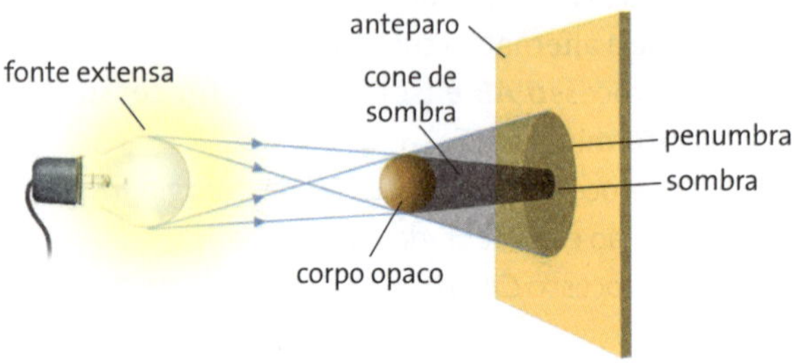


No anteparo, destacamos três regiões distintas: a primeira, totalmente escura, é a **sombra** projetada do objeto opaco; a segunda, parcialmente iluminada, é a **penumbra**; e a terceira é totalmente iluminada.

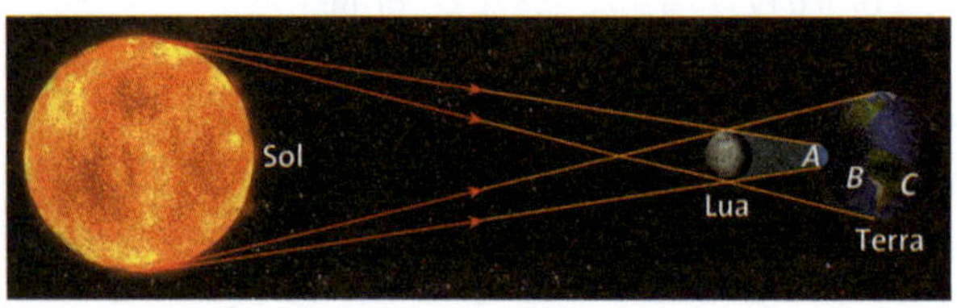


Observador na região *A*, que está na sombra, constata um eclipse total. Mas se ele estivesse na região *B*, que se encontra na penumbra, estaria vendo um eclipse parcial. Um observador na região *C*, região totalmente iluminada, não vê o eclipse.

## Reflexão luminosa

a)

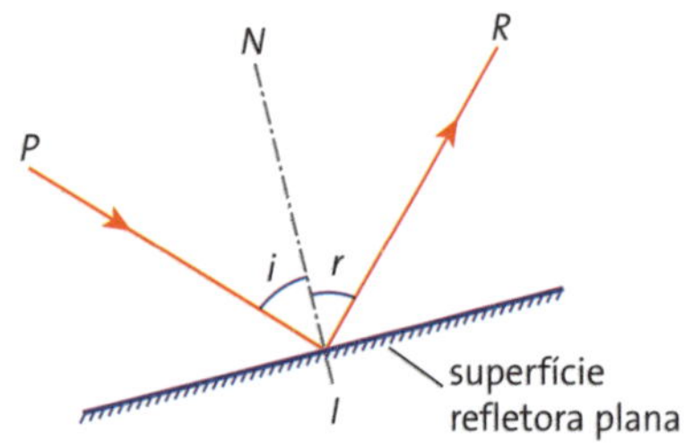


b)

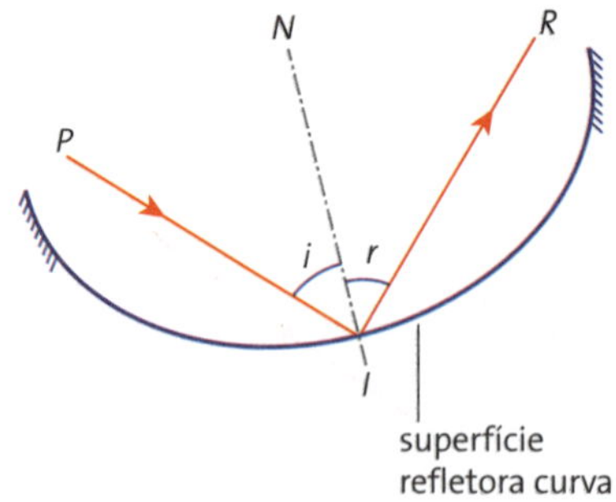


**Independentemente de a superfície refletora ser plana (a) ou curva (b), o raio de luz não muda de meio ao sofrer a reflexão, e o ângulo de incidência tem a mesma medida do ângulo de reflexão.**

A reflexão luminosa de um raio de luz obedece a duas leis:

1ª – O raio incidente, o raio refletido e a normal à superfície no ponto de incidência estão no mesmo plano;

2ª – A medida do ângulo de incidência ($i$) é igual à do ângulo de reflexão ($r$), ou seja, $i = r$.

## Espelhos planos

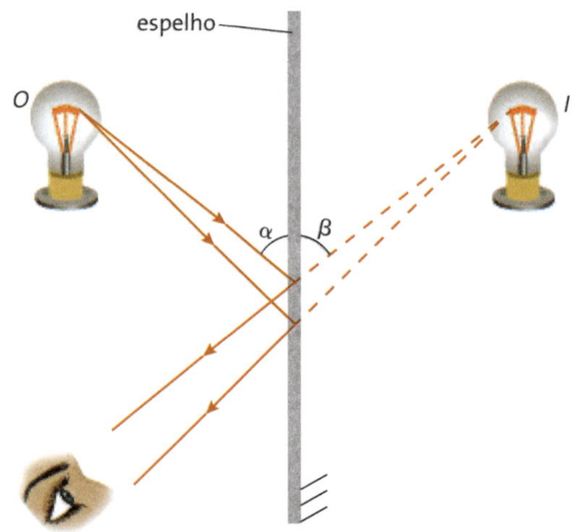


**Imagem de uma lâmpada conjugada por um espelho plano ($\alpha = \beta$)**

1. Imagem virtual, direita, do mesmo tamanho que o objeto.
2. Objeto e imagem são simétricos em relação ao espelho: $d_i = d_o$.

## Associação de espelhos planos

Sérgio Dotta Jr./Arquivo da editora

Objeto e cinco imagens formadas por dois espelhos planos.

O número $n$ de imagens formadas pela associação de dois espelhos planos depende do ângulo entre eles. Sendo $\theta$ o menor ângulo entre os espelhos, o número $n$ de imagens pode ser obtido pela expressão:

$$n = \frac{360°}{\theta} - 1$$

## Exercício resolvido

1. Uma pessoa com uma cartola na cabeça está a uma distância $d$ de um espelho plano vertical. Do extremo superior da cartola até os pés, a altura é de 2,0 m e, dos olhos da pessoa até o solo, a distância é de 1,60 m. Considere que a ponta dos pés, o extremo superior da cartola e o olho do observador estejam situados num mesmo plano vertical.

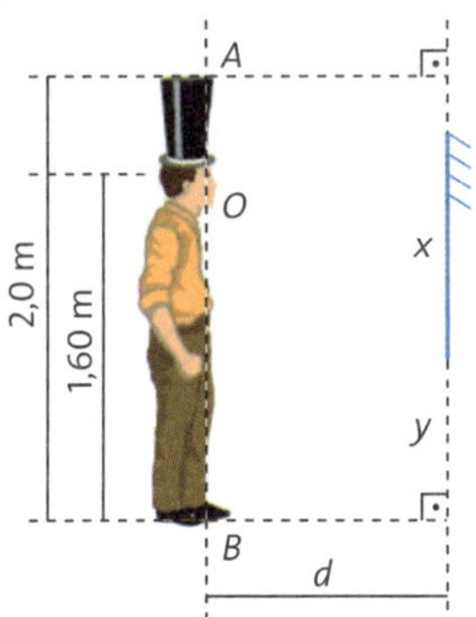


a) Qual é a dimensão vertical mínima que o espelho deve ter para que a imagem seja vista integralmente?

b) Considerando que esteja sendo utilizado o espelho de dimensão mínima, a que distância do solo deve estar sua borda inferior?

c) Nesse caso, em que o objeto é o próprio observador, as respostas dos dois itens anteriores dependem da distância do objeto ao espelho?

### Resolução

a) Suponhamos que o espelho esteja colocado na posição conveniente. A dimensão que procuramos determinar deve ser tal que não "sobre" nem "falte" espelho, tanto na borda inferior quanto na superior, conforme mostra a figura.

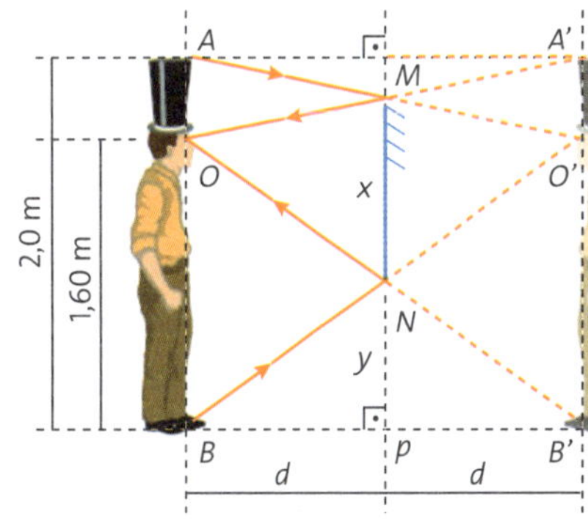


A semelhança entre os triângulos $OMN$ e $OA'B'$ nos permite escrever:

$$\frac{d}{NM} = \frac{2d}{A'B'} \Rightarrow \frac{d}{x} = \frac{2d}{2{,}0} \Rightarrow x = 1{,}0 \text{ m (metade de 2,0 m)}$$

b) Observamos que o triângulo $OBB'$ é semelhante ao triângulo $NPB'$. Assim, temos:

$$\frac{2d}{1{,}60} = \frac{d}{y} \Rightarrow y = 0{,}80 \text{ m (metade de 1,60 m)}$$

c) As respostas, para este caso em particular, não dependem da distância entre o observador e o espelho ($d$).

## Espelhos esféricos

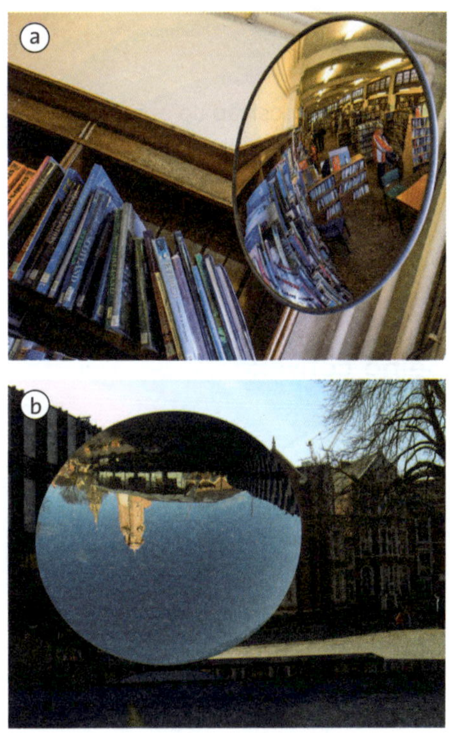

Keith Morris/Alamy/Other Images
M-dash/Alamy/Other Images

Espelho convexo (a) e espelho côncavo (b).

## Raios notáveis

- **Propriedade 1** – Os raios luminosos que incidem paralelamente ao eixo principal de um espelho esférico são refletidos passando pelo foco (se o espelho for côncavo) ou são refletidos de tal forma que os seus prolongamentos passam pelo foco (se o espelho for convexo).
- **Propriedade 2** – Os raios luminosos (ou seus prolongamentos) que incidem passando pelo foco principal, são refletidos paralelamente ao eixo principal.
- **Propriedade 3** – Os raios luminosos (ou seus prolongamentos) que incidem passando pelo centro de curvatura são refletidos sobre si mesmos.
- **Propriedade 4** – O raio luminoso que incide no vértice do espelho tem como raio refletido o seu simétrico em relação ao eixo principal.

## Construção de imagens

### 1. Espelho côncavo

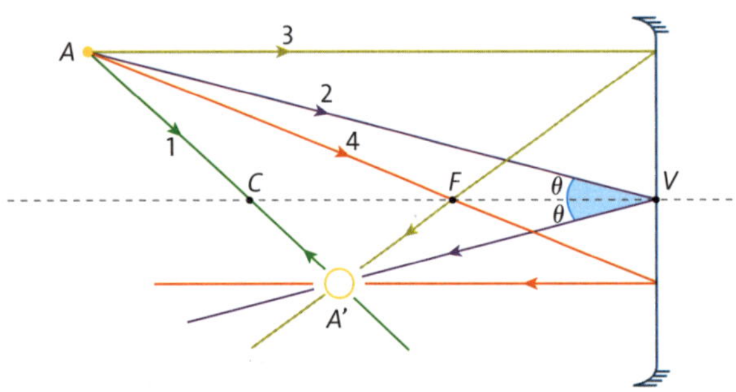


Dependendo da posição do objeto em relação ao vértice do espelho, o espelho côncavo pode conjugar, de um objeto real, uma imagem:

- real, invertida, maior, menor ou igual ao tamanho do objeto;
- virtual, direita e maior que o objeto.

### 2. Espelho convexo

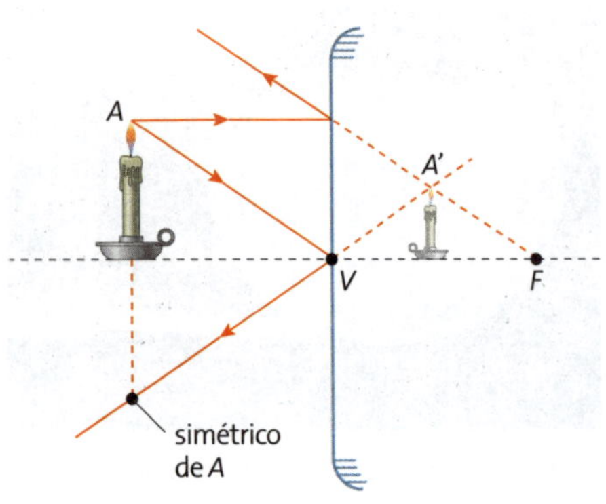


O espelho convexo conjuga, de um objeto real, uma imagem virtual, direita e menor que o objeto, para qualquer posição do objeto em relação ao vértice do espelho.

## Estudo analítico

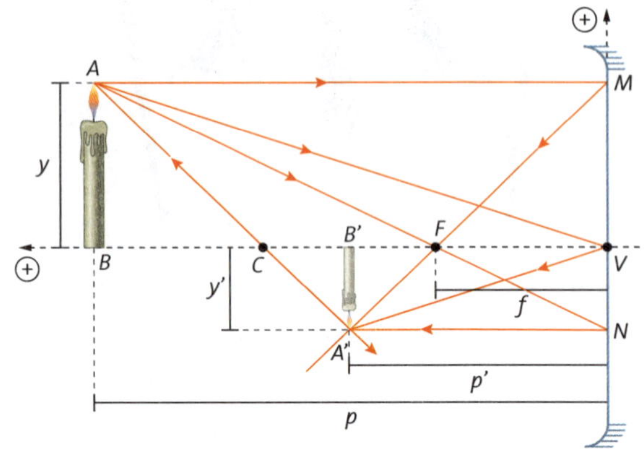


| | Natureza real | Natureza virtual |
|---|---|---|
| Abscissa | Positiva | Negativa |
| Abscissa focal | $f > 0$ (côncavo) | $f < 0$ (convexo) |
| Objeto | $p > 0$ | $p < 0$ |
| Imagem | $p' > 0$ | $p' < 0$ |

- Equação dos pontos conjugados (Equação de Gauss):

$$\frac{1}{f} = \frac{1}{p} + \frac{1}{p'}$$

- Equação do aumento linear transversal:

$$A = \frac{y'}{y} = -\frac{p'}{p}$$

## Exercício resolvido

2. Na figura estão representados um espelho esférico gaussiano e um objeto colocado em duas posições diferentes.

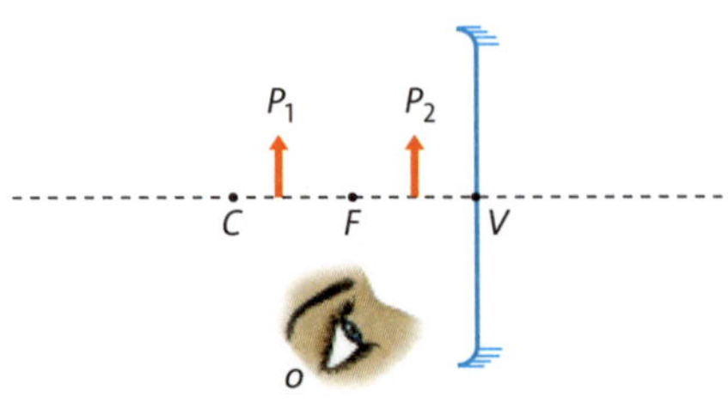

a) Determinar graficamente, em cada um dos casos, a imagem conjugada pelo espelho, dizendo sua natureza, tamanho em relação ao objeto e sua orientação.

b) Traçar um raio de luz que, partindo da extremidade do objeto $P_2$, atinja a pupila do observador $O$, após a reflexão no espelho.

**Resolução**

a) I

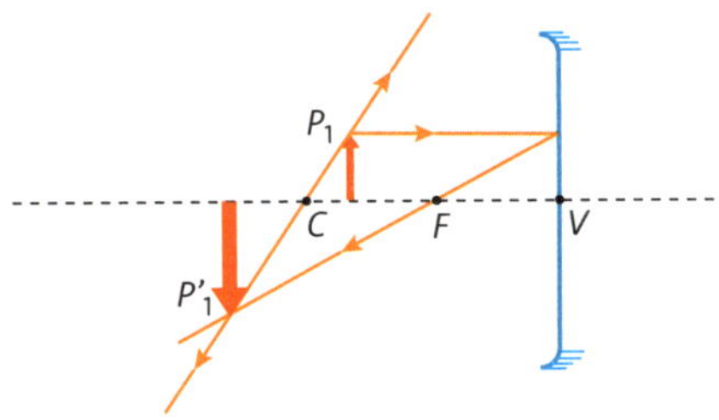


Imagem maior, real e invertida.

II

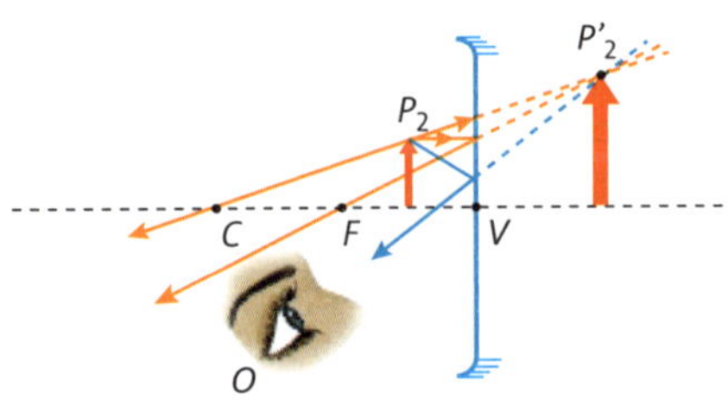


Imagem maior, virtual e direita.

b) Para traçar o raio pedido, basta lembrar que o observador recebe o raio refletido como se ele viesse diretamente de $P'_2$, imagem de $P_2$ (veja a representação desse raio luminoso e seu prolongamento na figura acima).

## Exercícios propostos

1. (UFF-RJ) Para determinar a altura $H$ de uma fonte pontual de luz ao chão, plano e horizontal, foi realizada a seguinte experiência: colocou-se um lápis de 10 cm, perpendicularmente sobre o chão, em duas posições distintas — primeiro em $P$ e depois em $Q$, conforme mostra a figura.

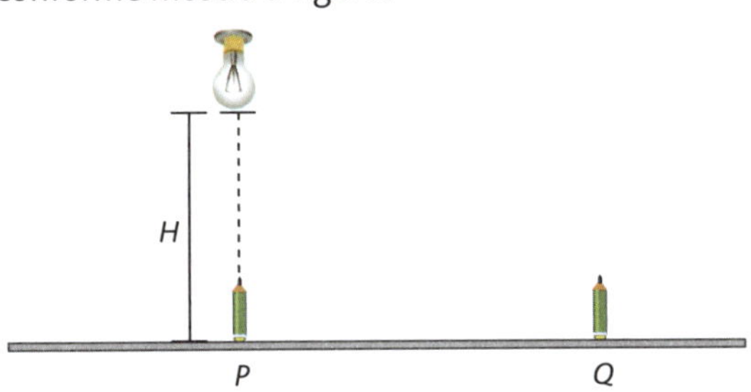


$P$ está exatamente na vertical que passa pela fonte e, nessa posição, não há formação de sombra do lápis.

Em $Q$, a sombra do lápis tem comprimento 49 vezes menor que a distância entre $P$ e $Q$. Nessas condições, a altura $H$ é, aproximadamente, igual a:

a) 49 cm.
b) 1 m.
c) 1,5 m.
d) 3,0 m.
e) 5,0 m.

2. (Fuvest-SP) A janela de uma casa age como se fosse um espelho e reflete a luz do Sol nela incidente, atingindo, às vezes, a casa vizinha. Para a hora do dia em que a luz do Sol incide na direção indicada na figura, o esquema que melhor representa a posição da janela capaz de refletir o raio de luz na direção de *P* é:

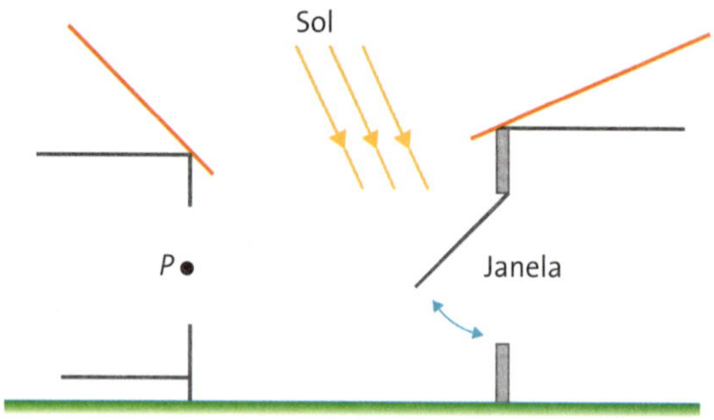


a) 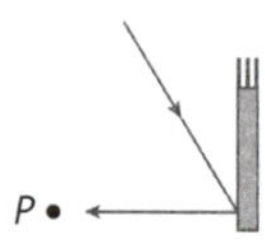


b) 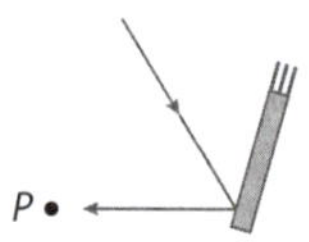


c) 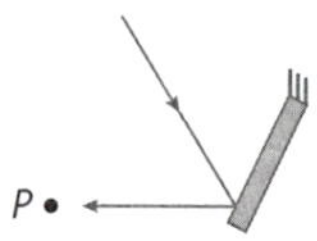


d) 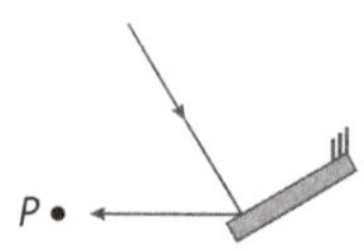


e) 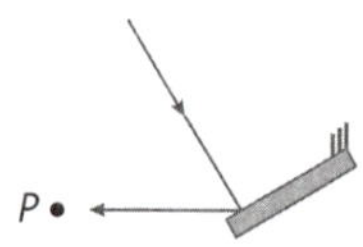


3. (Fuvest-SP) Em uma exposição, organizada em dois andares, foi feita uma montagem com dois espelhos planos $E_1$ e $E_2$, dispostos 45° entre os andares, como na figura 1. Uma visitante, quando no andar superior, no ponto A, fotografa um quadro (*Q*), obtendo a foto 1, tal como vista no visor (figura 1).

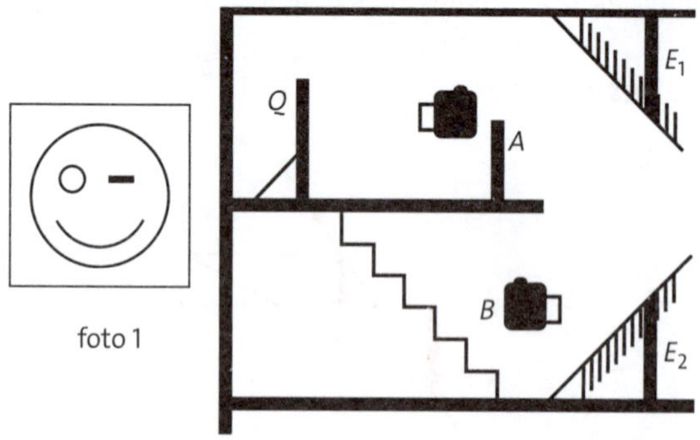


Figura 1

Essa visitante, ao descer as escadas, fotografa no ponto B o mesmo quadro através dos espelhos. A nova foto, tal como vista no visor, é:

a) 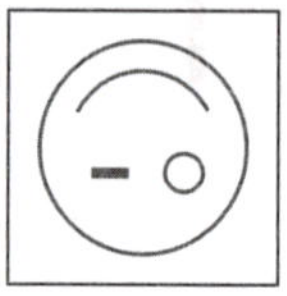

b) 

c) 

d) 

e) 

4. (UFRN) Os carros modernos usam diferentes tipos de espelhos retrovisores, de modo que o motorista possa melhor observar os veículos que se aproximam por trás dele. As fotos 1 e 2 a seguir mostram as imagens de um veículo estacionado, quando observadas de dentro de um carro, num mesmo instante, através de dois espelhos: o espelho plano do retrovisor interno e o espelho externo do retrovisor direito, respectivamente.

UFRN/2011

foto 1

foto 2

A partir da observação dessas imagens, é correto concluir que o espelho externo do retrovisor direito do carro é:

a) convexo e a imagem formada é virtual.

b) côncavo e a imagem formada é virtual.

c) convexo e a imagem formada é real.

d) côncavo e a imagem formada é real.

5. (Cesgranrio-RJ) Considere um espelho esférico côncavo de foco $F$ e centro de curvatura $C$, conforme mostra a figura.

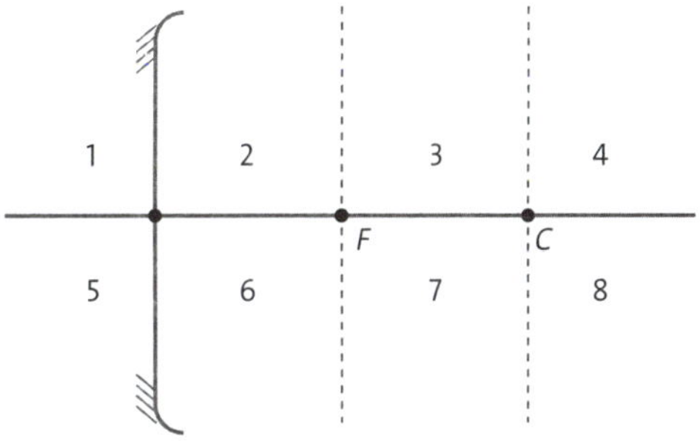


Objetos colocados nas regiões 2, 3 e 4 terão imagens formadas, respectivamente, nas regiões:

a) 8, 6 e 7.

b) 7, 6 e 5.

c) 5, 8 e 7.

d) 5, 7 e 6.

e) 1, 8 e 7.

MÓDULO 12

FRENTE B

# MÓDULO 13 • Corrente elétrica

## Átomos

A matéria é composta de átomos, que, por sua vez, são constituídos por prótons e elétrons que sofrem atrações e repulsões intensas.

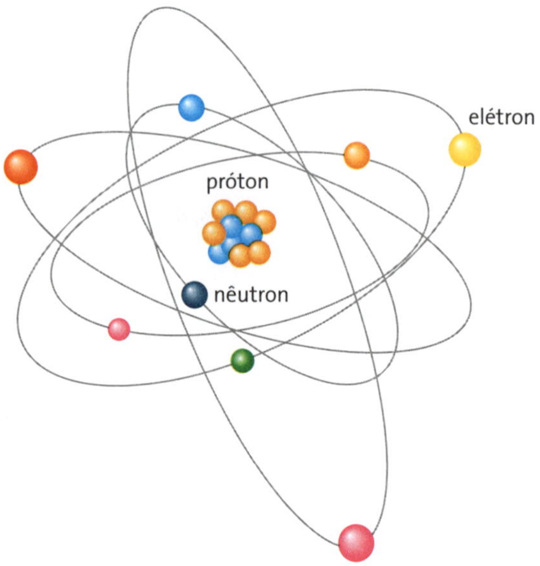


Nas situações de equilíbrio, os corpos apresentam o número de prótons ($N_p$) igual ao de elétrons ($N_e$). Corpos nessas condições são chamados de **corpos neutros**. A experiência mostra que entre dois corpos neutros não há troca de forças elétricas.

Quando os corpos possuem número de prótons ($N_p$) diferente do de elétrons ($N_e$), conseguimos observar as forças elétricas existentes entre eles. Nessas condições, dizemos que os corpos estão **eletrizados**.

- por convenção, a carga elétrica dos prótons é positiva, e a dos elétrons é negativa;
- prótons e elétrons possuem cargas elétricas de mesmo valor absoluto ($e$);
- corpos inicialmente neutros que perdem elétrons adquirem carga elétrica positiva;
- corpos inicialmente neutros que recebem elétrons adquirem carga elétrica negativa;
- corpos com carga elétrica de mesmo sinal sofrem forças elétricas de repulsão;
- corpos com carga elétrica de sinais opostos sofrem forças elétricas de atração.

## Carga elétrica elementar

Os valores de cargas elétricas dos corpos são sempre múltiplos inteiros da **carga elétrica elementar ($e$)**. Esse fato é chamado **quantização da carga elétrica.**

$$e = 1{,}6 \cdot 10^{-19}\ \text{C}$$

## Corrente elétrica

Corrente elétrica é o movimento ordenado de portadores de carga elétrica. Para haver corrente elétrica, é necessário que haja partículas eletrizadas livres, isto é, em condições de se movimentar. Os corpos que possuem partículas eletrizadas em condições de se movimentar em seu anterior são chamados **condutores elétricos**.

Há três tipos de corrente elétrica:

- **eletrônica**: constituída pelo movimento ordenado de elétrons, própria dos condutores metálicos;
- **iônica**: constituída pelo movimento ordenado de íons, própria das soluções eletrolíticas;
- **mista**: constituída pelo movimento ordenado simultâneo de elétrons e íons, própria dos gases ionizados.

### Sentido e intensidade

- Nos condutores metálicos, a corrente elétrica ($i$) tem sentido oposto ao do movimento dos elétrons livres.

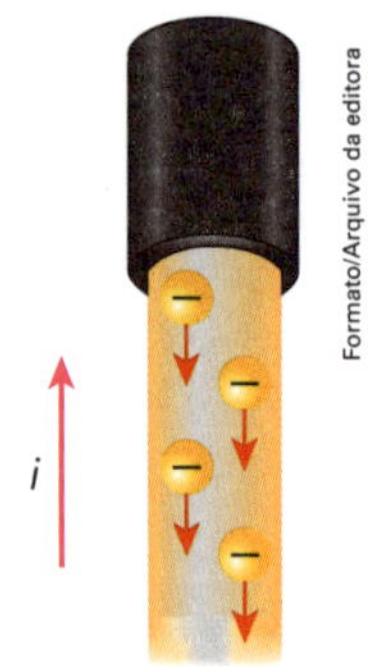


**O sentido da corrente elétrica é oposto ao do movimento dos elétrons livres.**

- Nas soluções eletrolíticas, íons positivos em movimento correspondem a uma corrente elétrica ($i_1$) no sentido de seu movimento. O movimento dos íons negativos, oposto ao dos positivos, corresponde a uma corrente elétrica ($i_2$) no sentido oposto ao de seu movimento. Os sentidos de ($i_1$) e de ($i_2$) coincidem, implicando a soma de seus efeitos.

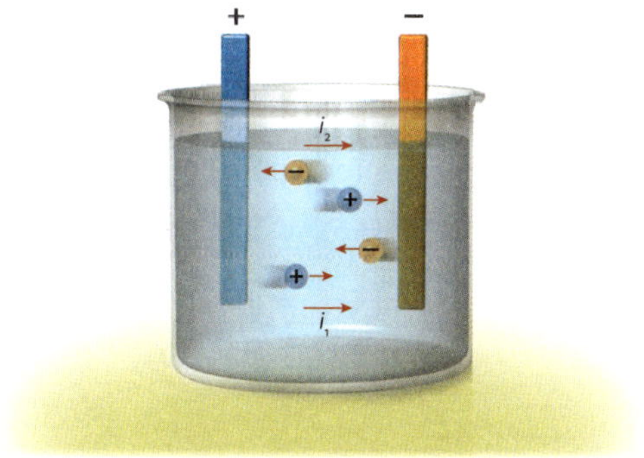


Sentido das correntes elétricas em uma solução eletrolítica.

- Nos gases ionizados, íons positivos em movimento correspondem a uma corrente elétrica ($i_1$) no sentido de seu movimento. O movimento dos elétrons, oposto ao dos íons positivos, corresponde a uma corrente elétrica ($i_2$) no sentido oposto ao de seu movimento. Conforme mostra a figura abaixo, os sentidos de ($i_1$) e de ($i_2$) coincidem, implicando a soma de seus efeitos.

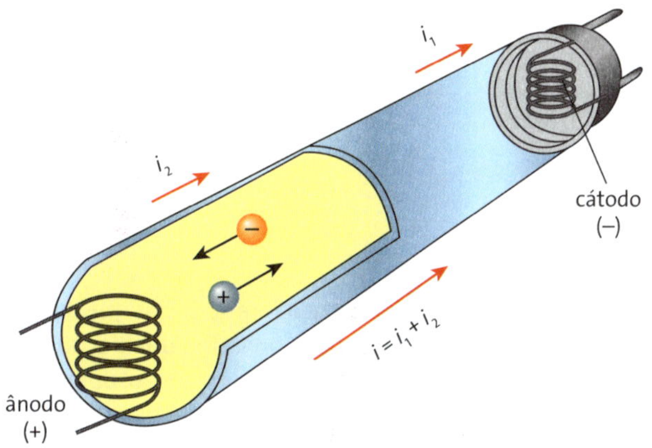


Sentido das correntes elétricas em um gás ionizado.

A **intensidade média de corrente elétrica ($i_m$)** é a razão entre a quantidade de carga elétrica e o intervalo de tempo:

$$i_m = \frac{\Delta Q}{\Delta t}$$

No SI a intensidade de corrente elétrica é medida em **ampères (A)** e: 1 A = 1 C/s.

# Exercício resolvido

1. Considere uma solução aquosa de ácido sulfúrico ($H_2SO_4$). Determine a intensidade de corrente elétrica no interior da solução supondo que $1{,}0 \cdot 10^{18}$ íons sulfato e $2{,}0 \cdot 10^{18}$ íons hidroxônio, por segundo, atravessam uma seção transversal da solução.

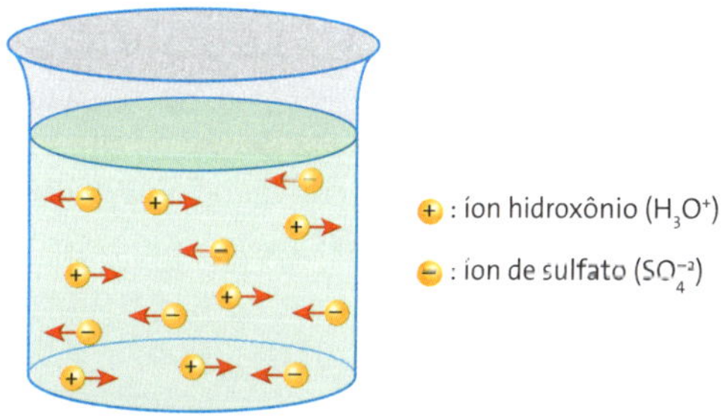


**Resolução**

A intensidade de corrente elétrica total ($i$) é a soma algébrica das correntes de íons hidroxônio ($H_3O^+$) e íons sulfato ($SO_4^{-2}$). Cada íon hidroxônio possui uma quantidade de carga elétrica correspondente à carga elétrica de 1 próton, e cada íon sulfato possui uma quantidade de carga elétrica correspondente à carga de 2 elétrons. Assim, temos:

$$i_{hidrox.} = \frac{|\Delta Q|}{\Delta t} = \frac{|2{,}0 \cdot 10^{18} \cdot 1{,}6 \cdot 10^{-19}|}{1{,}0} \Rightarrow$$

$$\Rightarrow i_{hidrox.} = 0{,}32 \text{ A}$$

$$i_{sulf.} = \frac{|\Delta Q|}{\Delta t} = \frac{|1{,}0 \cdot 10^{18} \cdot 2 \cdot (-1{,}6 \cdot 10^{-19})|}{1{,}0} \Rightarrow$$

$$\Rightarrow i_{sulf.} = 0{,}32 \text{ A}$$

O sentido da corrente será o sentido do movimento dos portadores de carga positiva, ou seja, o sentido do movimento dos íons hidroxônio. Portanto:

$$i = i_{hidrox.} + i_{sulf.} \Rightarrow i = 0{,}32 + 0{,}32 \Rightarrow i = 0{,}64 \text{ A}$$

## Diferença de potencial (ddp)

A **diferença de potencial (ddp)**, também conhecida como tensão elétrica, representada pela letra $U$, é calculada como a energia ($\Delta E$) por unidade de carga elétrica ($Q$):

$$U = \frac{\Delta E}{Q}$$

No Sistema Internacional de Unidades (SI), a unidade de diferença de potencial é o **volt (V)** e 1 V = 1 J/C.

## Potência elétrica

A **potência elétrica ($P$)**, em watt, pode ser calculada pelo produto da diferença de potencial ($U$), em volt, pela intensidade de corrente elétrica ($i$), em ampère:

$$P = U \cdot i$$

## Consumo de energia

O **consumo de energia** ($\Delta E$) de uma residência, por exemplo, pode ser obtido pelo produto da potência elétrica ($P$) com o intervalo de tempo ($\Delta t$):

$$\Delta E = P \cdot \Delta t$$

As "contas de luz" utilizam como unidade de energia o quilowatt-hora (kWh):

$$1 \text{ kWh} = 3{,}6 \cdot 10^6 \text{ J}$$

## Exercício resolvido

2. Qual é o consumo mensal, em joules, de um banho diário de meia hora em um chuveiro cujos dados nominais são 220 V — 4 000 W?

**Resolução**

Em um mês, o tempo de utilização do chuveiro é de:
$\Delta t = 30 \cdot 0{,}5 \Rightarrow \Delta t = 15$ h
Como a potência do chuveiro é de 4 000 W, ou seja, 4 kW, o consumo mensal de energia é de:
$\Delta E = P \cdot \Delta t \Rightarrow \Delta E = 4 \text{ kW} \cdot 15 \text{ h} \Rightarrow \Delta E = 60 \text{ kWh}$
Como 1 kWh $= 3{,}6 \cdot 10^6$ J, temos:
$\Delta E = 60 \cdot 3{,}6 \cdot 10^6 \Rightarrow \Delta E = 2{,}16 \cdot 10^8$ J

## Exercícios propostos

1. (Unama-PA) Considere os seguintes dispositivos elétricos comuns em nosso cotidiano: uma bateria de automóvel, uma lâmpada incandescente e uma lâmpada fluorescente. Nessa sequência, a corrente elétrica no interior de cada aparelho é constituída, exclusivamente, por movimento de:
   a) íons – elétrons – elétrons e íons.
   b) elétrons e íons – íons – elétrons.
   c) elétrons e íons – elétrons e íons – elétrons e íons.
   d) elétrons – elétrons – elétrons.
   e) íons – elétrons e íons – íons.

2. (UFPE) O feixe de elétrons no tubo de um monitor de vídeo percorre a distância de 0,20 m no espaço evacuado entre o emissor de elétrons e a tela do tubo. Se a velocidade dos elétrons for $5 \cdot 10^7$ m/s, e o número de elétrons for $2{,}5 \cdot 10^9$/m, qual a corrente do feixe, em mA? Dado: $e = 1{,}6 \cdot 10^{-19}$ C.

3. (Fuvest-SP) Medidas elétricas indicam que a superfície terrestre tem carga elétrica total negativa de, aproximadamente, 600 000 coulombs. Em tempestades, raios de cargas positivas, embora raros, podem atingir a superfície terrestre. A corrente elétrica desses raios pode atingir valores de até 300 000 A. Que fração da carga elétrica total da Terra poderia ser compensada por um raio de 300 000 A e com duração de 0,5 s?
   a) $\frac{1}{2}$. b) $\frac{1}{3}$. c) $\frac{1}{4}$. d) $\frac{1}{10}$. e) $\frac{1}{20}$.

4. (Uerj) Em residências conectadas à rede elétrica de tensão eficaz igual a 120 V, uma lâmpada comumente utilizada é a de filamento incandescente de 60 W. A corrente elétrica eficaz, em ampères, em uma lâmpada desse tipo quando acesa, é igual a:
   a) 0,5.
   b) 1,0.
   c) 2,0.
   d) 3,0.

5. (Fuvest-SP) Na maior parte das residências que dispõe de sistemas de TV a cabo, o aparelho que decodifica o sinal permanece ligado sem interrupção, operando com uma potência aproximada de 6 W, mesmo quando a TV não está ligada. O consumo de energia do decodificador, durante um mês (30 dias), seria equivalente ao de uma lâmpada de 60 W que permanecesse ligada, sem interrupção, durante:
   a) 6 horas.
   b) 10 horas.
   c) 36 horas.
   d) 60 horas.
   e) 72 horas.

# MÓDULO 14 • Circuitos elétricos residenciais

## Bipolos e transformações de energia

Os **bipolos elétricos** são dispositivos elétricos com dois terminais e transformam energia elétrica em outra modalidade ou vice-versa.

- Ferro elétrico: energia elétrica → energia térmica;
- Liquidificador: energia elétrica → energia mecânica e energia térmica;
- Pilhas: energia química → energia elétrica e energia térmica.

## Resistores elétricos

Os **resistores** são bipolos elétricos que transformam energia elétrica exclusivamente em energia térmica.

Os resistores são caracterizados por uma grandeza física denominada **resistência elétrica** ($R$). A resistência elétrica ($R$) de um condutor submetido a uma diferença de potencial ($U$) e percorrido por uma corrente elétrica de intensidade ($i$) é dada por:

$$R = \frac{U}{i} \Rightarrow U = R \cdot i$$

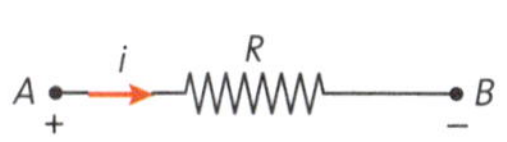


Representação esquemática de um resistor percorrido por corrente elétrica.

No SI, a unidade de ddp é o volt (V), a de corrente elétrica é o ampère (A), a de resistência elétrica é o ohm (Ω).

Particularmente nos resistores, a potência elétrica pode ser expressa em função de sua resistência. Sendo $P = U \cdot i$ e $U = R \cdot i$, temos:

$$P = R \cdot i^2$$

Sendo $i = \frac{U}{R}$, a potência elétrica em um resistor também pode ser obtida por:

$$P = \frac{U^2}{R}$$

## Leis de Ohm

Em determinados condutores elétricos, particularmente nos metais, a razão entre a diferença de potencial aplicada e a intensidade de corrente elétrica que atravessa o condutor é constante, ou seja, a resistência elétrica do condutor é constante. Esse fato constitui a **primeira lei de Ohm**:

$$\frac{U}{i} = R = \text{constante}$$

Os condutores que satisfazem essas condições são chamados **condutores ôhmicos** ou **resistores ôhmicos**.

A **segunda lei de Ohm** estabelece que a resistência elétrica ($R$) de um condutor, de um fio por exemplo, é diretamente proporcional ao seu comprimento ($L$) e inversamente proporiconal à área de sua seção transversal ($A$):

$$R = \rho \cdot \frac{L}{A}$$

Nessa expressão, $\rho$ representa a dependência em relação ao material de que é feito o condutor e recebe o nome de **resistividade elétrica**.

### Associações: série e paralelo

Em um circuito elétrico, podemos ter vários fios ligados em um mesmo ponto. Denominamos **nó** o ponto de junção de três ou mais fios. A figura abaixo ilustra o nó $A$, ponto de junção dos fios 1, 2 e 3, e uma superfície imaginária que contém esse nó.

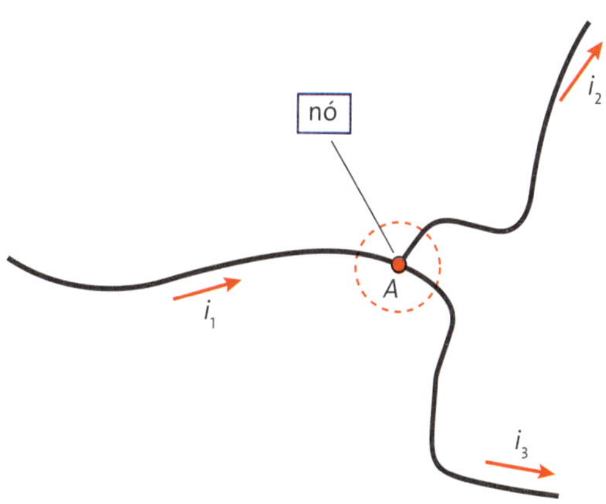


Para este nó, devemos ter:

$$i_1 = i_2 + i_3$$

## Série

Dois ou mais dispositivos elétricos estão **associados em série** quando entre eles não existem nós. Como decorrência, esses dispositivos são percorridos pela **mesma corrente elétrica**.

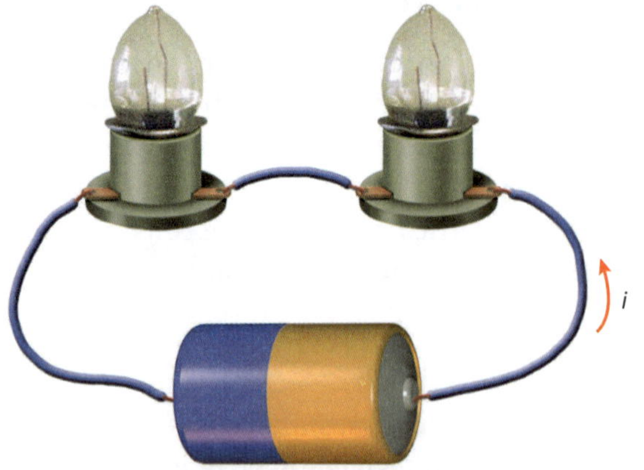


A corrente elétrica é a mesma nas duas lâmpadas associadas em série.

No caso específico de dois resistores associados em série, temos:

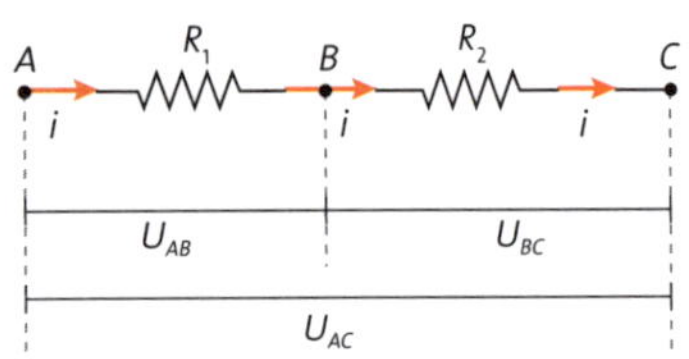


$$U_{AC} = U_{AB} + U_{BC}$$
$$i_1 = i_2 = i \Rightarrow \frac{U_{AB}}{R_1} = \frac{U_{BC}}{R_2}$$
$$P_t = P_1 + P_2 \Rightarrow P_t = (R_1 + R_2) \cdot i^2$$
$$R_{eq} = R_1 + R_2$$

## Paralelo

Dizemos que dois ou mais aparelhos elétricos estão associados em **paralelo** se estiverem submetidos à **mesma tensão**. Na associação em paralelo, temos:

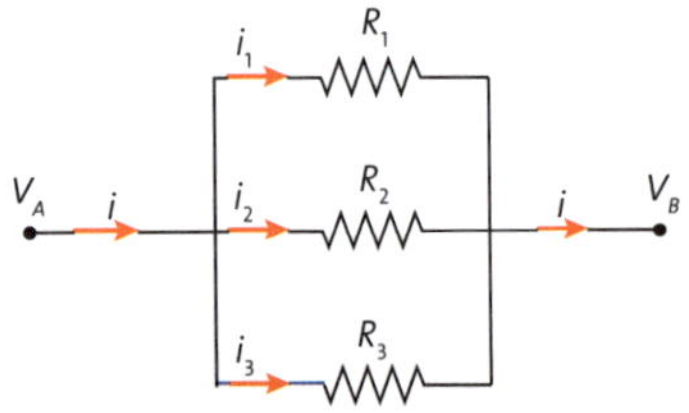


$$i = i_1 + i_2 + i_3 \Rightarrow \frac{U_{AB}}{R_{eq}} = \frac{U_{AB}}{R_1} + \frac{U_{AB}}{R_2} + \frac{U_{AB}}{R_3}$$
$$R_1 \cdot i_1 = R_2 \cdot i_2 = R_3 \cdot i_3$$
$$\frac{1}{R_{eq}} = \frac{1}{R_1} + \frac{1}{R_2} + \frac{1}{R_3}$$

## Exercício resolvido

1. O esquema a seguir representa um circuito sujeito a uma tensão total de 36 V, sendo o potencial do ponto *A* maior que o potencial do ponto *B*. Qual a intensidade e o sentido da corrente em cada um dos ramos?

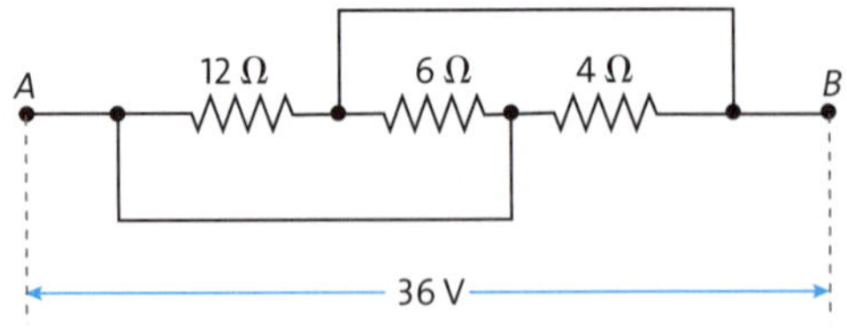


### Resolução

Primeiramente, vamos identificar cada um dos nós, utilizando as propriedades do curto-circuito, começando pelos extremos.

A figura seguinte ilustra o resultado desse processo, com destaque para os sentidos das correntes. Como sabemos, nos resistores, o sentido da corrente é a do maior para o menor potencial, ou seja, de *A* para *B*.

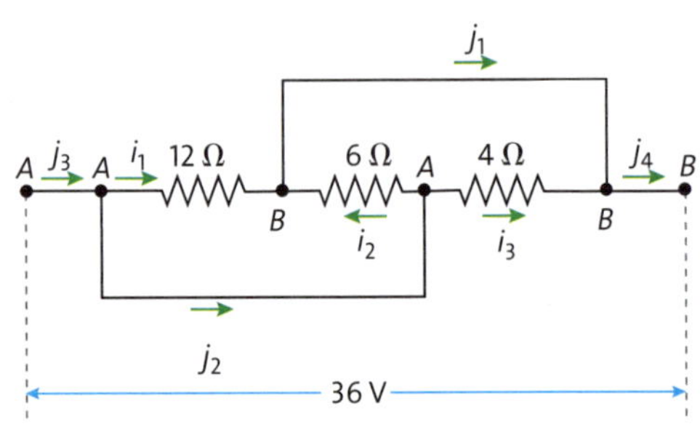


Primeira lei de Ohm:

$$\begin{cases} i = \dfrac{U}{R} \Rightarrow i_1 = 3\text{ A} \\ U_{AB} = 36\text{ V} \end{cases} \Rightarrow \begin{cases} i_1 = \dfrac{36}{12} \Rightarrow i_1 = 3\text{ A} \\ i_2 = \dfrac{36}{6} \Rightarrow i_2 = 6\text{ A} \\ i_3 = \dfrac{36}{4} \Rightarrow i_3 = 9\text{ A} \end{cases}$$

Lei dos nós:

$$\begin{cases} j_1 = i_1 + i_2 = 3 + 6 \Rightarrow j_1 = 9\text{ A} \\ j_2 = i_2 + i_3 = 6 + 9 \Rightarrow j_2 = 15\text{ A} \end{cases}$$

Com relação às correntes $j_3$ e $j_4$, teremos:

$$j_3 = i_1 + j_2 = 3 + 15 \Rightarrow j_3 = 18\text{ A}$$
$$j_4 = j_1 + i_3 = 9 + 9 \Rightarrow j_4 = 18\text{ A}$$

## Instalações elétricas residenciais

Na maior parte das residências de nosso país, chegam ao medidor de entrada da instalação três fios: **dois fios fases** e um **fio neutro**.

Nesse caso, as tensões disponíveis são 127 V e 220 V.

A figura abaixo ilustra o esquema de uma instalação residencial com três circuitos: um para a sala, outro para a cozinha e o terceiro para o chuveiro. Além disso, indica valores típicos de potência de alguns aparelhos elétricos.

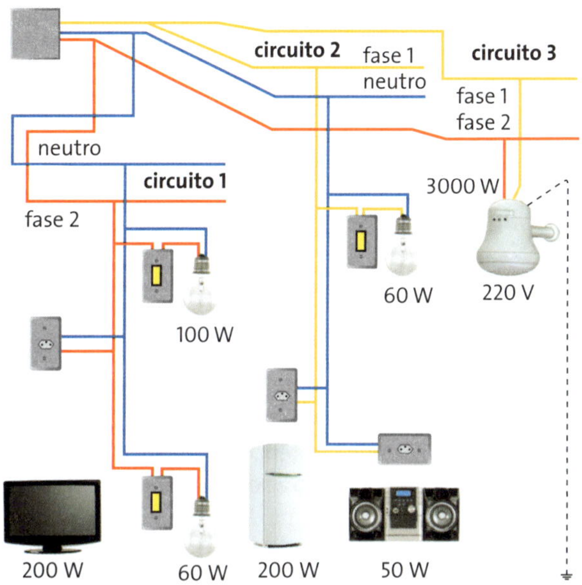


No circuito que utiliza a fase 2 e o fio neutro (circuito 1), a tensão é 127 V. O mesmo é válido para o circuito 2 (127 V), que utiliza a fase 1 e o neutro. Já para o circuito 3, que utiliza as fases 1 e 2, a tensão é 220 V.

## Fusíveis e disjuntores

Um curto-circuito pode elevar demasiadamente a intensidade da corrente elétrica, aquecendo os fios, com risco de incêndio. Para evitar que as correntes atinjam valores elevados, os circuitos precisam de elementos de proteção. Dentre esses elementos, um dos mais antigos é o chamado fusível tipo rolha, mostrado a seguir.

Jacek/<www.kino.com.br>

Fusível tipo rolha.

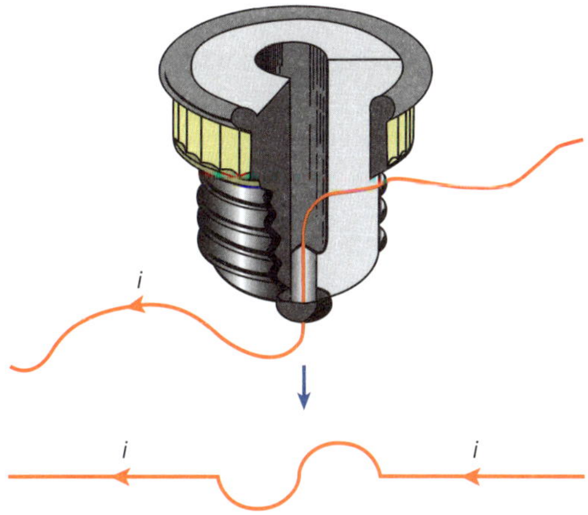


Representação esquemática de um fusível.

Atualmente, os elementos de segurança mais utilizados são os **disjuntores**. Assim como os fusíveis, eles se abrem quando a intensidade da corrente excede determinados valores, mas podem ser rearmados depois de corrigido o problema, reduzindo o custo da manutenção.

Fredredhat/Shutterstock/Glow Images

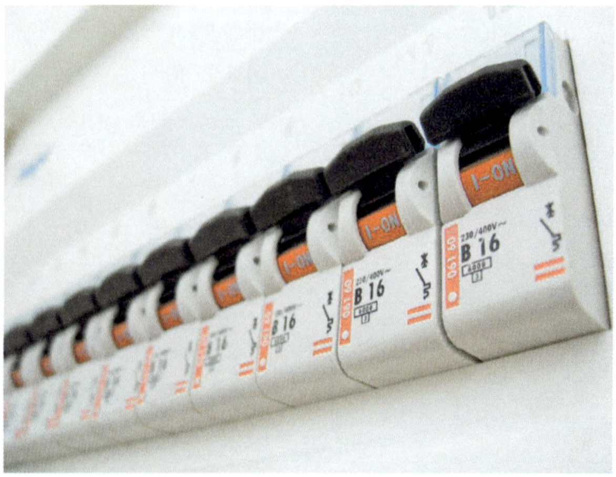


Em um disjuntor, a chave permite rearmar o elemento depois de corrigido o problema.

## Exercício resolvido

2. (Univates-RS – modificado) Em uma rede elétrica residencial de 220 V há três lâmpadas ligadas a um mesmo disjuntor, constituindo um circuito elétrico. As resistências elétricas das lâmpadas, consideradas resistores ôhmicos, valem, respectivamente, 400 Ω, 600 Ω e 1 200 Ω. Sabendo-se que cada lâmpada funciona de forma independente das demais, determine:
   a) a resistência equivalente da associação das três lâmpadas;
   b) a potência dissipada na associação;
   c) intensidade de corrente elétrica através do disjuntor.

**Resolução**

a) Como as lâmpadas estão em funcionamento normal, elas estão associadas em paralelo. Assim, a resistência equivalente do circuito é:

$$\frac{1}{R_{eq}} = \frac{1}{R_1} + \frac{1}{R_2} + \frac{1}{R_3} \Rightarrow \frac{1}{R_{eq}} = \frac{1}{400} + \frac{1}{600} + \frac{1}{1200} \Rightarrow$$

$$\Rightarrow \frac{1}{R_{eq}} = \frac{3+2+1}{1200} \Rightarrow R_{eq} = \frac{1200}{6} \Rightarrow R_{eq} = 200\ \Omega$$

b) A potência total dissipada na associação é dada por:

$$P = \frac{U^2}{R_{eq}} \Rightarrow P = \frac{(220)^2}{200} \Rightarrow P = 242\ \text{W}$$

c) A intensidade de corrente elétrica através do disjuntor é:

$$P = U \cdot i \Rightarrow 242 = 220 \cdot i \Rightarrow i = 1{,}1\ \text{A}$$

## Exercícios propostos

1. (CEFSA-SP) Sabendo-se que a carga elementar tem valor $1{,}6 \cdot 10^{-19}$ C, quando um resistor de 20 Ω é submetido a uma diferença de potencial de 100 V, no tempo de 8 s, ele será atravessado por um número de elétrons igual a:

a) $1{,}5 \cdot 10^{18}$.
b) $2{,}0 \cdot 10^{18}$.
c) $1{,}5 \cdot 10^{20}$.
d) $2{,}5 \cdot 10^{20}$.
e) $1{,}5 \cdot 10^{22}$.

2. (UEL-PR) Deseja-se construir uma resistência elétrica de 1,0 Ω com um fio de 1,0 mm de diâmetro. A resistividade do material é $4{,}8 \cdot 10^{-7}\ \Omega \cdot$ m, e π pode ser adotado como 3,1. O comprimento do fio usado deve ser, em metros:

a) 0,40.
b) 0,80.
c) 1,6.
d) 2,4.
e) 3,2.

3. (UFCE) Os três resistores do circuito mostrado na figura a seguir têm resistências iguais.

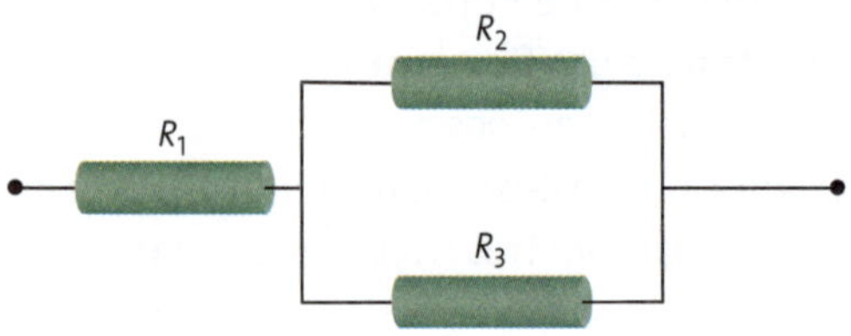


Calcule a potência total dissipada no circuito quando a potência $P_1$, dissipada no resistor $R_1$, for 32 watts.

4. (Vunesp-SP) Na instalação elétrica de uma casa há um disjuntor para proteger o circuito de um chuveiro elétrico. Sabendo-se que a potência do chuveiro é 2 000 W e a tensão na rede 220 V, o valor em ampère mais indicado para a corrente máxima do disjuntor deve ser aproximadamente igual a:

a) 0,5.
b) 1.
c) 5.
d) 10.
e) 50.

5. (UFPE – modificada) Em uma rede elétrica de 120 V, protegida por um fusível de 25 A, estão ligados em paralelo uma lâmpada de 120 W e um resistor de resistência $R$. Qual deve ser o menor valor de $R$ para não queimar o fusível?

# MÓDULO 15 • Geradores e receptores elétricos

## Geradores elétricos

**Geradores elétricos** são dispositivos que transformam determinada modalidade de energia em energia elétrica.

Charles D. Winters/Latinstock

Exemplos de geradores elétricos no dia a dia.

Uma pilha comum de lanterna é um exemplo de gerador, isto é, em seu interior ocorre uma transformação de energia em energia elétrica. Quando uma corrente elétrica se estabelece, os portadores de carga ganham energia potencial elétrica à custa da conversão de energia química.

A diferença de energia de outra modalidade gasta por um gerador na transformação, por unidade de carga, chama-se **força eletromotriz** (ou *fem*, de símbolo $\varepsilon$):

$$\varepsilon = \frac{\Delta E}{\Delta q}$$

No Sistema Internacional de Unidades (SI), a unidade de força eletromotriz é o volt (V), ou o joule por um Coulomb (J/C).

Em um circuito, o gerador e suas duas principais características (*fem* $\varepsilon$ e resistência interna $r$) costumam ser representado pelo esquema a seguir, no qual a corrente elétrica está orientada do menor para o maior potencial elétrico:

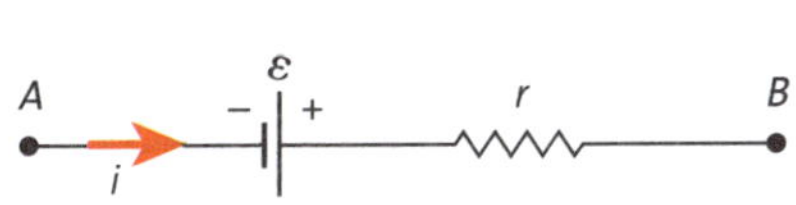


## Equação e curva característica de um gerador elétrico

A potência total ($P_t$) de um gerador é igual à soma da potência útil ($P_u$) com a potência dissipada ($P_d$):

$$P_t = P_u + P_d \Rightarrow \varepsilon \cdot i = U \cdot i + r \cdot i^2$$

Simplificando, obtemos a equação característica do gerador:

$$U = \varepsilon - r \cdot i$$

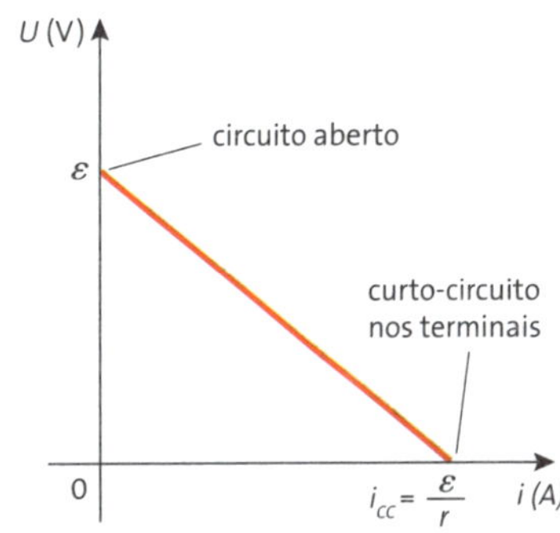


Curva característica de um gerador elétrico: gráfico da função $U = \varepsilon - r \cdot i$.

## Rendimento de um gerador elétrico

O rendimento de um gerador ($\eta$), assim como o de qualquer dispositivo que transforma ou transfere energia, é calculado pela razão entre a potência útil ($P_u$) e a potência total ($P_t$):

$$\eta = \frac{P_u}{P_t} \Rightarrow \eta = \frac{U \cdot i}{\varepsilon \cdot i} \Rightarrow \eta = \frac{U}{\varepsilon}$$

### Exercício resolvido

1. Um gerador com 36 V de *fem* e resistência interna de 2 Ω está operando com corrente elétrica de intensidade 3 A. Pede-se determinar:
   a) a *ddp* nos terminais do gerador;
   b) a potência total gerada pelo aparelho;
   c) a potência útil e a potência dissipada;
   d) o rendimento do gerador nas condições do problema;
   e) a curva característica, destacando-se os pontos de circuito aberto e curto-circuito.

**Resolução**

a) São dados:

$\varepsilon = 36$ V; $r = 2\ \Omega$ e $i = 3$ A. Temos que:

$U = \varepsilon - r \cdot i \Rightarrow U = 36 - 2 \cdot 3 \Rightarrow U = 30$ V

b) A potência total gerada é dada por:

$P_t = \varepsilon \cdot i \Rightarrow P_t = 36 \cdot 3 \Rightarrow P_t = 108$ W

c) A potência útil e a potência dissipada valem, respectivamente:

$P_u = U \cdot i \Rightarrow P_u = 30 \cdot 3 \Rightarrow P_u = 90$ W

$P_d = r \cdot i^2 \Rightarrow P_d = 2 \cdot 3^2 \Rightarrow P_d = 18$ W

d) O rendimento do gerador é dado por:

$$\eta = \frac{U}{\varepsilon} \Rightarrow \eta = \frac{30}{36} \Rightarrow \eta \simeq 0{,}83 \text{ ou } \eta \simeq 83\%$$

e) Com os dados, traçamos a curva característica:

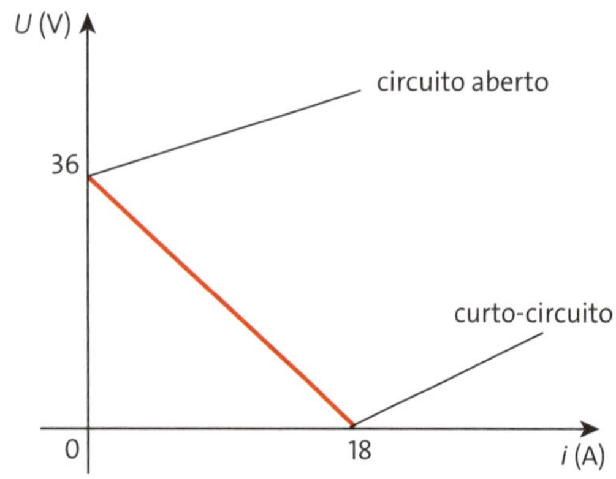


## Receptores elétricos

**Receptores elétricos** são dispositivos que transformam energia elétrica em outra modalidade de energia, que não seja exclusivamente térmica.

O motor elétrico é um exemplo de receptor.

O motor de um liquidificador é um exemplo de receptor elétrico, isto é, em seu interior ocorre uma transformação de energia elétrica em energia mecânica durante o movimento de rotação. Quando uma corrente elétrica se estabelece em um receptor, os portadores de carga perdem energia elétrica em razão da conversão em energia mecânica.

A quantidade de energia elétrica convertida em outra modalidade (que não seja térmica), por unidade de carga, chama-se **força contraeletromotriz (*fcem*) $\varepsilon'$** do receptor e é dada por:

$$\varepsilon' = \frac{\Delta E}{\Delta q}$$

No SI, a unidade de força contraeletromotriz é o volt (V), ou joule por coulomb (J/C).

Em um circuito, o receptor costuma ser representado pelo esquema a seguir, no qual a corrente elétrica está orientada do maior para o menor potencial elétrico:

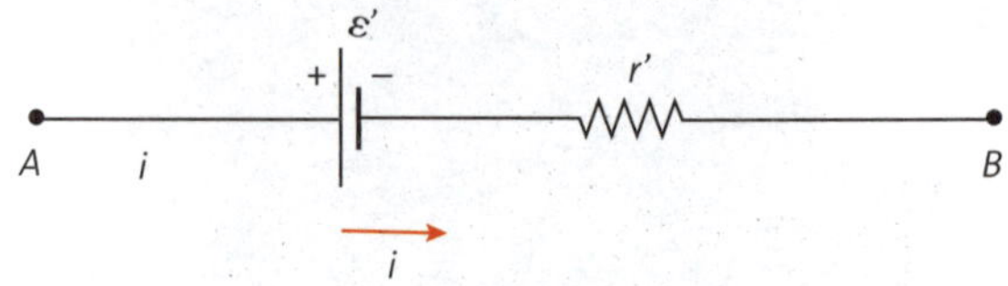


## Equação e curva característica de um receptor elétrico

De acordo com a conservação de energia, podemos escrever:

$$P_t = P_u + P_d \Rightarrow U \cdot i = \varepsilon' \cdot i + r' \cdot i^2$$

Simplificando, obtemos a equação característica do receptor:

$$U = \varepsilon' + r' \cdot i$$

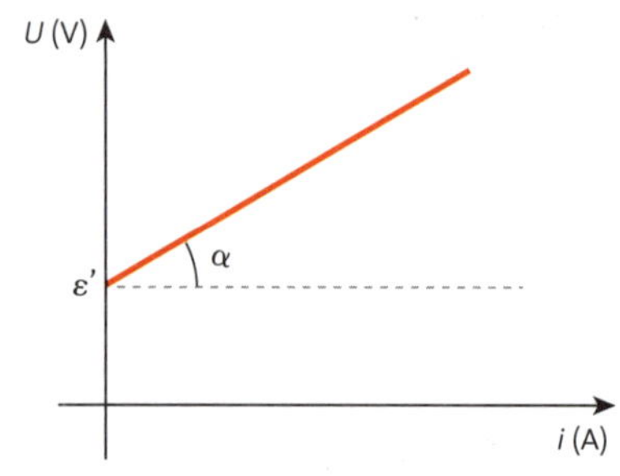


Curva característica de um receptor elétrico: gráfico da função $U = \varepsilon' + r' \cdot i$.

## Rendimento de um receptor elétrico

O rendimento do receptor é a razão entre a potência útil e a total:

$$\eta = \frac{P_u}{P_t} \Rightarrow \eta = \frac{\varepsilon' \cdot i}{U \cdot i} \Rightarrow \eta = \frac{\varepsilon'}{U}$$

## Leis de Kirchhoff

Para a resolução de circuitos elétricos, podemos utilizar conceitos sintetizados em duas leis pelo físico alemão Gustav R. Kirchhoff. Elas são conhecidas como **leis de Kirchhoff**.

**Lei dos nós** – A soma das intensidades das correntes elétricas que chegam a um nó é igual à soma das intensidades das correntes elétricas que dele saem.

**Lei das malhas** – Em qualquer malha de um circuito elétrico, a soma das diferenças de potencial elétrico é nula.

## Amperímetro e voltímetro

Em particular, nos circuitos elétricos, dois instrumentos de medidas são muito utilizados: o **amperímetro** (figura a), que mede a intensidade da corrente elétrica, e o **voltímetro** (figura b), que mede a *ddp* (tensão).

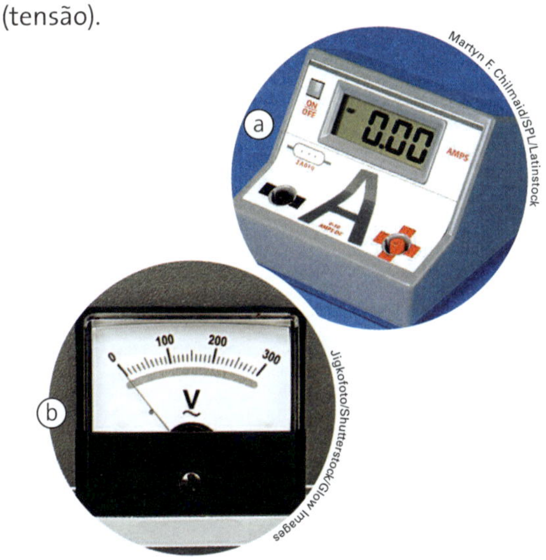


Martyn F. Chillmaid/SPL/Latinstock

Jigkofoto/Shutterstock/Glow Images

A figura a seguir mostra um amperímetro **associado em série** com um elemento de circuito:

Sérgio Dotta Jr./Arquivo da editora

A figura a seguir mostra um voltímetro **associado em paralelo** com um elemento de circuito:

Sérgio Dotta Jr./Arquivo da editora

## Exercício resolvido

**2.** Observe o circuito esquematizado na figura.

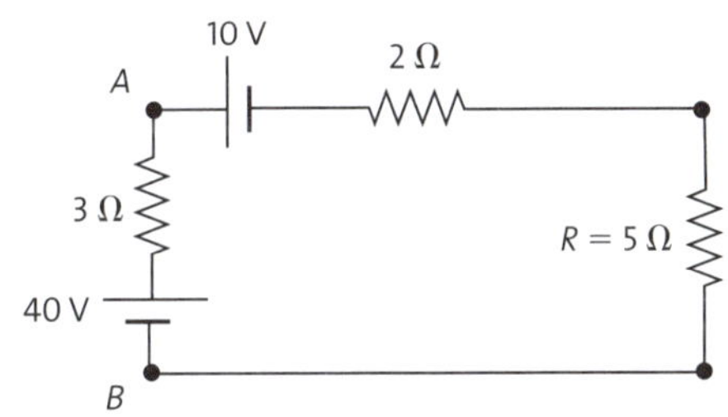


Determine:

a) a intensidade e o sentido da corrente elétrica;

b) a potência dissipada no resistor *R*;

c) um diagrama de perfil dos potenciais, considerando nulo o potencial do ponto *B*.

### Resolução

a) Vamos considerar que a corrente elétrica se movimente no sentido horário. Assim, calculamos:

$\Sigma\varepsilon - \Sigma\varepsilon' = (\Sigma R) \cdot i$

$40 - 10 = (5 + 2 + 3) \cdot i \Rightarrow i = 3\text{ A}$

Se tivéssemos obtido um valor negativo, significaria que o sentido da corrente elétrica nesse circuito seria contrário ao que inicialmente consideramos.

b) $P_d = R \cdot i^2 \Rightarrow P_d = 5 \cdot 3^2 \Rightarrow P_d = 45\text{ W}$

c) O diagrama ilustra o perfil dos potenciais ao longo do circuito:

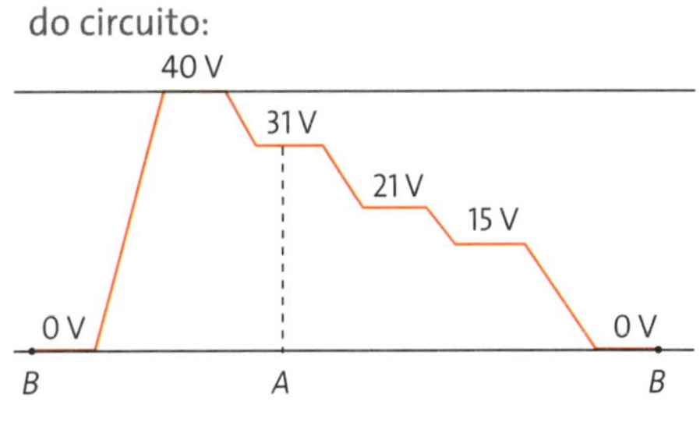

## Exercícios propostos

1. (FMABC-SP) No estudo de um bipolo gerador linear, foram obtidos os dados representados no gráfico seguinte, em que *U* e *i* indicam, respectivamente, a tensão medida nos terminais do gerador e a corrente elétrica que o percorre. A força eletromotriz $\varepsilon$ do gerador e sua resistência interna *r* valem, respectivamente:

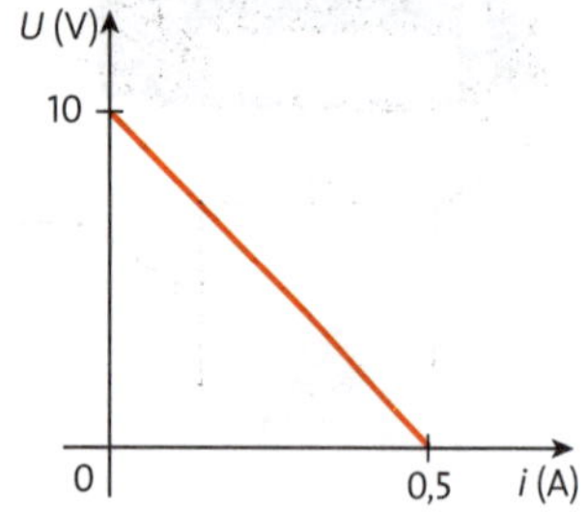


a) 5 V e 5 Ω.
b) 10 V e 10 Ω.
c) 100 V e 10 Ω.
d) 10 V e 20 Ω.
e) 10 V e 5 Ω.

2. (Uespi) Uma bateria de força eletromotriz 12 V é ligada a um resistor ôhmico de resistência 8 Ω. A corrente elétrica gerada é de 1,2 A. Pode-se concluir que a bateria possui uma resistência interna de:

a) 10 Ω.
b) 8 Ω.
c) 6 Ω.
d) 4 Ω.
e) 2 Ω.

3. (UFJF-MG) A curva característica de um dispositivo elétrico é o gráfico que descreve o comportamento da diferença de potencial do dispositivo em função da corrente elétrica que o atravessa. A figura I mostra as curvas características de uma bateria ($U = \varepsilon - r \cdot i$) e de um resistor ôhmico *R* em função da corrente elétrica *i*. Esses dois dispositivos são usados no circuito da figura II. A partir desses gráficos, determine:

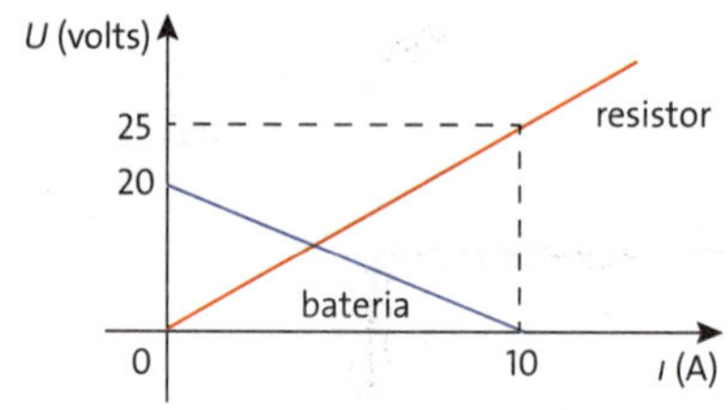


figura I

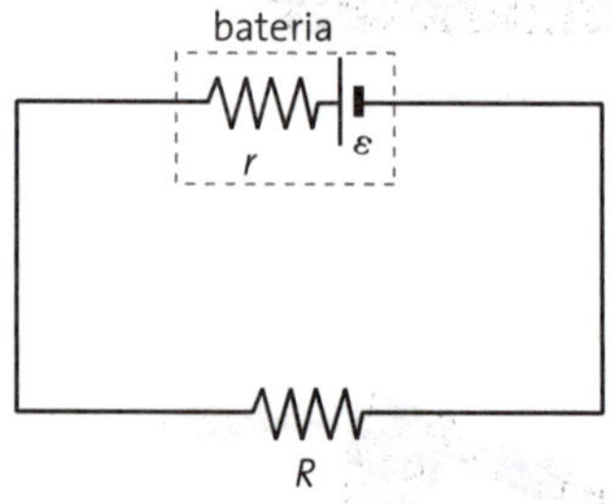


figura II

a) a força eletromotriz da bateria;
b) o valor da resitência interna *r* da bateria e o valor da resistência *R* do resistor;
c) a intensidade da corrente elétrica mantida no circuito.

4. (UPM-SP) A *ddp* nos terminais de um receptor varia com a corrente elétrica conforme mostra o gráfico.

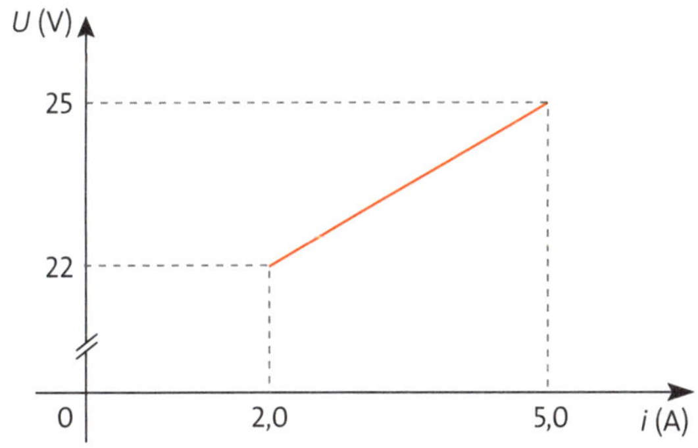


A *fcem* e a resistência interna desse receptor são, respectivamente:

a) 25 V e 5,0 Ω.
b) 22 V e 2,0 Ω.
c) 20 V e 1,0 Ω.
d) 12,5 V e 2,5 Ω.
e) 11 V e 1,0 Ω.

5. (UFSC) Considere o circuito a seguir.

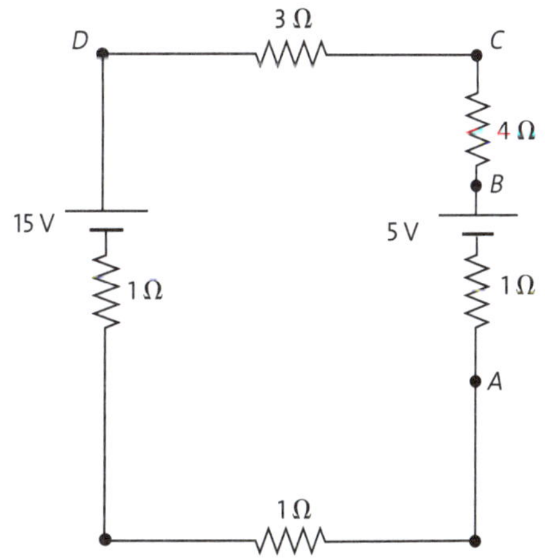


Assinale a(s) proposição(ões) correta(s).

(01) A corrente no circuito é 2,0 A.

(02) O potencial elétrico no ponto *D* é menor do que no ponto *C*.

(04) A potência fornecida ao circuito externo pela fonte de 15 V é 14 W.

(08) A potência dissipada no resistor de 4 Ω é 16 W.

(16) A diferença de potencial entre os pontos *A* e *B* ($V_B - V_A$) é 6 V.

Dê como resposta a soma dos números correspondentes aos itens corretos.

MÓDULO 15
FRENTE C

# MÓDULO 16 • Campo e potencial elétrico

## Processos de eletrização

Chamamos de processo de eletrização as maneiras práticas de atribuir aos corpos uma carga elétrica total não nula, permitindo que eles fiquem sujeitos às forças de natureza elétrica sobre outros corpos que podem estar neutros ou eletrizados. Assim, como os portadores elementares de carga elétrica são os elétrons, os processos de eletrização são maneiras práticas de se adicionar ou retirar elétrons dos corpos.

### Atrito

Sempre que dois corpos inicialmente neutros são atritados, ambos se eletrizam com cargas elétricas de mesmo valor absoluto e sinais opostos.

Para que ocorra a eletrização por atrito, os corpos devem ser de materiais diferentes; pois eles precisam ter tendências distintas de ganhar ou de perder elétrons.

### Contato

Na eletrização por contato entre dois corpos é necessário que pelo menos um deles esteja previamente eletrizado. Assim, temos:

- os corpos ficam eletricamente neutros ou com cargas de mesmo sinal;
- quando o sistema é formado por corpos isolados de influências externas, a quantidade de carga elétrica total final, de acordo com o princípio da conservação da carga elétrica, é igual à quantidade de carga elétrica total inicial; para dois corpos, $A$ e $B$, com cargas elétricas iniciais $Q_A$ e $Q_B$ e cargas elétricas finais $Q'_A$ e $Q'_B$, temos:

$$Q_A + Q_B = Q'_A + Q'_B$$

No caso particular de os corpos $A$ e $B$ apresentarem a mesma capacidade eletrostática, eles ficarão com quantidades de carga elétricas finais iguais, isto é:

$$Q'_A = Q'_B = \frac{Q_A + Q_B}{2}$$

## Lei de Coulomb

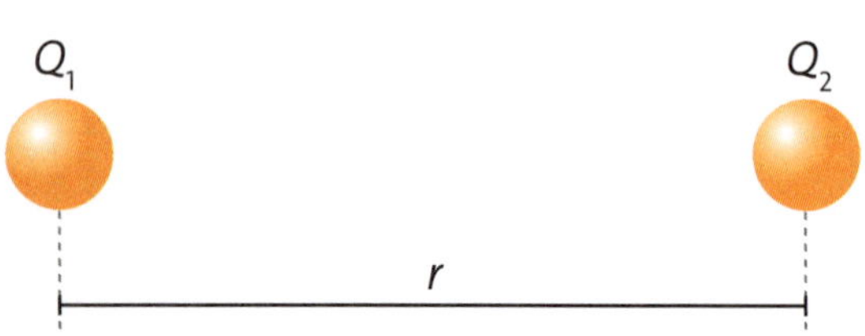


Dois corpos puntiformes, eletrizados com cargas $Q_1$ e $Q_2$, separados por uma distância $r$ (conforme a figura anterior), trocam ações elétricas representadas por forças que têm as seguintes características:

- A direção de $\vec{F}$ é a direção da reta que une os corpos.
- Quanto ao sentido da força elétrica, de acordo com a lei de Du Fay, temos dois casos a considerar:

a) se os corpos forem eletrizados com cargas elétricas de mesmo sinal, a força elétrica será de repulsão:

b) se forem eletrizados com cargas elétricas de sinais contrários, a força elétrica será de atração:

Em qualquer um dos casos acima, o módulo da força elétrica é dado por:

$$F = k \cdot \frac{|Q_1| \cdot |Q_2|}{r^2}\text{, sendo } k_0 = 9 \cdot 10^9\ \text{N} \cdot \text{m}^2/\text{C}^2$$

## Campo elétrico

A cada ponto da região do espaço em volta de um corpo eletrizado associaremos uma grandeza física denominada **vetor campo elétrico** ($\vec{E}$), vetor em vermelho nas figuras abaixo.

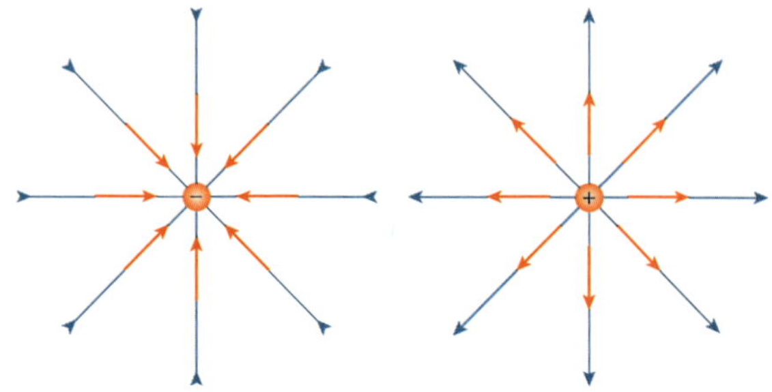

Se, em um ponto $P$ do espaço existe um campo elétrico, uma carga de prova ($q$), colocada nesse ponto, fica sob a ação de uma força ($\vec{F}$) de origem elétrica. Nessas condições, o **vetor campo elétrico** ($\vec{E}$) no ponto $P$ é dado por:

$\vec{E} = \frac{\vec{F}}{q}$ Unidade no SI: newton/coulomb (N/C)

- **Direção:** $\vec{E}$ e $\vec{F}$ possuem a mesma direção;
- **Sentido:** $q > 0 \Rightarrow \vec{E}$ e $\vec{F}$ possuem o mesmo sentido;
  $q < 0 \Rightarrow \vec{E}$ e $\vec{F}$ possuem sentidos contrários.

## Campo elétrico gerado por carga puntiforme

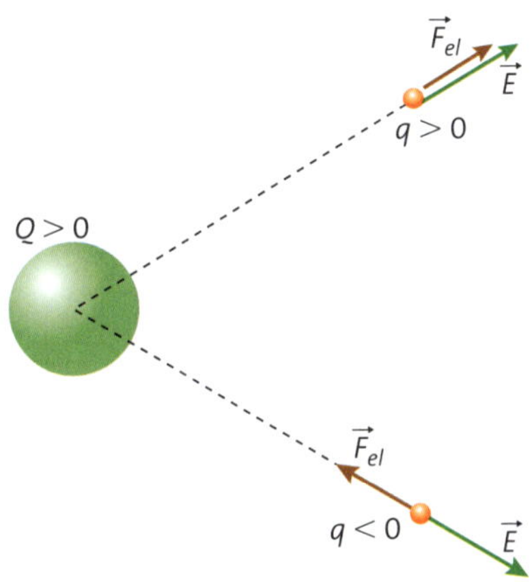


- **Módulo:**
  $E = k \cdot \frac{Q}{d^2}$
- **Direção:**
  Segmento de reta que une a carga $Q$ ao ponto $P$.
- **Sentido:**
  $Q > 0 \Rightarrow$ o campo é de **afastamento**;
  $Q < 0 \Rightarrow$ o campo é de **aproximação**.

## Linhas de campo

São linhas imaginárias utilizadas para representar, ponto a ponto do espaço, a intensidade, a direção e o sentido do vetor campo elétrico.

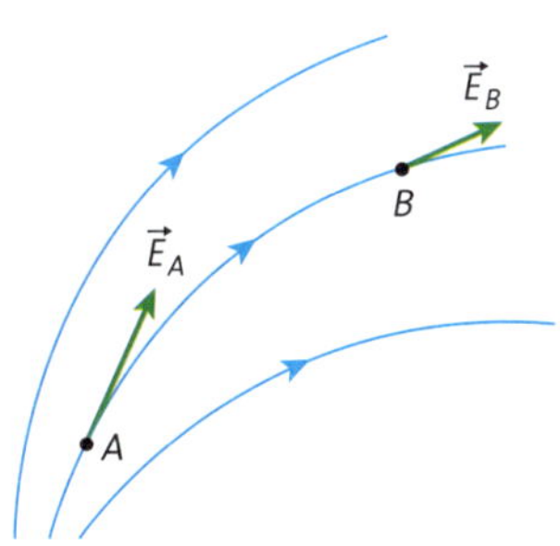


A **direção** do vetor campo elétrico $\vec{E}$ é dada pela tangente à linha de campo no ponto considerado, e o **sentido** é o mesmo da linha de campo. Nos pontos onde as linhas estão mais concentradas, a intensidade de $\vec{E}$ é maior.

## Campo elétrico uniforme

Em um campo elétrico uniforme, o vetor campo elétrico possui, em todos os pontos, o mesmo módulo, a mesma direção e o mesmo sentido.

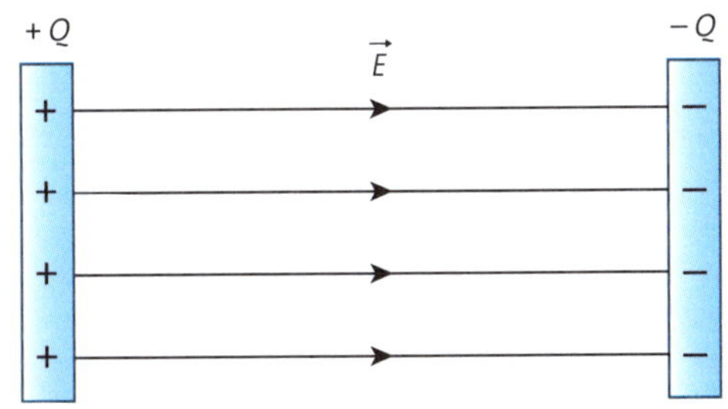


## Exercício resolvido

1. Duas cargas elétricas, $A$ e $B$, estão no vácuo, separadas pela distância de 2 m, conforme mostra o esquema a seguir.

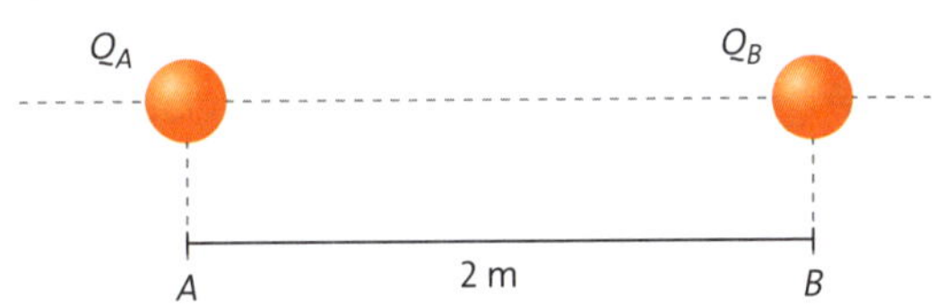


Sendo $Q_A = -4\ \mu C$, $Q_B = 9\ \mu C$ e $k = 9 \cdot 10^9\ N \cdot m^2/C^2$, determine:

a) a intensidade, a direção e o sentido do vetor campo elétrico, em um ponto $P$, situado sobre a reta que une as cargas e 1 m à direita da carga $Q_B$;

b) o vetor campo elétrico no ponto $M$, situado 4 m à esquerda da carga $Q_A$ e sobre a reta que une as duas cargas.

### Resolução

a) A figura seguinte mostra o ponto $P$ com os campos elétricos gerados pelas cargas $Q_A$ e $Q_B$.

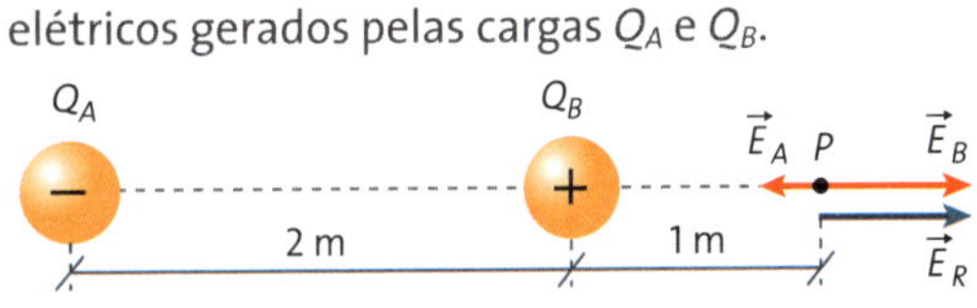


$E_A = \frac{k|Q_A|}{r_A^2} \Rightarrow E_A = \frac{9 \cdot 10^9 \cdot 4 \cdot 10^{-6}}{3^2} \Rightarrow$

$\Rightarrow E_A = 4 \cdot 10^3$ N/C

$E_B = \frac{k|Q_B|}{r_B^2} \Rightarrow E_B = \frac{9 \cdot 10^9 \cdot 9 \cdot 10^{-6}}{1^2} \Rightarrow$

$\Rightarrow E_B = 81 \cdot 10^3$ N/C

$E_R = E_B - E_A \Rightarrow E_R = 81 \cdot 10^3 - 4 \cdot 10^3 \Rightarrow$

$\Rightarrow E_R = 77 \cdot 10^3 \Rightarrow E_R = 7{,}7 \cdot 10^4$ N/C

Pela figura vê-se que a direção do campo elétrico resultante em $P$ coincide com a da reta que passa pelas cargas. O sentido do campo elétrico resultante é para a direita, pois $|\vec{E}_B| > |\vec{E}_A|$.

b) A figura abaixo ilustra a situação descrita.

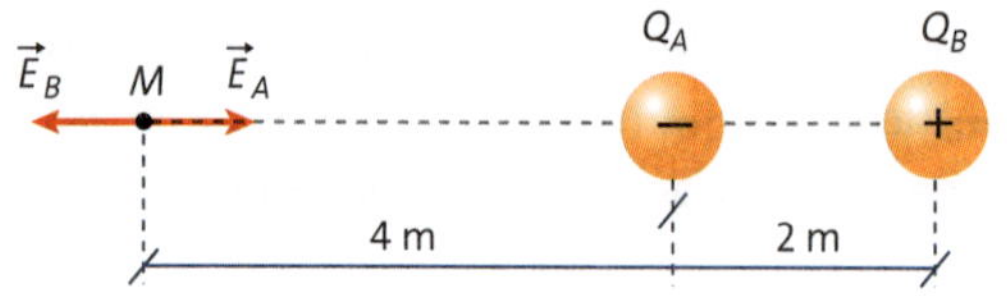


$$E_A = \frac{k|Q_A|}{r^2} \Rightarrow E_A = \frac{9 \cdot 10^9 \cdot 4 \cdot 10^{-6}}{(4)^2} \Rightarrow$$

$$\Rightarrow E_A = 2{,}25 \cdot 10^3 \text{ N/C}$$

$$E_B = \frac{k|Q_B|}{r^2} \Rightarrow E_B = \frac{9 \cdot 10^9 \cdot 9 \cdot 10^{-6}}{(6)^2} \Rightarrow$$

$$\Rightarrow E_B = 2{,}25 \cdot 10^3 \text{ N/C}$$

$$E_R = E_A - E_B \Rightarrow E_R = 0$$

# Trabalho da força elétrica e energia potencial

O trabalho da força elétrica, quando uma carga $q$ se desloca entre dois pontos ($A$ e $B$) de um campo elétrico, é igual à diferença entre as energias potenciais elétricas dos pontos $A$ e $B$:

$$\tau_{AB} = \frac{k \cdot Q \cdot q}{r_A} - \frac{k \cdot Q \cdot q}{r_B} \Rightarrow \tau_{AB} = E_{p(A)} - E_{p(B)}$$

## Potencial elétrico

O potencial elétrico de um ponto pode ser definido com base na energia potencial elétrica ($E_p$) de uma carga ($q$) colocada nesse ponto:

$$V = \frac{E_p}{q}$$

Assim podemos expressar o trabalho da força elétrica como:

$$\tau_{AB} = E_{p(A)} - E_{p(B)} = q \cdot V_A - q \cdot V_B \Rightarrow$$

$$\Rightarrow \tau_{AB} = q \cdot (V_A - V_B) = q \cdot U_{AB}$$

## Movimento de cargas

Em relação ao movimento espontâneo de cargas elétricas em um campo elétrico, pode-se dizer que:

- cargas elétricas positivas se movimentam dos pontos de maior para os de menor potencial elétrico;
- cargas elétricas negativas se movimentam dos pontos de menor para os de maior potencial elétrico.

Essas conclusões nos permitem afirmar que o sentido do campo elétrico é sempre do maior para o menor potencial.

## Condutores em equilíbrio eletrostático

Para um condutor eletrizado com carga $Q$, em equilíbrio eletrostático, são válidas as seguintes afirmações:

- As cargas elétricas em excesso distribuem-se em sua superfície externa.
- O campo elétrico resultante nos pontos internos do condutor é nulo.
- O potencial elétrico é constante em todos os pontos do condutor.

### Condutor esférico

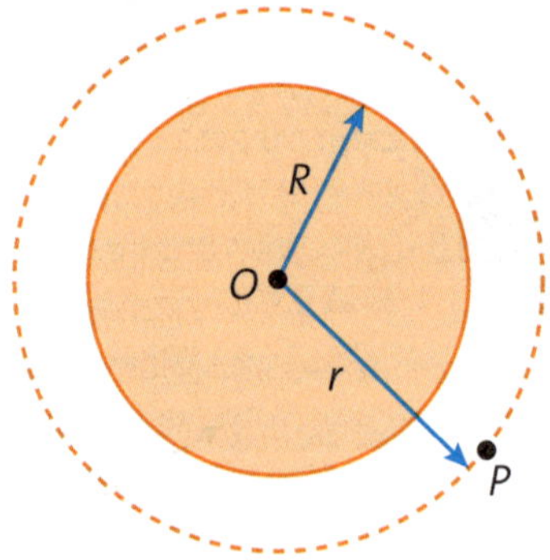


### Campo elétrico

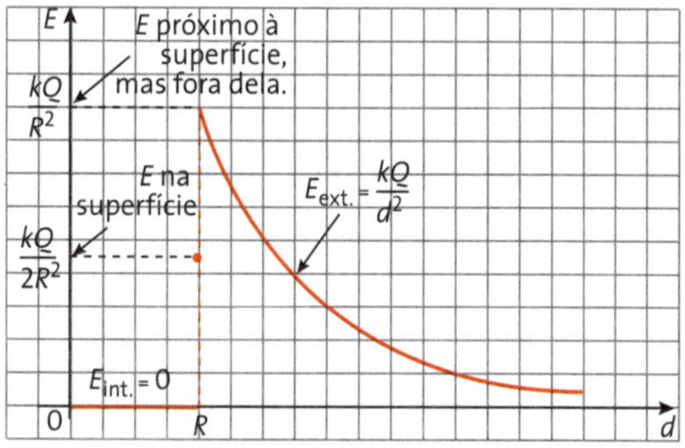


### Potencial elétrico

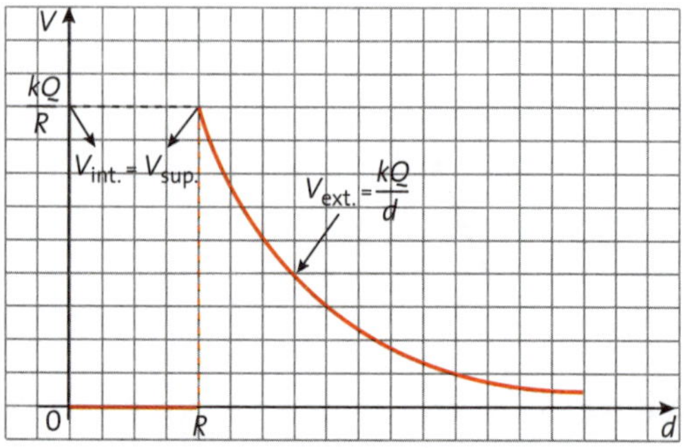

## Poder das pontas

A carga elétrica, ao distribuir-se pela superfície do condutor, fica mais concentrada nas regiões pontiagudas, criando campos elétricos mais intensos. Esse fenômeno é conhecido como **poder das pontas**.

Florida Images/Alamy/Other Images

O funcionamento de um para-raios, assim como a "atração" que objetos altos e pontiagudos oferecem a raios, são fenômenos explicados pelo poder das pontas.

# Indução eletrostática

O fenômeno da **indução eletrostática** é caracterizado pela separação de cargas elétricas de um corpo neutro pela simples aproximação de um corpo eletrizado.

Acompanhe a seguir as etapas de eletrização de um corpo por indução:

a) Inicialmente *A* e *B* estão isolados um do outro.
O corpo *A* (neutro) é denominado **induzido** e o corpo *B* (eletrizado), **indutor**.

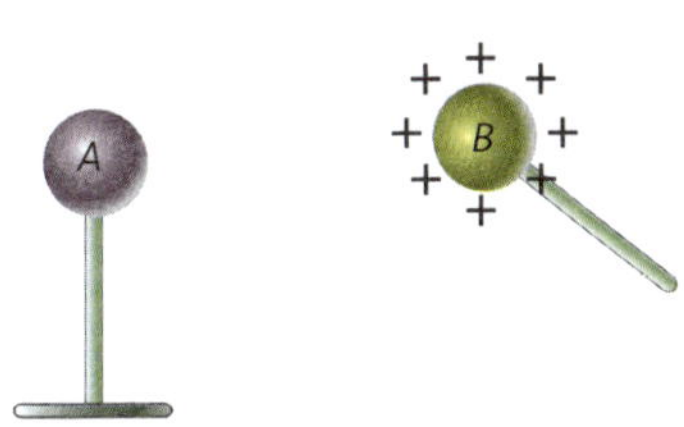


b) Aproximando-se o corpo *B* do corpo *A* ocorre a indução **eletrostática**.

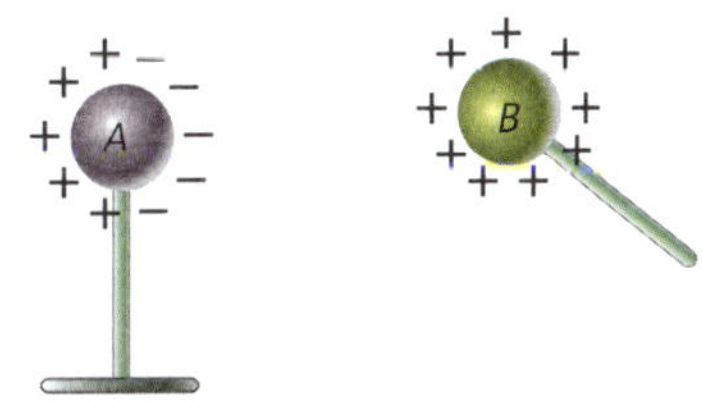


c) O induzido é ligado à terra em presença do **indutor**. Elétrons sobem pelo fio terra, atraídos pelas cargas positivas do **indutor**.

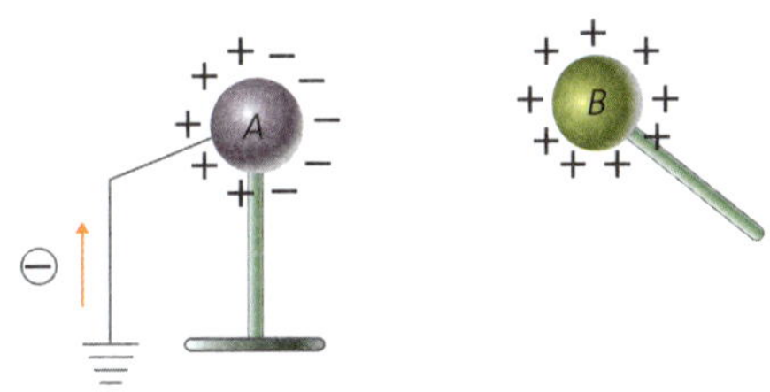


d) Elétrons neutralizam a região esquerda do **induzido**.

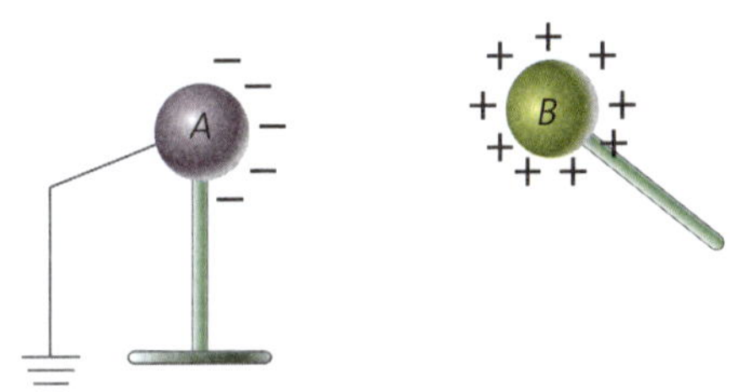


e) Em presença do **indutor** é retirado o fio terra.

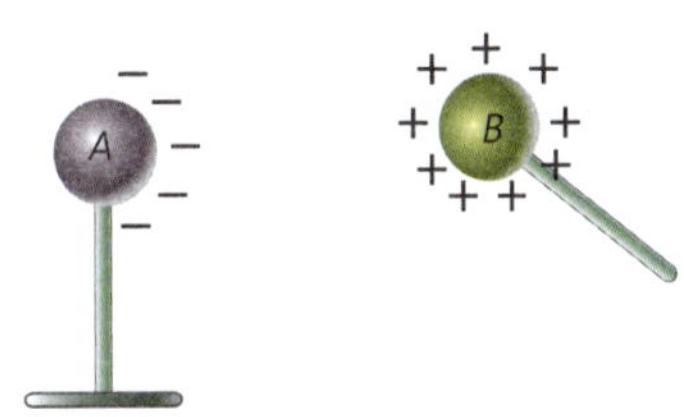


f) Depois de afastado o **indutor**, o **induzido** permanece carregado negativamente.

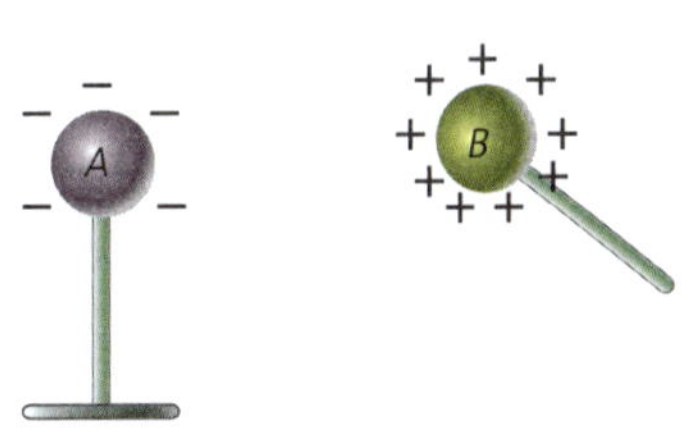


**Observação:** Se o **indutor** fosse negativo, elétrons desceriam pelo fio, e o **induzido** ficaria carregado positivamente.

## Exercício resolvido

2. Uma esfera de cobre isolada possui raio de 30 cm. Ela está imersa no vácuo, em equilíbrio eletrostático, eletrizada com uma carga de $-2{,}0\ \mu C$.
   a) Qual é a intensidade do campo elétrico no interior da esfera?
   b) Qual é a quantidade de carga no interior da esfera?
   c) Qual é o potencial elétrico na superfície do condutor?
   d) Qual é a intensidade do campo elétrico num ponto externo, muito próximo da sua superfície? E em um ponto exatamente na superfície do condutor?
   e) Haverá alguma diferença nas respostas anteriores caso a esfera seja oca ou maciça?
   f) Qual é a intensidade do vetor campo elétrico a 30 cm da superfície da esfera?

### Resolução

a) Como a esfera é um condutor em equilíbrio eletrostático, o campo elétrico é nulo em seu interior.

b) A carga em excesso está espalhada pela superfície do condutor em equilíbrio eletrostático, portanto a carga é nula em seu interior.

c) O potencial elétrico na superfície pode ser calculado considerando-se a carga da esfera localizada em seu centro:

$$V_S = \frac{k \cdot Q}{R} \Rightarrow V_S = 9{,}0 \cdot 10^9 \cdot \frac{(-2{,}0 \cdot 10^{-6})}{0{,}3} \Rightarrow$$

$$\Rightarrow V_S = -6{,}0 \cdot 10^4\ \text{V}$$

Esse resultado representa o potencial elétrico de todos os pontos da esfera, internos e da superfície, pois, em equilíbrio eletrostático, todos eles apresentam o mesmo potencial.

d) Para pontos muito próximos à superfície, podemos calcular a intensidade do vetor campo elétrico por:

$$E_{\text{próx.}} = \frac{k \cdot |Q|}{R^2} \Rightarrow E_{\text{próx.}} = 9{,}0 \cdot 10^9 \cdot \frac{(-2{,}0 \cdot 10^{-6})}{(3{,}0 \cdot 10^{-1})^2} \Rightarrow$$

$$\Rightarrow E_{\text{próx.}} = 2{,}0 \cdot 10^5\ \text{N/C}$$

Para pontos da superfície, temos:

$$E_S = \frac{E_{\text{próx.}}}{2} \Rightarrow E_S = 1{,}0 \cdot 10^5\ \text{N/C}$$

e) Não.

f) Devemos efetuar o cálculo considerando toda a carga localizada no centro da esfera. A distância do ponto até o centro da esfera é:

$$r = 0{,}3 + 0{,}3 \Rightarrow r = 0{,}6\ \text{m}$$

Assim, temos:

$$E = \frac{k \cdot |Q|}{r^2} \Rightarrow E = 9{,}0 \cdot 10^9 \cdot \frac{(-2{,}0 \cdot 10^{-6})}{(6{,}0 \cdot 10^{-1})^2} \Rightarrow$$

$$\Rightarrow E = 5{,}0 \cdot 10^4\ \text{N/C}$$

## Exercícios propostos

1. (IFCE) Três esferas metálicas idênticas *A*, *B* e *C* se encontram isoladas e bem afastadas umas das outras. A esfera *A* possui carga *Q* e as outras estão neutras. Faz-se a esfera *A* tocar primeiro a esfera *B* e depois a esfera *C*. Em seguida, faz-se a esfera *B* tocar a esfera *C*. No final desse procedimento, as cargas das esferas *A*, *B* e *C* serão, respectivamente:
   a) $\frac{Q}{2}, \frac{Q}{2}$ e $\frac{Q}{8}$.
   b) $\frac{Q}{4}, \frac{Q}{8}$ e $\frac{Q}{8}$.
   c) $\frac{Q}{2}, \frac{3Q}{8}$ e $\frac{3Q}{8}$.
   d) $\frac{Q}{2}, \frac{3Q}{8}$ e $\frac{Q}{8}$.
   e) $\frac{Q}{4}, \frac{3Q}{8}$ e $\frac{3Q}{8}$.

2. (UFPE) Considerando que as três cargas da figura estão em equilíbrio, determine qual o valor da carga $Q_1$ em unidades de $10^{-9}$ C. Considere $Q_3 = -3 \cdot 10^{-9}$ C.

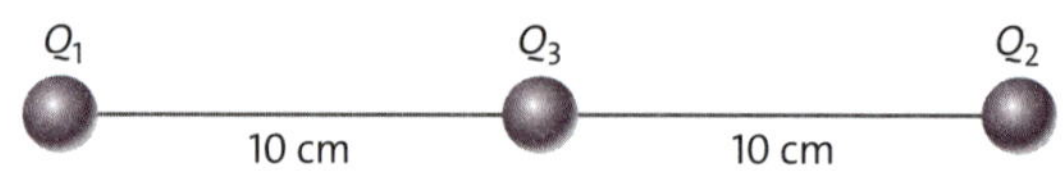

3. (Ufal) Duas cargas puntiformes, $Q_1 = 12\ \mu C$ e $Q_2 = -18\ \mu C$, encontram-se situadas no vácuo ($k = 9 \cdot 10^9 N \cdot m^2/C^2$), distanciadas de 5,0 m, conforme a figura seguinte. A intensidade do campo elétrico resultante no ponto $P$ é:

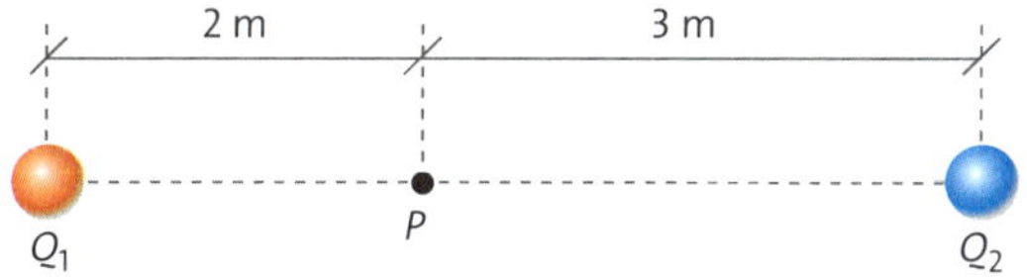


a) $1,5 \cdot 10^4$ N/C.
b) $2,5 \cdot 10^4$ N/C.
c) $3,5 \cdot 10^4$ N/C.
d) $4,5 \cdot 10^4$ N/C.
e) $5,5 \cdot 10^4$ N/C.

4. (PUC-RS) A figura a seguir mostra três linhas equipotenciais em torno de uma carga positiva que pode ser considerada puntiforme (suponha que as dimensões da carga sejam muito menores que as distâncias consideradas no problema).

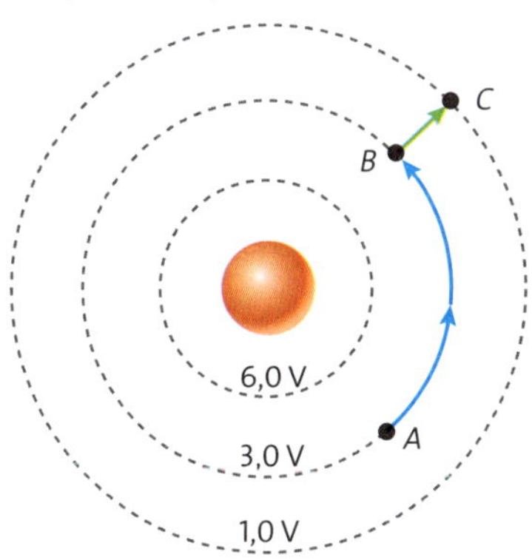


O trabalho realizado por uma força externa ao deslocar, com velocidade constante, a carga de prova de $1,0 \cdot 10^{-6}$ C de $A$ até $C$ pelo caminho indicado $ABC$, em joules, é:

a) $-5,0 \cdot 10^{-6}$.
b) $-3,0 \cdot 10^{-6}$.
c) $-2,0 \cdot 10^{-6}$.
d) $1,0 \cdot 10^{-6}$.
e) $2,0 \cdot 10^{-6}$.

5. (UFPE) O gráfico mostra o potencial elétrico em função da distância ao centro de uma esfera condutora carregada de 1,0 cm de raio, no vácuo.

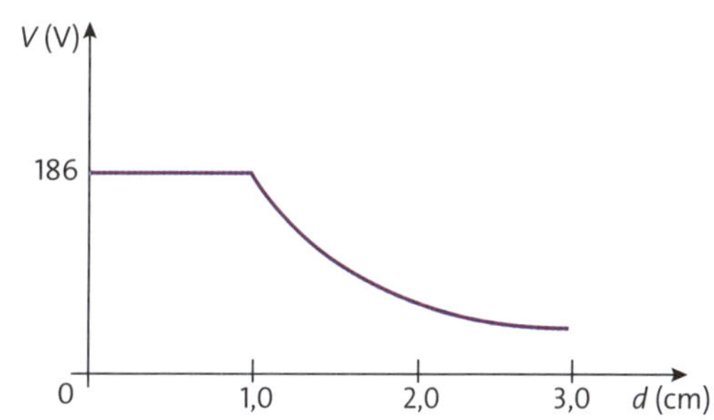


Calcule o potencial elétrico a 3,0 cm do centro da esfera, em volts.

# Exercícios-tarefa

MÓDULO 1

1. (PUC-MG) Um jogador de basquete, no centro da quadra, faz um lançamento certeiro da bola na cesta. Para o técnico, posicionado na lateral da quadra, qual a trajetória da bola desde o lançamento até atingir a cesta?
   a) Retilínea e horizontal.
   b) Retilínea e vertical.
   c) Perfeitamente circular.
   d) Curvilínea, cuja denominação matemática é parabólica.
   e) A bola não descreve nenhuma trajetória.

2. (UFRGS-RS) A distância que a luz percorre em um ano, chamada ano-luz, é de aproximadamente $38 \cdot 4^5 \cdot 5^{12}$ quilômetros. A notação científica desse número é:
   a) $9{,}5 \cdot 10^{10}$.
   b) $0{,}95 \cdot 10^{12}$.
   c) $9{,}5 \cdot 10^{12}$.
   d) $95 \cdot 10^{12}$.
   e) $9{,}5 \cdot 10^{14}$.

3. (PUC-SP) A tabela a seguir permite exprimir os valores de certas grandezas em relação a um valor determinado da mesma grandeza tomado como referência. Os múltiplos e submúltiplos decimais das unidades derivadas das unidades do Sistema Internacional de Unidades (SI) podem ser obtidos direta ou indiretamente dos valores apresentados e têm seus nomes formados pelo emprego dos prefixos indicados.

| Nome | Símbolo | Fator pelo qual a unidade é multiplicada |
|---|---|---|
| Tera | T | $10^{12} = 1\,000\,000\,000\,000$ |
| Giga | G | $10^9 = 1\,000\,000\,000$ |
| Mega | M | $10^6 = 1\,000\,000$ |
| Quilo | k | $10^3 = 1000$ |
| Hecto | h | $10^2 = 100$ |
| Deca | da | $10 = 10$ |
| Deci | d | $10^{-1} = 0{,}1$ |
| Centi | c | $10^{-2} = 0{,}01$ |
| Mili | m | $10^{-3} = 0{,}001$ |
| Micro | μ | $10^{-6} = 0{,}000\,001$ |
| Nano | n | $10^{-9} = 0{,}000\,000\,001$ |
| Pico | p | $10^{-12} = 0{,}000\,000\,000\,001$ |

INMETRO. *Quadro Geral de Unidades de Medida*. 2. ed. Brasília, 2000.

Assim, por exemplo, se a unidade de referência fosse o metro (m), teríamos:
28 000 μm (micrômetros) = $28\,000 \cdot 10^{-6}$ m (metros) =
= 0,028 m (metros)
Considerando o bel (b) como unidade de referência, a expressão $\dfrac{0{,}13\text{ Mb} \cdot 0{,}5\text{ nb}}{2{,}5\text{ kb}}$ é equivalente a:
   a) 0,0026 cb.
   b) 0,026 μb.
   c) 0,26 kb.
   d) 2,6 db.
   e) 26 pb.

4. (UFF-RJ) Os produtos químicos que liberam clorofluorcarbonos para a atmosfera têm sido considerados pelos ambientalistas como um dos causadores da destruição do ozônio na estratosfera.
A cada primavera aparece no hemisfério sul, particularmente na Antártida, uma região de baixa camada de ozônio ("buraco"). No ano 2000, a área dessa região equivalia a, aproximadamente, 5% da superfície de nosso planeta.
A ordem de grandeza que estima, em $km^2$, a área mencionada é:
Dado: raio da Terra = $6{,}4 \cdot 10^3$ km.
   a) $10^3$.
   b) $10^4$.
   c) $10^7$.
   d) $10^9$.
   e) $10^{12}$.

5. (PUC-RS) Um estudante mandou o seguinte *e-mail* a um colega: "No último fim de semana fui com minha família à praia. Depois de 2 hrs de viagem, tínhamos viajado 110 km e paramos durante 20 MIN para descansar e fazer compras em um *shopping*. Meu pai comprou 2 KG de queijo colonial e minha mãe 5ltrs de suco concentrado. Depois de viajarmos mais 2 h, com uma velocidade média de 80 KM/H, chegamos ao destino."
O número de erros referentes à grafia de unidades, nesse *e-mail*, é:
   a) 2.
   b) 3.
   c) 4.
   d) 5.
   e) 6.

6. (Unicamp-SP) A figura abaixo mostra a precipitação pluviométrica em milímetros por dia (mm/dia) durante o último verão em Campinas. Se a precipitação ultrapassar 30 mm/dia, há um determinado risco de alagamentos na região. De acordo com o gráfico, quantos dias Campinas teve esse risco de alagamento?

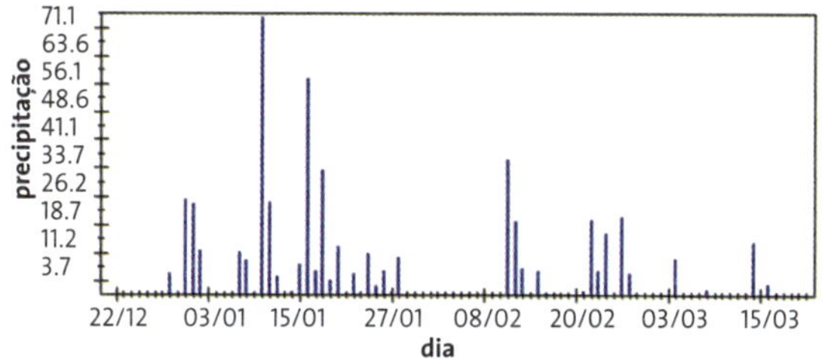


(Fonte: http://www.agritempo.gov.br/agroclima/plotpesq. Acessado em: 10/10/2012.)

a) 2 dias
b) 4 dias
c) 6 dias
d) 10 dias

7. (CPS-SP) A informação da velocidade máxima permitida nas estradas é feita por placas espalhadas no acostamento.
Um motorista, apesar de ter pressa, não deseja ultrapassar o limite máximo de velocidade de 80 km/h estabelecido para a estrada em que viaja.
Considerando que o motorista dirigiu do marco 65 km até o marco 345 km, mantendo a velocidade máxima em todo o trajeto, o tempo necessário para completar sua viagem, no percurso entre esses marcos quilométricos, foi, em horas.
Considere que o trajeto entre esses marcos é retilíneo.
a) 1,3. b) 2,0. c) 2,5. d) 3,3. e) 3,5.

8. (Aman-RJ) Um automóvel percorre a primeira metade de um trecho retilíneo de extensão total 400 m com velocidade escalar média de 120 km/h. Para que a velocidade escalar média, em todo trecho, seja de 80 km/h, a velocidade escalar média na segunda metade do trecho deverá ser de:
a) 20 km/h.
b) 48 km/h.
c) 56 km/h.
d) 60 km/h.
e) 80 km/h.

9. (Fatec-SP) Em novembro de 2005, o brasileiro Alexandre Ribeiro venceu o Campeonato Mundial de Ultraman, disputado na ilha de Kailua-Kona, no Havaí. A prova foi composta por 10 km de natação, 421 km de ciclismo e 84 km de corrida. O tempo de Alexandre foi, aproximadamente, de 3 horas na natação, 14 horas no ciclismo e 7 horas na corrida, portanto a velocidade média aproximada do brasileiro no campeonato foi, em km/h:
a) 25.
b) 23.
c) 21.
d) 19.
e) 17.

10. (Unifei-MG) Um veículo descreve sempre uma mesma trajetória retilínea, movendo-se da seguinte maneira:
1) durante 0,5 h sempre no mesmo sentido,com velocidade escalar média de 70 km/h.
2) em seguida, inverte o sentido do movimento e se movimenta durante 0,3 h com velocidade escalar média de módulo igual a 30 km/h.
3) em seguida torna a inverter o sentido do movimento e se movimenta durante 0,7 h com velocidade escalar média de 70 km/h.
Calcule:
a) a distância total percorrida;
b) a velocidade escalar média no trajeto todo.

11. (Fema-SP) O repórter de rádio anuncia: "São 17 horas, horário de Brasília. Nesse momento, a cidade de São Paulo bate um recorde! Estamos com 180 km de congestionamento, segundo a Companhia de Engenharia de Tráfego (CET). Os motoristas desenvolvem uma velocidade média de 15 km/h". Com base na informação acima, é correto afirmar que:
a) O motorista só consegue "andar" por 180 km.
b) Os automóveis estão parados em uma avenida que mede 180 km.
c) Os carros trafegam sempre a uma velocidade de 15 km/h.
d) A cada 15 km percorridos, os carros param por 1 hora.
e) A cada hora, o motorista consegue percorrer em média 15 km.

12. (PUCC-SP) Carlos pratica caminhada. Segundo ele, sua velocidade é de 3 500 m/h, velocidade aferida com um relógio que adianta exatos um minuto e 40 segundos por hora. Julieta, amiga de Carlos, também pratica a caminhada e diz que sua velocidade é de 3 330 m/h, velocidade medida com um relógio que atrasa exatos um minuto e 40 segundos por hora. Os dois amigos resolveram caminhar partindo juntos do mesmo local, na mesma direção e sentido. Cada um manteve a sua velocidade costumeira. Após uma hora, marcada em um relógio preciso, Julieta estará
a) atrás de Carlos em 360 metros.
b) atrás de Carlos em 240 metros.
c) junto com Carlos.
d) adiante de Carlos em 240 metros.
e) adiante de Carlos em 360 metros.

13. (Fuvest-SP) Um carro percorre uma pista que tem o formato de um quadrado com 5,0 km de lado. O primeiro lado é percorrido a uma velocidade escalar média de 150 km/h, o segundo e o terceiro a 200 km/h e o quarto a 100 km/h.

Qual é a velocidade escalar média do carro ao percorrer o perímetro em km/h?

a) 105 km/h
b) 126 km/h
c) 150 km/h
d) 162 km/h
e) 200 km/h

**14.** (UFRJ) Para decolar em uma pista retilínea, um avião inicia seu movimento na cabeceira da pista com velocidade nula e corre por ela com uma aceleração escalar média de 2,0 m/s$^2$ até o instante em que levanta voo, com uma velocidade de 288 km/h. O intervalo de tempo que o avião permanece na pista desde o início do movimento até o instante em que levanta voo é de:

a) 10 s.
b) 30 s.
c) 40 s.
d) 50 s.
e) 80 s.

**15.** (UEL-PR) No circuito automobilístico de *Spa Francorchamps*, na Bélgica, um carro de Fórmula 1 sai da curva *Raidillion* e, depois de uma longa reta, chega à curva *Les Combes*.

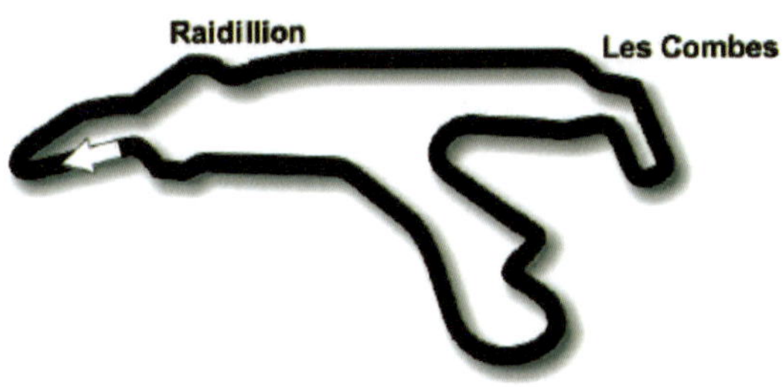


A telemetria da velocidade *versus* tempo do carro foi registrada e é apresentada no gráfico a seguir.

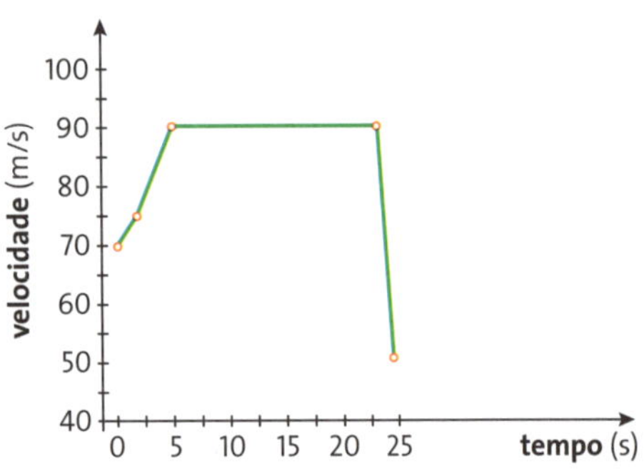


A aceleração escalar média do carro, no intervalo de 0 a 25 s, foi, em m/s$^2$, aproximadamente de:

a) 0,8.
b) −0,8.
c) −2,0.
d) −4,8.
e) 4,8.

## MÓDULO 2

**1.** (UFRJ) João fez uma pequena viagem de carro de sua casa, que fica no centro da cidade *A*, até a casa de seu amigo Pedro, que mora bem na entrada da cidade *B*. Para sair de sua cidade e entrar na rodovia que conduz à cidade em que Pedro mora, João percorreu uma distância de 10 km em meia hora. Na rodovia, ele manteve uma velocidade escalar constante até chegar à casa de Pedro. No total, João percorreu 330 km e gastou quatro horas e meia.

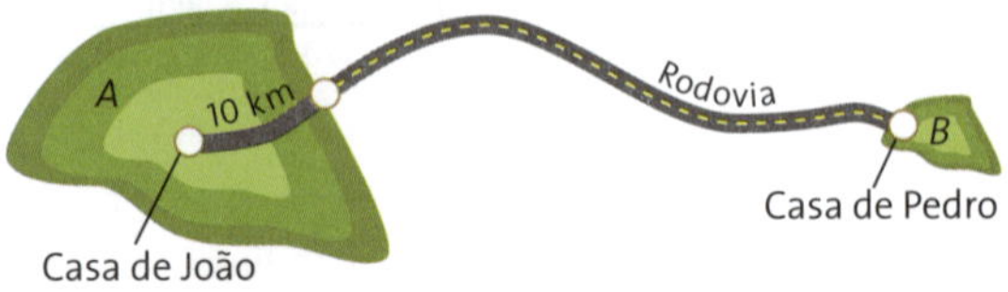


a) Calcule a velocidade escalar média do carro de João no percurso dentro da cidade *A*.

b) Calcule a velocidade escalar constante do carro na rodovia.

**2.** (UFBA) As comemorações dos 40 anos da chegada do homem à Lua trouxeram a baila o grande número de céticos que não acreditam nessa conquista humana. Em um programa televisivo, um cientista informou que foram deixados na Lua espelhos refletores para que, da Terra, a medida da distância Terra-Lua pudesse ser realizada periodicamente, e com boa precisão, pela medida do intervalo de tempo $\Delta t$ que um feixe de *laser* percorre o caminho de ida e volta. Um grupo acompanhou uma medida realizada por um cientista, na qual $\Delta t = 2{,}5$ s. Considerando que a velocidade da luz, no vácuo, é igual a $3 \cdot 10^8$ m/s e desprezando os efeitos da rotação da Terra, calcule a distância Terra-Lua.

**3.** (UERJ) Uma partícula se afasta de um ponto de referência *O*, a partir de uma posição inicial *A*, no instante $t = 0$ s, deslocando-se em movimento retilíneo e uniforme, sempre no mesmo sentido.
A distância da partícula em relação ao ponto *O*, no instante $t = 3{,}0$ s, é igual a 28,0 m e, no instante $t = 8{,}0$ s, é igual a 58,0 m.
Determine a distância, em metros, da posição inicial *A* em relação ao ponto de referência *O*.

**4.** (Ufscar-SP) Dois irmãos estudam em uma escola localizada a 2 km de sua casa, percorrendo uma estrada em linha reta. Laura levantou cedo e foi caminhando com velocidade constante de 4 km/h. Francisco dormiu demais e saiu 15 minutos mais tarde, fez o percurso correndo com velocidade média de 8 km/h.

É correto afirmar que:

a) Laura chegou 10 minutos mais cedo que Francisco.

b) Laura chegou 15 minutos mais cedo que Francisco.

c) os dois irmãos chegaram juntos.

d) Laura chegou 5 minutos mais tarde que Francisco.

e) Laura chegou 10 minutos mais tarde que Francisco.

5. (Fuvest-SP) Uma menina, segurando uma bola de tênis, corre com velocidade constante, de módulo igual a 10,8 km/h, em trajetória retilínea, numa quadra plana e horizontal. Num certo instante, a menina, com o braço esticado horizontalmente ao lado do corpo, sem alterar o seu estado de movimento, solta a bola, que leva 0,5 s para atingir o solo. As distâncias $S_m$ e $S_b$ percorridas, respectivamente, pela menina e pela bola, na direção horizontal, entre o instante em que a menina soltou a bola ($t = 0$ s) e o instante $t = 0{,}5$ s, valem:
Desconsidere efeitos dissipativos.

a) $S_m = 1{,}25$ m e $S_b = 0$ m.

b) $S_m = 1{,}25$ m e $S_b = 1{,}50$ m.

c) $S_m = 1{,}50$ m e $S_b = 0$ m.

d) $S_m = 1{,}50$ m e $S_b = 1{,}25$ m.

e) $S_m = 1{,}50$ m e $S_b = 1{,}50$ m.

6. (Umesp) A tabela a seguir apresenta um resumo sobre as penalidades prevista na Lei 11.334/06, que trata sobre o excesso de velocidade em rodovias, vias de trânsito rápido, vias arteriais e demais vias.

Muitos automóveis, que são exportados para o Brasil, apresentam o velocímetro com a velocidade graduada em quilômetros por hora (km/h) e milhas por hora (MPH).
Um motorista confundiu as graduações do velocímetro de um automóvel importado e começou a guiá-lo numa rodovia brasileira em sua velocidade limite, tendo como referência a velocidade em MPH. Desconsiderando eventuais erros do velocímetro e de quaisquer outros aparelhos que atuem na medição de velocidade, caso este automóvel venha a ser capturado por um radar, é correto afirmar que o veículo terá cometido uma infração

a) sem aplicação de multa.

b) de natureza média.

c) de natureza grave.

d) de natureza gravíssima.

e) de natureza leve.

Disponível em: http//seletos.blogspot.com.br
Acesso em: set/2012.

| Excesso de velocidade sobre a máxima permitida | Natureza da infração | Valor (R$) | Pontuação (pontos) | Observação |
|---|---|---|---|---|
| Até 20% | Média | 85,13 | 4 | |
| De 20% até 50% | Grave | 127,69 | 5 | |
| Acima de 50% | Gravíssima | 574,62 | 7 | Suspensão imediata do direito de dirigir e apreensão do documento de habilitação |

7. (Unifesp) Três bolinhas idênticas são lançadas na vertical, lado a lado e em sequência, a partir do solo horizontal, com a mesma velocidade inicial, de módulo igual a 15 m/s para cima. Um segundo após o lançamento da primeira, a segunda bolinha é lançada. A terceira bolinha é lançada no instante em que a primeira, ao retornar, toca o solo.

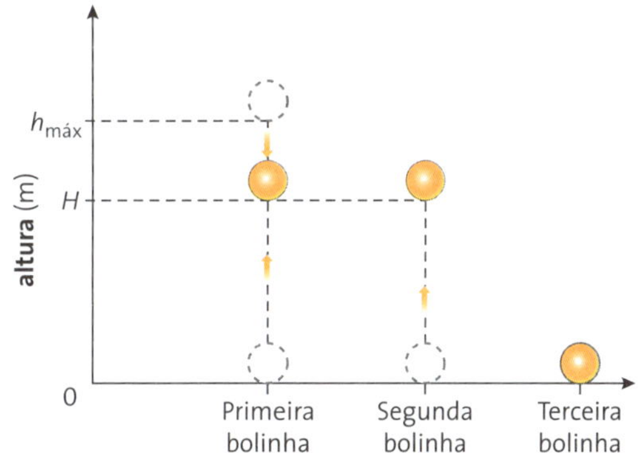

Considerando $g = 10\ m/s^2$ e que os efeitos da resistência do ar ao movimento podem ser desprezados, determine:

a) a altura máxima ($h_{máx.}$) atingida pela primeira bolinha e o instante de lançamento da terceira bolinha;

b) o instante e a altura $H$, indicados na figura, em que a primeira e a segunda bolinha se cruzam.

Analise o gráfico que ilustra o comportamento da velocidade ($v$) de um automóvel durante uma frenagem em linha reta, em função do tempo ($t$) e responda as questões 8 e 9.

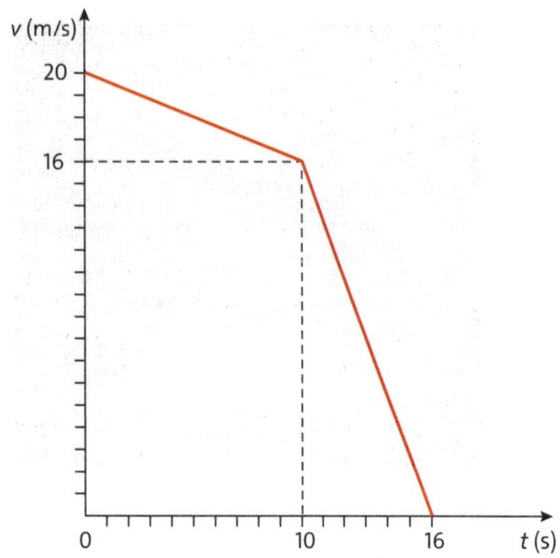


**8.** (Unicid-SP) O espaço, em metros, que o automóvel percorreu no intervalo de tempo total foi de

a) 228.
b) 176.
c) 206.
d) 158.
e) 188.

**9.** (Unicid-SP) O valor absoluto da aceleração média, em $m/s^2$, experimentada por esse veículo durante toda a frenagem foi próxima de

a) 1,6.
b) 1,8.
c) 0,80.
d) 1,3.
e) 1,0.

**10.** (Instituto Embraer–SP) Em uma prova de atletismo, um atleta apresentou o resultado observado no gráfico a seguir, que representa a velocidade desse atleta em função do tempo gasto por ele.

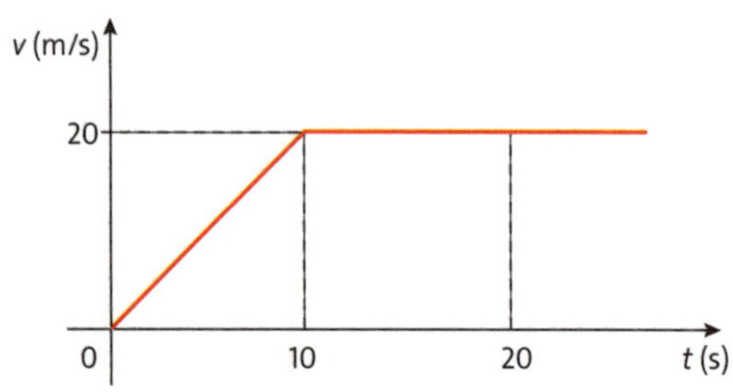


A distância percorrida pelo atleta, nessa prova, em metros, foi igual a

a) 200, entre os instantes 10 s e 20 s.
b) 400, entre os instantes 0 s e 20 s.
c) 200, entre os instantes 0 s e 10 s.
d) 50, entre os instantes 0 s e 10 s.

**11.** (UFRN) Após ser conscientizado por uma campanha da Polícia Rodoviária Federal, um motorista deseja saber qual a distância mínima que ele deveria manter de um veículo que trafegasse a sua frente, na mesma direção e sentido, para evitar uma possível colisão caso esse veículo freasse repentinamente, obrigando-o a também frear bruscamente.

Pesquisando na internet, ele encontrou o valor de 0,6 segundos para o tempo de reação de um motorista, isto é, o intervalo de tempo entre ele perceber que o veículo a sua frente freou e o instante em que ele aciona os freios. A figura a seguir ilustra uma situação em que dois veículos de passeio trafegam na mesma direção e sentido.

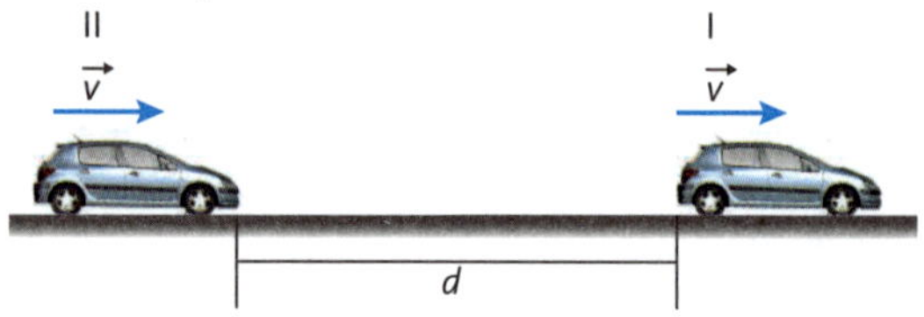


Considere que: os dois veículos estão a 72 km/h (20 m/s); o motorista do veículo I acionou os freios quando o veículo II se encontrava a uma distância $d$; e, durante a frenagem, os veículos percorrem a mesma distância. Nessa situação, é correto afirmar a distância mínima, $d$, entre os veículos, para que não ocorra colisão, deve ser:

a) 20 m.
b) 10 m.
c) 24 m.
d) 12 m.

**12.** (UFPR) No gráfico cada ponto indica o módulo da velocidade instantânea de um atleta medida ao final de cada quilômetro percorrido em uma maratona de 10 km. Com base nas informações contidas nesse gráfico e considerando que o atleta partiu do repouso, analise as seguintes afirmativas:

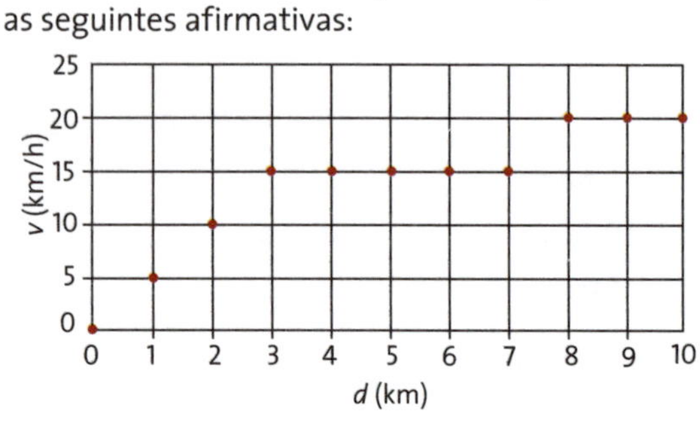

1) O movimento do atleta é uniformemente acelerado nos primeiros 3 km.
2) Entre os quilômetros 4 e 5, o atleta pode ter se deslocado com velocidade constante.
3) As informações são insuficientes para calcular o tempo que o atleta levou para percorrer os 10 km.

Assinale a alternativa correta.

a) Somente a afirmativa 1 é verdadeira.
b) Somente a afirmativa 2 é verdadeira.
c) Somente a afirmativa 3 é verdadeira.
d) Somente as afirmativas 1 e 2 são verdadeiras.
e) Somente as afirmativas 2 e 3 são verdadeiras.

**13.** (AFA-MG) Duas partículas, *a* e *b*, que se movimentam ao longo de um mesmo trecho retilíneo têm as suas posições (*S*) dadas em função do tempo (*t*), conforme o gráfico abaixo.

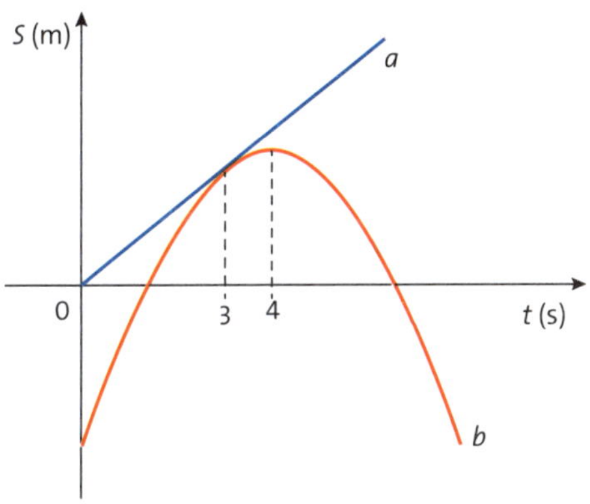


O arco de parábola que representa o movimento da partícula *b* e o segmento de reta que representa o movimento de *a* tangenciam-se em $t = 3$ s. Sendo a velocidade inicial da partícula *b* de 8 m/s, o espaço percorrido pela partícula *a* do instante $t = 0$ até o instante $t = 4$ s, em metros, vale

a) 3,0. b) 4,0. c) 6,0. d) 8,0.

**14.** (UFRGS-RS) Uma pedra foi deixada cair do alto de uma torre e atingiu o chão com uma velocidade de 27 m/s. Supondo que, do início ao fim do movimento, o módulo da aceleração da pedra foi constante e igual a 9 m/s$^2$, qual é a altura da torre?

a) 3,0
b) 13,5
c) 27,0
d) 40,5
e) 81,0

**15.** (Unifor-CE) De um ponto situado verticalmente a 50 m do solo, lança-se verticalmente para cima um corpo com velocidade inicial de 15 m/s. Desprezando-se a resistência do ar e considerando-se $g = 10$ m/s$^2$, ele atinge o solo após um intervalo de tempo, em segundos, de:

a) 4,0.
b) 5,0.
c) 6,0.
d) 7,0.
e) 8,0.

## MÓDULO 3

**1.** (FCC-SP) Na figura a seguir, estão desenhados dois vetores ($\vec{X}$ e $\vec{Y}$). Esses vetores representam deslocamentos sucessivos de um corpo. Qual é o módulo do vetor igual a $\vec{X} + \vec{Y}$?

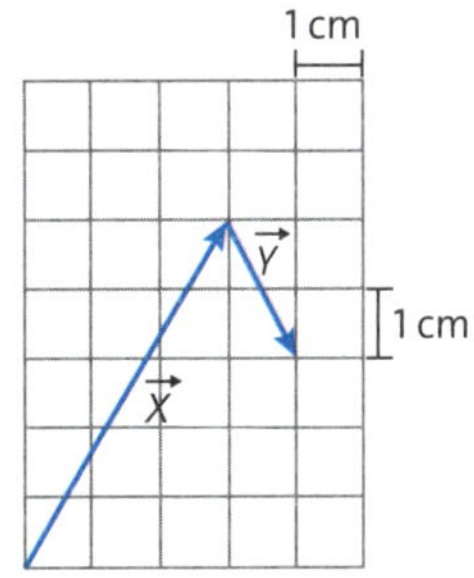


a) 4 cm
b) 5 cm
c) 8 cm
d) 13 cm
e) 25 cm

**2.** (Vunesp-SP) Um caminhoneiro efetuou duas entregas de mercadorias e, para isso, seguiu o itinerário indicado pelos vetores deslocamento $d_1$ e $d_2$ ilustrados a seguir.

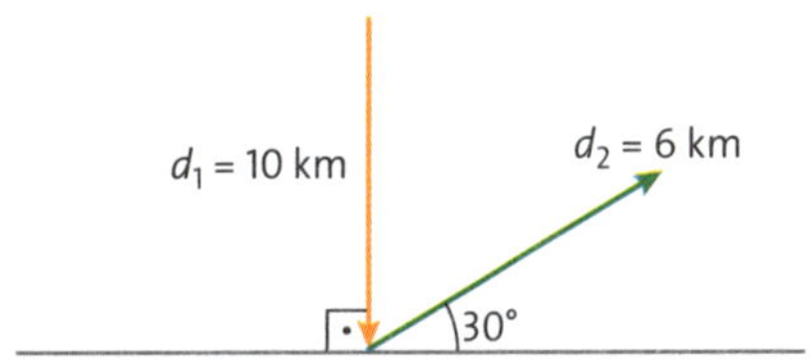


Para a primeira entrega, ele se deslocou 10 km e, para a segunda, percorreu uma distância de 6 km. Ao final da segunda entrega, a distância a que o caminhoneiro se encontra do ponto de partida é:

a) 4 km. b) 8 km. c) $2\sqrt{19}$ km. d) $8\sqrt{3}$ km. e) 16 km.

**3.** (Unicamp-SP) A figura a seguir representa parte do mapa de uma cidade, no qual estão identificadas a catedral, a Prefeitura e a Câmara de Vereadores. Observe que o quadriculado não representa os quarteirões da cidade, servindo apenas para a localização dos pontos e retas no plano cartesiano.

Nessa cidade, a avenida Brasil é formada pelos pontos equidistantes da catedral e da Prefeitura, enquanto a avenida Juscelino Kubitschek (não mostrada no mapa) é formada pelos pontos equidistantes da Prefeitura e da Câmara de Vereadores.

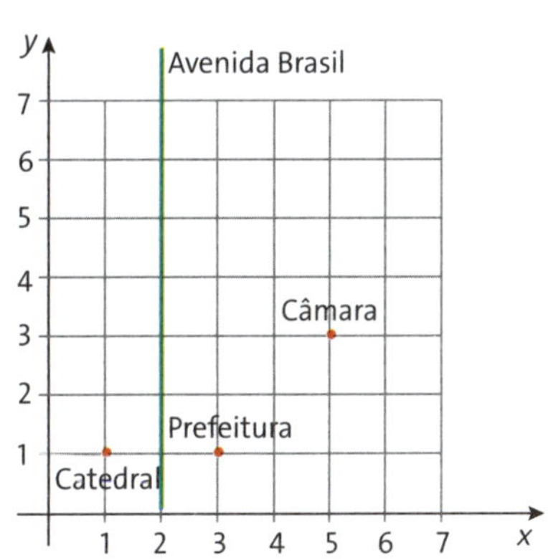

Sabendo que a distância real entre a catedral e a Prefeitura é de 500 m, podemos concluir que a distância real, em linha reta, entre a catedral e a Câmara de Vereadores é de

a) 1500 m.
b) $500\sqrt{5}$ m.
c) $1000\sqrt{2}$ m.
d) $(500 + 500\sqrt{2})$ m.

**4.** (UPM-SP) Um avião decola de uma cidade *A*, percorre 400 km para o sul e, depois, 300 km para o oeste, aterrissando na cidade *B*, em um tempo total de viagem de 1 hora e 15 minutos. A velocidade escalar média do outro avião, que também sai da cidade *A* e chega à cidade *B* nesse mesmo tempo e voando sempre em uma mesma direção, é:

a) 100 km/h.
b) 240 km/h.
c) 320 km/h.
d) 400 km/h.
e) 500 km/h.

**5.** (UFV-MG) Analise as afirmativas.

I. O módulo do vetor velocidade é igual ao módulo da velocidade escalar.
II. O módulo do vetor aceleração é igual ao módulo da aceleração escalar.
III. O módulo da aceleração tangencial é igual ao módulo da aceleração escalar.
IV. A direção do vetor velocidade é sempre tangente à trajetória.
V. A direção do vetor aceleração é sempre perpendicular à trajetória.

São falsas apenas:

a) I e IV.
b) III e V.
c) II e IV.
d) I e III.
e) II e V.

**6.** (Ufscar-SP) Nos esquemas estão representadas a velocidade $\vec{v}$ e a aceleração $\vec{a}$ do ponto material *P*. Assinale a alternativa em que o módulo da velocidade desse ponto permanece constante.

a) 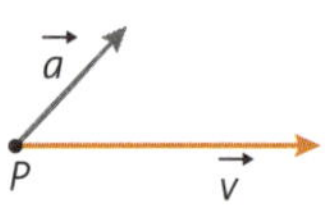


b) 

c) 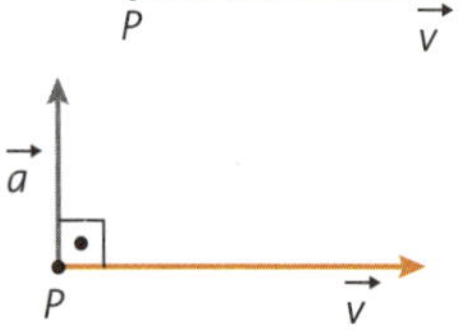


d) 

e) 

**7.** (Fameca-SP) Um motor elétrico é ligado no instante $t = 0$. Pouco depois, antes de o motor atingir a rotação máxima, a aceleração do ponto *P* da superfície do motor possui a direção e sentido indicados na figura:

a) 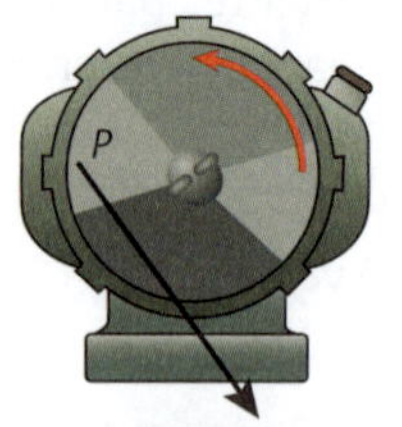


b) 

c) 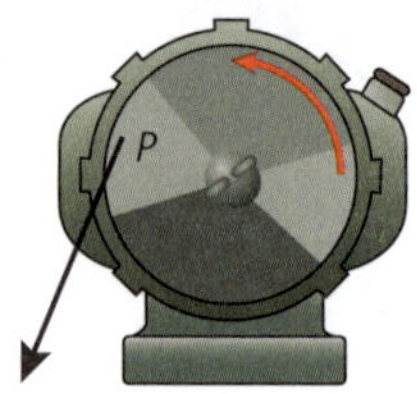


d) 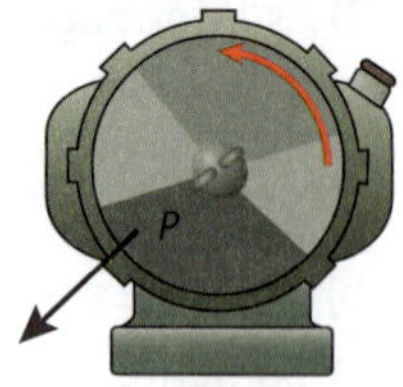


e) 

**8.** (UFV-MG) Duas moedas giram com o prato de um toca-discos. Representado por *v* a velocidade linear e por $\omega$ a velocidade angular e sendo $R_2 = 2 \cdot R_1$, é correto afirmar que:

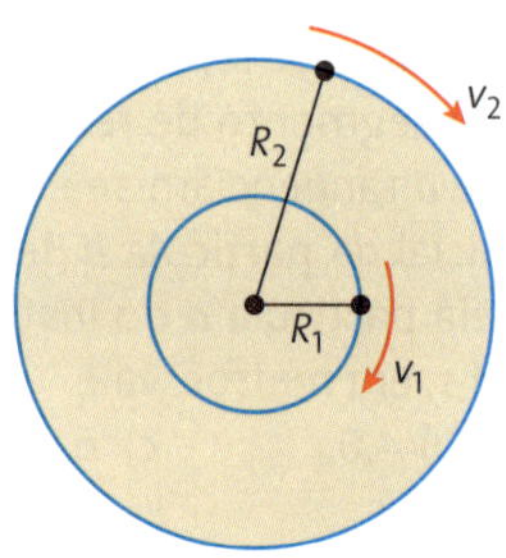


a) $v_1 = v_2$.
b) $\omega_1 = \omega_2$.
c) $v_1 = 2 \cdot v_2$.
d) $\omega_2 = 2 \cdot \omega_1$.

**9.** (UFPE) Uma arma dispara 30 balas/minuto. Essas balas atingem um disco girando, sempre no mesmo ponto, atravessando o orifício.

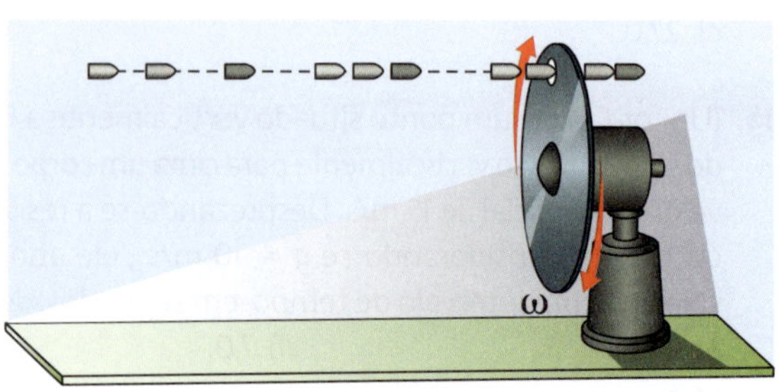


Qual a frequência do disco, em rotações por minuto?

10. (PUC-MG) No diagrama, $S$ é um ponto do pneu de um carro, que gira com velocidade constante. Assinale o gráfico que melhor representa a aceleração centrípeta de $S$ em função do tempo.

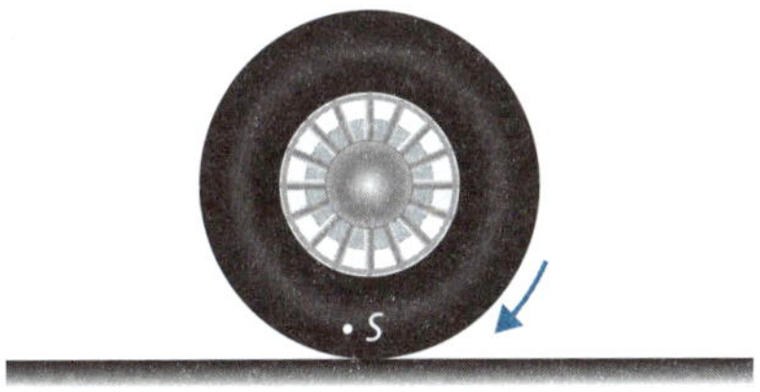


a)

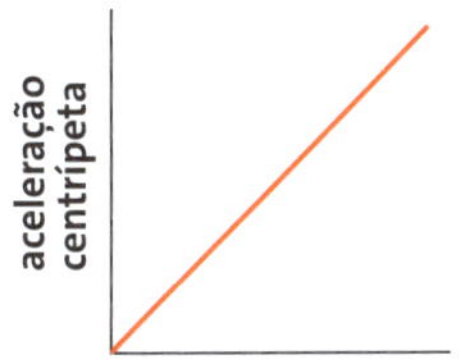


c)

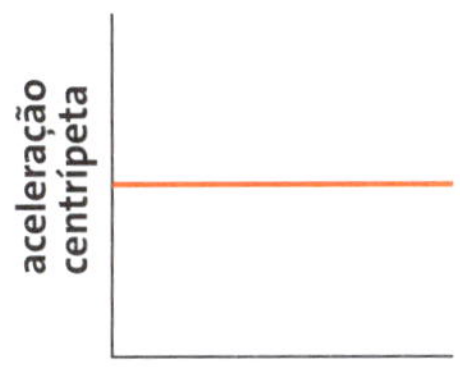


b)

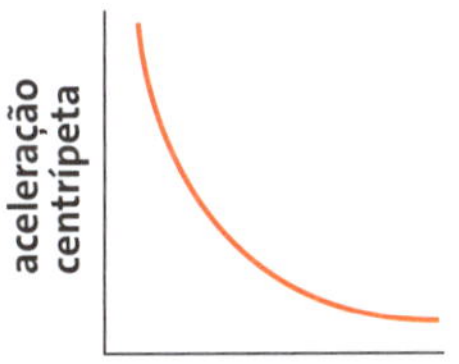


d)

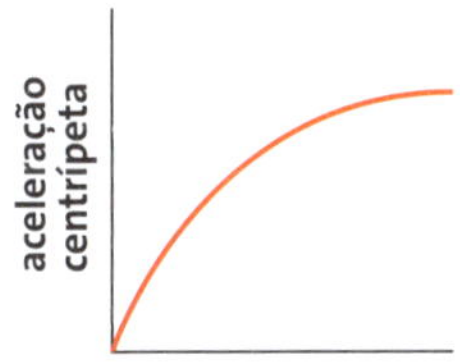


11. (UEPA) Uma forte chuva provocou a queda de uma mangueira de 8 m de altura na cidade de Belém. Considerando que a árvore, levou 4 s para atingir o solo, a velocidade média, em m/s, do topo da copa da árvore foi aproximadamente igual a:
Dado: $\pi = 3$.

a) 3.
b) 6.
c) 9.
d) 12.
e) 15.

12. (PUCC-SP) A roda dentada acoplada aos pedais de uma bicicleta possui 49 dentes. Essa roda está ligada, por meio de uma corrente, a uma outra roda dentada, acoplada à roda traseira da bicicleta, e que possui 21 dentes. Desconsiderando qualquer tipo de deslizamento do pneu da bicicleta no chão e considerando apenas o movimento da bicicleta gerado pelas pedaladas, uma pessoa que pedalar o suficiente para que a roda dentada acoplada aos pedais gire 6 voltas completas, fará com que a bicicleta, cujas rodas têm comprimento aproximado de 1,8 m, percorra a distância, em metros, de, aproximadamente,

a) 6.
b) 15.
c) 20.
d) 25.
e) 32.

13. (Unicid-SP) Uma bicicleta infantil tem rodas de raio 20,0 cm e rodinhas auxiliares, presas ao centro da roda traseira, de raio 5,0 cm.

Se uma criança percorrer 600 m com a bicicleta, em linha reta, supondo que não haja derrapagem nem bloqueio de qualquer roda, e adotando $\pi = 3$, o número de voltas que cada roda, a grande e a auxiliar, respectivamente, completarão nesse deslocamento será de

a) 50 e 1000.
b) 50 e 200.
c) 500 e 20000.
d) 250 e 1000.
e) 500 e 2000.

14. (AFA-MG) A figura 1 abaixo apresenta um sistema formado por dois pares de polias coaxiais, $AB$ e $CD$, acoplados por meio de uma correia ideal e inextensível e que não desliza sobre as polias $C$ e $B$, tendo respectivamente raios $R_A = 1$ m, $R_B = 2$ m, $R_C = 10$ m e $R_D = 0{,}5$ m.

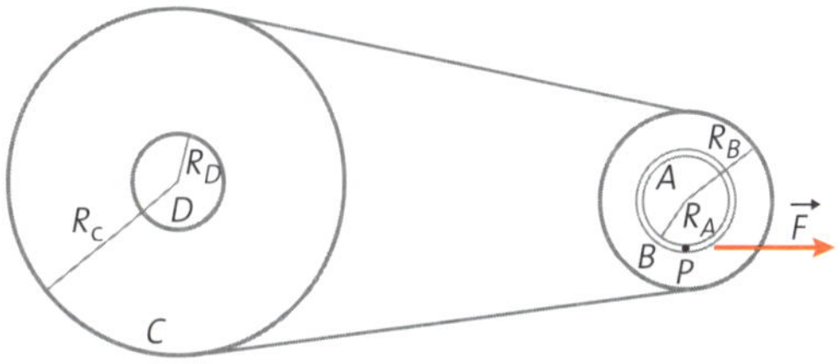


Figura 1

A polia $A$ tem a forma de um cilindro no qual está enrolado um fio ideal e inextensível de comprimento $L = 10\pi$ m em uma única camada, como mostra a figura 2.

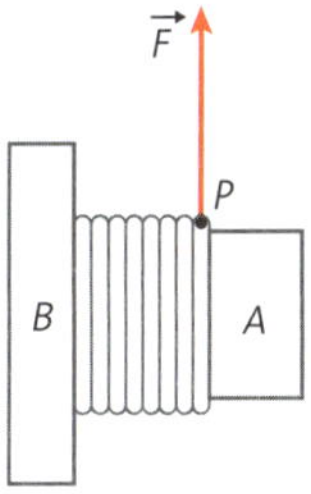


Figura 2

Num dado momento, a partir do repouso, o fio é puxado pela ponta $P$, por uma força $\vec{F}$ constante que imprime uma aceleração linear $a$, também constante, na periferia da polia $A$, até que o fio se solte por completo desta polia. A partir desse momento, a polia $C$ gira até parar após $n$ voltas, sob a ação de uma aceleração angular constante de tal forma que o gráfico da velocidade angular da polia $D$, em função do tempo, é apresentado na figura 3.

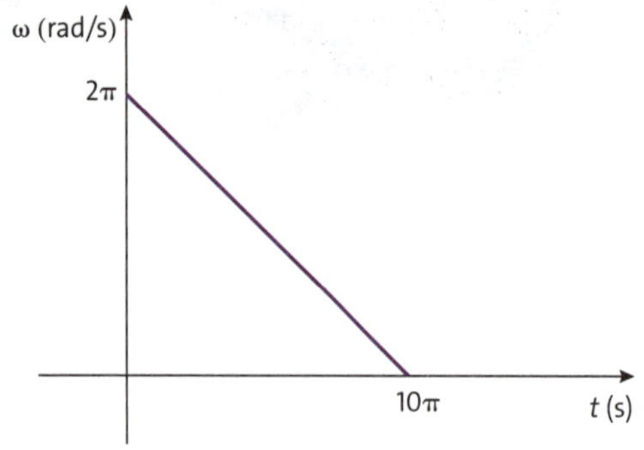


Figura 3

Nessas condições, o número total de voltas dadas pela polia $A$ até parar e o módulo da aceleração $a$, em $m/s^2$, são, respectivamente:

a) $5(n + 1), 5\pi$.
b) $5n, 5\pi$.
c) $2(n - 1), 3\pi$.
d) $5n, \pi$.

**15.** (Cefet-MG) Três polias, $A$, $B$ e $C$, com raios $R_A = 10{,}0$ cm, $R_B = 20{,}0$ cm e $R_C = 90{,}0$ cm, respectivamente, estão acopladas conforme a figura a seguir.

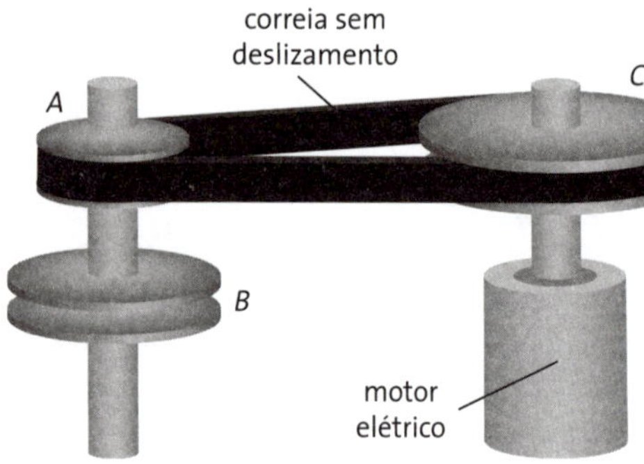


Sabendo-se que o eixo do motor elétrico gira com frequência igual a $1{,}8 \cdot 10^3$ rpm, a velocidade tangencial de um ponto na extremidade da polia $B$ vale, em cm/s:

a) $1500\pi$.
b) $2300\pi$.
c) $5400\pi$.
d) $7600\pi$.
e) $10800\pi$.

## MÓDULO 4

**1.** (UEM-PR) Uma pedra é lançada com um ângulo de 60° com a horizontal e atinge o solo 50 segundos após o lançamento. Considerando que o terreno seja plano, $g = 9{,}8$ $m/s^2$ e desprezando o atrito da pedra com o ar, assinale o que for correto.

(01) Uma função horária que descreve o movimento da pedra na direção horizontal é definida por uma equação de 2º grau.

(02) O módulo do componente do vetor velocidade no eixo horizontal é a metade do módulo do vetor velocidade no instante do lançamento.

(04) A componente vertical do vetor velocidade no instante 25 s é nula.

(08) O ângulo que o vetor velocidade faz com o eixo horizontal, no momento em que ele atinge o solo, é 45°.

Dê a soma dos números dos itens corretos.

**2.** (UFV-MG) Um passageiro de um trem move-se ao longo do corredor de um vagão, afastando-se do maquinista com uma velocidade de módulo 4 km/h. Um observador parado na estação vê, nesse instante, o trem passar com velocidade de módulo 80 km/h. A velocidade do passageiro em relação ao observador na estação é:

a) 80 km/h.
b) 42 km/h.
c) 84 km/h.
d) 76 km/h.

**3.** (Uece) Um barco pode viajar a uma velocidade de 11 km/h em um lago em que a água está parada. Em um rio, o barco pode manter a mesma velocidade com relação à água. Se esse barco viaja no Rio São Francisco, cuja velocidade da água, em relação à margem, assume-se 0,83 m/s, qual é sua velocidade aproximada em relação a uma árvore plantada na beira do rio quando seu movimento é no sentido da correnteza e contra a correnteza, respectivamente?

a) 14 km/h e 8 km/h
b) 10,2 m/s e 11,8 m/s
c) 8 km/h e 14 km/h
d) 11,8 m/s e 10,2 m/s

**4.** (UFPB) Um ciclista, ao chegar a um cruzamento com uma rua de mão dupla, observa, aproximando-se dele, um carro a 40 m de distância à sua direita e outro a 30 m de distância à sua esquerda. O ciclista espera, em segurança e em repouso, que os dois carros passem por ele. O carro que vem da direita leva 4 segundos para passar, enquanto o carro que vem da esquerda leva 6 segundos. Com base nesses dados, identifique as afirmativas corretas:

I. No referencial do ciclista, o carro da direita aproxima-se com uma velocidade média, em módulo, de 10 m/s.
II. No referencial do ciclista, o carro da esquerda aproxima-se com uma velocidade média, em módulo, de 5 m/s.
III. No referencial do carro da direita, o carro da esquerda aproxima-se com uma velocidade média, em módulo, de 15 m/s.
IV. No referencial do carro da esquerda, o ciclista encontra-se em repouso.
V. No referencial do ciclista, o tempo medido, para que o carro da direita passe por ele, é o mesmo que o tempo medido, no referencial do carro da direita, para que o ciclista passe pelo carro da direita.

**5.** (FEI-SP) Um avião voa com velocidade $v_a = 300$ km/h constante, do norte para o sul. Em dado momento ele entra em uma região onde o vento sopra com velocidade $v_V = 150\sqrt{3}$ km/h de leste para oeste. Qual deverá ser o ângulo de correção da rota com a direção norte-sul que o avião deverá fazer para chegar a uma cidade situada a 200 km ao sul do ponto de partida?

a) 15
b) 30
c) 45
d) 60
e) 75

**6.** (IME-RJ) Uma gota de chuva cai verticalmente com velocidade constante igual a *v*. Um tubo retilíneo está animado de translação horizontal com velocidade igual a $v \cdot \sqrt{3}$.

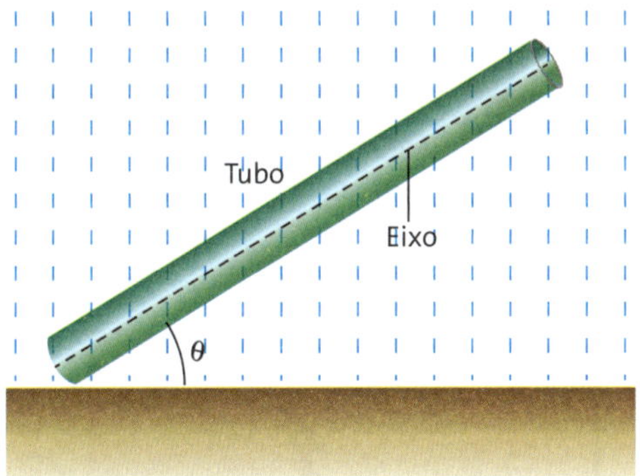


Determine o ângulo $\theta$, de modo que a gota de chuva percorra o eixo do tubo.

**7.** (Uespi) A figura a seguir ilustra uma ciclista pedalando em sua bicicleta em um movimento retilíneo uniforme, com velocidade de módulo 2 m/s, em relação a um observador em repouso no solo. Os pneus giram sem deslizar.

Os módulos das velocidades dos pontos mais alto (*A*) e mais baixo (*B*) do pneu dianteiro, em relação a esse observador, são respectivamente iguais a:

a) 2 m/s e 2 m/s.
b) zero e 2 m/s.
c) 4 m/s e 2 m/s.
d) 2 m/s e 4 m/s.
e) 4 m/s e zero.

**8.** (UFPI) Uma prancha está apoiada sobre dois cilindros paralelos, idênticos e dispostos sobre uma superfície horizontal.

Empurrando a prancha com velocidade constante e considerando inexistente qualquer tipo de deslizamento, seja entre a prancha e os cilindros, seja entre os cilindros e a superfície horizontal, a relação $\frac{v_p}{v_c}$, entre a velocidade da prancha, $v_p$, e a velocidade do cilindro, $v_c$, será:

a) 2.
b) 1,5.
c) 1.
d) $\frac{1}{2}$.
e) $\frac{1}{4}$.

**9.** (UPF-RS) Uma esfera de 200 g desliza sobre uma mesa horizontal sem atrito e com velocidade de 2 m/s quando cai, atingindo o solo a 1,2 m do pé da mesa. Nessas condições, pode se afirmar que a altura da mesa, em metros, é:
dado: $g = 10$ m/s².

a) 1,0.
b) 1,2.
c) 0,6.
d) 0,9.
e) 1,8.

10. (Vunesp-SP) Um motociclista deseja saltar um fosso de largura $d = 4,0$ m, que separa duas plataformas horizontais. As plataformas estão em níveis diferentes, sendo que a primeira se encontra a uma altura $h = 1,25$ m acima do nível da segunda, como mostra a figura.

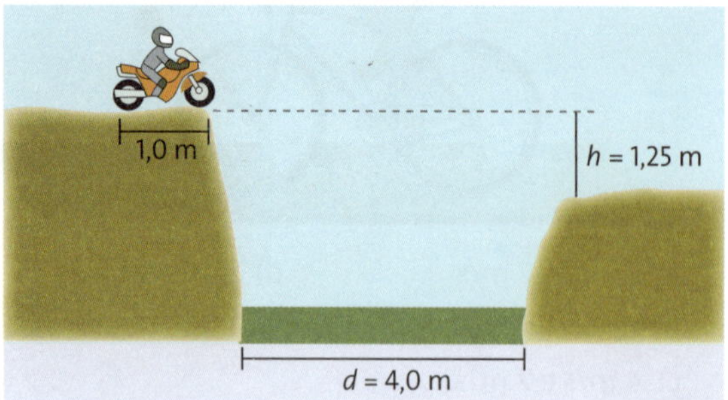


O motociclista salta o vão com certa velocidade $v_0$ e alcança a plataforma inferior, tocando-a com as duas rodas da motocicleta ao mesmo tempo. Sabendo-se que a distância entre os eixos das rodas é 1,0 m e admitindo $g = 10$ m/s$^2$, determine:

a) o tempo gasto entre os instantes em que ele deixa a plataforma superior e atinge a inferior.

b) qual é a menor velocidade com que o motociclista deve deixar a plataforma superior, para que não caia no fosso.

11. (UFMG) Observe esta figura:

Daniel está andando de *skate* em uma pista horizontal. No instante $t_1$, ele lança uma bola, que, do seu ponto de vista, sobe verticalmente. A bola sobe alguns metros e cai, enquanto Daniel continua a se mover em trajetória retilínea, com velocidade constante. No instante $t_2$, a bola retorna a mesma altura de que foi lançada. Despreze os efeitos da resistência do ar. Assim sendo, no instante $t_2$, o ponto em que a bola estará, mais provavelmente, é:

a) *K*.

b) *L*.

c) *M*.

d) qualquer um, dependendo do módulo da velocidade de lançamento.

12. (UFRJ) Duas mesas de 0,80 m de altura estão apoiadas sobre um piso horizontal, como mostra a figura a seguir. Duas pequenas esferas iniciam movimento simultaneamente do topo da mesa:

1) A primeira, da mesa da esquerda, é lançada com velocidade $\vec{v}$ na direção horizontal, apontando para a outra esfera, com módulo igual a 4m/s;

2) A segunda, da mesa da direita, cai em queda livre.

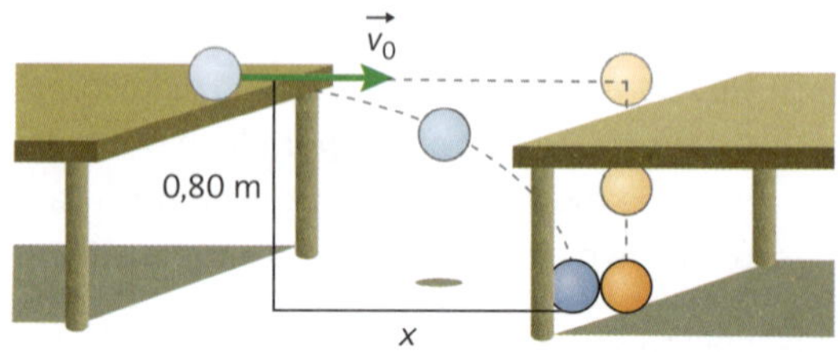


Sabendo que elas se chocam no momento em que tocam o chão, determine:

a) o tempo de queda das esferas;

b) a distância *x* horizontal entre os pontos iniciais do movimento.

13. (UEPA) As mulheres roubaram a cena na participação nos jogos Olímpicos de Pequim, na China. Foram delas dois dos três ouros que nosso país conquistou. No atletismo, no vôlei, no judô, na vela, no *taekwondo* e na ginástica artística, elas obtiveram resultados inéditos. No salto em distância, Maurren Maggi conquistou a inédita medalha de ouro feminina em uma competição individual, atingindo a marca de 7,04 metros. Supondo que a massa da atleta esteja toda concentrada no seu centro de massa, sua trajetória poderá ser considerada parabólica, como ilustrado na figura, onde a atleta imprime uma velocidade $v_0$, formando um ângulo $\alpha$ com a horizontal.

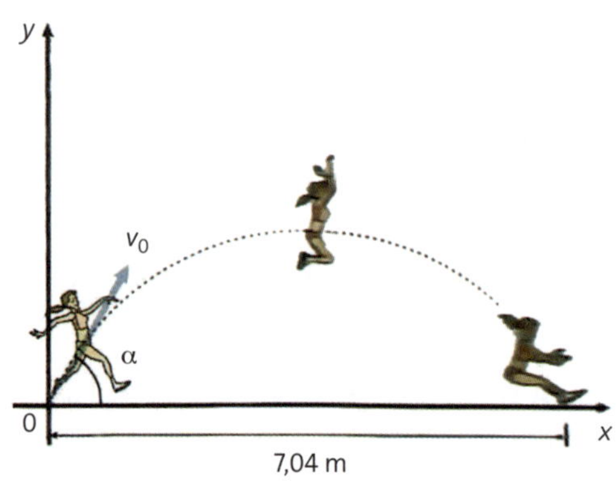


Desprezada a resistência do ar, é correto afirmar que a distância alcançada pela atleta:

a) é diretamente proporcional à aceleração da gravidade.

b) depende da velocidade inicial do salto $v_0$.

c) é inversamente proporcional à velocidade inicial do salto $v_0$.

d) é diretamente proporcional à altura.

e) independe do ângulo de elevação $\alpha$.

**14.** (Vunesp-SP) Um garoto, voltando da escola, encontrou seus amigos jogando uma partida de futebol no campinho ao lado da sua casa e resolveu participar da brincadeira. Para não perder tempo, atirou sua mochila por cima do muro, para o quintal de sua casa: postou-se a uma distância de 3,6 m do muro e pegando a mochila pelas alças, lançou-a a partir de uma altura de 0,4 m. Para que a mochila passasse para o outro lado com segurança, foi necessário que o ponto mais alto da trajetória estivesse a 2,2 m do solo. Considere que a mochila tivesse tamanho desprezível comparado à altura do muro e que durante a trajetória não houve movimento de rotação ou perda de energia. Tomando $g = 10\ m/s^2$, calcule:

a) o tempo decorrido, desde o lançamento, para a mochila atingir a altura máxima;

b) o ângulo de lançamento.

**15.** (UFMG) Clarissa chuta, em sequência, três bolas, *P*, *Q* e *R*, cujas trajetórias estão representadas nesta figura:

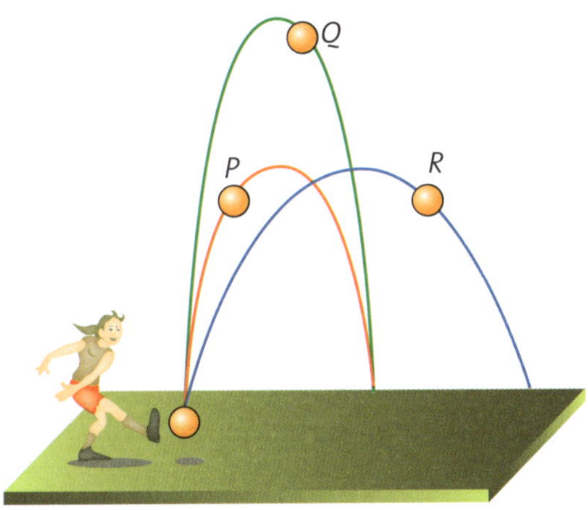


Sejam $t(P)$, $t(Q)$ e $t(R)$ os tempos gastos, respectivamente, pelas bolas *P*, *Q* e *R*, desde o momento do chute até o instante em que atingem o solo. Considerando-se essas informações, é correto afirmar que:

a) $t(Q) > t(P) = t(R)$.

b) $t(R) > t(Q) = t(P)$.

c) $t(Q) > t(R) > t(P)$.

d) $t(R) > t(Q) > t(P)$.

MÓDULO 5

**1.** (UFTM-MG) Após a cobrança de uma falta, num jogo de futebol, a bola chutada acerta violentamente o rosto de um zagueiro. A foto mostra o instante em que a bola encontra-se muito deformada devido às forças trocadas entre ela e o rosto do jogador.

www.strangesports.com/Arquivo da editora

A respeito dessa situação são feitas as seguintes afirmações:

I. A força aplicada pela bola no rosto e a força aplicada pelo rosto na bola têm direções iguais, sentidos opostos e intensidades iguais, porém, não se anulam.

II. A força aplicada pelo rosto na bola é mais intensa do que a aplicada pela bola no rosto, uma vez que a bola está mais deformada do que o rosto.

III. A força aplicada pelo rosto na bola atua durante mais tempo do que a aplicada pela bola no rosto, o que explica a inversão do sentido do movimento na bola.

IV. A força de reação aplicada pela bola no rosto é a força aplicada pela cabeça no pescoço do jogador, que surge como consequência do impacto.

É correto o contido apenas em:

a) I.

b) I e III.

c) I e IV.

d) II e IV.

e) II, III e IV.

**2.** (Unifor-CE) Três forças, de intensidades iguais a 5 N, orientam-se de acordo com o esquema abaixo. O módulo da força resultante das três, em newtons, é:

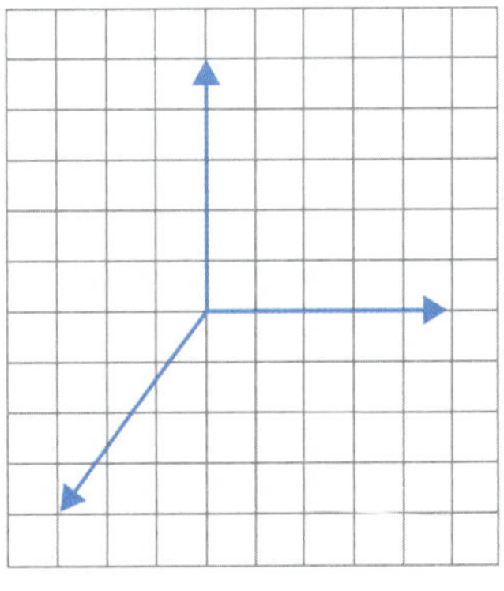

a) 2,0.

b) $\sqrt{5}$.

c) $\sqrt{7}$.

d) 3,0.

e) $\sqrt{15}$.

3. (Cefet-PR) Aplicadas a um corpo são mostradas três forças coplanares. O sistema de eixos está graduado em newtons para avaliar a intensidade de cada uma delas.

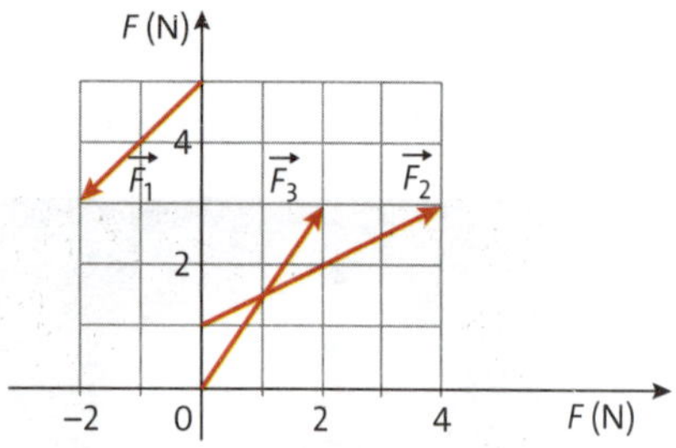


É possível afirmar que a força resultante no corpo tem um módulo, em newtons, igual a:

a) 0.
b) 2.
c) 4.
d) 5.
e) 7.

4. (CPS-SP) Para evitar que seus pais, que são idosos, não sofram acidentes no piso escorregadio do quintal da casa, Sandra contratou uma pessoa para fazer ranhuras na superfície desse piso – atitude ecoprática que não gera entulho, pois torna desnecessária a troca do piso. O fato de o piso com ranhuras evitar que pessoas escorreguem está ligado ao conceito físico de:

a) atrito.
b) empuxo.
c) pressão.
d) viscosidade.
e) condutibilidade.

5. (PUC-MG) A força normal que age sobre um livro em repouso em uma mesa é a força que:

a) a Terra exerce sobre o livro.
b) a mesa exerce sobre o livro.
c) o livro exerce sobre a Terra.
d) o livro exerce sobre a mesa.

6. (Ufpel-RS) Sobre uma mesa horizontal repousa um livro de Física de 1,2 kg de massa. Sobre ele, está um livro de Geografia, também em equilíbrio, de massa igual a 0,8 kg. Considere, na Terra, $g = 10 \text{ m/s}^2$ e, na Lua, aproximadamente, um sexto desse valor. Em relação à situação apresentada, é correto afirmar que:

a) o módulo da força exercida, na Terra, pelo livro de Física sobre o de Geografia vale 12 N.
b) o módulo da força exercida, na Terra, pelo livro de Física sobre a mesa vale 4 N.
c) o módulo da força exercida, na Terra, pelo livro de Física sobre a mesa vale 20 N.
d) o módulo da força exercida, na Lua, pelo livro de Física sobre o de Geografia é zero.
e) o módulo da força exercida pelo livro de Física sobre o de Geografia será menor na Lua, já que suas massas diminuem.

7. (UFRRJ) Um banco e um bloco estão em repouso sobre uma mesa conforme sugere a figura:

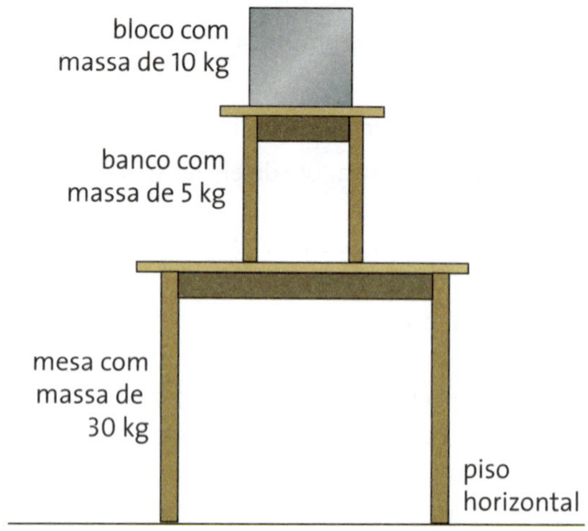


Identifique todas as forças que atuam no banco, calculando seus valores (considere $g = 10 \text{ m/s}^2$).

8. (Cefet-CE) O Código de Trânsito Brasileiro estabelece a obrigatoriedade do uso do cinto de segurança, tanto para o motorista e o caroneiro do banco da frente, assim como para os passageiros do banco traseiro. Esta medida tem por objetivo prevenir lesões mais graves em caso de acidentes. Fisicamente, a função do cinto está relacionada à:

a) primeira Lei de Newton.
b) lei de Snell-Descartes.
c) lei de Faraday.
d) primeira lei de Ohm.
e) primeira lei de Kepler.

9. (Uepa) Na parte final de seu livro *Discursos e demonstrações concernentes a duas novas ciências*, publicado em 1638, Galileu Galilei trata do movimento do projétil da seguinte maneira:

*Suponhamos um corpo qualquer, lançado ao longo de um plano horizontal, sem atrito; sabemos [...] que esse corpo se moverá indefinidamente ao longo desse mesmo plano, com um movimento uniforme e perpétuo, se tal plano for ilimitado.*

O princípio físico com o qual se pode relacionar o trecho dado é:

a) o princípio da inércia ou primeira lei de Newton.
b) o princípio fundamental da dinâmica ou segunda lei de Newton.
c) o princípio da ação e reação ou terceira lei de Newton.
d) a lei da gravitação universal.
e) o princípio da energia cinética.

10. (UEL-PR) Considere as seguintes afirmações:

I. Quando uma partícula é acelerada, a soma das forças que atuam sobre ela é diferente de zero.

II. As forças de ação e reação referidas na terceira lei de Newton do movimento são iguais em intensidade, direção e sentido.

III. Quando a soma das forças que atuam em uma partícula é zero, ela está em repouso ou com velocidade constante.

Está(ão) correta(s):

a) somente I.
b) somente II.
c) I e III.
d) II e III.

11. (UFRJ) Um corredor de alto desempenho parte do repouso e atinge uma velocidade de 10 m/s em 2,5 s, na fase de aceleração. Suponha que a massa do corredor seja de 70 kg. Calcule o módulo da força horizontal média que o piso da pista de corridas exerce sobre o corredor nessa fase.

12. (UFSM-RS) A figura representa dois corpos, *A* e *B*, que, sendo empurrados por uma força $\vec{F}$ em uma superfície sem atrito, se movem com a mesma aceleração. Pode-se, então, afirmar que a força que o corpo *A* exerce sobre o corpo *B* é, em módulo:

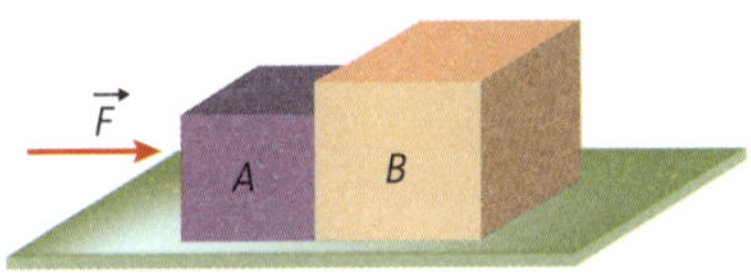


a) menor que a força que *B* exerce sobre *A*.
b) maior que a força que *B* exerce sobre *A*.
c) diretamente proporcional à diferença entre as massas dos corpos.
d) inversamente proporcional à diferença entre as massas dos corpos.
e) igual à força que *B* exerce sobre *A*.

13. (Fameca-SP) Devido a uma pane mecânica, o senhor Fortaleza teve que empurrar seu carro por uma estrada reta, fazendo com que ele se deslocasse, a partir do repouso, por 25 m em 20 s, em movimento acelerado.

http://pt.dreamstime.com

Sabendo que a massa do carro é de 800 kg e que nesse trajeto ele ficou sujeito a uma força resistiva total constante de 100 N, a intensidade da força constante aplicada pelo senhor Fortaleza sobre seu carro, em N, foi de:

a) 100.
b) 150.
c) 200.
d) 250.
e) 300.

14. (UFPA) Belém tem sofrido com a carga de tráfego em suas vias de trânsito. Os motoristas de ônibus fazem frequentemente verdadeiros malabarismos, que impõem desconforto aos usuários devido às forças inerciais. Se fixarmos um pêndulo no teto do ônibus, podemos observar a presença de tais forças. Sem levar em conta os efeitos do ar em todas as situações hipotéticas, ilustradas a seguir, considere que o pêndulo está em repouso em relação ao ônibus e que o ônibus se move horizontalmente.

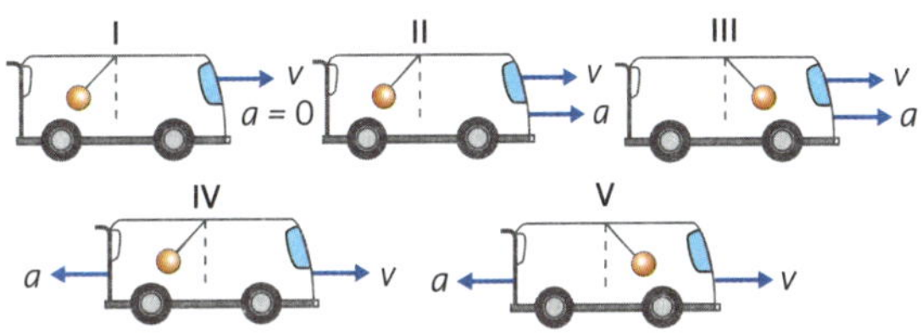


Sendo *v* a velocidade do ônibus e *a* sua aceleração, a posição do pêndulo está ilustrada corretamente:

a) na situação I.
b) nas situações II e V.
c) nas situações II e IV.
d) nas situações III e V.
e) nas situações III e IV.

15. (UFV-MG) A figura a seguir mostra o gráfico do módulo *v* (velocidade) em função do tempo *t* de uma partícula que viaja em linha reta. Das opções a seguir, aquela que mostra o gráfico correto do módulo da força resultante $\vec{F}$ que atua nessa partícula em função do tempo *t* é:

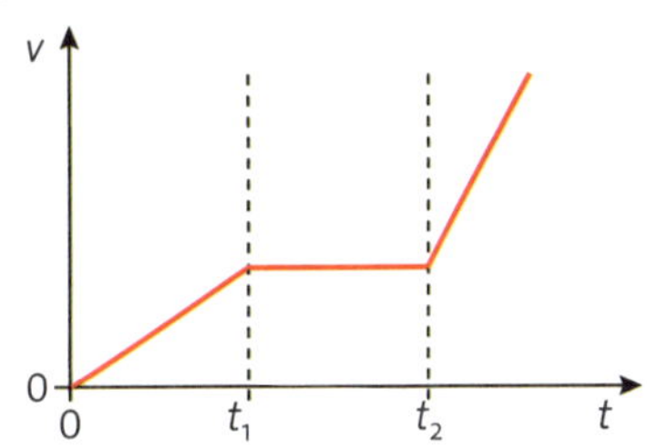


a) 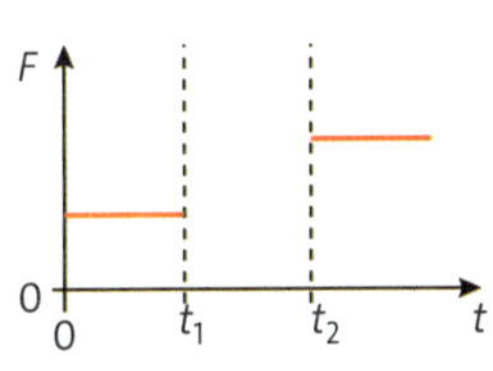


c) 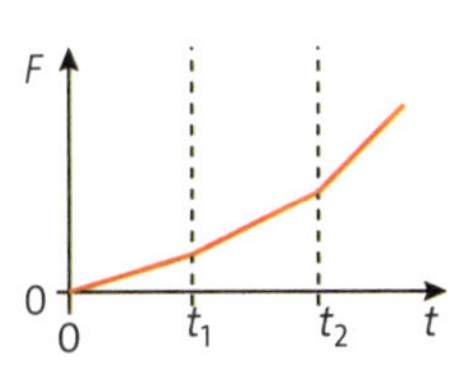


b) 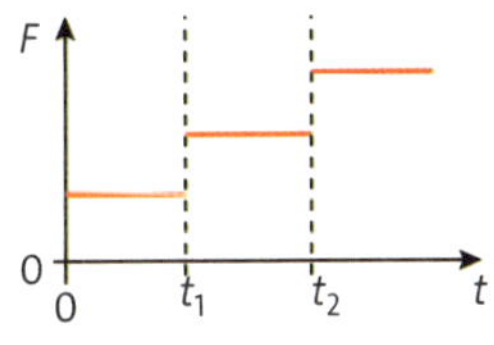


d) 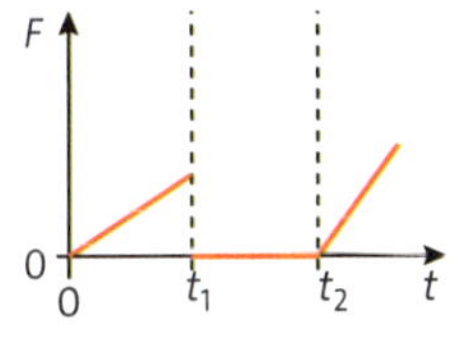

## MÓDULO 6

1. A figura representa a montagem realizada pelo físico inglês George Atwood (1745-1807), no século XVIII, para estudar corpos em queda. Desprezando qualquer forma de atrito e considerando $m_A = 6{,}0$ kg, $m_B = 4{,}0$ kg e $g = 10$ m/s$^2$, determine a aceleração escalar de cada bloco e a tração no fio que une os blocos.

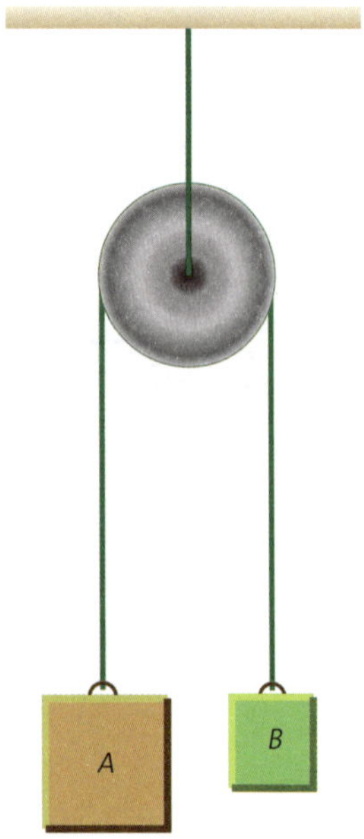


2. (FGV-SP) Usado para missões suborbitais de exploração do espaço, o VS-30, foguete de sondagem brasileiro, possui massa total de decolagem de, aproximadamente, 1 500 kg, e seu propulsor lhe imprime uma força de $95 \cdot 10^3$ N. Supondo-se que um desses foguetes seja lançado verticalmente em um local onde a aceleração da gravidade tem valor 10 m/s$^2$, desconsiderando-se a gradual perda de massa devida à combustão, a aceleração imprimida ao conjunto nos instantes iniciais de sua ascensão, relativamente ao solo, é de, aproximadamente:
   a) 15 m/s$^2$.
   b) 24 m/s$^2$.
   c) 36 m/s$^2$.
   d) 42 m/s$^2$.
   e) 53 m/s$^2$.

3. (UFRJ) Um operário usa uma empilhadeira de massa total igual a uma tonelada para levantar verticalmente uma caixa de massa igual a meia tonelada, com uma aceleração inicial de 0,5 m/s$^2$, que se mantém constante durante um curto intervalo de tempo.

Use $g = 10$ m/s$^2$ e calcule, nesse curto intervalo de tempo:
   a) a força que a empilhadeira exerce sobre a caixa;
   b) a força que o chão exerce sobre a empilhadeira.

   (Despreze a massa das partes móveis da empilhadeira.)

4. (Ufla-MG) Um corpo $A$ de 10 kg de massa é unido a outro corpo $B$ de massa $m$ por um fio leve e inextensível, conforme mostra a figura a seguir.

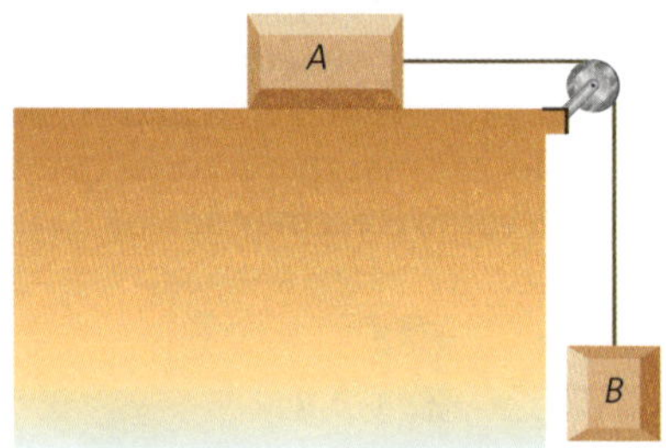


Considerando-se que o coeficiente de atrito estático entre as superfícies em contato é $\mu_e = 0{,}30$ e $g = 10$ m/s$^2$, então a massa máxima de $B$, em kg, para que o sistema permaneça em equilíbrio é de:
   a) 5,0.
   b) 10.
   c) 3,0.
   d) 8,0.
   e) 4,0.

5. (Uesc-BA) A figura mostra três blocos, dois deles de massa $m$ e o outro de massa 2 $m$, unidos por duas cordas. O coeficiente de atrito cinético entre o bloco em contato com a superfície e a própria superfície é igual a 0,1.

Calcule:
   a) a aceleração do conjunto, em função da aceleração da gravidade $g$;
   b) a tensão em cada uma das cordas, em função de $m$ e $g$.

6. (Unifal-MG) Uma rampa de acesso a uma garagem possui 30° de inclinação com relação ao plano horizontal. Essa rampa foi revestida com granito, cujos coeficientes de atrito estático e cinético são iguais a 0,1. Determine o módulo da aceleração que um bloco de 1 kg adquiriu ao ser abandonado do repouso no ponto mais alto da rampa.
(Dados: $g = 10\ m/s^2$, $\sqrt{3} = 1{,}7$)
a) $4{,}15\ m/s^2$
b) $10\ m/s^2$
c) $17\ m/s^2$
d) $5\ m/s^2$
e) $2\ m/s^2$

7. (PUC-MG) Uma gota de chuva com massa de 0,05 g chega ao solo com velocidade constante. Considerando-se $g = 10\ m/s^2$, a força de atrito da gota com o ar é, em newtons, de:
a) 0,5.
b) 5,0.
c) $5{,}0 \cdot 10^{-4}$.
d) $5{,}0 \cdot 10^{-3}$.

8. (Unir-RO) Uma das regras da direção defensiva é não frear ao fazer curvas. O motivo é que, em pistas horizontais, a força de atrito entre o pneu e o asfalto é, praticamente, a única responsável pelas mudanças na velocidade do automóvel, tanto na redução de seu módulo, como na direção (a aceleração centrípeta, se constante e havendo componente tangencial, mantém o automóvel em movimento circular uniforme). Em relação às formas de aumentar a segurança em curvas, julgue (V ou F) as seguintes afirmativas.
I. Construir nas curvas pistas com um declive em direção ao centro de curvatura de modo que a força centrípeta seja um componente da força peso.
II. Impor a redução da velocidade antes da curva de modo a reduzir a força centrípeta necessária para fazer a curva.
III. Aumentar o coeficiente de atrito entre o pneu e o asfalto de modo a diminuir a dependência da força centrífuga com o atrito.
Assinale a sequência correta.
a) V – V – F
b) V – F – F
c) V – V – V
d) F – F – V
e) F – V – F

9. (Acafe-SC) Um automóvel percorre uma curva circular horizontal de 100 m de raio, com velocidade de módulo constante. Sabendo-se que o valor do coeficiente de atrito estático entre os pneus e a estrada é 0,4, o módulo da velocidade máxima, em m/s, com a qual o automóvel poderá fazer a curva, sem derrapar, é:
a) 25.
b) 15.
c) 20.
d) 10.
e) 30.

10. (UFJF-MG) A figura a seguir mostra um ciclista efetuando uma curva de raio $R = 100$ m. No caso I, o ciclista faz a curva, a uma velocidade $v$, em uma superfície horizontal com coeficiente de atrito $\mu$ entre a superfície e o pneu da bicicleta. No caso II, o ciclista faz a curva em uma superfície inclinada de ângulo $\theta$, supondo nula a força de atrito entre a superfície e o pneu da bicicleta.

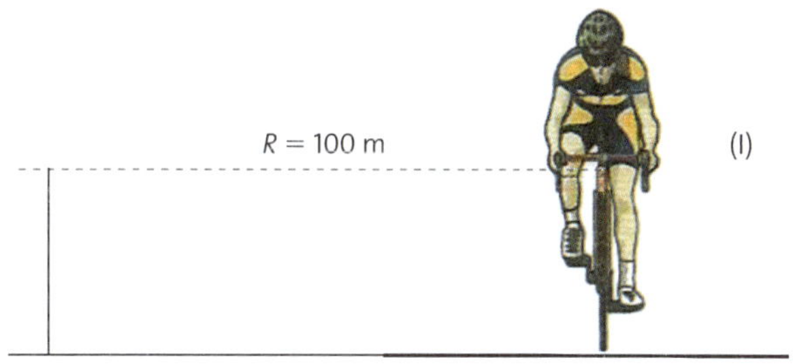


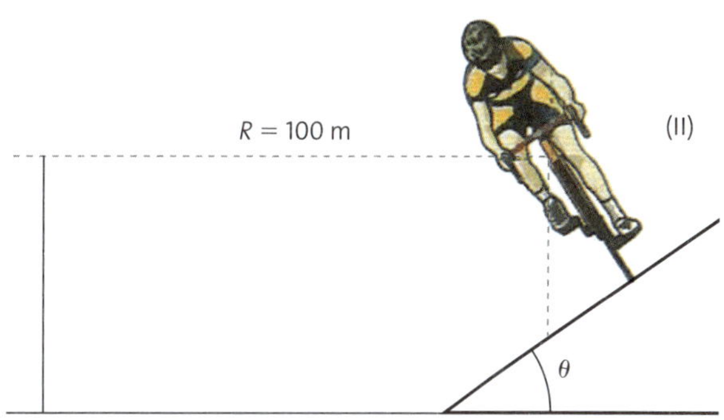


a) Faça os diagramas de forças do sistema ciclista + bicicleta, identificando cada uma delas, para ambos os casos I e II.
b) Calcule o coeficiente de atrito $\mu$ entre a superfície e o pneu para que a bicicleta não saia da pista no caso I, supondo $v = 10$ m/s.

11. (PUC-SP) Um automóvel de massa 800 kg, dirigido por um motorista de massa igual a 60 kg, passa pela parte mais baixa de uma depressão de raio = 20 m com velocidade escalar de 72 km/h. Nesse momento, a intensidade da força de reação que a pista aplica no veículo é:
Adote $g = 10\ m/s^2$.

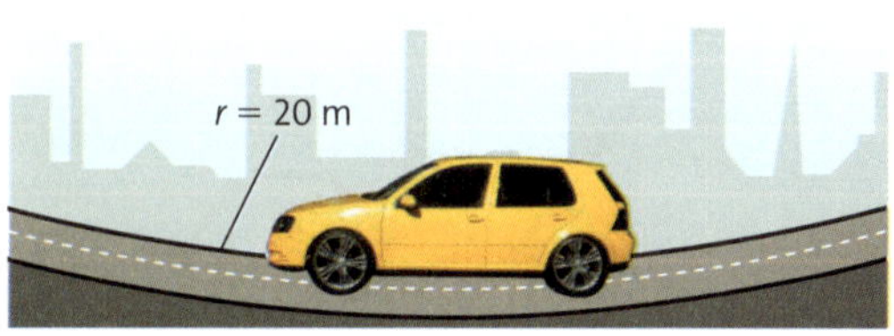


a) 231 512 N.
b) 215 360 N.
c) 1 800 N.
d) 25 800 N.
e) 24 000 N.

12. (UFSC) Rotor é um brinquedo que pode ser visto em parques de diversões. Consiste em um grande cilindro de raio *R* que pode girar em torno de seu eixo vertical central. Após a entrada das pessoas no rotor, elas se encostam nas suas paredes e este começa a girar. O rotor aumenta sua velocidade de rotação até que as pessoas atinjam uma velocidade *v*, quando, então o piso é retirado. As pessoas ficam suspensas, como se estivessem "ligadas" à parede interna do cilindro enquanto o mesmo está girando, sem nenhum apoio debaixo dos pés e vendo um buraco abaixo delas.

Em relação à situação descrita, dê como resposta a soma da(s) alternativa(s) **correta(s)**:

(01) A força normal, ou seja, a força que a parede faz sobre uma pessoa encostada na parede do rotor em movimento, é uma força centrípeta.

(02) Se duas pessoas dentro do rotor tiverem massas diferentes, aquela que tiver maior massa será a que terá maior chance de deslizar e cair no buraco abaixo dos seus pés.

(04) O coeficiente de atrito estático entre a superfície do rotor e as roupas de cada pessoa dentro dele deve ser maior ou igual a $\frac{g \cdot R}{v^2}$.

(08) O coeficiente de atrito estático entre a superfície do rotor e as roupas de cada pessoa dentro dele é proporcional ao raio do rotor.

(16) O coeficiente de atrito estático entre a superfície do rotor e as roupas de cada pessoa dentro dele é proporcional à velocidade *v* do rotor.

13. (Udesc) Considere o *looping* mostrado na figura, constituído por um trilho inclinado seguido de um círculo. Quando uma pequena esfera é abandonada no trecho inclinado do trilho, a partir de determinada altura, percorrerá toda a trajetória curva do trilho, sempre em contato com ele.

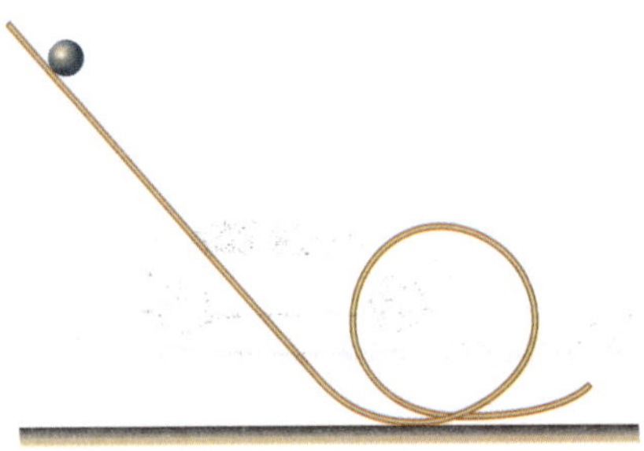

Sendo *v* a velocidade instantânea e *a* a aceleração centrípeta da esfera, o esquema que melhor representa estes dois vetores no ponto mais alto da trajetória no interior do círculo é:

a)
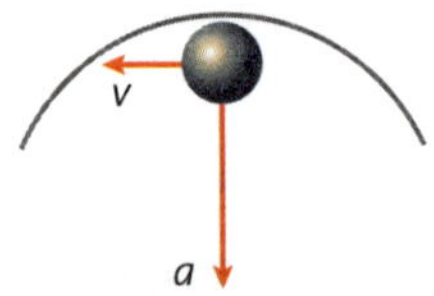


c)
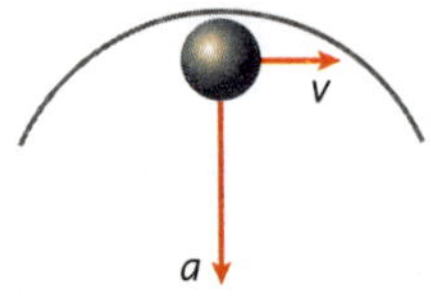


b)
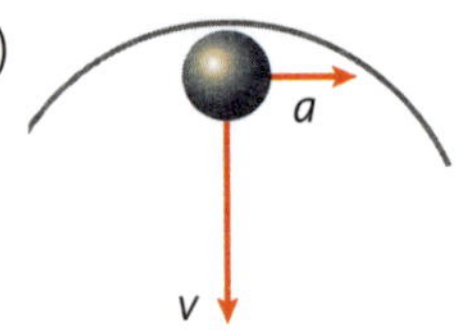


d)
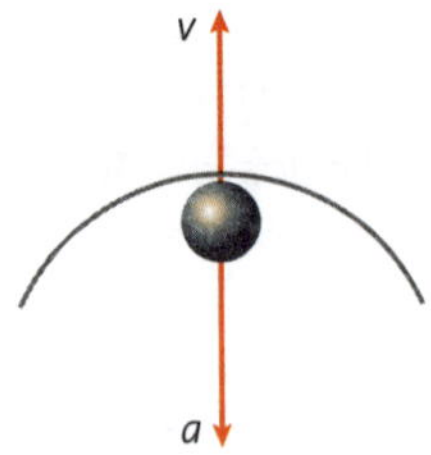


14. (UFSC) Um piloto executa um *loop* com seu avião — manobra acrobática em que a aeronave descreve um arco de circunferência no plano vertical —, que atinge, no ponto mais baixo da trajetória, ao completar a manobra, a velocidade máxima de 540 km/h. O raio da trajetória é igual a 450 m, e a massa do piloto é de 70 kg. Nessas manobras acrobáticas, deve-se considerar que a maior aceleração que o organismo humano pode suportar é $9g$ ($g$ = aceleração da gravidade).

(01) Se o raio de trajetória fosse menor que 250 m, o piloto seria submetido a uma aceleração centrípeta máxima maior que $9g$ (nove vezes a aceleração da gravidade).

(02) A força centrípeta sobre o piloto, na parte mais baixa da trajetória, é cinco vezes maior que o seu peso.

(04) O piloto é submetido a uma aceleração centrípeta máxima igual a aproximadamente $5g$ (cinco vezes a aceleração da gravidade).

(08) A velocidade mínima para que o avião complete a volta, no topo da trajetória, é igual a 270 km/h.

(16) A força que o avião faz sobre o piloto, na parte mais baixa da trajetória, é igual a 4 200 N.

(32) A força que o piloto faz sobre o avião é igual ao seu peso, em toda a trajetória.

(64) O piloto é submetido a uma aceleração centrípeta máxima no topo da trajetória, quando a força de sustentação do avião é mínima.

Dê a soma dos números dos itens corretos.

15. (Unitau-SP) Um avião descreve uma trajetória circular no plano vertical, de raio igual a 3,0 km, com velocidade de módulo constante e igual a 540 km/h. O piloto tem massa de 80 kg e está sentado sobre uma balança de mola, graduada em newtons. No ponto mais baixo da trajetória, quantos newtons a balança indicará?

Dado: $g = 10\ m/s^2$.

## MÓDULO 7

1. Um satélite, de massa $m$, gira em torno da Terra em movimento circular e uniforme, a uma altura $h$. Considere a aceleração da gravidade no local igual a $g$. O trabalho realizado pela força resultante no satélite, em cada volta, é:
a) zero.
b) $-m \cdot g \cdot h$.
c) $m \cdot g \cdot h$.
d) $m \cdot g/h$.
e) $g \cdot h/m$.

2. (UFSJ-MG) Um caixa de fósforos, de massa $m$, é empurrada por uma força $F$ horizontal e movimenta-se com velocidade constante sobre o tampo de uma mesa horizontal. Considere mais as seguintes forças agindo na caixa: peso ($P$), normal ($N$) e atrito ($A$). Assinale a alternativa correta.
a) Somente as forças $F$ e $P$ realizam trabalho.
b) Somente as forças $P$ e $N$ realizam trabalho.
c) Somente as forças $F$ e $A$ realizam trabalho.
d) Somente as forças $P$ e $A$ realizam trabalho.

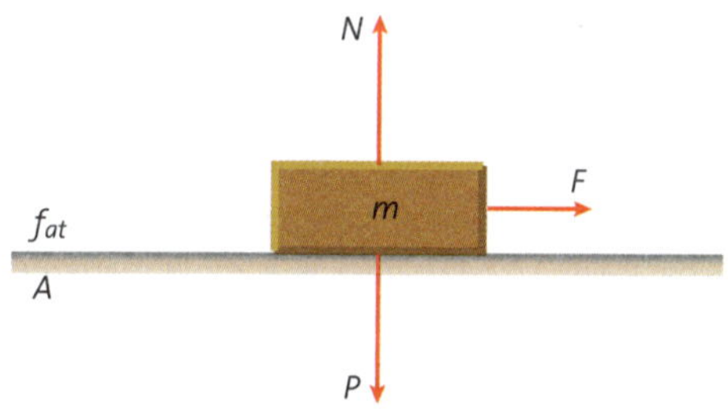


3. (UFMT, modificada) Um corpo de massa igual a 7,0 kg, inicialmente em repouso, sofre a ação de uma força constante $F = 100\ N$ durante 10 s. Nesse intervalo de tempo, a velocidade do corpo aumenta de 0 a 50 m/s. Calcule o trabalho realizado pela força $F$ nesse intervalo de tempo.

4. (Unifesp) A figura representa o gráfico do módulo $F$ de uma força que atua sobre um corpo em função do seu deslocamento $x$. Sabe-se que a força atua sempre na mesma direção e sentido do deslocamento.

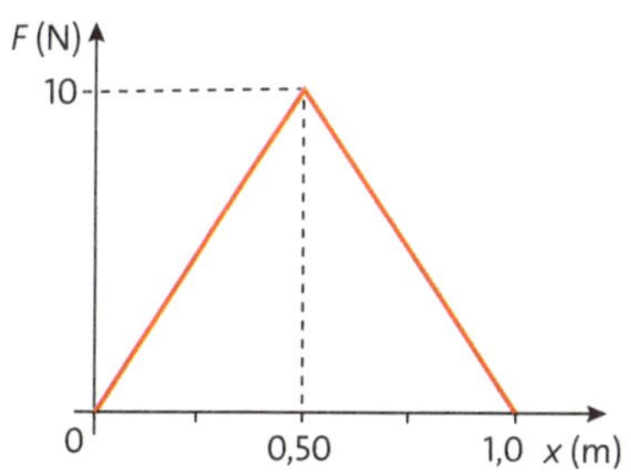


Pode-se afirmar que o trabalho dessa força no trecho representado pelo gráfico é, em joules:
a) 0.
b) 2,5.
c) 5,0.
d) 7,5.
e) 10.

5. (Vunesp-SP) Uma força atuando em uma caixa varia com a distância $x$, de acordo com o gráfico a seguir.

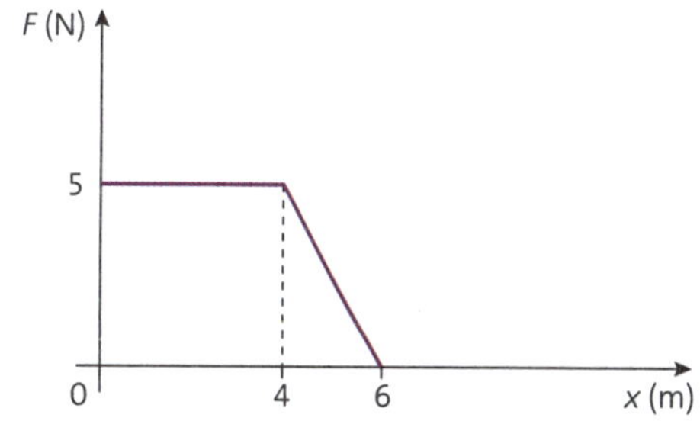


O trabalho realizado por essa força para mover a caixa da posição $x = 0$ até a posição $x = 6$ m vale:
a) 5 J. b) 15 J. c) 20 J. d) 25 J. e) 30 J.

6. (Ufla-MG) Um esquilo "voador" consegue planar do alto de uma árvore, a uma altura de 10 m até o chão, com velocidade constante de 5 m/s. Considerando a aceleração da gravidade $g = 10\ m/s^2$ e a massa do esquilo 2 kg, é correto afirmar que o trabalho da força de sustentação que atua sobre o esquilo ao longo desse deslocamento é de:
a) 50 J. b) −200 J. c) −20 J. d) − 25 J.

7. (UEM-PR) Um elevador com uma massa $m = 500$ kg está descendo com uma velocidade de 4,0 m/s, suspenso por um cabo, quando o sistema guincho que o sustenta começa a patinar, permitindo que caia por uma distância de 12 m, com aceleração constante $a = \frac{g}{5}$, em que $g = 10\ m/s^2$ é a aceleração da gravidade local. Assinale o que for correto (dê como resposta a soma dos números correspondentes às afirmações corretas):
01. Durante a queda, o trabalho realizado sobre o elevador pelo seu peso $mg$ vale $5 \cdot 10^4$ J.
02. Durante a queda, a tração $T$ exercida pelo cabo vale $3 \cdot 10^3$ N.
04. Durante a queda, o trabalho realizado sobre o elevador pela tração $T$ exercida pelo cabo vale $-4{,}8 \cdot 10^4$ J.
08. Durante a queda, o trabalho total realizado sobre o elevador vale $1{,}2 \cdot 10^4$ J.

8. (UFPR) Uma cama de hospital possui um sistema rosca-manivela para elevá-la. A manivela possui um braço de 20 cm. Em 40 s, uma enfermeira gira a manivela 20 voltas completas, com velocidade angular constante, para elevar verticalmente um peso total de 320 $N$ a uma altura de 50 cm. Desprezando as perdas por atrito, determine:
a) o trabalho realizado pela enfermeira;
b) a potência desenvolvida por ela.

9. (Unifal-MG) Uma cachoeira de 15 m de altura escoa 120 $m^3$ de água por minuto. Considerando que a massa específica (densidade) da água é de 1 000 kg/$m^3$ e a aceleração da gravidade é igual a 10 m/$s^2$, a potência mecânica da queda-d'água é de:

a) 120 kW.
b) 180 kW.
c) 200 kW.
d) 300 kW.
e) 1 200 kW.

10. (UFRGS-RS) O resgate de trabalhadores presos em uma mina subterrânea no norte do Chile foi realizado através de uma cápsula introduzida numa perfuração do solo até o local em que se encontravam os mineiros, a uma profundidade da ordem de 600 m. Um motor com potência total aproximadamente igual a 200,0 kW puxava a cápsula de 250 kg contendo um mineiro de cada vez.

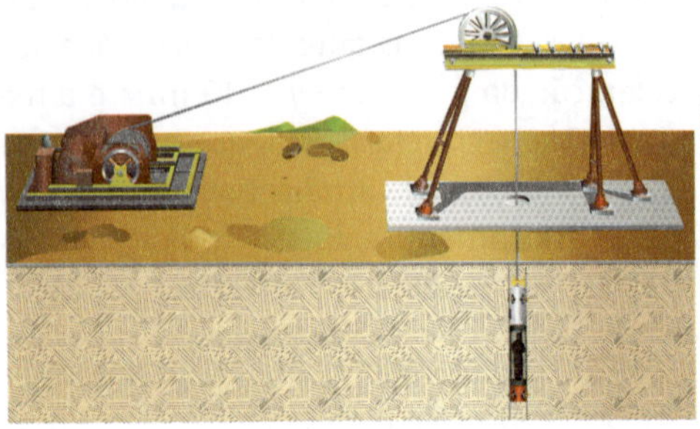
CASA DE TIPOS/ARQUIVO DA EDITORA

Considere que para o resgate de um mineiro de 70 kg de massa a cápsula gastou 10 minutos para completar o percurso e suponha que a aceleração da gravidade local é de 9,8 m/$s^2$. Não se computando a potência necessária para compensar as perdas por atrito, a potência efetivamente fornecida pelo motor para içar a cápsula foi de:

a) 686 W.
b) 2 450 W.
c) 3 136 W.
d) 18 816 W.
e) 41 160 W.

11. (UFRJ) Um avião *A* reboca um planador *P* coma velocidade constante de 60 m/s em uma trajetória horizontal, como ilustra a figura. O cabo usado para o reboque tem massa desprezível e está sob uma tensão, considerada uniforme, de 2 000 N. As forças horizontais (forças de arrasto) que o ar opõe aos movimentos do avião e do planador são tais que a força de arrasto, no avião, é de 20% maior do que no planador.

Calcule:

a) o módulo da força horizontal que o ar exerce sobre o planador *P*. Justifique.
b) a potência mínima em kW que o motor do avião tem de desenvolver para efetuar o reboque nessas condições.

12. (UERN) O elevador de um edifício comercial sobe do saguão de entrada até o 15º andar em 20 s, percorrendo uma distância total de 50 m com velocidade constante. A massa total do elevador lotado com 8 pessoas é de 700 kg. Sabendo-se que o contraponto do elevador tem massa de 460 kg e considerando-se a aceleração da gravidade $g = 10$ m/$s^2$, a potência desenvolvida pelo motor desse elevador na realização do trabalho foi:

a) 8,0 kW. b) 7,5 kW. c) 6,0 kW. d) 4,5 kW.

13. (Pasusp) A potência transmitida às rodas de um carro varia, em função da marcha (de 1ª a 5ª) e da velocidade desenvolvida, conforme a figura.

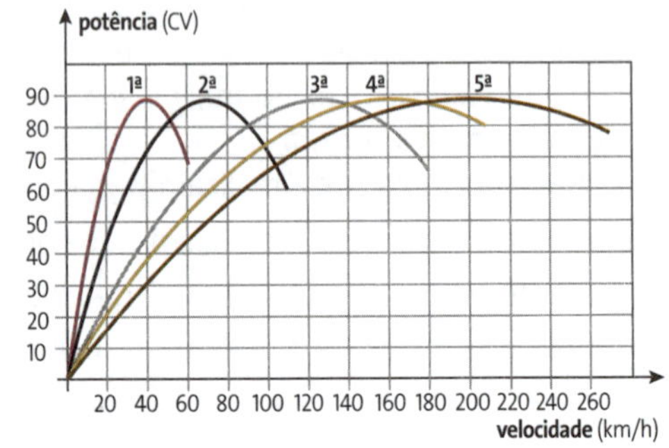


Um piloto deseja acelerar de 0 a 200 km/h no menor tempo possível. Para isso, deve efetuar as trocas de marcha, respectivamente, da 1ª para a 2ª, da 2ª para a 3ª, da 3ª para a 4ª e da 4ª para a 5ª, a aproximadamente:

a) 40, 70, 120 e 160 km/h.
b) 50, 90, 140 e 180 km/h.
c) 60, 110, 180 e 200 km/h.
d) 50, 70, 140 e 160 km/h.
e) 40, 90 ,120 e 180 km/h.

14. (Unifesp) Leia o texto:

*Após algumas informações sobre o carro, saímos em direção ao trecho* off-road. *Na primeira acelerada já deu para perceber a força do modelo. De acordo com números do fabricante, são 299 cavalos de potência [...] e os 100 km/h iniciais são conquistados em satisfatórios 7,5 segundos, graças à boa relação peso-potência, já que o carro vem com vários componentes de alumínio.*

Fonte:http://carsave.oul.com.br

O texto descreve um teste de avaliação de um veículo importado, lançado neste ano no mercado brasileiro. Sabendo-se que a massa desse carro é de 2 400 kg e admitindo-se 1 CV = 740 W e 100 km/h = 28 m/s, pode-se afirmar que para atingir os 100 km/h iniciais, a potência útil média desenvolvida durante o teste em relação à potência total do carro foi, aproximadamente, de:

a) 90%. b) 75%. c) 60%. d) 45%. e) 30%.

15. Uma usina de energia de combustível fóssil consome 380 toneladas de carvão por hora pra produzir trabalho útil em uma potência de 750 milhões de watts. Sabendo que 1 kg de carvão libera 28 milhões de joules de energia, determine o rendimento da usina.

## MÓDULO 8

1. (UFRJ) Um pêndulo constituído de um fio ideal, de comprimento $L = 90$ cm e massa 0,1 kg, é solto a partir do repouso, da posição inicial mostrada na figura a seguir, formando um ângulo de 60° com a vertical. Ao longo do tempo, o pêndulo vai tendo o seu movimento amortecido por atrito com o ar, terminando por parar completamente na posição de equilíbrio.

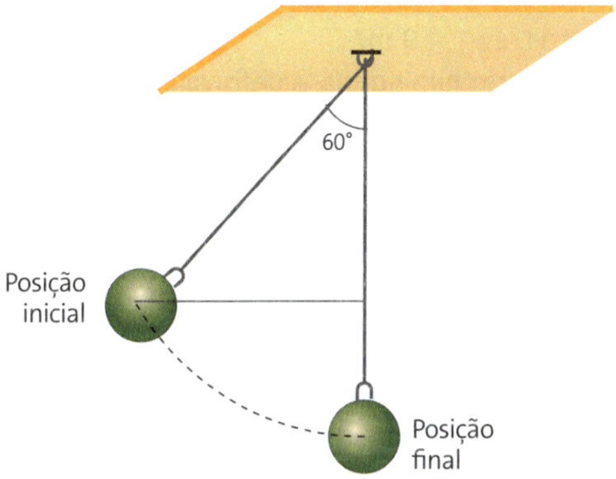


Determine a perda da energia mecânica entre o momento inicial e o final.
Dados: $g = 10$ m/s$^2$ e cos 60° = 0,5.

2. (IFCE) Um bloco de massa 10 kg é empurrado, a partir do repouso, por uma força resultante constante de 10 N, que atua na mesma direção do movimento. O trabalho realizado pela força, em joule, e a velocidade desse bloco, em m/s, após percorrer 12,5 m, valem, respectivamente:
a) 100 e 125.
b) 125 e 100.
c) 125 e 5.
d) 100 e 5.
e) 5 e 125.

3. (PUC-RJ) O Cristo Redentor, localizado no Corcovado, encontra-se a 710 m do nível no mar e pesa 1 140 toneladas (ton). Considerando-se $g = 10$ m/s$^2$, é correto afirmar que o trabalho total realizado para levar todo o material que compõe a estátua até o topo do Corcovado foi de, no mínimo:
a) 114 000 kJ.
b) 505 875 kJ.
c) 1 010 750 kJ.
d) 2 023 500 kJ.
e) 8 094 000 kJ.

4. (UPE) Considere um bloco de massa $m$ ligado a uma mola de constante elástica $k = 20$ N/m, como mostrado na figura a seguir. O bloco encontra-se parado na posição $x = 4{,}0$ m. A posição de equilíbrio da mola é $x = 0$.

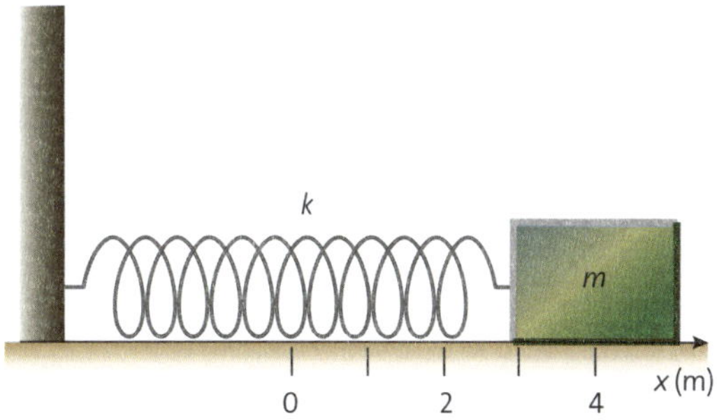


O gráfico a seguir indica como o módulo da força elástica da mola varia com a posição $x$ do bloco.

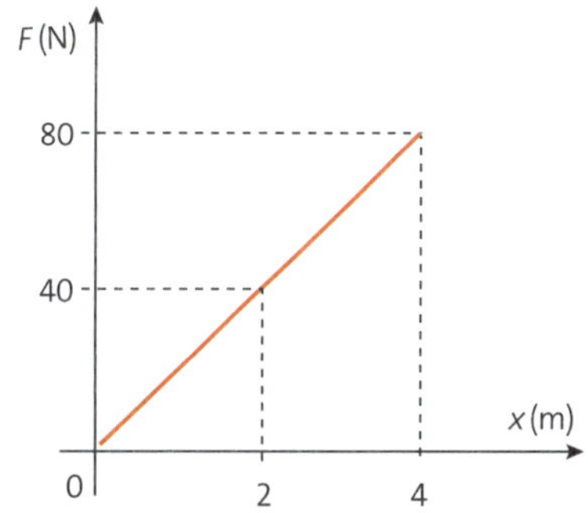


O trabalho realizado pela força elástica para levar o bloco para a posição $x = 2{,}0$, em joules, vale:
a) 120.
b) 80.
c) 40.
d) 160.
e) −80.

5. (UFSM-RS) Não se percebe a existência do ar num dia sem vento; contudo, isso não significa que ele não existe. Um corpo com massa de 2 kg é abandonado de uma altura de 10 m, caindo verticalmente num referencial fixo do solo. Por efeito da resistência do ar, 4 J da energia mecânica do sistema corpo-Terra se transformam em energia interna do ar e do corpo. Considerando-se o módulo de aceleração da gravidade como $g = 10$ m/s$^2$, o corpo atinge o solo com velocidade de módulo, em m/s, de:
a) 12.
b) 14.
c) 15.
d) 16.
e) 18.

6. (UFPR) Um esporte muito popular em países do Hemisfério Norte é o *curling*, em que as pedras de granito polido são lançadas sobre uma pista horizontal de gelo. Esse esporte lembra o nosso popular jogo de bocha. Considere que um jogador tenha arremessado uma dessas pedras de modo que ela percorreu 45 m em linha reta antes de parar, sem a intervenção de nenhum jogador. Considerando que a massa da pedra é igual a 20 kg e o coeficiente de atrito entre o gelo e o granito é de 0,02, indique a alternativa que dá a estimativa **correta** para o tempo que a pedra leva para parar.

a) Menos de 18 s
b) Entre 18 s e 19 s
c) Entre 20 s e 22 s
d) Entre 23 s e 30 s
e) Mais de 30 s

7. (UFPE) Um objeto com massa igual a 1,0 kg é lançado para cima na direção vertical com velocidade inicial $v_0 = 10$ m/s. Quando ele retorna ao ponto de partida, a sua velocidade tem módulo $v = 8,0$ m/s. Calcule o módulo do trabalho realizado pela força de resistência do ar, em joules, ao longo de todo o trajeto do objeto.

8. (UEM-PR) Uma bola de tênis de massa *m* é solta de uma altura *h*, realizando um movimento vertical de queda livre. Ao atingir o solo, ela "quica" e, ao realizar o movimento vertical de subida, atinge uma altura máxima igual à metade daquela em que foi solta inicialmente e, assim, continuam os movimentos de queda e subida, sucessivamente, até parar completamente o movimento. Adotando que a energia potencial é nula no solo, assinale o que for **correto**.

(01) O espaço percorrido pela bola, desde o instante em que ela é solta até quando ela atinge o solo pela quarta vez, é $\frac{11}{4}h$.

(02) O módulo da velocidade da bola, ao atingir o solo pela terceira vez, é de $\sqrt{\frac{gh}{2}}$, sendo *g* a aceleração gravitacional.

(04) Nos sucessivos movimentos de descida e subida da bola, os valores da energia potencial gravitacional máxima descrevem uma progressão geométrica.

(08) A frequência com que a bola "quica" o solo é constante.

(16) A energia cinética nesse tipo de movimento é sempre uma grandeza positiva ou nula.

9. (UPE) Um bloco de massa $m = 1,0$ kg é solto a partir do repouso no ponto *A*, a uma altura $H = 0,8$ m, conforme mostrado na figura. No trecho plano entre os pontos *B* e *C* (de comprimento $L = 3,5$ m), o coeficiente de atrito cinético é $\mu = 0,1$. No restante do percurso, o atrito é desprezível. Após o ponto *C*, encontra-se uma mola de constante elástica $k = 1,0 \cdot 10^2$ N/m. Considere a aceleração da gravidade como $g = 10$ m/s$^2$.

Sobre isso, analise as proposições a seguir:

I. Na primeira queda, a velocidade do bloco no ponto *B* é $v_B = 16$ m/s.
II. Na primeira queda, a velocidade do bloco no ponto *C* é $v_C = 9$ m/s.
III. Na primeira queda, a deformação máxima da mola é $x_{máx} = 30$ cm.
IV. O bloco atinge o repouso definitivamente numa posição de 1 m à direita do ponto *B*.

Está(ão) **correta(s)**

a) I e II, apenas.
b) III e IV, apenas.
c) I, II, III e IV.
d) III, apenas.
e) I, II e IV, apenas.

10. (Uepa) Este ano ocorreu, no Rio de Janeiro, a megarrampa, a competição mais radical do esqueitismo, que faz uso da estrutura mostrada na figura abaixo. A rampa tem 27 m de altura, o que corresponde a um prédio de 9 andares, e um vão livre, após a primeira descida, para manobras aéreas. A parte mais baixa da rampa, na primeira descida, se encontra a 3 m do solo. Um competidor de massa igual a 70 kg, partindo do topo da rampa, inicialmente em repouso, atinge a velocidade de 72 km/h ao final da primeira descida.

(Adaptado de skateonline.com.br)

Dados: aceleração da gravidade $g = 10$ m/s$^2$.
Despreze a massa do esqueite.

Sobre as informações acima, são feitas as seguintes afirmações:

I. A energia mecânica dissipada até atingir o ponto mais baixo da primeira descida vale 2,8 kJ.
II. A energia potencial, em relação ao solo, ao atingir o ponto mais baixo da primeira descida, vale 16,8 kJ.
III. A energia mecânica inicial em relação ao solo vale 18,9 kJ.
IV. A energia cinética, ao atingir o ponto mais baixo da primeira descida, vale aproximadamente 180 kJ.

A alternativa que contém todas as afirmativas corretas é:

a) I e II.
b) I e III.
c) II e III.
d) I e IV.
e) III e IV.

**11.** (UFPB) Em uma estação ferroviária, ao final do trilho da linha do trem, é colocada uma mola de segurança para evitar o choque do trem com a parede, caso ocorra um problema com os freios do trem. Na ocorrência de uma colisão do trem com a mola, considera-se que:

• O trem se desloca com velocidade constante antes do choque com a mola.
• O trilho e a mola estão dispostos horizontalmente.
• Os atritos envolvidos são desprezíveis.

Nessas circunstâncias, o engenheiro responsável pela segurança da estação faz as seguintes afirmações:

I. A compressão máxima da mola, com o trem cheio de passageiros, é menor do que com o trem vazio.
II. A compressão máxima da mola é maior quanto maior for a velocidade do trem.
III. A compressão máxima da mola é menor quanto maior for a constante elástica da mola.
IV. A compressão máxima da mola é a mesma, se a velocidade do trem e a constante elástica da mola forem duplicadas.

Estão corretas apenas as afirmativas:

a) I, II e IV.
b) I, III e IV.
c) I e II.
d) III e IV.
e) II e III.

**12.** (UEPG-PR) Na sua trajetória, um corpo em movimento passa por um ponto *A*, logo a seguir faz um *looping* atingindo o ponto *B* e conclui o *looping* passando por *C*. Considerando que o movimento é ideal, assinale o que for correto.

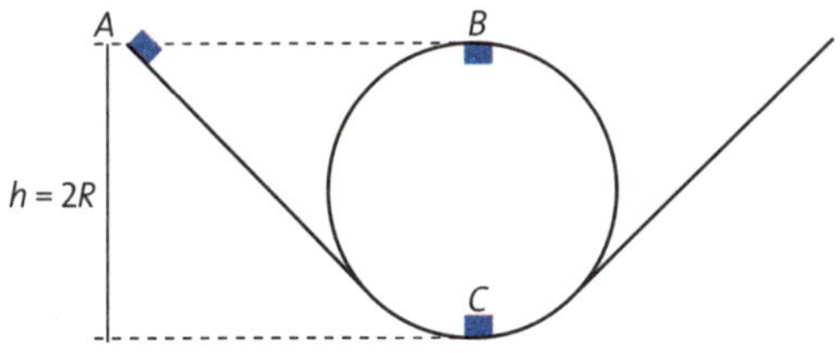


(01) Se o corpo, no ponto *A*, apresentar somente energia potencial, ele não consegue fechar o *looping*.
(02) Nos três pontos *A*, *B* e *C*, a energia mecânica do sistema é a mesma, embora sendo nula a energia potencial em *C*.
(04) Para que a trajetória seja completada é necessário que a energia mecânica do sistema seja bem maior que a energia potencial no ponto *B*.
(08) A energia mecânica do sistema é determinada pelo somatório das energias nos pontos *A* e *B*.
(16) As velocidades do corpo ao iniciar e ao terminar o *looping* são iguais.

**13.** (Vunesp-SP) Um brinquedo é constituído por dois carrinhos idênticos, *A* e *B*, de massas iguais a 3 kg e por uma mola de massa desprezível, comprimida entre eles e presa apenas pelo carrinho *A*. Um pequeno dispositivo, também de massa desprezível, controla um gatilho que, quando acionado, permite que a mola se distenda.

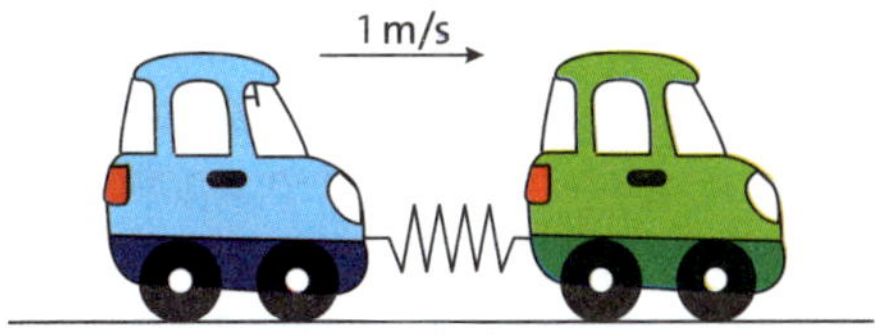


antes do disparo

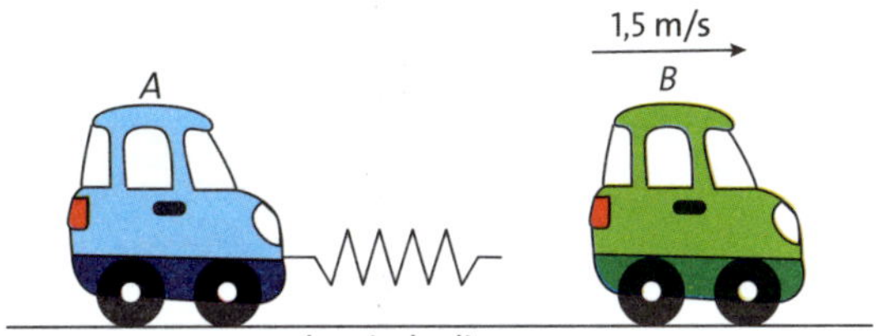


depois do disparo

Antes de o gatilho ser acionado, os carrinhos e a mola moviam-se juntos, sobre uma superfície plana horizontal sem atrito, com energia mecânica de 3,75 J e velocidade de 1 m/s, em relação à superfície. Após o disparo do gatilho, e no instante em que a mola está totalmente distendida, o carrinho *B* perde contato com ela e sua velocidade passa a ser de 1,5 m/s, também em relação a essa mesma superfície.

Nas condições descritas, calcule a energia potencial elástica inicialmente armazenada na mola antes de o gatilho ser disparado e a velocidade do carrinho *A*, em relação à superfície, assim que *B* perde contato com a mola, depois de o gatilho ser disparado.

**14.** (Unicamp-SP) Em agosto de 2012, a NASA anunciou o pouso da sonda *Curiosity* na superfície de Marte. A sonda, de massa $m = 1\,000$ kg, entrou na atmosfera marciana a uma velocidade $v_0 = 6\,000$ m/s.

a) A sonda atingiu o repouso, na superfície de Marte, 7 minutos após a sua entrada na atmosfera. Calcule o módulo da força resultante média de desaceleração da sonda durante sua descida.

b) Considere que, após a entrada da atmosfera a uma altitude $h_0 = 125$ km, a força de atrito reduziu a velocidade da sonda para $v = 4\,000$ m/s quando a altitude atingiu $h = 100$ km. A partir da variação da energia mecânica, calcule o trabalho realizado pela força de atrito neste trecho. Considere a aceleração da gravidade de Marte, neste trecho, constante e igual a $g_{Marte} = 4$ m/s$^2$.

15. (UFSC) Em Santa Catarina, existe uma das maiores torres de queda livre do mundo, com 100 m de altura. A viagem começa com uma subida de 40 s com velocidade considerada constante, em uma das quatro gôndolas de 500 kg, impulsionadas por motores de 90 kW. Após alguns instantes de suspense, os passageiros caem em queda livre, alcançando a velocidade máxima de 122,4 km/h, quando os freios magnéticos são acionados. Em um tempo de 8,4 s depois de iniciar a descida, os passageiros estão de volta na base da torre em total segurança. Considere a gôndola carregada com uma carga de 240 kg.

Disponível em: http://www.cbmr.com.br/index.php/parques/20-pqatracoes/275-bigtower. Acesso em: 5 de set. 2012.

Com base nas informações acima, assinale a(s) proposição(ões) **correta(s)**.

(01) A potência média desenvolvida pela força aplicada pelo motor durante a subida de uma gôndola carregada é de 18 500 W.

(02) O módulo da força média sobre a gôndola carregada durante a frenagem na descida é de 5 032 N.

(04) O tempo total de queda livre é de aproximadamente 4,47 s.

(08) A distância percorrida pela gôndola carregada durante a queda livre é de 57,8 m.

(16) A aceleração da gôndola carregada durante todo o percurso é igual a *g*.

## MÓDULO 9

1. (Ufes) Na figura, estão indicados os desníveis entre as alturas da coluna de uma substância termométrica de três termômetros idênticos e temperaturas correspondentes.

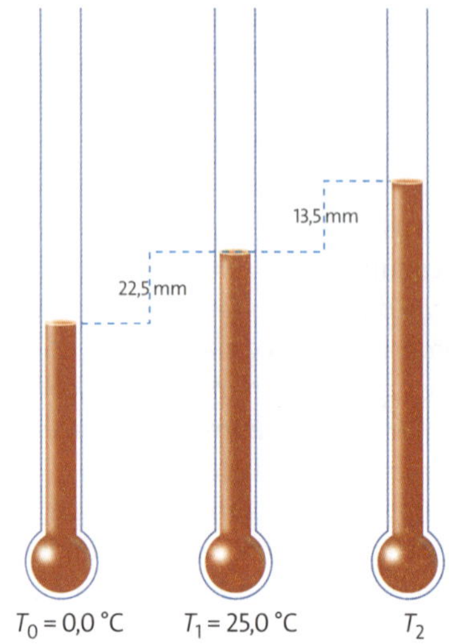


A temperatura $T_2$ é:

a) 33,5 °C.

b) 40,0 °C.

c) 53,0 °C.

d) 65,0 °C.

e) 100,0 °C.

2. (Uniube-MG) Em um laboratório de física, um estudante construiu um termômetro de mercúrio. Para proceder à calibração deste, em graus Celsius, usou como grandeza termométrica a altura do nível do mercúrio no tubo em relação ao bulbo. Obteve para os pontos fixos correspondentes:

– Gelo fundente: 2 cm

– Vapor: 12 cm

A menor temperatura que se conseguirá medir com esse termômetro será:

a) −10 °C.

b) −5 °C.

c) −40 °C.

d) −30 °C.

e) −20 °C.

3. (Vunesp-SP) Um termoscópio é um dispositivo experimental, como o mostrado na figura, capaz de indicar a temperatura a partir da variação da altura da coluna de um líquido que existe dentro dele. Um aluno verificou que, quando a temperatura na qual o termoscópio estava submetido era de 10 °C, ele indicava uma altura de 5 mm. Percebeu ainda que, quando a altura havia aumentado para 25 mm, a temperatura era de 15 °C.

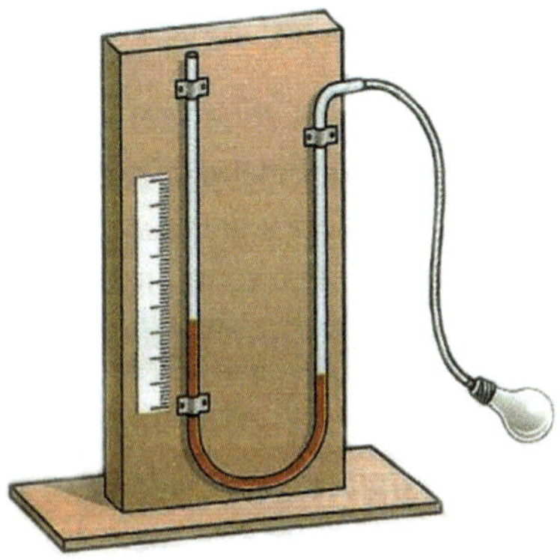

Quando a temperatura for de 20 °C, a altura da coluna do líquido, em mm, será de:

a) 25.
b) 30.
c) 35.
d) 40.
e) 45.

4. (UEPG-PR) A figura seguinte mostra dois frascos de vidro (1 e 2), vazios, ambos com tampas de um mesmo material indeformável, que é diferente do vidro. As duas tampas estão plenamente ajustadas aos frascos, uma externamente (1) e outra internamente (2). No que diz respeito à dilatabilidade desses materiais, e considerando $\alpha_v$, que é o coeficiente de expansão dos dois vidros, e que $\alpha_t$ é o coeficiente de expansão das duas tampas, assinale o que for correto.

1 2

(01) Sendo $\alpha_t$ menor que $\alpha_v$, se elevarmos a temperatura dos dois conjuntos, o vidro 1 se romperá.

(02) Sendo $\alpha_t$ maior que $\alpha_v$, se elevarmos a temperatura dos dois conjuntos, o vidro 2 se romperá.

(04) Sendo $\alpha_t$ menor que $\alpha_v$, se elevarmos a temperatura dos dois conjuntos, ambos se romperão.

(08) Sendo $\alpha_t$ maior que $\alpha_v$, se diminuirmos a temperatura dos dois conjuntos, o vidro 1 se romperá.

(16) Qualquer que seja a variação a que submetermos os dois conjuntos, nada ocorrerá com os frascos e com as tampas.

Dê como resposta a soma dos números correspondentes aos itens corretos.

5. (Vunesp-SP) A figura mostra uma lâmina bimetálica, de comprimento $L_0$ na temperatura $T_0$, que deve tocar o contato $C$ quando aquecida. A lâmina é feita dos metais I e II, cujas variações relativas do comprimento $\left(\frac{\Delta L}{L_o}\right)$ em função da variação de temperatura ($\Delta T = T - T_0$) estão representadas no gráfico.

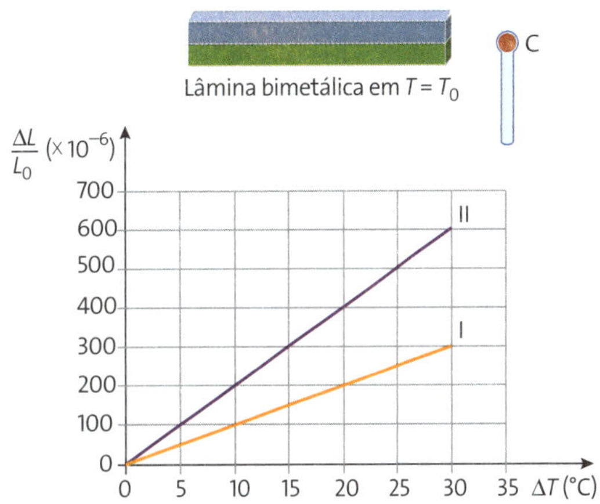


Determine:

a) o coeficiente de dilatação linear dos metais I e II;
b) qual dos metais deve ser usado na parte superior da lâmina para que o dispositivo funcione como o desejado. Justifique sua resposta.

6. (UFSM-RS) Uma barra metálica de 4 m de comprimento e de seção reta quadrada, com área de 16 $cm^2$, ao ser aquecida, passa a ter um comprimento de 4,01 m. Então, o número que expressa, com maior aproximação, a nova área da seção reta (em $cm^2$) é:

a) 16,01.
b) 16,04.
c) 16,08.
d) 17,00.
e) 17,03.

7. (UPM-SP) No estudo dos materiais usados para a restauração de dentes, os cientistas pesquisam entre outras características o coeficiente de dilatação térmica. Se usarmos um material de coeficiente de dilatação térmica inadequado, poderemos provocar sérias lesões ao dente, como uma trinca ou até mesmo sua quebra. Nesse caso, para que a restauração seja considerada ideal, o coeficiente de dilatação volumétrica do material de restauração deverá ser:

a) igual ao coeficiente de dilatação volumétrica do dente.

b) maior que o coeficiente de dilatação volumétrica do dente, se o paciente se alimenta predominantemente com alimentos muito frios.

c) menor que o coeficiente de dilatação volumétrica do dente, se o paciente se alimenta predominantemente com alimentos muito frios.

d) maior que o coeficiente de dilatação volumétrica do dente, se o paciente se alimenta predominantemente com alimentos muito quentes.

e) menor que o coeficiente de dilatação volumétrica do dente, se o paciente se alimenta predominantemente com alimentos muito quentes.

**8.** (Unifor-CE) Certo líquido está quase transbordando de um béquer de vidro, de capacidade de 450 $cm^3$, a 20 °C. Aquecendo-se o conjunto até a temperatura atingir 100 °C, transbordam 9,0 $cm^3$ do líquido. A dilatação real desse líquido é:

a) menor que 0,45 $cm^3$.

b) 0,45 $cm^3$.

c) 4,5 $cm^3$.

d) 9,0 $cm^3$.

e) maior que 9,0 $cm^3$.

**9.** (Ufpel-RS) Os postos de gasolina são normalmente abastecidos por um caminhão-tanque. Nessa ação cotidiana, muitas situações interessantes podem ser observadas. Um caminhão-tanque, cuja capacidade é de 40 000 litros de gasolina, foi carregado completamente, em um dia em que a temperatura ambiente era de 30 °C. No instante em que chegou para abastecer no posto de gasolina, a temperatura ambiente era de 10 °C, devido a uma frente fria, e o motorista observou que o tanque não estava completamente cheio. Sabendo-se que o coeficiente de dilatação da gasolina é $1{,}1 \cdot 10^{-3}\,°C^{-1}$ e considerando-se desprezível a dilatação do tanque, é correto afirmar que o volume do ar, em litros, que o motorista encontrou no tanque do caminhão foi de:

a) 40 880.

b) 8 800.

c) 31 200.

d) 4 088.

e) 880.

**10.** (Uniube-MG) Considere três fenômenos simples:

I. Circulação de ar em geladeira.

II. Aquecimento de uma barra de ferro.

III. Variação da temperatura do corpo humano no banho de sol.

Os principais tipos de transferência de calor que ocorrem nos fenômenos citados, na mesma ordem, são:

a) convecção, condução, irradiação.

b) convecção, irradiação, condução.

c) condução, convecção, irradiação.

d) irradiação, convecção, condução.

e) condução, irradiação, convecção.

**11.** (Faap-SP) Uma estufa para flores, construída em alvenaria, com cobertura de vidro, mantém a temperatura interior bem mais elevada que a exterior. Analise as seguintes afirmações:

I. O calor entra por condução e sai muito pouco por convecção.

II. O calor entra por irradiação e sai muito pouco por convecção.

III. O calor entra por irradiação e sai muito pouco por condução.

IV. O calor entra por condução e convecção e só pode sair por irradiação.

A(s) alternativa(s) que pode(m) justificar a elevada temperatura do interior da estufa é(são):

a) I e III.

b) I e II.

c) IV.

d) II e III.

e) II.

**12.** (UFSC) Assinale a(s) proposição(ões) verdadeiras(s).

(01) Um balde de isopor mantém a cerveja gelada por que impede a saída do frio.

(02) A temperatura de uma escova de dentes é maior que a temperatura da água da pia; mergulhando-se a escova na água, ocorrerá uma transferência de calor da escova para a água.

(04) Se tivermos a sensação de frio ao tocarmos um objeto com a mão, isso significa que esse objeto está a uma temperatura inferior à nossa.

(08) Um copo de refrigerante gelado, pousado sobre uma mesa, em um típico dia de verão, recebe calor do meio ambiente até ser atingido o equilíbrio térmico.

(16) O agasalho, que usamos em dias frios para nos manter aquecidos, é um bom condutor de calor.

(32) Os esquimós, para se protegerem do frio intenso, constroem abrigos de gelo porque o gelo é um isolante térmico.

Dê como resposta a soma dos números correspondentes aos itens corretos.

**13.** (Unicamp-SP) Quatro grandes blocos de gelo, de mesma massa e à mesma temperatura inicial, envoltos em plástico impermeável, são pendurados na parede de um quarto à temperatura de 25 °C, com portas e janelas fechadas. Conforme a figura a seguir, os blocos *A* e *B* estão pendurados próximos ao teto, e os blocos *C* e *D* estão enrolados em cobertores; os outros dois não estão. Considere que o único movimento de ar no quarto se dá pela corrente de convecção.

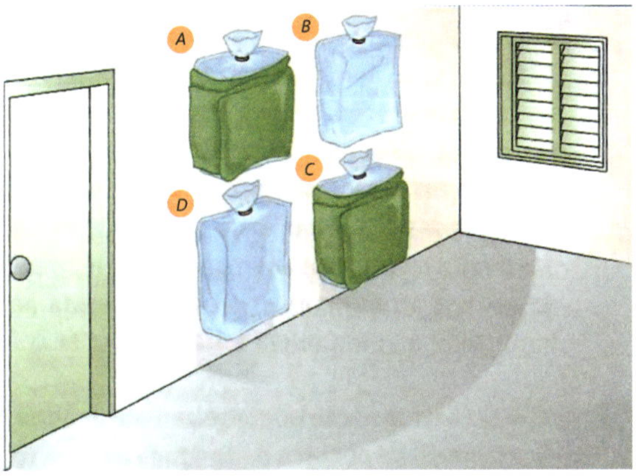


a) Reproduza a figura e indique com setas o sentido do movimento do ar mais quente e do ar mais frio.

b) Qual dos blocos de gelo vai se derreter primeiro e qual vai demorar mais para se derreter? Justifique.

**14.** (UFPB) Em uma fábrica, usa-se uma barra de alumínio de 80 $cm^2$ de seção reta e 20 cm de comprimento, para manter constante a temperatura de uma máquina em operação. Uma das extremidades da barra é colocada em contato com a máquina que opera à temperatura constante de 400 °C, enquanto a outra extremidade está em contato com uma barra de gelo na sua temperatura de fusão. Sabendo-se que o calor latente de fusão do gelo é de 80 cal/g, que o coeficiente de condutibilidade térmica do alumínio é de 0,5 cal/(s · cm · °C) e desprezando-se as trocas de calor do sistema máquina-gelo com o ambiente, é correto afirmar que o tempo necessário para derreter 500 g de gelo é:

a) 10 s. b) 20 s. c) 30 s. d) 40 s. e) 50 s.

**15.** (UFV-MG) O fluxo de calor $H$, através de uma placa de seção reta de área $A$, submetido a uma diferença de temperatura $\Delta T = T_2 - T_1$ entre duas faces opostas, distanciadas de $L$, é dado por:

$$H = k \cdot A \cdot \frac{\Delta T}{L}$$

sendo $k$ a condutividade térmica do material que compõe a placa. A tabela a seguir mostra dados de algumas placas de mesma área $A$ que podem ser encontradas no mercado para isolamento térmico de residências.

| Material da placa | $k(w/(m \cdot K))$ | Espessura da placa (cm) |
|---|---|---|
| Isopor | 0,012 | 2,4 |
| Poliuretano | 0,020 | 5,0 |
| Madeira | 0,120 | 6,0 |
| Cortiça | 0,040 | 4,0 |

A placa que proporciona o maior isolamento térmico, para uma mesma diferença de temperatura $\Delta T$, é a feita de:

a) poliuretano. c) cortiça.

b) madeira. d) isopor.

## MÓDULO 10

**1.** (UFJF-MG) Uma bola de borracha está cheia de água pura. A figura mostra um diagrama no qual cada ponto representa um possível valor da temperatura e pressão da água na bola. Por exemplo: o ponto $A$ corresponde a um estado da água com temperatura de 30 °C e pressão de 15 mm de coluna de mercúrio. Estão representadas também curvas que separam diferentes fases (sólido, líquido e vapor) da água.

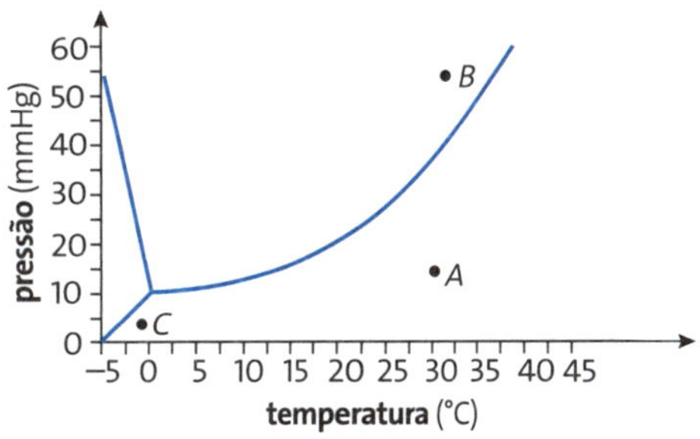


Indique a afirmação correta:

a) A água está líquida nos estados $A$ e $B$ e sólida em $C$.

b) A água está líquida no estado $A$, sólida em $C$ e em $B$ temos vapor.

c) A água está líquida no estado $B$, sólida em $C$ e em $A$ temos vapor.

d) A água está líquida no estado $B$ e em $A$ e $C$ temos vapor.

e) A água está sólida nos estados $A$ e $B$ e líquida em $C$.

**2.** (UFRGS-RS) Um corpo de alumínio e outro de ferro possuem massas $m_{Al}$ e $m_{Fe}$ respectivamente. Considere que o valor específico do alumínio é o dobro do calor específico do ferro.

Se os corpos, ao receberem a mesma quantidade de calor $Q$, sofrem a mesma variação de temperatura $\Delta T$, as massas dos corpos são tais que:

a) $m_{Al} = 4 \cdot m_{Fe}$.

b) $m_{Al} = 2 \cdot m_{Fe}$.

c) $m_{Al} = m_{Fe}$.

d) $m_{Al} = \frac{m_{Fe}}{2}$.

e) $m_{Al} = \frac{m_{Fe}}{4}$.

**3.** (Unifesp) O SI (Sistema Internacional de unidades) adota como unidade de calor o joule, pois calor é energia. No entanto, só tem sentido falar em calor como energia em trânsito, ou seja, energia que se transfere de um corpo a outro em decorrência da diferença de temperatura entre eles. Indique a afirmação em que o conceito de calor está empregado corretamente.

a) A temperatura de um corpo diminui quando ele perde parte do calor que nele estava armazenado.

b) A temperatura de um corpo aumenta quando ele acumula calor.

c) A temperatura de um corpo diminui quando ele cede calor para o meio ambiente.

d) O aumento da temperatura de um corpo é um indicador de que esse corpo armazenou calor.

e) Um corpo só pode atingir o zero absoluto se for esvaziado de todo o calor nele contido.

**4.** (UEMT) A temperatura de 400 g de um líquido, cujo calor específico é 0,8 cal/(g · °C), sobe de −5 °C até 35 °C. O tempo gasto em minutos para realizar esse aquecimento com uma fonte que fornece 80 cal/min. é de:

a) 150.
b) 160.
c) 200.
d) 250.
e) 280.

**5.** (PUC-MG) Dois corpos, *X* e *Y*, recebem a mesma quantidade de calor a cada minuto. Em 5 minutos, a temperatura do corpo *X* aumenta 30 °C, e a temperatura do corpo *Y* aumenta 60 °C. Considerando-se que não houve mudança de fase, é correto afirmar:

a) A massa de *Y* é o dobro da massa de *X*.

b) A capacidade térmica de *X* é o dobro da capacidade térmica de *Y*.

c) O calor específico de *X* é o dobro do calor específico de *Y*.

d) A massa de *Y* é a metade da massa de *X*.

**6.** (Fuvest-SP) Um ser humano adulto e saudável consome, em média, uma potência de 120 J/s. Uma "caloria alimentar" (1 kcal) corresponde, aproximadamente, a $4 \cdot 10^3$ J. Para nos mantermos saudáveis, quantas "calorias alimentares" devemos usar, por dia, a partir dos alimentos que ingerimos?

a) 33.
b) 120.
c) $2,6 \cdot 10^3$.
d) $4,0 \cdot 10^3$.
e) $4,8 \cdot 10^5$.

**7.** (UEPB, modificada) A temperatura de um corpo sólido de 100 g, ao receber calor de uma fonte de potência constante, aumenta uniformemente de 25 °C para 45 °C em 10 minutos. Considerando que a fonte libera 150 cal/min., determine o calor específico do corpo sólido.

**8.** (Ueap) A prática de exercícios físicos tornou-se uma rotina comum e saudável na sociedade moderna, ainda que muitas pessoas gastem energia nos locais de trabalho e em atividades da vida diária. Associada a essa prática, desenvolvida principalmente nas academias, intensificou-se o uso do açaí como bebida energética, uma vez que cada 100 gramas de polpa possuem cerca de 250 calorias. A estimativa da energia consumida durante uma caminhada é feita considerando-se a velocidade empregada, a distância e a massa do indivíduo. A uma velocidade entre 50 e 100 metros por minuto, ou de 3 a 6 km/h, deverá ocorrer uma demanda energética de, aproximadamente, 0,6 caloria por quilômetro percorrido por quilograma de massa corporal. Matematicamente, o cálculo é o seguinte:

**Energia consumida = 0,6 cal · distância percorrida em km · massa corporal em kg**

Considere uma caminhada de 5 km feita por uma pessoa de 60 kg. Então, para suprir a energia gasta por essa pessoa, que quantidade de açaí ela precisará ingerir, aproximadamente?

a) 100 g
b) 93 kg
c) 87 g
d) 72 g
e) 64 g

**9.** (CPS-SP) Ana, após ouvir atentamente uma reportagem sobre "Caminhar para desestressar", decide seguir essa prática. Assim, caminha 9 km indo de seu trabalho, localizado na região central, até sua residência, localizada na região residencial suburbana.

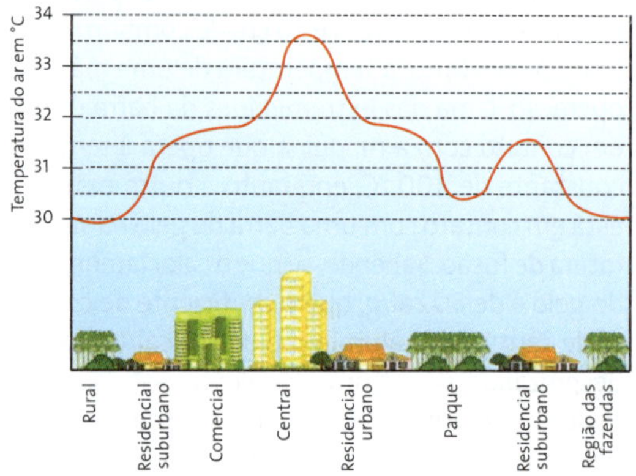


Neste percurso, ela passa pela região residencial urbana e pelo parque, gastando um tempo de 2,5 h. Tendo como base o esquema gráfico e considerando que a temperatura interna de Ana permaneça constante durante todo o percurso, pode-se afirmar que:

a) ocorre menos transferência de calor entre Ana e o ambiente na região central.

b) a maior transferência de calor entre Ana e o ambiente ocorre na região residencial urbana.

c) durante o percurso, a menor troca de calor entre Ana e o ambiente ocorre na região do parque.

d) na região rural é onde há possibilidade de uma maior troca de calor entre Ana e o ambiente.

e) a diferença de temperatura entre as regiões não interfere na transferência de calor entre Ana e o ambiente.

**10.** (UFMT) Dois corpos de ferro, *A* e *B*, estão inicialmente com as temperaturas $T_A = 120$ °C e $T_B = 80$ °C. As massas dos corpos são $M_A = 1,0$ kg e $M_B = 2,0$ kg. Quando colocados em contato térmico, dentro de um recipiente isolado termicamente:

(01) a energia flui sob a forma de calor do corpo *B* para o corpo *A*;

(02) a temperatura dos dois corpos tenderá a se igualar;

(04) a energia flui sob a forma de calor do corpo *A* para o corpo *B*;

(08) como a massa de *B* é o dobro da massa do corpo *A*, a energia em forma de calor fluirá do corpo *B* para o corpo *A*;

(16) para o equilíbrio térmico ser alcançado, o corpo *B* cederá energia em forma de calor para o corpo *A*.

Dê como resposta a soma dos números correspondentes aos itens corretos.

11. (UFF-RJ) Uma bola de ferro e uma bola de madeira, ambas com a mesma massa e a mesma temperatura, são retiradas de um forno quente e colocadas sobre blocos de gelo.

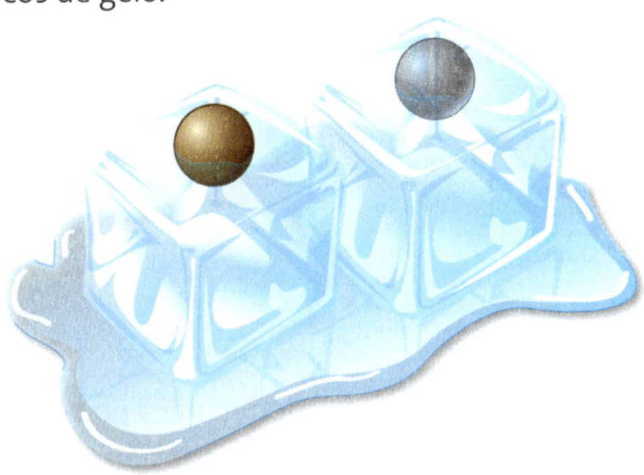

CASA DE TIPOS/ARQUIVO DA EDITORA

Indique a opção que descreve o que acontece a seguir.

a) A bola de metal esfria mais rápido e derrete mais gelo.

b) A bola de madeira esfria mais rápido e derrete menos gelo.

c) A bola de metal esfria mais rápido e derrete menos gelo.

d) A bola de metal esfria mais rápido e ambas derretem a mesma quantidade de gelo.

e) Ambas levam o mesmo tempo para esfriar e derretem a mesma quantidade de gelo.

12. (UFF-RJ) Um dos mais intrigantes fenômenos naturais é a mudança de fase que ocorre, por exemplo, quando a água líquida se vaporiza, ao ferver. Mede-se a temperatura da água fervente em duas panelas, uma de barro e outra metálica. Ambas se encontram sobre fogões de cozinha, um deles no nível do mar e o outro no alto do Pico da Bandeira. A temperatura da água fervente:

a) é sempre 100 °C, portanto é a mesma em ambas as panelas.

b) é menor na panela onde começou a ferver há menos tempo.

c) é menor na panela que se encontra no Pico da Bandeira.

d) é menor na panela metálica.

e) é menor na panela de barro.

13. (UFPE) Uma jarra de capacidade térmica igual a 60 cal/ °C contém 300 g de água em equilíbrio a determinada temperatura. Adicionam-se 36 g de gelo a 0 °C e mantém-se a jarra em um ambiente isolado termicamente. Quando o sistema entra em equilíbrio, sua temperatura final é igual a 20 °C. Qual a redução na temperatura da água?
(Dados: calor latente de fusão do gelo = 80 cal/g; calor específico da água = 1,0 cal/(g · °C).)

a) 2 °C
c) 6 °C
e) 10 °C
b) 4 °C
d) 8 °C

14. (Uepa) Leia o texto:
O radiador de um automóvel tem como função transferir calor do líquido de resfriamento que ali circula para o ar que passa por ele quando o veículo está em movimento. Quando o radiador é tampado, o ponto de ebulição do líquido sofre um aumento de até 25 °C. Além disso, a tampa também funciona como uma válvula de pressão. Quando a pressão interna exercida na tampa atinge um valor predeterminado, uma válvula se abre, permitindo que o líquido de resfriamento escorra por um tubo conectado a um recipiente coletor. Esse sistema de controle de pressão é também usado em outros dispositivos da vida moderna, como nas panelas de pressão.

Fonte: http://carros.hsw.uol.com.br

Sobre o texto, julgue (V ou F):

I. O processo de transferência de calor do radiador para o ar atmosférico se dá por condução.

II. Assim como o radiador, em uma panela de pressão devidamente tampada, a pressão alcança valores maiores do que a pressão atmosférica de 1 atm, razão pela qual a água ali contida ferve a temperaturas maiores do que 100 °C.

III. Depois que a panela "pega pressão", pode-se diminuir um pouco a chama do fogão, pois a válvula de controle não permitirá que a pressão suba mais do que o limite pré-estipulado pelo fabricante.

IV. Se o automóvel em questão se deslocasse para regiões mais elevadas, em relação ao nível do mar, a temperatura, de ebulição do líquido de resfriamento aumentaria.

15. (PUC-RS, modificada) A densidade do vapor de água saturado varia com a temperatura conforme mostra a tabela.

| **Temperatura** (°C) | **Densidade** ($g/m^3$) |
|---|---|
| 0 | 4,8 |
| 8 | 8,2 |
| 24 | 21,5 |
| 32 | 33,5 |

Em um determinado dia, a temperatura é 24 °C. Determine a umidade relativa nesse dia supondo que haja 12,9 g de vapor de água por metro cúbico.

MÓDULO 11

1. (UEM-PR) Assinale o que for correto.

(01) O volume de uma dada massa gasosa será inversamente proporcional à pressão exercida sobre ela, se a temperatura desse gás for mantida constante.

(02) Mantida constante a pressão de uma massa gasosa, o volume dessa massa gasosa é diretamente proporcional a sua temperatura absoluta.

(04) O número de moléculas em volumes iguais de gases diferentes à mesma temperatura e pressão é o mesmo.

(08) Não existe relação entre a energia cinética das moléculas de um gás e a temperatura do gás.

(16) A pressão exercida por um gás sobre as paredes do recipiente que o contém é consequência das contínuas e incessantes colisões das moléculas desse gás contra as paredes do recipiente.

2. (Aman-RJ) O gráfico da pressão (*P*) em função do volume (*V*) no desenho abaixo representa as transformações sofridas por um gás ideal. Do ponto *A* até o ponto *B*, o gás sofre uma transformação isotérmica, do ponto *B* até o ponto *C*, sofre uma transformação isovolumétrica. Considerando $T_A$, $T_B$ e $T_C$ as temperaturas absolutas do gás nos pontos *A*, *B* e *C*, respectivamente, pode-se afirmar que:

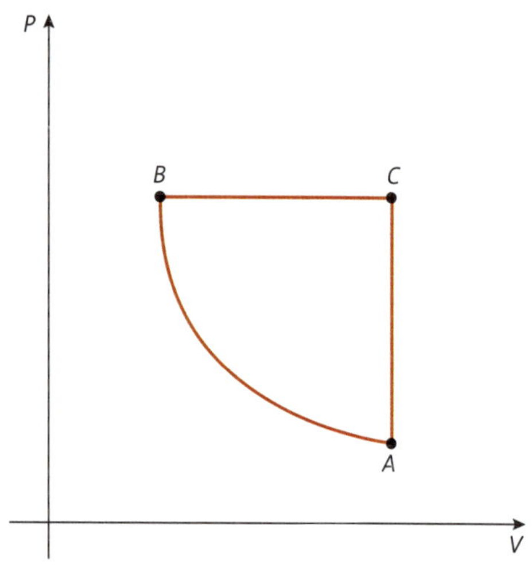


a) $T_A = T_B$ e $T_B < T_C$

b) $T_A = T_B$ e $T_B > T_C$

c) $T_A = T_C$ e $T_B > T_A$

d) $T_A = T_C$ e $T_B < T_A$

e) $T_A = T_B = T_C$

3. (Udesc) Um gás em uma câmara fechada passa pelo ciclo termodinâmico representado no diagrama $p \times V$ da figura a seguir.

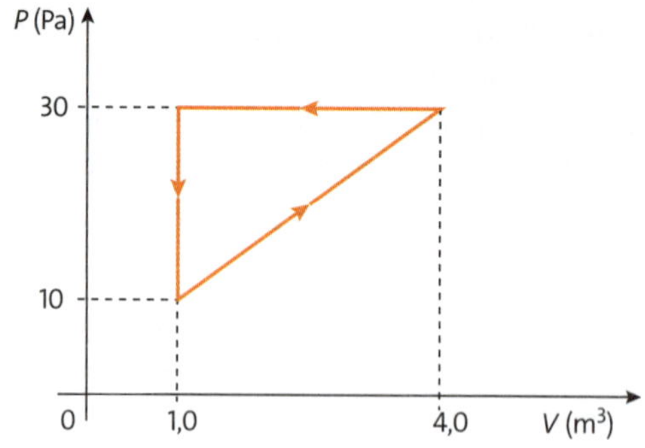


O trabalho, em joules, realizado durante um ciclo é:

a) 30 J

b) −90 J

c) 90 J

d) −60 J

e) −30 J

4. (UEPG-PR) A 1ª lei da termodinâmica pode ser entendida como uma afirmação do princípio da conservação da energia. Sua expressão analítica é dada por $\Delta U = Q - \tau$, onde $\Delta U$ corresponde à variação da energia interna do sistema, *Q* e $\tau$, respectivamente, calor trocado e trabalho realizado.

Sobre a 1ª lei da termodinâmica aplicada a transformações abertas, indique o que for correto.

(01) O sistema pode receber trabalho sem fornecer calor e sua energia interna aumenta.

(02) O sistema pode receber calor sem realizar trabalho e sua energia interna aumenta.

(04) O sistema pode, simultaneamente, receber calor e trabalho e sua energia interna aumenta.

(08) O sistema pode realizar trabalho sem receber calor e sua energia interna diminui.

(16) O sistema pode fornecer calor sem receber trabalho e sua energia interna diminui.

5. (Ufal) Um gás recebe um trabalho de 2100 J, sofrendo uma transformação isotérmica. Sendo o equivalente mecânico do calor igual a 4,2 J/cal, esse gás deve ter cedido uma quantidade de calor, em calorias, igual a:

a) $5{,}0 \cdot 10^2$.

b) $1{,}1 \cdot 10^3$.

c) $2{,}1 \cdot 10^3$.

d) $4{,}2 \cdot 10^3$.

e) $8{,}8 \cdot 10^3$.

6. (Cefet-MG) O gráfico representa a transformação cíclica $1 \rightarrow 2 \rightarrow 3 \rightarrow 4 \rightarrow 1$ de um gás considerado ideal.

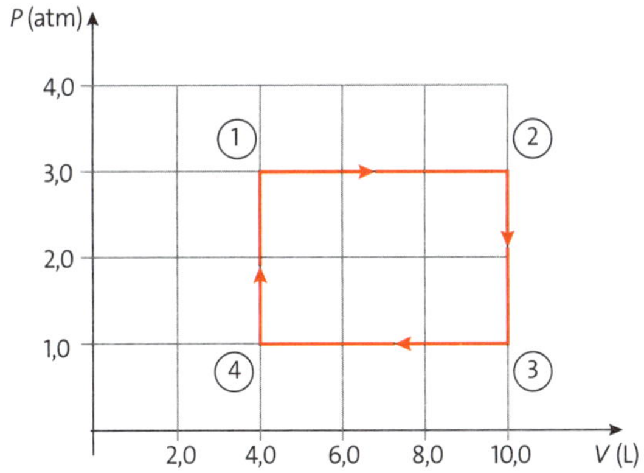


Sobre o gráfico, afirma-se:

I. O ciclo é isotérmico porque o gás volta ao seu estado inicial.

II. O trabalho total realizado no ciclo vale 12,0 atm · L.

III. O calor líquido absorvido pelo gás é igual ao trabalho realizado por ele no ciclo.

IV. O ciclo é adiabático porque não ocorrem trocas de energia entre o gás e sua vizinhança.

São corretas somente as afirmativas:

a) I, II e III. b) II e III. c) III e IV. d) I, II e IV. e) I, III e IV.

7. (UFRN) Durante a visita a uma concessionária de veículos, um cliente que possui um carro de 80 CV (cavalo-vapor) se interessou por adquirir um carro de maior potência. A partir dos folhetos de propaganda disponíveis na concessionária, ele ficou interessado em um modelo equipado com um motor 2.3 (ou seja, 2 300 centímetros cúbicos). Em conversa com o vendedor, o cliente ficou sabendo que tal motor, funcionando a 3 000 rpm (rotações por minuto), apresentava, em cada ciclo, uma variação do volume do cilindro de combustão de $2,3 \cdot 10^{-3}$ m³, devido ao movimento do pistão, com uma pressão média no interior do cilindro igual a $6,4 \cdot 10^5$ N/m². Conversaram ainda que, para determinar a potência de um motor, é necessário o trabalho realizado por ele durante um cliclo e que tal trabalho pode ser determinado por meio do cálculo do produto da variação do volume pela pressão média no interior do cilindro.

Dado: 1,0 CV = 736,0 watts.

Para as condições de funcionamento descritas na conversa entre o vendedor e o cliente, determine:

a) o trabalho realizado pelo motor em funcionamento durante um ciclo;

b) o intervalo de tempo, em segundos, necessário para o motor realizar um ciclo;

c) se o carro de 2 300 centímetros cúbicos que o cliente se interessou por adquirir desenvolve maior, menor ou a mesma potência que o seu carro de 80 CV.

8. (Ufal) No século XIX, um industrial pede a um engenheiro que projete uma locomotiva a vapor que transforme em trabalho todo o calor retirado da sua caldeira a alta temperatura, durante um ciclo de funcionamento do motor. Em resposta, o engenheiro argumenta que é impossível atender a tal solicitação, visto que ela contraria a:

a) lei zero da termodinâmica.

b) primeira lei da termodinâmica.

c) segunda lei da termodinâmica.

d) terceira lei da termodinâmica.

e) quarta lei da termodinâmica.

9. (PUCC-SP) O esquema a seguir representa trocas de calor e realização de trabalho em uma máquina térmica. Os valores de $T_1$ e $Q_2$ não foram indicados, mas deverão ser calculados durante a solução desta questão.

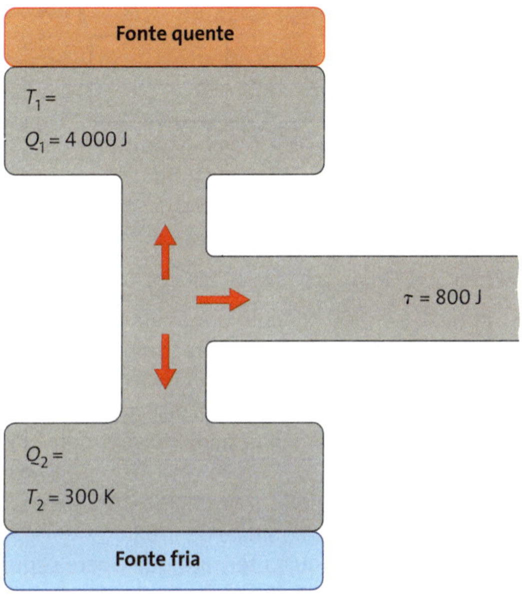


Considerando-se os dados indicados no esquema, se essa máquina operasse segundo um ciclo de Carnot, a temperatura $T_1$, da fonte quente, seria igual a:

a) 375 K. b) 400 K. c) 525 K. d) 1 200 K. e) 1 500 K.

10. (UFBA) A figura a seguir representa o ciclo de Carnot, para um gás ideal.

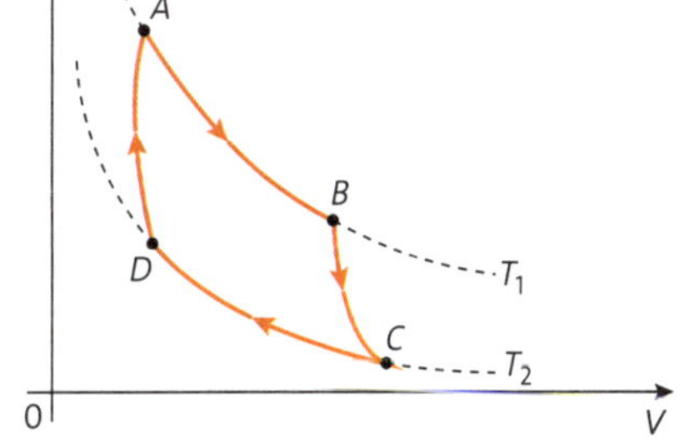


MÓDULO 11

FRENTE B

Nessas condições é correto afirmar:

(01) Na compressão adiabática, a energia interna do gás diminui.

(02) Na expansão isotérmica, o gás recebe o calor de uma das fontes.

(04) Na expansão adiabática, a temperatura do gás diminui.

(08) Na compressão isotérmica, a energia interna do gás diminui.

(16) Na transformação cíclica, o gás atinge o equilíbrio térmico com a fonte quente, antes de reiniciar novo ciclo.

Dê a soma dos números dos itens corretos.

**11.** (UFPB) Uma máquina térmica opera usando um gás monoatômico ideal de acordo com o ciclo mostrado na figura.

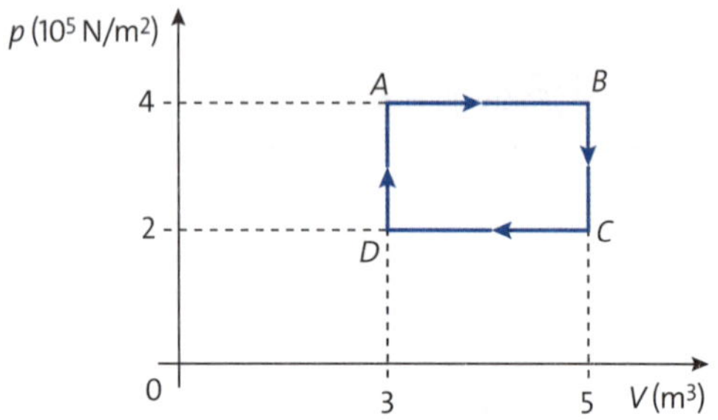


Sabendo que a temperatura de operação da máquina no ponto B é de 500 K, identifique as afirmativas corretas.

I. O trabalho realizado pela máquina térmica em um ciclo é de $4 \cdot 10^5$ J.

II. O rendimento dessa máquina é igual ao rendimento de uma máquina operando segundo o ciclo de Carnot.

III. A menor temperatura atingida durante o ciclo de operação da máquina é de 100 K.

IV. Para uma máquina térmica que opere segundo o ciclo de Carnot, entre as temperaturas de operação do ciclo mostrado na figura, o rendimento é 0,7.

V. A variação de energia interna em um ciclo completo é nula.

**12.** (UEPG-PR) Um motor térmico opera entre uma fonte quente à temperatura $T_1 = 500$ K e uma fonte fria à temperatura $T_2 = 300$ K. Em certo intervalo de tempo, o motor realiza um número inteiro de ciclos (de Carnot), durante os quais ele recebe da fonte quente o calor de $Q_1 = 400$ J. Nesse mesmo intervalo de tempo:

(01) o motor cede 240 J à fonte fria.

(02) o rendimento térmico do motor é de 50%.

(04) o motor realiza um trabalho de 400 J.

(08) o motor realiza um trabalho de 160 J.

(16) para o motor obter um rendimento 25% maior que o obtido, a temperatura da fonte quente deverá ser igual a $T_1 = 600$ K.

Dê como resposta a soma dos números correspondentes aos itens corretos.

**13.** (UFMA) Uma máquina de Carnot *A* opera entre dois reservatórios a 300 °C e 400 °C, e outra opera entre 300 K e 400 K. Podemos afirmar que:

a) o rendimento de *A* é menor que o de *B*.

b) o rendimento de *A* é maior que o de *B*.

c) o rendimento de *A* é igual ao de *B* e é de 25%.

d) com os dados fornecidos, não é possível calcular os rendimentos.

e) toda máquina de Carnot tem rendimento de 100%.

**14.** (UFSC) Assinale a(s) proposição(ões) correta(s):

(01) Sempre que um gás recebe calor, sua temperatura sofre um acréscimo.

(02) Em uma transformação isotérmica, o sistema não troca calor com o meio externo.

(04) Em uma compressão adiabática, a temperatura do sistema aumenta.

(08) A variação da energia interna de um sistema termodinâmico é dada pela diferença entre a energia trocada com a vizinhança, na forma de calor, e o trabalho realizado pelo sistema, ou sobre o sistema.

(16) O motor de combustão interna de um automóvel não é uma máquina térmica porque não opera entre uma fonte quente e uma fonte fria e em ciclos.

(32) Um refrigerador funciona como uma máquina térmica, operando em sentido inverso, isto é, retira calor da fonte fria e, pelo trabalho realizado sobre ele, rejeita para a fonte quente.

(64) Uma máquina térmica, operando segundo o ciclo de Carnot, obtém um rendimento de 100%, isto é, converte todo o calor recebido em trabalho.

Dê como resposta a soma dos números correspondentes aos itens corretos.

**15.** (UEL-PR) Suponha que em um motor de explosão o gás no cilindro se expanda 1,50 litro ($1{,}50 \cdot 10^{-3}$ m$^3$) sob pressão de $5{,}00 \cdot 10^5$ N/m$^2$. Suponha também que, nesse processo, são consumidos 0,20 g de combustível cujo calor de combustão é $7{,}50 \cdot 10^3$ cal/g. Adotando 1,0 cal = 4,0 J, o rendimento desse motor, em porcentagem, é um valor mais próximo de:

a) 10

b) 13

c) 16

d) 20

e) 25

## MÓDULO 12

1. (Ufscar-SP) Dos muitos fenômenos astronômicos, certamente os eclipses nos deixam bastante maravilhados. Sobre esses fenômenos, pode-se dizer que:
   a) no eclipse solar, a Lua se posiciona entre o Sol e o planeta Terra.
   b) no eclipse lunar, a Lua passa por trás do Sol, tornando-se impossível vê-la.
   c) no eclipse lunar, a lua se posiciona entre o Sol e o planeta Terra.
   d) um eclipse solar pode ser visto ao mesmo tempo em qualquer local da Terra.
   e) um eclipse lunar pode ser visto ao mesmo tempo em qualquer local da Terra.

2. (UFRJ) A figura a seguir (evidentemente fora de escala) mostra o ponto $O$ em que está o olho de um observador da Terra olhando um eclipse solar total, isto é, aquele no qual a Lua impede toda luz do Sol de chegar ao observador.

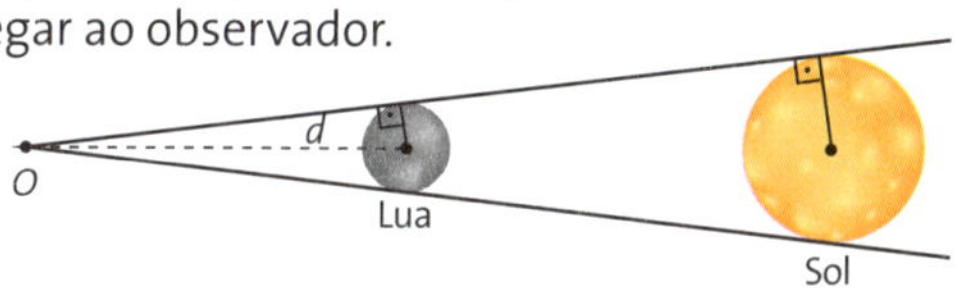


   a) Para que o eclipse seja anelar, isto é, para que a Lua impeça a visão dos raios emitidos por uma parte central do Sol, mas permita a visão da Luz emitida pelo restante do Sol, a Lua deve estar mais próxima ou mais afastada do observador do que na situação da figura? Justifique sua resposta com palavras ou com um desenho.
   b) Sabendo que o raio do Sol é $0{,}70 \cdot 10^6$ km, o da Lua, $1{,}75 \cdot 10^3$ km, e que a distância entre o centro do Sol e o observador na Terra é de $150 \cdot 10^6$ km, calcule a distância $d$ entre o observador e o centro da Lua para a qual ocorre o eclipse total indicado na figura.

3. (UFRGS-RS) Na figura a seguir estão representados um espelho plano $E$, perpendicular à página, e um pequeno objeto luminoso $S$, colocado diante do espelho, no plano da página. Os pontos $O_1$, $O_2$, $O_3$, também no plano da página, representam as posições ocupadas sucessivamente por um observador.

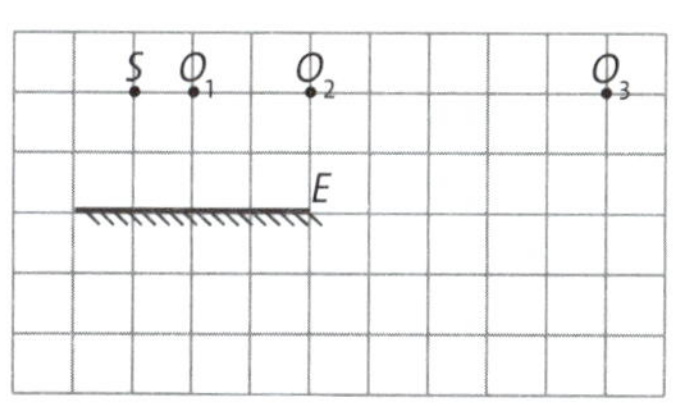


   O observador verá a imagem do objeto $S$ fornecida pelo espelho $E$:
   a) apenas da posição $O_1$.
   b) apenas da posição $O_2$.
   c) apenas da posição $O_3$.
   d) apenas das posições $O_1$ e $O_2$.
   e) das posições $O_1$, $O_2$ e $O_3$.

4. (Fatec-SP) As figuras a seguir mostram um espelho plano $E$ na frente do qual se encontra um objeto $O$ e um observador $P$. Das alternativas a seguir, aquela que melhor representa o caminho seguido pelo raio luminoso que partindo de $O$ atinge o observador $P$, por reflexão no espelho $E$, é:

   a)

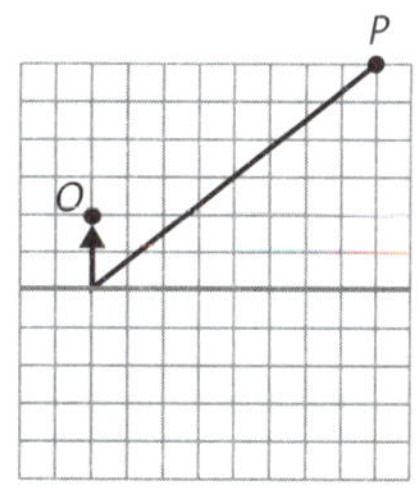


   b)

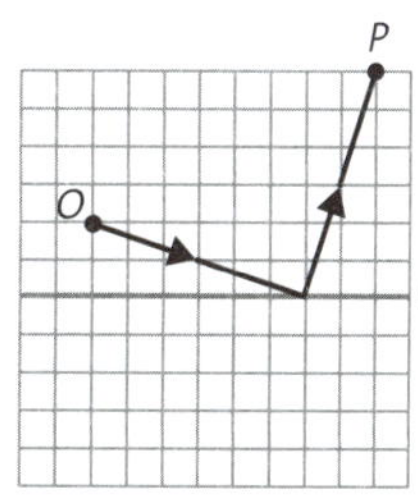


   c)

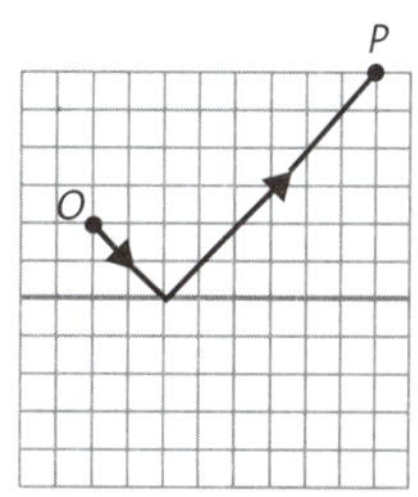


   d)

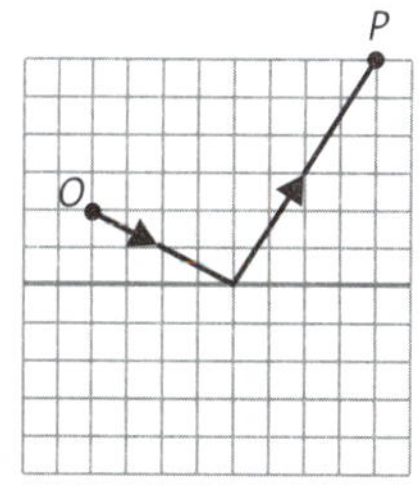


   e)

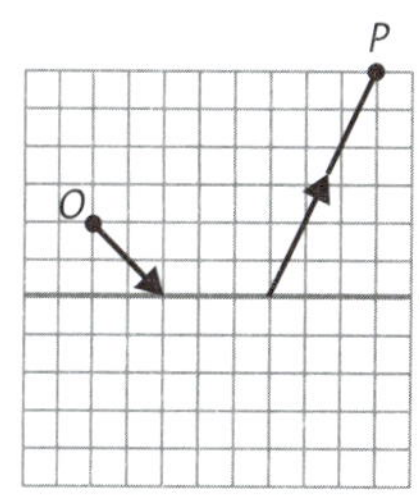


5. (UFPB) Uma usina solar é uma forma de se obter energia limpa. A configuração mais comum é constituída de espelhos móveis espalhados por uma área plana, os quais projetam a luz solar refletida para um mesmo ponto situado no alto de uma torre.
   Nesse sentido, considere a representação simplificada dessa usina por um único espelho plano $E$ e uma torre, conforme mostrado na figura abaixo.

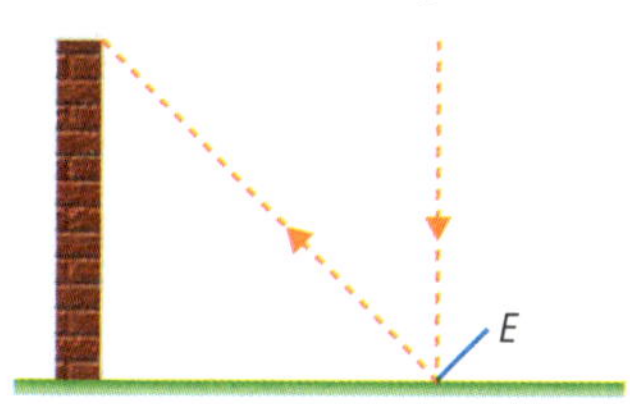


   Com relação a essa figura, considere:
   - A altura da torre é de 100 m.
   - A distância percorrida pela luz do espelho até o topo da torre é de 200 m.
   - A luz do Sol incide verticalmente sobre a área plana.
   - As dimensões do espelho $E$ devem ser desprezadas.

   Nessa situação, conclui-se que o ângulo de incidência de um feixe de luz solar sobre o espelho $E$ é de:
   a) 90°
   b) 60°
   c) 45°
   d) 30°
   e) 0°

6. (UFRJ) Um raio luminoso emitido por um *laser* de um ponto *F* incide em um ponto *I* de um espelho plano. O ponto *F* está a uma distância *b* do espelho e a uma distância *a* da normal *N*. Uma mosca voa num plano paralelo ao espelho, a uma distância $\frac{b}{2}$ dele, como ilustra a figura.

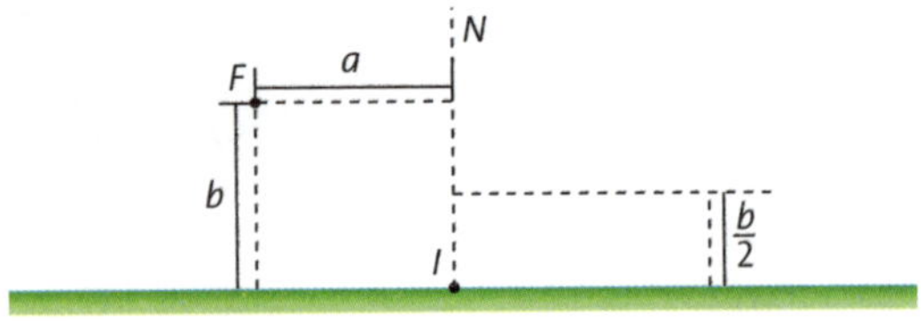


Em um certo instante, a mosca é atingida pelo raio *laser* refletido em *I*.
Calcule, nesse instante, a distância da mosca à normal *N*.

7. (PUC-SP) O estudo da luz e dos fenômenos luminosos sempre atraiu os pensadores desde a antiga Grécia. Muitas são as aplicações dos espelhos e lentes, objetos construídos a partir dos estudos realizados em óptica. A figura representa um periscópio, instrumento que permite a observação de objetos mesmo que existam obstáculos opacos entre o observador e uma região ou o objeto que se deseja observar.
Considere que, nesse periscópio, $E_1$ e $E_2$ são espelhos planos.

A respeito do periscópio e dos fenômenos luminosos que a ele podem ser associados são feitas as afirmativas:

I. A colocação de espelhos planos, como indicada na figura, permite que a luz proveniente da árvore atinja o observador comprovando o princípio da propagação retilínea da luz.
II. O ângulo de incidência do raio de luz no espelho $E_1$ é congruente ao ângulo de reflexão nesse mesmo espelho.
III. Como os espelhos $E_1$ e $E_2$ foram colocados em posições paralelas, os ângulos de incidência do raio de luz no espelho $E_1$ e de reflexão no espelho $E_2$ são congruentes entre si.

Dessas afirmativas, está correto apenas o que se lê em:

a) II.
b) I e II.
c) I e III.
d) II e III.
e) I, II e III.

8. (UPE) Em relação aos espelhos esféricos, analise as proposições que se seguem:

(1) A reta definida pelo centro de curvatura e pelo vértice do espelho é denominada eixo secundário.
(3) O ponto de encontro dos raios refletidos ou de seus prolongamentos, devido aos raios incidentes paralelos ao eixo principal, é denominado foco principal.
(5) O espelho côncavo tem foco virtual, e o espelho convexo, foco real.
(7) Todo raio de luz que incide passando pelo foco, ao atingir o espelho, é refletido paralelo ao eixo principal.
(9) Quando o objeto é posicionado entre o centro de curvatura e o foco do espelho côncavo, conclui-se que a imagem é real, invertida e maior do que o objeto.

A soma dos números entre parênteses que correspondem aos itens corretos é igual a:

a) 25
b) 18
c) 19
d) 10
e) 9

9. (UPM-SP) Quando colocamos um pequeno objeto real entre o foco principal e o centro de curvatura de um espelho esférico côncavo de Gauss, sua respectiva imagem conjugada será:

a) real, invertida e maior que o objeto.
b) real, invertida e menor que o objeto.
c) real, direita e maior que o objeto.
d) virtual, invertida e maior que o objeto.
e) virtual, direita e menor que o objeto.

10. (Unifal-MG) As afirmativas a seguir referem-se a um espelho esférico côncavo, que tem um raio de curvatura de 30 cm.

I. Um pequeno objeto, situado a 20 m do espelho, terá sua imagem formada praticamente sobre o foco.
II. Os raios luminosos que incidem no espelho, passando pelo centro de curvatura, são refletidos paralelamente ao seu eixo principal.
III. A imagem de um objeto, situado a 35 cm do espelho, será real.

Está(ão) correta(s):

a) I e II.
b) II e III.
c) I e III.
d) apenas II.
e) apenas III.

**11.** (Ufscar-SP) Imagine que você e um colega tenham sido aprovados como alunos da Universidade Federal de São Carlos e que, pela primeira vez, dirigem-se a ela. Você, carona de seu amigo, mantém o mapa sobre o painel do carro, pronto para ser consultado no instante em que for necessário (figura 1).

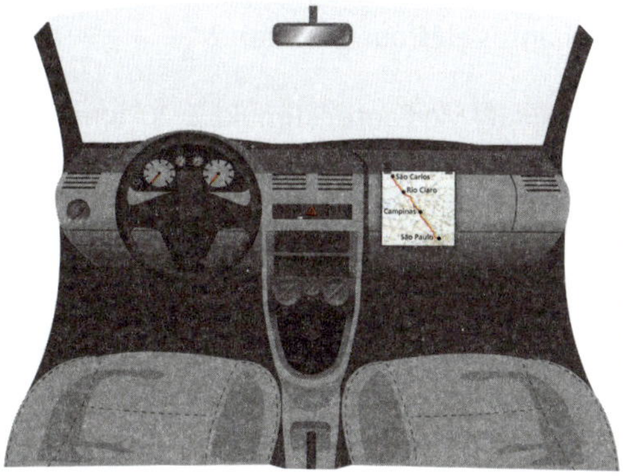

CASA DE TIPOS/ARQUIVO DA EDITORA

Figura 1

a) Num certo momento da viagem, olhando em direção ao para-brisa, você percebe que esse produz uma imagem refletida do mapa. Supondo que o vidro do carro fosse plano e que o mapa estivesse sobre o painel tal qual aparece na ilustração, faça um esboço da Alternativa "F" de UFSCar, representando a imagem refletida.

b) Olhando com mais atenção, você nota que não se trata de reflexão tal qual ocorre com os espelhos planos. De fato, o para-brisa é ligeiramente encurvado e aproxima-se a um espelho esférico côncavo, refletindo parte da luz que nele incide (figura 2).

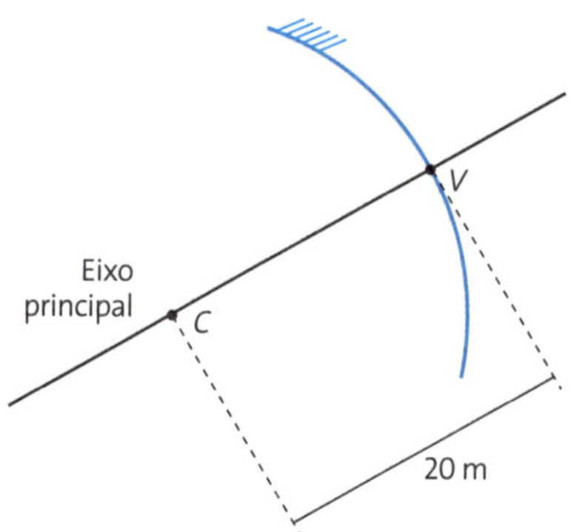


Figura 2

Supondo que o raio de curvatura do para-brisa seja de 20 m e que o volante posicionado sobre o eixo principal está a 0,5 m do para-brisa, determine a que distância do vidro se formará a imagem conjugada do volante.

**12.** (UFU-MG) Um espelho côncavo tem distância focal igual a *f*. Um objeto real de altura *h* é colocado a uma distância $d_0$ defronte do espelho, sobre o eixo do mesmo. Descreva as características desta imagem (tamanho, direta ou invertida, real ou virtual), em cada uma das seguintes condições:

a) $d_0 > 2f$; b) $d_0 = f$; c) $d_0 < f$.

**13.** (Ufal) Um palito de fósforo, de 8 cm de comprimento, é colocado a 80 cm de distância de um espelho convexo. A imagem do palito possui comprimento de 1,6 cm e a mesma orientação deste. Pode-se concluir que o valor absoluto da distância focal do espelho é:

a) 10 cm
b) 20 cm
c) 30 cm
d) 40 cm
e) 50 cm

**14.** (Uerj) Na entrada de um circo existe um espelho convexo. Uma menina de 1,0 m de altura vê sua imagem refletida quando se encontra a 1,2 m do vértice do espelho. A relação entre os tamanhos da menina e de sua imagem é igual a 4. Calcule a distância focal do espelho da entrada do circo.

**15.** (PUC-RJ) Observe a figura:

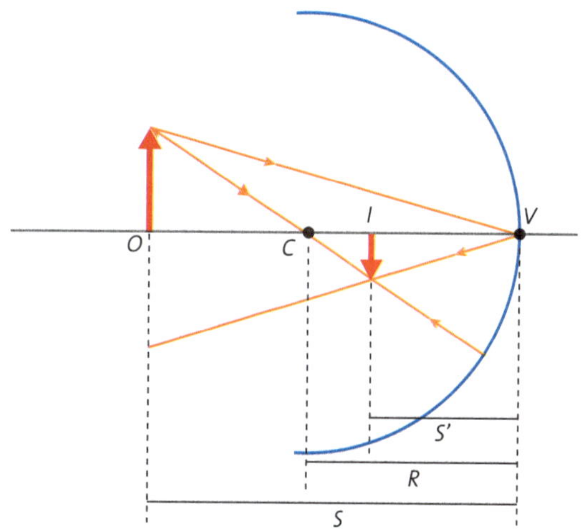


Para o espelho côncavo esférico da figura em que $R = 10$ cm e $S = 30$ cm, determine a distância $S'$ em cm da imagem ao vértice do espelho.

a) 3
b) 5
c) 6
d) 10
e) 12

MÓDULO 13

1. (Unifesp-SP) Um consumidor troca a sua televisão de 29 polegadas e 70 W de potência por uma de plasma de 42 polegadas e 220 W de potência. Se em sua casa se assiste à televisão durante 6,0 horas por dia, em média, pode-se afirmar que o aumento de consumo mensal de energia elétrica que essa troca vai acarretar é, aproximadamente, de:

a) 13 kWh.
b) 27 kWh.
c) 40 kWh.
d) 70 kWh.
e) 220 kWh.

2. (Unisa-SP) A corrente elétrica nos condutores metálicos é constituída de:

a) elétrons livres no sentido convencional.
b) cargas positivas no sentido convencional.
c) elétrons livres no sentido oposto ao convencional.
d) cargas positivas no sentido oposto ao convencional.
e) íons positivos e negativos fluindo na estrutura cristalizada do metal.

3. (UEL-PR) O gráfico mostra, em função do tempo $t$, o valor da corrente elétrica $i$ através de um condutor.

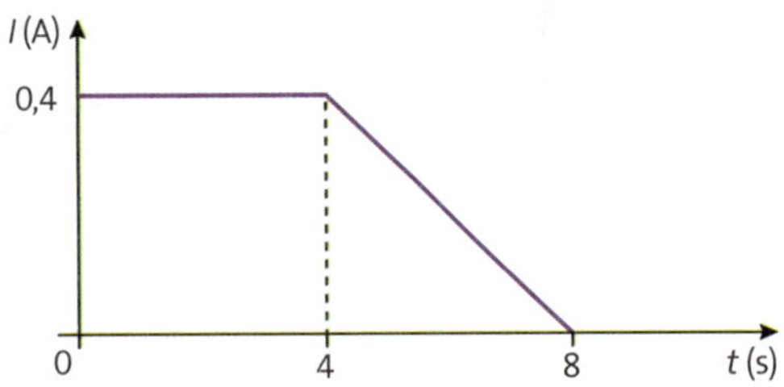


Sendo $Q$ a carga elétrica que circulou no intervalo de tempo de 0 a 4 s, a carga elétrica que circulou no intervalo de tempo de 4 s a 8 s foi:

a) $0,25 \cdot Q$.
b) $0,40 \cdot Q$.
c) $0,50 \cdot Q$.
d) $2 \cdot Q$.
e) $4 \cdot Q$.

4. (UFCE) Um aro circular isolante contém oito cargas elétricas iguais, conforme a figura a seguir. Quando o disco gira em torno de $O$, com velocidade angular constante $\omega$, a intensidade de corrente $i$, em virtude do movimento de cargas, é:

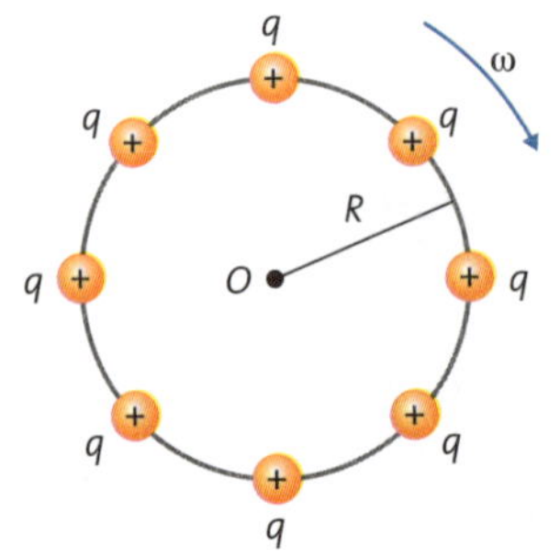


a) $\frac{\omega \cdot q}{2\pi}$.
b) $\frac{4\omega \cdot q}{2\pi}$.
c) $\frac{\omega \cdot q}{16\pi}$.
d) $\frac{\omega \cdot q}{\pi}$.
e) $\frac{4\omega \cdot q}{\pi}$.

5. (PUC-SP) Uma lâmpada permanece acesa durante uma hora, sendo percorrida por uma corrente elétrica de intensidade igual a 0,5 A.
(Dado: carga do elétron $= 1,6 \cdot 10^{-19}$ C).

a) Qual carga elétrica passou por uma secção de seu filamento?
b) Quantos elétrons passaram?

6. (Vunesp-SP) Mediante estímulo, $2 \cdot 10^5$ íons de $K^+$ atravessam a membrana de uma célula nervosa em 1,0 milissegundo. Calcule a intensidade dessa corrente elétrica, sabendo que a carga elementar é $1,6 \cdot 10^{-19}$ C.

7. (CEFSA-SP) A corrente que passa por um condutor, em função do tempo, foi medida no intervalo de tempo de 12 s, obtendo-se a informação gráfica que se segue:

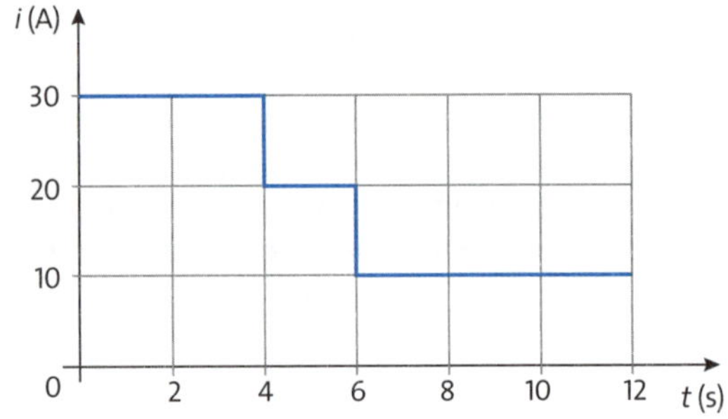


A partir disso, pode-se determinar que a quantidade de carga elétrica, em coulombs, que atravessou o condutor no intervalo de tempo considerado foi de:

a) 100.
b) 120.
c) 160.
d) 180.
e) 220.

8. (Vunesp-SP) Suponha que um experimento de eletrólise, representado pela figura a seguir, 3 coulombs de carga positiva e 3 coulombs de carga negativa atravessem o plano $PP'$ durante 1 segundo.

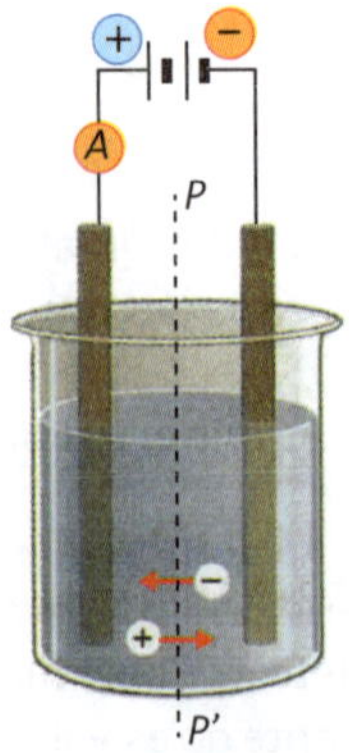


A corrente, em ampères, indicada pelo amperímetro $A$ será:

a) 0.
b) 1.
c) 2.
d) 3.
e) 6.

9. (UPF-RS) Um aquecedor elétrico foi projetado para funcionar em 220 V com uma corrente de 10 A. Esse aquecedor, funcionando normalmente durante duas horas por dia durante dez dias, consome uma energia elétrica, em quilowatt-hora, de:
a) 220.
b) 440.
c) 62.
d) 44.
e) 22.

10. (Ufscar-SP) O domínio da eletricidade trouxe inúmeras vantagens às pessoas. Uma delas é a possibilidade da obtenção de luz sem a necessidade do fogo. Considerando apenas as lâmpadas incandescentes, analise:
I. Entre lâmpadas para a mesma tensão elétrica, aquela que tem maior potência tem maior resistência elétrica.
II. Uma lâmpada de 60 W consome menos energia que uma lâmpada de 100 W.
III. Uma lâmpada fabricada para funcionar adequadamente em 110 V tem seu brilho diminuído quando ligada em 220 V, sem queimar.
É correto o contido em:
a) I, apenas.
b) II, apenas.
c) I e III, apenas.
d) II e III, apenas.
e) I, II e III.

11. (UFJF-MG) Um computador é ligado a um *no-break*, que, basicamente, é um sistema armazenador de energia. Quando falta energia elétrica, o *no-break* entra em funcionamento, fazendo com que o computador permaneça funcionando por mais certo tempo.
Determine o tempo máximo que o computador fica ligado, após faltar energia elétrica, sabendo que a potência do computador é de 500 W e que a energia máxima do *no-break* é de 2 kWh.
a) 4 h
b) 5 h
c) 10 h
d) 0,4 h
e) 0,5 h

12. (Unifesp) Avalia-se que uma pessoa sentada, estudando e escrevendo, consome, em média, 1,5 quilocaloria por minuto (1 quilocaloria = 4 000 joules). Nessas condições, pode-se afirmar que a potência dissipada pelo seu organismo, agora, resolvendo esta questão, equivale, aproximadamente, à potência de:
a) um relógio digital de pulso.
b) uma lâmpada miniatura de lanterna.
c) uma lâmpada incandescente comum.
d) um ferro elétrico.
e) um chuveiro elétrico.

13. (UEPB) Leia o texto:
Um dos meios de desperdício de energia é causado pelo consumo de energia oriundo da utilização do modo de operação em *standby*. O modo *standby* significa que um equipamento eletroeletrônico está temporariamente em repouso, ou seja, ele não está desligado, continua consumindo energia. Embora represente uma pequena quantidade de energia consumida por equipamento, sua utilização em larga escala pode resultar em um montante de consumo desnecessário e considerável de energia.

Adaptado de RODRIGUES, Jean Ronir Ferraz. Curitiba: UFPA, 2009.

Acerca do assunto tratado no texto, suponha que um cidadão, ao se conscientizar sobre o desperdício de energia na utilização de aparelhos eletrodomésticos, resolveu verificar o consumo de energia do aparelho de TV de sua residência ao mantê-lo em *standby*. Observou que deixava o aparelho de TV em prontidão (*standby*) durante 18 horas por dia. Consultando o manual de utilização do aparelho de TV, constatou que para mantê-lo em *standby* é necessária uma potência de 18 W e que o custo do quilowatt-hora é R$ 0,50. Se o aparelho for mantido em *standby* durante um mês (30 dias), o custo em reais do seu consumo de energia será de:
a) R$ 6,00.
b) R$ 5,20.
c) R$ 8,00.
d) R$ 4,86.
e) R$ 12,00.

14. (Fatec-SP) Durante uma aula de Física, o professor pede a seus alunos que calculem o gasto mensal de energia elétrica que a escola gasta com 25 lâmpadas fluorescentes de 40 W cada, instaladas em uma sala de aula. Para isso, o professor pede aos alunos que considerem um uso diário de 5 horas, durante 20 dias no mês.
Se o preço do kWh custa R$ 0,40 em média, o valor encontrado, em reais, será de:
a) 100.
b) 80.
c) 60.
d) 40.
e) 20.

15. (ITA-SP) Em 1998, a hidrelétrica de Itaipu forneceu aproximadamente 87 600 GWh de energia elétrica. Imagine então um painel fotovoltaico gigante que possa converter em energia elétrica, com rendimento de 20%, a energia incidente na superfície da Terra, aqui considerada com valor médio diurno (24 horas) aproximado de 170 $W/m^2$.
Calcule:
a) A área horizontal (em $km^2$) ocupada pelos coletores solares para que o painel possa gerar, durante um ano, energia equivalente àquela de Itaipu.
b) O percentual médio com que a usina operou em 1998 em relação à sua potência instalada de 14 000 MW.

## MÓDULO 14

**1.** (Fuvest-SP) No circuito elétrico residencial esquematizado a seguir, estão indicadas, em watts, as potências dissipadas por seus diversos equipamentos. O circuito está protegido por um fusível *F*, que funde quando a corrente ultrapassa 30 A, interrompendo o circuito. Que outros aparelhos podem estar ligados ao mesmo tempo que o chuveiro elétrico sem "queimar" o fusível?

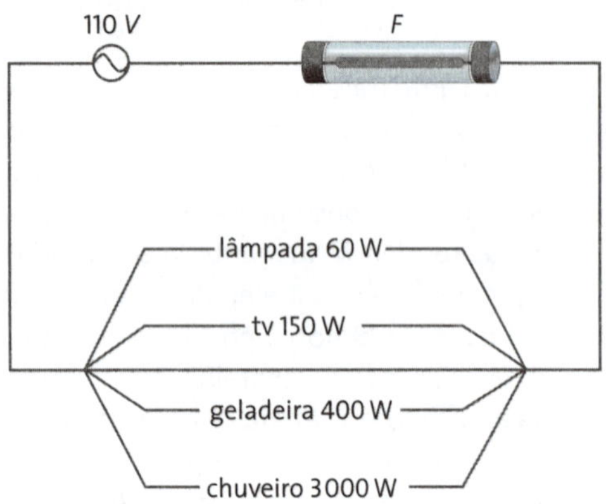


a) Geladeira, lâmpada e TV.
b) Geladeira e TV.
c) Geladeira e lâmpada.
d) Geladeira.
e) Lâmpada e TV.

**2.** (PUC-PR) No circuito com três resistores associados em paralelo mostrado na figura, a corrente elétrica $i_3$ e a resistência elétrica $R_1$ devem ter os seguintes valores, respectivamente:

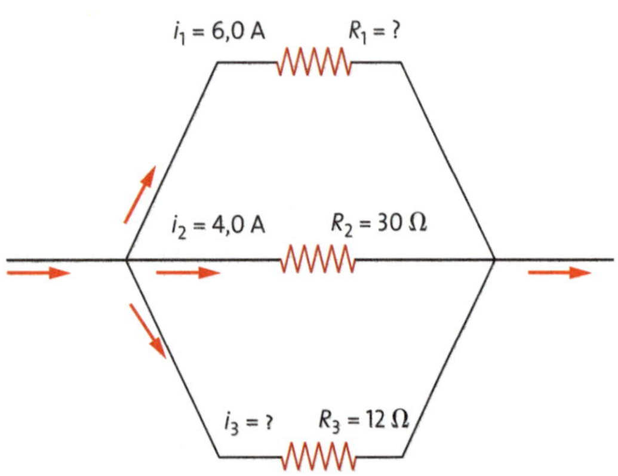


a) 8,0 A e 15 Ω.
b) 10 A e 20 Ω.
c) 6,0 A e 12 Ω.
d) 20 A e 10 Ω.
e) 15 A e 10 Ω.

**3.** (Vunesp-SP) Dentro de uma caixa com terminais *A* e *B*, existe uma associação de resistores. A corrente que atravessa a caixa em função da tensão aplicada nos terminais *A* e *B* é dada pela tabela a seguir.

| *U* (V) | *i* (A) |
|---|---|
| 3 | 1 |
| 6 | 2 |
| 9 | 3 |
| 12 | 4 |

A caixa poderia conter:

a)

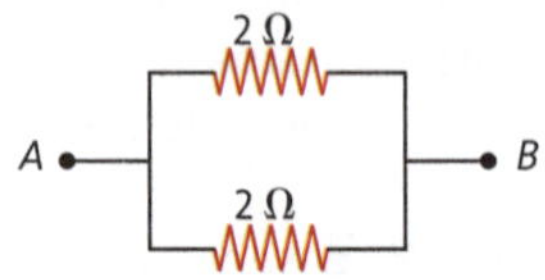


b)

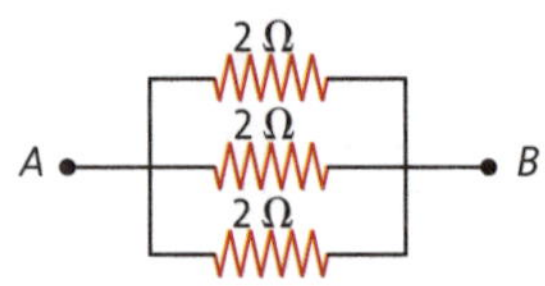


c)

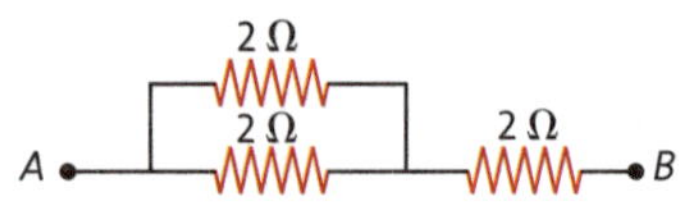


d)

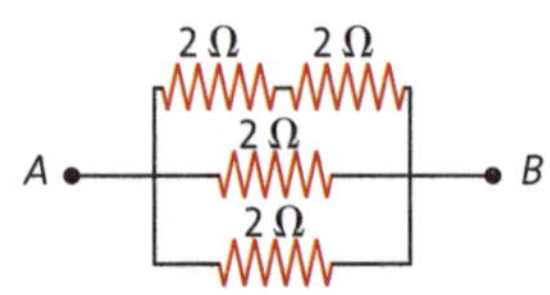


e)

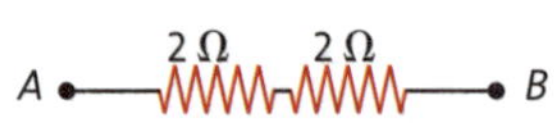


**4.** (UEPG-PR) Considere o circuito a seguir. Quatro lâmpadas iguais tendo cada uma resistência elétrica *R*. As lâmpadas são mantidas a uma ddp ($V_a - V_b$) invariável em qualquer situação. Sobre esse evento físico, assinale o que for correto.

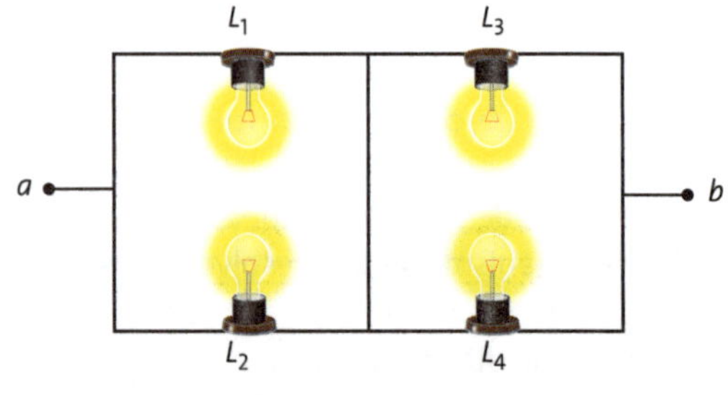


(01) Cada lâmpada é percorrida por uma corrente elétrica de intensidade igual a $\frac{i}{2}$.
(02) As quatro lâmpadas brilham com a mesma intensidade.

(04) Desligando-se a lâmpada $L_1$ do circuito, a intensidade da corrente elétrica através da lâmpada $L_2$ será igual a $\frac{3i}{2}$.

(08) Desligando-se a lâmpada $L_1$ do circuito, a intensidade da corrente elétrica, através das lâmpadas $L_3$ e $L_4$, será igual a $\frac{i}{2}$.

(16) Desligando-se a lâmpada $L_1$ do circuito, a lâmpada $L_2$ brilhará com menor intensidade do que as lâmpadas $L_3$ e $L_4$.

Dê como resposta a soma dos números correspondentes aos itens corretos.

**5.** (Unifesp-SP) Você constrói três resistências elétricas, $R_A$, $R_B$ e $R_C$, com fios de mesmo comprimento e com as seguintes características:

I. O fio de $R_A$ tem resistividade $1{,}0 \cdot 10^{-6}\ \Omega$ m e diâmetro de 0,50 mm.

II. O fio de $R_B$ tem resistividade $1{,}2 \cdot 10^{-6}\ \Omega$ m e diâmetro de 0,50 mm.

III. O fio de $R_C$ tem resistividade $1{,}5 \cdot 10^{-6}\ \Omega$ m e diâmetro de 0,40 mm.

Pode-se afirmar que:

a) $R_A > R_B > R_C$.

b) $R_B > R_A > R_C$.

c) $R_B > R_C > R_A$.

d) $R_C > R_A > R_B$.

e) $R_C > R_B > R_A$.

**6.** (Uerj) Três lâmpadas, $L_1$, $L_2$ e $L_3$, com as mesmas características, são ligadas a uma fonte ideal de tensão, dispostas em três diferentes arranjos:

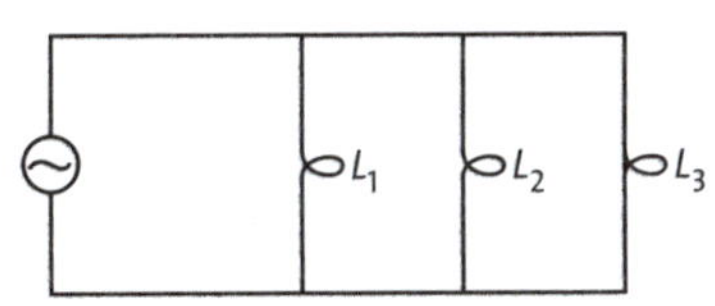


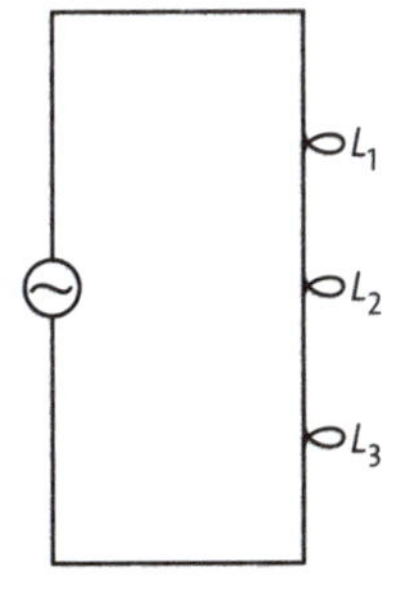


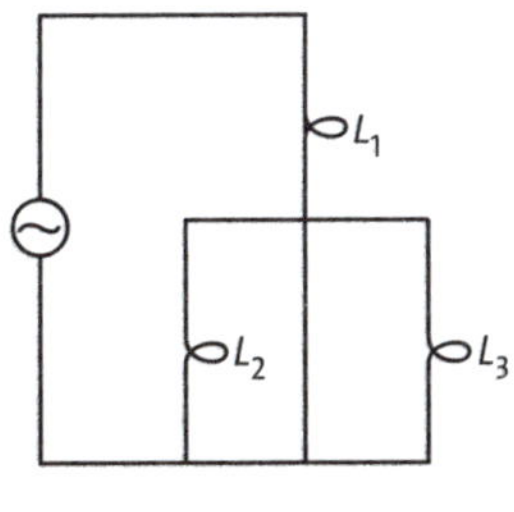


A alternativa que indica a ordenação adequada das potências consumidas pelos arranjos é:

a) $P_I > P_{III} > P_{II}$.

b) $P_I > P_{II} > P_{III}$.

c) $P_{III} > P_{II} > P_I$.

d) $P_{III} > P_I > P_{II}$.

**7.** (PUC-PR) Considere que dez lâmpadas idênticas, de 10 W cada uma, enfeitam uma árvore de natal. São associadas em série, e o conjunto, ligado a uma tensão de 127 V. Uma delas queimou. Para substituí-la, dispõe-se de lâmpadas de mesma tensão que as anteriores, mas com diferentes potências, isto é, de 5 W, 8 W e 12 W.

I. Se for utilizada na substituição a lâmpada de 5 W, a potência nas demais será menor que 10 W.

II. Se for utilizada na substituição a lâmpada de 12 W, a potência nas demais será maior que 10 W.

III. Se for utilizada na substituição a lâmpada de 12 W, a potência nas demais será menor que 10 W.

IV. Para qualquer uma que for utilizada na substituição, a potência nas demais será 10 W.

Está correta ou estão corretas:

a) I e II.

b) somente I.

c) somente II.

d) III e IV.

e) somente IV.

**8.** (UPM-SP) As três lâmpadas, $L_1$, $L_2$ e $L_3$, ilustradas na figura a seguir, são idênticas e apresentam as seguintes informações nominais: 0,5 W – 6,0 V. Se a diferença de potencial elétrico entre os terminais $A$ e $B$ for 12 V, para que essas lâmpadas possam ser associadas de acordo com a figura e "operando" segundo suas especificações de fábrica, pode-se associar a elas o resistor de resistência elétrica $R$ igual a:

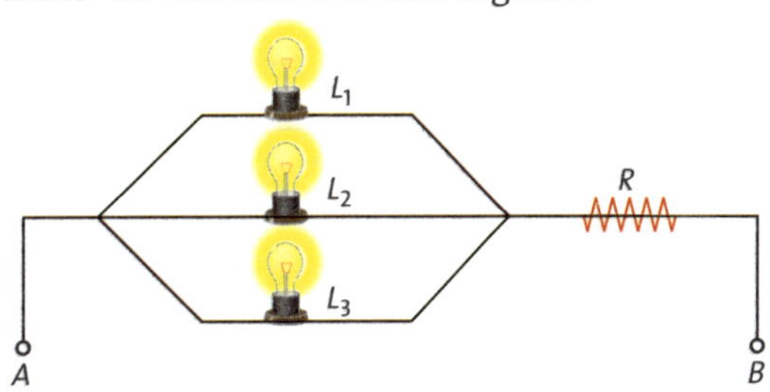


a) $6\ \Omega$.

b) $12\ \Omega$.

c) $18\ \Omega$.

d) $24\ \Omega$.

e) $30\ \Omega$.

**9.** (Fatec-SP) Uma casa dispõe de diversos aparelhos elétricos, cujas características estão indicadas a seguir, e de um fusível de 30 A.

Aparelho $A$: 220 V ~ 2 200 W.

Aparelho $B$: 110 V ~ 110 W.

Aparelho $C$: 220 V ~ 1 100 W.

O fusível dessa casa queimará na hipótese de ligarmos o seguinte número de aparelhos:

a) $2A + 2B + C$.

b) $A + 10B + C$.

c) $2A + B + 2C$.

d) $A + 3B + 3C$.

e) $A + B + C$.

**10.** (UFBA) Um circuito residencial tem cinco lâmpadas de 60 W, um aparelho eletrodoméstico de 300 W e outro de 500 W. A *ddp* na rede é de 110 V. Calcule, em ampères, a intensidade da corrente que circula nesse circuito quando todos os aparelhos estão ligados.

11. (UFJF-MG) Um estudante de física observou que o ferro de passar roupas que ele havia comprado em um camelô tinha somente a tensão nominal 220 volts impressa em seu cabo. Para saber se o ferro atendia a suas necessidades, o estudante precisava conhecer o valor da potência elétrica nominal. De posse de uma fonte de tensão e um medidor de potência elétrica, disponível no laboratório de física da sua universidade, o estudante mediu as potências elétricas produzidas quando diferentes tensões são aplicadas no ferro de passar roupa. O resultado da experiência do estudante é mostrado no gráfico a seguir, por meio de uma curva que melhor se ajusta aos dados experimentais.

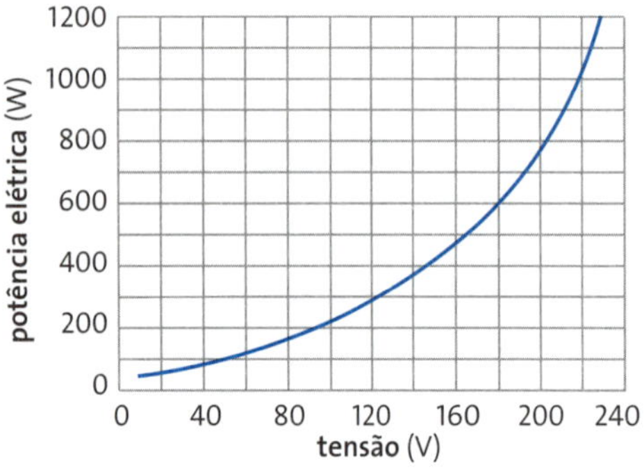


a) A partir do gráfico, determine a potência elétrica nominal do ferro de passar roupas quando ligado à tensão nominal.

b) Calcule a corrente elétrica no ferro de passar roupas para os valores nominais de potência e tensão.

c) Calcule a resistência elétrica do ferro de passar roupas quando ligado à tensão nominal.

12. (UFRN) No mundo atual, é muito difícil viver sem a eletricidade e seus benefícios. No entanto, seu uso adequado envolve o domínio técnico associado a conceitos e princípios físicos. Nesse sentido, considere um ramo de um circuito residencial montado por estudantes em uma aula prática de eletricidade, composto pelos seguintes elementos: um disjuntor (*D*), uma lâmpada (*L*), um interruptor (*I*), o fio neutro e o fio fase. O circuito que está corretamente montado é o representado pela opção:

a)

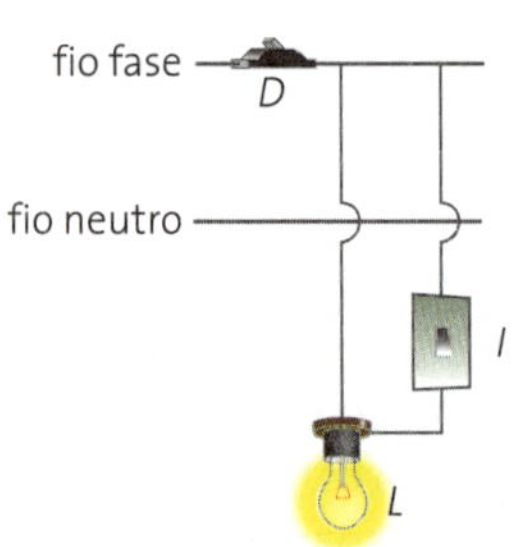


b)

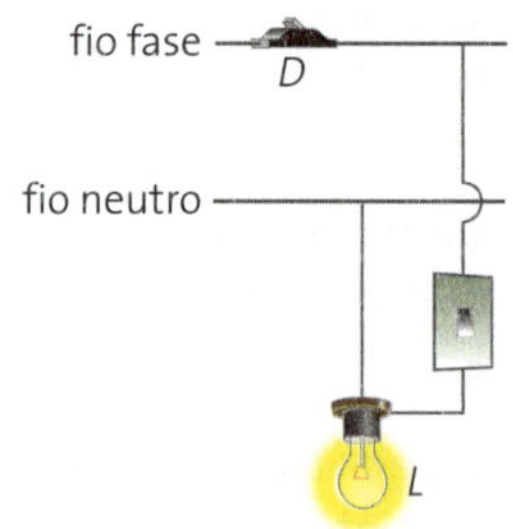


c)

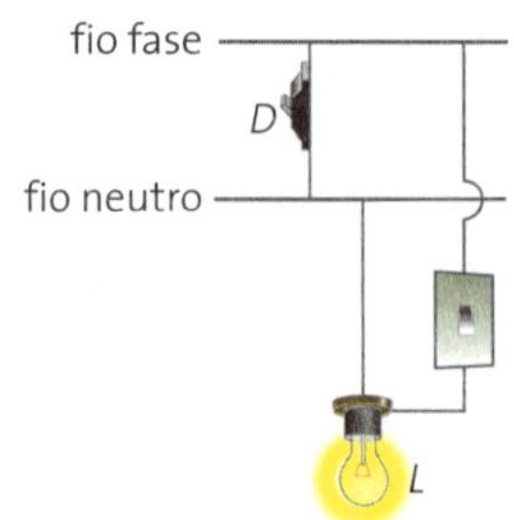


d)

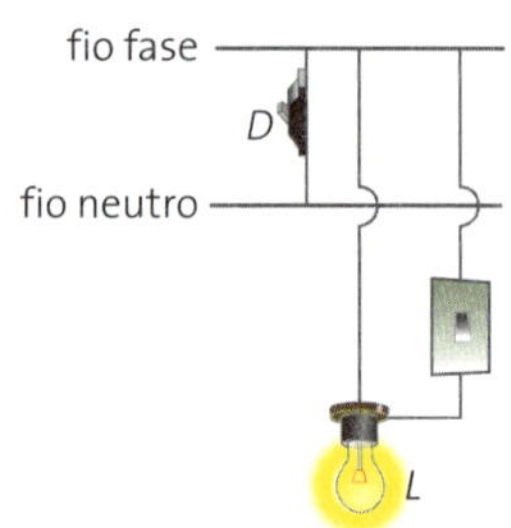


13. (Ufac) Considere o circuito mostrado na figura a seguir e analise as afirmações posteriores. O circuito contém os seguintes elementos: um plugue ligado na tomada, os fios metálicos $F_1$, $F_2$ e $F_3$, os espetos metálicos verticais $E_1$ e $E_2$, um elemento *X* e uma lâmpada.

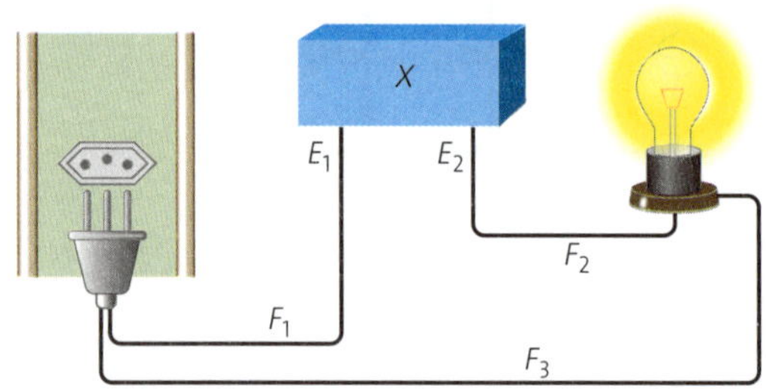


I. Se *X* for um elemento de plástico ou madeira seca, a lâmpada se acenderá.

II. Se *X* for um pedaço de salsicha, ela cozinhará em um tempo suficiente, mas a lâmpada não se acenderá.

III. Se *X* for um pedaço de salsicha, ela cozinhará em um tempo suficiente, e a lâmpada se acenderá.

IV. Se *X* for um pedaço de peixe, ele cozinhará em um tempo suficiente e a lâmpada se acenderá.

V. Se *X* for uma barra de ferro, ela aquecerá, mas a lâmpada não se acenderá.

A alternativa correta é:

a) As afirmações II, III, IV e V são verdadeiras.

b) As afirmações II, IV e V são falsas.

c) As afirmações III e IV são verdadeiras.

d) As afirmações I e IV são verdadeiras.

e) A afirmação V é verdadeira.

**14.** (Unifesp-SP) Os circuitos elétricos *A* e *B* esquematizados usam quatro lâmpadas incandescentes *L* idênticas, com especificações comerciais de 100 W e de 110 V, e uma fonte de tensão elétrica de 220 V. Os fios condutores que participam dos dois circuitos elétricos podem ser considerados ideais, isto é, têm suas resistências ôhmicas desprezíveis.

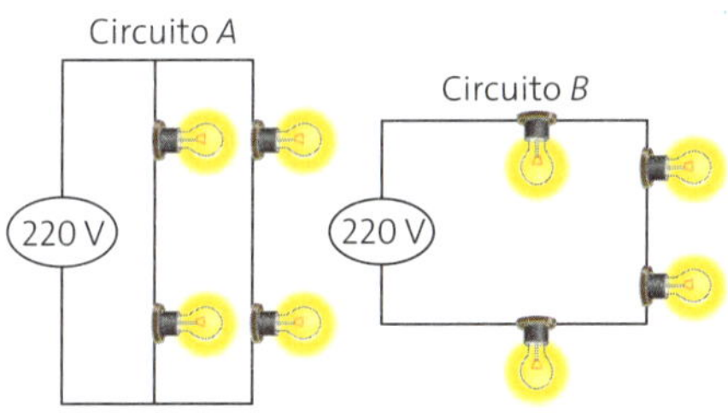


a) Qual o valor da resistência ôhmica de cada lâmpada e da resistência ôhmica equivalente de cada circuito elétrico?

b) Calcule a potência dissipada por uma lâmpada em cada circuito elétrico, *A* e *B*, para indicar o circuito no qual as lâmpadas apresentarão maior iluminação.

**15.** (Ueap) Em uma residência, a tensão de alimentação da rede é de 120 V e está protegida por uma chave automática (disjuntor) de 25 A. Considerando que os aparelhos de maior potência usados nessa residência são: uma máquina de lavar (900 W), um ferro de passar roupas (1 000 W) e um chuveiro elétrico (2 500 W), faça o que se pede.

a) Mostre que, se forem ligados, simultaneamente, o chuveiro e o ferro de passar, a chave desliga.

b) Calcule a capacidade mínima do disjuntor (em ampère) a ser usado de modo a suportar toda a carga instalada na residência, sabendo que, além da potência dos aparelhos citados anteriormente, a potência devida aos demais equipamentos elétricos corresponde a 1 500 W.

c) Se nessa residência há três lâmpadas incandescentes de 100 W que ligam, automaticamente, às 18 horas e desligam às 6 horas todos os dias, qual seria a economia na conta de energia elétrica, durante 30 dias, se essas lâmpadas fossem substituídas por três lâmpadas econômicas compactas que apresentam, aproximadamente, a mesma iluminação, porém com a potência de 20 W cada uma (adote que 1 kWh de energia custa R$ 0,50)?

## MÓDULO 15

**1.** (UFRGS-RS) Voltímetros e amperímetros são os instrumentos mais usuais para medições elétricas. Evidentemente, para a obtenção de medidas corretas, esses instrumentos devem ser conectados de maneira adequada. Além disso, podem ser danificados se forem conectados de forma incorreta ao circuito.

Suponha que se deseja medir a diferença de potencial a que está submetido o resistor $R_2$ do circuito a seguir, bem como a corrente elétrica que o percorre.

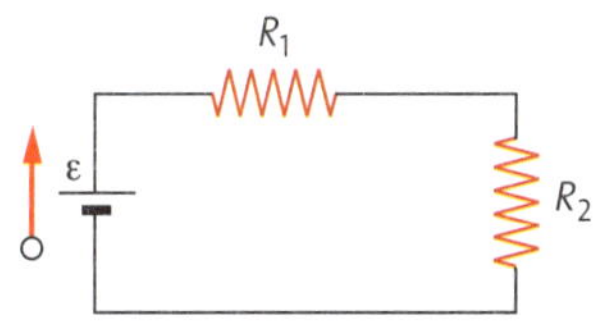


Indique a figura que representa a correta conexão do voltímetro (*V*) e do amperímetro (*A*) ao circuito para a realização das medidas desejadas.

a)

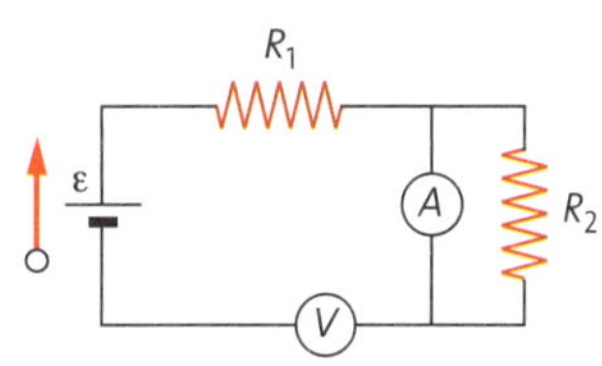


b)

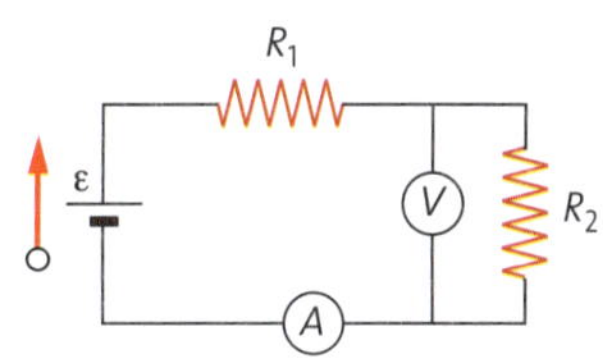


c)

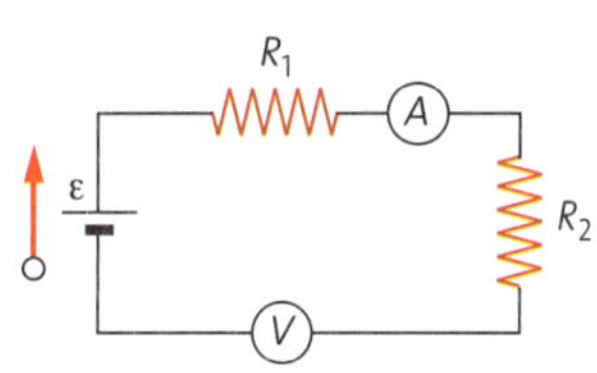


d)

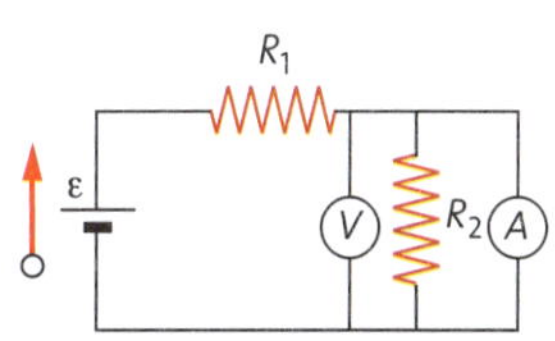


e)

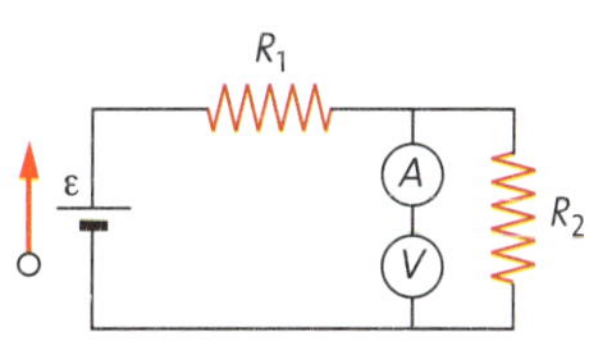

2. (UEL-PR) O gráfico a seguir representa a *ddp U* em função da corrente *i* para determinado elemento do circuito.

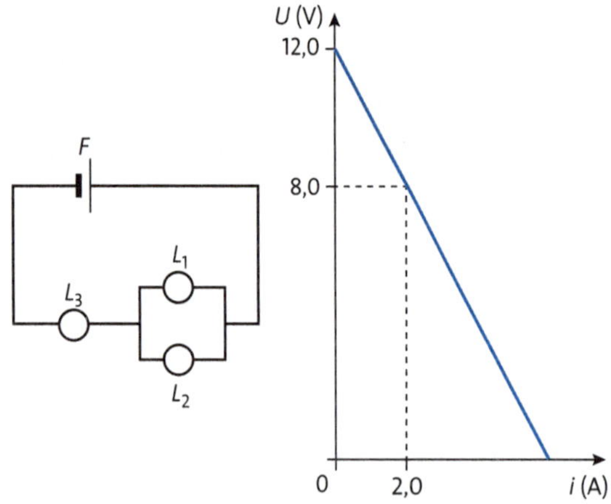


Pelas características do gráfico, o elemento é um:

a) gerador de resitência interna 2,0 Ω.

b) receptor de resistência interna 2,0 Ω.

c) resistor de resistência elétrica 2,0 Ω.

d) gerador de resistência interna 1,0 Ω.

e) receptor de resistência interna 1,0 Ω.

3. (FMIt-MG) O gráfico mostra como varia a corrente elétrica que passa por um gerador, em função da diferença de potencial que existe em seus terminais.

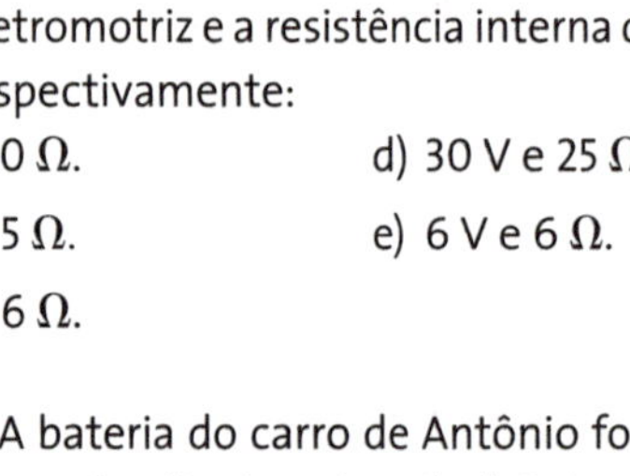


A força eletromotriz e a resistência interna do gerador valem, respectivamente:

a) 6 V e 30 Ω.

b) 30 V e 5 Ω.

c) 30 V e 6 Ω.

d) 30 V e 25 Ω.

e) 6 V e 6 Ω.

4. (Uncisal) A bateria do carro de Antônio fornece 12 V de tensão ao circuito do automóvel. Sabe-se que sua força eletromotriz é de 14 V e que a corrente lançada ao circuito é de 8,0 A quando o veículo está em movimento, funcionando em condições normais. A resistência interna dessa bateria vale, em ohms:

a) 0,25.

b) 0,50.

c) 1,0.

d) 2,0.

e) 4,0.

5. (UEL-PR) A diferença de potencial obtida nos terminais de um gerador é 12 volts. Quando esses terminais são colocados em curto-circuito, a corrente elétrica fornecida pelo gerador é 5,0 ampères. Nessas condições, a resistência interna do gerador é, em ohms, igual a:

a) 2,4. b) 7,0. c) 9,6. d) 17. e) 60.

6. (Fatec-SP) A esgrima é um esporte cujo objetivo é tocar o adversário com uma lâmina, ao mesmo tempo que se evita ser tocado por ela. Como um combate pode se tornar muito rápido, às vezes é difícil distinguir se algum toque foi dado; por isso, surgiu a esgrima elétrica, praticada com equipamentos eletrônicos cujo intuito é facilitar a observação do combate. Nela, fios ligam a roupa e a arma do atleta a um sistema eletrônico que faz o registro dos toques. A figura a seguir é um esquema simplificado do circuito ligado à roupa de cada esgrimista.

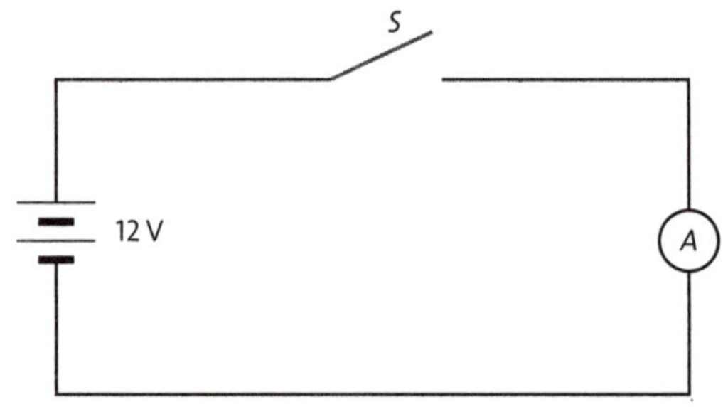


No circuito, quando o atleta é atingido pela lâmina, a chave *S* se fecha e a lâmpada *A* acende. Considere a bateria ideal de 12 V, a resistência da lâmpada, 200 Ω e 1 mA = $10^{-3}$ A. Assinale a alternativa que indica, em miliampère (mA), a corrente do circuito no momento em que o atleta recebe o toque da lâmina.

a) 60.

b) 120.

c) 180.

d) 240.

e) 30.

7. (UFF-RJ) Considere o circuito elétrico mostrado na figura. O resistor *R* tem resistência variável, $L_1$ e $L_2$ são lâmpadas idênticas, de resistência *r*, e *C* é um interruptor. A bateria, suposta ideal, tem força eletromotriz $\varepsilon$ os fios de conexão têm resistência desprezível.

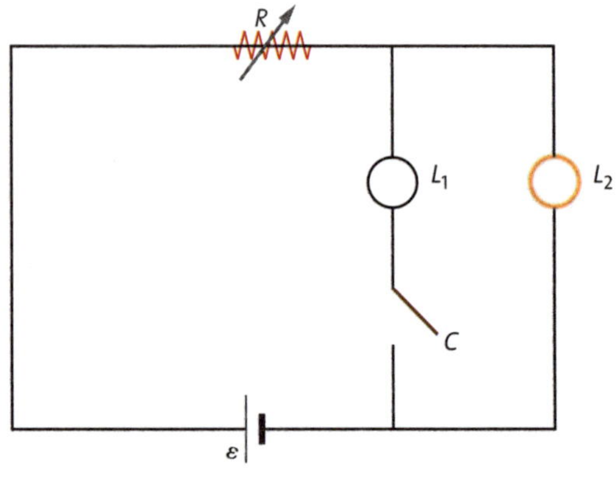

a) Com a chave $C$ aberta, determine a corrente através da lâmpada $L_2$ em função de $\varepsilon$, $r$ e $R$.

b) Considere a chave $C$ fechada. Nessa situação, altera-se a resistência variável e mede-se a corrente $i_2$ em função de $R$. O gráfico a seguir representa os resultados dessas medidas. Determine os valores de $\varepsilon$ e $r$.

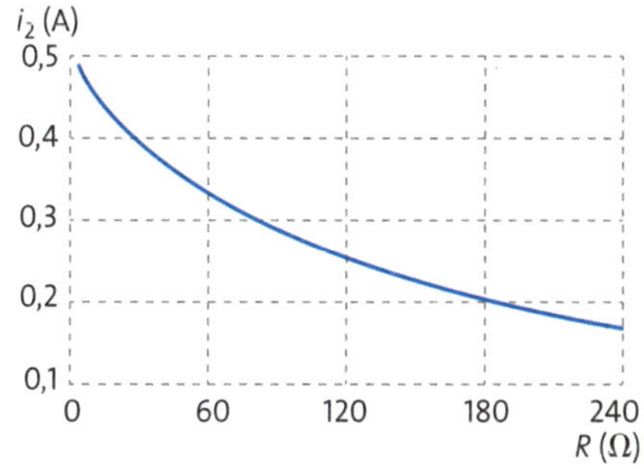


**8.** (UFSM-RS) No circuito representado na figura, a corrente elétrica no resistor $R_1$ tem intensidade 4,0 A. Calcule a *fem* do gerador.

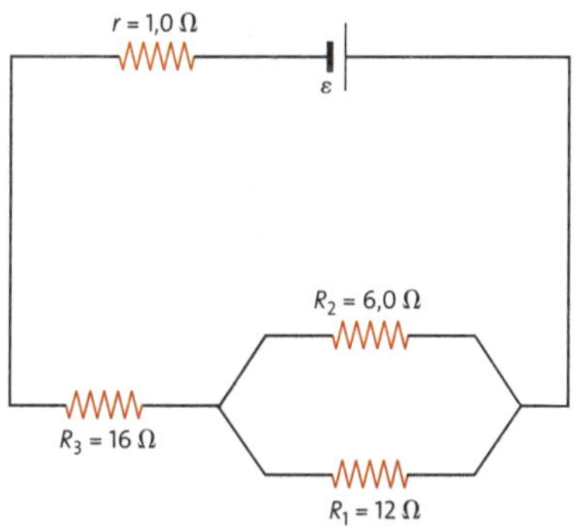


**9.** (UEL-PR) No gráfico estão representadas as curvas características de um gerador e de um receptor.

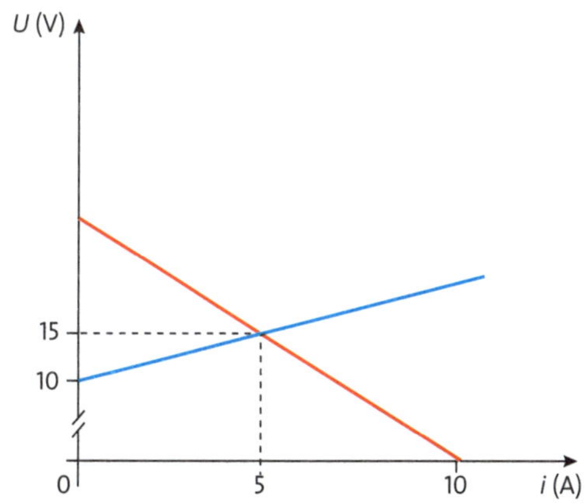


A *fem* do gerador e a resistência interna do receptor valem, respectivamente:

a) 10 V e 0,1 Ω.
b) 10 V e 1 Ω.
c) 15 V e 0,1 Ω.
d) 30 V e 1 Ω.
e) 30 V e 0,1 Ω.

**10.** (UPE) Analise o circuito elétrico a seguir.

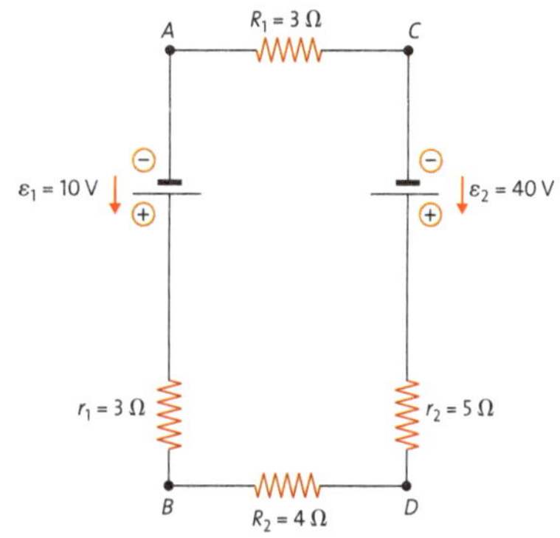


Analise as proposições e julgue-as (V ou F).

I. O sentido da corrente elétrica no circuito é anti-horário.

II. A corrente elétrica no circuito vale 2,0 A.

III. A potência dissipada pelo resistor $R_2$ vale 32 W.

IV. A diferença de potencial entre os pontos $A$ e $B$ ($V_B - V_A$) do circuito vale 16 V.

V. A diferença de potencial entre os pontos $C$ e $D$ ($V_D - V_C$) do circuito vale 30 V.

**11.** (ITA-SP) As duas baterias da figura estão ligadas em oposição. Suas *fem* e resistências internas são, respectivamente, 18,0 V e 2,00 Ω, 6,00 V e 1,00 Ω. Sendo $i$ a corrente no circuito, $V_{AB}$ a tensão $V_A - V_B$, podemos afirmar que:

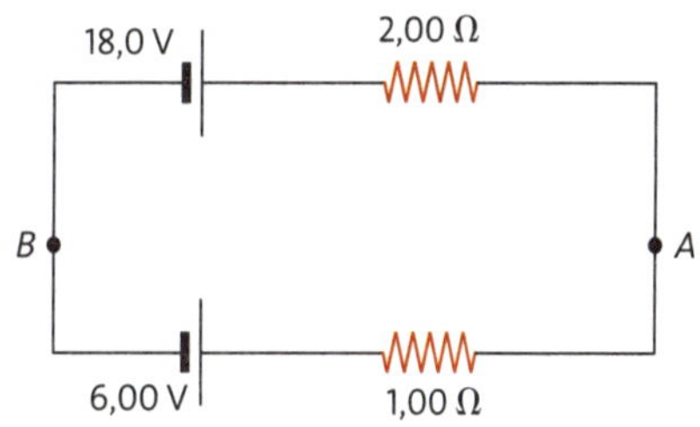


a) $i = 9{,}00$ A; $U_{AB} = -10{,}0$ V.
b) $i = 6{,}00$ A; $U_{AB} = 10{,}0$ V.
c) $i = 4{,}00$ A; $U_{AB} = -10{,}0$ V.
d) $i = 4{,}00$ A; $U_{AB} = 10{,}0$ V.
e) $i = 4{,}00$ A; $U_{AB} = 24{,}0$ V.

**12.** (Unicamp-SP) No circuito a seguir, $A$ é um amperímetro e $V$ é um voltímetro, ambos ideais.

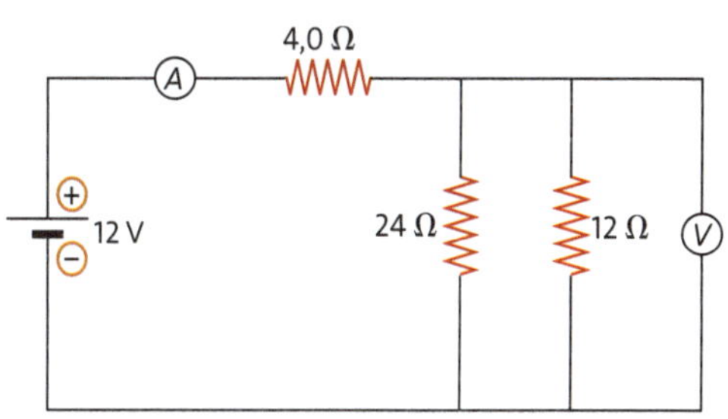

Reproduza o circuito e responda:

a) Qual o sentido da corrente em *A*? (Desenhe uma seta.)

b) Qual a polaridade da voltagem em *V*? (Escreva + e − nos terminais do voltímetro.)

c) Qual o valor da resistência equivalente ligada aos terminais da bateria?

d) Qual o valor da corrente no amperímetro *A*?

e) Qual o valor da voltagem no voltímetro *V*?

**13.** (Fuvest-SP) No circuito da figura a seguir, o amperímetro e o voltímetro são ideais.

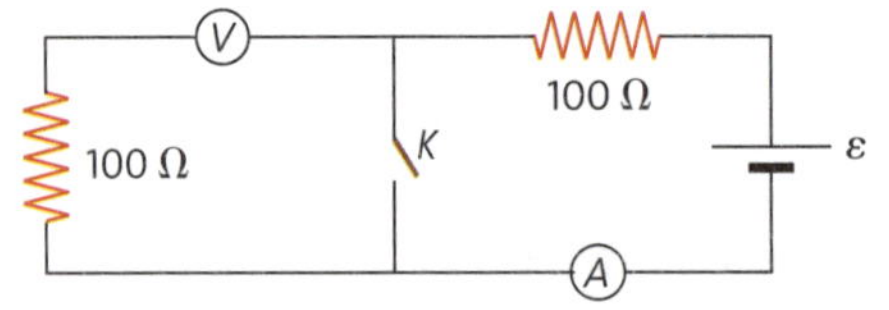


O voltímetro marca 1,5 V quando a chave *K* está aberta. Fechando-se a chave *K*, o amperímetro marcará:

a) 0 mA. b) 7,5 mA. c) 15 mA. d) 100 mA. e) 200 mA.

**14.** (Unifesp-SP) A montagem experimental representada na figura se destina ao estudo de um circuito elétrico simples.

CASA DE TIPOS/ARQUIVO DA EDITORA

a) Usando símbolos convencionais para cada componente, represente esquematicamente esse circuito.

b) Sabendo que $R_1 = 100\ \Omega$ e $R_2 = 200\ \Omega$ e que no suporte de pilhas são colocadas duas pilhas em série, de força eletromotriz 1,5 V cada, determine as leituras no amperímetro e no voltímetro quando a chave é fechada. (Admita que as resistências internas das pilhas, dos fios de ligação e dos medidores não interferem nessas leituras.)

**15.** (Fuvest-SP) Considere o circuito representado esquematicamente na figura a seguir. O amperímetro ideal *A* indica a passagem de uma corrente de 0,50 A.

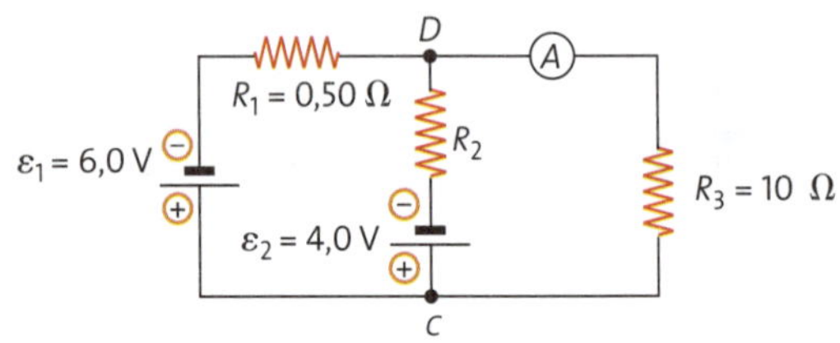


Os valores das resistências dos resistores $R_1$ e $R_3$ e das eletromotrizes $\varepsilon_1$ e $\varepsilon_2$ dos geradores ideais estão indicados na figura. O valor do resistor $R_2$ não é conhecido. Determine:

a) o valor da diferença de potencial entre os pontos *C* e *D*;

b) a potência fornecida pelo gerador $\varepsilon_1$.

## MÓDULO 16

**1.** (Cefet-MG) O eletroscópio da figura, eletrizado com carga desconhecida, consiste de uma esfera metálica ligada, através de uma haste condutora, a duas folhas metálicas e delgadas. Esse conjunto encontra-se isolado por uma rolha de cortiça presa ao gargalo de uma garrafa de vidro transparente, como mostra a figura.

Sobre esse dispositivo, afirma-se:

I. As folhas movem-se quando um corpo neutro é aproximado da esfera sem tocá-la.

II. O vidro que envolve as folhas delgadas funciona como uma blindagem eletrostática.

III. A esfera e as lâminas estão eletrizadas com carga de mesmo sinal e a haste está neutra.

IV. As folhas abrem-se ainda mais quando um objeto, de mesma carga do eletroscópio, aproxima-se da esfera sem tocá-la.

Estão corretas apenas as afirmativas:

a) I e II.
c) II e III.
b) I e IV.
d) III e IV.

**2.** (UEPG-PR) Considere quatro esferas metálicas idênticas e isoladas umas das outras. Três esferas, *a*, *b* e *c*, estão inicialmente, descarregadas, e a quarta esfera, *d*, está eletrizada com carga igual a *Q*. A seguir a esfera *d* é posta sucessivamente em contato com as esferas *a*, *b* e *c*. No final todas as esferas estão eletrizadas. Sobre as cargas adquiridas pelas esferas, ao final do processo, assinale o que for correto.

(01) As quatro esferas estarão igualmente eletrizadas.

(02) A esfera *a* estará eletrizada com carga igual a $\frac{Q}{2}$.

(04) As esferas *c* e *d* estarão eletrizadas com cargas iguais a $\frac{Q}{8}$.

(08) As esferas *a*, *b* e *c* estarão eletrizadas com cargas iguais a $\frac{Q}{3}$.

(16) A esfera *b* estará eletrizada com carga igual a $\frac{Q}{4}$.

Dê como resposta a soma dos números correspondentes aos itens corretos.

**3.** (PUC-MG) A figura a seguir representa duas esferas metálicas, *A* e *B*, idênticas, carregadas com os valores de cargas indicados. Se as esferas forem colocadas em contato, é correto afirmar que:
(Dados: carga do elétron $= -1{,}6 \cdot 10^{-19}$ C; carga do próton $= 1{,}6 \cdot 10^{-19}$ C).

a) vão passar $3{,}1 \cdot 10^{11}$ elétrons da esfera *B* para a esfera *A*.

b) vão passar $3{,}1 \cdot 10^{11}$ elétrons da esfera *A* para a esfera *B*.

c) as esferas não sofrerão mudanças em suas cargas, porque estão no mesmo potencial elétrico.

d) vão passar $3{,}1 \cdot 10^{11}$ prótons da esfera *A* para a esfera *B* e ambas as esferas passarão a ter uma carga de $1{,}5 \cdot 10^{-7}$ C.

**4.** (UFF-RJ) Considere o valor *F* como sendo o módulo da força eletrostática entre duas cargas puntiformes, no vácuo, cada uma com intensidade $Q > 0$ e separadas por uma distância *r*. A figura a seguir mostra três cargas, no vácuo, de valores $-Q$, $+2Q$ e $+4Q$. A primeira e a segunda, bem como a segunda e a terceira, estão separadas por uma distância *r*.

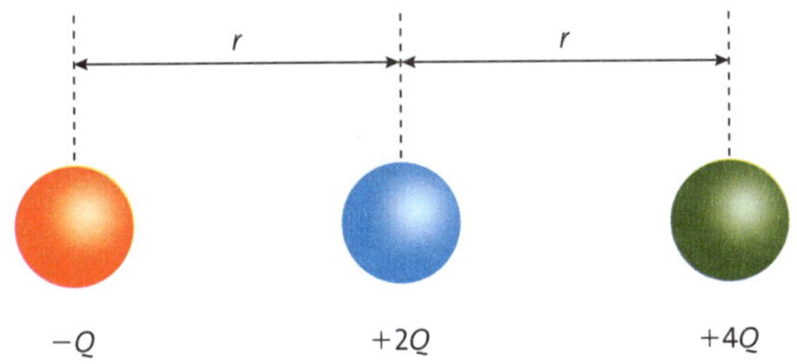


A alternativa que representa a força eletrostática resultante que atua em cada carga é:

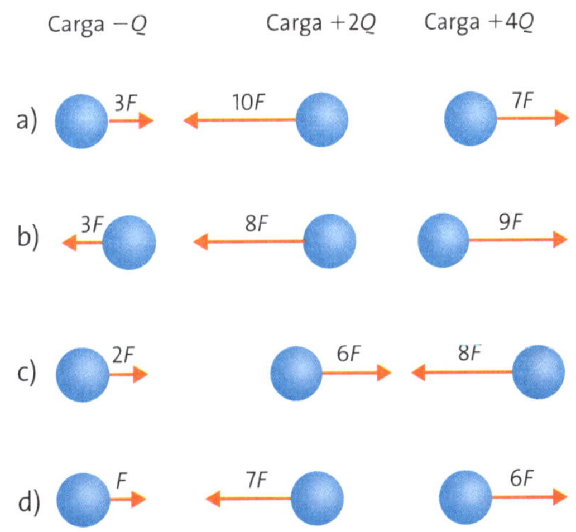


**5.** (UFRR) Uma maneira de explicar a força eletrostática entre duas cargas, $q_1$ e $q_2$, é supor que cada carga cria um campo elétrico, $\vec{E}_1$ e $\vec{E}_2$, respectivamente no espaço ao seu redor. Baseando-se nesse conceito científico, assinale a alternativa correta.

a) A força eletrostática $\vec{F}_2$ que atua sobre a carga $q_2$ deve-se, então, ao campo elétrico $\vec{E}_1$ criado na posição da carga $q_2$ pela carga $q_1$.

b) A força eletrostática $\vec{F}_2$ que atua sobre a carga $q_2$ deve-se, então, ao próprio campo elétrico $\vec{E}_2$ criado pela carga $q_2$.

c) A força eletrostática $\vec{F}_1$ que atua sobre a carga $q_1$ deve-se, então, ao próprio campo elétrico $\vec{E}_1$ criado pela carga $q_1$.

d) A força eletrostática $\vec{F}_1$ que atua sobre a carga $q_1$ deve-se, então, ao próprio campo elétrico $\vec{E}_2$ criado na posição da carga $q_2$ pela carga $q_1$.

e) A força eletrostática $\vec{F}_2$ que atua sobre a carga $q_2$ deve-se, então, ao campo elétrico $\vec{E}_1$ criado na posição da carga $q_1$ pela carga $q_2$.

**6.** (Udesc) A carga elétrica de uma partícula com 2,0 g de massa, para que ela permaneça em repouso, quando colocada em um campo elétrico vertical, com sentido para baixo e intensidade igual a 500 N/C, é:

a) +40 nC.

b) +40 μC.

c) +0 mC.

d) −40 μC.

e) −40 mC.

**7.** (UFV-MG) A figura a seguir ilustra uma partícula com carga elétrica positiva (*Q*), inicialmente mantida em repouso no ponto *B*, presa a uma linha isolante inextensível. Esse conjunto está em uma região onde há um campo elétrico uniforme representado pelo $\vec{E}$.

Supondo que, depois de a partícula ser abandonada, as únicas forças que atuam sobre ela são a força elétrica e a tensão na linha, é correto afirmar que a partícula:

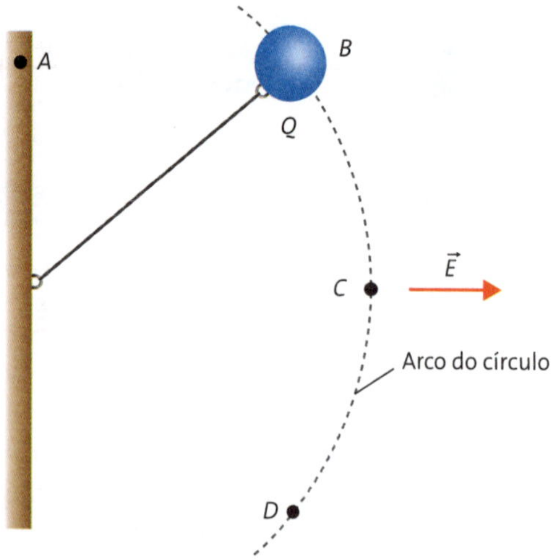


a) se moverá ciclicamente entre os pontos *B* e *D*, percorrendo a trajetória pontilhada da figura.
b) se moverá do ponto *B* para o ponto *C*, percorrendo a trajetória pontilhada, e então permanecerá em repouso no ponto *C*.
c) se moverá do ponto *B* para o ponto *D*, percorrendo a trajetória pontilhada, e então permanecerá em repouso no ponto *D*.
d) se moverá em linha reta do ponto *B* para o ponto *A* e então permanecerá em repouso no ponto *A*.
e) permanecerá em repouso no ponto *B*.

**8.** (Vunesp-SP) Uma partícula de massa *m*, carregada com carga elétrica *q* e presa a um fio leve e isolante de 5 cm de comprimento, encontra-se em equilíbrio, como mostra a figura, em uma região onde existe um campo elétrico uniforme de intensidade *E*, cuja direção, no plano da figura, é perpendicular à do campo gravitacional de intensidade *g*.

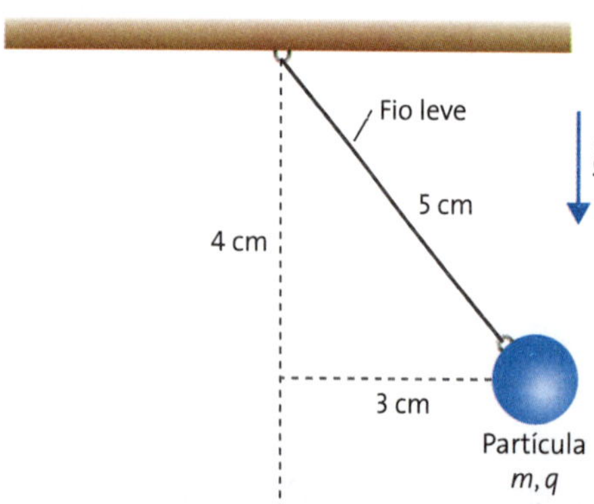


Sabendo que a partícula está afastada 3 cm da vertical, podemos dizer que a razão $\frac{q}{m}$ é igual a:

a) $\frac{5}{3} \cdot \frac{g}{E}$.
b) $\frac{4}{3} \cdot \frac{g}{E}$.
c) $\frac{5}{4} \cdot \frac{g}{E}$.
d) $\frac{3}{4} \cdot \frac{g}{E}$.
e) $\frac{3}{5} \cdot \frac{g}{E}$.

**9.** (UPE) Na figura a seguir, considere o campo elétrico originado por duas cargas puntiformes $Q_1 = 8{,}0\ \mu C$ e $Q_2 = -8{,}0\ \mu C$. Adote $d = 8{,}0$ cm.
(Dado: constante eletrostática no vácuo: $k_0 = 9{,}0 \cdot 10^9\ N \cdot m^2/C^2$).

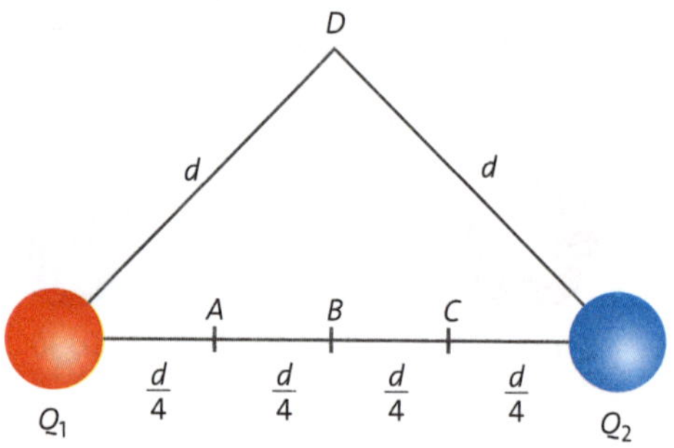


Julgue (V ou F):

I. A energia potencial elétrica do sistema das duas cargas vale 7,2 J.
II. O potencial elétrico no ponto *A* vale $2{,}4 \cdot 10^6$ V.
III. O potencial elétrico no ponto *B* e o potencial elétrico no ponto *D* são nulos.
IV. O trabalho da força elétrica sobre uma carga $q = 2{,}0 \cdot 10^{-9}$ C que se desloca do ponto *D* ao ponto *A* vale $2{,}4 \cdot 10^{-3}$ J.
V. Ao se colocar a carga elétrica $q = 2{,}0 \cdot 10^{-9}$ C no ponto *D*, a energia potencial elétrica do sistema composto pelas três cargas elétricas vale −7,2 J.

**10.** (FCMSCSP) Sabe-se que a massa do elétron é $9{,}1 \cdot 10^{-31}$ kg, que sua carga elétrica vale $-1{,}60 \cdot 10^{-19}$ C e que a diferença de potencial entre dois pontos, *A* e *B*, é $V_A - V_B = 100$ V. Um elétron é abandonado em B sob a ação exclusiva do campo elétrico. Ao atingir A, sua velocidade, em m/s, vale:

a) $5{,}9 \cdot 10^7$.
b) $5{,}9 \cdot 10^6$.
c) $5{,}9 \cdot 10^3$.
d) $2{,}9 \cdot 10^3$.
e) $2{,}0 \cdot 10^3$.

11. (IFSP) Na figura a seguir, são representadas as linhas de força em uma região de um campo elétrico. A partir dos pontos *A*, *B*, *C*, e *D* situados nesse campo, são feitas as seguintes afirmações:

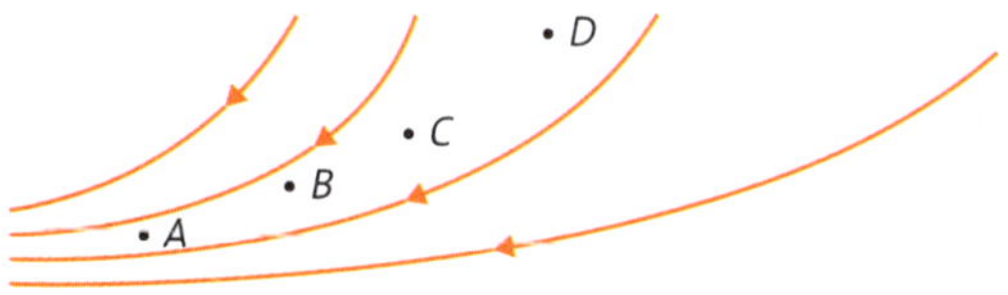


I. A intensidade do vetor campo elétrico no ponto *B* é maior que no ponto *C*.
II. O potencial elétrico no ponto *D* é menor que no ponto *C*.
III. Uma partícula carregada negativamente, abandonada no ponto *B*, se movimenta espontaneamente para regiões de menor potencial elétrico.
IV. A energia potencial elétrica de uma partícula positiva diminui quando se movimenta de *B* para *A*.

Quais afirmações são corretas?

12. (UFJF-MG) A figura a seguir mostra o esquema de um equipamento usado para determinar massas moleculares denominado espectrômetro por tempo de voo. Esse equipamento possui uma placa onde a amostra é injetada e ionizada para formar íons positivos que são acelerados por um campo elétrico, uniforme, mantido entre a placa e a grade, que estão separadas por uma distância $d = 10$ cm, como mostra a figura. Em seguida, penetram em uma região sem campo elétrico e deslocam-se com velocidade constante até atingir o detector, colocado a uma distância $D = 50$ cm, como indica a figura. O tempo entre o acionamento do campo elétrico e a detecção do íon é medido e a massa é determinada em função desse tempo. Despreze os efeitos do campo gravitacional da Terra e calcule:

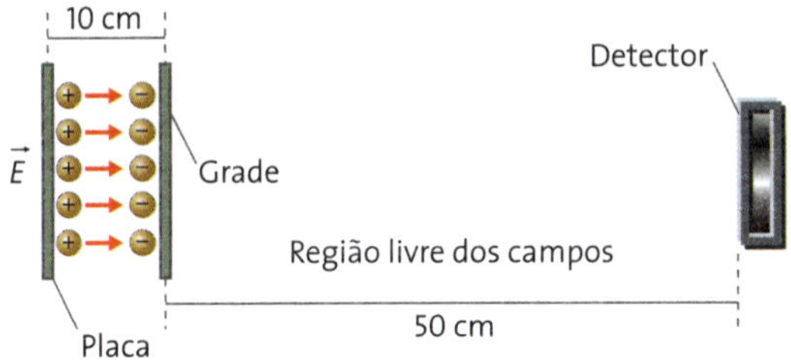


a) o valor do campo elétrico quando se aplica uma diferença de potencial $V = 1\,250$ V entre a placa e a grade;
b) a aceleração de um íon $H^+$ no trecho entre a placa e a grade.

13. (PUC-RS) Uma esfera condutora, oca, encontra-se eletricamente carregada e isolada. Para um ponto de sua superfície, os módulos do campo elétrico e do potencial elétrico são 900 N/C e 90 V. Portanto, considerando-se um ponto no interior da esfera, na parte oca, é correto afirmar que os módulos para o campo elétrico e para o potencial elétrico são, respectivamente:

a) zero N/C e 90 V.
b) zero N/C e zero V.
c) 900 N/C e 90 V.
d) 900 N/C e 9,0 V.
e) 900 N/C e zero V.

14. (Uema) O uso do para-raios faz com que o percurso da descarga elétrica, entre a terra e as nuvens, seja mais seguro. O objetivo desse aparelho é proteger certa região, edifícios, residências ou assemelhados da ação devastadora de um raio. O para-raios é um dispositivo composto por uma haste metálica com pontas nas extremidades, que deve ser colocado na parte mais elevada do local a ser protegido. A parte inferior da haste é ligada à terra por meio de um cabo metálico conectado a uma haste de ferro galvanizado e introduzido profundamente no solo. Isso leva a concluir que o funcionamento de um para-raios é baseado:

a) no efeito joule e na indução eletrostática.
b) na blindagem eletrostática e no poder das pontas.
c) na indução eletrostática e na blindagem eletrostática.
d) no efeito joule e no poder das pontas.
e) na indução eletrostática e no poder das pontas.

15. (UFTM-MG) A indução eletrostática consiste no fenômeno da separação de cargas em um corpo condutor (induzido), devido à proximidade de outro corpo eletrizado (indutor).
Preparando-se para uma prova de Física, um estudante anota em seu resumo os passos a serem seguidos para eletrizar um corpo neutro por indução e a conclusão a respeito da carga adquirida por ele.
Passos a serem seguidos:
I. Aproximar o indutor do induzido, sem tocá-lo.
II. Conectar o induzido à terra.
III. Afastar o indutor.
IV. Desconectar o induzido na terra.
Conclusão:
No final do processo, o induzido terá adquirido cargas de sinais iguais às do indutor.
Ao mostrar o resumo para seu professor, ouviu dele que, para ficar correto, ele deverá:

a) inverter o passo III com o IV, e que sua conclusão está correta.
b) inverter o passo III com o IV, e que sua conclusão está errada.
c) inverter o passo I com o II, e que sua conclusão está errada.
d) inverter o passo I com o II, e que sua conclusão está correta.
e) inverter o passo II com o III, e que sua conclusão está errada.

# Respostas

## Exercícios propostos

### MÓDULO 1
1. b 2. b 3. a 4. e 5. a

### MÓDULO 2
1. b
2. a) 2,5 s
   b) 12,5 m
3. a
4. c
5. b

### MÓDULO 3
1. c 2. a 3. a 4. d 5. d

### MÓDULO 4
1. c 2. d 3. 28 4. a 5. d

### MÓDULO 5
1. b
2. b
3. 1 000 N; vertical; para cima.
4. c
5. 2,4 m/s

### MÓDULO 6
1. 800 N
2. d
3. d
4. b
5. FFVVF

### MÓDULO 7
1. d
2. c
3. b
4. d
5. 2,52 km

### MÓDULO 8
1. a
2. b
3. a) 800 N; 20 m.
   b) 480 N/m
4. d
5. a

### MÓDULO 9
1. d
2. b
3. e
4. c
5. 90 kg

### MÓDULO 10
1. d
2. e
3. b
4. 25
5. b

### MÓDULO 11
1. c 2. c 3. b 4. a 5. b

### MÓDULO 12
1. e 2. c 3. a 4. a 5. e

### MÓDULO 13
1. a 2. 20 3. c 3. a 5. e

### MÓDULO 14
1. d
2. c
3. 48 W
4. d
5. 5 Ω

### MÓDULO 15
1. d
2. e
3. a) 20 V
   b) 2,0 Ω e 2,5 Ω
   c) 4,44 A
4. c
5. 20

### MÓDULO 16
1. e
2. 12
3. d
4. e
5. 62 V

## Exercícios-tarefa

### MÓDULO 1
1. d
2. c
3. b
4. c
5. d
6. b
7. e
8. d
9. c
10. a) 93 km
    b) 50 km/h
11. e
12. a
13. c
14. c
15. b

### MÓDULO 2
1. a) 20 km/h
   b) 80 km/h
2. 375 000 km
3. 10,0 m
4. c
5. e
6. d
7. a) 11,25 m; 3 s.
   b) 2 s; 10 m.
8. a
9. d
10. a
11. d
12. e
13. d
14. d
15. b

### MÓDULO 3
1. b
2. c
3. b
4. d
5. e
6. c
7. c
8. b
9. 30 rpm
10. c
11. a
12. d
13. e
14. d
15. e

### MÓDULO 4
1. 06
2. d
3. a
4. CCCIC
5. d
6. 30°
7. e
8. a
9. e
10. a) 0,5 s
    b) 10 m/s
11. b
12. a) 0,4 s
    b) 1,6 m
13. b
14. a) 0,6 s
    b) 45°
15. a

### MÓDULO 5
1. a
2. b
3. d
4. a
5. b
6. c
7. $F_{bloco} = 100$ N; $P_{banco} = 50$ N; N = 150 N.
8. a
9. a
10. c
11. 280 N
12. e
13. c
14. b
15. a

### MÓDULO 6
1. 2 m/s² e 48 N
2. e
3. a) 5250 N
   b) 15 250 N
4. c
5. a) $0{,}225 \cdot g$
   b) $T_1 = 1{,}55 \cdot m \cdot g$;
   $T_2 = 1{,}225 \cdot m \cdot g$.
6. a
7. c
8. a
9. c
10. b) 0,1
11. d
12. 05
13. a
14. 23
15. 1 400 N

### MÓDULO 7
1. a
2. c
3. 8 750 J
4. c
5. d
6. b
7. 12
8. a) 160 J
   b) 4 W
9. d
10. c
11. a) 2 000 N
    b) 264 kW
12. c
13. a
14. c
15. 25%

### MÓDULO 8
1. 0,45 J
2. c
3. e
4. a
5. b
6. c
7. 18 J
8. 23
9. b
10. b
11. e
12. 23
13. 0,75 J; 0,5 m/s.
14. a) $1{,}4 \cdot 10^4$ N
    b) $-1 \cdot 10^{10}$ J
15. 11

### MÓDULO 9
1. b
2. e
3. e
4. 11
5. a) $\alpha_I = 1 \cdot 10^{-5}$ °$C^{-5}$;
   $\alpha_{II} = 2 \cdot 10^{-5}$ °$C^{-5}$.
   b) Metal II
6. c
7. a
8. e
9. e
10. a
11. d
12. 46
13. Bloco *B*
14. e
15. a

### MÓDULO 10
1. d
2. d
3. c
4. b
5. b
6. c
7. 0,75 cal/g · °C
8. d
9. a
10. 06
11. c
12. c
13. e
14. FVVF
15. 60%

### MÓDULO 11
1. 23
2. a
3. e
4. 31
5. a
6. a
7. a) 1 472 J
   b) 0,02 s
   c) maior
8. c
9. a
10. 22
11. I, IV e V.
12. 09
13. a
14. 44
15. b

### MÓDULO 12
1. a
2. b) $3{,}75 \cdot 10^5$ km
3. d
4. c
5. d
6. $\frac{a}{2}$
7. e
8. c
9. a
10. c
11. A imagem se forma a 53 cm do espelho.
12. a) real, invertida e menor
    b) imprópria
    c) virtual, direita e maior
13. b
14. −0,4 m
15. c

### MÓDULO 13
1. b
2. c
3. c
4. e
5. a) $1{,}8 \cdot 10^3$ C
   b) $1{,}125 \cdot 10^{22}$ elétrons
6. $3{,}2 \cdot 10^{-11}$ A
7. e
8. e
9. d
10. b
11. a
12. c
13. d
14. d
15. a) $2{,}9 \cdot 10^2$ km²
    b) 71,43%

### MÓDULO 14
1. e
2. b
3. c
4. 03
5. e
6. a
7. a
8. d
9. c
10. 7,8 A
11. a) 1 000 W
    b) 4,54 A
    c) 48,46 V
12. b
13. c
14. a) 121 Ω; 484 Ω.
    b) 100 W; 25 W.
15. b) 49,16 a
    c) R$ 43,20

### MÓDULO 15
1. b
2. a
3. b
4. a
5. a
6. a
7. a) $i = \frac{\varepsilon}{R + r}$
   b) 120 V; 240 Ω.
8. 252 V
9. d
10. FVFVV
11. d
12. c) 12,0 Ω
    d) 1,0 A
    e) 8,0 V
13. c
14. 10 mA; 2,0 V.
15. a) 5,0 V
    b) 12 W

### MÓDULO 16
1. b
2. 22
3. a
4. a
5. a
6. d
7. a
8. d
9. FVVFV
10. b
11. I e IV.
12. a) $1{,}25 \cdot 10^4$ N/C
    b) $1{,}25 \cdot 10^{12}$ m/s²
13. a
14. b
15. b

# Revisão 2

## Frente A



## Frente B



## Frente C

# MÓDULO 17 • Impulso e quantidade de movimento

## Impulso de uma força

O **impulso** ($\vec{I}$) de uma força constante $\vec{F}$, que age em um corpo durante um intervalo de tempo $\Delta t$, é uma grandeza vetorial definida pelo produto da força (suposta constante) pelo intervalo de tempo:

$$\vec{I} = F \cdot \Delta t$$

Para o caso em que a intensidade da força varia com o decorrer do tempo, o módulo do impulso é calculado como a área no gráfico de força pelo tempo:

$$I \overset{n}{=} \text{área}$$

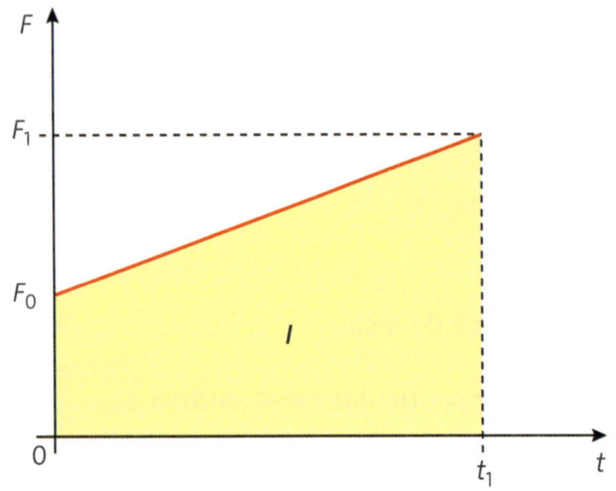


## Quantidade de movimento linear

A **quantidade de movimento linear** ($\vec{Q}$) de um corpo é uma grandeza vetorial definida pelo produto da massa pela velocidade do corpo:

$$\vec{Q} = m \cdot \vec{v}$$

### Teorema do impulso

O impulso resultante de um sistema de forças sobre um corpo é igual à variação da quantidade de movimento do corpo:

$$\vec{I}_r = \vec{Q} - \vec{Q}_0 = \Delta\vec{Q}$$

### Sistema isolado de forças externas

Em um sistema mecânico isolado de forças externas, a quantidade de movimento do sistema permanece constante.

$$\Sigma\vec{F}_{externas} = \vec{0} \Rightarrow \vec{Q}_{sistema} = \textbf{constante}$$

## Exercício resolvido

1. Na figura está representado um sistema, inicialmente em repouso, constituído por dois blocos, *A* e *B*, ligados por um fio, e uma mola comprimida entre eles. Cortando-se o fio, a mola empurra os blocos, que entram em movimento e se separam da mola.

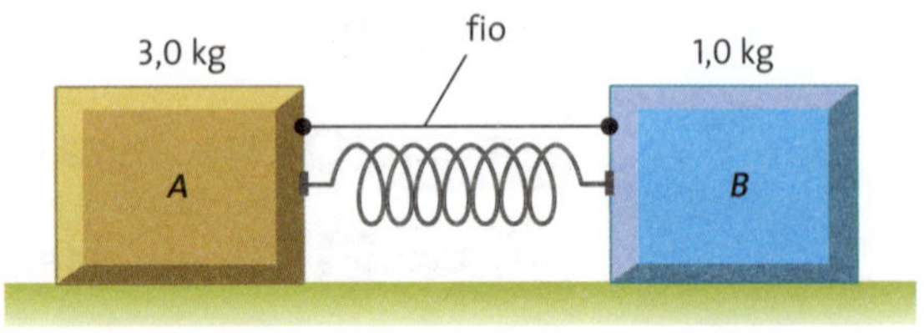


Despreze atritos. Se o bloco *A* adquire velocidade de 2,0 m/s, determine:

a) a velocidade adquirida pelo bloco *B*;

b) a energia que estava armazenada na mola.

**Resolução**

a) Como o sistema está inicialmente em repouso, sua quantidade de movimento inicial é zero: $\vec{Q}_0 = \vec{0}$. Sendo o sistema isolado de forças externas (as duas forças externas, peso e normal, anulam-se), a quantidade de movimento do sistema se conserva:

$$\vec{Q}_{sistema} = \vec{0} \Rightarrow \vec{Q}_A + \vec{Q}_B = \vec{0} \Rightarrow \vec{Q}_A = -\vec{Q}_B$$

Esse resultado significa que os blocos recebem, por parte da mola, forças opostas de mesmo módulo e de mesma duração, adquirindo quantidades de movimentos iguais, em módulo, mas de sentidos contrários.

Como o bloco *A* move-se para a esquerda, o bloco *B* move-se para a direita com uma velocidade que pode ser calculada por:

$$\vec{Q}_A = -\vec{Q}_B \Rightarrow m_A \cdot v_A = -m_B \cdot v_B$$

$-1{,}0 \cdot v_B = 3{,}0 \cdot 2{,}0 \Rightarrow v_B = -6{,}0$ m/s (o sinal negativo expressa o fato de o corpo *B* se mover no sentido oposto ao do corpo *A*).

b) quando cortamos o fio, a energia potencial elástica, armazenada na mola, é transferida para os blocos na forma de energia cinética. Como desprezamos os atritos, o sistema (mola + blocos) é conservativo, e a energia mecânica será a mesma antes e após o corte do fio: $E_{mec.\,(antes)} = E_{mec.\,(após)}$

$$E_{p\,(el.)} = E_{c\,(A)} + E_{c\,(B)}$$

$$E_{p\,(el.)} = \frac{m_A \cdot v_A^2}{2} + \frac{m_B \cdot v_B^2}{2}$$

$$E_{p\,(el.)} = \frac{3{,}0 \cdot (2{,}0)^2}{2} + \frac{1{,}0 \cdot (6{,}0)^2}{2}$$

$$E_{p\,(el.)} = 24\text{ J}$$

## Choques

Os choques (colisões) entre corpos são exemplos de sistemas mecânicos isolados de forças externas. Portanto:

Choque $\Rightarrow \vec{Q}_{sistema} = \text{constante} = \vec{Q}_{CM\,(sistema)}$

**Antes do choque:**

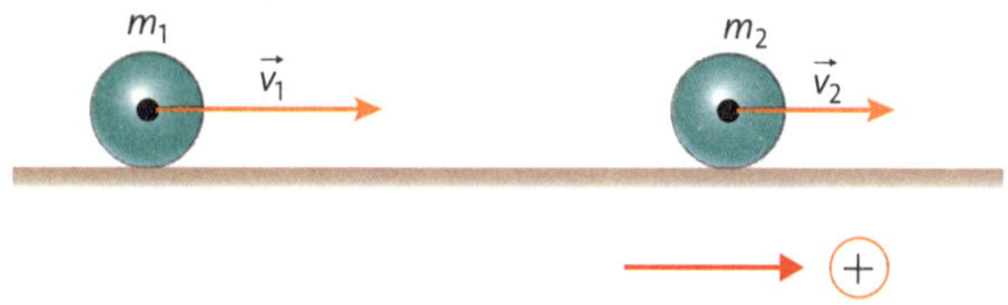


**Após o choque:**

$$\vec{Q}_{antes} = \vec{Q}_{após} \Rightarrow m_1 \cdot v_1 + m_2 \cdot v_2 = m_1 \cdot v_1' + m_2 \cdot v_2'$$

## Coeficiente de restituição

$$e = \frac{v_{afast.\,rel.}}{v_{aprox.\,rel.}} \Rightarrow e = \frac{v_2' - v_1'}{v_1 - v_2}$$

## Classificação dos choques

Classificação e características dos choques:

| Tipo de choque | Quantidade de movimento (sistema) | Energia cinética (sistema) | Coeficiente de restituição |
|---|---|---|---|
| Elástico | Conserva | Conserva | $e = 1$ |
| Inelástico | Conserva | Perda de energia | $0 < e < 1$ |
| Totalmente inelástico (os corpos se unem após o choque) | Conserva | Perda máxima de energia | $e = 0$ |

## Inércia rotacional

A lei da inércia também se aplica aos corpos em rotação. Assim, a tendência de um corpo que roda em torno de um eixo é continuar em rotação, a menos que ele sofra a interferência de um agente externo que mude essa situação. Essa propriedade que os corpos em rotação apresentam é denominada **inércia rotacional** ou **momento de inércia** ($I$).

## Torque

Para alterar o estado de repouso ou de rotação de um corpo é necessária a aplicação de um **torque**. O módulo do torque ($\vec{M}$) de uma força ($\vec{F}$), também conhecido como momento escalar de uma força, é calculado como o produto da intensidade da força pelo braço da força, e este último é definido como a distância ($d$) da linha de ação da força ao eixo de rotação. Assim:

$$M = F \cdot d$$

## Momento angular e sua conservação

Do mesmo modo que um corpo de massa $m$, que se desloca com velocidade $\vec{v}$, possui uma quantidade de movimento linear $\vec{Q}$, um corpo de momento de inércia $I$ em movimento rotacional com velocidade angular $\omega$, possui uma **quantidade de movimento angular**, mais conhecida como **momento angular**. Essa grandeza, representada por $\vec{L}$, é uma grandeza vetorial cujo **módulo** é dado por:

$$L = I \cdot \omega$$

Na ausência de torques externos, o momento angular de um sistema se conserva:

$$L_f = L_i \Rightarrow I_f \cdot \omega_f = I_i \cdot \omega_i$$

# Exercício resolvido

2. Duas partículas, de massas $m_1 = 6$ kg e $m_2 = 4$ kg, deslocam-se em uma mesma trajetória retilínea sem atrito e se chocam.

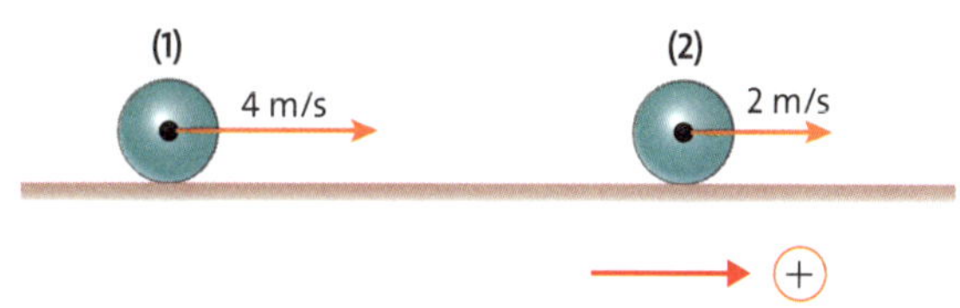

Determine as velocidades das partículas após o choque, supondo que este seja:

a) perfeitamente inelástico;

b) elástico.

### Resolução

a) No caso de um choque perfeitamente inelástico, as partículas se movimentam unidas após o choque. Para determinar a velocidade comum das partículas ($v'$), basta aplicarmos a conservação da quantidade de movimento do sistema:

$m_1 \cdot v_1 + m_2 \cdot v_2 = (m_1 + m_2) \cdot v'$

$6 \cdot 4 + 4 \cdot 2 = (6 + 4) \cdot v' \Rightarrow v' = 3{,}2$ m/s

b) No caso de um choque elástico, o coeficiente de restituição é igual a 1. Com base nas figuras seguintes, que representam as velocidades das partículas antes e após o choque, escrevemos:

$$e = \frac{v_2' - v_1'}{v_1 - v_2}$$

$$1 = \frac{v_2' - v_1'}{4 - 2}$$

$v_2' - v_1' = 2$ **(I)**

**Antes:**

**Após:**

E, de acordo com a conservação da quantidade de movimento do sistema, temos:

$m_1 \cdot v_1 + m_2 \cdot v_2 = m_1 \cdot v_1' + m_2 \cdot v_2'$

$6 \cdot 4 + 4 \cdot 2 = 6 \cdot v_1' + 4 \cdot v_2'$

$6 \cdot v_1' + 4 \cdot v_2' = 32$ **(II)**

Resolvendo o sistema de duas equações (**I** e **II**) com duas incógnitas, obtemos:

$6 \cdot v_1' + 4 \cdot (2 + v_1') = 32$

$10 \cdot v_1' = 24 \Rightarrow v_1' = 2{,}4$ m/s

Sendo: $v_2' - v_1' = 2$, obtemos:

$v_2' = 2 + 2{,}4 \Rightarrow v_2' = 4{,}4$ m/s

## Exercícios propostos

1. (Ufla-MG) Um caminhão de 3 toneladas (3 000 kg) de massa e uma bicicleta de 10 kg de massa movem-se com velocidade de 20 km/h (~5,6 m/s). Das afirmações a seguir, qual é a verdadeira?

   a) A quantidade de movimento é uma grandeza escalar e, portanto, não depende nem da direção nem do sentido da velocidade.

   b) Como o caminhão e a bicicleta têm a mesma velocidade, a quantidade de movimento também é a mesma.

   c) A quantidade de movimento do caminhão tem valor 16,8 kg · m/s e sempre o mesmo sentido de sua velocidade.

   d) Os vetores quantidade de movimento do caminhão e da bicicleta serão iguais caso eles tenham velocidades com mesma direção e mesmo sentido.

   e) O valor da quantidade de movimento de cada um deles é diferente, pois, apesar de apresentarem velocidades de mesmo módulo, suas massas são diferentes.

2. (Ufam) A variação temporal da intensidade da força exercida pelo chute de um jogador sobre uma bola de futebol de 500 g, inicialmente em repouso, pode ser aproximada pelo gráfico a seguir:

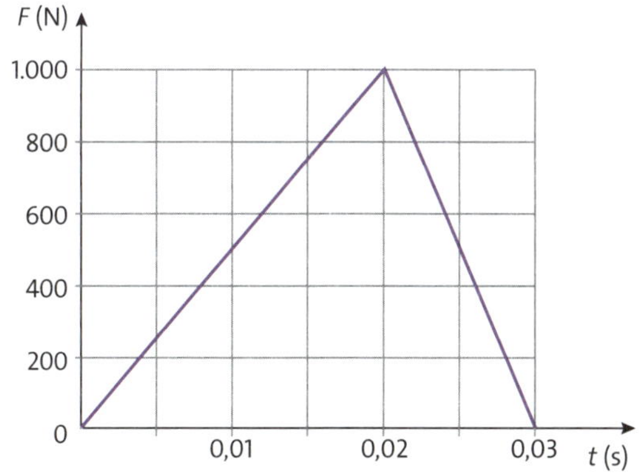


Com base nas informações contidas no gráfico, podemos afirmar que a velocidade com que a bola partiu após o chute é de:

a) 15 km/h.
b) 30 km/h.
c) 54 km/h.
d) 108 km/h.
e) 150 km/h.

3. (Ufal) Sabe-se que no espaço, livre da ação das forças externas, um corpo, ao adquirir certa velocidade, permanece deslocando-se em linha reta com velocidade constante, conforme a primeira lei de Newton. Dois astronautas de uma estação espacial resolvem se divertir usando tal conceito. Para tanto, eles se postam em repouso do lado de fora da estação espacial, amarrados a ela por meio de grandes cabos muito finos e flexíveis, de modo a não influenciar no experimento. A partir de certo momento, após se empurrarem mutuamente, eles passam a se afastar um do outro. Considerando que o primeiro astronauta, com seu equipamento, apresenta massa de 90 kg e adquire velocidade de 2,0 m/s, qual o módulo da velocidade adquirida pelo segundo astronauta, sabendo-se que ele, com seu equipamento, tem massa de 75 kg?

4. (UEPB) Um garoto brincando de bola de gude com seu colega executou uma jogada e percebeu que, ao lançar sua bola *A*, com certa velocidade $v_A$ contra outra bola *B* de seu colega, a qual se encontrava em repouso, o seguinte fenômeno aconteceu imediatamente após a colisão entre as bolas: a bola *A* ficou parada, enquanto a bola *B* adquiriu uma velocidade igual a $v_A$ (velocidade da bola *A*), antes da colisão. Esta situação pode ser representada por meio da figura a seguir, sendo I a situação antes de as bolas colidirem e II a situação após a colisão.

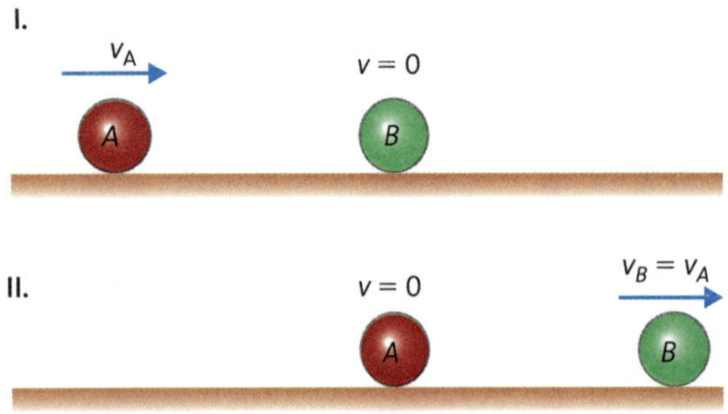


Considerando que esta observação só seria possível em um plano horizontal e sem atrito, é correto afirmar que:

a) a colisão mostrada é inelástica.

b) a energia cinética não se conservou.

c) a massa da bola *A* é maior que a massa da bola *B*.

d) a quantidade de movimento se conservou.

e) a quantidade de movimento não se conservou

5. (UFJF-MG) Um projétil de massa $m = 20$ g é atirado horizontalmente contra um bloco de madeira, de massa $m = 9\,980$ g, que está em repouso sobre uma superfície horizontal. O projétil fica alojado no bloco e o sistema bloco + projétil adquire movimento com velocidade $v = 0{,}50$ m/s. De acordo com esses dados, é incorreto afirmar que:

a) na colisão ocorre conservação da quantidade de movimento (momento linear).

b) a velocidade inicial do projétil era de 250 m/s.

c) na colisão ocorre conservação da energia mecânica do sistema.

d) a energia cinética do sistema, imediatamente após a colisão, é de 1,25 J.

e) a quantidade de movimento do projétil imediatamente antes da colisão era de 5,0 kg · m/s.

# MÓDULO 18 • O Sistema Solar e a Terra

## Leis de Kepler

**1ª: Lei das órbitas** – Os planetas giram em torno do Sol em órbitas elípticas, com o Sol ocupando um dos focos da elipse.

**2ª: Lei das áreas** – O raio vetor que liga o planeta ao Sol varre áreas iguais em intervalos de tempo iguais (velocidade areolar constante). Decorre desta lei que a velocidade escalar é variável, aumentando à medida que o planeta se aproxima do Sol.

**3ª: Lei dos períodos** – A razão entre o quadrado do período ($T$) de translação de um planeta e o cubo do raio médio ($r$) de sua órbita é constante: $\frac{T^2}{r^3} = k$ (constante). Assim, quanto mais afastado o planeta estiver do Sol, maior o seu período de translação.

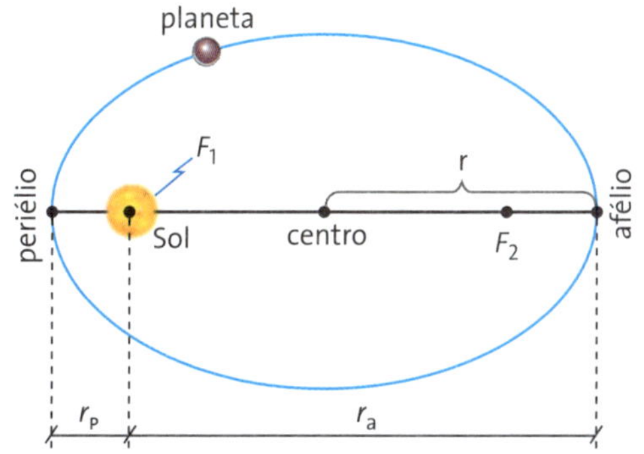


- Periélio – ponto de maior proximidade do planeta em relação ao Sol; velocidade escalar máxima.
- Afélio – ponto de maior afastamento do planeta em relação ao Sol; velocidade escalar mínima.
- Raio médio da órbita – medida do semieixo maior da elipse: $r = \frac{r_a + r_p}{2}$.

## Exercício resolvido

1. Na figura a seguir temos uma representação de uma estação orbital $A$ que gravita em órbita circular de raio $r$ e geoestacionária (período de um dia). Um pacote é lançado de $A$ para outra estação, $B$, situada em outra órbita circular de raio $3r$. A posição de lançamento é no ponto $C$, conveniente para que o pacote seja recolhido no ponto $M$ da órbita de $B$. O centro do planeta e os pontos $M$ e $C$ estão alinhados.
Após quantos dias, depois de lançado, o pacote será recolhido no ponto $M$?

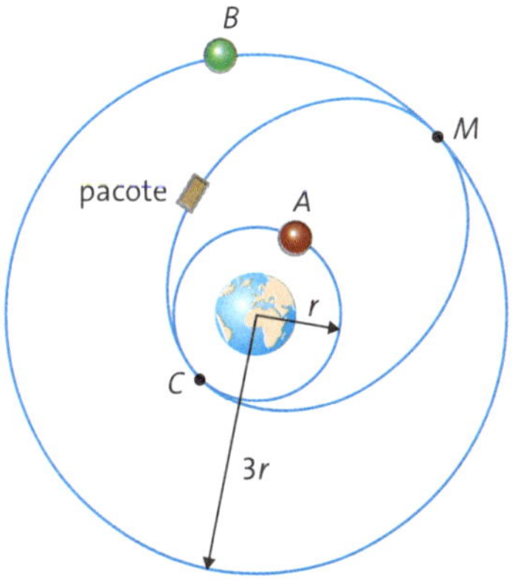


**Resolução**

O raio médio ($r_m$) da órbita elíptica do pacote é dado por:

$$r_m = \frac{r + 3r}{2} \Rightarrow r_m = 2r$$

E, de acordo com a terceira lei de Kepler, temos:

$$\left(\frac{T^2}{r^3}\right)_{\text{estação A}} = \left(\frac{T^2}{r^3}\right)_{\text{pacote}}$$

$$\frac{1^2}{r^3} = \frac{T^2_{\text{pacote}}}{(2r)^3} \Rightarrow T^2_{\text{pacote}} = \left(\frac{2r}{r}\right)^3 \cdot 1^2 \Rightarrow$$

$$\Rightarrow T^2_{\text{pacote}} = 8 \Rightarrow T_{\text{pacote}} = 2\sqrt{2}\,\text{dias}$$

O tempo para o pacote ir de $C$ a $M$ é a metade do período, portanto:

$$\Delta t = \frac{2\sqrt{2}}{2} \Rightarrow \Delta t = \sqrt{2}\,\text{dias}$$

## Lei da gravitação universal de Newton

**Matéria atrai matéria na razão direta do produto entre suas massas e na razão inversa do quadrado da distância que as separa:**

$$F = G \cdot \frac{m_1 \cdot m_2}{d^2}$$

$G = 6{,}67 \cdot 10^{-11}\ \text{N} \cdot \text{m}^2/\text{kg}^2$ (constante de gravitação universal)

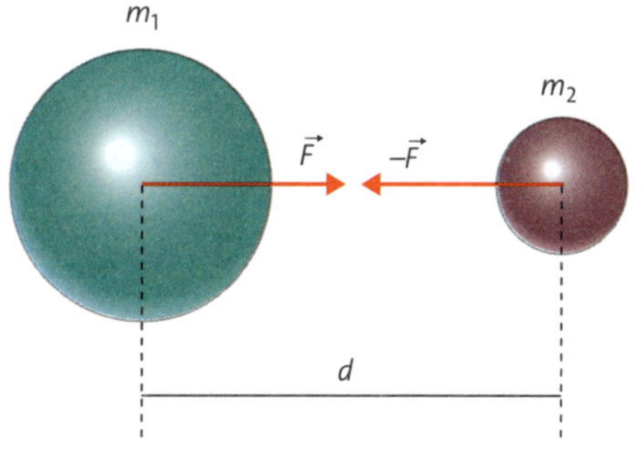

## Campo gravitacional

Um corpo de massa $M$ gera ao seu redor um campo gravitacional cujo módulo pode ser calculado como:

$$g = G \cdot \frac{M}{d^2} = G \cdot \frac{M}{(R + h)^2}$$

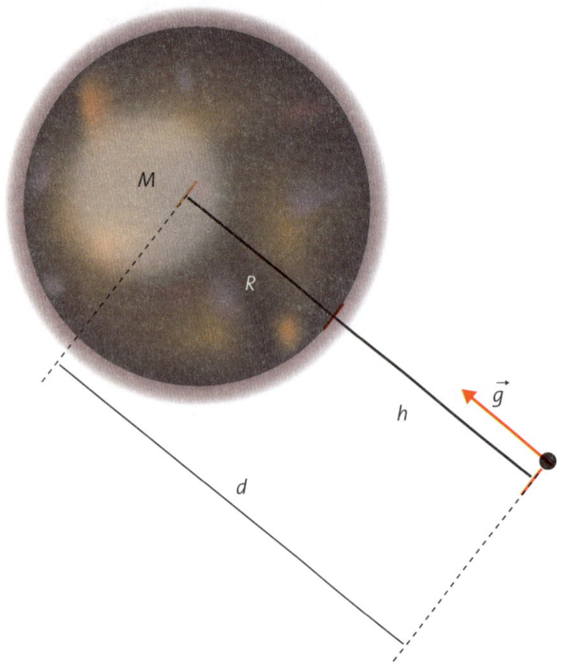


## Corpo (satélite) em órbita circular

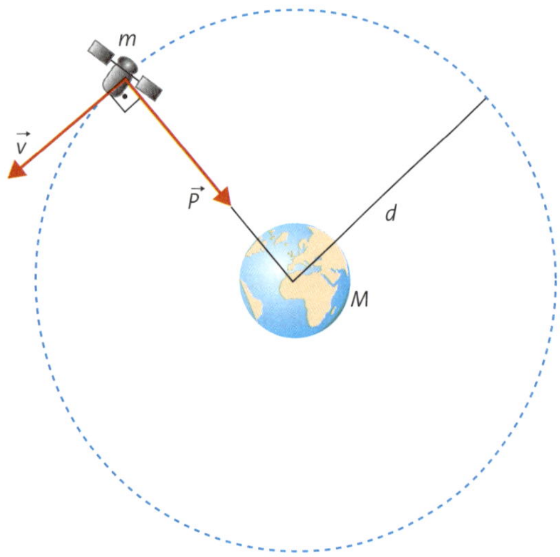


Para um satélite em órbita circular em torno de um planeta (a Terra, por exemplo), a força gravitacional é a resultante centrípeta:

$$F_G = P = R_C \Rightarrow v_{circular} = \sqrt{\frac{G \cdot M}{d}}$$

Para órbita rasante na Terra: $v_{circular} \simeq 8{,}2$ km/s.

## Velocidade de escape

É a velocidade mínima de lançamento de um corpo da superfície de um planeta para que ele escape da atração gravitacional do planeta e não mais retorne:

$$v_e = \sqrt{\frac{2 \cdot G \cdot M}{R}}$$

No caso do planeta Terra: $v_e \simeq 11{,}2$ km/s.

# Exercício resolvido

2. Numa competição esportiva, um comentarista diz que, devido à altitude em que a competição está acontecendo, as pessoas ficam mais leves e têm melhor desempenho.
   a) Determine a altura do ponto, em relação ao nível do mar, onde a intensidade do campo gravitacional é igual à metade do valor da intensidade do campo na superfície e que, portanto, as pessoas teriam o seu peso reduzido à metade.
   b) Existe algum ponto na superfície da Terra que obedece a essas condições?

   Dado: raio da Terra: $R = 6\,400$ km

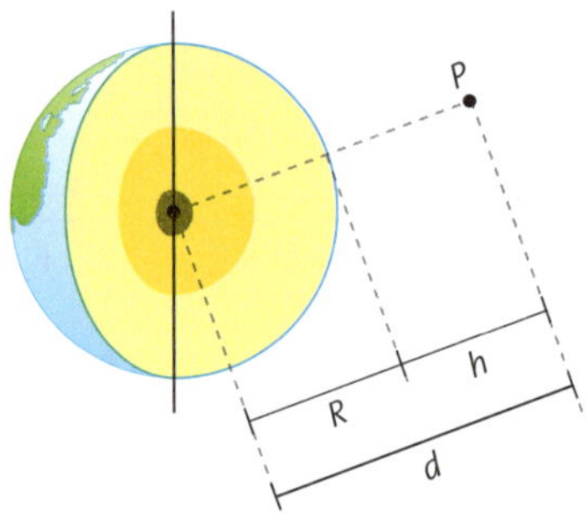


### Resolução

a) Na superfície da Terra, a intensidade do campo gravitacional é: $g_0 = G \cdot \frac{M}{R^2}$

A uma altura $h$ acima da superfície da Terra é:

$g = G \cdot \frac{M}{(R + h)^2}$

O que se pede no problema é que: $g = \frac{1}{2} \cdot g_0$, ou seja:

$$G \cdot \frac{M}{(R + h)^2} = \frac{1}{2} \cdot G \cdot \frac{M}{R^2} \Rightarrow \frac{1}{(R + h)^2} = \frac{1}{2R^2} \Rightarrow$$

$$\Rightarrow (R + h)^2 = 2R^2$$

$$\Rightarrow \sqrt{(R + h)^2} = \sqrt{2R^2} \Rightarrow R + h = R\sqrt{2} \Rightarrow$$

$$\Rightarrow h = R\sqrt{2} - R$$

$$\Rightarrow h = R \cdot (\sqrt{2} - 1)$$

Substituindo $R = 6\,400$ km (raio da Terra), obtemos: h $\simeq 2\,651$ km

b) Não. Esse valor está muito além das maiores altitudes que encontramos em nosso planeta. As mais altas montanhas não ultrapassam 10 km.

## Exercícios propostos

1. (UFRRJ) Nicolau Copérnico (1473-1543), Tycho Brahe (1546-1601) e Johannes Kepler (1571-1630) foram grandes estudiosos das órbitas dos planetas. Foi Johannes Kepler, porém, que após exaustivo trabalho, conseguiu descrever corretamente, pela primeira vez, as órbitas dos planetas do sistema solar, por meio de três leis, denominadas leis de Kepler. O enunciado de uma dessas leis é:
   a) As órbitas são elípticas com o Sol ocupando um dos focos.
   b) As órbitas são elípticas com a Terra ocupando um dos focos.
   c) As órbitas são circulares com a Terra ocupando um dos focos.
   d) As órbitas são circulares com o Sol ocupando um dos focos.
   e) As órbitas são elípticas com o Sol ocupando um dos focos e a Terra o outro.

2. (Cefet-MG) Com referência à cinemática gravitacional, julgue (V ou F) as afirmações a seguir:
   I. A velocidade do planeta Terra no afélio é maior que no periélio.
   II. Os planetas giram em torno do Sol, varrendo áreas iguais em tempos iguais.
   III. O período de translação de Júpiter é o maior, em relação aos outros planetas.
   IV. O período de translação dos planetas é proporcional à raiz quadrada do cubo do raio médio das suas órbitas.

3. (Vunesp-SP) Grande parte dos satélites de comunicação está localizada em órbitas circulares que estão no mesmo plano do equador terrestre. Geralmente esses satélites são geoestacionários, isto é, possuem período orbital igual ao período de rotação da Terra, 24 horas. Considerando-se que a órbita de um satélite geoestacionário possui raio orbital de 42 000 km, um satélite em órbita circular no plano do equador terrestre, com raio orbital de 10 500 km, tem período orbital de:

a) 3 h. b) 4 h. c) 5 h. d) 6 h. e) 8 h.

4. (UEA-AM) Periélio e afélio são os pontos de maior aproximação e de maior afastamento, respectivamente, de um planeta em relação ao Sol, em seu movimento de translação ao redor deste. A figura mostra um mesmo planeta no periélio e no afélio, distante $d_1$ e $d_2$ do centro do Sol.

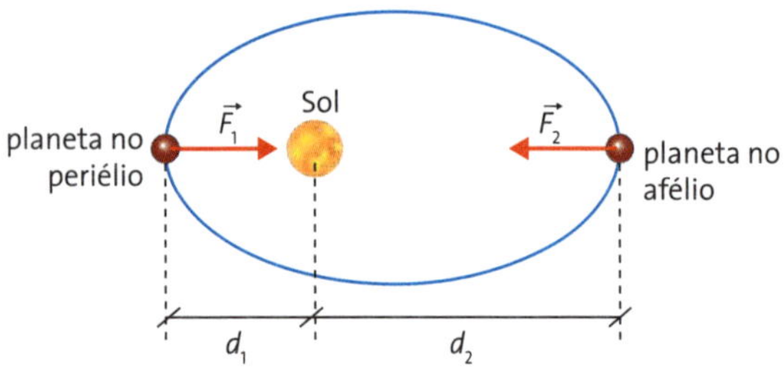


Sendo $\vec{F}_1$ e $\vec{F}_2$ as forças de atração gravitacional entre o Sol e o planeta no periélio e no afélio, respectivamente, pode-se afirmar que a relação $\frac{F_1}{F_2}$ é igual a:

a) $\frac{d_1}{d_2}$.

b) $\frac{d_2}{d_1}$.

c) $d_1 \cdot d_2$.

d) $\left(\frac{d_1}{d_2}\right)^2$.

e) $\left(\frac{d_2}{d_1}\right)^2$.

5. (UFPR) Em 2009, comemoraram-se os 400 anos das primeiras descobertas astronômicas com a utilização de um telescópio, realizadas pelo cientista italiano Galileu Galilei. Além de revelar ao mundo que a Lua tem montanhas e crateras e que o Sol possui manchas, ele também foi o primeiro a apontar um telescópio para o planeta Júpiter e observar seus quatro maiores satélites, posteriormente denominados de Io, Europa, Ganimedes e Calisto.

| Satélite | Raio orbital ($10^5$ km) | Massa ($10^{22}$ kg) |
|---|---|---|
| Io | 4 | 9 |
| Europa | 6 | 5 |
| Ganimedes | 10 | 15 |
| Calisto | 20 | 11 |

Supondo que as órbitas desses satélites ao redor de Júpiter sejam circulares, e com base nas informações da tabela dada, assinale a alternativa correta. (Os valores da tabela foram arredondados por conveniência.)

a) A força de atração entre Júpiter e Ganimedes é maior que entre Júpiter e Io.

b) Quanto maior a massa de um satélite, maior será seu período orbital.

c) A circunferência descrita pelo satélite Calisto é quatro vezes maior que a circunferência descrita pelo satélite Europa.

d) A maior velocidade angular é a do satélite Calisto, por possuir maior período orbital.

e) O período orbital de Europa é aproximadamente o dobro do período orbital de Io.

# MÓDULO 19 • Estática dos corpos rígidos e as máquinas simples

## Tipos de equilíbrio de um corpo rígido

As diferentes situações de equilíbrio em que um corpo pode se encontrar podem ser classificadas em três tipos básicos:

- **Equilíbrio estável –** Situação em que qualquer pequeno deslocamento (angular ou linear) sofrido pelo corpo resulta em tendência de retorno à posição de equilíbrio inicial.
- **Equilíbrio instável –** Nessa situação, qualquer pequeno deslocamento resulta em tendência de continuar tombando ou se afastando da posição de equilíbrio.
- **Equilíbrio indiferente –** Situação em que qualquer pequeno deslocamento resulta em uma nova situação também de equilíbrio.

## Equilíbrio de um corpo rígido

Um corpo rígido, sujeito a ação de várias forças, encontra-se em equilíbrio, se as seguintes condições forem satisfeitas:

- $\Sigma\vec{F} = \vec{0} \Rightarrow$ Equilíbrio de translação (centro de massa em repouso ou em MRU);
- $\Sigma\vec{M} = 0 \Rightarrow$ Equilíbrio de rotação (em relação a qualquer ponto do corpo).

### Convenção:

- rotação horária $\Rightarrow M < 0$;
- rotação anti-horária $\Rightarrow M > 0$.

## Exercício resolvido

1. A figura mostra uma barra homogênea, de massa 20 kg e comprimento *AB* de 2,0 m, articulada no ponto *A* e em equilíbrio horizontal graças ao fio ideal *BC*. Na extremidade *B* da barra é dependurado um bloco (*D*) de massa 8,0 kg.

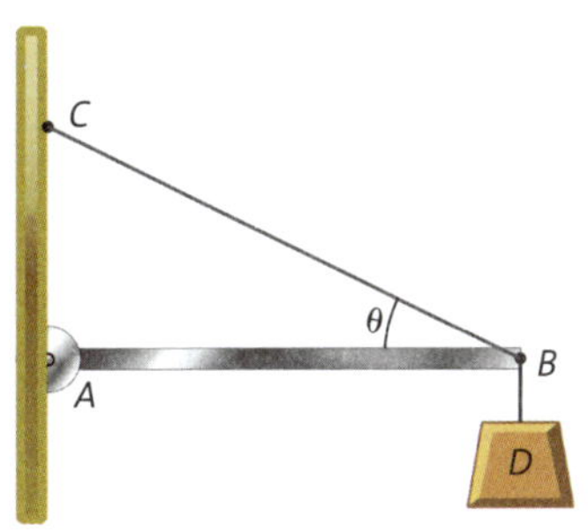


Adote $g = 10\ m/s^2$, sen $\theta = 0,60$ e cos $\theta = 0,80$. Determine:

a) a intensidade da tração no fio ideal;

b) o módulo da força $\vec{F}$ da articulação na barra no ponto *A*.

### Resolução

a) O diagrama de forças na barra é o mostrado na figura seguinte. Observe que a força da articulação na barra no ponto *A* representada pelos seus componentes $\vec{F_x}$ e $\vec{F_y}$.

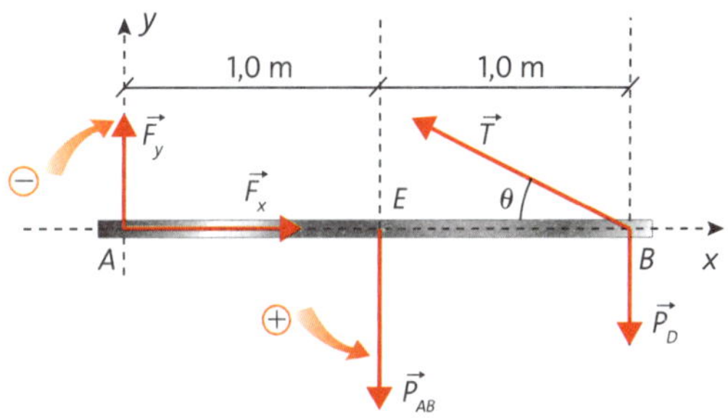


Os módulos dos pesos são:

$$\begin{cases} P_{AB} = m \cdot g = 20 \cdot 10 = 200\ N \\ P_D = m \cdot g = 8,0 \cdot 10 = 80\ N \end{cases}$$

De acordo com as condições de equilíbrio de um corpo rígido, temos:

Equilíbrio de translação: $\Sigma F = 0$

Na horizontal: $T \cdot \cos\theta = F_x$ **(I)**

Na vertical: $T \cdot \text{sen}\,\theta + F_y = P_{AB} + P_D$ **(II)**

Equilíbrio de rotação: $\Sigma M_A = 0$

$T \cdot (\text{sen}\,\theta) \cdot d_{AB} - P_{AB} \cdot d_{AE} - P_D \cdot d_{AB} = 0$ **(III)**

Substituindo os valores numéricos nas expressões **I**, **II** e **III**, obtemos:

De **I**: $T \cdot 0,80 = F_x$ **(IV)**

De **II**: $T \cdot 0,60 + F_y = 200 + 80$ **(V)**

De **III**: $T \cdot 0,60 \cdot 2,0 - 200 \cdot 1,0 - 80 \cdot 2,0 = 0$ **(VI)**

Na expressão **VI**, concluímos que:

$T = 300\ N$

b) E, substituindo o valor da tração nas expressões **IV** e **V**:

$F_x = 240\ N$ e $F_y = 100\ N$

Como $\vec{F_x}$ e $\vec{F_y}$ são perpendiculares entre si, o módulo da força $\vec{F}$ resultante é dado por:

$F = \sqrt{(F_x)^2 + (F_x)^2}$

$F = \sqrt{(240)^2 + (100)^2} \Rightarrow F = 260\ N$

## Máquinas simples

De modo bem abrangente, qualquer objeto que nos auxilie na realização das tarefas em geral pode ser considerado uma máquina. Sob esse ponto de vista, nossos braços ou nossas pernas também são máquinas.

No funcionamento de todas as máquinas, estão presentes as leis da Física (como em tudo, neste Universo). Em particular, as máquinas que envolvem os princípios básicos da Mecânica são chamadas de máquinas simples.

## Alavancas

A alavanca é uma das máquinas simples mais antigas. Trata-se de um dispositivo constituído de uma barra rígida que pode girar em torno de um ponto fixo. A alavanca apresenta três pontos básicos: entrada, onde é aplicada a força potente $\vec{F}_p$; apoio (ponto fixo), chamado de pivô ou polo, representado pela letra *O*; e saída, onde está aplicada a força resistente $\vec{F}_R$. Em geral, a posição do ponto de apoio (pivô *O*) determina se a alavanca é multiplicadora de força ou de movimento, conforme mostram as figuras a seguir.

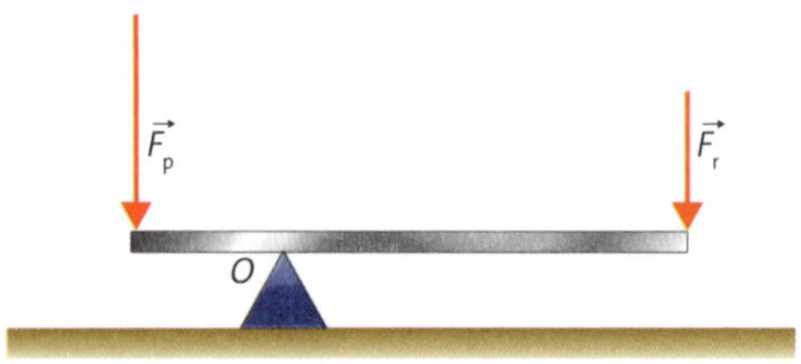


Alavanca multiplicadora de movimento.

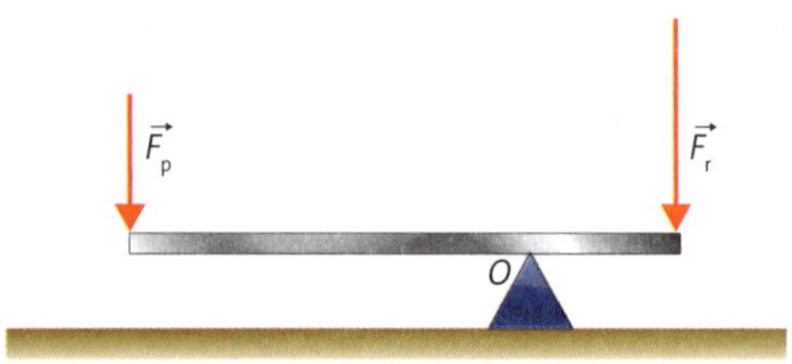


Figura 18. Alavanca multiplicadora de força.

**Observação:** No estudo das alavancas, é comum desconsiderar o seu peso próprio, pois geralmente ele é desprezível em relação às forças aplicadas.

## Vantagem mecânica

Chamamos de **vantagem mecânica** ou **poder de multiplicação** ($\beta$) a relação entre a intensidade da força obtida com o arranjo mecânico ($F_r$) e a intensidade da força que o operador aplica ($F_p$):

$$\beta = \frac{F_r}{F_p}$$

## Alavanca interfixa

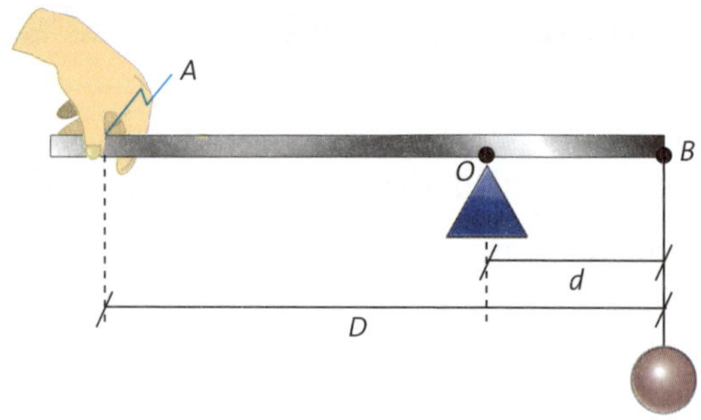


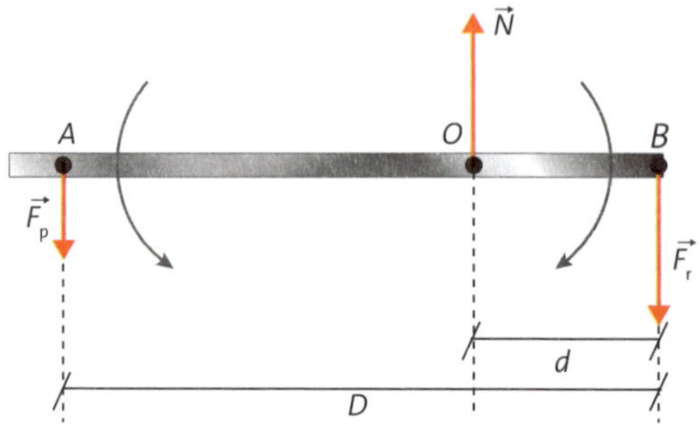


Quando a alavanca está em equilíbrio:

$\Sigma M_{\text{em relação a } O} = 0 \Leftrightarrow M_{anti\text{-}horário} = M_{horário} \Rightarrow$

$\Rightarrow F_p \cdot D = F_r \cdot d$

Vantagem mecânica: $\beta = \dfrac{F_r}{F_p} = \dfrac{D}{d}$

## Alavanca inter-resistente

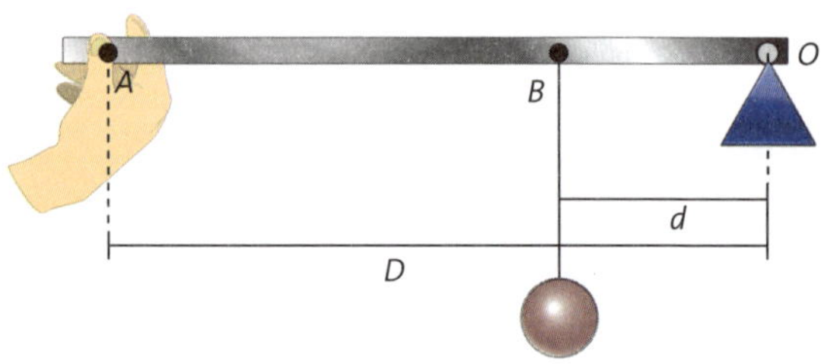


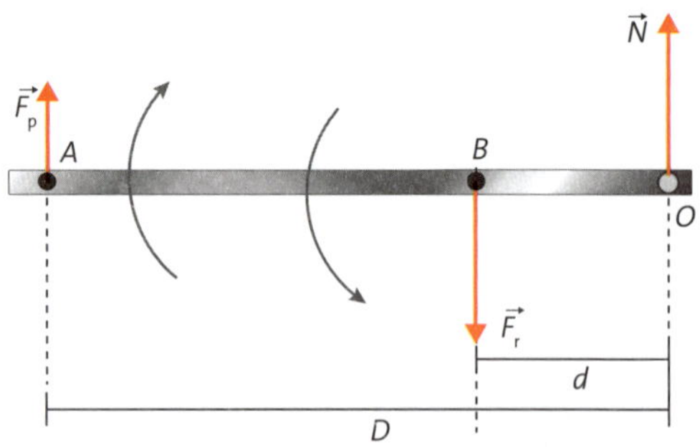


Quando a alavanca está em equilíbrio:

$\Sigma M_O = 0 \Leftrightarrow M_{anti\text{-}horário} = M_{horário} \Rightarrow F_p \cdot D = F_r \cdot d$

Vantagem mecânica: $\beta = \dfrac{F_r}{F_p} = \dfrac{D}{d}$

## Alavanca interpotente

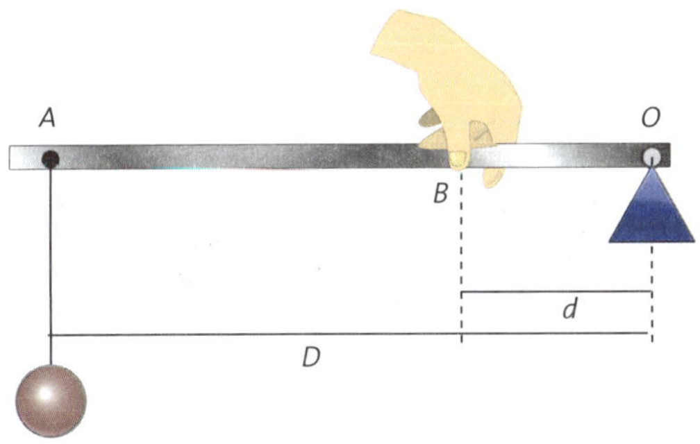


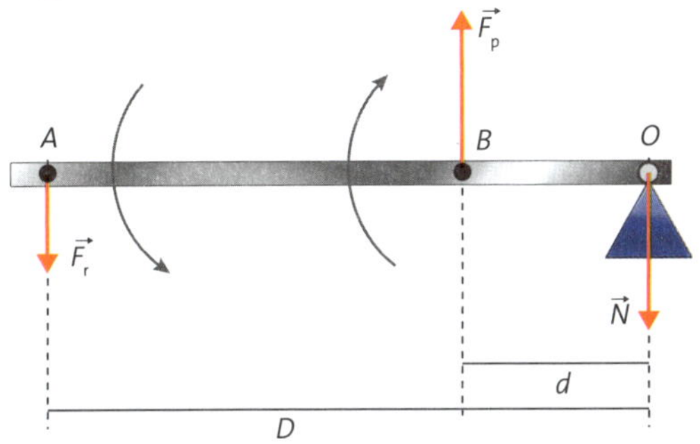


Quando a alavanca está em equilíbrio:

$$\Sigma M_O = 0 \Leftrightarrow M_{anti\text{-}horário} = M_{horário} \Rightarrow F_r \cdot D = F_p \cdot d$$

Vantagem mecânica: $\beta = \dfrac{F_r}{F_p} = \dfrac{d}{D}$

## Alavanca no corpo humano

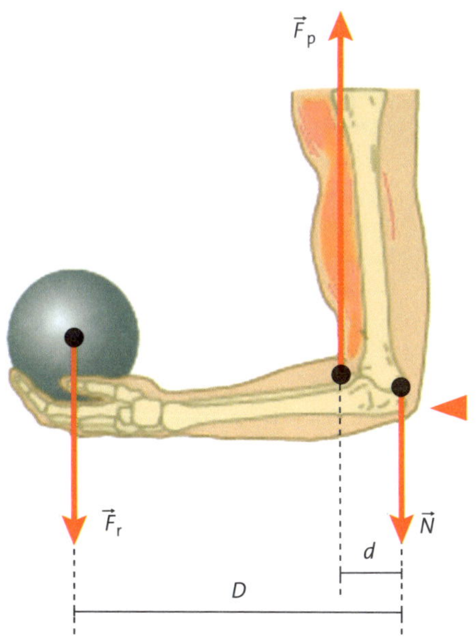


Quando a alavanca está em equilíbrio:

$$\Sigma M_O = 0 \Leftrightarrow M_{anti\text{-}horário} = M_{horário} \Rightarrow F_r \cdot D = F_p \cdot d$$

Vantagem mecânica: $\beta = \dfrac{F_r}{F_p} = \dfrac{d}{D}$

## Exercício resolvido

2. Na figura, temos uma representação esquemática das forças que agem em um abridor de garrafas utilizado para retirar a tampinha de um refrigerante. Considere $\vec{F}_p$ a força exercida pela pessoa que opera o abridor; $\vec{F}_a$ a força de reação que a tampinha exerce no abridor na região da borda da tampinha e $\vec{F}_o$ a força de reação que a tampinha exerce no abridor na região central da tampinha.

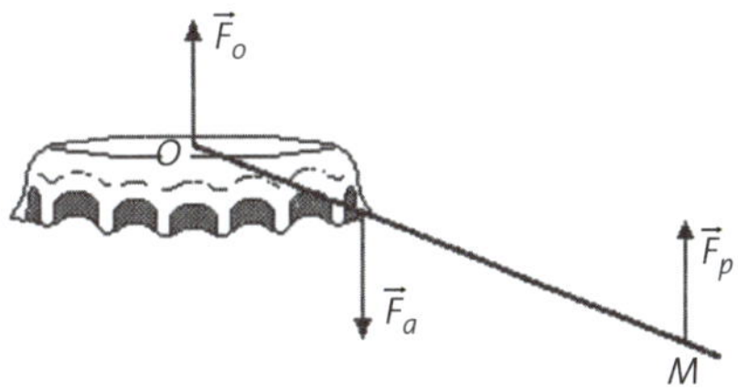


Suponha que a distância *OM* seja 10 cm e que a distância da linha de ação de $F_a$ ao ponto *O* seja 1,25 cm. Nessas condições, determine o tipo de alavanca e sua vantagem mecânica.

### Resolução

De acordo com a figura dada, como a força resistente encontra-se entre a força potente e o ponto de apoio, trata-se de uma alavanca inter-resistente. A vantagem mecânica dessa alavanca é dada por:

$$\Sigma M_O = 0 \Rightarrow F_p \cdot d_{MO} = F_a \cdot d_{OA} \Rightarrow \frac{F_a}{F_p} = \frac{d_{MO}}{d_{OA}} \Rightarrow$$

$$\Rightarrow \beta = \frac{10}{1{,}25} \Rightarrow \beta = 8$$

## Exercícios propostos

1. (FCMSCSP) Um objeto de dimensões desprezíveis está sob a ação de duas forças de mesmo módulo 50 N, formando entre si um ângulo de 120°. Para equilibrar o objeto, é necessário aplicar uma força de:
a) 100 N b) 75 N c) $50\sqrt{2}$ N d) 50 N e) 25 N

2. (UFG-GO) Uma escada de massa $m$ está em equilíbrio, encostada em uma parede vertical, como mostra a figura abaixo. Considere nulo o atrito entre a parede e a escada. Sejam $\mu_e$ o coeficiente de atrito estático entre a escada e o chão e $g$ a aceleração da gravidade.

Com relação às forças que atuam sobre a escada, pode-se afirmar que:

(01) a força máxima de atrito exercida pelo chão é igual a $\mu_e \cdot m \cdot g$.

(02) a componente vertical da força exercida pela parede é $mg$.

(03) a componente vertical da força exercida pelo chão é igual a $mg$.

(04) a intensidade da força exercida pela parede é igual à componente horizontal da força exercida pelo chão.

3. (PUCC-SP) Um veículo de quatro rodas tem massa $6{,}0 \cdot 10^3$ kg e seu peso possui a linha de ação mostrada em tracejado no desenho.

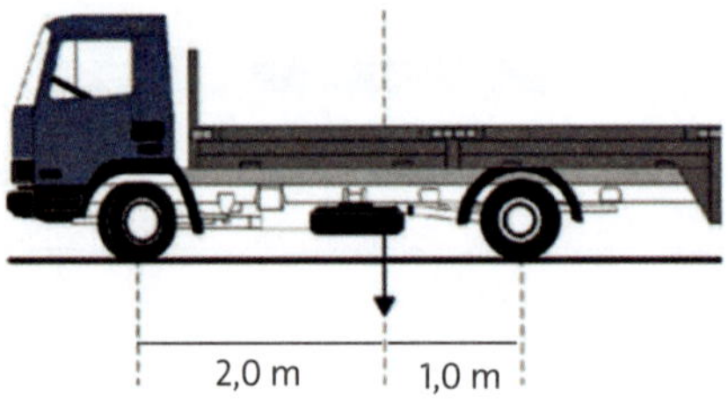


Podemos afirmar que as rodas:

a) dianteiras sofrem reações normais iguais às das rodas traseiras.

b) dianteiras sofrem reações maiores que as traseiras.

c) traseiras suportam $3{,}0 \cdot 10^4$ N.

d) traseiras suportam $2{,}0 \cdot 10^4$ N.

e) dianteiras suportam $2{,}0 \cdot 10^4$ N.

4. (FEI-SP) Um garoto deseja mover uma pedra de massa $m = 500$ kg. Ele dispõe de uma barra com 3 m de comprimento, que apoiou conforme a figura. Qual é, aproximadamente, o módulo da força $\vec{F}$ que ele deve exercer para mexer a pedra, ao apoiar a barra a 0,5 m da pedra?

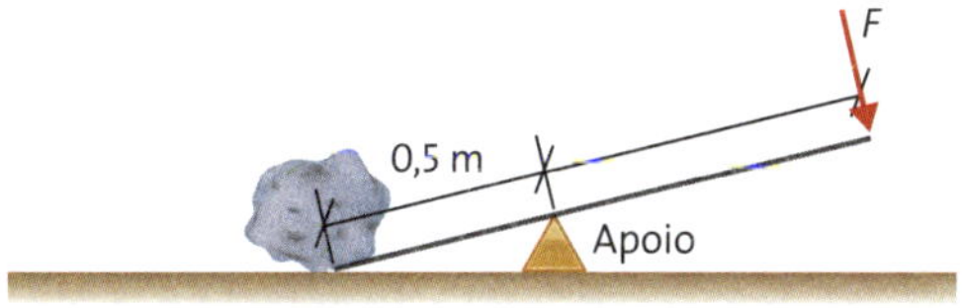


a) $F = 1000$ N
b) $F = 2500$ N
c) $F = 3000$ N
d) $F = 3500$ N
e) $F = 5000$ N

5. (PUC-PR) Para arrancar uma estaca do solo, é necessário que atue sobre ela uma força vertical de 600 N. Com este objetivo foi montado o arranjo abaixo, com uma viga de peso desprezível, como representado na figura.

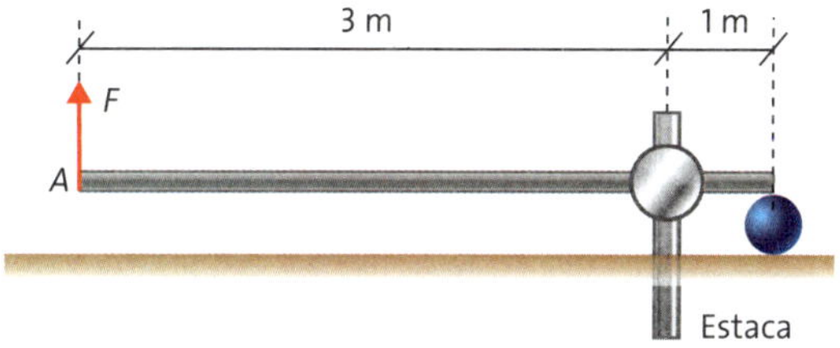


A força mínima necessária que deve ser aplicada em *A* é:

a) 600 N.
b) 300 N.
c) 200 N.
d) 150 N.
e) 250 N.

# MÓDULO 20 • Mecânica dos fluidos

## Densidade

A densidade (μ) de um corpo é definida como a razão entre a massa (*m*) desse corpo e o correspondente volume (*V*) ocupado por ele:

$$\mu = \frac{m}{V}$$

Uma unidade muito usual para a densidade é o $g/cm^3$, mas no SI a unidade é o $kg/m^3$. A relação entre essas duas unidades é:

$$1\,\frac{g}{cm^3} = \frac{10^{-3}\,kg}{10^{-6}\,m^3} = 10^3\,\frac{kg}{m^3}$$

## Pressão

Definimos pressão (*p*) aplicada sobre a área (*A*), como a relação:

$$p = \frac{F}{A}$$

Na expressão acima, *F* é o módulo da componente normal à superfície de área *A*. No SI, a unidade de pressão é o newton por metro quadrado ($N/m^2$), também conhecida como **pascal (Pa)**. A tabela a seguir apresenta outras unidades de pressão e suas relações com o pascal.

| Unidade | Relação com o pascal ($Pa = N/m^2$), usando-se $g = 10\ m/s^2$ |
|---|---|
| $dyn/cm^2$ (bária) | $1\ dyn/cm^2 = 0{,}1\ Pa$ |
| $kgf/cm^2$ | $1\ kgf/cm^2 = 10^5\ Pa$ |
| atm (atmosfera) | $1\ atm = 1{,}03 \cdot 10^5\ Pa$ |
| $lbf/pol^2$ | $1\ lbf/pol^2 = 6{,}9 \cdot 10^3\ Pa$ |

### Lei de Stevin

**Dois pontos na mesma horizontal de um mesmo fluido em equilíbrio estão submetidos à mesma pressão, pressão essa que aumenta com a profundidade.**

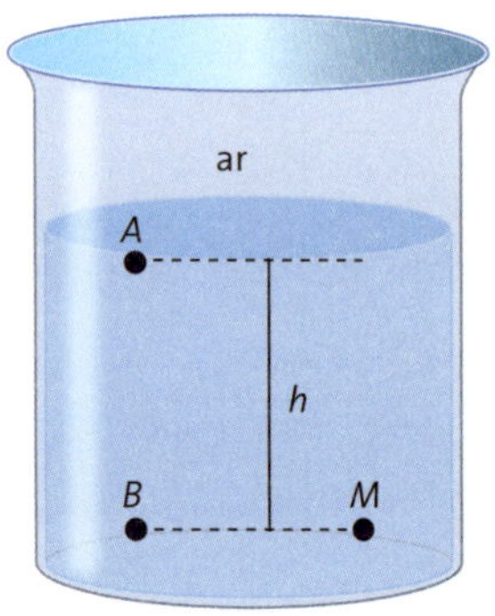


A expressão que traduz a lei de Stevin é:

$$p_A = p_{atm}$$

$$p_B = p_M = p_{atm.} + \underbrace{\mu \cdot g \cdot h}_{\text{pressão hidrostática}}$$

Gráficos da pressão total e da pressão hidrostática em função da profundidade:

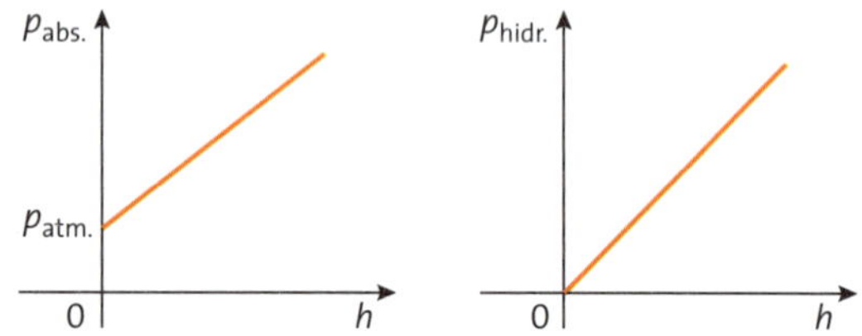


### Pressão atmosférica e o experimento de Torricelli

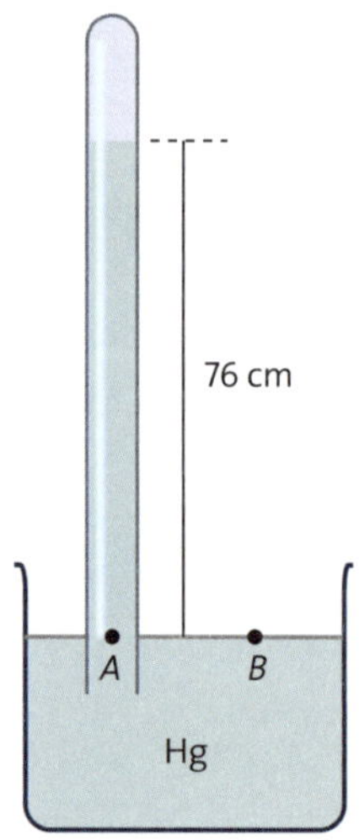


$$\left.\begin{array}{l} p_A = p_{\text{coluna de Hg}} \\ p_B = p_{atm} \\ p_A = p_B \end{array}\right\} \Rightarrow p_{atm} = p_{\text{coluna de Hg}}$$

Portanto, temos:

$$p_{atm.} = \mu_{Hg} \cdot g \cdot h_{Hg} \Rightarrow p_{atm.} = 13\,600 \cdot 9{,}8 \cdot 0{,}76 \Rightarrow$$
$$\Rightarrow p_{atm.} \simeq 1{,}01 \cdot 10^5\ N/m^2$$

Ou seja, a pressão atmosférica local é equivalente à pressão exercida por uma coluna de 76 cm de mercúrio. Por meio de raciocínio análogo, é possível mostrar que a pressão atmosférica normal também equivale àquela exercida por uma coluna vertical de água de aproximadamente 10 m.

## Vasos comunicantes

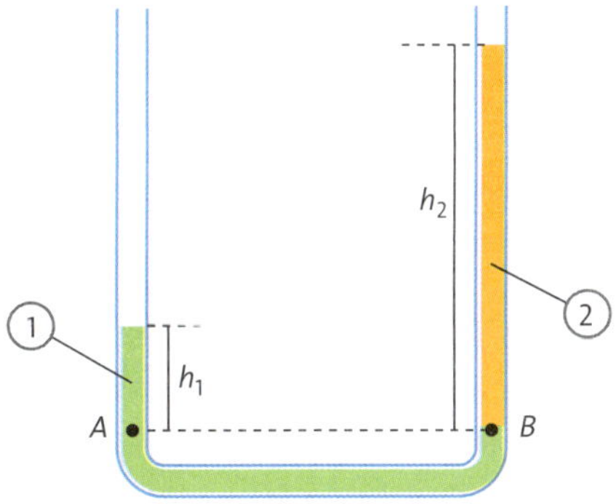


Aplicando a lei de Stevin aos pontos $A$ e $B$ (pontos nivelados e contidos no mesmo líquido), temos:

$$p_A = p_B \Rightarrow$$
$$\Rightarrow p_{atm.} + \mu_1 \cdot g \cdot h_1 = p_{atm.} + \mu_2 \cdot g \cdot h_2 \Rightarrow$$
$$\Rightarrow \mu_1 \cdot g \cdot h_1 = \mu_2 \cdot g \cdot h_2 \Rightarrow$$
$$\Rightarrow \mu_1 \cdot h_1 = \mu_2 \cdot h_2$$

## Princípio de Pascal

**O acréscimo de pressão produzido sobre um líquido incompressível e em equilíbrio transmite-se integralmente a todos os pontos do líquido e para as paredes do recipiente que o contém.**

## Prensa hidráulica

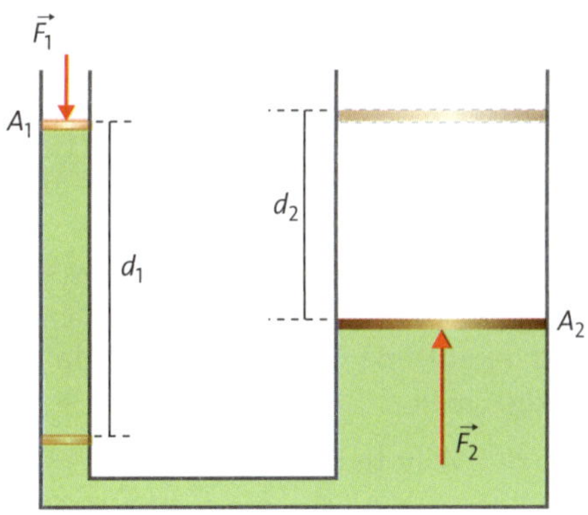


Aplicando o princípio de Pascal:

$$\frac{F_1}{A_1} = \frac{F_2}{A_2}$$

Aplicando o princípio de conservação de energia:

$$F_1 \cdot d_1 = F_2 \cdot d_2$$

Usando o fato de o volume deslocado com a descida do pistão 1 é o mesmo volume deslocado com a subida do pistão 2, temos:

$$A_1 \cdot d_1 = A_2 \cdot d_2$$

## Exercício resolvido

1. (Cefet-RS) A figura representa um elevador hidráulico de posto de lavagem de automóveis. Ele é acionado através de um cilindro de área $3 \cdot 10^{-5}$ m². O automóvel a ser elevado tem massa $3 \cdot 10^3$ kg e está sobre o êmbolo de área $6 \cdot 10^{-3}$ m².

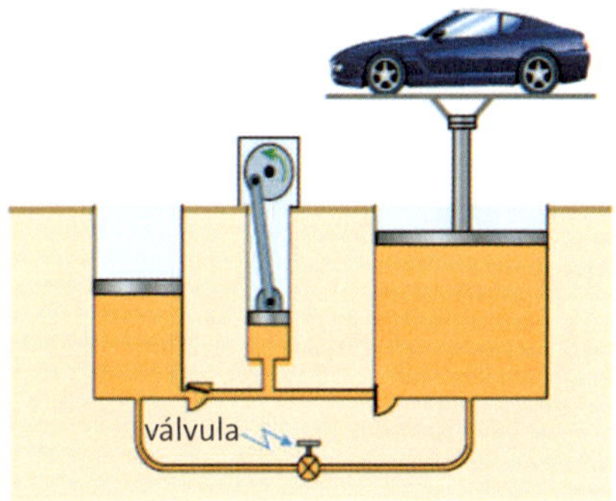


a) Qual deve ser a pressão exercida pelo cilindro (acima da atmosférica) para equilibrar o automóvel (iminência de iniciar a subida)?

b) Qual será o deslocamento do cilindro para elevar o automóvel de 20 cm?

Use: $g = 10$ m/s²

### Resolução

a) O acréscimo de pressão (acima da atmosférica) é devido ao peso do carro:

$$p = \frac{F}{A} \Rightarrow p = \frac{3{,}0 \cdot 10^3 \cdot 10}{6{,}0 \cdot 10^{-3}} \Rightarrow p = 5{,}0 \cdot 10^6 \text{ N/m}^2$$

b) Considerando que o fluido seja incompressível, o volume deslocado pelo pistão é o volume acrescido no curso do êmbolo, assim:

$$A_1 \cdot h_1 = A_2 \cdot h_2 \Rightarrow 3{,}0 \cdot 10^{-5} \cdot h_1 = 6{,}0 \cdot 10^{-3} \cdot 20 \Rightarrow$$
$$\Rightarrow h_1 = 4000 \text{ cm} = 40 \text{ m}$$

Esse deslocamento pode corresponder a várias idas e vindas do pistão, com uma válvula que impede o retorno do fluido.

## Princípio de Arquimedes

**Todo corpo mergulhado num fluido fica sujeito a uma força, exercida pelo fluido, cuja direção é vertical e sentido para cima; essa força é denominada empuxo e a sua intensidade é igual ao peso do fluido deslocado pela presença do corpo.**

A expressão que traduz o princípio de Arquimedes é usada para calcular a intensidade do empuxo:

$$E = m_f \cdot g = \mu_f \cdot V_f \cdot g$$

## Flutuação em equilíbrio

Equilíbrio: $E = P$

Fração do volume total do corpo que está submersa: $f_s = \dfrac{V_i}{V_{corpo}} = \dfrac{\mu_{corpo}}{\mu_{líquido}}$

## Equação da continuidade

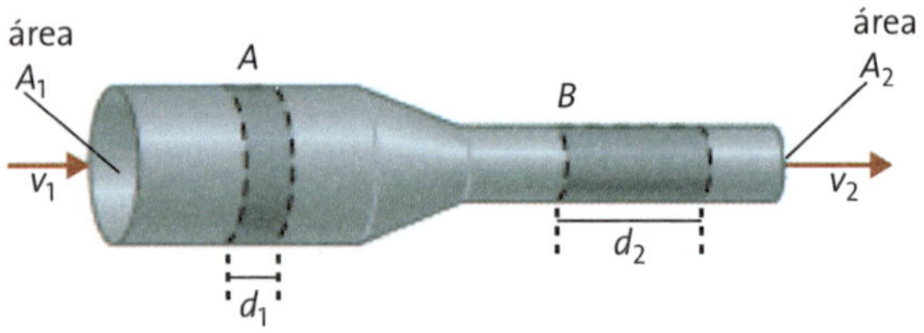


Vazão: $\Phi = \dfrac{\Delta V}{\Delta t} = v_1 \cdot A_1 = v_2 \cdot A_2$

## Equação de Bernoulli

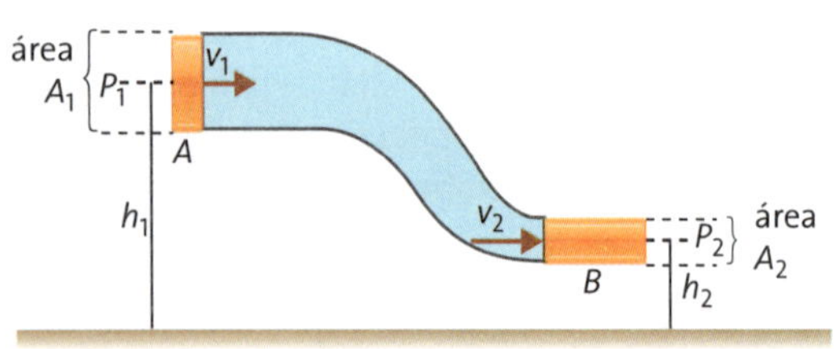


$$p_1 + \mu \cdot g \cdot h_1 + \frac{\mu \cdot v_1^2}{2} = p_2 + \mu \cdot g \cdot h_2 + \frac{\mu \cdot v_2^2}{2}$$

## Tubo horizontal

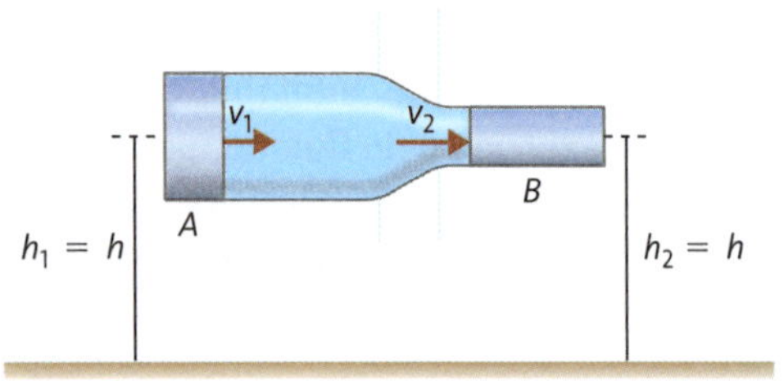


$$p_1 + \frac{1}{2}\mu \cdot v_1^2 = p_2 + \frac{1}{2}\mu \cdot v_2^2$$

Maior pressão ⇔ menor velocidade

## Exercício resolvido

2. Um recipiente cilíndrico e aberto para a atmosfera possui 45 cm de altura e 10 cm de diâmetro. Um furo circular de área 1,0 $cm^2$ é feito no centro do fundo do recipiente. A velocidade ($v$) com que o fluido escoa nesse furo depende da profundidade ($h$) dele e pode ser obtida por $v = \sqrt{2 \cdot g \cdot h}$. Através de uma torneira a água flui para o recipiente a uma taxa de 200 $cm^3/s$.

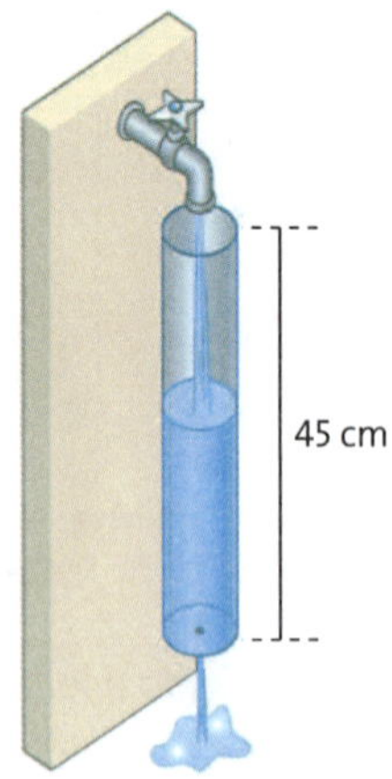


Considere $g = 10\ m/s^2$.

a) Qual seria a vazão máxima de saída de água pelo furo?

b) Em qual altura o nível do líquido irá se estabilizar?

c) Qual deveria ser a área do furo para que a torneira pudesse encher o recipiente?

### Resolução

a) A vazão máxima iria ocorrer quando o líquido atingisse a altura máxima no recipiente, ou seja, 45 cm.

Como $v = \sqrt{2 \cdot g \cdot h}$, temos:

$v = \sqrt{2 \cdot 10 \cdot 0{,}45} \Rightarrow v = 3\ m/s = 300\ cm/s$

A vazão seria, então: $\Phi = A \cdot v \Rightarrow$

$\Rightarrow \Phi = 1{,}0\ cm^2 \cdot 300\ cm/s \Rightarrow \Phi = 300\ cm^3/s$

b) A torneira não conseguirá encher o recipiente, pois a vazão da torneira é menor que a vazão que se teria no furo quando o recipiente estivesse cheio. O nível do líquido vai estabilizar quando a vazão de entrada for igual à de saída, ou seja: $\Phi = 200\ cm^3/s$.

Como $\Phi = A \cdot v$, temos:

$200 = 1{,}0 \cdot v \Rightarrow v = 200\ cm/s = 2{,}0\ m/s$

Uma vez que $v = \sqrt{2 \cdot g \cdot h}$, concluímos:

$2 = \sqrt{2 \cdot 10 \cdot h} \Rightarrow \dfrac{4}{20} = h \Rightarrow h = 0{,}2\ m = 20\ cm$

c) Com o recipiente cheio, a velocidade de escoamento do fluido pelo furo é $v = 3\ m/s$.

Como $\Phi = A \cdot v$, temos:

$200 = A \cdot 300 \Rightarrow A \simeq 0{,}67\ cm^2$

Para áreas menores (e com o tubo cheio) a vazão de saída será menor do que a de entrada (200 $cm^3/s$) e o fluido vai transbordar do recipiente cilíndrico. Para áreas maiores, a vazão de saída será maior que a de entrada e o tubo começa a esvaziar.

## Exercícios propostos

1. (UFRJ) Considere um avião comercial em voo de cruzeiro. Sabendo que a pressão externa a uma janela de dimensões 0,30 · 0,20 m é um quarto da pressão interna, que por sua vez é igual a 1 atm ($10^5$ N/m$^2$):
   a) indique a direção e o sentido da força sobre a janela em razão da diferença de pressão;
   b) calcule o módulo dessa força.

2. (Unioeste-PR) No mergulho feito com tubo de respiração (*snorkel*), o mergulhador respira por meio de um tubo com uma das extremidades na boca e outra acima do nível da água. Se o limite de diferença de pressão entre o interior e o exterior dos pulmões for de $\frac{p_0}{20}$, qual é a profundidade máxima, $h_{máx.}$, para um mergulho seguro em um rio ou lagoa de água doce?

3. (ITA-SP) Um vaso comunicante em forma de U possui duas colunas de mesma altura (42 cm), preenchidas com água ($\mu = 1$ g/cm$^3$) até a metade. Em seguida, adiciona-se óleo ($\mu = 0,8$ g/cm$^3$) até a coluna da direita estar totalmente preenchida, conforme a figura.

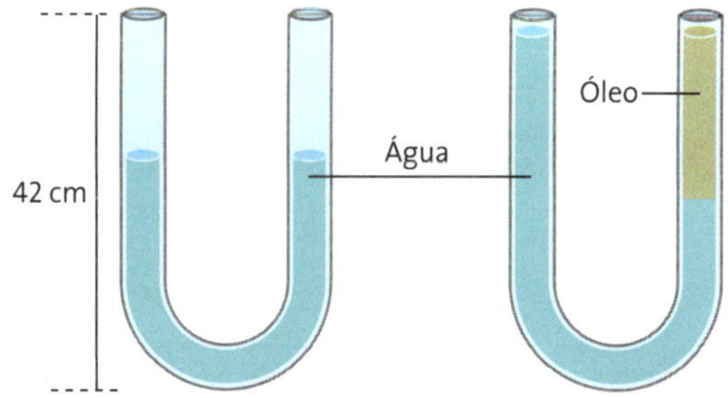


**Figura *A*** **Figura *B***

O comprimento da coluna de óleo é:

a) 14 cm.
b) 16,8 cm.
c) 28 cm.
d) 35 cm.
e) 37,8 cm.

4. (UEA-AM-modificado) Em dezembro de 2009 o navio *Crystal Symphony* esteve em Parintins, um dos principais destinos de navios no Amazonas. Com 55 000 toneladas e 250 metros de comprimento, ele é um dos mais espaçosos a navegar, e também um dos poucos a ostentar seis estrelas.

(www.wordcruises1.blogspot.com.br. Adaptado.)

Na figura, o *Crystal Symphony* aparece ao fundo e, em primeiro plano, um navio de 30 metros de comprimento navega em sentido contrário, numa trajetória retilínea paralela à dele.

Considerando a densidade da água do rio Amazonas igual a $10^3$ kg/m$^3$ e $g = 10$ m/s$^2$, é correto afirmar que, quando o *Crystal Symphony* está em equilíbrio nas águas desse rio, sua parte submersa desloca um volume de água, em m$^3$, igual a:

a) $5,5 \cdot 10^4$.
b) $5,5 \cdot 10^2$.
c) $5,5 \cdot 10^1$.
d) $5,5 \cdot 10^5$.
e) $5,5 \cdot 10^3$.

5. (UEPA) Durante um naufrágio ocorrido em um trecho de águas tranquilas do rio Amazonas, um bote salva-vidas de massa desprezível e dimensões 1,5 m $\times$ 1,8 m $\times$ 0,3 m foi utilizado para transportar os passageiros até a margem do rio. Considerando somente pessoas de 70 kg, o número máximo de passageiros que o bote conseguiu transportar, por viagem, foi igual a:

Dados: aceleração da gravidade $g = 10$ m/s$^2$ e densidade da água = 1000 kg/m$^3$.

a) 8.
b) 9.
c) 10.
d) 11.
e) 12.

# MÓDULO 21 • Ondas e fenômenos ondulatórios

## Movimento harmônico simples (M.H.S.)

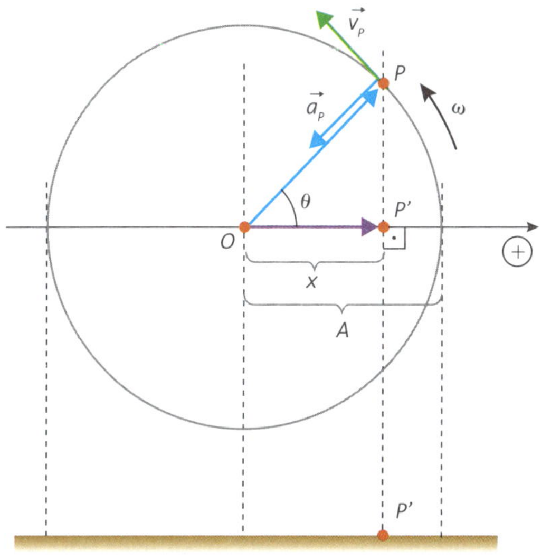


O movimento de $P'$, projeção do M.C.U. executado por $P$, é um M.H.S. Os vetores posição, velocidade e aceleração do M.H.S. executado por $P'$ são as projeções horizontais desses vetores para o M.C.U. executado por $P$.

**Equações do M.H.S. de *P'*:**

- Elongação: $x = A \cdot \cos(\theta_0 + \omega \cdot t)$
- Velocidade: $v = -\omega \cdot A \cdot \text{ sen }(\theta_0 + \omega \cdot t)$
- Aceleração: $a = -\omega^2 \cdot A \cdot \cos(\theta_0 + \omega \cdot t)$
- Velocidade em função da elongação:
  $v^2 = \omega^2 \cdot (A^2 - x^2)$
- Aceleração em função da elongação: $a = -\omega^2 \cdot x$

## Sistema massa-mola

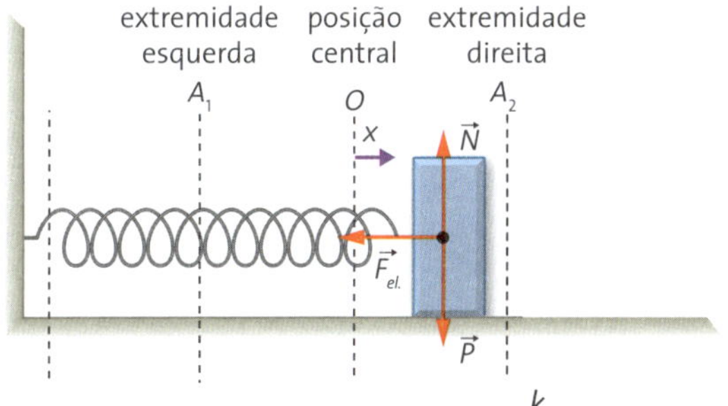


$$R = F_{el.} \Rightarrow m \cdot a = -k \cdot x \Rightarrow a = -\frac{k}{m} \cdot x$$

Comparando a última passagem da equação acima com a da aceleração em função da elongação, vem:

$$\omega = \sqrt{\frac{k}{m}}$$

Mas $\omega = \frac{2\pi}{T} \Rightarrow$ Período de oscilação:

$$T = 2\pi \cdot \sqrt{\frac{m}{k}}$$

## Pêndulo simples

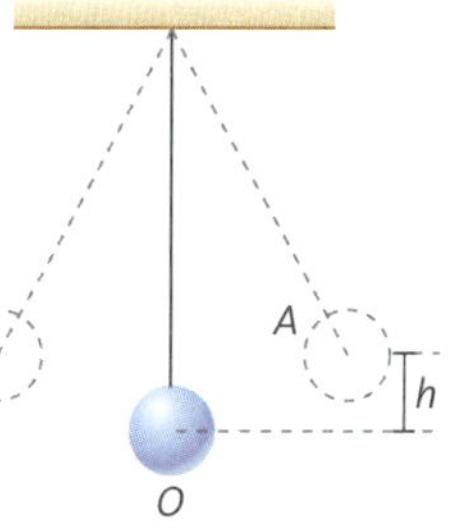


Expressão do período para pequenas oscilações:

$$T = 2\pi \cdot \sqrt{\frac{L}{g}}$$

## Energia no M.H.S. de um sistema massa-mola horizontal

**Energia cinética**

$$E_c = \frac{m \cdot v^2}{2} = \frac{m}{2} \cdot \omega^2 \cdot (A^2 - x^2) = \frac{k}{2} \cdot (A^2 - x^2)$$

**Energia potencial**

$$E_p = \frac{k \cdot x^2}{2}$$

**Energia mecânica**

$E_M = E_c + E_p = \frac{k \cdot A^2}{2}$ = constante (**Sistema conservativo)**

## Exercício resolvido

1. Um sistema de amortecimento de colisão de um ramal de trem é constituído por uma placa de aço atrás da qual há uma mola, conforme ilustra a figura.

Um vagão de 20 toneladas choca-se com a placa com velocidade de 14,4 km/h = 4 m/s e para após a mola sofrer uma deformação de 40 cm. As massas da mola e da placa podem ser desprezadas em relação à massa do vagão.

a) Qual é a constante elástica da mola?

b) Quanto tempo, aproximadamente, levou o vagão para atingir o repouso a partir do instante que atingiu a placa?

c) Qual é a razão entre o tempo obtido no item anterior e o tempo que o vagão levaria para entrar em repouso se fosse retardado uniformemente na mesma distância?

**Resolução**

a) Pela conservação da energia mecânica, a energia cinética inicial do vagão vai se transformar em energia potencial elástica da mola:

$$\frac{1}{2}m \cdot v^2 = \frac{1}{2}k \cdot x^2 \Rightarrow k = \frac{m \cdot v^2}{x^2}$$

$$k = \frac{2{,}0 \cdot 10^4 \cdot 4^2}{0{,}4^2} \Rightarrow k = 2{,}0 \cdot 10^6 \text{ N/m}$$

b) O intervalo de tempo descrito corresponde a $\frac{1}{4}$ de uma oscilação completa, logo:

$$\frac{T}{4} = \frac{2\pi}{4} \cdot \sqrt{\frac{m}{k}} \Rightarrow \frac{T}{4} = \frac{\pi}{2} \cdot \sqrt{\frac{2{,}0 \cdot 10^4}{2{,}0 \cdot 10^6}} \Rightarrow \frac{T}{4} \simeq 0{,}16 \text{ s}$$

c) Pela propriedade do M.V.U. $v_m = \frac{v_0 + v}{2}$:

$$v_m = \frac{4 + 0}{2} \Rightarrow v_m = 2 \text{ m/s}$$

Como $v_m = \frac{\Delta s}{\Delta t}$, obtemos: $2 = \frac{0{,}4}{\Delta t} \Rightarrow$

$$\Rightarrow \Delta t = 0{,}2 \text{ s}$$

A razão ($r$) entre os intervalos é, então:

$$r = \frac{0{,}16}{0{,}20} \Rightarrow r = 0{,}8$$

Isso nos mostra que amortecimento elástico é mais rápido que o variado uniformemente, se considerarmos a mesma distância e mesmas velocidades iniciais.

## Propagação ondulatória

**As ondas transmitem energia sem transportar matéria.**

**Onda longitudinal:** A direção de vibração é a mesma que a de propagação da onda.

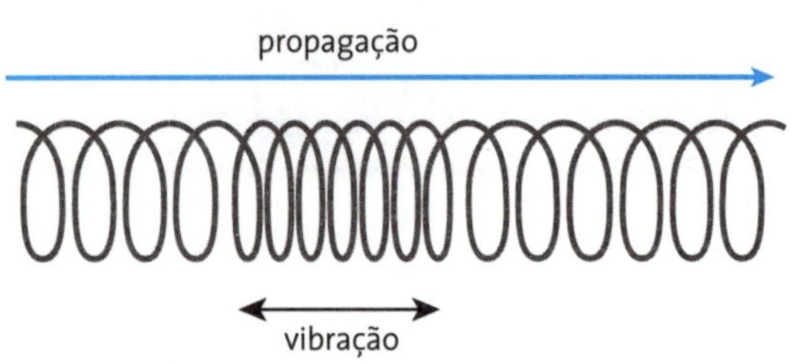


**Onda transversal:** A direção de vibração é perpendicular à direção de propagação da onda.

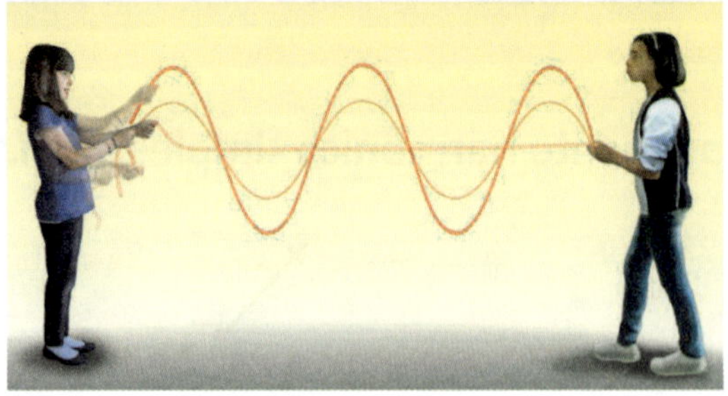

## Ondas mecânicas e ondas eletromagnéticas

Determinadas ondas necessitam, obrigatoriamente, de um meio material para a sua propagação: são as **ondas mecânicas**. Em uma propagação como essa, ocorrem vibrações mecânicas, ou seja, as partículas do meio material vibram. É o caso das ondas em cordas, ondas em molas, ondas na superfície e no interior de líquidos, dos sólidos (terremotos) e dos gases (som se propagando no ar). As ondas mecânicas não se propagam no vácuo.

Por outro lado, existem propagações que ocorrem tanto nos meios materiais como no vácuo: são as **ondas eletromagnéticas**. Como exemplos de onda eletromagnética, podemos citar as ondas de rádio, os raios infravermelhos, a luz visível, os raios X, entre outras.

### Características de uma onda

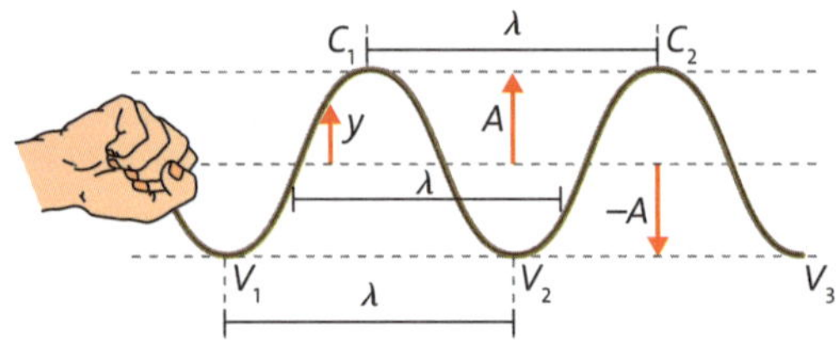


Velocidade de propagação de uma onda:

$$v = \frac{\Delta S}{\Delta t} = \frac{\lambda}{T} = \lambda \cdot f$$

### Reflexão de ondas

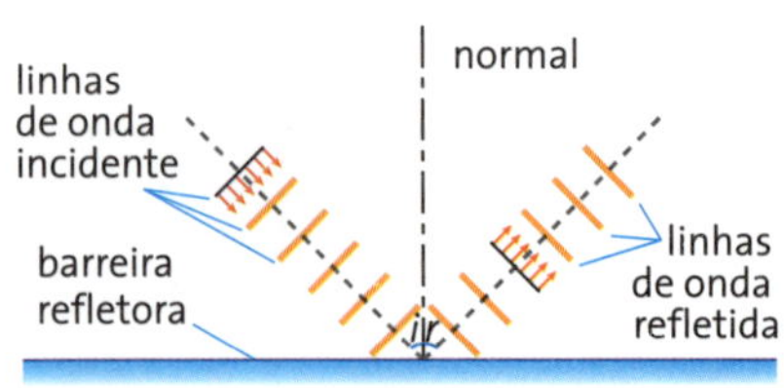


A medida do ângulo de incidência ($i$) é igual à medida do ângulo de reflexão ($r$): $i = r$.

Observe que, ao ser refletida, a onda retorna ao meio de origem. Como a velocidade é característica do meio de propagação, a onda refletida tem a mesma velocidade da onda incidente, pois ambas se propagam no mesmo meio. A frequência, por ser uma característica da fonte, permanece inalterada com a reflexão e, em decorrência, o comprimento de onda também permanece inalterado.

## Refração de ondas

Uma onda sofre refração quando transpõe a fronteira de separação entre dois meios de propagação, passando a se propagar no outro meio e, por esse motivo, com outra velocidade.

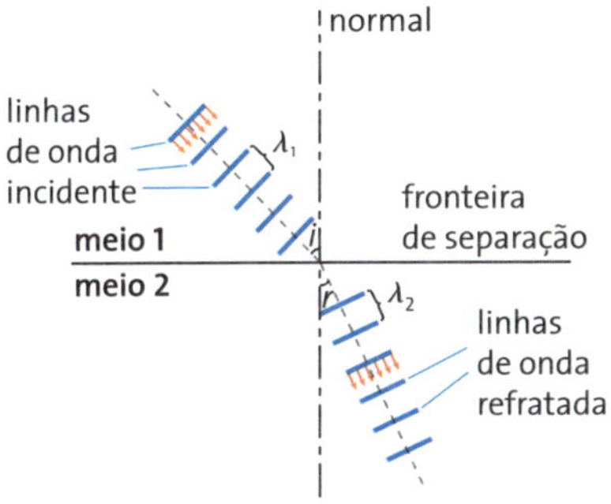


$$\frac{\text{sen } i}{\text{sen } r} = \frac{v_1}{v_2} = \frac{\lambda_1}{\lambda_2}$$

## Difração de ondas

**Difração** é o fenômeno que ocorre quando uma onda encontra uma fenda ou um obstáculo e consegue contorná-lo. Assim, elas atingem regiões que não seriam atingidas se elas apresentassem apenas propagação retilínea.

A difração ocorre tanto com as ondas mecânicas como com ondas eletromagnéticas, mas as condições para que ela ocorra dependem da relação entre o comprimento de onda e o tamanho da abertura ou do obstáculo. Quanto menor for o comprimento de onda ($\lambda$) em relação ao tamanho da fenda ou obstáculo ($d$) atingido, menor será a capacidade de contorná-lo, conforme se observa nas figuras a seguir.

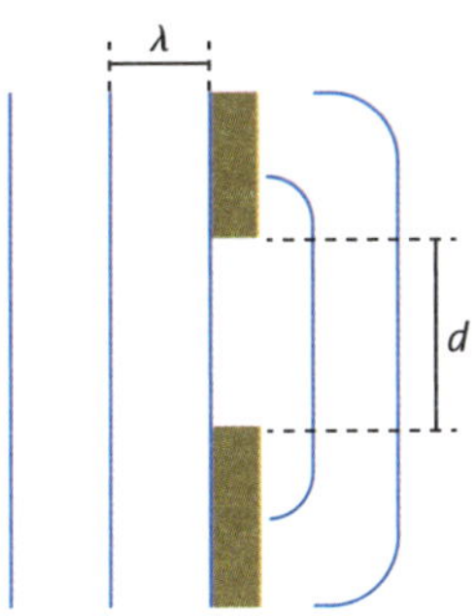


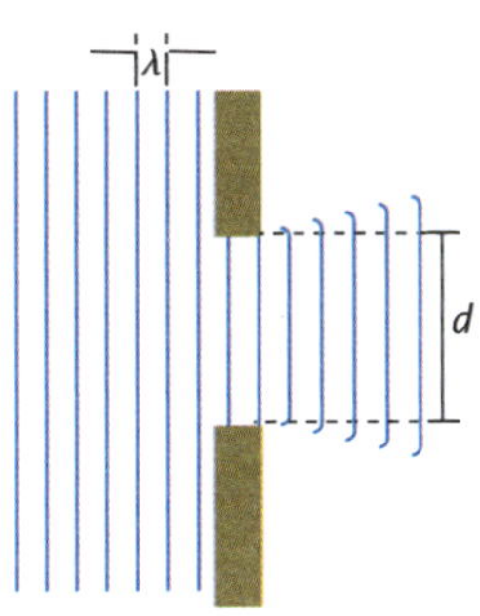


## Superposição de pulsos

Pulsos em fase: interferência construtiva

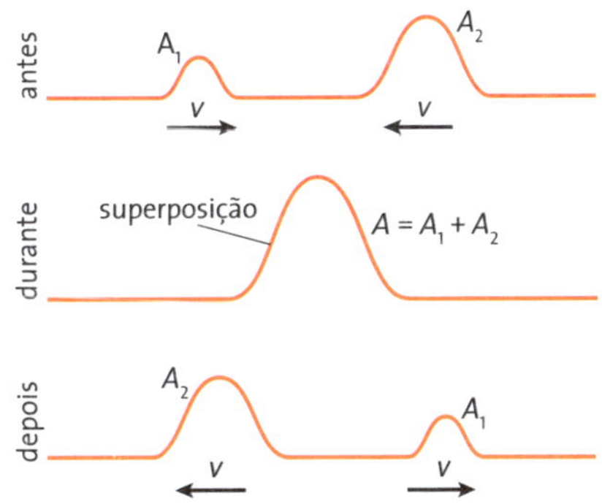


Pulsos em oposição de fase: interferência destrutiva

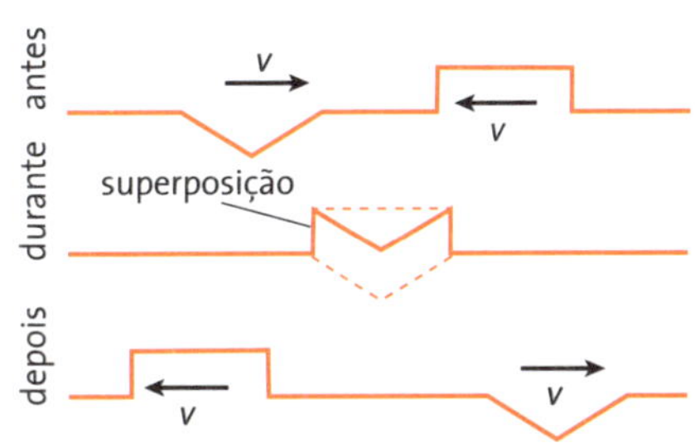


## Tipos de interferências: construtiva, destrutiva e parcial

O fenômeno da **interferência** ocorre tanto para as ondas longitudinais como para as ondas transversais.

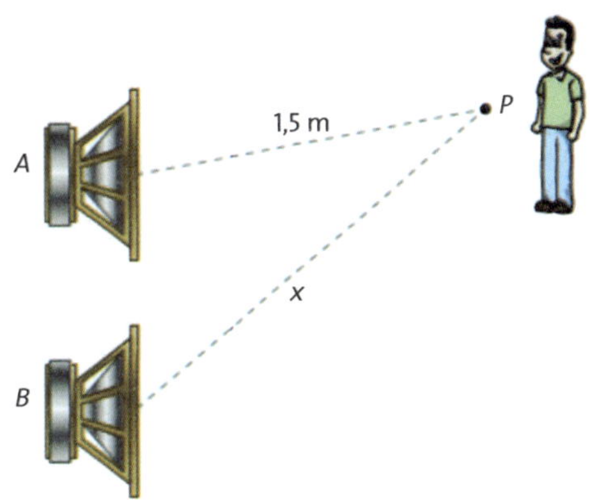


- Interferência construtiva $\Rightarrow$
  $\Rightarrow d = \overline{BP} - \overline{AP} = n \cdot \frac{\lambda}{2}$ $(n = 0, 2, 4, ...)$
- Interferência destrutiva $\Rightarrow$
  $\Rightarrow d = \overline{BP} - \overline{AP} = n \cdot \frac{\lambda}{2}$ $(n = 1, 3, 5, ...)$
- Interferência parcial $\Rightarrow$ qualquer situação diferente das duas acima.

## Ondas estacionárias

Onda estacionária é um tipo especial de superposição (interferência) de ondas fundamental no estudo de notas musicais em instrumentos de corda e de sopro.

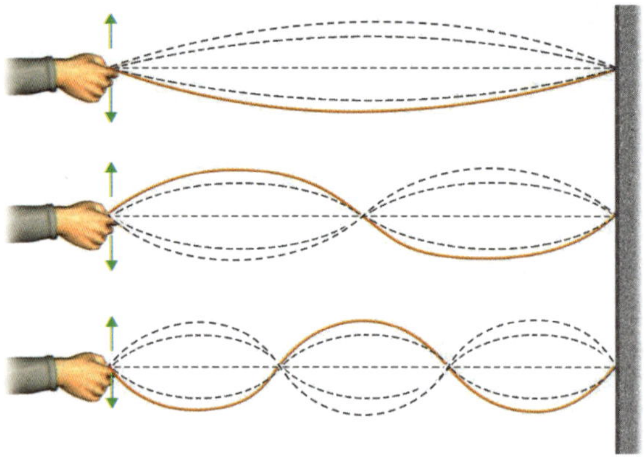

Ondas estacionárias em uma corda.

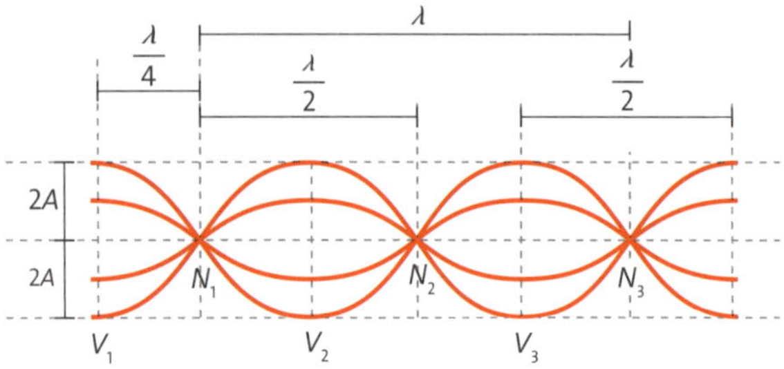


Nós e ventres em uma onda estacionária.

## Exercício resolvido

**2.** Na superfície de um lago, duas fontes coerentes*, em concordância de fase, emitem ondas regulares com frequência de 5 Hz. A velocidade de propagação das ondas na superfície desse lago é 20 cm/s. Um pequeno pedaço de cortiça flutua no ponto $P$ conforme indica a figura abaixo.

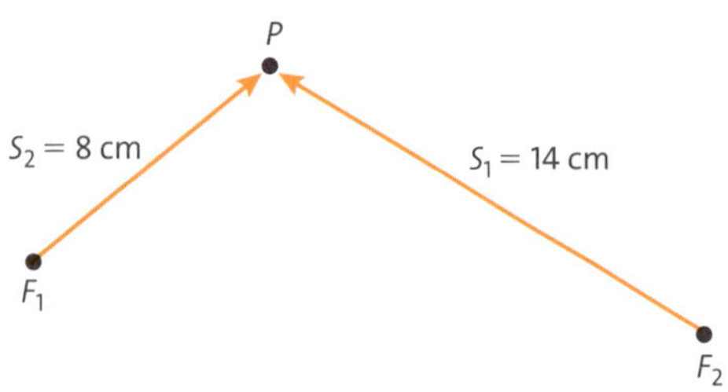


a) Qual é o comprimento de onda das perturbações que se propagam no lago?

b) Qual a diferença de percurso entre as duas ondas que atingem a cortiça?

c) Qual é o tipo de superposição que deve ser observado no ponto onde está a cortiça?

**Resolução**

a) $v = \lambda \cdot f \Rightarrow 20 = \lambda \cdot 5 \Rightarrow \lambda = 4$ cm

b) De acordo com a figura, $s_1 = 14$ cm e $s_2 = 8$ cm.
Como $d = \Delta s = |s_2 - s_1|$, obtemos:
$d = \Delta s = |8 - 14| \Rightarrow d = \Delta s = 6$ cm

c) Para saber o tipo de superposição, devemos comparar a diferença de percurso ($d$) com a metade do comprimento de onda $\left(\frac{\lambda}{2}\right)$:

$\frac{\lambda}{2} = 2$ cm e $d = 6$ cm $\Rightarrow d = \mathbf{3} \cdot \frac{\lambda}{2} \Rightarrow n = 3$ (Interferência destrutiva)

* Fontes coerentes emitem ondas com as seguintes características:

a) têm o mesmo comprimento de onda e o mesmo plano de vibração;

b) têm diferenças de fase constantes;

## Exercícios propostos

**1.** (Unitau-SP) Uma partícula oscila ao longo do eixo $x$ com movimento harmônico simples, dado por $x = 3{,}0 \cdot \cos\left(0{,}5 \cdot \pi \cdot t + \frac{3\pi}{2}\right)$, com $x$ em cm e $t$ em s. Nessas condições, pode-se afirmar que a amplitude, a frequência e a fase inicial valem, respectivamente:

a) 3,0 cm; 4 Hz; $\frac{3\pi}{2}$ rad.

b) 1,5 cm; 4 Hz; $\frac{3\pi}{2}$ rad.

c) 1,5 cm; 4 Hz; 270°.

d) 3,0 cm; 0,5 Hz; $\frac{3\pi}{2}$ rad.

e) 3,0 cm; 0,25 Hz; $\frac{3\pi}{2}$ rad.

2. (UFV-MG) Um pêndulo é solto, a partir do repouso, do ponto *A* indicado na figura abaixo. Ele gasta um tempo igual a 2,0 segundos para percorrer a distância *AC*. É correto afirmar que a frequência, o período e a amplitude de oscilação do pêndulo são, respectivamente:

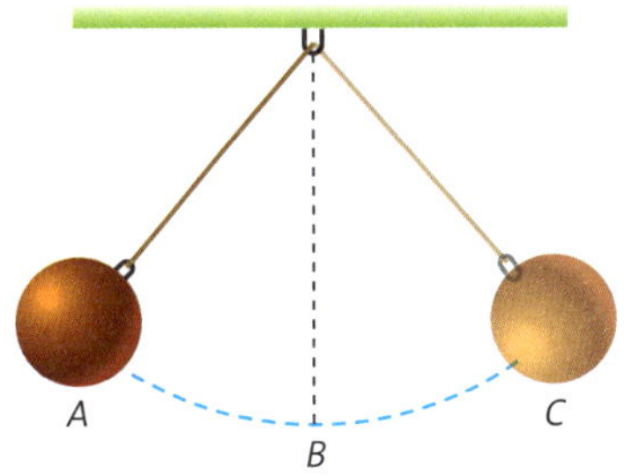


a) 0,25 Hz; 4,0 s e *AB*.

b) 0,50 Hz; 2,0 s e *AB*.

c) 0,50 Hz; 2,0 s e *AC*.

d) 0,25 Hz; 4,0 s e *AC*.

3. (UPM-SP-modificada) Um oscilador harmônico é constituído de um corpo de massa igual a 0,50 kg preso a uma mola helicoidal de constante elástica $k = 450$ N/m, conforme a ilustração. No instante em que o corpo se encontra na posição *A*, situada 10 cm abaixo da posição de equilíbrio, o conjunto é abandonado e passa a oscilar livremente.

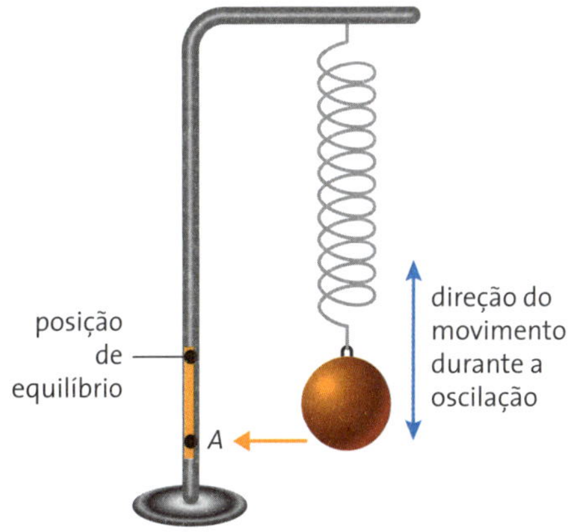


Determine:

a) o período de oscilação do sistema massa-mola;

b) a velocidade do corpo ao passar pela posição de equilíbrio.

4. (Unifal-MG) A figura representa uma onda senoidal de 5 Hz de frequência que se propaga ao longo de uma corda. A velocidade de propagação da onda é:

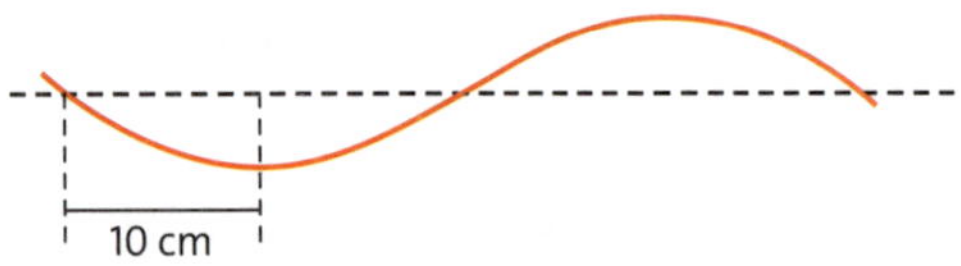


a) 50 cm/s.

b) 200 cm/s.

c) 8 cm/s.

d) 20 cm/s.

e) 28 cm/s.

5. (Uece-modificada) A figura representa uma onda mecânica que sofre refração ao passar do meio *A* para o meio *B*.

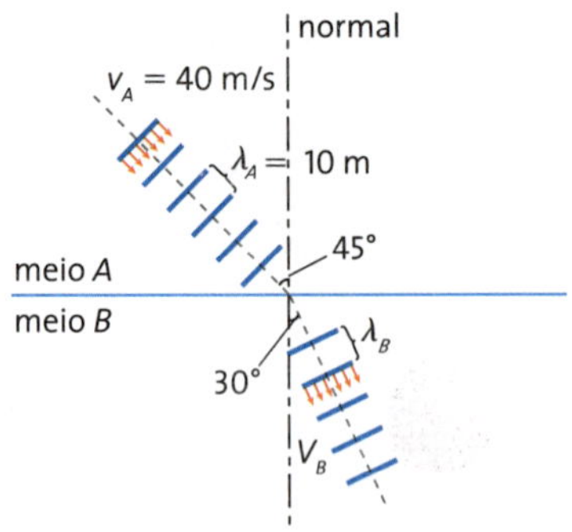


No meio *A*, a velocidade da onda é 40 m/s e o comprimento de onda é 10 m. Determine:

a) a frequência da onda nos meios *A* e *B*;

b a velocidade e o comprimento de onda da onda no meio *B*.

# MÓDULO 22 • Acústica

## Som, infrassom e ultrassom

### Som

- Ondas sonoras capazes de sensibilizar o sistema auditivo humano;
- A sensibilidade auditiva depende do ouvinte e varia conforme a idade;
- Faixa audível para o ser humano: 20 Hz e 20 000 Hz.

### Infrassom

Ondas sonoras com frequências inferiores a 20 Hz.

### Ultrassom

Ondas sonoras com frequências superiores a 20 000 Hz.

## Reverberação e eco

Suponha que uma pessoa receba dois sons emitidos de uma mesma fonte. O primeiro vem diretamente da fonte, enquanto o segundo é refletido numa barreira qualquer. Se a pessoa receber o segundo som idêntico ao primeiro, mas menos intenso, antes que termine o tempo de remanescência do anterior, haverá uma superposição de ambas as sensações (figura abaixo), resultando numa sensação única, mais intensa e prolongada, chamada de **reverberação do som**.

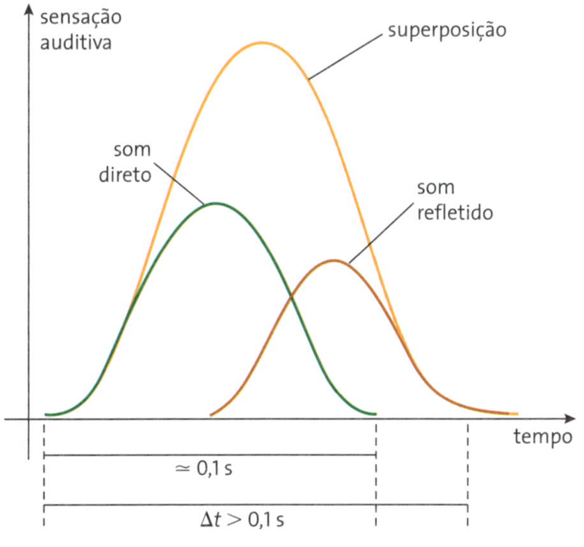


Se o som refletido chegar ao receptor com um atraso maior do que o tempo de remanescência, temos o fenômeno denominado **eco**, conforme esquematizado na figura abaixo.

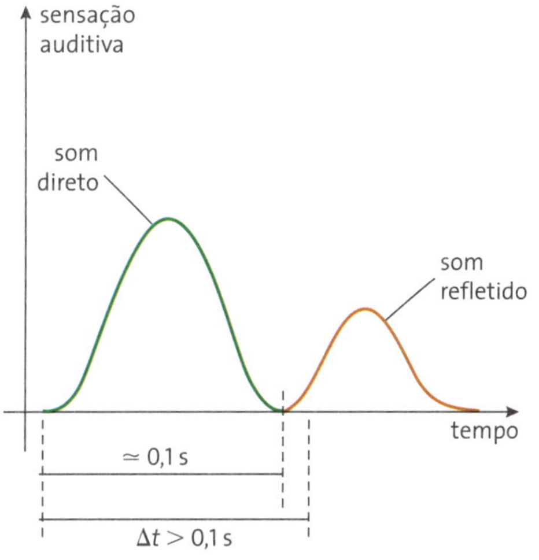


## Intensidade, altura e timbre

A intensidade $I$ tem relação com a energia contida na onda. Ela é definida como a energia transmitida pela onda por unidade de tempo e de área. Em outras palavras: a intensidade de uma onda é a potência por unidade de área. No Sistema Internacional de Unidades (SI), a intensidade é dada em watt por metro quadrado ($W/m^2$).

A orelha humana pode detectar sons com uma intensidade que varia, aproximadamente, de $10^{-12}\ W/m^2$ a $1\ W/m^2$.

## Nível de intensidade ou nível sonoro ($\beta$)

O nível sonoro é uma grandeza que relaciona a intensidade da onda sonora com a sensação de som forte ou fraco percebida pelo ser humano. Pode ser calculada como:

$$\beta = 10 \cdot \log \frac{I}{I_0} \text{ (em decibel: dB)}$$

$$\beta = \log \frac{I}{I_0} \text{ (em bel: B)}$$

$$I_0 = 10^{-12}\ W/m^2$$

## Altura

A altura é uma grandeza relacionada à sensação de grave ou agudo provocada pelo som. Sons **graves** são os sons de **baixa frequência** e sons **agudos, de alta frequência**. Normalmente, a voz de um homem é classificada como um som grave e a voz da mulher, como um som agudo. Um equívoco comum é o de confundir um som alto com um som forte. Um som percebido com um nível sonoro de $\beta = 120$ dB é um som forte, próximo ao limiar da dor, mas que poderá ser baixo (sensação de grave) ou alto (sensação de agudo), dependendo de sua frequência.

## Timbre

O timbre nos permite distinguir entre sons de mesma frequência (altura) e de mesma intensidade, emitidos por fontes diferentes. Por exemplo, percebemos se uma mesma nota musical é produzida por um piano ou por um clarinete (figura abaixo) porque eles têm timbres diferentes, produzindo sensações diferentes em nosso sistema auditivo.

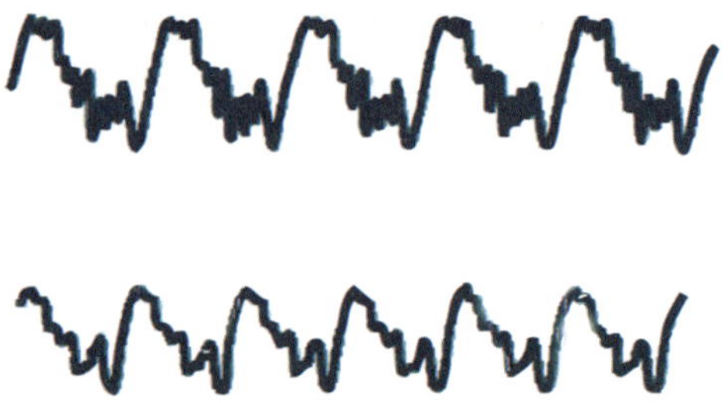

A mesma nota musical (dó) tocada em um piano (em cima) e em um clarinete (em baixo).

## Exercício resolvido

1. (UPM-SP) Um ferreiro golpeia, com uma marreta, uma lâmina de ferro, em ritmo uniforme, a cada 0,9 s. Um observador afastado desse ferreiro vê, com um binóculo, a marreta atingir o ferro e ouve o som das batidas simultaneamente. A velocidade do som, nas condições do local, é 330 m/s. A menor distância entre o ferreiro e o observador é:
   a) 149 m.
   b) 224 m.
   c) 297 m.
   d) 375 m.
   e) 596 m.

**Resolução**

O som chega ao observador com um determinado atraso, que depende da distância à fonte.
Quando o atraso for um múltiplo do período das marteladas, o observador verá o golpe e ouvirá o som simultaneamente. A menor distância vai corresponder a um atraso de apenas um período, ou seja, 0,9 s.

Como $\Delta t = \dfrac{d}{v}$, temos:

$$0{,}9 = \frac{d}{330} \Rightarrow d = 297 \text{ m}$$

Alternativa c

## Velocidade de propagação da onda em uma corda

$$v = \sqrt{\frac{T}{\mu}} \text{ em que: } \mu = \frac{m}{L}$$

$T$: módulo da força tensora na corda
$m$: massa da corda
$\mu$: densidade linear da corda

## Cordas vibrantes

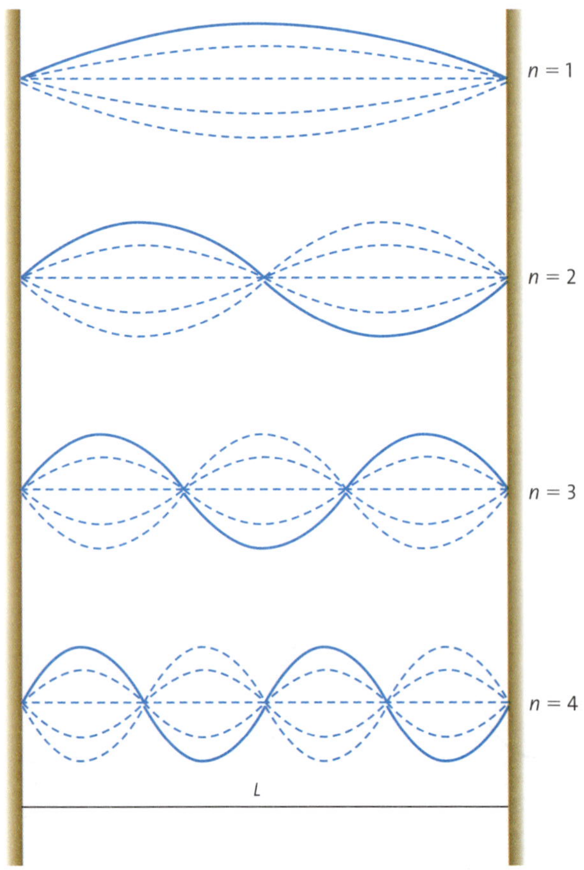

A tabela abaixo mostra as principais características dos harmônicos em cordas vibrantes:

| *n* | Harmônico | Frequência harmônica | Relação entre a frequência harmônica e a fundamental | Comprimento de onda de cada modo |
|---|---|---|---|---|
| 1 | primeiro (fundamental) | $f_1 = \frac{v}{2L}$ | 1 | $\lambda_1 = 2L$ |
| 2 | segundo | $f_2 = \frac{v}{L}$ | $f_2 = 2f_1$ | $\lambda_2 = L$ |
| 3 | terceiro | $f_3 = \frac{3v}{2L}$ | $f_3 = 3f_1$ | $\lambda_3 = \frac{2L}{3}$ |
| 4 | quarto | $f_4 = \frac{2v}{L}$ | $f_4 = 4f_1$ | $\lambda_4 = \frac{L}{2}$ |

## Tubos sonoros

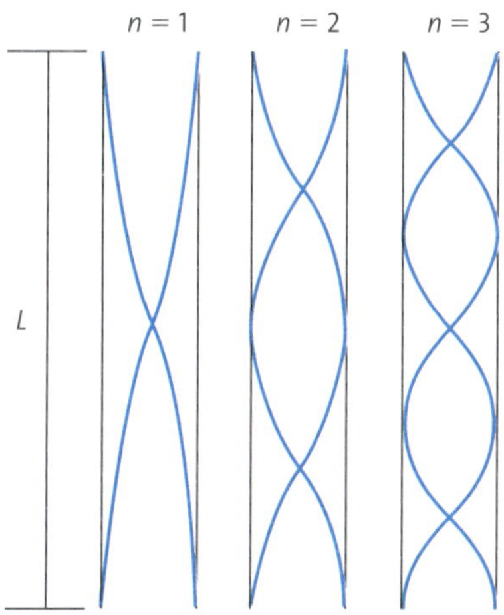


Harmônicos em tubos sonoros abertos.

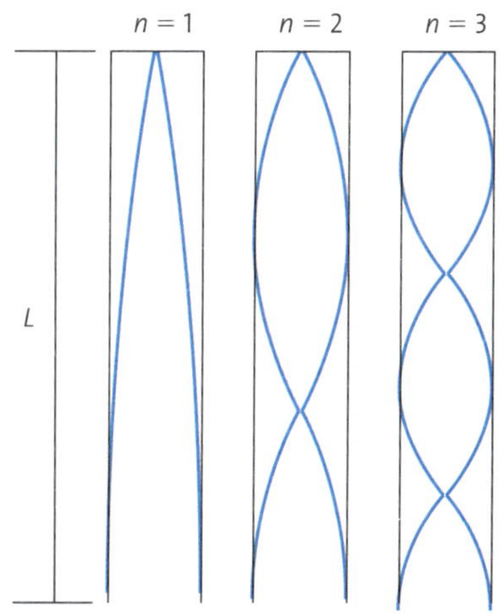


Harmônicos em tubos sonoros fechados.

A tabela abaixo mostra as principais características dos harmônicos em tubos sonoros abertos e fechados:

| Harmônico | Tubo aberto | | Tubo fechado | |
|---|---|---|---|---|
| | Frequência harmônica | Comprimento de onda | Frequência harmônica | Comprimento de onda |
| primeiro (fundamental) | $f_1 = \frac{v}{2L}$ | $\lambda_1 = 2L$ | $f_1 = \frac{v}{4L}$ | $\lambda_1 = 4L$ |
| segundo | $f_2 = \frac{v}{L}$ | $\lambda_2 = L$ | \\\\\\\\\\\\\\ | \\\\\\\\\\\\\\ |
| terceiro | $f_3 = \frac{3v}{2L}$ | $\lambda_3 = \frac{2L}{3}$ | $f_3 = \frac{3v}{4L}$ | $\lambda_3 = \frac{4L}{3}$ |
| quarto | $f_4 = \frac{2v}{L}$ | $\lambda_4 = \frac{L}{2}$ | \\\\\\\\\\\\\\ | \\\\\\\\\\\\\\ |
| quinto | $f_5 = \frac{5v}{2L}$ | $\lambda_5 = \frac{2L}{5}$ | $f_5 = \frac{5v}{4L}$ | $\lambda_5 = \frac{4L}{5}$ |

## Efeito Doppler

Alteração da frequência percebida pelo observador, decorrente do movimento relativo (de afastamento ou de aproximação) entre fonte e observador.

Cálculo:

$$\frac{f_O}{v_{som} \pm v_O} = \frac{f_F}{v_{som} \pm v_F}$$

$f_O$: frequência percebida pelo observador

$f_F$: frequência emitida pela fonte

$v_O$: velocidade do observador em relação à Terra

$v_F$: velocidade da fonte em relação à Terra

$v_{som}$: velocidade do som no ar (supondo esse último parado em relação à Terra)

**Observação**: Na equação acima, o sinal positivo é utilizado quando o movimento (ou do observador ou da fonte) está orientado no sentido do observador para a fonte.

## Exercício resolvido

2. A porção vibrante de uma corda de um instrumento musical tem 1,20 m de comprimento. Essa corda está submetida a uma tração de 1800 N e tem densidade linear 0,02 kg/m. Tangendo essa corda em seu ponto central, um músico produz vibrações estacionárias correspondentes ao modo fundamental de vibração. O instrumento dispõe também de pequenas elevações em seu braço (trastes) para que, pressionando a corda logo após cada um dos trastes, o músico possa mudar a porção vibrante conforme ilustra a figura.

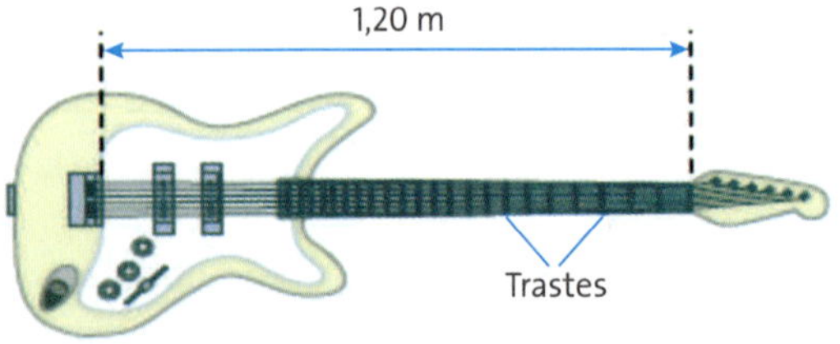


a) Qual é a velocidade de propagação dos pulsos nessa corda?

b) As extremidades da porção vibrante da corda são fixas. Estes pontos são nós ou ventres? Represente o modo fundamental de vibração.

c) Qual é o comprimento de onda na corda quando o músico não está usando trastes? Qual é a frequência do som emitido?

d) Considerando que a frequência do som do item anterior seja $f_1$, que trastes o músico deverá usar para obter sons de frequência $2f_1$, $3f_1$ e $4f_1$ no **modo fundamental** de vibração da corda? O espaçamento entre estes elementos é constante?

**Resolução**

a) De acordo com os dados do problema, temos:
$F = 1800$ N e $\mu = 0{,}02$ kg/m

$$v = \sqrt{\frac{T}{\mu}} \Rightarrow v = \sqrt{\frac{1800}{0{,}02}} \Rightarrow v = 300 \text{ m/s}$$

b) As extremidades da porção vibrante estão fixas e são, portanto, nós, conforme a figura:

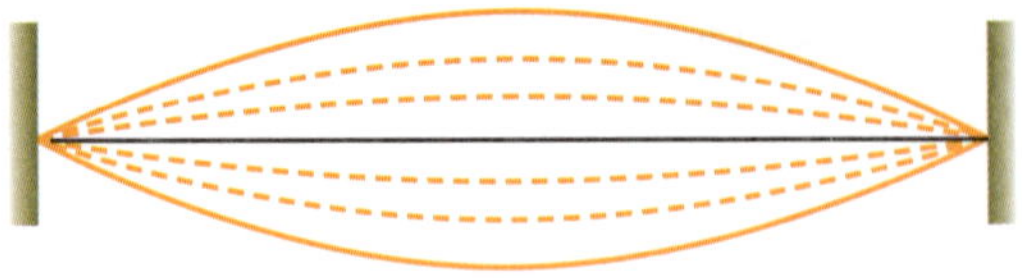

c) Quando o músico não usa os trastes, o comprimento da porção vibrante da corda é 1,20 m. Considerando o modo fundamental, temos:

$\lambda_1 = 2L \Rightarrow \lambda_1 = 2 \cdot 1{,}20 \Rightarrow \lambda_1 = 2{,}40$ m

$$v = \lambda_1 \cdot f \Rightarrow f = \frac{v}{\lambda_1} \Rightarrow f = \frac{300}{2{,}40} \Rightarrow f = 125 \text{ Hz}$$

d) Para a frequência $2f_1$, temos:

$$2f_1 = \frac{v}{\lambda_2} \Rightarrow \lambda_2 = \frac{300}{250} \Rightarrow \lambda_2 = 1{,}2 \text{ m}$$

Para a frequência $3f_1$, temos:

$$3f_1 = \frac{v}{\lambda_3} \Rightarrow \lambda_3 = \frac{300}{375} \Rightarrow \lambda_3 = 0{,}8 \text{ m}$$

Para a frequência $4f_1$, temos:

$$4f_1 = \frac{v}{\lambda_4} \Rightarrow \lambda_4 = \frac{300}{500} \Rightarrow \lambda_4 = 0{,}6 \text{ m}$$

A distância de cada traste ao cavalete é $\frac{\lambda}{2}$; assim, suas posições serão: 0,6 m; 0,4 m e 0,3 m. Concluímos, portanto, que o espaçamento entre os trastes não é constante.

## Exercícios propostos

1. (UFSM-RS) O som é uma onda mecânica longitudinal percebida por muitos seres vivos e produzida por vibrações mecânicas, as quais podem ser induzidas por causas naturais, como o vento. O objeto que, ao vibrar, produz um som, é chamado de fonte sonora.
Uma certa fonte sonora, vibrando com frequência de 480 Hz, produz uma onda sonora que se desloca no ar, com velocidade de módulo 340 m/s, num referencial em que o ar está parado. Se a mesma fonte vibrar com frequência de 320 Hz, o módulo da velocidade de propagação da onda sonora correspondente, no ar, em m/s, é:
a) 113,3. b) 226,7. c) 340,0. d) 510,0. e) 1020,0.

2. (UFBA) A maioria dos morcegos possui ecolocalização – um sistema de orientação e localização que os humanos não possuem. Para detectar a presença de presas ou de obstáculos, eles emitem ondas ultrassônicas que, ao atingirem o obstáculo, retornam na forma de eco, percebido por eles. Assim sendo, ao detectarem a direção do eco e o tempo que demora em retornar, os morcegos conseguem localizar eventuais obstáculos ou presas.
Um dispositivo inspirado nessa estratégia é a trena sônica, a qual emite uma onda sonora que é refletida por um obstáculo situado a uma distância que se deseja medir.
Supondo que uma trena emite uma onda ultrassônica com frequência igual a 22,0 kHz e comprimento de onda igual a 1,5 cm, que essa onda é refletida em um obstáculo e que seu eco é detectado 0,4 s após a sua emissão, determine a distância do obstáculo. Considere que as propriedades do ar não mudam durante a propagação da onda e, portanto, a velocidade do som permanece constante.

3. (UFSM-RS) Numere a 2ª coluna de acordo com a 1ª.

1ª coluna
1 – Eco
2 – Velocidade do som
3 – Altura do som
4 – Intensidade do som
5 – Timbre

2ª coluna
– é determinado(a) pela frequência da onda sonora.
– depende das propriedades do meio de propagação da onda sonora.
– permite distinguir dois sons de mesma frequência e amplitude emitidos por instrumentos diferentes.
– depende da amplitude da onda sonora.

A sequência correta é:
a) 3 – 2 – 5 – 4.
b) 1 – 3 – 2 – 4.
c) 3 – 1 – 4 – 5.
d) 2 – 3 – 5 – 1.
e) 1 – 2 – 3 – 4.

4. (Fuvest-SP) Uma corda, presa em ambas as extremidades, oscila apresentando uma onda estacionária de comprimento de onda igual a 60 cm. Os três menores valores possíveis para o comprimento da corda, em cm, são:
a) 30, 60 e 90.
b) 30, 60 e 120.
c) 60, 90 e 120.
d) 60, 120 e 240.
e) 120, 180 e 240.

5. (Cesgranrio-RJ-modificada) O maior tubo do órgão de uma catedral tem comprimento 10 m; o tubo menor tem comprimento 2,0 cm. Os tubos são abertos e o som se propaga em seu interior com velocidade de módulo 340 m/s. Quais são os valores extremos da faixa de frequências sonoras que o órgão pode emitir, sabendo-se que os tubos ressoam no modo fundamental?

## Refração luminosa

A principal característica da refração luminosa é a mudança na velocidade da luz em razão da mudança do meio de propagação.

### Índice de refração

O índice de refração absoluto (**$n$**) de um meio é a razão entre a velocidade da luz no vácuo (**$c$**) e a velocidade da luz no meio (**$v$**). Algebricamente é definido como:

$$n = \frac{c}{v}$$

### Leis da refração

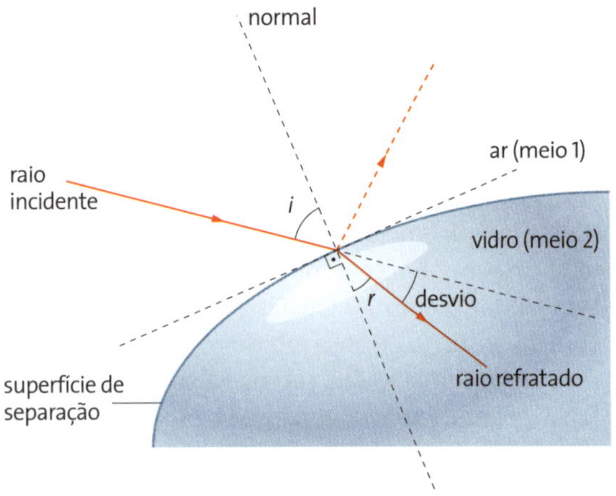


1ª) O raio incidente, o raio refratado e a normal à superfície de separação, no ponto de incidência, são coplanares.

2ª) Para cada par de meios (1 e 2) e para cada cor de luz vale a lei de Snell-Descartes:

$$n_1 \cdot \text{sen } i = n_2 \cdot \text{sen } r$$

Nessa expressão, $n_1$ e $n_2$ são os índices de refração absolutos dos meios 1 e 2, respectivamente, $i$ é a medida do ângulo de incidência e $r$, é a medida do ângulo de refração.

### Dioptros planos

Genericamente, quaisquer dois meios, homogêneos e transparentes, separados por uma superfície plana, constituem um **dioptro plano**. Nas figuras seguintes, os dois meios são: ar e água.

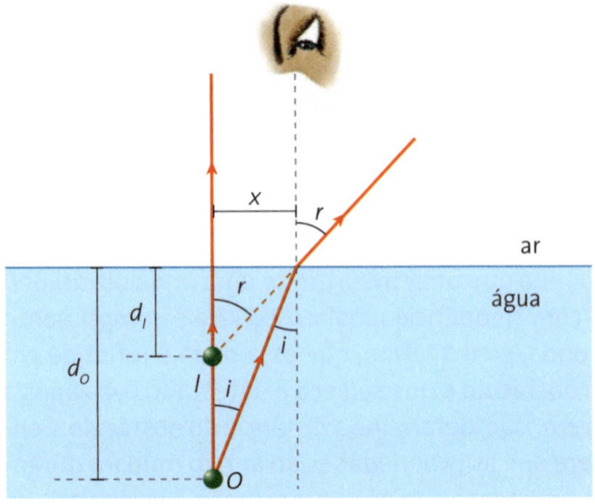


Para um observador no ar que enxerga a imagem de um objeto dentro da água (figura acima) e de tal forma posicionado que objeto e o observador estão praticamente alinhados verticalmente, vale a expressão:

$$\frac{d_I}{d_O} = \frac{n_{ar}}{n_{água}}$$

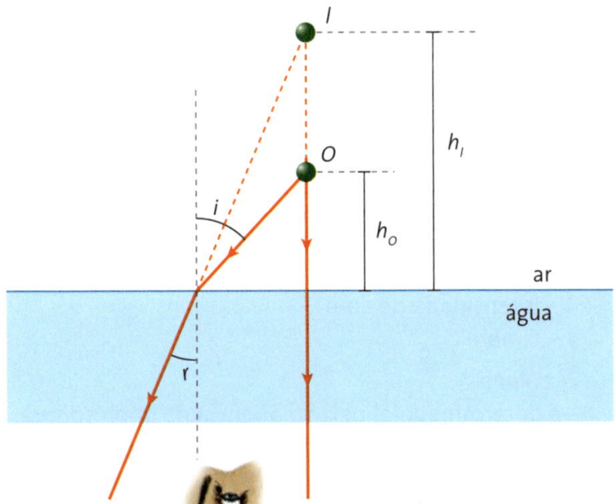


Para um observador na água que enxerga a imagem de um objeto no ar (figura acima) e de tal forma posicionado que objeto e o observador estão praticamente alinhados verticalmente, vale a expressão:

$$\frac{h_I}{h_O} = \frac{n_{água}}{n_{ar}}$$

Observe que nas duas situações acima (dioptro ar-água de superfície horizontal), a imagem (virtual) está acima do objeto.

## Lâminas de faces paralelas

Genericamente, quaisquer três meios, homogêneos e transparentes, separados por duas superfícies planas e paralelas, constituem uma **lâmina de faces paralelas.** Na figura abaixo, os meios são ar-vidro ar, caso em que os raios incidente e emergente são paralelos e que, portanto: $i_1 = i_2 = i$.

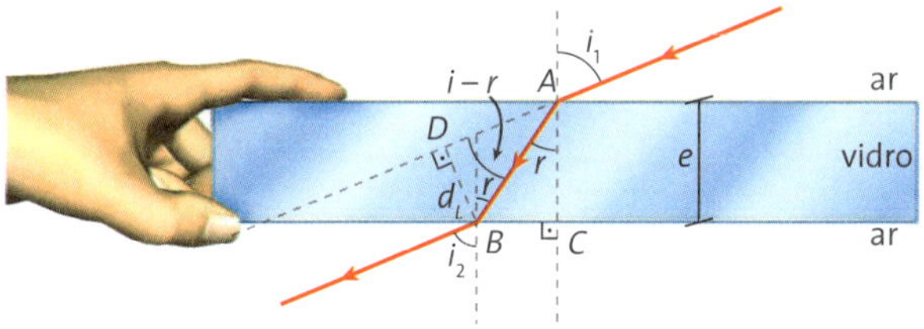


Ao atravessar a lâmina, o raio de luz experimenta um desvio lateral ($d_L$) que pode ser obtido pela expressão abaixo:

$$d_L = e \cdot \frac{\text{sen}\,(i - r)}{\cos r}$$

## Prismas

Em Óptica, definimos **prisma** como a associação de três meios homogêneos e transparentes (ar-vidro-ar, por exemplo) separados por duas superfícies planas e não paralelas.

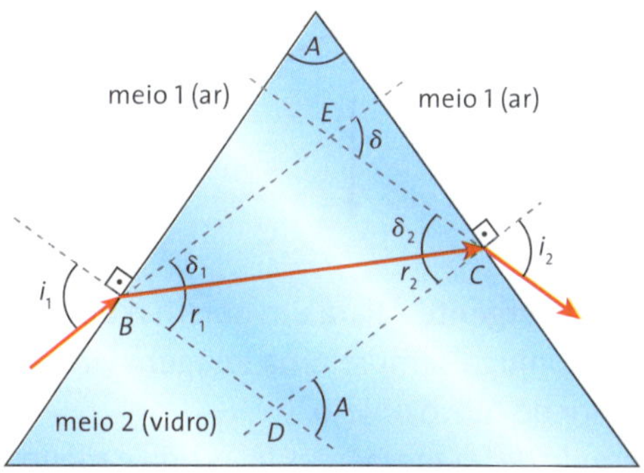


Considerando os ângulos mostrados na figura acima, valem as relações:

$A = r_1 + r_2$

$\delta = \delta_1 + \delta_2$

$\delta = i_1 + i_2 - A$

$\delta_{mín.} = 2i - A$

## Exercício resolvido

1. Um raio luminoso monocromático, propagando-se no ar, incide sobre a face de um prisma de ângulo de refringência 75° com ângulo de 45°, conforme ilustra a figura a seguir. O material do prisma possui índice de refração $\sqrt{2}$ para a radiação incidente.

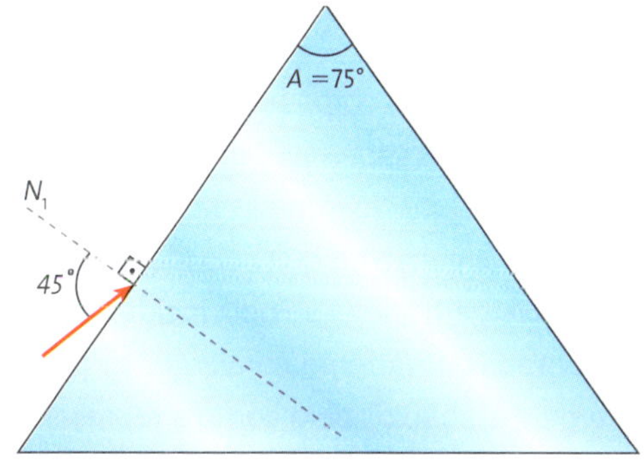


Determine:

a) o ângulo de refração na primeira face ($r_1$);

b) o desvio angular sofrido nessa primeira refração ($\delta_1$);

c) o ângulo sob o qual o raio incide na segunda face do prisma ($r_2$);

d) o ângulo sob o qual o raio emerge na segunda face do prisma ($i_2$);

e) o desvio sofrido nessa segunda refração ($\delta_2$);

f) o desvio total que o raio sofreu ao atravessar o prisma ($\delta$).

### Resolução

a) Aplicando a lei de Snell-Descartes na primeira face, temos:

$n_1 \cdot \text{sen}\, i_1 = n_2 \cdot \text{sen}\, r_1 \Rightarrow 1 \cdot \text{sen}\, 45° = \sqrt{2} \cdot \text{sen}\, r_1 \Rightarrow$

$\Rightarrow \frac{\sqrt{2}}{2} = \sqrt{2} \cdot \text{sen}\, r_1 \Rightarrow r_1 = 30°$

b) $\delta_1 = i_1 - r_1 \Rightarrow 45° - 30° \Rightarrow \delta_1 = 15°$

c) Como $A = r_1 + r_2$, temos: $75° = 30° + r_2 \Rightarrow r_2 = 45°$

d) Vamos aplicar a lei de Snell-Descartes para esta segunda refração:

$n_2 \cdot \text{sen}\, r_2 = n_1 \cdot \text{sen}\, i_2 \Rightarrow \sqrt{2} \cdot \text{sen}\, 45° = 1 \cdot \text{sen}\, i_2 \Rightarrow$

$\Rightarrow \text{sen}\, i_2 = \sqrt{2} \cdot \frac{\sqrt{2}}{2} \Rightarrow \text{sen}\, i_2 = 1 \Rightarrow i_2 = 90°$

Portanto, o raio refratado na segunda refração emerge rasante à face direita do prisma.

e) $\delta_2 = i_2 - r_2 \Rightarrow \delta_2 = 90° - 45° \Rightarrow \delta_2 = 45°$

f) O desvio total é dado por:

$\delta = \delta_1 + \delta_2 \Rightarrow \delta = 15° + 45° \Rightarrow \delta = 60°$

A trajetória do raio luminoso através do prisma é visualizada na figura abaixo:

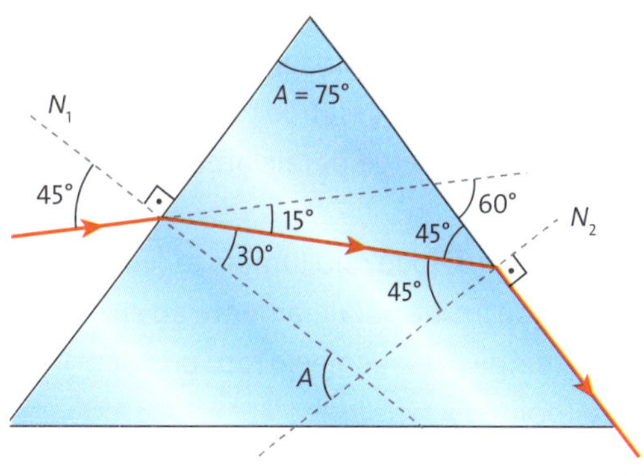

## Lentes

A lente esférica é um corpo homogêneo e transparente em que uma das superfícies é esférica e a outra é esférica ou plana. Quando imersas no ar, as lentes de bordos finos convergem a luz que nela incide e a de bordos grossos divergem a luz que nela incide. Abaixo estão representadas uma lente convergente (acima) e outra divergente (abaixo), bem como a representação gráfica e os elementos principais de cada uma delas.

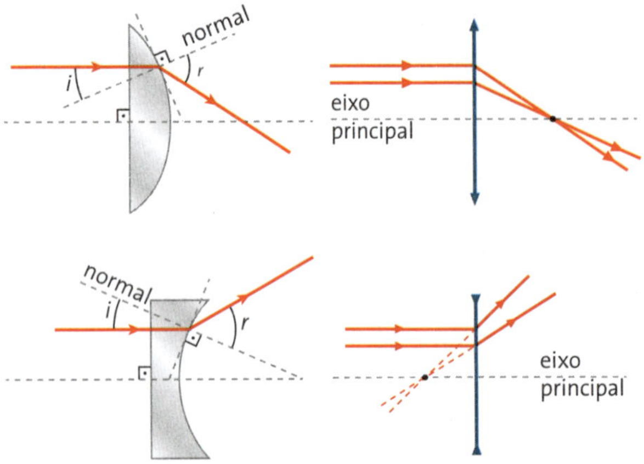


### Fórmula dos fabricantes de lentes

A determinação da distância focal ($f$) e da respectiva convergência ($C$) de uma lente é feita por meio da expressão abaixo, denominada fórmula dos fabricantes de lentes.

$$C = \frac{1}{f} = \left(\frac{n_{lente}}{n_{meio}} - 1\right) \cdot \left(\frac{1}{r_1} + \frac{1}{r_2}\right)$$

Ao utilizar essa expressão, devemos obedecer à seguinte convenção: $r > 0$ para faces convexas, $r < 0$ para faces côncavas e $1/r = 0$ para faces planas. A convergênceia ($C$) é dada em dioptrias quando a distância focal está expressa em metros

## Construção de imagens

**Propriedade 1:** Todo raio luminoso que incide passando pelo centro óptico da lente (ponto $O$) não sofre desvio.

**Propriedade 2:** Todo raio luminoso (ou seu prolongamento) que incide passando pelo foco principal da lente (ponto $F_O$), emerge paralelamente ao eixo principal.

**Propriedade 3:** Todo raio luminoso (ou seu prolongamento) que incide paralelamente ao eixo principal da lente emerge passando pelo foco principal imagem da lente (ponto $F_I$).

As figuras abaixo ilustram essas propriedades para a lente convergente (à esquerda) e para a lente divergente (à direita).

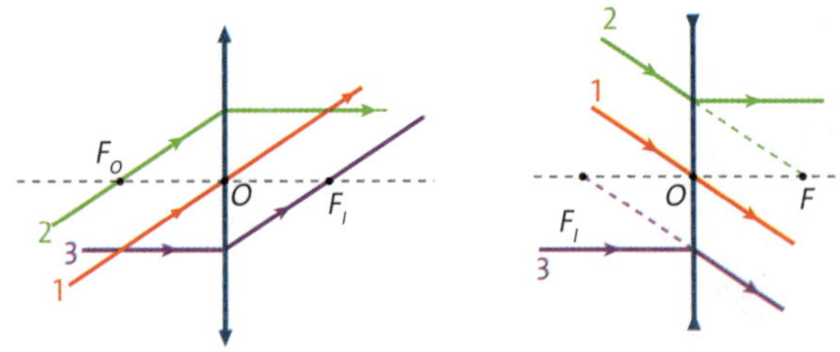


**Lente convergente –** Para um objeto real, dependendo de sua posição relativa, a lente convergente pode conjugar uma imagem:

- Real e invertida, podendo ser maior, menor ou do mesmo tamanho que o objeto;
- Virtual, direita e maior que o objeto.

  Exemplo de imagem (real, invertida e menor) conjugada por uma lente convergente:

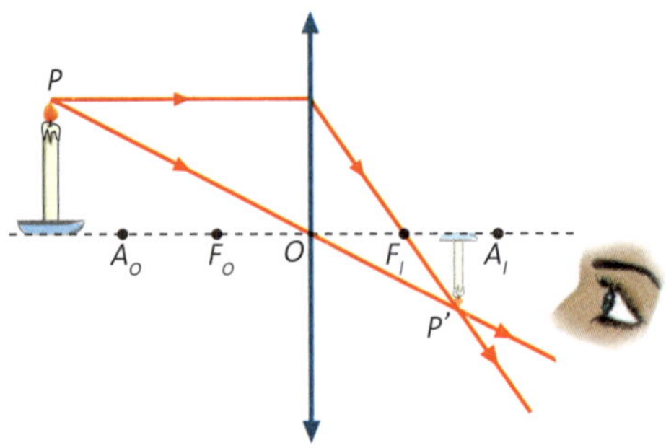


**Lente divergente** – Para um objeto real, a lente divergente conjuga sempre uma imagem virtual, direita e menor do que o objeto.

Exemplo de imagem (real, invertida e menor) conjugada por uma lente divergente:

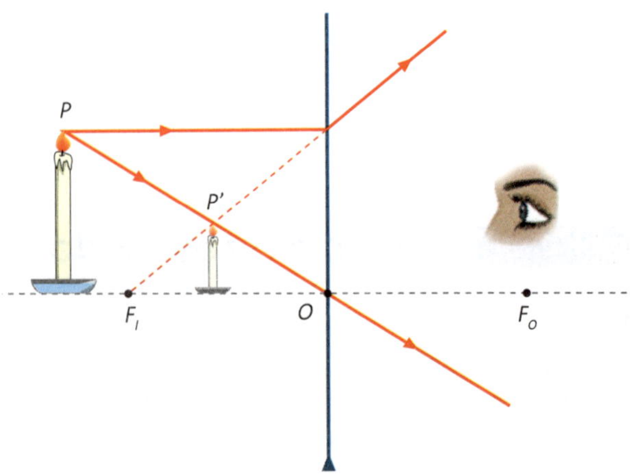

## Estudo analítico das lentes

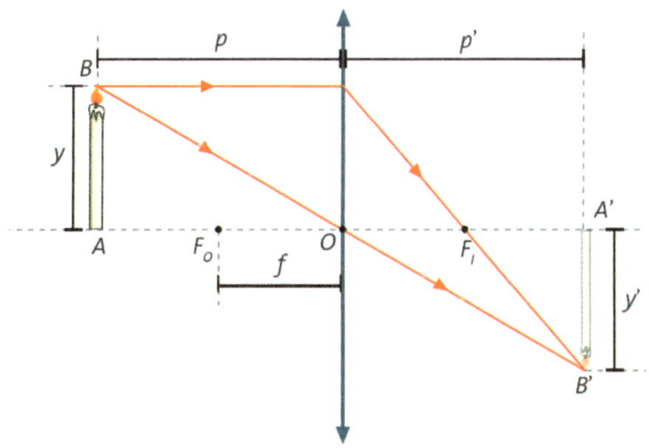


A relação entre as abscissas do objeto e da imagem com a abscissa focal, bem como o aumento da imagem em relação ao objeto, podem ser obtidas pelas expressões abaixo:

- Equação dos pontos conjugados (Equação de Gauss):

$$\frac{1}{f} = \frac{1}{p} + \frac{1}{p'}$$

- Equação do aumento linear transversal:

$$A = \frac{y'}{y} = -\frac{p'}{p}$$

Segue abaixo uma tabela com a natureza da imagem e os respectivos sinais das abscissas consideradas na equação de Gauss:

| | **Natureza real** | **Natureza virtual** |
|---|---|---|
| Abscissa | Positiva | Negativa |
| Abscissa focal | $f > 0$ (convergente) | $f < 0$ (divergente) |
| Objeto | $p > 0$ | $p < 0$ |
| Imagem | $p' > 0$ | $p' < 0$ |

## Exercício resolvido

2. Uma lente convergente projeta uma imagem real a 72 cm de um objeto real. Qual é a convergência da lente, em dioptrias, sabendo-se que a imagem tem cinco vezes o tamanho do objeto?

### Resolução

Como o objeto e a imagem são reais, tanto $p$ quanto $p'$ são positivos.
Do fato de a imagem ser real, concluímos que ela é invertida, conforme ilustra a figura abaixo.

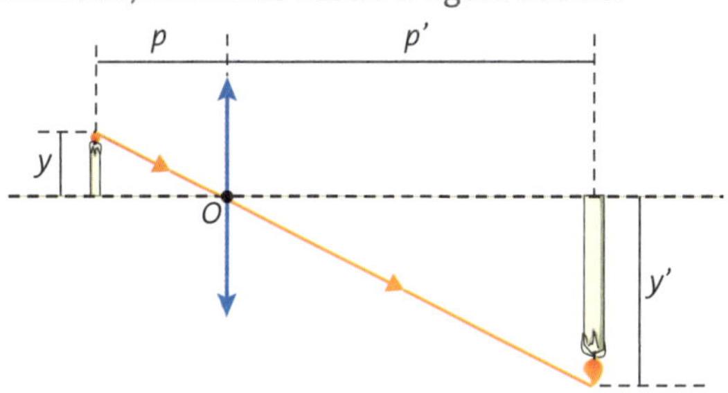


Temos: $\frac{y'}{y} = -5$ (imagem invertida).

Como $\frac{y'}{y} = -\frac{p'}{p}$, podemos escrever:

$-5 = -\frac{p'}{p} \Rightarrow p' = 5p$ **(I)**

Na figura observamos que: $p + p' = 72$ **(II)**

De **I** e **II**:

$p + 5p = 72 \Rightarrow 6p = 72 \Rightarrow p = 12$ cm

Portanto $p' = 60$ cm.

Aplicando a equação dos pontos conjugados, temos:

$$\frac{1}{f} = \frac{1}{p} + \frac{1}{p'} \Rightarrow \frac{1}{f} = \frac{1}{12} + \frac{1}{60} = \frac{5+1}{60}$$

$f = 10$ cm $= 0{,}1$ m

Para obter a convergência em dioptrias devemos tomar a abscissa focal em metros:

$$C = \frac{1}{f} \Rightarrow C = \frac{1}{0{,}1} \Rightarrow C = 10 \text{ di}$$

## Exercícios propostos

1. (UFMG) Um professor pediu a seus alunos que explicassem por que um lápis, dentro de um copo com água, parece estar quebrado, como mostrado nesta figura:

Bruno respondeu: "Isso ocorre porque a velocidade da luz na água é menor que a velocidade da luz no ar".
Tomás explicou: "Esse fenômeno está relacionado com a alteração da frequência da luz quando esta muda de meio".
Considerando-se essas duas respostas, é correto afirmar que:

a) apenas a de Bruno está certa.
b) apenas a de Tomás está certa.
c) as duas estão certas.
d) nenhuma das duas está certa.

2. (Unifal-MG) Uma pessoa encontra-se deitada em um trampolim, situado a três metros de altura, olhando para a piscina cheia, cuja profundidade é de 2,5 m. Nessas circunstâncias, a profundidade aparente da piscina será:

a) exatamente 2,5 m.

b) um valor compreendido entre 2,5 e 3 m.

c) um valor maior que 3 m.

d) um valor menor que 2,5 m.

e) exatamente 3 m.

3. (Ceeteps-SP) Um raio de luz monocromático penetra em um prisma de vidro, perpendicularmente à face *AB*, e emerge rasante à face *AC*, conforme a figura seguinte.

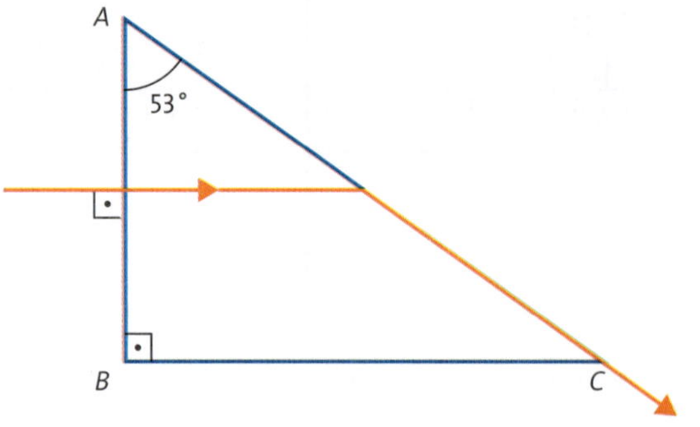


O prisma está imerso no ar ($n = 1$). Considerando a velocidade da luz no ar igual a 300 000 km/s, determine a velocidade da luz no interior do prisma.

Dados: sen 37° = cos 53° = 0,60 e
sen 53° = cos 37° = 0,80.

4. (Vunesp-SP) Considere as cinco posições de uma lente convergente, apresentadas na figura.

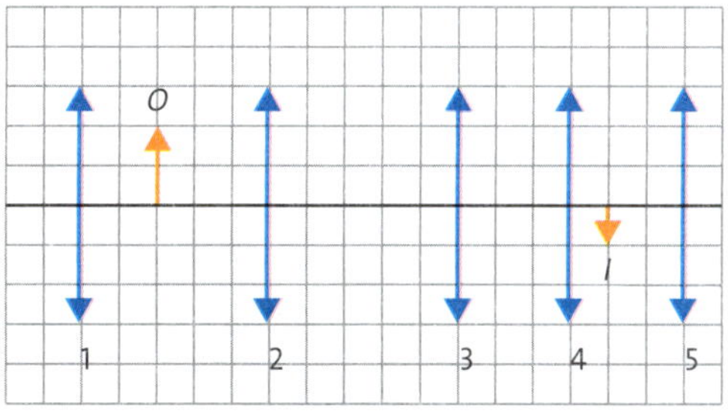


A única posição em que essa lente, se tiver a distância focal adequada, poderia formar a imagem real *I* do Objeto *O*, indicados na figura, é a identificada pelo número:

a) 1.
b) 2.
c) 3.
d) 4.
e) 5.

5. (UFF-RJ) Um objeto luminoso de 2,0 cm de altura se encontra a uma distância de 60 cm de uma lente convergente. A lente forma uma imagem, perfeitamente focalizada e com o mesmo tamanho do objeto, sobre uma tela situada a uma distância desconhecida.

a) Com o auxílio do traçado de pelo menos dois raios luminosos provenientes do objeto, esboce sua imagem e descreva a natureza (real ou virtual) e a orientação (direita ou invertida) da imagem.

b) Determine a distância focal da lente e a distância a que ela se encontra da tela.

c) Suponha que um objeto opaco cubra a metade superior da lente. Que alterações ocorrerão no tamanho e na luminosidade da imagem formada na tela? (aumento, diminuição ou nenhuma alteração).

# MÓDULO 24 • Instrumentos ópticos e a óptica da visão

## Instrumentos ópticos

- **Instrumentos ópticos de observação** – lupa, luneta, binóculo, telescópio e microscópio. Produzem uma imagem final virtual, observada diretamente pelo operador do instrumento;
- **Instrumentos ópticos de projeção** – câmera fotográfica e projetor de *slides*. Produzem uma imagem final real, que pode ser projetada em um anteparo qualquer.

### Lupa

A lupa (foto abaixo) é um dos mais simples instrumentos ópticos. Ela tem como finalidade a de fornecer imagens ampliadas dos objetos.

Sérgio Dotta Jr./Arquivo da editora

O esquema abaixo ilustra a conjugação da imagem ampliada por uma lupa, bem como as posições relativas do observador, lente e imagem (imagem virtual, direita e maior).

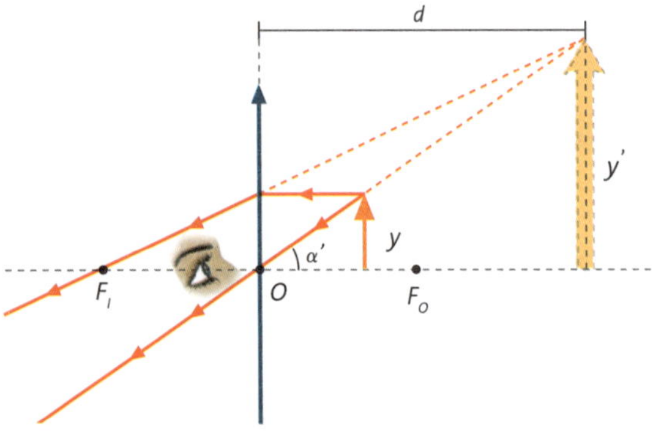


### Luneta

A luneta astronômica (foto a seguir) contém duas lentes convergentes: a **objetiva**, de grande distância focal, que conjuga uma imagem real e invertida do objeto, e a **ocular**, de pequena distância focal, que nos fornece uma imagem final e invertida em relação ao objeto.

Dja65/Shutterstock/Glow Images

A representação do funcionamento e os elementos de uma luneta astronômica estão esquematizados na figura abaixo.

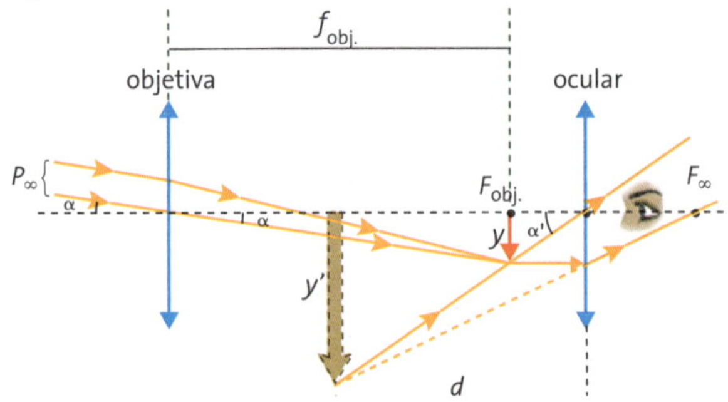


### Telescópio

Normalmente, o telescópio (foto a seguir) é uma luneta na qual a função da objetiva é exercida por um espelho curvo, o que facilita a sua construção, torna-o mais preciso do que uma lente, além de evitar o fenômeno da aberração cromática.

Erich Lessing/Album/Latinstock/
Museu de Ciência, Londres, Inglaterra.

O funcionamento do telescópio newtoniano está esquematizado na figura abaixo.

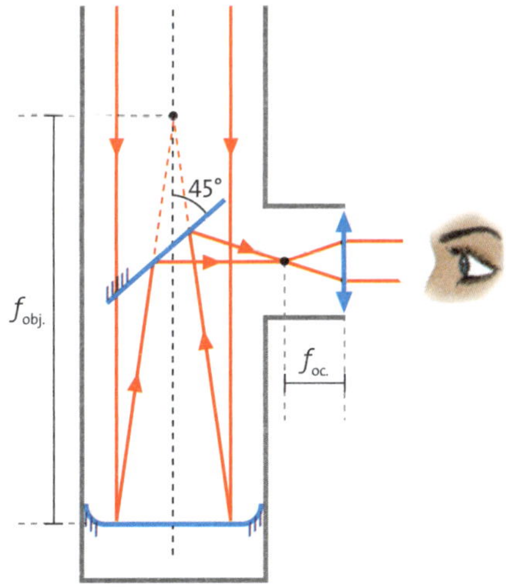


## Microscópio

O microscópio (foto abaixo) é utilizado para observar regiões minúsculas que o olho do observador não dispõe de resolução suficiente para enxergar.

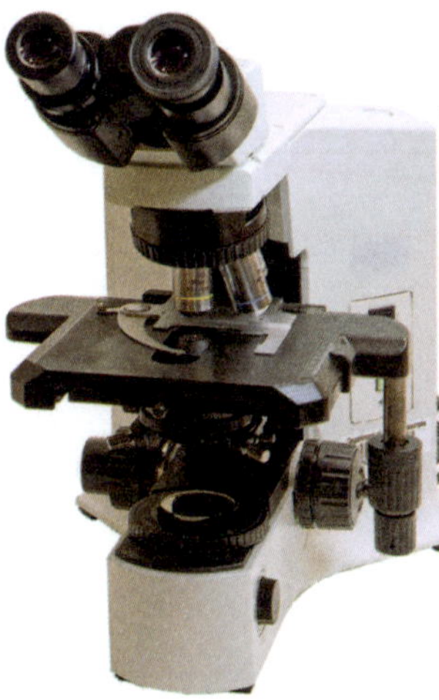

Richard J. Green/Photoresearchers/Latinstock

Na figura abaixo, temos o esquema de formação de imagem no microscópio composto, que é constituído basicamente por duas lentes convergentes, ambas de pequena distância focal.

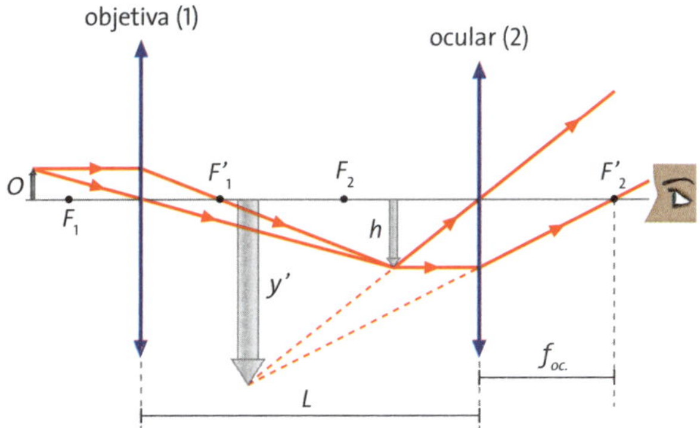


## Câmera fotográfica

Basicamente, a câmera fotográfica é constituída por uma lente convergente cuja função é projetar sobre o filme uma imagem real de um objeto real.

A figura abaixo ilustra o esquema de funcionamento da câmera fotográfica.

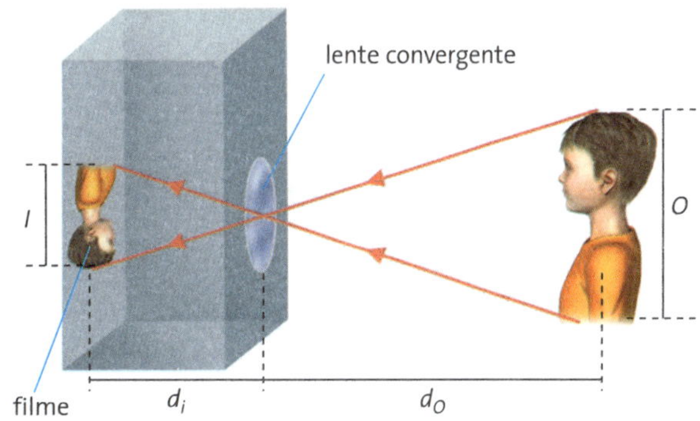


## Projetor de *slides*

O esquema de funcionamento do projetor de *slides* é inverso ao da câmera fotográfica. A lente convergente conjuga para um pequeno ***slide***, bem iluminado, uma imagem real e projetada sobre um anteparo, conforme mostra a figura a seguir.

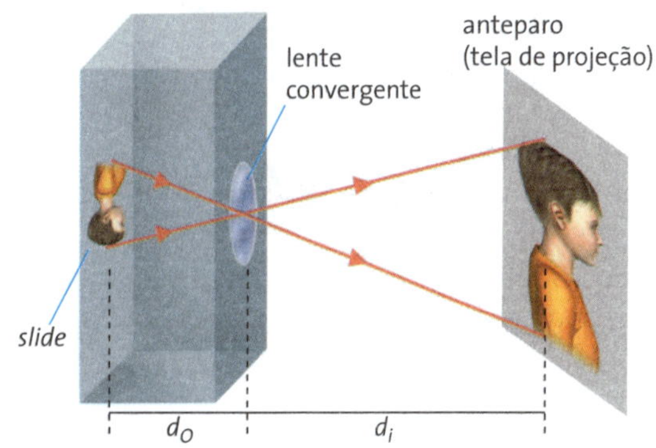


## Exercício resolvido

1. (UFRN-adaptada) Uma pessoa deseja fotografar um objeto que tem 2 m de altura. Para isso, ela dispõe de uma câmera fotográfica de 3,5 cm de profundidade (distância da objetiva ao filme) que proporciona uma imagem de 2,5 cm de altura (no filme).
   a) Calcule a mínima distância entre a pessoa e o objeto.
   b) Sabendo que a objetiva dessa máquina tem distância focal de 35 mm e que possui um dispositivo que possibilita seu avanço e retrocesso, calcule a nova distância do centro óptico da lente ao filme para se tirar uma foto de um objeto distante 1 m da objetiva.

**Resolução**

a) Como $\frac{i}{o} = \frac{d_i}{d_o}$, temos:

$$\frac{2,5 \text{ cm}}{2 \text{ m}} = \frac{3,5 \text{ cm}}{d_o} \Rightarrow d_o = 2,8 \text{ m}$$

b) Aplicando a equação dos pontos conjugados, temos:

$$\frac{1}{f} = \frac{1}{p} + \frac{1}{p'}$$

$$\frac{1}{35} = \frac{1}{1000} + \frac{1}{p'} \Rightarrow p' \simeq 36,3 \text{ mm} \Rightarrow p' \simeq 3,6 \text{ cm}$$

## Óptica do olho humano

O olho humano é um instrumento óptico altamente sofisticado. O seu funcionamento pode ser comparado ao de uma câmera fotográfica: a parte frontal do olho é a lente, a pupila é o diafragma e a retina é o filme fotográfico em cores. Abaixo segue um esquema bastante simplificado de seus principais elementos.

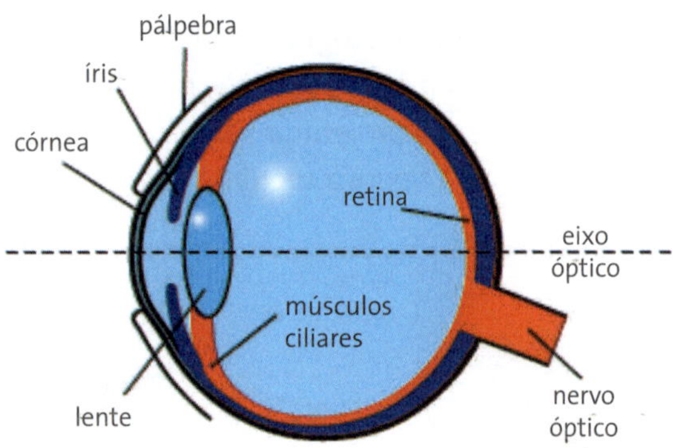


Em um olho normal, o ponto mais distante de visão nítida, denominado **ponto remoto**, situa-se no infinito (em média, no ser humano, é de 7 metros). Nessa situação, a lente está completamente relaxada e a visão ocorre sem esforço de acomodação.

Ainda no olho normal, sob o máximo esforço de acomodação, ou seja, com os músculos ciliares totalmente contraídos, o ponto mais próximo de visão nítida, chamado de **ponto próximo**, fica a 25 cm da lente, aproximadamente.

A diferença entre a convergência máxima e a mínima do olho humano é conhecida como **amplitude de acomodação visual** e vale, para um olho normal, **4 di**.

### Miopia

Geralmente a razão dessa anomalia, também conhecida como "vista curta", é um alongamento do globo ocular, de modo que, mesmo com a lente completamente relaxada, a imagem se forma antes da retina (figura abaixo). Por isso o míope não consegue acomodação visual para um objeto no infinito.

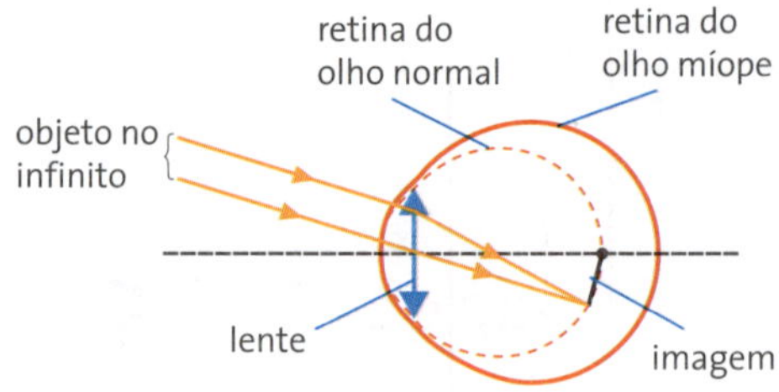


A distância focal ($f$) da lente corretora é, em módulo, igual à distância máxima ($d_r$) de visão nítida do míope, mas é negativa, já que a lente é divergente: $f = -d_r$.

A convergência da lente corretora é dada por:

$$C = \frac{1}{f} \Rightarrow C = -\frac{1}{d_r}$$

O esquema de correção do olho do míope por meio de uma lente divergente está ilustrado na figura abaixo.

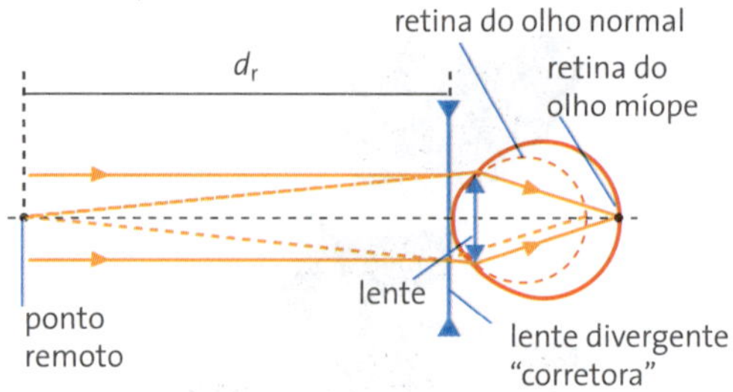


### Hipermetropia

O olho do hipermetrope é mais "curto" que o olho normal. Essa diferença, embora milimétrica, não permite que ele consiga acomodação visual para objetos muito próximos, pois lhe falta convergência. O ponto próximo do olho hipermetrope situa-se mais distante que os 25 cm usuais. Para objetos a 25 cm de distância, a imagem se forma depois da retina, conforme mostra o esquema a seguir.

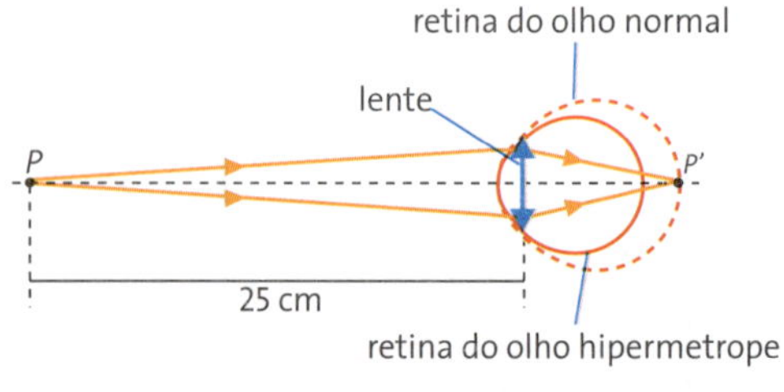


A solução para essa anomalia é uma lente convergente que conjuga, para um objeto a 25 cm do olho, uma imagem no ponto mais próximo de visão nítida do hipermetrope ($d_{min}$), conforme ilustra o esquema a seguir.

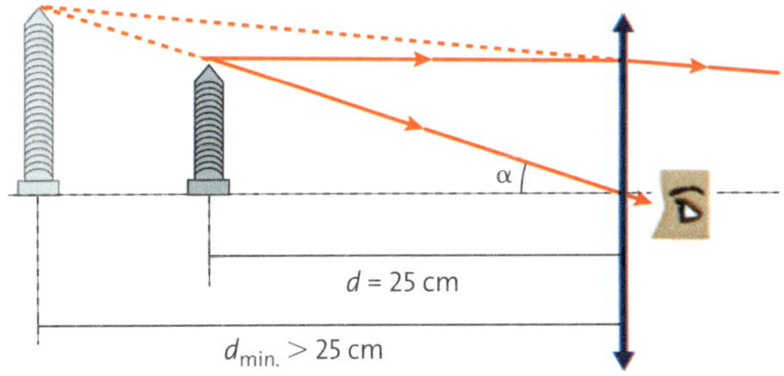


Sendo assim, obtemos: $\begin{cases} p = 25 \text{ cm} = 0{,}25 \text{ cm} \\ p' = d_{mín} \end{cases}$

Como $C = \dfrac{1}{f} = \dfrac{1}{p} + \dfrac{1}{p'}$,

temos: $C = \dfrac{1}{0{,}25} - \dfrac{1}{d_{mín}} \Rightarrow C = 4 - \dfrac{1}{d_{mín}}$

## Presbiopia

Com o passar dos anos, o cristalino sofre um enrijecimento, perdendo sua amplitude de acomodação. Disso decorre que a imagem de objetos no ponto próximo se forme depois da retina, assim como acontece na hipermetropia. Esta anomalia é popularmente conhecida como "vista cansada". As lentes corretoras para essa anomalia são convergentes.

## Astigmatismo

Ausência de nitidez decorrente da assimetria na curvatura da córnea. As lentes corretoras para essa anomalia são cilíndricas.

# Exercício resolvido

**2.** A lente corretora usada por um hipermetrope possui 2 di. Qual é a mínima distância entre os olhos dessa pessoa e um jornal, para vê-lo nitidamente, embora, talvez, sem definição para lê-lo, quando estiver sem óculos?

### Resolução

A distância pedida no problema é a distancia ($d_{mín}$) do ponto mais próximo de visão nítida desse hipermetrope. A convergência da lente corretora para a hipermetropia é dada por:

$C = 4 - \dfrac{1}{d_{min}}$.

Para $C = 2$ di:

$2 = 4 - \dfrac{1}{d_{min}} \Rightarrow d_{mín} = 0{,}5$ m

# Exercícios propostos

**1.** (Uerj) Para ver melhor uma bailarina, um espectador sentado distante do picadeiro utiliza um pequeno binóculo com uma lente objetiva de 3,6 cm e uma lente ocular de −1,5 cm de distância focal. A distância entre o binóculo e os olhos do espectador é desprezível.

Sabendo que a imagem da artista se forma a 24 cm desse espectador, calcule a distância entre as lentes objetivas e ocular do binóculo.

2. (FGV-SP) Para observar o céu, um apreciador de astronomia dispõe de algumas lentes esféricas. Uma dessas lentes, a lente $L_0$, de distância focal $f_0 = +1{,}00$ m, é utilizada como objetiva para focalizar uma estrela distante.

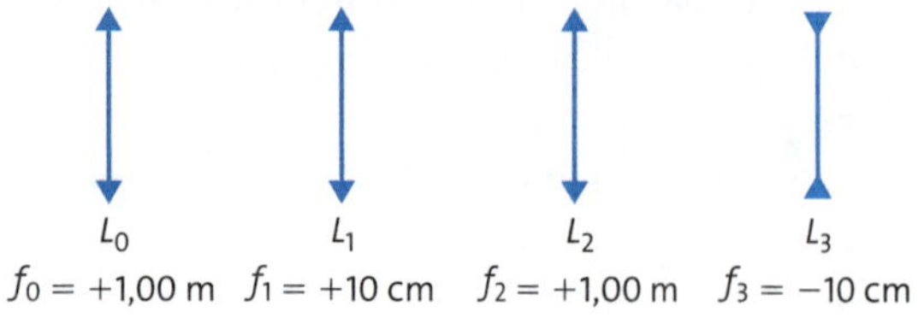


Para conseguir a melhor imagem virtual e ampliada da estrela, esse observador deve dispor coaxialmente da lente $L_0$, a lente ..... a uma distância do foco $L_0$ ..... do que o valor da distância focal ..... .

Assinale a alternativa que preenche, correta e respectivamente, as lacunas.

a) $L_1$ – menor – $f_1$

b) $L_1$ – maior – $f_1$

c) $L_2$ – menor – $f_2$

d) $L_3$ – menor – $f_3$

e) $L_3$ – maior – $f_3$

3. (Vunesp-SP) Numa máquina fotográfica, a distância da objetiva ao filme é de 25 mm. A partir das especificações dadas a seguir, assinale a que corresponde a uma lente que poderia ser a objetiva dessa máquina:

a) convergente, de convergência +4,0 di.

b) convergente, de convergência +25 di.

c) convergente, de convergência +40 di.

d) divergente, de convergência –25 di.

e) divergente, de convergência –4,0 di.

4. (UFPE) A figura a seguir representa um olho humano normal. Raios paralelos entrando num olho, que está mirando um objeto no infinito, produzem uma imagem real e invertida na retina. Desse modo, o cristalino atua como uma lente convergente. Se o objeto estiver a 30 cm do olho, para que se forme uma boa imagem, os músculos que controlam a curvatura do cristalino se alteram.

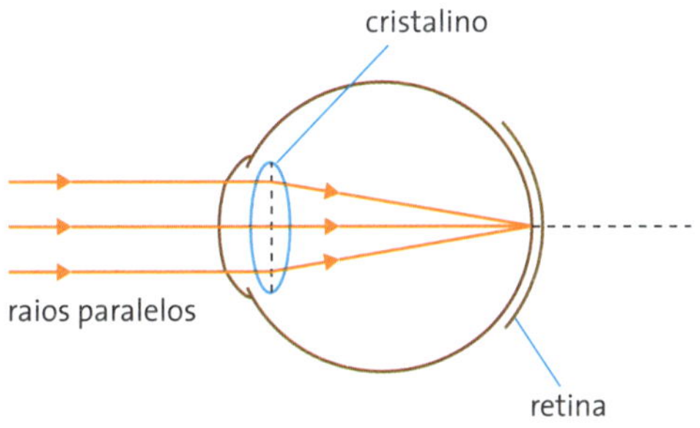


Podemos então afirmar que:

a) a distância focal do cristalino aumentará.

b) a distância focal do cristalino diminuirá.

c) o cristalino se ajudará para formar uma imagem atrás da retina.

d) os raios de curvatura do cristalino aumentarão.

e) a distância focal do cristalino não sofrerá modificação.

5. (UFU-MG) Assinale a alternativa **falsa**.

a) O cristalino do olho de uma pessoa de visão normal age como uma lente convergente que produz uma imagem real, invertida e aumentada quando a pessoa observa um objeto distante.

b) Uma pessoa com visão normal, à medida que se aproxima de um objeto, tem o raio de curvatura de seu cristalino diminuído para que ela continue focalizando o objeto.

c) A variação do diâmetro de pupila tem como objetivo controlar a entrada de luz no olho.

d) Para a correção de hipermetropia é necessária a utilização de lentes convergentes.

# MÓDULO 25 • Relatividade, Física quântica e partículas elementares

## Postulados da teoria da relatividade especial

Os dois postulados da teoria da relatividade especial são:

1º – Postulado da relatividade – As leis da física são as mesmas para todos os observadores em sistemas de referência inerciais.

2º – Postulado da velocidade da luz – A velocidade da luz no vácuo tem sempre o mesmo valor em todas as direções e em todos os referenciais inerciais e não depende da velocidade da fonte nem do observador.

### Dilatação do tempo

O intervalo de tempo ($\Delta t$) entre dois eventos em um referencial inercial qualquer é maior do que o intervalo de tempo ($\Delta t_0$) no referencial que está em repouso em relação ao local dos eventos. Sendo $v$ a velocidade relativa entre os dois referenciais, a relação entre os intervalos de tempo é:

$$\Delta t = \frac{\Delta t_0}{\sqrt{1 - \left(\frac{v}{c}\right)^2}} \rightarrow \Delta t > \Delta t_0$$

### Contração do comprimento

O comprimento $L$ de um corpo em um referencial inercial qualquer é menor do que o comprimento $L_0$ no referencial no qual o corpo está em repouso. A relação entre os comprimentos se dá pela expressão:

$$L = L_o \cdot \sqrt{1 - \left(\frac{v}{c}\right)^2} \rightarrow L < L_0$$

### Dinâmica relativística

Um corpo com velocidade $v$ em relação a um referencial tem, neste referencial, massa ($m$) maior do que teria caso estivesse em repouso. Sendo $m_0$ a massa de repouso, a relação entre as massas é:

$$m = \frac{m_0}{\sqrt{1 - \left(\frac{v}{c}\right)^2}} \rightarrow m > m_0$$

### Energia relativística

$$E = m \cdot c^2 = \frac{m_0 \cdot c^2}{\sqrt{1 - \left(\frac{v}{c}\right)^2}}$$

A diferença entre a energia total e a de repouso é a energia cinética do corpo. Assim:

$$E_c = E - E_0 = (m - m_0) \cdot c^2$$

## Teoria quântica

- a energia de um oscilador é **quantizada**, ou seja, não pode haver uma quantidade qualquer de energia, mas somente múltiplos de um valor fundamental;
- a energia irradiada por um oscilador não é contínua; ela se manisfesta de uma forma discreta, por meio de pulsos, ou ***quantas de energia***. A energia é emitida quando um oscilador passa de um estado quantizado para outro.
- a menor quantidade de radiação de energia é o **quantum**. Um quantum de energia $E$ é diretamente proporcional à frequência $f$ da radiação, ou seja: $E = h \cdot f$

Nessa expressão, $h$ é denominada constante de Planck e, no SI, o seu valor é: $h = 6{,}6 \cdot 10^{-34}$ J · s

### Efeito fotoelétrico

O efeito fotoelétrico consiste na emissão de elétrons por uma superfície metálica quando iluminada por luz de frequência adequada. Na figura abaixo temos uma representação desse efeito.

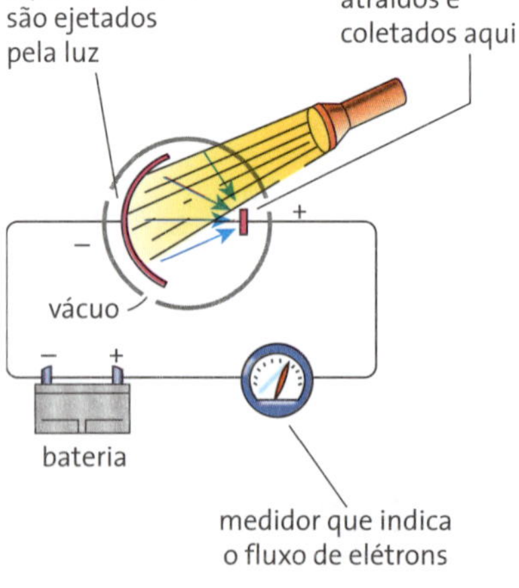


A energia mínima para extrair (arrancar) um elétron de uma placa metálica é chamada de **função trabalho** (***W***) do material dessa placa. Cada tipo de metal utilizado possui uma função trabalho específica.

Se a energia do fóton for superior a essa energia mínima (função trabalho), a diferença entre elas é a energia cinética máxima ($E_{c(máx.)}$) do elétron ejetado (fotoelétron): $E_{c(máx.)} = h \cdot f - W$

O gráfico abaixo expressa a relação entre a energia cinética máxima dos fotoelétrons em função da frequência da luz incidente no metal.

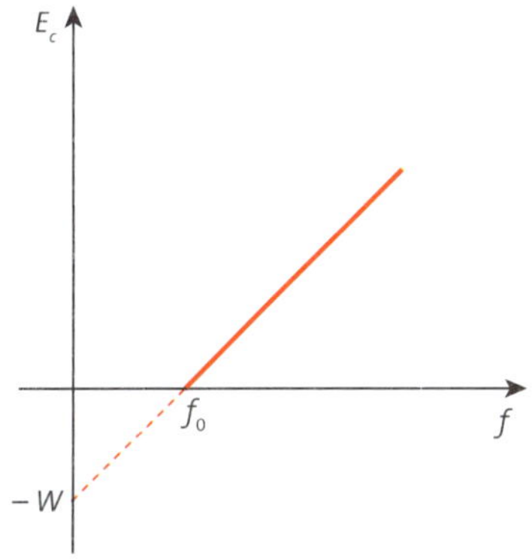


Caso a energia do fóton ($h \cdot f$) seja menor do que $W$, o elétron não é removido do metal, ou seja, existe um valor mínimo para a energia (e para a respectiva frequência) do fóton: $h \cdot f > W \rightarrow f_0 = \dfrac{W}{h}$.

## Exercício resolvido

1. Uma lâmina de potássio é iluminada com luz de frequência $6{,}0 \cdot 10^{14}$ Hz (luz verde), e o fluxo de elétrons entre a lâmina e o coletor é extinto a partir de uma tensão de 0,226 V (potencial de corte). Com uma outra fonte luminosa monocromática de frequência $7{,}89 \cdot 10^{14}$ Hz (ultravioleta A), a experiência é repetida obtendo-se um potencial de corte de 1,00 V. A carga do elétron é $-1{,}602 \cdot 10^{-19}$ C.
   a) O que acontecerá no primeiro caso se a tensão for aumentada para 0,5 V?
   b) Usando a expressão do módulo do trabalho da força elétrica ($|\tau_{Fe}| = |q \cdot U|$), obtenha a energia cinética inicial dos elétrons que foram freados com a tensão de corte na primeira e na segunda parte do experimento.
   c) Supondo desconhecido o valor de $h$ (constante de Planck) e constante o valor da função trabalho desse metal, mostre que: $\dfrac{\Delta E}{\Delta f} = h$.
   d) Qual é o valor da constante de Planck obtida neste experimento?
   e) Qual é o valor da função trabalho, em eV, relativa ao metal potássio?

**Resolução**

a) Como 0,226 V é o potencial de corte, para tensões superiores não há fluxo de elétrons, portanto, a corrente permanece nula.

b) Frequência de $6{,}0 \cdot 10^{14}$ Hz ($f_1$):
Como $|\tau_{Fe}| = |q \cdot U|$ e esse trabalho resistente corresponde à variação da energia cinética, temos $E_c = |q \cdot U|$.
$E_{c(1)} = 1{,}602 \cdot 10^{-19} \cdot 0{,}226 \Rightarrow E_{c(1)} = 0{,}362 \cdot 10^{-19}$ J
Frequência de $7{,}89 \cdot 10^{14}$ Hz ($f_2$):
$E_{c(2)} = 1{,}602 \cdot 10^{-19} \cdot 1{,}00 \Rightarrow E_{c(2)} = 1{,}602 \cdot 10^{-19}$ J

c) Escrevendo a equação do efeito fotoelétrico para cada situação, temos:
(I) $h \cdot f_1 - W = E_{c(1)}$
(II) $h \cdot f_2 - W = E_{c(2)}$
Subtraindo a equação I da II, $W$ se cancela. Colocando $h$ em evidência, obtemos:
$h \cdot (f_2 - f_1) = E_{c(2)} - E_{c(1)} \Rightarrow \dfrac{\Delta E}{\Delta f} = h$
Em um gráfico cartesiano de $E \times f$, esse valor é a inclinação (ou coeficiente angular) da reta.

d) Como $h = \dfrac{\Delta E}{\Delta f}$, temos:
$$h = \frac{(1{,}602 - 0{,}362) \cdot 10^{-19}}{(7{,}89 - 6{,}0) \cdot 10^{14}} \Rightarrow h = 6{,}56 \cdot 10^{-34}\ \text{J} \cdot \text{s}$$

e) Com o valor obtido de $h$ e usando-se, por exemplo, a equação I, obtemos:
$6{,}56 \cdot 10^{-34} \cdot 6{,}0 \cdot 10^{14} - W = 0{,}362 \cdot 10^{-19}$
$W = (3{,}936 - 0{,}362) \cdot 10^{-19}$
$W = 3{,}574 \cdot 10^{-19}$ J
Dividindo esse valor por $1{,}602 \cdot 10^{-19}$ para expressar o resultando em eV, obtemos: $W = 2{,}23$ eV.

## Bohr e o átomo de hidrogênio

Pressupostos do modelo atômico de Bohr:

- o elétron pode ocupar determinadas órbitas circulares sem irradiar energia; essas órbitas correspondem a situações estáveis, chamadas de estados estacionários;
- qualquer órbita estacionária possível é aquela na qual o momento angular do elétron é um múltiplo de um valor fundamental, ou seja, o momento angular é quantizado;
- quando o elétron muda de um estado estacionário para outro de menor energia, ocorre a emissão de um fóton, cuja frequência é obtida pela expressão:

$$f = \frac{E_{inicial} - E_{final}}{h}$$

No modelo clássico do átomo de hidrogênio, um único elétron gira em órbita circular em torno de um único próton localizado no núcleo. O modelo de Bohr para o átomo de hidrogênio permite mostrar que a energia ($E_n$) referente ao nível enérgico ($n$) é dada por:

$$E_n = -\frac{13,6}{n^2}$$

Nessa expressão, a energia $E_n$ é calculada em elétrons-volt (eV) e $n$, denominado **número quântico principal**, pode assumir valores inteiros: 1, 2, 3, ...

## Dualidade onda-partícula

Em determinados fenômenos, a luz se comporta como uma onda. Em outros fenômenos, seu comportamento é de partícula. Esse comportamento da luz, ora onda ora partícula, foi denominado **dualidade onda-partícula**.

## Princípio da incerteza

Para a teoria quântica, a incerteza é algo inerente às próprias condições iniciais. Se quisermos medir a localização e a velocidade de uma partícula, devemos lançar mão de cálculos que envolvem probabilidades. Em 1927, o físico alemão Wener Heisenberg (1901-1976), Prêmio Nobel de Física em 1932, estabeleceu o **princípio da incerteza**, o qual afirma ser impossível medir com precisão, no mesmo instante, a posição e a velocidade de uma partícula.

## Os tijolos da matéria

Na década de 1960, experimentos contribuíram para que os cientistas chegassem à conclusão de que prótons e nêutrons **não** são partículas elementares. Eles têm uma estrutura interna constituída de outras partículas que receberam o nome de *quarks*.

Na matéria comum os *quarks* se apresentam em dois tipos: *quarks up* (símbolo: *u*) e *quarks down* (símbolo: *d*). Esses nomes são apenas figurativos e servem para diferenciar os dois tipos de *quarks*. Os *quarks up* têm carga elétrica de $+\frac{2}{3}e$, enquanto os *down* têm carga elétrica de $-\frac{1}{3}e$.

As partículas formadas pela composição de *quarks* são chamadas **hádrons**, como, por exemplo, os prótons e nêutrons. O próton (à esquerda na figura abaixo) tem dois *quarks up* e um *quark down* e o nêutron (à direita) é composto de dois *quarks down* e um *quark up*.

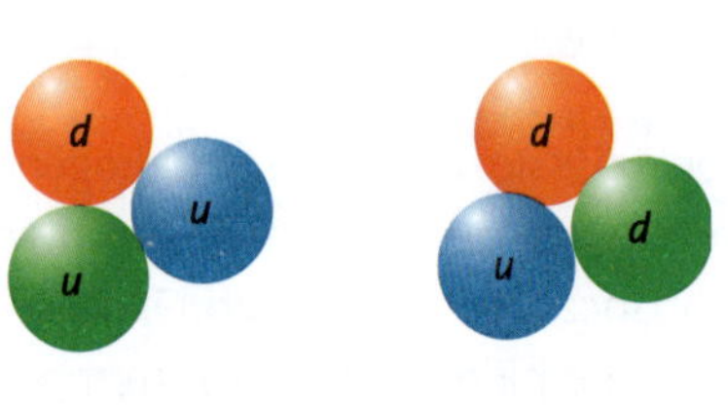


A carga elétrica do próton e a do nêutron podem ser calculadas a partir das cargas individuais dos *quarks*:

próton: $Q_{próton} = 2 \cdot \left(\frac{2}{3}e\right) + 1 \cdot \left(-\frac{1}{3}e\right) = e$

nêutron: $Q_{nêutron} = 1 \cdot \left(\frac{2}{3}e\right) + 2 \cdot \left(-\frac{1}{3}e\right) = 0$

Além dos *quarks*, são também partículas elementares o elétron (símbolo: $e^-$) e o neutrino (símbolo: $\nu_e$).

## Exercício resolvido

2. O diagrama seguinte mostra alguns níveis de energia ($n$) de um elétron no átomo de hidrogênio e também algumas transições.

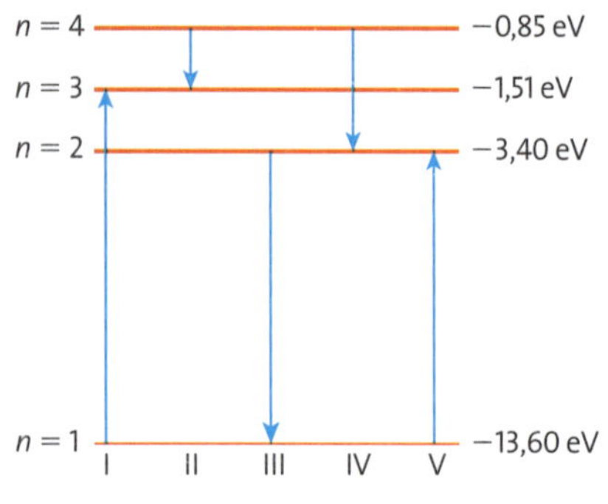


Com base nos dados, responda às questões seguintes. (Dados: $h = 6,63 \cdot 10^{-34}$ J · s; 1 eV $= 1,6 \cdot 10^{-19}$ J)

a) Os intervalos entre os níveis de energia são constantes?

b) Quais transições correspondem à absorção de energia e quais correspondem à emissão de um fóton?

c) Qual é a frequência do fóton da transição IV? Essa radiação é visível?

### Resolução

a) Não. À medida que aumenta o valor de $n$, diminui o intervalo de energia entre níveis consecutivos.

b) As absorções de energia (fótons) correspondem a uma transição de um nível mais baixo para outro mais alto, enquanto na emissão de fótons temos o processo inverso. Então concluímos que: I e V correspondem a absorções; II, III e IV, a emissões de fótons.

c) A energia relativa à transição IV é:
$E = -0,85 - (-3,40) \Rightarrow E = 2,55$ eV $\Rightarrow$
$\Rightarrow E = 2,55 \cdot 1,6 \cdot 10^{-19}$ J $\Rightarrow E = 4,08 \cdot 10^{-19}$ J
Como $E = h \cdot f$, temos:
$4,08 \cdot 10^{-19} = 6,63 \cdot 10^{-34} \cdot f \Rightarrow f = 6,15 \cdot 10^{14}$ Hz
Essa radiação é visível e situa-se na região verde do espectro visível.

## Exercícios propostos

1. (UFPE) Um astronauta é colocado a bordo de uma espaçonave e enviado para uma estação espacial a uma velocidade constante $v = 0{,}8c$, em que $c$ é a velocidade da luz no vácuo. No referencial da espaçonave, o tempo transcorrido entre o lançamento e a chegada na estação espacial foi de 12 meses. Qual o tempo transcorrido no referencial da Terra, em meses?

2. (UFRGS-RS) De acordo com a teoria da relatividade, quando objetos se movem através do espaço-tempo com velocidades da ordem da velocidade da luz, as medidas de espaço e tempo sofrem alterações. A expressão da contração espacial é dada por $L = L_o \cdot \sqrt{1 - \left(\frac{v}{c}\right)^2}$, onde $v$ é a velocidade relativa entre o objeto observado e o observador, $c$ é a velocidade de propagação da luz no vácuo, $L$ é o comprimento medido para o objeto em movimento, e $L_0$ é o comprimento medido para o objeto em repouso.
A distância Sol-Terra para um observador fixo na Terra é $L_0 = 1{,}5 \cdot 10^{11}$ m. Para um nêutron com velocidade $v = 0{,}6c$, essa distância é de:
a) $1{,}2 \cdot 10^{10}$ m.
b) $7{,}5 \cdot 10^{10}$ m.
c) $1{,}0 \cdot 10^{11}$ m.
d) $1{,}2 \cdot 10^{11}$ m.
e) $1{,}5 \cdot 10^{11}$ m.

3. (UFG-GO) Para explicar o efeito fotoelétrico, Einstein, em 1905, apoiou-se na hipótese de que:

a) a energia das ondas eletromagnéticas é quantizada.

b) o tempo não é absoluto, mas depende do referencial em relação ao qual é medido.

c) os corpos contraem-se na direção de seu movimento.

d) os elétrons em um átomo somente podem ocupar determinados níveis discretos de energia.

e) a velocidade da luz no vácuo corresponde à máxima velocidade com que se pode transmitir informações.

4. (UFPI) Sobre o modelo de Bohr para o átomo, podemos afirmar corretamente:

a) A teoria postula que, se o átomo ganha energia, o elétron se move para uma órbita mais próxima do núcleo.

b) A força eletrostática de atração entre o núcleo e o elétron não retém o elétron nas suas órbitas.

c) Um dos postulados do modelo estabelece que o elétron emite energia quando orbita em torno do núcleo.

d) Uma vez que o átomo de hidrogênio contém apenas um elétron, seus espectro de energia deve mostrar apenas uma linha.

e) Para o átomo de hidrogênio, o nível de menor energia ($n = 1$) vale cerca de $-13,6$ eV.

5. (PUC-RS) O dualismo onda-partícula refere-se a características corpusculares presentes nas ondas luminosas e a características ondulatórias presentes no comportamento de partículas, tais como elétrons. A natureza nos mostra que características corpusculares e ondulatórias não são antagônicas, mas sim, complementares. Dentre os fenômenos listados, o único que não está relacionado com o dualismo onda--partícula é:

a) o efeito fotoelétrico.

b) a ionização de átomos pela incidência de luz.

c) a difração de elétrons.

d) o rompimento de ligações entre átomos pela incidência de luz.

e) a propagação, no vácuo, de ondas de rádio de frequência média.

# MÓDULO 26 • Capacitores

## Capacitor

Chama-se capacitor à associação de dois condutores em regime de indução total. Isso ocorre quando a carga do indutor é, em módulo, igual à carga do induzido. Nessa situação, é indiferente saber qual condutor é o indutor e qual é o induzido. Cada condutor constitui uma **armadura** do capacitor. Um capacitor é capaz de armazenar carga elétrica e descarregá-la quando solicitado. São exemplos de dispositivos que usam capacitores: desfibriladores e sintonizadores de rádio.

A foto abaixo mostra formatos mais comuns de capacitores.

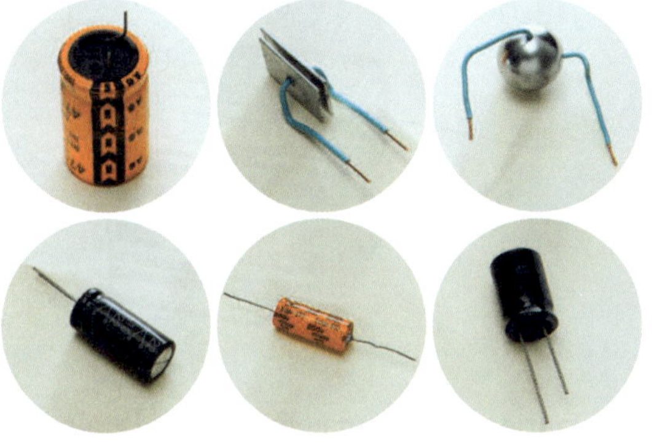

Sérgio Dotta Jr./Arquivo da editora

A seguir a representação esquemática de um capacitor:

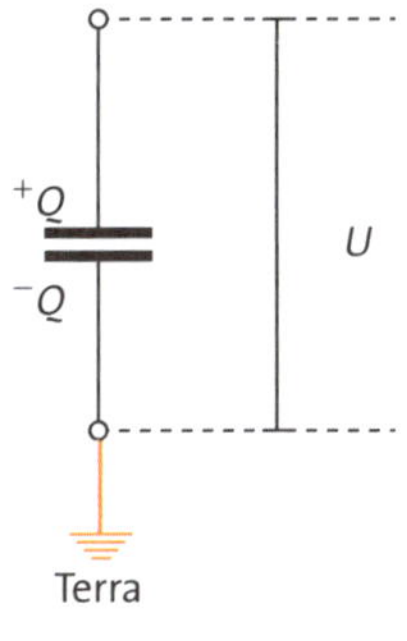


## Capacitância

A relação entre a carga ($Q$) armazenada na armadura positiva do capacitor e a tensão ($U$) aplicada às suas armaduras é uma constante que depende das características do capacitor e é denominada **capacitância** ou **capacidade**. Assim, a **capacitância (*C*)** é dada por: $C = \dfrac{Q}{U}$

A unidade de capacitância é o **farad (F)**, que corresponde ao **coulomb por volt**.

## Energia potencial elétrica

Um capacitor pode ser carregado ligando-o diretamente aos terminais de uma bateria. Durante o processo de carga, a tensão ($U$) é diretamente proporcional à carga elétrica ($Q$) armazenada nas armaduras do capacitor, como pode ser verificado no gráfico abaixo, gráfico que ilustra o processo de carga.

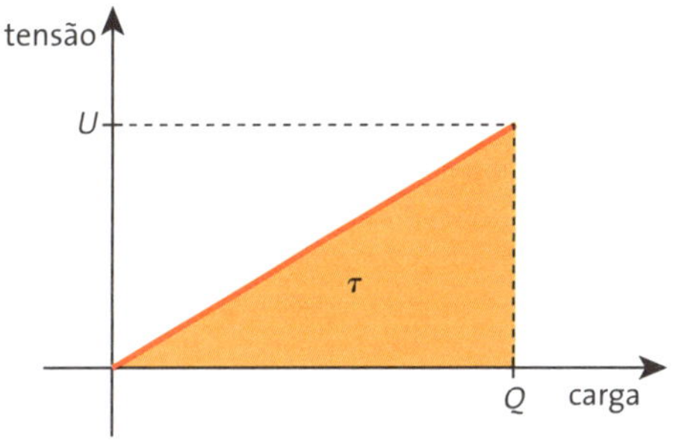


O trabalho da força elétrica para que se processe o deslocamento dos portadores de carga que ficam armazenados nas armaduras do capacitor corresponde à energia potencial elétrica entre as suas placas e pode ser calculada pela área sob o gráfico de $U \times Q$:

$$\begin{cases} E_p = \tau \\ \tau = \text{Área} \end{cases} \Rightarrow E_p = \frac{Q \cdot U}{2} = \frac{C \cdot U^2}{2} = \frac{Q^2}{2 \cdot C}$$

### Capacitor plano

O **capacitor plano** é constituído por duas placas planas e paralelas, entre as quais se estabelece um campo elétrico uniforme ($\vec{E}$), perpendicular às superfícies das placas.

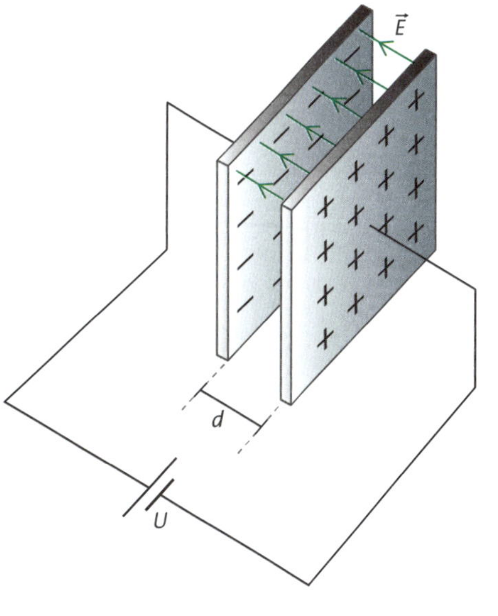

### Capacitor plano com vácuo entre as armaduras

- Capacitância: $C = \epsilon_0 \cdot \dfrac{A}{d}$
- $d$: distância entre as armaduras;
- $A$: área de cada armadura;
- $\epsilon_0$: permissividade elétrica do vácuo $= 8{,}85 \cdot 10^{-12}$ F/m

### Capacitor plano com isolante (ou dielétrico) entre as placas

- Constante dielétrica: $\epsilon_r = \dfrac{\epsilon}{\epsilon_0} > 1$
- Nova capacitância:

$$C' = \epsilon \cdot \frac{A}{d} = \epsilon_r \cdot \epsilon_0 \cdot \frac{A}{d} \Rightarrow C' = \epsilon_r \cdot C$$

## Exercício resolvido

1. Um técnico improvisa a construção de um capacitor plano tomando duas folhas metálicas planas iguais de 16 cm$^2$ de área e colocando entre elas uma outra placa de mesma geometria, cuja espessura é 1,77 mm, mas com material isolante cuja constante dielétrica é 3.
Dados: $\epsilon_0 = 8{,}85 \cdot 10^{-12}$ F/m
   a) Qual é a capacidade desse capacitor?
   b) Se esse capacitor for ligado a uma fonte de 10 V, qual será a energia potencial elétrica nele armazenada quando estiver plenamente carregado?

**Resolução**

a) Como a capacidade do capacitor plano é
$C = \epsilon_r \cdot \epsilon_0 \cdot \dfrac{A}{d}$, temos: $C = \dfrac{3 \cdot 8{,}85 \cdot 10^{-12} \cdot 16 \cdot 10^{-4}}{1{,}77 \cdot 10^{-3}} \Rightarrow$
$\Rightarrow C = 24 \cdot 10^{-12} \Rightarrow C = 24$ pF

b) A energia potencial elétrica armazenada no capacitor pode ser obtida por

$$E_p = \frac{C \cdot U^2}{2}$$

$$E_p = \frac{24 \cdot 10^{-12} \cdot 10^2}{2} \Rightarrow E_p = 12 \cdot 10^{-10}\ \text{J} = 1{,}2\ \text{nJ}$$

### Associação de capacitores

Os capacitores podem ser associados em série, em paralelo ou em uma associação mista (série/paralelo).

#### Série

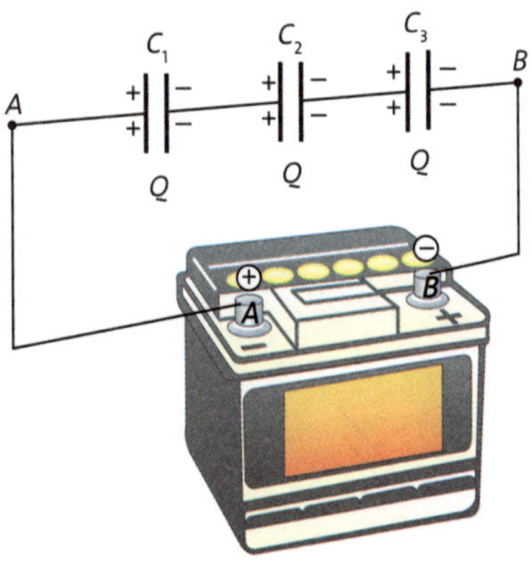


- A quantidade de carga elétrica é a mesma em todos os capacitores.
- A tensão total da associação é a soma das tensões parciais.
- A capacitância do capacitor equivalente é dada por:

$$\frac{1}{C_{eq.}} = \frac{1}{C_1} + \frac{1}{C_2} + \frac{1}{C_3}$$

#### Paralelo

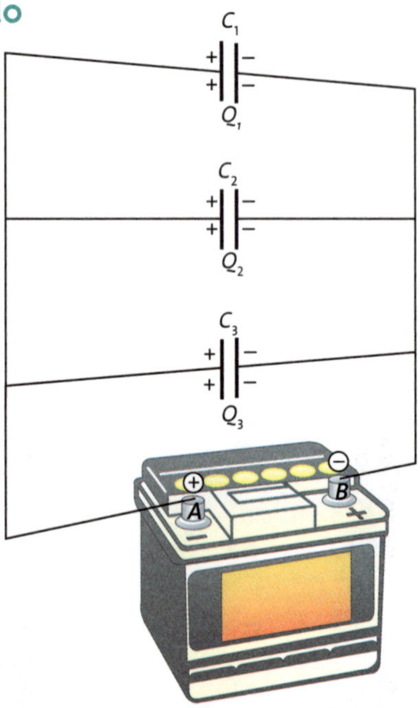


- A quantidade de carga elétrica total é a soma das quantidades de carga elétrica parciais.
- A tensão é a mesma em todos os capacitores.
- A capacitância do capacitor equivalente é dada por:

$C_{eq.} = C_1 + C_2 + C_3$

### Circuito elétrico com capacitor

Depois de finalizado o processo de carga, o circuito que contém o capacitor entra em regime estacionário, ou seja, a corrente se anula no ramo de circuito onde está o capacitor. Essa situação está representada na figura abaixo.

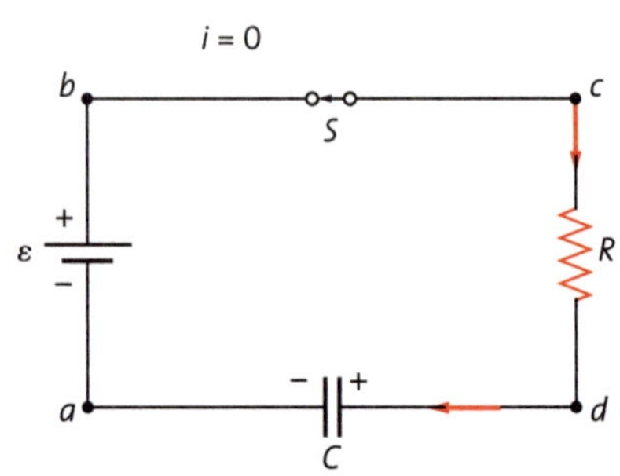

Contudo, antes de atingir o regime estacionário, a corrente no circuito é diferente de zero, já que o capacitor está em processo de carga. A tabela abaixo resume as etapas do processo de carga do capacitor:

| Regime | Instante ($t$) | Tensão no capacitor ($U_c$) | Tensão no resistor ($U_R$) | Corrente no ramo de circuito do capacitor |
|---|---|---|---|---|
| Início | $t = 0$ | Nula | $\varepsilon$ | $\frac{\varepsilon}{R}$ |
| Transitório | Crescente | Crescente | Decrescente | Decrescente |
| Estacionário | $t \to \infty$ | $\varepsilon$ | Nula | Nula (circuito aberto) |

## Exercício resolvido

**2.** A figura abaixo representa um circuito elétrico em regime estacionário.

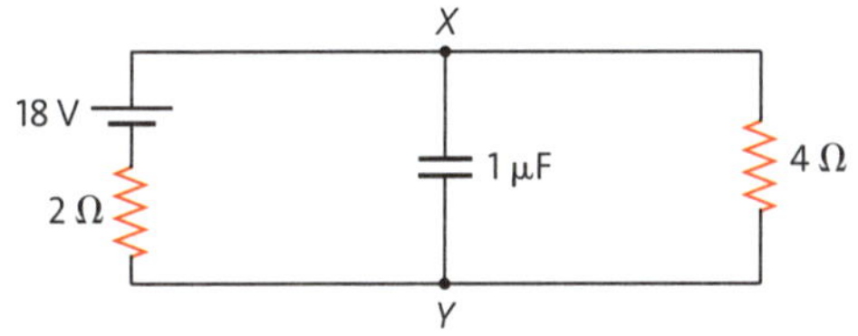


a) Qual é a intensidade e o sentido da corrente no gerador?

b) Qual é a intensidade da corrente no ramo de circuito que contém o capacitor?

c) Determine a energia potencial elétrica armazenada no capacitor e determine os sinais das cargas em cada uma das armaduras.

### Resolução

a) Para o cálculo da intensidade de corrente, aplicamos a lei de Pouillet, ignorando o trecho em que está inserido o capacitor, pois nesse trecho o circuito está aberto:
$\varepsilon = \Sigma R \cdot i \Rightarrow 18 = (2 + 4) \cdot i \Rightarrow i = 3$ A
O sentido da corrente é determinado pela polaridade do gerador, sendo, portanto, de sentido horário.

b) Em regime estacionário, não circula corrente pelo ramo que contém o capacitor. Logo: $i = 0$

c) A tensão entre os terminais do capacitor (pontos $X$ e $Y$) é a mesma que se tem, por exemplo, no resistor de 4 Ω.
$U = R \cdot i \Rightarrow U = 4 \cdot 3 \Rightarrow U_{XY} = 12$ V
A energia potencial elétrica armazenada no capacitor pode ser obtida por:
$$E_p = \frac{C \cdot U^2}{2} \Rightarrow E_p = \frac{10^{-6} \cdot (12)^2}{2} \Rightarrow E_p = 7{,}2 \cdot 10^{-5}\ \text{J}$$
Pelo sentido da corrente no resistor, observa-se que o potencial do ponto $X$ é maior que do ponto $Y$. Nos capacitores, a armadura que fica eletrizada positivamente está ligada ao maior potencial, enquanto a armadura eletrizada negativamente está liga ao menor potencial. Dessa forma, concluímos que a polaridade das armaduras é aquela esquematizada na figura a seguir.

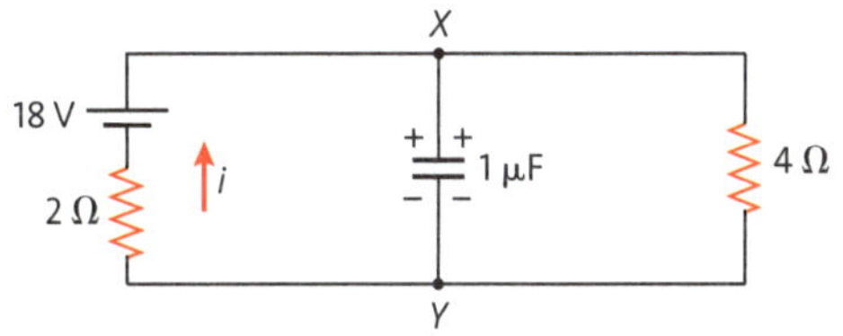


## Exercícios propostos

**1.** (UPM-SP) Uma esfera condutora de raio 9,0 cm que se encontra no vácuo ($k_0 = 9 \cdot 10^9$ N $\cdot$ m$^2$/C$^2$) é eletrizada e adquire um potencial de 100 V. Com a mesma carga elétrica desta esfera, um condensador plano de 1,0 nF criaria entre suas placas, distanciadas de 1,0 mm, um campo elétrico uniforme de intensidade:

a) $1 \cdot 10^{-4}$ V/m.
b) $1 \cdot 10^{-1}$ V/m.
c) $1 \cdot 10^{2}$ V/m.
d) $1 \cdot 10^{3}$ V/m.
e) $1 \cdot 10^{5}$ V/m.

2. (Uespi) O desfibrilador é um aparelho capaz de liberar rapidamente energia armazenada para combater a fibrilação nas vítimas de ataques cardíacos. Considere um desfibrilador portátil contendo um capacitor de capacitância 80 μF. Se esse capacitor for carregado a uma diferença potencial de 4 000 V, que quantidade de energia potencial elétrica do desfibrilador terá armazenado?
(Dado: $1\ \mu F = 10^{-6}\ F$)

a) 80 J
b) 160 J
c) 320 J
d) 640 J
e) 800 J

3. (UFPB) Em um laboratório de eletrônica, um estudante de Física constrói dois capacitores de placas paralelas com as seguintes especificações:

- As placas do capacitor 1 têm 60 $cm^2$ de área e a separação entre elas é de 0,12 cm;
- As placas do capacitor 2 têm 30 $cm^2$ de área e a separação entre elas é de 0,30 cm.

Para carregar esses capacitores, o estudante usa duas baterias com a mesma tensão, uma para cada capacitor. Nesse contexto, denominado por $Q_1$ e $Q_2$ os módulos das cargas acumuladas nos capacitores 1 e 2, respectivamente, é correto afirmar que:

a) $Q_1 = 3 \cdot Q_2$.
b) $Q_1 = 4 \cdot Q_2$.
c) $Q_1 = 5 \cdot Q_2$.
d) $Q_1 = 6 \cdot Q_2$.
e) $Q_1 = 7 \cdot Q_2$.

4. (UFGD-MS) Na figura a seguir, os capacitores $C_1$, $C_2$, e $C_3$ apresentam, respectivamente, os valores de 10 μF, 10 μF e 4 μF. Qual deve ser o valor do capacitor equivalente que substitui o circuito dessa figura?

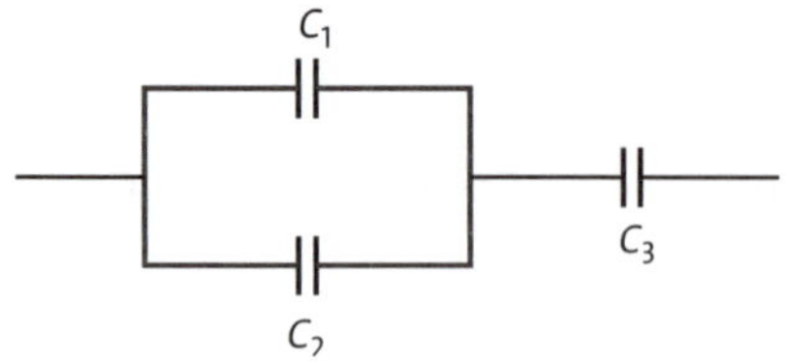


a) 2,20 μF
b) 3,33 μF
c) 2,45 μF
d) 2,44 μF
e) 0,41 μF.

5. (UPM-SP) A carga elétrica que a associação de capacitores armazena, quando estabelecemos entre *A* e *B* a ddp de 22 V, é:

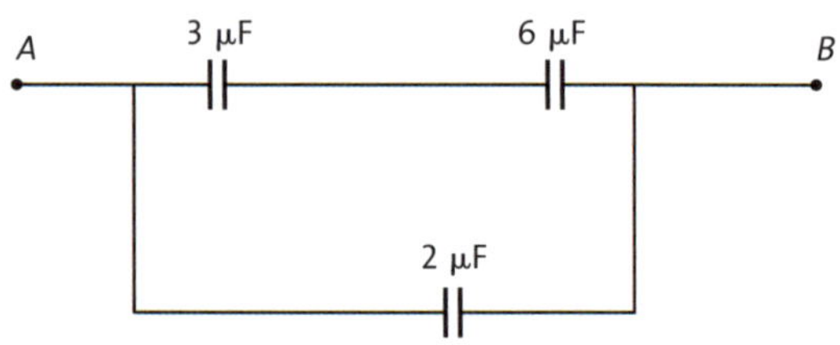


a) 22 μC.
b) 33 μC.
c) 44 μC.
d) 66 μC.
e) 88 μC.

# MÓDULO 27 • Campo e força de natureza magnética

## Magnetismo natural

O nome **magnetismo** está ligado à Magnésia, região da Ásia Menor onde foi encontrado um mineral naturalmente magnético que ficou conhecido pelo nome de **magnetita**. Um pedaço desse minério é um exemplo de ímã natural e serve para ilustrar o funcionamento de uma bússola (figura abaixo).

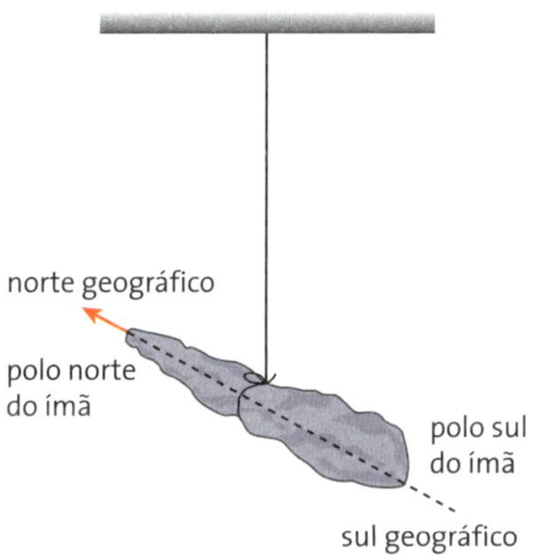


O alinhamento natural de agulhas magnéticas segundo a direção geográfica norte-sul é o princípio básico do funcionamento de uma bússola.

Quando dois ímãs são colocados próximos, o polo norte de cada um deles repele o polo norte do outro e o polo sul de cada um deles repele o polo sul do outro. Já o polo norte de um atrai o polo sul do outro (figura abaixo). Assim, podemos concluir que: polos de mesmo nome se repelem e polos de nomes distintos se atraem.

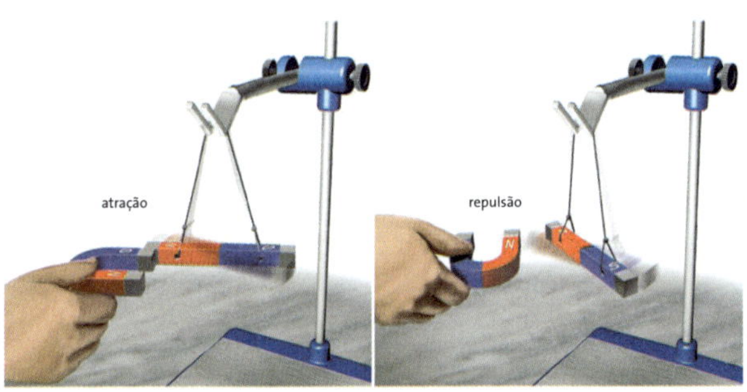


Antonio Robson/Arquivo da editora

## Campo magnético de ímãs

Um ímã gera, no espaço ao seu redor, um campo magnético. O campo magnético pode ser representado por meio de linhas de campo, linhas imaginárias que, na região externa ao ímã, estão orientadas do polo norte para o polo sul. A cada ponto da linha de campo associa-se um **vetor campo magnético ($\vec{B}$)**, conforme ilustra a figura abaixo.

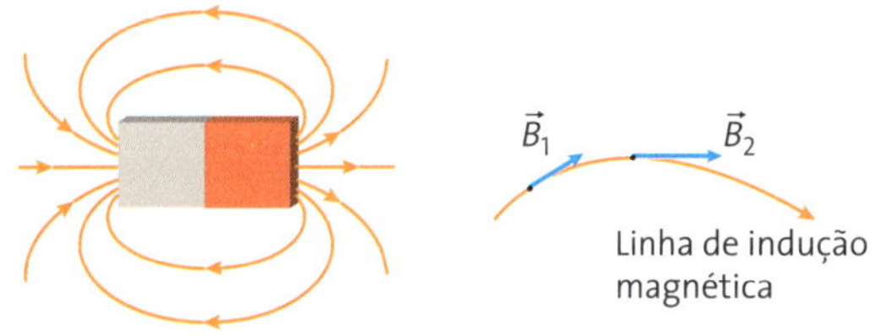


## Campo magnético de correntes elétricas

Toda corrente elétrica gera ao seu redor um campo magnético. As características do campo gerado dependem do formato do condutor e da intensidade da corrente elétrica que atravessa o condutor.

### Campo magnético gerado por fio reto e longo

As linhas de campo geradas neste caso estão representadas na figura abaixo. Do lado esquerdo uma visão espacial, no lado direito uma visão superior (com a corrente saindo da página) e abaixo o alinhamento de bússolas para esta situação.

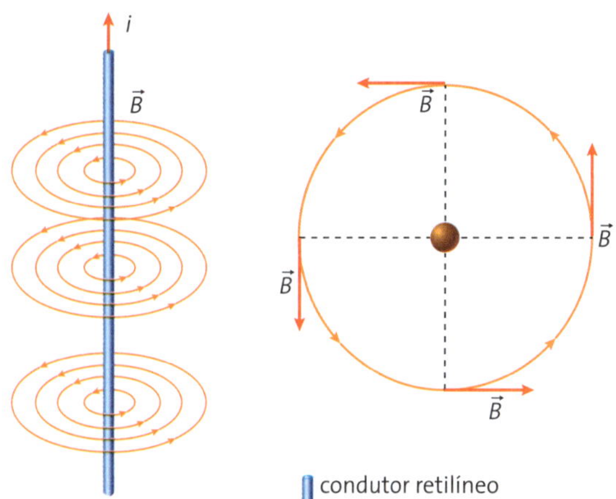


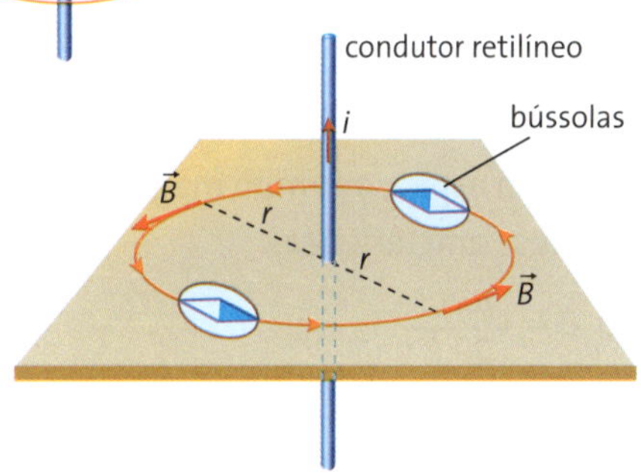

À distância $r$ do condutor, o campo magnético apresenta as seguintes características:

- Módulo: $B = \dfrac{\mu_0 \cdot i}{2 \cdot \pi \cdot r}$.
- Direção: círculos concêntricos com o fio.
- Sentido: Regra da mão direita.

Na expressão acima, $\mu$ é a chamada permeabilidade magnética do meio. Quando o meio é o vácuo: $\mu_0 = 4 \cdot \pi \cdot 10^{-7}\ T \cdot m/A$. A unidade de $B$ no SI é o tesla (T).

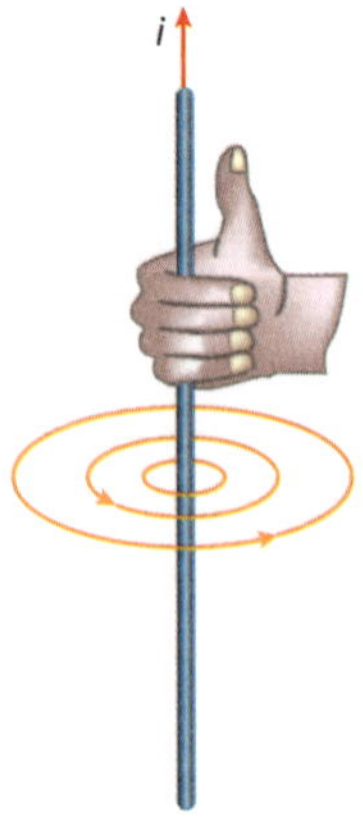


## Campo magnético gerado por espira circular

À esquerda está representada a direção e o sentido do vetor campo magnético ($\vec{B}$) no centro da espira circular. À direita, o alinhamento de uma bússola localizada no centro da espira.

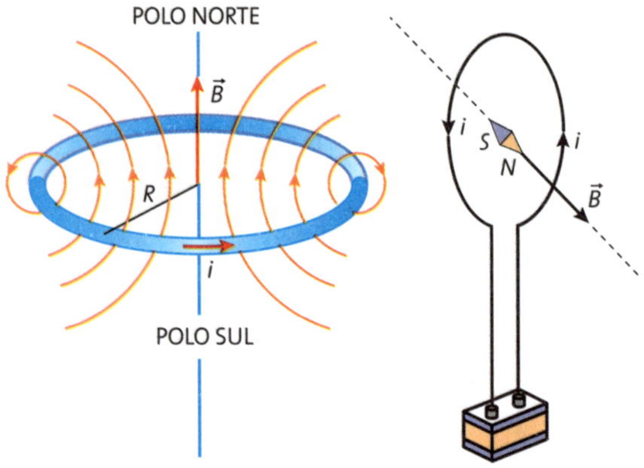


No centro da espira, o campo magnético apresenta as seguintes características:

- Módulo: $B = \dfrac{\mu_0 \cdot i}{2 \cdot R}$
- Direção: normal ao plano da espira.
- Sentido: Regra da mão direita.

## Campo magnético gerado por solenoide

A figura abaixo representa a configuração das linhas de campo no interior de um solenoide percorrido por corrente elétrica.

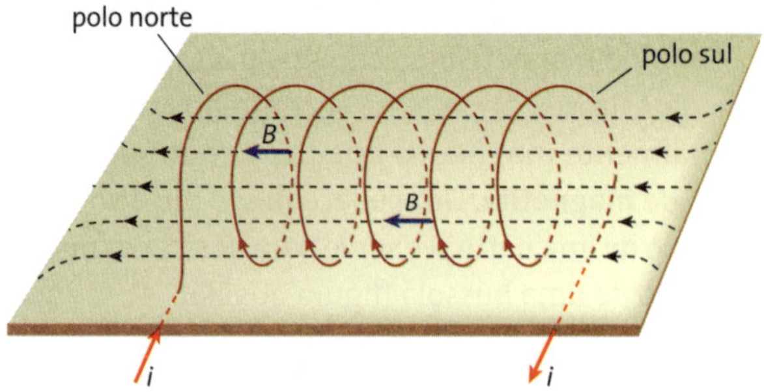


No interior do solenoide composto por $n$ voltas, o campo magnético apresenta as seguintes características:

- Módulo: $B = \dfrac{\mu_0 \cdot n \cdot i}{L}$
- Direção: do eixo do solenoide.
- Sentido: Regra da mão direita.

## Exercício resolvido

1. Um fio retilíneo e longo é percorrido por uma corrente elétrica com intensidade de 4 A, conforme mostra a figura.

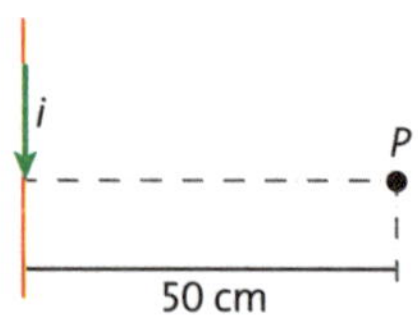


Determine o vetor campo magnético em um ponto $P$ situado a 50 cm do fio. (Considere que o meio em que se encontra o fio é vácuo).

### Resolução

A direção do vetor campo magnético ($\vec{B}$) é perpendicular ao plano formado pelo fio e pelo ponto $P$.
Seu sentido pode ser determinado pela regra da mão direita: saindo do plano da folha.
A intensidade do vetor campo magnético é:

$$B = \frac{\mu_0 \cdot i}{2 \cdot \pi \cdot r} \Rightarrow B = \frac{4\pi \cdot 10^{-7} \cdot 4}{2 \cdot \pi \cdot 0{,}50} \Rightarrow B = 1{,}6 \cdot 10^{-6}\ T$$

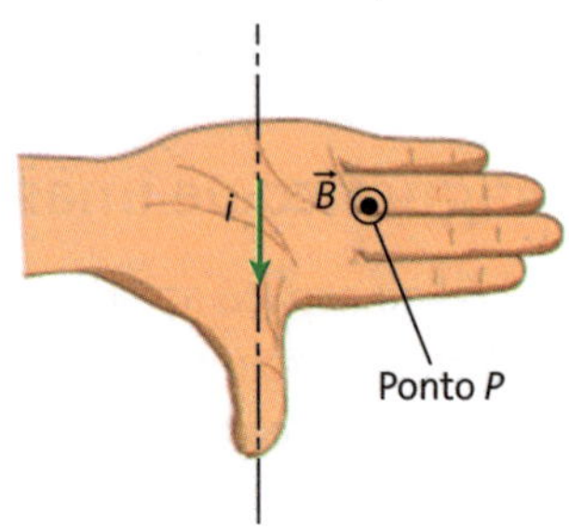

## Força magnética sobre partícula lançada em campo magnético

A **força magnética ($\vec{F}_m$)** é a ação de um campo magnético sobre partículas portadoras de carga elétrica. Para que surja essa força, é necessário que a partícula esteja se movimentando em relação ao campo magnético, ou seja, ele deve apresentar velocidade não nula. As características dessa força estão descritas a seguir:

- Módulo: $F_m = q \cdot v \cdot B \cdot \text{sen}\ \theta$.
- $\theta$: ângulo de $\vec{v}$ e $\vec{B}$.
- Direção: perpendicular aos vetores $\vec{v}$ e $\vec{B}$.
- Sentido: regra da mão esquerda (figura abaixo).

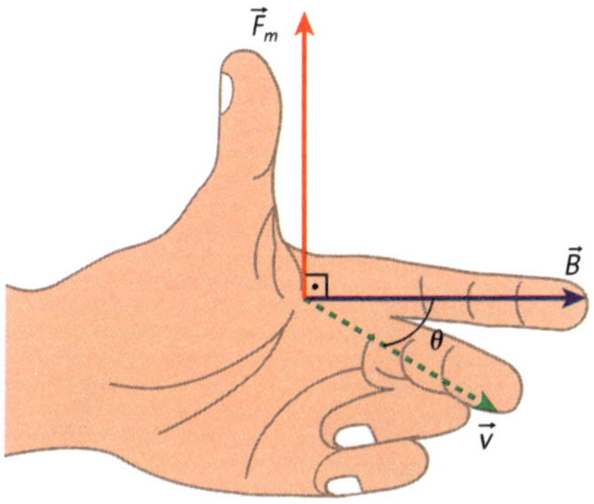


## Movimento de partículas eletrizadas em campo magnético uniforme

A força magnética (e a respectiva trajetória da partícula eletrizada) depende da direção que a partícula é lançada no campo magnético. As possibilidades estão listadas abaixo:

- $\theta = 0°$ ou $\theta = 180°$: $F_m = 0$ e carga em M.R.U. (figura abaixo);

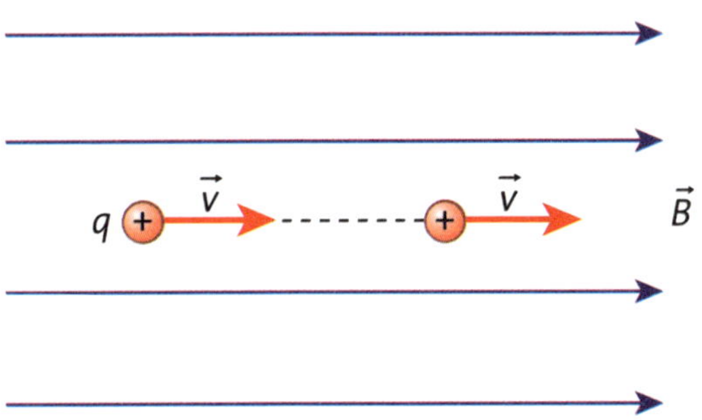


- $\theta = 90°$: $F_m = |q| \cdot v \cdot B$ e carga em M.C.U., com $R = \dfrac{m \cdot v}{|q| \cdot B}$ e $T = \dfrac{2\pi \cdot m}{|q| \cdot B}$ (figura a seguir);

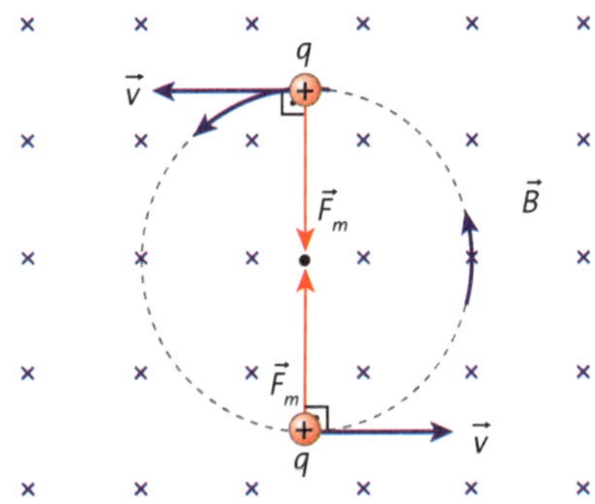


- $0° < \theta < 90°$: trajetória helicoidal composta de M.R.U. na direção de ($\vec{B}$) e M.C.U. na direção perpendicular à ($\vec{B}$)(figura abaixo);

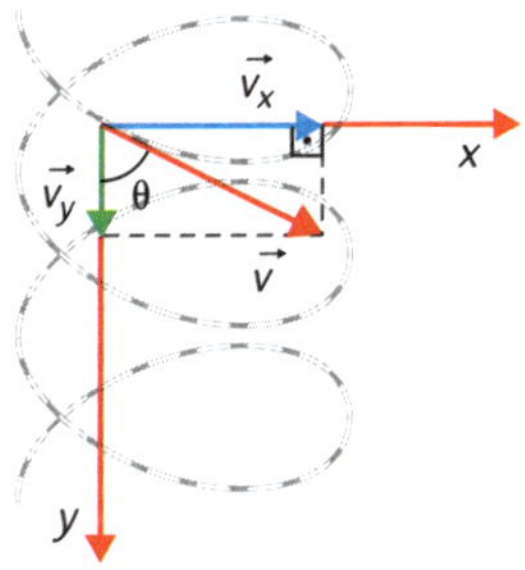


### Força magnética sobre condutor retilíneo

Um fio condutor percorrido por corrente elétrica e imerso em um campo magnético (figura abaixo) fica sujeito a uma força magnética cujas características estão descritas a seguir.

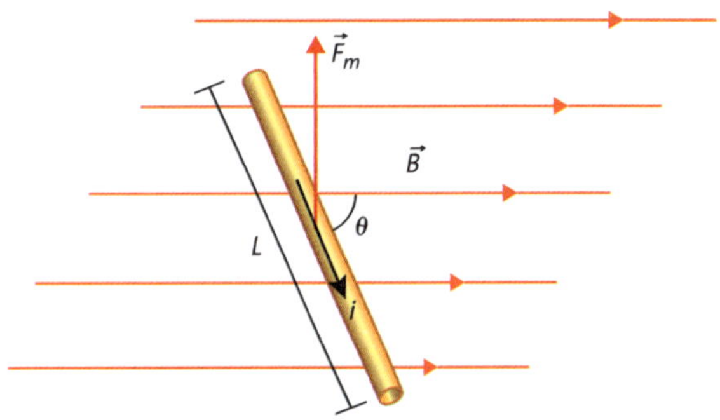


- Módulo: $F_m = B \cdot i \cdot L \cdot \text{sen}\ \theta$.
- $\theta$: ângulo entre o fio e o vetor $\vec{B}$.
- $L$: comprimento da parte do fio imerso no campo magnético.
- Direção: perpendicular ao plano determinado pelo fio e o vetor $\vec{B}$.
- Sentido: regra da mão esquerda.

## Força magnética entre condutores retilíneos e paralelos

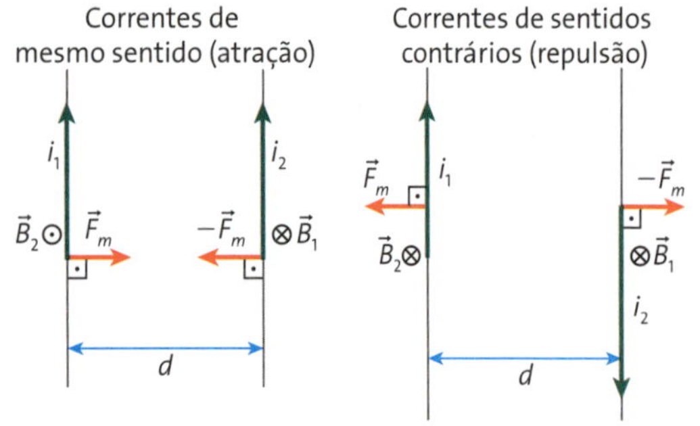


Dois fios condutores percorridos por corrente elétrica interagem entre si por meio do campo magnético que geram ao seu redor. A força magnética entre dois condutores retos e paralelos com comprimento comum igual a $L$ apresenta as seguintes características:

- Módulo: $F_m = \dfrac{\mu \cdot i_1 \cdot i_2 \cdot L}{2\pi \cdot d}$.
- A força no fio 1 existe por que ele é percorrido pela corrente $i_1$ ao mesmo tempo em que está imerso no campo magnético $\vec{B}_2$ gerado pela corrente $i_2$ que percorre o fio 2;
- A força no fio 2 existe por que ele é percorrido pela corrente $i_2$ ao mesmo tempo em que está imerso no campo magnético $\vec{B}_1$ gerado pela corrente $i_1$ que percorre o fio 1;

## Exercício resolvido

**2.** Um condutor retilíneo possui contatos que podem deslizar por trilhos verticais, como está esquematizado na figura abaixo. O condutor está na horizontal e sobre ele atuam exclusivamente a força magnética e a força gravitacional. Se o peso do condutor é 6 N, qual deverá ser a intensidade da corrente elétrica e seu sentido no interior do condutor para que ele fique em equilíbrio sob a ação do campo magnético $B = 2$ T?

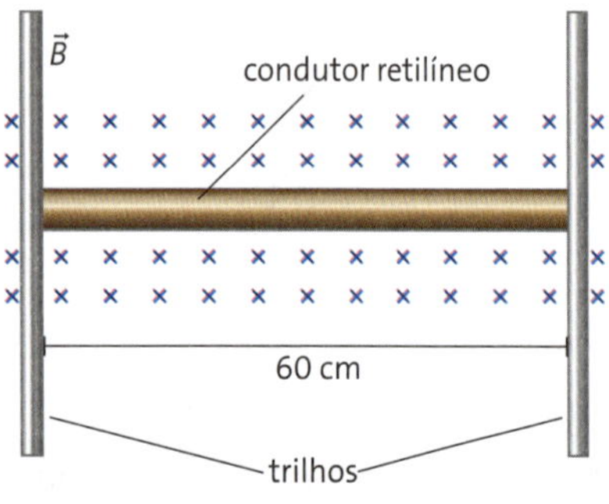


### Resolução

As forças que atuam sobre o condutor estão esquematizadas na figura a seguir. $\vec{F}_m$ deve ter sentido contrário ao de $\vec{P}$ para que o condutor fique em equilíbrio; portanto, pela regra da mão esquerda, o sentido da corrente elétrica no interior do condutor deve ser da esquerda para a direita.

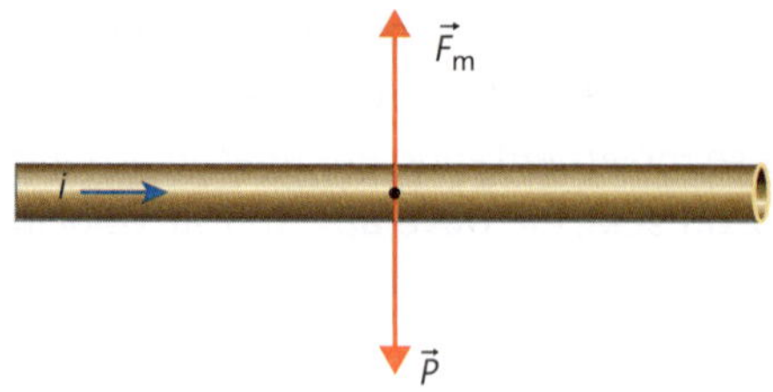


Como $F_m = P$, então:

$B \cdot i \cdot L \cdot \text{sen } 90° = P \Rightarrow 2 \cdot i \cdot 0{,}60 \cdot 1 = 6 \Rightarrow i = 5$ A

## Exercícios propostos

**1.** (UFMG) Fazendo uma experiência com dois ímãs em forma de barra, Júlia colocou-os sob uma folha de papel e espalhou limalhas de ferro sobre essa folha. Ela colocou os ímãs em duas diferentes orientações e obteve os resultados mostrados nas figuras I e II.

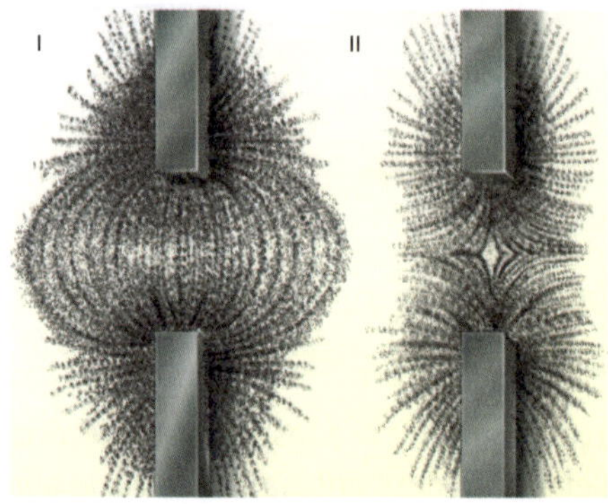

Antonio Robson/Arquivo da editora

Nessas figuras, os ímãs estão representados pelos retângulos cinza. Com base nessas informações, é correto afirmar que as extremidades dos ímãs voltadas para a região entre eles correspondem aos polos:

a) norte e norte na figura I e sul e norte na figura II.

b) norte e norte na figura I e sul e sul na figura II.

c) norte e sul na figura I e sul e norte na figura II.

d) norte e sul na figura I e sul e sul na figura II.

2. (Uespi) Três fios delgados e infinitos, paralelos entre si, estão fixos no vácuo. Os fios são percorridos por correntes elétricas constantes de mesma intensidade, $i$. A figura ilustra um plano transversal aos fios, identificando o sentido da corrente elétrica em cada fio.

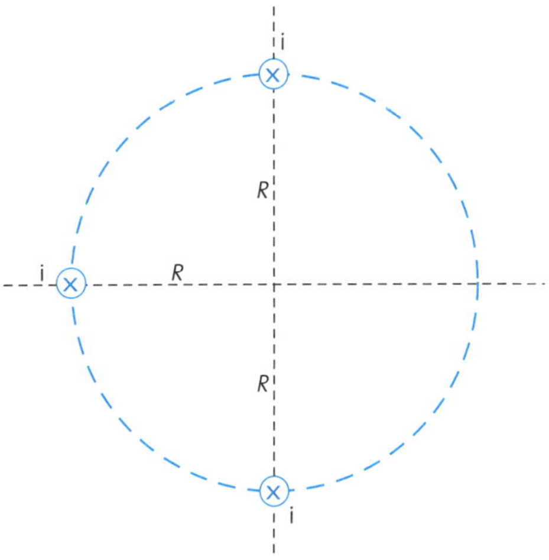


Denotando a permeabilidade magnética no vácuo por $\mu_0$, o campo magnético no centro da circunferência de raio $R$ tem módulo dado por:

a) $\frac{\mu_0 \cdot i}{\pi \cdot R}$.

b) $\frac{\mu_0 \cdot i}{2 \cdot \pi \cdot R}$.

c) $\frac{3 \cdot \mu_0 \cdot i}{2 \cdot \pi \cdot R}$.

d) $\frac{5 \cdot \mu_0 \cdot i}{\pi \cdot R}$.

e) $\frac{\mu_0 \cdot i^2}{2 \cdot \pi \cdot R}$.

3. (Ufla-MG) A figura a seguir representa duas espiras circulares e coplanares, alimentadas por uma mesma fonte e constituídas de fios de mesma secção transversal com resistividade elétrica diferente.

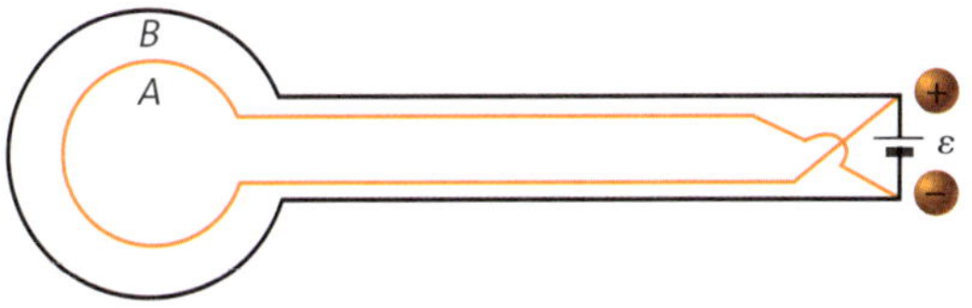


O fio da espira externa possui alta resistividade e o da espira interna, baixa resistividade. Considerando como região $A$ o espaço dentro da espira interna e região $B$ o espaço entre as espiras, então pode-se afirmar que o vetor campo magnético resultante está:

a) saindo da região $A$, entrando na região $B$.

b) saindo da região $A$, saindo da região $B$.

c) entrando na região $A$ saindo da região $B$.

d entrando na região $A$, entrando na região $B$.

e) nulo na região $A$, saindo da região $B$.

4. (Ufes) Um feixe composto por nêutrons, prótons e elétrons penetra em uma região onde há um campo magnético perpendicular à direção inicial do feixe, como indicado na figura.

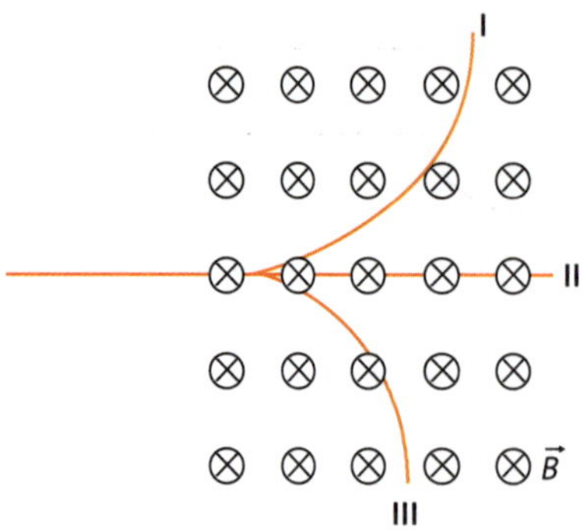


Os três componentes, I, II, e III, em que o feixe se subdivide correspondem, respectivamente, a:

a) elétrons, prótons, nêutrons.

b) nêutrons, elétrons, prótons.

c) prótons, elétrons, nêutrons.

d) elétrons, nêutrons, prótons.

e) prótons, nêutrons, elétrons.

5. (Ufal) Um dos desafios técnicos que projetistas de aceleradores de partículas circulares enfrentam é como fazer com que as partículas carregadas façam a curva adequadamente. Suponha que uma equipe de cientistas deseje fazer com que os prótons, de razão massa sobre carga igual a $10^{-8}$ kg/C, realizem um movimento circular uniforme, com velocidade de módulo 3 000 km/s. Para isso, um campo magnético uniforme de módulo 2 T é mantido aplicado na direção perpendicular ao plano da trajetória dos prótons. Nessa experiência, as partículas descrevem uma trajetória circular de raio:

a) 2,5 mm

b) 1,5 cm

c) 2,5 dm

d) 1,5 m

e) 2,5 km.

# MÓDULO 28 • Indução eletromagnética e ondas eletromagnéticas

## Fluxo magnético

A figura a seguir ilustra as linhas de um campo magnético $\vec{B}$ "atravessando" a área $A$ de uma superfície. O fluxo ($\Phi$) do campo magnético através dessa área é proporcional ao número de linhas de campo que atravessam a superfície e é definido como:

$$\Phi = B \cdot A \cdot \cos \alpha$$

Nessa expressão, $\alpha$ é o menor ângulo entre o vetor $\vec{n}$ (perpendicular ao plano da superfície) e a direção das linhas de campo. No Sistema Internacional de unidade (SI), o fluxo magnético é dado em **weber (Wb)**.

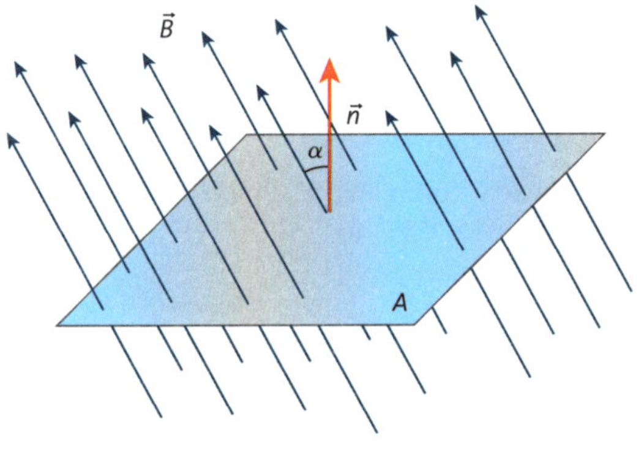


## Faraday e a indução eletromagnética

Quando um circuito está imerso em um campo magnético, que chamaremos de **campo original** ($B_{orig.}$), o aparecimento de *ddp* induzida (em circuito aberto) e a respectiva corrente elétrica induzida (em circuito fechado) ocorre toda vez que o fluxo do campo magnético original que atravessa o circuito sofrer uma variação. Tal variação do fluxo pode ocorrer de três maneiras distintas:

- a intensidade do campo original varia com o tempo;
- a área do circuito exposta ao campo original varia com o tempo;
- o ângulo formado entre o campo original e o plano do circuito varia com o tempo.

Convém ressaltar que o campo magnético original pode ter sido criado por um ímã ou por uma corrente elétrica.

Tanto a *ddp* induzida em circuito aberto como a corrente induzida em circuito fechado podem ser entendidas como manifestação do fenômeno da indução eletromagnética. A indução eletromagnética é, assim, o aparecimento de uma *fem* induzida ($\varepsilon$) em um circuito, aparecimento provocado pela variação do fluxo do campo magnético.

## Força eletromotriz induzida

O cálculo da *fem* induzida pela variação do fluxo do campo magnético original é dado pela expressão abaixo:

$$\varepsilon = -\frac{\Delta\phi}{\Delta t}$$

Observações

- $\varepsilon$ é o valor médio da força eletromotriz que foi induzida pela variação ($\Delta\Phi$) do fluxo magnético no intervalo de tempo ($\Delta t$).
- o sinal negativo expressa a compatibilidade desta com a lei de Lenz;
- Quando o fluxo ($\Phi$) é constante (ainda que não seja nulo) $\Rightarrow \Delta\Phi = 0 \Rightarrow \varepsilon = 0$

No caso particular em que o circuito é formado por um condutor retilíneo que desliza sobre um trilho em forma de U (figura abaixo), a força eletromotriz induzida pode ser calculada por: $\varepsilon = B \cdot L \cdot v$.

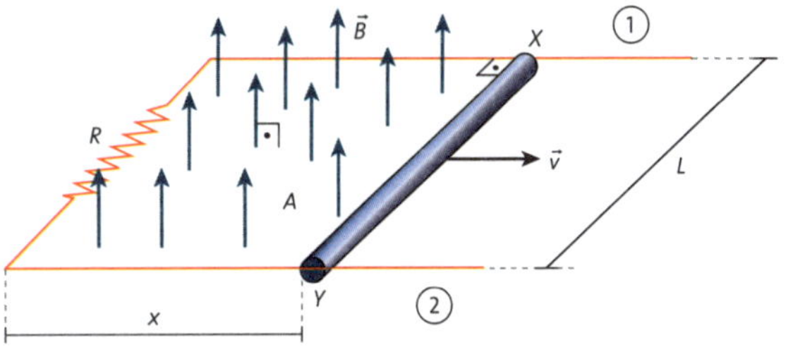


## Lei de Lenz

A força eletromotriz (*fem*) induzida causa o aparecimento no circuito (caso ele seja fechado) de uma corrente elétrica induzida. O sentido dessa corrente é determinado pela lei de Lenz, enunciada a seguir.

**A corrente elétrica induzida produz um campo magnético induzido cujo fluxo tem sentido oposto à variação do fluxo do campo magnético original, ou seja, o fluxo do campo magnético induzido deve compensar a variação do fluxo do campo magnético original.**

## Transformadores

O princípio de funcionamento do transformador (esquema abaixo) está baseado no fenômeno da indução eletromagnética.

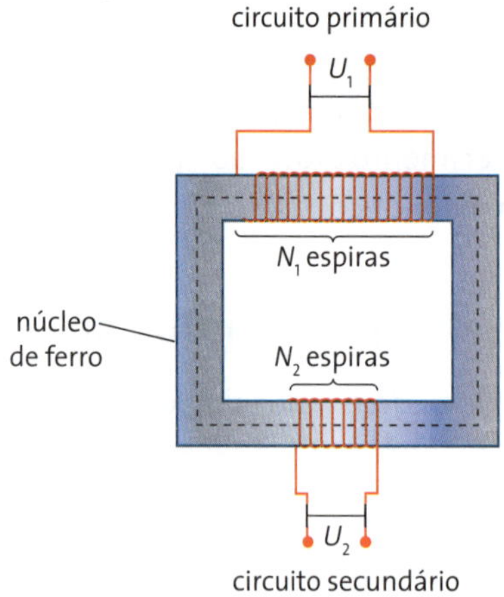


Potência média e valores eficazes de tensão e corrente no caso de um transformador ideal (sem perda de energia)

- $P_1 = P_2 \Rightarrow U_1 \cdot i_1 = U_2 \cdot i_2$
- $\dfrac{U_1}{U_2} = \dfrac{N_1}{N_2} = \dfrac{i_2}{i_1}$

## Exercício resolvido

1. (UEM-PR) A espira condutora mostrada na figura está penetrando em uma região onde existe um campo magnético de intensidade $B = 0{,}5$ T, perpendicular ao plano do papel e entrando nele. A espira move-se com velocidade constante $v = 10$ m/s, passando sucessivamente pelas posições **1**, **2** e **3**. Nessas condições, julgue as afirmativas e dê como resposta a soma dos números correspondentes às corretas.

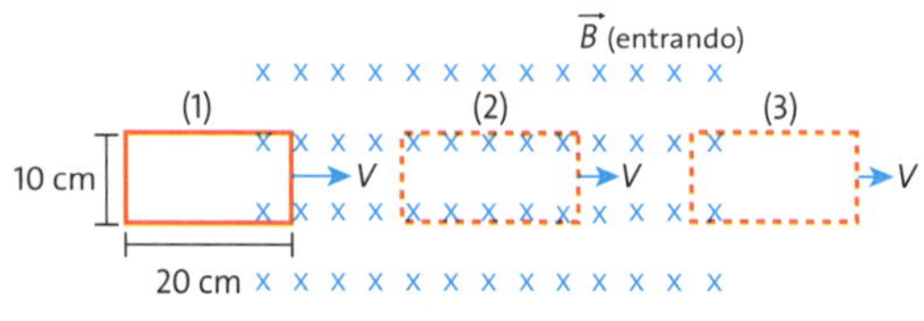


(01) Quando a espira está passando pela posição **1**, o fluxo magnético através dela está aumentando.

(02) Quando a espira está passando pela posição **2**, o fluxo magnético através dela é de $1{,}0 \cdot 10^{-2}$ T · m$^2$.

(04) A *fem* induzida na espira, na posição **2**, é de 0,5 V.

(08) O sentido da corrente induzida na espira é o mesmo, tanto na posição **1** como na posição **3**.

(16) Se a espira tem resistência de 2,0 Ω, a corrente induzida na espira é de 0,25 A, na posição **1**.

(32) Na posição **3**, a corrente induzida possui sentido anti-horário.

### Resolução

(01) Correta. Na situação **1**, com o movimento da espira para a direita, o número de linhas de campo que atravessam a espira está aumentando.

(02) Correta. O fluxo pode ser calculado por:

$\Phi = B \cdot A \cdot \cos \alpha \Rightarrow$

$\Rightarrow \Phi = 0{,}5 \cdot (10 \cdot 10^{-2} \cdot 20 \cdot 10^{-2}) \cdot 1 \Rightarrow$

$\Rightarrow \Phi = 1{,}0 \cdot 10^{-2}\ \text{T} \cdot \text{m}^2$

(04) Errada. Enquanto a espira passa pela posição **2** não há variação de fluxo e, portanto, não há força eletromotriz induzida: $\epsilon = 0$.

(08) Errada. Pela lei de Lenz, na posição **1** o sentido da corrente induzida é anti-horário e na posição **3**, horário.

(16) Correta. Na posição **1** existe *fem* induzida. O valor pode ser obtido pela expressão: $\epsilon = B \cdot L \cdot v$, logo $\epsilon = 0{,}5 \cdot 0{,}1 \cdot 10 \Rightarrow \epsilon = 0{,}5$ V.

Como $i = \dfrac{\epsilon}{R}$, obtemos $i = \dfrac{0{,}5}{2} \Rightarrow i = 0{,}25$ A.

(32) Errada. Como justificado no item (08).

Resposta: 01 + 02 + 16 = 19

## O espectro eletromagnético

Uma vez que qualquer onda eletromagnética se propaga com a mesma velocidade no vácuo, a sua classificação é feita com base em sua frequência ou em seu comprimento de onda. Intervalos de frequências próximas apresentam características comuns e, por isso, são agrupados em um esquema denominado espectro eletromagnético (figura abaixo).

As frequências das ondas eletromagnéticas variam de alguns ciclos por segundo (Hz) a valores quase inimagináveis, como, por exemplo, $10^{22}$ Hz (frequência característica de alguns raios cósmicos). Em termos de comprimento de onda, temos uma variação que inclui valores extremamente pequenos, da ordem de $10^{-15}$ m, até valores da ordem de centenas de metros.

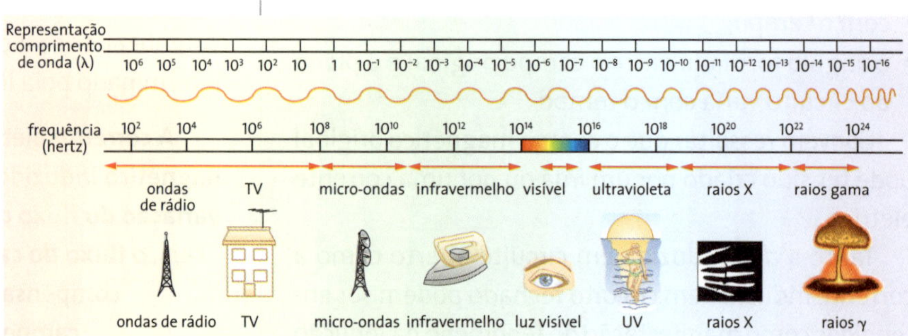

A tabela a seguir apresenta propriedades e intervalos de frequência das principais faixas do espectro eletromagnético.

| Onda eletromagnética | Frequência (Hz) | Aplicações/Propriedades |
|---|---|---|
| Ondas de rádio | $10^2$ a $10^9$ | Comunicação e transmissão de rádio, televisão, telefone, dados da internet. |
| Micro-ondas | $10^9$ a $10^{11}$ | Radares, aquecimento de alimentos, telefonia celular. |
| Infravermelha | $10^{12}$ a $10^{14}$ | Controle de água, controle remoto (TV, ar-condicionado), fotografias térmicas. |
| Luz vísivel | $4 \cdot 10^{14}$ a $7{,}5 \cdot 10^{14}$ | Sensibiliza a retina do olho provocando a visão. |
| Ultravioleta | $10^{15}$ a $10^{17}$ | Luz negra, capacidade de eritematogênica (queimadura de pele) e germicida. |
| Raios X | $10^{20}$ | Radiografia, dispositivos de segurança, terapias, tomografia computadorizada. |
| Raios gama | $10^{24}$ | Radioterapia, irradiação de alimentos, ensaios não destrutivos, arqueologia. |

## Exercício resolvido

2. Uma emissora de rádio transmite na frequência de 100 MHz. Um aparelho possui uma antena cuja extensão corresponde a $\frac{1}{4}$ do comprimento de onda relativo a essa transmissão. Qual é a extensão da antena?

### Resolução

A velocidade da onda de rádio no ar é
$v = c = 3{,}0 \cdot 10^8$ m/s.
Como $v = \lambda \cdot f$, temos:
$3{,}0 \cdot 10^8 = \lambda \cdot 100 \cdot 10^6 \Rightarrow \lambda = 3{,}0$ m
A extensão da antena é, portanto: $d = \frac{\lambda}{4} \Rightarrow$
$\Rightarrow d = \frac{3{,}0}{4} \Rightarrow d = 0{,}75$ m

## Exercícios propostos

1. (Udesc) A figura ilustra uma espira condutora circular próxima de um circuito inicialmente percorrido por uma corrente elétrica *i* constante. *S* é a chave desse circuito.

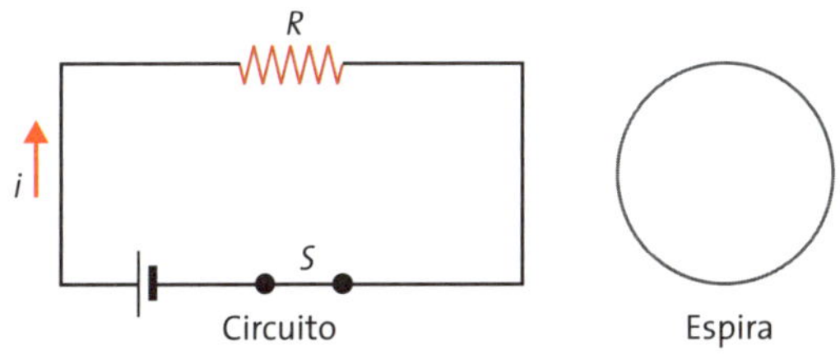


É correto afirmar que:

a) haverá corrente elétrica constante na espira enquanto a chave *S* for mantida fechada.

b) não haverá uma corrente elétrica na espira quando ela se aproximar do circuito, enquanto a chave *S* estiver fechada.

c) haverá uma corrente elétrica na espira quando a chave *S* for repentinamente aberta.

d) haverá corrente elétrica constante na espira quando a chave *S* estiver aberta e assim permanecer.

e) haverá uma corrente elétrica constante na espira quando ela for afastada do circuito, após a chave *S* ter sido aberta.

2. (UFG-GO) Considere uma região do espaço em que a intensidade do campo magnético esteja variando em função do tempo, como mostrado no gráfico.

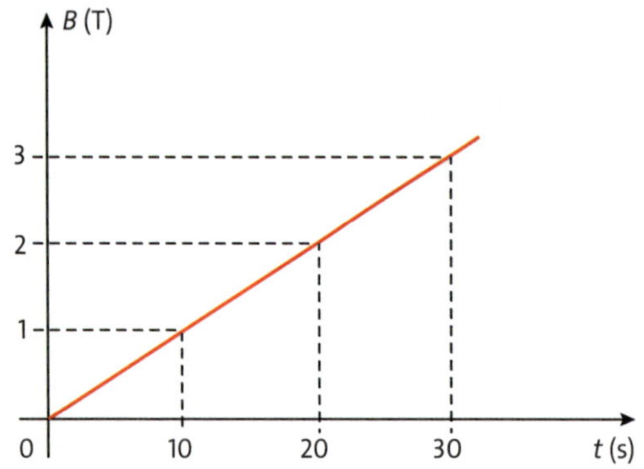


Uma espira de área $A = 8{,}0\ cm^2$ e resistência $R = 5{,}0\ \Omega$ é colocada nessa região, de tal maneira que as linhas de campo sejam normais ao plano dessa espira.

a) Determine o fluxo magnético através da espira, em função do tempo.

b) Calcule a corrente induzida na espira.

3. (UEG-GO) O transformador é um aparelho muito simples. Ele é constituído por uma peça de ferro (núcleo do transformador) em torno da qual são enroladas duas bobinas (uma primária e outra secundária), da maneira mostrada na figura.

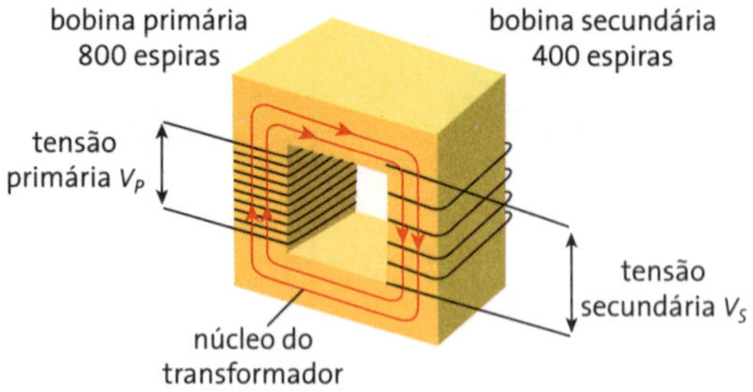


a) Explique o funcionamento de um transformador.

b) Suponha que uma bateria de 12 V seja conectada aos extremos da bobina primária. Nessas condições, qual é a voltagem na bobina secundária?

c) Uma voltagem alternada de 120 V é conectada no enrolamento primário. Que voltagem será obtida no secundário?

4. (Furg-RS) A respeito do espectro eletromagnético, podemos afirmar que:

a) a frequência da luz visível é da ordem de 97,1 MHz.

b) os raios gama possuem a menor frequência.

c) as ondas curtas possuem o maior comprimento de onda.

d) as ondas curtas possuem a maior frequência.

e) os raios gama possuem a maior frequência..

5. (Fatec-SP) Um forno de micro-ondas tem em sua porta uma grade junto ao vidro, com espaços vazios menores que o comprimento de onda das micro-ondas, a fim de não permitir que essas ondas atravessem a porta. Supondo a frequência dessas micro-ondas de 2,458 GHz (G corresponde a "giga" = $10^9$) e a velocidade de propagação de uma onda eletromagnética de $3 \cdot 10^8$ m/s, o comprimento das micro-ondas será, aproximadamente, em cm, de:

a) 2.

b 5.

c) 8.

d) 10.

e) 12.

FRENTE C MÓDULO 28

# Exercícios-tarefa

## MÓDULO 17

1. (Fatec-SP) Em certo instante, um corpo em movimento tem energia cinética de 100 joules, enquanto o módulo de sua quantidade de movimento é de 40 kg · m/s. A massa do corpo, em kg, é:
a) 5,0.
b) 8,0.
c) 10.
d) 16.
e) 20.

2. (Vunesp-SP) Durante um jogo de futebol, uma bola atingiu acidentalmente a cabeça de um policial, em pé e imóvel, nas proximidades do campo. A bola, com massa de 400 g e velocidade de 8 m/s, bateu e voltou na mesma direção, porém com velocidade de 7 m/s.
a) Qual foi o impulso da força exercida pela cabeça do policial na bola?
b) Pode-se afirmar que ocorreu transferência de momento linear (quantidade de movimento) da bola para o policial durante o choque? Justifique.

3. (ITA-SP) Em um folheto de orientação de trânsito, afirma-se que, em uma colisão a 50 km/h, uma criança de massa 5,0 kg exerce uma força equivalente a 150 kg contra os braços que a seguram. Adotando $g = 10\ m/s^2$ para a aceleração da gravidade, podemos dizer que o tempo de freamento e a distância percorrida pelo veículo até parar foram estimados pelo autor do folheto em, respectivamente:
a) 0,5 min e 70 m.
b) 0,05 s e 0,33 m.
c) 7 min e 990 m.
d) 12 600 s e 29 700 m.
e) $10^{-8}$ e $20^{-6}$ m.

4. (UFG-GO) Para bater uma falta, durante uma partida de futebol, um jogador chuta a bola, exercendo uma força média de $2,0 \cdot 10^2$ N em um intervalo de tempo de $1,0 \cdot 10^{-2}$. Sabendo-se que a massa da bola é de $4,0 \cdot 10^2$ g, pode-se afirmar que:
( ) o impulso fornecido à bola é igual a 2,0 N · s.
( ) a velocidade da bola, imediatamente após o chute, é igual a 10 m/s.
( ) o trabalho realizado pela força média sobre a bola é igual a 20 J.
( ) a potência média transferida à bola é igual a $5,0 \cdot 10^2$ W.

5. (Ufam) Se a resultante das forças externas que atuam sobre um sistema de partículas for nula, podemos sempre afirmar que, para este sistema:
a) a energia mecânica total é constante.
b) a quantidade de movimento total é constante.
c) a energia potencial total é constante.
d) a energia cinética total é constante.
e) a quantidade de movimento de cada partícula é constante.

6. (PUC-RS) Um patinador de 80 kg de massa está parado sobre um plano horizontal, segurando em uma das mãos um objeto de 5,0 kg de massa. Em dado instante, ele arremessa o objeto para a sua frente com velocidade horizontal de 16 m/s. Sendo desprezíveis as forças de atrito sobre o patinador, pode-se afirmar que o mesmo:
a) permanece imóvel.
b) desloca-se para a frente com velocidade de 1,0 m/s.
c) desloca-se para trás com velocidade de 1,0 m/s.
d) desloca-se para a frente com velocidade de 8,0 m/s.
e) desloca-se para trás com velocidade de 16 m/s.

7. (Vunesp-SP) Uma garota e um rapaz, de massas 50 e 75 quilogramas, respectivamente, encontram-se parados em pé sobre patins, um de frente ao outro, num assoalho plano e horizontal. Subitamente, a garota empurra o rapaz, aplicando sobre ele uma força horizontal média de intensidade 60 N durante 0,50 s.
a) Qual é o módulo do impulso da força aplicada pela garota?
b) Desprezando quaisquer forças externas de atrito, quais são as intensidades das velocidades da garota ($v_g$) e do rapaz ($v_r$) depois da interação?

8. (Unicid-SP) Considere dois carros elétricos, popularmente conhecido como carrinho de bate-bate, de massa 50 kg cada um, deslocando-se sobre uma pista horizontal, em sentidos contrários, formando um sistema isolado. Um deles é dirigido por uma garota de 40 kg de massa a 5 km/h, e o outro dirigido por um rapaz de 70 kg de massa.
Após uma colisão, totalmente inelástica, eles param. A velocidade aproximada do carro com o rapaz antes da colisão era, em km/h:
a) 4,2. b) 4,7. c) 3,0. d) 3,8. e) 2,5.

9. (Unicastelo-SP) Em uma partida de bilhar, a bola branca colide com a bola verde, que se encontrava inicialmente parada e, imediatamente após o choque, as velocidades das duas bolas são iguais. Pode-se afirmar corretamente que, comparando antes e depois do choque, a energia cinética e a quantidade de movimento totais das duas bolas, respectivamente:
a) aumentou e diminuiu.
b) diminuiu e permaneceu constante.

c) permaneceu constante e permaneceu constante.
d) permaneceu constante e diminuiu.
e) diminuiu e diminuiu.

10. (Fuvest-SP) Compare as colisões de uma bola de vôlei e de uma bola de golfe com o tórax de uma pessoa parada e em pé. A bola de vôlei, com massa de 270 g, tem velocidade de 30 m/s quando atinge a pessoa, e a de golfe, com 45 g, tem velocidade de 60 m/s ao atingir a mesma pessoa, nas mesmas condições. Considere ambas as colisões totalmente inelásticas. É correto apenas o que se afirma em:
a) Antes das colisões, a quantidade de movimento da bola de golfe é maior que a bola de vôlei.
b) Antes das colisões, a energia cinética da bola de golfe é maior que a da bola de vôlei.
c) Após as colisões, a energia cinética da bola de golfe é maior que a bola de vôlei.
d) Durante as colisões, a força média exercida pela bola de golfe sobre o tórax da pessoa é maior que a exercida pela bola de vôlei.
e) Durante as colisões, a pressão média exercida pela bola de golfe sobre o tórax da pessoa é maior que a exercida pela bola de vôlei.

Note e adote:
A massa da pessoa é muito maior que a massa das bolas.
As colisões são frontais.
O tempo de interação da bola de vôlei com o tórax da pessoa é o dobro do tempo de interação da bola de golfe.
A área média de contato da bola de vôlei com o tórax é 10 vezes maior que a área de contato da bola de golfe.

11. (Fuvest-SP) Um fóton, com quantidade de movimento na direção e sentido do eixo $x$, colide com um elétron em repouso. Depois da colisão, o elétron passa a se mover com quantidade de movimento $\vec{p}_e$, no plano $xy$, como ilustra a figura a seguir.

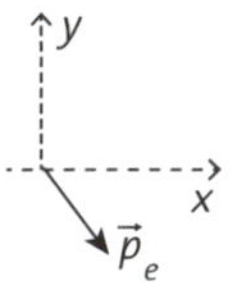


Dos vetores $\vec{p}_f$ abaixo, o único que poderia representar a direção e o sentido da quantidade de movimento do fóton, após a colisão, é:

a) 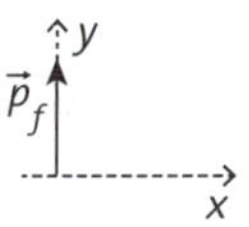

b) 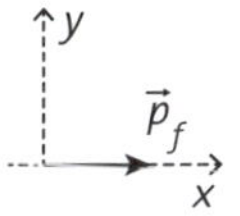

c) 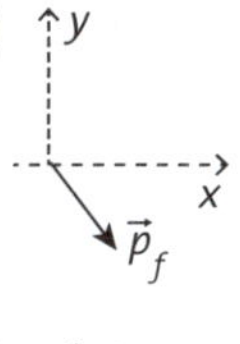

d) 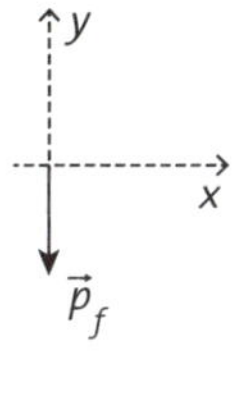

e) 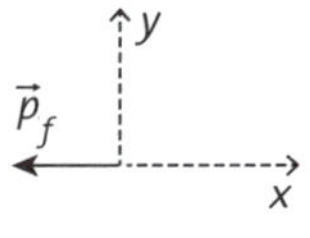

Note e adote:
O princípio da conservação da quantidade de movimento é válido também para a interação entre fótons e elétrons.

12. (UFTM-MG) Em uma colisão frontal entre duas esferas, $A$ e $B$, a velocidade $A$ varia com o tempo, como mostra o gráfico.

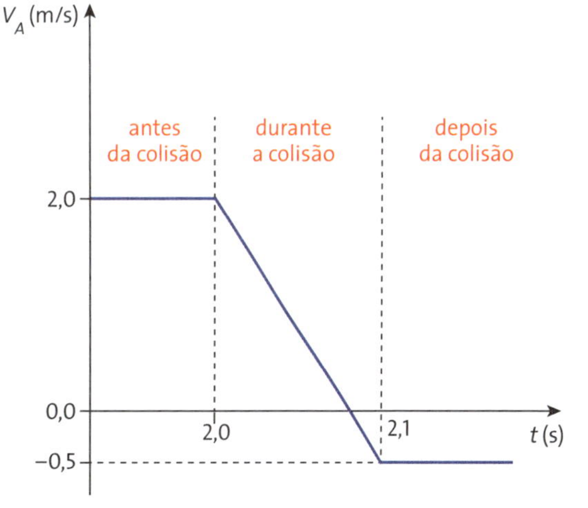


Sabendo que a massa da esfera A é de 100 g, o módulo da força média que ela exerce sobre a esfera B durante essa colisão, em newtons, é igual a:

a) 2,5. b) 1,5. c) 3,5. d) 0,5. e) 4,5.

13. (UFSC) Um corpo de massa $m_1$ e velocidade de módulo $v_1$ (corpo 1) choca-se com outro de massa $m_2$ e velocidade de módulo $v_2$ (corpo 2). Durante o choque, o corpo 1 exerce uma força $\vec{F}_2$ no corpo 2 e o corpo 2 exerce uma força $\vec{F}_1$ no corpo 1.

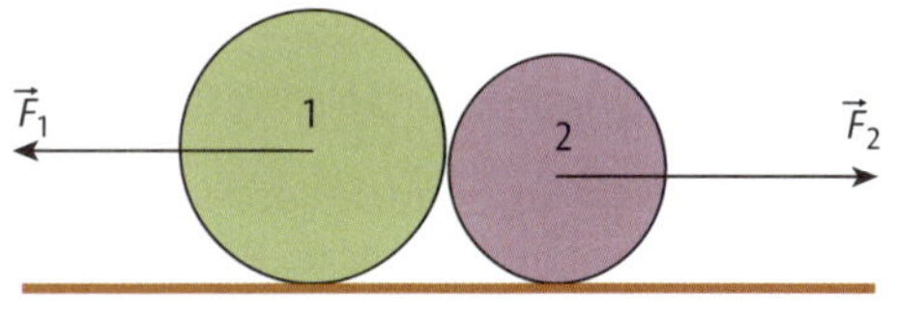


Assinale a(s) proposição(ões) correta(s).
(01) No Sistema Internacional, a unidade da quantidade de movimento dos corpos é kg · m/s.
(02) A variação da quantidade de movimento de cada um dos dois corpos é uma grandeza vetorial que tem sempre a direção e o sentido da sua velocidade.
(04) O impulso produzido pela força $\vec{F}_1$ tem a mesma direção e sentido de $\vec{F}_1$.
(08) Se a resultante das forças externas que atuam sobre o sistema constituído pelos dois corpos for nula, a quantidade de movimento deste sistema também será nula.
(16) Se a resultante das forças externas que atuam sobre o sistema constituído pelos dois corpos for nula, o impulso que age em cada um dos corpos deste sistema também será nulo.
Dê a soma dos números dos itens corretos.

14. Dois blocos de massas $m_1$ e $m_2$ estão ligados por um cabo de massa desprezível que passa por uma roldana de massa $M$ e raio $R$, conforme figura.

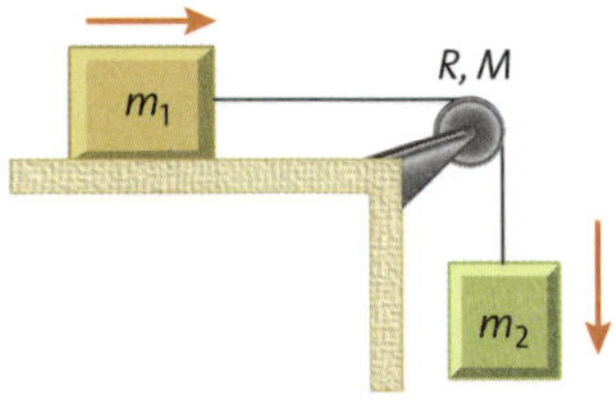


Os blocos são liberados a partir do repouso e se movimentam conforme indicado na figura. Despreze atritos e considere que a corda não desliza sobre a roldana. Faça um diagrama de forças que atuam nos blocos e na roldana.

15. (UFPB) Um disco cujo momento de inércia vale $I_1 = 3{,}0\ kg \cdot m^2$ gira com velocidade angular de $\omega_1 = 800$ rev./min. em torno de um eixo vertical de momento de inércia desprezível. Um segundo disco, de momento de inércia $I_2 = 5{,}0\ kg \cdot m^2$, inicialmente em repouso, é acoplado bruscamente ao mesmo eixo. Qual será a velocidade angular $\omega$ da combinação dos dois discos girando juntos com a mesma velocidade angular?

## MÓDULO 18

1. (Unifei-MG) Um planeta descreve uma órbita elíptica em torno do Sol. Pode-se dizer que a velocidade de translação desse planeta é:
   a) maior quando se encontra mais longe do Sol.
   b) maior quando se encontra mais perto do Sol.
   c) menor quando se encontra mais perto do Sol.
   d) constante em toda a órbita.
   e) as alternativas **a** e **c** estão corretas.

2. (PUC-RJ) Um certo cometa desloca-se ao redor do Sol. Levando-se em conta as leis de Kepler, pode-se com certeza afirmar que:
   a) a trajetória do cometa é uma circunferência, cujo centro o Sol ocupa.
   b) num mesmo intervalo de tempo $\Delta t$, o cometa descreve a maior área, entre duas posições e o Sol, quando está mais próximo do Sol.
   c) a razão entre o cubo do seu período e o cubo do raio médio da sua trajetória é uma constante.
   d) o cometa, por ter massa bem menor que a do Sol, não é atraído por ele.
   e) o raio vetor que liga o cometa ao Sol varre áreas iguais em tempos iguais.

3. (Unicamp-SP) A terceira lei de Kepler diz que "o quadrado do período de revolução de um planeta (tempo para dar uma volta em torno do Sol) dividido pelo cubo da distância do planeta ao Sol é uma constante". A distância da Terra ao Sol é equivalente a 1 UA (unidade astronômica).

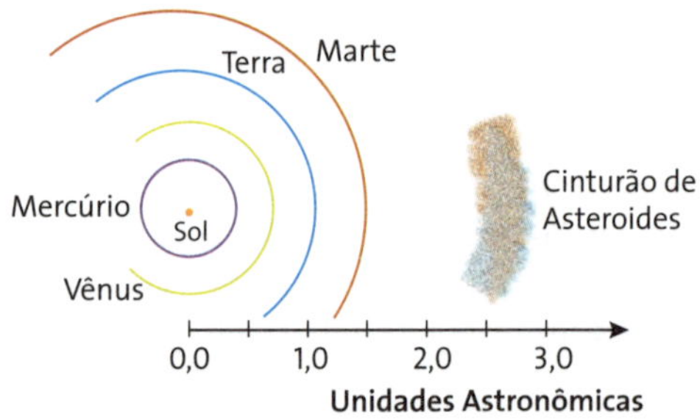


   a) Entre Marte e Júpiter existe um cinturão de asteroides (vide figura). Os asteroides são corpos sólidos que teriam sido originados do resíduo de matéria existente por ocasião da formação do sistema solar. Se no lugar do cinturão de asteroides essa matéria tivesse se aglutinado formando um planeta, quanto duraria o ano deste planeta (tempo para dar uma volta em torno do Sol)?
   b) De acordo com a terceira lei de Kepler, o ano de Mercúrio é mais longo ou mais curto que o ano terrestre?

4. (ITA-SP) Uma estrela mantém presos, por meio de sua atração gravitacional, os planetas Alfa, Beta e Gama. Todos descrevem órbitas elípticas, em cujo foco comum se encontra a estrela, conforme a primeira lei de Kepler. Sabe-se que o semieixo maior da órbita de Beta é o dobro daquele da órbita de Gama. Sabe-se também que o período de Alfa é $\sqrt{2}$ vezes maior que o período de Beta. Nestas condições, pode-se afirmar que a razão entre o período de Alfa e o de Gama é:
   a) $\sqrt{2}$.
   b) 2.
   c) 4.
   d) $4\sqrt{2}$.
   e) $6\sqrt{2}$.

5. (Unicid-SP) Recentemente pousou na superfície de Marte a sonda *Curiosity*, enviada pelos cientistas americanos da Nasa, para várias explorações nesse planeta.

http://tecmundo.com.br

Sabe-se que Marte dista do Sol cerca de uma vez e meia a distância da Terra ao Sol. Com isso, a duração aproximada do período de translação de Marte em torno do Sol, em anos terrestres, vale:
   a) 2,00.
   b) 1,85.
   c) 1,50.
   d) 0,85.
   e) 1,10.

6. (UFVJM-MG) A figura representa o movimento da Terra em torno do Sol. Sejam $A_1$ e $A_2$ as áreas indicadas e $\Delta t_1$ e $\Delta t_2$ os intervalos de tempo gastos para percorrer os arcos *AB* e *CD*, respectivamente. Se $A_1 = 2 \cdot A_2$, é correto afirmar que:

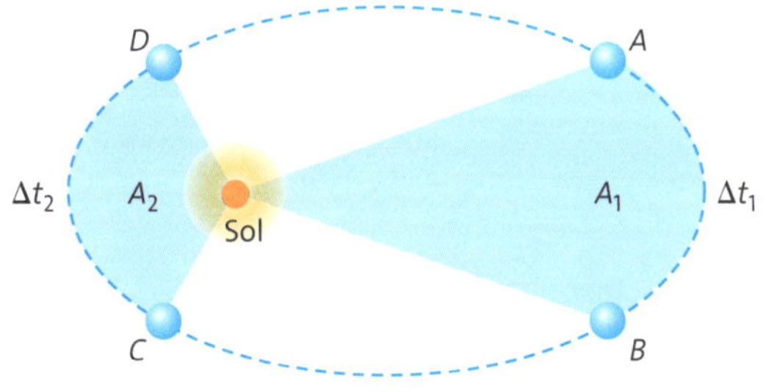


a) $\Delta t_1 = \Delta t_2$.
b) $\Delta t_2 = 2 \cdot \Delta t_1$.
c) $\Delta t_1 = 2 \cdot \Delta t_2$.
d) $\Delta t_1 = 4 \cdot \Delta t_2$.
e) $\Delta t_2 = 4 \cdot \Delta t_1$.

7. (UEA-AM) Em dezembro de 2011, astrônomos anunciam ter encontrado dois planetas de tamanho muito próximo ao da Terra em órbita ao redor de Kepler-20, uma estrela similar ao Sol. Um deles, Kepler 20-f, demora aproximadamente 18 dias terrestres para dar uma volta completa em torno de sua estrela. O outro, Kepler 20-e, demora 6 dias terrestres para fazer o mesmo.

(veja.abril.com.br.Adaptado.)

Sendo $R_f$ o raio médio da órbita de Kepler 20-f em torno de sua estrela e $R_e$ o raio médio da órbita de Kepler 20-e, a razão $\frac{R_e}{R_f}$ é igual a:

a) $\frac{1}{3}$.
b) $\frac{1}{\sqrt{3}}$.
c) $\frac{1}{\sqrt[3]{3}}$.
d) $\frac{1}{9}$.
e) $\frac{1}{\sqrt[3]{9}}$.

8. (UFTM-MG) A força de atração gravitacional entre dois corpos sobre a superfície da Terra é muito fraca quando comparada com a ação da própria Terra, podendo ser considerada desprezível. Se um bloco de concreto de massa 8,0 kg está a 2,0 m de um outro de massa 5,0, a intensidade da força de atração gravitacional entre eles será, em newtons, igual a:
Dado: $G = 6{,}7 \cdot 10^{-11}\ N \cdot m^2/kg^2$.

a) $1{,}3 \cdot 10^{-9}$.
b) $4{,}2 \cdot 10^{-9}$.
c) $6{,}7 \cdot 10^{-10}$.
d) $7{,}8 \cdot 10^{-10}$.
e) $9{,}3 \cdot 10^{-11}$.

9. (Ufop-MG) Um objeto colocado entre dois planetas fica em equilíbrio sob a ação das forças destes. Sabendo que a massa do planeta *A* é maior que a massa do planeta *B*, o ponto que pode representar essa posição é:

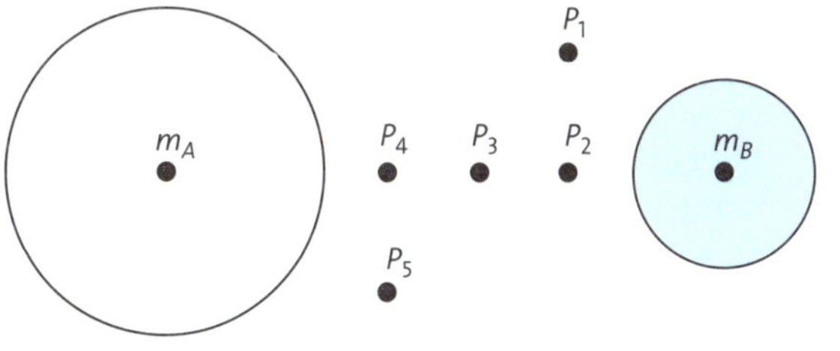


a) $P_1$.
b) $P_2$.
c) $P_3$.
d) $P_4$.
e) $P_5$.

10. (Unicastelo-SP) Nos centros interativos de ciências é comum encontrarmos equipamentos que, devidamente calibrados, indicam os diferentes pesos que nosso corpo teria nos diversos planetas do Sistema Solar. Essa diferença ocorre devido ao campo gravitacional na superfície de cada planeta sendo, esse campo, diretamente proporcional à massa e inversamente proporcional ao quadrado do raio do planeta estudado. Se Marte tem, em valores aproximados, raio igual à metade do raio da Terra e massa igual a um décimo da massa terrestre, a razão entre o peso de uma pessoa em Marte e o peso da mesma pessoa na Terra é, aproximadamente:

a) 0,20.
b) 1,6.
c) 0,10.
d) 0,80.
e) 0,40.

11. (UFSM-RS) Durante uma visita ao planeta *X*, um astronauta realizou um experimento para determinar o módulo da aceleração gravitacional local. O experimento consistiu em determinar o tempo de queda de um objeto de massa *m*, abandonado a partir do repouso e de uma altura *h*. O astronauta verificou que o tempo de queda, desprezando a resistência com a atmosfera local, é metade do valor medido, quando o experimento é realizado na Terra, em condições idênticas. Com base nesse resultado, pode-se concluir que o módulo de aceleração gravitacional no planeta $X (g_x)$ é, comparado com o módulo da aceleração gravitacional na Terra $(g_t)$:

a) $g_x = 4g_t$.
b) $g_x = 2g_t$.
c) $g_x = \frac{g_t}{4}$.
d) $g_x = \frac{g_t}{2}$.
e) $g_x = \frac{g_t}{8}$.

12. (UEA-AM) Para constante monitoramento de queimadas e desmatamentos, o governo brasileiro utiliza-se de satélites que:

a) perdem seu peso devido ao fato de estarem imersos no vácuo.
b) mantêm seu movimento devido à ação constante de propulsores.
c) executam seu movimento em torno da Terra com velocidade vetorial constante.
d) permanecem em locais do espaço além da atmosfera, onde não atuam forças gravitacionais.
e) descrevem órbitas elípticas, onde o centro de massa do planeta ocupa um dos focos.

**13.** (Vunesp-SP) Considere um corpo na superfície da Lua. Pela segunda lei de Newton, o seu peso é definido como produto de sua massa *m* pela aceleração da gravidade *g*. Por outro lado, pela lei da gravitação universal, o peso pode ser interpretado como a força de atração entre esse corpo e a Lua. Considerando a Lua como uma esfera de raio $R = 2 \cdot 10^6$ m e massa $M = 7 \cdot 10^{22}$ kg, e sendo o valor da constante de gravitação universal $G = 7 \cdot 10^{-11}$ $Nm^2/kg^2$, calcule:
a) a aceleração da gravidade na superfície da Lua.
b) o peso de um astronauta, com 80 kg de massa na superfície da Lua.

**14.** (Fuvest-SP) Dentro de um satélite em órbita, em torno da Terra, a tão falada "ausência de peso", responsável pela flutuação de um objeto dentro do satélite, é devida ao fato de que:
a) a órbita do satélite se encontra no vácuo e a gravidade não se propaga no vácuo.
b) a órbita do satélite se encontra fora da atmosfera, não sofrendo assim efeitos da pressão atmosférica.
c) a atração lunar equilibra a atração terrestre e, consequentemente, o peso de qualquer objeto é nulo.
d) a força de atração terrestre, centrípeta, é muito menor que a força centrífuga dentro do satélite.
e) o satélite e o objeto que flutua têm a mesma aceleração, produzida unicamente por forças gravitacionais.

**15.** (UFPB) Deseja-se colocar um satélite em órbita circular sobre o equador terrestre de forma que um observador, situado sobre a linha equatorial, veja o satélite sempre parado sobre sua cabeça.
Considerando as afirmações abaixo.
I. Não é possível tal situação, pois o satélite cairia sobre a Terra devido à força de gravitação.
II. O período de tal satélite deve ser de 24 horas.
III. O raio da órbita tem de ser muito grande, para que a força gravitacional seja praticamente nula.
IV. O cubo do raio da órbita (medido a partir do centro da Terra) é proporcional ao quadrado do período do satélite.
Pode-se concluir que é(são) verdadeira(s) apenas:
a) I.
b) III.
c) I e III.
d) II e IV.
e) IV.

## MÓDULO 19

**1.** (AFA-SP) Na figura, os fios são ideais, o corpo tem massa *M* e a aceleração da gravidade no local tem módulo *g*.

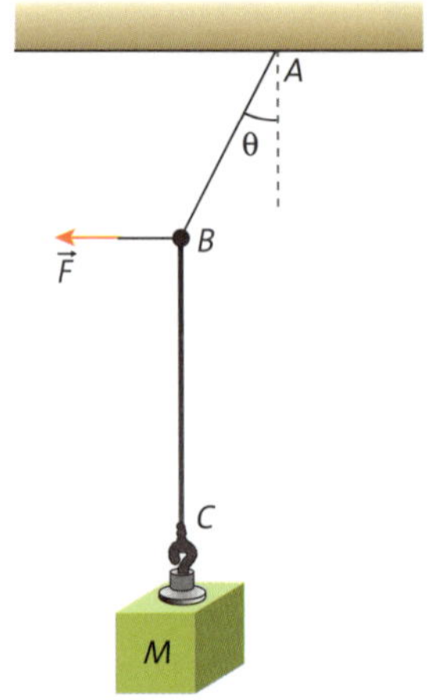


A intensidade da tração no fio *AB* e a intensidade da força $\vec{F}$ que mantém o sistema em equilíbrio valem, respectivamente:
a) $M \cdot g \cdot \cos\theta$ e $M \cdot g \cdot \text{sen}\,\theta$.
b) $\dfrac{M \cdot g}{\cos\theta}$ e $M \cdot g \cdot \text{sen}\,\theta$.
c) $M \cdot g \cdot \text{sen}\,\theta$ e $M \cdot g \cdot \cos\theta$.
d) $\dfrac{M \cdot g}{\cos\theta}$ e $M \cdot g \cdot \text{tg}\,\theta$.
e) $M \cdot g \cdot \text{sen}\,\theta$ e $g \cdot \text{sen}\,\theta$.

**2.** (UFF-RJ) Dois blocos de massa $M_1 = 6{,}0$ e $M_2 = 0{,}40$ kg estão suspensos, por fios de massa desprezíveis, nas extremidades de uma haste homogênea e horizontal. O conjunto está em equilíbrio estático apoiado sobre um suporte em forma de cunha, como ilustrado na figura. As marcas na haste indicam segmentos de mesmo comprimento.

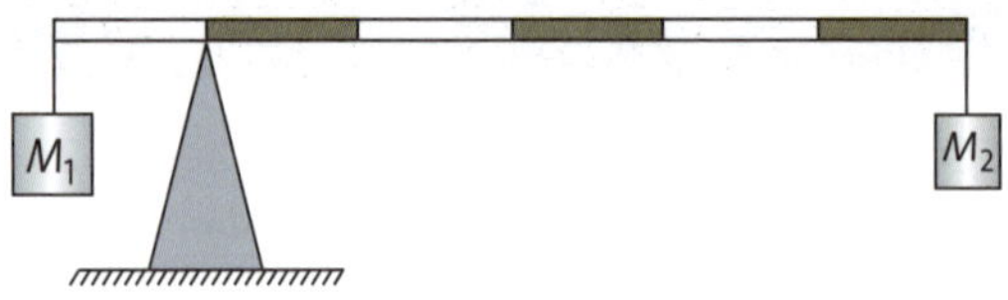


a) Calcule a massa da haste.
b) Calcule a força que o suporte exerce sobre a haste, considerando a aceleração da gravidade local $g = 10 m/s^2$.

**3.** (UFPR) Uma pessoa encostou uma escada na parede, conforme a figura a seguir. A escada tem massa *m* e comprimento *L*. Considere que há atrito somente entre o chão e a escada e que o centro de massa da escada localiza-se no seu ponto médio. Com base nessas informações, julgue (V ou F):

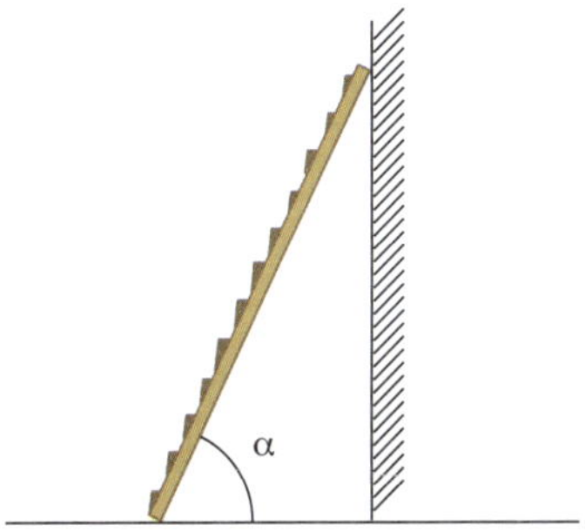


I. É necessário que haja atrito entre o chão e a escada para que ela esteja em equilíbrio.
II. A força que o chão exerce sobre a escada deve ter um componente vertical de módulo igual ao peso da escada.
III. A força que a parede vertical exerce sobre a escada independe do peso desta.
IV. Para que a escada permaneça em equilíbrio, a força de atrito entre ela e o chão será tanto maior quanto maior for a ângulo $\alpha$.
V. Como a escada encontra-se em equilíbrio estático, a resultante dos momentos das forças sobre ela é nula.

**4.** (UFTM-MG) Para completar a "fiada" de tijolos superiores, foi montado o andaime apoiando-se uma prancha sobre dois cavaletes.

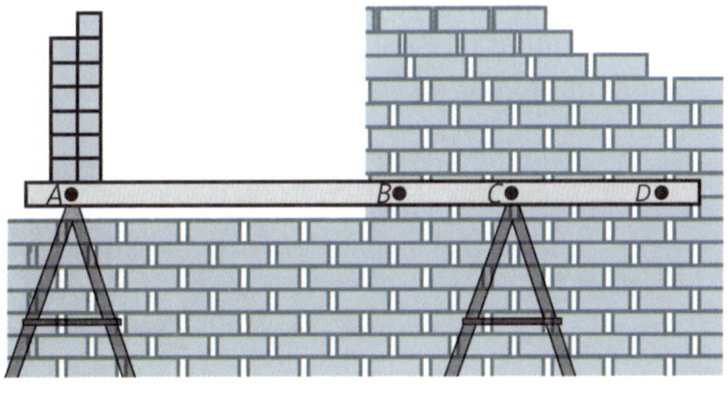


Dados:
Distância de $A$ a $B$ = 1,5 m
Distância de $B$ a $C$ = 0,5 m
Distância de $C$ a $D$ = 1,0 m
Aceleração da gravidade = 10 m/s$^2$
Massa de um tijolo baiano = 2,0 kg
Massa do pedreiro = 70 kg
Massa da prancha do andaime = 20 kg
Considerando-se que a prancha é homogênea e que os pontos $A$, $B$, $C$ e $D$ indicam os pontos de aplicação das forças existentes, o número de tijolos baianos depositados no ponto $A$ do andaime, de modo que o pedreiro possa ficar em equilíbrio no ponto $D$, é:

a) 23. b) 21. c) 19. d) 17. e) 15.

**5.** (UFPE) A figura mostra uma barra homogênea, de comprimento $L$ = 1,0 m, presa ao teto nos pontos $A$ e $B$ por molas ideais, iguais, de constante elástica $K = 1{,}0 \cdot 10^2$ N/m. A que distância do centro da barra, em centímetros, deve se pendurado um jarro de massa $m$ = 2,0 kg, de modo que a barra permaneça na horizontal?

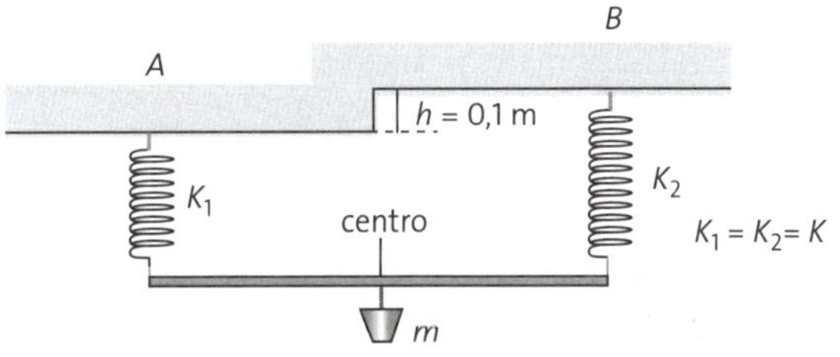


**6.** (UFMG) Gabriel está na ponta de um trampolim que está fixo em duas estacas I e II, como representado nesta figura:

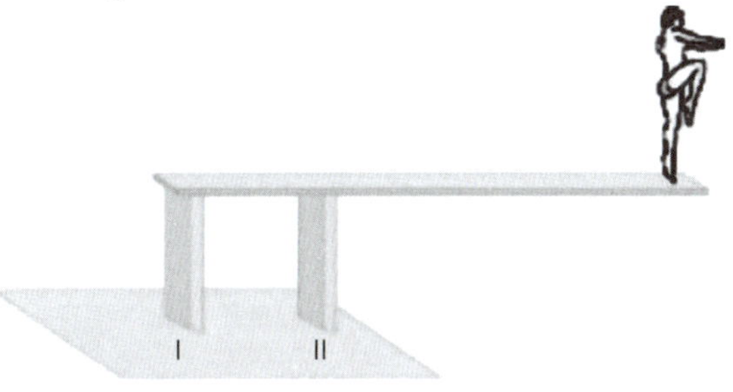


Sejam $\vec{F}_I$ e $\vec{F}_{II}$ as forças que as estacas I e II fazem, respectivamente, no trapolim.
Com base nessas informações, é correto afirmar que essas forças estão na direção vertical e:

a) têm sentido contrário, $\vec{F}_I$ para cima e $\vec{F}_{II}$ para baixo.
b) ambas têm sentido para baixo.
c) têm sentido contrário, $\vec{F}_I$ para baixo e $\vec{F}_{II}$ para cima.
d) ambas têm o sentido para cima.

**7.** (ITA-SP) Para que a haste $AB$ homogênea, de peso $P$, permaneça em equilíbrio, suportada pelo fio $BC$, qual deve ser a intensidade da força de atrito em $A$?
Dados: $\overline{AB} = \overline{BC} = L$ e $\overline{AC} = L\sqrt{2}$.

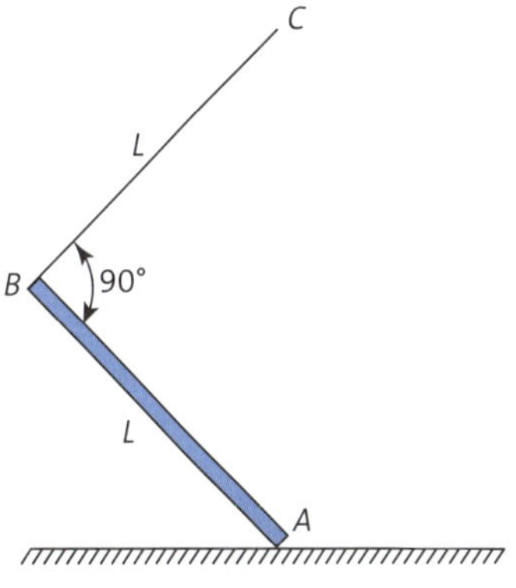


**8.** (Unicamp-SP) Um homem, de massa $m$ = 80 kg, quer levantar um objeto usando uma alavanca rígida e leve. Os braços da alavanca têm 1,0 e 3,0 m.

a) Qual a maior massa que o homem consegue levantar usando a alavanca e o seu próprio peso?
b) Nesse caso, qual a força exercida sobre a alavanca no ponto de apoio?

9. (Uespi) Para arrancar uma estaca do solo, é necessário puxá-la verticalmente para cima, com uma força de 180 kgf; esse esforço está acima da capacidade humana. Todavia, o dispositivo ilustrado na figura torna possível ao homem arrancar a estaca, desde que aplique uma força $F$, no mínimo, igual a:

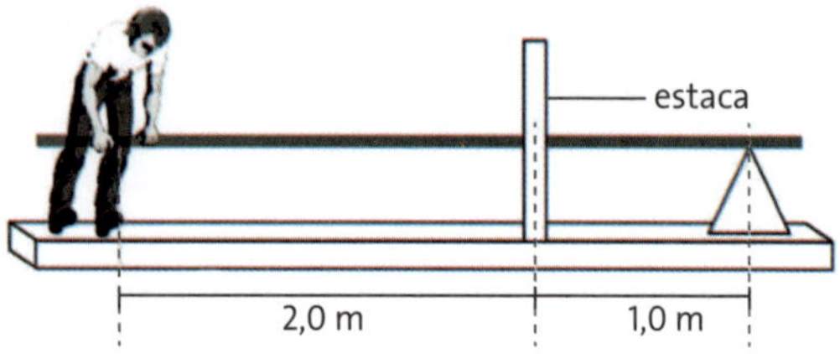


a) 150 kgf.
b) 120 kgf.
c) 90 kgf.
d) 60 kgf.
e) 30 kgf.

10. (Fuvest-SP) As figuras mostram três tipos de alavanca em equilíbrio suportando uma carga $F$.

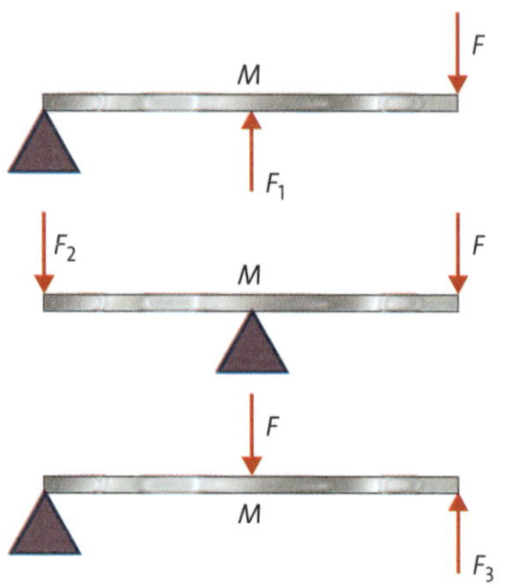


Supondo que $M$ seja o ponto médio, pode-se afirmar que:

a) $F_1 = F_2 = F_3 = F$.
b) $F_1 = 2F; F_2 = F; F_3 = \frac{F}{2}$.
c) $F_1 = F; F_2 = \frac{F}{2}; F_3 = 2F$.
d) $F_1 = \frac{F}{2}; F_2 = F; F_3 = 2F$.
e) $F_1 = 2F; F_2 = F; F_3 = 2F$.

11. (Udesc) Um paciente, em um programa de reabilitação de uma lesão de joelho, executa usando um sapato de ferro de 15 N. Calcule, justificando seu raciocínio passo a passo, até atingir o resultado:

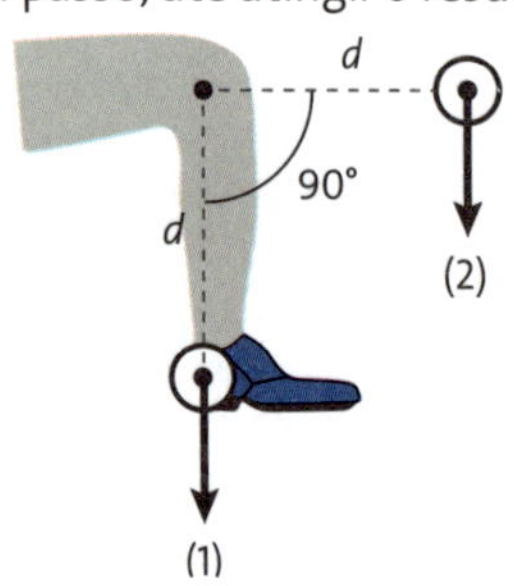


a) a massa do sapato de ferro;
b) a quantidade de torque gerado no joelho pelo sapato de ferro, nas posições (1) e (2), mostradas na figura, sabendo que a distância entre o centro de gravidade do sapato de ferro e o centro articular do joelho é 0,4 metros.

12. (Unitau-SP) Em ortodontia, forças aplicadas aos dentes resultam em forças aplicadas nos ossos que os suportam. Gradualmente, os tecidos se rompem permitindo ao dente movimentos de translação ou rotação. Determine as intensidades das forças de reação $F_1$ e $F_2$ aplicadas a um dente quando a ele é aplicada uma força de 0,50 N, conforme indica a figura. O dente está em equilíbrio. As forças estão num mesmo plano.

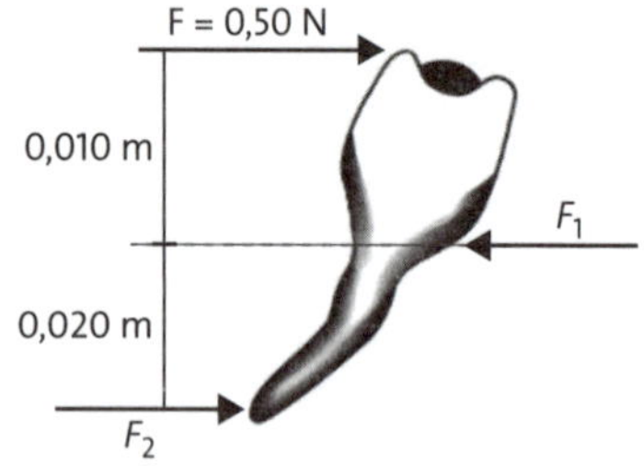


13. (UFJF-MG) Um aspersor de água, utilizado em irrigação, é constituído de um conjunto de tubos capaz de girar em torno de um eixo. As figuras $A$ e $B$ abaixo mostram duas possibilidades para construir o conjunto de tubos. A água entra pelo centro do conjunto.

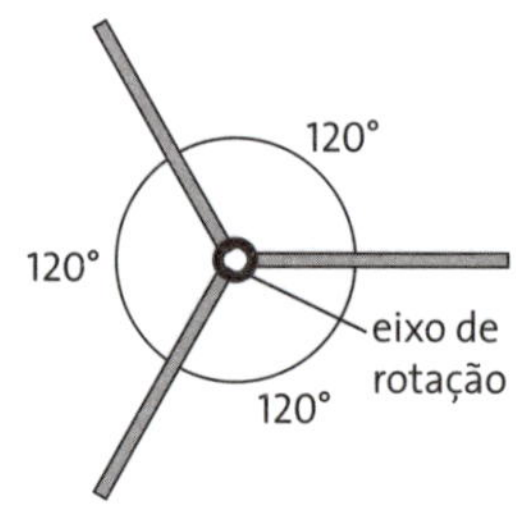


**Figura A**

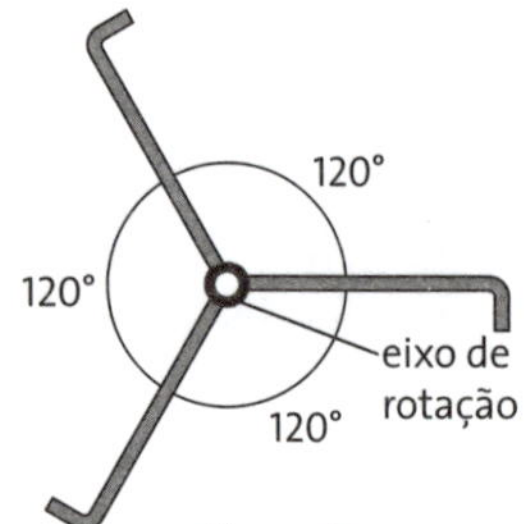


**Figura B**

Sobre essas montagens, é correto afirmar que:

a) $A$ e $B$ são incapazes de girar, pois a resultante das forças aplicadas, em ambos os casos, é nula.
b) somente $B$ gira, pois o torque resultante em $B$ não se anula.
c) somente $A$ gira, pois o torque resultante em $A$ não se anula.
d) $A$ é mais eficiente, pois, ao girar, esparge o jato de água a uma distância maior que $B$.
e) $A$ e $B$ são ambos capazes de girar e possuem a mesma eficiência.

14. (UERJ) Nas figuras I e II, a seguir, são representados os diagramas de forças correspondentes aos músculos bíceps e deltoide, quando submetidos a um esforço físico.

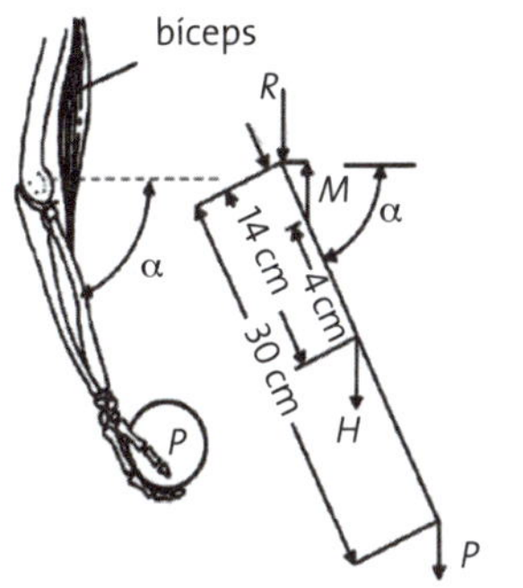


I

$P$ - peso da bola
$R$ - força de reação do antebraço
$H$ - peso do braço
$M$ - força do bíceps

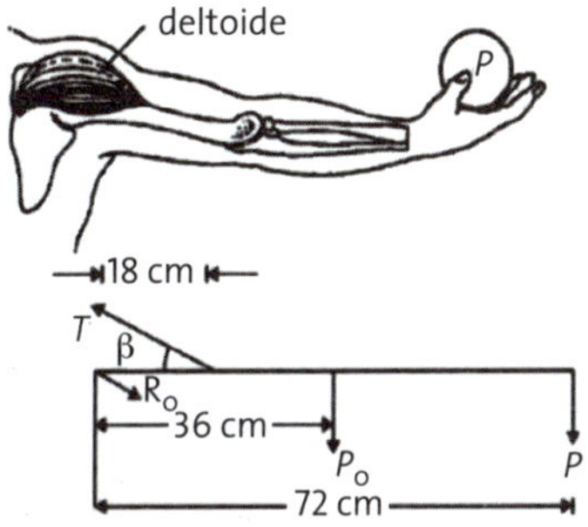


II

$P_O$ - peso do braço e antebraço
$R_O$ - força de reação do ombro
$T$ - força do deltoide

Demonstre que:

a) a força do bíceps não depende do ângulo $\alpha$:

b) a força do deltoide é dada pela expressão $T \operatorname{sen} \beta = 2P_o + 4P$.

**15.** (Vunesp-SP) As figuras *A* e *B* indicam duas posições de um braço humano que tem na palma da mão uma esfera de 2,5 kgf. As distâncias entre as articulações estão indicadas na figura *A*. Nas condições das figuras *A* e *B* é possível afirmar que os torques (ou momentos das forças) em relação ao ponto *O* são, respectivamente:

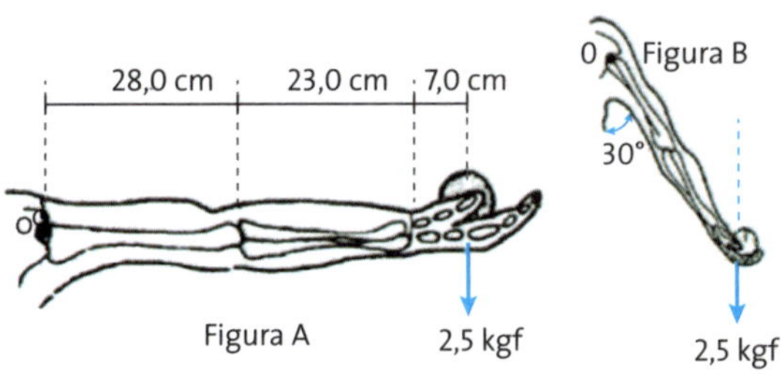


a) 1,5 kgf · m e 0,73 kgf · m.

b) 1,5 kgf · m e 0,37 kgf · m.

c) 5,1 kgf · m e 0,37 kgf · m.

d) 5,1 kgf · m e 0,73 kgf · m.

e) $0{,}73 \cdot 10^{-1}$ kgf · m e 5,1 kgf · m.

## MÓDULO 20

**1.** (PUC-RJ) A unidade SI de densidade é o kg/m³, e a de massa é o kg. Dado que um corpo possui um volume de 0,0015 m³ e densidade 5,0 g/cm³, determine sua massa:

a) 75,0 kg. b) 7,5 g. c) 3,0 g. d) 3,0 kg. e) 7,5 kg.

**2.** (UFPR) No dia 20 de abril de 2010, houve uma explosão em uma plataforma petrolífera da *British Petroleum*, no golfo do México, provocando o vazamento de petróleo que se espalhou pelo litoral. O poço está localizado a 1 500 m abaixo do nível do mar, o que dificultou os trabalhos de reparação. Suponha a densidade da água do mar com valor constante igual a 1,02 g/cm³ e considere a pressão atmosférica igual a $1{,}00 \cdot 10^5$ Pa. Com base nesses dados, calcule a pressão na profundidade em que se encontra o poço e assinale a alternativa correta que fornece em quantas vezes essa pressão é múltipla da pressão atmosférica.

a) 15 400 b) 1 540 c) 154 d) 15,4 e) 1,54

**3.** (IFSP) Uma caixa-d'água está cheia e, por um acidente, ela é furada na parte inferior. Para consertá-la e tampar o furo, dispõe-se de uma rolha, que é colocada de fora para dentro, conforme a figura.

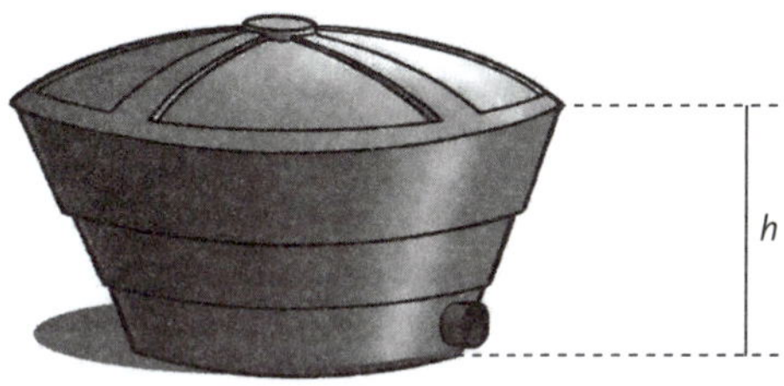


A seguir são enumeradas as grandezas que podem ser relevantes para o cálculo da força que tenderá a empurrar a rolha para fora.

I. Altura *h*.
II. Pressão atmosférica.
III. Densidade da água.
IV. Área de secção da rolha.
V. Aceleração da gravidade.

As grandezas corretas, para o cálculo da força, são:

a) I, III e V, apenas.
b) I, II e III, apenas.
c) I, III, IV e V, apenas.
d) I, II, IV e V, apenas.
e) I, II, III, IV e V.

**4.** (UFF-RJ) O sifão é um instrumento usado para a retirada de água de lugares de difícil acesso. Como mostra a figura a seguir, seu funcionamento se baseia no fato de que, quando o tubo que liga os recipientes *A* e *B* está cheio, há uma diferença de pressão hidrostática entre os pontos *P* e *Q*, o que provoca um fluxo de água de *A* para *B*.

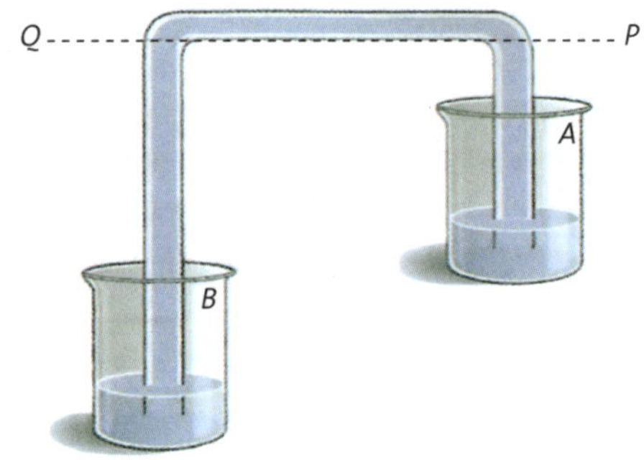

Essa diferença de pressão depende da seguinte característica de nosso planeta:

a) Pressão atmosférica.

b) Aceleração da gravidade local.

c) Temperatura da superfície.

d) Densidade da atmosfera.

e) Velocidade de rotação do planeta.

5. (UFPE) Um tubo em U, aberto em ambas as extremidades e de secção reta uniforme, contém certa quantidade de água. Adicionam-se 500 ml de um líquido imiscível, de densidade $d = 0,8$ g/cm$^3$, no ramo da esquerda.

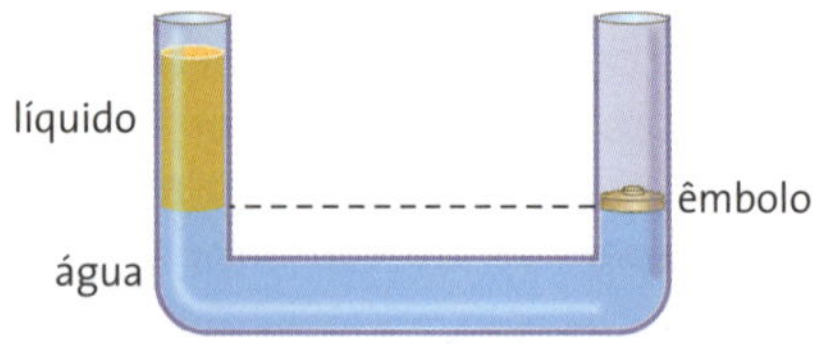


Qual o peso do êmbolo, em newtons, que deve ser colocado no ramo da direita, para que os níveis de água nos dois ramos sejam iguais? Despreze o atrito do êmbolo com as paredes do tubo.

6. (Acafe-SC) A figura mostra um frasco contendo ar conectado a um manômetro de mercúrio. Em equilíbrio, o desnível indicado é de 8 cm.

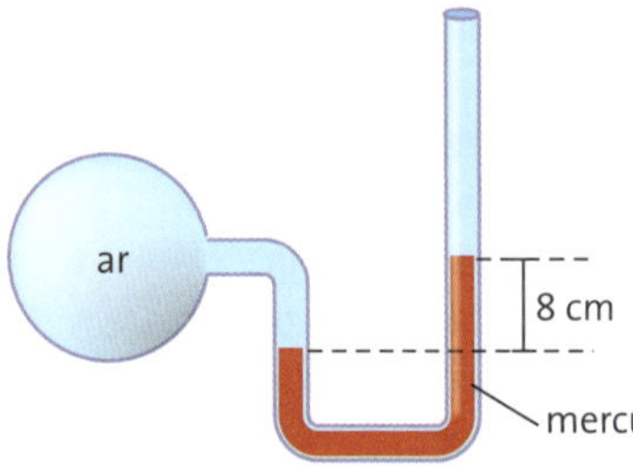


Sendo a pressão atmosférica no local igual a 69 cmHg, a pressão do ar dentro do frasco, em cmHg, é:

a) 61.   c) 74.   e) 85.

b) 69.   d) 77.

7. (UFJF-MG) Um grupo de alunos resolveu montar um guindaste hidráulico para uma feira de ciências. Para isso, usaram duas seringas, conforme mostra a figura.

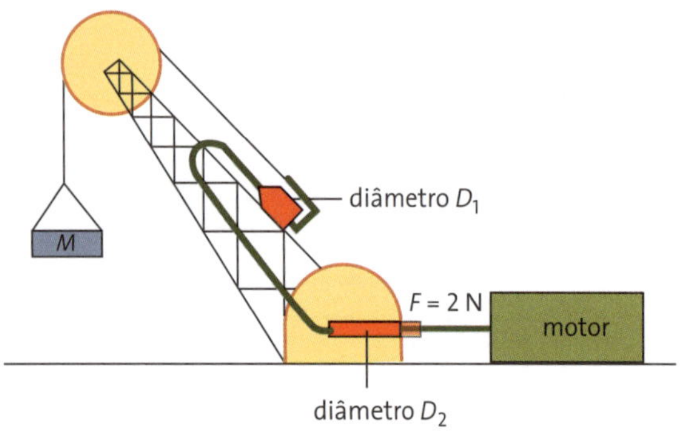


Uma seringa tem diâmetro $D_1 = 2$ cm e a outra $D_2 = 1$ cm. Sabendo-se que o módulo da força máxima do motor é 2 N, qual é o valor máximo da massa $M$ que o guindaste consegue erguer?
(Dado: $g = 10$m/s$^2$)

8. (UEA-AM) Um garoto dentro de um barco deixa cair uma bola maciça nas águas de um rio. A bola segue o caminho mostrado na figura, passando pelos pontos $A$, $B$, e $C$, onde para debaixo de uma plataforma de pedra.

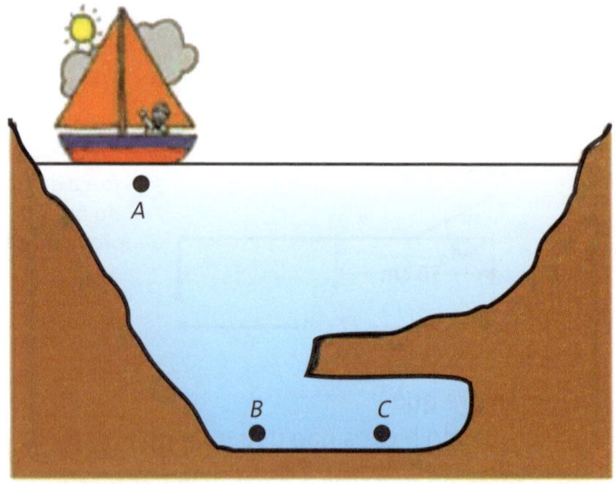


Considerando que as águas do rio tenham densidade constante, sendo $E_A$, $E_B$ e $E_C$ as intensidades do empuxo e $p_A$, $p_B$, e $p_C$ as pressões hidrostáticas exercidas pelas águas do rio na bola nos pontos $A$, $B$, e $C$, respectivamente, é correto afirmar que:

a) $E_A = E_B = E_C$ e $p_A > p_B > p_C$.

b) $E_A = E_B = E_C$ e $p_C < p_A < p_B$.

c) $E_A = E_B = E_C$ e $p_A < p_B = p_C$.

d) $E_A > E_B = E_C$ e $p_A < p_B = p_C$.

e) $E_A > E_B > E_C$ e $p_A < p_B < p_C$.

9. (UEA-AM) O sistema "Ro Ro caboclo", corruptela de *roll on – roll off ferry*, consiste no uso de barcaças onde são colocadas as carretas de caminhões, para seu transporte sobre as águas.

(www.antaq.gov.br.)

Quando uma carreta é colocada sobre uma dessas barcaças, o volume de água deslocado é de 20 m³. Sabendo que a densidade da água é 1000 kg/m³ e que a aceleração da gravidade vale 10 m/s², o empuxo que surge devido à presença da carreta é, em N:

a) 100 000.
b) 160 000.
c) 200 000.
d) 400 000.
e) 800 000.

**10.** (Cesumar-PR) Duas esferas maciças e de mesmo volume, sendo uma de ouro ($d = 19{,}3$ g/cm³) e outra de prata ($d = 1$ g/cm³) e posteriormente totalmente mergulhadas em álcool ($d = 0{,}79$ g/m³). Com base nessa descrição, podemos afirmar que:

a) como os volumes das esferas são iguais, o empuxo recebido por elas será exatamente o mesmo, desde que totalmente imersas na água, no álcool ou em qualquer outro líquido.
b) como o ouro é mais denso que a prata, a esfera de ouro recebeu um empuxo maior que a esfera de prata, tanto na água como no álcool.
c) como a densidade do álcool é menor que a densidade da água, o empuxo sobre a esfera de ouro recebeu um empuxo menor do que o empuxo sobre a esfera de prata.
d) o empuxo sobre as duas esferas quando totalmente mergulhadas num mesmo líquido, foi o mesmo, porém, o empuxo recebido pelas duas esferas, quando totalmente mergulhadas na água, foi maior do que o empuxo recebido pelas duas esferas, quando totalmente mergulhadas no álcool.
e) o empuxo sobre as duas esferas, quando totalmente mergulhadas num mesmo líquido, nunca será o mesmo, pois, apesar de possuírem o mesmo volume, elas possuem densidades diferentes.

**11.** (UFRN) Um balão de ar quente é constituído por um saco de tecido sintético, chamado envelope, o qual é capaz de conter ar aquecido. Embaixo do envelope, há um cesto de vime, para o transporte de passageiros, e uma fonte de calor, conforme ilustra a figura a seguir.

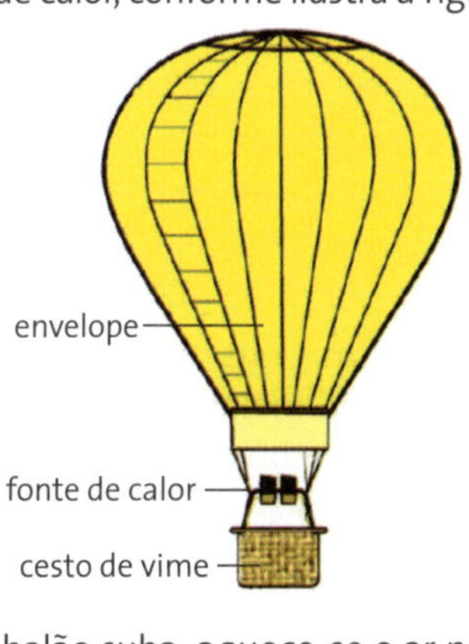


Para que o balão suba, aquece-se o ar no interior do envelope e, com isso, inicia-se a flutuação do balão. Essa flutuação ocorre porque, com o aquecimento do ar no interior do envelope:

a) a densidade do ar diminui, tornando o peso do balão menor que o empuxo.
b) a pressão externa do ar sobre o balão aumenta, tornando seu peso menor que o empuxo.
c) a densidade do ar diminui, tornando o peso do balão maior que o empuxo.
d) a pressão externa do ar sobre o balão aumenta, tornando seu peso maior que o empuxo.

**12.** (ITA-SP) Um recipiente contém dois líquidos homogêneos e imiscíveis, $A$ e $B$, com densidades respectivas $d_A$ e $d_B$. Uma esfera sólida, maciça e homogênea, de massa $m = 5$ kg, permanece em equilíbrio sob ação de uma mola de constante elástica $k = 800$ N/m, com metade de seu volume imerso em cada um dos líquidos, respectivamente, conforme a figura.

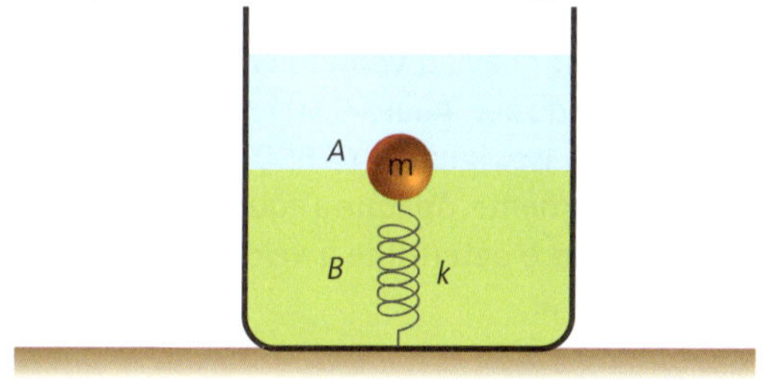


Sendo $d_A = 4d$ e $d_B = 6d$, em que $d$ é a densidade da esfera, pode-se afirmar que a deformação da mola é de:

a) 0 m.
b) $\frac{9}{16}$ m.
c) $\frac{3}{8}$ m.
d) $\frac{1}{4}$ m.
e) $\frac{1}{8}$ m.

**13.** (Ufal) Uma mangueira cilíndrica, de 20 m de comprimento encontra-se conectada a uma torneira inicialmente fechada. Quando a torneira é aberta, a água é liberada a uma taxa constante de 100 mL/s (ou $10^{-4}$ m³ por segundo). Se a área da secção transversal da mangueira é de 3 cm² $= 3 \cdot 10^{-4}$ m², em quanto tempo, após abertura da torneira, a água começará a sair pela extremidade não conectada?

**14.** (UFPA) A figura a seguir representa uma tubulação posicionada horizontalmente em relação ao solo, pela qual escoa água em regime permanente através das secções $S_1$ e $S_2$.

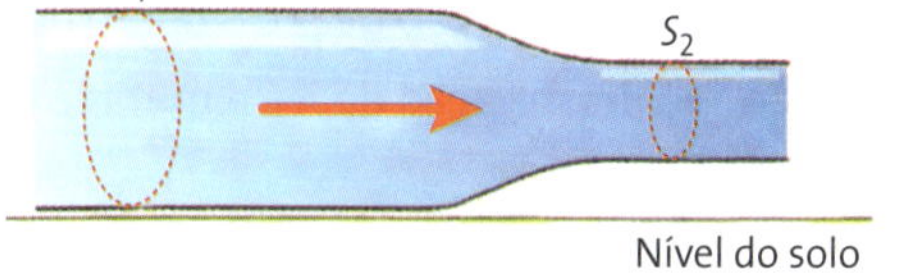


Sobre o fato, julgue (V ou F) as afirmativas a seguir:

I. A pressão do fluido em $S_1$ é maior que em $S_2$.
II. As vazões da água através das secções $S_1$ e $S_2$ são iguais.
III. Como o regime de escoamento é permanente, as vazões e velocidades da água têm valores iguais em $S_1$ e $S_2$.
IV. Como o regime de escoamento é permanente, as vazões e velocidades da água têm valores diferentes em $S_1$ e $S_2$.

15. (UFBA) A tragédia de um voo entre o Rio de Janeiro e Paris pôs em evidência um dispositivo, baseado na equação de Bernoulli, que é usado para medir a velocidade de um fluido, chamado de tubo de Pitot. Esse dispositivo permite medir a velocidade da aeronave com relação ao ar. Um diagrama é mostrado na figura. No dispositivo, manômetros são usados para medir as pressões $p_A$ e $p_B$ nas aberturas $A$ e $B$, respectivamente.

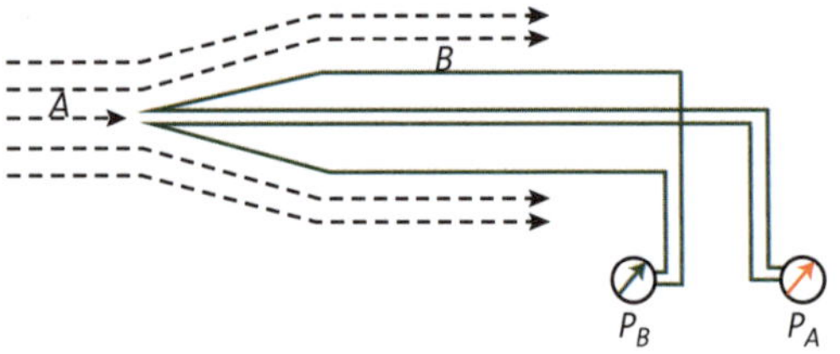


Considere um avião voando em uma região onde a densidade do ar é igual a 0,60 kg/m$^2$ e os manômetros indicam $p_A$ e $p_B$ iguais a 63 600 N/m$^2$ e 60 000 N/m$^2$, respectivamente. Aplique a equação de Bernoulli nessa situação e determine a velocidade do avião com relação ao ar.

## MÓDULO 21

1. (PUC-SP) Em relação aos pêndulos representados no esquema, podemos afirmar que:

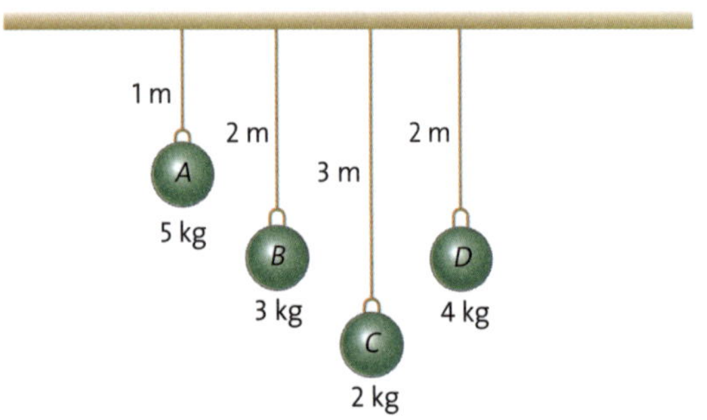


a) os períodos de oscilação de *B* e *C* são iguais.
b) *A* é o que oscila mais vagarosamente.
c) os períodos de oscilação de *B* e *D* são iguais.
d) o período de oscilação de *D* é o dobro do de *C*.
e) o período de oscilação de *A* é a metade do de *D*.

2. (Ufla-MG) Os ponteiros de um relógio do tipo cuco são movidos por um pêndulo simples. Os pêndulos desses relógios possuem um dispositivo para que se ajuste seu comprimento de acordo com a estação do ano. Considere um relógio cujo pêndulo tenha sido ajustado para a temperatura de 20 °C. Para que esse relógio tenha um funcionamento satisfatório em um local onde a temperatura média no inverno é de 10 °C e, no verão, 30 °C, deve-se:
a) no inverno, diminuir o tamanho do pêndulo e, no verão, aumentar.
b) no inverno e no verão, aumentar o tamanho do pêndulo.
c) no inverno e no verão, diminuir o tamanho do pêndulo.
d) no inverno, aumentar o tamanho do pêndulo e, no verão, diminuir.
e) conservar o mesmo ajuste em todas as estações do ano.

3. (UFSJ-MG) Um bloco de massa *M* está preso a uma mola de massa desprezível e constante elástica *k* e desliza sobre uma superfície horizontal sem atrito, realizando um movimento ideal oscilatório. Sobre esse movimento, é correto afirmar:
a) Somente a energia cinética se conserva.
b) A soma da energia cinética e da energia potencial elástica se conserva.
c) Somente a energia potencial elástica se conserva.
d) Não há conservação de nenhuma forma de energia nessa situação.

4. (UFG-GO) Um sistema massa-mola consiste de uma partícula de massa *m* presa a uma mola de constante elástica *k*, conforme a figura a seguir. Este sistema é posto a oscilar sobre uma superfície plana sem atrito, executando um movimento de vaivém em torno de uma posição de equilíbrio. Considerando-se que o deslocamento seja medido em relação à posição de equilíbrio, é correto afirmar:

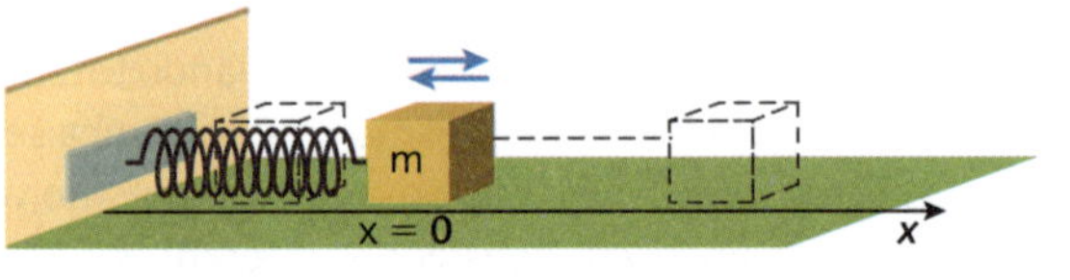


(01) O movimento executado é harmônico simples, e o maior valor de *x* é chamado de amplitude.
(02) A mola aplica à massa uma força de intensidade dada por $k \cdot x$, sempre orientada para a posição de equilíbrio.
(04) Neste sistema, a energia mecânica total se conserva, apesar de as energias cinética e potencial elástica variarem.
(08) No ponto de maior valor de *x*, a velocidade é máxima e, no ponto de equilíbrio ($x = 0$), a energia potencial elástica é mínima.
(16) O gráfico da energia potencial elástica em função da posição é um arco de parábola com concavidade voltada para cima.
(32) O período de oscilação do sistema é dado por $2\pi \cdot \sqrt{\frac{m}{k}}$, que indica que, quanto maior a amplitude do movimento, maior será o intervalo de tempo para uma oscilação.

Dê a soma dos números dos itens corretos.

5. (Fuvest-SP) Dois corpos *A* e *B* ligados por um fio encontram-se presos à extremidade de uma mola e em repouso. Parte-se o fio que liga os corpos e o corpo *A* passa a executar um movimento oscilatório, descrito pelo gráfico.

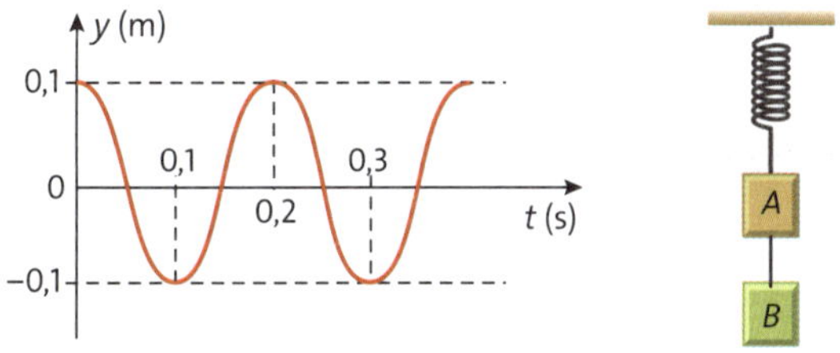


Adote $g = 10\ m/s^2$. Sendo a massa do corpo *B* igual a 0,2 kg, determine:
a) a constante elástica da mola;
b) a frequência de oscilação do corpo *A*.

6. (ITA-SP) Na figura, temos uma massa $M = 132$ g, inicialmente em repouso, presa a uma mola de constante elástica $k = 1{,}6 \cdot 10^4$ N/m, podendo deslocar-se sem atrito sobre a mesa em que se encontra. Atira-se uma bala de massa 12 g, que encontra o bloco horizontalmente, com uma velocidade de 200 m/s, incrustando-se nele.

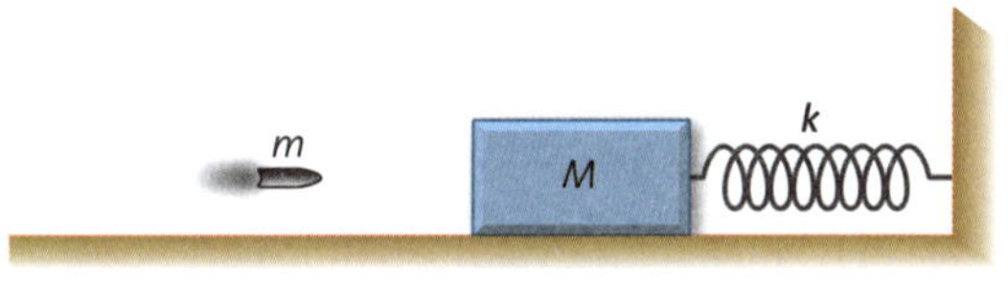


A amplitude do movimento que resulta do impacto vale:
a) 25 cm.
b) 50 cm.
c) 5 cm.
d) 1,6 m.
e) 10 cm.

7. (Unitau-SP) Independentemente da natureza de uma onda, sua propagação envolve necessariamente:
a) movimento de matéria.
b) transporte de energia.
c) transformação de energia.
d) produção de energia.
e) transporte de energia e de matéria.

8. (PUC-RS) A lâmina de uma campainha elétrica imprime a uma corda esticada 60 vibrações por segundo. Se a velocidade de propagação das ondas na corda for de 12 m/s, então a distância $\lambda$ entre duas cristas sucessivas, em metros, será de:

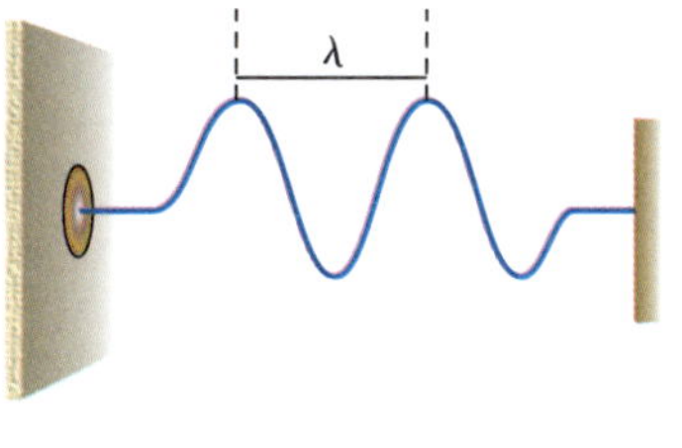


a) 0,6.
b) 0,5.
c) 0,4.
d) 0,3.
e) 0,2.

9. (Unicamp-SP) A figura representa dois pulsos transversais de mesma forma que se propagam em sentidos opostos, ao longo de uma corda ideal, longa e esticada. No instante $t = 0$, os pulsos encontram-se nas posições indicadas.

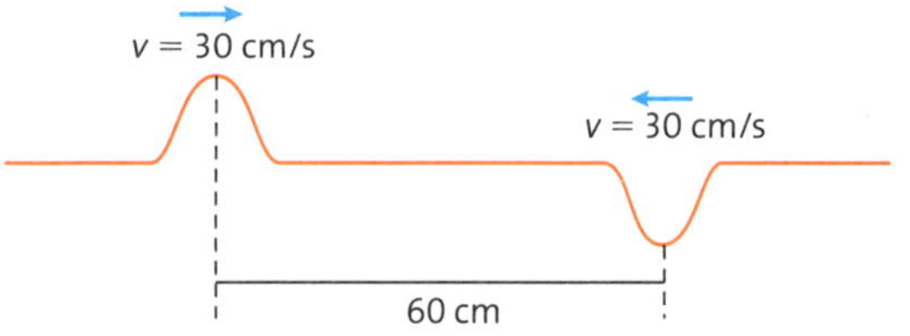


Esboçar a forma da corda no instante:
a) $t = 1$ s;
b) $t = 2$ s.

10. (Fuvest-SP) Dois corpos, *A* e *B*, descrevem movimentos periódicos. Os gráficos de suas posições *x* em função do tempo estão indicados na figura:

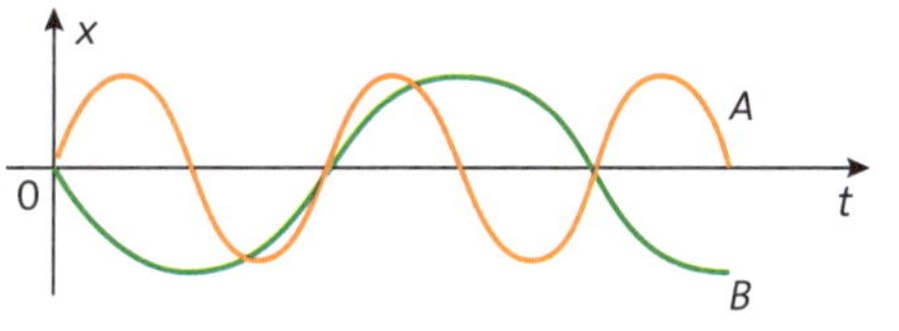


Podemos afirmar que o movimento de *A* tem:
a) menor frequência e mesma amplitude.
b) maior frequência e mesma amplitude.
c) mesma frequência e menor amplitude.
d) menor frequência e menor amplitude.
e) maior frequência e maior amplitude.

11. (Fuvest-SP) Um trem de ondas periódicas percorre o meio 1, chega à interface com o meio 2 e penetra nele, sofrendo refração. O comprimento de onda no meio 1 é $\lambda_1 = 1{,}5$ cm, e o comprimento de onda no meio 2 é $\lambda_2 = 2{,}0$ cm.
a) Das grandezas físicas velocidade de propagação, frequência e período, quais se conservam com o mesmo valor nos dois meios?
b) Se a frequência das ondas é igual a 10 hertz no meio 1, qual é a velocidade de propagação no meio 2?

12. (UFBA) A figura mostra, esquematicamente, as frentes de ondas planas, geradas em uma cuba de ondas, em que duas regiões, nas quais a água tem profundidades diferentes, são separadas pela superfície imaginária *S*. As ondas são geradas na região 1, com frequência de 4 Hz, e se deslocam em direção à região 2. Os valores medidos, no experimento, para as distâncias entre duas cristas consecutivas nas regiões 1 e 2 valem, respectivamente, 1,25 cm e 2,00 cm.

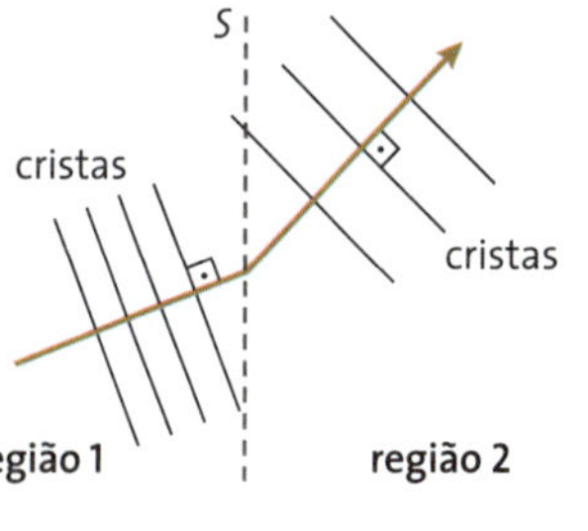

Com base nessas informações e na análise da figura, dê a soma dos números dos itens corretos:

(01) O experimento ilustra o fenômeno da difração de ondas.

(02) A frequência da onda, na região 2, vale 4 Hz.

(04) Os comprimentos de onda, nas regiões 1 e 2, valem respectivamente 2,30 cm e 4,00 cm.

(08) A velocidade da onda, na região 2, é maior que na região 1.

(16) Seria correto esperar-se que o comprimento de onda fosse menor nas duas regiões, caso a onda gerada tivesse frequência maior do que 4Hz.

**13.** (UFMG) Duas fontes, $F_1$ e $F_2$, emitem ondas sonoras de mesma frequência $f = 170$ hertz, que se propagam no ar com uma velocidade de módulo $v = 340$ m/s. As fontes estão permanentemente defasadas de 180° (isto é, quando uma delas emite uma crista, a outra emite um vale), e a distância entre elas é $d = 10$ m.

a) Determine o comprimento de onda ($\lambda$) do som emitido pelas fontes.

b) Considere o ponto $P$ situado entre as fontes (sobre a linha $F_1$ e $F_2$) e a uma distância $L = 8{,}0$ m de $F_1$. Nesse ponto, tem-se uma interferência construtiva ou destrutiva das duas ondas sonoras? Justifique sua resposta.

**14.** (ITA-SP) Duas fontes sonoras, $A$ e $B$, emitem, em fase, um sinal senoidal de mesma amplitude $A$ e com o mesmo comprimento de onda de 10 m. Um observador em $P$, depois de certo tempo, suficiente para que ambos os sinais alcancem $P$, observará um sinal cuja amplitude vale:

a) $2A$. b) $A$. c) $\frac{A}{2}$. d) zero. e) $A\sqrt{2}$.

**15.** (UFTM-MG, modificada) As figuras 1 e 2 mostram ondas estacionárias produzidas em uma mesma corda de 90 cm de comprimento por duas pessoas diferentes.

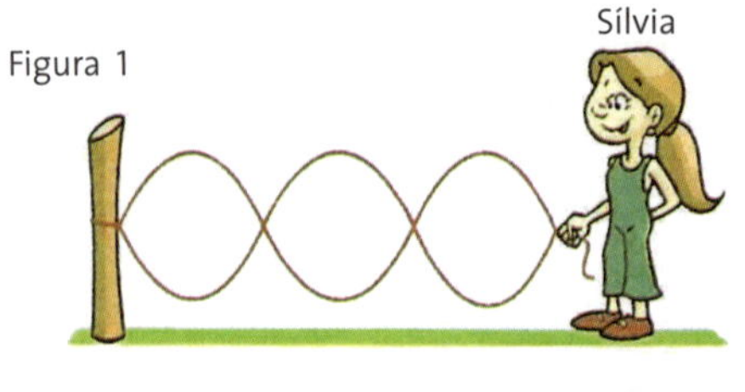


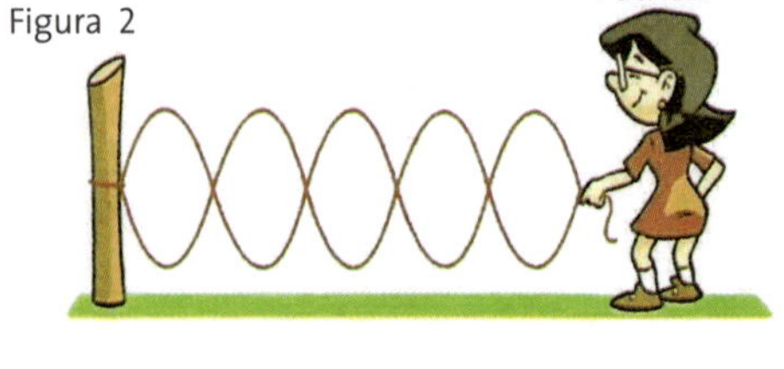


Considere que a velocidade de propagação da onda seja a mesma nas duas situações. Nessas condições, determine:

a) o comprimento de onda nas situações 1 e 2;

b) em qual das situações a frequência da onda é maior. Justifique.

## MÓDULO 22

**1.** (PUC-RS) A velocidade de uma onda sonora no ar é 340 m/s, e seu comprimento de onda é 0,340 m. Passando para outro meio, onde a velocidade do som é o dobro (680 m/s), os valores da frequência e do comprimento de onda no novo meio serão, respectivamente:

a) 400 Hz e 0,340 m.
b) 500 Hz e 0,340 m.
c) 1000 Hz e 0,680 m.
d) 1200 Hz e 0,680 m.
e) 1360 Hz e 1,360 m.

**2.** (UFPB) Sonares são dispositivos frequentemente usados na indústria naval. Os navios possuem sonares para detectar obstáculos no fundo do mar, detectar cardumes, etc. Determinado sonar de um navio produz ondas sonoras progressivas, com o comprimento de onda de 2,0 m e frequência 200 Hz. Nesse caso, um obstáculo a 80 m do sonar será detectado pelo navio em um intervalo de tempo de:

a) 0,4 s. b) 1,0 s. c) 1,2 s. d) 1,6 s. e) 2,0 s.

**3.** (UFPE) O menor intervalo de tempo para que o cérebro humano consiga distinguir dois sons que chegam ao ouvido é, em média, 100 ms. Este fenômeno é chamado de **persistência auditiva**. Qual a menor distância que podemos ficar de um obstáculo para ouvir o eco de nossa voz?
Considere a velocidade do som no ar = 330 m/s.

a) 16,5 m
b) 17,5 m
c) 18,5 m
d) 19,5 m
e) 20,5 m

**4.** (Uespi) Um homem está parado a uma distância de $L = 85$ m de um paredão vertical bastante alto e largo (veja figura). O homem grita, o som bate no paredão e retorna a suas orelhas na forma de eco. Se não há vento e a velocidade do som é de 340 m/s, em quanto tempo o homem pode escutar o eco de sua voz?

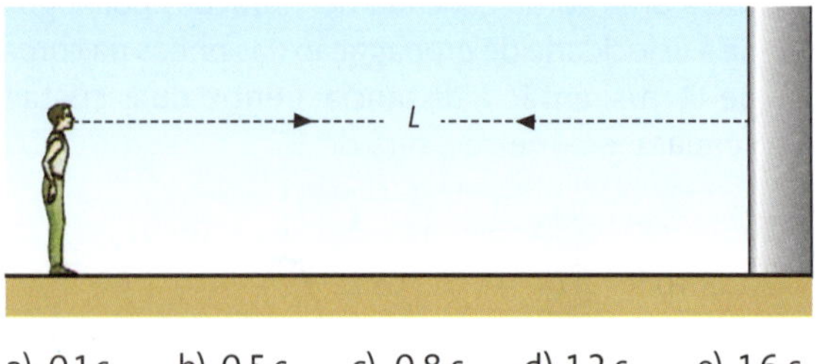


a) 0,1 s b) 0,5 s c) 0,8 s d) 1,2 s e) 1,6 s

**5.** (UEL-PR) Julgue as afirmativas a seguir e assinale a alternativa correta.

I. O eco é um fenômeno causado pela reflexão do som em um anteparo.

II. O som grave é um som de baixa frequência.
III. Timbre é a qualidade que permite distinguir dois sons de mesma altura e intensidades, emitidos por fontes diferentes.

Estão corretas:

a) I, II e III.
b) Somente I e II.
c) Somente I e III.
d) Somente II e III.
e) Somente I.

6. (Ufal) Considere que um alto-falante no alto de um poste emite ondas sonoras como uma fonte sonora pontual, com potência média constante. Um estudante, munido de um dispositivo para medição de intensidade sonora, registra $1\ mW/m^2 = 10^{-3}\ W/m^2$ a uma distância de 6 m do alto-falante. Desconsidere a influência de eventuais reflexões das ondas sonoras. Se o estudante se afastar até uma distância de 10 m do alto-falante, que intensidade sonora ele medirá?

a) $1\ mW/m^2$
b) $0{,}6\ mW/m^2$
c) $0{,}36\ mW/m^2$
d) $0{,}06\ mW/m^2$
e) $0{,}01\ mW/m^2$

7. (UFSJ-MG) A menor frequência *f* que ondas estacionárias com velocidade *v* podem ter, em uma corda de comprimento *L* que tem suas extremidades fixas, é dada por:

a) $\frac{v}{2L}$.
b) $\frac{v}{L}$.
c) $\frac{v}{3L}$.
d) $\frac{v}{4L}$.

8. (UFPE) A figura mostra uma corda *AB* de comprimento *L* de um instrumento musical com ambas as extremidades fixas. Mantendo-se a corda presa no ponto *P*, a uma distância $\frac{L}{4}$ da extremidade *A*, a frequência fundamental da onda transversal produzida no trecho *AP* é igual a 294 Hz. Para obter um som mais grave, o instrumentista golpeia a corda no trecho maior, *PB*. Qual é a frequência fundamental da onda nesse caso, em Hz?

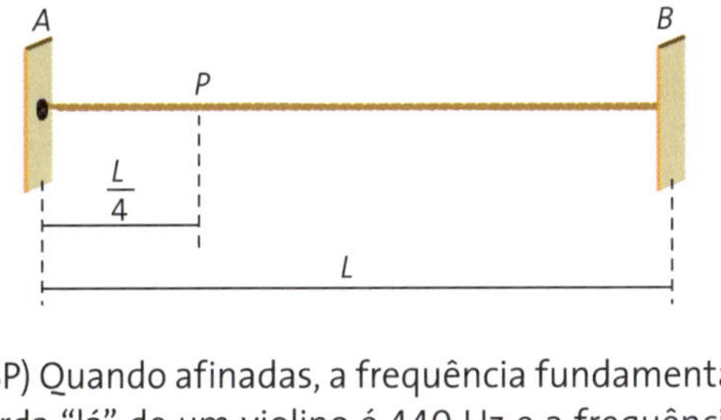


9. (ITA-SP) Quando afinadas, a frequência fundamental da corda "lá" de um violino é 440 Hz e a frequência fundamental da corda "mi" é 660 Hz. A que distância da extremidade da corda se deve colocar o dedo para, com a corda "lá", emitir uma nota "mi", se o comprimento total dessa corda é *L*?

a) $\frac{4L}{9}$
b) $\frac{L}{2}$
c) $\frac{3L}{5}$
d) $\frac{2L}{3}$
e) Não é possível tal experiência.

10. (ITA-SP) O tubo mais curto de um órgão típico de tubos tem um comprimento de aproximadamente 7 cm. Qual é o harmônico mais alto na faixa audível, considerada como estando entre 20 Hz e 20 000 Hz, de um tubo desse comprimento aberto nas duas extremidades? Dado: $v_{som} = 340\ m/s$.

11. (UFU-MG) Em uma experiência para medir a velocidade do som no ar, usou-se um tubo contendo água, aberto em uma extremidade, e um gerador de áudio com um alto-falante que gerava uma onda de 250 Hz. Observou-se que ocorria ressonância quando a coluna de ar era de 96 cm e que, abaixando o nível da água, a próxima ressonância ocorria quando a profundidade da coluna de ar era de 160 cm.

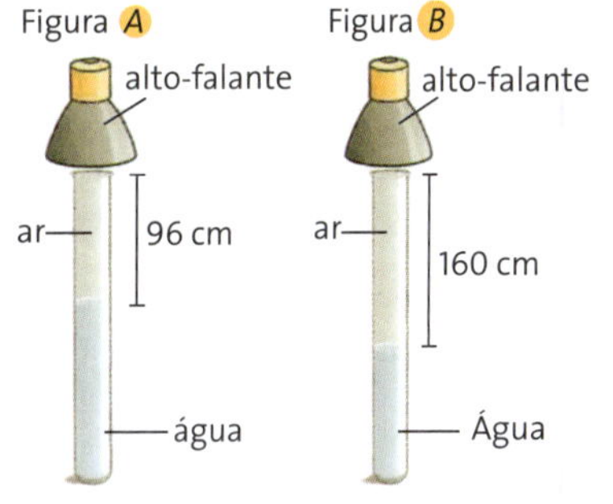


Considerando esses dados, encontre a velocidade do som nessa região.

12. (UEPG-PR) Os fenômenos sonoros estão relacionados com a vibração de corpos materiais, portanto, sempre que se escuta um som, há um corpo material vibrando. Sobre as ondas sonoras, dê como soma o que for correto.

(01) O som audível se localiza numa escala entre o infrassom e o ultrassom.
(02) A característica de uma onda sonora que a classifica como calma ou barulhenta é chamada de amplitude.
(04) Uma onda sonora de baixa frequência é um som grave.
(08) O efeito Doppler é uma característica observada nas ondas sonoras de modo geral. Ele ocorre devido à alteração de frequência da onda, em razão do movimento da fonte ou do observador.
(16) Reverberação é a confusão de sons que chegam aos nossos ouvidos em tempos diferentes, em virtude de que cada frequência de onda apresenta velocidades diferentes.

13. (UFRN) Num autódromo, durante uma corrida de Fórmula 1, um espectador, parado na arquibancada, observa um dos carros se afastando em alta velocidade. Esse espectador vê a luz de alerta na traseira do carro e ouve o som emitido pelo ruído do motor.
Considere-se que o piloto desse carro percebe:
I. o movimento do carro na mesma direção que une o espectador ao carro;
II. a frequência da luz (vermelha) de alerta com valor *f*(*v*);
III. a frequência da luz (vermelha) de alerta com valor *f*(*s*).

Pode-se dizer, então, que, em princípio, o efeito Doppler estabelece que a luz de alerta e o som do motor desse carro têm para o referido espectador, respectivamente, frequências:

a) maior que $f(v)$ e maior que $f(s)$.
b) maior que $f(v)$ e menor que $f(s)$.
c) menor que $f(v)$ e maior que $f(s)$.
d) menor que $f(v)$ e menor que $f(s)$.

**14.** (UFCE) Um barco de polícia, *P*, aproxima-se da praia com a sirene soando e sua velocidade está dirigida para o banhista 2 (veja a figura).

Sendo $f_s$ a frequência da sirene ouvida pelo piloto do barco e $f_1$, $f_2$, e $f_3$ as frequências ouvidas pelos banhistas de números 1, 2 e 3, respectivamente, no instante mostrado, podemos afirmar que:

a) $f_1 = f_3 > f_2 > f_s$.
b) $f_s < f_1 < f_2 < f_3$.
c) $f_s > f_1 > f_2 > f_3$.
d) $f_2 > f_3 > f_1 > f_s$.
e) $f_1 = f_2 = f_3 > f_s$.

**15.** (PUC-SP) Uma fonte em repouso, situada no ar em condições normais de temperatura e pressão, emite a nota "lá 1" (frequência de 440 Hz). Um observador, movendo-se sobre uma reta que passa pela fonte, escuta a nota "lá 2" (frequência de 880 Hz). Supondo que a velocidade de propagação do som no ar é de módulo igual a 340 m/s, podemos afirmar que o observador:

a) se aproxima da fonte com velocidade de módulo 340 m/s.
b) se afasta da fonte com velocidade de módulo 340 m/s.
c) se aproxima da fonte com velocidade de módulo 640 m/s.
d) se afasta da fonte com velocidade de módulo 640 m/s.
e) se aproxima da fonte com velocidade de módulo 880 m/s.

## MÓDULO 23

1. (FEI-SP) Levando-se em conta o índice de refração e a velocidade de propagação no vidro, podemos afirmar que:

Obs.:
$v_{ve}$ = velocidade da luz vermelha
$v_{am}$ = velocidade da luz amarela
$v_{az}$ = velocidade da luz azul

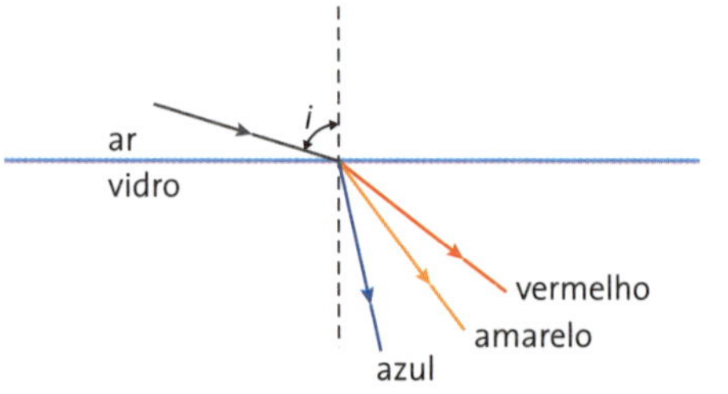


a) $v_{ve} > v_{am} < v_{az}$.
b) $v_{ve} < v_{am} < v_{az}$.
c) $v_{ve} > v_{am} > v_{az}$.
d) $v_{ve} = v_{am} = v_{az}$.
e) $v_{ve} < v_{am} > v_{az}$.

**2.** (UFPR) Ao incidir sobre um prisma de vidro, um feixe de luz branca é decomposto em várias cores. Esse fenômeno acontece porque as ondas eletromagnéticas de diferentes comprimentos de onda se propagam no vidro com diferentes velocidades, de modo que o índice de refração *n* tem valor diferente para cada comprimento de onda. O estudo das propriedades óticas de um pedaço de vidro forneceu o gráfico a seguir para o índice de refração em função do comprimento de onda $\lambda$ da luz. Suponha a velocidade da luz no vácuo igual a $3{,}0 \cdot 10^8$ m/s.

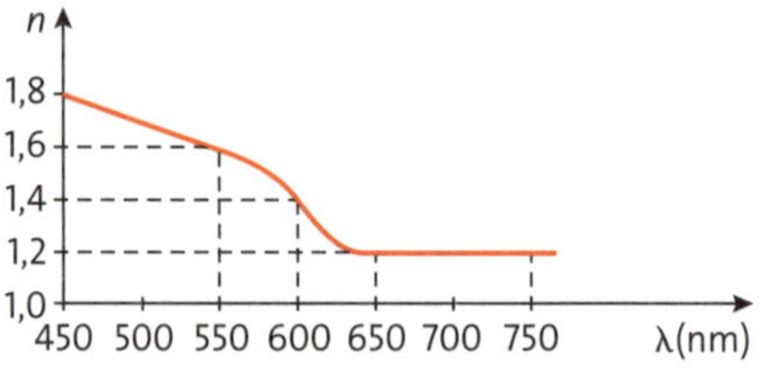


Com base nos conceitos de ótica e nas informações do gráfico, indique a alternativa correta.

a) Luz com comprimento de onda entre 450 mm e 550 nm se propaga no vidro com velocidades de mesmo módulo.
b) A frequência da luz com comprimento de onda 600 nm é de $3{,}6 \cdot 10^8$ Hz.
c) O maior índice de refração corresponde à luz com menor frequência.
d) No vidro, a luz com comprimento de onda 700 nm tem uma velocidade, em módulo, de $2{,}5 \cdot 10^8$ m/s.
e) O menor índice de refração corresponde à luz com menor velocidade de propagação no vidro.

**3.** (Uerj) No fundo de um recipiente com determinada quantidade de água, encontra-se um espelho plano *E*. Um raio de luz incide sobre a superfície de separação do ar e da água, com um ângulo de incidência $i = 53{,}13°$, cujo cosseno vale 0,6, penetrando na água com ângulo de refração *r*.

A figura 1 apresenta a superfície refletora do espelho paralela ao fundo do recipiente. Nesta situação, o raio de luz emerge com um ângulo $\alpha$ de valor igual ao de incidência.

A figura 2 apresenta a superfície do espelho inclinada em um ângulo $\theta$ em relação ao fundo do recipiente. Nesta situação, o raio de luz emerge paralelamente à superfície da água.

Figura 1

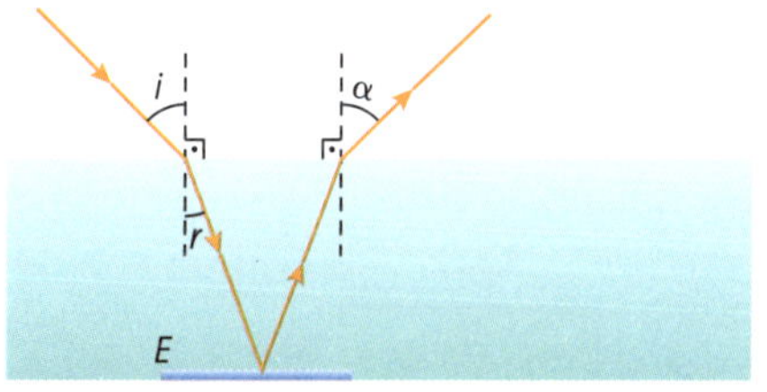


Figura 2

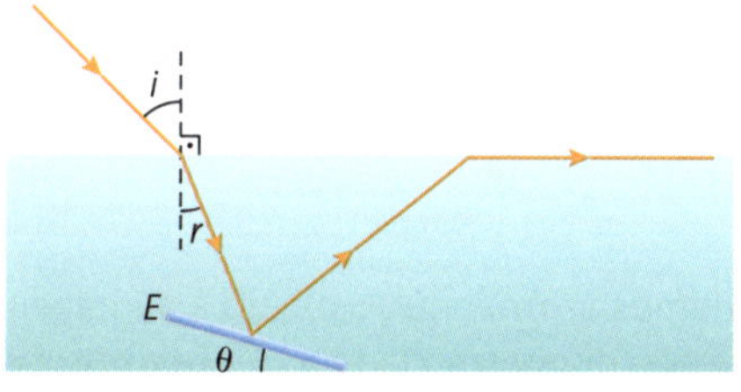


Determine o ângulo $\theta$ entre o espelho $E$ e o fundo do recipiente.

4. (AFA-SP) A figura abaixo mostra uma face de um arranjo cúbico, montado com duas partes geometricamente iguais. A parte 1 é totalmente preenchida com um líquido de índice de refração $n_1$ e a parte 2 é um bloco maciço de um material transparente com índice de refração $n_2$.

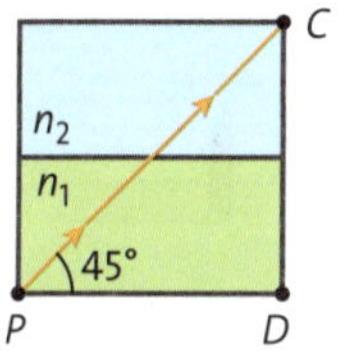


Neste arranjo, um raio de luz monocromático, saindo do ponto $P$, chega ao ponto $C$ sem sofrer desvio de sua direção inicial.

Retirando-se o líquido $n_1$ e preenchendo-se completamente a parte 1 com um outro líquido de índice de refração $n_3$, tem-se que o mesmo raio, saindo do ponto $P$, chega integralmente ao ponto $D$.

Considere que todos os meios sejam homogêneos, transparentes e isotrópicos, e que a interface entre eles forme um dioptro perfeitamente plano.

Nessas condições, é correto afirmar que o índice de refração $n_3$ pode ser igual a:

a) $1,5 \cdot n_1$. b) $1,3 \cdot n_1$. c) $1,2 \cdot n_1$. d) $1,1 \cdot n_1$.

5. (UFRN) Ainda hoje, no Brasil, alguns índios pescam em rios de águas claras e cristalinas, com lanças pontiagudas, feitas de madeira. Apesar de não saberem que o índice de refração da água é igual a 1,33, eles conhecem, a partir da experiência do seu dia a dia, a lei da refração (ou da sobrevivência da natureza) e, por isso, conseguem fazer a sua pesca.

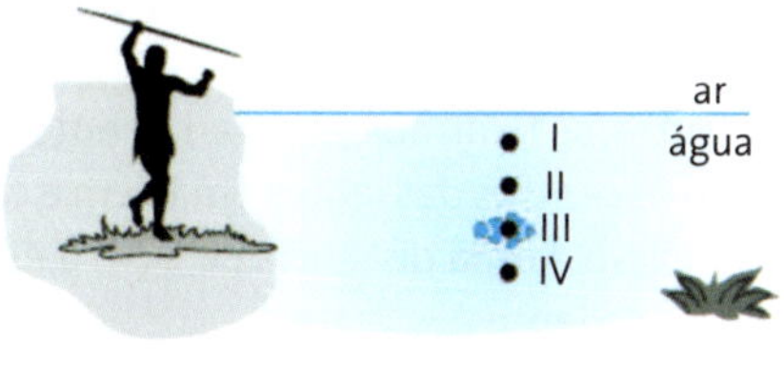


A figura anterior é apenas esquemática. Ela representa a visão que o índio tem da posição em que está o peixe. Isto é, ele enxerga o peixe como estando na profundidade III. As posições I, II, III e IV correspondem a diferentes profundidades numa mesma vertical.

Considere que o peixe está praticamente parado nessa posição.

Para acertá-lo, o índio deve jogar sua lança em direção ao ponto:

a) I.
b) II.
c) III.
d) IV.

6. (Fuvest-SP) Um menino possui um aquário de forma cúbica. À noite ele joga pó de giz na água para observar a trajetória do feixe de luz de uma lanterna. Os três esquemas a seguir representam supostas trajetórias para um estreito feixe de luz que atravessa o aquário. Quais desses esquemas são fisicamente realizáveis?

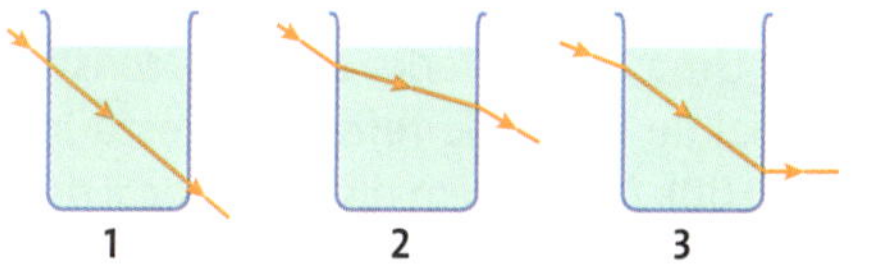


a) 1 e 2
b) 2 e 3
c) só 1
d) só 2
e) só 3

7. (Fuvest-SP) Um raio monocromático de luz incide no ponto $A$ de uma das faces de um prisma feito de vidro e imerso no ar. A figura 1 representa apenas o raio incidente $I$ e o raio refratado $R$ num plano normal às faces do prisma, cujas arestas são representadas pelos pontos $P$, $S$ e $T$, formando um triângulo equilátero. Os pontos $A$, $B$, e $C$ também formam um triângulo equilátero e são, respectivamente, equidistantes de $P$ e $S$, $S$ e $T$, e $T$ e $P$.

Considere os raios $E_1$, $E_2$, $E_3$, $E_4$ e $E_5$, que se afastam do prisma representado na figura 2.

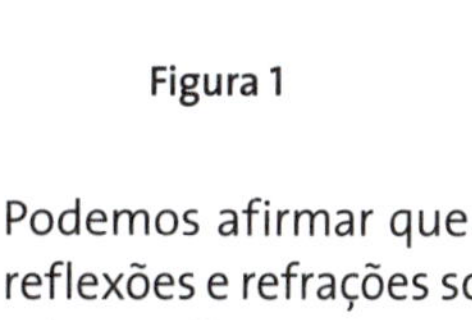


Figura 1

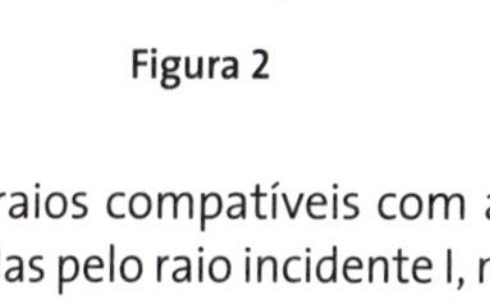


Figura 2

Podemos afirmar que os raios compatíveis com as reflexões e refrações sofridas pelo raio incidente I, no prisma, são:

a) somente $E_3$.
b) somente $E_1$ e $E_3$.
c) somente $E_2$ e $E_5$.
d) somente $E_1$, $E_3$ e $E_4$.
e) todos ($E_1$, $E_2$, $E_3$, $E_4$ e $E_5$).

8. (UFMG) Observe o diagrama.

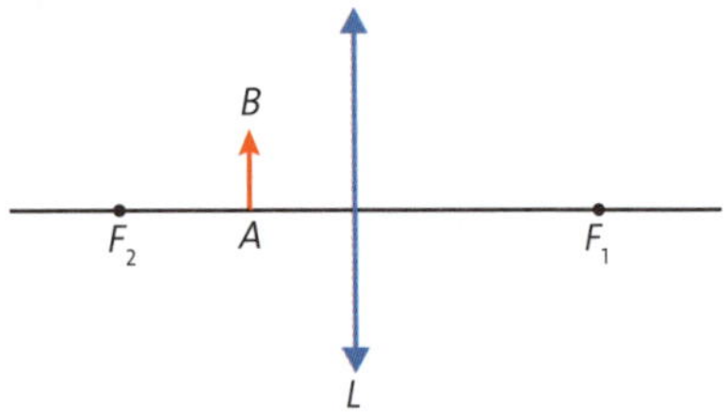


Nesse diagrama, estão representados um objeto $AB$ e uma lente convergente $L$. $F_1$ e $F_2$ são focos dessa lente. A imagem $A'B'$ do objeto $AB$ será:

a) direita, real e menor que o objeto.

b) direita, virtual e maior que o objeto.

c) direita, virtual e menor que o objeto.

d) invertida, real e maior do que o objeto.

e) invertida, virtual e maior que o objeto.

9. (UFCE) Uma lente esférica delgada, construída de um material de índice de refração $n$, está imersa no ar ($n_{ar} = 1{,}00$). A lente tem distância focal de $f$ e suas superfícies esféricas têm raios de curvatura $r_1$ e $r_2$. Esses parâmetros obedecem a uma relação, conhecida como equação dos fabricantes de lentes, mostrada a seguir.

$$\frac{1}{f} = \left(\frac{n_{\text{lente}}}{n_{\text{meio}}} - 1\right) \cdot \left(\frac{1}{r_1} + \frac{1}{r_2}\right)$$

**Figura I** **Figura II**

Suponha uma lente biconvexa de raios de curvatura iguais ($r_1 = r_2 = r$), distância focal $f_0$ e índice de refração $n = 1{,}8$ (figura I). Essa lente é partida dando origem a duas lentes plano-convexas iguais (figura II). A distância focal de cada uma das novas lentes é:

a) $\frac{1}{2} \cdot f_0$.

b) $\frac{4}{5} \cdot f_0$.

c) $f_0$.

d) $\frac{9}{5} \cdot f_0$.

e) $2 \cdot f_0$.

10. (UFPI) A figura representa um objeto $y$ diante de uma lente delgada convergente cujos focos são $F$ e $F'$. Pode-se afirmar que a imagem desse objeto será:

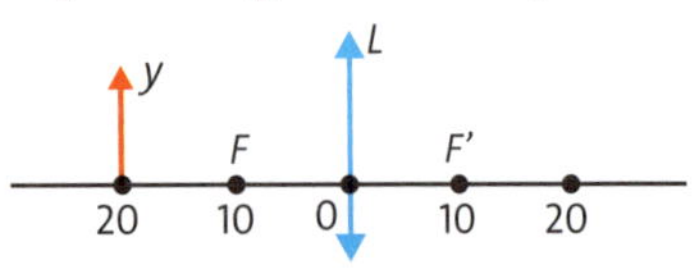


a) virtual, invertida, maior que $y$.

b) virtual, invertida, menor que $y$.

c) real, direita, menor que $y$.

d) real, invertida, igual a $y$.

e) real, direita, maior que $y$.

11. (Fuvest-SP) A figura adiante mostra, em uma mesma escala, o desenho de um objeto retangular e sua imagem, formada a 50 cm de uma lente convergente de distância focal $f$. O objeto e a imagem estão em planos perpendiculares ao eixo óptico da lente.

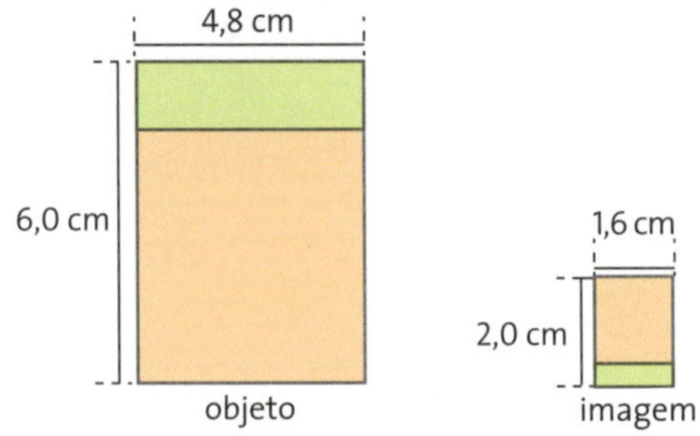


Podemos afirmar que o objeto e a imagem:

a) estão do mesmo lado da lente e que $f = 150$ cm.

b) estão em lados opostos da lente e que $f = 150$ cm.

c) estão do mesmo lado da lente e que $f = 37{,}5$ cm.

d) estão em lados opostos da lente e que $f = 37{,}5$ cm.

e) podem estar tanto do mesmo lado como em lados opostos da lente e que $f = 37{,}5$ cm.

12. (UFPE) Um objeto é colocado a uma distância $p$ de uma lente convergente, de distância focal $f = 5{,}0$ cm.

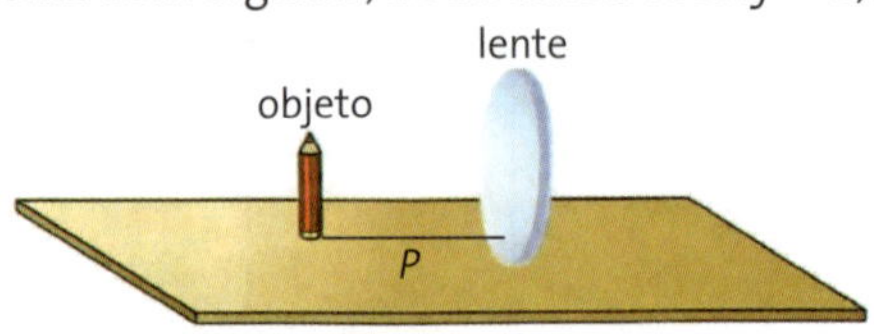


A que distância o objeto deve estar da lente, para que sua imagem real e invertida tenha o dobro da altura do objeto?

13. (UFV-MG) Duas lentes delgadas de vidro, $A$ e $B$, de distâncias focais $f_A = 5$ cm e $f_B = 4$ cm, , respectivamente, são colocadas lado a lado, imersas no ar, com eixos coincidentes, conforme a figura a seguir.

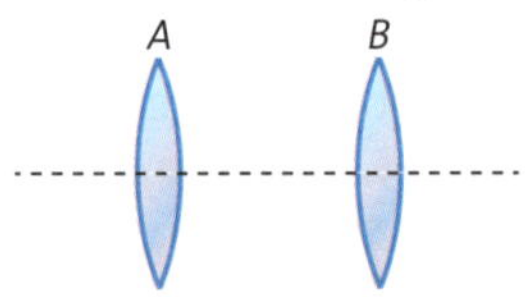


a) Qual a distância entre os centros das lentes para que um feixe de luz de raios paralelos entre si incidente na lente $A$ emerja da lente $B$ como um feixe de luz de raios também paralelos entre si? Reproduza a figura das lentes e desenhe o diagrama de raios ilustrando esta situação. Indique nessa figura os pontos correspondentes aos focos de cada uma das lentes.

b) Calcule a que distância do centro da lente $B$ ficará a imagem do objeto produzida por esse conjunto de lentes, se fixarmos, arbitrariamente, a distância entre os centros das lentes em 10 cm e colocarmos um objeto a uma distância de 3 cm à esquerda do centro da lente $A$.

**14.** (PUC-PR) A equação de Gauss relaciona a distância focal ($f$) de uma lente esférica delgada com as distâncias do objeto ($p$) e da imagem ($p'$) ao vértice da lente. O gráfico dado mostra a distância da imagem em função da distância do objeto para determinada lente. Aproximadamente, a que distância ($p$) da lente deve ficar o objeto para produzir uma imagem virtual, direita e com ampliação de 4,0 vezes?

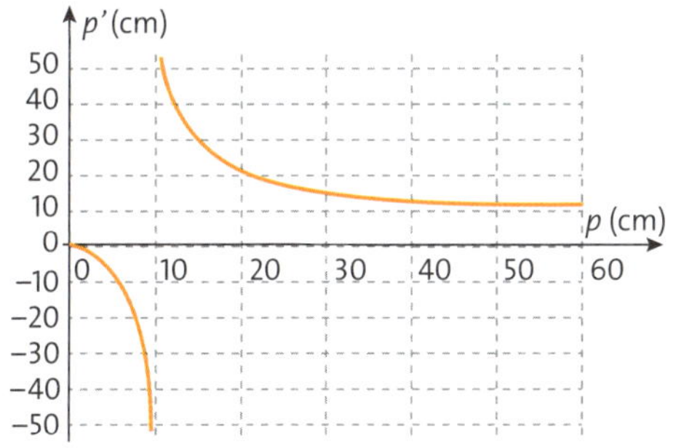


a) 7,5 cm b) 10 cm c) 20 cm d) 8,0 cm e) 5,5 cm

**15.** (UFMG) Em um laboratório de óptica, Oscar precisa aumentar o diâmetro do feixe de luz de um *laser*. Para isso, ele prepara um arranjo experimental com duas lentes convergentes, que são dispostas de maneira que fiquem paralelas, com o eixo de uma coincidindo com o eixo da outra. Ao ligar-se o *laser*, o feixe de luz é alinhado ao eixo do arranjo. Esse arranjo está representado neste diagrama:

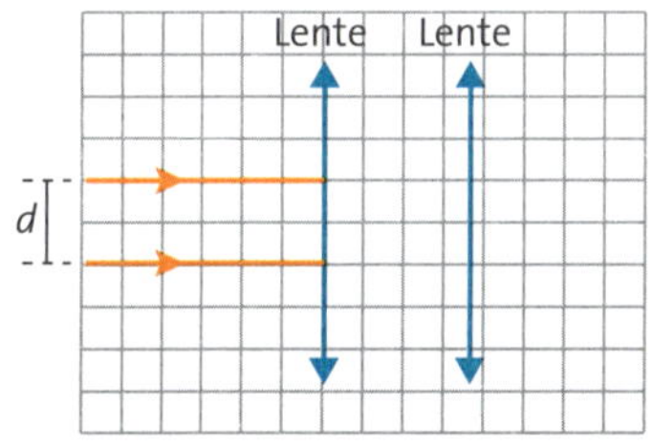


Nesse diagrama, as duas linhas horizontais com setas representam dois raios de luz do feixe. O diâmetro do feixe é indicado pela letra $d$. A linha tracejada horizontal representa o eixo das duas lentes. O feixe de luz que incide nesse arranjo atravessa-o e sai dele alargado, na mesma direção de incidência. Considerando essas informações:

a) Trace o diagrama, até a região à direita da segunda lente, a continuação dos dois raios de luz e indique a posição dos dois focos de cada uma das lentes.

b) Determine o diâmetro do feixe de luz à direita da segunda lente em função de $d$ e das distâncias focais $f_1$ e $f_2$ das lentes.

## MÓDULO 24

**1.** (UFU-MG) Um objeto ($O$) de 1 cm de altura é colocado a uma distância de 2 cm do centro de uma lente convergente ($L_1$) de distância focal 1,5 cm, conforme figura a seguir:

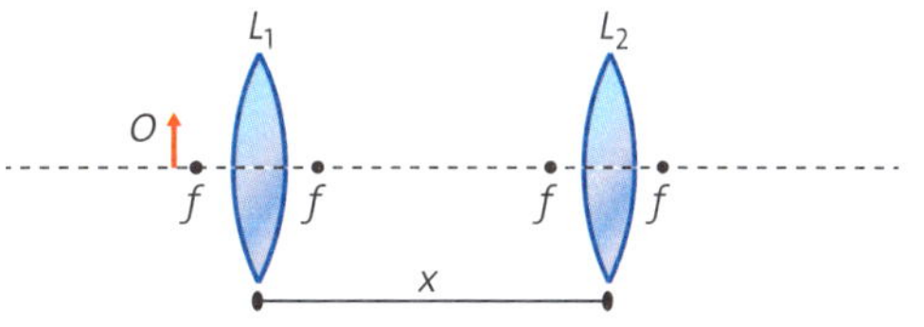


Deseja-se aumentar a imagem formada por este objeto, de modo que ela atinja 6 vezes a altura do objeto original. Para isso, utiliza-se uma segunda lente $L_2$, de características idênticas a $L_1$.

Calcule a que distância $x$ essa segunda lente $L_2$ deve ser colocada da lente $L_1$ (veja a figura apresentada) para que a imagem formada seja real, direita, e 6 vezes maior que o objeto original.

**2.** (Fatec-SP) "Olho mágico" é um dispositivo de segurança residencial constituído simplesmente de uma lente esférica. Colocado na porta de apartamentos, por exemplo, permite que se veja o visitante que está no *hall* de entrada. Quando um visitante está a 50 cm da porta, um desses dispositivos forma, para o observador dentro do apartamento, uma imagem três vezes menor e direita do rosto do visitante. Assinale a opção que se aplica a esse caso quanto às características da lente do olho mágico e o seu comprimento focal:

a) Divergente, comprimento focal $f = -300$ cm.

b) Divergente, comprimento focal $f = -25$ cm.

c) Divergente, comprimento focal $f = -20$ cm.

d) Convergente, comprimento focal $f = +20$ cm.

e) Convergente, comprimento focal $f = +300$ cm.

**3.** (Ufscar-SP) A figura representa esquematicamente um retroprojetor, dispositivo óptico largamente utilizado em sala de aula.

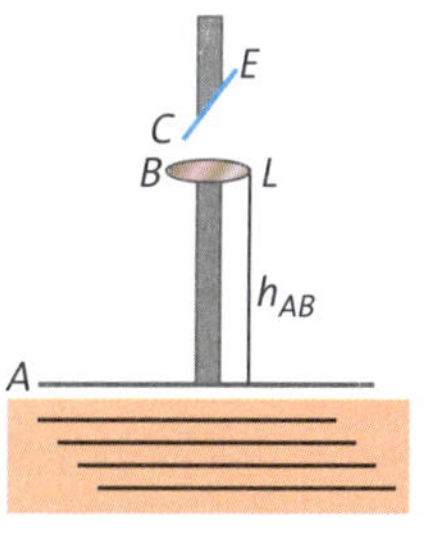


Em $A$ está a base, intensamente iluminada, onde são colocadas as transparências com textos e figuras a serem projetadas. Em $B$, num suporte que permite variar a altura $h_{AB}$, está a lente $L$. Em $C$ um espelho plano $E$, de inclinação variável, desvia o feixe de luz para a tela, à frente do retroprojetor. Sabe-se que a imagem de uma figura com 10 cm de altura, desenhada na transparência, aparece nitidamente na tela com 90 cm de altura, quando se regula a lente $L$ na altura $h_{AB} = 50$ cm. Considere desprezível a distância da lente ao espelho plano.

a) Qual a distância do espelho à tela e a distância focal da lente $L$?

b) Num auditório, a distância máxima da tela ao local onde os projetores podem ser colocados é de 18 m. Nessas condições, qual a altura máxima com que a imagem dessa figura pode ser projetada, utilizando esse retroprojetor? Para tanto, qual deve ser o valor de $h_{AB}$?

4. (UFC-CE) Uma escultura de 2,18 m de altura foi fotografada com uma câmera abastecida com filme para *slide*. A imagem gravada no *slide* tem 2 cm de altura. Para ver essa imagem numa tela, o fotógrafo dispõe de um projetor de *slides* de lente biconvexa, delgada, com distância focal de 10 cm. Se o fotógrafo deseja ver a imagem da escultura, na tela, em seu tamanho natural, a que distância da tela, em metros, deve ficar a lente do projetor?

5. (Vunesp-SP) Um estudante, utilizando uma lente, projeta a imagem da tela da sua televisão, que mede 0,42 m × 0,55 m, na parede oposta da sala. Ele obtém uma imagem plana e nítida com a lente localizada a 1,8 m da tela da televisão e a 0,36 m da parede.
   a) Quais as dimensões da tela projetada na parede? Qual a distância focal da lente?
   b) Como a imagem aparece na tela projetada na parede: sem qualquer inversão? Invertida apenas na vertical (de cabeça para baixo)? Invertida na vertical e na horizontal (de cabeça para baixo e trocando o lado esquerdo pelo direito)? Justifique.

6. (Unicamp-SP) Um dos telescópios usados por Galileu por volta do ano de 1610 era composto de duas lentes convergentes, uma objetiva (lente 1) e uma ocular (lente 2) de distâncias focais iguais a 133 cm e 9,5 cm, respectivamente. Na Observação de objetos celestes, a imagem ($I_1$) formada pela objetiva situa-se praticamente no seu plano focal. Na figura (fora de escala), o raio $R$ é proveniente da borda do disco lunar e o eixo óptico passa pelo centro da Lua.

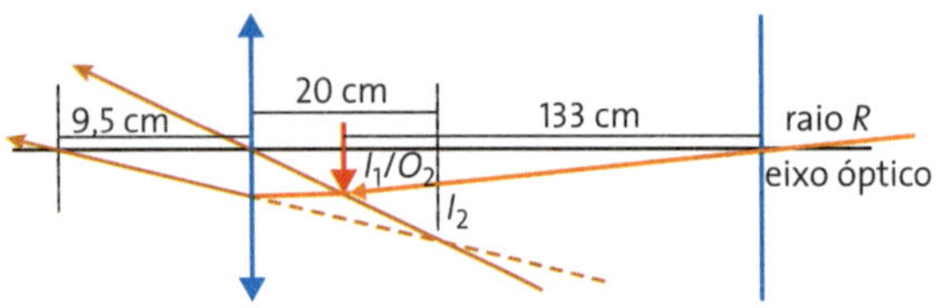


   a) A Lua tem 1750 km de raio e fica a aproximadamente 384 000 km da Terra. Qual é o raio da imagem da Lua ($i_1$) formada pela objetiva do telescópio de Galileu?
   b) Uma segunda imagem ($i_2$) é formada pelo ocular a partir daquela formada pela objetiva ($i_1$) torna-se objeto ($O_2$) para a ocular. Essa segunda imagem é virtual e situa-se a 20 cm da lente ocular. A que distância a ocular deve ficar da objetiva do telescópio para que isso ocorra?

7. (Fuvest-SP) Uma fonte de luz intensa $L$, praticamente pontual, é utilizada para projetar sombras em um grande telão $T$, a 150 cm de distância. Para isso, uma lente convergente, de distância focal igual a 20 cm, é encaixada em um suporte opaco a 60 cm de $L$, entre a fonte e o telão, como indicado na figura **A**, em vista lateral. Um objeto, cuja região opaca está representada pela cor escura da figura **B**, é, então, colocado a 40 cm da fonte, para que sua sombra apareça no telão. Para analisar o efeito obtido, indique, no esquema a seguir:

**Figura A**

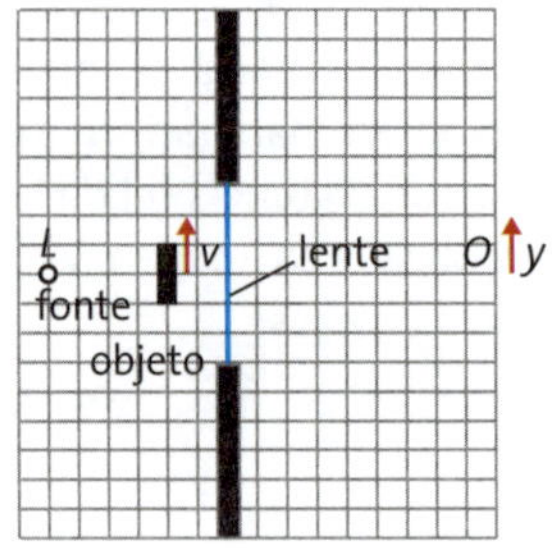


(o eixo $x$ é perpendicular ao plano do papel, com sentido para fora dele)

**Figura B**
(objeto visto de frente)

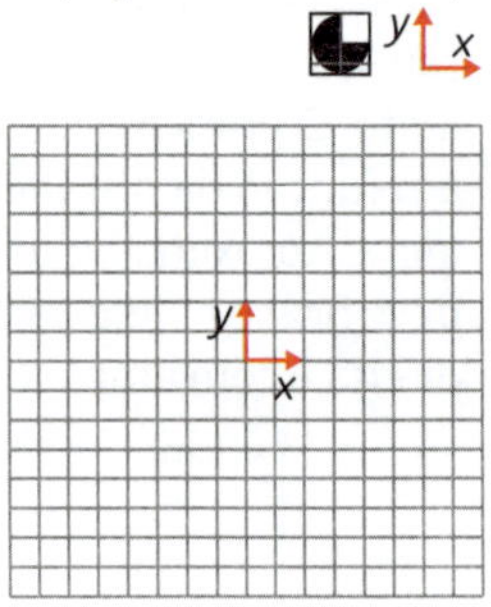


**Figura C**
Telão visto de frente

   a) a posição da imagem da fonte, representando-a por $L'$.
   b) a região do telão, na ausência do objeto, que **não** é iluminada pela fonte, escurecendo-a a lápis (Faça, a lápis, as construções dos raios auxiliares, indicando por $A_1$ e $A_2$ os raios que permitem definir os limites de tal região).
   c) a região do telão, na presença do objeto, que **não** é iluminada pela fonte, escurecendo-a a lápis (Faça, a lápis, as construções dos raios auxiliares necessários para tal determinação).

8. (UFPR) Ao ser emitida por uma fonte, uma luz monocromática, cujo comprimento de onda no ar é $\lambda_0$, incide no olho de uma pessoa. A luz faz o seguinte percurso até atingir a retina: ar – córnea – humor aquoso – cristalino – humor vítreo. Considerando que o índice de refração do ar é $n_0 = 1{,}00$, da córnea é $n_1 = 1{,}38$, do humor aquoso é $n_2 = 1{,}33$, do cristalino é $n_3 = 1{,}40$ e do humor vítreo é $n_4 = 1{,}34$ e que $\lambda_1$, $\lambda_2$, $\lambda_3$ e $\lambda_4$ são os comprimentos de onda da luz na córnea, no humor aquoso, no cristalino e no humor vítreo, respectivamente, assinale a alternativa correta.
   a) $\lambda_1 < \lambda_0$.
   b) $\lambda_2 < \lambda_1$.
   c) $\lambda_3 > \lambda_2$.
   d) $\lambda_4 < \lambda_3$.
   e) $\lambda_4 > \lambda_0$.

9. (UFCE) As deficiências de visão são compensadas com o uso de lentes. As figuras ao lado mostram as seções retas de cinco lentes.

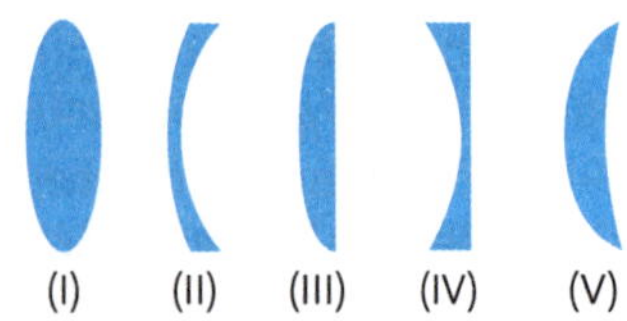


Considerando as representações acima, é correto afirmar que:
   a) as lentes I, III e V podem ser úteis para hipermetropes e as lentes II e IV para míopes.
   b) as lentes I, II e V podem ser úteis para hipermetropes e as lentes III e IV para míopes.
   c) as lentes I, II e III podem ser úteis para hipermetropes e as lentes IV e V para míopes.
   d) as lentes II e V podem ser úteis para hipermetropes e as lentes I, III e IV para míopes.
   e) as lentes I e V podem ser úteis para hipermetropes e as lentes II, III e IV para míopes.

10. (Cesumar-PR) Um indivíduo hipermetrope tem seu ponto máximo situado a 0,5 m da vista. Admitindo como desprezíveis as distâncias entre as lentes e os olhos, determine a vergência, em dioptrias (di), e o tipo de lente que ele deve usar para que possa enxergar nitidamente objetos situados a 25 cm de distância.

a) 1,75 di, lente divergente
b) 2 di, lente convergente
c) 0,75 di, lente divergente
d) 1,75 di, lente convergente
e) 2 di, lente divergente

11. (UFTM-MG) A receita de óculos para um míope indica que ele deve usar "lentes de 2,0 graus", isto é, o valor da convergência das lentes deve ser 2,0 dioptrias. Podemos concluir que as lentes desses óculos devem ser:

a) convergentes, com 2,0 m de distância focal.
b) convergentes, com 50 cm de distância focal.
c) divergentes, com 2,0 m de distância focal.
d) divergentes, com 20 cm de distância focal.
e) divergentes, com 50 cm de distância focal.

12. (UFPE) Uma pessoa com alto grau de miopia só pode ver objetos definidos claramente se a distância até o objeto, medida a partir do olho, estiver entre 15 cm e 40 cm. Para enxergar um objeto situado a 1,5 m de distância, esta pessoa pode usar óculos com uma lente de distância focal $f = -30$ cm. A qual distância, em cm, à esquerda da lente, se formará a imagem do objeto?

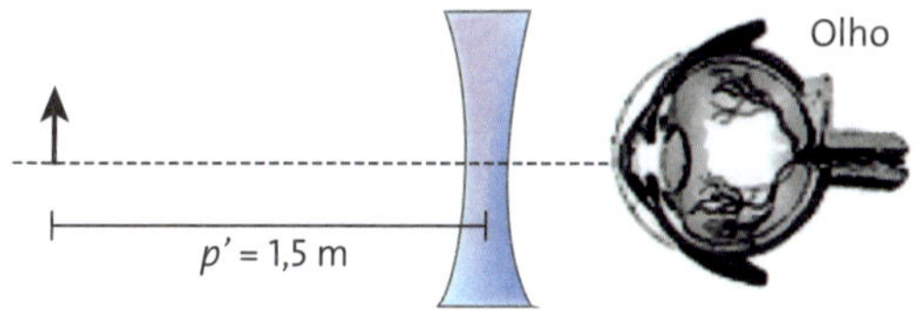


13. (USF-SP) Lentes bifocais são prescritas para o Sr. Geraldo com distâncias focais de 50 cm e −200 cm igualmente para os dois olhos. Isso significa que este senhor apresenta certamente as seguintes deficiências de visão em cada olho:

a) 2 "graus" de miopia e 0,5 "grau" de hipermetropia.
b) 2 "graus" de presbiopia e 2 "graus" de hipermetropia.
c) 2 "graus" de presbiopia e 0,5 "grau" de miopia.
d) 0,5 "grau" de miopia e 0,5 "grau" de hipermetropia.
e) 2 "graus" de hipermetropia e 0,5 "grau" de miopia.

14. (ITA-SP) Num oftalmologista, constata-se que um certo paciente tem uma distância máxima e uma distância mínima de visão distinta de 5,0 m e 8,0 cm, respectivamente. Sua visão deve ser corrigida pelo uso de uma lente que lhe permita ver com clareza objetos no "infinito". Qual das afirmações é verdadeira?

a) O paciente é míope e deve usar lente divergente cuja vergência é 0,2 dioptrias.
b) O paciente é míope e deve usar lentes convergentes cuja vergência é 0,2 dioptrias.
c) O paciente é hipermetrope e deve usar lentes convergentes cuja vergência é 0,2 dioptrias.
d) O paciente é hipermetrope e deve usar lentes divergentes cuja vergência é −0,2 dioptrias.
e) A lente corretora de defeito visual desloca a distância mínima de visão distinta para 8,1 cm.

15. (UFRN) Durante uma consulta ao seu médico oftalmologista, um estudante obteve uma receita com as especificações dos óculos que ele deve usar para corrigir seus defeitos de visão. Os dados da receita estão apresentados no quadro abaixo.

| | | Esférica (dioptrias) | Cilíndrica (dioptrias) | Eixo | D.P |
|---|---|---|---|---|---|
| Para Longe | OD | | | | |
| | OE | | | | |
| Para Perto | OD | +2,0 | | | |
| | OE | +2,0 | | | |

Em suas aulas de Física, ele havia aprendido como se formam as imagens no olho hipermetrope e no míope, as quais estão representadas nas Figuras I e II abaixo.

Figura I

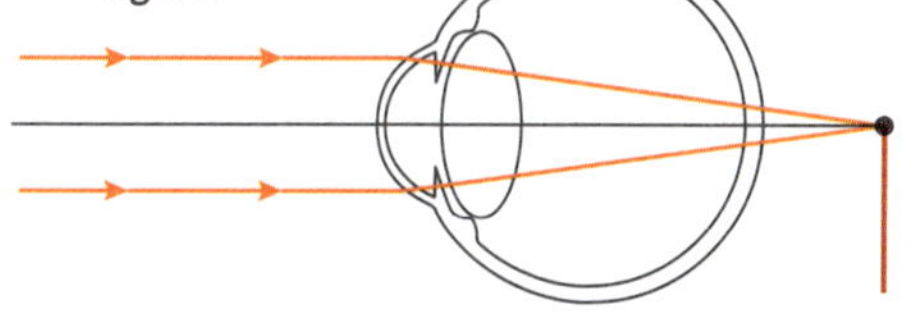

No olho hipermetrope, a imagem se forma depois da retina.

Figura II

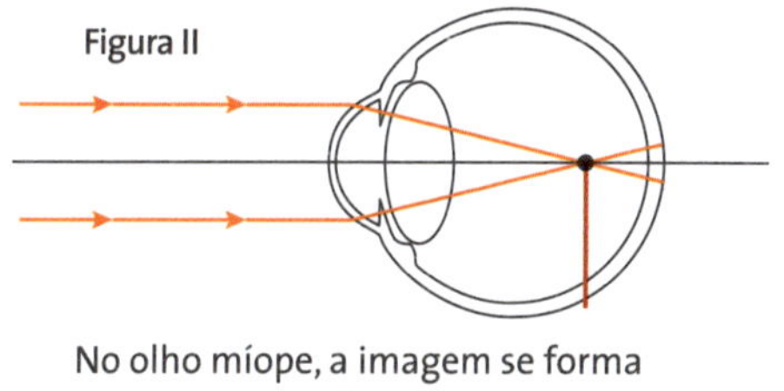

No olho míope, a imagem se forma antes da retina.

Sabendo que a dioptria, $D$, popularmente conhecida como "grau de lente", é determinada pelo inverso da distância focal $f$(m), medida em metros, isto é, $D = \frac{1}{f(m)}$, é correto afirmar que o estudante é:

a) hipermetrope, e as lentes de seus óculos devem ter distância focal igual a 0,5 m.
b) hipermetrope, e as lentes de seus óculos devem ter distância focal igual a 2,0 m.
c) míope, e as lentes de seus óculos devem ter distância focal igual a 0,5 m.
d) míope, e as lentes de seus óculos devem ter distância focal igual a 2,0 m.

## MÓDULO 25

1. (UFPB) A relatividade especial é uma teoria muito bem consolidada experimentalmente, inclusive tendo aplicações dela no cotidiano. Um exemplo bastante expressivo é o aparelho de navegação GPS, o qual está baseado na relatividade especial, e é construído com a finalidade de proporcionar orientação espacial com precisão.
Com base nos conceitos da relatividade especial, identifique as afirmativas corretas:
   ( ) A velocidade da luz no vácuo é a mesma em todas as direções e em todos os referenciais e não depende do movimento da fonte ou do observador.
   ( ) As leis da Física dependem do referencial inercial escolhido.
   ( ) Dois observadores em movimento relativo não concordam, em geral, quanto à simultaneidade entre dois eventos.
   ( ) O tempo próprio é o intervalo de tempo entre dois eventos que ocorrem no mesmo ponto em determinado referencial inercial, medido nesse referencial.
   ( ) O comprimento próprio de um objeto é aquele medido em um referencial no qual ele está em repouso.

2. (UFSC) A física contemporânea é o estudo da Física desenvolvido no final do século XIX e início do século XX. Em particular, é o estudo da Mecânica quântica e da teoria da relatividade restrita. Dê como resposta a soma da(s) alternativas(s) correta(s) em relação às contribuições da Física contemporânea.
   (01) Demonstra limitações as aplicações das leis de Newton.
   (02) Nega totalmente as aplicações das leis de Newton.
   (04) Explica o efeito fotoelétrico e o *laser*.
   (08) Afirma que as leis da Física são as mesmas em todos os referenciais inerciais.
   (16) Comprova que a velocidade da luz é diferente para quaisquer observadores em referenciais inerciais.
   (32) Demonstra que a massa de um corpo independe de sua velocidade.

3. (UFRN) Nos dias atuais, há um sistema de navegação de alta precisão que depende de satélites artificiais em órbita em torno da Terra. Para que não haja erros significativos nas posições fornecidas por esses satélites, é necessário corrigir relativisticamente o intervalo de tempo medido pelo relógio, a bordo de cada um desses satélites.
A teoria da relatividade prevê que, se não for feito esse tipo de correção, um relógio a bordo não marcará o mesmo intervalo de tempo que o outro relógio em repouso na superfície da Terra, mesmo sabendo-se que ambos os relógios estão sempre em perfeitas condições de funcionamento e foram sincronizados antes de o satélite ser lançado. Se não for feita a correção relativística para o tempo medido pelo relógio a bordo:
   a) ele se adiantará em relação ao relógio em terra enquanto ele for acelerado em relação à Terra.
   b) ele ficará cada vez mais adiantado em relação ao relógio em terra.
   c) ele se atrasará em relação ao relógio em terra durante metade de sua órbita e se adiantará durante a outra metade da órbita.
   d) ele ficará cada vez mais atrasado em relação ao relógio em terra.

4. (UCS-RS) Leia o texto a seguir.
Em um futuro em que as viagens para o espaço serão mais frequentes, uma senhora caminha na rua e encontra um homem de uns 40 anos, cuidando carinhosamente de um senhor aparentando ter o dobro da idade dele. Comovida, a senhora pergunta ao mais moço se o idoso é seu avô. O jovem responde que não, é seu irmão gêmeo. Ambos eram produtores de vinho e vendiam o produto para restaurantes espalhados por todo o sistema solar. Um gêmeo cuidava da produção na Terra, e o outro, em uma espaçonave, fazia as entregas pessoalmente. O fato de o transporte ser feito com velocidade de até 95% da velocidade da luz ocasionou tal diferença de idade.
Essa pequena crônica mostra como os efeitos da relatividade restrita podem se tornar significativos quando atingimos velocidades próximas à velocidade da luz. Que conclusão podemos tirar sobre o que ocorreu?
   a) O gêmeo que ficava na Terra envelheceu menos, porque a dilatação dos comprimentos para ele era compensada pela contração do tempo.
   b) O ritmo de tempo foi mais lento para o gêmeo que ficava na Terra, por isso ele envelheceu menos.
   c) As distâncias entre os lugares aumentavam para o gêmeo na espaçonave, logo ele precisava de mais tempo para percorrê-las e, por isso, envelheceu mais.
   d) O ritmo de tempo foi mais lento para o gêmeo que viajava, por isso ele envelheceu menos.
   e) O gêmeo que viajava envelheceu mais, porque a contração dos comprimentos para ele era compensada pela dilatação do tempo.

5. (UFRGS-RS) A nanotecnologia, tão presente nos nossos dias, disseminou o uso do prefixo nano (*n*) junto a unidades de medida. Assim, comprimentos de onda da luz visível são, modernamente, expressos em nanômetros (nm), sendo 1 nm $= 1 \cdot 10^{-9}$ m.
Considere a velocidade da luz no ar igual a $3 \cdot 10^{8}$ m/s.
Cerca de 60 fótons devem atingir a córnea para que o olho humano perceba um *flash* de luz, e aproximadamente metade deles são absorvidos ou refletidos pelo meio ocular. Em média, apenas 5 dos fótons restantes são realmente absorvidos pelos fotorreceptores (bastonetes) na retina, sendo os responsáveis pela percepção luminosa.
Considere a constante de Planck *h* igual a $6{,}6 \cdot 10^{-34}$ J · s.
Com base nessas informações, é correto afirmar que, em média, a energia absorvida pelos fotorreceptores quando uma luz verde com comprimento de onda igual a 500 nm atinge o olho humano é igual a:
   a) $3{,}30 \cdot 10^{-41}$ J.
   b) $3{,}96 \cdot 10^{-33}$ J.
   c) $1{,}98 \cdot 10^{-32}$ J.
   d) $3{,}96 \cdot 10^{-19}$ J.
   e) $1{,}98 \cdot 10^{-18}$ J.

6. (UFMG) Nos diodos emissores de luz, conhecidos como LEDs, a emissão de luz ocorre quando elétrons passam de um nível de maior energia para um outro de menor energia.

Dois tipos comuns de LEDs são o que emite luz vermelha e o que emite luz verde.

Sabe-se que a frequência da luz vermelha é menor que a da luz verde.

Sejam $\lambda_{(verde)}$ o comprimento de onda da luz emitida pelo LED verde e $E_{(verde)}$ a diferença de energia entre os níveis desse mesmo LED.

Para o LED vermelho, essas grandezas são, respectivamente, $\lambda_{(vermelho)}$ e $E_{(vermelho)}$.

Considerando-se essas informações, é correto afirmar que:

a) $E_{(verde)} > E_{(vermelho)}$ e $\lambda_{(verde)} > \lambda_{(vermelho)}$.

b) $E_{(verde)} > E_{(vermelho)}$ e $\lambda_{(verde)} < \lambda_{(vermelho)}$.

c) $E_{(verde)} < E_{(vermelho)}$ e $\lambda_{(verde)} > \lambda_{(vermelho)}$.

d) $E_{(verde)} < E_{(vermelho)}$ e $\lambda_{(verde)} < \lambda_{(vermelho)}$.

7. (UFRN) Quando a luz incide sobre a superfície de uma placa metálica, é possível que elétrons sejam arrancados dessa placa, processo conhecido como efeito foto elétrico. Para que um elétron escape da superfície do metal, por causa desse efeito, a energia do fóton incidente deve ser, pelo menos, igual a uma energia mínima, chamada função trabalho ($W_0$), uma grandeza característica de cada metal. A energia de cada fóton da luz incidente é igual ao produto $h \cdot f$, em que $h$ é a constante de Planck e $f$ é a frequência da luz incidente. Quando a energia do fóton incidente é maior que $W_0$, a energia restante é transformada em energia cinética do elétron. Dessa forma, a energia cinética máxima ($E_m$) do elétron arrancado é dada por: $E_m = h \cdot f - W_0$.

Considere o experimento no qual um feixe de luz que contém fótons com energias associadas a um grande intervalo de frequências incide sobre duas placas, $P_1$ e $P_2$, constituídas de metais diferentes. Para esse experimento pode-se afirmar que o gráfico representando a energia cinética máxima dos elétrons emitidos, em função das frequências que compõem a luz incidente, é:

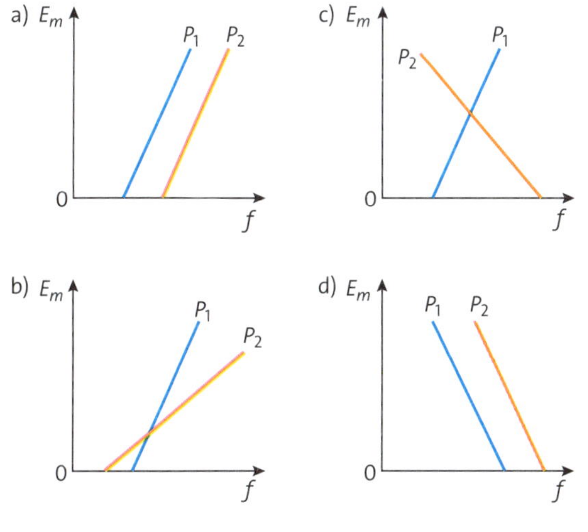


8. (UFG-GO) Transições eletrônicas, em que fótons são absorvidos ou emitidos, são responsáveis por muitas das cores que percebemos. Na figura ao lado, vê-se parte do diagrama de energias do átomo de hidrogênio.

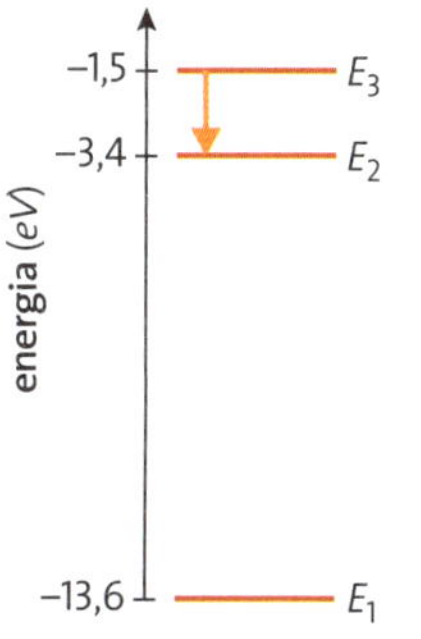


Na transição indicada ($E_3 \rightarrow E_2$), um fóton de energia:

a) 1,9 eV é emitido.

b) 1,9 eV é absorvido.

c) 4,9 eV é emitido.

d) 4,9 eV é absorvido.

e) 3,4 eV é emitido.

9. (UFJF-MG) De acordo com o modelo de Bohr, as energias possíveis dos estados que o elétron pode ocupar no átomo de hidrogênio são, aproximadamente, dadas por $E_n = -\frac{E_0}{n^2}$, em que $E_0 = 13{,}6$ eV e $n = 1, 2, 3, 4,$ etc. O elétron faz uma transição do estado excitado $n = 2$ para o estado fundamental $n = 1$. Admitindo que a massa do átomo de hidrogênio é igual à massa do próton $M_P = 1{,}6 \cdot 10^{-27}$ kg, faça o que se pede nos itens seguintes.

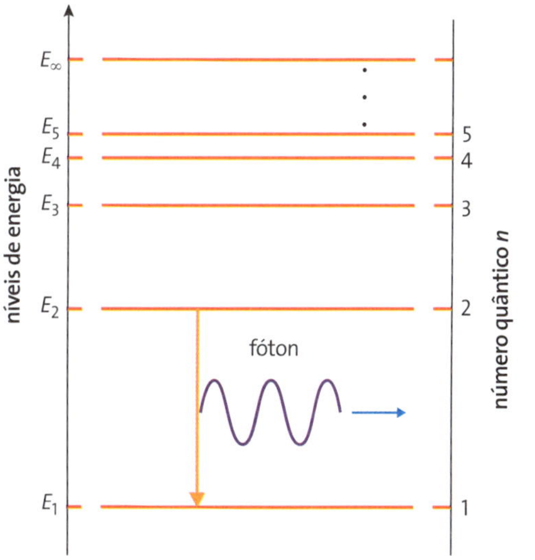


a) Calcule a energia $E$, em elétron-volts, do fóton emitido.

b) Sabendo que a quantidade de movimento (momento linear) do fóton emitido é dada por $Q = \frac{E}{c}$ e considerando que a quantidade de movimento do sistema se conserva, qual é a velocidade $v$ de recuo do átomo?

10. (UFRGS-RS) Um átomo de hidrogênio tem sua energia quantizada em níveis de energia ($E_n$), cujo valor genérico é dado pela expressão $E_n = -\frac{E_0}{n^2}$, sendo $n$ igual a 1, 2, 3, ... e $E_0$ igual à energia do estado fundamental (que corresponde a $n = 1$).

Supondo-se que o átomo passe do estado fundamental para o terceiro nível excitado ($n = 4$), a energia do fóton necessário para provocar essa transição é:

a) $\frac{1}{16} E_0$.
c) $\frac{1}{2} E_0$.
e) $\frac{17}{16} E_0$.
b) $\frac{1}{4} E_0$.
d) $\frac{15}{16} E_0$.

**11.** (UFBA) Quando um feixe luminoso passa através de um prisma, ele se decompõe em um espectro de cores que correspondem às luzes de diversos comprimentos de onda que compõem o feixe.

Um gás monoatômico rarefeito, contido em uma ampola de vidro, é submetido a uma descarga elétrica e produz uma luz que, ao passar através de um prisma, decompõe-se em um espectro de raias coloridas, cujo padrão é característico do gás.

A primeira explicação teórica para esse espectro, com base na teoria atômica, foi dada, em 1913, por Niels Bohr que, partindo do modelo atômico de Rutherford, estabeleceu um conjunto de postulados a partir dos quais era possível explicar, dentre outras coisas, o espectro observado.

Esses postulados estabelecem que os elétrons giram ao redor do núcleo, em órbitas circulares estáveis, nas quais eles podem permanecer sem perder energia, que as órbitas são quantizadas, possuindo, cada uma, um valor discreto de energia, e que o elétron, quando é forçado a mudar de uma órbita para outra, absorve ou libera uma determinada quantidade de energia.

Com base nos postulados de Bohr, explique a produção das linhas espectrais observadas.

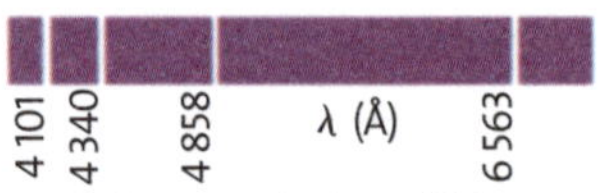

Raias espectrais emitidas pelo hidrogênio.

**12.** (UCS-RS) Um jovem, estudando conceitos básicos de física moderna, vai a um jogo de futebol no ginásio de esportes da universidade. Quando da cobrança de uma falta, o jovem grita para o goleiro de seu time tomar cuidado porque a bola poderá se comportar como uma onda, e não como uma partícula, o que tornaria a defesa quase impossível, pois a trajetória da bola seria probabilística. O goleiro, que também estudara noções de física quântica, não se preocupou, pois sabia que comportamento ondulatório:

a) é uma propriedade apenas de elétrons.
b) é uma propriedade apenas de prótons e nêutrons no núcleo atômico.
c) é uma propriedade que não existe também para as bolas de futebol.
d) é uma propriedade que existe também para as bolas de futebol, mas é desprezível.
e) não ocorre em nenhum tipo de partícula com massa.

**13.** (Uerj) Prótons e nêutrons são constituídos de partículas chamadas *quarks*: os *quarks* *u* e *d*. O próton é formado de 2 *quarks* do tipo *u* e 1 *quark* do tipo *d*, enquanto o nêutron é formado de 2 *quarks* do tipo *d* e 1 do tipo *u*. Se a carga elétrica do próton é igual a 1 unidade de carga e a do nêutron é igual a zero, as cargas de *u* e *d* valem, respectivamente:

a) $\frac{2}{3}$ e $\frac{1}{3}$.
c) $\frac{1}{3}$ e $\frac{2}{3}$.
b) $-\frac{2}{3}$ e $\frac{1}{3}$.
d) $\frac{2}{3}$ e $-\frac{1}{3}$.

**14.** (UFPI) Na atualidade, todas as forças conhecidas podem ser descritas por quatro classes de interações fundamentais. Analise as afirmativas a seguir e julgue (V ou F).

I. As forças gravitacionais são fundamentais na explicação dos movimentos dos planetas.
II. As interações eletromagnéticas explicam as forças de contato, como, por exemplo, o empuxo.
III. A força de atrito entre superfícies e a força de resistência do ar são forças de interação nuclear forte.
IV. A força peso é uma força de ação a distância.

**15.** (UFU-MG) Em 1926, Louis de Broglie formula, na sua tese de doutorado, que as partículas deveriam se comportar como ondas, da mesma forma que a luz, considerada primeiramente como de caráter ondulatório, deveria ser descrita como partícula para explicar o comportamento do espectro de radiação de um corpo negro. A hipótese de Broglie foi confirmada experimentalmente de forma independente por George P. Thompson e Joseph Davisson, em experiências realizadas usando elétrons em que a difração de partículas foi observada pela primeira vez. Nesses experimentos, as partículas incidem em uma rede de difração, que consiste de uma série de fendas do mesmo comprimento localizadas a uma distância igualmente espaçada, conhecida como espaçamento da rede. O comprimento da fenda deve ser comparável com o comprimento da onda incidente.

Na tabela 1, são reportados alguns comprimentos de onda, λ, de objetos materiais, todos se movendo com velocidade igual a 100 m/s.

**Tabela 1**

| Objeto | Massa | λ(m) |
|---|---|---|
| Elétron | $9{,}1 \cdot 10^{-31}$ | $7{,}27 \cdot 10^{-6}$ |
| Nêutron | $1{,}7 \cdot 10^{-27}$ | $3{,}89 \cdot 10^{-9}$ |
| Bola de *baseball* | 0,14 | $1{,}18 \cdot 10^{-34}$ |

Na tabela 2, são reportados os valores de algumas distâncias na natureza.

**Tabela 2**

| Definição | Distância |
|---|---|
| Raio do átomo de hidrogênio | $0{,}53 \cdot 10^{-10}$ |
| Espaçamento da rede cristalina do ouro | $10^{-5} - 10^{-7}$ |
| Espaçamento da rede cristalina do grafito-cobre | $10^{-12}$ |

Analise as seguintes afirmações sobre os dados das tabelas.

I. O comprimento de onda é inversamente proporcional ao momento linear da partícula, com uma constante de proporcionalidade da ordem de $10^{-34}$.
II. Pode-se usar um arranjo de átomos de hidrogênio para estudar a difração de bolas de *baseball*.
III. Lâminas de ouro podem ser usadas como redes de difração em experimentos de difração de elétrons.

Usando a tabela e as informações do enunciado, indique a alternativa que apresenta as afirmações corretas.

a) Apenas I.
b) Apenas I e III.
c) Apenas I e II.
d) Apenas III.

## MÓDULO 26

**1.** (ESPM-SP) Um capacitor plano está ligado a uma ddp de 120 V e possui uma capacitância de $2 \cdot 10^{-12}$ F. A carga que esse capacitor armazena é igual a:

a) $2{,}4 \cdot 10^{-10}$ C.
b) $3{,}6 \cdot 10^{-10}$ C.
c) $4{,}8 \cdot 10^{-10}$ C.
d) $7{,}2 \cdot 10^{-10}$ C.
e) $9{,}6 \cdot 10^{-10}$ C.

**2.** (PUC-SP) Um capacitor de 10μF está carregado e com diferença de potencial de 500 V. Qual é a energia de sua descarga?

a) 2,51 J b) 2,15 J c) 1,25 J d) 5,21 J e) 12,5 J

**3.** (Uerj) Para tirar fotos na festa de aniversário da filha, o pai precisou usar o *flash* da máquina fotográfica. Este dispositivo usa duas pilhas de 1,5 V, ligadas em série, que carregam completamente um capacitor de 15 μF. No momento da fotografia, quando o *flash* é disparado, o capacitor, completamente carregado, se descarrega sobre sua lâmpada. Calcule o valor máximo da energia armazenada no capacitor.

**4.** (ITA-SP) Um capacitor de capacitância igual a $0{,}25 \cdot 10^{-6}$ F é carregado até um potencial de $1{,}00 \cdot 10^5$ V, sendo então descarregado até $0{,}40 \cdot 10^5$ V em um intervalo de tempo de 0,10 s, enquanto se transfere energia para um equipamento de raios X. A carga total, $Q$, e a energia $E$, fornecidas ao tubo de raios X, são mais bem representadas, respectivamente, por:

a) $Q = 0{,}005$ C e $E = 1250$ J.
b) $Q = 0{,}025$ C e $E = 1250$ J.
c) $Q = 0{,}025$ C e $E = 1050$ J.
d) $Q = 0{,}015$ C e $E = 1250$ J.
e) $Q = 0{,}015$ C e $E = 1050$ J.

**5.** (Uespi) A figura à esquerda ilustra um capacitor eletrolítico do tipo bastante usado em dispositivos elétricos em geral, tais como placas-mãe (figura à direita) e placas de vídeo de computadores. A sua função é essencialmente armazenar pequenas quantidades de energia, de modo a absorver variações na corrente elétrica, protegendo os demais componentes eletrônicos do circuito ligados a ele. Qual a quantidade de energia elétrica armazenada por capacitor eletrolítico de capacitância 100 μF = $10^{-4}$ F, submetido a uma tensão de 60 V entre os seus terminais?

Hsagencia/Shutterstock/Glow Images

Hellen Sergeyeva/Shutterstock/Glow Images

a) 0,09 J b) 0,18 J c) 0,27 J d) 0,36 J e) 0,42 J

**6.** (Unicamp-SP) Quando um rolo de fita adesiva é desenrolado, ocorre uma transferência de cargas elétricas da fita para o rolo, conforme ilustrado na figura.

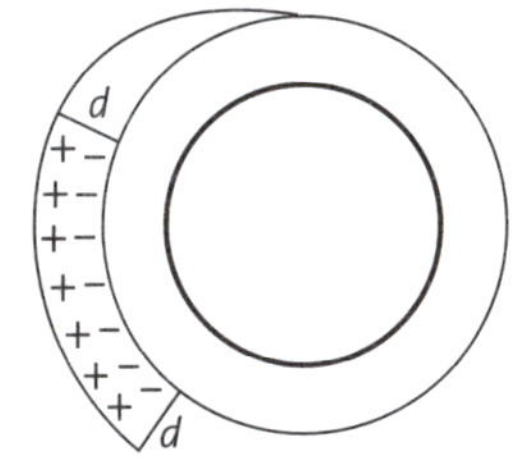


Quando o campo elétrico criado pela distribuição de cargas é maior que o campo elétrico de ruptura do meio, ocorre uma descarga elétrica. Foi demonstrado recentemente que essa descarga pode ser utilizada como uma fonte econômica de raios X.

Para um pedaço da fita de área $A = 5{,}0 \cdot 10^{-4}$ m² mantido a uma distância constante $d = 2{,}0$ mm do rolo, a quantidade de cargas acumuladas é igual a $Q = C \cdot V$, sendo $V$ a diferença de potencial entre a fita desenrolada e o rolo e $C = \varepsilon_0 \cdot \frac{A}{d}$, em que $\varepsilon_0 \approx 9{,}0 \cdot 10^{-12}$ C/(V · m). Nesse caso, a diferença de potencial entre a fita e o rolo para $Q = 4{,}5 \cdot 10^{-9}$ C é de:

a) $1{,}2 \cdot 10^2$ V.
b) $5{,}0 \cdot 10^{-4}$ V.
c) $2{,}0 \cdot 10^3$ V.
d) $1{,}0 \cdot 10^{-20}$ V.

**7.** (Fuvest-SP) O campo elétrico no interior de um capacitor de placas paralelas é uniforme, dado pela fórmula $E = \frac{U}{D}$, em que $U$ é a diferença de potencial entre as placas e $D$ é a distância entre elas. A figura representa uma gota de óleo, de massa $m$ e carga positiva $Q$, entre as placas horizontais do capacitor no vácuo. A gota encontra-se em equilíbrio sob a ação das forças gravitacionais e elétrica.

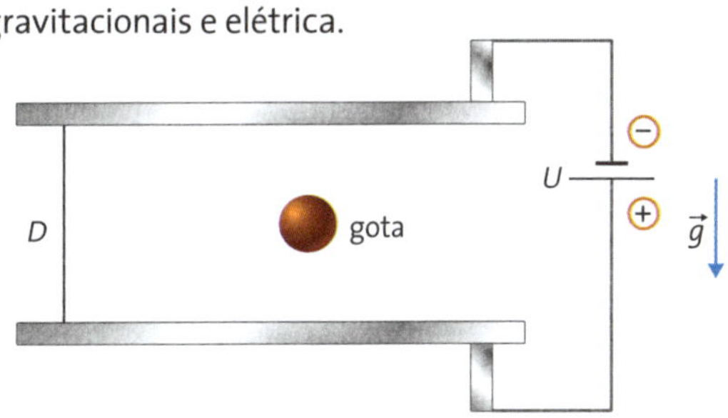


a) Determine a relação entre $U$, $D$, $m$, $Q$ e $g$ (aceleração de gravidade).

b) Reduzindo-se a distância entre as placas para $\frac{D}{3}$ e aplicando uma diferença de potencial $U_1$, verifica-se que a gota adquire uma aceleração para cima, de módulo igual ao da aceleração da gravidade. Qual a razão $\frac{U_1}{U}$?

**8.** (Furg-RS) Três capacitores de capacitância $C_1 = 20\ \mu F$, $C_2 = 40\ \mu F$ e $C_3 = 40\ \mu F$ estão associados em série. Essa associação é ligada a uma ddp $U$, conforme a figura. Sabendo-se que a carga em uma das placas do capacitor $C_1$ é $q = 30\ \mu C$, a ddp $U$ tem o valor de:

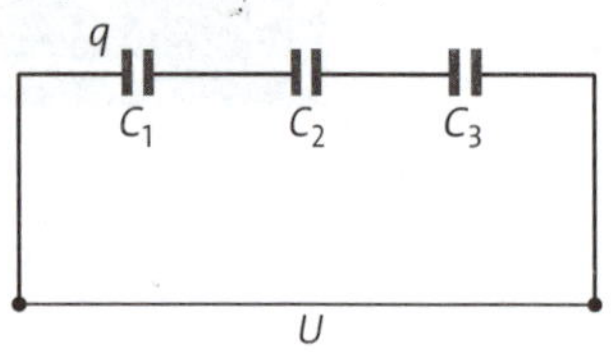


a) 24 V.
b) 12 V.
c) 6,0 V.
d) 4,5 V.
e) 3,0 V.

**9.** (Inatel-MG) Considere a seguinte associação de condensadores, com $C_1 = 2{,}0\ \mu F$, $C_2 = 5{,}0\ \mu F$ e $C_3 = 10\ \mu F$, sendo $U = 8{,}0$ V a diferença de potencial entre os terminais $A$ e $B$ da associação.

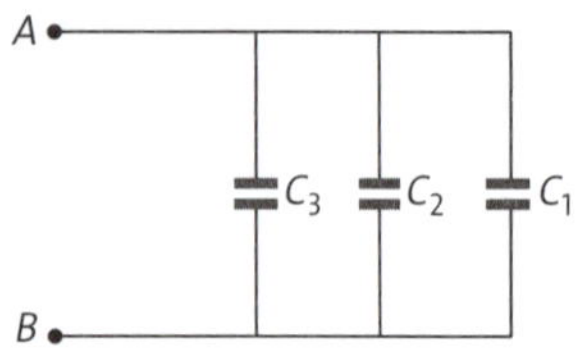


Calcule:
a) o valor da capacitância equivalente à associação;
b) a carga total da associação.

**10.** (UFRR) Considere a associação de capacitores conforme mostrado na figura.

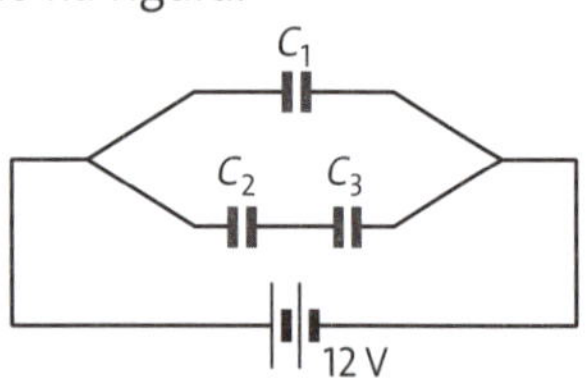


Os capacitores têm capacitância de $C_1 = C_2 = C_3 = 6\ \mu F$ e são alimentados por uma bateria de 12 V, a carga nos capacitores é:
a) $Q_1 = 36\ \mu C$, $Q_2 = 72\ \mu C$ e $Q_3 = 36\ \mu C$.
b) $Q_1 = 36\ \mu C$, $Q_2 = 36\ \mu C$ e $Q_3 = 36\ \mu C$.
c) $Q_1 = 72\ \mu C$, $Q_2 = 36\ \mu C$ e $Q_3 = 36\ \mu C$.
d) $Q_1 = 36\ \mu C$, $Q_2 = 36\ \mu C$ e $Q_3 = 72\ \mu C$.
e) $Q_1 = 72\ \mu C$, $Q_2 = 36\ \mu C$ e $Q_3 = 18\ \mu C$.

**11.** (AFA-SP) Um capacitor de 8,0 μF está sob tensão elétrica de 40 V. Em seguida, ele é associado em paralelo a outro de 22 μF que se acha descarregado eletricamente. A tensão elétrica, em volts, dessa associação é:
a) 8,2.
b) 10,7.
c) 20,0.
d) 42,3.

**12.** (Osec-SP)

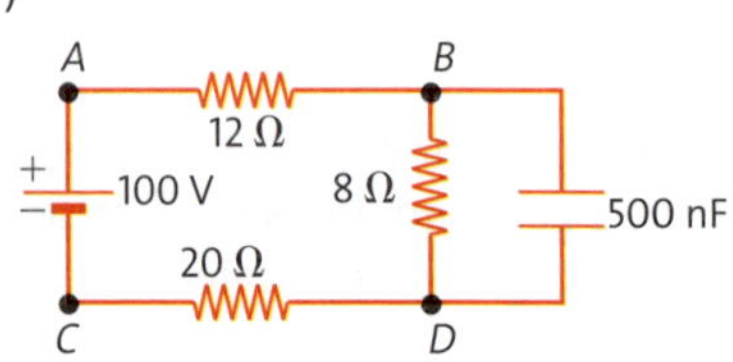


No circuito acima, a carga adquirida pelo capacitor é de:
a) 20 μC.
b) 30 nC.
c) 100 nC.
d) 10 μC.

**13.** (UPM-SP) No esquema da figura, os três capacitores encontram-se neutros: desprezam-se as resistências internas dos geradores. Leva-se a chave para a posição 1 e aguarda-se o equilíbrio elétrico; a seguir, leva-se a chave para a posição 2. Atingindo o equilíbrio elétrico após essa operação, qual será a carga do capacitor de capacitância 1 μF?

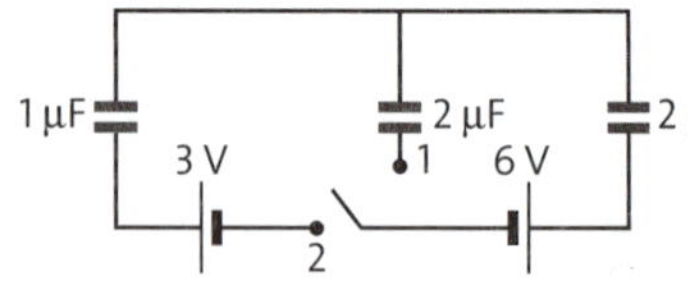


**14.** (UPM-SP) No circuito representado a seguir, o gerador de força eletromotriz 10 V é ideal e todos os capacitores estão inicialmente descarregados. Giramos inicialmente a chave $Ch$ para a posição (1) e esperamos até que $C_1$ adquira carga máxima. A chave $Ch$ é então girada para a posição (2). A nova diferença de potencial entre as armaduras de $C_1$ será igual a:

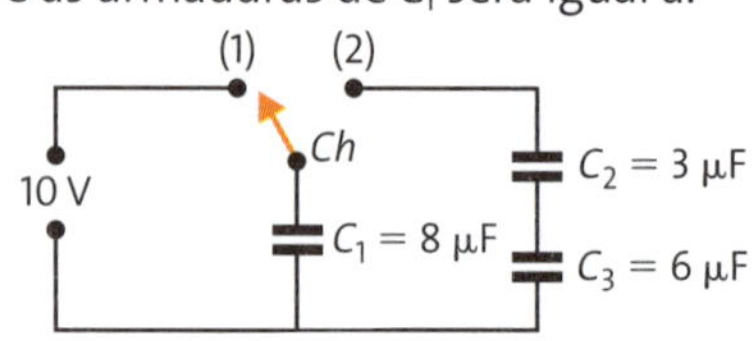


a) 8 V.
b) 6 V.
c) 5 V.
d) 4 V.
e) zero.

**15.** (ITA-SP) Duas baterias, de fem de 10 V e 20 V respectivamente, estão ligadas a duas resistências de 200 Ω e 300 Ω e com um capacitor de 2 μF, como mostra a figura.

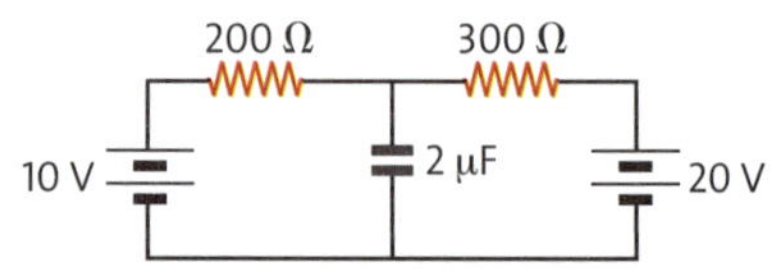


Sendo $Q_c$ a carga do capacitor e $P_d$ a potência total dissipada depois de estabelecido o regime estacionário, conclui-se que:
a) $Q_c = 14\ \mu C$; $P_d = 0{,}1$ W.
b) $Q_c = 28\ \mu C$; $P_d = 0{,}2$ W.
c) $Q_c = 28\ \mu C$; $P_d = 10$ W.
d) $Q_c = 32\ \mu C$; $P_d = 0{,}1$ W.
e) $Q_c = 32\ \mu C$; $P_d = 0{,}2$ W.

## MÓDULO 27

**1.** (Cefet-MG) Em relação às propriedades e aos comportamentos magnéticos dos ímãs, das bússolas e do nosso planeta, é correto afirmar que:
a) a agulha de uma bússola inverte seu sentido ao cruzar a linha do equador.
b) um pedaço de ferro é atraído pelo polo norte de um ímã e repelido pelo polo sul.
c) as propriedades magnéticas de um ímã perdem-se quando ele é cortado ao meio.
d) o polo norte geográfico da Terra corresponde, aproximadamente, ao seu polo sul magnético.

2. (Fatec-SP) Uma criança brincando com um ímã, por descuido, deixa-o cair, e ele se rompe em duas partes. Ao tentar consertá-lo, unindo-as no local da ruptura, ela percebe que os dois pedaços não se encaixam devido à ação magnética.

Pensando nisso, se o ímã tivesse o formato e as polaridades da figura a seguir, é válido afirmar que o ímã poderia ter se rompido:

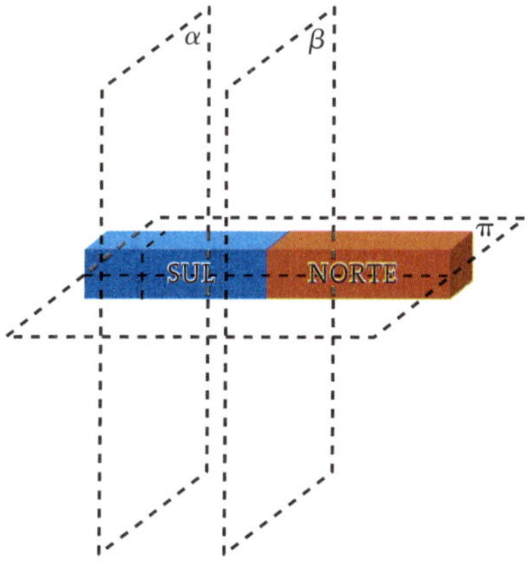


a) na direção do plano $\alpha$.

b) na direção do plano $\beta$.

c) na direção do plano $\pi$.

d) na direção de qualquer plano.

e) apenas na direção do plano $\beta$.

3. (PUC-RS) Em cada uma das figuras está representado um fio conduzindo uma corrente elétrica $i$ e algumas linhas de indução do campo magnético produzido pela corrente. Os sinais ⊗ e ⊙ significam, respectivamente, linhas de indução entrando e saindo da folha, do ponto de vista de quem olha para a folha.

**Figura I**

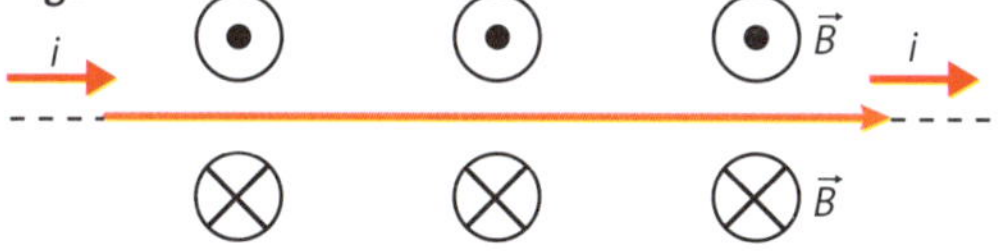

**Figura II**

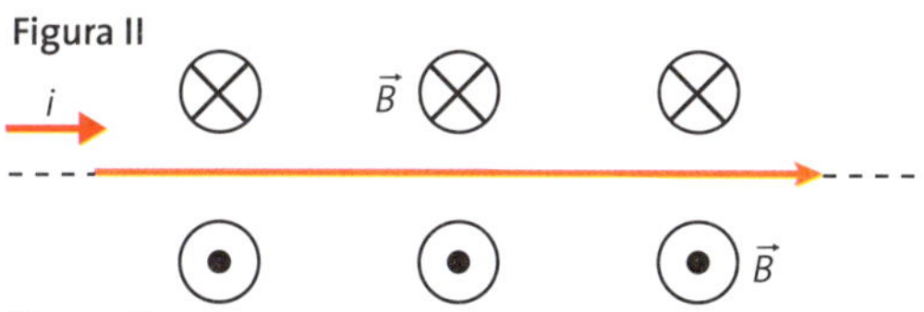

**Figura III**

O campo magnético está corretamente representado:

a) somente na figura I.

b) nas figuras I e II.

c) somente na figura II.

d) somente na figura III.

e) nas figuras II e III.

4. (Ufac) Um fio reto e extenso é percorrido por uma corrente elétrica contínua de intensidade $i = 3$ A. A permeabilidade magnética do vácuo é $\mu_0 = 4\pi \cdot 10^{-7}$ T · m/A. Qual o módulo do campo magnético $B$ produzido em um ponto $p$ à distância $r = 0{,}25$ m do fio, no vácuo?

a) $24 \cdot 10^{-6}$ T

b) $5{,}0 \cdot 10^{-6}$ T

c) $2{,}4 \cdot 10^{-6}$ T

d) $10{,}0 \cdot 10^{-6}$ T

e) $7{,}5 \cdot 10^{-6}$ T

5. (Fuvest-SP) Uma bússola é colocada sobre uma mesa horizontal, próxima a dois fios compridos, $F_1$ e $F_2$, percorridos por correntes de mesma intensidade. Os fios estão dispostos perpendicularmente à mesa e a atravessam. Quando a bússola é colocada em $P$, sua agulha aponta na direção indicada. Em seguida, a bússola é colocada na posição 1 e depois na posição 2, ambas equidistantes dos fios. Nessas posições, a agulha da bússola indicará, respectivamente, as direções:

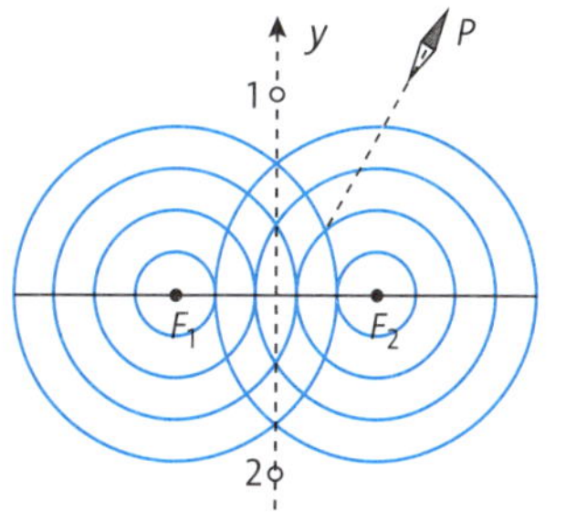


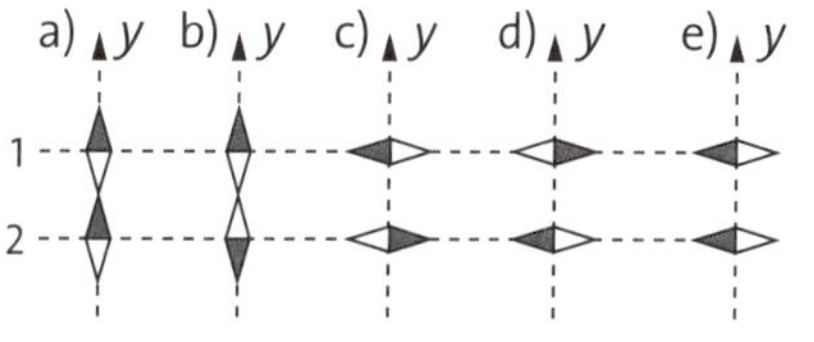


6. (FEI-SP) Na configuração apresentada a seguir, dois fios paralelos e longos, separados entre si por uma distância de 1,0 m, e uma espira circular de $\frac{\pi}{2}$ m de raio conduzem correntes elétricas constantes de intensidade 3,0 A nos sentidos indicados na figura.

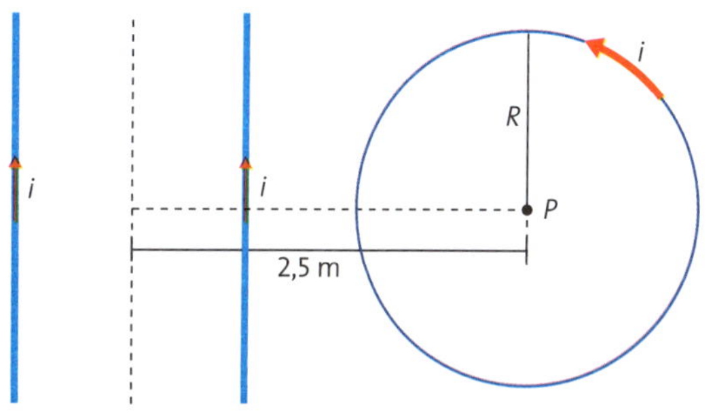


Estando o ponto $P$ localizado a uma distância de 2,5 m do eixo central entre os fios, determine o módulo do campo magnético em $P$.

Dados: $\mu_0 = 4\pi \cdot 10^{-7}$ T · m/A.

7. (UFBA) Um estudante deseja medir o campo magnético da Terra no local onde ele mora. Ele sabe que está em uma região do planeta por onde passa a linha do equador e que, nesse caso, as linhas do campo magnético terrestre são paralelas à superfície da Terra. Assim, ele constrói um solenoide com 300 espiras por unidade de comprimento, dentro do qual coloca uma pequena bússola. O solenoide e a bússola são posicionados em um plano paralelo à superfície da Terra de modo que, quando o interruptor está aberto, a direção da agulha da bússola forma um ângulo de 90° com o eixo solenoide. Ao se fechar o circuito, o amperímetro registra uma corrente de 100,0 mA e observa-se que a deflexão resultante na bússola é igual a 62°. A partir desse resultado, determine o valor do campo magnético da Terra.

Dados: $\mu_0 = 1,26 \cdot 10^{-6}$ T · m/A; sen 62° = 0,88; cos 62° = 0,47 e tan 62° = 1,87.

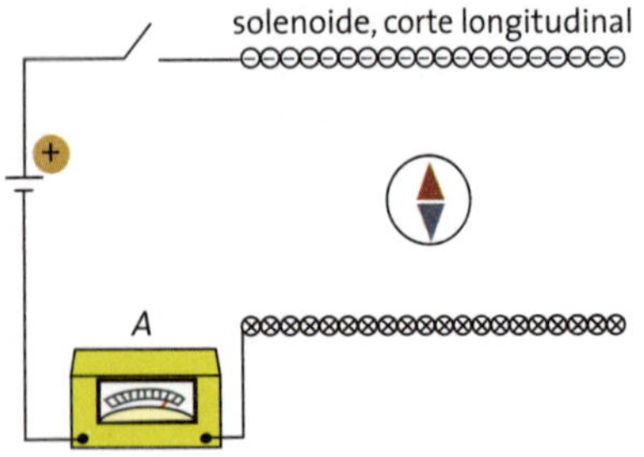


8. (UEM-PR) Com relação aos conceitos de campos e forças elétricas e magnéticas, indique o que for correto.

(01) Uma carga elétrica em movimento cria, no espaço em torno dela, um campo elétrico e um campo magnético.

(02) Uma carga elétrica em movimento, em uma região do espaço onde existe um campo magnético uniforme, sofre a ação de uma força magnética que é perpendicular à direção de propagação da carga.

(04) Os campos elétrico e magnético associados a ondas eletromagnéticas são grandezas vetoriais, que no vácuo permanecem sempre paralelas uma à outra.

(08) Um campo elétrico que interage com cargas elétricas gera forças de natureza elétrica sobre essas cargas.

(16) As linhas de força do campo magnético formam circuitos abertos, indicando a existência de monopolos magnéticos.

9. (ITA-SP) Uma corrente $i_E$ percorre uma espira circular de raio $R$ enquanto uma corrente $i_F$ percorre um fio muito longo, que tangencia a espira, estando ambos no mesmo plano, como mostra a figura.

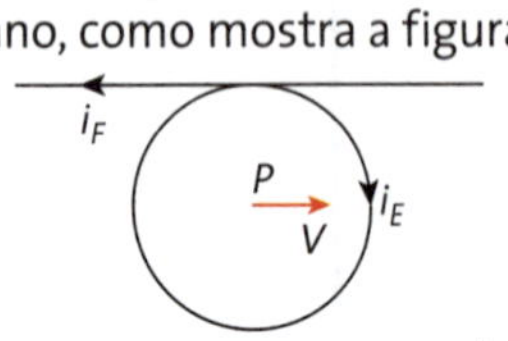


Determine a razão entre as correntes $\frac{i_E}{i_F}$ para que uma carga $Q$ com velocidade $v$ paralela ao fio no momento que passa pelo centro $P$ da espira não sofra aceleração nesse instante.

10. (Unimontes-MG) Uma partícula carregada é injetada em uma região onde atua apenas um campo magnético de módulo $B$, perpendicular ao movimento inicial da partícula (veja a figura a seguir). Esse campo é suficiente para fazer com que a partícula descreva um movimento circular. A carga da partícula é o triplo da carga do elétron, o módulo do campo é 2 T, e o módulo da velocidade da partícula é $v = 10^{-4} \cdot c$, em que $c$ é a velocidade da luz no vácuo. Se a massa da partícula é $M = 3 \cdot 10^{-25}$ kg, o raio $R$, descrito pela partícula, será, aproximadamente:

Dados: $e = 1,6 \cdot 10^{-19}$ C; $c = 3 \cdot 10^8$ m/s.

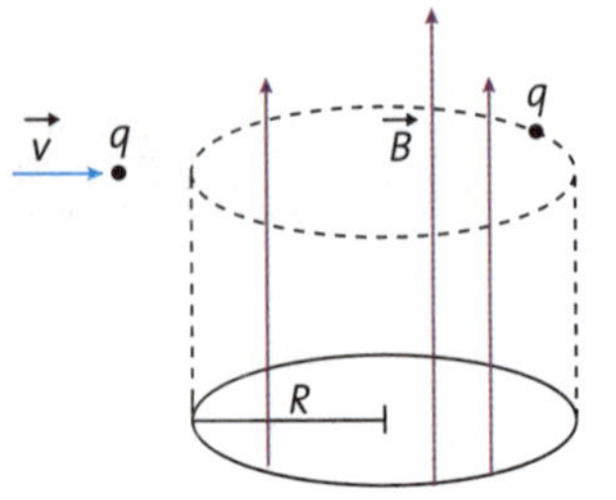


a) 1 cm.

b) 1 mm.

c) 1 dm.

d) 1 m.

11. (UFRJ-RJ) Uma partícula de massa $m$ e carga $q$ positiva, em movimento retilíneo uniforme, penetra em uma região na qual há um campo magnético uniforme, vertical e de módulo $B$. Ao sair da região, ela retoma um movimento retilíneo uniforme.

Todo o movimento se processa em um plano horizontal e a direção do movimento retilíneo final faz um ângulo $\theta$ com a direção do movimento retilíneo inicial. A velocidade da partícula é grande o bastante para desprezarmos a força gravitacional, de modo a considerarmos apenas a força magnética sobre ela.

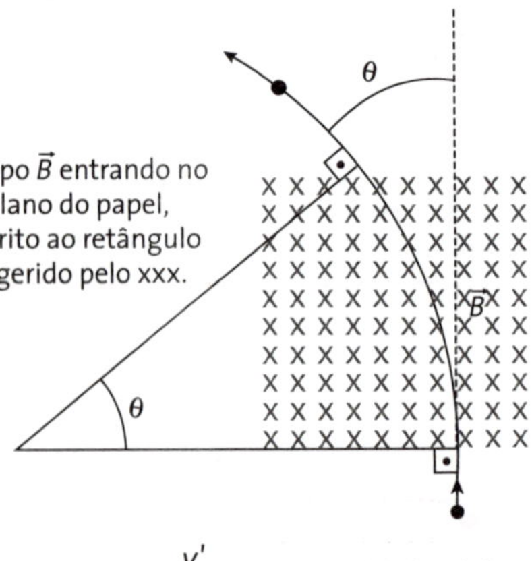


a) Determine a razão $\frac{v'}{v}$ entre o módulo $v'$ da velocidade do movimento retilíneo final e o módulo $v$ da velocidade do movimento retilíneo inicial.

b) Calcule quanto tempo a partícula demora para atravessar a região em que há campo magnético em função de $q$, $m$, $B$ e $\theta$.

12. (Cefet-SC – modificada) A montagem apresentada na figura a seguir é semelhante àquela feita pelo físico Hans Christian Oersted (1777-1851). Ao estabelecer uma corrente no circuito, observa-se que a agulha magnética da bússola sofre um desvio da direção inicial, orientada em função do campo magnético terrestre.

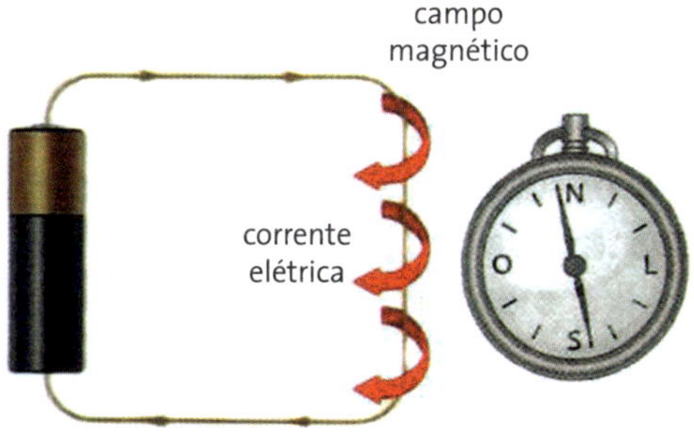


Nessas condições, podemos afirmar que toda corrente elétrica em um fio retilíneo gera ao seu redor um campo magnético.

a) no mesmo sentido do campo magnético terrestre.
b) em sentido contrário ao campo magnético terrestre.
c) paralelo ao fio e de sentido contrário ao da corrente elétrica.
d) perpendicular ao plano do fio e da corrente elétrica.

13. (UEPG-PR) Cargas elétricas em movimento originam campo magnético. Quando uma carga elétrica encontra-se em movimento, em um campo magnético, há uma interação entre esse campo e o campo originado pela carga. Essa interação é manifestada por uma força que age na carga elétrica, a qual é denominada força magnética.
Sobre força magnética, indique o que for correto.

(01) O sentido da força magnética depende do sinal da carga em movimento.
(02) A direção da força magnética, sobre uma carga em movimento, é perpendicular ao plano formado pelo vetor velocidade da carga e pelo vetor indução magnética.
(04) Quando uma carga elétrica é lançada perpendicularmente em direção a um campo magnético uniforme, a carga descreverá uma trajetória circular.
(08) A força magnética sobre uma carga elétrica movendo-se, em uma direção paralela à direção do campo magnético uniforme, é nula.
(16) Entre dois condutores retos e extensos, percorridos por correntes elétricas, a força magnética entre eles será repulsiva se as correntes tiverem o mesmo sentido.

14. (UFSJ-MG) Considere a figura a seguir, que representa um fio condutor retilíneo longo conduzindo uma corrente $i$ que atravessa o interior de um ímã em forma de U. Os polos norte e sul do ímã encontram-se indicados pelas letras $N$ e $S$, respectivamente.

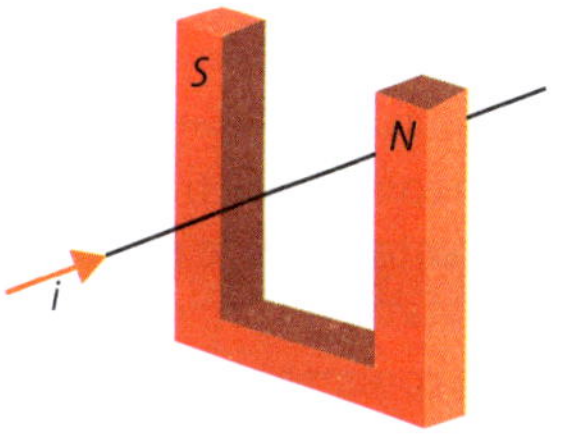


Em razão da presença do campo magnético do eletroímã, o fio sofrerá a ação de uma força magnética, agindo:

a) de baixo para cima da figura.
b) de cima para baixo da figura.
c) da esquerda para a direita da figura.
d) da direita para a esquerda da figura.

15. (UFU-MG) Considere um fio condutor suspenso por uma mola de plástico na presença de um campo magnético uniforme que sai da página, como mostrado na figura a seguir. O módulo do campo magnético é $B = 3$ T. O fio pesa 180 g e seu comprimento é 20 cm.

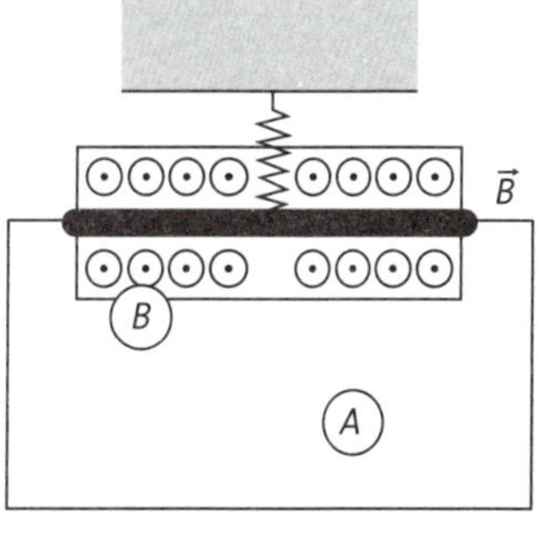


Considerando $g = 10$ m/s, o valor e o sentido da corrente que deve passar pelo fio para remover a tensão da mola é:

a) 3 A da direita para a esquerda.
b) 7 A da direita para a esquerda.
c) 0,5 A da esquerda para a direita.
d) 2,5 A da esquerda para a direita.

## MÓDULO 28

1. (UEL-PR) Um ímã, em forma de barra, atravessa uma espira condutora retangular $ABCD$, disposta verticalmente, conforme a figura a seguir.

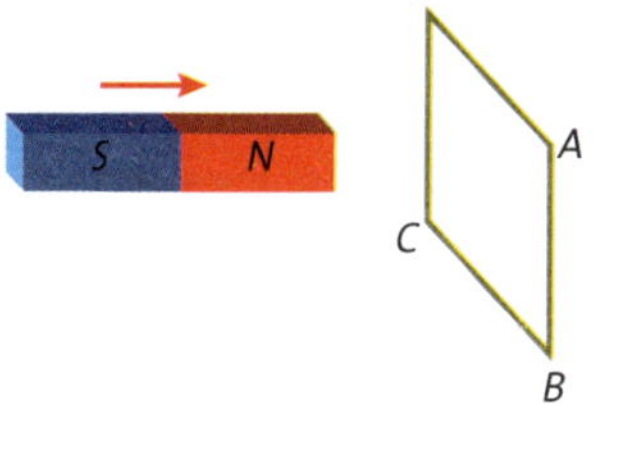

Nessas condições, é correto afirmar que, na espira:

a) não aparece corrente elétrica induzida quando o ímã se aproxima nem quando se afasta da espira.
b) se tem uma corrente elétrica induzida, no sentido de *A* para *B*, apenas quando o ímã se aproxima da espira.
c) se tem uma corrente elétrica induzida, no sentido de *A* para *B*, tanto quando o ímã se aproxima como quando se afasta da espira.
d) se tem uma corrente elétrica induzida, no sentido de *B* para *A*, tanto quando o ímã se aproxima como quando se afasta da espira.
e) se tem uma corrente elétrica induzida, no sentido de *A* para *B*, apenas quando o ímã se afasta da espira.

**2.** (Unicamp-SP) Um fio condutor retilíneo longo é colocado no plano que contém uma espira condutora conforme a figura I. O fio é percorrido por uma corrente $i(t)$ cuja variação em função do tempo é representada na figura II.

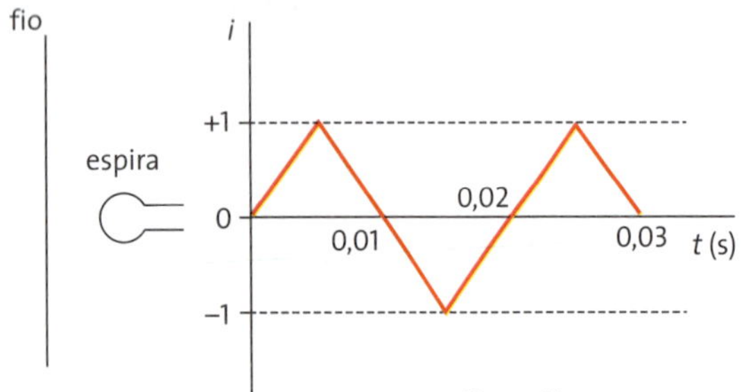

Figura I     Figura II

a) Qual é a frequência da corrente que percorre a espira?
b) Faça um gráfico do fluxo magnético que atravessa a espira em função do tempo.
c) Faça um gráfico da força eletromotriz induzida nos terminais da espira em função do tempo.

**3.** (Ufal) Uma espira metálica retangular plana, de resistência elétrica *R*, possui dois de seus lados com comprimento fixo, *L*, e os outros dois lados de comprimento variável, *x* (veja figura). Inicialmente, não há corrente elétrica na espira. Um dos lados passa a ser puxado por uma força $\vec{F}$, deslizando, com velocidade constante de módulo *v*, sobre um par de trilhos. Perpendicularmente ao plano da espira, há um campo magnético uniforme, de módulo *B* e sentido indicado pelo símbolo ⊙, ocupando todo o espaço. Nessa situação, uma corrente elétrica, associada ao fluxo de cargas negativas, é induzida na espira. Pode-se afirmar que o módulo e o sentido dessa corrente são, respectivamente:

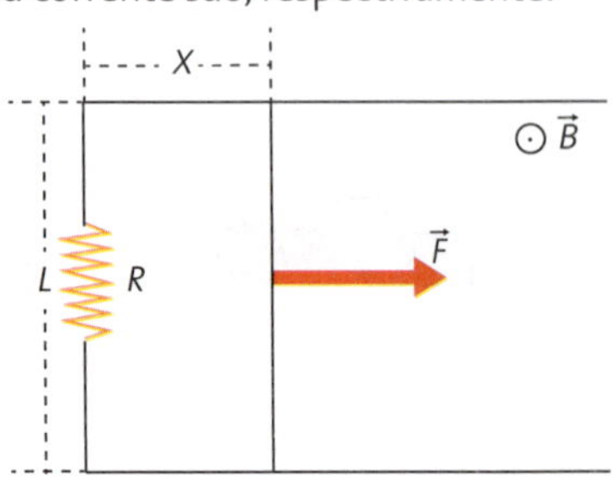


a) $\frac{B \cdot v \cdot x}{R}$, anti-horário.
b) $\frac{B \cdot v \cdot x}{R}$, horário.
c) $\frac{B \cdot x \cdot L}{R}$, anti-horário.
d) $\frac{B \cdot v \cdot L}{R}$, horário.
e) $\frac{B \cdot v \cdot L}{R}$, anti-horário.

**4.** (Vunesp-SP) Um gerador eletromagnético é constituído por uma espira com secção reta e área *S*, que gira com velocidade angular $\omega$ no interior de um campo magnético uniforme de intensidade *B*. À medida que a espira gira, o fluxo magnético $\Phi$ que a atravessa varia segundo a expressão $\Phi(t) = B \cdot S \cdot \cos(\omega \cdot t)$, em que *t* é o tempo, produzindo uma força eletromotriz nos terminais do gerador eletromagnético, cujo sentido se inverte em função do giro da espira. Assim, a corrente no resistor *R*, cujo sentido se inverte a cada meia-volta, é denominada corrente alternada.

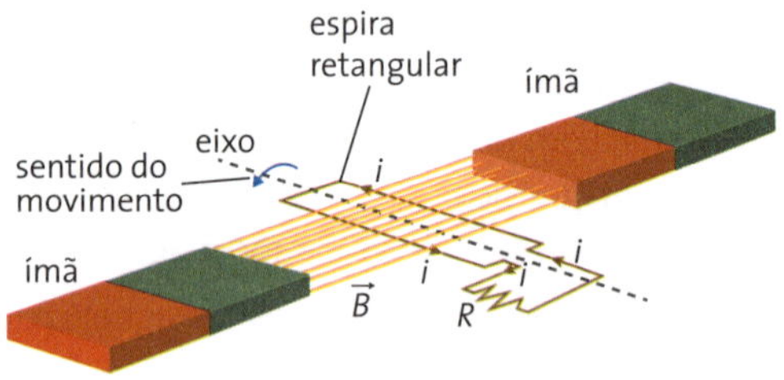


Considere a espira com secção reta de 10 $cm^2$, girando à razão de 20 voltas por segundo, no interior de um campo magnético de intensidade igual a $2 \cdot 10^{-5}$ T. Trace o gráfico do fluxo magnético $\Phi(t)$ que atravessa a espira em função do tempo, durante um período (*T*), indicando os valores do fluxo magnético nos instantes $0; \frac{T}{4}; \frac{T}{2}; \frac{3T}{4}$ e *T*.

**5.** (UFMG) A figura seguinte representa, esquematicamente, um transformador ideal, com $N_1$ espiras no primário e $N_2$ espiras no secundário. Deseja-se que esse transformador eleve uma tensão alternada $V_1 = 20$ V para um valor $V_2 = 120$ V.

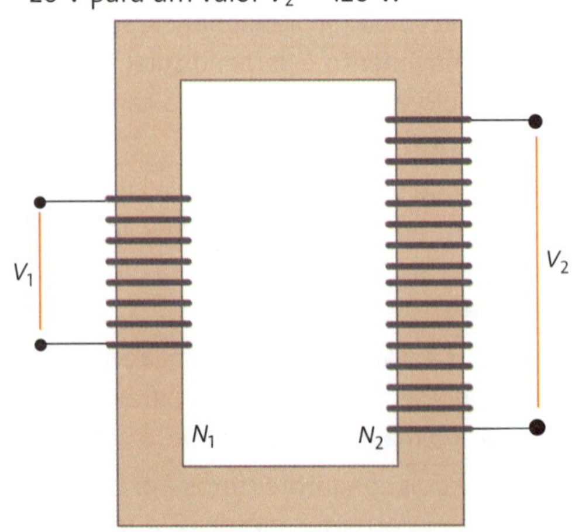


Cite os valores de $N_1$ e $N_2$ que poderiam ser usados para atingir esse objetivo. Justifique sua resposta.

6. (Fuvest-SP) Um anel de alumínio, suspenso por um fio isolante, oscila entre os polos de um ímã, mantendo-se, inicialmente, no plano perpendicular ao eixo *N-S* e equidistante das faces polares. O anel oscila, entrando e saindo da região entre os polos, com certa amplitude.

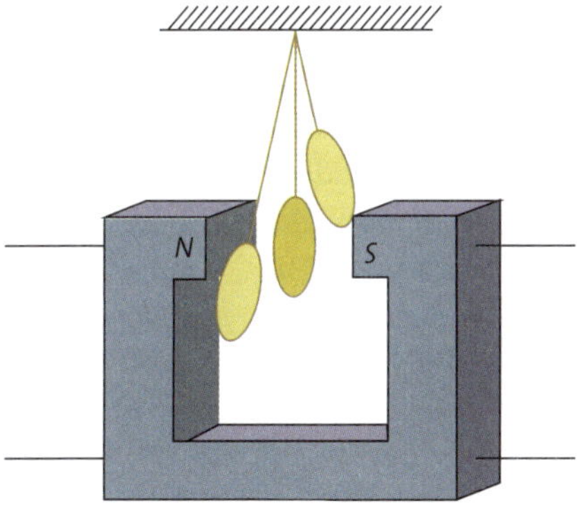


Nessas condições, sem levar em conta a resistência do ar e outras formas de atrito mecânico, pode-se afirmar que, com o passar do tempo:

a) a amplitude de oscilação do anel diminui.
b) a amplitude de oscilação do anel aumenta.
c) a amplitude de oscilação do anel permanece constante.
d) o anel é atraído pelo polo norte do ímã e lá permanece.
e) o anel é atraído pelo polo sul do ímã e lá permanece.

7. (UFG-GO) Na figura a seguir, mostra-se um dínamo usado em bicicletas para acender a lâmpada do seu farol. O rotor do dínamo de raio *r*, em contato com o pneu, gira sem deslizar. O dínamo é composto de duas bobinas de *N* espiras cada uma. A variação do fluxo magnético em cada espira, por período de rotação do motor, é $B \cdot A$, sendo *A* a área efetiva de uma espira e *B* o campo magnético. Considerando-se que a bicicleta se move com uma velocidade linear *v*, determine, em termos dos parâmetros fornecidos, a corrente elétrica necessária para que a potência dissipada pela lâmpada seja *P*.

Antonio Robson/Arquivo da editora

8. (PUC-SP) A figura a seguir representa esquematicamente a linha de transmissão que liga uma residência a um transformador. Neste esquema, *A* representa um amperímetro que indica 50 A, $V_1$ é o voltímetro que indica a tensão de saída do transformador (no caso, 240 V) e $V_2$ é o voltímetro que indica a tensão de chegada na residência (no caso, 220 V).

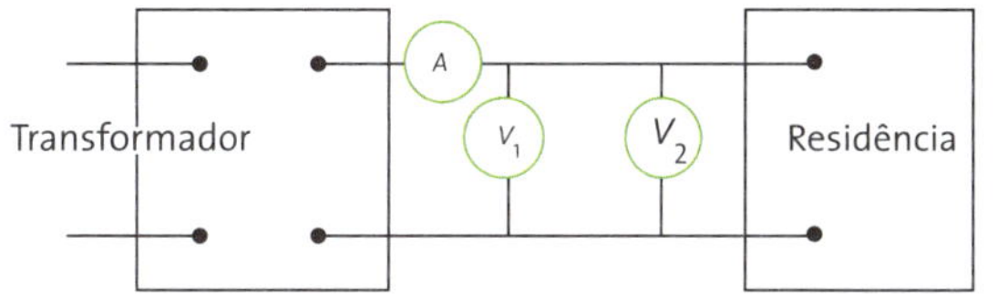


A potência dissipada entre os pontos onde estão instalados $V_1$ e $V_2$, na linha de transmissão esquematizada, é:

a) 1,0 kW.
b) 2,0 kW.
c) 2,5 kW.
d) 4,0 kW.
e) 20,0 kW.

9. (PUC-RS) Um aparelho de rádio receptor pode operar nas faixas AM (amplitude modulada) e FM (frequência modulada). Na faixa AM, capta sinais de rádio no intervalo de frequências entre 550 e 1550 kHz e, na faixa FM, entre 88 e 108 MHz. Com base nessas informações e nos conceitos relacionados com as radiações eletromagnéticas em geral, é correto afirmar: (Dado: $c = 3 \cdot 10^8$ m/s)

a) A velocidade dessas ondas, no vácuo, é menor do que a da luz visível, também no vácuo.
b) As ondas da faixa FM têm maior velocidade, no vácuo, do que das ondas da faixa AM.
c) Os comprimentos de onda das AM são menores que os das ondas FM, no vácuo.
d) Ondas na faixa FM têm comprimentos de onda da ordem de grandeza $10^0$ m.
e) Ondas na faixa AM têm comprimentos de onda da ordem de grandeza entre $10^5$ m e $10^6$ m.

10. (UEFS-BA) No forno de micro-ondas, há uma válvula ou gerador chamado de magnétron, que trabalha convertendo a energia elétrica em micro-ondas, as quais se propagam no vácuo com velocidade de aproximadamente $3{,}0 \cdot 10^5$ km/s. Elas, por sua vez, vibram e "batem" nas estruturas cerca de 2400 milhões de vezes por segundo, gerando atrito. Essa agitação provoca o aquecimento que cozinha os alimentos, mas também faz com que se quebrem as moléculas presentes nos alimentos, modificando a estrutura dos nutrientes. O valor que mais se aproxima do comprimento de onda das micro-ondas, medindo em centímetros, é:

a) 0,01.
b) 0,10.
c) 1,00.
d) 10,00.
e) 100,00.

**11.** (Fuvest-SP) Em um ponto fixo do espaço, o campo elétrico de uma radiação eletromagnética tem sempre a mesma direção e oscila no tempo, como mostra o gráfico a seguir, que representa sua projeção *E* nessa direção fixa. *E* é positivo ou negativo conforme o sentido do campo.

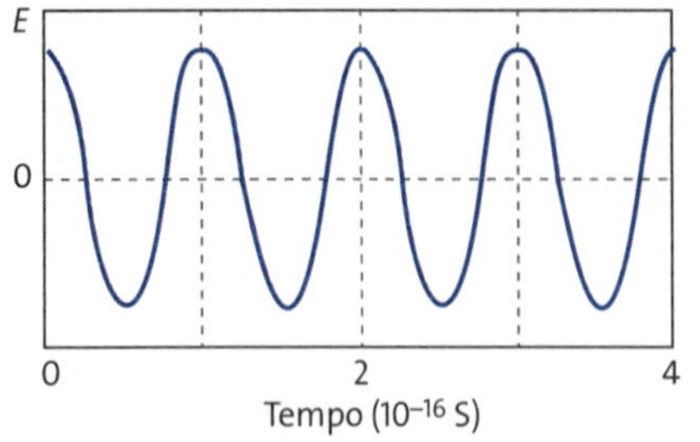


| Radiação eletromagnética | Frequência ($f$ (Hz)) |
|---|---|
| Rádio AM | $10^6$ |
| TV (VHF) | $10^8$ |
| Infravermelha | $10^{10}$ |
| Visível | $10^{14}$ |
| Ultravioleta | $10^{16}$ |
| Raios X | $10^{18}$ |
| Raios $\gamma$ | $10^{20}$ |

Consultando a tabela, que fornece os valores típicos de frequência $f$ para diferentes regiões do espectro eletromagnético, e analisando o gráfico de $E$ em função do tempo, é possível classificar essa radiação como:

a) infravermelha.
b) visível.
c) ultravioleta.
d) raios X.
e) raios $\gamma$.

**12.** (UFRJ) Antenas de transmissão e recepção de ondas eletromagnéticas operam eficientemente quando têm um comprimento igual à metade do comprimento de onda da onda transmitida ou recebida. Usando esse fato e o valor $c = 3{,}0 \cdot 10^8$ m/s para a velocidade da luz, calcule o valor que deve ter o comprimento da antena de um telefone celular que opera eficientemente com ondas de frequência iguais a $1{,}5 \cdot 10^9$ Hz.

**13.** (Ufscar-SP) Estima-se que hoje em dia o Brasil tenha cerca de 160 milhões de telefones celulares em operação. Esses aparelhos tão populares usam a radiação na frequência das micro-ondas para enviar e receber as informações das chamadas.

a) A empresa Darkness de telefonia opera a uma frequência de 850 MHz. Calcule o comprimento de onda $\lambda$ usado pela operadora de telefonia, sabendo que as ondas eletromagnéticas se propagam com a mesma velocidade da luz ($c = 3{,}0 \cdot 10^8$ m/s).

b) Considere um aparelho celular que emite 1 W de potência quando em funcionamento. Um grupo de pesquisadores deseja estudar o quanto esse aparelho celular prova de aquecimento na cabeça dos seus usuários. Para tanto, realizam uma simulação em um laboratório: enchem uma bexiga de festa, de massa desprezível, com um líquido, tal que o conjunto (bexiga + líquido) tenha massa de 2 kg. Em seguida, ligam o telefone celular, encostado no conjunto, pelo tempo total de 9 minutos. Faça uma estimativa da elevação da temperatura do conjunto, após esse intervalo de tempo, considerando que a potência emitida pelo aparelho celular seja absorvida pelo conjunto.

(Dado: calor específico do líquido usado na simulação = 3,6 J/(g · °C))

**14.** (UCS-RS) Muito se comenta a respeito dos efeitos nocivos dos raios ultravioleta do Sol. Comparando-os aos raios violeta, que não são considerados nocivos, qual diferença encontramos?

a) A radiação ultravioleta possui comprimento de onda menor.
b) A radiação ultravioleta possui comprimento de onda maior.
c) A radiação violeta propaga-se mais rapidamente no vácuo.
d) A radiação violeta propaga-se mais lentamente no vácuo.
e) A frequência do ultravioleta fica em um valor intermediário entre a frequência do azul e a do violeta.

**15.** (UEL-PR) Uma fonte de raios X está detalhada na figura abaixo. No tubo, sob vácuo, elétrons são produzidos no filamento *A* e acelerados para o eletrodo *C*, em razão da diferença de potencial $\Delta V$. Os elétrons acelerados colidem com o eletrodo, transferindo-lhes sua energia e produzindo os raios X. Sabendo que a energia cinética ($E_{cin.}$) adquirida pelos elétrons é igual a $E_{cin.} = e \cdot \Delta U$ e que sua massa ($m_e$), sua carga ($e$) e a diferença de potencial ($\Delta U$) à qual está submetida são $m_e \simeq 10^{-31}$ kg, $e \simeq 10^{-19}$ C e $\Delta U \simeq 10^4$ V, a velocidade aproximada do elétron ao colidir com o eletrodo é:

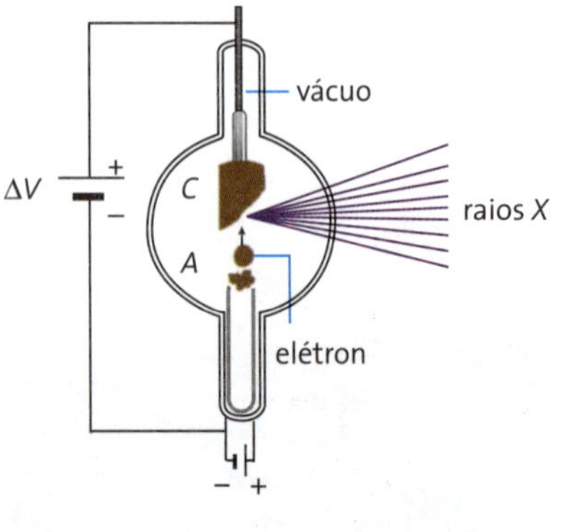


a) $1{,}41 \cdot 10^8$ m/s.
b) $3{,}60 \cdot 10^8$ m/s.
c) $5{,}10 \cdot 10^8$ m/s.
d) $1{,}00 \cdot 10^{16}$ m/s.
e) $4{,}00 \cdot 10^{16}$ m/s.

# Respostas

## Exercícios propostos

### MÓDULO 17

1. e
2. d
3. − 2,4 m/s
4. d
5. c

### MÓDULO 18

1. a
2. FVFV
3. a
4. e
5. e

### MÓDULO 19

1. d
2. 01, 03 e 04.
3. e
4. a
5. d

### MÓDULO 20

1. a) Perpendicular à janela; de dentro para fora.
   b) $4{,}5 \cdot 10^3$ N
2. 0,5 m
3. d
4. a
5. d

### MÓDULO 21

1. e
2. a
3. a) $\frac{\pi}{15}$ s
   b) 3 m/s
4. b
5. a) 4 Hz; 4 Hz.
   b) $20 \cdot \sqrt{2}$ m/s; $5 \cdot \sqrt{2}$ m.

### MÓDULO 22

1. c
2. 66 m
3. a
4. a
5. 17 Hz e 8 500 Hz

### MÓDULO 23

1. a
2. d
3. 240 000 km/s
4. c
5. a) Real; invertida.
   b) 30 cm e 60 cm
   c) Tamanho igual; luminosidade diminui.

### MÓDULO 24

1. 2 cm
2. a
3. c
4. b
5. a

### MÓDULO 25

1. 20 meses
2. d
3. a
4. e
5. e

### MÓDULO 26

1. d
2. d
3. c
4. b
5. e

### MÓDULO 27

1. d
2. b
3. c
4. e
5. b

### MÓDULO 28

1. c
2. a) $\Phi = 8 \cdot 10^{-5} \cdot t$
   b) $1{,}6 \cdot 10^{-5}$ A
3. b) zero
   c) 60 V
4. e
5. e

## Exercícios-tarefa

### MÓDULO 17

1. b
2. a) 6,0 N · s
   b) sim
3. b
4. VFFV
5. b
6. c
7. a) 30 N · s
   b) 0,4 m/s; 0,6 m/s.
8. d
9. b
10. e
11. a
12. a
13. 05
15. 300 rev/min

### MÓDULO 18

1. b
2. e
3. a) 3,9 anos
   b) O ano de Mercúrio é mais curto que o ano terrestre.
4. c
5. b
6. c
7. e
8. c
9. b
10. e
11. a
12. e
13. a) 1,2 m/s$^2$
    b) 96 N
14. e
15. d

### MÓDULO 19

1. d
2. a) 2,0 kg
   b) 84 N
3. VVFFV
4. e
5. 25 cm
6. c
7. $\frac{P}{4}$
8. a) 240 kg
   b) 3 200 N
9. d
10. b
11. a) 1,5 kg
    b) 6,0 N · m
12. 0,75 N; 0,25 N.
13. b
15. a

### MÓDULO 20

1. e
2. c
3. c
4. b
5. 4 N
6. d
7. 0,8 kg
8. c

9. c
10. d
11. a
12. d
13. 60 s
14. VVFF
15. 394 km/h

## MÓDULO 21

1. c
2. d
3. b
4. 23
5. a) 20 N/m
   b) 5 Hz
6. c
7. b
8. e
10. b
11. a) Frequência e período.
    b) 20 cm/s
12. 26
13. a) 2,0 m
    b) interferência destrutiva
14. d
15. a) 60 cm; 36 cm.
    b) situação 2

## MÓDULO 22

1. c
2. a
3. a
4. b
5. a
6. c
7. a
8. 98 Hz
9. d
10. Oitavo ($n = 8$).
11. 320 m/s
12. 15
13. d
14. e
15. a

## MÓDULO 23

1. c
2. d
3. 5,94°
4. a
5. d
6. d
7. a
8. b
9. e
10. d
11. d
12. 7,5 cm
13. a) 9 cm
    b) 5,2 cm
14. a
15. $D = \frac{f_2}{f_1} \cdot d$

## MÓDULO 24

1. 8,25 m
2. b
3. a) 45 cm
   b) −3,9 m; 0,46 cm.
4. 11 m
5. a) 0,3 m
   b) real e invertida
6. a) 0,61 cm
   b) 139,4 cm
7. a) 30 cm
8. a
9. a
10. b
11. e
12. −25 cm
13. c
14. e
15. a

## MÓDULO 25

1. VFVVV
2. 13
3. d
4. d
5. d
6. b
7. a
8. a
9. a) 10,2 eV
   b) 3,4 m/s
10. d
12. d
13. d
14. VVFV
15. b

## MÓDULO 26

1. a
2. c
3. $6{,}75 \cdot 10^{-5}$ J
4. e
5. b
6. c
7. a) $U = \frac{m \cdot g \cdot D}{Q}$
   b) $\frac{U_1}{U_2} = \frac{2}{3}$
8. e
9. a) 17 μF
   b) $1{,}36 \cdot 10^{-4}$ C
10. c
11. b
12. d
13. zero
14. a
15. b

## MÓDULO 27

1. d
2. c
3. a
4. c
5. a
6. $7 \cdot 10^{-7}$ T
7. $7{,}1 \cdot 10^{-5}$ T
8. 09
9. $\frac{i_E}{i_F} = \frac{1}{\pi}$
10. a
11. a) 1
    b) $t = \frac{\theta \cdot m}{q \cdot B}$
12. d
13. 15
14. a
15. a

## MÓDULO 28

1. e
2. a) 50 Hz
3. d
5. $N_2 = 6 \cdot N_1$
6. a
7. $i = \frac{\pi \cdot r \cdot P}{v \cdot N \cdot B \cdot A}$
8. a
9. d
10. d
11. c
12. 0,1 m
13. a) 0,35 m
    b) 540 J
    c) 0,075 °C
14. a
15. a